AF192916

Robótica

Control de robots manipuladores

Fernando Reyes Cortés

Marcombo Alfaomega

Robótica. Control de robots manipuladores

Fernando Reyes Cortés

Derechos reservados © Alfaomega Grupo Editor, S.A. de C.V., México
Segunda edición: 2024
ISBN: 978-607-576-125-1

Segunda edición: MARCOMBO, S.L. 2024

© 2024 MARCOMBO, S.L.
www.marcombo.com

Este libro fue editado y maquetado por el autor en lenguaje científico LATEX con MiKTeX-2.9 y TEXstudio 4.5.2, AutoCAD 2022, MATLAB 2024a y SolidWorks 2023

Cualquier forma de reproducción, distribución, comunicación pública o transformación de esta obra solo puede ser realizada con la autorización de sus titulares, salvo excepción prevista por la ley. Diríjase a CEDRO (Centro Español de Derechos Reprográficos, www.cedro.org) si necesita fotocopiar o escanear algún fragmento de esta obra

ISBN: 978-84-267-3826-4
D.L.: B 5634-2024

Impreso en Servicepoint
Printed in Spain

Libro ecológico
Impreso con papel procedente de bosques gestionados de manera eficiente, libre de cloro

Acerca del autor

Dr. Fernando Reyes Cortés: se encuentra desde 1980 en la Benemérita Universidad Autónoma de Puebla (BUAP). Es Profesor-Investigador de la Facultad de Ciencias de la Electrónica (FCE), BUAP. En 1984 obtuvo la Licenciatura en Ciencias de la Electrónica, por la Facultad de Ciencias Físico-Matemáticas, BUAP; en 1990 obtuvo la Maestría en Ciencias, con especialidad en electrónica, en el Instituto Nacional de Astrofísica, Óptica y Electrónica (INAOE) y en 1997 el grado de Doctor en Ciencias en Electrónica y Telecomunicaciones, por el Centro de Investigación Científica y de Educación Superior de Ensenada (CICESE). Pertenece al Sistema Nacional de Investigadores, desde 1993; actualmente es nivel-II. Premio Estatal, por el Gobierno del Estado de Puebla y Mérito Civil en Ingeniería por el Ayuntamiento de la Ciudad de Puebla. Autor de múltiples artículos científicos nacionales e internacionales; tiene más de 275 alumnos graduados de los niveles de licenciatura, maestría y doctorado; ha diseñado y puesto en marcha a más de 82 prototipos robóticos; cuenta con 9 títulos de patentes y más de 365 conferencias. Es titular del curso de robótica de la carrera de ingeniería mecatrónica y de las asignaturas de control y robótica del Posgrado en Automatización de la FCE. Las líneas de investigación que desarrolla son las que a continuación se describe: control de robots manipuladores, modelado dinámico usando la metodología de Euler-Lagrange, visual-servoing e identificación paramétrica.

Dedicatoria

Fernando Reyes Cortés

A mi familia, por todo el amor, apoyo, comprensión y paciencia recibida: a mi esposa Silvia, mis hijos LuisFer, Leo y a mi madre Alicia (†).

A mi Alma Máter
Benemérita Universidad Autónoma de Puebla

Agradecimientos

El autor agradece a la Benemérita Universidad Autónoma de Puebla por el apoyo proporcionado, particularmente se reconoce a la Dra. Lilia Cedillo Ramírez, Rectora de la Institución, por su liderazgo y visión científica. De manera muy especial, mi profundo reconocimiento al Dr. Rafael Kelly quien me brindó no sólo su amistad, también contribuyó notablemente en mi formación profesional y científica durante mi estancia en el CICESE de 1994 a 1997.

Por otro lado, también es importante agradecer al Director Editorial de Alfaomega Grupo Editor, Marcelo Grillo; a Damián Fernández, Editor de esta obra y a Valentina Tolentino por sus valiosas sugerencias en la revisión de estilo.

Fernando Reyes Cortés
Facultad de Ciencias de la Electrónica
Benemérita Universidad Autónoma de Puebla

Ciudad de Puebla de los Ángeles, México, a 3 de febrero de 2024.

Mensaje del Editor

Una de las convicciones fundamentales de Alfaomega y Marcombo es que los conocimientos son esenciales en el desempeño profesional, ya que sin ellos es imposible adquirir las habilidades para competir laboralmente. El avance de la ciencia y de la técnica hace necesario actualizar continuamente esos conocimientos; de acuerdo con esto, Alfaomega Grupo Editor y Marcombo publican obras actualizadas, con alto rigor científico y técnico, y escritas por los especialistas del área respectiva más destacados.

Consciente del alto nivel competitivo que debe de adquirir el estudiante durante su formación profesional, Alfaomega y Marcombo aportan un fondo editorial que se destaca por sus lineamientos pedagógicos que coadyuvan a desarrollar las competencias requeridas en cada profesión específica.

De acuerdo con esta misión, con el fin de facilitar la comprensión del contenido de esta obra, cada capítulo inicia con el planteamiento de los objetivos del mismo y con una introducción en la que se plantean los antecedentes y una descripción de la estructura lógica de los temas expuestos, asimismo a lo largo de la exposición se presentan ejemplos desarrollados con todo detalle y cada capítulo concluye con un resumen y una serie de ejercicios propuestos.

Además de la estructura pedagógica con que están diseñados nuestros libros, Alfaomega y Marcombo hacen uso de los medios impresos tradicionales en combinación con las Tecnologías de la Información y las Comunicaciones (TIC) para facilitar el aprendizaje. Correspondiente a este concepto de edición, todas nuestras obras tienen su complemento en una página Web en donde el alumno y el profesor encontrarán lecturas complementarias así como programas desarrollados en relación con temas específicos de la obra.

Los libros de Alfaomega y Marcombo están diseñados para ser utilizados en los procesos de enseñanza-aprendizaje, y pueden ser usados como textos en diversos cursos o como apoyo para reforzar el desarrollo profesional, de esta forma Alfaomega y Marcombo esperan contribuir así a la formación y al desarrollo de profesionales exitosos para beneficio de la sociedad, y esperan ser sus compañeras profesionales en este viaje de por vida, por el mundo del conocimiento.

Mensaje del Editor

Contenido

Plataforma de contenidos interactivos XVI

Página Web del libro XVII

Prólogo XVIII

Organización del libro XX

Capítulo 1
Robótica 1

1.1 Introducción 3

1.2 Clasificación de los robots 10

1.2.1 Robots móviles 10

1.2.2 Robots móviles acuáticos 11

1.2.3 Drones robots aéreos 12

1.2.4 Robots humanoides 12

1.2.5 Robots industriales 14

1.3 Desarrollo histórico de la robótica 17

1.4 Control de robots manipuladores 23

1.5 Tecnología y construcción de robots 25

1.5.1 Servomotores de transmisión directa 26

1.6 Estadísticas de robótica 28

1.7 Tendencias en robótica para 2021-2026 32

1.7.1 Programas internacionales en R&D 34

1.8 Sociedades científicas de robótica 37

1.9 Resumen 41

1.10 Problemas propuestos 42

Capítulo 2 Encoders y servomotores 43

2.1 Introducción 45

2.2 Encoders 46

2.2.1 Encoders incrementales 46

2.2.1.1 Encoders en cuadratura 49

2.2.2 Encoder absoluto 52

2.2.3 Glosario para encoders 54

2.3 Servomotores 56

2.3.1 Modos de operación de un servomotor 58

2.3.1.1 Modo posición 58

2.3.1.2 Modo velocidad 58

2.3.1.3 Modo torque 58

2.4 Funcionamiento de un servomotor 60

2.4.1 Servoamplificador 60

2.4.2 Motor de corriente directa 62

2.4.3 Sistema de engranes 63

2.5 Servomotores de transmisión directa 64

2.5.1 Diagrama a bloques de un servomotor 67

2.6 Resumen 71

2.7 Problemas propuestos 72

Capítulo 3
Preliminares matemáticos 73

3.1 Introducción 75

3.2 Vectores 76

3.2.1 Intervalos 77

3.2.2 Espacio vectorial 78

3.2.3 Norma euclidiana $\|\boldsymbol{x}\|$ 80

3.2.4 Operaciones y propiedades entre vectores 82

3.2.5 Producto cruz vectorial 93

3.3 Matrices 99

3.3.1 Matrices especiales 100

3.3.2 Operaciones de matrices 101

3.3.3 Matriz cuadrada 108

3.3.4 Matrices simétricas y antisimétricas 114

3.4 Funciones cuadráticas 117

3.4.1 Funciones definidas positivas 121

3.4.2 Matriz definida positiva 127

3.4.3 Gradientes de funciones de energía 132

3.4.4 Matriz jacobiana 134

3.5 Resumen 138

3.6 Problemas propuestos 139

Capítulo 4
Cinemática analítica de Euler 141

4.1 Introducción 143

4.2 Cinemática analítica de Euler 144

4.2.1 Matrices de rotación 148

4.2.2 Composiciones de traslación y rotación 151

4.2.3 Matriz de rotación alrededor del eje z, $R_z(\theta)$ 155

4.2.4 Matriz de rotación alrededor del eje x, $R_x(\theta)$ 159
4.2.5 Matriz de rotación alrededor del eje y, $R_y(\theta)$ 161
4.2.6 Propiedades de las matrices de rotación elementales 163
4.3 Ángulos de Euler 166
4.4 Movimiento de traslación y rotación 175
4.5 Cinemática diferencial 177
4.5.1 Matrices antisimétricas 177
4.5.2 Derivada de matrices ortogonales 180
4.5.3 Operaciones mixtas entre $\boldsymbol{p}_1 \times \boldsymbol{p}_2$ y $S(\boldsymbol{p}_1)$ 185
4.6 Cinemática diferencial de Euler 190
4.7 Resumen 203
4.8 Problemas propuestos 205

Capítulo 5
Cinemática directa **207**

5.1 Introducción 209
5.2 Morfología del robot 210
5.2.1 Tipos de robots manipuladores 214
5.3 Cinemática directa 215
5.3.1 Cinemática inversa 218
5.3.2 Cinemática diferencial 219
5.3.3 Cinemática diferencial inversa 220
5.4 Matrices de transformación homogénea 221
5.4.1 Matrices homogéneas de rotación y traslación 223
5.5 Cinemática de robots manipuladores 225
5.6 Configuración antropomórfica (RRR) 231
5.6.1 Péndulo 231
5.6.2 Robot antropomórfico de 2 gdl 238
5.6.2.1 Cinemática directa del robot planar de 2 gdl 238
5.6.2.2 Cinemática inversa del robot planar de 2 gdl 242

5.6.2.3 Cinemática diferencial del robot planar de 2 gdl 243
5.6.3 Brazo robot de 3 gdl 248
5.6.3.1 Cinemática directa del brazo robot de 3 gdl 248
5.6.3.2 Cinemática diferencial 253
5.6.3.3 Cinemática inversa del brazo robot de 3 gdl 256
5.7 Robot SCARA (RRP) 263
5.7.1 Cinemática diferencial del robot SCARA 266
5.7.2 Cinemática inversa del robot SCARA 267
5.8 Robot cilíndrico (RPP) 270
5.8.1 Modelo cinemático del robot cilíndrico 271
5.8.2 Cinemática diferencial del robot cilíndrico 272
5.8.3 Cinemática inversa del robot cilíndrico 273
5.9 Robot esférico (RRP) 276
5.9.1 Modelo cinemático del robot esférico 277
5.9.2 Cinemática diferencial del robot esférico 278
5.9.3 Cinemática inversa del robot esférico 279
5.10 Robot cartesiano (PPP) 283
5.10.1 Modelo cinemático del robot cartesiano 284
5.10.2 Cinemática diferencial del robot cartesiano 285
5.11 Resumen 288
5.12 Problemas propuestos 289

Capítulo 6
Dinámica **293**

6.1 Introducción 295
6.2 Ecuaciones de Euler-Lagrange 296
6.3 Modelo dinámico 298
6.4 Propiedades del modelo dinámico 299
6.4.1 Efecto inercial 299
6.4.2 Fuerzas centrípetas y de Coriolis 301

6.4.3 Par gravitacional 303

6.4.4 Fenómeno de fricción 304

6.4.5 Modelo de energía mecánica 307

6.4.6 Modelo de potencia mecánica 308

6.4.7 Propiedad de pasividad 308

6.4.8 Linealidad en los parámetros 309

6.5 Ecuación diferencial ordinaria (ODE) 312

6.6 Desarrollo de modelos dinámicos 314

6.6.1 Sistema masa resorte amortiguador 314

6.6.2 Centrífuga 317

6.6.3 Péndulo 320

6.6.4 Brazo robot de 2 gdl 327

6.6.5 Brazo robot de 3 gdl 344

6.6.6 Robot cartesiano de 3 gdl 375

6.7 Resumen 378

6.8 Problemas propuestos 379

Capítulo 7
Identificación paramétrica 381

7.1 Introducción 383

7.2 Algoritmo de mínimos cuadrados 384

7.2.1 Algoritmo recursivo de mínimos cuadrados 386

7.2.2 Señal de excitación persistente 391

7.2 Ejemplos de identificación paramétrica 402

7.4 Resumen 428

7.5 Problemas propuestos 429

Capítulo 8
Control de posición 431

8.1 Introducción 433

8.2 Teoría de estabilidad de Lyapunov 434

8.2.1 Sistemas dinámicos 434

8.2.2 Puntos de equilibrio 438

8.2.3 Función candidata de Lyapunov 443

8.2.4 Método directo de Lyapunov 443

8.2.5 Principio de invariancia 447

8.2.6 Norma $\mathcal{L}_q^n[\boldsymbol{f}]$ 450

8.3 Control de posición 461

8.4 Control por moldeo de energía 464

8.5 Control PD 470

8.5.1 Análisis cualitativo del control PD 473

8.5.2 Función estricta para el regulador PD 493

8.6 Clasificación de algoritmos de control 496

8.6.1 Algoritmos de control no acotados 496

8.6.2 Algoritmos de control acotados 502

8.6.3 Algoritmos de control saturados 507

8.7 Control PID 512

8.8 Control punto a punto 521

8.8.1 Índice de desempeño 524

8.9 Resumen 526

8.10 Problemas propuestos 527

Capítulo 9
Control de trayectoria 529

9.1 Introducción 531

9.2 Control de trayectoria 532

9.3 Familia de algoritmos de control PD+ 534

9.3.1 Control proporcional derivativo plus (PD+) 536

9.4 Familia de control par-calculado 551

9.4.1 Control par-calculado 552

9.5 Resumen 555

9.6 Problemas propuestos 556

Referencias 557

Índice analítico 561

Plataforma de contenidos interactivos

PLATAFORMA DE CONTENIDOS INTERACTIVOS

Para tener acceso al material de la plataforma de contenidos interactivos de **Robótica: control de robots manipuladores, 2a edición**, siga los siguientes pasos:

1. Ir a la página:
   www.marcombo.info

2. Entrar con el código **ROBOTICA24** y poner sus datos para descargar gratis el contenido adicional complemento imprescindible de este libro.

Nota: Para garantizar una óptima legibilidad, las fórmulas de menor tamaño de este libro, están disponibles para descargar.

Página Web del libro

Recursos disponibles en el sitio Web de esta obra

- Código fuente en **MATLAB** (versión 2024b) de todos los ejemplos desarrollados en la obra.
- Código fuente en **MATLAB** para ejemplos adicionales y complementarios.
- Ejemplos analíticos adicionales resueltos a detalle con sus respectivas simulaciones ilustrativas.
- Descargar la información complementaria y adicional de cada capítulo y respaldar en algún directorio o carpeta previamente definida por el usuario en su equipo de cómputo.

Prólogo

El avance de la tecnología se encuentra en constante, sistemático y periódico crecimiento. El desarrollo tecnológico es un aspecto estratégico para todo país en vías de crecimiento; la trascendencia del desarrollo científico no se limita a sus consecuencias económicas, también contribuye a mejorar la salud y calidad de vida en todos los sectores de la sociedad, aumenta la reflexión y conocimiento para tener un mejor presente y aspirar a un mucho mejor futuro.

Con base en la experiencia de países avanzados, el desarrollo científico y tecnológico influyen de manera significativa en la vida de sus habitantes, reflejándose en la capacidad para crecer y absorber tecnologías más productivas; la riqueza y poderío de una nación depende en gran medida de su capacidad para innovar tecnología y generar conocimientos de manera permanente; personas especializadas en diferentes áreas del conocimiento exigen una remuneración mucho más alta y abren oportunidades para ascender a mejores puestos laborales, repercutiendo positivamente en la economía.

Hoy en día, la Robótica como parte de la automatización es un área clave y estratégica para Latinoamérica, por su enorme impacto en la vida cotidiana de las personas; también repercute en aspectos políticos, económicos, científicos y culturales de la sociedad. El progreso de la ciencia y tecnología ha transformado el concepto de robot, lo que era un androide de ciencia ficción, ahora ha pasado a ser un sofisticado y complejo instrumento de ingeniería. Inició la robótica industrial con mucho éxito en las cadenas productivas desde los años de 1960; actualmente la palabra **robot** es sinónimo de automatización, ya que es capaz de ofrecer un amplio espectro de aplicaciones en el mundo real y al mismo tiempo abre nuevas fronteras para el desarrollo de la industria y bienestar de la sociedad.

Entre las ventajas que ofrecen los robots se encuentran: reducción de costos, incremento de la productividad, quirófanos robotizados, fisioterapia asistida, mejora la calidad del producto industrial, reducir problemas de salud en ambientes hostiles y peligrosos al hombre tales como radiactivos, nucleares, militares, etc. El desempeño de la robótica en todas esas aplicaciones potenciales se ha estado perfeccionando, gracias al incrementado notable en el número de instituciones científicas y universidades que cultivan diversas áreas de la robótica, cuyo impacto se ve reflejado en el número, cada vez más grande de egresados con una formación científica sólida y visión de perspectiva en el desarrollo de la tecnología aplicada.

Organización del libro

La organización de esta obra consta de nueve capítulos estructurados en forma didáctica y pedagógica, cuya finalidad es transferir el conocimiento del área de control automático, para el estudio, análisis y diseño de una clase particular de sistemas, con dinámica no lineal y fuertemente acoplada, denominados robots manipuladores o brazos mecánicos. El contenido de este libro está dirigido a estudiantes del área de ingeniería y ciencias exactas, con el enfoque necesario para incursionar en el tema de control del robots manipuladores. Particularmente, el temario está pensando *ad hoc* para las ingenierías en electrónica, mecatrónica, robótica, sistemas automatización, computación, industrial, etcétera; así como las carreras de físico-matemáticas. Sin embargo, también puede ser tomado como texto en cursos de áreas afines con nivel posgrado.

La secuencia y presentación de esta obra inicia con el **Capítulo 1 Robótica**, contiene un estudio introductorio de la robótica, donde se destaca su importancia en el ámbito tecnológico, científico, industrial; así como el impacto de aplicaciones potenciales en diversos sectores de la sociedad; se detallan aspectos tecnológicos e históricos y las bases sólidas que se requieren de física y matemáticas para estudiar, analizar y diseñar algoritmos de control y su relación con la dinámica de robots manipuladores.

Capítulo 2 Encoders y servomotores: presenta los principales elementos y componentes que se utilizan en la construcción de un robot manipulador, tales como: sensores de posición, también conocidos como encoders y los dispositivos destinados para transferir y aplicar la energía mecánica a las articulaciones del robot, llamados servomotores. Se detallan los principios de la física, para su correcto funcionamiento.

Capítulo 3 Preliminares matemáticos: contiene la exposición del conjunto de herramientas matemáticas necesarias, para entender la dinámica y control de robots manipuladores. La robótica es una área científica multidisciplinaria que requiere de la madurez y solvencia del lenguaje elegante y universal que proporcionan las matemáticas. Se describen temas de álgebra lineal desde operaciones mixtas entre vectores y matrices, gradientes, jacobianos, sistemas dinámicos lineales y no lineales; ejemplos resueltos, con detalle y acompañados con simulaciones en código fuente de **MATLAB**.

Capítulo 4 Cinemática analítica de Euler: expone el conjunto de conceptos que utiliza la cinemática analítica, bajo el enfoque desarrollado por Leonhard Euler, cuya importancia es de enorme valor científico cuando se analizan sistemas mecánicos; se desarrolla el modelado de posición y orientación a través de los ángulos de Euler; se desglosa un conjunto de propiedades matemáticas entre las matrices antisimétricas, el producto cruz vectorial y su relación con la derivada temporal de las matrices ortogonales, para obtener un mapeo entre la velocidad rotacional y la velocidad angular. Se describen varios casos de estudio en extenso, como ejemplos de análisis.

Capítulo 5 Cinemática directa: la cinemática analítica de Euler es aplicada a mecanismos formados por cadenas de cinemática abierta; el estudio abarca un análisis completo y detallado sobre los modelos cinemáticos de diversas configuraciones de robots manipuladores, tales como: robots antropomórficos, configuraciones SCARA, esférico, cilíndrico y cartesiano. También se aborda la cinemática inversa y diferencial (velocidades rotacionales y angulares), para todas las configuraciones de robots industriales presentadas.

El **Capítulo 6 Dinámica**: utilizando las ecuaciones de movimiento desarrolladas por Euler-Lagrange se presenta un procedimiento de ingeniería, que consiste en cuatro pasos metodológicos para obtener en coordenadas articulares el modelo dinámico de robots manipuladores, el cual describe los efectos físicos de la estructura mecánica, tales como: efecto inercial, fuerzas centrípetas y de Coriolis, par gravitacional y fricción (efecto disipativo). Asimismo, también se presentan los modelos de energía y potencia mecánica. Adicionalmente, se describen las propiedades matemáticas del modelo dinámico y su aplicación en identificación paramétrica y control de robots manipuladores. Ejemplos didácticos acompañados con código fuente en **MATLAB** ilustran la metodología.

Capítulo 7 Identificación paramétrica: empleando el algoritmo recursivo de mínimos cuadrados se obtienen los valores numéricos de los parámetros que forman el modelo dinámico de un robot manipulador (centros de masa, coeficientes de fricción, momentos de inercia, etcétera); de acuerdo con la propiedad de linealidad en los parámetros del modelo dinámico se desarrollan diferentes tipos de regresores lineales por medio de los modelos: energía mecánica, dinámico y dinámico filtrado, potencia mecánica y potencia filtrada. Diversos ejemplos bien documentados y detallados, para sistemas dinámicos lineales y no lineales muestran el proceso de identificación de parámetros.

Capítulo 8 Control de posición: de robots manipuladores se desarrolla usando la metodología de moldeo de energía potencial; esta es una herramienta matemática que requiere a la teoría de estabilidad de Lyapunov para diseñar una familia extensa de algoritmos de control. A partir de una función de energía potencial artificial se moldea a través del gradiente para obtener la estructura del esquema de control o regulador; adicionalmente, se incluye un término de acción de control derivativo para inyectar amortiguamiento (freno mecánico), con la finalidad de modificar a conveniencia la fase transitoria en la respuesta del robot; para brazos mecánicos, cuyo movimiento es en un plano vertical o en su espacio tridimensional, se requiere de la compensación de gravedad.

Se presenta un análisis cualitativo de los algoritmos de control PD y PID, cuyas estructuras son básicas, para entender otros tipos de reguladores mucho más complejos. Ejemplos ilustrativos con análisis de estabilidad asintótica del punto de equilibrio de la ecuación en lazo cerrado, así como sus correspondientes resultados de simulación en **MATLAB** son presentados. Una aplicación inmediata de control de posición es el denominado control punto a punto, el cual describe el seguimiento de una trayectoria variante en el tiempo.

Esta obra cierra con el **Capítulo 9 Control de trayectoria** o control de movimiento; en esta temática un brazo robot realiza el seguimiento de una trayectoria variante en el tiempo, no solo en posición, también en velocidad, por esto son conocidos como controladores, a diferencia de un regulador que solo controla la posición, cuando la referencia es constante. La estructura de un controlador es mucho más compleja que el caso de reguladores, debido a que se retroalimenta toda la dinámica completa del robot; en contraste, un regulador retroalimenta dinámica parcial: compensación del par gravitacional. Se describen dos tipos de familias de controladores, cada una con un número grande de estrategias de control y son conocidas como: PD+ y par-calculado.

En el sitio Web de este libro se encuentran disponible todo el código fuente que se ha utilizado en las simulaciones de los ejemplos desarrollados.

Créditos de programas y herramientas de cómputo utilizados

Esta obra ha priorizado la calidad de presentación no solo en la exposición de los conceptos, también la estética y estilo de objetos pedagógicos y gráficos con la finalidad de captar y motivar la atención de alumnos y profesores. Por tal motivo, la presente obra fue editada, formada y compilada en lenguaje científico LaTeX empleando programación y macros diseñados y desarrollados por el autor, a través de MiKTeX versión 2.9 y TeX*studio* 4.5.2, AutoCAD® 2023, **MATLAB**® 2024a y SOLIDWorks® 2023.

Dr. Fernando Reyes Cortés
Facultad de Ciencias de la Electrónica
Benemérita Universidad Autónoma de Puebla

Ciudad de Puebla de los Ángeles, México a 3 de febrero de 2024.

Capítulo 1

Robótica

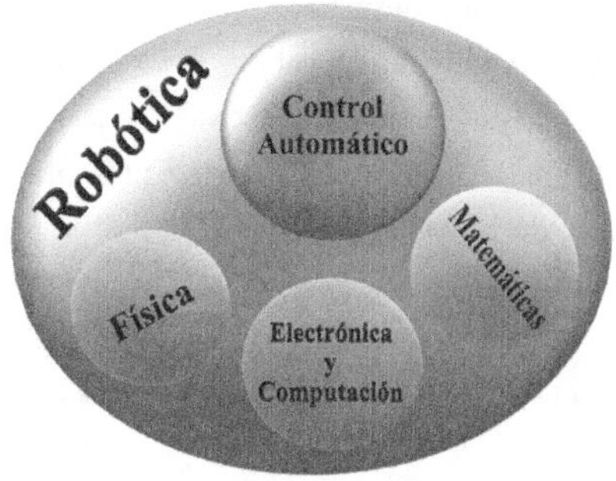

1.1 Introducción 3

1.2 Clasificación de robots 10

1.3 Desarrollo histórico de la robótica 17

1.4 Control de robots manipuladores 23

1.5 Tecnología y construcción de robots 25

1.6 Estadística de robótica 28

1.7 Tendencia en robótica: 2021-2026 32

1.8 Sociedades científicas de robótica 37

1.9 Resumen 41

1.10 Problemas propuestos 42

Descripción del capítulo

Este capítulo inicial presenta un panorama global de la robótica, desde el punto de vista estratégico de la automatización moderna. Muestra la clasificación de robots, desarrollo histórico y la tecnología que utiliza; cómo ha aumentado el número de robots activos en las empresas y en diversas aplicaciones. Exhibe una perspectiva de las principales tendencias para los próximos cinco años. Asimismo, se presenta la definición de un robot manipulador y de la robótica como área multidisciplinaria del conocimiento. Describe cualitativamente el problema de control de movimiento o trayectoria, así como control de posición o regulación. Se muestra al lector el conjunto de sociedades, revistas y congresos más importantes del área de control y robótica.

Los siguientes temas son abordados:

- Definiciones de robot y robótica
- Control de trayectoria y regulación
- Tendencias de la robótica para los próximos cinco años
- Tecnología y construcción de un robot manipulador
- Estadísticas y sociedades científicas de la robótica

1.1 Introducción

En los últimos sesenta años, la robótica no solo ha incursionado en diversas aplicaciones de la industria, también lo ha hecho en el sector de salud con gran impacto en la sociedad, cuyo propósito es beneficiar y mejorar la calidad de vida en las personas. Actualmente en los principales hospitales existen quirófanos totalmente automatizados a través de robots manipuladores por ser herramientas de alta exactitud y precisión, ideales para utilizarse en operaciones peligrosas y complicadas tales como: hidrocefalia (agua en el cerebro), cirugías a corazón abierto, trasplante de órganos, tratamiento en los ojos, entre otras aplicaciones más.

Un referente tecnológico de última generación que se emplea ampliamente en quirófanos robotizados y cirugías de alto riesgo es el denominado Robot Da Vinci, el cual se muestra en la figura 1.1.

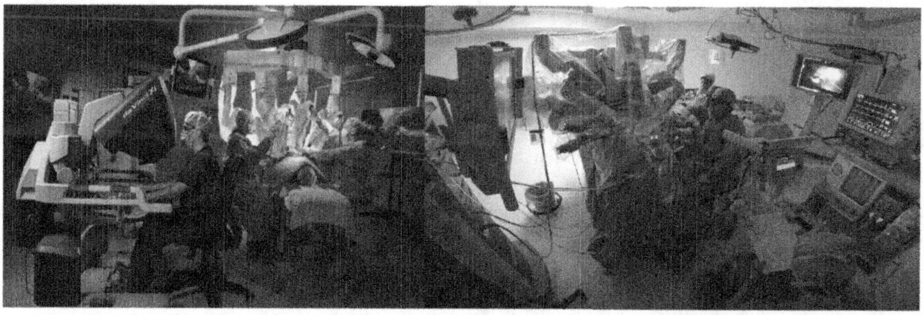

Figura 1.1: Quirófano automatizado por medio del Robot da Vinci

El desarrollo de la robótica como área aplicada inició en los años de 1960 a través del diseño y desarrollo de robots manipuladores como prototipos experimentales centros de investigación y universidades; desde entonces, se ha originado diversas aplicaciones en beneficio de la sociedad, para mejorar la vida y salud de las personas. Otro aspecto importante de la robótica es generación y aplicación del conocimiento, para mejorar la eficiencia y desempeño del robot manipulador; las principales áreas que han contribuido con su desarrollo son: dinámica no lineal, control automático, sistemas embebidos en tiempo real, servomotores, sensores, inteligencia artificial y computación.

Como consecuencia, hoy en día, la robótica es tan familiar y común que podemos encontrar robots que realizan tareas domésticas, en centros comerciales, parques de entretenimiento, hospitales, escuelas, aeropuertos, entre otros sitios más.

Robótica en el sector salud

El uso de la robótica en medicina juega un papel destacado, ya que se convierte en una eficiente herramienta que permite incrementar la seguridad, exactitud en la ejecución de cirugías de alto riesgo, por ejemplo: operaciones de los ojos, cirugías a corazón abierto o en situaciones mucho más complejas como retirar agua del cerebro (hidrocefalia).

Para un especialista cirujano, el robot manipulador se convierte en una herramienta imprescindible como instrumento quirúrgico de alta precisión y exactitud; esta tecnología le permite aplicar sus conocimientos para salvar vidas humanas. Además, el tiempo de recuperación es corto, no necesariamente requiere quedarse en observación dentro del hospital; la mayoría de las veces puede salir caminando el mismo día de su operación (ambulatoria).

La robótica permite al especialista incrementar la destreza y exactitud de cortes quirúrgicos; aprovechar toda la experiencia y conocimiento del cirujano que, por razones de edad, enfermedad, ha perdido la habilidad y pericia que se requieren en operaciones complicadas.

El cirujano requiere de un robot con alta exactitud y precisión en los movimientos, para la ejecución de maniobras en cirugías complicadas y obtener éxito en la operación que esté realizando. Esto solo es posible usando robots manipuladores; por lo que hoy en día, es común ver hospitales robotizados.

Actualmente la robótica ha alcanzado enorme impacto en beneficio de diversos sectores de la sociedad, particularmente en la salud; un robot manipulador se ha convertido en una poderosa herramienta que puede asistir a una persona en su proceso de rehabilitación. Por ejemplo, en fisioterapia asistida y personalizada, donde el paciente, con la ayuda de un robot puede recobrar la movilidad de sus extremidades con mayor facilidad, eficiencia y en menor tiempo de recuperación.

Otro ejemplo es la ayuda a personas con capacidades diferentes o que no pueden valerse por sí mismas: el robot representa un asistente impredecible que los guía, para ayudar a realizar sus actividades vitales; al mismo tiempo los protege del algún obstáculo en su entorno, con la finalidad de mejorar la calidad de vida.

La automatización de quirófanos a través de robots manipuladores garantiza mayores posibilidades de éxito en cierto tipo de cirugías complicadas, evitando errores humanos por cansancio, distracción o fatiga, brindando al especialista un instrumental de alta precisión y garantía de esperanza en la vida a los pacientes.

La robótica es considerada como un área estratégica y clave, para todo país en desarrollo; actualmente es sinónimo de modernización, puesto que coadyuva a mejorar la economía y proporciona bienestar a la sociedad, elevando sus expectativas de vida.

En el sector industrial, los robots manipuladores se han convertido en herramientas claves del proceso de automatización, debido a los beneficios que han traído consigo, tales como: reducción de costos, incremento de la productividad, mejora de la calidad del producto en menor tiempo y reducción de problemas peligrosos de salud al ser humano (como por ejemplo, manejo de objetos y material dentro de ambientes radioactivos).

La robótica como área tecnológica se puede adaptar a entornos laborales y flexibles. Una característica de la robótica es que su tendencia es vigente. Otras aplicaciones son en las empresas de mensajería instantánea que incluyen dentro de su cadena productiva robots para encontrar, organizar y seleccionar productos; los laboratorios farmacobiólogos utilizan robots manipuladores para procesar antibióticos y vacunas (figura 1.2).

Figura 1.2: Diversas aplicaciones de la robótica

Actualmente la robótica tiene gran demanda en aplicaciones de realidad virtual, ya que se desarrollan brazos mecánicos especializados, con la interfaz adecuada que incluye programación, sistemas sofisticados de visión, diseño electrónico utilizando arquitectura en microprocesadores con alto poder de cómputo y sensores con la finalidad de enviar imágenes al cerebro y que el usuario pueda interactuar con entornos o ambientes que no existen en la vida real, tal y como se muestra en la figura 1.3.

Figura 1.3: Realidad virtual

La realidad virtual es una tecnología que proporciona un excelente medio de simulación para reproducir fielmente los fenómenos físicos presentes en los sistemas dinámicos no lineales, recrea situaciones extremas de peligro, donde el operador deberá tomar ciertas decisiones importantes en tiempo real. Además, es el método más importante para entrenar conductores de automóviles, pilotos de aeronaves (simuladores de vuelo), astronautas, etcétera. Hoy en día, la realidad virtual ha llegado a los videojuegos, donde los niños aprenden no solo a ejercitar la mente, también su sistema locomotor, pues incorpora ejercicio físico a sus rutinas, haciéndola una herramienta mucho más completa y adecuada.

La robótica se dedica al estudio, diseño, construcción, análisis y control, así como sus potenciales aplicaciones de una clase particular de sistemas mecánicos denominados robots manipuladores, cuyo rasgo distintivo se encuentra en la multifuncionalidad; es decir, la estructura mecánica, electrónica y la programación asociada permite realizar una amplia variedad de aplicaciones, cambiando únicamente la herramienta de trabajo que depende de la aplicación a realizar. En contraste, los sistemas mecatrónicos realizan solo variantes restringidas de la misma actividad, como son los casos de: lavadoras electrodomésticas, despachadoras de café, aspiradoras, cortadoras de metal y papel, etcétera.

En este contexto, el diseño de las componentes mecánicas, electrónica y su programación para un sistema mecatrónico no contempla realizar multifunciones. Por ejemplo, un robot sí puede llevar a cabo aplicaciones para lavar ropa, sin embargo, no puede competir en desempeño con una lavadora de última generación, ya que esta diseñada de manera eficiente para este tipo de aplicaciones. De la misma forma, una lavadora no puede realizar otro tipo de aplicaciones, por ejemplo pintado o traslado de objetos. En resumen, un sistema mecatrónico es diferente a un robot manipulador, el concepto multifuncional es el rasgo distintivo que caracteriza a un robot.

Mecatrónica es un concepto que se basa en una antigua filosofía japonesa conocida como **KAIZEN**; significa mejora continua y consiste en perfeccionar un proceso hasta obtener un producto con la mayor calidad posible, en menor tiempo y a bajo costo; esta filosofía se aplica al sector industrial para hacerlo más competitivo y rentable. La palabra mecatrónica apareció por primera vez el 12 de julio de 1969 en un reporte técnico título **Mechatronics**, realizado por el ingeniero Tetsuro Mori y su asistente Ko Kikuchi en la compañía eléctrica japonesa Yaskawa Internal Trademark Application (ver figura 1.4). **Mechatronics** proviene de las contracciones: **Mecha** para representar a un sistema mecánico y **tronics** que determina la parte electrónica; es decir, mecatrónica es la integración de la mecánica y electrónica que por medio de programación puede realizar la automatización de una tarea específica o de un proceso industrial.

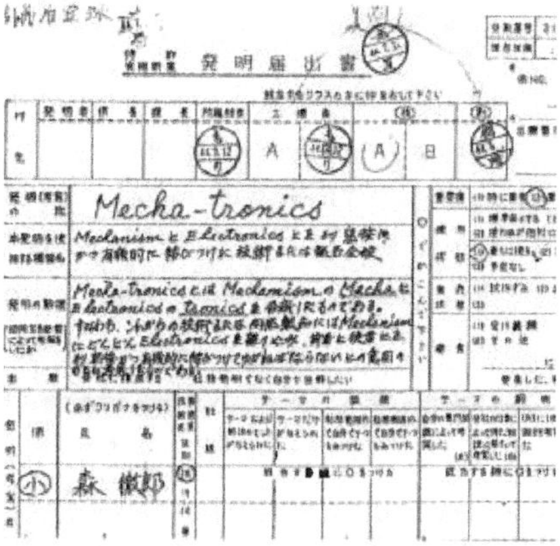

Figura 1.4: Origen de la palabra mecatrónica

Es importante establecer una definición, para un robot manipulador. Sin embargo, es importante aclarar que dicha definición no es única, puesto que dentro de la basta literatura de robótica hay una enorme variedad para definirlo; la más adoptada es la que fue establecida en 1980 por el **Robot Institute of America** (**RIA**, Carnegie Mellon University, https://www.ri.cmu.edu/), la cual establece lo siguiente:

Definición: **Robot** (RIA, Carnegie Mellon Univerity)

Es un manipulador multifuncional reprogramable diseñado para mover materiales, partes, herramientas o dispositivos especializados a través de movimientos programados, para la ejecución de una variedad de tareas.

La presente obra aborda el estudio, modelado dinámico, análisis, control y simulación de una clase particular de sistemas mecánicos denominados robots manipuladores que obedecen las leyes de la mecánica analítica establecidas y desarrolladas por Euler-Lagrange. Para las finalidades académicas de la presente obra, resulta conveniente establecer la siguiente definición, para el área de robótica.

Definición: **Robótica**

Es una disciplina científica que utiliza el área de las ciencias exactas e ingenierías, para abordar la investigación, estudio, análisis, diseño y desarrollo tecnológico de una clase particular de sistemas mecánicos denominados robots manipuladores, con características multifuncionales y que pueden realizar una amplia variedad de aplicaciones industriales, científicas, domésticas, comerciales, con beneficios potenciales en la sociedad, para mejorar la calidad de vida en las personas.

Karel Čapek (1890-1938), escritor checoslovaco

Dramaturgo y escritor quien acuñó la palabra robot en el año de 1920 en su obra satírica de teatro y ciencia ficción "Robots Universales Rossum"; en 1921 se estrenó en el Teatro Nacional de Praga. La puesta en escena de esta obra tuvo enorme éxito, por lo que fue llevada de la ciudad de Praga a Londres en ese mismo año y posteriormente a la ciudad de Nueva York en 1922. La palabra **robot** proviene del idioma checo, cuyo significado es trabajo o esclavo en el antigüo idioma eslavo. Gradualmente la palabra **robot** formó parte del vocabulario cotidiano en varios idiomas; en el contexto técnico forma parte de la automatización.

Karel Čapek nació el 9 de enero de 1890 en Malé, Svatoňovice, perteneciente al imperio austrohúngaro. En el siglo XX fue considerado el escritor más grande en lengua checa. En 1920 escribió la obra de teatro "Robots Universales Rossum" también conocida como R.U.R. (en inglés Rossum's Universal Robots o en checo Rossumovi univerzální roboti) donde describe a los robots como androides para ayudar a las personas en labores domésticas. La obra de Karel Čapek fue la base de la película *Yo, robot* (2004). Con estas características, los robots humanoides pueden llevar a cabo funciones similares a las de un mayordomo. En un futuro cercano, con el avance de la tecnología, los robots humanoides, más que ser máquinas multifuncionales, intentarán inspirar y comunicar emociones como lo visualiza la película *El Hombre del Bicentenario* (1999).

Sin embargo, la idea original de la palabra **robot** para representar a los personajes androides de la novela fue de su hermano Josef Čapek, quien no recibió los créditos correspondientes de su aportación. El 25 de diciembre de 1938, muere Karel Čapek en la ciudad de Praga, Checoslovaquia.

Hoy en día, los robots manipuladores representan nuevas fronteras para el desarrollo y bienestar de la sociedad; son piezas claves para la modernización tecnológica y han representado un factor sustancial de la economía mundial. La robótica se considera un área joven y en constante crecimiento desde el punto de vista teórico y tecnológico con amplias aplicaciones potenciales: teleoperación, medicina, agricultura, operaciones espaciales, manufactura, servicios de mensajería, limpieza de instrumental quirúrgico, ensamble de productos, servicios comerciales, entre otras.

Desde el punto de vista científico, los robots manipuladores son objetos de estudio que ofrecen un amplio espectro en la formulación de problemas teóricos-prácticos debido a la naturaleza no lineal, multivariable y con fuertes acoplamientos en su comportamiento dinámico. Las ciencias exactas, así como diversas áreas de la ingeniería: electrónica, computación y control automático representan la esencia de la robótica, que dan origen al desarrollo y aplicación del conocimiento, obteniendo diversas aplicaciones potenciales en la industria, aspectos científicos y en beneficio de la sociedad.

La robótica es de naturaleza multidisciplinaria, lo que le permite involucrar a las ciencias exactas y diversas áreas de ingeniería, es decir: matemáticas, física y principalmente electrónica, computación y control automático, como se muestra en la figura 1.5. Sin embargo, a pesar de que la esencia de la robótica es experimental y práctica, sus resultados y desarrollo son sustentados por medio de un estricto rigor científico.

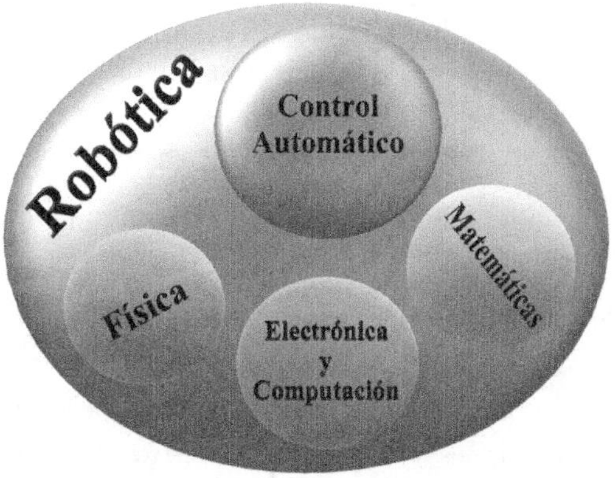

Figura 1.5: Principales áreas del conocimiento que componen a la robótica

Por tal motivo, el desarrollo y aportación de conocimientos en robótica se realiza a través de las ciencias exactas con estricto rigor matemático y por medio de una adecuada interpretación física en su comportamiento dinámico no lineal; es posible obtener un amplio espectro de aplicaciones potenciales y que de manera conjunta con diversas áreas de la ingeniería se tienen aportaciones que mejoran la calidad de vida en las personas.

1.2 Clasificación de los robots

En la actualidad, existe una gran variedad de robots con diversas estructuras geométricas y mecánicas que definen su característica de funcionalidad y tipo de aplicación. Inclusive dependen del medio ambiente donde se muevan, por ejemplo: aéreos, acuáticos, terrestres, móviles o fijos. Sin embargo, de manera muy general los robots pueden ser clasificados como se muestra en la tabla 1.1.

Tabla 1.1: Tipos de robots

Clasificación de robots	
Móviles	Terrestres: ruedas, patas
	Acuáticos: submarinos
	Aéreos: drones, cuadricópteros
Humanoides	Androides
Industriales	Brazos mecánicos
	Robots manipuladores o robots industriales (fijos a piso)

A continuación se da una breve descripción de acuerdo con el tipo de robot móvil o estático (fijo a piso).

1.2.1 Robots móviles

Una forma de clasificar a los robots móviles puede ser dependiendo del medio en que se desplacen: terrestres, marinos y aéreos. Los terrestres generalmente se desplazan a través de ruedas o patas y tienen aplicaciones en rastreo, traslado de objetos (por ejemplo, instrumental quirúrgico en hospitales), evasión de obstáculos, limpieza del área del hogar, ambientes cooperativos y en la industria donde son empleados para análisis e inspección de fisuras en oleoductos y contenedores de petróleo.

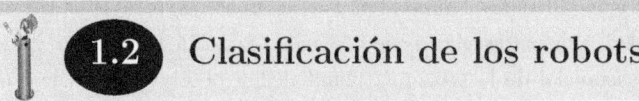

Las aplicaciones de los robots móviles pueden ser desde las más cotidianas como asistentes en el hogar, realizando actividades para limpiar y recolectar basura; drones para ser utilizados en agricultura; en investigación científica llevando a cabo maniobras en el espacio (en nuestro satélite natural la luna o en planetas) analizan y envían información de piedras, arenas, atmósfera; en arqueología son usados para transmitir señales de video del interior de cavernas, túneles, pirámides. Exploración marítima a nivel profundo en océanos (submarinos). Otro tipo de robots móviles son los tipo mascota (perros y gatos) diseñados para ser versátiles en sus movimientos, ya que realizan actividades de acompañamiento y entretenimiento a las personas. En la figura 1.6 se muestran prototipos de robots móviles.

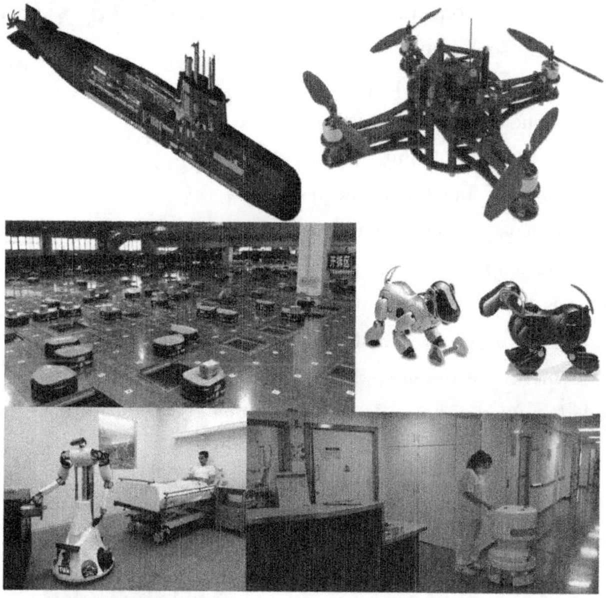

Figura 1.6: Algunos prototipos de robots móviles

1.2.2 Robots móviles acuáticos

Figura 1.7: Submarino

Ejemplos de robots móviles que se mueven en medios acuáticos corresponden a los submarinos equipados con sensores especiales para navegar y sumergirse en agua, como: sonar, radar, visión telescópica, giroscopio; poseen sistemas electrónicos complejos que permiten sumergirse y/o elevarse, para llevar a cabo maniobras de movimiento. Este tipo de robots pueden realizar exploración e investigación en océanos a varios kilómetros de profundidad. La figura 1.7 muestra un submarino prototipo convencional.

1.2.3 Drones robots aéreos

Los robots móviles que se mueven en el aire pertenecen a la categoría de aeronaves no tripuladas; por ejemplo, helicópteros, cuadricópteros o pequeños aviones operados a control remoto; pueden proporcionar imágenes aéreas para reconocimiento de terreno y superficie, son muy útiles en problemas de análisis de tráfico e inspección de edificios. La estructura matemática de la dinámica de un dron es compleja, ya que es multivariable, no lineal con fuertes acoplamientos dinámicos y generalmente de naturaleza subactuada. Una clase particular de drones es el cuadricóptero, como el que se ilustra en la figura 1.8, el cual contiene cuatro servomotores tipo *brushless* (motores sin escobillas) acoplados mecánicamente a sus respectivas hélices o propela; el torque que producen cada rotor es directamente proporcional a la fuerza de empuje, dependiendo de su magnitud cuando igualan a la fuerza de gravedad se quedan flotando en las coordenadas especificadas [Reyes, 2020].

Figura 1.8: Cuadricópetro

1.2.4 Robots humanoides

El campo de desarrollo en la robótica incluye el diseño de robots humanoides, también conocidos como androides, los cuales son máquinas antropomórficas capaces de imitar las funciones básicas del ser humano, tales como caminar, hablar, ver, recolectar, limpiar y trasladar objetos. La figura 1.9 muestra algunos prototipos de humanoides científicos. Los androides actuales son capaces de realizar actividades complicadas, por ejemplo: ejecutar danza asiática, correr alcanzando velocidades de 6 km/hora, este es el caso del robot ASIMO (Advanced Step in Innovative Mobility). Los androides son utilizados para auxiliar a personas en zonas de desastres y siniestros naturales; son estratégicos para encontrar víctimas atrapadas en lugares donde hay derrumbes, asistirlos con agua, inclusive rescatar y salvar vidas. Otras actividades son: guiar a personas invidentes, hacer tareas domésticas, etc.

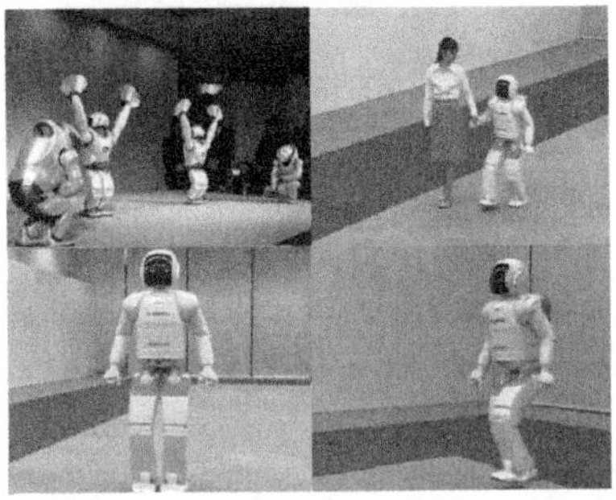

Figura 1.9: Robot ASIMO

En la figura 1.10 (izquierda) se presenta un androide cuya aplicación es decodificar texto y ejecutar determinadas tareas especificas del tipo rutinario. En el lado derecho se encuentra el robot pianista "Cuco el Guapo", el cual puede leer partituras e interpretarlas en piano. Este robot robot prototipo científico fue desarrollado en el año de 1992, por el Dr. Alejandro Pedroza Meléndez, en la Benemérita Universidad Autónoma de Puebla (BUAP), México.

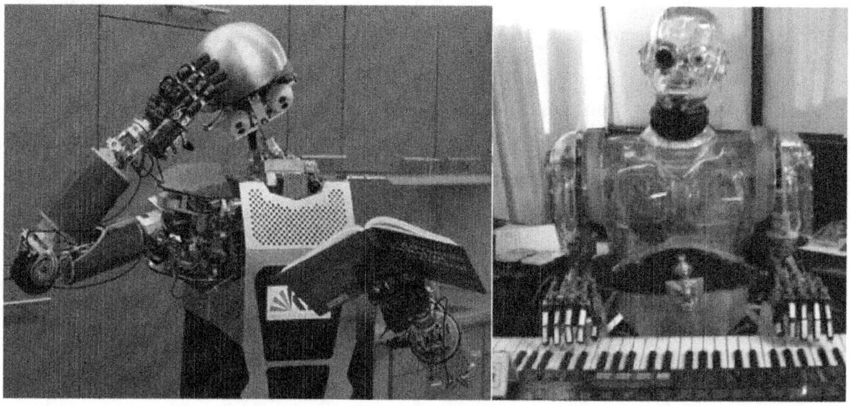

Figura 1.10: Robots androides

Es muy importante el aspecto estético que actualmente tienen los robots androides, puesto que los hace mucho más humano, confiables, amigables y agradables al momento de interactuar con las personas. Este tipo de robots pueden asistir a un sector de personas con capacitadas diferentes, guiar a invidentes, ayuda a trasladarse a diversos sitios; también coadyuva a orientar a las personas y comunicar órdenes, con la finalidad de mejorar la calidad de vida.

Las figuras 1.9 y 1.10 muestran algunas de las actividades más comunes y básicas, que hoy en día realizan los robots androides.

Robots androides

Los robots humanoides o androides, son sistemas mecánicos muy complejos con estructura dinámica no lineal; incluyen electrónica, servomotores, programación, sensores, algoritmos de control y modelos matemáticos. Los robots humanoides están ocupando la atención en todo el mundo debido a su versatilidad y aplicaciones; un aspecto clave para tal aceptación en la sociedad es su estética y similitud al ser humano, lo que les permite brindar confianza.

1.2.5 Robots industriales

Los robots industriales son la clase de robots más populares debido a la importancia que ocupan en el sector industrial y son considerados como herramientas clave para la modernización de las empresas. La industria competitiva tiene automatizado sus líneas de producción usando robots manipuladores, esto trae como consecuencia una mejor competitividad, eleva la productividad, eficiencia y rentabilidad de las organizaciones.

Las principales aplicaciones que tienen los robots industriales se encuentran en: fábricas ensambladoras de componentes automotrices, fundidores de metales, empresas textileras, procesos de soldadura de arco y punto; corte de materiales por láser, traslado y pintado de objetos, estibado de cajas, ensamble de productos electrónicos y mecánicos; inspección y prueba de calidad del producto, mantenimiento de camiones de carga, construcción y reparación de barcos y buques, los robots manipuladores también son herramientas importantes para llevar a cabo pulido y esmerilado de vidrio, traslado de desechos tóxicos, prueba y desempeño de automóviles, fabricación de calzado, vestido y alimento.

Los robots industriales son conocidos como brazos robots, brazos mecánicos o robots manipuladores por su analogía con el brazo humano; se componen de la base (cintura) que puede rotar 360° alrededor de su eje de giro, tienen articulaciones para el hombro y codo. En el extremo final del codo poseen una muñeca mecánica que permite orientar a la herramienta final, la cual determina la aplicación a realizar.

Algunos modelos de robots industriales pueden tener un peso aproximado de 3 o 4 toneladas y alcanzar una altura de más de 4 metros, el ancho de banda en su velocidad de movimiento es de 3000 mm/seg. Dentro de las características de los robots industriales se encuentran trabajar 24 horas sin descansar, todos los días del año; por lo que en aplicaciones industriales superan en desempeño a las personas, ya que los robots no se fatigan ni se distraen, no existe el concepto cansancio y tienen la habilidad de repetir el proceso siempre con el mismo tiempo y calidad (repetibilidad).

Definición: **Robot industrial**

De acuerdo con la norma ISO 8373:2012 (The International Organization for Standardization) un robot industrial es un manipulador multipropósitos, reprogramable y controlado automáticamente de tres o más ejes, fijo o móvil, para aplicaciones industriales.

Todas las industrias importantes del mundo tienen automatizadas sus líneas de producción con robots manipuladores (figura 1.11). Las personas tienen desventajas ante los robots en actividades rutinarias, como: fatiga, cansancio, distracciones, entre otros errores humanos; la productividad y rentabilidad de la empresa se ve comprometida y también la calidad del producto. En contraste, una característica importante de los robots es la repetitividad; pueden realizar actividades programadas con la misma calidad y eficiencia durante todos los días del año, optimizando tiempos en el proceso de producción. Por eso los robots manipuladores son parte clave de la modernización industrial.

Figura 1.11: Brazos robots

Las compañías más importantes de robótica que diseñan y fabrican robots industriales se encuentran las siguientes: FANUC, ABB, KUKA, MOTOMAN, EPSON. Estos fabricantes tienen una gran diversidad de modelos especializados en aplicaciones industriales específicas. En la figura 1.12 se muestra el modelo FANUC 2000*i*D para realizar traslado de objetos con carga pesada. Por ejemplo: estibado de materiales y transporte de cajas; tiene 6 ejes y puede desplazar objetos de 210 kg. Entre algunas de las aplicaciones típicas de los robots industriales se pueden citar las siguientes: proceso de pintado en carrocerías automotrices, accesorios, cubetas, tinas, cajas; soldadura de punto y por arco en puertas de automóviles y diversas piezas industriales, traslado de herramientas, estibado y empaquetado de materiales, clasificación de materiales por inspección visual (utilizando cámaras de video), etcétera.

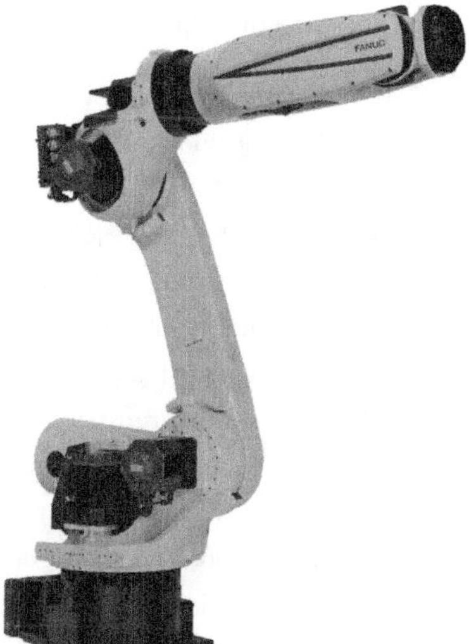

Figura 1.12: Modelo Fanuc R-2000*i*D

En forma general, un robot industrial está formado de la siguiente manera:

- **Articulaciones** o **uniones** formadas por servomotores que permiten la conexión y movimiento relativo entre dos eslabones consecutivos del robot.

Dependiendo del tipo de movimiento que produzcan las articulaciones del robot pueden ser del tipo rotacional o lineal. Las articulaciones lineales o también conocidas como prismáticas tienen unidades de medición en metros; mientras que las articulaciones rotacionales están dadas en radianes o grados.

Actuadores son sistemas que suministran la energía necesaria a las articulaciones del robot para producir movimiento mecánico. Pueden ser servomotores (elementos electromecánicos), neumáticos o hidráulicos.

Sensores proporcionan información del estado interno del robot. Posición y velocidad articular son las variables más comunes en el sistema de sensores. En aplicaciones específicas se emplean sensores de fuerza para conocer la interacción con el medio ambiente, cámaras de video para localizar objetos en el espacio de trabajo. La capacidad de percepción del robot es mejorada con el sistema de **sensores**, para responder a su entorno de manera versátil y autónoma.

En robótica de particular interés son los sensores de posición conocidos como encoders, cuya fabricación se realiza por medio de optoelectrónica; proporcionan información del desplazamiento articular en los servomotores, como se muestra en la figura 1.13. Consisten de una fuente de luz (emisor) que incide directamente sobre el lado frontal de un disco o plato de vidrio con ranuras transparentes, también pueden ser orificios codificados colocado directamente en el rotor del motor que al girar permite el paso de rayos de luz en infrarrojo. El detector de luz (receptor) registra esos rayos que han pasado por las ranuras del disco; la señal de luz es acoplada a un circuito electrónico para generar pulsos de salida proporcional al ángulo de rotación. En la práctica, un arreglo de diodos LED son usados como fuente de luz infrarroja a través de un disco con ranuras, guiándola a un dispositivo fotosensible (receptor de luz, por ejemplo un fototransistor). La señal de luz es procesada por un comparador electrónico para obtener una onda rectangular estable, la cual representa el desplazamiento proporcional de giro en los servomotores del robot.

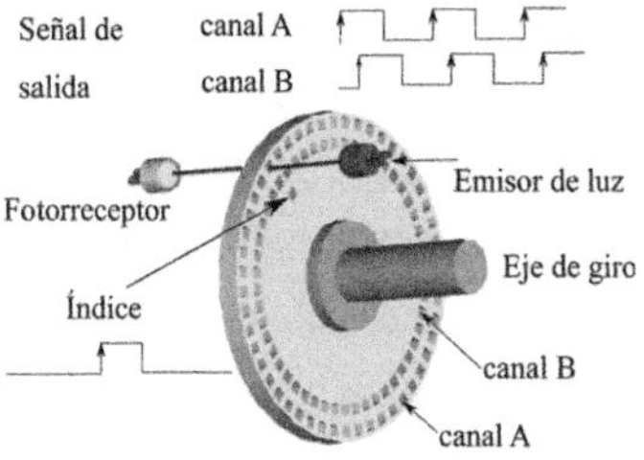

Figura 1.13: Encoder

El **Sistema mecánico** del robot consiste de una secuencia de eslabones rígidos fabricados de metal (aluminio o fierro dulce) conectados en cadena abierta por medio de servomotores. En el extremo final del último eslabón tiene acoplada una muñeca mecánica para orientar la herramienta de trabajo.

Consola de control es un sistema electrónico con la etapa de potencia encargada de suministrar energía al robot para su movimiento. Tiene un dispositivo portátil llamado *teach pendant*, para brindar la interfaz requerida entre el usuario y el sistema mecánico, con instrucciones de programación. La consola de control también incluye los algoritmos de control programados en el sistema operativo del robot para guiarlo. La capacidad del robot, para realizar la tarea asignada con alto desempeño depende del esquema de control, el cual determina la ejecución de movimiento tomando en cuenta las restricciones del sistema mecánico y el medio ambiente donde interacciona el robot.

1.3 Desarrollo histórico de la robótica

EL desarrollo de los sistemas mecánicos tuvo una notable influencia con el genio de Leonardo da Vinci (1452-1519), quien fue conocido principalmente por sus actividades de pintura, de la cual subsistía. No obstante, además de esa actividad se desempeñó como científico, ingeniero, médico, escultor, músico, filósofo, entre otras actividades. Su personalidad polifacética siempre lo llevó a estudiar y entender la naturaleza: fueron sus principales características para diseñar, innovar y perfeccionar. En el ámbito de ciencia e ingeniería diseñó una multitud de prototipos mecánicos, para diversas aplicaciones y de gran utilidad para la ciudad de Florencia, donde pasó varios años de su vida. Diseñó puertas semiautomáticas que a través de contrapesos y poleas podían abrir y cerrar sin necesidad de ser operadas manualmente.

Reproducciones fabricadas en madera de varios prototipos diseños por Leonardo pueden ser encontrados en el Museo Leonardo da Vinci de la ciudad de Florencia, Italia, donde se presenta permanentemente la muestra de prototipos "Le Grandi Macchine Funzionanti":

- https://www.mostradileonardo.com/
- https://www.museoleonardiano.it/
- https://www.city-sightseeing.it/en/leonardo-interactive-museum-firenze/

Leonardo da Vinci

(1452-1519)

Inventor italiano

El 15 de abril de 1452 nació Leonardo da Vinci en Anchiano (hoy es la Toscana italiana), se ubica a pocos kilómetros del poblado de Vinci. Leonardo fue multifacético: pintor, arquitecto, ingeniero, inventor y consejero militar en Florencia. Debido a su enorme genio, capacidad, talento y creatividad se le conoce como "el hombre del renacentismo".

De 1486 a 1515 Leonardo escribió sus tratados sobre el vuelo de los pájaros; de geniales intuiciones y gran agudeza de análisis; da Vinci define primero el movimiento del viento y luego describe de qué manera los pájaros se gobiernan en este fluido, solo con el simple equilibrio de sus alas y de su cola.

Leonardo creyó firmemente en la posibilidad de que la humanidad pueda imitar el vuelo de las aves, él dijo: "*Siempre he sentido que es mi destino construir una máquina que le permita al hombre volar, la máquina voladora reproducirá todos los movimientos de un ave*".

Esta confianza que siempre mostró Leonardo derivó de una concepción general de cómo veía el mundo natural. Él se dedicó a la realización de pájaros y objetos voladores obtenidos con mecanismos automáticos o incluso inflando materiales elásticos. Entre los primeros dibujos se encuentran el de un insecto volador (libélula), una máquina voladora con alas artificiales y el tornillo aéreo o helicóptero.

Leonardo Da Vinci murió el 2 de mayo de 1519 en Amboise, Francia.

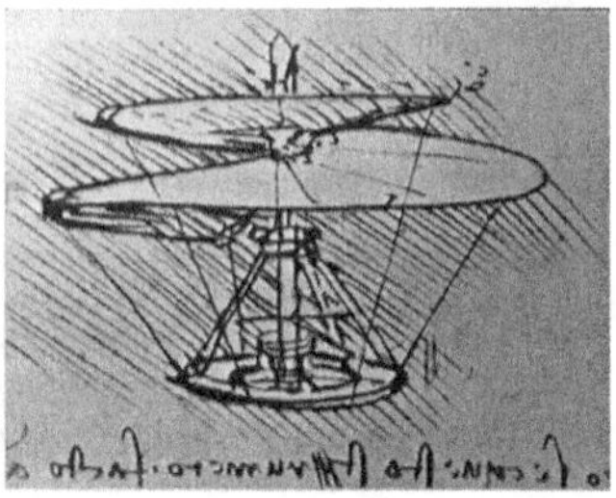

Fig 1.14: Helicóptero de Leonardo

La máquina voladora (el tornillo aéreo) se ilustra en la figura 1.14, conocida como el helicóptero de Leonardo. También concibió máquinas con diferentes estilos: uno o varios pasajeros, un piso o dos, con piloto acostado o de pie.

El piloto era el motor del avión, ya que él mismo debía mover con sus brazos, piernas, pies y dedos del sistema mecánico de las alas a través de elaborados componentes usando poleas y cables.

Leonardo afirmaba que las aves obedecen a las mismas leyes matemáticas de todos los demás mecanismos, este principio aun continúa vigente.

Como parte del Manuscrito B, entre otras máquinas voladoras, aparece el estudio del tornillo aéreo sometido a rotación. En este códice, todos los dibujos están realizados a pluma, técnica que permitía rapidez y precisión. Leonardo dedicó gran atención tanto al potencial dinámico del cuerpo humano, como a otro aspecto: el aire, elemento esencial con que la máquina voladora debe funcionar.

La figura 1.15 muestra la exhibición de prototipos mecánicos: **Leonardo da Vinci, 500 años de Genialidad** en el Museo Barroco de la Ciudad de Puebla, México (enero-julio, 2021). Entre los que sobresalen: bicicletta, carro ad autotrazione y carro armato.

Figura 1.15: Prototipos de Leonardo da Vinci (Museo Barroco, Puebla)

Varios de los diseños de Leonardo da Vinci fueron dedicados a la música: innovó sistemas musicales que al desplazarse podrían reproducir la melodía que él grababa en forma codificada sobre un cilindro metálico. Un sistema ampliamente utilizado fue el de engranes para subir y bajar los portones de los castillos medievales; con una simple manivela se podían desplazar o mover más de 20 toneladas.

Las contribuciones de da Vinci en ciencia y tecnología son innumerables. Actualmente existe una sociedad en Florencia "Renaissance Engineers" que se encuentra recopilando, divulgando y publicando los créditos y logros del inventor. Poco a poco se han encontrado sus notas donde describe a detalle experimentos científicos, cálculos matemáticos, planos de ingeniería, etc. En las comunidades de Florencia y en Milano existen varios museos donde se encuentran reconstrucciones de sus principales prototipos; esos museos son interactivos, donde es posible aprender de los principios físicos y matemáticos que ocupó en sus inventos.

Entre sus interesantes inventos se encuentra un sistema para cortar madera llamado "sierra mecánica". Llegó a desarrollar puentes para ríos, que eran fácilmente desarmables y podían soportar una cantidad sorprendente de personas. Máquinas para navegar en ríos y también en mar abierto con avanzados sistemas de propulsión que aprovechaban al máximo las corrientes de viento, así como sistemas mecánicos rotacionales para recolectar agua usando espirales para transportarla de abajo hacia arriba (en contra de la gravedad). Es importante subrayar que da Vinci no construía sus diseños, eran otras personas como carpinteros, herreros y artesanos quienes con base en las instrucciones detalladas en sus notas, esquemas y planos llevaban a cabo la construcción y la puesta en operación.

Particularmente el estudio de fenómenos físicos del robot, en 1519, Leonardo da Vinci describió que la fuerza de fricción es proporcional a la carga y que es un fenómeno que se opone al movimiento; pero este hecho permaneció escondido por muchos años. Los estudios del fenómeno de fricción de da Vinci fueron redescubiertos por Amontons en 1699 y posteriormente desarrollados y publicados por Coulomb en 1785.

A continuación se presentan algunos acontecimientos históricos importantes en el área de la robótica.

- En la historia de la humanidad, varios siglos antes de Cristo, existen registros de máquinas automatizadas empleadas en las guerras, agricultura, construcción, catapultas, máquinas de fuego, órganos de viento, máquinas de vapor, etcétera.
- En el año de 1206 se tiene registrado el primer robot humanoide desarrollado por *Al-Jazari.*
- En 1352 fue desarrollado un gallo mecánico que cantaba y agitaba las alas, conocido como Gallo de Estrasburgo; se colocó en el tejado de la catedral de aquella ciudad.
- El robot de Leonardo da Vinci se refiere al humanoide automatizado que realizó en el año 1495 (el diseño original fue encontrado en la notas de Leonardo da Vinci en el año de 1950).
- En el año de 1738 fue diseñado y construido un pato mecánico con movimientos simples, diseñado por Jacques de Vaucanson.

En la época contemporánea se han logrado los siguientes desarrollos:

- En el año 1920 Josef Čapek introdujo la palabra "**robot**" en la obra satírica de su hermano Karel Čapek, Russum's Universal Robots.
- Entre 1939 y 1940 se exhibió un robot humanoide llamado **Elektro** en la feria del mundo, fabricado por la empresa Westinghouse Electric Corporation.

- En la década de los años de 1940 y principios de los años 1950 se inició el desarrollo de la tecnología en robótica.

- En 1954, George Devol diseñó el primer robot reprogramable conocido como **Unimate**, fue puesto en operación en 1961 en la empresa General Motors por George Devol y Joe Engelberg. De esta forma, en poco tiempo, en 1956, la empresa UNIMATE se convirtió a UNIMATION, la primera compañía mundial en fabricar robots. En esta época los robots fueron llamados máquinas de transferencia programables puesto que su principal uso era transferir o mover objetos de un punto a otro.

- En 1961, Victor Scheinman en la Universidad de Stanford desarrolló un robot articulado de 6 ejes, conocido como robot Stanford.

- En 1963, Fuji Yusoki Kogyo desarrolló el primer robot para aplicaciones en palletzing, cuyo nombre fue **Palletizer**.

- La empresa sueca-suiza ABB (Asea Brown Boveri) en 1973 introdujo al mercado el primer robot IRB6 controlado por un microprocesador.

- En 1973, la empresa alemana KUKA Robotics (KUKA Roboter GmbH) construyó el primer robot articulado electromecánico de 6 ejes conocido como FAMULUS.

- En la década de los años de 1970 se desarrolló notablemente el incremento de compañías de robots: algunas ya existentes emigran al campo de la robótica como General Electric, General Motors, la cual se unió a FANUC Robotics y FANUC LTD de Japón. También en estos tiempos emergen compañías como Automatix y Adept Technology Inc.

- En 1975, Victor Scheinman desarrolló el robot PUMA (Programmable Universal Machine for Assembly o Programmable Universal Manipulation Arm) de la compañía UNIMATION (inicialmente este robot fue desarrollado para General Motors). El modelo más popular fue el PUMA-650.

- En 1981, Haruhiko Asada diseñó y construyó el primer robot de transmisión directa en la Universidad de Carnegie–Mellon, Pittsburgh, Pennsylvania.

- En 1984, la compañía UNIMATE fue adquirida por Westinghouse Electric Corporation (por 107 millones de dólares norteamericanos), quien a su vez la vendió a Stäubli Faverges SCA en 1988, y posteriormente en 2004 adquirida por Bosch.

- En 1992, Alejandro Pedroza desarrolló en la Benemérita Universidad Autónoma de Puebla el primer androide pianista de México "Cuco el Guapo", el cual incluye servomotores y articulaciones neumáticas, sistema óptico para leer partituras; fue una aplicación del microprocesador ILA9200.

- En 1994, fue puesto en operación en México el primer robot de transmisión directa con dos grados de libertad realizado en el Centro de Investigación Científica y de Estudios Superiores de Ensenada, CICESE (Rafael Kelly, Fernando Reyes y Víctor Santibáñez).

- El primer robot de transmisión directa (movimiento tridimensional) de tres grados de libertad en México, fue puesto en por Fernando Reyes en 1998. Escuela de Ciencias de la Electrónica, BUAP.

- En 1999, SONY desarrolla AIBO una mascota robot "pet dog", el cual incluye algunos algoritmos de inteligencia artificial.

- En el año 2000, se diseñó el primer robot para cirugía laparoscópica, llamado Robot da Vinci.

- El 31 de octubre del año 2000, fue presentado el robot humanoide ASIMO, el cual puede caminar e interactuar con personas. Este robot fue fabricado por la compañía Honda Motor Co. Ltd.

- En 2002, la compañía General Motors Controls, Robotics and Welding (CRW) donó al Museo Nacional de Historia Americana el prototipo original del robot PUMA.

- En 2012, inicia la incorporación de los algoritmos de inteligencia artificial en la robótica.

- En 2016, se desarrolla el robot androide Sophia por David Hanson. Sophia incluye algoritmos de inteligencia artificial y estructuras de aprendizaje autónomo para procesar y analizar lenguaje no estructurado.

- En 2020, se desarrollan los protocolos de conectividad en la nube para robots colaborativos; mejoras en el desarrollo analítico y seguridad.

- El 18 de febrero de 2021 a las 20:55 horas GMT, el robot Perseverance desarrollado por la NASA llega y aterriza exitosamente en el planeta Marte.

- Actualmente, en 2022, se desarrollan los robots de la quinta generación. Robots inteligentes, con sensores sofisticados y control en tiempo real.

1.4 Control de robots manipuladores

Los robots industriales realizan correctamente una gran variedad de actividades y aplicaciones, que a simple vista parecería innecesario desarrollar investigación sobre el tema de control de robots. Sin embargo, es importante resaltar que hoy en día, la ejecución de aplicaciones demanda alta precisión, eficiencia y desempeño. De ahí que el diseño de controladores sigue siendo un área intensa de investigación y generación de conocimientos por parte de universidades, centros de investigación científica y fabricantes de robots.

El diseño de algoritmos de control, para robots manipuladores es un tema fundamental de la presenta obra (ver capítulos 8 y 9), con esta finalidad se requiere conocer el comportamiento dinámico del robot (capítulo 6), así como tener una adecuada estructura matemática de control tal que, pueda realizar con exactitud y alto desempeño la tarea programada. Hoy en día, el diseño de esquemas de control ofrece grandes retos teóricos que mejoran sustancialmente problemas de origen práctico; su estudio resulta indispensable en aplicaciones que no pueden ser llevadas a cabo por medio de los robots comerciales.

El problema general de control de robots manipuladores se denomina control de movimiento, también llamado control de trayectoria, consiste en diseñar una estructura de control $\boldsymbol{\tau}$, tal que se pueda cumplir con el siguiente objetivo de control: $\text{lím}_{t\to\infty}\left[\dot{\tilde{\boldsymbol{q}}}(t),\ \tilde{\boldsymbol{q}}(t)\right]^T = \boldsymbol{0} \in \mathbb{R}^{2n}$, $\forall t \geq 0$; donde t es la evolución del tiempo; $\tilde{\boldsymbol{q}}(t) \in \mathbb{R}^n$ es el vector de error de posición definido como: $\tilde{\boldsymbol{q}}(t) = \boldsymbol{q}_d(t) - \boldsymbol{q}(t)$, siendo $\boldsymbol{q}_d(t) \in \mathbb{R}^n$ la trayectoria o referencia deseada variante en el tiempo y $\boldsymbol{q}(t) \in \mathbb{R}^n$ la posición articular del robot; el error de velocidad es: $\dot{\tilde{\boldsymbol{q}}}(t) = \dot{\boldsymbol{q}}_d(t) - \dot{\boldsymbol{q}}(t)$, donde $\dot{\boldsymbol{q}}_d(t) \in \mathbb{R}^n$ es la velocidad deseada y $\dot{\boldsymbol{q}}(t) \in \mathbb{R}^n$ es la velocidad articular de movimiento del robot; $\boldsymbol{\tau} \in \mathbb{R}^n$ es la entrada al robot y significa el par aplicado o torque. La dimensión del espacio euclidiano de los vectores es $n \in N$, representa el número de servomotores que contiene el robot, es decir, los grados de libertad (gdl) en coordenadas articulares.

La figura 1.16 muestra el diagrama a bloques del problema de control de trayectoria de robots manipuladores; incluyen la dinámica completa del robot, por lo que es un problema complejo, debido a que no solo se requiere contar con la estructura matemática del modelo dinámico, también se necesita conocer los valores numéricos de los parámetros del robot para realizar su implementación práctica: tales como, momentos de inercia, centros de masa y coeficientes de fricción; esto se resuelve con esquemas de identificación paramétrica usando mínimos cuadrados (ver capítulo 7: Identificación paramétrica).

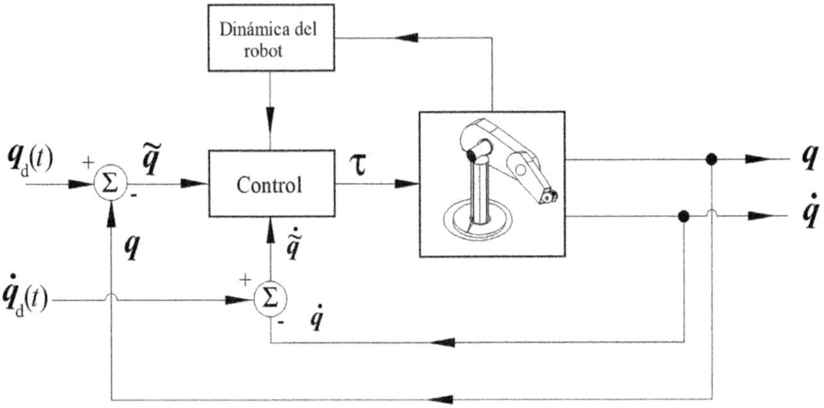

Figura 1.16: Diagrama a bloques de control de movimiento

El objetivo de control de movimiento consiste en llevar a los errores de posición $\tilde{\boldsymbol{q}}(t)$ y de velocidad $\dot{\tilde{\boldsymbol{q}}}(t)$ en forma asintótica hacia el punto de equilibrio del espacio de estados. El diseño de control $\boldsymbol{\tau}$ resulta clave para alcanzar ese objetivo, puesto que significa la energía aplicada a cada articulación del robot, tal que siga con exactitud desde cualquier condición inicial $[\,\boldsymbol{q}(0), \dot{\boldsymbol{q}}(0)\,]^T$ a las referencias deseadas $\boldsymbol{q}_d(t)$ y $\dot{\boldsymbol{q}}_d(t)$. Un caso particular de control de movimiento es control de posición o regulación, en este caso, la referencia deseada es constante $\boldsymbol{q}_d \in \mathbb{R}^n$ (*set-point*) y la velocidad de movimiento $\dot{\boldsymbol{q}} \in \mathbb{R}^n$ se utiliza como inyección de amortiguamiento. Para este problema únicamente se regula la posición articular del robot [Kelly et. al, 2005], [Reyes and Basil, 2020].

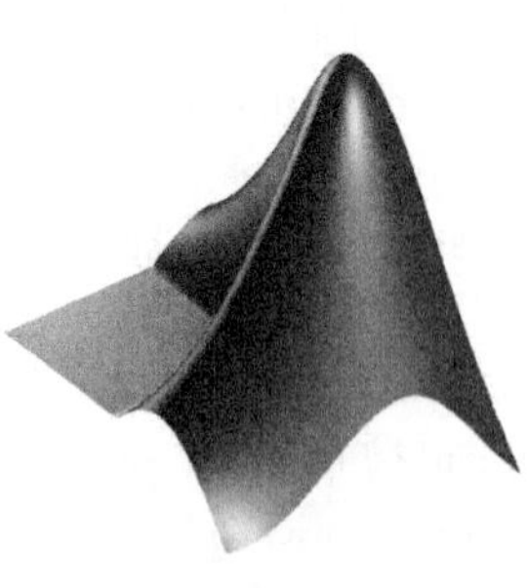

Figura 1.17: MATLAB

Los conocimientos desarrollados en la presente obra han sido evaluados en el ambiente de programación **MATLAB** (versión 2024a), el cual posee un lenguaje orientado a objetos, secuencial y estructurado de alto nivel que permite analizar y estudiar el comportamiento de los robots manipuladores.

1.5 Tecnología y construcción de robots

UNA forma general, para clasificar a los robots manipuladores es por medio de la tecnología con la que fueron construidos; particularmente el tipo de articulaciones y eslabones; por ejemplo, existen los denominados robots tradicionales fabricados con sistemas de engranes-reductores y aquellos robots que utilizan la tecnología conocida como transmisión directa (*direct-drive*).

Los robots tradicionales emplean engranes para amplificar la capacidad limitada de par en sus motores y reducir la velocidad rotacional de los mismos, como se muestra en el servomotor de la figura 1.18. Su principal desventaja es que el sistema de engranes produce fenómenos de elasticidad en las articulaciones e introduce fricción; este fenómeno representa un inconveniente, para los sistemas de engranaje, el cual es un fenómeno disipativo; esto significa que convierte la energía mecánica en energía térmica, degradando las partes mecánicas de los engranes. A su vez, repercute en errores de posicionamiento y en un envejecimiento gradual de las componentes electromecánicas del robot.

Los sistemas de engranaje juegan un papel importante en la construcción y diseño de robots manipuladores; se utilizan como reductores de velocidad y también para amplificar el torque o par aplicado a las articulaciones; se encuentran acoplados mecánicamente al rotor, flecha o bobina del motor. Sin embargo, es importante recalcar que el sistema de engranes aumenta notablemente la fricción, así como el juego mecánico (cascabeleo). Los torques de fricción pueden alcanzar una considerable magnitud, como para predominar sobre la dinámica del manipulador. Por ejemplo, la cantidad de fricción presente en el robot PUMA 600 puede llegar al 45 % del par máximo aplicado al motor, lo que significa que gran parte de la energía inyectada al robot no se aprovecha, literalmente se evapora por el efecto disipativo.

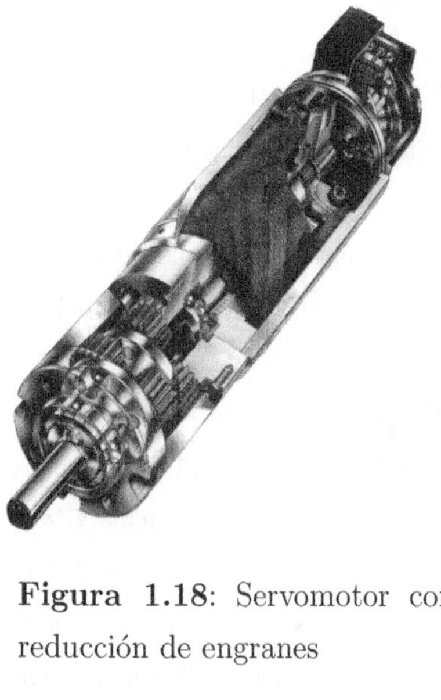

Figura 1.18: Servomotor con reducción de engranes

1.5.1 Servomotores de transmisión directa

Un tipo de tecnología de servomotores importante en robótica es la que se conoce como transmisión directa (*direct-drive*), proporciona mejor desempeño práctico a los robots manipuladores, que los servomotores tradicionales que utilizan sistemas de engranes.

Transmisión directa entrega energía aplicada a los servomotores sin pérdida de la energía, lo cual significa que el cómputo en el sistema embebido donde se ejecuta el algoritmo de control, la transferencia de energía hacia el servoamplificador no tendrá perdidas.

Otra ventaja de la tecnología de transmisión directa es que el servomotor funciona como una fuente ideal de par o torque; al no tener pérdida de energía, como sucede con el sistema de engranaje, entonces mejora el desempeño del servomotor; el rotor del motor está acoplado directamente al eslabón.

En este tipo de motores, la flecha desaparece, el rotor es parte de la carcasa que gira con respecto al estátor, el cual permanece estático.

La tecnología de transmisión directa elimina el cascabeleo o falta de movimiento y reduce significativamente el fenómeno de fricción comparada con los robots convencionales; la fricción no se elimina completamente (se requiere para obtener el atractor del punto de equilibrio), su magnitud se reduce al 8 % de su capacidad máxima, debido a que el motor no tiene escobillas (*brushless*).

Por otra parte, los materiales de construcción hacen que el rotor y el estátor se encuentren levitando entre sí. Además, la construcción mecánica del robot es mucho más simple y la exactitud en el posicionamiento del extremo final del robot es mejorada. Una característica importante de la tecnología de transmisión directa es que la electrónica asociada al motor lo hace funcionar como fuente ideal de par aplicado; esto significa que independiente de la carga mecánica, mantiene constante el par solicitado en cada periodo de muestreo.

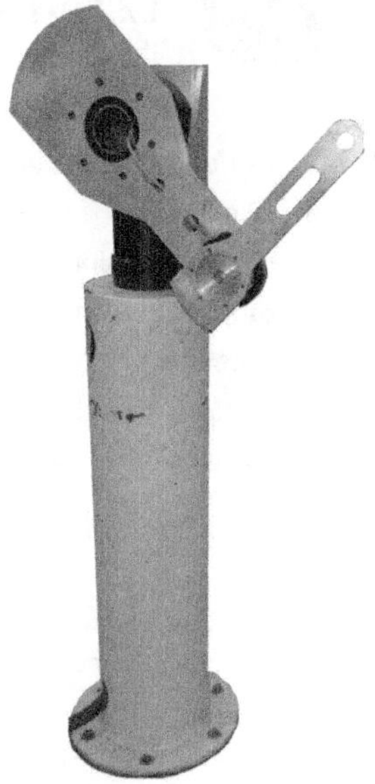

Figura 1.19: Robot manipulador de transmisión directa de 3 gdl

Hoy en día, los servomotores de transmisión directa (*direct-drive*) ofrecen considerables ventajas para el diseño, construcción y desempeño de robots manipuladores. Funcionan como fuente de par, aceptando una señal analógica de voltaje, la cual es convertida a una señal física de torque o par aplicado a las articulaciones del robot a través del servoamplificador (electrónica del servomotor). La figura 1.19 muestra un robot manipulador de 3 gdl, el cual es un prototipo de investigación, con el propósito de evaluar experimentalmente nuevas estructuras de control; se encuentra en el Laboratorio de Robótica y Control de la Facultad de Ciencias de la Electrónica en la Benemérita Universidad Autónoma de Puebla, México. Este tipo de infraestructura experimental de robótica fortalece el equipamiento de laboratorios de las áreas de ingeniería y posgrado en control automático, coadyuvando a desarrollar temas de tesis con diversas aplicaciones. Al mismo tiempo, permite realizar experimentos entre algoritmos de control clásicos y nuevas estrategias para publicar los resultados en revistas de prestigio JCR (Journal Citation Report).

Una enorme ventaja de la tecnología de transmisión directa, es que el fenómeno de fricción se reduce, así como el juego mecánico debido a que desaparece el sistema de engranaje. Por ejemplo, típicamente la fricción se encuentra entre el 5 % y 8 % de la capacidad máxima del servomotor.

Otra ventaja importante en los servomotores de transmisión directa, cuya característica repercute ampliamente en aspectos de investigación científica, es que pueden ser configurados en modo de arquitectura abierta, lo que permite evaluar prácticamente cualquier esquema de control, por muy complejo que sea la estructura matemática del esquema de control. Adicionalmente, el sensor de posición (encoder del tipo incremental) tiene alta resolución; por ejemplo: 4,096,000 pulsos por cada 360 grados o giro completo; dicha lectura puede ser acoplada a un contador incremental implementado en plataforma FPGA y transferida a un microprocesador para su procesamiento en tiempo real.

1.6 Estadística de robótica

En países desarrollados la robótica se ha consolidado como área clave y estratégica no solo en el sector industrial, también con gran impacto y beneficio en otras áreas, tales como: medicina, fisioterapia, robótica asistida a personas con capacidades diferentes, quirófanos robotizados aplicados en cirugías de alto riesgo, actividades domésticas, servicios comerciales, etc. Año tras año el número de robots utilizados en la industria se ha incrementado en todo el mundo. Actualmente la cadena productiva en las líneas de proceso se encuentra completamente automatizada por medio de robots manipuladores, las empresas son mucho más eficientes y rentables; ofreciendo productos con mayor calidad a menor costo.

Un análisis estadístico a nivel mundial sobre el uso de robots en la industria es el desarrollado por World Robotics-IFR (International Federation of Robotics, fuente https://ifr.org/), el cual arroja resultados muy interesantes; desde el año 2000, se ha mantenido una tasa anual de crecimiento sistemático de 25,000 robots, de tal forma que, para el año 2008, se colocaron más de un millón de robots industriales en diversas empresas. Actualmente los principales países usuarios de robótica son: Corea del Sur, Singapur, China, Japón, UE, EUA, Alemania e Italia.

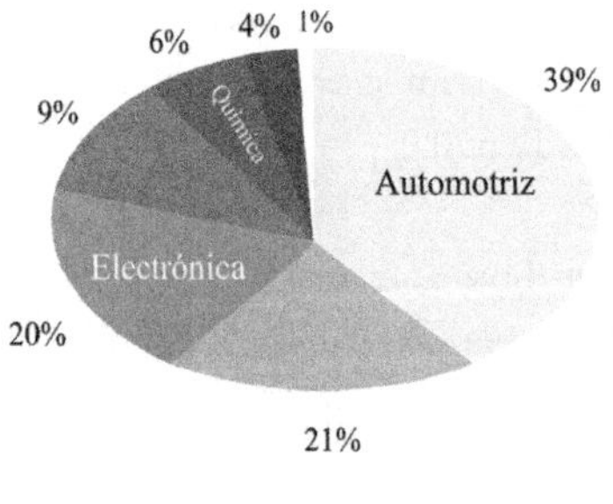

Figura 1.20: Aplicaciones

De acuerdo con World Robotics-IFR, en el año de 2014, los sectores de la industria con mayor participación a nivel global en la adquisición de robots manipuladores fueron (figura 1.20): el automotriz (39 %), industria electrónica (20 %), química y plástico (6 %), alimentación (comida y bebidas) con 4 %, entre otros. Hoy en día, diversas tecnologías de vanguardia se encuentran conectadas al campo de la robótica para obtener mejor desempeño en sus aplicaciones, por ejemplo: aprendizaje automático e inteligencia artificial, internet industrial de las cosas o Industrial Internet of Things (IIOT), colaboración hombre-máquina, sistemas móviles autónomos, robots inteligentes, por citar algunos; como parte crucial de la modernización industrial manufacturera mundial, la cual se enfrenta a grandes desafíos.

Al igual que las tendencias de consumo que cambian rápidamente con la escasez de recursos y trabajadores calificados, envejecimiento de la sociedad y demanda de producciones locales, la automatización industrial flexible con base en la robótica ofrece la solución a todos estos desafíos. Las economías con mayor densidad de robots activos instalados por cada 10,000 empleos y que se muestran en la figura 1.21, destacan: Corea del Sur cuenta con 531 robots, le siguen Singapur (398), Japón (305), Alemania (301) y Suecia con 212 robots. Mientras que EUA ocupa la octava posición con 176 unidades.

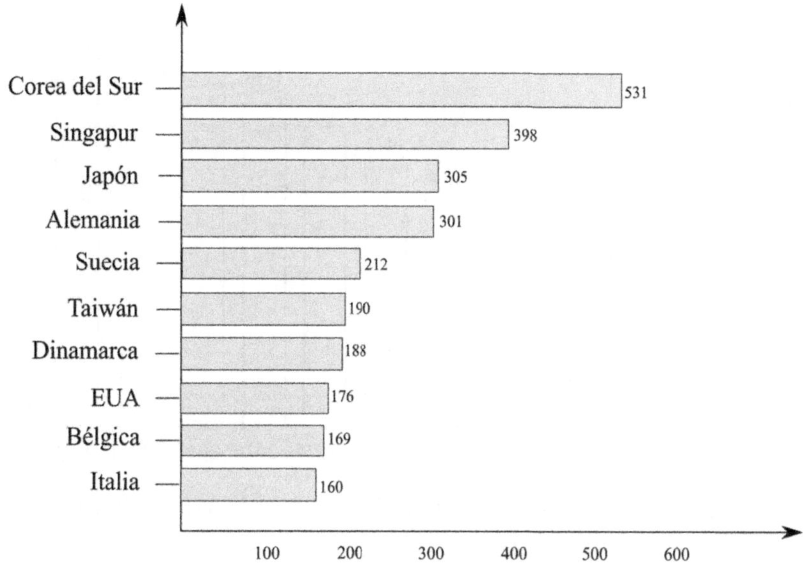

Figura 1.21: Países con mayor densidad de robots por cada 10,000 empleos

Los países latinoamericanos se encuentran muy por debajo con respecto a los primeros 10 países mostrados en la figura 1.21, siendo el promedio de 69 robots por cada 10,000 empleos. México ocupa el lugar 30 a nivel mundial con 33 robots por cada 10,000 trabajadores; Argentina se ubica en el lugar 36 con 16 unidades, mientras que Brasil en el lugar 38 con 11 robots.

La figura 1.22 presenta la disponibilidad de unidades de robots de los fabricantes de robótica desde el año 2009 al 2019 para diversos sectores de la industria. Debido a la demanda creciente de la robótica en la industria, el incremento de unidades es cada vez mayor año con año.

La figura 1.23 muestra la densidad de robots por cada 10,000 empleos en países de primer nivel; el censo estadístico 2019 realizado por World Robotics-IFR, permite comparar la densidad del número de robots empleados en la industria y proporciona una medida de fortaleza económica en países industrializados en robótica, generando alto Producto Interno Bruto (PIB), como son: Singapur, Corea del Sur, Japón, Alemania, Suecia, Dinamarca, Hong Kong, China Taipei, Estados Unidos de América, Bélgica y Luxemburgo.

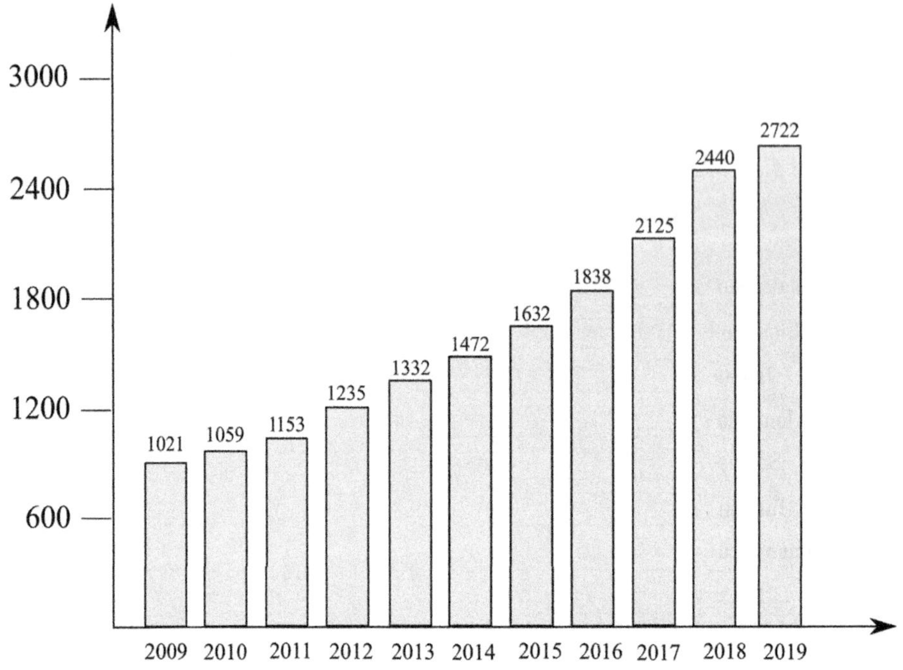

Figura 1.22: Disponibilidad de robots industriales (2020)

El número de robots instalados por cada 10,000 empleos tuvo un repunte después del colapso financiero del año 2008, compañías como General Motors, Ford, Fiat-Chrysler y Tesla hicieron fuertes inversiones en robótica y automatización, como una consecuencia se generaron miles de nuevos empleos. De esta forma, los robots como herramientas de la automatización resultan elementos clave y estratégicos para recuperar el crecimiento económico en la postpandemia COVID-19. En el año 2019, el número de robots instalados en la industria automotriz de los EUA tuvo un repunte, con un récord en 1287 unidades por cada 10,000 empleos, tal y como se ilustra en la figura 1.24. Datos similares en Alemania: 1311 unidades, Japón con 1248 robots y China en el lugar 12, con 938 unidades. En EUA, durante el año 2020, la venta de robots se ha incrementado 7 % con respecto al año 2019; en las áreas de ciencias de la vida, el incremento ha sido del 72 %; la industria de alimentos creció 60 %; plásticos, químicos, procesos metalúrgicos y aserraderos 62 %.

Dentro de las múltiples aplicaciones que tiene la robótica, además de las industriales, se encuentran los servicios profesionales, desarrollo de actividades domésticas y del hogar, entretenimiento, etc. La tabla 1.2 muestra el crecimiento y evolución que ha tenido la robótica en servicios profesionales con respecto al año 2019, de acuerdo con IFR. El mercado profesional de los robots ha tenido una fuerte tasa compuesta de crecimiento anual CAGR (Compound Annual Growth Rate) del 32 % en el año 2019 con respecto al 2015. El incremento económico fue de 8.5 a 11.2 billones de dólares; evidentemente la mayoría de aplicaciones en la robótica se han visto afectadas por la pandemia COVID-19 y durante este periodo una gran cantidad de robots han sido empleados en aplicaciones para desinfectar almacenes, industrias, hospitales y clínicas, hogares, así como para entrega a domicilio de diversos productos.

Entre las múltiples ventajas que tienen los robots, se encuentran que soportan el distanciamiento social, no corren riesgos de cuarentena y no afectan los viajes entre países.

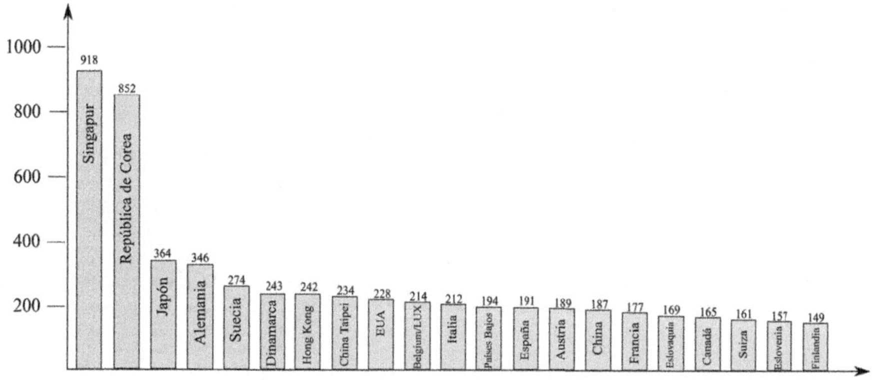

Figura 1.23: Robots instalados por cada 10,000 empleos

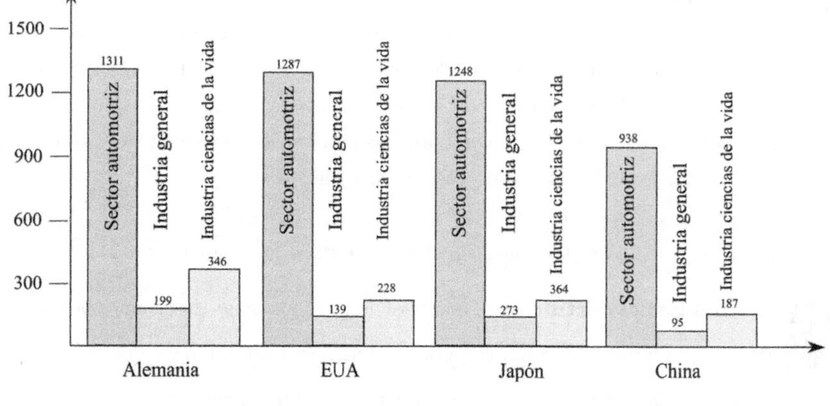

Figura 1.24: Comparativa del uso de robots en la industria

Tabla 1.2: Servicios profesionales realizados por la robótica

Robots en servicios profesionales		
Año	Número de unidades	Porcentaje de crecimiento
2019	173,000	+32 %
2020	240,000	+38 %
2023	537,000	+31 % CAGR*
Servicios profesionales en tareas domésticas y del hogar		
2019	18.6 millones de robots	+40 %
2020	21.6 millones de robots	+16 %
2023	48.6 millones de robots	+31 % CAGR*
Robots en servicios de entretenimineto		
2019	4.6 millones de robots	+13 %
2020	5.1 millones de robots	+10 %
2023	6.7 millones de robots	+31 % CAGR*

1.7 Tendencias en robótica: 2021-2026

Los países desarrollados de las regiones de Asia, Europa, EUA, y en general la comunidad internacional, han ajustado sus programas de investigación científica y desarrollo tecnológico para activar el crecimiento económico en forma gradual debido al colapso de la pandemia causada por COVID-19. En el año 2021 inició la recuperación económica mundial y la generación de empleos después de la catástrofe y estragos. La robótica como área estratégica coadyuva al crecimiento sostenido de la economía internacional y a mejorar la calidad de vida en la sociedad.

Dentro de las principales tendencias se pueden citar a las siguientes:

La inteligencia artificial en combinación con sistemas de visión y otros tipos de sensores permite al robot responder de manera autónoma y con más eficiencia a su entorno, incrementando el desempeño. Nuevas generaciones de robots incorporan en sus estrategias este tipo de adelantos y desarrollos tecnológicos en la industria 4.0.

Fábricas inteligentes en el sector de la industrial automotriz, esta ha sido pionera en utilizar robots manipuladores en líneas de ensamblaje dominando la industria desde hace más de 100 años. El futuro de la automatización se ubica en el uso de robots manipuladores equipados con tecnología de navegación de última generación para integrar red de robots autónomos e inteligentes, lo cual resulta mucho más flexible comparado con las líneas de producción tradicionales.

Los avances en conectividad contribuyen a una mayor adaptación y mejor diversificación de los robots en otros sectores de la industria diferentes al automotriz; por ejemplo, los relacionados con alimentos y bebidas, textiles, productos de madera, químicos, plásticos, etcétera. La generación y aplicación de nuevos conocimientos y desarrollo tecnológico conducirá a otros modelos de negocios y los retos actuales de la industria 4.0 serán resueltos usando la automatización a través de la robótica.

Los robots reducen la huella de carbono: inversiones en tecnología robótica moderna hacen que los robots sean energéticamente mucho más eficientes, reduciendo así directamente el consumo de energía en el proceso de las líneas de producción a través de una mayor precisión en la aplicación de tareas; al mismo tiempo, generan menos productos y bienes de calidad inferior. Por lo que tienen un impacto positivo en la relación con la entrada de recursos y la salida de productos de calidad. Además, los robots ayudan en la producción rentable de equipos de energía renovable y sustentable como energía solar, eólica, fotovoltaica y pilas de combustible de hidrógeno.

Cadenas de suministro más seguras: la pandemia COVID-19 ha hecho visible la debilidad de las cadenas de suministro globalizadas. Los fabricantes tienen la oportunidad de replantear y rediseñar el suministro con una perspectiva completamente diferente. Cuando la productividad se nivela mediante la robótica, los fabricantes tienen mayor flexibilidad, productividad y seguridad; esta opción no existía en los países desarrollados.

1.7.1 Programas internacionales de robótica en R&D

La investigación científica y desarrollo tecnológico I+D (en inglés R&D significa *Research and Development*) es el proceso mediante el cual una empresa trabaja para obtener nuevos conocimientos que podría utilizar para crear tecnologías estratégicas, productos, servicios o sistemas que utilizará o venderá. El principal objetivo es mejorar sustancialmente los resultados de la empresa. Entre los principales programas internacionales de R&D en robótica se encuentran los siguientes:

China como país desarrollado ha diseñado un plan estratégico denominado "Made in China 2025", el cual presenta un plan para mejorar las capacidades de productividad en sus industrias. Con el fin de promover el rápido desarrollo de la tecnología de robots inteligentes, los proyectos claves y especiales conocidos como "Robots inteligentes" se implementan de acuerdo con los requisitos de la cadena de innovación. La atención se centra en las tecnologías básicas de vanguardia para robots de nueva generación.

Entre las principales metas de China se encuentran desarrollar al menos tres empresas líderes con competitividad internacional y crear cinco grupos más de industrias de apoyo a los robots. Los objetivos de desarrollo apuntan a generar un crecimiento continuo a escala industrial. El anuario estadístico World Robotics-IFR muestra que China ocupa el puesto 15 a nivel mundial y alcanzó una densidad de 187 robots por cada 10,000 trabajadores de la industria manufacturera.

En Japón, el plan "Nueva Estrategia de Robots" tiene como objetivo convertir al país en el centro de innovación de robots número uno del mundo. La tasa de crecimiento de robótica para el sector manufacturero tiene como objetivo aumentar el 25 % para las empresas a gran escala y del 10 % para las PyMES. El indicador clave de rendimiento también es una expansión del mercado de integradores de sistemas entre el usuario y el fabricante. El plan de acción incluye importantes sectores de servicios como agricultura, infraestructura y salud. Nursing & Medical tiene un presupuesto de 997.3 millones de dólares, con apoyo a la reforma de salud usando aplicaciones prácticas de robots e IA. De acuerdo con World Robotics-IFR, Japón es el fabricante de robots industriales número uno del mundo y ha entregado el 47 % del suministro mundial en 2019.

Corea del Sur se encuentra impulsando de forma estratégica la ley de "Promoción de Suministro y Desarrollo de Robots Inteligentes", como un sector de la industria robotizada que evoluciona, como eje central en la cuarta revolución industrial.

Este país, principalmente se ha enfocado a fortalecer la investigación y desarrollo tecnológico de la robótica, para atender las siguientes áreas: empresas de fabricación (con un programa especial para mejorar la competitividad de los sitios de fabricación de las PyME); áreas seleccionadas de robots de servicio (incluida la atención médica y la logística), componentes claves en la próxima generación y *software*, para robótica.

En el desarrollo de dispositivos médicos de ciclo completo, el gobierno coreano tiene previsto presupuestar 1,070 millones de dólares, para el periodo de años del 2020 al 2025. En 2019, alcanzó un nuevo récord de 319,000 robots industriales operativos (+13 %). En cinco años, este país ha duplicado su número de robots industriales. Después de Japón y China, Corea del Sur ocupó el tercer lugar en 2019.

La comunidad europea ha lanzado el programa de investigación e innovación "Programa Marco Europeo Horizonte" para el periodo de 2021 al 2027. Sobre la base de los logros y el éxito de Horizonte Europa 2020, se continuará apoyando a los mejores investigadores, innovadores y ciudadanos en general para desarrollar el conocimiento y las soluciones; necesarios para garantizar un futuro ecológico, digital y saludable.

Los proyectos de investigación, desarrollo e innovación o I+D+i (R&D&i, del inglés: *Research and Development and Innovation*) relacionados con la robótica se centran en la transición digital de los sectores de fabricación y construcción, soluciones autónomas para apoyar a los trabajadores, en cognición mejorada y colaboración humano-robot. Tan solo este programa proporciona un financiamiento total de 240 millones de dólares (198.7 millones de euros) para los años 2021-2022.

El programa de estrategias de altas tecnologías de Alemania 2025 se encuentra en su cuarta edición R&D&i, cuyo objetivo es lograr que las buenas ideas se traduzcan rápidamente en productos y servicios innovadores. La mayor parte del marco de la estrategia de alta tecnología promueve la asociación entre empresas, universidades e instituciones con el fin de aumentar la investigación institucional y la experiencia empresarial. Como meta de inversión anual, se ha planteado el 3.5 % del Producto Interno Bruto (PIB) aplicado en R&D para 2025.

Por otro lado, "Dar forma a la tecnología para las personas" se encuentra relacionado con el desarrollo de la robótica a través del programa "Juntos a través de la innovación", donde el Ministerio Federal de Educación e Investigación (BMBF) está proporcionando alrededor de 84 millones de dólares anuales (70 millones de euros) desde el año 2020 hasta el 2026.

Con el apoyo de la EUA, la Iniciativa Nacional de Robótica (NRI) en R&D para robótica fundamental lanzó su versión 2.0 (NRI-2.0) para fomentar la colaboración entre organizaciones académicas, industriales, sin fines de lucro para lograr mejores conexiones entre ciencia fundamental, ingeniería, desarrollo tecnológico, implementación y su aplicación.

El proyecto "Space Robotics". La NASA (The National Aeronautics and Space Administration) tiene el programa lunar llamado "Artemis", para el propósito de regresar a la superficie lunar en el año 2024, como parte de las misiones a Marte después del 2024. Artemis es un programa conjunto de vuelos espaciales entre la NASA y sus socios internacionales que incluyen la ESA (Agencia Espacial Europea formada por 22 países), Canadá, Japón y Rusia. El gobierno de EUA está planificando un presupuesto de 35 mil millones de dólares para programas en robótica de 2021 al 2024.

De acuerdo con los registros de IFR la densidad de robots en la industria manufacturera había estado creciendo en 7 % CAGR desde el año 2014 al 2019, con 228 robots por cada 10,000 empleados; ocupando EUA el noveno lugar en todo el mundo. En cuanto a las instalaciones anuales de robots industriales, este país ocupa la tercera posición.

1.8 Sociedades científicas de robótica

ESTA sección está destinada a presentar un conjunto de foros científicos y divulgación tecnológica de alta calidad, la cual incluye diversas sociedades del área de robótica: revistas especializadas (arbitradas e indizadas), conferencias nacionales e internacionales. Se proporciona al lector un conjunto importante de sociedades científicas que desarrollan líneas de investigación aplicadas en el al área de robótica, física, matemáticas y control automático.

En México se encuentran varias organizaciones científicas, con la finalidad de generar y desarrollar conocimientos en el área de la robótica, así como sus potenciales aplicaciones en diversos sectores de la sociedad. La tabla 1.7 muestra el concentrado de organizaciones científicas, cuya finalidad es desarrollar líneas de investigación de control automático aplicado a la robótica; así como su divulgación en el sector universitario e industrial.

Tabla 1.3: Sociedades científicas mexicanas de control

AMCA	Asociación Mexicana de Control Automático, A. C.	www.amca.org.mx
AMM	Asociación Mexicana de Mecatrónica A. C.	www.mecamex.net
AMROB	Asociación Mexicana de Robótica e Industria A. C.	www.amrob.org
FMR	Federación Mexicana de Robótica	femexrobotica.org
AMCIR	Asociación Mexicana de Cirugía Robótica	www.amcir.com.mx

En forma sistemática y periódica en México, desde hace varios años, se han presentado y organizado diversos congresos y foros del área de robótica; actualmente no solo se ofrecen sesiones plenarias simultaneas de diferentes tópicos de la robótica; también hay conferencias magistrales con especialistas reconocidos en el área y concursos de robótica, donde alumnos, profesores, investigadores y profesionistas presentan sus algoritmos desarrollados en prototipos académicos, para lograr ciertos objetivos, de acuerdo con reglas previamente definidas. Se muestran los congresos nacionales más importantes en la tabla 1.4.

Tabla 1.4: Principales congresos nacionales de robótica

Congreso de la Asociación Mexicana de Control Automático (AMCA)	www.amca.org.mx
Congreso de la Asociación Mexicana de Mecatrónica	www.mecamex.net
Congreso de la Asociación Mexicana de Robótica e Industria (COMROB)	www.amrob.org
Congreso de la Sociedad Mexicana de Física (SMF)	cnf.smf.mx
Congreso de la Sociedad Mexicana de Instrumentación SOMI	somi.ccadet.unam.mx
Federación Mexicana de Robótica	femexrobotica.org

Los principales fabricantes internacionales de robots manipuladores se muestran en la siguiente tabla 1.5:

Tabla 1.5: Principales fabricantes de robots industriales

KUKA	www.kuka.com
FANUC	www.fanucrobotics.com
ABB	www.abb.com
MOTOMAN	www.motoman.com
YASKAWA	www.yaskawa.com
EPSON	www.robots.epson.com
UNIMATE	www.prsrobots.com/unimate.html
ROBAI	www.robai.com
YAMAHA ROBOTICS	www.yamaharobotics.com

La tabla 1.6 muestra congresos internacionales de las áreas de robótica y control.

Tabla 1.6: Principales congresos internacionales de robótica

ICRA	The IEEE International Conference on Robotics and Automation	www.ieee-ras.org
IROS	International Conference on Intelligent Robots and Systems	https://www.ieee-ras.org
IEEE-CDC	Decision and Control	2021.ieeecdc.org
SYROCO	Symposium on Robot Control	www.ifac-control.org/events
ICAR	International Conference on Advanced Robotics	www.ieee-ras.org
ISER	International Symposium on Experimental Robotics	link.springer.com/conference/iser
IFAC-WC	IFAC World Congress	www.ifac-control.org/events
IASTED	International Conference on Modelling, Identification, and Control	www.iasted.org /conferences/
IFAC	Congreso Latinoamericano de Control Automático	www.amca.mx /congresos.html

Una amplia variedad de revistas de calidad científica (Journal y Transactions) indexadas del área de control, automatización y robótica pueden ser consultadas en:

https://mjl.clarivate.com/home

https://webofknowledge.com/
Al usar esta opción de Web of Science, es indispensable realizar el registro en:
https://publons.com/in/researcher/

Tabla 1.7: Sociedades científicas internacionales de robótica y control

IEEE	The Institute of Electrical and Electronics Engineers	www.ieee.org
IFAC	International Federation on Automatic Control	www.ifac-control.org
IASTED	International Association of Science and Technology for Development	www.iasted.org
WSEAS	World Scientific and Engineering Academy and Society	www.wseas.org
IFR	International Federation of Robotics	www.ifr.org
AER Automation	Asociación Española de Robótica (AER) y Automatización	www.aer-automation.com
BARA	British Association of Robotics and Automation	www.ppma.co.uk /bara.html
DIRA	Dansk Robot Forening	www.dira.dk
TARA	Thai Automation and Robotics Association	www.thaitara.org
RBR	Robotics Business Review	www.roboticstrends.com
INTECH	World's leading publisher of Open Access books	www.intechweb.org
INTECH	World's leading publisher of Open Access books	www.intechweb.org
Springer	Springer	www.springer.com
Elsevier	Elsevier	www.elsevier.com
Taylor & Francis	Taylor & Francis Online	www.tandfonline.com
SCOPUS	SCOPUS (base de datos científica)	www.scopus.com

1.9 Resumen

La robótica es un área multidisciplinaria que aborda el estudio, análisis, construcción, desarrollo, modelado y control de robots y sus potenciales aplicaciones. Actualmente se ha convertido en una área estratégica y clave para todo país en desarrollo. Dentro del sector industrial (armadoras automotrices, fundidoras, alimentos, maquiladoras, etc.), los procesos productivos se encuentran automatizados a través de robots, los cuales se han convertido en herramientas sofisticadas de alta precisión y desempeño para aumentar la productividad y calidad del producto a bajo costo. La rentabilidad, viabilidad, productividad y competitividad de una empresa se incrementa notablemente con el uso de robots manipuladores.

El empleo de robots en sector de la salud es otro escenario donde los robots han ganado terreno y popularidad, ofreciendo una mejor esperanza de vida a la sociedad. Actualmente ya es común encontrar hospitales con quirófanos robotizados; las operaciones peligrosas o de alto riesgo son realizadas a través de robots manipuladores, debido al grado de exactitud y precisión en sus movimientos.

Robótica es sinónimo de modernización tecnológica; sin embargo, por sus características multidisciplinarias requiere desarrollar habilidades y conocimientos en las áreas de ciencias exactas e ingenierías. Para que un robot manipulador tenga alto desempeño, eficiencia y realice correctamente la tarea programada, se requiere de tner conocimientos sólidos en temas de física y matemáticas, así como de diversas ingenierías. Por ejemplo, conocer el modelo dinámico no lineal del robot manipulador es fundamental para realizar un análisis y estudio detallado de su comportamiento; como parte del diseño de un algoritmo de control, es necesario contar con las propiedades matemáticas de dicho modelo dinámico, puesto que facilitan su análisis; la evaluación de alguna estrategia de control se realiza en código fuente **MATLAB**. Todo este conocimiento, permite aplicar técnicas modernas de control automático, para diseñar y desarrollar nuevas estrategias de control, con mejor desempeño y exactitud en un robot manipulador.

Los tópicos sobre modelado de robots manipuladores a través del enfoque de la mecánica analítica de Euler-Lagrange, procesos prácticos de identificación paramétrica, diseño de estrategias, para regulación y control de trayectoria o movimiento son temas fundamentales y básicos que preparan al lector, para adquirir una formación sólida en el área de robótica, tal que le permita expandir su visión y enfoque de la robótica aplicada a un escenario cada vez mayor, con el suficiente impacto en la sociedad.

1.10 Problemas propuestos

Esta sección se enfoca en plantear una serie de problemas propuestos para reflexionar y razonar, cuya finalidad está dedicada a mejorar la habilidad del lector en entender la importancia, relevancia e impacto que tiene la robótica, hoy en día, en beneficio de nuestra sociedad.

1.10.1 ¿Cómo se define róbotica y por qué la robótica es de naturaleza multidisciplinaria?

1.10.2 ¿Cómo se define un robot manipulador ?

1.10.3 ¿Cuál es la definición de un robot industrial?

1.10.4 Explique claramente la diferencia entre los siguientes sistemas:

a) Un sistema mecatrónico.

b) Un robot manipulador.

1.10.5 Mencione al menos 5 características de la robótica que impacten en la sociedad.

1.10.6 Describa cuál es la diferencia cualitativa entre los siguientes problemas de control de robots manipuladores:

a) Movimiento.

b) Regulación.

1.10.7 Discuta ampliamente, pro qué un robot manipulador puede ser empleado en aplicaciones del sector salud, tales como:

a) Cirugías de alto riesgo.

b) Fisioterapia.

c) Asistencia a personas con capacidades diferentes.

1.10.8 Discuta ampliamente cuáles son las tendencias actuales de la robótica.

1.10.9 ¿Cómo ha sido el crecimiento de aplicaciones de los robots manipuladores durante la última década?

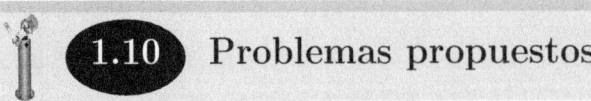

Capítulo 2

Encoders y servomotores

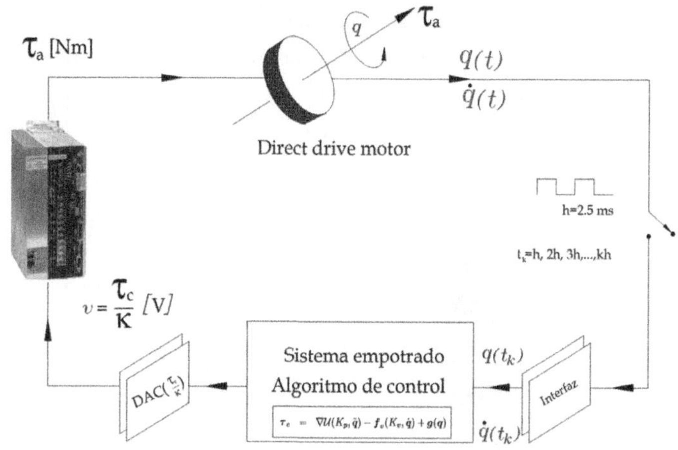

2.1 Introducción 45

2.2 Encoders 46

2.3 Servomotores 56

2.4 Funcionamiento de un servomotor 60

2.5 Servomotores de transmisión directa 64

2.6 Resumen 71

2.7 Problemas propuestos 72

Descripción del capítulo

Encoders y servomotores son componentes fundamentales en el diseño y desarrollo de robots manipuladores. Los servomotores suministran la energía mecánica para producir el movimiento (posición, velocidad y aceleración articular) del sistema mecánico; mientras que los sensores proporcionan la medición de la posición (encoders). En este capítulo se presentan los principios y funcionamiento básico del encoder (incremental y absoluto), motor de corriente continua y servoamplificador (regiones de operación).

Los siguientes temas son abordados:

- Encoders: incrementales y absolutos
- Encoder en modo cuadratura
- Servomotores
- Funcionamiento de los componentes de un servomotor
- Regiones de operación: lineal y saturación

2.1 Introducción

Los encoders y servomotores son componentes fundamentales para el diseño y construcción de robots manipuladores. El empleo de sensores en robótica es necesario para realizar control automático y por lo tanto la automatización de procesos. Los robots pueden incluir sensores internos y externos. Los encoders corresponden al tipo de sensores internos que proporcionan información sobre la posición articular del robot; se clasifican en incrementales y absolutos, son la base fundamental, para la variable principal de estado (posición), la cual describe el movimiento del robot.

Generalmente por medio de algoritmos de estimación u observadores, a partir de la posición se obtiene la velocidad y aceleración de movimiento; con esta información y el uso del modelo dinámico es posible analizar y entender todos los fenómenos físicos presentes en el robot. En consecuencia, se pueden evaluar experimentalmente algoritmos de control y determinar su robustez y desempeño en diversas aplicaciones.

Por otro lado, los sensores externos como fuerza, torque, presión y visión, dotan al robot de un sistema de percepción mucho más sofisticado, que no solo mejora su eficiencia, también lo hace responder de manera versátil y autónoma al interactuar con su ambiente o espacio de trabajo.

Los servomotores son sistemas electromecánicos que pertenecen a una clase particular de **actuadores eléctricos**; estos se encargan de transmitir energía mecánica para producir el movimiento del robot (energía cinética) y se utilizan para formar las uniones o articulaciones mediante las cuales se desplaza el robot, motivo por el cual al movimiento del robot se le denomina **desplazamiento articular**. La tecnología asociada a los servomotores no es simple; generalmente su electrónica está compuesta por microprocesadores de alto desempeño como los DSP's (*Digital Signal Processors*), para llevar a cabo el análisis y control de las diversas variables de estado que determinan el modo de operación.

En este capítulo se describe el funcionamiento básico de los encoders (incrementales y absolutos) para medir la posición articular de un robot. Asimismo, se presenta la arquitectura de los servomotores utilizados en la construcción de robots manipuladores, su forma operativa y explicación a detalle de las zonas lineales y de saturación en los correspondientes cuadrantes de operación.

2.2 Encoders

EN robótica los sensores de posición articular más utilizados son conocidos como encoders incrementales, porque tienen mejor respuesta y desempeño ante vibraciones, humedad, variaciones de temperatura; además tienen alta resolución, peso ligero y tamaño reducido. Los encoders son sensores digitales, construidos con tecnología optoelectrónica y se clasifican en incrementales y absolutos. A continuación se describen los principales sensores de posición en robótica.

2.2.1 Encoders incrementales

Un encoder incremental consta básicamente de un disco giratorio acoplado al eje de giro (rotor) del servomotor con una fuente de luz conformada por un arreglo de diodos LED (acrónimo del inglés: *Light Emitting Diode*) que está en frente del disco giratorio, con orificios para guiar la luz. En la parte posterior del disco se colocan receptores, los cuales son sensores fotoeléctricos que detectan la intensidad de luz, para generar una señal electrónica cuadrada como respuesta o salida.

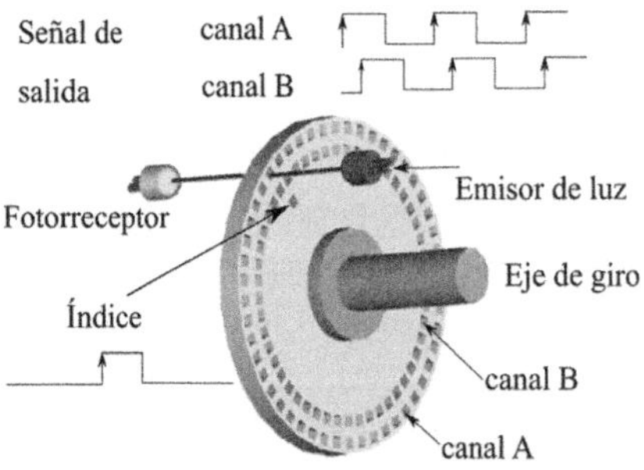

Figura 2.1: Fotointerruptor

En la figura 2.1 se muestra la configuración básica de un encoder. Los diodos emisores de luz LED proporcionan la fuente luminosa que emiten rayos infrarrojos, con longitud de onda λ=7000 A°, a su vez estos atraviesan los orificios del disco giratorio; los fotorreceptores detectan esos haces de luz para codificar y generar una señal electrónica de salida en forma de onda cuadrada digital; esta se acopla directamente a un microprocesador o interfaz electrónica para ser empleada por algoritmos de control. Al girar el disco interrumpe el haz de luz, cambiando de estado la salida; de ahí que se le conoce como disco fotointerruptor o configuración en interruptor de haz de luz. La señal de salida es un conjunto de número pulsos directamente proporcional al ángulo de giro o desplazamiento articular del rotor.

El montaje de los fotodispositivos es complejo debido a que requieren de un espacio adecuado para ser instalados sobre el disco giratorio, el cual también deberá ser acoplado a la flecha o rotor del motor y no obstruir el movimiento del disco.

El disco giratorio cuenta con dos canales (arreglos circulares de orificios) llamados canal A y canal B, como se muestra en la figura 2.1 y cuyos rayos luminosos que los atraviesa tienen una diferencia de fase de 90°; la salida del encoder es una onda cuadrada compuesta por los dos canales. Adicionalmente, se pueden utilizar estos dos canales para obtener una señal diferencial: A - B. Por otro lado, el índice es una señal que está disponible en el conector de salida del encoder e indica cuando se ha rotado 360°.

> La señal diferencial A−B tiene ventajas para eliminar el ruido, el cual desde el punto de vista estadístico es similar en el canal A y también en el canal B; por lo que la señal de salida diferencial resulta limpia o "libre de ruido".

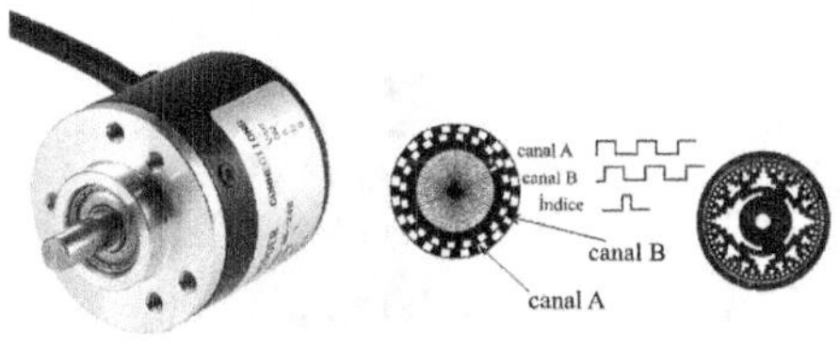

Figura 2.2: Codificador

Algunos encoders en lugar de usar orificios o ranuras emplean un patrón codificado sobre la superficie del disco giratorio, están fabricados de material transparente y tienen la apariencia de un negativo de fotografía en blanco y negro, tal y como se muestra en la figura 2.2, donde se presentan dos patrones codificados típicos. Los encoders incrementales tienen dos canales A y B que están fuera de fase 90 grados, de esta forma es posible determinar la dirección de giro (modo cuadratura). Hay también un canal opcional llamado canal Z o índice, cuya salida proporcionará un pulso por cada 360 grados. La utilidad de este canal consiste en detectar el número de vueltas que realiza; además de que también es usado como índice de referencia para ajustar el servomotor a la posición cero (posición de casa o punto inicial).

Los canales A y B pueden ser utilizados como sensores de posición en modo cuadratura; su utilidad radica en proporcionar la dirección de rotación o sentido de giro del movimiento, indica si el desplazamiento rotacional tiene dirección positiva, es decir, en sentido contrario a las manecillas del reloj (anti-horario) o negativo (horario), el cual se establece con sentido del giro de las manecillas del reloj. Los algoritmos de control que se emplean en robots utilizan esta opción de encoders en modo cuadratura.

La tabla 2.1 presenta los datos técnicos del encoder incremental, modelo ENA1J-B28-L00100L, cuyo fabricante es la compañía Bourns. Tiene una resolución modesta de 256 pulsos por cada 360°; con esta información se puede obtener la mínima lectura que puede detectar: $\frac{360°}{256} = 1.406°$; significa que no puede discernir movimientos menores a esa cantidad o referencias de posición que incluyan sumas o múltiplos de esa resolución. Incluye dos canales de cuadratura, para detectar el sentido de giro. Observe que el rango de temperatura, para este encoder incremental tiene un amplio intervalo comprendido entre $-40°C$ a $125°C$; estas características son adecuadas, para ser utilizado en lugares con diversas condiciones ambientales.

La figura 2.3 ilustra el encoder incremental, modelo ENA1J-B28-L00100L, fabricado por la compañía Bourns. La tabla 2.1 muestra las especificaciones técnicas.

Tabla 2.1: Datos técnicos del encoder modelo ENA1J-B28-L00100L

Datos	Características
Encoder	Incremental
Resolución	256 pulsos/revolución
Tipo de salida	Dos canales: cuadratura
Alimentación	5 VDC
Temperatura	-40°C a 75°C
Fabricante	Bourns

Figura 2.3: Encoder Bourns

Un sensor con las características del encoder ENA1J-B28-L00100L puede utilizarse en control de robots donde la aplicación no requiera una exactitud menor a esa resolución, debido a que no podrá ser mejorada. Cuando se requiere posicionar al robot en alguna referencia deseada que no puede ser determinada por las características del encoder, el robot no alcanzará la referencia exacta, entonces ocasionará oscilaciones sostenidas en estado estacionario, inclusive se pueden tener vibraciones y ruido mecánico. Por ejemplo, si la referencia deseada es $q_d = 91.404$, cuando el robot tenga una posición $q = 90°$ (64 pulsos), el error de posición se define como: $\tilde{q} = q_d - q = 91.404° - 90° = 1.404°$. La exactitud en el error de posición $\tilde{q}$ no puede ser mejorada y el robot mantendrá ese error de posicionamiento.

La tabla 2.2 presenta las características técnicas del encoder incremental elap REV520, el cual puede ser programado para tener una resolución de 1000 a 50000 pulsos por cada 360°, la salida está formada por los dos canales A y B para usarse en modo cuadratura. La resolución para este encoder tomando en cuenta 1000 pulsos/revolución es: $\frac{360°}{1000} = 0.36°$ y para 50000 pulsos/revolución es: $\frac{360°}{50000} = 0.0072°$.

Tabla 2.2: Datos técnicos del encoder elap REV520

Datos	Características
Encoder	Incremental
Resolución	1000 a 50000 pulsos/revolución
Tipo de salida	Dos canales en cuadratura
Alimentación	5 a 28 VDC
Temperatura	-10°C a 70°C
Fabricante	elap

Figura 2.4: Encoder elap REV520

2.2.1.1 Encoder en cuadratura

Los canales A y B del encoder pueden ser utilizados para detectar el sentido de giro, por la rotación del servomotor; en otras palabras, determinar si el movimiento articular tiene dirección positiva o negativa; a esto se le denomina encoder en cuadratura. La tabla 2.3 y figura 2.5 establecen la secuencia para determinar el sentido de giro. Si la dirección de rotación es positiva, entonces el giro es en sentido contrario al movimiento de las manecillas del reloj (también conocido como movimiento antihorario). Para movimientos negativos, el sentido de rotación coincide con el movimiento de las manecillas del reloj (el giro en es sentido horario).

Los encoders en cuadratura se realizan a través de circuitos electrónicos denominados decodificadores y contadores de pulsos incrementales, se implementan usando plataformas electrónicas, con base en microprocesadores de alto desempeño en cómputo numérico o a través de interfaces FPGA (*Field Programmable Gate Array*). El circuito decodificador de cuadratura es un contador de alta velocidad que se incrementa o disminuye dependiendo de la diferencia de fase entre los canales A y B, la cual depende del sentido de rotación. Cuando se evalúan los estados en ambos canales, entonces se puede obtener el sentido de giro o dirección de movimiento del servomotor, de acuerdo con la información mostrada en la tabla 2.3 y figura 2.5.

Tabla 2.3: Cuadratura

Estado	A	B	Dirección
1	1	0	Positivo
2	1	1	
3	0	1	
4	0	0	
1	0	1	Negativo
2	1	1	
3	1	0	
4	0	0	

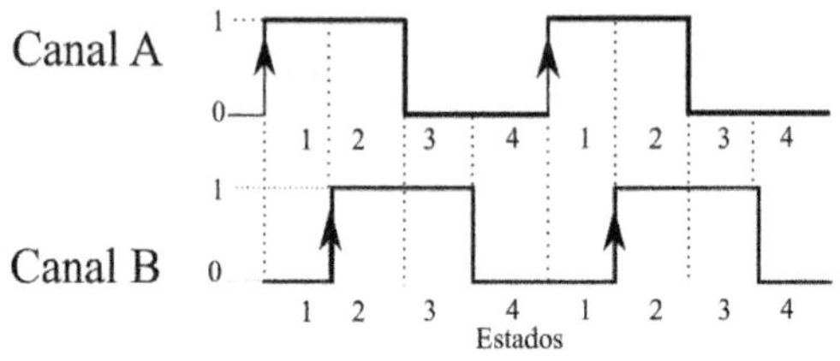

Figura 2.5: Encoder en cuadratura

Encoder de cuadratura

Es un dispositivo electrónico que mide le movimiento mecánico rotacional o lineal de un servomotor; los más simples, contienen dos salidas lógicas que se usan como interfaz para detectar ambas direcciones de movimiento; es decir, indica cuando el movimiento rotacional tienen dirección positiva o negativa.

Es importante conocer el signo del movimiento de rotación en el servomotor, ya que influye en el error de posicionamiento cuando es utilizado en algoritmos de control; si el error es negativo, el servomotor tiene un sobreimpulso, es decir, giró más allá de la referencia deseada; por lo que la energía aplicada al servomotor debe ser negativa para cambiar su dirección de giro y retornar al punto deseado. Si el error de posición es positivo, al servomotor aún le falta girar para llegar al punto deseado; solo si el error es cero, el servomotor está posicionado exactamente en la referencia deseada.

Deben considerarse las siguientes características para usar un encoder incremental:

Es necesario tomar precauciones sobre el ruido de la señal del encoder, ya que acumula en el contador.

- Cuando la fuente de alimentación se desconecta, entonces es imposible mostrar la posición previa, aun si inmediatamente se reconecta la fuente.

- La resolución del encoder incremental está determinada en función del número de pulsos por revolución (ppr), es decir, la cantidad de pulsos por cada giro completo de 360°. Entre más alta sea la resolución, mucho mejor será la calidad del encoder; lo que significa que el encoder puede muestrear a mayor frecuencia y el sistema de control es capaz de responder más rápido y con mayor exactitud en el posicionamiento.

- Alta resistencia a las condiciones ambientales: es decir, soporta variaciones de temperatura extremas; además, trabaja muy bien en lugares con alta humedad, vibraciones mecánicas e impactos.

- Se pueda usar en un rango amplio de temperaturas; por ejemplo, desde -40° a 125° (estas características depende del modelo de encoder seleccionado).

- Capacidad de transmitir señales a distancias de 15 metros: para evitar distorsión en la señales de onda cuadrada del encoder, se recomienda que el cableado del puerto de salida a la interfaz del receptor, no esté a una distancia mayor a 15 metros. Si este no es el caso, entonces hay que utilizar líneas conductoras diferenciales, con cables de baja capacidad.

- Miniaturizar al tamaño apropiado para las características del servomotor; debido que el puerto de salida tiene un número finito de señales de salida, físicamente el conector no es grande y no ocupa un volumen considerable, estas características son adecuadas para que el encoder sea muy pequeño.

- Alta resolución en la lectura de la medición de la posición. Por ejemplo, los encoders ya incluidos en los servomotores de transmisión directa (sección 2.5, página 64) poseen una resolución de $4,096,000$ pulsos por cada vuelta o giro completo de 360°; esto significa que los encoders pueden alcanzar una resolución, para detectar movimientos imperceptibles al sentido visual humano, por ejemplo: 87 micras de grado ($87\times 10^{-6\,\circ}$).

2.2.2 Encoder absoluto

El encoder absoluto, como su nombre lo indica, detecta la posición absoluta o real, por medio de un código binario para representar el desplazamiento angular o articular en el servomotor. La salida corresponde a códigos binarios digitales (no entrega pulsos, como el encoder incremental); dicha salida se pueden encontrar en los formatos más utilizados: código binario decimal (BCD) (*Binary Coded Decimal*) o también en código binario cíclico (*gray code*). Debido a que la salida del encoder absoluto se encuentra en código binario, no acumula errores de lectura como sucede con el encoder incremental, el cual puede perder pulsos, por acumular errores de medición en la información de la posición. Sin embargo, la resolución es proporcional al número de bits, lo cual es una desventaja, puesto que el puerto de salida aumenta su volumen y peso, por la cantidad de cables que se requieren.

Tabla 2.4: Formato BCD

Número	Salida BCD
0	0000
1	0001
2	0010
3	0011
4	0100
5	0101
6	0110
7	0111
8	1000
9	1001
10	1010
11	1011
12	1100
13	1101
14	1110
15	1111

El encoder absoluto mide la posición absoluta en función del tiempo para el movimiento rotacional del servomotor y no requiere detectar el signo de la rotación; su señal de salida puede estar en BCD, como el ejemplo que se muestra en la tabla 2.4, correspondiente a 4 bits (también, puede estar codificado en *gray code*), debido a esta característica, no acumula errores, como sucede con el encoder incremental. El encoder absoluto mide la posición en cualquier punto de una rotación completa, sin perder la posición previa. La desventaja del encoder absoluto radica en la dificultad de fabricarlo en tamaño miniatura y producirlo a bajo costo, puesto que el número de cables en la señal de salida se incrementa en función directa con el número de bits; entonces para obtener alta resolución resulta un sensor voluminoso y con alto costo. La principal ventaja del encoder absoluto es que no pierde la posición previa si la fuente de alimentación se desconecta.

La tabla 2.5 muestra las características técnicas de un encoder absoluto de 14 bits, cuya resolución se encuentra determinada por: $\frac{360^\circ}{2^{14}} = \frac{360^\circ}{16384} = 0.0219^\circ$. Para manejar en forma rápida y eficiente la codificación de salida, así como disminuir el volumen y peso del conector o puerto de salida, cuando el número de bits aumenta se utiliza una interfaz electrónica serial SSI (Synchron Serielles Interface). La salida del encoder puede manejar velocidades de transferencia de datos hasta de 2 MBaudios, lo cual lo hace viable y competitivo, para ser seleccionado como sensor de posición rotacional.

En la figura 2.6 se muestra un encoder absoluto de 14 bits de resolución, con formato de salida en código *gray*; corresponde al modelo AVS58N-011YYRYGN-0014, fabricado por la compañía Pepperl+fuchs. Sus características técnicas se encuentran descritas en la tabla 2.5.

Tabla 2.5: Datos técnicos del encoder AVS58N-011YYRYGN-0014

Datos	Características
Encoder	Absoluto
Resolución	14 bits
Tipo de salida	Código *gray* con interfaz SSI
Alimentación	5 VDC
Temperatura	-40°C a 85°C
Fabricante	Pepperl+fuchs

Figura 2.6: Encoder absoluto

Encoders magnéticos

Los métodos no ópticos para monitoreo de posición de servomotores tienen la ventaja de ser inmunes al ruido creado por la luz en los diodos LED. Por otro lado, los sensores puramente mecánicos tienen baja exactitud y un tiempo de vida corto debido a la degradación continua en sus componentes mecánicas.

El empleo de la teoría electromagnética representa una opción diferente a la optoelectrónica para el diseño de encoders magnéticos, los cuales constan de una resistencia magnética colocada sobre el perímetro o a un costado del disco magneto. La resistencia magnética puede estar sobre una de las caras exteriores del disco para magnetizar el círculo exterior de dicho disco o también magnetizar uno de sus lados para colocarla sobre el perímetro del disco.

2.2.3 Glosario para encoders

A continuación se explican los términos y conceptos importantes directamente relacionados con el uso de encoders. Los nombres técnicos de los conceptos se dan en castellano y entre paréntesis su equivalente en inglés. Es pertinente destacar que la información técnica asociada a los nombres de ciertos conceptos o términos no tienen traducción; como por ejemplo, en el caso de la palabra encoder.

Resolución (*resolution*): es la capacidad de un encoder para dividir una rotación (360 grados) entre un número determinado o especificado. Para los encoders incrementales la resolución está en función del número de pulsos producidos por una rotación, por ejemplo, para los encoders de los motores de transmisión directa (*direct drive*) el número de pulsos por revolución completa es de 4,096,000. Por lo tanto, la resolución es $\frac{360^\circ}{4{,}096{,}000} = 0.0000878906$ grados.

En los encoders absolutos, la resolución está determinada por el número de dígitos binarios junto con el número de división; por ejemplo, para 8 dígitos binarios es dividido entre 256. La resolución es la mínima medida que un encoder puede detectar o discernir.

Máxima frecuencia de respuesta (*maximum response frequency*): es la máxima frecuencia en la cual los encoders pueden responder eléctricamente. En el caso de encoders incrementales está expresado por el número de pulsos de salida por segundo.

Máxima frecuencia rotacional permisible (*maximum allowable rotational frequency*): es la máxima frecuencia rotacional que mecánicamente es permitida por el encoder.

Salidas fase (*phase* A *output* or *phase* B *output*): en los encoders incrementales, la diferencia de fase ideal entre la fase de salida para el canal A y la fase de salida para el canal B es de 90 grados + 0 grados. Sin embargo, un estándar práctico es con una diferencia de fase de 90 grados + 45 grados.

Salida fase Z (*phase* Z *output*): la fase Z también se conoce como **índice** y su respuesta es un pulso por revolución o por cada 360° para indicar el origen. Se usa en los encoders incrementales.

LED (*Light Emitting Diode*): es un dispositivo semiconductor que emite luz con cierta longitud de onda, conocido como diodo emisor de luz.

Exactitud: es la diferencia entre la medición realizada con respecto a la medición real o ideal; este concepto se encuentra directamente relacionado con el error de medición.

Precisión: el número de bits para representar una medición; entre mayor sea el número de bits, mucho mejor será la representación de una cantidad o medición. Cuando el número de bits es pobre, la exactitud y el error de medición se degradan o empobrecen.

Repetitividad: se refiere a la pequeña variación de lectura que tendrá un tipo específico de encoder que se ha fabricado de manera repetitiva (mismo número de serie y modelo); es decir, es un rango estadístico para lecturas repetidas (típicamente, la repetitividad tiene una desviación estándar de 3± arc-segundo). Por ejemplo, si un encoder tiene una repetitividad de 0.00001 grados, entonces para una lectura actual de 90 grados podría ser 89.9999.

Linealidad de un encoder: se refiere a que la respuesta o señal de salida del encoder mantiene una relación proporcional (lineal), con respecto a la medición de la posición. La linealidad evita lecturas erróneas y es una característica deseable para todo encoder; depende de la calidad en sus materiales y componentes con que está fabricado.

Rango: representa los límites físicos o naturales del encoder. Por ejemplo un encoder absoluto puede estar limitado en la cantidad de grados que puede girar: 200 grados; mientras que un encoder incremental puede estar rotando miles de vueltas, no tiene limitaciones para medir el movimiento rotacional.

2.3 Servomotores

Un servomotor está compuesto principalmente por tres elementos fundamentales: motor de corriente eléctrica (motor DC), sensor de posición para medir el desplazamiento articular (conocido como encoder) y el amplificador electrónico de ganancia κ (llamado, también servoamplificador o *electronic driver*), el cual está formado por un conjunto de microprocesadores, con alto poder de cómputo y la electrónica de potencia, para acondicionar adecuadamente la impedancia eléctrica del motor y la señal de entrada de voltaje (baja potencia) $v = \frac{\tau}{\kappa}$, que su vez proviene de la computadora o de un sistema mínimo digital donde se encuentra programado e implementado el algoritmo de control τ; dicho voltaje v está directamente relacionado con el comportamiento electromagnético del motor, por medio del torque τ y la constante κ del servoamplificador.

Desde el punto de vista tecnológico, un servomotor está formado por:

Servomotor = { Amplificador o servoamplificador (de ganancia κ); Motor de corriente directa (motor DC); Encoder (sensor de posición) }

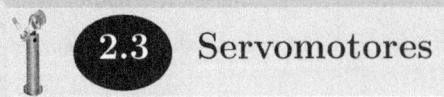

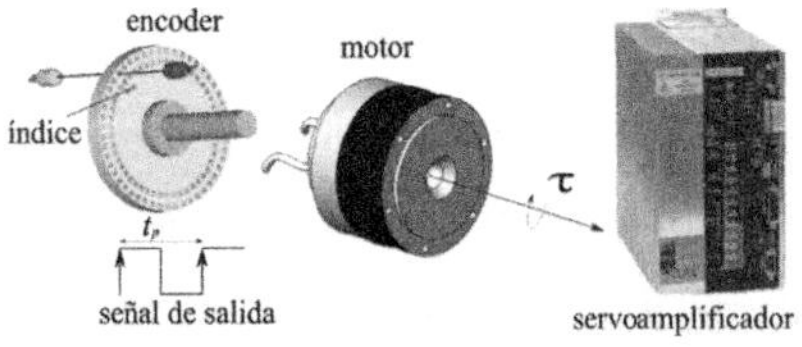

Figura 2.7: Servomotor

La figura 2.7 muestra los componentes básicos de un servomotor: motor eléctrico de corriente continua, el cual transmite la energía mecánica al robot; sensor de posición (encoder) que proporciona información del desplazamiento articular; está fabricado por un disco codificado y un ensamble de dispositivos emisores de luz y fotodetectores para generar una señal de salida (pulso electrónico de periodo t_p formado de varios canales de salida). El número de pulsos (encoder incremental) es proporcional al movimiento del motor. El servoamplificador proporcionar la corriente eléctrica al motor, con la magnitud necesaria, de acuerdo con los requisitos de impedancia eléctrica y potencia mecánica; así como suministrar la energía mecánica (par o torque τ) al motor DC, para su desplazamiento articular y velocidad de movimiento.

James Clerk Maxwell (1831-1879) científico escocés

Nació en la ciudad de Edimburgo, Escocia, el 13 de junio de 1831. Físico-matemático, dentro de sus principales aportaciones a la humanidad se encuentra la teoría electromagnética clásica; las cuatro ecuaciones de Maxwell resumen las leyes de la electricidad, el magnetismo y la óptica. Maxwell es considerado el científico del siglo XIX por sus múltiples aportaciones a la ciencia. A la edad de 13 años inició sus estudios universitarios, escribió su primer trabajo de mecánica a los 15 y con 25 años fue nombrado catedrático en Aberdeen; a la edad de 40 años fue director del Laboratorio Cavendish. Murió a los 48 años de edad, el 5 de noviembre de 1879.

Maxwell unificó los trabajos de electricidad y magnetismo de Michael Faraday, André Marie Ampére, Gauss y Lenz. Inicialmente se formularon un conjunto de veinte ecuaciones diferenciales. Más tarde, con la teoría que fue presentada por el ingeniero inglés Oliver Heaviside, se simplificaron a cuatro ecuaciones, para describir en forma completa el comportamiento y propagación de los campos eléctricos, magnéticos y la naturaleza de la luz "la luz está formada de campos eléctricos y magnéticos que se propaga por el espacio". Gracias a esta teoría se han desarrollado las radiocomunicaciones, ondas de radio, telecomunicaciones móviles y la televisión.

Actualmente estas 4 ecuaciones son conocidas como las ecuaciones de Maxwell y tienen la siguiente forma para el caso del vacío:

$$
\boxed{
\begin{aligned}
\vec{\nabla}\cdot\vec{E} &= \frac{\rho}{\epsilon_0}\\
\vec{\nabla}\cdot\vec{B} &= 0\\
\vec{\nabla}\times\vec{E} &= -\frac{\partial\vec{B}}{\partial t}\\
\vec{\nabla}\times\vec{B} &= \mu_0\vec{j}+\mu_0\epsilon_0\frac{\partial\vec{E}}{\partial t}
\end{aligned}
}
$$

donde $\vec{E}$ es el campo eléctrico, ρ representa la densidad de carga, ϵ_0 es la permitividad eléctrica en vacío, $\vec{B}$ es el flujo magnético, μ_0 significa la permeabilidad magnética y $\vec{j}$ es la densidad de corriente.

Las ecuaciones de Maxwell describen el comportamiento del campo magnético y el torque aplicado en los servomotores utilizados en los robots manipuladores, expandiendo las aplicaciones de la robótica.

2.3.1 Modos de operación de un servomotor

Los servomotores tienen tres modos de operación o funcionamiento: posición, velocidad y torque o par. Dependiendo de la forma de configurar el modo de operación repercute directamente en su comportamiento dinámico y por lo tanto determina el tipo de aplicaciones. Para los robots industriales, los servomotores se encuentran configurados en modo torque.

2.3.1.1 Modo posición

Permite mover al motor a una posición o referencia preestablecida, también conocida como *set-point*. Sin embargo, no puede desplazar cargas o aplicar una fuerza controlada. En este modo se emplean reguladores simples y tradicionales como son el control proporcional-derivativo (PD) y control proporcional-integral-derivativo (PID), los cuales están determinados y configurados por el fabricante. La arquitectura de operación de este modo es cerrada, puesto que no permite evaluar otros esquemas de control; las aplicaciones en robótica son limitadas.

2.3.1.2 Modo velocidad

Controla la velocidad de movimiento en el motor utilizando una señal de referencia deseada para la velocidad. Al igual que en el caso de modo de posición, no se puede ejercer una fuerza específica y tiene el modo de operación con características de arquitectura cerrada, por lo que, también sus aplicaciones en robótica se encuentran limitadas.

2.3.1.3 Modo torque

El modo par o torque es la configuración adecuada para la gran mayoría de aplicaciones en robótica, su principal característica es la arquitectura abierta, rompe los candados de los algoritmos tradicionales PD y PID configurados de fábrica, para los modos de posición y velocidad. El modo torque lo hace factible, para evaluar experimentalmente el desempeño y robustez de cualquier estrategia de control; una ventaja de este modo de operación es la interacción directa con el comportamiento dinámico del robot, siendo posible compensar sus efectos físicos; como consecuencia, la posición o desplazamiento articular es controlada. Los robots comerciales que se encuentran en la industria tienen todos sus servomotores configurados en modo torque.

El modo par también permite aplicaciones de control con mayor grado de complejidad, por ejemplo: control de movimiento o trayectoria, impedancia mecánica (rigidez, inercia y viscosidad de movimiento), fuerza, *visual servoing*, teleoperación, entre otras aplicaciones.

A partir de la teoría electromagnética clásica, con las ecuaciones de Maxwell es posible deducir la ley fundamental para servomotores que gobierna el comportamiento dinámico de un servomotor y la relación entre el campo electromagnético con el torque. Esta simple ley representa el desarrollo actual de la robótica:

$$\tau = \kappa v \tag{2.1}$$

donde:

- El par o torque aplicado al servomotor está representado por τ, cuyas unidades de medición son Nm [Newton-metro].

- La constante κ representa la ganancia del servoamplificador y tiene unidades $\frac{\text{Nm}}{\text{V}}\left[\frac{\text{Newton-metro}}{\text{Volts}}\right]$.

- La señal de voltaje v proviene de la computadora o del sistema embebido; usando un módulo de convertidores digital-analógico (DAC, típicamente de 12 bits de resolución) se realiza el cambio de formato de una señal discreta a señal continua, representando el comando o ley de control, para que el motor se pueda mover a una referencia deseada (*set-point*). La unidad de medición de la señal v es V [Volts].

- Por lo tanto, la señal de entrada al servoamplificador está dada por: $v = \frac{\tau}{\kappa}$; dicho servoamplificador es un dispositivo transductor, puesto que convierte la energía eléctrica [Volts] a energía mecánica τ [Nm]. Es decir, la señal de entrada es multiplicada por la ganancia κ, por ejemplo: $\kappa v = \kappa \frac{\tau}{\kappa} = \tau$, el cual es aplicado físicamente alrededor del eje de giro, para tener movimiento rotacional.

No todos los motores eléctricos cumplen con la ecuación (2.1), por ejemplo, los motores de corriente alterna y de pasos; por esta razón, no forman parte de la estructura mecánica del robot. Sin embargo, los motores de pasos son ampliamente utilizados en la construcción de garras mecánicas (*grippers*) y otros tipos herramientas específicas (*tools*) que se colocan en el la muñeca mecánica del robot para realizar diversas aplicaciones.

2.4 Funcionamiento de un servomotor

La figura 2.8 presenta los componentes básicos de un servomotor: motor de corriente directa, en su interior se encuentra el encoder y servoamplificador, formado por un microprocesador de alto desempeño, con interfaz electrónica que le permite enviar y recibir información del motor; la etapa de potencia (transistores bipolares TIP o IGBT) y algoritmos de control de flujo vectorial que por medio de transistores de efecto Hall miden la intensidad del campo magnético en el motor.

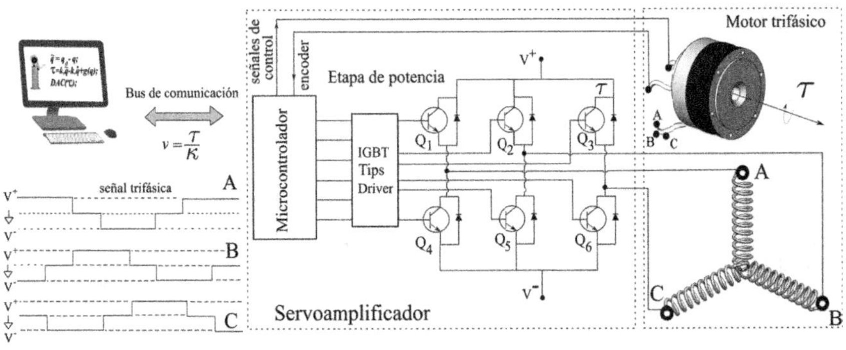

Figura 2.8: Componentes de un servomotor

2.4.1 Servoamplificador

El servoamplificador es un sofisticado sistema electrónico cuyo objetivo principal es llevar a cabo la función de la ecuación (2.1). Posee una arquitectura electrónica compleja, para regular el campo electromagnético del motor a partir del torque aplicado τ; generalmente utiliza sensores de efecto Hall para medir y retroalimentar el campo magnético; también procesa comandos secuenciales para manejar la etapa de potencia eléctrica que se encarga de proporcionar el suministro adecuado de corriente al motor.

El voltaje de alimentación para el motor es trifásico y proviene directamente de la fuente interna de voltaje en DC del sistema; esto es un punto muy importante para aclarar; los motores en robótica para su correcto funcionamiento son trifásicos (tienen tres bobinas), lo cual no significa que se alimentan de la línea trifásica convencional de 440 VAC. Se emplean tres señales sinusoidales monofásicas de la misma amplitud y frecuencia con diferencia de fase, entre ellas de 120° y aplicadas en un orden específico (sincronizadas).

En cada periodo de muestreo se alimenta a cada bobina del motor con su respectiva señal sinusoidal generada en forma discreta por el amplificador electrónico (emulando a la señal trifásica continua). El valor pico a pico de la señal trifásica depende de las características del motor; por ejemplo, algunos modelos soportan valores máximos de 24, 40, 70 Volts; cuando son rebasados esos valores nominales, el motor puede ser dañado en forma permanente.

La figura 2.9 presenta la curva operativa de un servoamplificador industrial, el cual funciona dentro del primer y tercer cuadrante. En el eje de las ordenadas (eje vertical) se encuentra el par aplicado τ_{aplicado} o suministrado al motor, cuya magnitud (depende de los límites físicos) está en función del torque solicitado por el algoritmo de control τ_{control} (en el eje de las abscisas o eje horizontal).

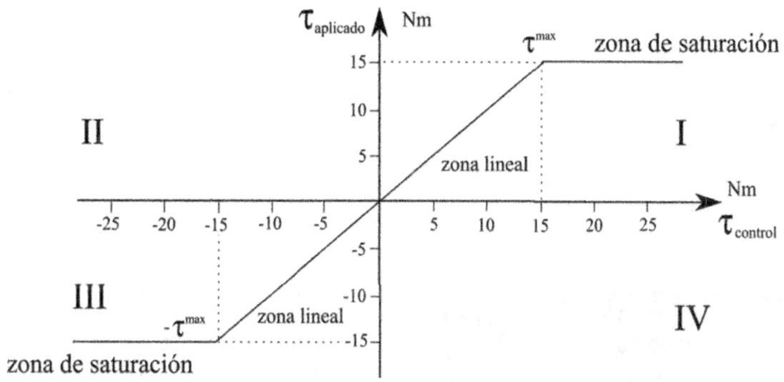

Figura 2.9: Región operativa de un servoamplificador

Un servoamplificador no puede proporcionar un torque de magnitud infinita, la respuesta se encuentra acotada por sus límites físicos $[\tau^{\text{mín}}, \tau^{\text{máx}}]$; en el caso de la figura 2.9, $\tau^{\text{máx}} = 15$ Nm y $\tau^{\text{mín}} = -15$ Nm. Las zonas de trabajo características del servoamplificador se denominan zonas lineal y de saturación. La zona lineal es donde el torque aplicado τ_{aplicado} es igual al torque solicitado por el algoritmo de control τ_{control}, es decir: $\tau_{\text{aplicado}} = \tau_{\text{control}}$; combinando ambos cuadrantes de funcionamiento (I y III), la zona lineal corresponde: $\tau^{\text{mín}} < \tau_{\text{control}} < \tau^{\text{máx}}$.

Cuando el torque solicitado τ_{control} es mayor al límite físico, entonces el servoamplificador no puede suministrar más allá de $\tau^{\text{máx}}$. Dependiendo del cuadrante (I o III) corresponde al signo del movimiento rotacional. Por ejemplo, en el cuadrante I, si el rotor se mueve en dirección positiva significa que su movimiento es en el sentido antihorario o contrario a las manecillas del reloj; el cuadrante III representa movimiento negativo (sentido horario o en sentido de las manecillas del reloj).

El suministro de torque queda determinado de la siguiente manera: para el cuadrante I, si $\tau_{\text{control}} > \tau^{\text{máx}}$, entonces $\tau_{\text{aplicado}} = \tau^{\text{máx}} = 15$ Nm; para el cuadrante III, si $\tau_{\text{control}} < \tau^{\text{mín}}$, entonces $\tau_{\text{aplicado}} = \tau^{\text{mín}}$ =-15 Nm.

La estructura matemática de la figura 2.9 está dada por:

$$\tau_{\text{aplicado}} = f_{\text{servo}}(\tau_c; \tau^{\text{máx}}, \tau^{\text{mín}}) = \begin{cases} \tau^{\text{máx}} & \text{si} \quad \tau_c > \tau^{\text{máx}} \quad \text{zona de saturación: cuadrante I} \\ \tau_c & \text{si} \quad \tau^{\text{mín}} \le \tau_{\text{control}} \le \tau^{\text{máx}} \quad \text{zona lineal: cuadrantes I y III} \\ \tau^{\text{mín}} & \text{si} \quad \tau_c < \tau^{\text{mín}} \quad \text{zona de saturación: cuadrante III} \end{cases} \tag{2.2}$$

Una condición necesaria, pero no suficiente, para obtener alto desempeño en el esquema de control, es que el servomotor trabaje en la zona lineal, debido a que las zonas de saturación causan vibración y ruido, dinámica no modelada y juego mecánico; además, la velocidad de rotación tendría una magnitud superior al ancho de banda del servomotor.

2.4.2 Motor de corriente directa

A continuación se presenta una breve descripción de los componentes básicos, para un motor de corriente directa.

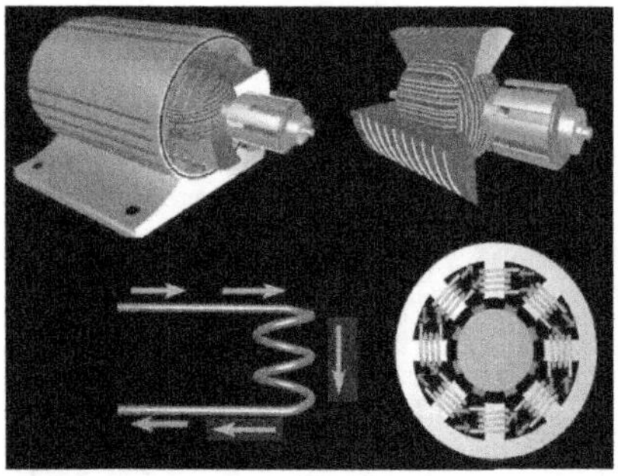

Figura 2.10: Componentes de un motor de DC

En la figura 2.10 se muestran los componentes principales de los motores eléctricos de DC: **Armadura**: es la estructura que sostiene una o más bobinas montadas sobre una flecha central (rotor). La armadura está fabricada de láminas de acero de baja histéresis, estas reducen significativamente las pérdidas de corriente; dichas láminas se encuentran concentradas (apiladas) para formar la estructura cilíndrica del núcleo de la armadura. La corriente es conmutada a través de esas bobinas por medio de un conmutador. Como la fuerza de Lorentz impulsa a las bobinas, la fuerza de rotación (par o torque) es transmitida a la flecha para que gire (fuerza contra-electromotriz).

Estátor: es el casco del motor o carcasa, este componente no se mueve, permanece estático; es un magneto permanente que rodea a la flecha y la armadura; se encuentra fabricado por componentes ferromagnéticos que proveen el flujo del campo magnético.

Conmutador: consta de dos platos (ferromagnéticos) divididos en la flecha o rotor, lo que proporciona potencia a la armadura de las bobinas, además de que están conectados a la fuente de alimentación por medio de escobillas.

El **rotor** es la flecha o parte giratoria del motor, el cual provoca el movimiento rotacional; al rotor se le acoplan mecánicamente barras de aluminio para formar un eslabón.

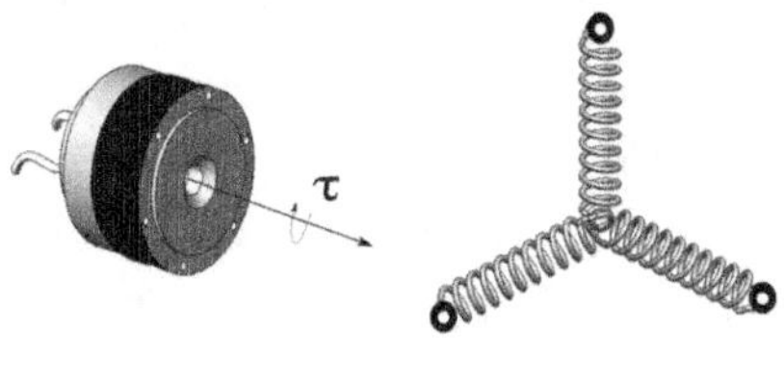

Figura 2.11: Motor de DC

El motor de corriente continua que se muestra en la figura 2.11 tiene tres bobinas (generalmente se utilizan configuraciones delta o estrella); cada una requiere alimentación sinusoidal con fase diferente entre ellas (120°); la etapa de potencia está formada de transistores bipolares del tipo TIP o IGBT suministrando la corriente necesaria a las bobinas del motor para obtener los campos magnéticos requeridos.

Para detectar el flujo del campo magnético que existe entre el rotor y estátor, se utilizan sensores de efecto Hall, cuya información es procesada por algoritmos de control por flujo vectorial, con la finalidad de aplicar torque τ alrededor del eje de giro del rotor, de esta forma se obtiene movimiento rotacional.

Un sensor de posición (encoder) está acoplado mecánicamente al rotor, para medir la posición de rotación; dicho encoder está fabricado por un disco codificado y un ensamble de dispositivos emisores de luz y fotodetectores, cuya salida es una señal cuadrada proporcional al giro del rotor. La señal de salida del encoder se encuentra acoplada a una interfaz electrónica (por ejemplo, arquitectura FPGA).

2.4.3 Sistema de engranes

Por lo general, los motores eléctricos producen velocidades rotacionales elevadas, por ejemplo, más de 1000 revoluciones por minuto. Si se requiere acoplar a la flecha del rotor una barra de aluminio y operar a esa velocidad puede ser muy peligroso e inclusive mortal. En robótica estos actuadores deben proporcionar una velocidad parecida al brazo humano, para girar sin fatiga dos revoluciones por segundo (ancho de banda del robot).

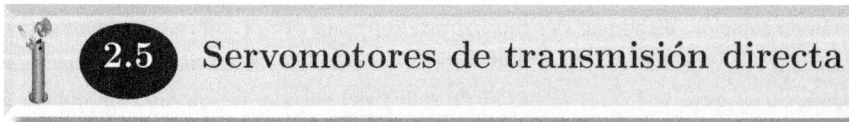

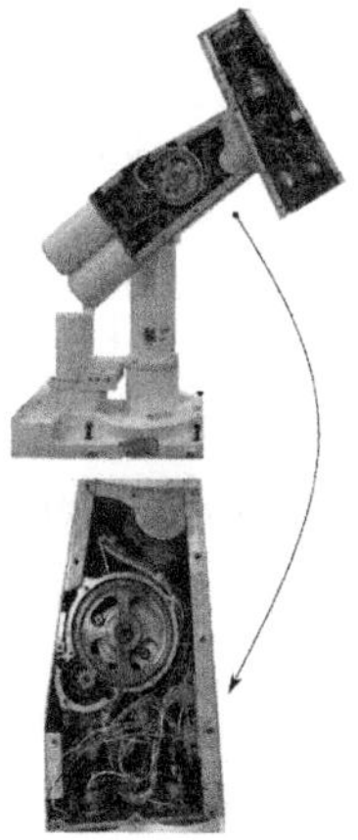

Figura 2.12: Robot PUMA-200

En la figura 2.12 se muestra el robot PUMA modelo 200 de la empresa Unimate, tiene engranes, para amplificar la capacidad limitada de torque en los motores, lo cual hace que el diseño y construcción mecánica sean mucho más complejos. El factor de amplificación de los engranes afecta la inercia de los rotores, por un factor de ρ^2, causando que la inercia del rotor domine sobre la inercia de los eslabones; una proporción típica de engranes de 100:1 reduce el efecto inercial de los eslabones por 10^{-4}. Además, los engranes producen fenómenos de elasticidad en las uniones e incrementa el fenómeno de fricción, cuyos torques disipativos pueden ser de considerable magnitud (por ejemplo, 40 % del par máximo del motor), como consecuencia, el comportamiento dinámico no lineal del robot puede ser ignorado.

Este conjunto de características hace que el diseño mecánico sea más complejo, también el proceso de identificación de parámetros resulta una actividad muy tediosa y complicada, cuando se requiere encontrar el valor numérico de los momentos de inercia, centros de masa y coeficientes de fricción. En contraste, la tecnología de transmisión directa elimina por completo el sistema de engranaje, facilita el diseño mecánico; puesto que son servomotores de muy baja magnitud de fricción, ideales para la mayoría de aplicaciones en control de robots manipuladores.

2.5 Servomotores de transmisión directa

UN servomotor con tecnología de transmisión directa (*direct-drive servomotor*) representa una clase de dispositivos con alto desempeño para robótica, superando sustancialmente las desventajas que tienen los motores con sistema de engranaje, el cual es eliminado; funcionan como fuente de par y la resolución del encoder es muy alta.

El concepto de transmisión directa fue establecido por Haruhiko Asada en 1980 y consiste en que el rotor del motor funciona como una fuente de torque; el sistema tradicional de engranes es completamente eliminado, por lo que desaparece el efecto de juego mecánico o *cascabeleo* y reduce significativamente el fenómeno de fricción y la exactitud es mejorada.

Figura 2.13: Rotor y estátor de un servomotor

En el motor de transmisión directa la flecha convencional ha desaparecido; en su lugar se encuentra acoplado un nuevo rotor, formando la carcasa; para disminuir la velocidad de rotación y amplificar el torque, sistema de engranes ya no es requerido. Esta configuración permite mantener un torque determinado alrededor del rotor, sin tener velocidad de movimiento. Las componentes del motor de transmisión directa se muestran en la figura 2.13, el estátor es la parte fija del motor que contiene los cables eléctricos para suministro de potencia, así como la información de los encoders que se envían al servoamplificador. Cuando se encuentra energizado el servomotor, entonces el rotor levita (se encuentra suspendido, sin tener contacto físico con el estátor), por lo que el fenómeno de fricción disminuye notablemente; típicamente tienen una magnitud menor al 10 % de la capacidad máxima del servomotor.

Los motores eléctricos pertenecen a una clase especial de transductores, puesto que convierten energía eléctrica [V] a energía mecánica [Nm]. El rendimiento y eficiencia del motor $\mathcal{E}_{sm}$ se define como la relación entre la energía mecánica $\mathcal{E}_m$ y la energía eléctrica $\mathcal{E}_e$; por ejemplo: $\mathcal{E}_{sm} = \frac{\mathcal{E}_m}{\mathcal{E}_e}$. Idealmente esta relación debería ser del 100 %. En la práctica la eficiencia de un motor está muy lejos de lo ideal, su valor depende de la calidad que tengan sus componentes, lo que repercute directamente en el fenómeno de fricción.

La figura 2.14 describe un robot manipulador experimental de transmisión directa de 3 gdl, cuyo movimiento es en el espacio tridimensional; se encuentra en el Laboratorio de Robótica y Control de la Facultad de Ciencias de la Electrónica, Benemérita Universidad Autónoma de Puebla (BUAP); debido a las prestaciones y cualidades que presentan cada uno de sus servomotores, por ejemplo: la resolución del encoder es de 4,096,000 pulsos por revolución, arquitectura abierta y fuente de torque; representa una plataforma experimental en robótica, la cual es atractiva para realizar investigación científica de calidad en la evaluación de algoritmos de control clásicos y nuevas estructuras de reguladores, así como control de movimiento o trayectoria; otras aplicaciones más complejas pueden ser implementadas, tales como: control de fuerza, impedancia mecánica, *visual servoing*, etc.

Figura 2.14: Prototipo experimental BUAP

El robot experimental que se muestra en la figura 2.14 tiene los siguientes modelos de servomotores: articulación de la base (DM1015B), para la articulación del hombro (DM1050A) y en el codo (DM1004C). Los eslabones del hombro y codo están fabricados de aluminio aéreo dinámico 6051, cuya longitud de cada uno es 0.45 m. Todos los servomotores están configurados en modo torque y fueron adquiridos a la compañía Parker Compumotor. El soporte tubular donde se encuentra acoplada mecánicamente la base, tiene una longitud de 1 m y está fabricada de aluminio. La tarjeta electrónica para control en tiempo real (periodo de muestre 2.5 ms) corresponde al modelo Arduino MKR Vidor 4000 (incluye un FPGA Intel Cyclone 10CL016), los algoritmos de control se programan en los lenguajes C y C++; el ambiente donde interactúa el usuario, para registrar las variables de estado, asignación de parámetros y referencias está realizado en **MATLAB**-2024a.

A continuación, se describen las principales características de los servomotores de transmisión directa:

- Arquitectura abierta para la evaluación experimental de algoritmos de control.
- Funcionan como fuente de par (torque).
- No hay pérdidas en la transmisión de energía.
- Reducción del fenómeno de fricción y juego mecánico.
- No es necesario acoplamiento de engranes.
- Proporciona alto par, sin sistema de engranaje.
- No requieren calibración.
- Modelado y programación sencilla.
- Maquinado y construcción simple.
- Transmisión directa de energía, sin perdidas.
- Alta resolución del encoder: 4,096,000 pulsos por revolución (ppr).

2.5.1 Diagrama a bloques de un servomotor

La figura 2.15 muestra el diagrama a bloques típico de un servomotor utilizado en diversas aplicaciones de control automático, industriales y científicas; dicho diagrama representa el funcionamiento cualitativo que tienen los servomotores con un esquema de control.

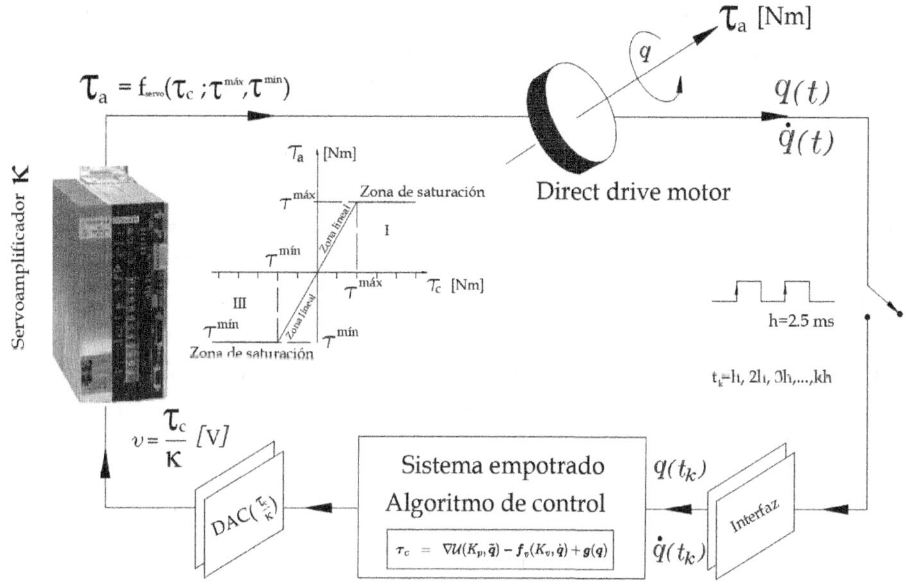

Figura 2.15: Diagrama a bloques funcional de un servomotor

El sistema embebido es una tarjeta digital con plataforma o arquitectura electrónica con base en un microprocesador de alto desempeño; generalmente en lenguaje C es implementado el algoritmo de control τ_c, el cómputo del par o torque se transforma a una señal analógica usando convertidores analógico-digital (DAC), al menos de 10 bits y con un periodo de muestreo h (por ejemplo, $h = 2.5$ ms).

Se utiliza la ecuación fundamental de un servomotor de corriente directa, ecuación (2.1); despejando el voltaje se tiene: $v = \frac{\tau_c}{\kappa}$, entonces: DAC($\frac{\tau_c}{\kappa}$) siendo v la entrada de voltaje al servoamplificador de ganancia κ, el cual convierte la energía eléctrica en energía mecánica; por lo que en la figura 2.15, τ_a o τ_{aplicado} es el torque que se aplica al motor, provocando movimiento rotación en función del tiempo t con posición $q(t)$ y velocidad $\dot{q}(t)$. El par aplicado τ_a depende de los límites físicos del servoamplificador, de acuerdo con la ecuación expresada en (2.2), es decir: $\tau_a = \tau_{\text{aplicado}} = f_{\text{servo}}(\tau_c; \tau^{\text{máx}}, \tau^{\text{mín}})$.

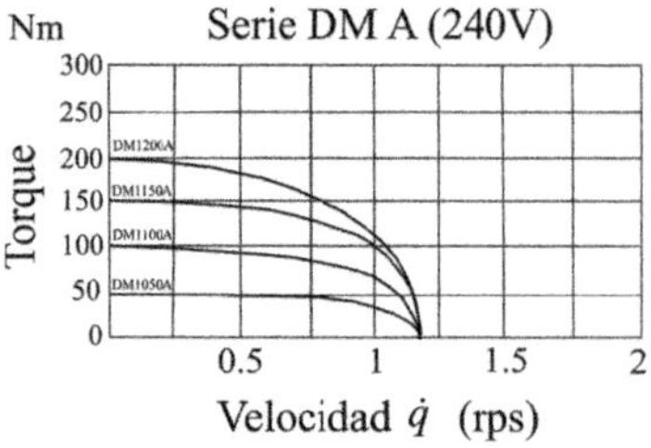

Figura 2.16: Ancho de banda de un servomotor de transmisión directa

Si el modo del servomotor de transmisión directa se encuentra configurado en modo torque, entonces es posible evaluar en forma experimental diferentes estrategias de control diseñadas con técnicas modernas (moldeo de energía), debido a las características de arquitectura abierta; en este caso, el servomotor funciona como una fuente ideal de torque o par, puesto que el servoamplificador tiene un regulador de torque, que utiliza la información de los transistores de efecto Hall, para propósitos de regulación del par aplicado alrededor del eje de giro y restringido a su ancho de banda, el cual está determinando con el número de revoluciones por segundo (rps) que puede girar manteniendo el par solicitado; fuera de ese límite, el par cae en magnitud y se pierde la ventaja de fuente de par, como se muestra en la figura 2.16; por ejemplo, el modelo DM1050A tiene una capacidad de 50 Nm y un ancho de banda de 0.75 rps o $\frac{3}{4}\pi\ \frac{\text{rad}}{s}$; esto significa que hay que tomar en cuenta este tipo de aspectos al momento de diseñar un algoritmo de control (ver metodología de diseño, para estrategias de control dentro del ancho de banda, en el capítulo 8 Control de posición).

Observe que en la figura 2.16, cuando el servomotor se encuentre detenido (es decir con velocidad de movimiento cero), se mantiene el par o torque aplicado, debido a la fuente de par que incluye; esto es de enorme importancia en control automático, puesto que, cuando se tienen propiedades de estabilidad asintótica del punto de equilibrio, todas las variables de estado en el problema de control de posición tienden a cero (error de posición y velocidad de movimiento), por lo que la ley de control solo suministra el correspondiente torque gravitacional.

La tabla 2.6 presenta una comparación cualitativa entre un servomotor de transmisión directa y otro motor que usa tecnología modesta con escobillas (*brush*); en el caso de transmisión directa se resalta la resolución del encoder (4,096,000 pulsos por cada 360°), peso ligero, máximo rango de velocidad, capacidad en torque aplicado para el de transmisión directa dentro de su ancho de banda; en contraste las características del motor de escobillas quedan superadas ampliamente.

El desempeño de los servomotores de transmisión directa resulta superior; lo anterior, este tipo de servomotores los hacen ideales, para llevar a cabo con exactitud aplicaciones industriales, como: traslado, pintado y estibado de objetos, soldadura de arco, ensamble, control de fuerza-impedancia mecánica, *visual servoing*; así como diferentes usos en el sector comercial, salud, hogar, etc.

Tabla 2.6: Análisis comparativo entre un servomotor de transmisión directa y uno de escobillas

Características	Servomotor de transmisión directa	Servomotor con escobillas (brush)
Conmutación	Electrónica con retroalimentación de sensores de posición	Conmutación por escobillas
Mantenimiento	No requiere	Mantenimiento periódico
Relación velocidad/torque	Mantiene el torque dentro del ancho de banda	Ancho de banda muy limitado; cuando la velocidad aumenta, el fenómeno de fricción reduce el torque por las escobillas
Eficiencia	Alta	Moderada
Inercia del rotor	Inercia baja; debido al imán permanente del rotor mejora la respuesta dinámica	Inercia muy alta que reduce la respuesta dinámica
Juego mecánico	No	Sí
Generación de ruido eléctrico	Muy bajo	Alto, debido a la generación de arcos eléctricos por las escobillas
Costos de fabricación	Alto	Bajo
Control	Arquitectura abierta: robusto y eficiente	Arquitectura cerrada: esquemas de control tradicionales PD y PID
Fricción	Muy baja	Muy alta por las escobillas
Fuente de par	Fuente ideal	No funciona como fuente de par

La tabla 2.7 muestra un análisis comparativo entre dos modelos de servomotores con tecnología de transmisión directa correspondientes a los modelos DM1050A (50 Nm) y DM 1004C (4 Nm). Ambos de la compañía Parker Compumotor.

Note que los dos modelos tienen una repetitividad similar; sin embargo, la precisión para el modelo DM1050A es mucho mejor que la del servomotor DM1004C. Por lo que, el desempeño del primer servomotor será muy superior. Ambos modelos aceptan señales de entrada analógica en el rango de ± 10 V; dicha señal proviene de un sistema digital empotrado o computadora, donde se encuentra implementado el algoritmo de control τ. Recuérdese que esta señal de voltaje está directamente relacionada con la ecuación (2.1), es decir: $v = \frac{\tau}{\kappa}$. Generalmente el valor de la ganancia κ del servoamplificador se encuentra especificada en la hoja de datos técnicos del servomotor; cuando no es el caso, entonces por medio de identificación paramétrica puede ser determinada.

Tabla 2.7: Datos técnicos de servomotores de transmisión directa

Características	Indicador	DM1050A	DM1004C
Desempeño	▪ Repetitividad	▪ ± 2 arc-s (0.00055°)	▪ ± 2 arc-s (0.00056°)
	▪ Precisión	▪ ± 25 arc-s (0.0069°)	▪ ± 60 arc-s (0.016662°)
Alimentación	▪ Volts	▪ 110/220 VAC, 50/60 hz	▪ 110/220 VAC, 50/60 hz
	▪ Rango	▪ 10 % a 15 %	▪ 10 % a 15 %
	▪ Corriente	▪ 20 A max.	▪ 5 A max.
Torque	Par máximo	50 Nm	4 Nm
Entrada analógica	Rango de voltaje	± 10V	± 10V
Peso		14.5 Kg	3 Kg
Resolución del encoder		4,096,000 ppr	4,096,000 ppr

2.6 Resumen

Los sensores de posición empleados en robótica se denominan encoders por su naturaleza de fabricación optoelectrónica; tienen mejor desempeño ante vibraciones, cambios de temperatura y humedad, alta resolución, peso ligero y tamaño reducido. Se clasifican en incrementales y absolutos. También existen encoders de tipo magnético y al igual que los optoelectrónicos ofrecen muy buen desempeño en ambientes con humedad y temperaturas extremas, resistentes al polvo, vibraciones mecánicas.

Los encoders incrementales tienen como salida una onda electrónica cuadrada que representa un conjunto de número pulsos directamente proporcional al ángulo de giro o desplazamiento articular del rotor; la resolución de los encoders incrementales es alta, dependiendo del modelo, algunos encoders pueden alcanzar el valor de 4,096,000 ppr.

Mientras que los encoders absolutos tienen su salida codificada generalmente en formato BCD o *gray*; para dar solución al número de bits que conforma la respuesta de este encoder y que repercute en el volumen del conector, se utiliza una interfaz serial disminuyendo volumen y peso. La velocidad de transferencia en los datos puede ser hasta 2 MBaudios.

Por otro lado, los servomotores son actuadores eléctricos que suministran la energía requerida al robot para tener desplazamiento, velocidad y aceleración articular, sus componentes básicos son: motor eléctrico de corriente continua, sensor de posición (encoder) y un servoamplificador electrónico que suministra energía (par o torque) y entrega la magnitud de corriente requerida por el motor de acuerdo con los requisitos de impedancia eléctrica y potencia mecánica.

Una opción tecnológica la representan los servomotores de transmisión directa (*direct drive*), no requieren de un sistema de engranaje para amplificar el par, alta resolución en el encoder, lo que le permite alcanzar excelente grado de exactitud en el posicionamiento del robot y funcionan como fuente de torque. El fenómeno de fricción representa un bajo porcentaje del par máximo, típicamente del orden del 5 %. Por sus ventajas, características y prestaciones es una tecnología atractiva para diseñar y construir robots manipuladores con potenciales aplicaciones.

Para propósitos de control de robots manipuladores, es muy importante que los servomotores se encuentran configurados en modo par o torque, lo que permite interaccionar directamente con la dinámica del robot manipulador y evaluar experimentalmente estrategias de control clásicas y nuevos desarrollos.

2.7 Problemas propuestos

En esta sección se presentan una serie de problemas propuestos al lector, con la finalidad de mejorar su habilidad y grado de conocimiento en encoders y servomotores, componentes fundamentales de robots manipuladores.

2.7.1 Describir con extremo detalle el funcionamiento de un encoder.

2.7.2 ¿Cuál es la diferencia entre un encoder incremental y un absoluto?

2.7.3 Describa la técnica de un encoder en cuadratura.

2.7.4 Determine la resolución de un encoder incremental con 2,048,000 ppr.

2.7.5 ¿Cuál es la resolución de un encoder absoluto de 12 bits?

2.7.6 Describa las ventajas y desventajas entre los encoders incrementales y absolutos.

2.7.7 ¿Qué es un servomotor y cómo está compuesto?

2.7.8 Explicar el funcionamiento de los componentes básicos de un servomotor.

2.7.9 Describa las características de las regiones operativas, para un servoamplificador.

2.7.10 ¿Cuáles son las desventajas de trabajar a un servoamplificador en la región de saturación?

2.7.11 Describa las características de un servomotor de transmisión directa.

2.7.12 ¿Qué es el ancho de banda en un servomotor.

2.7.13 ¿Cuál es el concepto de fuente de par, cuando el servomotor funciona en modo par.

2.7.14 Explique en que consiste la ley fundamental que gobierna el comportamiento de un servomotor.

2.7.15 Explicar los modos de operación de un servomotor.

3

Capítulo

Preliminares matemáticos

$$
\begin{aligned}
\frac{d\mathcal{V}(\boldsymbol{x})}{dt} &= \frac{d}{dt}\left[\boldsymbol{x}^T A \boldsymbol{x}\right] \\
&= \frac{d\boldsymbol{x}^T}{dt} A\boldsymbol{x} + \boldsymbol{x}^T \frac{d}{dt} A\boldsymbol{x} + \boldsymbol{x}^T A \frac{d\boldsymbol{x}}{dt} \\
&= \dot{\boldsymbol{x}}^T A\boldsymbol{x} + \boldsymbol{x}^T \dot{A}\boldsymbol{x} + \boldsymbol{x}^T A\dot{\boldsymbol{x}};\ A = A^T, \\
&= 2\boldsymbol{x}^T A\dot{\boldsymbol{x}} + \boldsymbol{x}^T \dot{A}\boldsymbol{x}
\end{aligned}
$$

3.1 Introducción 75

3.2 Vectores 76

3.3 Matrices 99

3.4 Funciones cuadráticas 117

3.5 Resumen 138

3.6 Problemas propuestos 139

Descripción del capítulo

El principal objetivo de este capítulo es presentar las herramientas básicas del álgebra lineal, las cuales son requeridas en el análisis, desarrollo, modelado y diseño de esquemas de control en robots manipuladores; con particular énfasis en diferentes tipos de operaciones entre vectores como: productos punto y vectorial; matrices y operaciones mixtas: funciones de energía; los conceptos y definiciones se ilustran a través de ejemplos documentados a detalle e incorporando programación simbólica y código fuente en **MATLAB**.

Los siguientes temas son abordados:

- Vectores
- Matrices
- Funciones de energía
- Funciones definidas positivas-negativas
- Funciones semidefinidas positivas-negativas
- Gradientes
- Jacobianos

3.1 Introducción

Las matemáticas son un lenguaje elegante y universal, necesario para describir y comprender cualquier fenómeno físico de la naturaleza. En particular, para el área de la robótica representan las herramientas fundamentales de análisis, diseño y construcción de robots manipuladores; específicamente son esenciales en la elaboración del modelo dinámico no lineal, que permite estudiar a detalle el comportamiento dinámico en el sistema mecánico, así como deducir sus propiedades matemáticas que faciliten el desarrollo de la cinemática, dinámica e identificación paramétrica; de enorme importancia, para diseñar nuevas estructuras de control con mejor desempeño práctico que permitan realizar con exactitud la ejecución de diversas aplicaciones.

Por otro lado, en el área de control automático, las matemáticas son imprescindibles, puesto que representan la parte formal, para analizar y diseñar de manera amplia diversas estrategias de control en tópicos tales como: regulación, planeación de trayectorias, control adaptable y en general para la programación de diversas tareas. Si bien es cierto que la robótica es de naturaleza práctica experimental, su esencia es de carácter científico y con estricto rigor matemático para proponer soluciones a diferentes problemas de interés para la sociedad científica y con enorme potencial en sus aplicaciones; lo anterior, solo es posible a través de un correcto entendimiento de las matemáticas aplicadas; de ahí el impacto profundo que ha tenido en varios sectores de la sociedad.

Las ciencias exactas aplicadas de manera correcta en la robótica, generan conocimientos con un amplio espectro de aplicaciones potenciales en beneficio de la sociedad; gracias a las matemáticas los robots manipuladores se convierten en sofisticadas herramientas de exactitud y precisión, son factores estratégicos de la tecnología moderna, la automatización de procesos a través de la robótica, aumenta la productividad y el incremento de la economía; son ampliamente utilizados en el ámbito científico, industrial, comercial, salud y doméstico.

La finalidad principal del presente capítulo es presentar y exponer los conceptos básicos y fundamentales del álgebra lineal que se requieren, para desarrollar los temas de modelado dinámico y diseño de algoritmos de control; se hace énfasis en las definiciones y propiedades relacionadas con vectores (por ejemplo, productos punto y vectorial), matrices, funciones de energía, normas euclidianas y espectral; gradientes y jacobiano, valores propios, etc. Para asimilar estos conceptos, a lo largo de la exposición se presenta una amplia variedad de ejercicios didácticos, acompañados con programación simbólica y código fuente, para llevar a cabo simulaciones en el entorno de **MATLAB**.

3.2 Vectores

Las ciencias exactas representan la herramienta formal, para analizar y diseñar estructuras de algoritmos de control, con alto desempeño práctico en robots manipuladores; son un lenguaje estricto y formal, necesario para describir y comprender cualquier fenómeno de la naturaleza, particularmente en robótica es imprescindible el sustento matemático para el estudio de los efectos físicos de su comportamiento dinámico no lineal. Las propiedades matemáticas asociados al cálculo diferencia e integral, álgebra lineal, dinámica no lineal resultan particularmente estratégicas en el diseño y análisis de esquemas de control, repercutiendo en los aspectos prácticos de desempeño, para mejorar la exactitud en las aplicaciones programadas.

En robótica se utiliza un tipo de notación matemática, suficientemente elegante para representar el arsenal de conocimiento que se desarrolla en esta área; a continuación se describe dicha nomenclatura.

Números reales $\mathbb{R}$

El conjunto de los números reales se denota con el símbolo $\mathbb{R}$ y a sus elementos se les conoce como escalares.

En esta obra los números reales se expresan en *itálicas* empleando letras minúsculas del alfabeto castellano o griego, por ejemplo, $a, b, c, x, y, z, \alpha, \omega, \lambda \in \mathbb{R}$.

El conjunto de números reales positivos y negativos se representan por $\mathbb{R}_+$ y $\mathbb{R}_-$, respectivamente:

$$\begin{aligned} \mathbb{R}_+ &= \{\alpha \in \mathbb{R} : \alpha \in (0, \infty)\} \\ \mathbb{R}_- &= \{\alpha \in \mathbb{R} : \alpha \in (-\infty, 0)\} \end{aligned}$$

Por otro lado, el conjunto de los números enteros representado por Z: $\{\cdots, -3, -2, -1, 0, 1, 2, 3, \cdots\}$ es un subconjunto de los números reales $\mathbb{R}$, es decir: $Z \subseteq \mathbb{R}$.

Los números naturales o enteros positivos $\{1, 2, 3, \cdots\}$ se denotan por N, siendo que: $N \subseteq Z$; entonces, $N \subseteq \mathbb{R}_+$.

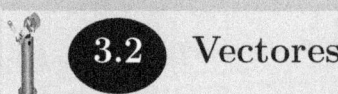

3.2.1 Intervalos

Es importante ofrecer una correcta interpretación cuando se trabaja con intervalos finitos, donde está definido el dominio o argumento $x \in \mathbb{R}$ de la función $f(x) \in \mathbb{R}$, la cual puede retornar valores, también conocidos como imagen de la función dentro de cierto rango. Estos intervalos pueden ser cerrados $x \in [\alpha, \beta]$ y abiertos $x \in (\alpha, \beta)$ o combinación entre ellos utilizan uno de sus extremos izquierdos o derechos. Los elementos que definen los límites inferior y superior se denominan extremos del intervalo representados por números o escalares α, $\beta \in \mathbb{R}$, cuya notación corresponde a letras en minúsculas del alfabeto castellano o griego.

Por ejemplo:

- El intervalo cerrado $x \in [\alpha, \beta]$ significa: $[\alpha, \beta] = \{x \in \mathbb{R} \mid \alpha \leq x \leq \beta\}$. En este escenario la variable x sí puede ser igual a cualquiera de sus límites extremos del intervalo. Para $f(x) \in [\alpha, \beta]$ se interpreta como: $\alpha \leq f(x) \leq \beta$.
- El intervalo abierto $x \in (\alpha, \beta)$ significa: $(\alpha, \beta) = \{x \in \mathbb{R} \mid \alpha < x < \beta\}$. En este caso, la variable x no puede ser igual a los límites inferior ni superior. Es decir, no alcanza los extremos de dicho intervalo; similarmente: $f(x) \in (\alpha, \beta) \Longrightarrow \alpha < f(x) < \beta$.
- Un intervalo semiabierto en el extremo derecho está representado por $x \in [\alpha, \beta)$, lo cual significa: $[\alpha, \beta) = \{x \in \mathbb{R} \mid \alpha \leq x < \beta\}$. Note que a este intervalo, también se le denomina semicerrado por el extremo izquierdo; $f(x) \in [\alpha, \beta) \Longrightarrow \alpha \leq f(x) < \beta$.
- Un intervalo semiabierto en el extremo izquierdo: $x \in (\alpha, \beta]$ se interpreta como: $(\alpha, \beta] = \{x \in \mathbb{R} \mid \alpha < x \leq \beta\}$. Otra forma de llamarlo es intervalo semicerrado en el extremo derecho; $f(x) \in (\alpha, \beta] \Longrightarrow \alpha < f(x) \leq \beta$.

Por otro lado, también existen intervalos donde uno de sus extremos corresponde a infinito, en este caso se conoce uno de los extremos y las siguientes combinaciones de intervalos se pueden obtener:

- El intervalo $x \in [\alpha, \infty)$ significa: $[\alpha, \infty) = \{x \in \mathbb{R} \mid \alpha \leq x\}$; $f(x) \in [\alpha, \infty) \Longrightarrow \alpha \leq f(x)$.
- El intervalo $x \in (\alpha, \infty)$ resulta: $(\alpha, \infty) = \{x \in \mathbb{R} \mid \alpha < x\}$; $f(x) \in (\alpha, \infty) \Longrightarrow \alpha < f(x)$.
- $x \in (-\infty, \beta]$ es: $(-\infty, \beta] = \{x \in \mathbb{R} \mid x \leq \beta\}$; $f(x) \in (-\infty, \beta] \Longrightarrow f(x) \leq \beta$.
- $x \in (-\infty, \beta)$ se interpreta como: $(-\infty, \beta) = \{x \in \mathbb{R} \mid x < \beta\}$; $f(x) \in (-\infty, \beta) \Longrightarrow f(x) < \beta$.

3.2.2 Espacio vectorial

Un espacio vectorial sobre un campo $\mathcal{F}$ consta de un conjunto $\mathcal{A}$ en el que está definida la operación de suma (satisface las propiedades de un grupo abeliano conmutativo), junto con una operación de multiplicación definida entre elementos de $\mathcal{A}$ y de $\mathcal{F}$, tal que esta operación asocia escalares y los distribuye con vectores; asimismo, también posee un elemento identidad y neutro [Vidyasagar, 1993], [Sastry, 1999], [Khalil, 2003], [Lewis et. al, 2004], [Kelly et. al, 2005], [Haddad and Chellaboina, 2008].

Un ejemplo de campo es el que está definido por el conjunto de los números reales $\mathbb{R}$; a un espacio vectorial construido sobre $\mathbb{R}$ se le llama **espacio vectorial real**.

El conjunto $\mathcal{A}$ del espacio vectorial n-dimensional $\mathbb{R}^n$ representa el conjunto de todas las n-adas de números reales o escalares; los vectores de este espacio vectorial se denotan de la siguiente manera:

$$\boldsymbol{x} = \begin{bmatrix} x_1 \\ x_2 \\ \vdots \\ x_n \end{bmatrix} \tag{3.1}$$

en la expresión (3.1) los escalares $x_i \in \mathbb{R}$, $i = 1, 2, \cdots, n$ representan las componentes o coordenadas del vector $\boldsymbol{x} \in \mathbb{R}^n$. En robótica, generalmente las componentes x_i de los vectores son considerados como elementos reales; no se contempla su extensión a incorporar números complejos.

Definición 3.1: Vector

Un vector $\boldsymbol{x} \in \mathbb{R}^n$ es un arreglo de n-adas ordenadas (léase "ene adas") de números reales o escalares (conocidos como componentes del vector: $x_i \in \mathbb{R}$, donde $i = 1, 2, \cdots, n$), que pertenece a un espacio euclidiano n-dimensional.

- Sean los vectores $\boldsymbol{x}, \boldsymbol{y} \in \mathbb{R}^n$; dos vectores: son iguales $\boldsymbol{x} = \boldsymbol{y}$, si y solo si sus correspondientes componentes son idénticos; es decir, se cumple que: $x_i = y_i$, para $i = 1, 2 \cdots n$.

- Por otro lado, el espacio vectorial $\mathbb{R}^n$ también se conoce como espacio euclidiano n-dimensional.

Notación

Para los propósitos de la presente obra, los vectores serán representados con letras minúsculas de los alfabetos castellano y griego, con estilo **bold** o **negritas** y usando el tipo de *font* en ***itálica***.

Hay tres tipos de nomenclatura para representar a un vector, dependiendo del contexto se puede optar por la representación más adecuada o conveniente, para el tema que se trate.

Los siguientes vectores usan la notación más compacta: $\boldsymbol{x}, \boldsymbol{y}, \boldsymbol{w}, \boldsymbol{\tau}, \boldsymbol{\gamma}, \boldsymbol{\psi} \in \mathbb{R}^n$, donde $n \in N$ representa la dimensión del vector (es decir, el número de componentes escalares). El número n solo puede ser natural o entero positivo.

Otra posible representación de los vectores corresponde a indicar los n renglones y una columna: $\boldsymbol{x}, \boldsymbol{y}, \boldsymbol{w}, \boldsymbol{\tau}, \boldsymbol{\gamma}, \boldsymbol{\psi} \in \mathbb{R}^{n\times 1}$.

Vectores tipo columna son arreglos verticales de n renglones y una columna, donde los elementos o componentes escalares se encuentran adentro de los corchetes; también pueden ser representados usando paréntesis:

$$\boldsymbol{x} = \begin{bmatrix} x_1 \\ x_2 \\ \vdots \\ x_n \end{bmatrix} = [\, x_1 \quad x_2 \quad \cdots \quad x_n \,]^T$$

donde $x_i \in \mathbb{R}$, $i = 1, 2, \cdots n$.

Un vector transpuesto se representa por: $\boldsymbol{x}^T \in \mathbb{R}^{1\times n}$, se utiliza el operador transpuesto ^{T}, como sigue: $\boldsymbol{x}^T = [\, x_1 \quad x_2 \quad \cdots \quad x_n \,]$. Para un vector columna (vertical) $\mathbb{R}^{n\times 1}$, su transpuesto es un vector renglón (horizontal) $\mathbb{R}^{1\times n}$.

Un vector $\boldsymbol{x} \in \mathbb{R}^n$ tiene asociado tres propiedades fundamentales: métrica (longitud o magnitud), dirección (orientación) y sentido. La ilustración de estos conceptos se encuentran descritos en la figura 3.1.

La **métrica** de un vector $\boldsymbol{x} \in \mathbb{R}^n$ es la longitud o magnitud determinada por la norma euclidiana $\|\boldsymbol{x}\|$.

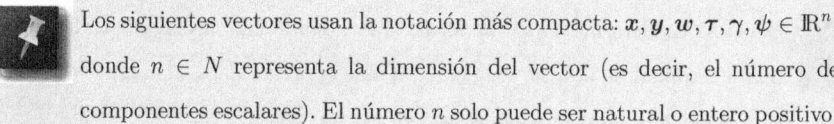

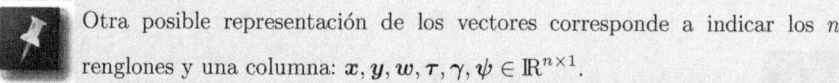

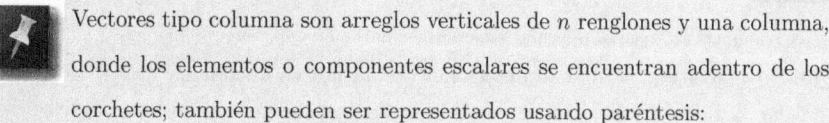

Dirección es la orientación que tienen un vector $\boldsymbol{x} \in \mathbb{R}^n$ desde el punto de vista geométrico en un sistema de referencia cartesiano. Se indica como un ángulo $\theta \in \mathbb{R}$ con respecto a un plano o uno de los ejes principales, como se muestra en la figura 3.1.

Generalmente, la orientación está relacionada con la línea diagonal, que une el origen del sistema de referencia cartesiano con las coordenadas (x_1, x_2, x_3); es decir, la norma euclidiana $\|\boldsymbol{x}\|$.

Sentido se determina por la forma que apunta una flecha colocada en la punta terminal de la línea diagonal que une el origen del sistema de referencia cartesiano, con las coordenadas (x_1, x_2, x_3).

3.2.3 Norma euclidiana $\|\boldsymbol{x}\|$

Un vector $\boldsymbol{x} \in \mathbb{R}^n$ tiene métrica por estar en un espacio vectorial, significa que tiene longitud o magnitud, la cual se determina por la norma euclidiana $\|\boldsymbol{x}\| \in \mathbb{R}_+$, siendo un escalar positivo si el vector $\boldsymbol{x}$ es diferente del elemento neutro: $\boldsymbol{0} \in \mathbb{R}^n$; es decir, $\boldsymbol{x} \neq \boldsymbol{0} \Longrightarrow \|\boldsymbol{x}\| > 0$; cuando $\boldsymbol{x} = \boldsymbol{0} \Longrightarrow \|\boldsymbol{x}\| = 0 \in \mathbb{R}$.

La norma euclidiana denotada por $\|\boldsymbol{x}\|$ representa la magnitud del vector $\boldsymbol{x} \in \mathbb{R}^n$ y se define como:

$$\|\boldsymbol{x}\| \;=\; \sqrt{x_1^2 + x_2^2 + \cdots + x_n^2} = \sqrt{\sum_{i=1}^{n} x_i^2} = \sqrt{\boldsymbol{x}^T\boldsymbol{x}} \tag{3.2}$$

La interpretación geométrica de la norma euclidiana $\|\boldsymbol{x}\|$, por ejemplo para el caso tridimensional $\boldsymbol{x} = [x_1, x_2, x_3]^T \in \mathbb{R}^3$ es la línea diagonal que une el origen del sistema de referencia cartesiano $(0,0,0)$ con las coordenadas (x_1, x_2, x_3); dicha diagonal tiene una magnitud e indica qué tan lejos se encuentra en forma radial el punto (x_1, x_2, x_3) del origen $(0,0,0)$; es decir: $\|\boldsymbol{x} - \boldsymbol{0}\| = \|\boldsymbol{x}\|$. Además, esa línea diagonal tiene una orientación especificada por un ángulo θ, que se mide con respecto a un eje principal o un plano específico.

El sentido del vector se interpreta de acuerdo hacia donde apunta la flecha y se ubica en la punta terminal de la línea diagonal. Estos conceptos se encuentran ilustrados en la figura 3.1.

La figura 3.1 muestra la interpretación geométrica de la norma euclidiana $\|\boldsymbol{x}\|$ de un vector, para el caso específico de tres dimensiones. Sea el vector $\boldsymbol{x} \in \mathbb{R}^3$ con las coordenadas de un punto en el espacio $\boldsymbol{x} = [x_1, x_2, x_3]^T$, la norma euclidiana $\|\boldsymbol{x}\| \in \mathbb{R}_+$ es la línea diagonal que une el origen $(0, 0, 0)$ del sistema de referencia cartesiano con las coordenadas del punto (x_1, x_2, x_3).

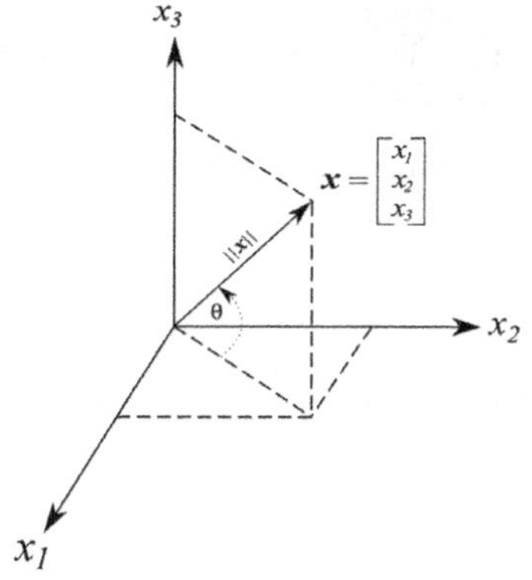

Fig 3.1: Interpretación geométrica de la norma euclidiana $\|\boldsymbol{x}\|$

La norma euclidiana es un escalar positivo, si $\boldsymbol{x} \neq \boldsymbol{0} \in \mathbb{R}^n$: $\|\boldsymbol{x}\| \in \mathbb{R}_+$; representa la magnitud o longitud de un vector $\boldsymbol{x} \in \mathbb{R}^n$; puede ser cero, si y solo si, $\boldsymbol{x} \in \mathbb{R}^n$ es el vector nulo o neutro: $\boldsymbol{x} = \boldsymbol{0} \in \mathbb{R}^n$.

Dado un vector $\boldsymbol{x} \in \mathbb{R}^n$, la norma euclidiana $\|\boldsymbol{x}\|$ tiene las siguientes propiedades importantes:

- $\|\boldsymbol{x}\| > 0, \quad \boldsymbol{x} \in \mathbb{R}^n$, si $\boldsymbol{x} \neq \boldsymbol{0}$.
- $\|\boldsymbol{x}\| = 0 \in \mathbb{R}$, si y solo si $\boldsymbol{x} = \boldsymbol{0} \in \mathbb{R}^n$, el cual es conocido como vector nulo o neutro: $\boldsymbol{0} = [0,\ 0,\ \cdots, 0]^T \in \mathbb{R}^n$.
- Desigualdad del triángulo:
  $\|\boldsymbol{x}\| - \|\boldsymbol{y}\| \leq \|\boldsymbol{x} + \boldsymbol{y}\| \leq \|\boldsymbol{x}\| + \|\boldsymbol{y}\|, \ \forall\ \boldsymbol{x}, \boldsymbol{y} \in \mathbb{R}^n$.
- $\|\alpha \boldsymbol{x}\| = |\alpha| \|\boldsymbol{x}\|, \ \forall\ \alpha \in \mathbb{R}$, y $\boldsymbol{x} \in \mathbb{R}^n$.
- Desigualdad de Schwarz: $|\boldsymbol{x}^T \boldsymbol{y}| \leq \|\boldsymbol{x}\| \|\boldsymbol{y}\|, \ \forall \boldsymbol{x}, \boldsymbol{y} \in \mathbb{R}^n$.
- Dos vectores $\boldsymbol{x}, \boldsymbol{y} \in \mathbb{R}^n$ son iguales: $\boldsymbol{x} = \boldsymbol{y}$, si y solo si, sus correspondientes componentes escalares son iguales; es decir: $x_i = y_i$ para $i = 1, 2 \cdots n$; lo que satisface que tienen la misma magnitud $\|\boldsymbol{x}\| = \|\boldsymbol{y}\|$, dirección (rotación) θ y sentido.

3.2.4 Operaciones y propiedades entre vectores

A continuación se describen las reglas matemáticas que definen la clase de operaciones que existen entre vectores.

Considérese los vectores $\boldsymbol{x}, \boldsymbol{y} \in \mathbb{R}^n$, la adición o suma entre vectores se realiza sumando componente a componente, por ejemplo:

$$\boldsymbol{x} + \boldsymbol{y} = \begin{bmatrix} x_1 \\ x_2 \\ \vdots \\ x_n \end{bmatrix} + \begin{bmatrix} y_1 \\ y_2 \\ \vdots \\ y_n \end{bmatrix} = \begin{bmatrix} x_1 + y_1 \\ x_2 + y_2 \\ \vdots \\ x_n + y_n \end{bmatrix}$$

Para realizar la adición entre vectores, es evidente que deben tener la misma dimensión. De acuerdo con la definición de un vector (3.1), la suma entre vectores da como resultado otro vector, que pertenece al mismo espacio vectorial satisfaciendo las siguientes propiedades:

Sean los vectores $\boldsymbol{x}, \boldsymbol{y}, \boldsymbol{z} \in \mathbb{R}^n$:

- **Propiedad conmutativa de la adición**

$$\begin{aligned} \boldsymbol{x} + \boldsymbol{y} + \boldsymbol{z} &= \boldsymbol{x} + \boldsymbol{z} + \boldsymbol{y} = \boldsymbol{z} + \boldsymbol{x} + \boldsymbol{y} = \boldsymbol{z} + \boldsymbol{y} + \boldsymbol{x} \\ &= \boldsymbol{y} + \boldsymbol{z} + \boldsymbol{x} = \boldsymbol{y} + \boldsymbol{x} + \boldsymbol{z} \end{aligned}$$

- **Propiedad asociativa de la adición**

$$(\boldsymbol{x} + \boldsymbol{y}) + \boldsymbol{z} = \boldsymbol{x} + (\boldsymbol{y} + \boldsymbol{z})$$

- El **vector nulo** o neutro, representado por $\boldsymbol{0} \in \mathbb{R}^n$ es un vector constante, donde todos sus elementos o componentes escalares son ceros, por ejemplo:

$$\boldsymbol{0} = \begin{bmatrix} 0_1 \\ 0_2 \\ \vdots \\ 0_n \end{bmatrix} \in \mathbb{R}^n.$$

  Para cualquier vector $\boldsymbol{x} \in \mathbb{R}^n$ se tiene que:

$$\boldsymbol{x} + \boldsymbol{0} = \boldsymbol{0} + \boldsymbol{x} = \boldsymbol{x}$$

- Para cada vector $\boldsymbol{x} \in \mathbb{R}^n$ existe su correspondiente vector negativo denotado como $-\boldsymbol{x} \in \mathbb{R}^n$ tal que:

$$\boldsymbol{x} = \begin{bmatrix} x_1 \\ x_2 \\ \vdots \\ x_n \end{bmatrix} \Longleftrightarrow -\boldsymbol{x} = \begin{bmatrix} -x_1 \\ -x_2 \\ \vdots \\ -x_n \end{bmatrix}$$

$$\boldsymbol{x} - \boldsymbol{x} = -\boldsymbol{x} + \boldsymbol{x} = \boldsymbol{0}$$

$$\begin{bmatrix} x_1 \\ x_2 \\ \vdots \\ x_n \end{bmatrix} + \begin{bmatrix} -x_1 \\ -x_2 \\ \vdots \\ -x_n \end{bmatrix} = \begin{bmatrix} x_1 - x_1 \\ x_2 - x_2 \\ \vdots \\ x_n - x_n \end{bmatrix} = \begin{bmatrix} -x_1 + x_1 \\ -x_2 + x_2 \\ \vdots \\ -x_n + x_n \end{bmatrix} = \begin{bmatrix} 0 \\ 0 \\ \vdots \\ 0 \end{bmatrix} = \boldsymbol{0} \in \mathbb{R}^n$$

La definición del producto de un número o escalar por un vector es la siguiente.

Sean el escalar $\alpha \in \mathbb{R}$ y el vector $\boldsymbol{x} \in \mathbb{R}^n$, entonces el producto entre ambos se define como:

$$\alpha \boldsymbol{x} = \begin{bmatrix} \alpha x_1 \\ \alpha x_2 \\ \vdots \\ \alpha x_n \end{bmatrix} = \begin{bmatrix} x_1 \alpha \\ x_2 \alpha \\ \vdots \\ x_n \alpha \end{bmatrix} = \begin{bmatrix} x_1 \\ x_2 \\ \vdots \\ x_n \end{bmatrix} \alpha = \boldsymbol{x}\alpha$$

De acuerdo con la definición de espacio vectorial, el producto de un vector con un número real satisface las siguientes propiedades:

- Sean el escalar $\alpha \in \mathbb{R}$ y los vectores $\boldsymbol{x}, \boldsymbol{y} \in \mathbb{R}^n$. Entonces, la propiedad distributiva establece lo siguiente:

$$\begin{aligned} \alpha(\boldsymbol{x} + \boldsymbol{y}) &= \alpha \boldsymbol{x} + \alpha \boldsymbol{y} \\ &= \begin{bmatrix} \alpha x_1 + \alpha y_1 \\ \alpha x_2 + \alpha y_2 \\ \vdots \\ \alpha x_n + \alpha y_n \end{bmatrix} = \begin{bmatrix} (x_1 + y_1)\alpha \\ (x_2 + y_2)\alpha \\ \vdots \\ (x_n + y_n)\alpha \end{bmatrix} = \begin{bmatrix} x_1 + y_1 \\ x_2 + y_2 \\ \vdots \\ x_n + y_n \end{bmatrix} \alpha \\ &= (\boldsymbol{x} + \boldsymbol{y})\alpha \end{aligned}$$

- Considere los escalares $\alpha, \omega \in \mathbb{R}$ y el vector $\boldsymbol{x} \in \mathbb{R}^n$. Entonces, se tiene la siguiente propiedad distributiva:

$$\begin{aligned} \boldsymbol{x}(\alpha+\omega) &= \boldsymbol{x}\alpha + \boldsymbol{x}\omega = \alpha\boldsymbol{x} + \omega\boldsymbol{x} = (\alpha+\omega)\boldsymbol{x} \\ &= (\omega+\alpha)\boldsymbol{x} = \omega\boldsymbol{x} + \alpha\boldsymbol{x} = \boldsymbol{x}(\omega+\alpha) \end{aligned}$$

- Sean los escalares $\alpha, \omega \in \mathbb{R}$ y el vector $\boldsymbol{x} \in \mathbb{R}^n$; la propiedad asociativa y conmutativa establece:

$$\alpha(\omega\boldsymbol{x}) = (\alpha\omega)\boldsymbol{x} = \omega(\alpha\boldsymbol{x}) = \boldsymbol{x}(\alpha\omega) = \boldsymbol{x}(\omega\alpha) = \omega\boldsymbol{x}\alpha = \alpha\boldsymbol{x}\omega$$

- Para cualquier vector $\boldsymbol{x} \in \mathbb{R}^n$, existe el elemento escalar identidad, tal que:

$$1\,\boldsymbol{x} = \boldsymbol{x}\,1 = \boldsymbol{x}$$

Definición 3.2: Producto escalar

Considere los vectores $\boldsymbol{x}, \boldsymbol{y} \in \mathbb{R}^n$: $\boldsymbol{x} = [x_1 \;\; x_2 \;\; \cdots \;\; x_n]^T$; $\boldsymbol{y} = [y_1 \;\; y_2 \;\; \cdots \;\; y_n]^T$; entonces el producto escalar entre dos vectores (también conocido como producto punto o interno) es denotado por $\boldsymbol{x} \cdot \boldsymbol{y}$ o $\boldsymbol{x}^T\boldsymbol{y}$, el cual viene dado como de la siguiente manera:

$$\boldsymbol{x} \cdot \boldsymbol{y} = \boldsymbol{x}^T\boldsymbol{y} = [x_1 \;\; x_2 \;\; \cdots \;\; x_n] \begin{bmatrix} y_1 \\ y_2 \\ \vdots \\ y_n \end{bmatrix} = x_1y_1 + x_2y_2 + \cdots + x_ny_n = \textstyle\sum_{i=1}^{n} x_iy_i \in \mathbb{R} \quad (3.3)$$

El resultado del producto escalar entre dos vectores corresponde a un número real o escalar, es decir: $\boldsymbol{x} \cdot \boldsymbol{y} = \boldsymbol{x}^T\boldsymbol{y} \in \mathbb{R}$. Observe que la expresión (3.3) es la sumatoria de los productos aritméticos entre componentes escalares de los vectores $\boldsymbol{x}, \boldsymbol{y} \in \mathbb{R}^n$.

• Ejemplo 3.1

Sean los vectores $\boldsymbol{x}, \boldsymbol{y} \in \mathbb{R}^3$, cuyas componentes escalares se encuentran especificadas como: $\boldsymbol{x} = [6 \;\; 7 \;\; -5]^T$; $\boldsymbol{y} = [10 \;\; -2 \;\; 8]^T$. Obtener el producto escalar $\boldsymbol{x}^T\boldsymbol{y}$.

Solución

El producto escalar entre los vectores $\boldsymbol{x}$, $\boldsymbol{y}$ es representado por $\boldsymbol{x} \cdot \boldsymbol{y}$, también denotado por: $\boldsymbol{x}^T\boldsymbol{y}$. La expresión dada en la ecuación (3.3) retorna el siguiente escalar:

$$\begin{aligned} \boldsymbol{x} \cdot \boldsymbol{y} &= \boldsymbol{x}^T\boldsymbol{y} \\ &= [6 \quad 7 \quad -5]^T \begin{bmatrix} 10 \\ -2 \\ 8 \end{bmatrix} = 6(10) + 7(-2) + (-5)8 = 6. \end{aligned}$$

•••

Propiedad 3.1: El producto escalar es conmutativo

A partir de la definición del producto punto o escalar (3.3) se tiene que $\forall\ \boldsymbol{x}, \boldsymbol{y} \in \mathbb{R}^n$ se cumple la propiedad conmutativa:

$$\begin{aligned} \boldsymbol{x}^T\boldsymbol{y} &= \Sigma_{i=1}^n \{x_i y_i\} = x_1 y_1 + x_2 y_2 + \cdots + x_n y_n \\ &= y_1 x_1 + y_2 x_2 + \cdots + y_n x_n = \Sigma_{i=1}^n \{y_i x_i\} = \boldsymbol{y}^T\boldsymbol{x} \in \mathbb{R}. \end{aligned}$$

Las siguientes propiedades del producto escalar se establecen, para $\forall\ \boldsymbol{x}, \boldsymbol{y} \in \mathbb{R}^n$:

- $\boldsymbol{x}^T\boldsymbol{y} = \boldsymbol{y}^T\boldsymbol{x} \in \mathbb{R}$.
- $\boldsymbol{x} \cdot \boldsymbol{y} = \boldsymbol{y} \cdot \boldsymbol{x} \in \mathbb{R}$.
- $\boldsymbol{x} \cdot \boldsymbol{y} = \boldsymbol{x}^T\boldsymbol{y} = \boldsymbol{y}^T\boldsymbol{x} = \boldsymbol{y} \cdot \boldsymbol{x} \in \mathbb{R}$.
- Sean $\boldsymbol{x}, \boldsymbol{y}, \boldsymbol{z} \in \mathbb{R}^n$, el resultado de $(\boldsymbol{x}^T\boldsymbol{y})\ \boldsymbol{z}$ es un vector, puesto que, $\boldsymbol{x}^T\boldsymbol{y}$ es un escalar, entonces: $(\boldsymbol{x}^T\boldsymbol{y})\ \boldsymbol{z} = \boldsymbol{z}\ (\boldsymbol{x}^T\boldsymbol{y}) = \boldsymbol{z}\ (\boldsymbol{y}^T\boldsymbol{x}) = (\boldsymbol{y}^T\boldsymbol{x})\ \boldsymbol{z}\ \in \mathbb{R}^n$.

Propiedad 3.2: El producto escalar es asociativo

Sean los vectores $\boldsymbol{x}$, $\boldsymbol{y}$, $\boldsymbol{z} \in \mathbb{R}^n$, el producto escalar tiene la propiedad de asociación:

$$\begin{aligned} \boldsymbol{x}^T(\boldsymbol{y} + \boldsymbol{z}) &= \boldsymbol{x}^T\boldsymbol{y} + \boldsymbol{x}^T\boldsymbol{z} = \boldsymbol{y}^T\boldsymbol{x} + \boldsymbol{z}^T\boldsymbol{x} = (\boldsymbol{y}^T + \boldsymbol{z}^T)\boldsymbol{x} \\ \boldsymbol{x} \cdot (\boldsymbol{y} + \boldsymbol{z}) &= \boldsymbol{x} \cdot \boldsymbol{y} + \boldsymbol{x} \cdot \boldsymbol{z} = \boldsymbol{y} \cdot \boldsymbol{x} + \boldsymbol{z} \cdot \boldsymbol{x} = (\boldsymbol{y} + \boldsymbol{z}) \cdot \boldsymbol{x} \\ \boldsymbol{x}^T(\boldsymbol{y} + \boldsymbol{z}) &= (\boldsymbol{y}^T + \boldsymbol{z}^T)\boldsymbol{x} = \boldsymbol{x} \cdot (\boldsymbol{y} + \boldsymbol{z}) = (\boldsymbol{y} + \boldsymbol{z}) \cdot \boldsymbol{x} \\ \boldsymbol{x} \cdot (\boldsymbol{y} + \boldsymbol{z}) &= \boldsymbol{x}^T(\boldsymbol{y} + \boldsymbol{z}) = (\boldsymbol{y}^T + \boldsymbol{z}^T)\boldsymbol{x} = (\boldsymbol{y} + \boldsymbol{z}) \cdot \boldsymbol{x} \end{aligned}$$

Propiedad 3.3: El producto escalar es asociativo con un número real

Sea un escalar $\alpha \in \mathbb{R}$ y los vectores $\boldsymbol{x}$, $\boldsymbol{y} \in \mathbb{R}^n$, entonces la propiedad asociativa entre la multiplicación de un número real con el producto punto establece:

$$\begin{aligned} \alpha\boldsymbol{x}^T\boldsymbol{y} &= (\boldsymbol{x}\alpha)^T\boldsymbol{y} = \boldsymbol{x}^T\alpha\boldsymbol{y} = \boldsymbol{x}^T\boldsymbol{y}\alpha \\ \alpha\boldsymbol{x} \cdot \boldsymbol{y} &= \boldsymbol{x}\alpha \cdot \boldsymbol{y} = \boldsymbol{x} \cdot \alpha\boldsymbol{y} = \boldsymbol{x} \cdot \boldsymbol{y}\alpha \end{aligned}$$

Definición 3.3: Producto escalar (interpretación geométrica)

En un espacio euclidiano real, el producto escalar $\boldsymbol{x} \cdot \boldsymbol{y} = \boldsymbol{x}^T \boldsymbol{y}$ dado por la definición (3.2), también acepta una definición e interpretación geométrica, dada por:

$$\boldsymbol{x} \cdot \boldsymbol{y} = \boldsymbol{x}^T \boldsymbol{y} = \|\boldsymbol{x}\| \|\boldsymbol{y}\| \cos(\theta) \tag{3.4}$$

donde $\theta \in \mathbb{R}$ es el ángulo que forman los vectores $\boldsymbol{x}$, $\boldsymbol{y}$, como se muestra en la figura 3.2; las normas euclidianas de cada vector se encuentran definidas de la siguiente forma: $\|\boldsymbol{x}\| = \sqrt{x_1^2 + x_2^2 + \cdots + x_n^2}$, $\|\boldsymbol{y}\| = \sqrt{y_1^2 + y_2^2 + \cdots + y_n^2}$, respectivamente.

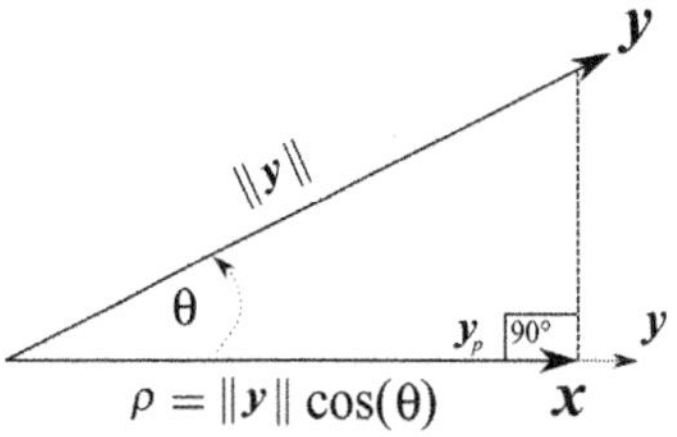

Figura 3.2: Proyección del vector $\boldsymbol{y}$ sobre el vector $\boldsymbol{x}$

La interpretación geométrica del producto punto $\boldsymbol{x} \cdot \boldsymbol{y}$ se muestra en la figura 3.2. El vector $\boldsymbol{y}$ tiene una orientación o rotación $\theta \in \mathbb{R}$ con respecto al vector $\boldsymbol{x}$. Existe un vértice o punto de intercepción entre ambos vectores. Se traza una línea punteada desde la flecha del vector $\boldsymbol{y}$ en forma ortogonal hacia al vector $\boldsymbol{x}$, con la finalidad de construir un triángulo rectángulo. Entonces la hipotenusa o magnitud del vector $\boldsymbol{y}$ se proyecta sobre el vector $\boldsymbol{x}$; es decir, hasta que sean paralelos o colineales, se conoce como proyección geométrica y representa una porción del vector $\boldsymbol{y}$ proyectada sobre $\boldsymbol{x}$; por lo que el cateto adyacente ρ del triángulo rectángulo auxiliar queda dado por la siguiente expresión:

$$\rho = \|\boldsymbol{y}\| \cos(\theta) \tag{3.5}$$

Ahora, respecto con el cateto adyacente ρ del triángulo rectángulo auxiliar de la figura 3.2, si se divide y multiplica por la norma euclidiana del vector $\boldsymbol{x}$, para obtener lo siguiente:

$$\rho = \frac{\|\boldsymbol{x}\| \|\boldsymbol{y}\| \cos(\theta)}{\|\boldsymbol{x}\|} = \frac{\boldsymbol{x} \cdot \boldsymbol{y}}{\|\boldsymbol{x}\|} \tag{3.6}$$

la expresión (3.6) indica que el cateto adyacente ρ del triángulo rectángulo está normalizado con relación a la longitud o norma euclidiana del vector $\boldsymbol{x}$.

La proyección del vector $\boldsymbol{y}$ sobre el vector $\boldsymbol{x}$ está dado por $\boldsymbol{y}_p$:

$$\boldsymbol{y}_p = \frac{\boldsymbol{x} \cdot \boldsymbol{y}}{\|\boldsymbol{x}\|} \frac{\boldsymbol{x}}{\|\boldsymbol{x}\|} = \frac{\boldsymbol{x} \cdot \boldsymbol{y}}{\|\boldsymbol{x}\|^2} \boldsymbol{x} \tag{3.7}$$

el cual, puede ser expresado en términos del producto punto $\boldsymbol{x} \cdot \boldsymbol{y}$, normalizado respecto con la norma euclidiana del vector $\boldsymbol{x}$, así como del vector unitario $\frac{\boldsymbol{x}}{\|\boldsymbol{x}\|}$.

• Ejemplo 3.9

Considere las mismas componentes escalares utilizadas en el ejemplo 3.1, para los vectores $\boldsymbol{x}, \boldsymbol{y} \in \mathbb{R}^3$. Obtener el ángulo θ que forman ambos vectores; deducir la proyección de $\boldsymbol{y}$ sobre $\boldsymbol{x}$. Comentar la interpretación geométrica.

Solución

Los vectores $\boldsymbol{x}, \boldsymbol{y} \in \mathbb{R}^3$ del ejemplo 3.1 están dados de la siguiente forma:

$$\boldsymbol{x} = \begin{bmatrix} 6 \\ 7 \\ -5 \end{bmatrix}; \; \boldsymbol{y} = \begin{bmatrix} 10 \\ -2 \\ 8 \end{bmatrix}.$$

Usando la definición del producto escalar geométrico (3.3), el ángulo θ que forman los vectores $\boldsymbol{x}, \boldsymbol{y} \in \mathbb{R}^3$ se obtiene con la ecuación (3.4):

$$\begin{aligned}
\cos(\theta) &= \frac{\boldsymbol{x}^T \boldsymbol{y}}{\|\boldsymbol{x}\|\|\boldsymbol{y}\|} = \frac{x_1 y_1 + x_2 y_2 + x_3 y_3}{\sqrt{x_1^2 + x_2^2 + x_3^2}\sqrt{y_1^2 + y_2^2 + y_3^2}} \\
&= \frac{6(10) + 7(-2) + (-5)8}{\sqrt{6^2 + 7^2 + (-5)^2}\sqrt{10^2 + (-2)^2 + 8^2}} \\
&= \frac{6}{(10.4880884817015)(12.9614813968157)} \\
&= 0.0441367414752375 \\
\therefore \; \theta &= \operatorname{acos}(0.0441367414752375) = 1.52664524263209 \text{ rad}
\end{aligned}$$

Esto significa que el ángulo θ =1.52664524263209 rad o su equivalente en 87.4703292165443 grados.

Observe que evidentemente este procedimiento satisface la definición aritmética del producto escalar (3.2) y también concuerda, con el mismo resultado realizado y desarrollado en el ejemplo 3.1:

$$\begin{aligned}
\boldsymbol{x}^T \boldsymbol{y} &= \|\boldsymbol{x}\|\|\boldsymbol{y}\| \cos(\theta) \\
&= (10.4880884817015)(12.9614813968157) \cos(1.52664524263209) \\
&= 6.
\end{aligned}$$

La figura 3.3a presenta la interpretación geométrica del producto punto $\boldsymbol{x} \cdot \boldsymbol{y} = \boldsymbol{x}^T \boldsymbol{y}$ para el caso tridimensional, dadas sus correspondientes coordenadas, se ilustran el ángulo y el plano que componen ambos vectores; la proyección del vector $\boldsymbol{y}$ sobre $\boldsymbol{x}$ está determinado por el vector $\boldsymbol{y}_p$ usando la ecuación (3.7); mientras que en la figura 3.3b se muestra de manera ampliada el plano que los vectores $\boldsymbol{x}, \boldsymbol{y} \in \mathbb{R}^3$, cuyo ángulo se encuentra determinado por: $\theta = \text{acos}\left(\frac{\boldsymbol{x}^T \boldsymbol{y}}{\|\boldsymbol{x}\| \|\boldsymbol{y}\|}\right)$.

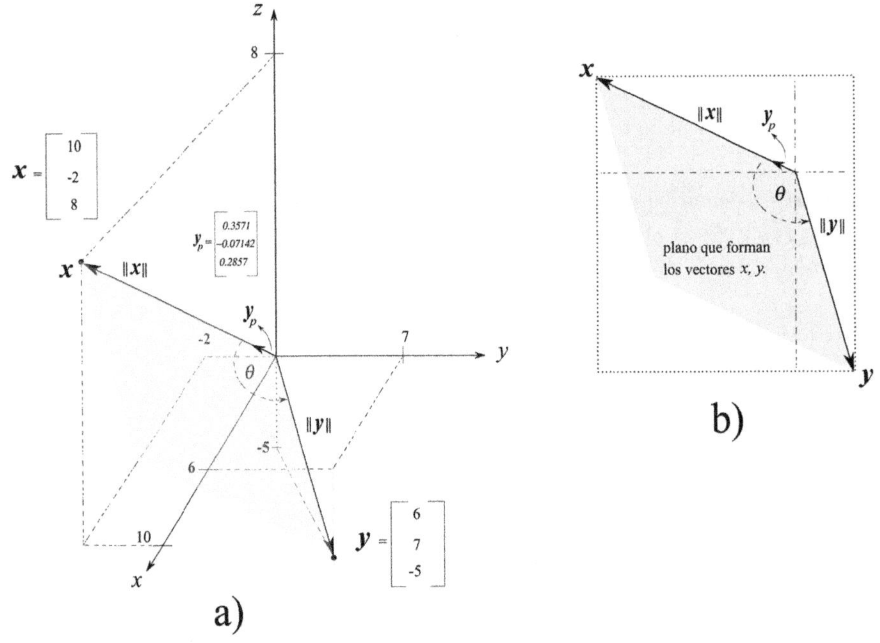

Figura 3.3: Proyección del vector $\boldsymbol{y}$ sobre el vector $\boldsymbol{x}$

El programa `cap3_productoEscalar.m` contiene el código fuente y se describe en el cuadro **MATLAB** 3.1, el cual reproduce los resultados numéricos de este ejemplo. En la línea 13 se utiliza la función del producto punto $\boldsymbol{x} \cdot \boldsymbol{y}$ =dot(x,y) que obtiene el mismo resultado con la operación $\boldsymbol{x}^T \boldsymbol{y}$ ubicado en la línea 15. El ángulo θ se obtiene en la línea 21 y la compatibilidad con la interpretación geométrica de la definición del producto escalar (3.3) se ubica en la línea de programación 23.

La parte proporcional de la magnitud $\|\boldsymbol{y}\|$ del vector $\boldsymbol{y}$ se proyecta sobre el vector $\boldsymbol{x}$ y se encuentra representada por medio del cateto adyacente (tal y como se ilustra en la figura 3.3); su correspondiente implementación se realiza con el código ubicado en la línea de programación 24. Por otro lado, en la línea 26 se obtiene la proyección del vector $\boldsymbol{y}$ sobre $\boldsymbol{x}$, el cual se denota por $\boldsymbol{y}_p$.

Código MATLAB 3.1 cap3_productoEscalar.m

Robótica: Control de Robots Manipuladores

Capítulo 3. Preliminares matemáticos

Fernando Reyes Cortés

Alfaomega Grupo Editor: "**Te acerca al conocimiento**".

Programa: cap3_productoEscalar.m   MATLAB versión 2024a

```
clc; % limpia pantalla.
clearvars; % remueve todas las variables del espacio actual de trabajo.
close all; % cierra gráficas, archivos y recursos abiertos.
format longG % formato en notación científica.
%
disp( 'Producto escalar o producto punto' )
%Vector columna de tres renglones x ∈ IR^3
x = [6;  7; -5 ];
%Vector columna de tres renglones y ∈ IR^3
y = [10; -2; 8];
%
%Producto punto o producto interno x · y con la función dot(x,y).
xdoty=dot(x,y) % el resultado es un número real: 6.
%Estructura matemática del producto escalar x^T y.
producto_escalar=x'*y  % el resultado es un número real: 6.
%
% coseno del angulo θ que forman los vectores x, y ∈ IR^3.
coseno_theta= x'*y/(norm(x)*norm(y)) % resultado: 0.0441367414752375.
%
% Cálculo del ángulo θ que existe entre vectores x, y ∈ IR^3.
theta=acos(x'*y/(norm(x)*norm(y)))  % resultado: 1.52664524263209 rad.
%Producto escalar geométrico: x · y = x^T y = ||x|| ||y|| cos(θ).
xdoty_geometrico=norm(x)*norm(y)*cos(theta)  % resultado: 6
(x'*y)/(norm(x)) % porción de la magnitud del vector y sobre x.
% Proyección del vector y sobre el vector x: y_p = (x·y/||x||) (x/||x||).
y_p=(x'*y)/(norm(x)^2)*x; % proyección del vector y sobre x: y_p.
```

•••

• • • Ejemplo 3.9

Considere los vectores $\boldsymbol{x}, \boldsymbol{y} \in \mathbb{R}^2$, con $\boldsymbol{x} = [x_1, x_2]^T$, $\boldsymbol{y} = [y_1, y_2]^T$ de acuerdo con la definición aritmética del producto escalar o producto punto, establecida en (3.2): $\boldsymbol{x} \cdot \boldsymbol{y} = \boldsymbol{x}^T \boldsymbol{y} = x_1 y_1 + x_2 y_2$, demostrar que esta definición corresponde a la definición geométrica (3.3), es decir: $\boldsymbol{x} \cdot \boldsymbol{y} = \boldsymbol{x}^T \boldsymbol{y} = x_1 y_1 + x_2 y_2 = \|\boldsymbol{x}\| \|\boldsymbol{y}\| \cos(\theta)$.

Utilice como modelo de apoyo, la representación geométrica mostrada en la figura 3.4, donde $\theta \in \mathbb{R}$ es el ángulo que tiene el vector $\boldsymbol{y} \in \mathbb{R}^2$ con respecto al vector $\boldsymbol{x} \in \mathbb{R}^2$; α es el ángulo que tiene el vector $\boldsymbol{x} \in \mathbb{R}^2$ con relación al eje horizontal x_0.

Solución

La figura 3.4 describe la interpretación geométrica del producto punto $\boldsymbol{x} \cdot \boldsymbol{y} = \boldsymbol{x}^T \boldsymbol{y}$, para el caso bidimensional: $\boldsymbol{x} = [x_1, x_2]^T$, $\boldsymbol{y} = [y_1, y_2]^T \in \mathbb{R}^2$; siendo el ángulo $\theta \in \mathbb{R}$ la orientación del vector $\boldsymbol{y}$ con respecto al vector $\boldsymbol{x}$. Mientras que el ángulo α representa la orientación del vector $\boldsymbol{x}$ con respecto al eje horizontal x_0 del sistema de referencia cartesiano.

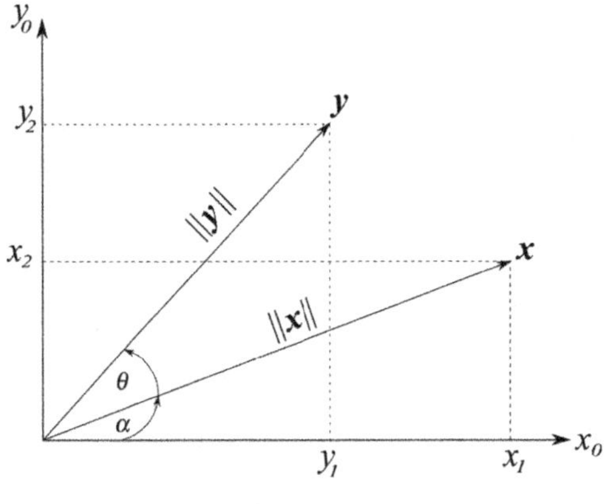

Figura 3.4: Interpretación geométrica del producto escalar

Por trigonometría aplicada, se obtienen directamente las componentes de los vectores $\boldsymbol{x}, \boldsymbol{y}$ en función de los ángulos θ y α, así como las magnitudes de dichos vectores representadas por sus respectivas normas euclidianas.

De la figura 3.4, las normas euclidianas $\|\boldsymbol{x}\|$ y $\|\boldsymbol{y}\|$ representan las hipotenusas de los respectivos triángulos rectángulos que forman las componentes de los vectores $\boldsymbol{x}, \boldsymbol{y}$. Se obtienen las siguientes ecuaciones:

$$
\begin{aligned}
x_1 &= \|\boldsymbol{x}\| \cos(\alpha) \\
y_1 &= \|\boldsymbol{y}\| \cos(\theta + \alpha) = \|\boldsymbol{y}\| \left[\, \cos(\theta) \cos(\alpha) - \operatorname{sen}(\theta) \operatorname{sen}(\alpha) \right] \\
x_2 &= \|\boldsymbol{x}\| \operatorname{sen}(\alpha) \\
y_2 &= \|\boldsymbol{y}\| \operatorname{sen}(\theta + \alpha) = \|\boldsymbol{y}\| \left[\, \operatorname{sen}(\theta) \cos(\alpha) + \cos(\theta) \operatorname{sen}(\alpha) \right]
\end{aligned}
$$

Para facilitar el proceso algebraico, las siguientes identidades trigonométricas se han utilizado:

- $\cos^2(\alpha) + \operatorname{sen}^2(\alpha) = 1,$
- $\cos(\theta + \alpha) = \cos(\theta)\cos(\alpha) - \operatorname{sen}(\theta)\operatorname{sen}(\alpha),$
- $\operatorname{sen}(\theta + \alpha) = \operatorname{sen}(\theta)\cos(\alpha) + \cos(\theta)\operatorname{sen}(\alpha).$

El producto escalar aritmético está dado por la definición (3.2); sustituyendo cada una de las componentes escalares deducidas anteriormente de la figura 3.4, se obtiene lo siguiente:

$$
\begin{aligned}
\boldsymbol{x} \cdot \boldsymbol{y} = \boldsymbol{x}^T \boldsymbol{y} &= x_1 y_1 + x_2 y_2 \\
&= \|\boldsymbol{x}\| \cos(\alpha) \|\boldsymbol{y}\| \left[\cos(\theta)\cos(\alpha) - \operatorname{sen}(\theta)\operatorname{sen}(\alpha) \right] + \\
&\ \|\boldsymbol{x}\| \operatorname{sen}(\alpha) \|\boldsymbol{y}\| \left[\operatorname{sen}(\theta)\cos(\alpha) + \cos(\theta)\operatorname{sen}(\alpha) \right] \\
&= \|\boldsymbol{x}\|\|\boldsymbol{y}\| \cos(\theta)\cos^2(\alpha) - \xcancel{\|\boldsymbol{x}\|\|\boldsymbol{y}\| \operatorname{sen}(\theta)\operatorname{sen}(\alpha)\cos(\alpha)} + \\
&\ \xcancel{\|\boldsymbol{x}\|\|\boldsymbol{y}\| \operatorname{sen}(\theta)\cos(\alpha)\operatorname{sen}(\alpha)} + \|\boldsymbol{x}\|\|\boldsymbol{y}\| \cos(\theta)\operatorname{sen}^2(\alpha) \\
&= \|\boldsymbol{x}\|\|\boldsymbol{y}\| \cos(\theta) \left[\cancelto{1}{\cos^2(\alpha) + \operatorname{sen}^2(\alpha)} \right] \\
&= \|\boldsymbol{x}\|\|\boldsymbol{y}\| \cos(\theta)
\end{aligned}
$$

■

Por lo que, el producto escalar establecido en la definición (3.2) coincide plenamente con su contra parte, la definición geométrica (3.3); ambas definiciones tienen la misma equivalencia matemática y su uso depende de la aplicación que se esté analizando.

Sin pérdida de generalidad, la demostración realizada en este ejemplo fue tomada para un espacio euclidiano de dimensión $n = 2$. Sin embargo, dichas definiciones (aritmética y geométrica) son igualmente válidas para el caso general de dimensión n; es decir, para todo $\boldsymbol{x}, \boldsymbol{y} \in \mathbb{R}^n$.

• • • Ejemplo 3.4

Demostrar que en el caso tridimensional $\boldsymbol{x}, \boldsymbol{y} \in \mathbb{R}^3$, la definición del producto escalar, cuya representación aritmética establecida en (3.2): $\boldsymbol{x}^T\boldsymbol{y} = x_1y_1 + x_2y_2 + +x_3y_3$ corresponde a la interpretación geométrica dada por (3.3): $\boldsymbol{x}^T\boldsymbol{y} = \|\boldsymbol{x}\|\|\boldsymbol{y}\| \cos(\theta)$. En otras palabras, probar que: $\boldsymbol{x}^T\boldsymbol{y} = x_1y_1 + x_2y_2 + +x_3y_3 = \|\boldsymbol{x}\|\|\boldsymbol{y}\| \cos(\theta)$. Utilice como apoyo la figura 3.5a, donde $\theta \in \mathbb{R}$ es el ángulo entre los vectores $\boldsymbol{x}, \boldsymbol{y}$.

Solución

La figura 3.5a ilustra la representación tridimensional de los vectores $\boldsymbol{x}, \boldsymbol{y} \in \mathbb{R}^3$, con sus respectivos componentes escalares y vectores unitarios, cuya relación está dada de la siguiente manera:

$$\begin{aligned}\boldsymbol{x} &= x_1\hat{\boldsymbol{\imath}} + x_2\hat{\boldsymbol{\jmath}} + x_3\hat{\boldsymbol{k}}\\ \boldsymbol{y} &= y_1\hat{\boldsymbol{\imath}} + y_2\hat{\boldsymbol{\jmath}} + y_3\hat{\boldsymbol{k}}\end{aligned}$$

donde los vectores unitarios $\hat{\boldsymbol{\imath}}, \hat{\boldsymbol{\jmath}}, \hat{\boldsymbol{k}} \in \mathbb{R}^3$ apuntan sobre los ejes x_0, y_0, z_0, respectivamente, como se ilustra en la figura 3.5a. La orientación θ del vector $\boldsymbol{y}$, con respecto al vector $\boldsymbol{x}$ se representa en la figura 3.5b. La ley de cosenos se aplica al triángulo que forman los vectores $\boldsymbol{x}, \boldsymbol{y} \in \mathbb{R}^3$, con ángulos internos $\phi, \theta, \psi \in \mathbb{R}$, mostrado en la figura 3.5c.

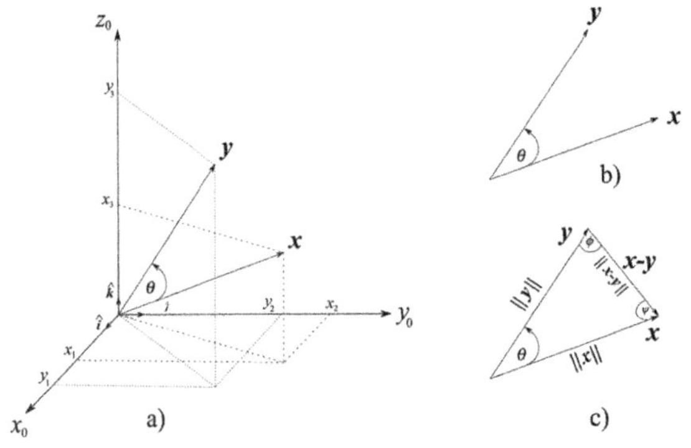

Figura 3.5: Interpretación geométrica del producto escalar $\boldsymbol{x} \cdot \boldsymbol{y}$

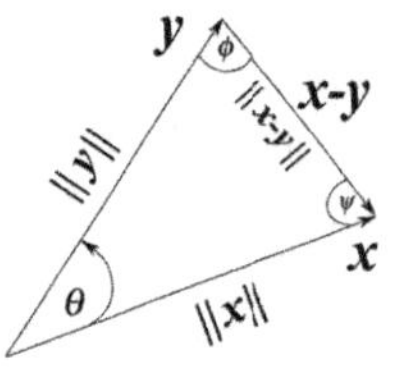

Figura 3.6: Modelo geométrico para $\boldsymbol{x}^T\boldsymbol{y}$

La figura 3.5c representa el triángulo que forman los vectores $\boldsymbol{x}, \boldsymbol{y}$, el cual se encuentra sobre el mismo plano formado por ambos vectores; esta misma representación geométrica se ilustra en la figura 3.6. La ley de cosenos establece que dado un triángulo cualquiera, el cuadrado de uno de sus lados es igual a la suma de los cuadrados de las longitudes o magnitudes (normas euclidianas) de los otros dos lados, menos el doble producto de sus magnitudes, multiplicado por el coseno del ángulo que se forma entre ellos.

Las relaciones que se obtienen para la ley de cosenos de la figura 3.6 son:

$$\|\boldsymbol{x}-\boldsymbol{y}\|^2 = \|\boldsymbol{x}\|^2+\|\boldsymbol{y}\|^2-2\|\boldsymbol{x}\|\|\boldsymbol{y}\|\cos(\theta) \tag{3.8a}$$

$$\|\boldsymbol{x}\|^2 = \|\boldsymbol{x}-\boldsymbol{y}\|^2+\|\boldsymbol{y}\|^2-2\|\boldsymbol{x}-\boldsymbol{y}\|\|\boldsymbol{y}\|\cos(\phi) \tag{3.8b}$$

$$\|\boldsymbol{y}\|^2 = \|\boldsymbol{x}-\boldsymbol{y}\|^2+\|\boldsymbol{x}\|^2-2\|\boldsymbol{x}-\boldsymbol{y}\|\|\boldsymbol{x}\cos(\psi) \tag{3.8c}$$

Se toma la primera ecuación de la ley de cosenos (3.8a) ya que contiene el ángulo θ que representa la orientación entre ambos vectores. Desarrollando algebraicamente la norma euclidiana del vector $\|\boldsymbol{x}-\boldsymbol{y}\|^2$ se tiene:

$$\|\boldsymbol{x}-\boldsymbol{y}\|^2 = (\boldsymbol{x}-\boldsymbol{y})\cdot(\boldsymbol{x}-\boldsymbol{y}) = \boldsymbol{x}\cdot\boldsymbol{x}-\boldsymbol{y}\cdot\boldsymbol{x}-\boldsymbol{x}\cdot\boldsymbol{y}+\boldsymbol{y}\cdot\boldsymbol{y} \tag{3.9a}$$

$$= \|\boldsymbol{x}\|^2+\|\boldsymbol{y}\|^2-2\boldsymbol{x}\cdot\boldsymbol{y}. \tag{3.9b}$$

Ahora, igualando la expresión (3.9a) con (3.8a) se tiene lo siguiente:

$$\begin{aligned}\|\boldsymbol{x}-\boldsymbol{y}\|^2 &= \cancel{\|\boldsymbol{x}\|^2}+\cancel{\|\boldsymbol{y}\|^2}-2\boldsymbol{x}\cdot\boldsymbol{y}=\cancel{\|\boldsymbol{x}\|^2}+\cancel{\|\boldsymbol{y}\|^2}-2\|\boldsymbol{x}\|\|\boldsymbol{y}\|\cos(\theta)\\ &= \cancel{-2}\boldsymbol{x}\cdot\boldsymbol{y}=\cancel{-2}\|\boldsymbol{x}\|\|\boldsymbol{y}\|\cos(\theta)\\ \therefore&\\ \boldsymbol{x}\cdot\boldsymbol{y} &= \|\boldsymbol{x}\|\|\boldsymbol{y}\|\cos(\theta)\end{aligned} \tag{3.10}$$

■

Por lo tanto, ha quedado demostrado que el producto escalar establecido por la definición aritmética (3.2), adquiere la misma representación geométrica indicada en la definición (3.3).

•••

3.2.5 Producto cruz vectorial

Las propiedades del producto cruz vectorial se encuentran directamente relacionadas con el producto punto, estableciendo un conjunto de herramientas para el análisis de la cinemática de Euler. A continuación se establecen dichas propiedades a través de una serie de definiciones.

Definición 3.4: Producto cruz vectorial $\boldsymbol{p}_1 \times \boldsymbol{p}_2$

Sean los vectores $\boldsymbol{p}_1, \boldsymbol{p}_2 \in \mathbb{R}^3$, $\boldsymbol{p}_1 = [p_{1x}, p_{1y}, p_{1z}]^T$, $\boldsymbol{p}_2 = [p_{2x}, p_{2y}, p_{2z}]^T$. El producto cruz vectorial (también conocido como producto vectorial o producto exterior) se representa como $\boldsymbol{p}_1 \times \boldsymbol{p}_2$ (léase $\boldsymbol{p}_1$ cruz $\boldsymbol{p}_2$) y se define como:

$$
\begin{aligned}
\boldsymbol{p}_1 \times \boldsymbol{p}_2 &= \begin{vmatrix} \boldsymbol{i} & \boldsymbol{j} & \boldsymbol{k} \\ p_{1x} & p_{1y} & p_{1z} \\ p_{2x} & p_{2y} & p_{2z} \end{vmatrix} = \begin{vmatrix} p_{1y} & p_{1z} \\ p_{2y} & p_{2z} \end{vmatrix} \boldsymbol{i} - \begin{vmatrix} p_{1x} & p_{1z} \\ p_{2x} & p_{2z} \end{vmatrix} \boldsymbol{j} + \begin{vmatrix} p_{1x} & p_{1y} \\ p_{2x} & p_{2y} \end{vmatrix} \boldsymbol{k} \\
&= [p_{1y}p_{2z} - p_{1z}p_{2y}] \begin{bmatrix} 1 \\ 0 \\ 0 \end{bmatrix} - [p_{1x}p_{2z} - p_{1z}p_{2x}] \begin{bmatrix} 0 \\ 1 \\ 0 \end{bmatrix} + [p_{1x}p_{2y} - p_{1y}p_{2x}] \begin{bmatrix} 0 \\ 0 \\ 1 \end{bmatrix} \\
&= \begin{bmatrix} p_{1y}p_{2z} - p_{1z}p_{2y} \\ -p_{1x}p_{2z} + p_{1z}p_{2x} \\ p_{1x}p_{2y} - p_{1y}p_{2x} \end{bmatrix} \in \mathbb{R}^3 \qquad (3.11)
\end{aligned}
$$

donde $\boldsymbol{i} = [1, 0, 0]^T$, $\boldsymbol{j} = [0, 1, 0]^T$, $\boldsymbol{k} = [0, 0, 1]^T$ son vectores unitarios.

- El producto cruz vectorial es una operación entre dos vectores $\boldsymbol{p}_1, \boldsymbol{p}_2 \in \mathbb{R}^3$ en un espacio tridimensional, el resultado es un vector $\boldsymbol{p}_1 \times \boldsymbol{p}_2 \in \mathbb{R}^3$.
- El producto cruz vectorial de los vectores unitarios $\boldsymbol{i}$, $\boldsymbol{j}$, $\boldsymbol{k}$ satisface las siguientes propiedades (usando la regla de la mano derecha):

$$
\begin{aligned}
\boldsymbol{i} \times \boldsymbol{j} &= \boldsymbol{k}, \quad \boldsymbol{j} \times \boldsymbol{k} = \boldsymbol{i}, \quad \boldsymbol{k} \times \boldsymbol{i} = \boldsymbol{j}, \quad \boldsymbol{i} \times \boldsymbol{i} = \boldsymbol{0}, \quad \boldsymbol{j} \times \boldsymbol{j} = \boldsymbol{0} \\
\boldsymbol{k} \times \boldsymbol{k} &= \boldsymbol{0} \quad \boldsymbol{j} \times \boldsymbol{i} = -\boldsymbol{k}, \quad \boldsymbol{k} \times \boldsymbol{j} = -\boldsymbol{i}, \quad \boldsymbol{i} \times \boldsymbol{k} = -\boldsymbol{j}.
\end{aligned}
$$

Definición 3.5: Geometría del producto cruz vectorial $\boldsymbol{p}_1 \times \boldsymbol{p}_2$

El producto cruz vectorial, también conocido como producto externo está representado por: $\boldsymbol{p}_1 \times \boldsymbol{p}_2$, cuya definición geométrica se establece:

$$
\boldsymbol{p}_1 \times \boldsymbol{p}_2 = \|\boldsymbol{p}_1\| \|\boldsymbol{p}_2\| \operatorname{sen}(\theta) \boldsymbol{n} \qquad (3.12)
$$

donde las normas euclidianas de los vectores $\boldsymbol{p}_1$ y $\boldsymbol{p}_2$ están representadas respectivamente por $\|\boldsymbol{p}_1\|$ y $\|\boldsymbol{p}_2\|$; el ángulo entre ambos vectores es $\theta \in [0, \ \pi]$; el vector unitario dado por: $\boldsymbol{n} = \frac{\boldsymbol{p}_1 \times \boldsymbol{p}_2}{\|\boldsymbol{p}_1 \times \boldsymbol{p}_2\|}$ es ortogonal a los vectores $\boldsymbol{p}_1$ y $\boldsymbol{p}_2$; en otras palabras: $\boldsymbol{n} \perp \boldsymbol{p}_1 \wedge \boldsymbol{n} \perp \boldsymbol{p}_2$. La definición del producto cruz (3.12) tiene la interpretación geométrica que se muestra en la figura 3.7; el vector $\boldsymbol{p}_1 \times \boldsymbol{p}_2$ es perpendicular al plano $\boldsymbol{p}_1 - \boldsymbol{p}_2$, si el sentido de giro en θ es positivo (regla de la mano derecha), la dirección de rotación es del vector $\boldsymbol{p}_1$ hacia el vector $\boldsymbol{p}_2$; en otro caso, la dirección para el vector cruz es negativa, obteniendo: $-\boldsymbol{p}_1 \times \boldsymbol{p}_2$. Por otro lado, esta definición geométrica supone que debe existir un punto de intersección entre los vectores $\boldsymbol{p}_1$ y $\boldsymbol{p}_2$.

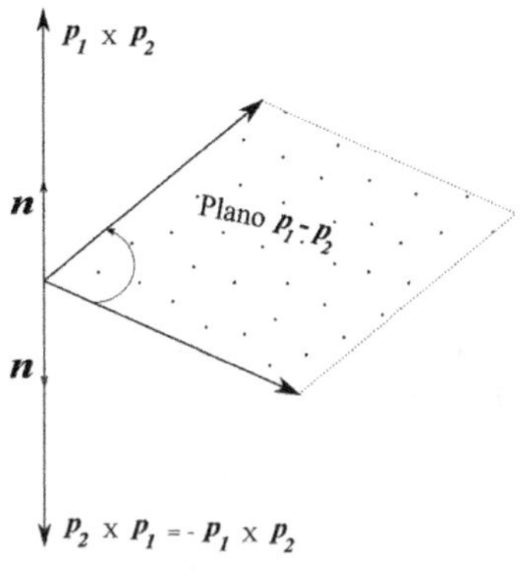

Figura 3.7: Vector $\boldsymbol{p}_1 \times \boldsymbol{p}_2$

Propiedad 3.4: $\boldsymbol{p}_1 \times \boldsymbol{p}_2 = \mathbf{0}$

Considere $\boldsymbol{p}_1 \neq \mathbf{0} \in \mathbb{R}^3$ y $\boldsymbol{p}_2 \neq \mathbf{0} \in \mathbb{R}^3$, entonces si el producto cruz vectorial es un vector cero, significa que ambos vectores son paralelos, es decir:

$$\boldsymbol{p}_1 \times \boldsymbol{p}_2 = \mathbf{0} \implies \boldsymbol{p}_1 \parallel \boldsymbol{p}_2 \tag{3.13}$$

Lo anterior se interpreta como que el ángulo θ entre los vectores $\boldsymbol{p}_1$ y $\boldsymbol{p}_2$ es tal que: $\theta = 0, \pm n\pi$, donde $n \in N$.

Un caso particular de este resultado es el que se describe en la siguiente propiedad.

Propiedad 3.5: $\boldsymbol{p}_1 \times \boldsymbol{p}_1 = \mathbf{0}$

Para todo vector $\boldsymbol{p}_1 \in \mathbb{R}^3$, el producto cruz vectorial del mismo vector tiene la siguiente característica:

$$\boldsymbol{p}_1 \times \boldsymbol{p}_1 = \mathbf{0} \in \mathbb{R}^3 \tag{3.14}$$

Es evidente que siempre se conserva la propiedad de paralelismo, $\theta = 0$.

Propiedad 3.6: Anticonmutativa $\boldsymbol{p}_1 \times \boldsymbol{p}_2 = -(\boldsymbol{p}_2 \times \boldsymbol{p}_1)$

Si bien el producto cruz vectorial no es conmutativo, se cumple la siguiente propiedad denominada anticonmutativa:

$$\boldsymbol{p}_1 \times \boldsymbol{p}_2 = -(\boldsymbol{p}_2 \times \boldsymbol{p}_1) \tag{3.15}$$

Propiedad 3.7: $(\boldsymbol{p}_1 \times \boldsymbol{p}_2) \times \boldsymbol{p}_3 \neq \boldsymbol{p}_1 \times (\boldsymbol{p}_2 \times \boldsymbol{p}_3)$

El producto cruz vectorial no es asociativo, dado tres vectores $\boldsymbol{p}_1, \boldsymbol{p}_2, \boldsymbol{p}_3 \in \mathbb{R}^3$, el producto vectorial entre ellos no es asociativo:

$$(\boldsymbol{p}_1 \times \boldsymbol{p}_2) \times \boldsymbol{p}_3 \neq \boldsymbol{p}_1 \times (\boldsymbol{p}_2 \times \boldsymbol{p}_3) \tag{3.16}$$

Propiedad 3.8: Distribución sobre la suma de vectores

Dado tres vectores $\boldsymbol{p}_1, \boldsymbol{p}_2, \boldsymbol{p}_3 \in \mathbb{R}^3$, la suma de vectores $\boldsymbol{p}_1 + \boldsymbol{p}_2$ con el producto cruz vectorial es distributivo de la siguiente manera:

$$(\boldsymbol{p}_1 + \boldsymbol{p}_2) \times \boldsymbol{p}_3 = \boldsymbol{p}_1 \times \boldsymbol{p}_3 + \boldsymbol{p}_2 \times \boldsymbol{p}_3 \quad \text{distribución por la derecha} \tag{3.17a}$$

$$\boldsymbol{p}_3 \times (\boldsymbol{p}_1 + \boldsymbol{p}_2) = \boldsymbol{p}_3 \times \boldsymbol{p}_1 + \boldsymbol{p}_3 \times \boldsymbol{p}_2 \quad \text{distribución por la izquierda} \tag{3.17b}$$

Propiedad 3.9: Asociatividad respecto a un escalar

Sea un escalar $\alpha \in \mathbb{R}$, y los vectores $\boldsymbol{p}_1, \boldsymbol{p}_2 \in \mathbb{R}^3$, la multiplicación del escalar α con el producto cruz vectorial $\boldsymbol{p}_1 \times \boldsymbol{p}_2$ cumple la siguiente propiedad:

$$\alpha(\boldsymbol{p}_1 \times \boldsymbol{p}_2) = (\alpha \boldsymbol{p}_1) \times \boldsymbol{p}_2 = \boldsymbol{p}_1 \times (\alpha \boldsymbol{p}_2) = (\boldsymbol{p}_1 \times \boldsymbol{p}_2)\alpha \tag{3.18}$$

• Ejemplo 3.5

Obtener el producto cruz vectorial de los siguiente vectores:

$$\boldsymbol{p}_1 = [4,\ 9,\ 15]^T, \qquad \boldsymbol{p}_2 = [30,\ 15,\ 11]^T$$

asimismo, demostrar que el producto cruz vectorial $\boldsymbol{p}_1 \times \boldsymbol{p}_2$ es perpendicular a los vectores $\boldsymbol{p}_1$ y $\boldsymbol{p}_2$.

Solución

Para calcular el producto cruz vectorial $\boldsymbol{p}_1 \times \boldsymbol{p}_2$, se emplea la definición (3.4) de la siguiente manera:

$$\begin{aligned}
\boldsymbol{p}_1 \times \boldsymbol{p}_2 &= \begin{vmatrix} \boldsymbol{i} & \boldsymbol{j} & \boldsymbol{k} \\ 4 & 9 & 15 \\ 30 & 15 & 11 \end{vmatrix} = \begin{vmatrix} 9 & 15 \\ 15 & 11 \end{vmatrix} \boldsymbol{i} - \begin{vmatrix} 4 & 15 \\ 30 & 11 \end{vmatrix} \boldsymbol{j} + \begin{vmatrix} 4 & 9 \\ 30 & 15 \end{vmatrix} \boldsymbol{k} \\
&= -126 \begin{bmatrix} 1 \\ 0 \\ 0 \end{bmatrix} + 406 \begin{bmatrix} 0 \\ 1 \\ 0 \end{bmatrix} - 210 \begin{bmatrix} 0 \\ 0 \\ 1 \end{bmatrix} = \begin{bmatrix} -126 \\ 406 \\ -210 \end{bmatrix}
\end{aligned}$$

La figura 3.8 ilustra la interpretación geométrica del producto cruz vectorial $\boldsymbol{p}_1 \times \boldsymbol{p}_2$, el área sombreada indica el plano que forman los vectores $\boldsymbol{p}_1$ y $\boldsymbol{p}_2$. En ángulo que hay entre los vectores $\boldsymbol{p}_1$ y $\boldsymbol{p}_2$ es positivo y la dirección de giro es en el sentido antihoraria. El plano $\boldsymbol{p}_1 - \boldsymbol{p}_2$ es perpendicular al vector unitario $\boldsymbol{n} = \frac{\boldsymbol{p}_1 \times \boldsymbol{p}_2}{\|\boldsymbol{p}_1 \times \boldsymbol{p}_2\|}$, el cual tiene la misma dirección que el vector $\boldsymbol{p}_1 \times \boldsymbol{p}_2$, es decir $\boldsymbol{p}_1 \times \boldsymbol{p}_2 \perp \boldsymbol{p}_1 \wedge \boldsymbol{p}_1 \times \boldsymbol{p}_2 \perp \boldsymbol{p}_2$.

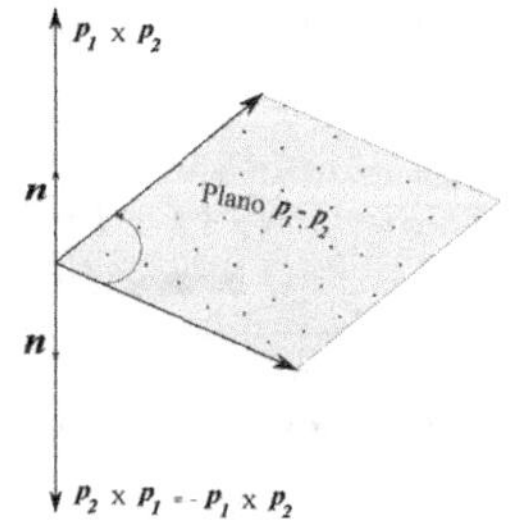

Figura 3.8: $\boldsymbol{p}_1 \times \boldsymbol{p}_2$

De la definición geométrica (3.5):

$$\begin{aligned}
\boldsymbol{p}_1 \times \boldsymbol{p}_2 &= \|\boldsymbol{p}_1\|\|\boldsymbol{p}_2\| \operatorname{sen}(\theta)\boldsymbol{n} \\
&= \|\boldsymbol{p}_1\|\|\boldsymbol{p}_2\| \operatorname{sen}(\theta) \underbrace{\frac{\boldsymbol{p}_1 \times \boldsymbol{p}_2}{\|\boldsymbol{p}_1 \times \boldsymbol{p}_2\|}}_{\boldsymbol{n}} \qquad (3.19)
\end{aligned}$$

Para encontrar el ángulo θ que existe entre los vectores $\boldsymbol{p}_1$ y $\boldsymbol{p}_2$, primero se aplica la norma euclidiana en ambos lados de la ecuación (3.19), entonces:

$$\begin{aligned}
\|\boldsymbol{p}_1 \times \boldsymbol{p}_2\| &= \left\| \|\boldsymbol{p}_1\|\|\boldsymbol{p}_2\| \operatorname{sen}(\theta) \underbrace{\frac{\boldsymbol{p}_1 \times \boldsymbol{p}_2}{\|\boldsymbol{p}_1 \times \boldsymbol{p}_2\|}}_{\boldsymbol{n}} \right\| \\
&= \|\boldsymbol{p}_1\|\|\boldsymbol{p}_2\|| \operatorname{sen}(\theta)| \left\| \frac{\boldsymbol{p}_1 \times \boldsymbol{p}_2}{\|\boldsymbol{p}_1 \times \boldsymbol{p}_2\|} \right\| \\
&= \|\boldsymbol{p}_1\|\|\boldsymbol{p}_2\|| \operatorname{sen}(\theta)| \underbrace{\left\| \frac{\boldsymbol{p}_1 \times \boldsymbol{p}_2}{\|\boldsymbol{p}_1 \times \boldsymbol{p}_2\|} \right\|}_{\|\boldsymbol{n}\|=1} \\
\theta &= \left| \operatorname{asen} \left(\frac{\|\boldsymbol{p}_1 \times \boldsymbol{p}_2\|}{\|\boldsymbol{p}_1\|\|\boldsymbol{p}_2\|} \right) \right|
\end{aligned}$$

Tomando en cuenta los valores numéricos, la norma euclidiana del vector $\boldsymbol{n}$ es unitaria: $\|\boldsymbol{n}\| = \sqrt{(-0.2657)^2 + (0.8563)^2 + (-0.4429)^2} = 1$. El valor numérico del producto vectorial es: $\|\boldsymbol{p}_1 \times \boldsymbol{p}_2\| = \| [-126,\ 406,\ -210]^T \| = 474.1434$, entonces $\|\boldsymbol{p}_1\| = 17.9444$ y $\|\boldsymbol{p}_2\| = 35.2987$.

Por lo tanto, el ángulo θ es:

$$\theta = \left| \operatorname{asen} \left(\frac{474.1434}{(17.9444)(35.2987)} = \right) \right| = 0.7486 \text{ rad} = 42.8916^\circ$$

Para demostrar que el producto cruz vectorial $\boldsymbol{p}_1 \times \boldsymbol{p}_2$ es $\perp$ a los vectores $\boldsymbol{p}_1$ y $\boldsymbol{p}_2$, se emplea el producto punto $\boldsymbol{p}_1 \cdot [\boldsymbol{p}_1 \times \boldsymbol{p}_2]$, el cual proporciona el ángulo α_1 que existe entre el vector $\boldsymbol{p}_1 \times \boldsymbol{p}_2$ con el vector $\boldsymbol{p}_1$.

$$\begin{aligned}
\boldsymbol{p}_1^T[\boldsymbol{p}_1 \times \boldsymbol{p}_2] &= \|\boldsymbol{p}_1\|\|\boldsymbol{p}_1 \times \boldsymbol{p}_2\| \cos(\alpha_1) \\
&\Longrightarrow \alpha_1 = \operatorname{acos} \left(\frac{\boldsymbol{p}_1^T[\boldsymbol{p}_1 \times \boldsymbol{p}_2]}{\|\boldsymbol{p}_1\|\|\boldsymbol{p}_1 \times \boldsymbol{p}_2\|} \right) = 90^\circ
\end{aligned}$$

De manera similar, se calcula para el ángulo α_2 que existe entre el vector $\boldsymbol{p}_1 \times \boldsymbol{p}_2$ con $\boldsymbol{p}_2$; utilizando el producto punto $\boldsymbol{p}_2 \cdot [\boldsymbol{p}_1 \times \boldsymbol{p}_2]$, obtenemos:

$$\begin{aligned}
\boldsymbol{p}_2^T[\boldsymbol{p}_1 \times \boldsymbol{p}_2] &= \|\boldsymbol{p}_2\|\|\boldsymbol{p}_1 \times \boldsymbol{p}_2\| \cos(\alpha_2) \\
&\Longrightarrow \alpha_2 = \operatorname{acos} \left(\frac{\boldsymbol{p}_2^T[\boldsymbol{p}_1 \times \boldsymbol{p}_2]}{\|\boldsymbol{p}_2\|\|\boldsymbol{p}_1 \times \boldsymbol{p}_2\|} \right) = 90^\circ
\end{aligned}$$

Además, se puede comprobar por cómputo directo, que efectivamente el vector $\boldsymbol{p}_1 \times \boldsymbol{p}_2$ resultante del producto cruz vectorial es perpendicular a cada uno de los vectores $\boldsymbol{p}_1 \in \mathbb{R}^3$ y $\boldsymbol{p}_2 \in \mathbb{R}^3$, de la siguiente forma:

- $\boldsymbol{p}_1^T[\boldsymbol{p}_1 \times \boldsymbol{p}_2] = 0 \Longrightarrow (\boldsymbol{p}_1 \times \boldsymbol{p}_2) \perp \boldsymbol{p}_1,$
- $\boldsymbol{p}_2^T[\boldsymbol{p}_1 \times \boldsymbol{p}_2] = 0 \Longrightarrow (\boldsymbol{p}_1 \times \boldsymbol{p}_2) \perp \boldsymbol{p}_2.$

Lo que demuestra que efectivamente el producto cruz vectorial $\boldsymbol{p}_1 \times \boldsymbol{p}_2$ es perpendicular a los vectores $\boldsymbol{p}_1$ y $\boldsymbol{p}_2$.

Propiedad 3.10: Derivada parcial del producto cruz vectorial

Sean los vectores $\boldsymbol{p}_1, \boldsymbol{p}_2 \in \mathbb{R}^3$; además, ambos vectores son funciones continuas y diferenciables en la variable u, es decir, $\boldsymbol{p}_1(u)$ y $\boldsymbol{p}_2(u)$, entonces

$$\frac{\partial}{\partial u}[\boldsymbol{p}_1(u) \times \boldsymbol{p}_2(u)] = \frac{\partial}{\partial u}\boldsymbol{p}_1(u) \times \boldsymbol{p}_2(u) + \boldsymbol{p}_1(u) \times \frac{\partial}{\partial u}\boldsymbol{p}_2(u) \tag{3.20}$$

Un resultado particular corresponde al siguiente escenario: considere la función escalar $\phi(u)$ continua y diferenciable en la variable u, entonces:

$$\frac{\partial}{\partial u}[\phi(u)\boldsymbol{p}_1(u) \times \boldsymbol{p}_2(u)] = \tfrac{\partial}{\partial u}\phi(u)\boldsymbol{p}_1(u) \times \boldsymbol{p}_2(u) + \phi(u)\tfrac{\partial}{\partial u}\boldsymbol{p}_1(u) \times \boldsymbol{p}_2(u) + \phi(u)\boldsymbol{p}_1(u) \times \tfrac{\partial}{\partial u}\boldsymbol{p}_2(u) \tag{3.21}$$

Propiedad 3.11: Derivada temporal del producto cruz vectorial

Sean los vectores $\boldsymbol{p}_1, \boldsymbol{p}_2 \in \mathbb{R}^3$; además, considere que ambos vectores son funciones continuas del tiempo t, $\boldsymbol{p}_1(t)$ y $\boldsymbol{p}_2(t)$, entonces se obtiene la siguiente propiedad:

$$\frac{d}{dt}[\boldsymbol{p}_1(t) \times \boldsymbol{p}_2(t)] = \tfrac{d}{dt}\boldsymbol{p}_1(t) \times \boldsymbol{p}_2(t) + \boldsymbol{p}_1(t) \times \tfrac{d}{dt}\boldsymbol{p}_2(t) = \dot{\boldsymbol{p}}_1(t) \times \boldsymbol{p}_2(t) + \boldsymbol{p}_1(t) \times \dot{\boldsymbol{p}}_2(t) \tag{3.22}$$

Un caso particular de este resultado corresponde al siguiente: considere una función escalar ϕ continua y diferenciable en el tiempo $\phi(t)$, entonces:

$$\frac{d}{dt}[\phi(t)\boldsymbol{p}_1(t) \times \boldsymbol{p}_2(t)] = \dot{\phi}(t)\boldsymbol{p}_1(t) \times \boldsymbol{p}_2(t) + \phi(t)\dot{\boldsymbol{p}}_1(t) \times \boldsymbol{p}_2(t) + \phi(t)\boldsymbol{p}_1(t) \times \dot{\boldsymbol{p}}_2(t) \tag{3.23}$$

3.3 Matrices

UNA matriz A es un arreglo rectangular de números, con n renglones o filas horizontales (hileras) y p columnas (arreglos verticales). Las entradas de la matriz se conocen como elementos y pueden ser números reales, complejos, funciones, operadores, etc. Es importante destacar que una matriz es un objeto matemático, por sí misma; no representa un escalar y tiene operaciones y propiedades bien definidas, cualquier operación entre matrices retorna necesariamente una matriz; en contraste las operaciones entre vectores pueden resultar un escalar, vector o matriz [Horn and Johnson, 1996].

Notación de matrices

Las matrices serán designadas por letras mayúsculas del alfabeto español o del griego, pero con estilo del font en *itálicas*. Hay varias notaciones para representar una matriz A, por ejemplo la más compacta es $A \in \mathbb{R}^{n \times p}$, cuyos elementos son números reales (debe leerse matriz A, n por p); donde n, p son números naturales. La terminología $n \times p$ también significa la dimensión de la matriz A. En esta notación es necesario recalcar que n significa el número de renglones y p denota el número de columnas.

Los elementos de una matriz se denotan por $a_{ij} \in \mathbb{R}$, donde $i = 1 \cdots n$ representa el i-ésimo renglón y $j = 1 \cdots p$, corresponde a la j-ésima columna. En la figura 3.9 se muestra la representación clásica de una matriz rectangular de n renglones por p columnas (léase matriz A de n por p). Los componentes a_{ij} de la matriz A se encuentran dentro de los corchetes para formar el arreglo rectangular. Por ejemplo, la segunda columna está formada por un arreglo vertical de elementos $a_{12}, a_{22}, \cdots, a_{n2}$, mientras que los renglones son filas horizontales; para el caso del segundo renglón está compuesto de los siguientes escalares: $a_{21}, a_{22}, \cdots, a_{2p}$.

Para propósitos de identificar o acceder a los elementos a_{ij} de una matriz rectangular $A \in \mathbb{R}^{n \times p}$, estos pueden ser vistos como si estuvieran en un sistema de referencia cartesiano bidimensional, cuyo origen se encuentra localizado en la esquina superior izquierda; las coordenadas de identificación solo pueden ser números enteros positivos o naturales, nunca utilizar coordenadas negativas o con números flotantes. Se representan por una dupla ordenada de la forma (i, j), siendo $i \in N$ el i-ésimo renglón, para $i = 1, \cdots, n$; $j \in N$ denota la j-ésima columna, para $j = 1, \cdots, p$; los renglones de una matriz siempre son numerados de arriba hacia abajo y las columnas de izquierda a derecha.

Columna

$$A \;=\; \begin{bmatrix} a_{11} & a_{12} & \cdots & a_{1p} \\ a_{21} & a_{22} & \cdots & a_{2p} \\ \vdots & & \ddots & \vdots \\ a_{n1} & a_{n2} & \cdots & a_{np} \end{bmatrix} \longleftarrow \text{Renglón}$$

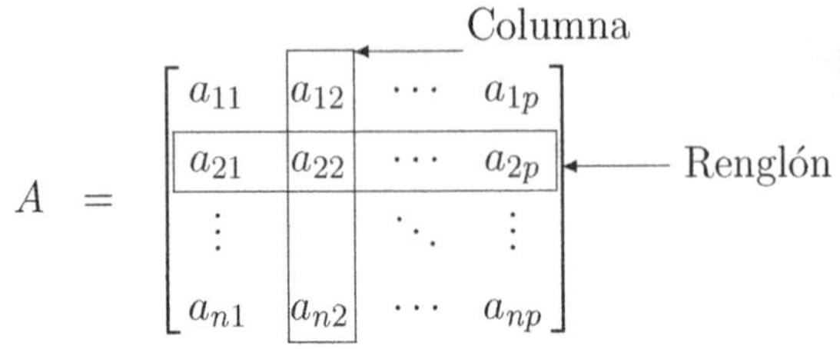

Figura 3.9: Componentes a_{ij} de una matriz rectangular $A \in \mathbb{R}^{n \times p}$

Por ejemplo, considere una matriz cuadrada, la cual tiene igual número de renglones y columnas: $A \in \mathbb{R}^{5 \times 5}$, el elemento a_{25} significa la componente del segundo renglón y quinta columna, como se muestra indicado con un recuadro negro en la siguiente expresión:

$$A \;=\; \begin{bmatrix} a_{11} & a_{12} & a_{13} & a_{14} & a_{15} \\ a_{21} & a_{22} & a_{23} & a_{24} & \boxed{a_{25}} \\ a_{31} & a_{32} & a_{33} & a_{34} & a_{35} \\ a_{41} & a_{42} & a_{43} & a_{44} & a_{45} \\ a_{51} & a_{52} & a_{53} & a_{54} & a_{55} \end{bmatrix}.$$

Una notación alternativa para representar a una matriz es la siguiente nomenclatura: $A = \{a_{ij}\} \in \mathbb{R}^{n \times p}$, donde $a_{ij} \in \mathbb{R}$.

Un vector $\boldsymbol{x} \in \mathbb{R}^n$ puede ser considerado como un tipo particular de matriz, compuesto por n renglones y una columna, es decir: $\boldsymbol{x} \in \mathbb{R}^{n \times 1}$.

3.3.1   **Matrices especiales**

Si la matriz A tiene el mismo número de renglones y columnas, es decir $n = p$, entonces se le denomina matriz cuadrada, en este caso $A \in \mathbb{R}^{n \times n}$. Existen algunos tipos especiales de matrices cuadradas que facilitan el análisis e interpretación de los resultados en robótica y control. Por ejemplo, la matriz identidad, matrices simétricas y antisimétricas, diagonales, definidas positivas, semidefinidas negativas, etc.

$$A \;=\; \begin{bmatrix} a_{11} & a_{12} & \cdots & a_{1n} \\ a_{21} & a_{22} & \cdots & a_{2p} \\ \vdots & & \ddots & \vdots \\ a_{n1} & a_{n2} & \cdots & a_{nn} \end{bmatrix}.$$

La matriz diagonal es una tipo de matriz cuadrada, cuyos elementos que no están en la diagonal principal, deber ser cero: $a_{ij} = 0$ con $i \neq j$; los que se encuentran en la diagonal pueden ser: $a_{ii} = 0$ o $a_{ii} \neq 0$. Las matrices diagonales utilizan la notación: $A = \text{diag}\{a_{ii}\} \in \mathbb{R}^{n\times n}$, con $i = 1 \cdots n$. La matriz identidad $I \in \mathbb{R}^{n\times n}$ es diagonal:

$$A = \text{diag}\{a_{ij}\} = \begin{bmatrix} a_{11} & 0 & \cdots & 0 \\ 0 & a_{22} & \cdots & 0 \\ \vdots & & \ddots & \vdots \\ 0 & 0 & \cdots & a_{nn} \end{bmatrix}; \quad I = \text{diag}\{1\} = \begin{bmatrix} 1 & 0 & \cdots & 0 \\ 0 & 1 & \cdots & 0 \\ \vdots & & \ddots & \vdots \\ 0 & 0 & \cdots & 1 \end{bmatrix}$$

• Ejemplo 3.6

Sean las matrices: $\Delta = \text{diag}\{2,7\} \in \mathbb{R}^{2\times 2}$, $\Upsilon = \text{diag}\{4,9,-1\} \in \mathbb{R}^{3\times 3}$ y $\Phi = \text{diag}\{9, 100.67, 3.87, 123.85\} \in \mathbb{R}^{4\times 4}$. Obtener la representación estándar de cada una de estas matrices.

Solución

Observe que los números dentro de las llaves representan los elementos en la diagonal principal:

$$\Delta = \begin{bmatrix} 2 & 0 \\ 0 & 7 \end{bmatrix} \quad \Upsilon = \begin{bmatrix} 4 & 0 & 0 \\ 0 & 9 & 0 \\ 0 & 0 & -1 \end{bmatrix}; \quad \Phi = \begin{bmatrix} 9 & 0 & 0 & 0 \\ 0 & 100.67 & 0 & 0 \\ 0 & 0 & 3 & 0 \\ 0 & 0 & 0 & 123.85 \end{bmatrix}$$

•••

Una matriz diagonal $A = \text{diag}\{a_{ij}\} \in \mathbb{R}^{n\times n}$, sí puede tener en su diagonal principal elementos nulos o ceros y necesariamente fuera de esa diagonal deben ser cero; la matriz neutra o nula es diagonal: $O = \text{diag}\{0\} \in \mathbb{R}^{n\times n}$.

3.3.2 Operaciones de matrices

En esta sección se presentan las principales operaciones que se llevan a cabo entre matrices y que se requieren, para el correcto desarrollo del área de robótica y control.

3.3.2.1 Suma de matrices

Considérense en general las matrices rectangulares $A, B \in \mathbb{R}^{n\times p}$. La suma de matrices existe solo si tienen la misma dimensión $C = (A + B) \in \mathbb{R}^{n\times p}$ y está definida de la siguiente forma:

$$A+B = \begin{bmatrix} a_{11} & a_{12} & \cdots & a_{1p} \\ a_{21} & a_{22} & \cdots & a_{2p} \\ \vdots & & \ddots & \vdots \\ a_{n1} & a_{n2} & \cdots & a_{np} \end{bmatrix} + \begin{bmatrix} b_{11} & b_{12} & \cdots & b_{1p} \\ b_{21} & b_{22} & \cdots & b_{2p} \\ \vdots & & \ddots & \vdots \\ b_{n1} & b_{n2} & \cdots & b_{np} \end{bmatrix} = \begin{bmatrix} a_{11}+b_{11} & a_{12}+b_{12} & \cdots & a_{1p}+b_{1p} \\ a_{21}+b_{21} & a_{22}+b_{22} & \cdots & a_{2p}+b_{2p} \\ \vdots & & \ddots & \vdots \\ a_{n1}+b_{n1} & a_{n2}+b_{n2} & \cdots & a_{np}+b_{np} \end{bmatrix} \quad (3.24)$$

Si, $A, B, C \in \mathbb{R}^{n \times p}$, la suma de matrices satisface lo siguiente:

- Propiedad conmutativa:
  $A+B+C = B+A+C = A+C+B = C+A+B = C+B+A = B+C+A$
- Propiedad asociativa:
  $A+B+C = A+(B+C) = (A+B)+C = A+(B+C)$
- Sea la matriz nula o neutra $O \in \mathbb{R}^{n \times p}$ en la que todos sus elementos $a_{ij} \in \mathbb{R}$ tienen el valor de cero, entonces se cumple que: $O+A = A+O = A$; donde la matriz nula O está dada por:

$$O = \begin{bmatrix} 0_{11} & 0 & \cdots & 0_{1p} \\ 0_{21} & 0 & \cdots & 0_{2p} \\ \vdots & & \ddots & \vdots \\ 0_{n1} & 0 & \cdots & a_{np} \end{bmatrix}$$

La matriz nula o neutra $O \in \mathbb{R}^{n \times p}$, también es considerada como una matriz diagonal.

3.3.2.2 Resta de matrices

Considérense las matrices $A, B \in \mathbb{R}^{n \times p}$, entonces la sustracción o resta aritmética entre matrices $C = A - B$ existe, con $C \in \mathbb{R}^{n \times p}$, de forma que:

$$A-B = \begin{bmatrix} a_{11} & a_{12} & \cdots & a_{1p} \\ a_{21} & a_{22} & \cdots & a_{2p} \\ \vdots & & \ddots & \vdots \\ a_{n1} & a_{n2} & \cdots & a_{np} \end{bmatrix} - \begin{bmatrix} b_{11} & b_{12} & \cdots & b_{1p} \\ b_{21} & b_{22} & \cdots & b_{2p} \\ \vdots & & \ddots & \vdots \\ b_{n1} & b_{n2} & \cdots & b_{np} \end{bmatrix} = \begin{bmatrix} a_{11}-b_{11} & a_{12}-b_{12} & \cdots & a_{1p}-b_{1p} \\ a_{21}-b_{21} & a_{22}-b_{22} & \cdots & a_{2p}-b_{2p} \\ \vdots & & \ddots & \vdots \\ a_{n1}-b_{n1} & a_{n2}-b_{n2} & \cdots & a_{np}-b_{np} \end{bmatrix} \quad (3.25)$$

El algoritmo para realizar la sustracción entre matrices consiste en restar elemento a elemento de la forma siguiente: $A - B = \{a_{ij}\} - \{b_{ij}\} = \{a_{ij} - b_{ij}\}$.

La resta de matrices no es conmutativa, esto es: $A - B \neq B - A$. Sin embargo, se cumple: $A - B = -B + A$. Además, la resta entre matrices puede ser considerada como la multiplicación del escalar (-1) por una matriz B más A: $A - B = A + (-1)B = A + B(-1) = (-1)B + A = B(-1) + A = -B + A$.

Sean las matrices $A, B, C \in \mathbb{R}^{n\times p}$, entonces la sustracción de matrices satisface:

- $A-B-C = -B+A-C = A-C-B = -C+A-B = -C-B+A = -B-C+A.$
- $A-B-C = A-(B+C) = (A-B)-C = A-(C+B).$
- $(A-B-C)^T = A^T - B^T - C^T.$
- $\left(A^T - B^T - C^T\right)^T = A - B - C.$
- $\left(A^T - B^T - C\right)^T = A - B - C^T.$
- $\left(A^T - B^{T^{T^T}}\right)^T = A - B.$
- $(A-B) = -(B-A).$

3.3.2.3 Matriz transpuesta

La transpuesta de una matriz $A = \{a_{ij}\} \in \mathbb{R}^{n\times p}$ se representa por A^T, cuya descripción consiste en intercambiar los renglones por las columnas y su dimensión también se modifica, es decir: $A^T = \{a_{ji}\} \in \mathbb{R}^{p\times n}$. Por ejemplo,

$$A = \begin{bmatrix} a_{11} & a_{12} & a_{13} & a_{14} \\ a_{21} & a_{22} & a_{23} & a_{24} \\ a_{31} & a_{32} & a_{33} & a_{34} \end{bmatrix}; \quad A^T = \begin{bmatrix} a_{11} & a_{21} & a_{31} \\ a_{12} & a_{22} & a_{32} \\ a_{13} & a_{23} & a_{33} \\ a_{14} & a_{24} & a_{34} \end{bmatrix}.$$

Cuando la matriz $A \in \mathbb{R}^{n\times n}$ es diagonal, entonces los elementos de la matriz quedan sin modificación debido a su simetría; en otras palabras se cumple que: $A = A^T \in \mathbb{R}^{n\times n}$.

Si $A \in \mathbb{R}^{n\times p}$, entonces su matriz transpuesta $A^T \in \mathbb{R}^{p\times n}$ satisface:

- $(A^T)^T = A.$
- $((A^T)^T)^T = A^T.$
- Si $\lambda \in \mathbb{R}$, entonces $(\lambda A)^T = \lambda A^T = A^T\lambda.$

- Si $I \in \mathbb{R}^{n\times n}$ es la matriz identidad, $I^T = I$.
- Si $A \in \mathbb{R}^{n\times n}$ es cualquier matriz diagonal $A = \text{diag}\{a_{ii}\}$, $A^T = A$.
- $(A+B+C)^T = A^T + B^T + C^T$.
- $\left(A^T + B^T + C^T\right)^T = A + B + C$.
- $\left(A^T + B^T + C\right)^T = A + B + C^T$.
- $(ABC)^T = C^T B^T A^T$.
- $\left(A^T B^T C\right)^T = C^T B A$.
- $\left(A^T B^T C^T\right)^T = (C^T)^T (B^T)^T (A^T)^T = CBA$.

3.3.2.4 Producto de matrices

Sean las matrices rectangulares $A \in \mathbb{R}^{n\times p}$ y $B \in \mathbb{R}^{p\times m}$. El producto o multiplicación de matrices existe, si el número de las columnas p en A es igual a la cantidad de renglones m de B, entonces $C = AB \in \mathbb{R}^{n\times m}$ se define como:

$$\begin{aligned} C = \{c_{ij}\} = AB \quad &= \begin{bmatrix} a_{11} & a_{12} & \cdots & a_{1p} \\ a_{21} & a_{22} & \cdots & a_{2p} \\ \vdots & & \ddots & \vdots \\ a_{m1} & a_{m2} & \cdots & a_{mp} \end{bmatrix} \begin{bmatrix} b_{11} & b_{12} & \cdots & b_{1n} \\ b_{21} & b_{22} & \cdots & b_{2n} \\ \vdots & & \ddots & \vdots \\ b_{p1} & b_{p2} & \cdots & b_{pn} \end{bmatrix} \\ &= \begin{bmatrix} \sum_{k=1}^{p} a_{1k}b_{k1} & \sum_{k=1}^{p} a_{1k}b_{k2} & \cdots & \sum_{k=1}^{p} a_{1k}b_{kn} \\ \sum_{k=1}^{p} a_{2k}b_{k1} & \sum_{k=1}^{p} a_{2k}b_{k2} & \cdots & \sum_{k=1}^{p} a_{2k}b_{kn} \\ \vdots & & \ddots & \vdots \\ \sum_{k=1}^{p} a_{mk}b_{k1} & \sum_{k=1}^{p} a_{mk}b_{k2} & \cdots & \sum_{k=1}^{p} a_{mk}b_{kn} \end{bmatrix} \end{aligned} \tag{3.26}$$

Aquí se tiene que: $c_{ij} = \sum_{k=1}^{p} a_{ik}b_{kj} = a_{i1}b_{1j} + a_{i2}b_{2j} + \cdots + a_{ip}b_{pj}$; para $i = 1\cdots n$ y $j = 1\cdots m$.

Dado las reglas aritméticas que intervienen en el producto de matrices, se desprenden directamente propiedades básicas entre el número de renglones y su correspondiente compatibilidad, con el número de columnas de la siguiente manera:

- Por regla general, el producto de matrices no es conmutativo. Por ejemplo, cuando las matrices son rectangulares, sean $A \in \mathbb{R}^{n\times p}$ y $B \in \mathbb{R}^{p\times m}$, entonces no se puede realizar el producto, ya que al intercambiar el orden en que se multiplican las matrices no coinciden el número de renglones de la matriz A con la cantidad de columnas de la matriz B.
- Cuando se multiplican matrices cuadradas $A \in \mathbb{R}^{n\times n}$ y $B \in \mathbb{R}^{n\times n}$, ambas deben de tener necesariamente la misma dimensión; sin embargo, de manera general: $AB \neq BA$.
- El producto de matrices es conmutativo para el caso de matrices diagonales; también se cumple para matrices de rotación u ortogonales, siempre y cuando el ángulo de rotación sea con respecto al mismo eje cartesiano.

Considérense las matrices $A \in \mathbb{R}^{n\times p}$, $B \in \mathbb{R}^{p\times m}$, $D \in \mathbb{R}^{p\times m}$ y $E \in \mathbb{R}^{m\times n}$, así como el escalar $\lambda \in \mathbb{R}$. Entonces se cumplen las siguientes propiedades:

- Ley distributiva izquierda: $A(B+D) = (AB + AD) \ \in \mathbb{R}^{n\times m}$.
- Ley distributiva derecha: $(B^T + D^T)A^T = (B^TA^T + D^TA^T) \ \in \mathbb{R}^{m\times n}$.
- Ley asociativa: $A(BE) = (AB)E \in \mathbb{R}^{n\times n}$.
- $(AB)^T = B^TA^T \in \mathbb{R}^{m\times n}$.
- $(ABE)^T = E^TB^TA^T \in \mathbb{R}^{n\times n}$.
- $(A(B+D))^T = (B+D)^TA^T = B^TA^T + D^TA^T \in \mathbb{R}^{m\times n}$.
- Si $O \in \mathbb{R}^{p\times m}$ es la matriz cero, entonces $A\,O = O \in \mathbb{R}^{n\times m}$.
- $\lambda A = A\lambda \in \mathbb{R}^{n\times p}$.
- Si $\lambda = 0$ entonces $\lambda A = O \ \in \mathbb{R}^{n\times p}$.
- Si $\Gamma \in \mathbb{R}^{n\times n}$ e $I \in \mathbb{R}^{n\times n}$ es la matriz identidad: $\Gamma I = I\Gamma = \Gamma$.

• Ejemplo 3.27a

Usando programación simbólica en **MATLAB**, comprobar la propiedad conmutativa de la multiplicación de un escalar $\lambda \in \mathbb{R}$ por una matriz $A \in \mathbb{R}^{3\times 3}$.

Solución

Sean $\lambda \in \mathbb{R}$ un escalar y la matriz $A \in \mathbb{R}^{3\times 3}$, la propiedad conmutativa entre la multiplicación de un escalar por una matriz es la siguiente:

$$\lambda A = \lambda \begin{bmatrix} a_{11} & a_{12} & a_{13} \\ a_{21} & a_{22} & a_{23} \\ a_{31} & a_{32} & a_{33} \end{bmatrix} = \begin{bmatrix} \lambda a_{11} & \lambda a_{12} & \lambda a_{13} \\ \lambda a_{21} & \lambda a_{22} & \lambda a_{23} \\ \lambda a_{31} & \lambda a_{32} & \lambda a_{33} \end{bmatrix} \tag{3.27a}$$

$$= \begin{bmatrix} a_{11}\lambda & a_{12}\lambda & a_{13}\lambda \\ a_{21}\lambda & a_{22}\lambda & a_{23}\lambda \\ a_{31}\lambda & a_{32}\lambda & a_{33}\lambda \end{bmatrix} \tag{3.27b}$$

$$= \begin{bmatrix} a_{11} & a_{12} & a_{13} \\ a_{21} & a_{22} & a_{23} \\ a_{31} & a_{32} & a_{33} \end{bmatrix} \lambda. \tag{3.27c}$$

La problemática de este ejemplo consiste en desarrollar la programación simbólica en **MATLAB** asociada a las propiedades algebraicas de la multiplicación entre un escalar con una matriz. Para que esas propiedades puedan ser visualizadas en forma simbólica, de manera estética y clara, su programación no es trivial ni evidente, entonces se proporciona al lector cómo utilizar el código en forma adecuada.

En el cuadro de código `cap3_EscalarPorMatriz.mlx` se encuentra la programación simbólica usando edición Live Editor de **MATLAB**. La línea 5 se encuentra la declaración de variables simbólicas; mientras que en la línea 6 está la definición de $A \in \mathbb{R}^{3\times 3}$, cuya dimensión se obtiene con la línea 10, esta información es utilizada en el código 11; particularmente a través del uso de la función factor (ver línea 13), se puede reproducir la ecuación (3.27b) y la expresión (3.27a) se obtiene con el código 17.

El lector puede encontrar mayor información técnica de las funciones utilizadas: collect() y factor(); para esto, en la venta de comandos de **MATLAB** utilizar:

fx >> doc collect↩

fx >> doc factor↩

Código MATLAB 3.2 cap3_EscalarPorMatriz.m

Robótica: Control de Robots Manipuladores
Capítulo 3. Preliminares matemáticos
Fernando Reyes Cortés
Alfaomega Grupo Editor: "**Te acerca al conocimiento**".

Programa: cap3_EscalarPorMatriz.m MATLAB versión 2024a

```
clc; % limpia pantalla.
clearvars; % remueve todas las variables del espacio actual de trabajo.
close all; % cerrar gráficas, archivos y recursos abiertos.
format short % formato corto con 4 dígitos después del punto decimal.
syms a11 a12 a13 a21 a22 a23 a31 a32 a33 lambda real
A=[a11, a12, a13;
     a21, a22, a23;
     a31, a32, a33]
B=lambda*A % B = [a11λ a12λ a13λ; a21λ a22λ a23λ; a31λ a32λ a33λ]
[renglones, columnas]=size(A) ;
for i=1:renglones
    for j=1:columnas
        r=factor(B(i,j), lambda) ;
        C(i,j)=r(1,1) ;
    end
end
for i=1:renglones
    for j=1:columnas
        C1(i,j)=collect(B(i,j), [lambda,A(i,j)]) ;
    end
end
C1 % C1 = [λ a11 λ a12 λ a13; λ a21 λ a22 λ a23; λ a31 λ a32 λ a33]
```

$$B = \begin{bmatrix} a_{11}\lambda & a_{12}\lambda & a_{13}\lambda \\ a_{21}\lambda & a_{22}\lambda & a_{23}\lambda \\ a_{31}\lambda & a_{32}\lambda & a_{33}\lambda \end{bmatrix} \qquad C1 = \begin{bmatrix} \lambda\, a_{11} & \lambda\, a_{12} & \lambda\, a_{13} \\ \lambda\, a_{21} & \lambda\, a_{22} & \lambda\, a_{23} \\ \lambda\, a_{31} & \lambda\, a_{32} & \lambda\, a_{33} \end{bmatrix}$$

•••

3.3.3 Matriz cuadrada

Una matriz $A \in \mathbb{R}^{n\times m}$ es cuadrada si y solo si, el número de renglones es igual al número de columnas, es decir: $n = m$. Las propiedades de matrices cuadradas son ampliamente utilizadas en el análisis y diseño de algoritmos de control para el área de robótica. A continuación se describen:

- Potencia de una matriz cuadrada: $A^k = \underbrace{AAA\cdots A}_{k \text{ veces}}$

- La traza de la matriz $A \in \mathbb{R}^{n\times n}$ está definida por:

$$\text{traza}\{A\} = \sum_{i=1}^{n} a_{ii} \tag{3.28}$$

- El determinante de una matriz $A \in \mathbb{R}^{n\times n}$ está dado por la siguiente expresión $|A|$:

$$|A| = \sum_{j=1}^{n} (-1)^{i+j} a_{ij}|A|_{ij} = \sum_{i=1}^{n} (-1)^{i+j} a_{ij}|A|_{ij} \tag{3.29}$$

para $i \leq n, j \leq n$.

Aquí se emplea la notación $|A|_{ij}$ para representar a un determinante de $n-1$ filas obtenido por borrar la i-ésima fila y la j-ésima columna de un determinante de n filas.

- El determinante de la matriz transpuesta $A^T \in \mathbb{R}^{n\times n}$ es igual al determinante de la matriz $A \in \mathbb{R}^{n\times n}$: $|A^T| = |A|$.

- El determinante menor de m filas es obtenido por borrar $n-m$ filas y $n-m$ columnas de un determinante de n filas.

- Un determinante principal menor es llamado así, debido a que se refiere al determinante de una submatriz, cuyos elementos de su diagonal, también se encuentran en la diagonal principal de la matriz A.

- El cofactor $\triangle_{ij}$ es el coeficiente por expandir el determinante $|A|$:

$$\triangle_{ij} = (-1)^{i+j}|A_{ij}| \tag{3.30}$$

donde A_{ij} es la submatriz que se obtiene por eliminar el i-ésimo renglón y j-ésima columna de la matriz A.

- La matriz de cofactores de la matriz $A \in \mathbb{R}^{n\times n}$ se representa por A_{cof}, cuya representación está dada por:

$$A_{\text{cof}} = \begin{bmatrix} \triangle_{11} & \triangle_{12} & \cdots & \triangle_{1n} \\ \triangle_{21} & \triangle_{22} & \cdots & \triangle_{2n} \\ \vdots & \vdots & \cdots & \vdots \\ \triangle_{n1} & \triangle_{n2} & \cdots & \triangle_{nn} \end{bmatrix} \tag{3.31}$$

El determinante de la matriz $A \in \mathbb{R}^{n\times n}$ se representa por $|A|$, el cual es un escalar y se calcula mediante la siguiente expresión:

$$|A| = a_{i1}\triangle_{i1} + a_{i2}\triangle_{i2} + \cdots + a_{in}\triangle_{in}. \tag{3.32}$$

• Ejemplo 3.9

Obtener los elementos cofactores, matriz de cofactores y determinantes de las siguientes matrices:

$$A = \begin{bmatrix} 1 & 9 \\ 3 & 4 \end{bmatrix};\ B = \begin{bmatrix} 5 & 7 & 3 \\ 4 & 7 & 2 \\ 1 & 3 & 8 \end{bmatrix}$$

Solución

Las submatrices A_{ij} de la matriz $A \in \mathbb{R}^{2\times 2}$ se usan para obtener los cofactores $\triangle_{ij}$, para $i, j = 1, 2$ con la ecuación (3.30), la matriz de cofactores A_{cof} a través de (3.31) y el determinante $|A|$ se calcula con (3.32):

$$\left\{ \begin{array}{lllll} A_{11} = 4, & \triangle_{11} & = & (-1)^{1+1}A_{11} & = 4 \\ A_{12} = 3, & \triangle_{12} & = & (-1)^{1+2}A_{12} & = -3 \\ A_{21} = 9, & \triangle_{21} & = & (-1)^{2+1}A_{21} & = -9 \\ A_{22} = 1, & \triangle_{22} & = & (-1)^{2+2}A_{22} & = 1 \end{array} \right\},\quad A_{\text{cof}} = \begin{bmatrix} 4 & -3 \\ -9 & 1 \end{bmatrix}$$

$$|A| = a_{11}\triangle_{11} + a_{12}\triangle_{12} = 1\cdot 4 - 9\cdot 3 = -23$$

Para el caso de la matriz $B \in \mathbb{R}^{3\times 3}$ las submatrices B_{ij} se utilizan para calcular los elementos cofactores $\triangle_{ij}$, por medio de la ecuación (3.30), para $i, j = 1, 2, 3$:

$$B_{11} = \begin{vmatrix} 7 & 2 \\ 3 & 8 \end{vmatrix} = 50, \quad \triangle_{11} = (-1)^{1+1} B_{11} = 50$$

$$B_{12} = \begin{vmatrix} 4 & 2 \\ 1 & 8 \end{vmatrix} = 30, \quad \triangle_{12} = (-1)^{1+2} B_{12} = -30$$

$$B_{13} = \begin{vmatrix} 4 & 7 \\ 1 & 3 \end{vmatrix} = 5, \quad \triangle_{13} = (-1)^{1+3} B_{13} = 5$$

$$B_{21} = \begin{vmatrix} 7 & 3 \\ 3 & 8 \end{vmatrix} = 47, \quad \triangle_{21} = (-1)^{2+1} B_{21} = -47$$

$$B_{22} = \begin{vmatrix} 5 & 3 \\ 1 & 8 \end{vmatrix} = 37, \quad \triangle_{22} = (-1)^{2+2} B_{22} = 37$$

$$B_{23} = \begin{vmatrix} 5 & 7 \\ 1 & 3 \end{vmatrix} = 8, \quad \triangle_{23} = (-1)^{2+3} B_{23} = -8$$

$$B_{31} = \begin{vmatrix} 7 & 3 \\ 7 & 2 \end{vmatrix} = -7, \quad \triangle_{31} = (-1)^{3+1} B_{31} = -7$$

$$B_{32} = \begin{vmatrix} 5 & 3 \\ 4 & 2 \end{vmatrix} = -2, \quad \triangle_{32} = (-1)^{3+2} B_{32} = 2$$

$$B_{33} = \begin{vmatrix} 5 & 7 \\ 4 & 7 \end{vmatrix} = 7, \quad \triangle_{33} = (-1)^{3+3} B_{33} = 7$$

La matriz de cofactores B_{cof} se encuentra por medio de la expresión definida en (3.31):

$$B_{\text{cof}} = \begin{bmatrix} 50 & -30 & 5 \\ -47 & 37 & -8 \\ -7 & 2 & 7 \end{bmatrix}$$

El determinante de la matriz B se calcula usando la ecuación (3.32):

$$|B| = b_{11}\triangle_{11} + b_{12}\triangle_{12} + b_{13}\triangle_{13} = 5 \cdot 50 - 7 \cdot 30 + 3 \cdot 5 = 55$$

- La matriz adjunta de $A \in \mathbb{R}^{n\times n}$ se representa por A_{adj} y es la transpuesta de la matriz de cofactores de A, es decir: $A_{\text{adj}} = A_{\text{cof}}^T$.

- La inversa de una matriz $A \in \mathbb{R}^{n\times n}$ es denotada por $A^{-1} \in \mathbb{R}^{n\times n}$. Por definición la inversa de una matriz se obtiene mediante el procedimiento:

$$
\begin{aligned}
A^{-1} = \frac{A_{\text{adj}}}{|A|} &= \frac{1}{|A|}\begin{bmatrix} \triangle_{11} & \triangle_{21} & \cdots & \triangle_{n1} \\ \triangle_{12} & \triangle_{22} & \cdots & \triangle_{n2} \\ \vdots & \vdots & \cdots & \vdots \\ \triangle_{1n} & \triangle_{2n} & \cdots & \triangle_{nn} \end{bmatrix} \\
&= \begin{bmatrix} \frac{\triangle_{11}}{|A|} & \frac{\triangle_{21}}{|A|} & \cdots & \frac{\triangle_{n1}}{|A|} \\ \frac{\triangle_{12}}{|A|} & \frac{\triangle_{22}}{|A|} & \cdots & \frac{\triangle_{n2}}{|A|} \\ \vdots & \vdots & \cdots & \vdots \\ \frac{\triangle_{1n}}{|A|} & \frac{\triangle_{2n}}{|A|} & \cdots & \frac{\triangle_{nn}}{|A|} \end{bmatrix}
\end{aligned} \tag{3.33}
$$

- Si el determinante $|A|$ de la matriz $A \in \mathbb{R}^{n\times n}$ es cero, entonces no existe la matriz inversa; en este caso se conoce como matriz singular. Una condición necesaria y suficiente para la existencia de la matriz inversa $A^{-1} \in \mathbb{R}^{n\times n}$ es que el determinante de $A \in \mathbb{R}^{n\times n}$ sea diferente de cero: $|A| \neq 0$.

Si $A, B \in \mathbb{R}^{n\times n}$ son matrices no singulares e $I \in \mathbb{R}^{n\times n}$ es la matriz identidad, entonces se cumplen las siguientes propiedades:

- $(AB)^{-1} = B^{-1}A^{-1}$.

- $(B^{-1}A^{-1})\,AB = B^{-1}(A^{-1}A)\,B = B^{-1}IB = B^{-1}B = I$.

- $(B^{-1}A^{-1})\,AB = (AB)^{-1}(AB) = I$.

- $(B^{-1}A^{-1})\,BA = B^{-1}A^{-1}BA$.

- $AA^{-1} = A^{-1}A = I$.

• Ejemplo 3.9

Sean nuevamente las matrices del ejemplo 3.9; obtener las correspondientes matrices inversas A^{-1} y B^{-1}.

Solución

De acuerdo con las definiciones, el determinante $|A|$ y la matriz adjunta A_{adj} están dados respectivamente por:

Del ejemplo 3.9, para la matriz A se tiene:

$$\begin{aligned}
A^{-1} &= \frac{A_{\text{adj}}}{|A|} = -\frac{1}{23}\begin{bmatrix} 4 & -9 \\ -3 & 1 \end{bmatrix} \\
A^{-1}A &= -\frac{1}{23}\begin{bmatrix} 4 & -9 \\ -3 & 1 \end{bmatrix}\begin{bmatrix} 1 & 9 \\ 3 & 4 \end{bmatrix} = -\frac{1}{23}\begin{bmatrix} -23 & 0 \\ 0 & -23 \end{bmatrix} = \begin{bmatrix} 1 & 0 \\ 0 & 1 \end{bmatrix} \\
AA^{-1} &= \begin{bmatrix} 1 & 9 \\ 3 & 4 \end{bmatrix}\left[-\frac{1}{23}\begin{bmatrix} 4 & -9 \\ -3 & 1 \end{bmatrix}\right] = -\frac{1}{23}\begin{bmatrix} -23 & 0 \\ 0 & -23 \end{bmatrix} = \begin{bmatrix} 1 & 0 \\ 0 & 1 \end{bmatrix}
\end{aligned}$$

Para la matriz B:

$$\begin{aligned}
B^{-1} &= \frac{B_{\text{adj}}}{|B|} = \frac{1}{55}\begin{bmatrix} 50 & -47 & -7 \\ -30 & 37 & 2 \\ 5 & -8 & 7 \end{bmatrix} \\
B^{-1}B &= \tfrac{1}{55}\begin{bmatrix} 50 & -47 & -7 \\ -30 & 37 & 2 \\ 5 & -8 & 7 \end{bmatrix}\begin{bmatrix} 5 & 7 & 3 \\ 4 & 7 & 2 \\ 1 & 3 & 8 \end{bmatrix} = \tfrac{1}{55}\begin{bmatrix} 55 & 0 & 0 \\ 0 & 55 & 0 \\ 0 & 0 & 55 \end{bmatrix} = \begin{bmatrix} 1 & 0 & 0 \\ 0 & 1 & 0 \\ 0 & 0 & 1 \end{bmatrix} \\
BB^{-1} &= \begin{bmatrix} 5 & 7 & 3 \\ 4 & 7 & 2 \\ 1 & 3 & 8 \end{bmatrix}\left[\tfrac{1}{55}\begin{bmatrix} 50 & -47 & -7 \\ -30 & 37 & 2 \\ 5 & -8 & 7 \end{bmatrix}\right] = \tfrac{1}{55}\begin{bmatrix} 55 & 0 & 0 \\ 0 & 55 & 0 \\ 0 & 0 & 55 \end{bmatrix} = \begin{bmatrix} 1 & 0 & 0 \\ 0 & 1 & 0 \\ 0 & 0 & 1 \end{bmatrix}
\end{aligned}$$

•••

• Ejemplo 3.10

Sean $\boldsymbol{x}, \boldsymbol{y} \in \mathbb{R}^n$, $A \in \mathbb{R}^{n\times n}$, discutir y analizar la forma en que se utilizan las dimensiones con la siguiente estructura: $\boldsymbol{x}^T A\boldsymbol{y}$.

Solución

Cuando se multiplica un vector transpuesto $\boldsymbol{x}^T \in \mathbb{R}^{1\times n}$ por una matriz cuadrada $A \in \mathbb{R}^{n\times n}$, seguido del producto de un vector $\boldsymbol{y} \in \mathbb{R}^n$, el resultado de esta operación se deduce a través del número de columnas en el vector transpuesto $\boldsymbol{x}^T \in \mathbb{R}^{1\times n}$ que debe ser idéntico al número de renglones de la matriz cuadrada $A \in \mathbb{R}^{n\times n}$; además, el número de columnas de esa matriz debe coincidir con los renglones del vector $\boldsymbol{y} \in \mathbb{R}^n$; el resultado se deduce tomando en cuenta los números ubicados en los extremos izquierdo y derecho, obteniendo un escalar o número real, cuyo análisis de dimensiones, para la estructura matemática $\boldsymbol{x}^T A \boldsymbol{y}$ se realiza de la siguiente forma:

$$\underbrace{[1 \times n]}_{\boldsymbol{x}^T}\underbrace{[n \times n]}_{A}\underbrace{[n \times 1]}_{\boldsymbol{y}} \quad = \quad \underbrace{[1 \times 1]}_{\boldsymbol{x}^T A \boldsymbol{y}\ \in \mathbb{R}}$$

por lo que el resultado, para llevar a cabo la operación $\boldsymbol{x}^T A \boldsymbol{y}$, resulta un escalar o número real.

El anterior razonamiento se puede ilustrar de la siguiente manera:

$$\boldsymbol{x}^T A \boldsymbol{y} \quad = \quad \underbrace{\begin{bmatrix} x_1 \\ x_2 \\ \vdots \\ x_n \end{bmatrix}^T}_{[1\times n]} \underbrace{\begin{bmatrix} a_{11} & a_{12} & \cdots & a_{1n} \\ a_{21} & a_{22} & \cdots & a_{2n} \\ \vdots & & \ddots & \vdots \\ a_{n1} & a_{n2} & \cdots & a_{nn} \end{bmatrix}}_{[n\times n]} \underbrace{\begin{bmatrix} y_1 \\ y_2 \\ \vdots \\ y_n \end{bmatrix}}_{[n\times 1]} = \sum_{i=1}^{n}\sum_{j=1}^{n} a_{ij}x_i y_j \in \mathbb{R}$$

De manera general, cuando la matriz A no es cuadrada, por ejemplo, $A \in \mathbb{R}^{p\times r}$, entonces para que la operación $\boldsymbol{x}^T A \boldsymbol{y}$ se pueda realizar, es necesario cumplir con lo siguiente: $\boldsymbol{x}^T \in \mathbb{R}^{1\times p}$ y el vector $\boldsymbol{y} \in \mathbb{R}^{r\times 1}$, de tal forma que se cumpla:

$$\underbrace{[1 \times p]}_{\boldsymbol{x}^T}\underbrace{[p \times r]}_{A}\underbrace{[r \times 1]}_{\boldsymbol{y}} = \underbrace{[1 \times 1]}_{\boldsymbol{x}^T A \boldsymbol{y}\ \in \mathbb{R}}$$

Por lo que:

$$\boldsymbol{x}^T A \boldsymbol{y} \quad = \quad \underbrace{\begin{bmatrix} x_1 \\ x_2 \\ \vdots \\ x_p \end{bmatrix}^T}_{[1\times p]} \underbrace{\begin{bmatrix} a_{11} & a_{12} & \cdots & a_{1r} \\ a_{21} & a_{22} & \cdots & a_{2r} \\ \vdots & & \ddots & \vdots \\ a_{p1} & a_{p2} & \cdots & a_{pr} \end{bmatrix}}_{[p\times r]} \underbrace{\begin{bmatrix} y_1 \\ y_2 \\ \vdots \\ y_r \end{bmatrix}}_{[r\times 1]} = \sum_{i=1}^{p}\sum_{j=1}^{r} a_{ij}x_i y_j \in \mathbb{R}$$

•••

3.3.4 Matrices simétricas y antisimétricas

Una matriz simétrica es representada por $A_s \in \mathbb{R}^{n\times n}$ y es idéntica a su matriz transpuesta: $A_s = A_s^T \Longrightarrow A_s - A_s^T = O \in \mathbb{R}^{n\times n}$, los elementos escalares de esta matriz deben satisfacer $a_{ij} = a_{ji}$, para $i, j = 1, 2, \cdots, n$.

En robótica es común el empleo de las matrices simétricas y se encuentran presentes tanto en la dinámica del robot (por ejemplo la matriz de inercias es simétrica) como en los esquemas de control (las ganancias proporcional y derivativa son matrices simétricas).

Por ejemplo la siguiente matriz A_s es simétrica:

$$A_s = \begin{bmatrix} 2 & 4 & 9 \\ 4 & 5 & 6 \\ 9 & 6 & 8 \end{bmatrix} = \begin{bmatrix} 2 & 4 & 9 \\ 4 & 5 & 6 \\ 9 & 6 & 8 \end{bmatrix}^T$$

donde $a_{12} = a_{21} = 4,\ a_{13} = a_{31} = 9,\ a_{23} = a_{32} = 6.$

Cualquier matriz diagonal $A = \text{diag}\{a_{ii}\} \in \mathbb{R}^{n\times n}$ es una matriz simétrica, donde $i = 1, 2, \cdots, n$.

Una matriz antisimétrica será representada por $A_{sk} \in \mathbb{R}^{n\times n}$, la cual satisface la condición $A_{sk} = -A_{sk}^T \Longrightarrow A_{sk} + A_{sk}^T = O \in \mathbb{R}^{n\times n}$; por lo que sus elementos satisfacen la condición: $a_{ij} = -a_{ji}$. Este tipo de matriz se caracteriza por tener todos sus elementos sobre la diagonal principal con valor cero. Entre las propiedades del modelo dinámico del robot manipulador se encuentra la propiedad antisimétrica, la cual resulta particularmente clave en el diseño de algoritmos de control debido a que facilita notablemente el análisis de estabilidad.

Un ejemplo de una matriz antisimétrica A_{sk} es la siguiente:

$$A_{sk} = \begin{bmatrix} 0 & 4 & 8 \\ -4 & 0 & 6 \\ -8 & -6 & 0 \end{bmatrix} = - \begin{bmatrix} 0 & 4 & 8 \\ -4 & 0 & 6 \\ -8 & -6 & 0 \end{bmatrix}^T$$

observe que sus elementos en la diagonal principal $a_{11} = a_{22} = a_{33} = 0$. Además, $a_{12} = 4, a_{21} = -4,\ a_{13} = 8,\ a_{31} = -8,\ a_{23} = 6,\ a_{32} = -6$.

Cualquier matriz cuadrada $A \in \mathbb{R}^{n\times n}$ puede ser expresada como la suma de sus componentes simétrica $A_s \in \mathbb{R}^{n\times n}$ y antisimétrica $A_{sk} \in \mathbb{R}^{n\times n}$; y cumplen con lo siguiente:

$$A = A_s + A_{sk} \tag{3.34a}$$

$$A_s = \frac{A + A^T}{2} \tag{3.34b}$$

$$A_{sk} = \frac{A - A^T}{2} \tag{3.34c}$$

• Ejemplo 3.11

Obtener las partes simétrica y antisimétrica de la siguiente matriz:

$$A = \begin{bmatrix} 3 & 2 \\ 6 & 5 \end{bmatrix}$$

Solución

Las componentes simétrica y antisimétrica de la matriz $A \in \mathbb{R}^{2\times 2}$ se obtienen por medio de (3.34b) y (3.34c), respectivamente:

$$\begin{aligned} A_s &= \frac{1}{2}\begin{bmatrix} 3 & 2 \\ 6 & 5 \end{bmatrix} + \frac{1}{2}\begin{bmatrix} 3 & 6 \\ 2 & 5 \end{bmatrix} = \begin{bmatrix} 3 & 4 \\ 4 & 5 \end{bmatrix} \\ A_{sk} &= \frac{1}{2}\begin{bmatrix} 3 & 2 \\ 6 & 5 \end{bmatrix} - \frac{1}{2}\begin{bmatrix} 3 & 6 \\ 2 & 5 \end{bmatrix} = \begin{bmatrix} 0 & -2 \\ 2 & 0 \end{bmatrix} \\ A &= A_s + A_{sk} = \begin{bmatrix} 3 & 4 \\ 4 & 5 \end{bmatrix} + \begin{bmatrix} 0 & -2 \\ 2 & 0 \end{bmatrix} = \begin{bmatrix} 3 & 2 \\ 6 & 5 \end{bmatrix} \end{aligned}$$

•••

3.3.4.1 Valores propios

Los valores propios son una característica muy importante de las matrices cuadradas. Para cada matriz cuadrada $A \in \mathbb{R}^{n\times n}$ existen n valores propios, en general números complejos, denotados por $\lambda_1\{A\}, \lambda_2\{A\}, \cdots, \lambda_n\{A\}$. El procedimiento para obtener los valores propios de una matriz $A \in \mathbb{R}^{n\times n}$ es el siguiente:

$$\begin{aligned} \det|\lambda I - A| &= \begin{vmatrix} \lambda - a_{11} & -a_{12} & \cdots & -a_{1n} \\ -a_{21} & \lambda - a_{22} & \cdots & -a_{2n} \\ \vdots & \vdots & \cdots & \vdots \\ -a_{n1} & \lambda - a_{n2} & \cdots & \lambda - a_{nn} \end{vmatrix} \\ &= \lambda^n + \alpha_1\lambda^{n-1} + \cdots + \alpha_{n-2}\lambda^2 + \alpha_{n-1}\lambda + \alpha_n = 0 \end{aligned} \tag{3.35}$$

- El polinomio en la variable λ que se obtiene del determinante $|\lambda I - A|$ se llama polinomio característico y es de orden n. Si la matriz $A \in \mathbb{R}^{n\times n}$ es de dimensión n, entonces tendrá n valores propios λ.

3.3.4.2 Norma espectral

Hay varios tipos de normas para matrices; en esta obra se emplea la norma espectral, la cual se denota con el símbolo $\|A\|$ y se define como:

$$\|A\| = \sqrt{\lambda^{\max}_{A^TA}},$$

donde $\lambda^{\max}_{A^TA}$ representa el valor propio máximo del producto resultante de las matrices A^TA; aquí se ha empleado la ecuación (3.35) para obtener el valor propio máximo $\lambda^{\max}_{A^TA}$ de la matriz $A^TA \in \mathbb{R}^{m\times m}$.

La norma espectral de la matriz $A \in \mathbb{R}^{n\times n}$ satisface las siguientes propiedades:

- $\|A\| = 0$ si y solo si $A = 0 \in \mathbb{R}^{n\times n}$.
- $\|A\| > 0$, para todo $A \in \mathbb{R}^{n\times n}$ con $A \neq 0 \in \mathbb{R}^{n\times n}$.
- $\|A\| - \|B\| \leq \|A + B\| \leq \|A\| + \|B\|$, para todo $A, B \in \mathbb{R}^{n\times n}$.
- $\|A - B\| \leq \|A\| + \|B\|$, para todo $A, B \in \mathbb{R}^{n\times n}$.
- $\|\alpha A\| = |\alpha|\|A\|$, para todo $\alpha \in \mathbb{R}$ y $A \in \mathbb{R}^{n\times n}$.
- $\|AB\| \leq \|A\|\|B\|$, para todo $A, B \in \mathbb{R}^{n\times n}$.
- $\|A^TB\| \leq \|A\|\|B\|$, para todo $A, B \in \mathbb{R}^{n\times n}$.

Considérese la matriz $A \in \mathbb{R}^{n\times n}$ y el vector $\boldsymbol{x} \in \mathbb{R}^n$. En este caso se tiene que:

- La norma euclidiana del vector $A\boldsymbol{x}$ satisface:

  $$\|A\boldsymbol{x}\| \leq \|A\|\|\boldsymbol{x}\|,$$

  donde $\|A\|$ denota la norma espectral de la matriz A, mientras que $\|\boldsymbol{x}\|$ representa la norma euclidiana del vector $\boldsymbol{x}$.
- Sea $\boldsymbol{y} \in \mathbb{R}^n$, el valor absoluto de $\boldsymbol{y}^TA\boldsymbol{x}$ satisface:

  $$\boldsymbol{y}^TA\boldsymbol{x} \leq |\boldsymbol{y}^TA\boldsymbol{x}| \leq \|A\|\|\boldsymbol{y}\|\|\boldsymbol{x}\|, \quad \forall \boldsymbol{x}, \boldsymbol{y} \in \mathbb{R}^n.$$

- Si la matriz A es simétrica y definida positiva, entonces su norma espectral satisface: $\|A\| = \lambda^{\max}_A$ y $\|A^{-1}\| = \frac{1}{\lambda^{\min}_A}$.

3.4 Funciones cuadráticas

LA energía mecánica aplicada a un robot manipulador tiene estructura cuadrática, de la forma: $\mathcal{V}(x) = \boldsymbol{x}^T A \boldsymbol{x}$, con $\boldsymbol{x} \in \mathbb{R}^{n\times 1}$, $A \in \mathbb{R}^{n\times n}$ [Lewis et. al, 2004], [Kelly et. al, 2005], [Haddad and Chellaboina, 2008]. Tomando en cuenta que toda matriz cuadrada $A \in \mathbb{R}^{n\times n}$ se puede descomponer en sus componentes simétrica $A_s \in \mathbb{R}^{n\times n}$ y antisimétrica $A_{sk} \in \mathbb{R}^{n\times n}$; es decir, $A = A_s + A_{sk}$, se tiene que:

$$\begin{aligned}
A_s &= \frac{A + A^T}{2} \\
A_{sk} &= \frac{A - A^T}{2} \\
\mathcal{V}(\boldsymbol{x}) &= \boldsymbol{x}^T A \boldsymbol{x} = \boldsymbol{x}^T \left[A_s + A_{sk}\right] \boldsymbol{x} \\
&= \boldsymbol{x}^T A_s \boldsymbol{x} + \boldsymbol{x}^T A_{sk} \boldsymbol{x} = \boldsymbol{x}^T \frac{A + A^T}{2} \boldsymbol{x} + \boldsymbol{x}^T \frac{A - A^T}{2} \boldsymbol{x} \\
&= \boldsymbol{x}^T \frac{A + A^T}{2} \boldsymbol{x} = \boldsymbol{x}^T A_s \boldsymbol{x}, \ \forall \boldsymbol{x} \in \mathbb{R}^n
\end{aligned}$$

cuyo resultado dependerá exclusivamente de su componente matriz simétrica, puesto que la parte antisimétrica se anula: $\boldsymbol{x}^T \frac{A - A^T}{2} \boldsymbol{x} = 0 \in \mathbb{R}$.

Propiedad 3.12: Propiedad de antisimetría $\boldsymbol{x}^T A_{sk} \boldsymbol{x} \equiv 0$

Se denomina propiedad de antisimetría a la multiplicación de un vector transpuesto $\boldsymbol{x}^T \in \mathbb{R}^{1\times n}$, por una matriz antisimétrica $A_{ks} \in \mathbb{R}^{n\times n}$, seguido del mismo vector, pero tipo columna $\boldsymbol{x} \in \mathbb{R}^{n\times 1}$:

$$\boldsymbol{x}^T A_{sk} \boldsymbol{x} \equiv 0, \ \forall \boldsymbol{x} \in \mathbb{R}^n$$

La propiedad antisimétrica se usa ampliamente en robótica, es una propiedad clave e importante del modelo dinámico y es particularmente útil en el análisis y diseño de algoritmos de control, reduce notablemente el álgebra involucrada en el análisis de estabilidad vía Lyapunov.

Para verificar que la propiedad antisimétrica se cumple, sin pérdida de generalidad suponga que la matriz $A \in \mathbb{R}^{2\times 2}$ tiene la siguiente forma $A = \begin{bmatrix} a_{11} & a_{12} \\ a_{21} & a_{22} \end{bmatrix}$:

$$A_s = \frac{1}{2}\begin{bmatrix} a_{11} & a_{12} \\ a_{21} & a_{22} \end{bmatrix} + \frac{1}{2}\begin{bmatrix} a_{11} & a_{12} \\ a_{21} & a_{22} \end{bmatrix}^T = \begin{bmatrix} a_{11} & \frac{a_{12}+a_{21}}{2} \\ \frac{a_{12}+a_{21}}{2} & a_{22} \end{bmatrix} \tag{3.36a}$$

$$A_{sk} = \frac{1}{2}\begin{bmatrix} a_{11} & a_{12} \\ a_{21} & a_{22} \end{bmatrix} - \frac{1}{2}\begin{bmatrix} a_{11} & a_{12} \\ a_{21} & a_{22} \end{bmatrix}^T = \begin{bmatrix} 0 & \frac{a_{12}-a_{21}}{2} \\ -\frac{a_{12}-a_{21}}{2} & 0 \end{bmatrix} \tag{3.36b}$$

Realizando las operaciones correspondientes con la componente de la matriz antisimétrica, se verifica lo siguiente:

$$\begin{aligned} \boldsymbol{x}^T A_{sk}\boldsymbol{x} &= \boldsymbol{x}^T \begin{bmatrix} 0 & \frac{a_{12}-a_{21}}{2} \\ -\frac{a_{12}-a_{21}}{2} & 0 \end{bmatrix} \boldsymbol{x} = \begin{bmatrix} x_1 \\ x_2 \end{bmatrix}^T \begin{bmatrix} 0 & \frac{a_{12}-a_{21}}{2} \\ -\frac{a_{12}-a_{21}}{2} & 0 \end{bmatrix} \begin{bmatrix} x_1 \\ x_2 \end{bmatrix} \\ &= \begin{bmatrix} \frac{a_{12}-a_{21}}{2}x_2 & -\frac{a_{12}-a_{21}}{2}x_1 \end{bmatrix} \begin{bmatrix} x_1 \\ x_2 \end{bmatrix} = \frac{a_{12}-a_{21}}{2}x_1x_2 - \frac{a_{12}-a_{21}}{2}x_1x_2 = 0. \end{aligned}$$

La propiedad antisimétrica es relevante en el diseño de funciones de energía para robots manipuladores. Debe cuidarse que la función cuadrática de energía no incluya una matriz antisimétrica, debido a que la energía mecánica sería cero Nm, es decir el robot no tendrá movimiento.

• Ejemplo 3.12

Convertir el siguiente polinomio:

$$\mathcal{V}(\boldsymbol{x}) = 3x_1^2 + 3x_1x_2 + 4x_2^2$$

a su formato $\boldsymbol{x}^T A\boldsymbol{x}$, compuesto por el producto de un vector transpuesto $\boldsymbol{x}^T \in \mathbb{R}^{1\times 2}$, una matriz cuadrada $A \in \mathbb{R}^{2\times 2}$y un vector columna $\boldsymbol{x} \in \mathbb{R}^2$.

Solución

El formato solicitado para $\mathcal{V}(\boldsymbol{x}) = a_{11}x_1^2 + [a_{12}+a_{21}]\, x_1x_2 + a_{22}x_2^2$ está dado por (3.36a):

$$\mathcal{V}(\boldsymbol{x}) = \boldsymbol{x}^T A\boldsymbol{x} = \begin{bmatrix} x_1 \\ x_2 \end{bmatrix}^T \begin{bmatrix} a_{11} & \frac{a_{12}+a_{21}}{2} \\ \frac{a_{12}+a_{21}}{2} & a_{22} \end{bmatrix} \begin{bmatrix} x_1 \\ x_2 \end{bmatrix}$$

Aplicando al ejemplo que se analiza se obtiene:

$$\mathcal{V}(\boldsymbol{x}) = 3x_1^2 + 3x_1x_2 + 4x_2^2 = \begin{bmatrix} x_1 \\ x_2 \end{bmatrix}^T \begin{bmatrix} 3 & \frac{3}{2} \\ \frac{3}{2} & 4 \end{bmatrix} \begin{bmatrix} x_1 \\ x_2 \end{bmatrix}$$

Puesto que, la parte antisimétrica cumple lo siguiente:

$$\begin{bmatrix} x_1 \\ x_2 \end{bmatrix}^T \begin{bmatrix} 0 & \frac{1}{2} \\ -\frac{1}{2} & 0 \end{bmatrix} \begin{bmatrix} x_1 \\ x_2 \end{bmatrix} = -\frac{1}{2}x_1x_2 + \frac{1}{2}x_1x_2 = 0$$

•••

Para el caso de una matriz simétrica $A = A^T \in \mathbb{R}^{n\times n}$, sus valores propios son números reales:

- $\lambda_1\{A\}, \lambda_2\{A\}, \cdots, \lambda_n\{A\} \in \mathbb{R}$.

En ocasiones es muy importante tener un procedimiento para convertir una matriz no simétrica a una simétrica (no confundir con la parte simétrica de la matriz), por ejemplo es útil en la obtención de la norma de una matriz.

Dada una matriz no simétrica $A \in \mathbb{R}^{n\times p}$ (no necesariamente cuadrada), el procedimiento para convertirla en una matriz simétrica es el siguiente:

$$A_{\text{simétrica}} = A^T A \tag{3.37}$$

la matriz resultante es cuadrada y simétrica $A_{\text{simétrica}} \in \mathbb{R}^{n\times n}$; satisface la condición: $A_{\text{simétrica}} = A^T_{\text{simétrica}}$.

No debe confundir la expresión (3.37), con la propiedad de antisimetría (3.12); la obtención de la parte simétrica de una matriz $A \in \mathbb{R}^{n\times n}$ es: $A_s = \frac{A+A^T}{2}$. Por otro lado: $A_{\text{simétrica}} = A^T A$; son procedimientos completamente diferentes y evidentemente no conducen al mismo resultado.

• Ejemplo 3.13

Obtener los valores propios y la norma espectral de la siguiente matriz:

$$A = \begin{bmatrix} 6 & 3 \\ 2 & 5 \end{bmatrix}$$

Solución

El polinomio característico se obtiene de la siguiente forma:

$$\begin{aligned} |\lambda I - A| &= \left| \begin{pmatrix} \lambda & 0 \\ 0 & \lambda \end{pmatrix} - \begin{pmatrix} 6 & 3 \\ 2 & 5 \end{pmatrix} \right| \\ &= \begin{vmatrix} \lambda - 6 & -3 \\ -2 & \lambda - 5 \end{vmatrix} \\ &= \lambda^2 - 11\lambda + 24 = (\lambda - 8)(\lambda - 3) = 0 \end{aligned}$$

y los valores propios son $\lambda_1 = 8$ y $\lambda_2 = 3$.

En el cuadro de código 3.3 se muestra el programa `cap3_ValorProp.m` en **MATLAB**, para obtener los valores propios de la matriz $A \in \mathbb{R}^{2\times 2}$, así como su norma espectral: $\|A\| = \sqrt{\lambda^{\max}_{A^T A}}$ y programación simbólica.

Código MATLAB 3.3 cap3_ValorProp.m

Robótica: Control de Robots Manipuladores
Capítulo 3. Preliminares matemáticos
Fernando Reyes Cortés
Alfaomega Grupo Editor: "**Te acerca al conocimiento**".

Programa: cap3_ValorProp.m	MATLAB versión 2024a

```
clc; % limpia pantalla.
clearvars; % remueve todas las variables del espacio actual de trabajo.
close all; % cerrar gráficas, archivos y recursos abiertos.
format short % formato corto con 4 dígitos después del punto decimal.
syms a11 a12 a21 a22
A1=[a11, a12;
    a21, a22];
A=[6 3;
   2, 5];
norm(A); % norma espectral de la matriz A.
% otra forma de obtener ||A||.
vp=sqrt(eig(A'*A));
if (abs(vp(1,1)¿abs(vp(2,1))))
    else
        vpmax=vp(1,1);
    end
    vpmax=vp(2,1);
end
disp( 'norma de una matriz A' );
[norm(A) vpmax]
disp( 'valores propios matriz A' )
valores_propios=eig(A) % obtiene los valores propios de A ∈ IR^{2×2}.
A1 % matriz simbólica.
det(A1) % determinante de la matriz simbólica.
expand(simplify(inv(A1))) % matriz simbólica inversa.
```

• • •

3.4.1 Funciones definidas positivas

Las funciones definidas positivas son ampliamente utilizadas en el diseño y desarrollo de algoritmos de control y su interpretación física corresponde a la energía cinética y potencial del robot; cuando se aplica el gradiente a la energía potencial, entonces se obtiene la inyección de energía aplicada al robot manipulador, para moverse del punto inicial hacia el punto deseado [Lyapunov, 1992], [Lewis et. al, 2004], [Kelly et. al, 2005].

Definición 3.6: función definida positiva

Una función definida positiva $\mathcal{V} : \mathbb{R}^n \to \mathbb{R}_+$ es continua, suave y diferenciable en su argumento $\boldsymbol{x} \in \mathbb{R}^n$, tal que satisface lo siguiente:

- $\mathcal{V}(\boldsymbol{x}) = 0 \Leftrightarrow \boldsymbol{x} = \boldsymbol{0} \in \mathbb{R}^n$ y $\mathcal{V}(\boldsymbol{x}) > 0 \quad \forall \boldsymbol{x} \neq \boldsymbol{0}$.
- Existe la derivada parcial: $\frac{\partial}{\partial \boldsymbol{x}}\mathcal{V}(\boldsymbol{x})$, la cual es continua y suave.
- $\mathcal{V}(\boldsymbol{x}) \to \infty_+$, cuando $\|\boldsymbol{x}\| \to \infty_+$; $\mathcal{V}(\boldsymbol{x})$ es radialmente no acotada.

• Ejemplo 3.14

Analizar si la función $\mathcal{V}(x) = x^2$ es definida positiva.

Solución

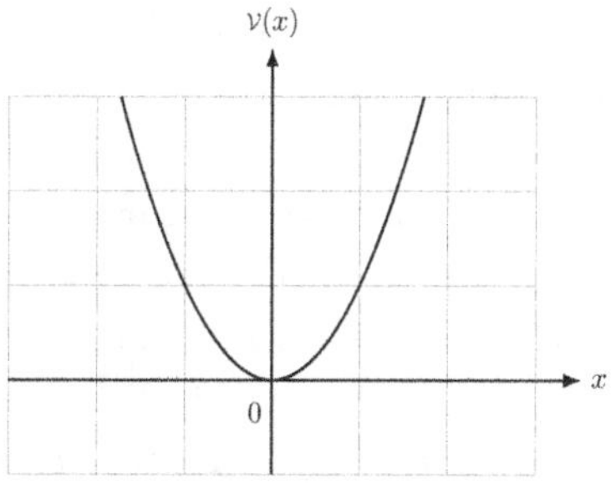

Figura 3.10: $\mathcal{V}(x) = x^2$

La función $\mathcal{V}(x) = x^2$ se muestra en la figura 3.10 y solo puede ser cero en $x = 0$: $\mathcal{V}(0) = 0$; para argumentos diferentes a cero, $\mathcal{V}(\boldsymbol{x})$ tiene valores positivos. Sin importar el signo de $x \neq 0$, la función crece radialmente de manera no acotada y es positiva: $\mathcal{V}(x) > 0$, $\forall x \in \mathbb{R}$; es decir: si $x \to \infty_-$ o $x \to -\infty_+$, entonces $\mathcal{V}(x) \to \infty_+$. Puesto que $\mathcal{V}(x)$ cumple con todos los requisitos de la definición (3.6) sin ninguna restricción para $x \in \mathbb{R}$, $\mathcal{V}(x)$ es una función definida positiva global; $\mathcal{V}(x)$ es continua, suave y diferenciable en $x \in \mathbb{R}$: $\frac{\partial}{\partial x}\mathcal{V}(x) = 2x$. Cuando la función $\mathcal{V}(\boldsymbol{x})$ es definida positiva solo en cierta región o mantiene ciertas restricciones para $\boldsymbol{x}$, se denomina función definida positiva local.

•••

Definición 3.7: función definida positiva local

Cuando la función $\mathcal{V}(\boldsymbol{x})$ es definida positiva solo para cierta región de su argumento o dominio: $\boldsymbol{x} \in \mathbb{R}^n : \|\boldsymbol{x}\| < \rho, \ \rho \in \mathbb{R}_+$, entonces se conoce como función definida positiva local y cumple con las siguientes propiedades:

- $\mathcal{V}(\boldsymbol{x}) = 0 \ \Leftrightarrow \ \boldsymbol{x} = \boldsymbol{0} \in \mathbb{R}^n$.
- $\exists \rho > 0, \gamma > 0 : \ 0 < \mathcal{V}(\boldsymbol{x}) < \gamma \quad \forall \boldsymbol{x} \neq \boldsymbol{0}$ y $\|\boldsymbol{x}\| < \rho$.
- Existe la derivada parcial: $\frac{\partial}{\partial \boldsymbol{x}}\mathcal{V}(\boldsymbol{x})$, la cual es continua y suave en la región: $\|\boldsymbol{x}\| < \rho$.

Con la finalidad de aclarar el concepto de una función definida positiva $\mathcal{V}(x)$ en forma local, a continuación se describe un ejemplo práctico, donde se especifica la región o intervalo del argumento o dominio.

• Ejemplo 3.15

Demuestre que la función $\mathcal{V}(x) = 1 - \cos(x)$ es definida positiva local.

Solución

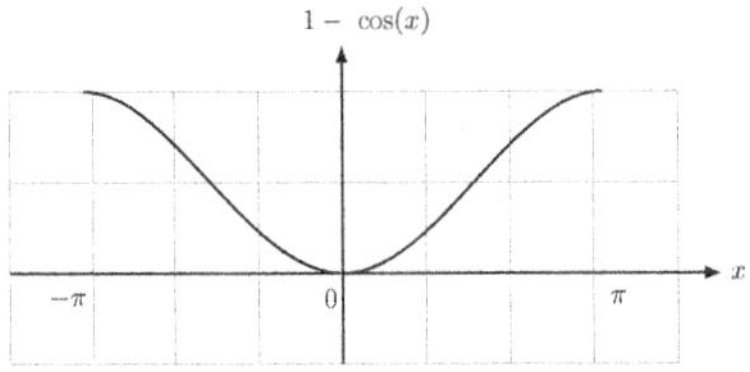

Figura 3.11: Función definida positiva local

En la figura 3.11 se muestra la gráfica de la función $\mathcal{V}(x) = 1 - \cos(x)$, la cual es cero, solo para $x = 0$: $\mathcal{V}(0) = 0$; además, su imagen o valores que retorna se encuentran dentro de la región: $0 < \mathcal{V}(x) < 2$ o $\mathcal{V}(x) \in (0, \ 2)$, con estricta restricción al intervalo abierto $x \in (-\pi, \pi)$, sin tocar los extremos: es decir, si $|x| < \pi$. Además, note que la función $\mathcal{V}(x)$ es continua, suave y diferenciable, por lo que existe su derivada: $\frac{\partial}{\partial x}\mathcal{V}(x) = \ \mathrm{sen}(x)$. Entonces, lo anterior permite afirmar que la función $\mathcal{V}(x)$ es definida positiva en forma local, para el intervalo abierto $x \in (-\pi, \pi)$.

Debe quedar claro que la función $\mathcal{V}(x) = 1 - \cos(x)$ fuera de la región $x \in (-\pi, \pi)$ no satisface que $\mathcal{V}(\boldsymbol{x}) \to \infty_+$, cuando $|\boldsymbol{x}| \to \infty_+$; debido a que, en este caso: $\mathcal{V}(x)$ es radialmente acotada.

•••

- La definición de una función definida positiva local no está limitada a satisfacer que existan números positivos γ, ρ tal que $0 < \mathcal{V}(\boldsymbol{x}) < \gamma$, para alguna región acotada de $\|\boldsymbol{x}\| < \rho$.

  En términos generales, una función definida positiva local, también puede ser acotada, por algún tipo de funciones con características adecuadas, como a continuación se plantea.

Definición 3.8: función definida positiva local en forma acotada

Una función $\mathcal{V} : \mathbb{R} \to \mathbb{R}_+$ es definida positiva si existe una función definida positiva $\mathcal{V}_\psi : \mathbb{R}^n \to \mathbb{R}_+$, tal que:

$$0 < \mathcal{V}(\boldsymbol{x}) \leq \mathcal{V}_\psi(\boldsymbol{x}), \qquad \forall \boldsymbol{x} \in \mathbb{R}^n.$$

en este caso la cota superior, para $\mathcal{V}(\boldsymbol{x})$ está dada por la función $\mathcal{V}_\psi(\boldsymbol{x})$. Sin embargo, debe notarse que el argumento $\boldsymbol{x}$ cubre todo su espacio de $\mathcal{V}_\psi(\boldsymbol{x})$, es decir no tiene restricciones, por lo que esta última función es definida positiva global.

• Ejemplo 3.16

Demostrar que la función $\tanh^2(x)$ es definida positiva local, $\forall x \in \mathbb{R}$.

Solución

En este caso se busca una función definida positiva $\mathcal{V}_\psi(x)$ que sirva de cota superior, para la función $\mathcal{V}(x)$; por ejemplo note que la siguiente función $\mathcal{V}_\psi(x) = \sinh^2(x)$ cumple perfectamente con las especificaciones. Además, la función $\mathcal{V}(x) = \tanh(x)$ satisface lo siguiente:

$$0 \;<\; \tanh^2(x) \leq \sinh^2(x) \;\; \forall x \in \mathbb{R}.$$

La función $\mathcal{V}(x) = \tanh^2(x)$ es definida positiva local, puesto que $\mathcal{V}(0) = 0$ y $\mathcal{V}(x) > 0$, para $x \neq 0$; sin embargo la imagen de $\mathcal{V}(x)$ se encuentra en el intervalo $\tanh^2(x) \in [0,\ 1]$ y su dominio $x \in \mathbb{R}$ no tiene ningún tipo de restricciones o estar sujeto a un intervalo; si $x \longrightarrow \pm\infty \Longrightarrow \tanh^2(x) \longrightarrow 1$; de hecho, si $|x| \geq 5.3 \Longrightarrow \tanh^2(x) = 1$.

Además, la función $\mathcal{V}_\psi(\boldsymbol{x}) = \sinh^2(x)$ es una función definida positiva global y al mismo tiempo es una cota superior para la función $\mathcal{V}(x) = \tanh^2(x)$, utilizando la definición (3.8) se concluye que la función $\mathcal{V}(x)$ es definida positiva local; note que para este caso, no es necesario que el argumento x se encuentre acotado. Ambas funciones $\mathcal{V}(x), \mathcal{V}_\psi(\boldsymbol{x})$ son continuas, suaves y diferenciables en x.

•••

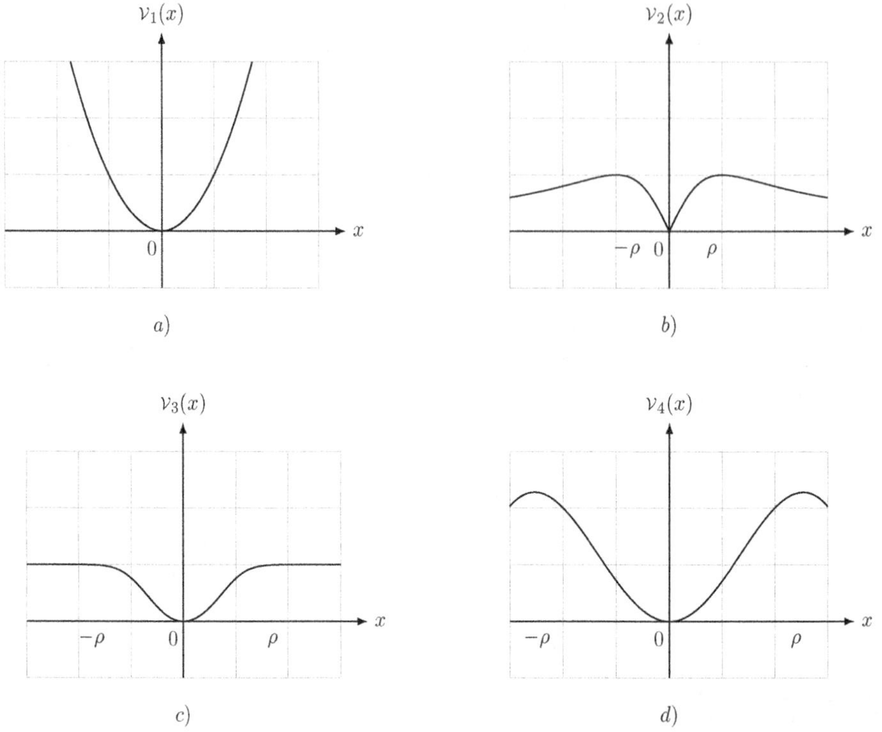

Figura 3.12: Funciones definidas positivas en forma global y local

La figura 3.12 presenta varios escenarios entre funciones definidas positivas en forma global y local. Para el caso del ejemplo, en la figura 3.12a, la función $\mathcal{V}_1(x)$ es definida positiva global, puesto que cumple todos los requisitos establecidos en la definición (3.6); es decir, $\mathcal{V}_1(x) = 0 \Longleftrightarrow x = 0$; si $x \neq 0$, $\mathcal{V}_1(x) > 0$; si $x \longrightarrow \pm\infty \Longrightarrow \mathcal{V}_1(x) \longrightarrow +\infty$; esta función es similar a la presentada en el ejemplo 3.14.

Por otro lado, en las figuras 3.12c a la 3.12d se presentan funciones definidas positivas locales, puesto que existen restricciones para el argumento, es decir, existe una región $-\rho < x < \rho$, tal que no se satisface la condición $\mathcal{V}(x) \to \infty_+$, cuando $x \to \infty_+$ o $x \to \infty_-$; por lo que, $0 < \mathcal{V}_i(x) \leq \gamma$, para $i = 2, 3, 4$; como se establece en la definición (3.7).

La notación $\mathcal{V}(\boldsymbol{x}) > 0$ debe interpretarse con cuidado, puesto que incluye $\mathcal{V}(\boldsymbol{x}) = 0$, exclusivamente cuando el argumento es cero: $\boldsymbol{x} = \boldsymbol{0}$. Mientras que la notación $\mathcal{V}(\boldsymbol{x}) \geq 0$ indica que para argumentos $\boldsymbol{x} \neq \boldsymbol{0}$, entonces $\mathcal{V}(\boldsymbol{x}) = 0$, la cual es conocida como función semidefinida positiva. A continuación se define este concepto y se ilustra a través de ejemplos.

Definición 3.9: Función semidefinida positiva

Una función es semidefinida positiva $\mathcal{V}(\boldsymbol{x}) \geq 0$, si cumple con lo siguiente:

- La función $\mathcal{V}(\boldsymbol{x}) = 0$ cuando su argumento $\boldsymbol{x} = \boldsymbol{0} \in \mathbb{R}^n$, pero también existen otros valores $\boldsymbol{x} \neq \boldsymbol{0} \in \mathbb{R}^n$, tal que, se pueda dar cualquiera de las dos opciones: $\mathcal{V}(\boldsymbol{x}) = 0$ o $\mathcal{V}(\boldsymbol{x}) > 0$. Debido a esto, una función semidefinida positiva es representada mediante la notación: $\mathcal{V}(\boldsymbol{x}) \geq 0$.

- La función $\mathcal{V}(\boldsymbol{x})$ es continua, suave y diferenciable en $\boldsymbol{x} \in \mathbb{R}^n$.

Definición 3.10: Función definida negativa

Una función es definida negativa $\mathcal{V}(\boldsymbol{x}) < 0$, si cumple con lo siguiente:

- $\mathcal{V}(\boldsymbol{x}) = 0$ solo si el argumento $\boldsymbol{x} = \boldsymbol{0} \in \mathbb{R}^n$.

- Para $\boldsymbol{x} \neq \boldsymbol{0} \in \mathbb{R}^n$, la función $\mathcal{V}(\boldsymbol{x}) \in \mathbb{R}_-$ siempre será negativa, es decir: $\mathcal{V}(\boldsymbol{x}) < 0$.

- Si $\boldsymbol{x} \longrightarrow \infty_+$ o $\boldsymbol{x} \longrightarrow \infty_-$, entonces $\mathcal{V}(\boldsymbol{x}) \longrightarrow \infty_-$.

Cuando la función $\mathcal{V}(\boldsymbol{x})$ cumple con todos esos requisitos en el espacio euclidiano completo $\boldsymbol{x} \in \mathbb{R}^n$, entonces se le denomina función definida negativa global.

Definición 3.11: función definida negativa local

Cuando la función $\mathcal{V}(\boldsymbol{x})$ es definida negativa solo para cierta región de su argumento: $\boldsymbol{x} \in \mathbb{R}^n : \|\boldsymbol{x}\| < \rho$, con $\rho \in \mathbb{R}_+$, entonces se denomina función definida negativa local y cumple con las siguientes propiedades:

- $\mathcal{V}(\boldsymbol{x}) = 0 \;\Leftrightarrow\; \boldsymbol{x} = \boldsymbol{0} \in \mathbb{R}^n$

- $\exists \rho > 0, \gamma > 0 : \; -\gamma < \mathcal{V}(\boldsymbol{x}) < 0 \quad$ si $\boldsymbol{x} \neq \boldsymbol{0}$ y $\|\boldsymbol{x}\| < \rho$.

- Existe la derivada parcial: $\frac{\partial}{\partial \boldsymbol{x}} \mathcal{V}(\boldsymbol{x})$, la cual es continua y suave en la región: $\|\boldsymbol{x}\| < \rho$.

Definición 3.12: Función semidefinida negativa

Una función $\mathcal{V}(\boldsymbol{x})$, con $\boldsymbol{x} \in \mathbb{R}^n$ es semidefinida negativa, representada por: $\mathcal{V}(\boldsymbol{x}) \leq 0$, si se satisfacen las siguientes propiedades:

- La función $\mathcal{V}(\boldsymbol{x}) = 0$ cuando su argumento $\boldsymbol{x} = \mathbf{0} \in \mathbb{R}^n$, pero también existen otros posibles valores, para $\boldsymbol{x} \neq \mathbf{0} \in \mathbb{R}^n$, tal que cualquiera de las siguientes dos opciones puedan suceder:

  - $\mathcal{V}(\boldsymbol{x}) = 0$, para $\boldsymbol{x} \neq \mathbf{0} \in \mathbb{R}^n$,
  - $\mathcal{V}(\boldsymbol{x}) < 0$, para $\boldsymbol{x} \neq \mathbf{0} \in \mathbb{R}^n$.

  Debido a esto, la función $\mathcal{V}(\boldsymbol{x})$ es semidefinida negativa y se encuentra representa por $\mathcal{V}(\boldsymbol{x}) \leq 0$.

- La función $\mathcal{V}(\boldsymbol{x})$ es continua, suave y diferenciable en $\boldsymbol{x} \in \mathbb{R}^n$.

• Ejemplo 3.17

Analizar si la siguiente función $\mathcal{V}(x_1, x_2)$ es semidefinida positiva:

$$\mathcal{V}(x_1, x_2) = x_1^2 + x_2^2 + 2x_1x_2$$

Solución

Se realiza el siguiente análisis para la función $\mathcal{V}(x_1, x_2)$:

- La función $\mathcal{V}(x_1, x_2) = 0 \Leftrightarrow \; [\,x_1, x_2\,]^T = \mathbf{0}$.

- Además, para $\boldsymbol{x} \neq 0$, por ejemplo: $\boldsymbol{x} = [\,1, -1\,]^T$, entonces $\mathcal{V}(x_1, x_2) = 0$.

- Note que: $\mathcal{V}(x_1, x_2) = x_1^2 + x_2^2 + 2x_1x_2 = [\,x_1 + x_2\,]^2 = 0$, entonces $\forall x_1 = -x_2$. Se cumple que $\mathcal{V}(x_1, x_2)$ es una función semidefinida positiva: $\mathcal{V}(x_1, x_2) \geq 0$.

- Para este caso, los elementos que se han encontrado $x_1 = -x_2$ y que hacen que la función $\mathcal{V}(x_1, x_2)$ sea cero, se les denomina contra ejemplos.

Por lo tanto, $\mathcal{V}(x_1, x_2) = x_1^2 + x_2^2 + 2x_1x_2$ es una función semidefinida positiva y se representa por medio de la siguiente notación: $\mathcal{V}(x_1, x_2) \geq 0$.

• • •

3.4.2 Matriz definida positiva

Las matrices definidas positivas tienen propiedades importantes que se utilizan en el análisis y diseño de algoritmos de control, entre ellas, determinan si una función cuadrática $\mathcal{V}(\boldsymbol{x}) = \boldsymbol{x}^T A \boldsymbol{x}$ es una función definida positiva. Las matrices definidas positivas son matrices cuadradas $A \in \mathbb{R}^{n\times n}$ y se representan como $A > 0$; debe tenerse cuidado en la interpretación de esta notación, puesto que, **no debe leerse matriz A mayor que cero**, ya que esto no tiene sentido en el análisis y teoría de matrices [Sontag, 1990].

A continuación se establece un criterio para determinar si una función cuadrática de la forma $\mathcal{V}(\boldsymbol{x}) = \boldsymbol{x}^T A \boldsymbol{x} > 0$ es una función definida positiva.

Teorema 3.1: Criterio de Sylvester

La función $\mathcal{V}(\boldsymbol{x}) = \boldsymbol{x}^T A \boldsymbol{x}$ es definida positiva, si y solo si, la matriz $A \in \mathbb{R}^{n\times n}$ es definida positiva ($A > 0$) para cualquier $\boldsymbol{x} \in \mathbb{R}^n$.

Una matriz $A > 0$ es definida positiva si cumple con los siguientes requisitos:

- La matriz A que forma parte de la función $\mathcal{V}(\boldsymbol{x}) = \boldsymbol{x}^T A \boldsymbol{x}$, debe ser una matriz cuadrada y simétrica $A = A^T$.

- El primer elemento $a_{11} > 0$ de $A \in \mathbb{R}^{n\times n}$ debe ser positivo.

- Todos los determinantes menores principales de la matriz A deben ser positivos.

- El determinante de la matriz A debe ser positivo, es decir: $\det[A] > 0$.

Observación: las funciones definidas positivas $\mathcal{V}(\boldsymbol{x}) = \boldsymbol{x}^T A \boldsymbol{x} > 0$ se requiere que la matriz $A \in \mathbb{R}^{n\times n}$ sea simétrica, debido a la propiedad antisimétrica $\boldsymbol{x}^T A_{sk} \boldsymbol{x} = 0$. Por lo que $\mathcal{V}(\boldsymbol{x}) = \boldsymbol{x}^T A \boldsymbol{x} = \boldsymbol{x}^T A_s \boldsymbol{x} > 0$ si y solo si, $A = A_s > 0$.

A continuación se describen propiedades importantes de $A > 0$:

- La matriz $A \in \mathbb{R}^{n\times n} > 0$ es una matriz no singular, es decir existe la matriz inversa $A^{-1} \in \mathbb{R}^{n\times n}$ y también resulta ser definida positiva $A^{-1} > 0$.

- Todos sus valores propios de $A > 0$ son números reales positivos: $\lambda_i\{A\} > 0$ para $i = 1, 2, \cdots, n$.

Corolario 3.1: Matriz semidefinida positiva

Una matriz $A \in \mathbb{R}^{n\times n}$ es semidefinida positiva, representada por $A \geq 0$, si cumple con los siguientes requisitos:

- La matriz A es parte de la función $\mathcal{V}(\boldsymbol{x}) = \boldsymbol{x}^T A \boldsymbol{x}$ y debe ser una matriz cuadrada y simétrica $A = A^T$.

- El primer elemento $a_{11} > 0$ de $A \in \mathbb{R}^{n\times n}$ debe ser positivo.

  Si los determinantes menores principales superiores de la matriz A son mayor o igual a cero; y el determinante $|A| > 0$.

Algunas propiedades de la matriz semidefinida positiva $A \geq 0$ son:

- La matriz semidefinida positiva $A \in \mathbb{R}^{n\times n} \geq 0$ puede ser singular, por lo que no está garantizada la existencia de la matriz inversa; aun existiendo A^{-1}, no hay garantía que sea semidefinida positiva.

- Los valores propios de $A \geq 0$ son números reales mayor o igual a cero: $\lambda_i\{A\} \geq 0$ para $i = 1, 2, \cdots, n$.

• Ejemplo 3.18

Analizar si las siguientes funciones son definidas positivas:

a) $\mathcal{V}_1(x_1, x_2) = x_1^2 + x_2^2 + 2x_1x_2$. b) $\mathcal{V}_2(x_1, x_2) = x_1^2 + x_2^2$.

Solución

a) Primero se comprueba que la función evaluada en $[x_1, x_2]^T = [0, 0]^T$ es $\mathcal{V}_1(x_1, x_2) = 0$. Ahora, obtener la matriz A de la forma: $\mathcal{V}_1(x_1, x_2) = \boldsymbol{x}^T A \boldsymbol{x}$, la matriz $A \in \mathbb{R}^{2\times 2}$ se puede obtener como se desarrolló el ejemplo 3.12:

$$\mathcal{V}_1(x_1, x_2) = x_1^2 + x_2^2 + 2x_1x_2 = \begin{bmatrix} x_1 \\ x_2 \end{bmatrix}^T \begin{bmatrix} 1 & 1 \\ 1 & 1 \end{bmatrix} \begin{bmatrix} x_1 \\ x_2 \end{bmatrix}$$

Usando el teorema de Sylvester (3.1) a la matriz $A = \begin{bmatrix} 1 & 1 \\ 1 & 1 \end{bmatrix}$, entonces: A es simétrica, $a_{11} = 1 > 0$ y $|A| = 0$. Por lo tanto, la matriz A es semidefinida positiva: $A \geq 0 \Longrightarrow \mathcal{V}_1 \geq 0$.

b) Se verifica que la función evaluada en $[x_1, x_2]^T = [0, 0]^T$ es $\mathcal{V}_2(x_1, x_2) = 0$. Observe que A es la matriz identidad $A = I \in \mathbb{R}^{2\times 2}$:

$$\mathcal{V}_2(x_1, x_2) = x_1^2 + x_2^2 = \begin{bmatrix} x_1 \\ x_2 \end{bmatrix}^T \begin{bmatrix} 1 & 0 \\ 0 & 1 \end{bmatrix} \begin{bmatrix} x_1 \\ x_2 \end{bmatrix}$$

Empleando el teorema de Sylvester (3.1): $A = I > 0$, $a_{11} = 1 > 0$ y el determinante $|A| = 1$. Por lo tanto, la matriz A es definida positiva: $A > 0 \Rightarrow \mathcal{V}_2(x_1, x_2)$ es una función definida positiva: $\mathcal{V}_2(x_1, x_2) > 0$.

•••

Corolario 3.2: Matriz definida negativa

Una matriz $A \in \mathbb{R}^{n\times n}$ es definida negativa representada por la notación $A < 0$, si se cumple que: $-A > 0$.

- Una matriz $A \in \mathbb{R}^{n\times n}$ definida negativa $A < 0$ tiene todos sus valores propios negativos: $\lambda_i\{A\} < 0$ para $i = 1, 2, \cdots, n$.

Corolario 3.3: Matriz semidefinida negativa

Una matriz $A \in \mathbb{R}^{n\times n}$ es semidefinida negativa representada por $A \leq 0$, si $-A \geq 0$.

- Una matriz $A \in \mathbb{R}^{n\times n}$ semidefinida negativa $A \leq 0$ tiene todos sus valores propios no positivos: $\lambda_i\{A\} \leq 0$ para $i = 1, 2, \cdots, n$.

Las funciones/matrices definidas positivas $\mathcal{V}(\boldsymbol{x}) > 0$, $(A > 0)$ y semidefinidas positivas $\mathcal{V}(\boldsymbol{x}) \geq 0$, $(A \geq 0)$ mantienen una estrecha relación con sus contrapartes, las funciones/matrices definidas negativas $\mathcal{V}(\boldsymbol{x}) < 0$, $(A < 0)$ y semidefinidas negativas $\mathcal{V}(\boldsymbol{x}) \leq 0$, $(A \leq 0)$, respectivamente; de la siguiente forma:

- Si $A > 0 \Leftrightarrow \mathcal{V}(\boldsymbol{x}) > 0 \Leftrightarrow -\mathcal{V}(\boldsymbol{x}) < 0 \Leftrightarrow -A < 0$.

- Si $A \geq 0 \Leftrightarrow \mathcal{V}(\boldsymbol{x}) \geq 0 \Leftrightarrow -\mathcal{V}(\boldsymbol{x}) \leq 0 \Leftrightarrow -A \leq 0$.

3.4.2.1 Funciones indefinidas

Existen funciones que se denominan indefinidas y son aquellas en las que la matriz $A \in \mathbb{R}^{n\times n}$ es una matriz indefinida, es decir, una matriz en la que algunos de sus determinantes menores principales son negativos y otros son positivos. Por lo tanto, no son clasificadas como funciones definidas positivas (definidas negativas) ni como semidefinidas positivas (negativas).

- Una matriz $A \in \mathbb{R}^{n\times n}$ indefinida tiene algunos valores propios positivos y otros más son negativos.

• Ejemplo 3.19

Analizar si las siguiente función $\mathcal{V}(x_1, x_2, x_3)$ es definida positiva:

$$\mathcal{V}(x_1, x_2, x_3) = \begin{bmatrix} x_1 \\ x_2 \\ x_3 \end{bmatrix}^T \begin{bmatrix} 5 & 1 & 0.5 \\ 1 & 9 & 1 \\ 0.5 & 1 & 10 \end{bmatrix} \begin{bmatrix} x_1 \\ x_2 \\ x_3 \end{bmatrix}$$

Solución

Aplicando el teorema de Sylvester (3.1) a la matriz A se tiene lo siguiente:

a) La matriz $A \in \mathbb{R}^{3\times 3}$ es simétrica $A = A^T$ y cuadrada.

b) El primer elemento de la matriz A cumple con $a_{11} = 5 > 0$.

c) Todos los determinantes menores principales de 2×2 son positivos:

$$\begin{vmatrix} 5 & 1 \\ 1 & 9 \end{vmatrix} = 45 - 1 = 44 > 0, \quad \begin{vmatrix} 5 & 0.5 \\ 0.5 & 10 \end{vmatrix} = 55 - 0.25 = 54.75 > 0$$

$$\begin{vmatrix} 9 & 1 \\ 1 & 10 \end{vmatrix} = 90 - 1 = 89 > 0$$

d) El determinante total de la matriz A está dado por:

$$\begin{aligned} \begin{vmatrix} 5 & 1 & 0.5 \\ 1 & 9 & 1 \\ 0.5 & 1 & 10 \end{vmatrix} &= 5\begin{vmatrix} 9 & 1 \\ 1 & 10 \end{vmatrix} - \begin{vmatrix} 1 & 1 \\ 0.5 & 10 \end{vmatrix} + 0.5\begin{vmatrix} 1 & 9 \\ 0.5 & 1 \end{vmatrix} \\ &= 5(90-1) - (10-0.5) + 0.5(1-4.5) \\ &= 5(89) - (9.5) - 0.5(3.5) \\ &= 445 - 9.5 - 1.75 = 433.75 > 0 \end{aligned}$$

La matriz A es definida positiva: $A > 0$, entonces $\mathcal{V}(x_1, x_2, x_3) > 0$. Se puede verificar en **MATLAB** que todos los valores propios de A son positivos; por ejemplo directamente en la ventana de comandos:

fx >> A=[5, 1, 0.5; 1, 9, 1; 0.5, 1, 10] ↩
fx >> lambdas= eig(A)↩ % $\boldsymbol{\lambda} = [4.7507 \quad 8.4707 \quad 10.7786]^T$.

•••

La estructura cuadrática $\mathcal{V}(\boldsymbol{x}) = \boldsymbol{x}^T A \boldsymbol{x}$ posee un conjunto de propiedades en función de la norma euclidiana $\|\boldsymbol{x}\|$ y de los valores propios de la matriz A, que determinan cotas superiores e inferiores, ampliamente utilizados en el proceso de análisis de estabilidad para puntos de equilibrio. Dichas propiedades se encuentran descritas por el teorema de Rayleigh–Ritz, el cual establece lo siguiente [Nijmeijer et. al, 1990], [Lewis et. al, 2004]:

Teorema 3.2: Rayleigh–Ritz

Sea $A \in \mathbb{R}^{n \times n}$ es una matriz simétrica, los vectores $\boldsymbol{x}, \boldsymbol{y} \in \mathbb{R}^n$, entonces:

$$\lambda_A^{\text{mín}} \|\boldsymbol{x}\|^2 \leq \boldsymbol{x}^T A \boldsymbol{x} \leq \lambda_A^{\text{máx}} \|\boldsymbol{x}\|^2 \quad \forall \boldsymbol{x} \in \mathbb{R}^n. \tag{3.38}$$

donde los valores propios máximo y mínimo de la matriz A están denotados por $\lambda_A^{\text{máx}}$ y $\lambda_A^{\text{mín}}$, respectivamente.

Casos particulares del teorema de Rayleigh–Ritz son los siguientes:

Corolario 3.4: Rayleigh–Ritz

Sea $A \in \mathbb{R}^{n \times n}$ es una matriz simétrica, los vectores $\boldsymbol{x}, \boldsymbol{y} \in \mathbb{R}^n$, entonces se cumple lo siguiente:

$$\boldsymbol{x}^T A \boldsymbol{y} \leq \lambda_A^{\text{máx}} \|\boldsymbol{x}\| \|\boldsymbol{y}\| \quad \forall \boldsymbol{x}, \boldsymbol{y} \in \mathbb{R}^n. \tag{3.39}$$

Corolario 3.5: Rayleigh–Ritz para funciones impares

Sea $A \in \mathbb{R}^{n \times n}$ es una matriz diagonal definida positiva, el vector $\boldsymbol{y} \in \mathbb{R}^n$ es una función impar del vector $\boldsymbol{x} \in \mathbb{R}^n$: $\boldsymbol{y} = \boldsymbol{y}(\boldsymbol{x}) \Longrightarrow \boldsymbol{y} = \boldsymbol{y}(-\boldsymbol{x}) = -\boldsymbol{y}(\boldsymbol{x})$ o $\boldsymbol{x}^T \boldsymbol{y}(\boldsymbol{x}) > 0$, entonces existe alguna constante positiva $\rho \in \mathbb{R}_+$; tal que, $\rho < \lambda_A^{\text{máx}}$:

$$\rho \, \|\boldsymbol{x}\| \|\boldsymbol{y}\| \leq \boldsymbol{x}^T A \boldsymbol{y}(\boldsymbol{x}) \leq \lambda_A^{\text{máx}} \|\boldsymbol{x}\| \|\boldsymbol{y}\| \quad \forall \boldsymbol{x}, \boldsymbol{y} \in \mathbb{R}^n. \tag{3.40}$$

Debe entenderse que el vector $\boldsymbol{y}$ es una función vectorial impar de $\boldsymbol{x}$, significa que todas sus componentes $y_i(\boldsymbol{x})$ son funciones escalares impares.

3.4.3 Gradientes de funciones de energía

A continuación se presentan algunos operadores básicos ampliamente usados en robótica y que están relacionadas con el cálculo de derivadas entre vectores y matrices. Se describe la forma de derivar un escalar con respecto a un vector o la derivada de un vector con respecto a un vector, lo cual se aplica a la función de energía: $V(\boldsymbol{x}) = \boldsymbol{x}^T A \boldsymbol{x}$, donde se han considerado a $\boldsymbol{x}$ como una función vectorial continua, suave y diferenciable.

3.4.3.1 Gradiente

El gradiente es un campo vectorial cuyas componentes son las derivadas parciales de primer orden de una función escalar, $\nabla \mathcal{V}(\boldsymbol{x}) : \mathbb{R} \to \mathbb{R}^n$:

$$\nabla \mathcal{V}(\boldsymbol{x}) = \frac{\partial \mathcal{V}(\boldsymbol{x})}{\partial \boldsymbol{x}} = \begin{bmatrix} \frac{\partial \mathcal{V}(\boldsymbol{x})}{\partial x_1} \\ \frac{\partial \mathcal{V}(\boldsymbol{x})}{\partial x_2} \\ \vdots \\ \frac{\partial \mathcal{V}(\boldsymbol{x})}{\partial x_n} \end{bmatrix}. \tag{3.41}$$

El gradiente representa un vector normal a la superficie de la función de energía $\mathcal{V}(\boldsymbol{x})$ e indica la dirección que se decrementa más rápido dicha energía. El gradiente apunta en la dirección en que la derivada direccional es máxima y la norma del gradiente representa la magnitud de decremento en una determinada dirección.

El gradiente $\nabla \mathcal{V}(\boldsymbol{x})$ es la derivada parcial de una función escalar $\mathcal{V}(\boldsymbol{x})$ con respecto a un vector $\boldsymbol{x}$ y da como resultado un vector.

Para obtener el gradiente de la función $\mathcal{V}(\boldsymbol{x}) = \boldsymbol{x}^T A \boldsymbol{y}$, donde $A \in \mathbb{R}^{n \times n}$, $\boldsymbol{x}, \boldsymbol{y} \in \mathbb{R}^n$; además, suponga que $\boldsymbol{y} = \boldsymbol{y}(\boldsymbol{x})$. Por lo que:

$$\nabla \mathcal{V}(\boldsymbol{x}) = \frac{\partial \mathcal{V}(\boldsymbol{x})}{\partial \boldsymbol{x}} = \frac{\partial\, \boldsymbol{x}^T A \boldsymbol{y}}{\partial \boldsymbol{x}} = \frac{\partial \boldsymbol{x}^T}{\partial \boldsymbol{x}}(A\boldsymbol{y}) + \frac{\partial \boldsymbol{y}^T}{\partial \boldsymbol{x}}(A\boldsymbol{x}) \tag{3.42}$$

el operador vectorial $\frac{\partial}{\partial \boldsymbol{x}}$ no tiene movilidad interna, es fijo y debido a que $\boldsymbol{x}^T A \boldsymbol{y}$ contienen al vector $\boldsymbol{y}$ en el extremo derecho, hay que moverlo hacia la parte izquierda para proceder con su derivada. Para esto, se hace uso de la propiedad conmutativa del producto escalar (3.1), ver página 85; la cual establece que: $\boldsymbol{x}^T A \boldsymbol{y} = (A\boldsymbol{y})^T \boldsymbol{x} = \boldsymbol{y}^T A^T \boldsymbol{x}$, puesto que la matriz A es simétrica, $A = A^T$, entonces $\boldsymbol{x}^T A \boldsymbol{y} = \boldsymbol{y}^T A \boldsymbol{x}$. Lo anterior representa la justificación del término $\frac{\partial \boldsymbol{y}^T}{\partial \boldsymbol{x}}(A\boldsymbol{x})$ en la ecuación (3.42). Entonces,

$$\nabla \mathcal{V}(\boldsymbol{x}) = \underbrace{\frac{\partial \boldsymbol{x}^T}{\partial \boldsymbol{x}}}_{I}(A\boldsymbol{y}) + \frac{\partial \boldsymbol{y}^T}{\partial \boldsymbol{x}}(A\boldsymbol{x}) = A\boldsymbol{y} + \frac{\partial \boldsymbol{y}^T}{\partial \boldsymbol{x}}(A\boldsymbol{x}) \tag{3.43}$$

donde $I \in \mathbb{R}^{n\times n}$ es la matriz identidad, la cual representa la derivada del vector $\boldsymbol{x}$ con respecto así mismo, técnicamente es la matriz jacobiana.

En el caso de que la matriz A no sea simétrica, entonces se obtiene el siguiente resultado:

$$\nabla \mathcal{V}(\boldsymbol{x}) = \underbrace{\frac{\partial \boldsymbol{x}^T}{\partial \boldsymbol{x}}}_{I}(A\boldsymbol{y}) + \frac{\partial \boldsymbol{y}^T}{\partial \boldsymbol{x}}(A^T\boldsymbol{x}) = A\boldsymbol{y} + \frac{\partial \boldsymbol{y}^T}{\partial \boldsymbol{x}}(A^T\boldsymbol{x}) \tag{3.44}$$

Cuando $\boldsymbol{y} = \boldsymbol{x}$ y la matriz $A = A^T$ es simétrica, entonces de la ecuación (3.43), obtenemos lo siguiente:

$$\nabla \mathcal{V}(\boldsymbol{x}) = \frac{\partial\, \boldsymbol{x}^T}{\partial \boldsymbol{x}}A\boldsymbol{x} + \frac{\partial\, \boldsymbol{x}^T}{\partial \boldsymbol{x}}A\boldsymbol{x} = 2A\boldsymbol{x} \tag{3.45}$$

Si $\boldsymbol{y} = \boldsymbol{x}$ y la matriz $A \neq A^T$, entonces de la ecuación (3.45) es:

$$\nabla \mathcal{V}(\boldsymbol{x}) = [\, A + A^T\,]\, \boldsymbol{x} \tag{3.46}$$

3.4.3.2 Derivada temporal de la función de energía

La derivada con respecto al tiempo de una función de energía $\mathcal{V}(\boldsymbol{x}) = \boldsymbol{x}^T A\boldsymbol{x}$, es decir la potencia mecánica se obtiene de la siguiente forma:

$$\begin{aligned}
\dot{\mathcal{V}}(\boldsymbol{x}) = \frac{d\mathcal{V}(\boldsymbol{x})}{dt} &= \frac{d}{dt}[\,\boldsymbol{x}^T A\boldsymbol{x}\,] \\
&= \frac{d\boldsymbol{x}^T}{dt}A\boldsymbol{x} + \boldsymbol{x}^T\frac{d}{dt}A\boldsymbol{x} + \boldsymbol{x}^T A\frac{d\boldsymbol{x}}{dt} \\
&= \dot{\boldsymbol{x}}^T A\boldsymbol{x} + \boldsymbol{x}^T \dot{A}\boldsymbol{x} + \boldsymbol{x}^T A\dot{\boldsymbol{x}} \\
&= 2\boldsymbol{x}^T A\dot{\boldsymbol{x}} + \boldsymbol{x}^T \dot{A}\boldsymbol{x}
\end{aligned} \tag{3.47}$$

Por lo tanto, la derivada temporal de la función de energía $\dot{\mathcal{V}}(\boldsymbol{x})$ es:

$$\dot{\mathcal{V}}(\boldsymbol{x}) = \tfrac{d}{dt}\boldsymbol{x}^T A\boldsymbol{x} = 2\boldsymbol{x}^T A\dot{\boldsymbol{x}} + \boldsymbol{x}^T \dot{A}\boldsymbol{x} \tag{3.48}$$

La expresión (3.48) es válida, si la matriz $A \in \mathbb{R}^{n\times n}$ es simétrica, en otro caso se obtiene la siguiente expresión:

$$\frac{d\mathcal{V}(\boldsymbol{x})}{dt} = \boldsymbol{x}^T\,[\, A + A^T\,]\,\dot{\boldsymbol{x}} + \boldsymbol{x}^T \dot{A}\boldsymbol{x} \tag{3.49}$$

Es importante resaltar que el operador escalar $\frac{d}{dt}$ tiene movilidad al interior de la estructura matemática de la función $\mathcal{V}(\boldsymbol{x}) = \boldsymbol{x}^T A\boldsymbol{x}$, en contraste con el operador vectorial $\frac{\partial}{\partial \boldsymbol{x}}$, el cual permanece inmóvil.

Otra forma de obtener la derivada de la función de energía $\mathcal{V}(\boldsymbol{x}) = \boldsymbol{x}^T A \boldsymbol{x}$ (con $A = A^T$) es utilizando el gradiente:

$$\dot{\mathcal{V}}(\boldsymbol{x}) = \nabla^T \mathcal{V}(\boldsymbol{x})\dot{\boldsymbol{x}} + \boldsymbol{x}^T \dot{A}\boldsymbol{x} = 2\boldsymbol{x}^T A\dot{\boldsymbol{x}} + \boldsymbol{x}^T \dot{A}\boldsymbol{x} \qquad (3.50)$$

• Ejemplo 3.20

Obtener la derivada temporal de: $\mathcal{V}(x_1, x_2) = 9x_1^2 + 7x_2^2 + 33x_1x_2$.

Solución

La derivada temporal de la función $\mathcal{V}(\boldsymbol{x})$ se obtiene a través de (3.50). Primero se deduce el gradiente:

$$\frac{\partial \mathcal{V}(x_1, x_2)}{\partial \boldsymbol{x}} = \begin{bmatrix} \frac{\partial \mathcal{V}(x_1,x_2)}{\partial x_1} \\ \\ \frac{\partial \mathcal{V}(x_1,x_2)}{\partial x_2} \end{bmatrix} = \begin{bmatrix} \frac{\partial}{\partial x_1}\left(9x_1^2 + 7x_2^2 + 33x_1x_2\right) \\ \\ \frac{\partial}{\partial x_2}\left(9x_1^2 + 7x_2^2 + 33x_1x_2\right) \end{bmatrix} = \begin{bmatrix} 18x_1 + 33x_2 \\ \\ 14x_2 + 33x_1 \end{bmatrix}$$

En este caso $A = \begin{bmatrix} 9 & \frac{33}{2} \\ \frac{33}{2} & 7 \end{bmatrix}$, por lo que $\dot{A} = \begin{bmatrix} 0 & 0 \\ 0 & 0 \end{bmatrix}$; entonces,

$$\begin{aligned}
\dot{\mathcal{V}}(x_1, x_2) &= \nabla^T \mathcal{V}(x_1, x_2)\dot{\boldsymbol{x}} + \boldsymbol{x}^T \dot{A}\boldsymbol{x} \\
\dot{\mathcal{V}}(x_1, x_2) &= \left[\, 18x_1 + 33x_2 \quad 14x_2 + 33x_1 \,\right] \begin{bmatrix} \dot{x}_1 \\ \dot{x}_2 \end{bmatrix} + 2\left[\, x_1 \quad x_2 \,\right] \overbrace{\begin{bmatrix} 0 & 0 \\ 0 & 0 \end{bmatrix}}^{\dot{A} \to O} \begin{bmatrix} x_1 \\ x_2 \end{bmatrix} \\
&= 18x_1\dot{x}_1 + 33x_2\dot{x}_1 + 14x_2\dot{x}_2 + 33x_1\dot{x}_2 \\
&= 2\left[\, 9x_1\dot{x}_1 + \tfrac{33}{2}x_2\dot{x}_1 + 7x_2\dot{x}_2 + \tfrac{33}{2}x_1\dot{x}_2 \,\right] \\
&= 2\left[\, x_1 \quad x_2 \,\right] \begin{bmatrix} 9 & \frac{33}{2} \\ \frac{33}{2} & 7 \end{bmatrix} \begin{bmatrix} \dot{x}_1 \\ \dot{x}_2 \end{bmatrix} = 2\boldsymbol{x}^T A\dot{\boldsymbol{x}}
\end{aligned}$$

• • •

3.4.4 Matriz jacobiana

Sea $\boldsymbol{f}(\boldsymbol{x})$ una función diferenciable de un campo vectorial n-dimensional a otro campo vectorial m-dimensional, $\boldsymbol{f}(\boldsymbol{x}) : \mathbb{R}^n \to \mathbb{R}^m$, con $\boldsymbol{x} \in \mathbb{R}^n$. Las derivadas parciales de las m funciones son representadas por un arreglo denominado matriz jacobiana, en honor al matemático Carl Gustav Jacobi.

La matriz jacobiana, representada por $J \in \mathbb{R}^{m \times n}$, es una matriz formada por derivadas parciales de primer orden y se describe como:

$$J = \frac{\partial \boldsymbol{f}(\boldsymbol{x})}{\partial \boldsymbol{x}} = \begin{bmatrix} \frac{\partial f_1}{\partial x_1} & \frac{\partial f_1}{\partial x_2} & \cdots & \frac{\partial f_1}{\partial x_n} \\ \frac{\partial f_2}{\partial x_1} & \frac{\partial f_2}{\partial x_2} & \cdots & \frac{\partial f_2}{\partial x_n} \\ \vdots & \cdots & \ddots & \vdots \\ \frac{\partial f_m}{\partial x_1} & \frac{\partial f_m}{\partial x_2} & \cdots & \frac{\partial f_m}{\partial x_n} \end{bmatrix} = \begin{bmatrix} \nabla^T f_1(\boldsymbol{x}) \\ \nabla^T f_2(\boldsymbol{x}) \\ \vdots \\ \nabla^T f_m(\boldsymbol{x}) \end{bmatrix} \tag{3.51}$$

• Ejemplo 3.21

Obtener la matriz jacobiana de la siguiente función vectorial:

$$\boldsymbol{f}(x_1, x_2, x_3) = \begin{bmatrix} x_1^2 + x_1 x_3 \\ \text{sen}(x_3) x_2 \\ x_1^2 x_2^2 x_3^2 \end{bmatrix}$$

Solución

La matriz jacobiana se obtiene a través de (3.51), por lo que, para el caso de esta función vectorial $\boldsymbol{f}(x_1, x_2, x_3)$, se utiliza lo siguiente:

$$J = \frac{\partial \boldsymbol{f}(x_1, x_2, x_3)}{\partial \boldsymbol{x}} = \begin{bmatrix} \frac{\partial(x_1^2 + x_1 x_3)}{\partial x_1} & \frac{\partial(x_1^2 + x_1 x_3)}{\partial x_2} & \frac{\partial(x_1^2 + x_1 x_3)}{\partial x_3} \\ \frac{\partial(\,\text{sen}(x_3) x_2)}{\partial x_1} & \frac{\partial(\,\text{sen}(x_3) x_2)}{\partial x_2} & \frac{\partial(\,\text{sen}(x_3) x_2)}{\partial x_3} \\ \frac{\partial(x_1^2 x_2^2 x_3^2)}{\partial x_1} & \frac{\partial(x_1^2 x_2^2 x_3^2)}{\partial x_2} & \frac{\partial(x_1^2 x_2^2 x_3^2)}{\partial x_3} \end{bmatrix}$$

$$= \begin{bmatrix} 2x_1 + x_3 & 0 & x_1 \\ 0 & \text{sen}(x_3) & \cos(x_3) x_2 \\ 2x_1 x_2^2 x_3^2 & 2x_1^2 x_2 x_3^2 & 2x_1^2 x_2^2 x_3 \end{bmatrix}$$

• • •

• Ejemplo 3.22

Realizar la programación simbólica en **MATLAB** para:

- Obtener el gradiente de las siguientes funciones de energía:

  a) $\mathcal{V}_1(\boldsymbol{x}) = 10x_1^2 + 5x_2^2 + 8x_1 x_2$

  b) $\mathcal{V}_2(\boldsymbol{x}) = x_1^2 + 2x_1 x_2 + 8x_2^2$

- Deducir la matriz jacobiana de:

  c) $\boldsymbol{y} = \begin{bmatrix} x_1^2 + 2x_1 x_2 \\ \text{sen}(x_1)\cos(x_2) \end{bmatrix}$

  d) $\boldsymbol{y} = \begin{bmatrix} x_1^3 + 8x_1 x_2 \\ \sinh(x_1)\cos^2(x_2) \end{bmatrix}$

Solución

a) El vector $\boldsymbol{x} = [x_1,\ x_2]^T \in \mathbb{R}^2$ es argumento de la función $\mathcal{V}_1(\boldsymbol{x}) = \mathcal{V}_1(x_1, x_2)$; el gradiente de $\mathcal{V}_1(x_1, x_2) = 10x_1^2 + 5x_2^2 + 8x_1x_2$ se obtiene analíticamente como:

$$\nabla\mathcal{V}_1(x_1, x_2) = \frac{\partial}{\partial \boldsymbol{x}}\left(10x_1^2 + 5x_2^2 + 8x_1x_2\right) = \begin{bmatrix} \frac{\partial}{\partial x_1}\left(10x_1^2 + 5x_2^2 + 8x_1x_2\right) \\ \\ \frac{\partial}{\partial x_2}\left(10x_1^2 + 5x_2^2 + 8x_1x_2\right) \end{bmatrix} = \begin{bmatrix} 20x_1 + 8x_2 \\ 10x_2 + 8x_1 \end{bmatrix}$$

b) De manera análoga, para la función $\mathcal{V}_2(x_1, x_2) = x_1^2 + 2x_1x_2 + 8x_2^2$, el gradiente se obtiene de la siguiente forma:

$$\nabla\mathcal{V}_2(x_1, x_2) = \frac{\partial}{\partial \boldsymbol{x}}\left(x_1^2 + 2x_1x_2 + 8x_2^2\right) = \begin{bmatrix} \frac{\partial}{\partial x_1}\left(x_1^2 + 2x_1x_2 + 8x_2^2\right) \\ \\ \frac{\partial}{\partial x_2}\left(x_1^2 + 2x_1x_2 + 8x_2^2\right) \end{bmatrix} = \begin{bmatrix} 2x_1 + 2x_2 \\ 2x_1 + 16x_2 \end{bmatrix}$$

c) Si $\boldsymbol{y} = \begin{bmatrix} x_1^2 + 2x_1x_2 \\ \operatorname{sen}(x_1)\cos(x_2) \end{bmatrix}$, la matriz jacobiana $J(\boldsymbol{x})$ se obtiene como:

$$J(\boldsymbol{x}) = \frac{\partial \boldsymbol{y}}{\partial \boldsymbol{x}} = \begin{bmatrix} \frac{\partial}{\partial x_1}\left[x_1^2 + 2x_1x_2\right] & \frac{\partial}{\partial x_2}\left[x_1^2 + 2x_1x_2\right] \\ \\ \frac{\partial}{\partial x_1}\operatorname{sen}(x_1)\cos(x_2) & \frac{\partial}{\partial x_2}\operatorname{sen}(x_1)\cos(x_2) \end{bmatrix}$$

$$= \begin{bmatrix} 2x_1 + 2x_2 & 2x_1 \\ \\ \cos(x_1)\cos(x_2) & -\operatorname{sen}(x_1)\operatorname{sen}(x_2) \end{bmatrix}$$

d) Si $\boldsymbol{y} = \begin{bmatrix} x_1^3 + 8x_1x_2 \\ \sinh(x_1)\cos^2(x_2) \end{bmatrix}$, entonces $J(\boldsymbol{x})$ tiene la forma:

$$J(\boldsymbol{x}) = \frac{\partial \boldsymbol{y}}{\partial \boldsymbol{x}} = \begin{bmatrix} \frac{\partial}{\partial x_1}\left[x_1^3 + 8x_1x_2\right] & \frac{\partial}{\partial x_2}\left[x_1^3 + 8x_1x_2\right] \\ \\ \frac{\partial}{\partial x_1}\sinh(x_1)\cos^2(x_2) & \frac{\partial}{\partial x_2}\sinh(x_1)\cos^2(x_2) \end{bmatrix}$$

$$= \begin{bmatrix} 3x_1^2 + 8x_2 & 8x_1 \\ \\ \cosh(x_1)\cos^2(x_2) & -2\sinh(x_1)\cos(x_2)\operatorname{sen}(x_2) \end{bmatrix}$$

El programa `cap3_GradienteJacobi.m` descrito en el cuadro de código **MATLAB** 3.4 contiene la programación simbólica, para obtener el gradiente y matrices jacobianas solicitadas. Se emplea las funciones de **MATLAB** gradient y jacobian, para variables simbólicas, cuya información técnica se encuentra en la ventana de comandos realizando:

fx >> doc gradient ↩

fx >> doc jacobian ↩

Código MATLAB 3.4   cap3_GradienteJacobi.m

Robótica: Control de Robots Manipuladores
Capítulo 3. Preliminares matemáticos
Fernando Reyes Cortés
Alfaomega Grupo Editor: **"Te acerca al conocimiento"** △△.

Programa: cap3_GradienteJacobi.m	MATLAB versión 2024a

1 clc;

2 clear all;

3 close all;

4 format short

5 syms x1 x2 ;

6 % a) $v_1(\boldsymbol{x}) = 10x_1^2 + 5x_2^2 + 8x_1x_2$.

7 vx1=10*x1^2+5*x2^2+8*x1*x2;

8 $\%\nabla v_1(\boldsymbol{x}) = \frac{\partial v_1(\boldsymbol{x})}{\partial \boldsymbol{x}} = \frac{\partial}{\partial \boldsymbol{x}}\left(10x_1^2 + 5x_2^2 + 8x_1x_2\right) = \begin{bmatrix} \frac{\partial}{\partial x_1}\left(10x_1^2 + 5x_2^2 + 8x_1x_2\right) \\ \frac{\partial}{\partial x_2}\left(10x_1^2 + 5x_2^2 + 8x_1x_2\right) \end{bmatrix} = \begin{bmatrix} 20x_1 + 8x_2 \\ 10x_2 + 8x_1 \end{bmatrix}.$

9 nabla1=gradient(vx1, [x1, x2]);

10 % b) $v_2(\boldsymbol{x}) = x_1^2 + 2x_1x_2 + 8x_2^2$.

11 vx2=x1^2+2*x1*x2+8*x2^2;

12 $\%\nabla \boldsymbol{x} v_2(\boldsymbol{x}) = \frac{\partial}{\partial \boldsymbol{x}} v_2(\boldsymbol{x}) = \frac{\partial}{\partial \boldsymbol{x}}\left(x_1^2 + 2x_1x_2 + 8x_2^2\right) = \begin{bmatrix} \frac{\partial}{\partial x_1}\left(x_1^2 + 2x_1x_2 + 8x_2^2\right) \\ \frac{\partial}{\partial x_2}\left(x_1^2 + 2x_1x_2 + 8x_2^2\right) \end{bmatrix} = \begin{bmatrix} 2x_1 + 2x_2 \\ 2x_1 + 16x_2 \end{bmatrix}.$

13 nabla2=gradient(vx2, [x1, x2]);

14 % c) $\boldsymbol{y} = \begin{bmatrix} x_1^2 + 2x_1x_2 \\ \text{sen}(x_1)\cos(x_2) \end{bmatrix}.$

15 y=[x1*x1+2*x1*x2; sin(x1)*cos(x2)];

16 J=jacobian(y, [x1; x2]); %

$$J(\boldsymbol{x}) = \frac{\partial \boldsymbol{y}}{\partial \boldsymbol{x}} = \begin{bmatrix} 2x_1 + 2x_2 & 2x_1 \\ \cos(x_1)\cos(x_2) & -\text{sen}(x_1)\,\text{sen}(x_2) \end{bmatrix}.$$

17 % d) $y = \begin{bmatrix} x_1^3 + 8x_1x_2 \\ \sinh(x_1)\cos^2(x_2) \end{bmatrix}.$

18 y=[x1*x1*x1+8*x1*x2; sinh(x1)*cos(x2)*cos(x2)];

19 J=jacobian(y, [x1; x2]); %

$$J(\boldsymbol{x}) = \frac{\partial \boldsymbol{y}}{\partial \boldsymbol{x}} = \begin{bmatrix} 3x_1^2 + 8x_2 & 8x_1 \\ \cosh(x_1)\cos^2(x_2) & -2\sinh(x_1)\cos(x_2)\,\text{sen}(x_2) \end{bmatrix}.$$

● ● ●

3.5 Resumen

La presentación de las herramientas fundamentales del álgebra lineal, como parte de los preliminares matemáticos, para el desarrollo de la robótica, tienen un gran impacto dentro del contexto de dinámica y control de robots manipuladores, puesto que el análisis, desarrollo y diseño dependen del dominio específico de las propiedades de: vectores, matrices, gradientes y jacobianos. Se han resaltado desde la notación empleada, propiedades principales y el correcto análisis de las diversas operaciones matemáticas donde se involucra una combinación de esos elementos. Los ejemplos se encuentran ilustrados usando programación simbólica en **MATLAB** y con la documentación adecuada, para que el lector asimile esos conceptos

El producto punto o escalar y el producto vectorial son tópicos esenciales, para el estudio de la cinemática de robots manipuladores, particularmente tienen una fuerte interconexión con las matrices ortogonales, para modelar la orientación de la herramienta de trabajo, así como su composición estructural, cuando se aborde el tema de cinemática diferencial, la cual relaciona las propiedades de matrices antisimétricas con las velocidades rotacional, angular y cartesiana.

La cinemática de Euler es el punto de partida para establecer el desarrollo de los modelos de energía cinética y de la estructura del modelo dinámico de un robot manipulador usando la metodología de Euler-Lagrange; al mismo tiempo, con los preliminares matemáticos se deducen diversas propiedades matemáticas en el comportamiento dinámico, que permiten simplificar el análisis y diseño de nuevos algoritmos de control.

Un tópico fundamental en control de robots manipuladores es el concepto de funciones de energía, compuestas por vectores y matrices, las cuales activan las propiedades físicas del atractor que posee el punto de equilibrio en la ecuación en lazo cerrado, formada por el modelo dinámico del robot y la estructura de control. Las funciones de energía, a través de sus respectivos gradientes permiten deducir la estructura de los esquemas de control.

En robótica, las matemáticas representan no solo la mecanografía elegante, para describir los efectos físicos de su comportamiento dinámico, con propiedades no lineales, del tipo multivariable y fuertemente acoplado en su comportamiento dinámico de los robots manipuladores; también repercuten en el análisis y desarrollo riguroso de nuevas estructuras y complejas ecuaciones que ayudan a controlar a los robots manipuladores con amplias aplicaciones potenciales.

3.6 Problemas propuestos

ESTA sección presenta una serie de problemas propuestos al lector, con la finalidad de mejorar sus habilidades y grado de conocimiento en los preliminares matemáticos necesarios, para control y robótica.

3.6.1 Obtener la norma euclidiana de los siguientes vectores:

a) $\boldsymbol{x} = [\,12 \quad \mathrm{sen}(t) \quad \sqrt{9 + 10\cos(t)} \quad \int_0^t \sigma d\sigma\,]^T$.

b) $\boldsymbol{x} = [\,e^{-t} \quad \mathrm{sen}(t) \quad [\,y_1 \quad y_2 \quad \cdots \quad y_m\,]^T \quad \frac{d}{dt}e^{-12t^3}\,]^T$.

3.6.2 Programar en **MATLAB** un algoritmo que permita sumar vectores $\boldsymbol{x}, \boldsymbol{y} \in \mathbb{R}^n$:

a) Usando la instrucción for($\cdots$) y código fuente.

b) Por medio de programación simbólica.

3.6.3 Programar en **MATLAB** un algoritmo que permita obtener la multiplicación de dos matrices $A, B \in \mathbb{R}^{n \times n}$:

a) Usando instrucciones for($\cdots$) anidadas y código fuente.

b) Por medio de programación simbólica.

3.6.4 Demostrar las siguientes propiedades:

a) $\boldsymbol{x}^T\boldsymbol{y} = \boldsymbol{y}^T\boldsymbol{x}, \ \forall \boldsymbol{x}, \boldsymbol{y} \in \mathbb{R}^n$.

b) $|\boldsymbol{x}^T\boldsymbol{y}| \leq \|\boldsymbol{x}\|\|\boldsymbol{y}\|, \ \forall \boldsymbol{x}, \boldsymbol{y} \in \mathbb{R}^n$.

c) La desigualdad del triángulo: $\|\boldsymbol{x} + \boldsymbol{y}\| \leq \|\boldsymbol{x}\| + \|\boldsymbol{y}\|, \ \forall \boldsymbol{x}, \boldsymbol{y} \in \mathbb{R}^n$.

3.6.5 Comprobar mediante programación simbólica la propiedad antisimétrica, para los casos: $A \in \mathbb{R}^{3\times 3}$, $A \in \mathbb{R}^{4\times 4}$ y $A \in \mathbb{R}^{5\times 5}$. Sugerencia, obtener la parte antisimétrica de cada caso y llevar a cabo las operaciones internas: $\boldsymbol{x}^T A_{sk}\boldsymbol{x}$.

3.6.6 Determine si la siguiente desigualdad es falsa o verdadera:

$$\lambda_{\min}\{A\}\,\|\boldsymbol{x}\|\|\boldsymbol{y}\| \le \boldsymbol{x}^T A \boldsymbol{y} \le \lambda_{\max}\{A\}\,\|\boldsymbol{x}\|\|\boldsymbol{y}\| \quad \forall \boldsymbol{x}, \boldsymbol{y} \in \mathbb{R}^n.$$

donde el valor propio máximo y mínimo de A están representados por $\lambda_{\max}\{A\}, \lambda_{\min}\{A\}$, respectivamente. Argumente y sustente su respuesta.

3.6.7 Analizar si las siguientes funciones son definidas positivas:

a) $\mathcal{V}(x_1, x_2) = \begin{bmatrix} x_1 \\ x_2 \end{bmatrix}^T \begin{bmatrix} 10 & 2 \\ 2 & 0.1 \end{bmatrix} \begin{bmatrix} x_1 \\ x_2 \end{bmatrix}.$

b) $\mathcal{V}(x_1, x_2) = x^2 + 33x_1x_2 + 0.8x_2^2.$

c) $\mathcal{V}(x_1, x_2) = 9x^2 + 7x_1x_2 + 2x_2^2 + 4.$

d) $\mathcal{V}(x_1, x_2, x_3) = 9x_1^2 + 8x_2^2 + 33x_3^2 + 7x_1x_2 + 2x_2x_3 + 0.4x_1x_3.$

3.6.8 Obtener el gradiente de las siguientes funciones escalares:

a) $\mathcal{V}(\boldsymbol{x}) = \frac{1}{1+\sqrt{\|\boldsymbol{x}\|}}\boldsymbol{x}^T A \boldsymbol{x}$, donde $\boldsymbol{x} \in \mathbb{R}^n$, $A \in \mathbb{R}^{n\times n}$, $A > 0$.

b) $\mathcal{V}(\boldsymbol{x}) = \frac{\boldsymbol{x}^T A \boldsymbol{x}}{\boldsymbol{x}^T \boldsymbol{x}}$, $\boldsymbol{x} \in \mathbb{R}^n$, $A \in \mathbb{R}^{n\times n}$, $A > 0$.

c) $\mathcal{V}(\boldsymbol{x}) = \frac{\boldsymbol{x}^T A \boldsymbol{x}}{\boldsymbol{x}^T \boldsymbol{x}}\, \boldsymbol{x}^T A \boldsymbol{x}$, $\boldsymbol{x} \in \mathbb{R}^n$, $A \in \mathbb{R}^{n\times n}$, $A > 0$.

d) $\mathcal{V}(\boldsymbol{x}) = \frac{(\boldsymbol{x}^T \boldsymbol{x})^8}{\boldsymbol{x}^T A \boldsymbol{x}}$, con $\boldsymbol{x} \in \mathbb{R}^n$, $A \in \mathbb{R}^{n\times n}$, $A > 0$.

3.6.9 Obtener la matriz jacobiana de las siguientes funciones vectoriales:

a) $\boldsymbol{f}_1(x_1, x_2) = \begin{bmatrix} \cos^3(x_1)\,\mathrm{sen}^2(x_1 + x_2) \\ 9\,\mathrm{sen}^7(x_1 + x_2)\cos^5(x_2) \end{bmatrix}.$

b) $\boldsymbol{f}_2(x_1, x_2) = \begin{bmatrix} x_1^3 \sinh^2(x_1^2 + x_2) \\ x_1^3 + x_2^7 + \cos^4(x_1 + x_2^6) \end{bmatrix}.$

c) $\boldsymbol{f}_3(x_1, x_2, x_3) = \begin{bmatrix} e^{x_1} e^{x_2} e^{x_3} \\ \ln(x_1^4 + x_2^2 x_3^8) \\ \cos(x_3) + \mathrm{sen}(x_2) + \tanh(x_1) \end{bmatrix}.$

Cinemática analítica de Euler

$$\boldsymbol{P}_0^1 = \boldsymbol{d}_0^1 + R_0^1(\varphi_1, \theta_1, \psi_1) R_1^2(\varphi_2, \theta_2, \psi_2) \boldsymbol{P}_2$$

$$\dot{\boldsymbol{P}}_0 = \dot{\boldsymbol{d}}_0^1 + \boldsymbol{w}_0 \times R_0^2(\varphi, \theta, \psi) \boldsymbol{P}_2 = \dot{\boldsymbol{d}}_0^1 + S(\boldsymbol{w}_0) R_0^2(\varphi, \theta, \psi) \boldsymbol{P}_2$$

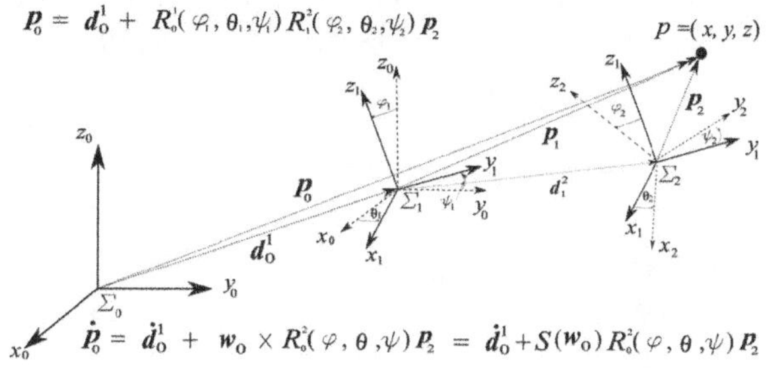

4.1 Introducción 143

4.2 Cinemática analítica de Euler 144

4.3 Ángulos de Euler 166

4.4 Movimiento de traslación y rotación 175

4.5 Cinemática diferencial 177

4.6 Cinemática diferencial de Euler 190

4.7 Resumen 203

4.8 Problemas propuestos 205

Descripción del capítulo

En este capítulo se discute el desarrollo de la cinemática analítica de sistemas mecánicos rígidos, bajo el enfoque de Euler. Un conjunto de propiedades importantes son presentadas para establecer la estructura de la cinemática diferencial. Para reforzar los conceptos, ejemplos ilustrativos son acompañados con desarrollo matemático y programación en **MATLAB**.

Los siguientes temas son abordados:

- Cinemática analítica
- Matrices ortogonales
- Matrices de rotación elementales
- Ángulos de Euler
- Cinemática diferencial
- Matrices antisimétricas
- Velocidad angular y rotacional

4.1 Introducción

La cinemática es parte de la mecánica que analiza el movimiento de traslación y rotación de un sistema mecánico rígido, sin tomar en cuenta las fuerzas/torques que lo producen. Por lo tanto, no involucra ecuaciones diferenciales, como en el caso de modelos dinámicos. La cinemática es de gran importancia en el análisis de movimiento en robots manipuladores; establece una relación analítica entre las coordenadas generalizadas del sistema, con las coordenadas cartesianas de posición que se encuentran contenidas en las componentes de desplazamiento de traslación y rotación.

La estructura matemática de la cinemática analítica está formada por vectores de desplazamiento o traslación de movimiento y matrices de rotación, para describir la orientación. Una técnica ampliamente utilizada para el modelado de rotaciones en un sistemas mecánico o cuerpo rígido es a través de los ángulos de Euler, los cuales permiten la descomposición de una matriz general de rotación en tres matrices de rotación elementales; este resultado tiene inmediata aplicación en el análisis de cadenas cinemáticas abiertas, cuya forma mecánica es la base fundamental de los robots.

Las transformaciones de traslación y rotación representan movimientos rígidos y se caracterizan por preservar la distancia entre dos puntos coordenados; es decir, las coordenadas en un sistema de referencia cartesiano, no admiten errores de mediciones, debido a que no hay deformaciones o componentes de elasticidad en los ejes principales; por lo que, no existe ningún tipo de distorsión que modifiquen la forma del cuerpo rígido.

El posicionamiento de un robot manipulador en el espacio tridimensional (*pose*) requiere seis coordenadas independientes: tres para la posición cartesiana $[\,x, y, z\,]^T$ y tres para describir la orientación (ϕ, θ, ψ); dicho posicionamiento se modela con la cinemática que incluye propiedades importantes de matrices ortogonales, su relación directa con las matrices antisimétricas y el producto cruz vectorial, para conformar los modelos matemáticos de cinemática directa y diferencial de Euler.

La cinemática directa es el nombre técnico que recibe el análisis cinemático, para un robot manipulador; mientras que la cinemática diferencial es la derivada, con respecto al tiempo de la cinemática directa, la cual permite establecer un mapa vectorial entre la velocidad cartesiana, con las componentes de velocidad de traslación y rotación; de este desarrollo se deduce la velocidad angular a través de una matriz de transformación que involucra a la velocidad rotacional. Diversos ejemplos resueltos son presentados, para ilustrar los conceptos, desarrollo matemático y código fuente en **MATLAB**.

4.2 Cinemática analítica de Euler

La cinemática es la descripción analítica de movimiento mecánico, para un brazo robot rígido; relaciona el mapa de coordenadas cartesianas, que dependen de las coordenadas generalizadas y un conjunto de parámetros geométricos. De manera general, el movimiento mecánico está formado por las componentes de traslación y orientación; el modelo analítico usa vectores para el desplazamiento traslacional y matrices de rotación para la componente de orientación. Este análisis se realiza en sistemas de referencia cartesianos; particularmente, uno de ellos es donde se realizan todas las mediciones globales, llamado $\Sigma_0(x_0, y_0, z_0)$, el cual es un sistema de referencia inercial (inmóvil).

Dado un sistema mecánico rígido, se requieren un mínimo de seis coordenadas, para localizar la posición de un punto arbitrario en su espacio tridimensional, con respecto al sistema de referencia cartesiano fijo $\Sigma_0(x_0, y_0, z_0)$: tres coordenadas de posición que determinan la traslación y tres para la orientación.

Un sistema de referencia $\Sigma_i(x_i, y_i, z_i)$ representa a un sistema cartesiano i-ésimo de coordenadas, cuyo origen está localizado en la intercepción de los tres ejes mutuamente ortogonales: x_i, y_i, z_i; el sistema $\Sigma_i(x_i, y_i, z_i)$ está rígidamente acoplado al eslabón i-ésimo; por lo que, se mueve (traslación y rotación) de manera idéntica a dicho eslabón.

Notación para sistemas de referencia cartesianos

El sistema de referencia cartesiano fijo $\Sigma_0(x_0, y_0, z_0)$ es donde se realizan todas las mediciones globales de posición del robot; siendo los correspondientes ejes cartesianos, mutuamente ortogonales entre sí. El sistema fijo $\Sigma_0(x_0, y_0, z_0)$ es un sistema de referencia inercial (totalmente inmóvil).

$\Sigma_1(x_1, y_1, z_1)$ es un sistema de referencia local al eslabón 1, se mueve con desplazamiento y orientación, relativo al sistema fijo $\Sigma_0(x_0, y_0, z_0)$.

$\Sigma_i(x_i, y_i, z_i)$ es un sistema de referencia local conectado rígidamente al eslabón i-ésimo, con movimiento (desplazamiento y orientación) respecto al sistema $\Sigma_{i-1}(x_{i-1}, y_{i-1}, z_{i-1})$, el cual está conectado al eslabón $i-1$.

La posición y orientación de un cuerpo rígido siempre está expresado en relación con un sistema de referencia cartesiano, por lo que el movimiento relativo que tenga el eslabón i-ésimo es con respecto al eslabón inmediato anterior, es decir el eslabón i-1; debido a que el origen del sistema de referencia $\Sigma_i(x_i, y_i, z_i)$ está localizado sobre el extremo final del eslabón i es considerado como sistema de referencia móvil, con respecto al el eslabón fijo $i-1$, el cual tiene su propio sistema de referencia $\Sigma_{i-1}(x_{i-1}, y_{i-1}, z_{i-1})$. Sin embargo, en todo análisis cinemático, existirá de manera única, como sistema cartesiano fijo global a $\Sigma_0(x_0, y_0, z_0)$, considerado como un sistema inercial.

El movimiento relativo del sistema de referencia $\Sigma_i(x_i, y_i, z_i)$ con respecto a $\Sigma_{i-1}(x_{i-1}, y_{i-1}, z_{i-1})$ tiene componentes de movimiento de traslación y rotación, con las siguientes características:

- El movimiento de traslación del sistema de referencia $\Sigma_i(x_i, y_i, z_i)$, con respecto al origen del sistema cartesiano $\Sigma_{i-1}(x_{i-1}, y_{i-1}, z_{i-1})$ se representa por el vector $\boldsymbol{d}_{i-1}^{i} \in \mathbb{R}^3$, el cual es considerado como movimiento de desplazamiento en coordenadas cartesianas en el espacio tridimensional.

- La orientación relativa del sistema de referencia $\Sigma_i(x_i, y_i, z_i)$, con respecto al origen del sistema $\Sigma_{i-1}(x_{i-1}, y_{i-1}, z_{i-1})$ se describe a través de la matriz de rotación $R_{i-1}^{i}(\phi_i, \theta_i, \psi_i) \in \mathbb{R}^{3\times 3}$; donde, ϕ_i, θ_i, $\psi_i \in \mathbb{R}$ representan los ángulos de rotación de Euler, con respecto a ciertos ejes cartesianos, previamente establecidos de Σ_{i-1}.

Es importante hacer notar los siguientes detalles técnicos del análisis de cinemática:

- Dado un sistema de referencia cartesiano $\Sigma_i(x_i, y_i, z_i)$ se encuentran rígidamente acoplado a su respectivo eslabón i-ésimo; esto significa que se mueven de manera idéntica a dicho eslabón; de tal forma que las coordenadas de desplazamiento registradas y la orientación de cualquier punto arbitrario registrado en el sistema de referencia $\Sigma_i(x_i, y_i, z_i)$ no cambian y permanecen intactas ante vibraciones, cambios en la posición y velocidades de movimiento en el eslabón i-ésimo; es decir, que los vectores de la velocidad de traslación y orientación son cero (vectores neutros). En tal caso, la variación temporal de la posición $\boldsymbol{d}_{i-1}^{i}(t) \in \mathbb{R}^3$ y orientación $R_{i-1}^{i}(\phi_i(t), \theta_i(t), \psi_i(t)) \in \mathbb{R}^{3\times 3}$ son con respecto al sistema de referencia $\Sigma_{i-1}(x_{i-1}, y_{i-1}, z_{i-1})$ y no al mismo sistema $\Sigma_i(x_i, y_i, z_i)$.

A continuación se presenta la notación utilizada, para representar las coordenadas cartesianas de traslación del origen de un sistema de referencia móvil $\Sigma_i(x_i, y_i, z_i)$, con respecto al origen del sistema $\Sigma_{i-1}(x_{i-1}, y_{i-1}, z_{i-1})$.

Notación: vectores de traslación d_{i-1}^i

El vector $\boldsymbol{d}_{i-1}^i \in \mathbb{R}^3$ representa el movimiento de la componente de traslación (vector de desplazamiento), con el registro de las coordenadas cartesianas del origen del sistema móvil $\Sigma_i(x_i, y_i, z_i)$, con respecto al origen del sistema $\Sigma_{i-1}(x_{i-1}, y_{i-1}, z_{i-1})$.

Note que los sistemas de referencia $\Sigma_i(x_i, y_i, z_i)$ y $\Sigma_{i-1}(x_{i-1}, y_{i-1}, z_{i-1})$ son móviles con respecto al sistema de referencia fijo $\Sigma_0(x_0, y_0, z_0)$, el cual es el único sistema de referencia en el análisis cinemático que siempre permanece inmóvil, debido a que es un sistema de referencia inercial y por lo tanto, tiene una connotación de carácter global. Por lo que, cuando en dicho análisis cinemático involucre movimiento relativo de traslación del origen del sistema móvil $\Sigma_i(x_i, y_i, z_i)$, con respecto al origen al sistema de referencia $\Sigma_{i-1}(x_{i-1}, y_{i-1}, z_{i-1})$, este último, adquiere la característica momentánea de un sistema de referencia fijo, pero en forma local relativa, únicamente durante el proceso de análisis entre los eslabones i-ésimo, con el $i-$ésimo-1; para $i = 2, 3, \cdots, n$; siendo n los grados de libertad (gdl) o el número de eslabones en la estructura mecánica del robot manipulador.

Por ejemplo, el vector $\boldsymbol{d}_0^1 \in \mathbb{R}^3$ representa las coordenadas cartesianas de traslación del origen del sistema de referencia móvil $\Sigma_1(x_1, y_1, z_1)$, con respecto al sistema fijo $\Sigma_0(x_0, y_0, z_0)$.

El vector $\boldsymbol{d}_1^2 \in \mathbb{R}^3$ representa las coordenadas del movimiento de traslación del origen del sistema de referencia móvil $\Sigma_2(x_2, y_2, z_2)$, relativo al origen del sistema $\Sigma_1(x_1, y_1, z_1)$; siendo que el sistema de referencia $\Sigma_1(x_1, y_1, z_1)$ es momentáneamente fijo, característica que adquiere, como una representación local.

El modelo para representar la orientación del sistema de referencia $\Sigma_i(x_i, y_i, z_i)$, con respecto a $\Sigma_{i-1}(x_{i-1}, y_{i-1}, z_{i-1})$, se realiza por medio de tres ángulos de rotación $(\phi_i, \theta_i, \psi_i)$; cada ángulo gira alrededor de un eje principal, previamente especificado de $\Sigma_{i-1}(x_{i-1}, y_{i-1}, z_{i-1})$. Además, dichos ángulos son argumentos de una función matriz de rotación: $R^i_{i-1}(\phi_i, \theta_i, \psi_i)$.

Notación: matrices de rotación $R^i_{i-1}(\phi_i, \theta_i, \psi_i)$

- La matriz de rotación $R^i_{i-1}(\phi_i, \theta_i, \psi_i) \in \mathbb{R}^{3\times 3}$ representa la orientación del sistema $\Sigma_i(x_i, y_i, z_i)$, con respecto al sistema de referencia cartesiano $\Sigma_{i-1}(x_{i-1}, y_{i-1}, z_{i-1})$.
- Cada uno de los ángulos de rotación de la terna ordenada $(\phi_i, \theta_i, \psi_i)$ giran alrededor de un cierto eje principal del sistema de referencia Σ_{i-1}; dichos ejes deben ser especificados previamente.
- La matriz de rotación $R^1_0(\phi_1, \theta_1, \psi_1) \in \mathbb{R}^{3\times 3}$ representa la orientación del sistema $\Sigma_1(x_1, y_1, z_1)$, con respecto al sistema fijo $\Sigma_0(x_0, y_0, z_0)$.
- $R^2_1(\phi_2, \theta_2, \psi_2) \in \mathbb{R}^{3\times 3}$ representa la orientación del sistema $\Sigma_2(x_2, y_2, z_2)$, con respecto al sistema de referencia fijo $\Sigma_1(x_1, y_1, z_1)$, momentáneamente local.
- $R^{i-1}_i(\phi_i, \theta_i, \psi_i) \in \mathbb{R}^{3\times 3}$ es la orientación relativa (inversa) del sistema $\Sigma_{i-1}(x_{i-1}, y_{i-1}, z_{i-1})$, con el sistema $\Sigma_i(x_i, y_i, z_i)$.
- La transformación inversa $R^0_1(\phi_1, \theta_1, \psi_1) \in \mathbb{R}^{3\times 3}$ significa la orientación del sistema de referencia $\Sigma_0(x_0, y_0, z_0)$ relativa al sistema de referencia $\Sigma_1(x_1, y_1, z_1)$.
- $R^1_2(\phi_2, \theta_2, \psi_2) \in \mathbb{R}^{3\times 3}$ es la orientación relativa inversa del sistema de referencia $\Sigma_1(x_1, y_1, z_1)$, con respecto al sistema $\Sigma_2(x_2, y_2, z_2)$.

El análisis cinemático de movimiento, para un robot manipulador de n gdl es descrito en su espacio de trabajo, tomando en cuenta las componentes de traslación y orientación, con respecto al sistema de referencia fijo $\Sigma_0(x_0, y_0, z_0)$. La componente de traslación contiene las coordenadas cartesianas en el vector de desplazamiento $\boldsymbol{d}^i_{i-1} \in \mathbb{R}^3$; mientras que la orientación, generalmente se emplean matrices de rotación $R^i_{i-1}(\phi_i, \theta_i, \psi_i)$.

Hay varios modelos para estudiar la orientación de un sistema de referencia $\Sigma_i(x_i, y_i, z_i)$, con respecto a $\Sigma_{i-1}(x_{i-1}, y_{i-1}, z_{i-1})$; por ejemplo, los ángulos rpy (*roll-pitch-yaw*), ángulos de Euler, cuaterniones, entre otros más. Particularmente, los ángulos de Euler ofrecen varias ventajas, debido a las propiedades matemáticas que incluyen en la estructura matemática del modelo cinemático en un robot manipulador, lo cual repercute en la facilidad de análisis y diseño en robótica.

4.2.1 Matrices de rotación

La figura 4.1 muestra dos sistemas de referencia cartesianos: el móvil $\Sigma_1(x_1, y_1, z_1)$ acoplado rígidamente al cuerpo del lápiz, que mantiene una orientación relativa $(\phi_1, \theta_1, \psi_1)$, con respecto al sistema de referencia fijo $\Sigma_0(x_0, y_0, z_0)$; por simplicidad, ambos sistemas comparten el mismo origen; esto significa que $\boldsymbol{d}_0^1 = [0, 0, 0]^T \in \mathbb{R}^3$. Sea $p = (x, y, z)$ un punto coordenado arbitrario del lápiz; en el sistema de referencia $\Sigma_0(x_0, y_0, z_0)$, dichas coordenadas se encuentran registradas en el vector $\boldsymbol{p}_0 = [x_0 \quad y_0 \quad z_0]^T \in \Sigma_0$; mientras que ese mismo punto tiene coordenadas en el sistema de referencia $\Sigma_1(x_1, y_1, z_1)$, como $\boldsymbol{p}_1 = [x_1 \quad y_1 \quad z_1]^T \in \Sigma_1$ [Murray and Sastry, 1994], [Angeles, 1997], [Spong et. al, 2006].

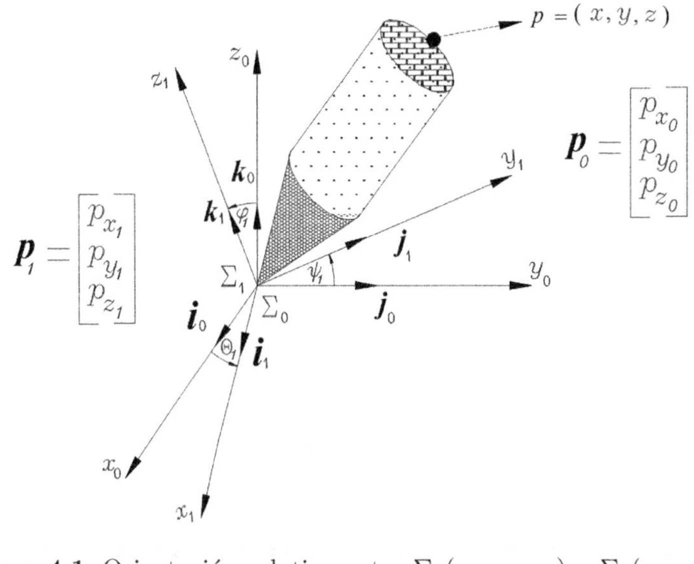

Figura 4.1: Orientación relativa entre $\Sigma_1(x_1, y_1, z_1)$ y $\Sigma_0(x_0, y_0, z_0)$

El problema que se plantea consiste en determinar la relación analítica de la orientación del vector $\boldsymbol{p}_0 \in \Sigma_0$ en función del vector $\boldsymbol{p}_1 \in \Sigma_1$; es evidente que cuando la orientación $(\phi_1, \theta_1, \psi_1) = (0, 0, 0)$ rad, se deduce que: $\boldsymbol{p}_0 = \boldsymbol{p}_1$; puesto que los ejes en cada sistema de referencia están alineados o superpuestos; por lo que las coordenadas cartesianas entre ambos sistemas son idénticas.

Sin embargo, dada una orientación arbitraria $(\phi_1, \theta_1, \psi_1)$, el problema consiste en determinar la relación matemática que permita modelar la trasformación de coordenadas del sistema de referencia $\Sigma_1(x_1, y_1, z_1)$ hacia $\Sigma_0(x_0, y_0, z_0)$. Para resolver este problema, considere vectores bases en cada sistema de referencia Σ_0 y Σ_1. Sean $\{\boldsymbol{i}_0, \boldsymbol{j}_0, \boldsymbol{k}_0\}$ vectores unitarios a lo largo de los ejes fijos x_0, y_0, z_0, respectivamente. Es decir, $\boldsymbol{i}_0 = [\,1, 0, 0\,]^T$, $\boldsymbol{j}_0 = [\,0, 1, 0\,]^T$, $\boldsymbol{k}_0 = [\,0, 0, 1\,]^T$. Similarmente, se definen los vectores unitarios $\{\boldsymbol{i}_1, \boldsymbol{j}_1, \boldsymbol{k}_1\}$ para el sistema móvil $\Sigma_1(x_1, y_1, z_1)$.

Un vector que va desde el origen común para ambos sistemas hasta el punto $p = (x, y, z)$, puede ser expresado en función de cualquiera de las dos bases de vectores unitarios, como:

$$\boldsymbol{p}_0 = p_{x_0}\boldsymbol{i}_0 + p_{y_0}\boldsymbol{j}_0 + p_{z_0}\boldsymbol{k}_0 \quad \text{con respecto al sistema } \Sigma_0 \tag{4.1a}$$

$$\boldsymbol{p}_1 = p_{x_1}\boldsymbol{i}_1 + p_{y_1}\boldsymbol{j}_1 + p_{z_1}\boldsymbol{k}_1 \quad \text{con respecto al sistema } \Sigma_1 \tag{4.1b}$$

Los vectores $\boldsymbol{p}_0, \boldsymbol{p}_1$ tienen las misma información del punto analizado $p = (x, y, z)$. Tomando en cuenta que: $\boldsymbol{i}_0 \cdot \boldsymbol{j}_0 = \boldsymbol{i}_0^T\boldsymbol{j}_0 = 0$, $\boldsymbol{i}_0 \cdot \boldsymbol{z}_0 = \boldsymbol{i}_0^T\boldsymbol{z}_0 = 0$; $\boldsymbol{i}_0 \cdot \boldsymbol{i}_0 = \boldsymbol{i}_0^T\boldsymbol{i}_0 = 1$, $\boldsymbol{j}_0 \cdot \boldsymbol{j}_0 = \boldsymbol{j}_0^T\boldsymbol{j}_0 = 1$, $\boldsymbol{z}_0 \cdot \boldsymbol{z}_0 = \boldsymbol{z}_0^T\boldsymbol{z}_0 = 1$; las ecuaciones (4.1a)-(4.1b) adquieren la forma:

$$p_{x_0} = \boldsymbol{p}_0 \cdot \boldsymbol{i}_0 = \boldsymbol{p}_1 \cdot \boldsymbol{i}_0 = p_{x_1}\boldsymbol{i}_1 \cdot \boldsymbol{i}_0 + p_{y_1}\boldsymbol{j}_1 \cdot \boldsymbol{i}_0 + p_{z_1}\boldsymbol{k}_1 \cdot \boldsymbol{i}_0 \tag{4.2a}$$

$$p_{y_0} = \boldsymbol{p}_0 \cdot \boldsymbol{j}_0 = \boldsymbol{p}_1 \cdot \boldsymbol{j}_0 = p_{x_1}\boldsymbol{i}_1 \cdot \boldsymbol{j}_0 + p_{y_1}\boldsymbol{j}_1 \cdot \boldsymbol{j}_0 + p_{z_1}\boldsymbol{k}_1 \cdot \boldsymbol{j}_0 \tag{4.2b}$$

$$p_{z_0} = \boldsymbol{p}_0 \cdot \boldsymbol{k}_0 = \boldsymbol{p}_1 \cdot \boldsymbol{k}_0 = p_{x_1}\boldsymbol{i}_1 \cdot \boldsymbol{k}_0 + p_{y_1}\boldsymbol{j}_1 \cdot \boldsymbol{k}_0 + p_{z_1}\boldsymbol{k}_1 \cdot \boldsymbol{k}_0. \tag{4.2c}$$

Las ecuaciones (4.2a)-(4.2c) pueden ser escritas en forma compacta como:

$$\begin{bmatrix} p_{x_0} \\ p_{y_0} \\ p_{z_0} \end{bmatrix} = \underbrace{\begin{bmatrix} \boldsymbol{i}_1 \cdot \boldsymbol{i}_0 & \boldsymbol{j}_1 \cdot \boldsymbol{i}_0 & \boldsymbol{k}_1 \cdot \boldsymbol{i}_0 \\ \boldsymbol{i}_1 \cdot \boldsymbol{j}_0 & \boldsymbol{j}_1 \cdot \boldsymbol{j}_0 & \boldsymbol{k}_1 \cdot \boldsymbol{j}_0 \\ \boldsymbol{i}_1 \cdot \boldsymbol{k}_0 & \boldsymbol{j}_1 \cdot \boldsymbol{k}_0 & \boldsymbol{k}_1 \cdot \boldsymbol{k}_0 \end{bmatrix}}_{\text{matriz de rotación}} \begin{bmatrix} p_{x_1} \\ p_{y_1} \\ p_{z_1} \end{bmatrix} = \underbrace{\begin{bmatrix} \boldsymbol{i}_1^T\boldsymbol{i}_0 & \boldsymbol{j}_1^T\boldsymbol{i}_0 & \boldsymbol{k}_1^T\boldsymbol{i}_0 \\ \boldsymbol{i}_1^T\boldsymbol{j}_0 & \boldsymbol{j}_1^T\boldsymbol{j}_0 & \boldsymbol{k}_1^T\boldsymbol{j}_0 \\ \boldsymbol{i}_1^T\boldsymbol{k}_0 & \boldsymbol{j}_1^T\boldsymbol{k}_0 & \boldsymbol{k}_1^T\boldsymbol{k}_0 \end{bmatrix}}_{\text{matriz de rotación}} \begin{bmatrix} p_{x_1} \\ p_{y_1} \\ p_{z_1} \end{bmatrix}$$

$$\boldsymbol{p}_0 = R_0^1(\phi_1, \theta_1, \psi_1)\boldsymbol{p}_1 \tag{4.3}$$

donde $\boldsymbol{p}_0 = [\,p_{x_0}, p_{y_0}, p_{z_0}\,]^T$; $\boldsymbol{p}_1 = [\,p_{x_1}, p_{y_1}, p_{z_1}\,]^T$; y $R_0^1(\phi_1, \theta_1, \psi_1)$ es:

$$R_0^1(\phi_1, \theta_1, \psi_1) = \begin{bmatrix} \boldsymbol{i}_1 \cdot \boldsymbol{i}_0 & \boldsymbol{j}_1 \cdot \boldsymbol{i}_0 & \boldsymbol{k}_1 \cdot \boldsymbol{i}_0 \\ \boldsymbol{i}_1 \cdot \boldsymbol{j}_0 & \boldsymbol{j}_1 \cdot \boldsymbol{j}_0 & \boldsymbol{k}_1 \cdot \boldsymbol{j}_0 \\ \boldsymbol{i}_1 \cdot \boldsymbol{k}_0 & \boldsymbol{j}_1 \cdot \boldsymbol{k}_0 & \boldsymbol{k}_1 \cdot \boldsymbol{k}_0 \end{bmatrix} = \begin{bmatrix} \boldsymbol{i}_1^T\boldsymbol{i}_0 & \boldsymbol{j}_1^T\boldsymbol{i}_0 & \boldsymbol{k}_1^T\boldsymbol{i}_0 \\ \boldsymbol{i}_1^T\boldsymbol{j}_0 & \boldsymbol{j}_1^T\boldsymbol{j}_0 & \boldsymbol{k}_1^T\boldsymbol{j}_0 \\ \boldsymbol{i}_1^T\boldsymbol{k}_0 & \boldsymbol{j}_1^T\boldsymbol{k}_0 & \boldsymbol{k}_1^T\boldsymbol{k}_0 \end{bmatrix} \tag{4.4}$$

Interpretación: la matriz (4.4) realiza la proyección del vector $\boldsymbol{p}_1$ sobre cada uno de los ejes del sistema de referencia cartesiano fijo $\Sigma_0(x_0, y_0, z_0)$.

La matriz $R_0^1(\phi_1, \theta_1, \psi_1)$ definida en (4.4) describe la orientación que tiene el sistema de referencia $\Sigma_1(x_1, y_1, z_1)$ con respecto a $\Sigma_0(x_0, y_0, z_0)$. Observe que $R_0^1(\phi_1, \theta_1, \psi_1)$ es una matriz ortogonal, puesto que en cada una de sus columnas se cumple: $\boldsymbol{z}_0 = \boldsymbol{i}_0 \times \boldsymbol{j}_0$; $\boldsymbol{j}_0 = \boldsymbol{k}_0 \times \boldsymbol{i}_0$ e $\boldsymbol{i}_0 = \boldsymbol{j}_0 \times \boldsymbol{z}_0$.

Similarmente se puede obtener el proceso inverso, es decir, deducir la proyección del vector $\boldsymbol{p}_0$ sobre el sistema $\Sigma_1(x_1, y_1, z_1)$; a partir de las ecuaciones (4.1a)-(4.1b), se tiene:

$$\begin{aligned} p_{x_1} &= \boldsymbol{p}_1 \cdot \boldsymbol{i}_1 = \boldsymbol{p}_0 \cdot \boldsymbol{i}_1 = p_{x_0}\boldsymbol{i}_0 \cdot \boldsymbol{i}_1 + p_{y_0}\boldsymbol{j}_0 \cdot \boldsymbol{i}_1 + p_{z_0}\boldsymbol{k}_0 \cdot \boldsymbol{i}_1 \\ p_{y_1} &= \boldsymbol{p}_1 \cdot \boldsymbol{j}_1 = \boldsymbol{p}_0 \cdot \boldsymbol{j}_1 = p_{x_0}\boldsymbol{i}_0 \cdot \boldsymbol{j}_1 + p_{y_0}\boldsymbol{j}_0 \cdot \boldsymbol{j}_1 + p_{z_0}\boldsymbol{k}_0 \cdot \boldsymbol{j}_1 \\ p_{z_1} &= \boldsymbol{p}_1 \cdot \boldsymbol{k}_1 = \boldsymbol{p}_0 \cdot \boldsymbol{k}_1 = p_{x_0}\boldsymbol{i}_0 \cdot \boldsymbol{k}_1 + p_{y_0}\boldsymbol{j}_0 \cdot \boldsymbol{k}_1 + p_{z_0}\boldsymbol{k}_0 \cdot \boldsymbol{k}_1 \end{aligned}$$

$$\begin{bmatrix} p_{x_1} \\ p_{y_1} \\ p_{z_1} \end{bmatrix} = \underbrace{\begin{bmatrix} \boldsymbol{i}_0 \cdot \boldsymbol{i}_1 & \boldsymbol{j}_0 \cdot \boldsymbol{i}_1 & \boldsymbol{k}_0 \cdot \boldsymbol{i}_1 \\ \boldsymbol{i}_0 \cdot \boldsymbol{j}_1 & \boldsymbol{j}_0 \cdot \boldsymbol{j}_1 & \boldsymbol{k}_0 \cdot \boldsymbol{j}_1 \\ \boldsymbol{i}_0 \cdot \boldsymbol{k}_1 & \boldsymbol{j}_0 \cdot \boldsymbol{k}_1 & \boldsymbol{k}_0 \cdot \boldsymbol{k}_1 \end{bmatrix}}_{\text{matriz de rotación}} \begin{bmatrix} p_{x_0} \\ p_{y_0} \\ p_{z_0} \end{bmatrix} = \underbrace{\begin{bmatrix} \boldsymbol{i}_0^T\boldsymbol{i}_1 & \boldsymbol{j}_0^T\boldsymbol{i}_1 & \boldsymbol{k}_0^T\boldsymbol{i}_1 \\ \boldsymbol{i}_0^T\boldsymbol{j}_1 & \boldsymbol{j}_0^T\boldsymbol{j}_1 & \boldsymbol{k}_0^T\boldsymbol{j}_1 \\ \boldsymbol{i}_0^T\boldsymbol{k}_1 & \boldsymbol{j}_0^T\boldsymbol{k}_1 & \boldsymbol{k}_0^T\boldsymbol{k}_1 \end{bmatrix}}_{\text{matriz de rotación}} \begin{bmatrix} p_{x_0} \\ p_{y_0} \\ p_{z_0} \end{bmatrix}$$

$$\boldsymbol{p}_1 = R_1^0(\phi_1, \theta_1, \psi_1)\boldsymbol{p}_0 \tag{4.5}$$

$$R_1^0(\phi_1, \theta_1, \psi_1) = \begin{bmatrix} \boldsymbol{i}_0 \cdot \boldsymbol{i}_1 & \boldsymbol{j}_0 \cdot \boldsymbol{i}_1 & \boldsymbol{k}_0 \cdot \boldsymbol{i}_1 \\ \boldsymbol{i}_0 \cdot \boldsymbol{j}_1 & \boldsymbol{j}_0 \cdot \boldsymbol{j}_1 & \boldsymbol{k}_0 \cdot \boldsymbol{j}_1 \\ \boldsymbol{i}_0 \cdot \boldsymbol{k}_1 & \boldsymbol{j}_0 \cdot \boldsymbol{k}_1 & \boldsymbol{k}_0 \cdot \boldsymbol{k}_1 \end{bmatrix} = \begin{bmatrix} \boldsymbol{i}_0^T\boldsymbol{i}_1 & \boldsymbol{j}_0^T\boldsymbol{i}_1 & \boldsymbol{k}_0^T\boldsymbol{i}_1 \\ \boldsymbol{i}_0^T\boldsymbol{j}_1 & \boldsymbol{j}_0^T\boldsymbol{j}_1 & \boldsymbol{k}_0^T\boldsymbol{j}_1 \\ \boldsymbol{i}_0^T\boldsymbol{k}_1 & \boldsymbol{j}_0^T\boldsymbol{k}_1 & \boldsymbol{k}_0^T\boldsymbol{k}_1 \end{bmatrix} \tag{4.6}$$

donde $R_1^0(\phi_1, \theta_1, \psi_1)$ es la matriz de rotación que determina la orientación del sistema de referencia $\Sigma_0(x_0, y_0, z_0)$ con respecto a $\Sigma_1(x_1, y_1, z_1)$.

De la ecuación (4.3): $\boldsymbol{p}_0 = R_0^1(\phi_1, \theta_1, \psi_1)\boldsymbol{p}_1 \Longrightarrow \boldsymbol{p}_1 = {R_0^1}^{-1}(\phi_1, \theta_1, \psi_1)\boldsymbol{p}_0$; comparando con (4.6), se obtiene:

$$\boldsymbol{p}_1 = R_1^0(\phi_1, \theta_1, \psi_1)\boldsymbol{p}_0 = {R_0^1}^{-1}(\phi_1, \theta_1, \psi_1)\boldsymbol{p}_0 = {R_0^1}^T(\phi_1, \theta_1, \psi_1)\boldsymbol{p}_0 \tag{4.7}$$

$$\therefore$$

$$R_1^0(\phi_1, \theta_1, \psi_1) = {R_0^1}^{-1}(\phi_1, \theta_1, \psi_1) = {R_0^1}^T(\phi_1, \theta_1, \psi_1) \tag{4.8}$$

Note que la matriz $R_1^0(\phi_1, \theta_1, \psi_1)$ (4.6) resulta igual a la inversa de la matriz definida en la ecuación (4.4): ${R_0^1}^{-1}(\phi_1, \theta_1, \psi_1)$; también resulta igual a su matriz transpuesta como está indicado en (4.7)-(4.8).

A la clase de matrices, cuya transpuesta es idéntica a su matriz inversa, como sucede en (4.8), se denominan matrices ortogonales; para este caso $R_0^1(\phi_1, \theta_1, \psi_1) \in SO(3)$; siendo $SO(3)$ un sistema ortogonal de dimensión 3×3. En este tipo de matrices, la norma de cada vector columna es unitaria y mutuamente ortogonales entre dichos vectores; además, el determinante de la matriz $R_0^1(\phi_1, \theta_1, \psi_1)$ es ± 1. Si el sistema de referencia cartesiano se selecciona de acuerdo con la regla de la mano derecha, entonces el determinante de $R_0^1(\phi_1, \theta_1, \psi_1)$ es unitario.

4.2.2 Composiciones de traslación y rotación

Considere el caso donde los sistemas de referencia $\Sigma_0(x_0, y_0, z_0)$ y $\Sigma_1(x_1, y_1, z_1)$ no comparten el mismo origen (ver figura 4.2). El vector $\boldsymbol{d}_0^1$ registra las coordenadas del origen de $\Sigma_1(x_1, y_1, z_1)$, con respecto a $\Sigma_0(x_0, y_0, z_0)$ y la matriz $R_0^1(\phi_1, \theta_1, \psi_1)$ determina la orientación de ambos sistemas.

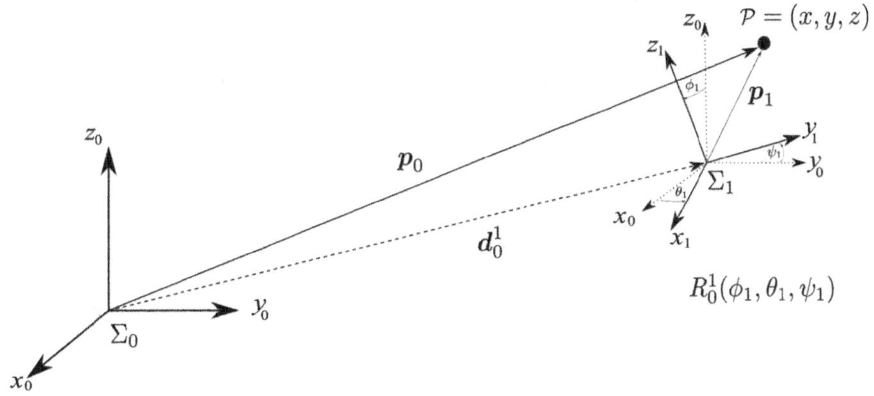

Figura 4.2: Traslación y rotación de Σ_1 con respecto a Σ_0

El vector de desplazamiento $\boldsymbol{d}_0^1 = [\, d_{x_0}^1 \quad d_{y_0}^1 \quad d_{z_0}^1 \,]^T$ representa un movimiento de traslación con las coordenadas del origen de Σ_1, con respecto a Σ_0; la orientación de ambos sistemas está indicada por la matriz de rotación $R_0^1(\phi_1, \theta_1, \psi_1)$; las coordenadas de un punto arbitrario $\mathcal{P} = (x, y, z)$ del cuerpo rígido tipo lápiz se tienen registradas en el vector $\boldsymbol{p}_1 = [\, p_{x_1} \quad p_{y_1} \quad p_{z_1} \,] \in \Sigma_1(x_1, y_1, z_1)$; las coordenadas de este mismo punto en $\Sigma_0(x_0, y_0, z_0)$ se encuentran concentradas en el vector $\boldsymbol{p}_0 = [\, p_{x_0} \quad p_{y_0} \quad p_{z_0} \,]$. Con esta formulación se indica el movimiento de traslación y rotación de un sistema mecánico rígido. Por lo que la regla de transformación (4.3) se modifica como:

$$\boldsymbol{p}_0 = \boldsymbol{d}_0^1 + R_0^1(\phi_1, \theta_1, \psi_1)\boldsymbol{p}_1 \tag{4.9a}$$

$$\begin{bmatrix} p_{x_0} \\ p_{y_0} \\ p_{z_0} \end{bmatrix} = \begin{bmatrix} d_{x_0}^1 \\ d_{y_0}^1 \\ d_{z_0}^1 \end{bmatrix} + R_0^1(\phi_1, \theta_1, \psi_1) \begin{bmatrix} p_{x_1} \\ p_{y_1} \\ p_{z_1} \end{bmatrix} \tag{4.9b}$$

Considere el escenario de la figura 4.2, donde se incluyen al sistema de referencia fijo $\Sigma_0(x_0, y_0, z_0)$ y los sistemas de referencia móviles: $\Sigma_1(x_1, y_1, z_1)$ y $\Sigma_2(x_2, y_2, z_2)$; además, se tiene un punto arbitrario $\mathcal{P}$, con coordenadas $\mathcal{P} = (x, y, z)$; dicho punto es registrado en el sistema de referencia $\Sigma_0(x_0, y_0, z_0)$ a través del vector $\boldsymbol{p}_0$; sus correspondientes coordenadas de ese mismo punto en Σ_1 se encuentran almacenadas en $\boldsymbol{p}_1$; así como, en el sistema Σ_2 a través de $\boldsymbol{p}_2$.

El sistema de referencia $\Sigma_1(x_1, y_1, z_1)$ tiene desplazamiento y orientación relativa a $\Sigma_0(x_0, y_0, z_0)$; expresado por: $\boldsymbol{d}_0^1$ y $R_0^1(\phi_1, \theta_1, \psi_1)$, respectivamente; de igual forma, $\Sigma_2(x_2, y_2, z_2)$ tiene traslación y orientación, con respecto a $\Sigma_1(x_1, y_1, z_1)$ especificadas por: $\boldsymbol{d}_1^2$ y $R_1^2(\phi_2, \theta_2, \psi_2)$, respectivamente. La problemática que se plantea consiste en establecer una regla de transformación de coordenadas (traslación y orientación) del vector $\boldsymbol{p}_2 \in \Sigma_2(x_2, y_2, z_2)$ hacia $\boldsymbol{p}_0 \in \Sigma_0(x_0, y_0, z_0)$.

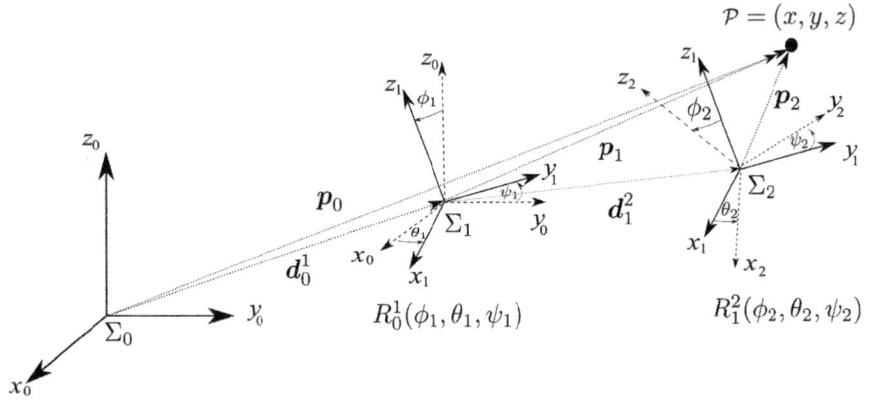

Figura 4.3: Composición de traslación y rotación de Σ_0, Σ_1 y Σ_2

La transformación de coordenadas del sistema de referencia Σ_1 hacia Σ_0 está dada por:

$$\boldsymbol{p}_0 = \boldsymbol{d}_0^1 + R_0^1(\phi_1, \theta_1, \psi_1)\boldsymbol{p}_1 \tag{4.10}$$

El vector $\boldsymbol{d}_0^1 \in \mathbb{R}^3$ y la matriz $R_0^1(\phi_1, \theta_1, \psi_1) \in \mathbb{R}^{3\times 3}$ contienen las coordenadas de traslación del origen de Σ_1, así como su orientación con respecto a Σ_0, respectivamente. Las coordenadas del punto $\mathcal{P} = (x, y, z)$ se encuentran registradas en $\boldsymbol{p}_0 \in \Sigma_0(x_0, y_0, z_0)$ y $\boldsymbol{p}_1 \in \Sigma_1(x_1, y_1, z_1)$. La representación geométrica de los vectores $\boldsymbol{d}_0^1, \boldsymbol{p}_0, \boldsymbol{p}_1 \in \mathbb{R}^3$ se ilustra por medio de trazos en lineas punteadas en la figura 4.3. Observe que el sistema fijo Σ_0 se encuentra colocado sobre Σ_1 a través de trazos interlineados, para mostrar la orientación relativa $(\phi_1, \theta_1, \psi_1)$ entre ambos sistemas de referencia.

La regla de transformación de Σ_2 hacia Σ_1 es:

$$\boldsymbol{p}_1 = \boldsymbol{d}_1^2 + R_1^2(\phi_2, \theta_2, \psi_2)\boldsymbol{p}_2 \tag{4.11}$$

siendo el vector $\boldsymbol{d}_1^2 \in \mathbb{R}^3$ y la matriz $R_1^2(\phi_2, \theta_2, \psi_2) \in \mathbb{R}^{3\times 3}$ contienen las coordenadas del origen del sistema de referencia móvil Σ_2 y de su orientación con respecto a Σ_1; en esta fase, Σ_1 hace el papel de un sistema de referencia fijo. El vector $\boldsymbol{p}_2 \in \Sigma_2(x_2, y_2, z_2)$ contiene las coordenadas del punto arbitrario $\mathcal{P}$. Los vectores $\boldsymbol{d}_1^2, \boldsymbol{p}_2 \in \mathbb{R}^3$ se encuentran representados por trazos punteados en la figura 4.3. Note que el sistema de referencia Σ_1 (con trazos interlineados) está superpuesto con el sistema Σ_2 haciendo evidente su orientación relativa. Entonces, el vector $\boldsymbol{p}_1$ definido en (4.11) se sustituye en (4.10), obteniendo:

$$\begin{aligned}
\boldsymbol{p}_0 &= \boldsymbol{d}_0^1 + R_0^1(\phi_1, \theta_1, \psi_1)\boldsymbol{p}_1 \\
&= \boldsymbol{d}_0^1 + R_0^1(\phi_1, \theta_1, \psi_1)\left[\boldsymbol{d}_1^2 + R_1^2(\phi_2, \theta_2, \psi_2)\boldsymbol{p}_2\right] \\
&= \underbrace{\boldsymbol{d}_0^1 + R_0^1(\phi_1, \theta_1, \psi_1)\boldsymbol{d}_1^2}_{\text{traslación compuesta}} + \underbrace{R_0^1(\phi_1, \theta_1, \psi_1)R_1^2(\phi_2, \theta_2, \psi_2)}_{\text{rotación compuesta}}\,\boldsymbol{p}_2
\end{aligned}$$

$$\boldsymbol{d}_0^2 = \boldsymbol{d}_0^1 + R_0^1(\phi_1, \theta_1, \psi_1)\boldsymbol{d}_1^2 \tag{4.12a}$$

$$R_0^2(\phi, \theta, \psi) = R_0^1(\phi_1, \theta_1, \psi_1)R_1^2(\phi_2, \theta_2, \psi_2) \tag{4.12b}$$

$$\boldsymbol{p}_0 = \boldsymbol{d}_0^2 + R_0^2(\phi, \theta, \psi)\boldsymbol{p}_2 \tag{4.12c}$$

donde el vector $\boldsymbol{d}_0^2 \in \mathbb{R}^3$ es la componente del movimiento de traslación, formado por $\boldsymbol{d}_0^1$ con las coordenadas del origen de Σ_1 con respecto a Σ_0 más $\boldsymbol{d}_1^2$ que contiene las coordenadas del origen de Σ_2 con respecto a Σ_1 convenientemente orientadas a través de la matriz de rotación $R_0^1(\phi_1, \theta_1, \psi_1)$. La expresión (4.12a) significa la componente de traslación cartesiana del origen de Σ_2 con respecto a Σ_0.

Por otro lado (4.12b): $R_0^2(\phi, \theta, \psi) = R_0^1(\phi_1, \theta_1, \psi_1)R_1^2(\phi_2, \theta 2, \psi_2)$ es la transformación completa de la orientación del sistema móvil Σ_2 con respecto al fijo: Σ_0; esta regla es conocida como una composición de rotaciones, la cual consta de una secuencia sucesiva de rotaciones de cada sistema de referencia, y que dicho orden en las rotaciones no se puede alterar ni modificar. La regla de transformación (4.12c) convierte las coordenadas de un punto arbitrario $\mathcal{P} = (x, y, z)$ registradas en el vector $\boldsymbol{p}_2 \in \Sigma_2(x_2, y_2, z_2)$ a coordenadas cartesianas en $\boldsymbol{p}_0 \in \Sigma_0(x_0, y_0, z_0)$, tomando en cuenta su orientación completa, dada por los ángulos $(\phi_1, \theta_1, \psi_1)$ y $(\phi_2, \theta_2, \psi_2)$. Sin embargo, debido a la complejidad de su estructura matemática en $R_0^2(\phi, \theta, \psi)$, la hace difícil utilizarla en análisis de rotaciones.

La ecuación (4.12c) es una regla de transformación de coordenadas de los sistemas $\Sigma_2(x_2, y_2, z_2)$, $\Sigma_1(x_1, y_1, z_1)$ hacia el sistema de referencia fijo con $\Sigma_0(x_0, y_0, z_0)$ e incluye un conjunto de movimientos de traslación y rotación en forma sucesivas. A este tipo de secuencias se les denomina composiciones de movimientos y se realizan en un orden específico, que no admiten cambios, no se pueden alterar ni modificar dicha secuencia de movimientos. Se rigen por expresiones analíticas bien definidas, con reglas de traslación y rotación.

La regla de composición $R_0^2(\phi, \theta, \psi) = R_0^1(\phi_1, \theta_1, \psi_1)R_1^2(\phi_2, \theta 2, \psi_2)$ es una expresión compleja, tomando en cuenta que cada matriz $R_0^1(\phi_1, \theta_1, \psi_1)$ y $R_1^2(\phi_2, \theta 2, \psi_2)$ tiene la forma de la matriz general de rotaciones (4.4); por lo que, no sería práctico su uso si no se cuenta con un procedimiento sencillo.

Leonhard Paul Euler (1707-1783), científico suizo

Físico-matemático y filósofo, nació el 15 de abril de 1707, en la ciudad de Basilea, Suiza. Fue alumno del científico suizo Johann Bernoulli; Euler es considerado como uno de los más grandes matemáticos en toda la historia de la humanidad. Realizo importantes aportaciones en cálculo, teoría de grafos, análisis matemáticos, mecánica, óptica y astronomía. Los números e y π fueron divulgados por él. En robótica es ampliamente utilizado el método de diferenciación numérica de la posición, para estimar la velocidad; los ángulos de Euler se emplean, para analizar la orientación de la herramienta de trabajo del robot. Murió el 18 de septiembre de 1783 en San Petesburgo, Rusia.

Dentro de sus principales contribuciones se encuentran las ecuaciones de movimiento de Euler-Lagrange, son la base fundamental de la mecánica analítica, la cual permite obtener el modelo dinámico de un robot manipulador y con las propiedades matemáticas que se deducen, nuevas estrategias de control se han diseñado, así como diversos regresores, para identificación paramétrica. Su productividad científica es tan prolífica, que realizó 887 trabajos entre libros, artículos y ensayos matemáticos, catalogados en 75 volúmenes.

Como homenaje a Euler, su retrato ha sido publicado en diversos billetes suizos y rusos. Asimismo, un cráter en la luna (en la misión del Apolo 17) y el asteroide 2002-Euler descubiertos en 1972 y 1973, respectivamente, recibieron su nombre.

Leonhard Euler en 1776, demostró que la orientación de un cuerpo rígido determinada por la matriz (4.4), es equivalente a una composición mínima de tres matrices de rotación elementales. Dicha contribución está establecida mediante el teorema de rotaciones de Euler, de la siguiente manera.

Teorema 4.1 (rotaciones de Euler (1776)): $R_0^1(\phi_1, \theta_1, \psi_1) = R_{e_1}(\phi_1)R_{e_2}(\theta_1)R_{e_3}(\psi_1)$

Dada una orientación arbitraria de un cuerpo rígido establecida por la matriz de rotación en (4.4): $R_0^1(\phi_1, \theta_1, \psi_1 1)$ es equivalente a una representación mínima compuesta por tres matrices de rotación elementales consecutivas alrededor de tres ejes principales del sistema de referencia $\Sigma_{e_1}\{e_{x_1}, e_{y_1}, e_{z_1}\}$; previamente, se indica el orden de los ejes: e_1, e_2, e_3; además, que dos rotaciones consecutivas no se realicen en el mismo eje [Corke, 2022]:

$$R_0^1(\phi_1, \theta_1, \psi_1) = R_{e_1}(\phi_1)R_{e_2}(\theta_1)R_{e_3}(\psi_1) \tag{4.13}$$

donde $R_{e_1}(\phi_1), R_{e_2}(\theta_1), R_{e_3}(\psi_1) \in SO(3)$ son matrices de rotación elementales.

De esta forma la ecuación (4.10) adquiere una forma compacta:

$$\boldsymbol{p}_0 = \boldsymbol{d}_0^1 + R_0^1(\phi_1, \theta_1, \psi_1)\boldsymbol{p}_1 = \boldsymbol{d}_0^1 + R_{e_1}(\phi_1)R_{e_2}(\theta_1)R_{e_3}(\psi_1)\boldsymbol{p}_1 \tag{4.14}$$

A continuación se describen las propiedades y utilidad de las matrices de rotación elementales, así como un conjunto de ejemplos con programación en **MATLAB** para una mejor comprensión.

4.2.3 Matriz de rotación alrededor del eje z, $R_z(\theta)$

Considere que el sistema de referencia móvil $\Sigma_1(z_1, y_1, z_1)$ tiene exclusivamente una rotación $\theta \in \mathbb{R}$ alrededor del eje z_0 del sistema fijo $\Sigma_0(z_0, y_0, z_0)$; esto significa que, los ejes z_0 y z_1 son paralelos $z_0 \parallel z_1$, entonces los planos $x_0 - y_0$ y $x_1 - y_1$ son paralelos entre sí, pero mantienen una orientación θ, como se muestra en la figura 4.4.

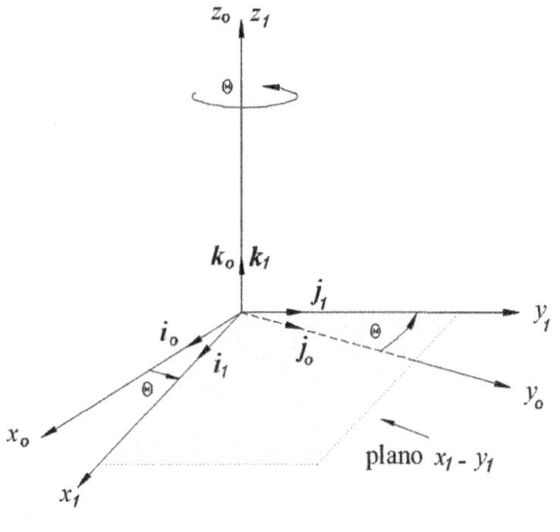

Figura 4.4: Rotación elemental $R_z(\theta)$ de un ángulo θ alrededor del eje z_0

La problemática que se plantea es deducir qué forma tiene la matriz de rotación elemental $R_{z_0}(\theta)$ que describe la orientación del sistema $\Sigma_1(x_1, y_1, z_1)$ con respecto al sistema fijo $\Sigma_0(x_0, y_0, z_0)$, cuando la rotación θ se realiza alrededor del eje z_0. Suponga que el signo del ángulo θ es positivo, es decir, cuyo sentido de rotación es contrario al movimiento de las manecillas del reloj (sentido antihorario), en este caso la dirección de rotación del ángulo θ es del eje x_0 hacia el eje y_0.

Las siguientes relaciones para la matriz (4.4) se deducen de la figura 4.4:

$$\boldsymbol{i}_1 \cdot \boldsymbol{i}_0 = \cos(\theta) \qquad \boldsymbol{j}_1 \cdot \boldsymbol{i}_0 = \cos(\tfrac{\pi}{2} + \theta) = -\operatorname{sen}(\theta)$$

$$\boldsymbol{j}_1 \cdot \boldsymbol{j}_0 = \cos(\theta) \qquad \boldsymbol{i}_1 \cdot \boldsymbol{j}_0 = \cos(\tfrac{\pi}{2} - \theta) = \operatorname{sen}(\theta)$$

$$\boldsymbol{k}_0 \cdot \boldsymbol{k}_1 = \cos(0) = 1$$

Observe que para los demás productos punto, el resultado es cero, debido a que el ángulo entre los vectores unitarios es $\frac{\pi}{2}$ rad o 90°; es decir, son vectores ortogonales. Este es el caso para: $\boldsymbol{i}_0$ con $\boldsymbol{k}_1$; $\boldsymbol{j}_0$ con $\boldsymbol{k}_1$; $\boldsymbol{k}_0$ con $\boldsymbol{j}_1$ y $\boldsymbol{k}_0$ con $\boldsymbol{i}_1$; excepto $\boldsymbol{k}_0$ y $\boldsymbol{k}_1$, puesto que son paralelos y forman entre ellos un ángulo de 0°. En otras palabras, se cumple lo siguiente: $\boldsymbol{k}_1 \cdot \boldsymbol{i}_0 = \cos(\frac{\pi}{2}) = 0$, $\boldsymbol{k}_1 \cdot \boldsymbol{j}_0 = \cos(\frac{\pi}{2}) = 0, \boldsymbol{i}_1 \cdot \boldsymbol{k}_0 = \cos(\frac{\pi}{2}) = 0$ y $\boldsymbol{j}_1 \cdot \boldsymbol{k}_0 = \cos(\frac{\pi}{2}) = 0$; además, $\boldsymbol{k}_0 \cdot \boldsymbol{k}_1 = \cos(0) = 1$.

Con los anteriores argumentos, la matriz de rotación $R_z(\theta)$ que describe la rotación elemental θ alrededor del eje z, queda de la siguiente manera:

$$R_z(\theta) = \begin{bmatrix} \cos(\theta) & -\operatorname{sen}(\theta) & 0 \\ \operatorname{sen}(\theta) & \cos(\theta) & 0 \\ 0 & 0 & 1 \end{bmatrix} \tag{4.15}$$

La matriz de rotación $R_z(\theta)$ se interpreta como la matriz que relacionada la orientación θ del sistema de referencia móvil $\Sigma_1(x_1, y_1, z_1)$ con respecto al sistema de referencia fijo $\Sigma_0(x_0, y_0, z_0)$, entonces un vector $\boldsymbol{p}_1$ con coordenadas (x_1, y_1, z_1) en Σ_1 es transformado al vector $\boldsymbol{p}_0$ con coordenadas (x_0, y_0, z_0) en el sistema fijo Σ_0 como a continuación se indica:

$$\boldsymbol{p}_0 = R_z(\theta)\boldsymbol{p}_1 = \begin{bmatrix} \cos(\theta) & -\operatorname{sen}(\theta) & 0 \\ \operatorname{sen}(\theta) & \cos(\theta) & 0 \\ 0 & 0 & 1 \end{bmatrix} \boldsymbol{p}_1. \tag{4.16}$$

La relación inversa que determina la orientación del sistema $\Sigma_0\,(x_0, y_0, z_0)$ con respecto al sistema $\Sigma_1\,(x_1, y_1, z_1)$ está dada por:

$$\boldsymbol{p}_1 = R_z^T(\theta)\boldsymbol{p}_0 = \begin{bmatrix} \cos(\theta) & \operatorname{sen}(\theta) & 0 \\ -\operatorname{sen}(\theta) & \cos(\theta) & 0 \\ 0 & 0 & 1 \end{bmatrix} \boldsymbol{p}_0. \tag{4.17}$$

Por lo tanto, el vector $\boldsymbol{p}_0$ en el sistema $\Sigma_0\,(x_0, y_0, z_0)$ es transformado hacia el vector $\boldsymbol{p}_1$ en el sistema $\Sigma_1\,(x_1, y_1, z_1)$, indicando su orientación relativa.

Otro punto de vista diferente para deducir la matriz $R_z(\theta)$, es empleando un modelo geométrico que relaciona la orientación θ del sistema de referencia $\Sigma_1\,(z_1, y_1, z_1)$ con respecto al sistema fijo $\Sigma_0\,(z_0, y_0, z_0)$; en este caso resulta simple el análisis a través de geometría aplicada. Los ejes x_1, y_1 de Σ_1 son proyectados sobre los ejes x_0, y_0 en Σ_0 como lo muestra la figura 4.5. Los sistemas $\Sigma_0(x_0, y_0, z_0)$ y $\Sigma_1(x_1, y_1, z_1)$ comparten el mismo origen y los ejes z_0 y z_1 son paralelos; el análisis se realiza en el primer cuadrante del plano cartesiano; las coordenadas p_{1x}, p_{1y} representan hipotenusas de los triángulos rectángulos que se forman en el primer y segundo cuadrante, respectivamente del modelo geométrico de la figura 4.5.

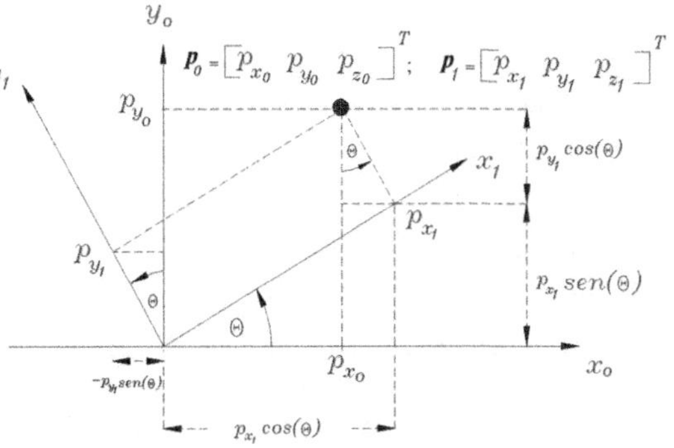

Figura 4.5: Rotación θ alrededor del eje z_0; ejes $(z_0 \parallel z_1) \wedge \perp (x_0 - y_0)$

Note que la proyección de las coordenadas p_{x_1} y p_{y_1} corresponde al signo positivo y negativo, respectivamente sobre el eje x_0; mientras que para el eje y_0 ambas proyecciones geométricas de p_{x_1} y p_{y_1}, tienen componente positiva. Entonces, la proyección de coordenadas del vector $\boldsymbol{p}_1 = [p_{x_1}, p_{y_1}, p_{z_1}]^T$ sobre el plano $x_0 - y_0$ de $\Sigma_0(x_0, y_0, z_0)$ es:

$$\begin{aligned} p_{x_0} &= p_{x_1}\cos(\theta) - p_{y_1}\,\mathrm{sen}(\theta) \\ p_{y_0} &= p_{x_1}\,\mathrm{sen}(\theta) + p_{y_1}\cos(\theta) \\ p_{z_0} &= p_{z_1}, \text{ por ser ejes paralelos: } z_0 \parallel z_1 \end{aligned} \Longrightarrow \underbrace{\begin{bmatrix} p_{x_0} \\ p_{y_0} \\ p_{z_0} \end{bmatrix}}_{\boldsymbol{p}_0} = \underbrace{\begin{bmatrix} \cos(\theta) & -\mathrm{sen}(\theta) & 0 \\ \mathrm{sen}(\theta) & \cos(\theta) & 0 \\ 0 & 0 & 1 \end{bmatrix}}_{R_{z(\theta)}} \underbrace{\begin{bmatrix} p_{x_1} \\ p_{y_1} \\ p_{z_1} \end{bmatrix}}_{\boldsymbol{p}_1}$$

$$\therefore\ \boldsymbol{p}_0 = R_z(\theta)\boldsymbol{p}_1 \tag{4.18}$$

La relación (4.18) se obtiene, con las proyecciones geométricas de $\boldsymbol{p}_1$ sobre Σ_0; la matriz de rotación $R_z(\theta)$ coincide con (4.16). Por lo que, el método empleado con el producto escalar, para deducir la expresión (4.4) es equivalente al modelo geométrico de la figura 4.5.

• Ejemplo 4.1

Considere a $\Sigma_0(x_0, y_0, z_0)$ y $\Sigma_1(x_1, y_1, z_1)$ compartiendo el mismo origen. Sea un prisma sólido colocado en el sistema de referencia $\Sigma_1(x_1, y_1, z_1)$, cuyo vértice izquierdo inferior se encuentra en el origen de Σ_1; el vector $\boldsymbol{p}_1 = [0.55, 0.1, 0.25]^T$ m $\in \Sigma_1(x_1, y_1, z_1)$ contiene las coordenadas de un punto en particular de referencia del prisma; por ejemplo, la marca circular que se indica en la figura 4.6. Describir cómo se transforman las coordenadas de la marca circular en el sistema $\Sigma_0(x_0, y_0, z_0)$, cuando $\Sigma_1(x_1, y_1, z_1)$ rota junto con el prisma sólido un ángulo $\theta = \frac{\pi}{4}$ rad (45°) alrededor del eje z_0.

Solución

El vector $\boldsymbol{p}_1 = [0.55, 0.1, 0.25]^T$m contiene las coordenadas de referencia de la marca circular sobre el prisma sólido; los sistemas de referencia Σ_1 y Σ_0 comparten el mismo origen y los ejes z_0 y z_1 son paralelos; cuando $\theta = 0$ rad, el prisma se encuentra como en la figura 4.6, en esta fase inicial $\boldsymbol{p}_0 = \boldsymbol{p}_1$, puesto que $R_{z_0}(0) = I \in \mathbb{R}^{3\times 3}$; significa que no hay desplazamiento rotacional, coincidiendo el eje x_1 con el eje x_0; de igual forma, el eje y_1 está superpuesto con el eje y_0.

La rotación $\theta = \frac{\pi}{4}$ rad (45°) se realiza en dirección positiva alrededor del eje z_0, con sentido contrario a las manecillas de reloj; es decir, el sentido positivo del desplazamiento rotacional θ corresponde a rotar alrededor de z_0 iniciando desde el eje x_0 hacia el eje y_0 (regla de la mano derecha), de tal forma que, el plano móvil $x_1 - y_1 \in \Sigma_1$ mantiene en todo momento una orientación relativa θ con respecto al plano fijo $x_0 - y_0 \in \Sigma_0$.

Lo anterior significa que el prisma sólido rota un ángulo θ, junto con el sistema de referencia $\Sigma_1(x_1, y_1, z_1)$, el cual se encuentra rígidamente acoplado al prisma. Mientras que el sistema $\Sigma_0(x_0, y_0, z_0)$ permanece fijo. Cuando se realiza una rotación alrededor del eje z_0, el eje z_1 es paralelo a z_1, antes y después de la rotación: $z_0 \parallel z_1$. Además, z_0 siempre es $\perp$ al plano $x_1 - y_1$.

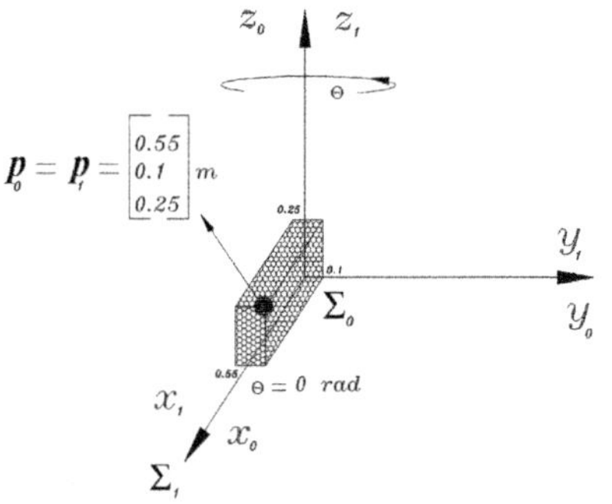

Figura 4.6: Prisma sólido en Σ_1; si $\theta = 0 \Longrightarrow \boldsymbol{p}_0 = \boldsymbol{p}_1$

La figura 4.7 muestra la rotación del prisma $\theta = \frac{\pi}{4}$ rad, alrededor del eje z_0. Debido a que el sistema $\Sigma_1(x_1, y_1, z_1)$ se encuentra rígidamente acoplado al sólido, los ejes x_1, y_1, z_1 del sistema de referencia Σ_1 no se deforman ni presentan flexibilidad durante el proceso de rotación.

De tal manera que las coordenadas del vector $\boldsymbol{p}_1 \in \Sigma_1(x_1, y_1, z_1)$ quedan sin cambio; esto aplica para todas las coordenadas del prisma sólido.

La transformación de coordenadas de $\boldsymbol{p}_1 \in \Sigma_1$ hacia $\boldsymbol{p}_0 \in \Sigma_0$ es:

$$\begin{bmatrix} p_{x_0} \\ p_{y_0} \\ p_{z_0} \end{bmatrix} = R_z(\theta) \begin{bmatrix} p_{x_1} \\ p_{y_1} \\ p_{z_1} \end{bmatrix} = \begin{bmatrix} \cos(\theta) & -\operatorname{sen}(\theta) & 0 \\ \operatorname{sen}(\theta) & \cos(\theta) & 0 \\ 0 & 0 & 1 \end{bmatrix} \begin{bmatrix} p_{x_1} \\ p_{y_1} \\ p_{z_1} \end{bmatrix}$$

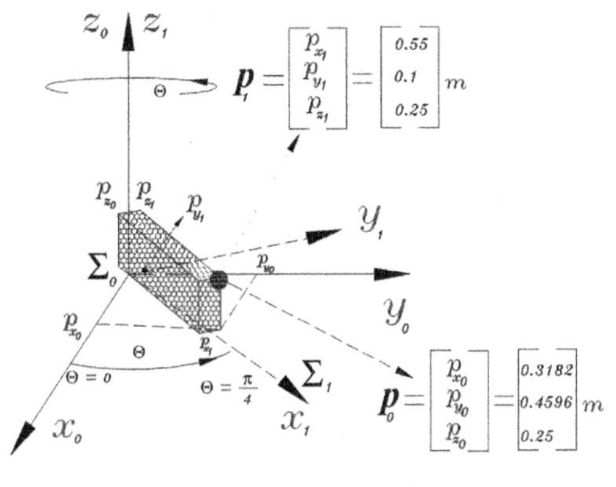

Figura 4.7: Rotación $\theta = \frac{\pi}{4}$ rad, de Σ_1 con respecto a Σ_0

Para el caso específico de la marca circular de referencia en el prisma sólido, cuando la rotación $\theta = \frac{\pi}{4}$ rad, tenemos la siguiente relación numérica entre los vectores $\boldsymbol{p}_0 \in \Sigma_0(x_0, y_0, z_0)$ y $\boldsymbol{p}_1 \in \Sigma_1(x_1, y_1, z_1)$:

$$\underbrace{\begin{bmatrix} 0.3182 \\ 0.4596 \\ 0.25 \end{bmatrix}}_{\boldsymbol{p}_0} = \underbrace{\begin{bmatrix} \cos(\frac{\pi}{4}) & -\operatorname{sen}(\frac{\pi}{4}) & 0 \\ \operatorname{sen}(\frac{\pi}{4}) & \cos(\frac{\pi}{4}) & 0 \\ 0 & 0 & 1 \end{bmatrix}}_{R_z(\frac{\pi}{4})} \underbrace{\begin{bmatrix} 0.55 \\ 0.1 \\ 0.25 \end{bmatrix}}_{\boldsymbol{p}_1}$$

El valor numérico de las coordenadas en $\boldsymbol{p}_0 = [0.3182, 0.4596, 0.25]^T$ m, mientras que $\boldsymbol{p}_1 \in \Sigma_1(x_1, y_1, z_1)$ no cambia: $\boldsymbol{p}_1 = [0.55, 0.1, 0.25]^T$ m.

•••

4.2.4 Matriz de rotación alrededor del eje x, $R_x(\theta)$

Considere el sistema de referencia móvil $\Sigma_1(x_1, y_1, z_1)$, el cual tiene una orientación relativa θ alrededor del eje x_0 del sistema fijo $\Sigma_0(x_0, y_0, z_0)$, como se muestra en la figura 4.8. Note que los ejes x_1 y x_0 coinciden y son paralelos. El ángulo de rotación θ gira alrededor del eje x_0 en sentido positivo; entonces la dirección de giro es del eje y_0 hacia el eje z_0. El plano $z_1 - y_1$ gira θ rad con respecto al plano fijo $z_0 - y_0$.

Debido a que la rotación θ se realiza alrededor del eje x_0, los ejes x_0 y x_1 permanecen paralelos: es decir, $(x_0 \parallel x_1)$; el plano $x_1 - y_1$ tiene rotación relativa θ con respecto al plano fijo $x_0 - y_0$. La primera columna de la matriz ortogonal (4.4) corresponde a los producto punto: $[\boldsymbol{i}_1 \cdot \boldsymbol{i}_0 \quad \boldsymbol{i}_1 \cdot \boldsymbol{j}_0 \quad \boldsymbol{i}_1 \cdot \boldsymbol{k}_0]^T$; entonces, $\boldsymbol{i}_1 \cdot \boldsymbol{i}_0 = \cos(0) = 1$, $\boldsymbol{i}_1 \cdot \boldsymbol{j}_0 = \cos(\frac{\pi}{2}) = 0$; $\boldsymbol{i}_1 \cdot \boldsymbol{k}_0 = \cos(\frac{\pi}{2}) = 0$. La segunda columna $[\boldsymbol{j}_1 \cdot \boldsymbol{i}_0 \quad \boldsymbol{j}_1 \cdot \boldsymbol{j}_0 \quad \boldsymbol{j}_1 \cdot \boldsymbol{k}_0]^T$ de la matriz de rotación R_0^1 (4.4) tiene componentes: $\boldsymbol{j}_1 \cdot \boldsymbol{i}_0 = \cos(\frac{\pi}{2}) = 0$ y $\boldsymbol{j}_1 \cdot \boldsymbol{j}_0 = \cos(\theta)$; el producto punto $\boldsymbol{j}_1 \cdot \boldsymbol{k}_0 = \cos(\theta - \frac{\pi}{2}) = \operatorname{sen}(\theta)$. Finalmente, para la tercera columna $[\,\boldsymbol{k}_1 \cdot \boldsymbol{i}_0 \quad \boldsymbol{k}_1 \cdot \boldsymbol{j}_0 \quad \boldsymbol{k}_1 \cdot \boldsymbol{k}_0\,]^T$, sus componentes toman la siguiente forma: $\boldsymbol{k}_1 \cdot \boldsymbol{i}_0 = \cos(\frac{\pi}{2}) = 0$, $\boldsymbol{k}_1 \cdot \boldsymbol{j}_0 = \cos(\theta + \frac{\pi}{2}) = -\operatorname{sen}(\theta)$ y $\boldsymbol{k}_1 \cdot \boldsymbol{k}_0 = \cos(\theta)$.

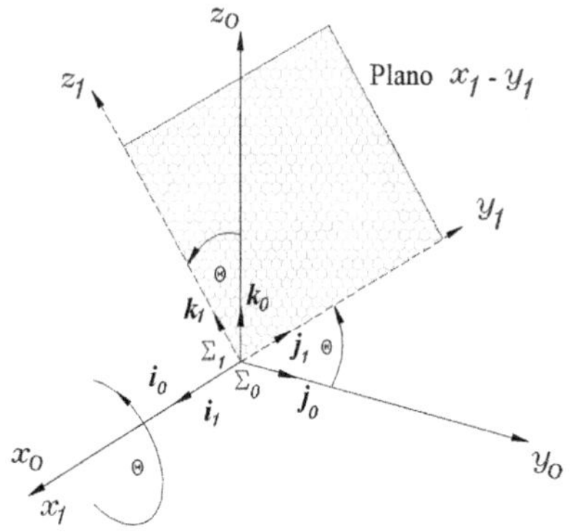

Figura 4.8: Rotación de un ángulo θ alrededor del eje x_0, $(x_0 \parallel x_1)$

Por lo tanto, la correspondiente matriz de rotación $R_0^1(\theta)$, cuyo ángulo θ gira alrededor del eje x_0 está dada por:

$$R_0^1(\theta) = \begin{bmatrix} 1 & 0 & 0 \\ 0 & \cos(\theta) & -\operatorname{sen}(\theta) \\ 0 & \operatorname{sen}(\theta) & \cos(\theta) \end{bmatrix} \tag{4.19}$$

Otro punto de vista para obtener la matriz de rotación $R_x(\theta)$ es por medio de proyecciones geométricas, con esta finalidad, considere la figura 4.9:

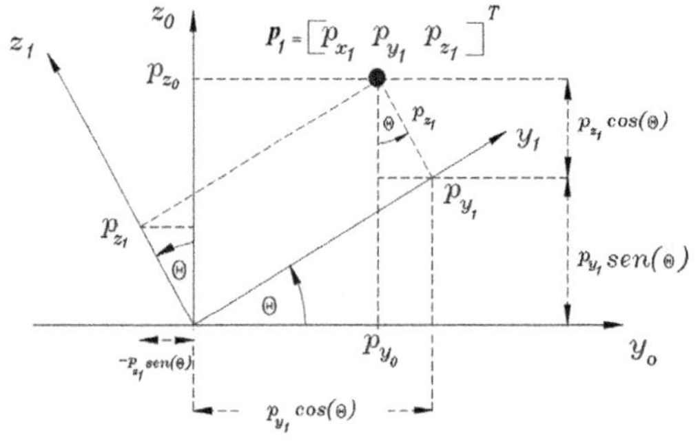

Figura 4.9: Rotación θ alrededor de x_0

El plano $y_1 - z_1$ tiene una rotación θ con respecto al plano fijo $y_0 - z_0$, cuyo sentido de giro es del eje y_0 hacia el eje z_0; los ejes x_0 y x_1 son paralelos entre sí y ambos ejes perpendiculares a los planos $y_0 - z_0$ y $y_1 - z_1$ (es decir: $x_0 \parallel x_1 \perp\ y_0 - z_0\ \wedge\ y_1 - z_1$);

además dichos planos son paralelos entre sí ($z_0 - y_0 \parallel z_1 - y_1$). Los sistemas de referencia Σ_0 y Σ_1 están determinados por la regla de la mano derecha; el ángulo de rotación θ tiene dirección positiva cuando se mueve en sentido antihorario.

Las coordenadas de un punto arbitrario $\mathcal{P}$ en el sistema de referencia $\Sigma_0(x_0, y_0, z_0)$ se encuentran contenidas en el vector $\boldsymbol{p}_0 = [p_{x_0}, p_{y_0}, p_{z_0}]^T$; mientras que las coordenadas de ese mismo punto $\mathcal{P}$ en $\Sigma_1(x_1, y_1, z_1)$ se encuentra representado por el vector $\boldsymbol{p}_1 = [p_{x_1}, p_{y_1}, p_{z_1}]^T$, cuya proyección en Σ_1 está dada por (ver figura 4.9):

$$
\begin{aligned}
p_{0x} &= p_{1x}, \quad \text{por ser ejes paralelos } x_0 \parallel x_1 \\
p_{0y} &= p_{1y}\cos(\theta) - p_{1z}\,\text{sen}(\theta) \\
p_{0z} &= {}_{1y}\,\text{sen}(\theta) + p_{1z}\cos(\theta)
\end{aligned}
\quad \Longrightarrow \quad
\begin{bmatrix} p_{x_0} \\ p_{y_0} \\ p_{z_0} \end{bmatrix} = \underbrace{\begin{bmatrix} 1 & 0 & 0 \\ 0 & \cos(\theta) & -\,\text{sen}(\theta) \\ 0 & \text{sen}(\theta) & \cos(\theta) \end{bmatrix}}_{R_x(\theta)} \begin{bmatrix} p_{x_1} \\ p_{y_1} \\ p_{z_1} \end{bmatrix}
$$

$$
\therefore \; \boldsymbol{p}_0 = R_x(\theta)\boldsymbol{p}_1
$$

En otras palabras, dado el vector $\boldsymbol{p}_1 = [\,p_{x_1}, p_{y_1}, p_{z_1}\,]^T$ en el sistema de referencia Σ_1, la matriz de rotación $R_x(\theta)$ realiza la transformación de coordenadas al sistema de referencia fijo Σ_0, registrando la convertidas coordenadas en el vector $\boldsymbol{p}_0 = [\,p_{0x}, p_{0y}, p_{0z}\,]^T$. La estructura matemática de la matriz de rotación $R_x(\theta)$ que se obtiene a través del método geométrico coincide plenamente con el resultado desarrollado en (4.19).

4.2.5 Matriz de rotación alrededor del eje y, $R_y(\theta)$

Para deducir la estructura matemática que caracteriza la matriz de rotación R_0^1 cuando se rota un ángulo θ alrededor del eje y_0, se plantea el siguiente procedimiento. Considere los sistemas de referencia fijo $\Sigma_0(x_0, y_0, z_0)$ y el móvil $\Sigma_1(x_1, y_1, z_1)$ que comparten el mismo origen, tal y como se ilustra en la figura 4.10. Entonces, los ejes y_0, y_1 son paralelos entre sí ($y_0 \parallel y_1$); el sistema de referencia $\Sigma_1(x_1, y_1, z_1)$ tiene una orientación θ alrededor del eje y_0 en relación al sistema fijo $\Sigma_0(x_0, y_0, z_0)$, cuyo sentido de giro es del eje z_0 hacia el eje x_0. Los planos $x_0 - z_0$ y $x_1 - z_1$ son paralelos; sin embargo, el plano $x_1 - z_1$ tiene una rotación θ con respecto al plano fijo $x_0 - z_0$.

Puesto que la rotación θ es alrededor del eje y_0, entonces los ejes y_0, y_1 permanecerán paralelos: $y_0 \parallel y_1$; el ángulo entre estos ejes siempre es cero: $\boldsymbol{j}_1 \cdot \boldsymbol{j}_0 = \cos(0) = 1$. Observe que independientemente del ángulo de rotación θ, el vector unitario $\boldsymbol{i}_1$ permanece ortogonal ($\frac{\pi}{2}$ rad o 90°) al vector unitario $\boldsymbol{j}_0$; lo mismo sucede con los vectores unitarios $\boldsymbol{k}_1$ y $\boldsymbol{j}_0$; $\boldsymbol{j}_1$ y $\boldsymbol{k}_0$. Por lo que el correspondiente producto escalar $\boldsymbol{j}_1 \cdot \boldsymbol{i}_0 \cos(\frac{\pi}{2}) = 0$. Además, el ángulo que existe entre $\boldsymbol{i}_1$ y $\boldsymbol{k}_0$ es $\theta + \frac{\pi}{2} \Longrightarrow \boldsymbol{i}_1 \cdot \boldsymbol{k}_0 = \cos(\theta + \frac{\pi}{2}) = -\,\text{sen}(\theta)$; y el ángulo que hay entre $\boldsymbol{k}_1$ e $\boldsymbol{i}_0$ es $\frac{\pi}{2} - \theta \Longrightarrow \boldsymbol{k}_1 \cdot \boldsymbol{i}_0 = \cos(\frac{\pi}{2} - \theta) = \text{sen}(\theta)$.

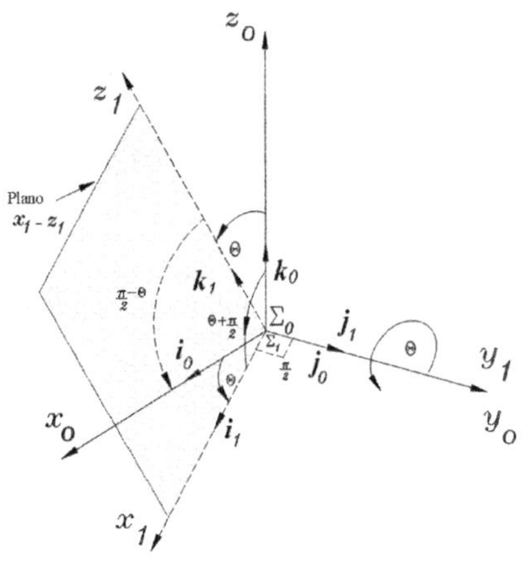

Figura 4.10: Rotación θ alrededor de y_0

Es importante resaltar que la dirección positiva de giro (sentido contrario a la manecillas del reloj) es del eje z_0 hacia el eje x_0; además, el ángulo $\theta = 0$ es justo sobre el eje z_0. De esta forma, los planos $z_0 - x_0$ y $z_1 - x_1$ son paralelos, tal que, el plano $z_1 - x_1$ mantiene una orientación θ relativa al plano fijo $z_0 - x_0$ y los ejes y_0, y_1 permanecen perpendiculares a dichos planos y paralelos entre sí ($y_0 \parallel y_1$).

Tomando en cuenta las anteriores consideraciones cuando θ gira alrededor del eje y_0, la matriz de rotación R_0^1 definida en la expresión (4.4), adquiere la siguiente forma:

$$R_0^1(\theta) = \begin{bmatrix} \cos(\theta) & 0 & \operatorname{sen}(\theta) \\ 0 & 1 & 0 \\ -\operatorname{sen}(\theta) & 0 & \cos(\theta) \end{bmatrix}$$

En consecuencia, la matriz de rotación R_0^1, cuyo ángulo θ rota alrededor del eje y_0 tiene la siguiente forma:

$$R_y(\theta) = \begin{bmatrix} \cos(\theta) & 0 & \operatorname{sen}(\theta) \\ 0 & 1 & 0 \\ -\operatorname{sen}(\theta) & 0 & \cos(\theta) \end{bmatrix} \tag{4.20}$$

De manera similar a las matrices de rotación $R_z(\theta)$ y $R_x(\theta)$, un método geométrico opcional para verificar que se confirma la estructura matemática de la matriz de rotación $R_y(\theta)$ definida por la expresión (4.20), se ilustra en la figura 4.11.

La proyección del vector $\boldsymbol{p}_1 \in \Sigma_1$ sobre el sistema de referencia fijo Σ_0 está dado por la siguiente relación de expresiones:

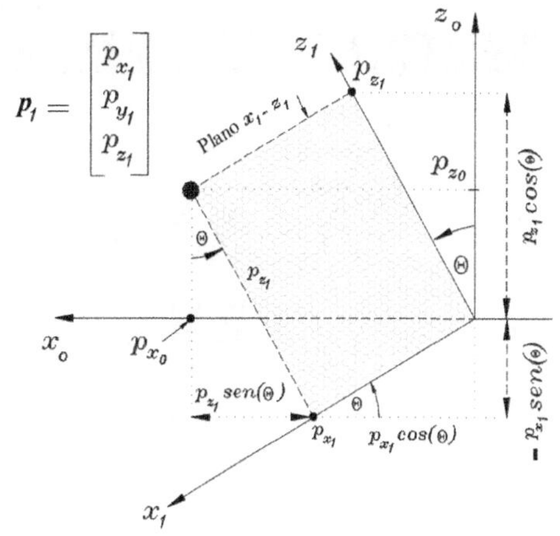

Figura 4.11: Rotación θ alrededor del eje y_0

$$
\begin{aligned}
p_{x_0} &= p_{x_1}\cos(\theta) + p_{z_1}\,\mathrm{sen}(\theta) \\
p_{y_0} &= p_{y_1}, \quad \text{ejes paralelos } y_0 \parallel y_1 \\
p_{z_0} &= p_{x_1}\,\mathrm{sen}(\theta) + p_{z_1}\cos(\theta)
\end{aligned}
\Longrightarrow
\begin{bmatrix} p_{0x} \\ p_{0y} \\ p_{0z} \end{bmatrix} = \underbrace{\begin{bmatrix} \cos(\theta) & 0 & \mathrm{sen}(\theta) \\ 0 & 1 & 0 \\ -\,\mathrm{sen}(\theta) & 0 & \cos(\theta) \end{bmatrix}}_{R_y(\theta)} \begin{bmatrix} p_{1x} \\ p_{1y} \\ p_{1z} \end{bmatrix}
$$

$$\therefore\ \boldsymbol{p}_0 = R_y(\theta)\boldsymbol{p}_1$$

este desarrollo determina la relación que existe entre el vector $\boldsymbol{p}_0$ y $\boldsymbol{p}_1$, cuando se realiza una rotación alrededor del eje y_0.

4.2.6 Propiedades de la matrices de rotación elementales

Si se realizan dos rotaciones elementales consecutivas alrededor del mismo eje, entonces equivale a una rotación, con la suma de ángulos, por ejemplo: sea el caso para el eje x: $R_x(\alpha)R_x(\beta) = R_x(\alpha+\beta)$. Para este caso, también se cumple la propiedad de conmutatividad: $R_x(\alpha)R_x(\beta) = R_x(\beta)R_x(\alpha) = R_x(\alpha+\beta)$.

Sin embargo, cuando las rotaciones no son con respecto al mismo eje, entonces no se pueden agrupar ni conmutar el producto, como sucede con la siguiente expresión: $R_y(\alpha)R_x(\beta) \neq R_x(\beta)R_y(\alpha)$.

Existen un conjunto de propiedades matemáticas, que caracterizan a la matrices de rotación elementales $R_x(\theta), R_y(\theta), R_z(\theta) \in \mathbb{R}^{3\times 3}$ y que facilitan el proceso, para analizar la orientación de un robot; a continuación se describen esas propiedades.

Propiedades de las matrices de rotación elementales

Sea $R_\mu(\theta) \in \mathbb{R}^{3\times 3}$ una matriz de rotación elemental, donde μ puede ser cualquier de los ejes principales de un determinando sistema de referencia cartesiano, $\mu = \{x, y, z\}$:

- $R_\mu(0) = I \in \mathbb{R}^{3\times 3}$
- $R_\mu^T(\theta)R_\mu(\theta) = I$
 $R_\mu(\theta)R_\mu^T(\theta) = I$
- $R_\mu(\alpha)R_\mu(\beta) = R_\mu(\alpha+\beta)$
- $R_\mu(\beta)R_\mu(\alpha) = R_\mu(\alpha+\beta)$
- $R_\mu(-\theta) = R_\mu^{-1}(\theta)$
- $R_\mu^T(\theta) = R_\mu^{-1}(\theta)$
- $\det[R_\mu(\theta)] = 1$
- $\det[R_\mu^T(\theta)] = 1$
- $\|R_\mu(\theta)\| = 1$
- $\|R_\mu(-\theta)\| = 1$

•• Ejemplo 4.2

Desarrollar un programa en código fuente **MATLAB**, con programación simbólica, para comprobar las propiedades de las matrices de rotación elementales.

Solución

El programa principal `cap4_PropRotElem.m` se encuentra en el cuadro de código **MATLAB** 4.1 contiene la programación simbólica requerida para verificar las propiedades de las matrices de rotación elementales. En este programa se hacen llamados a las rutina Rz(θ); para una correcta ejecución (preparar su entorno y pase de parámetros θ) se requiere que el usuario antes de ejecutar el programa:

Para correr el programa `cap4_PropRotElem.m`

- Para correr correctamente las funciones del programa `cap4_PropRotElem.m`, primero se requiere que el lector acceda al sitio Web de esta obra y descargue todos los programas y funciones del capítulo 4.
- Instalar ese código en el directorio previamente definido por el usuario.
- Cargar al editor de **MATLAB** el programa `cap4_PropRotElem.m` y *click* sobre el icono *Run*.

En el cuadro de código **MATLAB** 4.1, la línea 2 contiene la declaración de variables simbólicas especificando que su uso es exclusivamente para números reales, de esta forma, se descarta el empleo de representación simbólica para variables complejas. De las líneas 3-10 se realiza la programación simbólica para verificar que se cumplen las propiedades de las matrices de rotación elementales en la pagina 164. Un ejemplo de cómo hacer cálculos numéricos con la función $R_z(\theta)$ se ilustra en la línea 11. En lugar de Rz(θ), el lector puede utilizar las funciones Rx(θ) y Ry(θ).

Para expresiones matemáticas con variables simbólicas, la función simplify($\cdots$) resulta importante para obtener un resultado algebraico compacto y reducido. En cálculos numéricos usando variables simbólicas es recomendable primero utilizar la función digits(3) (por ejemplo, con precisión de tres dígitos), como se indica en la línea 12. En la ventana de comandos de **MATLAB**, el lector puede encontrar mayor información sobre las funciones de variables simbólicas:

fx >> doc simplify ↩

fx >> doc digits ↩

Código MATLAB 4.1 cap4_PropRotElem.m

Robótica: Control de Robots Manipuladores

Capítulo 4. Cinemática analítica de Euler

Fernando Reyes Cortés

Alfaomega Grupo Editor: "**Te acerca al conocimiento**".

Programa: cap4_PropRotElem.m	MATLAB versión 2024a

```
1  clc; clearvars; close all;
2  syms a b real
3  simplify(Rz(a)*Rz(b))  %Rz(a)Rz(b) = Rz(a+b).
4  simplify(Rz(b)*Rz(a))  %Rz(b)Rz(a) = Rz(b+a)
5  simplify(inv(Rz(a)))  %Rz(a)^-1
6  simplify(Rz(-a))  %Rz(a)^-1 = Rz(-a)
7  simplify(Rz(a)')  %Rz(a)^T = Rz(a)^-1
8  simplify(Rz(a)'*Rz(a))  %Rz(a)^T Rz(a) = I
9  simplify(Rz(a)*Rz(a)')  %Rz(a)Rz(a)^T = I
10 simplify(det(Rz(a)))  %det[Rz(a)]=1.
11 theta=90*pi/180; %θ = 90 π/180 = π/2 %Cálculo numérico de variables simbólicas.
12 digits(3); Rz(theta) % Rz(θ)
```

•••

4.3 Ángulos de Euler

La composición de rotaciones es una secuencia consecutiva de matrices de rotación elementales para modelar la orientación de un cuerpo mecánico rígido; es una expresión analítica que se realiza con un orden específico que no se puede modificar ni alterar. Se utilizan tres parámetros independientes, llamados ángulos de Euler: $(\phi 1_{e_1}, \theta 1_{e_2}, \psi 1_{e_3})$ que determinan una representación mínima para la orientación del sistema de referencia Σ_1 con respecto a Σ_0; cada uno de estos parámetro define un giro con respecto a un eje principal $\{e_1, e_2, e_3\}$; como lo indica el teorema (4.1).

Notación: $R_0^1(\phi 1_{e_1}, \theta 1_{e_2}, \psi 1_{e_3})$

La matriz de rotación $R_0^1(\phi 1_{e_1}, \theta 1_{e_2}, \psi 1_{e_3})$ es una secuencia consecutiva de tres matrices de rotación elementales usando los ángulos de Euler, que determinan la orientación del sistema de referencia Σ_1 con respecto a Σ_0; donde e_j es cualquier eje principal $\{x_j, y_j, z_j\}$, previamente especificado, para $j = 1, 2, 3$. Ningún eje e_j pueden aparecer repetido dos veces en forma consecutiva.

$$R_0^1(\phi 1_{e_1}, \theta 1_{e_2}, \psi 1_{e_3}) = R_{e_1}(\phi_1) R_{e_2}(\theta_1) R_{e_3}(\psi_1) \tag{4.21}$$

la primera rotación ϕ_1 se realiza alrededor del eje e_1; seguido de θ_1 con respecto al eje e_2 y la última rotación ψ_1 es alrededor de e_3.

Una vez defina la secuencia de ejes, las matrices no pueden conmutar: $R_{e_1}(\phi_1) R_{e_2}(\theta_1) R_{e_3}(\psi_1) \neq R_{e_2}(\theta_1) R_{e_1}(\phi_1) R_{e_3}(\psi_1)$.

Los ángulos de Euler se aplican en sistemas de referencia móviles y es la representación que ofrece mayores ventajas para la descripción analítica de la cinemática en robots manipuladores. El subíndice en los tres ángulos de Euler $(\phi 1_{e_1}, \theta 1_{e_2}, \psi 1_{e_3})$ debe coincidir con el subíndice de Σ_1.

Existen 12 conjuntos diferentes de secuencias de rotación para los ángulos de Euler, cada una formada por tres matrices de rotación elementales, asociadas con los ejes principales; la tabla 4.1 presenta esas combinaciones. Observe que no aparece la secuencia $R_0^1(\phi 1_{e_{x_1}}, \theta 1_{e_{x_2}}, \psi 1_{e_{x_3}})$, puesto que no define tres rotaciones consecutivas, por ejemplo: de acuerdo con las propiedades de matrices de rotación elementales (ver página 164):

$R_0^1(\phi_{1_{e_{x_1}}}, \theta_{1_{e_{x_2}}}, \psi_{1_{e_{x_3}}}) = R_{e_{x_1}}(\phi_1) R_{e_{x_2}}(\theta_1) R_{e_{x_3}}(\psi_1) = R_{e_{x_1}}(\phi_1 + \theta_1 + \psi_1)$; es decir, las rotaciones alrededor de los mismos ejes $\{e_{x_1}, e_{x_2}, e_{x_3}\}$, no modifican la orientación relativa de esos ejes ($e_{x_1} \parallel e_{x_2} \parallel e_{x_3}$) y equivale a una sola rotación alrededor de e_{x_1}, con la suma de ángulos. Lo mismo sucede con: $R_0^1(\phi_{1_{e_{z_1}}}, \theta_{1_{e_{z_2}}}, \psi_{1_{e_{z_3}}})$, $R_0^1(\phi_{1_{e_{y_1}}}, \theta_{1_{e_{y_2}}}, \psi_{1_{e_{y_3}}})$, $R_0^1(\phi_{1_{e_{x_1}}}, \theta_{1_{e_{y_2}}}, \psi_{1_{e_{y_3}}})$, $R_0^1(\phi_{1_{e_{x_1}}}, \theta_{1_{e_{z_2}}}, \psi_{1_{e_{z_3}}})$, $R_0^1(\phi_{1_{e_{y_1}}}, \theta_{1_{e_{x_2}}}, \psi_{1_{e_{x_3}}})$; así como cualquier otra combinación de ejes principales repetidos consecutivamente dos veces.

Tabla 4.1: Combinación de secuencias de rotación con ángulos de Euler: $R_0^1(\phi_{1_{e_1}}, \theta_{1_{e_2}}, \psi_{1_{e_3}})$ indican la orientación de Σ_1 con respecto a Σ_0 alrededor de ejes $\{e_1, e_2, e_3\}$ no repetidos consecutivamente

$R_0^1(\phi_{1_{e_{x_1}}}, \theta_{1_{e_{y_2}}}, \psi_{1_{e_{z_3}}})$,	$R_0^1(\phi_{1_{e_{x_1}}}, \theta_{1_{e_{z_2}}}, \psi_{1_{e_{y_3}}})$,	$R_0^1(\phi_{1_{e_{x_1}}}, \theta_{1_{e_{z_2}}}, \psi_{1_{e_{x_3}}})$,	$R_0^1(\phi_{1_{e_{y_1}}}, \theta_{1_{e_{x_2}}}, \psi_{1_{e_{y_3}}})$
$R_0^1(\phi_{1_{e_{y_1}}}, \theta_{1_{e_{z_1}}}, \psi_{1_{e_{y_3}}})$,	$R_0^1(\phi_{1_{e_{z_1}}}, \theta_{1_{e_{x_2}}}, \psi_{1_{e_{y_3}}})$,	$R_0^1(\phi_{1_{e_{x_1}}}, \theta_{1_{e_{y_2}}}, \psi_{1_{e_{x_3}}})$,	$R_0^1(\phi_{1_{e_{z_1}}}, \theta_{1_{e_{y_2}}}, \psi_{1_{e_{z_3}}})$
$R_0^1(\phi_{1_{e_{y_1}}}, \theta_{1_{e_{z_2}}}, \psi_{1_{e_{x_3}}})$,	$R_0^1(\phi_{1_{e_{y_1}}}, \theta_{1_{e_{x_2}}}, \psi_{1_{e_{z_3}}})$,	$R_0^1(\phi_{1_{e_{z_1}}}, \theta_{1_{e_{y_2}}}, \psi_{1_{e_{x_3}}})$,	$R_0^1(\phi_{1_{e_{z_1}}}, \theta_{1_{e_{x_2}}}, \psi_{1_{e_{z_3}}})$

La figura 4.12 ilustra la composición de rotaciones usando los ángulos de Euler $(\phi_{1_{e_{z_1}}}, \theta_{1_{e_{x_2}}}, \psi_{1_{e_{y_3}}})$. El sistema de referencia fijo es $\Sigma_0(x_0, y_0, z_0)$; los sistemas móviles son: $\Sigma_{e_1}\{e_{x_1}, e_{y_1}, e_{z_1}\}$; $\Sigma_{e_2}\{e_{x_2}, e_{y_2}, e_{z_2}\}$ y $\Sigma_{e_3}\{e_{x_3}, e_{y_3}, e_{z_3}\}$; por facilidad, todos los sistemas de referencia tienen el mismo origen. El sistema móvil $\Sigma_{e_1}\{e_{x_1}, e_{y_1}, e_{z_1}\}$ rota con respecto al fijo $\Sigma_0(x_0, y_0, z_0)$; el sistema móvil $\Sigma_{e_2}\{e_{x_2}, e_{y_2}, e_{z_2}\}$ rota con respecto a $\Sigma_{e_1}\{e_{x_1}, e_{y_1}, e_{z_1}\}$ y $\Sigma_{e_3}\{e_{x_3}, e_{y_3}, e_{z_3}\}$ tiene una rotación relativa al sistema $\Sigma_{e_2}\{e_{x_2}, e_{y_2}, e_{z_2}\}$ [Corke, 2022], [Sciavicco y Siciliano, 2005].

El análisis de la orientación $R_0^1(\phi_{1_{e_{z_1}}}, \theta_{1_{e_{x_2}}}, \psi_{1_{e_{y_3}}})$ de Σ_1 con respecto a Σ_0, todos los sistemas auxiliares $\Sigma_{e_1}\{e_{x_1}, e_{y_1}, e_{z_1}\}$, $\Sigma_{e_2}\{e_{x_2}, e_{y_2}, e_{z_2}\}$ y $\Sigma_{e_3}\{e_{x_3}, e_{y_3}, e_{z_3}\}$ son internos o locales al procedimiento, con ángulos de Euler; de tal forma que el último sistema $\Sigma_{e_3}\{e_{x_3}, e_{y_3}, e_{z_3}\} = \Sigma_1(x_1, y_1, z_1) \implies R_0^1(\phi_{1_{e_{z_1}}}, \theta_{1_{e_{x_2}}}, \psi_{1_{e_{y_3}}}) = R_{e_{z_1}}(\phi_1) R_{e_{x_2}}(\theta_1) R_{e_{y_3}}(\psi_1)$.

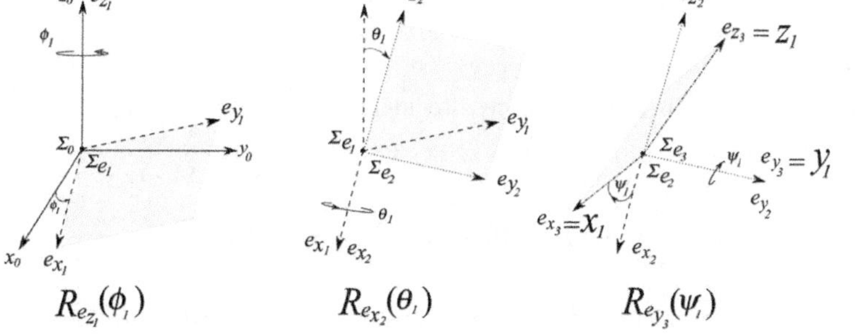

Figura 4.12: Representación de los ángulos de Euler $R_0^1(\phi_{1_{e_{z_1}}}, \theta_{1_{e_{x_2}}}, \psi_{1_{e_{y_3}}})$

A continuación se ilustra el procedimiento de la regla de composición con ángulos de Euler: $R_0^1(\phi 1_{e_{z_1}}, \theta 1_{e_{x_2}}, \psi 1_{e_{y_3}}) = R_{e_{z_1}}(\phi_1) R_{e_{x_2}}(\theta_1) R_{e_{y_3}}(\psi_1)$.

La primera rotación corresponde al ángulo ϕ_1 alrededor del eje e_{z1}; por lo que el plano $e_{x_1} - e_{y_1}$ rota con respecto al plano fijo $x_0 - y_0$, como se indica en el diagrama izquierdo de la figura 4.12. El eje e_{z_1} se mantiene paralelo al eje z_0: $e_{z_1} \parallel z_0$; entonces, la transformación de coordenadas de posición de $\boldsymbol{p}_1 \in \Sigma_{e_1}\{e_{x_1}, e_{y_1}, e_{z_1}\}$ a $\boldsymbol{p}_0 \in \Sigma_0(x_0, y_0, z_0)$ es:

$$\boldsymbol{p}_0 = R_{e_{z_1}}(\phi_1)\boldsymbol{p}_1$$

La segunda rotación θ_1 se realiza alrededor del eje e_{x_2}, entonces: $e_{x_1} \parallel e_{x_2}$; ahora se considera al sistema $\Sigma_{e_1}\{e_{x_1}, e_{y_1}, e_{z_1}\}$ fijo y $\Sigma_{e_2}\{e_{x_2}, e_{y_2}, e_{z_2}\}$ con movimiento relativo a Σ_{e_1}. La transformación del vector $\boldsymbol{p}_2 \in \Sigma_{e_2}\{e_{x_2}, e_{y_2}, e_{z_2}\}$ a $\boldsymbol{p}_1 \in \Sigma_{e_1}\{e_{x_1}, e_{y_1}, e_{z_1}\}$, es:

$$\boldsymbol{p}_1 = R_{e_{x_2}}(\theta_1)\boldsymbol{p}_2$$

La última rotación: $\Sigma_{e_2}\{e_{x_2}, e_{y_2}, e_{z_2}\}$ es fijo y $\Sigma_{e_3}\{e_{x_3}, e_{y_3}, e_{z_3}\}$ es móvil. El ángulo ψ_1 gira alrededor del eje e_{y_3}; por lo que: $e_{y_2} \parallel e_{y_3}$. Las coordenadas de $\boldsymbol{p}_3 \in \Sigma_{e_3}\{e_{x_3}, e_{y_3}, e_{z_3}\}$ son transformadas a $\boldsymbol{p}_2 \in \Sigma_{e_2}\{e_{x_2}, e_{y_2}, e_{z_2}\}$. El diagrama derecho de la figura 4.12 muestra el proceso de rotación de la transformación $\boldsymbol{p}_3 \longrightarrow \boldsymbol{p}_2$:

$$\boldsymbol{p}_2 = R_{e_{y_3}}(\psi_1)\boldsymbol{p}_3$$

Debido a que todos los sistemas de referencia comparten el mismo origen, el fijo $\Sigma_0(x_0, y_0, z_0)$ y los auxiliares $\Sigma_{e_j}\left\{e_{x_j}, e_{y_j}, e_{z_j}\right\}$ con $j = 1, 2, 3$; la fase inicial, los ángulos de rotación: $\phi_1 = \theta_1 = \psi_1 = 0$; entonces, la información de coordenadas del vector $\boldsymbol{p}_3 \in \Sigma_{e_3}\{e_{x_3}, e_{y_3}, e_{z_3}\}$ resulta idéntica a los vectores $\boldsymbol{p}_0 \in \Sigma_0(x_0, y_0, z_0)$, $\boldsymbol{p}_1 \in \Sigma_{e_1}\{e_{x_1}, e_{y_1}, e_{z_1}\}$ y $\boldsymbol{p}_2 \in \Sigma_{e_2}\{e_{x_2}, e_{y_2}, e_{z_2}\}$. Por ejemplo, si $\psi_1 = 0$, entonces los sistemas $\Sigma_{e_3}\{e_{x_3}, e_{y_3}, e_{z_3}\}$ y $\Sigma_{e_2}\{e_{x_2}, e_{y_2}, e_{z_2}\}$ son coincidentes, es decir, $\boldsymbol{p}_3 = \boldsymbol{p}_2$. De la misma forma, para $\theta_1 = 0 \Longrightarrow \boldsymbol{p}_2 = \boldsymbol{p}_1$ y $\phi_1 = 0 \Longrightarrow \boldsymbol{p}_1 = \boldsymbol{p}_0$.

La regla de composición $R_0^1(\phi 1_{e_{z_1}}, \theta 1_{e_{x_2}}, \psi 1_{e_{y_3}}) = R_{e_{z_1}}(\phi_1) R_{e_{x_2}}(\theta_1) R_{e_{y_3}}(\psi_1)$ permite convertir las coordenadas de un punto $\mathcal{P} = (x_3, y_3, z_3)$ contenidas en el vector $\boldsymbol{p}_3 \in \Sigma_{e_3}\{e_{x_3}, e_{y_3}, e_{z_3}\}$ a coordenadas en $\boldsymbol{p}_0 \in \Sigma_0(x_0, y_0, z_0)$.

La composición de los ángulos de Euler: $R_0^1(\phi 1_{e_{z_1}}, \theta 1_{e_{x_2}}, \psi 1_{e_{y_3}})$ es:

$$\begin{aligned}
\boldsymbol{p}_0 &= \underbrace{R_{e_{z_1}}(\phi_1)}_{\text{rotación 1}} \boldsymbol{p}_1; \text{ el sistema móvil auxiliar } \Sigma_{e_1}\{e_{x_1}, e_{y_1}, e_{z_1}\} \text{ rota con respecto a } \Sigma_0 \\
&= R_{e_{z_1}}(\phi_1) \underbrace{R_{e_{x_2}}(\theta_1)}_{\text{rotación 2}} \boldsymbol{p}_2; \ \Sigma_{e_2}\{e_{x_2}, e_{y_2}, e_{z_2}\} \text{ rota con respecto a } \Sigma_{e_1}\{e_{x_1}, e_{y_1}, e_{z_1}\} \\
&= \underbrace{R_{e_{z_1}}(\phi_1) R_{e_{x_2}}(\theta_1) \underbrace{R_{e_{y_3}}(\psi_1)}_{\text{rotación 3}}}_{\text{composición de rotaciones } R_0^1(\phi 1_{e_{z_1}}, \theta 1_{e_{x_2}}, \psi 1_{e_{y_3}})} \boldsymbol{p}_3; \ \Sigma_{e_3} = \Sigma_1 \text{ rota con respecto a } \Sigma_0 \qquad (4.22)
\end{aligned}$$

En la última transformación de coordenadas, el sistema de referencia móvil $\Sigma_{e_3}\{e_{x_3}, e_{y_3}, e_{z_3}\}$ rota con respecto al sistema fijo $\Sigma_0(x_0, y_0, z_0)$ y la conversión de coordenadas está dada por (4.22). Por lo que, el sistema $\Sigma_{e_3}\{e_{x_3}, e_{y_3}, e_{z_3}\}$ resulta igual a $\Sigma_1(x_1, y_1, z_1)$. Se confirma la composición o regla de rotaciones usando los ángulos de Euler $R_0^1(\phi 1_{e_{z_1}}, \theta 1_{e_{x_2}}, \psi 1_{e_{y_3}})$ es:

$$R_0^1(\phi 1_{e_{z_1}}, \theta 1_{e_{x_2}}, \psi 1_{e_{y_3}}) = R_{e_{z_1}}(\phi_1) R_{e_{x_2}}(\theta_1) R_{e_{y_3}}(\psi_1) \qquad (4.23)$$

Observe que la primera rotación ϕ_1 en la secuencia de rotaciones $R_{e_{z_1}}(\phi_1)$ de la ecuación (4.23) está a la izquierda y la última rotación ψ_1 en $R_{e_{y_3}}(\psi_1)$ se ubica a la derecha; con ese estricto orden se debe respetar la estructura matemática.

•• Ejemplo 4.3

Dada una matriz general de rotación $R_0^1(\phi, \theta, \psi)$ establecida por (4.4), encontrar los ángulos de Euler de la matriz $R_0^1(\phi 1_{e_{z_1}}, \theta 1_{e_{x_2}}, \psi 1_{e_{y_3}})$.

Solución

La matriz de rotación general $R_0^1(\phi, \theta, \psi)$ establecida en (4.4) puede ser expresada de acuerdo con el teorema (4.1) y la expresión (4.23):

$$R_0^1(\phi 1_{e_{z_1}}, \theta 1_{e_{x_2}}, \psi 1_{e_{y_3}}) = R_{e_{z_1}}(\phi_1) R_{e_{x_2}}(\theta_1) R_{e_{y_3}}(\psi_1) = \begin{bmatrix} r_{11} & r_{12} & r_{13} \\ r_{21} & r_{22} & r_{23} \\ r_{31} & r_{32} & r_{33} \end{bmatrix}$$

donde $r_{ij} \in \mathbb{R}$ son las entradas de la matriz $R_0^1(\phi, \theta, \psi)$, para $i, j = 1, 2, 3$.

La composición de rotaciones $R_{e_{z_1}}(\phi_1) R_{e_{x_2}}(\theta_1) R_{e_{y_3}}(\psi_1)$ está dada como:

$$\begin{bmatrix} r_{11} & r_{12} & r_{13} \\ r_{21} & r_{22} & r_{23} \\ r_{31} & r_{32} & r_{33} \end{bmatrix} = \underbrace{\begin{bmatrix} \cos(\phi_1)\cos(\psi_1) - \operatorname{sen}(\phi_1)\operatorname{sen}(\psi_1)\operatorname{sen}(\theta_1) & -\cos(\theta_1)\operatorname{sen}(\phi_1) & \cos(\phi_1)\operatorname{sen}(\psi_1) + \cos(\psi_1)\operatorname{sen}(\phi_1)\operatorname{sen}(\theta_1) \\ \cos(\psi_1)\operatorname{sen}(\phi_1) + \cos(\phi_1)\operatorname{sen}(\psi_1)\operatorname{sen}(\theta_1) & \cos(\phi_1)\cos(\theta_1) & \operatorname{sen}(\phi_1)\operatorname{sen}(\psi_1) - \cos(\phi_1)\cos(\psi_1)\operatorname{sen}(\theta_1) \\ -\cos(\theta_1)\operatorname{sen}(\psi_1) & \operatorname{sen}(\theta_1) & \cos(\psi_1)\cos(\theta_1) \end{bmatrix}}$$

Si $r_{33} \neq 0$, entonces $\frac{r_{31}}{r_{33}} = -\tan(\psi_1) \Longrightarrow \psi_1 = \text{atan}\left(-\frac{r_{31}}{r_{33}}\right)$; observe que se satisface: $r_{31}^2 + r_{33}^2 = \cos^2(\theta_1) \Longrightarrow \theta_1 = \text{acos}\left(\pm\sqrt{r_{31}^2 + r_{33}^2}\right)$. Por otro lado, si $r_{22} \neq 0$, entonces: $\frac{r_{12}}{r_{22}} = -\tan(\phi_1) \Longrightarrow \phi_1 = \text{atan}\left(-\frac{r_{12}}{r_{22}}\right)$.

El problema inverso de los ángulos de Euler $(\phi_{1_{e_{z_1}}}, \theta_{1_{e_{x_2}}}, \psi_{1_{e_{y_3}}})$ es:

$$\begin{aligned} \phi_1 &= \text{atan}\left(-\frac{r_{12}}{r_{22}}\right) \\ \theta_1 &= \text{acos}\left(\pm\sqrt{r_{31}^2 + r_{33}^2}\right) \\ \psi_1 &= \text{atan}\left(-\frac{r_{31}}{r_{33}}\right) \end{aligned} \tag{4.24}$$

La solución inversa de los ángulos de Euler $(\phi_{1_{e_{z_1}}}, \theta_{1_{e_{x_2}}}, \psi_{1_{e_{y_3}}})$ no es única y tiene restricciones. Si $r_{22} \neq 0 \Longrightarrow \theta_1 \neq \pm(1+n)\frac{\pi}{2}$ y $\phi_1 \neq \pm(1+n)\frac{\pi}{2}$; donde $n = \{0, 1, 2, 3, \cdots, \}$; en forma similar para $r_{33} \neq 0 \Longrightarrow \psi_1 \neq \pm(1+n)\frac{\pi}{2}$.

• • •

• • • Ejemplo 4.4

Considere una imagen de prueba predefinida tipo flecha, formada por coordenadas discretas en el plano $x_0 - y_0$ del sistema de referencia fijo Σ_0 (ver figura 4.13). Desarrollar un algoritmo en **MATLAB** para realizar la regla de composición: $R_0^1(\phi_{1_{e_{z_1}}}, \theta_{1_{e_{x_2}}}, \psi_{1_{e_{y_3}}}) = R_{e_{z_1}}(\frac{\pi}{2})R_{e_{x_2}}(\frac{\pi}{2})R_{e_{y_3}}(\frac{\pi}{2})$.

Solución

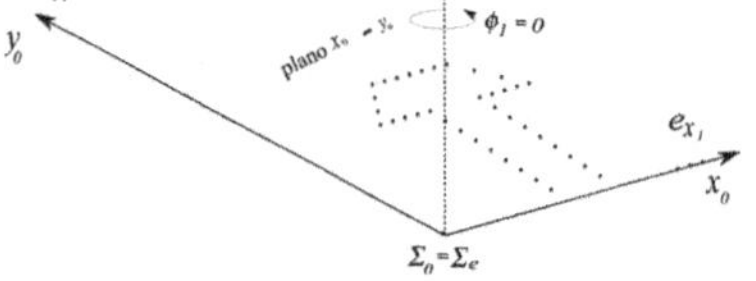

Figura 4.13: Rotación ϕ_1 alrededor de $z_0 \parallel e_{z_1}$

La figura 4.13 muestra la imagen de prueba tipo flecha y los sistemas de referencia: el fijo $\Sigma_0(x_0, y_0, z_0)$ y móvil Σ_{e_1} $\{e_{x_1}, e_{y_1}, e_{z_1}\}$, compartiendo el mismo origen (ver descripción del programa `cap4_AngulosEuler.m` del cuadro de código **MATLAB** 4.2, líneas 2-8). Las coordenadas de la imagen se encuentran rígidamente acopladas al sistema Σ_{e_1} y registradas en el vector de coordenadas $\boldsymbol{p}_1 = [p_{e_{x_1}}, \ p_{e_{y_1}}, \ p_{e_{z_1}}]^T \in \Sigma_{e_1}$, indicadas con marcas '.' El ángulo ϕ_1 gira alrededor del eje $z_0 \parallel e_{z_1}$, en sentido positivo (movimiento antihorario); cuando $\phi_1 = 0$ los sistemas de referencia $\Sigma_0 = \Sigma_{e_1}$; los ejes $e_{x_1} = x_0$, $e_{y_1} = y_0$, $e_{z_1} = z_0$; en consecuencia: $\boldsymbol{p}_0 = R_{e_{z_1}}(0)\boldsymbol{p}_1 \Longrightarrow \boldsymbol{p}_0 = \boldsymbol{p}_1$, donde $\boldsymbol{p}_0 \in \Sigma_0$ y $R_{e_{z_1}}(0) = I$ es la matriz identidad $I \in \mathbb{R}^{3\times 3}$.

Cuando el sistema Σ_{e_1} $\{e_{x_1}, e_{y_1}, e_{z_1}\}$ gira junto con toda la imagen de prueba con respecto al sistema de referencia fijo $\Sigma_0(x_0, y_0, z_0)$, corresponde a $\phi_1 = \frac{\pi}{2}$, como se muestra la secuencia de la imagen sin rotar figura 4.14a; y rotada en la figura 4.14b, la cual se presenta con marcas 'o' .

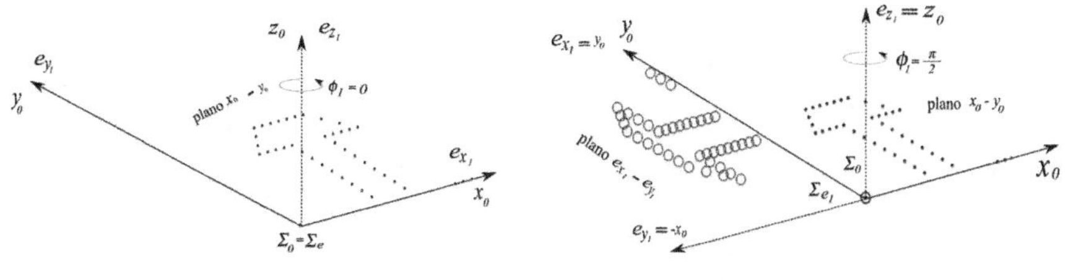

(a) $\phi_1 = 0 \Longrightarrow \Sigma_0 = \Sigma_{e_1}$ (b) $\phi_1 = \frac{\pi}{2}$, Σ_{e_1} rota con respecto a Σ_0

Figura 4.14: Σ_{e_1} gira un ángulo ϕ_1, alrededor de z_0 con respecto a Σ_0

La orientación relativa de la imagen de prueba en el sistema de referencia móvil $\Sigma_1(x_1, y_1, z_1)$ con respecto al sistema fijo $\Sigma_0(x_0, y_0, z_0)$ se modela como:

$$\boldsymbol{p}_0 = R_{e_{z_1}}(\tfrac{\pi}{2})\boldsymbol{p}_1 = \begin{bmatrix} \cos(\frac{\pi}{2}) & -\operatorname{sen}(\frac{\pi}{2}) & 0 \\ \operatorname{sen}(\frac{\pi}{2}) & \cos(\frac{\pi}{2}) & 0 \\ 0 & 0 & 1 \end{bmatrix} \begin{bmatrix} p_{e_{x_1}} \\ p_{e_{y_1}} \\ p_{e_{z_1}} \end{bmatrix} = \begin{bmatrix} 0 & -1 & 0 \\ 1 & 0 & 0 \\ 0 & 0 & 1 \end{bmatrix} \begin{bmatrix} p_{e_{x_1}} \\ p_{e_{y_1}} \\ p_{e_{z_1}} \end{bmatrix}$$

$$\begin{bmatrix} p_{x_0} \\ p_{y_0} \\ p_{z_0} \end{bmatrix} = \begin{bmatrix} -p_{e_{y_1}} \\ p_{e_{x_1}} \\ p_{e_{z_1}} \end{bmatrix} \tag{4.25}$$

La línea 13 del cuadro de código **MATLAB** 4.2 contiene las coordenadas de la ecuación (4.25) en la variables destinadas para esta rotación: $[\text{p0x\_1, p0y\_1, p0z\_1}]^T \in \Sigma_0$ y $[\text{pe1x, pe1y, pe1z}]^T \in \Sigma_{e_1}$ (ver figura 4.14b).

En la segunda rotación, Σ_{e_1} es un sistema de referencia fijo y Σ_{e_2} es móvil. La rotación $R_{e_{x_2}}(\frac{\pi}{2})$ se realiza alrededor del eje e_{x_2}, por lo que: $e_{x_2} \parallel e_{x_1}$; entonces, la imagen de prueba se mueve de la misma forma que Σ_{e_2}. La figura 4.15a presenta el proceso de rotación para la imagen de prueba quedando ubicada sobre el plano $e_{x_2} - e_{y_2}$, con marcas 'x' .

Como la segunda rotación θ_1 es alrededor del eje e_{x_1}, la relación analítica entre un vector del sistema de referencia fijo $\boldsymbol{p}_0 \in \Sigma_0$ y un vector en el sistema de referencia móvil $\boldsymbol{p}_2 \in \Sigma_{e_2}$ es:

$$\begin{aligned} \boldsymbol{p}_0 &= R_{e_{z_1}}(\phi_1)\boldsymbol{p}_1 = R_{e_{z_1}}(\phi_1)R_{e_{x_2}}(\theta_1)\boldsymbol{p}2 \\ \begin{bmatrix} p_{x_0} \\ p_{y_0} \\ p_{z_0} \end{bmatrix} &= \begin{bmatrix} \cos(\frac{\pi}{2}) & -\operatorname{sen}(\frac{\pi}{2}) & 0 \\ \operatorname{sen}(\frac{\pi}{2}) & \cos(\frac{\pi}{2}) & 0 \\ 0 & 0 & 1 \end{bmatrix} \begin{bmatrix} 1 & 0 & 0 \\ 0 & \cos(\frac{\pi}{2}) & -\operatorname{sen}(\frac{\pi}{2}) \\ 0 & \operatorname{sen}(\frac{\pi}{2}) & \cos(\frac{\pi}{2}) \end{bmatrix} \begin{bmatrix} p_{e_{x_2}} \\ p_{e_{y_2}} \\ p_{e_{z_2}} \end{bmatrix} \end{aligned}$$

$$
\begin{aligned}
&= \begin{bmatrix} 0 & -1 & 0 \\ 1 & 0 & 0 \\ 0 & 0 & 1 \end{bmatrix} \begin{bmatrix} 1 & 0 & 0 \\ 0 & 0 & -1 \\ 0 & 1 & 0 \end{bmatrix} \begin{bmatrix} p_{e_{x2}} \\ p_{e_{y2}} \\ p_{e_{z2}} \end{bmatrix} = \begin{bmatrix} 0 & 0 & 1 \\ 1 & 0 & 0 \\ 0 & 1 & 0 \end{bmatrix} \begin{bmatrix} p_{e_{x2}} \\ p_{e_{y2}} \\ p_{e_{z2}} \end{bmatrix} \\
\begin{bmatrix} p_{x0} \\ p_{y0} \\ p_{z0} \end{bmatrix} &= \begin{bmatrix} p_{e_{z2}} \\ p_{e_{x2}} \\ p_{e_{y2}} \end{bmatrix}
\end{aligned} \tag{4.26}
$$

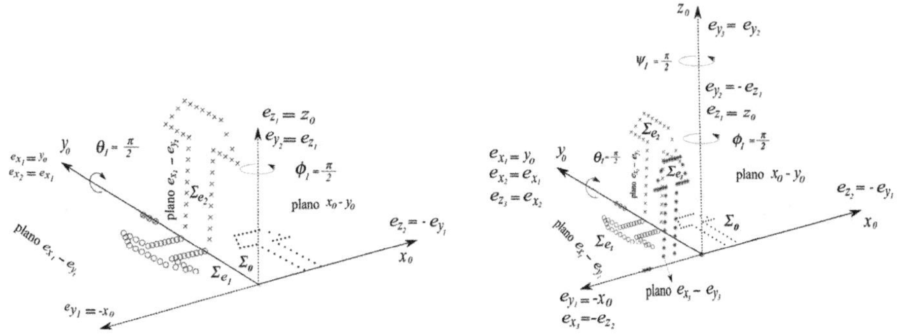

(a) Rotación $\theta_1 = \frac{\pi}{2}$ alrededor de eje e_{x1} (b) Rotación $\psi_1 = \frac{\pi}{2}$ sobre e_{y2}

Figura 4.15: Composición de rotaciones: $R_{e_{z1}}(\frac{\pi}{2})R_{e_{x2}}(\frac{\pi}{2})R_{e_{y3}}(\frac{\pi}{2})$

En la línea 15 del cuadro de código **MATLAB** 4.2 se encuentran programadas las coordenadas de la ecuación (4.26) en la variable Sigma0_2 (rotación $R_{e_{z1}}(\phi_1)R_{e_{x2}}(\theta_1)$ con respecto al sistema fijo), la cual asigna coordenadas: $[\text{p0x\_2, p0y\_2, p0z\_2}]^T \in \Sigma_0(x_0, y_0, z_0)_0$.

La última rotación corresponde a realizar un giro $\psi_1 = \frac{\pi}{2}$ rad alrededor del eje e_{y2}, la imagen rotada está marcada con símbolos '*', como se muestra en la figura 4.15b. El sistema fijo es $\Sigma_{e2}\{e_{x2}, e_{y2}, e_{z2}\}$ y $\Sigma_{e3}\{e_{x3}, e_{y3}, e_{z3}\}$ es móvil con respecto a Σ_{e2}. Si $\psi_1 = 0$, ambos sistemas coinciden y sus respectivos vectores de coordenadas son iguales: $\boldsymbol{p}_2 = \boldsymbol{p}_3$, puesto que $\boldsymbol{p}_2 = R_{e_{y3}}(0)\boldsymbol{p}_3 = \boldsymbol{p}_3$ (ver línea de programación 19). En otras palabras, los ejes de $\Sigma_{e3}\{e_{x3}, e_{y3}, e_{z3}\}$ se encuentran alineados con los respectivos ejes de $\Sigma_{e2}\{e_{x2}, e_{y2}, e_{z2}\}$, compartiendo el mismo origen. Si $\psi_1 \neq 0$ entonces $\boldsymbol{p}_2 = R_{e_{y2}}(\psi_1)\boldsymbol{p}_3$, el plano $e_{z3} - e_{x3}$ se mueve con respecto al plano fijo $e_{z2} - e_{x2}$, de tal forma que el proceso de rotación termina cuando $e_{z3} = e_{x2}$ y $e_{x3} = -e_{z2}$, debido a que la rotación es alrededor del eje e_{y3}, consecuentemente $e_{y3} = e_{y2}$.

La relación de los ejes principales de $\Sigma_{e2}\{e_{x2}, e_{y2}, e_{z2}\}$ con $\Sigma_{e3}\{e_{x3}, e_{y3}, e_{z3}\}$ es la siguiente:

$$
\begin{bmatrix} e_{x2} \\ e_{y2} \\ e_{z2} \end{bmatrix} = \begin{bmatrix} \cos(\psi_1) & 0 & \operatorname{sen}(\psi_1) \\ 0 & 1 & 0 \\ -\operatorname{sen}(\psi_1) & 0 & \cos(\psi_1) \end{bmatrix} \begin{bmatrix} e_{x3} \\ e_{y3} \\ e_{z3} \end{bmatrix} = \begin{bmatrix} 0 & 0 & 1 \\ 0 & 1 & 0 \\ -1 & 0 & 0 \end{bmatrix} \begin{bmatrix} e_{x3} \\ e_{y3} \\ e_{z3} \end{bmatrix} = \begin{bmatrix} e_{z3} \\ e_{y3} \\ -e_{x3} \end{bmatrix}
$$

$$\begin{bmatrix} e_{x_2} \\ e_{y_2} \\ e_{z_2} \end{bmatrix} = \begin{bmatrix} e_{z_3} \\ e_{y_3} \\ -e_{x_3} \end{bmatrix} \iff \begin{bmatrix} e_{x_3} \\ e_{y_3} \\ e_{z_3} \end{bmatrix} = \begin{bmatrix} -e_{z_2} \\ e_{y_2} \\ e_{x_2} \end{bmatrix}$$

Las coordenadas de la imagen de prueba registradas en el vector $\boldsymbol{p}_0 \in \Sigma_0$ pueden ser expresadas en función de $\boldsymbol{p}_3 \in \Sigma_0$, como a continuación se indica:

$$\boldsymbol{p}_0 = R_{e_{z_1}}(\phi_1)R_{e_{x_2}}(\theta_1)\boldsymbol{p}_2 = R_{e_{z_1}}(\phi_1)R_{e_{x_2}}(\theta_1)R_{e_{y_3}}(\psi_1)\boldsymbol{p}_3 \tag{4.27}$$

$$\begin{aligned}
\begin{bmatrix} p_{x_0} \\ p_{y_0} \\ p_{z_0} \end{bmatrix} &= \begin{bmatrix} \cos(\frac{\pi}{2}) & -\operatorname{sen}(\frac{\pi}{2}) & 0 \\ \operatorname{sen}(\frac{\pi}{2}) & \cos(\frac{\pi}{2}) & 0 \\ 0 & 0 & 1 \end{bmatrix} \begin{bmatrix} 1 & 0 & 0 \\ 0 & \cos(\frac{\pi}{2}) & -\operatorname{sen}(\frac{\pi}{2}) \\ 0 & \operatorname{sen}(\frac{\pi}{2}) & \cos(\frac{\pi}{2}) \end{bmatrix} \begin{bmatrix} \cos(\frac{\pi}{2}) & 0 & \operatorname{sen}(\frac{\pi}{2}) \\ 0 & 1 & 0 \\ -\operatorname{sen}(\frac{\pi}{2}) & 0 & \cos(\frac{\pi}{2}) \end{bmatrix} \begin{bmatrix} p_{e_{x_3}} \\ p_{e_{y_3}} \\ p_{e_{z_3}} \end{bmatrix} \\
&= \begin{bmatrix} 0 & -1 & 0 \\ 1 & 0 & 0 \\ 0 & 0 & 1 \end{bmatrix} \begin{bmatrix} 1 & 0 & 0 \\ 0 & 0 & -1 \\ 0 & 1 & 0 \end{bmatrix} \begin{bmatrix} 0 & 0 & 1 \\ 0 & 1 & 0 \\ -1 & 0 & 0 \end{bmatrix} \begin{bmatrix} p_{e_{x_3}} \\ p_{e_{y_3}} \\ p_{e_{z_3}} \end{bmatrix} \\
&= \begin{bmatrix} -1 & 0 & 0 \\ 0 & 0 & 1 \\ 0 & 1 & 0 \end{bmatrix} \begin{bmatrix} p_{e_{x_3}} \\ p_{e_{y_3}} \\ p_{e_{z_3}} \end{bmatrix} = \begin{bmatrix} -p_{e_{x_3}} \\ p_{e_{z_3}} \\ p_{e_{y_3}} \end{bmatrix}
\end{aligned}$$

$\therefore$

$$\begin{bmatrix} p_{x_0} \\ p_{y_0} \\ p_{z_0} \end{bmatrix} = \begin{bmatrix} -p_{e_{x_3}} \\ p_{e_{z_3}} \\ p_{e_{y_3}} \end{bmatrix} \tag{4.28}$$

La programación de coordenadas de la ecuación (4.28) se encuentra en la línea 20 del cuadro de código **MATLAB** 4.2, donde se han utilizado las variables $[\text{p0x\_3, p0y\_3, p0z\_3}]^T \in \Sigma_0$ (ver línea 21) para registrar las coordenadas de los ejes principales en el sistema fijo $\Sigma_0(x_0, y_0, z_0)$. La figura 4.15a se obtiene a través de la línea de programación 24.

El lector puede comprobar que se obtiene el mismo resultado usando las variables $[\text{p0x\_3, p0y\_3, p0z\_3}]^T \in \Sigma_0$ en lugar de $[\text{p3x, p3y, p3z}]^T \in \Sigma_3$; es decir, en la línea 24 escribir el siguiente código: plot3(p1x, p1y, p1z, 'k.' ,-p1y, p1x, p1z,'ko' , p2z, p2x, p2y, 'kx' ,p0x_3, p0y_3, p0z_3, 'k*'), entonces se reproduce el resultado de la figura 4.15b.

El cuadro de código 4.2 describe el script `cap4_AngulosEuler.m` con la programación en lenguaje fuente **MATLAB** que permite resolver la problemática planteada de implementar la composición de rotaciones con los ángulos de Euler; tomado en cuenta el teorema (4.1): $R_0^1(\phi_{1_{e_{z_1}}}, \theta_{1_{e_{x_2}}}, \psi_{1_{e_{y_3}}}) = R_{e_{z_1}}(\frac{\pi}{2})R_{e_{x_2}}(\frac{\pi}{2})R_{e_{y_3}}(\frac{\pi}{2})$.

Código MATLAB 4.2 cap4_AngulosEuler.m

Robótica: Control de Robots Manipuladores

Capítulo 4. Cinemática analítica de Euler

Fernando Reyes Cortés

Alfaomega Grupo Editor: "**Te acerca al conocimiento**".

Programa: cap4_AngulosEuler.m	MATLAB versión 2024a

```
clc; clearvars; close all; format short;
px1=[0, 0, 0, 0, 0, 6, 7, 7, 8, 8, 9, 9, 10, 10, 10, 10, 10, 10, 10, 10, 10,...
        10, 11, 12, 13, 14, 14, 14, 14, 14, 14, 14, 14, 14, 14, 15, 15, 16,...
        16, 17, 17, 18, 19, 20, 21];
py1=[0, 0, 0, 0, 0, 9, 9, 10, 9, 11, 9, 12, 1, 2, 3, 4, 5, 6, 7, 8, 9, 12, 12,...
        12, 12, 1, 2, 3, 4, 5, 6, 7, 8, 9, 12, 9, 12, 9, 11, 9, 10, 9, 0, 0, 0];
pz1=[0, 0, 0, 0, 0, 0, 0, 0, 0, 0, 0, 0, 0, 0, 0, 0, 0, 0, 0, 0, 0, 0, 0, 0,...
        0, 0, 0, 0, 0, 0, 0, 0, 0, 0, 0, 0, 0, 0, 0, 0, 0, 0, 0, 0, 0];
phi_1=90*pi/180.0; theta_2=90*pi/180.0; psi_3=90*pi/180.0;
Sigma0_1=Rz(phi_1)*[px1; py1;pz1];% ec. (4.25): p_0 = R_{z_0}(φ_1)p_1.
p0x_1=Sigma0_1(1,:); p0y_1=Sigma0_1(2,:); p0z_1=Sigma0_1(3,:);
Sigma1=[px1; py1; pz1];
figure plot3(px1, py1, pz1, 'k.' , p0x_1, p0y_1, p0z_1, 'ko' )% fig. 4.14b.
Sigma2=Sigma1; px2=Sigma2(1,:); py2=Sigma2(2,:); pz2=Sigma2(3,:);
Sigma0_2=Rz(phi_1)*Rx(theta_2)*[px2; py2;pz2];
p0x_2 =Sigma0_2(1,:); p0y_2=Sigma0_2(2,:); p0z_2=Sigma0_2(3,:);
figure% genera la figura 4.15a.
plot3(px1, py1, pz1, 'k.' , p0x_1, p0y_1, p0z_1, 'ko' ,pz2, px2, py2, 'kx' )
Sigma3=Sigma2; px3 =Sigma3(1,:); py3=Sigma3(2,:); pz3=Sigma3(3,:);
Sigma0_3=Rz(phi_1)*Rx(theta_2)*Ry(psi_3)*[px3; py3;pz3]; %ec. (4.27).
p0x_3 =Sigma0_3(1,:); p0y_3=Sigma0_3(2,:); p0z_3=Sigma0_3(3,:);
figure% genera la figura 4.15b.
plot3(px1, py1, pz1, 'k.' ,-py1, px1, pz1,'ko' , pz2, px2, py2, 'kx' ,...
       -px3, pz3, py3, 'k*' )
```

•••

4.4 Movimiento de traslación y rotación

El movimiento completo de un sistema mecánico rígido está formado por la combinación de componentes de traslación y rotación; la descripción de desplazamiento y orientación del sistema de referencia cartesiano $\Sigma_1(x_1, y_1, z_1)$ con respecto a $\Sigma_0(x_0, y_0, z_0)$ se representa por el vector $\boldsymbol{d}_0^1$ y la matriz $R_0^1(\phi_{1_{e_{z_1}}}, \theta_{1_{e_{x_2}}}, \psi_{1_{e_{y_3}}})$, respectivamente.

Considere los sistemas de referencia fijo $\Sigma_0(x_0, y_0, z_0)$ y móvil $\Sigma_1(x_1, y_1, z_1)$, donde sus respectivos orígenes no coinciden, como se indica en la figura 4.16. Las coordenadas de posición del origen de Σ_1 con respecto a Σ_0 se encuentran en el vector $\boldsymbol{d}_0^1 \in \mathbb{R}^3$ y la orientación es $R_0^1(\phi_{1_{e_{z_1}}}, \theta_{1_{e_{x_2}}}, \psi_{1_{e_{y_3}}})$.

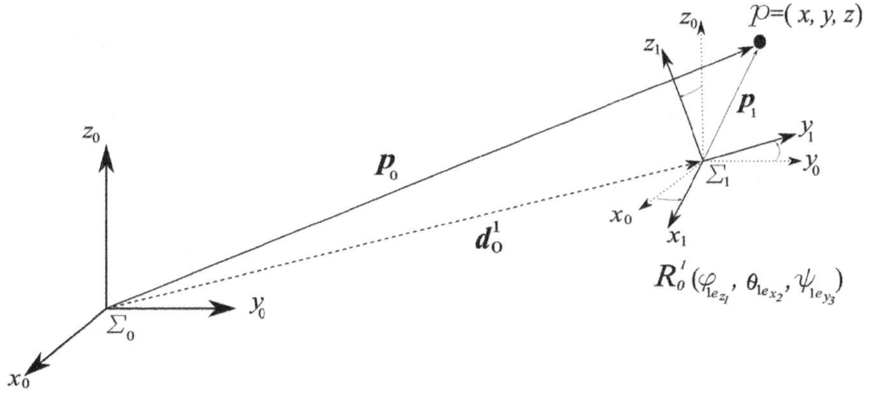

Figura 4.16: Traslación $\boldsymbol{d}_0^1$ y rotación $R_0^1(\phi_{1_{e_{z_1}}}, \theta_{1_{e_{x_2}}}, \psi_{1_{e_{y_3}}})$

La expresión desarrollada en (4.14) convierte cualquier punto coordenado $\mathcal{P} = (x, y, z)$ registrado en el vector $\boldsymbol{p}_1 \in \Sigma_1(x_1, y_1, z_1)$ a $\boldsymbol{p}_0 \in \Sigma_0(x_0, y_0, z_0)$. Por otro lado, el vector de traslación $\boldsymbol{d}_0^1 = [d_{x_0}^1 \quad d_{y_0}^1 \quad d_{z_0}^1]^T$ y la correspondiente matriz de rotación $R_0^1(\phi_{1_{e_{z_1}}}, \theta_{1_{e_{x_2}}}, \psi_{1_{e_{y_3}}})$ describen las coordenadas del origen y orientación del sistema Σ_1 con respecto a Σ_0, respectivamente. Sin embargo, con la metodología de los ángulos de Euler esta transformación adquiere la siguiente estructura:

$$\boldsymbol{p}_0 = \boldsymbol{d}_0^1 + R_0^1(\phi_{1_{e_{z_1}}}, \theta_{1_{e_{x_2}}}, \psi_{1_{e_{y_3}}})\boldsymbol{p}_1 = \begin{bmatrix} d_{x_0}^1 \\ d_{y_0}^1 \\ d_{z_0}^1 \end{bmatrix} + R_{e_{z_1}}(\phi_1)R_{e_{x_2}}(\theta_1)R_{e_{y_3}}(\psi_1)\boldsymbol{p}_1 \tag{4.29}$$

El algoritmo recursivo para n sistemas de referencia colocados sobre un cuerpo mecánico rígido, se establece de la siguiente manera: el sistema de referencia cartesiano $\Sigma_i(x_i, y_i, z_i)$ tiene movimiento relativo (traslación y rotación) con respecto a $\Sigma_{i-1}(x_{i-1}, y_{i-1}, z_{i-1})$; la transformación del vector $\boldsymbol{p}_i \in \Sigma_i(x_i, y_i, z_i)$ hacia $\boldsymbol{p}_{i-1} \in \Sigma_{i-1}(x_{i-1}, y_{i-1}, z_{i-1})$, con los ángulos de Euler es:

$$\boldsymbol{p}_{i-1} = \boldsymbol{d}_{i-1}^{i} + R_{i-1}^{i}(\phi_{i_{e_{z_1}}}, \theta_{i_{e_{x_2}}}, \psi_{i_{e_{y_3}}})\boldsymbol{p}_i; \quad i = 1, 2, \cdots, n \tag{4.30}$$

La figura 4.17 ilustra para cada proceso de iteración recursivo, las componentes de traslación $\boldsymbol{d}_{i-1}^{i}$ y rotación $R_{i-1}^{i}(\phi_{i_{e_{z_1}}}, \theta_{i_{e_{x_2}}}, \psi_{i_{e_{y_3}}})$ del sistema de referencia móvil Σ_i con respecto al fijo Σ_{i-1}.

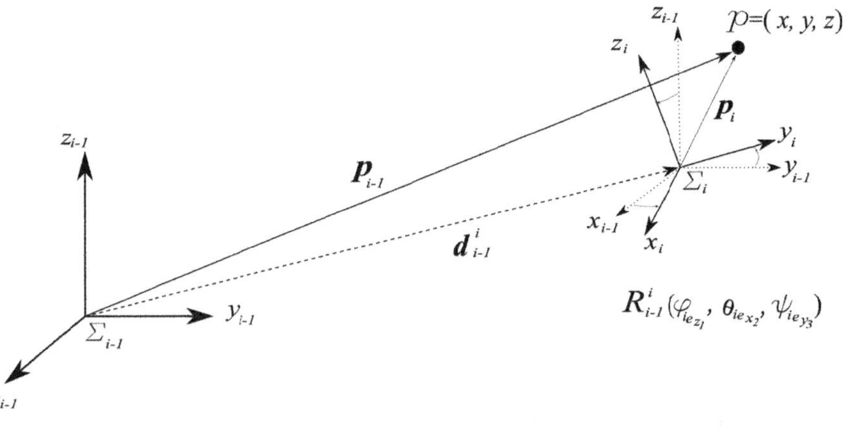

Figura 4.17: Traslación $\boldsymbol{d}_{i-1}^{i}$ y rotación $R_{i-1}^{i}(\phi_{i_{e_{z_1}}}, \theta_{i_{e_{x_2}}}, \psi_{i_{e_{y_3}}})$

Note que los tres ángulos de rotación $(\phi_i, \theta_i, \psi_i)$ es una triada ordenada que determina la orientación del sistema de referencia Σ_i relativa al sistema Σ_{i-1}; el proceso interno de los ángulos de Euler, utiliza las tres matrices de rotación elementales $R_{e_{z_1}}(\phi_i)R_{e_{x_2}}(\theta_i)R_{e_{y_3}}(\psi_i)$ con los respectivos sistemas de referencia auxiliares $\Sigma_{e_i}\ \{e_{z1}, e_{x2}, e_{y3}\}$, para $i = 1, 2, \cdots, n$; de tal forma, que en cada paso iterativo i, al concluir dichas rotaciones, se obtiene el sistema $\Sigma_i(x_i, y_i, z_i)$.

Es decir, una que vez que se termine el proceso de la composición para las tres matrices de rotación elementales de $R_{i-1}^{i}(\phi_{i_{e_{z_1}}}, \theta_{i_{e_{x_2}}}, \psi_{i_{e_{y_3}}})$ se obtiene la orientación del sistema de referencia Σ_i relativa a Σ_{i-1}.

4.5 Cinemática diferencial

La cinemática diferencial es el área de la física que analiza las componentes de velocidades de traslación y rotación en un robot manipulador, sin tomar en cuenta las fuerzas que lo producen. El modelo cinemático diferencial puede ser expresado en términos del producto cruz vectorial, matrices antisimétricas y composiciones elementales de rotación.

La cinemática diferencial es la derivada con respecto al tiempo del modelo cinemático definido en la expresión (4.29):

$$\frac{d}{dt}\boldsymbol{p}_0 = \frac{d}{dt}\boldsymbol{d}_0^1 + \frac{d}{dt}\left[R_{e_{z_1}}(\phi_1)R_{e_{x_2}}(\theta_1)R_{e_{y_3}}(\psi_1)\boldsymbol{p}_1\right] \tag{4.31}$$

Sin embargo, para desarrollar la expresión (4.31) se requieren determinar las propiedades sobre la derivada temporal de las matrices ortogonales; particularmente de las matrices de rotación elementales: $\frac{d}{dt}R_0^1(\phi_{1_{e_{z_1}}},\theta_{1_{e_{x_2}}},\psi_{1_{e_{y_3}}}) = \frac{d}{dt}\left[R_{e_{z_1}}(\phi_1)R_{e_{x_2}}(\theta_1)R_{e_{y_3}}(\psi_1)\boldsymbol{p}_1\right]$.

4.5.1 Matrices antisimétricas

El uso de las matrices antisimétricas es fundamental para el análisis de la cinemática diferencial de un robot manipulador. Debido a sus propiedades matemáticas facilitan el desarrollo de la cinemática diferencial, punto de partida, para obtener la velocidad de movimiento entre sistemas de referencia cartesianos y por lo tanto, la descripción del movimiento de traslación y rotación.

Definición 4.1: Matriz antisimétrica

Una matriz antisimétrica es una matriz cuadrada, que se representa por $S \in \mathbb{R}^{3\times 3}$ y formada de la siguiente manera:

$$S = \begin{bmatrix} 0 & -s_{12} & s_{13} \\ s_{21} & 0 & -s_{23} \\ -s_{31} & s_{32} & 0 \end{bmatrix} \tag{4.32a}$$

$$\begin{cases} \text{para } i = 1,2,3 \ \wedge \ j = 1,2,3 \\ \text{si } i \neq j, \ s_{ij} + s_{ji} = 0 \Rightarrow s_{ij} = -s_{ji} \\ \text{si } i = j, \ s_{ii} = 0 \end{cases} \tag{4.32b}$$

$$S + S^T = O \in \mathbb{R}^{n\times n} \tag{4.32c}$$

donde $s_{ij} \in \mathbb{R}$; $i, j = 1, 2, 3$ son las entradas de la matriz S. Todos los elementos sobre la diagonal principal son cero $s_{ii} = 0$; fuera de la diagonal $s_{ij} = -s_{ji}$ para $i \neq j$. Esto significa que de los nueve elementos de la matriz S, se reducen a 3 escalares independientes, que denotamos por $s_{12}, s_{13}, s_{23} \in \mathbb{R}$, los cuales forman los componentes de un vector.

En otras palabras, la matriz antisimétrica S puede aceptar como argumento de entrada a vectores $\boldsymbol{p} \in \mathbb{R}^3$ con tres coordenadas de los sistemas de referencia cartesianos tridimensionales fijos y móviles. De esta forma, $S(\boldsymbol{p})$ es una función matriz, cuyo dominio es el vector $\boldsymbol{p} \in \mathbb{R}^3$.

Notación: matriz antisimétrica $S(\boldsymbol{p})$

Sea $\boldsymbol{p} \in \Sigma(x, y, z)$ un vector con coordenadas de posición $\boldsymbol{p} = [p_x, p_y, p_z]^T$ entonces, la función matriz antisimétrica $S(\boldsymbol{p})$ tiene la siguiente estructura:

$$S(\boldsymbol{p}) = \begin{bmatrix} 0 & -p_z & p_y \\ p_z & 0 & -p_x \\ -p_y & p_x & 0 \end{bmatrix} \tag{4.33}$$

Propiedad 4.1: $S(\boldsymbol{p}) + S^T(\boldsymbol{p}) = 0 \in \mathbb{R}^{3\times 3}$

Una matriz antisimétrica $S(\boldsymbol{p})$ satisface lo siguiente $\forall \in \boldsymbol{p} \in \mathbb{R}^3$:

$$S(\boldsymbol{p}) + S^T(\boldsymbol{p}) = \begin{bmatrix} 0 & -p_z & p_y \\ p_z & 0 & -p_x \\ -p_y & p_x & 0 \end{bmatrix} + \begin{bmatrix} 0 & p_z & -p_y \\ -p_z & 0 & p_x \\ p_y & -p_x & 0 \end{bmatrix} = \begin{bmatrix} 0 & 0 & 0 \\ 0 & 0 & 0 \\ 0 & 0 & 0 \end{bmatrix} \tag{4.34}$$

Propiedad 4.2: Simetría del producto $S^T(\boldsymbol{p})S(\boldsymbol{p}) = S(\boldsymbol{p})S^T(\boldsymbol{p})$

El producto de $S^T(\boldsymbol{p})S(\boldsymbol{p})$ es conmutativo, $S^T(\boldsymbol{p})S(\boldsymbol{p}) = S(\boldsymbol{p})S^T(\boldsymbol{p})$; y el resultado es una matriz simétrica:

$$\begin{aligned} S^T(\boldsymbol{p})S(\boldsymbol{p}) &= \begin{bmatrix} 0 & p_z & -p_y \\ -p_z & 0 & p_x \\ p_y & -p_x & 0 \end{bmatrix}\begin{bmatrix} 0 & -p_z & p_y \\ p_z & 0 & -p_x \\ -p_y & p_x & 0 \end{bmatrix} = \begin{bmatrix} p_y^2+p_z^2 & -p_xp_y & -p_xp_z \\ -p_yp_x & p_x^2+p_z^2 & -p_yp_z \\ -p_zp_x & -p_zp_y & p_x^2+p_y^2 \end{bmatrix} \\ S(\boldsymbol{p})S^T(\boldsymbol{p}) &= \begin{bmatrix} 0 & -p_z & p_y \\ p_z & 0 & -p_x \\ -p_y & p_x & 0 \end{bmatrix}\begin{bmatrix} 0 & p_z & -p_y \\ -p_z & 0 & p_x \\ p_y & -p_x & 0 \end{bmatrix} = \begin{bmatrix} p_y^2+p_z^2 & -p_xp_y & -p_xp_z \\ -p_yp_x & p_x^2+p_z^2 & -p_yp_z \\ -p_zp_x & -p_zp_y & p_x^2+p_y^2 \end{bmatrix} \\ &\therefore \\ S^T(\boldsymbol{p})S(\boldsymbol{p}) &= S(\boldsymbol{p})S^T(\boldsymbol{p}) = -S^2(\boldsymbol{p}) \end{aligned}$$

La matriz resultante del producto $S^T(\boldsymbol{p})S(\boldsymbol{p}) = S(\boldsymbol{p})S^T(\boldsymbol{p})$ es una matriz simétrica, puesto que satisface: $S^T(\boldsymbol{p})S(\boldsymbol{p}) = \left[S^T(\boldsymbol{p})S(\boldsymbol{p})\right]^T$ y los elementos de la diagonal se forman con la suma de los cuadrados de las componentes del vector $\boldsymbol{p}$, excluyendo la componente i-ésima respectiva de cada renglón del vector $\boldsymbol{p}$. Los elementos faltantes en cada renglón y que están fuera de la diagonal principal se forman con el negativo del producto cruzado del elemento que fue excluido por el término correspondiente de la columna, tal que: $s_{ij} = s_{ji}$, para $i \neq j$.

El determinante del producto de matrices antisimétricas $S^T(\boldsymbol{p})S(\boldsymbol{p})$ está dador por: $\det\left[S^T(\boldsymbol{p})S(\boldsymbol{p})\right] = \det\left[S(\boldsymbol{p})\right]\det\left[S^T(\boldsymbol{p})\right] = 0$, es decir:

$$\begin{aligned}\det[S^T(\boldsymbol{p})S(\boldsymbol{p})] &= \det[S(\boldsymbol{p})S^T(\boldsymbol{p})] = \det[S^T(\boldsymbol{p})]\det[S(\boldsymbol{p})] \\ &= \det[S(\boldsymbol{p})]\det[S^T(\boldsymbol{p})] = 0 \Longrightarrow \det[S(\boldsymbol{p})] = \det[S^T(\boldsymbol{p})] = 0\end{aligned}$$

Dada una matriz antisimétrica $S(\boldsymbol{p})$, no existen las siguientes matrices inversas:

$$S^{-1}(\boldsymbol{p}),\ \left[S^T(\boldsymbol{p})S(\boldsymbol{p})\right]^{-1},\ \left[S(\boldsymbol{p})S^T(\boldsymbol{p})\right]^{-1}.$$

• Ejemplo 4.5

Considere los vectores unitarios $\boldsymbol{i}_0, \boldsymbol{j}_0, \boldsymbol{k}_0 \in \mathbb{R}^3$ a lo largo de los ejes principales, respectivamente del sistema de referencia fijo $\Sigma_0(x_0, y_0, z_0)$. Obtener la forma específica de la matriz antisimétrica S de dichos vectores.

Solución

Los vectores unitarios $\boldsymbol{i}_0, \boldsymbol{j}_0, \boldsymbol{k}_0$ tienen la siguiente forma:

$$\boldsymbol{i}_0 = \begin{bmatrix}1\\0\\0\end{bmatrix},\quad \boldsymbol{j}_0 = \begin{bmatrix}0\\1\\0\end{bmatrix},\quad \boldsymbol{k}_0 = \begin{bmatrix}0\\0\\1\end{bmatrix}.$$

De acuerdo con la forma específica que tiene la matriz antisimétrica dada por (4.32a), entonces las matrices $S(\boldsymbol{i}_0), S(\boldsymbol{j}_0), S(\boldsymbol{k}_0)$ están dadas como:

$$S(\boldsymbol{i}_0) = \begin{bmatrix}0&0&0\\0&0&-1\\0&1&0\end{bmatrix},\ S(\boldsymbol{j}_0) = \begin{bmatrix}0&0&1\\0&0&0\\-1&0&0\end{bmatrix},\ S(\boldsymbol{k}_0) = \begin{bmatrix}0&-1&0\\1&0&0\\0&0&0\end{bmatrix}$$

•••

Propiedad 4.3: Propiedad de escalamiento de $S(\boldsymbol{p})$

Dada una matriz antisimétrica $S \in \mathbb{R}^{3\times3}$, el vector $\boldsymbol{p} \in \mathbb{R}^{3\times1}$ y el escalar $\alpha \in \mathbb{R}$, se cumple:

$$S(\alpha\boldsymbol{p}) \quad = \quad \alpha S(\boldsymbol{p}) \tag{4.35}$$

Propiedad 4.4: La suma de matrices simétricas es conmutativa

Considere las matrices antisimétricas $S_1, S_2 \in \mathbb{R}^{3\times3}$, los siguientes vectores $\boldsymbol{p}_1, \boldsymbol{p}_2 \in \mathbb{R}^3$ y escalares $\alpha, \beta \in \mathbb{R}$, entonces la suma de matrices antisimétricas es conmutativa: 4.04.36

$$S_1(\alpha\boldsymbol{p}_1) + S_2(\beta\boldsymbol{p}_2) \quad = \quad \alpha_1 S_1(\boldsymbol{p}_1) + \beta S_2(\boldsymbol{p}_2) = \beta S_2(\boldsymbol{p}_2) + \alpha_1 S_1(\boldsymbol{p}_1) = S_2(\boldsymbol{p}_2)\beta +_1 S_1(\boldsymbol{p}_1)\alpha \tag{4.1}$$

$$S_1(\alpha\boldsymbol{p}_1) + S_2(\beta\boldsymbol{p}_2) \quad = \quad S_2(\beta\boldsymbol{p}_2) + S_1(\alpha\boldsymbol{p}_1) = \beta S_2(\boldsymbol{p}_2) + \alpha S_1(\boldsymbol{p}_1) \tag{4.2}$$

Observe que se cumple para la suma de matrices antisimétricas, resulta también una matriz antisimétrica.

Propiedad 4.5: Linealidad de la matriz antisimétrica

Sean los vectores $\boldsymbol{p}_1$, $\boldsymbol{p}_2 \in \mathbb{R}^3$ y los escalares $\alpha, \beta \in \mathbb{R}$; entonces, para toda matriz antisimétrica $S \in \mathbb{R}^{3\times3}$ se cumple:

$$S(\alpha\boldsymbol{p}_1 + \beta\boldsymbol{p}_2) \quad = \quad S(\alpha\boldsymbol{p}_1) + S(\beta\boldsymbol{p}_2) = \alpha S(\boldsymbol{p}_1) + \beta S(\boldsymbol{p}_2) \tag{4.37}$$

Lo anterior significa que, si $\boldsymbol{p} = \alpha\boldsymbol{p}_1 + \beta\boldsymbol{p}_2$, entonces:

$$S(\boldsymbol{p}) \quad = \quad S(\alpha\boldsymbol{p}_1 + \beta\boldsymbol{p}_2) = S(\alpha\boldsymbol{p}_1) + S(\beta\boldsymbol{p}_2) = \alpha S(\boldsymbol{p}_1) + \beta S(\boldsymbol{p}_2) \tag{4.38}$$

Este resultado se puede generalizar al siguiente caso:

$$S(\Sigma_{i=1}^{n}\alpha_i\boldsymbol{p}_i) \quad = \quad \alpha_1 S(\boldsymbol{p}_1) + \alpha_2 S(\boldsymbol{p}_2) + \cdots + \alpha_{n-1} S(\boldsymbol{p}_{n-1}) + \alpha_n S(\boldsymbol{p}_n) \tag{4.39}$$

4.5.2 Derivada de matrices ortogonales

Las matrices antisimétricas se encuentran directamente relacionadas, con las derivadas temporales $\frac{d}{dt}R(\theta)$ y derivadas parciales $\frac{\partial}{\partial\theta}R(\theta)$ de las matrices ortogonales elementales, cuyo argumento θ, para ambos procedimientos involucra a la velocidad rotacional $\dot{\theta}$ o a un vector unitario en cierto eje principal del sistema de referencia caretsiano fijo $\Sigma_0(x_0, y_0, z_0)$, respectivamente; con reglas y propiedades matemáticas bien establecidas, que a continuación se describen.

Propiedad 4.6: $\frac{\partial}{\partial\theta}R(\theta) = S(\boldsymbol{n})R(\theta)$

Considere una matriz de rotación elemental $R \in SO(3)$, que depende de una sola variable escalar $\theta \in \mathbb{R}$: es decir, $R = R(\theta)$; por ejemplo, las matrices de rotación elemental $R_x(\theta), R_y(\theta), R_z(\theta)$; y los elementos de $R(\theta)$ son funciones continuas en θ y diferenciables. Además, el eje de giro es previamente especificado; entonces se cumple la siguiente propiedad:

$$\frac{\partial}{\partial\theta}R(\theta) = S(\boldsymbol{n})R(\theta) \tag{4.40a}$$

$$S(\boldsymbol{n}) = \left[\frac{\partial}{\partial\theta}R(\theta)\right] R^T(\theta) \tag{4.40b}$$

donde $\boldsymbol{n}$ es un vector unitario: $\boldsymbol{n} \in \mathbb{R}^3$, en dirección de alguno de los ejes principales de rotación del sistema de referencia cartesiano: por ejemplo: $\boldsymbol{n} = \{\boldsymbol{i}, \boldsymbol{j}, \boldsymbol{k} \in \mathbb{R}^3\}$.

Demostración: la matriz $R(\theta)$ es una matriz ortogonal, satisface $R(\theta)R^T(\theta) = I$, $\forall\theta \in \mathbb{R}$, donde $I \in \mathbb{R}^{3\times3}$ es la matriz identidad, entonces:

$$R(\theta)R^T(\theta) = I \in \mathbb{R}^{3\times3}, \text{ matriz identidad}$$

$$\frac{\partial}{\partial\theta}\left[R(\theta)R^T(\theta)\right] = \frac{\partial}{\partial\theta}I = O \in \mathbb{R}^{3\times3}, \text{ matriz cero}$$

$$\underbrace{\left[\frac{\partial}{\partial\theta}R(\theta)\right] R^T(\theta)}_{S(\boldsymbol{n})} + \underbrace{R(\theta)\left[\frac{\partial}{\partial\theta}R^T(\theta)\right]}_{S^T(\boldsymbol{n})} = O \in \mathbb{R}^{3\times3}, \text{ matriz antisimétrica}$$

$$\left[\frac{\partial}{\partial\theta}R(\theta)\right] R^T(\theta) = -R(\theta)\left[\frac{\partial}{\partial\theta}R^T(\theta)\right] \tag{4.41}$$

Sea $S(\boldsymbol{n}) = \left[\frac{\partial}{\partial\theta}R(\theta)\right] R^T(\theta)$; entonces: $S(\boldsymbol{n}) + S^T(\boldsymbol{n}) = O \in \mathbb{R}^{3\times3}$; la matriz $S(\boldsymbol{n})$ es antisimétrica y se verifica la expresión (4.41). Por lo tanto:

$$S(\boldsymbol{n}) = \left[\frac{\partial}{\partial\theta}R(\theta)\right] R^T(\theta) \tag{4.42a}$$

$$\frac{\partial}{\partial\theta}R(\theta) = S(\boldsymbol{n})R(\theta) \tag{4.42b}$$

Observe que de la ecuación (4.41), también se cumple:

$$\frac{\partial}{\partial\theta}R(\theta) = S(\boldsymbol{n})R(\theta) = -S^T(\boldsymbol{n})R(\theta) = -R(\theta)\left[\frac{\partial}{\partial\theta}R^T(\theta)\right]R(\theta) \tag{4.43}$$

■

•• Ejemplo 4.6

Considere matrices de rotación elementales: $R_x(\theta), R_y(\theta), R_z(\theta)$, donde $\theta \in \mathbb{R}$ es el ángulo de rotación con respecto al eje principal correspondiente del sistema de referencia $\Sigma(x,y,z)$. Obtener las matrices antisimétricas $S(\boldsymbol{i}), S(\boldsymbol{j}), S(\boldsymbol{k})$ y sus respectivas derivadas parciales $\frac{\partial}{\partial\theta}R_x(\theta)$, $\frac{\partial}{\partial\theta}R_y(\theta)$, $\frac{\partial}{\partial\theta}R_z(\theta)$.

Solución

Primero, para el eje x se obtiene la matriz antisimétrica $S(\boldsymbol{i})$ a partir de (4.42a), con el siguiente procedimiento:

$$\begin{aligned}
S(\boldsymbol{i}) &= \left[\tfrac{\partial}{\partial\theta}R_x(\theta)\right] R_x^T(\theta) = \frac{\partial}{\partial\theta}\begin{bmatrix} 1 & 0 & 0 \\ 0 & \cos(\theta) & -\operatorname{sen}(\theta) \\ 0 & \operatorname{sen}(\theta) & \cos(\theta) \end{bmatrix} \begin{bmatrix} 1 & 0 & 0 \\ 0 & \cos(\theta) & -\operatorname{sen}(\theta) \\ 0 & \operatorname{sen}(\theta) & \cos(\theta) \end{bmatrix}^T \\
&= \begin{bmatrix} 0 & 0 & 0 \\ 0 & -\operatorname{sen}(\theta) & -\cos(\theta) \\ 0 & \cos(\theta) & -\operatorname{sen}(\theta) \end{bmatrix} \begin{bmatrix} 1 & 0 & 0 \\ 0 & \cos(\theta) & \operatorname{sen}(\theta) \\ 0 & -\operatorname{sen}(\theta) & \cos(\theta) \end{bmatrix} = \begin{bmatrix} 0 & 0 & 0 \\ 0 & 0 & -1 \\ 0 & 1 & 0 \end{bmatrix}
\end{aligned}$$

Por otro lado, empleando la relación (4.42b):

$$\frac{\partial}{\partial\theta}R_x(\theta) = S(\boldsymbol{i})R_x(\theta) = \begin{bmatrix} 0 & 0 & 0 \\ 0 & 0 & -1 \\ 0 & 1 & 0 \end{bmatrix} \begin{bmatrix} 1 & 0 & 0 \\ 0 & \cos(\theta) & -\operatorname{sen}(\theta) \\ 0 & \operatorname{sen}(\theta) & \cos(\theta) \end{bmatrix} = \begin{bmatrix} 0 & 0 & 0 \\ 0 & -\operatorname{sen}(\theta) & -\cos(\theta) \\ 0 & \cos(\theta) & -\operatorname{sen}(\theta) \end{bmatrix}$$

Note que, por cálculo directo $\frac{\partial}{\partial\theta}R_x(\theta)$ se verifica el mismo resultado:

$$\frac{\partial}{\partial\theta}R_x(\theta) = \begin{bmatrix} \frac{\partial}{\partial\theta}1 & \frac{\partial}{\partial\theta}0 & \frac{\partial}{\partial\theta}0 \\ \frac{\partial}{\partial\theta}0 & \frac{\partial}{\partial\theta}\cos(\theta) & -\frac{\partial}{\partial\theta}\operatorname{sen}(\theta) \\ \frac{\partial}{\partial\theta}0 & \frac{\partial}{\partial\theta}\operatorname{sen}(\theta) & \frac{\partial}{\partial\theta}\cos(\theta) \end{bmatrix} = \begin{bmatrix} 0 & 0 & 0 \\ 0 & -\operatorname{sen}(\theta) & -\cos(\theta) \\ 0 & \cos(\theta) & -\operatorname{sen}(\theta) \end{bmatrix}$$

En forma similar, para el eje y, la matriz antisimétrica $S(\boldsymbol{j})$ se deduce de (4.42a), como a continuación se indica:

$$\begin{aligned}
S(\boldsymbol{j}) &= \left[\frac{\partial}{\partial\theta}R_y(\theta)\right] R_y^T(\theta) = \frac{\partial}{\partial\theta}\begin{bmatrix} \cos(\theta) & 0 & \operatorname{sen}(\theta) \\ 0 & 1 & 0 \\ -\operatorname{sen}(\theta) & 0 & \cos(\theta) \end{bmatrix} \begin{bmatrix} \cos(\theta) & 0 & \operatorname{sen}(\theta) \\ 0 & 1 & 0 \\ -\operatorname{sen}(\theta) & 0 & \cos(\theta) \end{bmatrix}^T \\
&= \begin{bmatrix} -\operatorname{sen}(\theta) & 0 & \cos(\theta) \\ 0 & 0 & 0 \\ -\cos(\theta) & 0 & -\operatorname{sen}(\theta) \end{bmatrix} \begin{bmatrix} \cos(\theta) & 0 & -\operatorname{sen}(\theta) \\ 0 & 1 & 0 \\ \operatorname{sen}(\theta) & 0 & \cos(\theta) \end{bmatrix} = \begin{bmatrix} 0 & 0 & 1 \\ 0 & 0 & 0 \\ -1 & 0 & 0 \end{bmatrix}
\end{aligned}$$

Por cómputo directo usando (4.42b), se puede verificar el resultado:

$$\frac{\partial}{\partial\theta}R_y(\theta) = S(\boldsymbol{j})R_y(\theta) = \begin{bmatrix} 0 & 0 & 1 \\ 0 & 0 & 0 \\ -1 & 0 & 0 \end{bmatrix} \begin{bmatrix} \cos(\theta) & 0 & \operatorname{sen}(\theta) \\ 0 & 1 & 0 \\ -\operatorname{sen}(\theta) & 0 & \cos(\theta) \end{bmatrix} = \begin{bmatrix} -\operatorname{sen}(\theta) & 0 & \cos(\theta) \\ 0 & 0 & 0 \\ -\cos(\theta) & 0 & -\operatorname{sen}(\theta) \end{bmatrix}$$

De manera similar para $\frac{\partial}{\partial\theta}R_z(\theta)$, con la expresión (4.42a) se obtiene $S(\boldsymbol{k})$ como a continuación se indica:

$$S(\boldsymbol{k}) = \left[\frac{\partial}{\partial\theta}R_z(\theta)\right] R_z^T(\theta) = \frac{\partial}{\partial\theta}\begin{bmatrix}\cos(\theta) & -\operatorname{sen}(\theta) & 0\\ \operatorname{sen}(\theta) & \cos(\theta) & 0\\ 0 & 0 & 1\end{bmatrix}\begin{bmatrix}\cos(\theta) & -\operatorname{sen}(\theta) & 0\\ \operatorname{sen}(\theta) & \cos(\theta) & 0\\ 0 & 0 & 1\end{bmatrix}^T$$

$$= \begin{bmatrix}-\operatorname{sen}(\theta) & -\cos(\theta) & 0\\ \cos(\theta) & -\operatorname{sen}(\theta) & 0\\ 0 & 0 & 0\end{bmatrix}\begin{bmatrix}\cos(\theta) & \operatorname{sen}(\theta) & 0\\ -\operatorname{sen}(\theta) & \cos(\theta) & 0\\ 0 & 0 & 1\end{bmatrix} = \begin{bmatrix}0 & -1 & 0\\ 1 & 0 & 0\\ 0 & 0 & 0\end{bmatrix}$$

Usando (4.42b) se obtiene lo siguiente:

$$\frac{\partial}{\partial\theta}R_z(\theta) = S(\boldsymbol{k})R_z(\theta) = \begin{bmatrix}0 & -1 & 0\\ 1 & 0 & 0\\ 0 & 0 & 0\end{bmatrix}\begin{bmatrix}\cos(\theta) & -\operatorname{sen}(\theta) & 0\\ \operatorname{sen}(\theta) & \cos(\theta) & 0\\ 0 & 0 & 1\end{bmatrix} = \begin{bmatrix}-\operatorname{sen}(\theta) & -\cos(\theta) & 0\\ \cos(\theta) & -\operatorname{sen}(\theta) & 0\\ 0 & 0 & 0\end{bmatrix}$$

Por último, realizando directamente los cálculos, se verifica el resultado:

$$\frac{\partial}{\partial\theta}R_z(\theta) = \frac{\partial}{\partial\theta}\begin{bmatrix}\cos(\theta) & -\operatorname{sen}(\theta) & 0\\ \operatorname{sen}(\theta) & \cos(\theta) & 0\\ 0 & 0 & 1\end{bmatrix} = \begin{bmatrix}-\operatorname{sen}(\theta) & -\cos(\theta) & 0\\ \cos(\theta) & -\operatorname{sen}(\theta) & 0\\ 0 & 0 & 0\end{bmatrix}$$

•••

Propiedad 4.7: $\dot{R}(\theta) = S(\dot{\theta}\boldsymbol{n})R(\theta)$

Para el caso de la derivada total con respecto al tiempo de una matriz de rotación elemental $\frac{d}{dt}R(\theta)$, se asume que el ángulo de rotación $\theta = \theta(t)$ y la matriz $R = R(t)$ son funciones continuas del tiempo y diferenciables.

Demostración:

$$\dot{R}(\theta(t)) = \frac{d}{dt}R(\theta(t)) = \frac{\partial}{\partial\theta}R(\theta(t))\frac{d\theta}{dt} = \underbrace{S(\boldsymbol{n})R(\theta)}_{\text{ecuación (4.40a)}}\ \dot{\theta} = S(\dot{\theta}\boldsymbol{n})R(\theta) = S(\boldsymbol{w}_0)R(\theta)$$

donde $\boldsymbol{w}_0 = \dot{\theta}\boldsymbol{n}$, siendo $\boldsymbol{w}_0 \in \mathbb{R}^3$ el vector de velocidad angular del robot manipulador con respecto a los ejes principales del sistema de referencia fijo $\Sigma_0(x_0, y_0, z_0)$ y $\boldsymbol{n} \in \mathbb{R}^3$ es un vector unitario: $\boldsymbol{n} = \{\boldsymbol{i}, \boldsymbol{j}, \boldsymbol{k}\}$.

Por lo que la derivada con respecto al tiempo de una matriz de rotación elemental $\frac{d}{dt}R(\theta)$ cumple con la siguiente propiedad:

$$\tfrac{d}{dt}R(\theta) = \dot{R}(\theta) = S(\dot{\theta}\boldsymbol{n})R(\theta) = S(\boldsymbol{w}_0)R(\theta) \tag{4.44}$$

Propiedad 4.8: $\frac{d}{dt}R^T(\theta) = -R^T(\theta)S(\dot{\theta}\boldsymbol{n})$

Dada una matriz ortogonal $R(\theta) \in SO(3)$ satisface $R(\theta)R^T(\theta) = I$ donde $I \in \mathbb{R}^{3\times 3}$ es la matriz identidad. Además, se considera que el ángulo escalar θ y los elementos de la matriz R son funciones continuas del tiempo t y diferenciables, entonces se cumple:

$$\begin{aligned}
\frac{d}{dt}\left[R(\theta)\ R^T(\theta)\right] &= \left[\frac{d}{dt}R(\theta)\right]R^T(\theta) + R(\theta)\left[\frac{d}{dt}R^T(\theta)\right] = \frac{d}{dt}I = 0 \in \mathbb{R}^{3\times 3} \\
R(\theta)\left[\frac{d}{dt}R^T(\theta)\right] &= -\left[\frac{d}{dt}R(\theta)\right]R^T(\theta) \\
\frac{d}{dt}R^T(\theta) &= -R^T(\theta)\dot{R}(\theta)R^T(\theta) = -R^T(\theta)S(\dot{\theta}\boldsymbol{n})\ R(\theta)R^T(\theta) = -R^T(\theta)S(\dot{\theta}\boldsymbol{n})
\end{aligned}$$

■

•• Ejemplo 4.7

Obtener la derivada total con respecto del tiempo t de las matrices de rotación elementales: $R_x(\theta), R_y(\theta), R_z(\theta)$.

Solución

Se considera que la variable de rotación $\theta = \theta(t)$ y las matrices de rotación elementales $R_x = R_x(t)$, $R_y = R_y(t)$ y $R_z = R_z(t)$ son funciones continuas en el tiempo y diferenciables; entonces para el caso de la matriz $R_x(\theta)$ se tiene el siguiente desarrollo:

$$\begin{aligned}
\dot{R}_x(\theta) &= \begin{bmatrix} \frac{d}{dt}1 & \frac{d}{dt}0 & \frac{d}{dt}0 \\ \frac{d}{dt}0 & \frac{d}{dt}\cos(\theta) & -\frac{d}{dt}\operatorname{sen}(\theta) \\ \frac{d}{dt}0 & \frac{d}{dt}\operatorname{sen}(\theta) & \frac{d}{dt}\cos(\theta) \end{bmatrix} = \begin{bmatrix} 0 & 0 & 0 \\ 0 & -\operatorname{sen}(\theta)\dot{\theta} & -\cos(\theta)\dot{\theta} \\ 0 & \cos(\theta)\dot{\theta} & -\operatorname{sen}(\theta)\dot{\theta} \end{bmatrix} \\
&= \underbrace{\begin{bmatrix} 0 & 0 & 0 \\ 0 & 0 & -\dot{\theta} \\ 0 & \dot{\theta} & 0 \end{bmatrix}}_{S(\dot{\theta}\boldsymbol{i})} \underbrace{\begin{bmatrix} 1 & 0 & 0 \\ 0 & \cos(\theta) & -\operatorname{sen}(\theta) \\ 0 & \operatorname{sen}(\theta) & \cos(\theta) \end{bmatrix}}_{R_x(\theta)} = S(\dot{\theta}\boldsymbol{i})R_x(\theta)
\end{aligned}$$

De manera análoga, para la matriz de rotación elemental $R_y(\theta)$:

$$\begin{aligned}
\dot{R}_y(\theta) &= \frac{d}{dt}\begin{bmatrix} \cos(\theta) & 0 & \operatorname{sen}(\theta) \\ 0 & 1 & 0 \\ -\operatorname{sen}(\theta) & 0 & \cos(\theta) \end{bmatrix} = \begin{bmatrix} -\operatorname{sen}(\theta)\dot{\theta} & 0 & \cos(\theta)\dot{\theta} \\ 0 & 0 & 0 \\ -\cos(\theta)\dot{\theta} & 0 & -\operatorname{sen}(\theta)\dot{\theta} \end{bmatrix} \\
&= \underbrace{\begin{bmatrix} 0 & 0 & \dot{\theta} \\ 0 & 0 & 0 \\ -\dot{\theta} & 0 & 0 \end{bmatrix}}_{S(\dot{\theta}\boldsymbol{j})} \underbrace{\begin{bmatrix} \cos(\theta) & 0 & \operatorname{sen}(\theta) \\ 0 & 1 & 0 \\ -\operatorname{sen}(\theta) & 0 & \cos(\theta) \end{bmatrix}}_{R_y(\theta)} = S(\dot{\theta}\boldsymbol{j})R_y(\theta).
\end{aligned}$$

En forma similar, para $R_z(\theta)$:

$$\dot{R}_z(\theta) = \frac{d}{dt}\begin{bmatrix} \cos(\theta) & -\operatorname{sen}(\theta) & 0 \\ \operatorname{sen}(\theta) & \cos(\theta) & 0 \\ 0 & 0 & 1 \end{bmatrix} = \begin{bmatrix} -\operatorname{sen}(\theta)\dot{\theta} & -\cos(\theta)\dot{\theta} & 0 \\ \cos(\theta)\dot{\theta} & -\operatorname{sen}(\theta)\dot{\theta} & 0 \\ 0 & 0 & 0 \end{bmatrix}$$

$$= \underbrace{\begin{bmatrix} 0 & -\dot{\theta} & 0 \\ \dot{\theta} & 0 & 0 \\ 0 & 0 & 0 \end{bmatrix}}_{S(\dot{\theta}\boldsymbol{k})} \underbrace{\begin{bmatrix} \cos(\theta) & -\operatorname{sen}(\theta) & 0 \\ \operatorname{sen}(\theta) & \cos(\theta) & 0 \\ 0 & 0 & 1 \end{bmatrix}}_{R_z(\theta)} = S(\dot{\theta}\boldsymbol{k})R_z(\theta).$$

•••

4.5.3 Operaciones mixtas entre $\boldsymbol{p}_1 \times \boldsymbol{p}_2$ y $S(\boldsymbol{p}_1)$

Existe una fuerte dependencia entre el producto cruz vectorial, las matrices antisimétricas y ortogonales, a través de operaciones mixtas con las siguientes reglas de operación.

Propiedad 4.9: $S(\boldsymbol{p}_1)\boldsymbol{p}_2 = \boldsymbol{p}_1 \times \boldsymbol{p}_2$

Sea la matriz antisimétrica $S(\boldsymbol{p}_1) \in \mathbb{R}^{3\times3}$ y los vectores $\boldsymbol{p}_1, \boldsymbol{p}_2 \in \mathbb{R}^3$; entonces, la multiplicación $S(\boldsymbol{p}_1)\boldsymbol{p}_2 \in \mathbb{R}^3$, tiene como resultado el producto cruz vectorial $\boldsymbol{p}_1 \times \boldsymbol{p}_2 \in \mathbb{R}^3$, satisfaciendo las siguientes propiedades:

$$S(\boldsymbol{p}_1)\boldsymbol{p}_2 = \boldsymbol{p}_1 \times \boldsymbol{p}_2 = -\boldsymbol{p}_2 \times \boldsymbol{p}_1 = S(-\boldsymbol{p}_2)\boldsymbol{p}_1 = -S(\boldsymbol{p}_2)\boldsymbol{p}_1 \qquad (4.45a)$$

$$S(\boldsymbol{p}_1)\boldsymbol{p}_2 + S(\boldsymbol{p}_2)\boldsymbol{p}_1 = \boldsymbol{0} \in \mathbb{R}^3 \qquad (4.45b)$$

Por cálculo directo, se puede verificar la expresión (4.45a). Por ejemplo:

$$S(\boldsymbol{p}_1)\boldsymbol{p}_2 = \begin{bmatrix} 0 & -p_{1z} & p_{1y} \\ p_{1z} & 0 & -p_{1x} \\ -p_{1y} & p_{1x} & 0 \end{bmatrix} \begin{bmatrix} p_{2x} \\ p_{2y} \\ p_{2z} \end{bmatrix}$$

$$= \begin{bmatrix} p_{1y}p_{2z} - p_{1z}p_{2y} \\ -p_{1x}p_{2z} + p_{1z}p_{2x} \\ p_{1x}p_{2y} - p_{1y}p_{2x} \end{bmatrix}$$

$$= \boldsymbol{p}_1 \times \boldsymbol{p}_2$$

Este resultado es idéntico al producto cruz vectorial $\boldsymbol{p}_1 \times \boldsymbol{p}_2$ en (3.11), definición (3.4).

Propiedad 4.10: Distribución del producto cruz vectorial con matriz R

La multiplicación formada por una matriz ortogonal $R \in SO(3)$ y el producto cruz vectorial $\boldsymbol{p}_1 \times \boldsymbol{p}_2$ resulta distributivo $\forall \boldsymbol{p}_1, \boldsymbol{p}_2 \in \mathbb{R}^3$, cumpliendo lo siguiente:

$$
\begin{aligned}
R\,[\boldsymbol{p}_1 \times \boldsymbol{p}_2\,] &= R\boldsymbol{p}_1 \times R\boldsymbol{p}_2 && (4.46a)\\
&= S(R\boldsymbol{p}_1)R\boldsymbol{p}_2 && (4.46b)\\
&= R\,S(\boldsymbol{p}_1)\boldsymbol{p}_2 && (4.46c)
\end{aligned}
$$

No se cumple: $R\boldsymbol{p}_1 \times \boldsymbol{p}_2 \neq R\,[\,\boldsymbol{p}_1 \times R\boldsymbol{p}_2\,]$; no confundir con la ecuación (4.46a).

También, debe tomar en cuenta que: $R\boldsymbol{p}_1 \times \boldsymbol{p}_2 \neq \boldsymbol{p}_1 \times R\boldsymbol{p}_2$.

Propiedad 4.11: Antisimetría del producto escalar $\boldsymbol{p}^T S(\boldsymbol{p})\boldsymbol{p} = 0$

El producto punto o producto escalar, formado por: $\boldsymbol{p}\cdot S(\boldsymbol{p})\boldsymbol{p} = \boldsymbol{p}^T S(\boldsymbol{p})\boldsymbol{p} = \boldsymbol{p}\cdot\boldsymbol{p}\times\boldsymbol{p} \in \mathbb{R}$ tiene como resultado un escalar constante igual a cero (esta característica es conocida como propiedad de antisimétrica, la cual puede ser consultada en la propiedad (3.12):

$$
\begin{aligned}
\boldsymbol{p}^T S(\boldsymbol{p})\boldsymbol{p} &= [\,p_x \;\; p_y \;\; p_z\,] \begin{bmatrix} 0 & -p_z & p_y \\ p_z & 0 & -p_x \\ -p_y & p_x & 0 \end{bmatrix} \begin{bmatrix} p_x \\ p_y \\ p_z \end{bmatrix} \\
&= [\,\cancel{p_y p_z} - \cancel{p_z p_y} \quad -\cancel{p_z p_x} + \cancel{p_z p_x} \quad \cancel{p_y p_x} - \cancel{p_y p_x}\,] \begin{bmatrix} p_x \\ p_y \\ p_z \end{bmatrix} \\
&= [\,0 \;\; 0 \;\; 0\,] \begin{bmatrix} p_x \\ p_y \\ p_z \end{bmatrix} = 0 \Longrightarrow \boldsymbol{p}^T S(\boldsymbol{p})\boldsymbol{p} = 0, \; \forall \boldsymbol{p} \in \mathbb{R}^3
\end{aligned}
$$

$$
\boldsymbol{p}^T S(\boldsymbol{p})\boldsymbol{p} = \boldsymbol{p}^T\,[\,\boldsymbol{p}\times\boldsymbol{p}\,] = \boldsymbol{p}\cdot[\,\boldsymbol{p}\times\boldsymbol{p}\,] = 0, \; \in \mathbb{R}, \forall \boldsymbol{p} \in \mathbb{R}^3.
$$

■

Como casos especiales de este resultado se tienen los siguientes:

$$p^T S(p) = 0^T \in \mathbb{R}^{1\times 3}, \ \forall\, p \in \mathbb{R}^3 \qquad (4.47a)$$

$$S(p)p = 0 \in \mathbb{R}^3, \ \forall\, p \in \mathbb{R}^3 \qquad (4.47b)$$

$$p^T S(p_1)p = p \cdot [p_1 \times p] = 0 \in \mathbb{R}, \ \forall\, p, p_1 \in \mathbb{R}^3 \qquad (4.47c)$$

La siguiente propiedad simplifica el álgebra en la cinemática diferencial.

Propiedad 4.12: $R(\theta)S(p_1)R^T(\theta) = S(R(\theta)p_1)$

Utilizando las ecuación (4.45a) de la propiedad (4.9) y (4.46a) de la propiedad distributiva (4.10):

$$\begin{aligned} R\,\underbrace{S(p_1)R^T(\theta)p_2}_{\text{ecuación (4.45a)}} &= R(\theta)\underbrace{[p_1 \times R^T(\theta)p_2]}_{\text{ecuación (4.46a)}} = R(\theta)p_1 \times \underbrace{R(\theta)R^T(\theta)}_{\substack{I \in \mathbb{R}^{3\times 3}\\ \text{matriz identidad}}}\ p_2 \\ R(\theta)S(p_1)R^T(\theta)p_2 &= R(\theta)p_1 \times p_2 = \underbrace{S(R(\theta)p_1)p_2}_{\text{ecuación (4.45a)}}, \ \text{comparando términos,} \\ R(\theta)S(p_1)R^T(\theta) &= S(R(\theta)p_1). \end{aligned}$$

Un caso particular de este resultado es el siguiente:

$$R^T(\theta)S(p_1)R(\theta) = S(R^T(\theta)p_1) \qquad (4.48)$$

Propiedad 4.13: $R^T(\theta)S^T(R(\theta)p)R(\theta) = -S(p)$

Sea $p \in \mathbb{R}^3$ y $R \in SO(3)$, entonces:

$$\begin{aligned} R^T(\theta)S^T(R(\theta)p)R(\theta) &= -R^T(\theta)S(R(\theta)p)R(\theta); \quad S^T(R(\theta)p) = -S(R(\theta)p) \\ &= -\underbrace{R^T(\theta)R(\theta)}_{I}\,S(p_1)\,\underbrace{R^T(\theta)R(\theta)}_{I}; \ \text{propiedad (4.12)} \\ &= -S(p) = S^T(p) = S(-p) \end{aligned}$$

Por lo tanto, se obtiene:

$$R^T(\theta)S(\boldsymbol{p})R(\theta) = -S(\boldsymbol{p}) = S^T(\boldsymbol{p}) = S(-\boldsymbol{p}) \tag{4.49}$$

La función matriz antisimétrica $S(\boldsymbol{p}) \in \mathbb{R}^{3\times3}$ expresada en (4.49), indica que dicha matriz es una función impar, puesto que: $-S(\boldsymbol{p}) = S(-\boldsymbol{p})$, para todo vector $\boldsymbol{p} \in \mathbb{R}^3$.

Propiedad 4.14: $S^2(\boldsymbol{p}_1) = -\|\boldsymbol{p}_1\|^2 I + \boldsymbol{p}_1\boldsymbol{p}_1^T$

Considere los vectores $\boldsymbol{p}_1$, $\boldsymbol{p}_2 \in \mathbb{R}^3$ y la matriz identidad $I \in \mathbb{R}^{3\times3}$; entonces el cuadro de la función matriz antisimétrica $S^2(\boldsymbol{p}_1)$ mantiene una igualdad matemática con argumento $\boldsymbol{p}_1$ de la siguiente forma: $S^2(\boldsymbol{p}_1) = -\|\boldsymbol{p}_1\|^2 I + \boldsymbol{p}_1\boldsymbol{p}_1^T$.

Para comprobar esta propiedad, se utiliza álgebra directa; como primer paso se comprueba que: $(\boldsymbol{p}_1 \cdot \boldsymbol{p}_2)\boldsymbol{p}_1 = [\,\boldsymbol{p}_1\boldsymbol{p}_1^T\,]\ \boldsymbol{p}_2$, de la siguiente manera:

$$\begin{aligned}
(\boldsymbol{p}_1 \cdot \boldsymbol{p}_2)\boldsymbol{p}_1 &= \underbrace{[\,p_{1x}p_{2x} + p_{1y}p_{2y} + p_{1z}p_{2z}\,]}_{\boldsymbol{p}_1\cdot\boldsymbol{p}_2}\begin{bmatrix} p_{1x} \\ p_{1y} \\ p_{1z}\end{bmatrix} = \begin{bmatrix} [\,p_{1x}p_{2x} + p_{1y}p_{2y} + p_{1z}p_{2z}\,]\ p_{1x} \\ [\,p_{1x}p_{2x} + p_{1y}p_{2y} + p_{1z}p_{2z}\,]\ p_{1y} \\ [\,p_{1x}p_{2x} + p_{1y}p_{2y} + p_{1z}p_{2z}\,]\ p_{1z}\end{bmatrix} \\
&= \begin{bmatrix} p_{1x}^2p_{2x} + p_{1x}p_{1y}p_{2y} + p_{1x}p_{1z}p_{2z} \\ p_{1x}p_{1y}p_{2x} + p_{1y}^2p_{2y} + p_{1y}p_{1z}p_{2z} \\ p_{1x}p_{1z}p_{2x} + p_{1y}p_{2y}p_{1z} + p_{1z}^2p_{2z}\end{bmatrix} = \underbrace{\begin{bmatrix} p_{1x}^2 & p_{1x}p_{1y} & p_{1x}p_{1z} \\ p_{1x}p_{1y} & p_{1y}^2 & p_{1y}p_{1z} \\ p_{1x}p_{1z} & p_{1y}p_{1z} & p_{1z}^2\end{bmatrix}}_{\boldsymbol{p}_1\boldsymbol{p}_1^T}\begin{bmatrix} p_{2x} \\ p_{2y} \\ p_{2z}\end{bmatrix} \\
&= \boldsymbol{p}_1\boldsymbol{p}_1^T\ \boldsymbol{p}_2
\end{aligned}$$

$$\begin{aligned}
\boldsymbol{p}_1 \times (\boldsymbol{p}1 \times \boldsymbol{p}_2) &= \underbrace{\boldsymbol{p}_1 \times (\boldsymbol{p}1 \times \boldsymbol{p}_2)}_{S(\boldsymbol{p}_1)\ (\boldsymbol{p}1\times\boldsymbol{p}_2)} = \underbrace{S(\boldsymbol{p}_1)\ (\boldsymbol{p}1 \times \boldsymbol{p}_2)}_{S(\boldsymbol{p}_1)\ S(\boldsymbol{p}_1)\boldsymbol{p}_2} = S^2(\boldsymbol{p}_1)\boldsymbol{p}_2 \\
\boldsymbol{p}_1 \times (\boldsymbol{p}1 \times \boldsymbol{p}_2) &= (\,\boldsymbol{p}_1 \cdot \boldsymbol{p}_2\,)\,\boldsymbol{p}_1 - (\,\boldsymbol{p}_1 \cdot \boldsymbol{p}_1\,)\,\boldsymbol{p}_2 = (\,\boldsymbol{p}_1 \cdot \boldsymbol{p}_2\,)\,\boldsymbol{p}_1 - \underbrace{(\,\boldsymbol{p}_1 \cdot \boldsymbol{p}_1\,)}_{\|\boldsymbol{p}_1\|^2}\boldsymbol{p}_2 \\
&= \boldsymbol{p}_1\boldsymbol{p}_1^T\ \boldsymbol{p}_2 - \|\boldsymbol{p}_1\|^2\boldsymbol{p}_2 = [\,-\|\boldsymbol{p}_1\|^2 I + \boldsymbol{p}_1\boldsymbol{p}_1^T\,]\,\boldsymbol{p}_2,\quad I \in \mathbb{R}^{3\times3} \text{ es la matriz identidad}
\end{aligned}$$

$$\therefore\quad S^2(\boldsymbol{p}_1)\boldsymbol{p}_2 = [\,-\|\boldsymbol{p}_1\|^2 I + \boldsymbol{p}_1\boldsymbol{p}_1^T\,]\,\boldsymbol{p}_2 \implies S^2(\boldsymbol{p}_1) = -\|\boldsymbol{p}_1\|^2 I + \boldsymbol{p}_1\boldsymbol{p}_1^T$$

■

La tabla 4.2 concentra las principales propiedades matemáticas que se utilizan en el desarrollo del modelo cinemático diferencial, parte clave en la obtención de la energía cinética y modelo dinámico de un robot manipulador.

Tabla 4.2: Propiedades fundamentales para el desarrollo del modelo cinemático diferencial

$S(\theta \boldsymbol{n}) \in \mathbb{R}^{3\times 3}$ es una matriz antisimétrica.
θ es una función continua en t, suave y diferenciable: $\theta = \theta(t) \in \mathbb{R}$.
$\boldsymbol{i} \in \mathbb{R}^3$ es un vector base unitario del eje principal x: $\boldsymbol{i} = [\,1, 0, 0\,]^T$.
$\boldsymbol{j} \in \mathbb{R}^3$ es un vector base unitario del eje prinicpal y: $\boldsymbol{j} = [\,0, 1, 0\,]^T$.
$\boldsymbol{k} \in \mathbb{R}^3$ es un vector base unitario del eje principal z: $\boldsymbol{k} = [\,0, 0, 1\,]^T$.
$\boldsymbol{n} \in \mathbb{R}^3$ es un vector base unitario: $\boldsymbol{n} = \{\boldsymbol{i}, \boldsymbol{j}, \boldsymbol{k}\}$.
$S(\boldsymbol{p}_1)\boldsymbol{p}_2 = \boldsymbol{p}_1 \times \boldsymbol{p}_2 = -\boldsymbol{p}_2 \times \boldsymbol{p}_1 = -S(\boldsymbol{p}_2)\boldsymbol{p}_1,\ \forall\ \boldsymbol{p}_1, \boldsymbol{p}_2 \in \mathbb{R}^3$.
$R\,[\,\boldsymbol{p}_1 \times \boldsymbol{p}_2\,] = R\boldsymbol{p}_1 \times R\boldsymbol{p}_2$.
$\boldsymbol{p}_1^T S(\boldsymbol{p}_1)\boldsymbol{p}_1 = 0 \in \mathbb{R},\ \forall\ \boldsymbol{p}_1 \in \mathbb{R}^3$.
$R^T(\theta)S^T(R(\theta)\boldsymbol{p}_1)R(\theta) = -S(\boldsymbol{p}_1),\ \forall\ \boldsymbol{p}_1 \in \mathbb{R}^3,\ \forall\theta \in \mathbb{R}$.
$R(\theta)S(\boldsymbol{p}_1)R^T(\theta) = S(R(\theta)\boldsymbol{p}_1),\ \forall\boldsymbol{p}_1 \in \mathbb{R}^3,\ \forall\theta \in \mathbb{R}$.
$\frac{\partial}{\partial\theta}R(\theta) = S(\boldsymbol{n})R(\theta)$.
$\frac{\partial}{\partial\theta}R_x(\theta) = S(\boldsymbol{i})R_x(\theta)$.
$\frac{\partial}{\partial\theta}R_y(\theta) = S(\boldsymbol{j})R_y(\theta)$.
$\frac{\partial}{\partial\theta}R_z(\theta) = S(\boldsymbol{k})R_z(\theta)$.
$\dot{R}(\theta) = \frac{d}{dt}R(\theta) = S(\dot{\theta}\boldsymbol{n})R(\theta) = S(\boldsymbol{w}_0)R(\theta)$, donde $\boldsymbol{w}_0 = \dot{\theta}\boldsymbol{n}$.
$\dot{R}_x(\theta) = \frac{d}{dt}R_x(\theta) = S(\dot{\theta}\boldsymbol{i})R_x(\theta) = S(\boldsymbol{w}_{0x})R_x(\theta)$, donde $\boldsymbol{w}_{0x} = \dot{\theta}\boldsymbol{i}$.
$\dot{R}_y(\theta) = \frac{d}{dt}R_y(\theta) = S(\dot{\theta}\boldsymbol{j})R_y(\theta) = S(\boldsymbol{w}_{0y})R_y(\theta)$; donde $\boldsymbol{w}_{0y} = \dot{\theta}\boldsymbol{j}$.
$\dot{R}_z(\theta) = \frac{d}{dt}R_z(\theta) = S(\dot{\theta}\boldsymbol{k})R_z(\theta) = S(\boldsymbol{w}_{0z})R_z(\theta)$: donde $\boldsymbol{w}_{0z} = \dot{\theta}\boldsymbol{k}$.
$S^2(\boldsymbol{p}_1) = -\Vert\boldsymbol{p}_1\Vert^2 I + \boldsymbol{p}_1\boldsymbol{p}_1^T,\ \forall\boldsymbol{p}_1 \in \mathbb{R}^3$; $I \in \mathbb{R}^{3\times 3}$ es la matriz identidad.
$\Vert\boldsymbol{p}_1 \times \boldsymbol{p}_2\Vert^2 = [\,\Vert\boldsymbol{p}_1\Vert^2\Vert\boldsymbol{p}_2\Vert^2 - (\boldsymbol{p}_1 \cdot \boldsymbol{p}_2)^2\,],\ \forall\ \boldsymbol{p}_1, \boldsymbol{p}_2 \in \mathbb{R}^3$.
$R_0^1(\phi_{1_{e_{z_1}}}, \theta_{1_{e_{x_2}}}, \psi_{1_{e_{y_3}}}) = R_{e_{z_1}}(\phi_1)R_{e_{x_2}}(\theta_1)R_{e_{y_3}}(\psi_1)$.

4.6 Cinemática diferencial de Euler

Con el conjunto de propiedades previamente enunciadas se puede deducir el modelo cinemático diferencial de un cuerpo rígido; con este objetivo, primero se selecciona una de las 12 posibles combinaciones para la composición de rotaciones usando los ángulos de Euler, como están indicadas en la tabla 4.1. Sin embargo, la que ofrece mayores ventajas de análisis en cinemática para el caso especifico de robots manipuladores, es la siguiente:

$$R_0^1(\phi_{1_{e_{z1}}}, \theta_{1_{e_{x2}}}, \psi_{1_{e_{y3}}}) = R_{e_{z_1}}(\phi_1)R_{e_{x_2}}(\theta_1)R_{e_{y_3}}(\psi_1) \tag{4.50}$$

La expresión (4.50) se incluye en la ecuación (4.31), para obtener:

$$\begin{aligned}
\dot{\boldsymbol{p}}_0 &= \dot{\boldsymbol{d}}_0^1 + \frac{d}{dt}\left[R_{e_{z_1}}(\phi_1)R_{e_{x_2}}(\theta_1)R_{e_{y_3}}(\psi_1)\boldsymbol{p}_1\right] \\
&= \dot{\boldsymbol{d}}_0^1 + \Big[\dot{R}_{e_{z_1}}(\phi_1)R_{e_{x_2}}(\theta_1)R_{e_{y_3}}(\psi_1) + R_{e_{z_1}}(\phi_1)\dot{R}_{e_{x_2}}(\theta_1)R_{e_{y_3}}(\psi_1) + \\
&\qquad R_{e_{z_1}}(\phi_1)R_{e_{x_2}}(\theta_1)\dot{R}_{e_{y_3}}(\psi_1)\Big]\boldsymbol{p}_1 + R_{e_{z_1}}(\phi_1)R_{e_{x_2}}(\theta_1)R_{e_{y_3}}(\psi_1)\dot{\boldsymbol{p}}_1
\end{aligned}$$

Utilizando la propiedad (4.7) para derivadas temporales de matrices rotacionales: $\dot{R}_{e_{z_1}}(\phi_1) = S(\dot{\phi}_1\boldsymbol{k}_{e_{z_1}})R_{e_{z_1}}(\phi_1)$; $\dot{R}_{e_{x_2}}(\theta_1) = S(\dot{\theta}_1\boldsymbol{i}_{e_{x_2}})R_{e_{x_2}}(\theta_1)$; $\dot{R}_{e_{y_3}}(\psi_1) = S(\dot{\psi}_1\boldsymbol{j}_{e_{y_3}})R_{e_{y_3}}(\psi_1)$; donde $\boldsymbol{k}_{e_{z_1}}, \boldsymbol{i}_{e_{x_2}}, \boldsymbol{j}_{e_{y_3}} \in \mathbb{R}^3$ son vectores unitarios a lo largo de los ejes $\{e_{z1}, e_{x2}, e_{y3}\}$, respectivamente; y considerando que las coordenadas contenidas en el vector $\boldsymbol{p}_1$ no cambian en el sistema de referencia Σ_1, es decir $\dot{\boldsymbol{p}}_1 = \boldsymbol{0} \in \mathbb{R}^3$:

$$\begin{aligned}
\dot{\boldsymbol{p}}_0 &= \dot{\boldsymbol{d}}_0^1 + \Big[S(\dot{\phi}_1\boldsymbol{k}_{e_{z_1}})R_{e_{z_1}}(\phi_1)R_{e_{x_2}}(\theta_1)R_{e_{y_3}}(\psi_1) + R_{e_{z_1}}(\phi_1)S(\dot{\theta}_2\boldsymbol{i}_{e_{x_2}})R_{e_{x_2}}(\theta_1)R_{e_{y_3}}(\psi_1) + \\
&\qquad R_{e_{z_1}}(\phi_1)R_{e_{x_2}}(\theta_1)S(\dot{\psi}_1\boldsymbol{j}_{e_{x_3}})R_{e_{y_3}}(\psi_1)\Big]\boldsymbol{p}_1 \\
&= \dot{\boldsymbol{d}}_0^1 + \Bigg[S(\dot{\phi}_1\boldsymbol{k}_{e_{z_1}})R_{e_{z_1}}(\phi_1)R_{e_{x_2}}(\theta_1)R_{e_{y_3}}(\psi_1) + \\
&\qquad R_{e_{z_1}}(\phi_1)S(\dot{\theta}_1\boldsymbol{i}_{e_{x_2}})\underbrace{R_{e_{z_1}}^T(\phi_1)R_{e_{z_1}}(\phi_1)}_{R_{e_{z_1}}^T(\phi_1)R_{e_{z_1}}(\phi_1)=I}R_{e_{x_2}}(\theta_1)R_{e_{y_3}}(\psi_1) + \\
&\qquad R_{e_{z_1}}(\phi_1)R_{e_{x_2}}(\theta_1)S(\dot{\psi}_1\boldsymbol{j}_{e_{y_3}})\underbrace{\left[R_{e_{z_1}}(\phi_1)R_{e_{x_2}}(\theta_1)\right]^T\left[R_{e_{z_1}}(\phi_1)R_{e_{x_2}}(\theta_1)\right]}_{\left[R_{e_{z_1}}(\phi_1)R_{e_{x_2}}(\theta_1)\right]^T\left[R_{e_{z_1}}(\phi_1)R_{e_{x_2}}(\theta_1)\right]=I}R_{e_{y_3}}(\psi_1)\Bigg]\boldsymbol{p}_1
\end{aligned}$$

Se han utilizado las propiedades (ver página 164): $R_{e_{z_1}}^T(\phi_1)R_{e_{z_1}}(\phi_1) = I$ y $\left[R_{e_{z_1}}(\phi_1)R_{e_{x_2}}(\theta_1)\right]^T\left[R_{e_{z_1}}(\phi_1)R_{e_{x_2}}(\theta_1)\right] = I$, donde $I \in \mathbb{R}^{3\times 3}$ es la matriz identidad. Esto tiene la finalidad de agrupar términos y utilizar la propiedad (4.12), de la forma siguiente:

$$\begin{aligned}
\dot{\boldsymbol{p}}_0 &= \dot{\boldsymbol{d}}_0^1 + \Bigg[S(\dot{\phi}_1 \boldsymbol{k}_{e_{z_1}}) R_{e_{z_1}}(\phi_1) R_{e_{x_2}}(\theta_1) R_{e_{y_3}}(\psi_1) + \\
&\quad \underbrace{R_{e_{z_1}}(\phi_1) S(\dot{\theta}_1 \boldsymbol{i}_{e_{x_2}}) R_{e_{z_1}}^T(\phi_1)}_{\text{propiedad (4.12)}} R_{e_{z_1}}(\phi_1) R_{e_{x_2}}(\theta_1) R_{e_{y_3}}(\psi_1) + \\
&\quad \underbrace{R_{e_{z_1}}(\phi_1) R_{e_{x_2}}(\theta_1) S(\dot{\psi}_1 \boldsymbol{j}_{e_{y_3}}) \left[R_{e_{z_1}}(\phi_1) R_{e_{x_2}}(\theta_1) \right]^T}_{\text{propiedad (4.12)}} R_{e_{z_1}}(\phi_1) R_{e_{x_2}}(\theta_1) R_{e_{y_3}}(\psi_1) \Bigg] \boldsymbol{p}_1 \\
\dot{\boldsymbol{p}}_0 &= \dot{\boldsymbol{d}}_0^1 + \\
&\quad \Bigg[\underbrace{S\left(\dot{\phi}_1 \boldsymbol{k}_{e_{z_1}}\right) + S\left(R_{e_{z_1}}(\phi_1)\dot{\theta}_1 \boldsymbol{i}_{e_{x_2}}\right) + S\left(R_{e_{z_1}}(\phi_1) R_{e_{x_2}}(\theta_1)\dot{\psi}_1 \boldsymbol{j}_{e_{y_3}}\right)}_{\text{propiedad (4.5)}} \Bigg] R_{e_{z_1}}(\phi_1) R_{e_{x_2}}(\theta_1) R_{e_{y_3}}(\psi_1) \boldsymbol{p}_1
\end{aligned}$$

Aplicando ahora, la propiedad (4.5) se deduce una expresión para la matriz antisimétrica resultante, mucho más compacta:

$$\begin{aligned}
S(\boldsymbol{w}_0) &= S\left(\dot{\phi}_1 \boldsymbol{k}_{e_{z_1}}\right) + S\left(R_{e_{z_1}}(\phi_1)\dot{\theta}_1 \boldsymbol{i}_{e_{x_2}}\right) + S\left(R_{e_{z_1}}(\phi_1) R_{e_{x_2}}(\theta_1)\dot{\psi}_1 \boldsymbol{j}_{e_{y_3}}\right) \\
&= S\left(\dot{\phi}_1 \boldsymbol{k}_{e_{z_1}} + R_{e_{z_1}}(\phi_1)\dot{\theta}_1 \boldsymbol{i}_{e_{x_2}} + R_{e_{z_1}}(\phi_1) R_{e_{x_2}}(\theta_1)\dot{\psi}_1 \boldsymbol{j}_{e_{y_3}}\right) \qquad (4.51)
\end{aligned}$$

La expresión para de la velocidad angular $\boldsymbol{w}_0 \in \Sigma_0(x_0, y_0, z_0)$ se encuentra dada por la siguiente expresión:

$$\boldsymbol{w}_0 = \dot{\phi}_1 \boldsymbol{k}_{e_{z_1}} + R_{e_{z_1}}(\phi_1)\dot{\theta}_1 \boldsymbol{i}_{e_{x_2}} + R_{e_{z_1}}(\phi_1) R_{e_{x_2}}(\theta_1)\dot{\psi}_1 \boldsymbol{j}_{e_{y_3}} \qquad (4.52)$$

$$\begin{aligned}
&= \begin{bmatrix} 0 \\ 0 \\ \dot{\phi}_1 \end{bmatrix} + \begin{bmatrix} \cos(\phi_1) & -\operatorname{sen}(\phi_1) & 0 \\ \operatorname{sen}(\phi_1) & \cos(\phi_1) & 0 \\ 0 & 0 & 1 \end{bmatrix} \begin{bmatrix} \dot{\theta}_1 \\ 0 \\ 0 \end{bmatrix} + \\
&\quad \begin{bmatrix} \cos(\phi_1) & -\operatorname{sen}(\phi_1) & 0 \\ \operatorname{sen}(\phi_1) & \cos(\phi_1) & 0 \\ 0 & 0 & 1 \end{bmatrix} \begin{bmatrix} 1 & 0 & 0 \\ 0 & \cos(\theta_1) & -\operatorname{sen}(\theta_1) \\ 0 & \operatorname{sen}(\theta_1) & \cos(\theta_1) \end{bmatrix} \begin{bmatrix} 0 \\ \dot{\psi}_1 \\ 0 \end{bmatrix} \\
&= \begin{bmatrix} 0 \\ 0 \\ \dot{\phi}_3 \end{bmatrix} + \begin{bmatrix} \cos(\phi_1)\dot{\theta}_1 \\ \operatorname{sen}(\phi_1)\dot{\theta}_1 \\ 0 \end{bmatrix} + \begin{bmatrix} -\operatorname{sen}(\phi_1)\cos(\theta_1)\dot{\psi}_1 \\ \cos(\phi_1)\cos(\theta_1)\dot{\psi}_1 \\ \operatorname{sen}(\theta_1)\dot{\psi}_1 \end{bmatrix} \\
\boldsymbol{w}_0 &= \begin{bmatrix} w_{x_0} \\ w_{y_0} \\ w_{z_0} \end{bmatrix} = \begin{bmatrix} \cos(\phi_1)\dot{\theta}_1 - \operatorname{sen}(\phi_1)\cos(\theta_1)\dot{\psi}_1 \\ \operatorname{sen}(\phi_1)\dot{\theta}_1 + \cos(\phi_1)\cos(\theta_1)\dot{\psi}_1 \\ \dot{\phi}_1 + \operatorname{sen}(\theta_1)\dot{\psi}_1 \end{bmatrix}
\end{aligned}$$

La expresión para la velocidad angular (4.52), indica cómo están formadas sus componentes: $\boldsymbol{w}_0 = \dot{\phi}_1 \boldsymbol{k}_{e_{z_1}} + R_{e_{z_1}}(\phi_1)\dot{\theta}_1 \boldsymbol{i}_{e_{x_2}} + R_{e_{z_1}}(\phi_1) R_{e_{x_2}}(\theta_1)\dot{\psi}_1 \boldsymbol{j}_{e_{y_3}}$; tiene una velocidad rotacional $\dot{\phi}_1$ alrededor del vector $\boldsymbol{k}_{e_{z_1}}$ que apunta en dirección del eje $z_0 \in \Sigma_0$; seguida de una velocidad rotacional $\dot{\theta}_1$ alrededor del vector unitario $\boldsymbol{i}_{e_{x_2}}$ que apunta en el eje $e_{x_2} \in \Sigma_{e_2}$, el cual tiene una rotación $R_{e_{z_1}}(\phi_1)$ con respecto a Σ_0; finalmente, una velocidad rotacional $\dot{\psi}_1$ alrededor del eje $e_{y_3} \in \Sigma_{e_3}$, cuya proyección compuesta sobre Σ_0 está dada por: $R_{e_{z_1}}(\phi_1)R_{e_{x_2}}(\theta_1)\boldsymbol{j}_{e_{y_3}}$.

La velocidad angular $\boldsymbol{w}_0 \in \Sigma_0(x_0, y_0, z_0)$ es la proyección de velocidades de rotación $(\dot{\phi}_1, \dot{\theta}_1, \dot{\psi}_1)$ sobre cada uno de los ejes en Σ_0; por lo que la velocidad angular $\boldsymbol{w}_0$ se obtiene a través de una matriz de transformación con movimientos y velocidades rotacionales de la siguiente manera:

$$\boldsymbol{w}_0 = \underbrace{\begin{bmatrix} 0 & \cos(\phi_1) & -\operatorname{sen}(\phi_1)\cos(\theta_1) \\ 0 & \operatorname{sen}(\phi_1) & \cos(\phi_1)\cos(\theta_1) \\ 1 & 0 & \operatorname{sen}(\theta_1) \end{bmatrix}}_{\mathcal{W}_e(\phi_1,\theta_1,\psi_1)} \begin{bmatrix} \dot{\phi}_1 \\ \dot{\theta}_1 \\ \dot{\psi}_1 \end{bmatrix} \tag{4.53}$$

$$\boldsymbol{w}_0 = \mathcal{W}_e(\phi_1, \theta_1, \psi_1) \begin{bmatrix} \dot{\phi}_1 \\ \dot{\theta}_1 \\ \dot{\psi}_1 \end{bmatrix}$$

donde $\mathcal{W}_e(\phi_1, \theta_1, \psi_1) \in \mathbb{R}^{3\times 3}$ es la matriz de transformación de velocidades rotacionales $(\dot{\phi}_1, \dot{\theta}_1, \dot{\psi}_1)$ a velocidad angular $\boldsymbol{w}_0 \in \Sigma_0$, específicamente para la composición de rotaciones de Euler: $R_0^1(\phi_{1_{e_{z_1}}}, \theta_{1_{e_{x_2}}}, \psi_{1_{e_{y_3}}})$ expresada en la ecuación (4.50). El determinante $\det(\mathcal{W}_e(\phi_1, \theta_1, \psi_1)) = \cos(\theta_1)$, el cual es cero para: $\theta_1 = \pm n\frac{\pi}{2}$; $n \in N$; por lo que la matriz inversa $\mathcal{W}_e^{-1}(\phi_1, \theta_1, \psi_1)$ en ese valor, no existe; es decir, no es una transformación global, solo local.

De manera general, la cinemática diferencial de un cuerpo rígido está dada por la siguiente expresión: 4.04.54

$$\begin{aligned} \dot{\boldsymbol{p}}_0 &= \dot{\boldsymbol{d}}_0^1 + \frac{d}{dt}\left[R_{e_{z_1}}(\phi_1)R_{e_{x_2}}(\theta_2)R_{e_{y_3}}(\psi_1)\boldsymbol{p}_1\right] \\ &= \dot{\boldsymbol{d}}_0^1 + S(\boldsymbol{w}_0)R_{e_{z_1}}(\phi_1)R_{e_{x_2}}(\theta_2)R_{e_{y_3}}(\psi_1)\boldsymbol{p}_1 \qquad (4.1) \\ &= \dot{\boldsymbol{d}}_0^1 + \underbrace{\boldsymbol{w}_0 \times R_{e_{z_1}}(\phi_1)R_{e_{x_2}}(\theta_2)R_{e_{y_3}}(\psi_1)\boldsymbol{p}_1}_{\text{propiedad (4.9)}} \qquad (4.2) \end{aligned}$$

De (4.1)-(4.2) y con la ecuación cinemática del sistema mecánico rígido (4.29): $\boldsymbol{p}_0 - \boldsymbol{d}_0^1 = R_{e_{z_1}}(\phi_1)R_{e_{x_2}}(\theta_2)R_{e_{y_3}}(\psi_1)\boldsymbol{p}_1 = R_0^1(\phi_{1_{e_{z_1}}}, \theta_{1_{e_{x_2}}}, \psi_{1_{e_{y_3}}})\boldsymbol{p}_1$, se deducen las siguientes propiedades importantes:

$$\begin{aligned} \dot{\boldsymbol{p}}_0 - \dot{\boldsymbol{d}}_0^1 &= S(\boldsymbol{w}_0)\underbrace{R_{e_{z_1}}(\phi_1)R_{e_{x_2}}(\theta_2)R_{e_{y_3}}(\psi_1)\boldsymbol{p}_1}_{\text{usando ecuación (4.29)}} = S(\boldsymbol{w}_0)\left[\boldsymbol{p}_0 - \boldsymbol{d}_0^1\right] \\ \left[\boldsymbol{p}_0 - \boldsymbol{d}_0^1\right]\cdot\left[\dot{\boldsymbol{p}}_0 - \dot{\boldsymbol{d}}_0^1\right] &= \left[\boldsymbol{p}_0 - \boldsymbol{d}_0^1\right]\cdot S(\boldsymbol{w}_0)\left[\boldsymbol{p}_0 - \boldsymbol{d}_0^1\right] = 0, \text{ propiedad (4.11)} \\ &= \left[\boldsymbol{p}_0 - \boldsymbol{d}_0^1\right]\cdot \boldsymbol{w}_0 \times \left[\boldsymbol{p}_0 - \boldsymbol{d}_0^1\right] = 0, \text{ ecuación (4.47c)} \end{aligned}$$

El producto cruz vectorial $\boldsymbol{w}_0 \times [\boldsymbol{p}_0 - \boldsymbol{d}_0^1]$ es perpendicular al vector $\boldsymbol{w}_0$ y también al vector $\boldsymbol{p}_0 - \boldsymbol{d}_0^1$, por lo que resulta, que los vectores $\boldsymbol{p}_0 - \boldsymbol{d}_0^1$ y $\dot{\boldsymbol{p}}_0 - \dot{\boldsymbol{d}}_0^1$ sean mutuamente perpendiculares:

Propiedad 4.15: $[\dot{\boldsymbol{p}}_0 - \dot{\boldsymbol{d}}_0^1] \perp [\boldsymbol{p}_0 - \boldsymbol{d}_0^1]$

El vector $\boldsymbol{p}_0 - \boldsymbol{d}_0^1$ es perpendicular al vector $\dot{\boldsymbol{p}}_0 - \dot{\boldsymbol{d}}_0^1$; es decir, se cumple:

$$[\dot{\boldsymbol{p}}_0 - \dot{\boldsymbol{d}}_0^1] \cdot [\boldsymbol{p}_0 - \boldsymbol{d}_0^1] = 0 \iff [\dot{\boldsymbol{p}}_0 - \dot{\boldsymbol{d}}_0^1] \perp [\boldsymbol{p}_0 - \boldsymbol{d}_0^1] \tag{4.55}$$

Por otro lado, el producto cruz vectorial $\boldsymbol{w}_0 \times [\boldsymbol{p}_0 - \boldsymbol{d}_0^1]$ es perpendicular a los vectores $\boldsymbol{w}_0$ y $\boldsymbol{p}_0 - \boldsymbol{d}_0^1$; es decir, $\boldsymbol{w}_0 \times [\boldsymbol{p}_0 - \boldsymbol{d}_0^1] \perp [\boldsymbol{p}_0 - \boldsymbol{d}_0^1]$ y $\boldsymbol{w}_0 \times [\boldsymbol{p}_0 - \boldsymbol{d}_0^1] \perp \boldsymbol{w}_0$, por este motivo, el producto punto entre los vectores $\boldsymbol{w}_0$ y $\boldsymbol{w}_0 \times [\boldsymbol{p}_0 - \boldsymbol{d}_0^1]$ es cero; por consiguiente, se obtiene lo siguiente:

$$\begin{aligned}
\dot{\boldsymbol{p}}_0 - \dot{\boldsymbol{d}}_0^1 &= \boldsymbol{w}_0 \times [\boldsymbol{p}_0 - \boldsymbol{d}_0^1], \text{ de (4.29): } R_{e_{z_1}}(\phi_1)R_{e_{x_2}}(\theta_2)R_{e_{y_3}}(\psi_1)\boldsymbol{p}_1 = \boldsymbol{p}_0 - \boldsymbol{d}_0^1 \\
\boldsymbol{w}_0 \cdot [\dot{\boldsymbol{p}}_0 - \dot{\boldsymbol{d}}_0^1] &= \boldsymbol{w}_0 \cdot S(\boldsymbol{w}_0)[\boldsymbol{p}_0 - \boldsymbol{d}_0^1] = 0, \text{ usando propiedad (4.11)} \\
\boldsymbol{w}_0 \cdot [\dot{\boldsymbol{p}}_0 - \dot{\boldsymbol{d}}_0^1] &= \boldsymbol{w}_0 \cdot \boldsymbol{w}_0 \times [\boldsymbol{p}_0 - \boldsymbol{d}_0^1] = 0, \text{ ecuación (4.47c)}
\end{aligned}$$

Propiedad 4.16: $\boldsymbol{w}_0 \perp [\dot{\boldsymbol{p}}_0 - \dot{\boldsymbol{d}}_0^1]$

El vector de velocidad angular $\boldsymbol{w}_0 \in \Sigma_0$ es perpendicular al vector $\dot{\boldsymbol{p}}_0 - \dot{\boldsymbol{d}}_0^1$; cumpliendo lo siguiente:

$$\boldsymbol{w}_0 \cdot [\dot{\boldsymbol{p}}_0 - \dot{\boldsymbol{d}}_0^1] = 0 \iff \boldsymbol{w}_0 \perp [\dot{\boldsymbol{p}}_0 - \dot{\boldsymbol{d}}_0^1] \tag{4.56}$$

La cinemática diferencial (4.31) de un cuerpo rígido utilizando los ángulos de Euler $R_0^1(\phi_{1_{e_{z_1}}}, \theta_{1_{e_{x_2}}}, \psi_{1_{e_{y_3}}}) = R_{e_{z_1}}(\phi_1)R_{e_{x_2}}(\theta_2)R_{e_{y_3}}(\psi_1)$ tiene la siguiente estructura:

$$\begin{bmatrix} \dot{\boldsymbol{p}}_0 \\ \\ \boldsymbol{w}_0 \end{bmatrix} = \begin{bmatrix} \dot{\boldsymbol{d}}_0^1 + \underbrace{\boldsymbol{w}_0 \times R_{e_{z_1}}(\phi_1)R_{e_{x_2}}(\theta_2)R_{e_{y_3}}(\psi_1)\boldsymbol{p}_1}_{S(\boldsymbol{w}_0)\,R_{e_{z_1}}(\phi_1)R_{e_{x_2}}(\theta_2)R_{e_{y_3}}(\psi_1)\boldsymbol{p}_1} \\ \\ \underbrace{\begin{bmatrix} 0 & \cos(\phi_1) & -\operatorname{sen}(\phi_1)\cos(\theta_1) \\ 0 & \operatorname{sen}(\phi_1) & \cos(\phi_1)\cos(\theta_1) \\ 1 & 0 & \operatorname{sen}(\theta_1) \end{bmatrix}}_{\mathcal{W}_e(\phi_1,\theta_1,\psi_1)} \begin{bmatrix} \dot{\psi}_1 \\ \dot{\theta}_1 \\ \dot{\phi}_3 \end{bmatrix} \end{bmatrix} \tag{4.57}$$

La ecuación (4.57) confirma uno de los postulados de la física de Newton, la cual establece que la velocidad de movimiento de un sistema mecánico rígido está formada por las componentes de traslación y rotación:

- Traslación: $\dot{\boldsymbol{d}}_0^1$,
- Rotación:

$$\begin{aligned} \text{Componente de rotación} &= \boldsymbol{w}_0 \times R_{e_{z_1}}(\phi_1) R_{e_{x_2}}(\theta_2) R_{e_{y_3}}(\psi_1)\boldsymbol{p}_1 \\ &= S(\boldsymbol{w}_0)\, R_{e_{z_1}}(\phi_1) R_{e_{x_2}}(\theta_2) R_{e_{y_3}}(\psi_1)\boldsymbol{p}_1 \end{aligned}$$

Además, la transformación de velocidades rotacionales $(\dot{\phi}_1, \dot{\theta}_1, \dot{\psi}_1)$ a la velocidad angular $\boldsymbol{w}_0 = [\, w_{x_0} \quad w_{y_0} \quad w_{z_0} \,]^T$ se realiza como:

$$\boldsymbol{w}_0 = \mathcal{W}^e_{z_0 x_1 y_2}(\phi_1, \theta_1, \psi_1) \begin{bmatrix} \dot{\phi}_1 \\ \dot{\theta}_1 \\ \dot{\psi}_1 \end{bmatrix}$$

Dado un sistema mecánico rígido, los modelos recursivos cinemático (4.29) y cinemática diferencial (4.57), para n sistemas de referencia cartesianos Σ_n: $i = 1, 2, \cdots, n$ se pueden establecer de la siguiente manera:

$$\begin{bmatrix} \boldsymbol{p}_{i-1} \\ \\ \dot{\boldsymbol{p}}_{i-1} \\ \\ \boldsymbol{w}_{i-1} \end{bmatrix} = \begin{bmatrix} \boldsymbol{d}^i_{i-1} + R_{e_{z_1}}(\phi_i) R_{e_{x_2}}(\theta_i) R_{e_{y_3}}(\psi_i)\boldsymbol{p}_i \\ \\ \dot{\boldsymbol{d}}^i_{i-1} + \underbrace{\boldsymbol{w}_{i-1} \times R_{e_{z_1}}(\phi_i) R_{e_{x_2}}(\theta_i) R_{e_{y_3}}(\psi_i)\boldsymbol{p}_i}_{S(\boldsymbol{w}_{i-1}) R_{e_{z_1}}(\phi_i) R_{e_{x_2}}(\theta_i) R_{e_{y_3}}(\psi_i)\boldsymbol{p}_i} \\ \\ \underbrace{\begin{bmatrix} 0 & \cos(\phi_i) & -\operatorname{sen}(\phi_i)\cos(\theta_i) \\ 0 & \operatorname{sen}(\phi_i) & \cos(\phi_i)\cos(\theta_i) \\ 1 & 0 & \operatorname{sen}(\theta_i) \end{bmatrix}}_{\mathcal{W}_e(\phi_i, \theta_i, \psi_i)} \begin{bmatrix} \dot{\psi}_i \\ \dot{\theta}_i \\ \dot{\phi}_i \end{bmatrix} \end{bmatrix} \tag{4.58}$$

donde $\boldsymbol{p}_{i-1}, \dot{\boldsymbol{p}}_{i-1} \in \mathbb{R}^3$ son las coordenadas del punto $\mathcal{P} = (x_i, y_i, z_i)$ y su velocidad de movimiento, respectivamente en el sistema de referencia Σ_{i-1}; $\dot{\boldsymbol{w}}_{i-1} \in \mathbb{R}^3$ es la velocidad angular en $\Sigma_{i-1}(x_{i-1}, y_{i-1}, z_{i-1})$; las coordenadas del origen de Σ_i, así como su velocidad de movimiento con respecto a Σ_{i-1} están dadas por $\boldsymbol{d}^i_{i-1}$ y $\dot{\boldsymbol{d}}^i_{i-1}$, respectivamente.

La orientación se realiza con tres rotaciones consecutivas, usando una ley de composición de matrices de rotación elementales con los ángulos de Euler, establecida por el teorema (4.1): entonces, $R_0^1(\phi_{i_{e_{z_1}}}, \theta_{i_{e_{x_2}}}, \psi_{i_{e_{y_3}}}) = R_{e_{z_1}}(\phi_i) R_{e_{x_2}}(\theta_i) R_{e_{y_3}}(\psi_i)$. La matriz que trasforma los ángulos de Euler $(\phi_i, \theta_i, \psi_i)$ a velocidad angular $\boldsymbol{w}_{i-1}$ es: $\mathcal{W}_e(\phi_i, \theta_i, \psi_i)$.

•• Ejemplo 4.8

Considere un sistema mecánico rígido, el cual tiene asociado los sistemas de referencia: fijo $\Sigma_0(x_0, y_0, z_0)$ y móvil $\Sigma_1(x_1, y_1, z_1)$; además, únicamente tiene la rotación $\phi_1 \in \mathbb{R}$ alrededor del eje z_0, expresada por la matriz de rotación elemental $R_{z_1}(\phi_1)$. Obtener la cinemática diferencial, para este caso de estudio.

Solución

El modelo de cinemática está dado por la ecuación (4.29) y para este caso, la ley de composiciones de rotaciones usando ángulos de Euler: $R_0^1(\phi_{1_{e_{z_1}}}, \theta_{1_{e_{x_2}}}, \psi_{1_{e_{y_3}}})$; puesto que, $\theta_1 = \psi_1 = 0$, las matrices de rotación evaluadas: $R_{e_{x_2}}(0) = I$ y $R_{e_{y_3}}(0) = I$; donde $I \in \mathbb{R}^{3\times 3}$ es la matriz identidad. Además, el eje z_0 es paralelo a e_{z_1}.

Por lo que, el modelo de cinemática (4.29) toma la forma:

$$\begin{aligned}\boldsymbol{p}_0 &= \boldsymbol{d}_0^1 + R_0^1(\phi_{1_{e_{z_1}}}, \theta_{1_{e_{x_2}}}, \psi_{1_{e_{y_3}}})\boldsymbol{p}_1 = \boldsymbol{d}_0^1 + [\, R_{e_{z_1}}(\phi_1) R_{e_{x_2}}(0) R_{e_{y_3}}(0)\,]\, \boldsymbol{p}_1 \\ &= \boldsymbol{d}_0^1 + R_{e_{z_1}}(\phi_1)\boldsymbol{p}_1\end{aligned}$$

La derivada con respecto al tiempo de la cinemática (es decir, la cinemática diferencial) se obtiene de la siguiente manera:

$$\begin{aligned}\dot{\boldsymbol{p}}_0 &= \dot{\boldsymbol{d}}_0^1 + \frac{d}{dt}[\, R_{e_{z_1}}(\phi_1)\boldsymbol{p}_1\,] = \dot{\boldsymbol{d}}_0^1 + \dot{R}_{e_{z_1}}(\phi_1)\boldsymbol{p}_1 + R_{e_{z_1}}(\phi_1)\dot{\boldsymbol{p}}_1; \;\; \dot{\boldsymbol{p}}_1 = \boldsymbol{0} \in \mathbb{R}^3 \\ &= \dot{\boldsymbol{d}}_0^1 + \underbrace{S(\dot{\phi}_1 \boldsymbol{k}_{e_{z_1}}) R_{e_{z_1}}(\phi_1)}_{\text{propiedad (4.7)}}\, \boldsymbol{p}_1 \\ &= \dot{\boldsymbol{d}}_0^1 + S(\boldsymbol{w}_0) R_{e_{z_1}}(\phi_1)\boldsymbol{p}_1; \;\; \boldsymbol{w}_0 = \dot{\phi}_1 \boldsymbol{k}_{e_{z_1}} \\ &= \dot{\boldsymbol{d}}_0^1 + \underbrace{\boldsymbol{w}_0 \times R_{e_{z_1}}(\phi_1)\boldsymbol{p}_1}_{\text{propiedad (4.9)}}\end{aligned}$$

Las componentes de la velocidad de movimiento de traslación y rotación son:

$$\dot{\boldsymbol{p}}_0 = \underbrace{\dot{\boldsymbol{d}}_0^1}_{\text{velocidad de traslación}} + \underbrace{\boldsymbol{w}_0 \times R_{e_{z_1}}(\phi_1)\boldsymbol{p}_1}_{\text{velocidad de rotación}}$$

•••

• • • Ejemplo 4.9

La figura 4.18 describe un sistema mecánico rígido, conocido como centrífuga; consiste de un servomotor, cuyo ángulo de giro ϕ_1 rota alrededor del eje z_0; el motor tiene una altura β_1 y acoplado al rotor una varilla de longitud l_1, en la punta terminal se encuentra acoplado otra varilla de longitud l_2, con un ángulo constante $\rho \in \mathbb{R}_+$ respecto al plano horizontal. Cuando la centrífuga se mueve, la trayectoria que describe es un círculo de radio $l_2 \cos(\rho)$, paralelo al plano horizontal $x_0 - y_0$. El origen del sistema de referencia $\Sigma_1(x_1, y_1, z_1)$ es colocado en la punta terminal de la varilla l_2 y el eje z_1 queda paralelo a z_0 ($z_0 \parallel z_1$); de tal forma que los planos $x_0 - y_0$ y $x_1 - y_1$ son paralelos entre sí, pero mantienen una orientación relativa ϕ_1. Realizar el análisis cinemático del sistema mecánico centrífuga.

Solución

El sistema mecánico tipo centrífuga está descrito en la figura 4.18. El origen del sistema de referencia fijo $\Sigma_0(x_0, y_0, z_0)$ se encuentra ubicado por debajo del estator del servomotor; el eje z_0 se alinea con el eje de giro; la flecha o rotor tiene una longitud l_1. El servomotor tiene un movimiento rotacional ϕ_1 alrededor del eje z_0 y cuando gira, describe una trayectoria circular de radio $l_2 \cos(\alpha)$. El origen del sistema de referencia $\Sigma_1(x_1, y_1, z_1)$ se encuentra en la punta terminal (sobre el extremo final) de la varilla metálica de longitud l_2; como parte de las especificaciones del problema, se requiere que el eje z_1 sea paralelo al eje z_0. De esta forma, los planos $x_0 - y_0$ y $x_1 - y_1$ son paralelos entre sí: $x_0 - y_0 \parallel x_1 - y_1$, pero mantienen una orientación relativa ϕ_1, especificada por la matriz de rotación $R_{z_0}(\phi_1)$, puesto que los ángulos $\theta_1 = 0$ y $\psi_1 = 0$, entonces las matrices de rotación elementales $R_{e_{x_2}}(0)$ y $R_{e_{y_3}}(0)$ dan como resultado la matriz identidad $I \in \mathbb{R}^{3\times 3}$.

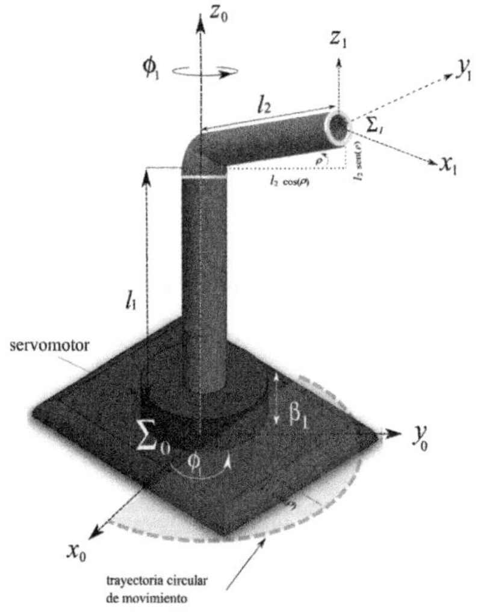

Figura 4.18: Centrífuga

El procedimiento de rotación por ángulos de Euler es el siguiente:

1) El origen del sistema de referencia fijo $\Sigma_0(x_0, y_0, z_0)$ se coloca justo por debajo del estator del servomotor y el eje z_0 se alinea con el eje de giro, como se muestra en la figura 4.19.

2) El origen del sistema de referencia móvil $\Sigma_1(x_1, y_1, z_1)$ se coloca en la punta terminal de la varilla de longitud l_2, tal que los ejes z_1 y z_0 sean paralelos.

3) Colocar el sistema auxiliar cartesiano móvil de Euler $\Sigma_{e_1}\{e_{x1}, e_{y1}, e_{z1}\}$ coincidente con $\Sigma_0(x_0, y_0, z_0)$.
4) Realizar un giro ϕ_1 alrededor del eje e_{z_1}: además, $\theta_1 = 0$ y $\psi_1 = 0$; $R_0^1(\phi_{1_{e_{z_1}}}, \theta_{1_{e_{x_2}}}, \psi_{1_{e_{y_3}}}) = R_{e_{z_1}}(\phi_1)R_{e_{x_2}}(0)R_{e_{y_3}}(0) = R_{e_{z_1}}(\phi_1)$.
5) El vector de traslación $\boldsymbol{d}_0^1$ toma la siguiente forma (ver figura 4.20):

$$\boldsymbol{d}_0^1 = \underbrace{\begin{bmatrix} \cos(\phi_1) & -\operatorname{sen}(\phi_1) & 0 \\ \operatorname{sen}(\phi_1) & \cos(\phi_1) & 0 \\ 0 & 0 & 1 \end{bmatrix}}_{R_{e_{z_1}}(\phi_1)} \begin{bmatrix} l_2 \cos(\alpha) \\ 0 \\ l_1 + \beta_1 + l_2 \operatorname{sen}(\alpha) \end{bmatrix} = \begin{bmatrix} l_2 \cos(\alpha)\cos(\phi_1) \\ l_2 \cos(\alpha)\operatorname{sen}(\phi_1) \\ l_1 + \beta_1 + l_2 \operatorname{sen}(\alpha) \end{bmatrix}$$

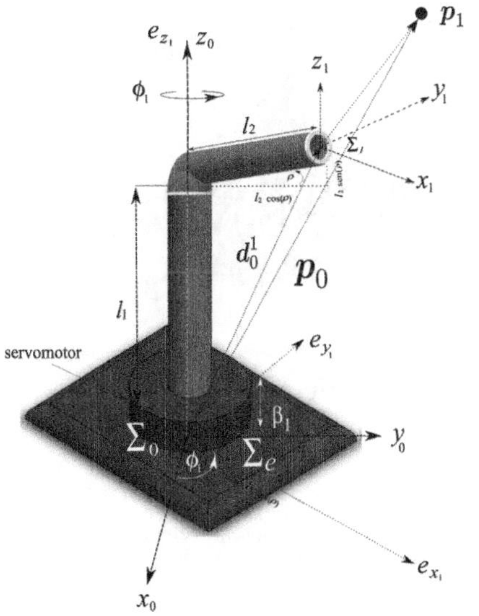

Figura 4.19: Sistema de referencia auxiliar de Euler $\Sigma_{e_1}\{e_{x_1}, e_{y_1}, e_{z_1}\}$

Cuando $\phi_1 = 0$, el sistema de referencia móvil de Euler $\Sigma_{e_0}\{e_{x_0}, e_{y_0}, e_{z_0}\}$ está completamente alineado con el sistema fijo $\Sigma_0(x_0, y_0, z_0)$; técnicamente se le conoce como posición de casa (ver figura 4.20); el sentido de giro en dirección positiva alrededor del eje z_0 es del eje x_0 hacia y_0; las coordenadas de Σ_1 con respecto a Σ_0 se encuentran especificadas en: $\boldsymbol{d}_0^1 = [\, l_2 \cos(\alpha) \quad 0 \quad l_1 + l_2 \operatorname{sen}(\alpha)\,]^T$.

El modelo cinemático (4.29) toma su forma específica para el caso del sistema mecánico centrífuga como:

$$\begin{aligned} \boldsymbol{p}_0 &= \boldsymbol{d}_0^1 + R_0^1(\phi_{1_{e_{z_1}}}, \theta_{1_{e_{x_2}}}, \psi_{1_{e_{y_3}}})\boldsymbol{p}_1 = \boldsymbol{d}_0^1 + R_{e_{z_1}}(\phi_1)R_{e_{x_2}}(\theta_1)R_{e_{y_3}}(\psi_1) \\ &= \boldsymbol{d}_0^1 + R_{e_{z_1}}(\phi_1)R_{e_{x_2}}(0)R_{e_{y_3}}(0)\boldsymbol{p}_1 \\ &= \boldsymbol{d}_0^1 + R_{e_{z_1}}(\phi_1)\boldsymbol{p}_1 \end{aligned}$$

$$
\begin{aligned}
&= R_{e_{z_1}}(\phi_1)\begin{bmatrix} l_2\cos(\alpha) \\ 0 \\ l_1+\beta_1+l_2\,\mathrm{sen}(\alpha)\end{bmatrix} + R_{e_{z_1}}(\phi_1)\begin{bmatrix} p_{x_1} \\ p_{y_1} \\ p_{z_1}\end{bmatrix} \\
&= R_{e_{z_1}}(\phi_1)\left[\begin{bmatrix} l_2\cos(\alpha) \\ 0 \\ l_1+\beta_1+l_2\,\mathrm{sen}(\alpha)\end{bmatrix} + \begin{bmatrix} p_{x_1} \\ p_{y_1} \\ p_{z_1}\end{bmatrix}\right]
\end{aligned}
$$

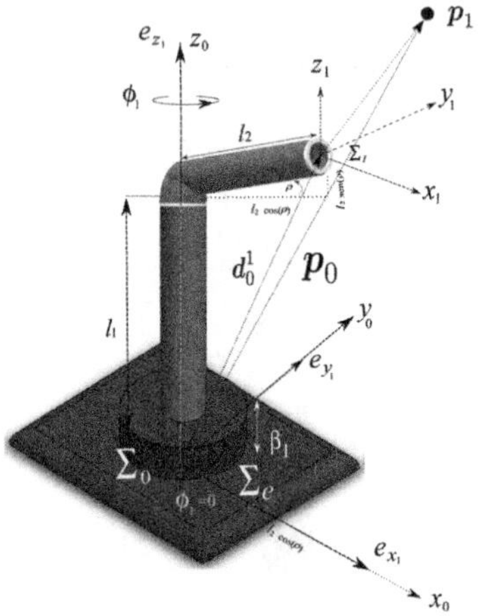

Figura 4.20: Posición de casa: $\phi_1 = 0$, para $\Sigma_{e_1}\{e_{x_1}, e_{y_1}, e_{z_1}\}$

El modelo cinemático diferencial se obtiene con la derivada temporal la cinemática:

$$
\begin{aligned}
\dot{\boldsymbol{p}}_0 &= \frac{d}{dt}\left[R_{e_{z_1}}(\phi_1)\begin{bmatrix} l_2\cos(\alpha) \\ 0 \\ l_1+\beta_1+l_2\,\mathrm{sen}(\alpha)\end{bmatrix}\right] + \frac{d}{dt}\left[R_{e_{z_1}}(\phi_1)\boldsymbol{p}_1\right] \\
&= S(\dot{\phi}_1\boldsymbol{k}_0)R_{e_{z_1}}(\phi_1)\begin{bmatrix} l_2\cos(\alpha) \\ 0 \\ l_1+\beta_1+l_2\,\mathrm{sen}(\alpha)\end{bmatrix} + S(\dot{\phi}_1\boldsymbol{k}_0)R_{e_{z_1}}(\phi_1)\boldsymbol{p}_1 \\
&= S(\dot{\phi}_1\boldsymbol{k}_0)R_{e_{z_1}}(\phi_1)\left[\begin{bmatrix} l_2\cos(\alpha) \\ 0 \\ l_1+\beta_1+l_2\,\mathrm{sen}(\alpha)\end{bmatrix} + \boldsymbol{p}_1\right] \\
&= \boldsymbol{w}_0 \times R_{e_{z_1}}(\phi_1)\left[\begin{bmatrix} l_2\cos(\alpha) \\ 0 \\ l_1+\beta_1+l_2\,\mathrm{sen}(\alpha)\end{bmatrix} + \begin{bmatrix} p_{x_1} \\ p_{y_1} \\ p_{z_1}\end{bmatrix}\right]; \ \boldsymbol{w}_0 = \dot{\phi}_1\boldsymbol{k}_0
\end{aligned}
$$

•••

• • • Ejemplo 4.10

Considere un péndulo mecánico sometido a la acción de la gravedad g, como se muestra en la figura 4.21a, el cual consiste de un servomotor acoplado mecánicamente a una barra de aluminio de longitud l_1. Este sistema mecánico tiene un movimiento rotacional ϕ_1 alrededor del eje z_0 y cuando está en movimiento describe una trayectoria circular de radio l_1 en el plano vertical $x_0 - y_0$. Realizar el análisis cinemático del péndulo.

Solución

El origen del sistema de referencia $\Sigma_0(x_0, y_0, z_0)$ está colocado en el respaldo del estator y z_0 se alinea con el eje de giro del servomotor, el cual tiene un espesor β_1, como se muestra en la figura 4.21a; el origen de $\Sigma_1(x_1, y_1, z_1)$ se ubica sobre la superficie de la barra metálica del péndulo, justo en el extremo final a una distancia l_1, con respecto a z_0, sobre el eje x_0, para separar a los ejes z_0 y z_1, los cuales son paralelos: $z_0 \parallel z_1$. El ángulo de rotación del péndulo gira alrededor del eje z_0; mientras que $\theta_1 = 0$ y $\psi_1 = 0$.

El sistema cartesiano auxiliar móvil de Euler $\Sigma_{e_1}\{e_{x_1}, e_{y_1}, e_{z_1}\}$ está rígidamente acoplado al sistema fijo $\Sigma_0(x_0, y_0, z_0)$, de tal forma que gira un ángulo ϕ_1 tal y como lo hace el péndulo (la información de ϕ_1 es proporcionada por el encoder).

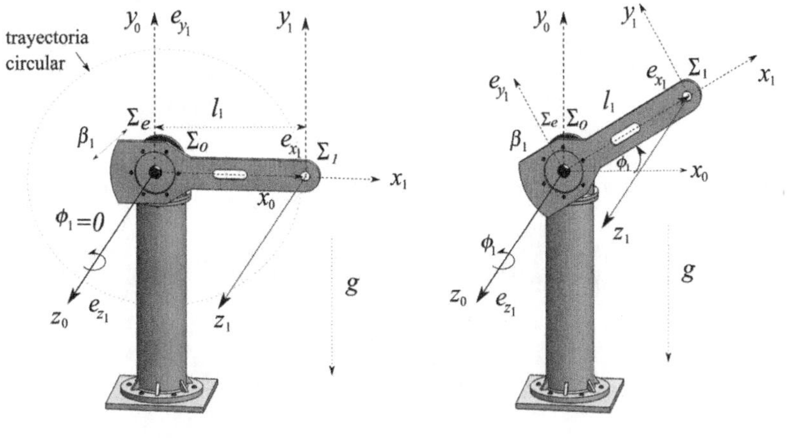

(a) Posición de casa: $\phi_1 = 0$ (b) ϕ_1 gira alrededor de $z_0 \parallel e_{z_1}$

Figura 4.21: Péndulo mecánico

1) El origen del sistema de referencia fijo $\Sigma_0(x_0, y_0, z_0)$ se coloca justo en el respaldo del estator del servomotor y el eje z_0 se alinea con el eje de giro, como se muestra en la figura 4.21a.

2) El origen del sistema de referencia móvil $\Sigma_1(x_1, y_1, z_1)$ se coloca en la punta terminal de la barra metálica de longitud l_1, de tal forma que los ejes z_1 y z_0 sean paralelos.
3) Colocar el sistema auxiliar cartesiano móvil de Euler $\Sigma_{e_1}\{e_{x_1}, e_{y_1}, e_{z_1}\}$ coincidente con $\Sigma_0(x_0, y_0, z_0)$.
4) Girar ϕ_1 alrededor del eje e_{z_1}; en este caso: $\theta_1 = 0$ y $\psi_1 = 0$; $R_0^1(\phi_{1_{e_{z_1}}}, \theta_{1_{e_{x_2}}}, \psi_{1_{e_{y_3}}}) = R_{e_{z_1}}(\phi_1)R_{e_{x_2}}(0)R_{e_{y_3}}(0) = R_{e_{z_1}}(\phi_1)$.
5) El vector de traslación $\boldsymbol{d}_0^1$ (ver figura 4.21b) es:

$$\boldsymbol{d}_0^1 = \underbrace{\begin{bmatrix} \cos(\phi_1) & -\operatorname{sen}(\phi_1) & 0 \\ \operatorname{sen}(\phi_1) & \cos(\phi_1) & 0 \\ 0 & 0 & 1 \end{bmatrix}}_{R_{e_{z_1}}(\phi_1)} \begin{bmatrix} l_1 \\ 0 \\ \beta_1 \end{bmatrix} = \begin{bmatrix} l_1 \cos(\phi_1) \\ l_1 \operatorname{sen}(\phi_1) \\ \beta_1 \end{bmatrix}$$

El modelo cinemático (4.29), del péndulo está dado como:

$$\begin{aligned}
\boldsymbol{p}_0 &= \boldsymbol{d}_0^1 + R_0^1(\phi_{1_{e_{z_1}}}, \theta_{1_{e_{x_2}}}, \psi_{1_{e_{y_3}}})\boldsymbol{p}_1 \\
&= \boldsymbol{d}_0^1 + R_{e_{z_1}}(\phi_1)R_{e_{x_2}}(\theta_1)R_{e_{y_3}}(\psi_1) \\
&= \boldsymbol{d}_0^1 + R_{e_{z_1}}(\phi_1)R_{e_{x_2}}(0)R_{e_{y_3}}(0)\boldsymbol{p}_1 \\
&= \boldsymbol{d}_0^1 + R_{e_{z_1}}(\phi_1)\boldsymbol{p}_1 \\
&= R_{e_{z_1}}(\phi_1)\begin{bmatrix} l_1 \\ 0 \\ \beta_1 \end{bmatrix} + R_{e_{z_1}}(\phi_1)\begin{bmatrix} p_{x_1} \\ p_{y_1} \\ p_{z_1} \end{bmatrix} = R_{e_{z_1}}(\phi_1)\left[\begin{bmatrix} l_1 \\ 0 \\ \beta_1 \end{bmatrix} + \begin{bmatrix} p_{x_1} \\ p_{y_1} \\ p_{z_1} \end{bmatrix}\right]
\end{aligned}$$

El modelo cinemático diferencial se obtiene con la derivada temporal de la cinemática:

$$\begin{aligned}
\dot{\boldsymbol{p}}_0 &= \frac{d}{dt}\left[R_{e_{z_1}}(\phi_1)\begin{bmatrix} l_1 \\ 0 \\ \beta_1 \end{bmatrix}\right] + \frac{d}{dt}\left[R_{e_{z_1}}(\phi_1)\boldsymbol{p}_1\right] \\
&= S(\dot{\phi}_1\boldsymbol{k}_0)R_{e_{z_1}}(\phi_1)\begin{bmatrix} l_1 \\ 0 \\ \beta_1 \end{bmatrix} + S(\dot{\phi}_1\boldsymbol{k}_0)R_{e_{z_1}}(\phi_1)\boldsymbol{p}_1 \\
&= S(\dot{\phi}_1\boldsymbol{k}_0)R_{e_{z_1}}(\phi_1)\left[\begin{bmatrix} l_1 \\ 0 \\ \beta_1 \end{bmatrix} + \boldsymbol{p}_1\right] \\
&= \boldsymbol{w}_0 \times R_{e_{z_1}}(\phi_1)\left[\begin{bmatrix} l_1 \\ 0 \\ \beta_1 \end{bmatrix} + \begin{bmatrix} p_{x_1} \\ p_{y_1} \\ p_{z_1} \end{bmatrix}\right]; \quad \text{donde } \boldsymbol{w}_0 = \dot{\phi}_1\boldsymbol{k}_0
\end{aligned}$$

•••

• • • Ejemplo 4.11

Considere un cilindro rígido que parte del reposo y se desliza libre de fricción en un plano inclinado de ángulo α y altura l_1, como se muestra en la figura 4.22. El cilindro tiene un radio r_1 y una altura β_1; la posición inicial del cilindro está localizada en la parte superior l_1 del plano inclinado. Realizar el análisis cinemático del plano inclinado.

Solución

El plano inclinado es un caso de estudio ampliamente analizado en los cursos de física y generalmente se analiza a través de la metodología de Newton. Sin embargo, se utiliza la cinemática analítica de Euler, como ejemplo de aplicación.

1) El origen del sistema de referencia fijo $\Sigma_0(x_0, y_0, z_0)$ se coloca justo en la esquina inferior izquierda del plano inclinado, como se ilustra en la figura 4.22. El eje z_0 es paralelo al eje de rotación del cilindro.

2) El origen del sistema de referencia móvil $\Sigma_1(x_1, y_1, z_1)$ se coloca en centro geométrico del respaldo del cilindro, tal que los ejes z_1 y z_0 sean paralelos.

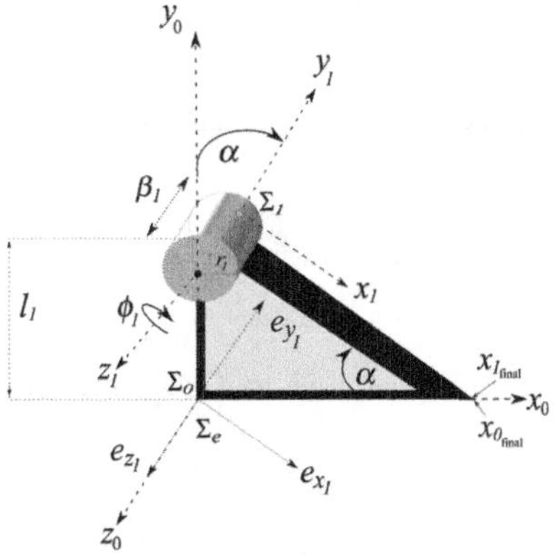

Figura 4.22: Plano inclinado

3) Colocar el sistema auxiliar cartesiano móvil de Euler $\Sigma_{e1}\,\{e_{x_1}, e_{y_1}, e_{z_1}\}$ coincidente con el sistema $\Sigma_0(x_0, y_0, z_0)$.

4) Girar una constante α alrededor del eje e_{x_1}, hasta igualar la orientación del eje e_{z_1} con el plano inclinado. Note que el sentido de giro en α es negativo, es decir, en dirección de las manecillas del reloj (movimiento horario).

5) Girar el ángulo ϕ_1 en sentido antihorario, alrededor del eje e_{z_1}; en este caso: $\theta_1 = 0$ y $\psi_1 = 0$. Además, tomar en cuenta que se realizan dos rotaciones consecutivas en el eje e_{z_1}: $\alpha + \phi_1$; por lo que: $R_0^1(\alpha_{e_{z_1}} + \phi_{1_{e_{z_1}}}, \theta_{1_{e_{z_1}}}, \psi_{1_{e_{z_1}}}) = R_{e_{z_1}}(\alpha + \phi_1) R_{e_{x_2}}(0) R_{e_{y_3}}(0) = R_{e_{z_1}}(\alpha + \phi_1)$. Observe que por propiedades de ejes paralelos ($z_0 \parallel e_{z_1} \parallel z_1$); por lo tanto se obtiene: $R_{e_{z_1}}(\alpha + \phi_1) = R_{e_{z_1}}(\alpha) R_{e_{z_1}}(\phi_1)$.

6) El vector de traslación $\boldsymbol{d}_0^1$ contiene las coordenadas de posición del origen de Σ_1 con respecto a Σ_0:

$$\boldsymbol{d}_0^1 = \begin{bmatrix} 0 \\ l_1 \\ 0 \end{bmatrix} + \underbrace{\begin{bmatrix} \cos(\alpha+\phi_1) & -\operatorname{sen}(\alpha+\phi_1) & 0 \\ \operatorname{sen}(\alpha+\phi_1) & \cos(\alpha+\phi_1) & 0 \\ 0 & 0 & 1 \end{bmatrix}}_{R_{e_{z_1}}(\alpha+\phi_1)} \begin{bmatrix} \gamma r_1 \\ 0 \\ \beta_1 \end{bmatrix} = \begin{bmatrix} \gamma r_1 \cos(\alpha+\phi_1) \\ l_1 + \gamma r_1 \operatorname{sen}(\alpha+\phi_1) \\ \beta_1 \end{bmatrix}$$

donde γ es un factor de proporcionalidad que indica cuántas veces ha girado el cilindro sobre su eje; sirve para determinar la distancia recorrida sobre el eje x_1. Dicho factor γ está formado por: $\gamma = [\,1 + \frac{\phi_1}{2\pi}\,]$.

La distancia que tiene que recorrer el cilindro sobre el eje $x_1 \in \Sigma_1$ hasta llegar al final del plano inclinado está dada por el teorema de Pitágoras: $x_{1_{\text{final}}} = \frac{l_1}{\operatorname{sen}(\alpha)}$ (ver figura 4.22). Esto hace que sobre el eje $y_0 \in \Sigma_0$, la coordenada sobre esta componente sea cero: $l_1 + \gamma r_1 \operatorname{sen}(\alpha + \phi_1) = 0$; puesto que el sentido de rotación de α y ϕ_1 sean negativos y $\operatorname{sen}(\cdots)$ es una función impar, entonces es una resta aritmética. De forma parecida, la distancia que tiene que recorrer sobre el eje x_0 es: $x_{0_{\text{final}}} = l_1 \operatorname{atan}(\alpha)$; el cilindro tiene que girar tantas veces, sobre este eje hasta llegar a: $x_{0_{\text{final}}}$.

Se asume que el cilindro está equipado con instrumentación electrónica, que permita leer el encoder de posición para ϕ_1. El modelo cinemático (4.29), para el caso del plano inclinado está dado por:

$$\begin{aligned} \boldsymbol{p}_0 &= \boldsymbol{d}_0^1 + R_0^1(\alpha_{e_{z_1}} + \phi_{1_{e_{z_1}}}, \theta_{1_{e_{z_1}}}, \psi_{1_{e_{z_1}}}) \boldsymbol{p}_1 \\ &= \boldsymbol{d}_0^1 + R_{e_{z_1}}(\alpha + \phi_1) R_{e_{x_2}}(0) R_{e_{y_3}}(0) \boldsymbol{p}_1 \\ &= \boldsymbol{d}_0^1 + R_{e_{z_1}}(\alpha + \phi_1) \boldsymbol{p}_1 \end{aligned}$$

$$
\begin{aligned}
&= \begin{bmatrix} 0 \\ l_1 \\ 0 \end{bmatrix} + R_{e_{z_1}}(\alpha+\phi_1)\begin{bmatrix} \gamma\, r_1 \\ 0 \\ \beta_1 \end{bmatrix} + R_{e_{z_1}}(\alpha+\phi_1)\begin{bmatrix} p_{x_1} \\ p_{y_1} \\ p_{z_1} \end{bmatrix} \\
&= \begin{bmatrix} 0 \\ l_1 \\ 0 \end{bmatrix} + R_{e_{z_1}}(\alpha+\phi_1)\left[\begin{bmatrix} \gamma\, r_1 \\ 0 \\ \beta_1 \end{bmatrix} + \begin{bmatrix} p_{x_1} \\ p_{y_1} \\ p_{z_1} \end{bmatrix}\right]
\end{aligned}
$$

El modelo cinemático diferencial del plano inclinado se obtiene con la derivada temporal del modelo de cinemática de la siguiente forma:

$$
\begin{aligned}
\dot{\boldsymbol{p}}_0 &= \frac{d}{dt}\left[\begin{bmatrix} 0 \\ l_1 \\ 0 \end{bmatrix} + R_{e_{z_1}}(\alpha+\phi_1)\left[\begin{bmatrix} \gamma\, r_1 \\ 0 \\ \beta_1 \end{bmatrix} + \begin{bmatrix} p_{x_1} \\ p_{y_1} \\ p_{z_1} \end{bmatrix}\right]\right] \\
&= S(\dot{\phi}_1 \boldsymbol{k}_0) R_{e_{z_1}}(\alpha+\phi_1)\left[\begin{bmatrix} \gamma\, r_1 \\ 0 \\ \beta_1 \end{bmatrix} + \begin{bmatrix} p_{x_1} \\ p_{y_1} \\ p_{z_1} \end{bmatrix}\right] + R_{e_{z_1}}(\alpha+\phi_1)\begin{bmatrix} \frac{\dot{\phi}_1}{2\pi} r_1 \\ 0 \\ 0 \end{bmatrix} \\
&= \boldsymbol{w}_0 \times R_{e_{z_1}}(\alpha+\phi_1)\left[\begin{bmatrix} \gamma\, r_1 \\ 0 \\ \beta_1 \end{bmatrix} + \begin{bmatrix} p_{x_1} \\ p_{y_1} \\ p_{z_1} \end{bmatrix}\right] + R_{e_{z_1}}(\alpha+\phi_1)\begin{bmatrix} \frac{\dot{\phi}_1}{2\pi} r_1 \\ 0 \\ 0 \end{bmatrix}
\end{aligned}
$$

donde la velocidad angular $\boldsymbol{w}_0$ está dada como: $\boldsymbol{w}_0 = \dot{\phi}_1 \boldsymbol{k}_0 = \dot{\phi}_1 \begin{bmatrix} 0 \\ 0 \\ 1 \end{bmatrix} = \begin{bmatrix} 0 \\ 0 \\ \dot{\phi}_1 \end{bmatrix}$.

• • •

4.7 Resumen

El modelo cinemático de un cuerpo rígido establece el análisis de movimiento mecánico sin tomar en cuenta las fuerzas/torques que lo producen. Dicho movimiento está compuesto por las componentes de traslación y rotación. La estructura matemática de la cinemática está formada por matrices de trasformación homogéneas, que a su vez utiliza vectores de desplazamiento y matrices ortogonales, con propiedades bien definidas, para analizar el estudio de traslación y orientación relativa entre dos sistemas de referencia cartesianos.

La idea clave sobre el análisis de la orientación en un sistema mecánico rígido es la proporcionada por teorema de composición de rotaciones (4.1), desarrollado en 1776 por Leonhard Euler; el cual establece que dada una matriz de orientación general puede ser expresada con tres matrices de rotación elementales. Tomando en cuenta, las 12 posibles combinaciones de ejes de rotación indicados en la tabla 4.1, particularmente la selección de ejes e_{z_1}, e_{x_2}, e_{y_3} es la que ofrece mayores ventajas en el análisis cinemático, para una cadena cinemática abierta, como la que forma los robots manipuladores.

Los ángulos de Euler es una ley de composiciones de rotación, expresada mediante un procedimiento de tres rotaciones consecutivas que se utilizan en sistemas de referencia cartesianos móviles; la matriz general que describe la orientación de un sistema de referencia $\Sigma_1(x_1, y_1, z_1)$ con respecto a $\Sigma_0(x_0, y_0, z_0)$ está dada por: $R_0^1(\phi_1, \theta_1, \psi_1)$; la cual puede ser expresada por medio de tres matrices de rotación elementales: $R_{e_{z_1}}(\phi_1), R_{e_{x_2}}(\theta_1), R_{e_{y_3}}(\psi_1)$. La primera rotación ϕ_1 se realiza con respecto al eje fijo z_0, este eje permanece paralelo al eje e_{z_1} del sistema de referencia auxiliar $\Sigma_{e1}\ \{e_{x_1}, e_{y_1}, e_{z_1}\}$ que se utiliza en el proceso de rotación por ángulos de Euler. El sistema de referencia que se obtiene en este primer paso es $\Sigma_{e2}\ \{e_{x_2}, e_{y_2}, e_{z_2}\}$.

Para el segundo paso, se utiliza el sistema de referencia auxiliar previamente rotado $\Sigma_{e2}\ \{e_{x_2}, e_{y_2}, e_{z_2}\}$, ahora adquiere un ámbito local como sistema de referencia fijo; entonces, el ángulo θ_1 gira alrededor del eje e_{x_2}, para obtener al sistema de referencia móvil $\Sigma_{e3}\ \{e_{x_3}, e_{y_3}, e_{z_3}\}$. Finalmente, con el sistema de referencia auxiliar $\Sigma_{e3}\ \{e_{x_3}, e_{y_3}, e_{z_3}\}$ se realiza la tercera rotación ψ_1, girando alrededor del eje e_{y_3}, lo que completa el proceso de tener el equivalente $R_0^1(\phi_1, \theta_1, \psi_1)$. De esta forma, se obtiene la orientación de Σ_1 con respecto a Σ_0. Es importante resaltar que los tres sistemas de referencia de Euler $\Sigma_{e_i}\ \{e_{x_i}, e_{y_i}, e_{z_i}\}$, para $i = 1, 2, 3$, son sistemas auxiliares o locales y únicamente tienen la función de realizar el proceso de rotación y no deben ser confundidos con $\Sigma_1(x_1, y_1, z_1)$, el cual este último sistema de referencia se obtiene solo cuando concluye el proceso de las tres matrices de rotación elementales. Para entender el procedimiento de rotación por los ángulos de Euler, el lector debe estudiar a detalle el ejemplo 4.4, el cual fue diseñado para cumplir con este objetivo.

La cinemática diferencial es la derivada con respecto al tiempo de la cinemática del cuerpo rígido y está compuesta por las componentes de velocidades de traslación y orientación. Dicho modelo cinemático diferencial queda expresado en términos del producto cruz vectorial, matrices antisimétricas y composiciones de rotación elementales; determina la trasformación de velocidades rotacionales a la velocidad angular. Para este efecto, se han presentado las propiedades matemáticas que permiten deducir su estructura matemática y aplicada a los ejemplos 4.9, 4.10 y 4.11.

4.8 Problemas propuestos

La cinemática analítica bajo el enfoque de Euler es una herramienta importante de análisis y modelado del movimiento mecánico de un robot manipulador; las componentes de traslación y rotación tienen un proceso de transformación a coordenadas cartesianas. Por lo que, en esta sección se proponen un conjunto de problemas, para resolver por el lector, con la finalidad de madurar los conocimientos adquiridos en este capítulo.

4.8.1 Dado el vector $\boldsymbol{p} = [p_x \quad p_y \quad p_z]^T$ y la matriz antisimétrica $S(\boldsymbol{p})$, definida en la ecuación (4.32a), obtener:

a) El determinante de la matriz $S(\boldsymbol{p})$.

b) La norma espectral correspondiente a la matriz $S(\boldsymbol{p})$.

4.8.2 Realizar un programa en **MATLAB** utilizando variables simbólicas para verificar las propiedades (4.1)-(4.8) de las matrices antisimétricas.

4.8.3 Desarrollar un programa en **MATLAB** que permita verificar la propiedad (4.9): dado dos vectores $\boldsymbol{p}_1, \boldsymbol{p}_2 \in \mathbb{R}^3$ y una función matriz antisimétrica $S(\boldsymbol{p}_1) \in \mathbb{R}^{3\times 3}$, entonces: $S(\boldsymbol{p}_1)\boldsymbol{p}_2 = \boldsymbol{p}_1 \times \boldsymbol{p}_2$.

4.8.4 Sean los vectores $\boldsymbol{p}_1, \boldsymbol{p}_2 \in \mathbb{R}^3$ y las correspondiente funciones matrices antisimétricas $S(\boldsymbol{p}_1)$, $S(\boldsymbol{p}_2) \in \mathbb{R}^{3\times 3}$; demostrar que se cumple la siguiente propiedad: $S^T(\boldsymbol{p}_1)S(\boldsymbol{p}_2) = \boldsymbol{p}_1^T\boldsymbol{p}_2 I - \boldsymbol{p}_1\boldsymbol{p}_2^T$, $\forall \boldsymbol{p}_1, \boldsymbol{p}_2 \in \mathbb{R}^3$; donde $I \in \mathbb{R}^{3\times 3}$ es la matriz identidad.

4.8.5 Modificar el programa en **MATLAB** del cuadro de código 4.2 en el ejemplo 4.4, tal que, a partir de la imagen rotada de la figura 4.15b, realizar el proceso inverso, como a continuación se indica:

a) $\boldsymbol{p}_0 = R_0^1(\phi_{1_{e_{z_1}}}, \theta_{1_{e_{x_2}}}, \psi_{1_{e_{y_3}}})^T \boldsymbol{p}_3$, donde la matriz $R_0^1(\phi_{1_{e_{z_1}}}, \theta_{1_{e_{x_2}}}, \psi_{1_{e_{y_3}}})$ se encuentra dada por:

$$R_0^1(\phi_{1_{e_{z_1}}}, \theta_{1_{e_{x_2}}}, \psi_{1_{e_{y_3}}}) = \begin{bmatrix} \cos(\phi_1)\cos(\psi_1) - \operatorname{sen}(\phi_1)\operatorname{sen}(\psi_1)\operatorname{sen}(\theta_1) & -\cos(\theta_1)\operatorname{sen}(\phi_1) & \cos(\phi_1)\operatorname{sen}(\psi_1) + \cos(\psi_1)\operatorname{sen}(\phi_1)\operatorname{sen}(\theta_1) \\ \cos(\psi_1)\operatorname{sen}(\phi_1) + \cos(\phi_1)\operatorname{sen}(\psi_1)\operatorname{sen}(\theta_1) & \cos(\phi_1)\cos(\theta_1) & \operatorname{sen}(\phi_1)\operatorname{sen}(\psi_1) - \cos(\phi_1)\cos(\psi_1)\operatorname{sen}(\theta_1) \\ -\cos(\theta_1)\operatorname{sen}(\psi_1) & \operatorname{sen}(\theta_1) & \cos(\psi_1)\cos(\theta_1) \end{bmatrix}$$

b) $\boldsymbol{p}_0 = [Re_{z_1}(\phi_1)R_{e_{x_2}}(\theta_1)R_{e_{y_3}}(\psi_1)]^T \boldsymbol{p}_3$.

c) $\boldsymbol{p}_0 = R_{e_{y_3}}^T(\psi_1)R_{e_{x_2}}^T(\theta_1)R_{e_{z_1}}^T(\phi_1)\boldsymbol{p}_3$.

d) $\boldsymbol{p}_0 = R_{e_{y_3}}(-\psi_1)R_{e_{x_2}}(-\theta_1)R_{e_{z_1}}(-\phi_1)\boldsymbol{p}_3$.

Verificar que en cada paso, como consecuencia del proceso inverso de rotación, se obtenga la misma imagen, la cual debe corresponder a la original mostrada en la figura 4.14a.

4.8.6 ¿Por qué en el procedimiento de los ángulos de Euler, en la tabla 4.1, no se presentan combinaciones de dos rotaciones consecutivas alrededor del mismo ejes principal del sistema de referencia $\Sigma_e(x_e, y_e, z_e)$ donde aparezcan dos rotación consecutivas sobre el mismo eje principal?

Explicar a detalle y argumentar matemáticamente su respuesta.

4.8.7 Considere la imagen de prueba del ejemplo 4.4, realizar las siguientes secuencias de rotaciones y discutir ampliamente los resultados:

a) $R_0^1(\phi_{1_{e_{x_1}}}, \theta_{1_{e_{z_2}}}, \psi_{1_{e_{y_3}}}) = Re_{x_1}(\phi_1)R_{e_{z_2}}(\theta_1)R_{e_{y_3}}(\psi_1)$.

b) $R_0^1(\phi_{1_{e_{y_1}}}, \theta_{1_{e_{x_2}}}, \psi_{1_{e_{z_3}}}) = Re_{y_1}(\phi_1)R_{e_{x_2}}(\theta_1)R_{e_{z_3}}(\psi_1)$.

c) $R_0^1(\phi_{1_{e_{y_1}}}, \theta_{1_{e_{z_2}}}, \psi_{1_{e_{y_3}}}) = Re_{y_1}(\phi_1)R_{e_{z_2}}(\theta_1)R_{e_{y_3}}(\psi_1)$.

4.8.8 Obtener la velocidad angular $\boldsymbol{w}_0 \in \mathbb{R}^3$ y su correspondiente matriz de transformación $\mathcal{W}_e(\phi_{1_{e_1}}, \theta_{1_{e_2}}, \psi_{1_{e_3}})$, considerando las siguientes composiciones de rotaciones:

a) $R_0^1(\phi_{1_{e_{y_1}}}, \theta_{1_{e_{x_2}}}, \psi_{1_{e_{z_3}}})$.

b) $R_0^1(\phi_{1_{e_{x_1}}}, \theta_{1_{e_{y_2}}}, \psi_{1_{e_{z_3}}})$.

c) $R_0^1(\phi_{1_{e_{x_1}}}, \theta_{1_{e_{z_2}}}, \psi_{1_{e_{x_3}}})$.

¿Existe la inversa de la matriz de transformación $\mathcal{W}_e(\phi_{1_{e_1}}, \theta_{1_{e_2}}, \psi_{1_{e_3}})$, para $\forall\, \phi, \theta,\ \psi \in \mathbb{R}$?

Discutir y argumentar correctamente los resultados obtenidos.

4.8.9 Obtener la expresión general para la velocidad angular $\boldsymbol{w}_0 \in \mathbb{R}^3$ y la matriz de transformación $\mathcal{W}_e(\phi_{1_{e_1}}, \theta_{1_{e_2}}, \psi_{1_{e_3}}) \in \mathbb{R}^{3\times 3}$, considerando vectores unitarios arbitrarios $\boldsymbol{e}_1, \boldsymbol{e}_2, \boldsymbol{e}_3 \in \mathbb{R}^3$; no repetir dos rotaciones consecutivas alrededor del mismo eje principal en la composición de rotaciones usando los ángulos de Euler: $R_0^1(\phi_{1_{e_1}}, \theta_{1_{e_2}}, \psi_{1_{e_3}})$.

Discutir y justificar correctamente el desarrollo obtenido.

Capítulo 5

Cinemática directa

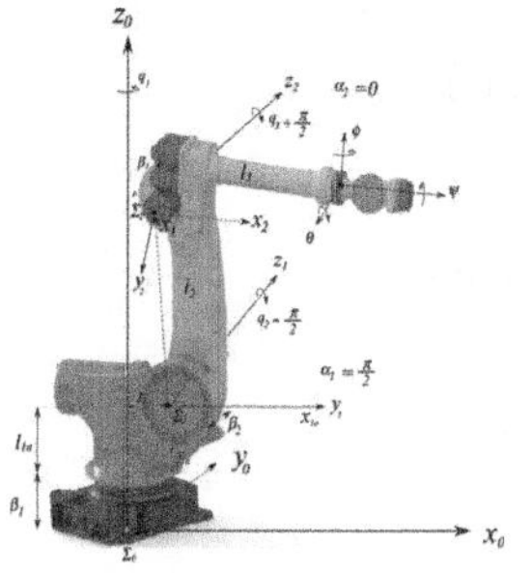

$$
\begin{aligned}
H_{i-1}^{i} &= \begin{bmatrix} R_{z_{i-1}}(q_i)R_{x_{i-1}}(\alpha_i) & R_{z_{i-1}}(q_i)\begin{bmatrix} l_i \\ 0 \\ \beta_i \end{bmatrix} \\ 0^T & 1 \end{bmatrix} \\
\omega_0 &= \mathcal{W}_0 \begin{bmatrix} \dot{\phi} \\ \dot{\theta} \\ \dot{\psi} \end{bmatrix} \\
v_0 &= J_r(q)\dot{q}
\end{aligned}
$$

5.1 Introducción 209

5.2 Morfología del robot 210

5.3 Cinemática directa 215

5.4 Matrices de transformación homogénea 221

5.5 Cinemática de robots manipuladores 225

5.6 Configuración antropomórfica (RRR) 231

5.7 Robot SCARA (RRP) 263

5.8 Robot cilíndrico (RPP) 270

5.9 Robot esférico (RRP) 276

5.10 Robot cartesiano (PPP) 283

5.11 Resumen 288

5.12 Problemas propuestos 289

Descripción del capítulo

Este capítulo describe la cinemática analítica de Euler como herramienta de aplicación a la ingeniería en modelado cinemático de robots manipuladores. Los temas de cinemática directa e inversa, cinemática diferencial, relación vectorial entre las velocidades rotacionales y angulares son analizados con estricto detalle para las configuraciones: antropomórfica, SCARA, cilíndrico, esférico y cartesiano. Los conceptos y desarrollo académicos son ilustrados con una variedad de ejemplos documentados e incorporando lenguaje de programación simbólico en **MATLAB**.

Los siguientes temas son abordados:

- Cinemática directa e inversa
- Cinemática diferencial
- Velocidad angular y rotacional
- Configuración antropomórfica
- Robot SCARA
- Configuración cilíndrica
- Robot esférico
- Robot cartesiano

5.1 Introducción

La cinemática directa es parte de la mecánica que analiza el movimiento de traslación y rotación de un robot manipulador, sin tomar en cuenta las fuerzas o torques que lo producen; es el nombre técnico que recibe en el área de la robótica y que permite estudiar el desplazamiento del robot, a través de una relación analítica entre las coordenadas articulares y de orientación en la herramienta de trabajo, con las coordenadas cartesianas de posición.

Dependiendo del tipo de articulaciones (lineales o rotacionales), con que se construye la parte mecánica del robot, así como la morfología en su estructura física (la forma especifica que adquiere, debido a la geometría y longitudes de ciertos parámetros), el modelo cinemático directo generalmente es una función no lineal de las variables articulares y de los parámetros geométricos, cuya forma matemática no es única, puesto que depende de la posición de casa seleccionada (*home position*).

El posicionamiento del robot en el espacio tridimensional (*pose*) requiere de seis coordenadas: tres para la posición cartesiana $[x, y, z]^T$ y tres de orientación en la herramienta de trabajo (por medio de los ángulos de Euler): $[\phi, \theta, \psi]^T$. La estructura matemática de la cinemática directa de un robot manipulador queda en función de matrices de rotación y vectores de traslación, agrupados dentro de una matriz de transformación homogénea. Sin embargo, dicho modelo cinemático tiene asociado un conjunto de parámetros geométricos y variables articulares, para hacer la conversión a coordenadas cartesianas.

Desde el punto de vista mecánico, un robot manipulador es una cadena cinemática abierta de eslabones rígidos conectados en serie a través de articulaciones (servomotores). El eslabón inicial corresponde a la base y en el extremo final del último eslabón está destinado a colocar la muñeca mecánica, para orientar la herramienta de trabajo.

La cinemática desarrollada bajo el enfoque de Leonhard Euler es la herramienta adecuada, para establecer una relación analítica del movimiento de un robot manipulador, compuesto por una cadena cinemática abierta. La metodología Denavit-Hartenberg resulta un caso particular del procedimiento de Euler. Este capítulo presenta el estudio y análisis en detalle de la cinemática directa, inversa y diferencial de las siguientes configuraciones de robots: antropomórfico, esférico, cilíndrico, SCARA y cartesiano. Todos los conceptos y desarrollos son ilustrados con ejemplos y se incorpora programación simbólica disponible en el sitio Web de esta obra.

5.2 Morfología del robot

La descripción de componentes y forma de las partes mecánicas en la estructura mecánica del robot se conoce como morfología. Un robot manipulador es un sistema mecánico de propósito general, formado por una cadena de eslabones, conocida como cadena en cinemática abierta. Cada eslabón del robot manipulador está compuesto por barras metálicas rígidas y articulaciones o servomotores para ir formando una serie consecutiva de eslabones; de tal manera que, el extremo final del último eslabón físicamente no esté conectado al primero.

Un robot manipulador está compuesto por una serie consecutiva de eslabones (articulaciones y barras metálicas rígidas) para formar una cadena cinemática abierta. La articulación es un sinónimo tecnológico para indicar que se refiere a un servomotor.

La figura 5.1 muestra el esquema de la articulación y la barra i-ésima que conecta con la articulación $i+1$; así de manera consecutiva, para formar una cadena cinemática abierta.

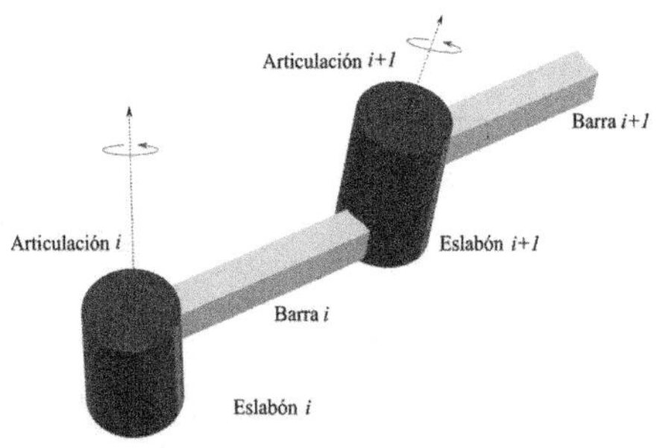

Figura 5.1: Articulaciones para formar una cadena cinemática abierta

En la figura 5.2 se ilustra el concepto de una cadena en cinemática abierta en serie, que representa la estructura mecánica fundamental en un robot manipulador. Esta cadena está constituida de la siguiente manera: la primera articulación es conocida como base y junto con su respectiva barra metálica se acopla mecánicamente en serie con la siguiente articulación, así sucesivamente entre todas las articulaciones y barras metálicas; hasta llegar al extremo final del último eslabón dedicado a colocar un dispositivo conocido como muñeca mecánica para dar la orientación a la herramienta de trabajo, dada una aplicación específica.

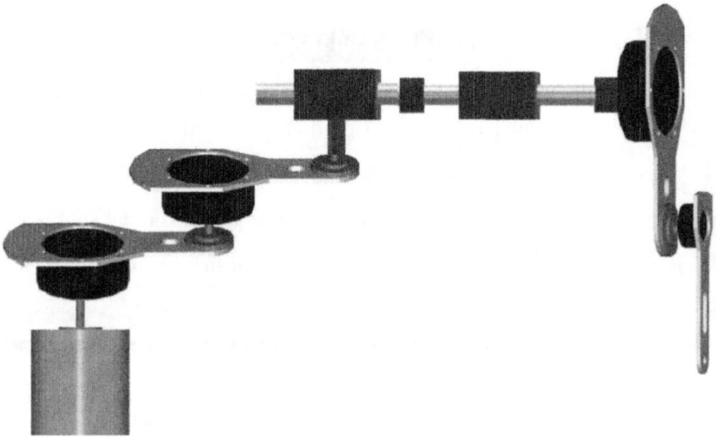

Figura 5.2: Cadena cinemática abierta de un robot manipulador

Desde el punto de vista mecánico, la cadena cinemática se dice que es abierta cuando hay solo una secuencia de eslabones unidos (uno con otro) en forma consecutiva, sin que las dos puntas terminales de la cadena se unan; es decir, desde la primera articulación, que corresponde a la base hasta llegar al extremo final, no formen un lazo cerrado; de ser así, correspondería a una cadena cinemática cerrada, cuyo análisis es completamente diferente a los denominados robots manipuladores.

Los servomotores o actuadores se utilizan para formar las articulaciones, encargadas de transmitir energía mecánica para producir movimiento a cada uno de los eslabones que conforman al sistema mecánico. Una articulación contribuye con un solo grado de libertad, siendo n no solo la dimensión del vector de posición, sino que también indica el número de articulaciones o servomotores que tiene el robot manipulador; es decir, indica el número de grados de libertad.

Por ejemplo, si la estructura mecánica de un robot manipulador contiene 9 servomotores o articulaciones, entonces se dice que es de 9 grados de libertad (gdl). Es importante resaltar que un servomotor solo puede tener específicamente un tipo de movimiento rotacional o lineal (prismático); en otras palabras, no puede tener ambos movimientos mecánicos o combinados ni mucho menos superpuestos. Por este motivo, cada servomotor contribuye con un gdl.

El número de grados de libertad de un robot manipulador tiene su correspondencia e interpretación únicamente en coordenadas articulares (espacio articular) y se representa en forma abreviada como gdl.

Articulaciones

Desde el punto de vista tecnológico, los servomotores son sinónimos de las articulaciones (*joints*); pueden tener un tipo de movimiento: rotacional o lineal.

- A las articulaciones que producen movimiento rotacional se les denomina articulaciones rotacionales y se representan por medio del símbolo q.
- Por otro lado, las articulaciones que producen movimiento lineal o de traslación se les denomina prismáticas o lineales, denotadas por d.

En la figura 5.3 se muestran los dos tipos de articulaciones: rotacionales, tienen movimiento rotacional por un ángulo q al rededor de su eje de giro; mientras que en los lineales o prismáticos, la variable d se desplazan linealmente a lo largo del eje de traslación. Dado un tipo de articulación, solo puede tener una sola clase de movimiento: rotacional o lineal, no es superpuesto ni combinado; un servomotor contribuye con un gdl.

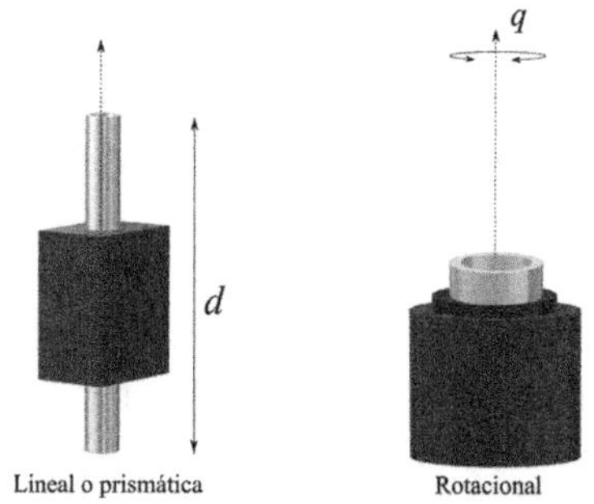

Figura 5.3: Tipos de articulaciones: rotacional q y lineal d

Eslabón

Un eslabón (*link*) está formado por una barra metálica acoplada mecánicamente al rotor y al estator de la siguiente articulación.

- Dado un robot de n gdl, entonces el i-ésimo eslabón está compuesto de la siguiente manera:

$$\text{eslabón}_i = \text{rotor}_i + \text{barra}_i + \text{estator}_{i+1}, \text{ para } i = 1, 2, \cdots n - 1.$$

- Para el último eslabón ($i = n$), se tiene:

$$\text{eslabón}_n = \text{rotor}_n + \text{barra}_n + \text{ muñeca mecánica y herramienta de trabajo.}$$

En la figura 5.4 se muestran las partes que componen a un eslabón para un robot manipulador.

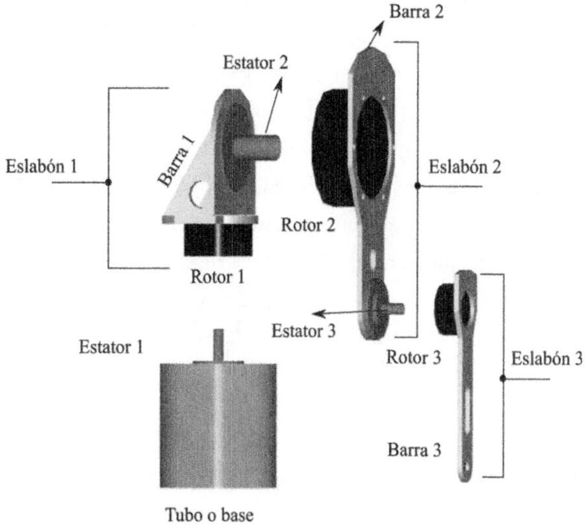

Figura 5.4: Componentes de un eslabón

La figura 5.5 muestra la analogía entre el brazo humano y un brazo robot o robot manipulador. La articulación de la base corresponde a la cintura; la articulación del hombro (*shoulder*) debe ser la de mayor capacidad con respecto a las otras articulaciones, ya que es la que mueve y soporta el peso de la articulación del codo (*elbow*) y de la herramienta de trabajo (por ejemplo, una pinza), así como la carga de objetos que realice durante una determinada aplicación.

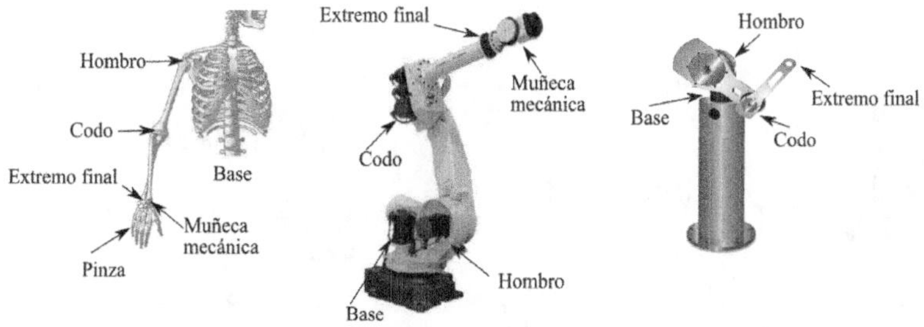

Figura 5.5: Base, hombro y codo de un robot manipulador

El extremo final (*end-effector*) del último eslabón está destinado a colocar la muñeca mecánica (*mechanical wrist*), la cual tiene la finalidad de orientar a la herramienta de trabajo (*work tool*). La posición y orientación del extremo final en el robot se representa por $[x, y, z]^T$ y $[\phi, \theta, \psi]^T$, respectivamente. Técnicamente a la posición y orientación de un robot manipulador se conoce como *pose*.

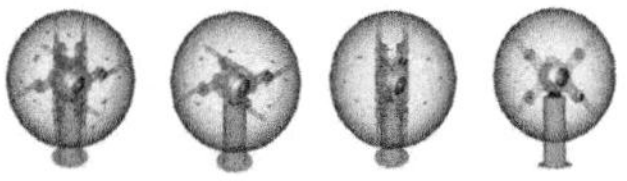

Figura 5.6: Espacio de trabajo de un robot manipulador

El espacio de trabajo (*workspace*) de un robot manipulador es el lugar donde el robot puede realizar todos sus posibles movimientos, está determinado por la geometría (longitudes de los parámetros geométricos) del robot y la naturaleza de sus articulaciones (lineales y rotacionales). Sin embargo, el espacio de trabajo en un robot industrial es mucho más amplio y se encuentra acondicionado por sensores especiales y delimitado por cercas de seguridad, para que ninguna persona pueda invadir su área cuando el robot se encuentra en funcionamiento, puesto que, por las características del robot resulta muy peligroso al ser humano. Por ejemplo, algunos modelos de robots industriales pueden tener un peso considerable, cercano a tres toneladas y alcanzan velocidades de movimiento lineal superiores a 3000 mm/seg.

5.2.1 Tipos de robots manipuladores

La estructura fundamental de los robots manipuladores es la cadena cinemática abierta y puede tener diferentes formas mecánicas, dependiendo de la combinación de articulaciones rotacionales q y prismáticas d que se utilicen; dando origen a diversas clases de robots. La figura 5.7 presenta cinco de los tipos de manipuladores más ampliamente utilizados, cuya clasificación se realiza de acuerdo con la clase de servomotores empleados en sus tres primeras articulaciones: base, hombro y codo; sin tomar en cuenta la muñeca mecánica colocada en su extremo final, para dar orientación a la herramienta de trabajo, la cual depende del tipo de aplicación.

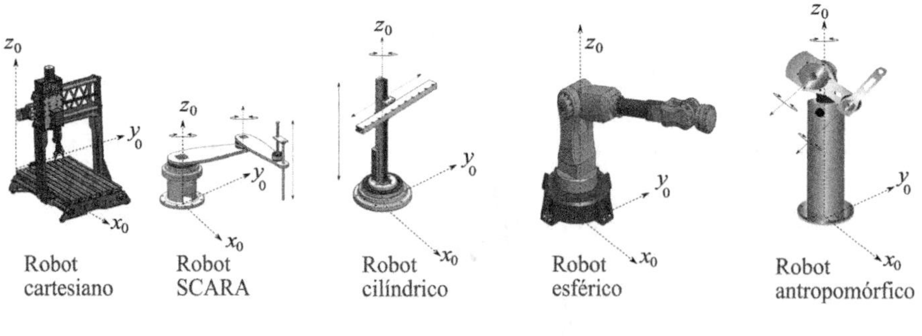

Figura 5.7: Clasificación de los cinco robots más utilizados

La tabla 5.1 describe los robots de la figura 5.7; la letra R significa una articulación tipo rotacional y la letra P es indicar que corresponde a un servomotor con movimiento lineal o prismático. El orden como se presentan las articulaciones es de izquierda a derecha, para indicar: base, hombro y codo, respectivamente. Por ejemplo, la notación RRP en el robot

SCARA (*Selective Compliance Assembly Robot Arm*) significa que las articulaciones de la base y hombro son rotacionales; mientras que la articulación del codo es prismática. Para el robot antropomórfico, todas sus articulaciones son rotaciones RRR; el robot cartesiano es de tipo PPP, siendo una configuración opuesta al robot antropomórfico. La forma mecánica de un robot manipulador no solo depende del tipo de servomotores utilizados, también de las longitudes de los eslabones y de las características de altura y espesor de los servomotores, conocidos como parámetros geométricos.

Tabla 5.1: Clasificación de los robots manipuladores más utilizados

Tipo de robot	Articulaciones (base, hombro y codo)
Antropomórfico	RRR
SCARA	RRP
Esférico	RRP
Cilíndrico	RPP
Cartesiano	PPP

5.3 Cinemática directa

Del análisis y estudio de movimiento (traslación y rotación) en un robot manipulador sin tomar en cuenta las fuerzas y torques que lo producen se encarga la cinemática directa. El análisis se realiza con respecto a un sistema de referencia cartesiano fijo: $\Sigma_0(x_0, y_0, z_0)$ y tomando en cuenta los n sistemas de referencia móviles presentes en la cadena cinemática abierta: $\Sigma_i(x_i, y_i, z_i)$, para $i = 1, 2, \cdots, n$; siendo n los gdl.

La cinemática directa relaciona la dependencia que existe entre las coordenadas articulares o generalizadas $\boldsymbol{q} \in \mathbb{R}^n$ con las coordenadas cartesianas $[x, y, z]^T \in \mathbb{R}^3$ y la orientación $[\phi, \theta, \psi]^T \in \mathbb{R}^3$ del extremo final del robot. Esta dependencia se realiza por medio de una función vectorial $\boldsymbol{f}_r$ continua, suave y diferenciable en la variable de estado articular $\boldsymbol{q}$; dicha función vectorial generalmente es no lineal en las variables articulares.

La información de la posición rotacional q_i o lineal d_i es proporcionado por el encoder integrado en el i-ésimo servomotor. Por otro lado, dependiendo de la aplicación del robot se puede requerir menor número de coordenadas de posición y orientación. Por ejemplo, un robot para pintura de armaduras automotrices requiere de las 6 coordenadas; en contraste, con un robot que corta figuras de plástico sobre un plano, requiere 2 coordenadas cartesianas de posición y no necesariamente orientación.

Notación

Cada articulación de un robot manipulador puede tener movimiento rotacional o lineal:

- Para movimiento rotacional se representa a través de $q_i \in \mathbb{R}$, que indica la posición rotacional i-ésima correspondiente a su respectivo servomotor o articulación.
- El movimiento lineal es denotado por $d_i \in \mathbb{R}$, que representa el desplazamiento de traslación del i-ésimo servomotor.
- La posición articular de todo el robot se denota por el vector $\boldsymbol{q} \in \mathbb{R}^n$, que agrupa sus movimientos rotacionales y lineales dependiendo del tipo de articulación. Por ejemplo, dado un robot manipulador con 5 gdl, el vector de posición $\boldsymbol{q} \in \mathbb{R}^5$ puede tener la siguiente forma: $\boldsymbol{q} = [q_1 \quad q_2 \quad d_3 \quad q_4 \quad d_5]^T$.

La cinemática directa de un robot manipulador es una función vectorial continua, suave y diferenciable, $\boldsymbol{f}_r : \mathbb{R}^{n+3} \to \mathbb{R}^3$, que relaciona las coordenadas articulares del robot $\boldsymbol{q} \in \mathbb{R}^n$, sus propiedades geométricas (l_i, α_i, β_i) y la orientación de la herramienta de trabajo $[\phi \quad \theta \quad \psi]^T \in \mathbb{R}^3$ con las coordenadas cartesianas $[x_0 \quad y_0 \quad z_0]^T \in \mathbb{R}^3$; además, es una generalización de la ecuación cinemática (4.30):

$$\begin{aligned} \begin{bmatrix} x_0 \\ y_0 \\ z_0 \end{bmatrix} &= \boldsymbol{f}_r(l_i, \alpha_i, \beta_i, \boldsymbol{q}, \phi, \theta, \psi); \quad \begin{cases} \boldsymbol{q} = \boldsymbol{q}(q_i, d_i) \in \mathbb{R}^n; \ i = 1, 2, \cdots, n; \\ \begin{bmatrix} \phi \\ \theta \\ \psi \end{bmatrix} \in \mathbb{R}^3 \end{cases} \\ &= \underbrace{\boldsymbol{d}^i_{i-1}(l_{i-1}, \alpha_{i-1}, \beta_{i-1}, \boldsymbol{q}_i)}_{\text{vector de traslación } \in \mathbb{R}^3} + \underbrace{R^n_{n-1}(\phi, \theta, \psi)\boldsymbol{p}_n}_{\text{orientación de la herramienta } \in \mathbb{R}^3} \end{aligned} \tag{5.1}$$

donde n indica el número de las articulaciones o servomotores (gdl) que tiene la estructura mecánica del robot, sin tomar en cuenta los tres servomotores de la muñeca mecánica, para orientar la herramienta de trabajo: $[\phi \quad \theta \quad \psi]^T \in \mathbb{R}^3$ y el vector $\boldsymbol{p}_n \in \mathbb{R}^3$ tiene las coordenadas de la herramienta de trabajo en el sistema $\Sigma_n(x_n, y_n, z_n)$. Los gdl también representan la dimensión euclidiana del vector de posición articular $\boldsymbol{q} \in \mathbb{R}^n$, el cual puede estar formado de articulaciones rotacionales y prismáticas: $\boldsymbol{q} = \boldsymbol{q}(q_i, d_i)$.

El vector de desplazamiento $\boldsymbol{d}_{i-1}^{i}(l_{i-1}, \alpha_{i-1}, \beta_{i-1}, \boldsymbol{q}_i) \in \mathbb{R}^3$ contiene las coordenadas del sistema Σ_i con respecto a Σ_0 y representa la componente de movimiento de traslación del robot. Las coordenadas cartesianas $[x_0 \quad y_0 \quad z_0]^T \in \mathbb{R}^3$ representan las componentes de traslación $\boldsymbol{d}_{i-1}^{i} \in \mathbb{R}^3$ más la orientación en la herramienta de trabajo (ϕ, θ, ψ). Es decir, se requieren de 6 coordenadas para indicar la posición y orientación de un robot en el espacio tridimensional. Los parámetros geométricos del robot son: el ángulo de orientación o torsión α_i que existe entre dos ejes consecutivos de articulaciones $i-1$ e i (rotacionales o lineales); la altura de los servomotores del tipo rotacional está representada por el parámetro geométrico β_i y la longitud de los eslabones por l_i.

Por otro lado, la orientación para la herramienta se especifica usando los ángulos de Euler (ϕ, θ, ψ) (observe que no llevan subíndice i, es decir son variables independientes a las articulares q_i); se refiere a que el robot tiene en su extremo final un dispositivo (generalmente, compuesto por tres servomotores; uno por cada ángulo de Euler) conocido como muñeca mecánica (*mechanical wrist*), destinado a colocar y orientar la herramienta de trabajo (*work tool*), la cual depende de la aplicación. La posición y orientación de la herramienta de trabajo del robot manipulador en el espacio tridimensional se denomina *pose* y requiere de seis coordenadas: tres para posición cartesiana y tres para orientación. Un robot es redundante cuando los gdl $n > 3$ (sin tomar en cuenta la orientación).

En la presente obra se han tomado en cuenta las siguientes consideraciones:

- Los gdl se refieren a los servomotores que forman el brazo mecánico del robot manipulador; no incluyen a los tres servomotores que forman la muñeca mecánica para orientar la herramienta de trabajo.
- Los tres ángulos de Euler (ϕ, θ, ψ) están contemplados en la muñeca mecánica, construida por tres servomotores para proporcionar la orientación de la herramienta de trabajo.
- Se requieren seis coordenadas para especificar la posición de un robot en el espacio tridimensional (*pose*): tres cartesianas (x_0, y_0, z_0) y tres de orientación de la herramienta de trabajo, ángulos de Euler: (ϕ, θ, ψ).

El uso de la cinemática directa resulta de utilidad en la planificación de trayectorias y en control cartesiano; debido a que es mucho más fácil programar al robot en coordenadas cartesianas, que en ángulos. El papel fundamental de la cinemática directa es computar la posición cartesiana de traslación $\boldsymbol{d}_0^{i}$ y orientación (ϕ, θ, ψ) del extremo final del robot como función de las variables articulares $\boldsymbol{q} \in \mathbb{R}^n$.

La estructura mecánica del robot manipulador se caracteriza por tener un número de gdl y junto con los parámetros geométricos determina en forma única su configuración.

Cada gdl está asociado a una sola articulación: rotacional q o lineal d.

Un robot manipulador es una cadena cinemática abierta en serie de eslabones interconectados a través de articulaciones o servomotores (rotacional o prismáticos), donde el extremo final del robot no está conectado mecánicamente a la primera articulación (base).

5.3.1 Cinemática inversa

Dada la cinemática directa de un robot, la cual relaciona la posición del extremo final en coordenadas cartesianas $(x_0 \quad y_0 \quad z_0)$ y la orientación $(\psi \quad \theta \quad \phi)$, con respecto a un sistema de referencia fijo $\Sigma_0(x_0, y_0, z_0)$, así como los parámetros geométricos que lo caracterizan, entonces surge la pregunta natural:

¿Pueden obtenerse las coordenadas articulares del robot $\boldsymbol{q}$ y los ángulos de Euler $(\phi,\ \theta,\ \psi)$ para que el extremo final del robot se posicione en las coordenadas cartesianas solicitadas y con la orientación requerida? A este problema planteado se conoce como cinemática inversa y representa un área de la robótica con mayor complejidad al de la cinemática directa. Para un robot manipulador siempre es posible encontrar el modelo de cinemática directa, mientras que en la cinemática inversa puede haber varias soluciones o inclusive no existir solución analítica, en este caso, posibles soluciones pueden ser modelos opcionales con redes neuronales, métodos numéricos, iterativos, geométricos, entre otros.

La cinemática inversa es un problema no lineal que relaciona las coordenadas articulares $\boldsymbol{q} \in \mathbb{R}^n$ y los ángulos de orientación (ϕ, θ, ψ) en función de las coordenadas cartesianas:

$$\begin{bmatrix} \boldsymbol{q} \\ \phi \\ \theta \\ \psi \end{bmatrix} = \boldsymbol{f}_r^{-1}(l_i, \beta_i, \alpha_i, x_0, y_0, z_0, \boldsymbol{p}_n), \ i = 1, 2, \cdots, n \tag{5.2}$$

donde $\boldsymbol{f}_r^{-1}$ es la función inversa de la cinemática directa (5.1).

5.3.2 Cinemática diferencial

La cinemática diferencial es el área de la física que analiza la velocidad de movimiento del robot (componentes cartesianas y angulares) en función de la posición y velocidad rotacional de los servomotores, sin tomar en cuenta las fuerzas y torques que lo producen.

La cinemática diferencial es la derivada temporal de la cinemática directa (5.1):

$$\begin{aligned}
\frac{d}{dt}\begin{bmatrix} x_0 \\ y_0 \\ z_0 \end{bmatrix} &= \frac{d}{dt}\boldsymbol{f}_r(l_i, \alpha_i, \beta_i, \boldsymbol{q}, \phi, \theta, \psi) \\
&= \overbrace{\underbrace{\frac{\partial}{\partial \boldsymbol{q}}\boldsymbol{f}_r(l_i, \alpha_i, \beta_i, \boldsymbol{q}, \phi, \theta, \psi)}_{J_r(\boldsymbol{q})}\dot{\boldsymbol{q}}}^{\text{velocidad de traslación } \boldsymbol{v}_0} + \overbrace{\underbrace{\frac{\partial}{\partial \begin{bmatrix} \phi \\ \theta \\ \psi \end{bmatrix}}\boldsymbol{f}_r(l_i, \alpha_i, \beta_i, \boldsymbol{q}, \phi, \theta, \psi)}_{\mathcal{W}_0(\phi,\theta,\psi)}\begin{bmatrix} \dot{\phi} \\ \dot{\theta} \\ \dot{\psi} \end{bmatrix}}^{\text{velocidad angular } \boldsymbol{\omega}_0} \\
&= J_r(\boldsymbol{q})\dot{\boldsymbol{q}} + \mathcal{W}_0(\phi, \theta, \psi)\begin{bmatrix} \dot{\phi} \\ \dot{\theta} \\ \dot{\psi} \end{bmatrix} \qquad (5.3) \\
\begin{bmatrix} \dot{x}_0 \\ \dot{y}_0 \\ \dot{z}_0 \end{bmatrix} &= \begin{bmatrix} J_r(\boldsymbol{q}) & \mathcal{W}_0(\phi, \theta, \psi) \end{bmatrix}\begin{bmatrix} \dot{\boldsymbol{q}} \\ \begin{bmatrix} \dot{\phi} \\ \dot{\theta} \\ \dot{\psi} \end{bmatrix} \end{bmatrix} \qquad (5.4)
\end{aligned}$$

donde $J_r(\boldsymbol{q}) \in \mathbb{R}^{3\times n}$ es conocida como la matriz jacobiano analítico del robot; $O \in \mathbb{R}^{3\times 3}$ es una matriz con entradas cero; $\mathcal{W}_0(\phi, \theta, \psi) \in \mathbb{R}^{3\times n}$ es una matriz de transformación de velocidades rotacionales a la velocidad angular $\boldsymbol{\omega}_0$.

Otra forma de expresar la cinemática diferencial es de la siguiente manera:

$$\begin{bmatrix} \boldsymbol{v}_0 \\ \boldsymbol{\omega}_0 \end{bmatrix} = \begin{bmatrix} J_r(\boldsymbol{q}) & O \\ O & \mathcal{W}_0(\phi, \theta, \psi) \end{bmatrix}\begin{bmatrix} \dot{\boldsymbol{q}} \\ \begin{bmatrix} \dot{\phi} \\ \dot{\theta} \\ \dot{\psi} \end{bmatrix} \end{bmatrix} \qquad (5.5)$$

donde $\boldsymbol{v}_0 \in \mathbb{R}^3$es la componente de velocidad de traslación y $\boldsymbol{\omega}_0 \in \mathbb{R}^3$ es la velocidad angular; ambas referidas al sistema de referencia fijo $\Sigma_0(x_0, y_0, z_0)$:

La cinemática diferencial (5.3) relaciona la velocidades articular $\dot{\boldsymbol{q}} \in \mathbb{R}^n$ y rotacional $(\dot{\phi}, \dot{\theta}, \dot{\psi})$ con las componentes de velocidades de traslación $\boldsymbol{v}_0 \in \mathbb{R}^3$ y angular $\boldsymbol{\omega}_0 \in \mathbb{R}^3$; este mapa queda descrito en términos del jacobiano analítico del robot $J_r(\boldsymbol{q}) \in \mathbb{R}^{3\times n}$ y la matriz de transformación angular $\mathcal{W}_0(\boldsymbol{q}) \in \mathbb{R}^{3\times n}$.

El jacobiano del robot $J_r(\boldsymbol{q})$ representa una importante herramienta de análisis en robótica, puesto que sirve para caracterizar las configuraciones singulares del robot manipulador (cuando el $\det[J_r(\boldsymbol{q})] = 0$); determina la cinemática diferencial inversa, así como describir la relación entre la fuerza cartesiana y los torques aplicados a los servomotores. Es indispensable para el análisis y diseño de algoritmos de control cartesiano.

La componente de velocidad de traslación $\boldsymbol{v}_0 \in \mathbb{R}^3$, también incluye una componente angular interna en la estructura mecánica del robot, dada por las articulaciones rotacionales $\boldsymbol{q}$ y que representamos por el vector $\boldsymbol{w}_0$, así como la matriz de transformación $\mathcal{W}_0$ que convierte las variables $\dot{\boldsymbol{q}}$; dicha componente es calculada para cada uno de las configuraciones de robots que se analizan en las secciones subsecuentes, cuya rotación no se debe a los ángulos de Euler de la muñeca mecánica.

5.3.3 Cinemática diferencial inversa

La cinemática diferencial inversa representa la relación entre las velocidades cartesiana $\boldsymbol{v}_0$ y angular $\boldsymbol{\omega}_0$ con las velocidades articular $\dot{\boldsymbol{q}}$ y rotacional $(\dot{\psi}, \dot{\theta}, \dot{\psi})$ expresada en términos de las matrices inversas del jacobiano $J_r(\boldsymbol{q})$ y de transfomación angular $\mathcal{W}_0(\phi, \theta, \psi)$:

$$\begin{bmatrix} \dot{\boldsymbol{q}} \\ \begin{bmatrix} \dot{\phi} \\ \dot{\theta} \\ \dot{\psi} \end{bmatrix} \end{bmatrix} = \begin{bmatrix} J_r^{-1}(\boldsymbol{q}) & O \\ & \\ O & \mathcal{W}_0^{-1}(\phi, \theta, \psi) \end{bmatrix} \begin{bmatrix} \boldsymbol{v}_0 \\ \\ \boldsymbol{\omega}_0 \end{bmatrix} \tag{5.6}$$

Si el determinante de la matriz jacobiano del robot $J(\boldsymbol{q})$ es cero, entonces se dice que no es de rango completo y se presentan puntos de singularidades.

Las singularidades significan que no es posible indicarle un movimiento arbitrario al extremo final del robot, es decir para velocidades cartesianas $\boldsymbol{v}_0$ y angular $\boldsymbol{\omega}_0$ finitas puede corresponder una velocidad articular $\dot{\boldsymbol{q}}$ infinita. También puede existir un conjunto infinito de soluciones en la cinemática diferencial; dependiendo del tipo de robot, las singularidades pueden generar un número infinito de puntos de equilibrio en la ecuación en lazo cerrado, formada por la dinámica del robot y la estructura cartesiana de control. En control cartesiano, la fuerza aplicada al robot puede provocar (teóricamente) un suministro enorme de torque a las articulaciones del robot.

5.4 Matrices de transformación homogénea

El análisis cinemático que describe la transformación de movimiento de coordenadas articulares a cartesianas, considerando las componentes de traslación y rotación de un robot manipulador se representa con matrices de transformación homogéneas: $H_{i-1}^i \in \mathbb{R}^{4\times 4}$.

La descripción analítica vectorial de movimiento representada por la ecuación (4.30):

$$\boldsymbol{p}_{i-1} = \boldsymbol{d}_{i-1}^i + R_{i-1}^i(\phi_{i_{e_{z_1}}}, \theta_{i_{e_{x_2}}}, \psi_{i_{e_{y_3}}})\boldsymbol{p}_i; \; i = 1, 2, \cdots, n$$

se puede expresar mediante vectores aumentados: $[\boldsymbol{p}_i \quad 1]^T$; de la siguiente forma:

$$\begin{bmatrix} \boldsymbol{p}_{i-1} \\ 1 \end{bmatrix} = \overbrace{\begin{bmatrix} R_{i-1}^i(\phi_{i_{e_{z_1}}}, \theta_{i_{e_{x_2}}}, \psi_{i_{e_{y_3}}}) & \boldsymbol{d}_{i-1}^i \\ \boldsymbol{0}^T & 1 \end{bmatrix}}^{H_{i-1}^i} \begin{bmatrix} \boldsymbol{p}_i \\ 1 \end{bmatrix} \tag{5.7}$$

$$\begin{bmatrix} p_{x_{i-1}} \\ p_{y_{i-1}} \\ p_{z_{i-1}} \\ 1 \end{bmatrix} = \begin{bmatrix} R_{i-1}^i(\phi_{i_{e_{z_1}}}, \theta_{i_{e_{x_2}}}, \psi_{i_{e_{y_3}}}) & \begin{bmatrix} d_{x_{i-1}}^i \\ d_{y_{i-1}}^i \\ d_{z_{i-1}}^i \end{bmatrix} \\ 0 \quad 0 \quad 0 & 1 \end{bmatrix} \begin{bmatrix} p_{x_i} \\ p_{y_i} \\ p_{z_i} \\ 1 \end{bmatrix}$$

$$\begin{bmatrix} p_{x_{i-1}} \\ p_{y_{i-1}} \\ p_{z_{i-1}} \\ 1 \end{bmatrix} = \begin{bmatrix} \underbrace{R_{i_{e_{z_1}}}(\phi_i)R_{i_{e_{x_2}}}(\theta_i)R_{i_{e_{y_3}}}(\psi_i)}_{\text{teorema (4.1)}} & \begin{bmatrix} d_{x_{i-1}}^i \\ d_{y_{i-1}}^i \\ d_{z_{i-1}}^i \end{bmatrix} \\ 0 \quad 0 \quad 0 & 1 \end{bmatrix} \begin{bmatrix} p_{x_i} \\ p_{y_i} \\ p_{z_i} \\ 1 \end{bmatrix} \tag{5.8}$$

donde $H_{i-1}^i \in \mathbb{R}^{4\times 4}$ representa la matriz de transformación homogénea que relaciona la traslación $\boldsymbol{d}_{i-1}^i$ y orientación $(\phi_i, \theta_i, \psi_i)$ del sistema de referencia móvil $\Sigma_i(x_i, y_i, z_i)$ respecto a $\Sigma_{i-1}(x_{i-1}, y_{i-1}, z_{i-1})$.

En forma compacta, el análisis cinemático (5.8) se puede sintetizar de la siguiente forma:

$$\begin{bmatrix} \boldsymbol{p}_{i-1} \\ 1 \end{bmatrix} = H_{i-1}^i \begin{bmatrix} \boldsymbol{p}_i \\ 1 \end{bmatrix} \tag{5.9}$$

La matriz de transformación homogénea H_{i-1}^{i} indicada en (5.8) puede ser interpretada como un plano cartesiano, donde el cuadrante Ⓘ contiene al vector de traslación $\boldsymbol{d}_{i-1}^{i}$ con las coordenadas del origen del sistema de referencia $\Sigma_i(x_i, y_i, z_i)$ con respecto a $\Sigma_{i-1}(x_{i-1}, y_{i-1}, z_{i-1})$. La composición de rotaciones $R_{i_{e_{z1}}}(\phi_i)R_{i_{e_{x2}}}(\theta_i)R_{i_{e_{y3}}}(\psi_i)$ determina la orientación de Σ_i con respecto a Σ_{i-1} se ubica en el cuadrante Ⓘⓘ. Mientras que los cuadrantes (III) y (IV) contienen términos constantes, el vector $\boldsymbol{0}^T = [0 \quad 0 \quad 0]^T$ y un escalar unitario, respectivamente. Por lo que esta forma de interpretación por cuadrantes hace mucho más fácil el análisis cinemático usando matrices de transformación homogénea.

$$H_{i-1}^{i} = \left[\begin{array}{c:c} \text{(II)} & \text{(I)} \\ \text{composición de rotaciones} & \text{vector de traslación} \\ R_{i_{e_{z1}}}(\phi_i)R_{i_{e_{x2}}}(\theta_i)R_{i_{e_{y3}}}(\psi_i) & \boldsymbol{d}_{i-1}^{i} \\ \cdots & \cdots \\ \text{(III)} & \text{(IV)} \\ \boldsymbol{0}^T & 1 \end{array}\right] \tag{5.10}$$

La relación inversa que transforma las coordenadas del vector $\boldsymbol{p}_{i-1} \in \Sigma_{i-1}(x_{i-1}, y_{i-1}, z_{i-1})$ en coordenadas $\boldsymbol{p}_i \in \Sigma_i(x_i, y_i, z_i)$, está dada en sus respectivas representaciones (vectores aumentados y matrices de transformación homogéneas):

$$\boldsymbol{p}_{i-1} = \boldsymbol{d}_{i-1}^{i} + R_{i-1}^{i}(\phi_{i_{e_{z1}}}, \theta_{i_{e_{x2}}}, \psi_{i_{e_{y3}}})\boldsymbol{p}_i$$

$$\boldsymbol{p}_i = -{R_{i-1}^{i}}^T(\phi_{i_{e_{z1}}}, \theta_{i_{e_{x2}}}, \psi_{i_{e_{y3}}})\boldsymbol{d}_{i-1}^{i} + {R_{i-1}^{i}}^T(\phi_{i_{e_{z1}}}, \theta_{i_{e_{x2}}}, \psi_{i_{e_{y3}}})\boldsymbol{p}_{i-1} \tag{5.11a}$$

$$\begin{bmatrix} \boldsymbol{p}_i \\ 1 \end{bmatrix} = H_{i-1}^{i\,-1} \begin{bmatrix} \boldsymbol{p}_{i-1} \\ 1 \end{bmatrix}$$

$$H_{i-1}^{i\,-1} = \begin{bmatrix} {R_{i-1}^{i}}^T(\phi_{i_{e_{z1}}}, \theta_{i_{e_{x2}}}, \psi_{i_{e_{y3}}}) & -{R_{i-1}^{i}}^T(\phi_{i_{e_{z1}}}, \theta_{i_{e_{x2}}}, \psi_{i_{e_{y3}}})\boldsymbol{d}_{i-1}^{i} \\ \boldsymbol{0}^T & 1 \end{bmatrix} \tag{5.11b}$$

donde $H_{i-1}^{i\,-1}$ es la matriz de transformación homogénea inversa, que relaciona las coordenadas del origen y orientación de Σ_{i-1} con respecto al sistema de referencia Σ_i.

Algunas propiedades importantes de la matriz de transformación homogénea H_{i-1}^{i} son:

Propiedad 5.1: $H_{i-1}^{i} \neq {H_{i-1}^{i}}^T$

La matriz de transformación homogénea H_{i-1}^{i} no es una matriz simétrica; es decir, no satisface: $H_{i-1}^{i} = {H_{i-1}^{i}}^T$.

Propiedad 5.2: El producto $H_{i-1}^{i}\,\left(H_{i-1}^{i}\right)^{-1} = \left(H_{i-1}^{i}\right)^{-1} H_{i-1}^{i} = I$ es conmutativo

La multiplicación entre la matriz de transformación homogénea H_{i-1}^{i} y su matriz inversa $\left(H_{i-1}^{i}\right)^{-1}$ es conmutativa y satisface: $H_{i-1}^{i}\left(H_{i-1}^{i}\right)^{-1} = \left(H_{i-1}^{i}\right)^{-1} H_{i-1}^{i} = I$, donde $I \in \mathbb{R}^{4\times 4}$ es la matriz identidad.

• Ejemplo 5.1

Considere la matriz de transformación homogénea inversa $H_{0}^{1\,-1}$ dada por la ecuación (5.11b). Demostrar que el producto $H_{i-1}^{i}\left(H_{i-1}^{i}\right)^{-1} = I$, donde $I \in \mathbb{R}^{4\times 4}$ es la matriz identidad.

Solución

Por manipulación algebraica simple y directa se obtiene lo siguiente:

$$
\begin{aligned}
H_{i-1}^{i}\,\left(H_{i-1}^{i}\right)^{-1} &= \begin{bmatrix} R_{i-1}^{i}(\phi_{i_{e_{z_1}}},\theta_{i_{e_{x_2}}},\psi_{i_{e_{y_3}}}) & \boldsymbol{d}_{i-1}^{i} \\ \boldsymbol{0}^T & 1 \end{bmatrix} \begin{bmatrix} {R_{i-1}^{i}}^{T}(\phi_{i_{e_{z_1}}},\theta_{i_{e_{x_2}}},\psi_{i_{e_{y_3}}}) & -{R_{i-1}^{i}}^{T}(\phi_{i_{e_{z_1}}},\theta_{i_{e_{x_2}}},\psi_{i_{e_{y_3}}})\boldsymbol{d}_{i-1}^{i} \\ \boldsymbol{0}^T & 1 \end{bmatrix} \\
&= \begin{bmatrix} \overbrace{R_{i-1}^{i}(\phi_{i_{e_{z_1}}},\theta_{i_{e_{x_2}}},\psi_{i_{e_{y_3}}}){R_{i-1}^{i}}^{T}}^{I\in\mathbb{R}^{3\times 3}}(\phi_{i_{e_{z_1}}},\theta_{i_{e_{x_2}}},\psi_{i_{e_{y_3}}}) & -\overbrace{R_{i-1}^{i}(\phi_{i_{e_{z_1}}},\theta_{i_{e_{x_2}}},\psi_{i_{e_{y_3}}}){R_{i-1}^{i}}^{T}}^{I\in\mathbb{R}^{3\times 3}}(\phi_{i_{e_{z_1}}},\theta_{i_{e_{x_2}}},\psi_{i_{e_{y_3}}})\boldsymbol{d}_{i-1}^{i} + \boldsymbol{d}_{i-1}^{i} \\ \boldsymbol{0}^T & 1 \end{bmatrix} \\
&= \begin{bmatrix} \overbrace{I}^{I\in\mathbb{R}^{3\times 3}} & \overbrace{-\boldsymbol{d}_{i-1}^{i} + \boldsymbol{d}_{i-1}^{i}}^{0\in\mathbb{R}^{3}} \\ \boldsymbol{0}^T & 1 \end{bmatrix} = \begin{bmatrix} \overbrace{I}^{I\in\mathbb{R}^{3\times 3}} & \overbrace{\boldsymbol{0}}^{0\in\mathbb{R}^{3}} \\ \boldsymbol{0}^T & 1 \end{bmatrix} = \begin{bmatrix} 1 & 0 & 0 & 0 \\ 0 & 1 & 0 & 0 \\ 0 & 0 & 1 & 0 \\ 0 & 0 & 0 & 1 \end{bmatrix} \in \mathbb{R}^{4\times 4}.
\end{aligned}
$$

■

De manera similar, se demuestra $\left(H_{i-1}^{i}\right)^{-1}\,H_{i-1}^{i} = I \in \mathbb{R}^{4\times 4}$.

•••

5.4.1 Matrices homogéneas de rotación y traslación

Las matrices de transformación homogénea también pueden incluir uno de los dos posibles tipos de movimientos: traslación o rotación (previamente se define un eje principal donde se realizan esos movimientos), para relacionar la orientación relativa del sistema de referencia $\Sigma_i(x_i, y_i, z_i)$ con respecto al sistema $\Sigma_{i-1}(x_{i-1}, y_{i-1}, z_{i-1})$.

Las matrices de transformación homogénea con rotación pura no incluyen movimiento de traslación, esta componente es un vector cero; solo realizan una rotación alrededor de uno de los 3 ejes principales del sistema de referencia cartesiano (fijo o móvil), previamente seleccionado. La notación de este tipo de matrices es la siguiente:

$$H_{R_x}(\theta) = \begin{bmatrix} \begin{bmatrix} 1 & 0 & 0 \\ 0 & \cos(\theta) & -\operatorname{sen}(\theta) \\ 0 & \operatorname{sen}(\theta) & \cos(\theta) \end{bmatrix} & \begin{bmatrix} 0 \\ 0 \\ 0 \end{bmatrix} \\ [0 \quad 0 \quad 0] & 1 \end{bmatrix} \tag{5.12a}$$

$$H_{R_y}(\theta) = \begin{bmatrix} \begin{bmatrix} \cos(\theta) & 0 & \operatorname{sen}(\theta) \\ 0 & 1 & 0 \\ -\operatorname{sen}(\theta) & 0 & \cos(\theta) \end{bmatrix} & \begin{bmatrix} 0 \\ 0 \\ 0 \end{bmatrix} \\ [0 \quad 0 \quad 0] & 1 \end{bmatrix} \tag{5.12b}$$

$$H_{R_z}(\theta) = \begin{bmatrix} \begin{bmatrix} \cos(\theta) & -\operatorname{sen}(\theta) & 0 \\ \operatorname{sen}(\theta) & \cos(\theta) & 0 \\ 0 & 0 & 1 \end{bmatrix} & \begin{bmatrix} 0 \\ 0 \\ 0 \end{bmatrix} \\ [0 \quad 0 \quad 0] & 1 \end{bmatrix} \tag{5.12c}$$

Para las matrices de transformación homogénea de traslación pura, la componente rotacional es la matriz identidad (ángulo de rotación cero); solo incluyen el desplazamiento escalar en alguno de los 3 ejes principales del sistema de referencia cartesiano (previamente especificado), el cual puede ser fijo o móvil.

La estructura matemática de las matrices de transformación homogénea con movimientos exclusivamente de traslación pura, para cada uno de los tres ejes principales del sistema de referencia cartesiano, tiene la siguiente forma:

$$H_{T_x}(x) = \begin{bmatrix} \begin{bmatrix} 1 & 0 & 0 \\ 0 & 1 & 0 \\ 0 & 0 & 1 \end{bmatrix} & \begin{bmatrix} x \\ 0 \\ 0 \end{bmatrix} \\ [0 \quad 0 \quad 0] & 1 \end{bmatrix} \tag{5.13a}$$

$$H_{T_y}(y) = \begin{bmatrix} \begin{bmatrix} 1 & 0 & 0 \\ 0 & 1 & 0 \\ 0 & 0 & 1 \end{bmatrix} & \begin{bmatrix} 0 \\ y \\ 0 \end{bmatrix} \\ [0 \quad 0 \quad 0] & 1 \end{bmatrix} \tag{5.13b}$$

$$H_{T_z}(z) = \begin{bmatrix} \begin{bmatrix} 1 & 0 & 0 \\ 0 & 1 & 0 \\ 0 & 0 & 1 \end{bmatrix} & \begin{bmatrix} 0 \\ 0 \\ z \end{bmatrix} \\ [0 \quad 0 \quad 0] & 1 \end{bmatrix} \tag{5.13c}$$

La cinemática diferencial expresada con matrices de transformación homogénea se obtiene derivando con respecto al tiempo la ecuación (5.9) y tomando en cuenta la forma de H_{i-1}^{i} definida en (5.7), entonces adquiere la forma siguiente:

$$\begin{aligned} \frac{d}{dt}\begin{bmatrix} \boldsymbol{p}_{i-1} \\ 1 \end{bmatrix} &= \frac{d}{dt}\left[H_{i-1}^{i} \begin{bmatrix} \boldsymbol{p}_{i} \\ 1 \end{bmatrix} \right] = \dot{H}_{i-1}^{i} \begin{bmatrix} \boldsymbol{p}_{i} \\ 1 \end{bmatrix} + H_{i-1}^{i} \begin{bmatrix} \dot{\boldsymbol{p}}_{i} \\ 0 \end{bmatrix} \\ &= \dot{H}_{i-1}^{i} \begin{bmatrix} \boldsymbol{p}_{i} \\ 1 \end{bmatrix} = \begin{bmatrix} \frac{d}{dt} R_{i-1}^{i}(\phi_{i_{e_{z_1}}}, \theta_{i_{e_{x_2}}}, \psi_{i_{e_{y_3}}}) & \dot{\boldsymbol{d}}_{i-1}^{i} \\ \boldsymbol{0}^T & 0 \end{bmatrix} \begin{bmatrix} \boldsymbol{p}_{i} \\ 1 \end{bmatrix} \\ \begin{bmatrix} \dot{\boldsymbol{p}}_{i-1} \\ 0 \end{bmatrix} &= \begin{bmatrix} \frac{d}{dt}\left[R_{i_{e_{z_1}}}(\phi_i) R_{i_{e_{x_2}}}(\theta_i) R_{i_{e_{y_3}}}(\psi_i) \right] & \dot{\boldsymbol{d}}_{i-1}^{i} \\ \boldsymbol{0}^T & 0 \end{bmatrix} \begin{bmatrix} \boldsymbol{p}_{i} \\ 1 \end{bmatrix} \end{aligned} \tag{5.14}$$

puesto que el vector $\boldsymbol{p}_i$ no cambia sus coordenadas en el sistema de referencia $\Sigma_i(x_i, y_i, z_i)$; es decir permanece constante, entonces $\dot{\boldsymbol{p}}_i = \boldsymbol{0} \in \mathbb{R}^3$ (revisar explicación en la sección 4.6).

5.5 Cinemática de robots manipuladores

El estudio de la cinemática directa en robots manipuladores industriales proporciona elementos teóricos para analizar el movimiento de un robot y la orientación en la herramienta de trabajo, así como diseñar trayectorias de seguimiento en la ejecución de diversas aplicaciones. La cinemática analítica de Euler aplicada a estructuras mecánicas rígidas formadas por cadenas abiertas de eslabones resulta indispensable para desarrollar las ecuaciones del modelo cinemático directo. En esta sección se presenta un análisis de los siguientes robots: antropomórfico, esférico, cilíndrico, SCARA y cartesiano.

Considere la figura 5.8, donde el sistema de referencia $\Sigma_{i-1}(x_{i-1}, y_{i-1}, z_{i-1})$ se coloca en la base inferior del servomotor rotacional$_{i-1}$; de tal forma que, el eje z_{i-1} quede alineado con su eje de giro, cuyo ángulo de rotación es q_i. El servomotor$_{i-1}$ tiene una altura β_i, que se mide sobre el eje z_{i-1}. La distancia que existe entre los ejes z_{i-1} y z_i es l_i, y se mide sobre el eje x_{i-1}. El ángulo que hay entre los ejes z_{i-1} y z_i está representado por α_i y gira alrededor del eje x_{i-1}.

El ángulo α_i indica la torsión u orientación del eje z_{i-1} con el eje z_i (aparece en la figura 5.8 con linea interpunteada), colocado sobre la articulación rotacional$_{i-1}$ para propósitos comparativos y exhibir dicha torsión. El eje y_{i-1} queda determinado por la regla de la mano derecha y se muestra con trazos interlineados. La siguiente articulación de la cadena cinemática abierta es un servomotor rotacional$_i$, cuyo sistema de referencia $\Sigma_i(x_i, y_i, z_i)$

está en la parte inferior de esta articulación, con altura β_{i+1} que se mide sobre el eje z_i, el cual se alinea con el eje de giro de dicha articulación y el ángulo de rotación está dada por q_{i+1}; la distancia que existe entre los ejes z_i y z_{i+1} es l_{i+1}, se mide sobre el eje x_i; el ángulo de torsión α_{i+1} (rota respecto al eje x_i) determina la orientación que existe entre los ejes z_i y z_{i+1}; este último eje se muestra con trazos interlineados para ilustrar el ángulo de torsión.

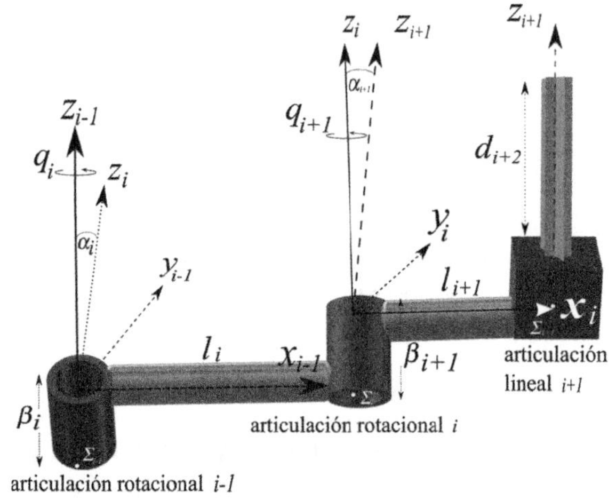

Figura 5.8: Cadena cinemática abierta de un robot manipulador

La última articulación de la cadena cinemática abierta de la figura 5.8 es un servomotor lineal o prismático; $\Sigma_{i+1}(x_{i+1}, y_{i+1}, z_{i+1})$ se ubica en el centro geométrico de esta articulación$_{i+1}$, cuyo eje z_{i+1} se alinea con el eje de traslación para medir el desplazamiento articular de d_{i+2}.

Una característica importante en la cadena cinemática abierta son las dos variables de desplazamiento articulares: rotacionales q_i y lineales d_i; así como los tres parámetros geométricos de los eslabones: la altura de los servomotores β_i (incluye el espesor de las barras); longitudes de los eslabones l_i y ángulo de torsión α_i entre dos ejes consecutivos de giro o traslación. El modelo cinemático directo de un robot manipulador está determinado por las dos variables articulares (q_i, d_i) y los tres parámetros geométricos (β_i, l_i, α_i).

Posición de casa

Es la posición inicial de los servomotores, cuya instrumentación electrónica de las variables articulares: rotacionales ($q_i = 0$) y prismáticas ($d_i = 0$) tienen medición cero. La posición de casa no es única.

Medición de las variables articulares y parámetros geométricos

- Las variables articulares: rotacionales q_i y de traslación d_i siempre se miden con respecto al eje z_{i-1}. La variable rotacional q_i tiene un sentido de rotación positivo (del eje x_{i-1} hacia el eje y_{i-1}) alrededor del eje z_{i-1}. Mientras que el movimiento positivo de traslación de una articulación lineal d_i lo indica la dirección de la flecha del eje z_{i-1}.

- El parámetro β_i se mide sobre el eje z_{i-1}, iniciando desde el origen de Σ_{i-1}; la medición de la longitud l_i se realiza con referencia al eje x_{i-1}; y el ángulo de torsión α_i rota alrededor del eje x_{i-1} (giro positivo es del eje y_{i-1} hacia el eje z_{i-1}).

- Observe que el índice i en las variables articulares (q_i, d_i) y parámetros geométricos (β_i, l_i, α_i) se encuentra relacionado con el índice $i-1$ de sus respectivos ejes de medición.

- Por ejemplo, la variable de rotación q_3 se mide con respecto al eje z_2; el eje de medición de la variable de desplazamiento lineal d_5 es z_4. El parámetro l_6 se mide en relación al eje x_5; el ángulo α_9 gira alrededor del eje x_8; la altura del servomotor β_1 se mide con respecto al eje z_0.

Aplicando la expresión de la cinemática de Euler a la cadena de eslabones conectados en serie que se muestra en la figura 5.8, se tiene:

$$\boldsymbol{p}_{i-1} = \boldsymbol{d}^i_{i-1} + R^i_{i-1}(\phi_{i_{e_{z_1}}}, \theta_{i_{e_{x_2}}}, \psi_{i_{e_{y_3}}}) = \boldsymbol{d}^i_{i-1} + Rz_{i_1}(q_i) Rx_{i_2}(\alpha_i) \underbrace{Ry_{i_3}(0)}_{I \in \mathbb{R}^{3\times 3}} \boldsymbol{p}_i; \; i = 1, 2, \cdots, n \tag{5.15}$$

Los parámetros geométricos (β_i, l_i, α_i) de cada eslabón están expuestos a los movimientos de tipo rotacional o de traslación, dependiendo de la naturaleza de las variables articulares. Por lo que la componente de traslación obtiene la forma: $\boldsymbol{d}^i_{i-1} = R_{z_{i-1}}(q_i) \begin{bmatrix} l_i \\ 0 \\ \beta_i \oplus d_i \end{bmatrix} = \begin{bmatrix} l_i \cos(q_i) \\ l_i \operatorname{sen}(q_i) \\ \beta_i \oplus d_i \end{bmatrix}$; y en la posición de casa: $\boldsymbol{d}^i_{i-1} = R_{z_{i-1}}(0) \begin{bmatrix} l_i \\ 0 \\ \beta_i \oplus d_i \end{bmatrix} = \begin{bmatrix} l_i \\ 0 \\ \beta_i \oplus d_i \end{bmatrix}$; donde el símbolo $\oplus$ representa a una función lógica XOR (or-exclusivo); es decir, si la articulación i-ésima es rotacional, entonces $\beta_i \oplus d_i = \beta_i$ o para prismáticas $\beta_i \oplus d_i = d_i$. Observe que no hay rotación alrededor del eje y_{i-1}; entonces, la orientación usando los ángulos de Euler es: $R^i_{i-1}(\phi_{i_{e_{z_1}}}, \theta_{i_{e_{x_2}}}, \psi_{i_{e_{y_3}}}) = R_{z_{i-1}}(q_i) R_{x_{i-1}}(\alpha_i) R_{y_{i-1}}(0)$.

La figura 5.9 muestra la relación de las variables articulares (q_i, d_i) y los parámetros geométricos (α_i, β_i, l_i) asociados con sus respectivos ejes de medición.

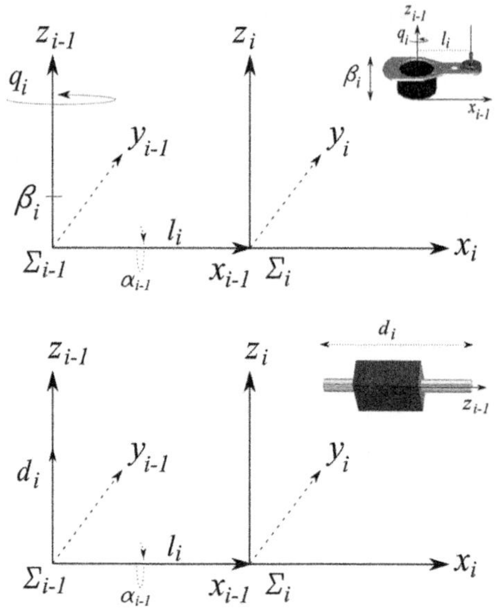

Figura 5.9: Variables articulares y parámetros geométricos

Por lo que la cinemática de Euler, para $i = 1, 2, \cdots, n$; toma la siguiente forma:

$$\boldsymbol{p}_{i-1} = R_{z_{i-1}}(q_i) \begin{bmatrix} l_i \\ 0 \\ \beta_i \oplus d_i \end{bmatrix} + R_{z_{i-1}}(q_i) R_{x_{i-1}}(\alpha_i) R_{y_{i-1}}(0) \boldsymbol{p}_i \tag{5.16}$$

Factorizando términos y tomando en cuenta que: $R_{y_{i-1}}(0) = I \in \mathbb{R}^{3\times3}$ (I es la matriz identidad), entonces la ecuación (5.16) adquiere la siguiente forma:

$$\boldsymbol{p}_{i-1} = R_{z_{i-1}}(q_i) \left[\begin{bmatrix} l_i \\ 0 \\ \beta_i \oplus d_i \end{bmatrix} + R_{x_{i-1}}(\alpha_i) \boldsymbol{p}_i \right] \tag{5.17}$$

El vector de desplazamiento lineal $\begin{bmatrix} l_i \\ 0 \\ \beta_i \oplus d_i \end{bmatrix}$ puede ser considerado como un conjunto de desplazamientos β_i y l_i sobre los ejes z_{i-1} y x_{i-1}, respectivamente; entonces, la ecuación (5.17) queda expresada como:

$$\boldsymbol{p}_{i-1} = R_{z_{i-1}}(q_i) \left[\begin{bmatrix} 0 \\ 0 \\ \beta_i \oplus d_i \end{bmatrix} + \begin{bmatrix} l_i \\ 0 \\ 0 \end{bmatrix} + R_{x_{i-1}}(\alpha_i) \boldsymbol{p}_i \right] \tag{5.18}$$

Usando la representación de vectores aumentados y matrices de transformación homogénea, la ecuación (5.18) toma la siguiente estructura:

$$
\begin{aligned}
\begin{bmatrix} \boldsymbol{p}_{i-1} \\ 1 \end{bmatrix} &= \underbrace{\begin{bmatrix} R_{z_{i-1}}(q_i) & \begin{bmatrix} 0 \\ 0 \\ 0 \end{bmatrix} \\ [0\ \ 0\ \ 0] & 1 \end{bmatrix}}_{H_{R_{z_{i-1}}}(q_i)} \underbrace{\begin{bmatrix} I & \begin{bmatrix} 0 \\ 0 \\ \beta_i \oplus d_i \end{bmatrix} \\ [0\ \ 0\ \ 0] & 1 \end{bmatrix}}_{H_{T_{z_{i-1}}}(\beta_i \oplus d_i)} \underbrace{\begin{bmatrix} I & \begin{bmatrix} l_i \\ 0 \\ 0 \end{bmatrix} \\ [0\ \ 0\ \ 0] & 1 \end{bmatrix}}_{H_{T_{x_{i-1}}}(l_i)} \underbrace{\begin{bmatrix} R_{x_{i-1}}(\alpha_i) & \begin{bmatrix} 0 \\ 0 \\ 0 \end{bmatrix} \\ [0\ \ 0\ \ 0] & 1 \end{bmatrix}}_{H_{R_{x_{i-1}}}(\alpha_i)} \begin{bmatrix} \boldsymbol{p}_i \\ 1 \end{bmatrix} \\
&= H_{R_{z_{i-1}}}(q_i)\, H_{T_{z_{i-1}}}(\beta_i \oplus d_i)\, H_{T_{x_{i-1}}}(l_i)\, H_{R_{x_{i-1}}}(\alpha_i) \begin{bmatrix} \boldsymbol{p}_i \\ 1 \end{bmatrix} \qquad (5.19a) \\
&= H_{i-1}^{i}(q_i, \beta_i \oplus d_i, l_i, \alpha_i) \begin{bmatrix} \boldsymbol{p}_i \\ 1 \end{bmatrix} \qquad (5.19b)
\end{aligned}
$$

En [Denavit and Hartenberg, 1955] presentaron esencialmente las ecuaciones (5.19a-5.19b) para obtener el modelo de cinemática directa de sistemas robóticos y ha sido un referente como metodología de análisis en cinemática directa. Dicho procedimiento es conocido como metodología Denavit-Hartenberg y se utiliza ampliamente en el modelado cinemático de robots manipuladores.

La matriz en (5.19b) está formada por el producto de cuatro transformaciones básicas:

$$
\begin{aligned}
H_{i-1}^{i} &= H_{R_{z_{i-1}}}(q_i)\, H_{T_{z_{i-1}}}(\beta_i \oplus d_i)\, H_{T_{x_{i-1}}}(l_i)\, H_{R_{x_{i-1}}}(\alpha_i) \\
&= \begin{bmatrix} \cos(q_i) & -\operatorname{sen}(q_i) & 0 & 0 \\ \operatorname{sen}(q_i) & \cos(q_i) & 0 & 0 \\ 0 & 0 & 1 & 0 \\ 0 & 0 & 0 & 1 \end{bmatrix} \begin{bmatrix} 1 & 0 & 0 & 0 \\ 0 & 1 & 0 & 0 \\ 0 & 0 & 1 & \beta_i \oplus d_i \\ 0 & 0 & 0 & 1 \end{bmatrix} \begin{bmatrix} 1 & 0 & 0 & l_i \\ 0 & 1 & 0 & 0 \\ 0 & 0 & 1 & 0 \\ 0 & 0 & 0 & 1 \end{bmatrix} \begin{bmatrix} 1 & 0 & 0 & 0 \\ 0 & \cos(\alpha_i) & -\operatorname{sen}(\alpha_i) & 0 \\ 0 & \operatorname{sen}(\alpha_i) & \cos(\alpha_i) & 0 \\ 0 & 0 & 0 & 1 \end{bmatrix} \\
&= \begin{bmatrix} \cos(q_i) & -\operatorname{sen}(q_i)\cos(\alpha_i) & \operatorname{sen}(q_i)\operatorname{sen}(\alpha_i)) & l_i\cos(q_i) \\ \operatorname{sen}(q_i) & \cos(q_i)\cos(\alpha_i) & -\cos(q_i)\operatorname{sen}(\alpha_i) & l_i\operatorname{sen}(q_i) \\ 0 & \operatorname{sen}(\alpha_i) & \cos(\alpha_i) & \beta_i \oplus d_i \\ 0 & 0 & 0 & 1 \end{bmatrix} \\
&= \begin{bmatrix} R_{z_{i-1}}(q_i) R_{x_{i-1}}(\alpha_i) & R_{z_{i-1}}(q_i) \begin{bmatrix} l_i \\ 0 \\ \beta_i \end{bmatrix} \\ \boldsymbol{0}^T & 1 \end{bmatrix} \qquad (5.20)
\end{aligned}
$$

En esta obra, a la matriz de transformación homogénea (5.20) se le denomina metodología de Euler-Denavit-Hartenberg (Euler-DH) y determina el modelo de cinemática directa, para un robot manipulador. En la tabla 5.2 se presenta un resumen de las características de parámetros geométricos y variables articulares, para el i-ésimo eslabón.

Para encontrar el modelado cinemático de un robot manipulador, la tabla Euler-DH 5.3 representa el pase de argumentos del conjunto de funciones desarrolladas en **MATLAB**, para esta obra; los criterios de asignación de cada parámetro y variable articulare, con sus respectivos ejes de medición se resumen a continuación:

Tabla 5.2: Parámetros geométricos y variables articulares

	Descripción
l_i	Distancia entre los ejes z_{i-1} y z_i; se mide sobre el eje x_{i-1}
α_i	Ángulo entre los ejes z_{i-1} y z_i alrededor del eje x_{i-1}
$\beta_i \oplus d_i$	Articulación rotacional: $\beta_i \oplus d_i = \beta_i$ Articulación lineal: $\beta_i \oplus d_i = d_i$ y $q_i = 0$ En cualquier caso: $\beta_i \oplus d_i$ se miden sobre el eje z_{i-1}
q_i	Articulación rotacional q_i alrededor del eje z_{i-1} Si la articulación es lineal d_i, entonces $q_i = 0$

1.El origen del sistema de referencia cartesiano fijo $\Sigma_0(x_0, y_0, z_0)$ se coloca en la articulación de la base del robot (generalmente en el centro geométrico del estator).

2.Alinear el eje z_0 con el eje de rotación o traslación de la articulación de la base.

3.Localizar la distancia l_1 que hay entre los ejes z_0 y z_1, estableciendo la posición de casa $q_1 = 0$ o $d_1 = 0$; el parámetro l_1 se mide sobre el eje x_0.

4.Encontrar el ángulo α_1 alrededor del eje x_0 que hay entre z_0 y z_1.

5.Colocar al eje x_1 desde el eje z_1 hasta interceptar al eje z_2 de rotación q_2 o traslación d_2 de la articulación 2; esta distancia es indicada por l_2, que se mide sobre x_1.

6.Determinar el ángulo α_2 alrededor del eje x_1 entre los ejes z_1 y z_2.

7Repetir los pasos 3 al 6 para el resto de las articulaciones.

8.Establecer la tabla 5.3 de parámetros y variables de los eslabones.

9Obtener las matrices de transformaciones homogéneas para cada eslabón: H_{i-1}^{i}, para $i = 1,\ 2,\ \cdots\ n$.

Tabla 5.3: Parámetros y variables Euler-DH de un robot manipulador

	Se miden con respecto al eje z_{i-1}		Se miden con respecto al eje x_{i-1}	
Eslabón-i	q_i	$\beta_i \oplus d_i$	l_i	α_i
1	q_1	$\beta_1 \oplus d_1$	l_1	α_1
2	q_2	$\beta_2 \oplus d_2$	l_2	α_2
$\vdots$	$\vdots$	$\vdots$	$\vdots$	$\vdots$
n	q_n	$\beta_n \oplus d_n$	l_n	α_n

5.6 Configuración antropomórfica (RRR)

La configuración antropomórfica utiliza en su construcción mecánica interna únicamente servomotores rotacionales e incluye a tres tipos de sistemas mecánicos, sin tomar en cuenta la orientación en la herramienta de trabajo colocada en la muñeca mecánica: el péndulo es el más simple sistema, con un gdl; además, brazo robot planar de dos gdl y brazo industrial, tridimensional con tres gdl. A continuación se describe el procedimiento en detalle para analizar la cinemática directa con la metodología de Euler.

5.6.1 Péndulo

El caso más simple de la configuración antropomórfica es el sistema mecánico de un solo gdl, conocido como péndulo físico, formado por un servomotor rotacional, acoplado mecánicamente a una barra metálica de longitud l_1 y que se encuentra sometido a la acción de la gravedad g. El servomotor está colocado en un base o tubo, con altura mayor a l_1, para evitar que colisione con la superficie de la mesa de soporte, como se muestra en la figura 5.10.

El movimiento del péndulo se encuentra en el plano vertical $x_0 - y_0$; este sistema mecánico está formado por un servomotor de transmisión directa, con capacidad de 15 Nm, cuyo rotor se encuentra acoplado mecánicamente a una barra de aluminio 6061 de longitud $l_1 = 0.45$ m; tiene un encoder integrado con resolución de 4,096,000 pulsos por cada 360°; es decir, puede detectar movimientos rotacionales de 87.890625×10^{-6} grados.

El péndulo (por definición) es un sistema mecánico que está sometido a la acción de la gravedad g; sobre el eje $y_{0\_}$, como se ilustra en la figura 5.10. Su espacio de trabajo corresponde a una circunferencia de radio l_1.

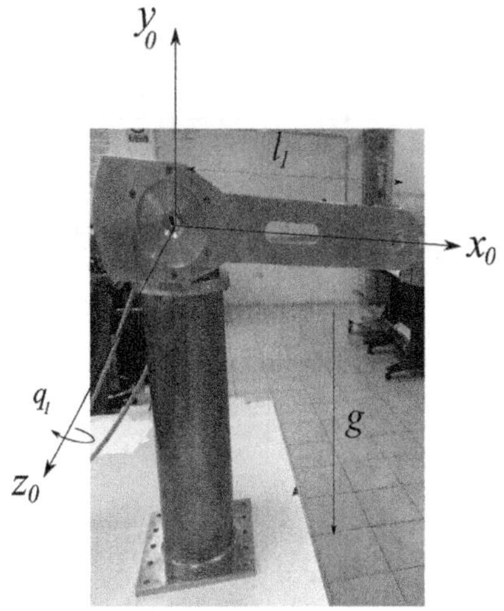

Figura 5.10: Péndulo

La figura 5.11 muestra una perspectiva superior del péndulo que permite visualizar el servomotor colocado en forma horizontal. El origen del sistema de referencia fijo $\Sigma_0(x_0, y_0, z_0)$ se encuentra en la parte posterior del rotor y el eje z_0 se alinea con el eje de giro; note que el servomotor se encuentra acoplado a la escuadra de aluminio; el parámetro geométrico del servomotor corresponde a β_1, el cual se mide sobre el eje z_0. En el eje x_0 se mide la longitud de la barra de aluminio, denotada por l_1, que determina la distancia que existe entre el origen del sistema de referencia móvil $\Sigma_1(x_1, y_1, z_1)$ con el fijo $\Sigma_0(x_0, y_0, z_0)$. El eje z_1 se coloca paralelo al eje z_0 y en la posición de casa $q_1 = 0$, el eje x_1 permanece paralelo al eje x_0. El eje y_0 siempre es perpendicular al plano $x_0 - z_0$; es decir: $y_0 \perp x_0 - z_0$.

La figura 5.12a muestra la posición de casa, para $q_1 = 0$ (observe que los ejes x_0 y x_1 son paralelos), el sentido de rotación es en dirección positiva (movimiento antihorario), del eje x_0 hacia el eje y_0, alrededor de z_0. La articulación del péndulo es rotacional, por lo que se utiliza el parámetro geométrico β_1 en lugar de la variable articular lineal d_1. Los ejes z_0 y z_1 están separados una distancia l_1; ambos son paralelos, entonces $\alpha_1 = 0$. La figura 5.12b muestra el movimiento rotacional del péndulo en el primer cuadrante, cuando $q_1 > 0$, el sistema $\Sigma_1(x_1, y_1, z_1)$ se mueve rígidamente junto con la barra de aluminio del péndulo y en este caso la rotación relativa de $\Sigma_1(x_1, y_1, z_1)$ con respecto a $\Sigma_0(x_0, y_0, z_0)$ está dada por la matriz $R_{z_0}(q_1)$.

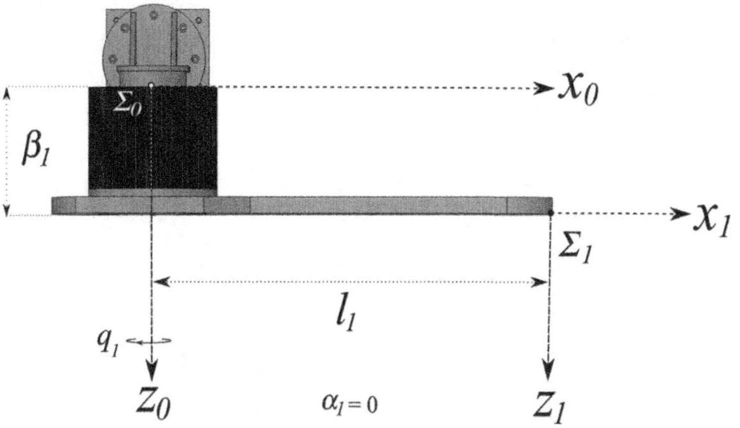

Figura 5.11: Sistema de referencia $\Sigma_0(x_0, y_0, z_0)$ y parámetros geométricos

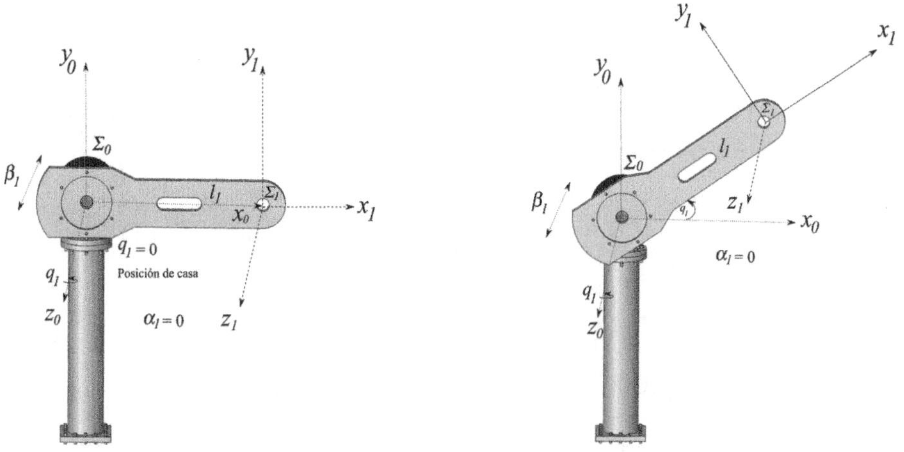

(a) Posición de casa: $q_1 = 0$ (b) Movimiento rotacional

Figura 5.12: Movimiento rotacional y traslacional del péndulo

El movimiento rotacional y traslacional del péndulo está dado por la cinemática directa de Euler (5.18):

$$\boldsymbol{p}_0 = \boldsymbol{d}_0^1 + R_{z_0}(q_1)\cancel{R_{x_0}(0)}\,\boldsymbol{p}_1 \quad I \in \mathbb{R}^{3\times 3} \tag{5.21a}$$

$$= R_{z_0}(q_1)\left[\begin{bmatrix} l_1 \\ 0 \\ \beta_1 \end{bmatrix} + \boldsymbol{p}_1\right] \tag{5.21b}$$

La representación (5.21a) en matrices de transformación homogénea utilizando la ecuación (5.19a) toma la siguiente forma:

$$\begin{aligned}\begin{bmatrix}\boldsymbol{p}_0\\1\end{bmatrix} &= H_{R_{z_0}}(q_1)\,H_{T_{z_0}}(\beta_1\oplus d_1)\,H_{T_{x_0}}(l_1)\,H_{R_{x_0}}(\alpha_1)\begin{bmatrix}\boldsymbol{p}_1\\1\end{bmatrix}\\ &= H_{R_{z_0}}(q_1)\,H_{T_{z_0}}(\beta_1)\,H_{T_{x_0}}(l_1)\,H_{R_{x_0}}(0)\begin{bmatrix}\boldsymbol{p}_1\\1\end{bmatrix} \qquad (5.22)\end{aligned}$$

La tabla 5.4 muestra los parámetros Euler-DH del péndulo:

Tabla 5.4: Euler-DH del péndulo.

Eslabón-i	q_i	$\beta_i \oplus d_i$	l_i	α_i
1	q_1	β_1	l_1	0

Las matriz de transformación homogénea H_0^1 y de rotación $R_{z_0}(q_1)$; así como la cinemática directa del péndulo se encuentran dadas por:

$$\begin{aligned}H_0^1 &= H_{R_{z_0}}(q_1)\,H_{T_{z_0}}(\beta_1)\,H_{T_{x_0}}(l_1)\,H_{R_{x_0}}(0) = \begin{bmatrix} R_{z_0}(q_1) & R_{z_0}(q_1)\begin{bmatrix}l_1\\0\\\beta_1\end{bmatrix}\\ [0\ \ 0\ \ 0] & 1\end{bmatrix}\\ &= \begin{bmatrix}\cos(q_1) & -\operatorname{sen}(q_1) & 0 & l_1\cos(q_1)\\ \operatorname{sen}(q_1) & \cos(q_1) & 0 & l_1\operatorname{sen}(q_1)\\ 0 & 0 & 1 & \beta_1\\ 0 & 0 & 0 & 1\end{bmatrix} \qquad (5.23a)\\ R_{z_0}(q_1) &= \begin{bmatrix}\cos(q_1) & -\operatorname{sen}(q_1) & 0\\ \operatorname{sen}(q_1) & \cos(q_1) & 0\\ 0 & 0 & 1\end{bmatrix} \qquad (5.23b)\\ \begin{bmatrix}d_{x_0}^1\\ d_{y_0}^1\\ d_{z_0}^1\end{bmatrix} &= R_{z_0}(q_1)\begin{bmatrix}l_1\\0\\\beta_1\end{bmatrix} = \begin{bmatrix}l_1\cos(q_1)\\ l_1\operatorname{sen}(q_1)\\ \beta_1\end{bmatrix} \qquad (5.23c)\end{aligned}$$

La expresión (5.23c) representa la cinemática directa del péndulo, sin tomar en cuenta la orientación de la muñeca mecánica. Observe que a partir de (5.23c) es inmediato deducir la cinemática inversa:

$$q_1 = \operatorname{atan}\left(\frac{d_{y_0}^1}{d_{x_0}^1}\right) \qquad (5.24)$$

La cinemática diferencial es la derivada con respecto al tiempo de la cinemática directa dada la ecuación (5.23c):

$$\begin{aligned}\frac{d}{dt}\begin{bmatrix} d^1_{x_0} \\ d^1_{y_0} \\ d^1_{z_0}\end{bmatrix} &= \frac{d}{dt}\left[R_{z_0}(q_1)\begin{bmatrix} l_1 \\ 0 \\ \beta_1\end{bmatrix}\right] \\ &= S(\dot{q}_1\boldsymbol{k}_0)R_{z_0}(q_1)\begin{bmatrix} l_1 \\ 0 \\ \beta_1\end{bmatrix} = \begin{bmatrix} -l_1\,\mathrm{sen}(q_1) \\ l_1\cos(q_1) \\ 0\end{bmatrix}\dot{q}_1 \qquad (5.25)\end{aligned}$$

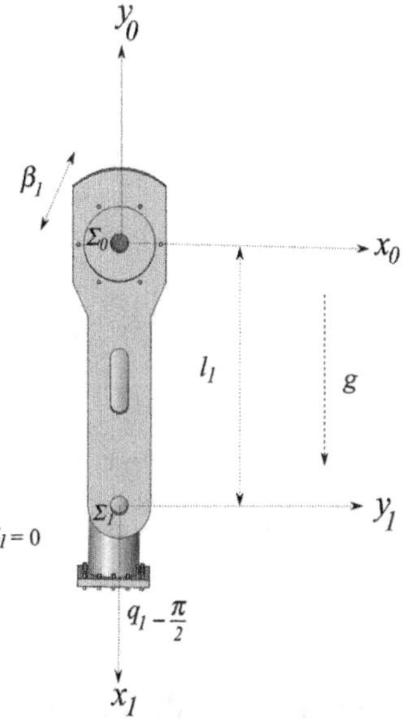

Figura 5.13: Cambio de posición de casa

La figura 5.13 muestra el cambio de posición de casa del primer cuadrante hacia el cuarto cuadrante; ubicada sobre el eje y_{0_-}. Esto se realiza a través de una rotación alrededor del eje z_0 en dirección negativa (en sentido horario), dado por un ángulo $-\frac{\pi}{2}$ rad. De tal forma que para $q_1 = 0$, la nueva posición de casa se encuentra en $-\frac{\pi}{2}$. Note que después de la rotación, el eje x_1 queda paralelo al eje fijo y_{0_-}, mientras que el eje y_1 es paralelo al eje x_0. Por otro lado, los ejes z_0 y z_1 siempre se mantienen paralelos ($\alpha_1 = 0$), separados una distancia l_1, independientemente del movimiento de rotación de la variable articular q_1. Los parámetros geométricos y variables articulares del modelo cinemático para esta nueva ubicación en la posición de casa se encuentran concentrados en la tabla 5.5.

Tabla 5.5: Euler-DH cambio de posición de casa del péndulo

Eslabón-i	q_i	$\beta_i \oplus d_i$	l_i	α_i
1	$q_1 - \frac{\pi}{2}$	β_1	l_1	0

La estructura en la matriz de transformación homogénea H_0^1, así como el modelo cinemático directo, quedan modificados por la rotación auxiliar alrededor del eje z_0 que permite realizar el cambio en la posición de casa.

$$H_0^1 = H_{R_{z_0}}(q_1 - \tfrac{\pi}{2})\,H_{T_{z_0}}(\beta_1)\,H_{T_{x_0}}(l_1)\,H_{R_{x_0}}(0)$$

$$
\begin{aligned}
&= H_{R_{z_0}}(-\tfrac{\pi}{2})\, H_{R_{z_0}}(q_1)\, H_{T_{z_0}}(\beta_1)\, H_{T_{x_0}}(l_1)\, H_{R_{x_0}}(0)\\
&= \begin{bmatrix} R_{z_0}(q_1-\frac{\pi}{2}) & R_{z_0}(q_1-\frac{\pi}{2})R_{x_0}(0)\begin{bmatrix} l_1\\ 0\\ \beta_1\end{bmatrix}\\ [0 \quad 0 \quad 0] & 1\end{bmatrix}\\
&= \begin{bmatrix} R_{z_0}(-\frac{\pi}{2})R_{z_0}(q_1) & R_{z_0}(-\frac{\pi}{2})R_{z_0}(q_1)R_{x_0}(0)\begin{bmatrix} l_1\\ 0\\ \beta_1\end{bmatrix}\\ [0 \quad 0 \quad 0] & 1\end{bmatrix}\\
&= \begin{bmatrix} \cos(q_1-\frac{\pi}{2}) & -\operatorname{sen}(q_1-\frac{\pi}{2}) & 0 & l_1\cos(q_1-\frac{\pi}{2})\\ \operatorname{sen}(q_1-\frac{\pi}{2}) & \cos(q_1-\frac{\pi}{2}) & 0 & l_1\operatorname{sen}(q_1-\frac{\pi}{2})\\ 0 & 0 & 1 & \beta_1\\ 0 & 0 & 0 & 1\end{bmatrix}
\end{aligned}
$$

$$
R_{z_0}(q_1-\tfrac{\pi}{2}) = R_{z_0}(-\tfrac{\pi}{2})R_{z_0}(q_1) = \begin{bmatrix} \cos(q_1-\frac{\pi}{2}) & -\operatorname{sen}(q_1-\frac{\pi}{2}) & 0\\ \operatorname{sen}(q_1-\frac{\pi}{2}) & \cos(q_1-\frac{\pi}{2}) & 0\\ 0 & 0 & 1\end{bmatrix}
$$

$$
\begin{bmatrix} d^1_{x_0}\\ d^1_{y_0}\\ d^1_{z_0}\end{bmatrix} = R_{z_0}(q_1-\frac{\pi}{2})\begin{bmatrix} l_1\\ 0\\ \beta_1\end{bmatrix} = \begin{bmatrix} l_1\cos(q_1-\frac{\pi}{2})\\ l_1\operatorname{sen}(q_1-\frac{\pi}{2})\\ \beta_1\end{bmatrix} = \begin{bmatrix} l_1\operatorname{sen}(q_1)\\ -l_1\cos(q_1)\\ \beta_1\end{bmatrix}
$$

Propiedad 5.3: El modelo cinemático directo de un robot no es único

La estructura matemática del modelo cinemático directo de un robot manipulador de n gdl no es única; depende de la ubicación de la posición de casa, la cual se obtiene por una matriz de rotación, generalmente alrededor del eje z_0: $R_{z_0}(\gamma)$, donde γ es un ángulo escalar constante.

• Ejemplo 5.2

Desarrolle un algoritmo en **MATLAB** usando programación simbólica que permita obtener la cinemática directa y cinemática diferencial de un péndulo.

Solución

El cuadro de código 5.1 describe el programa principal `cinematicaPendulo.m` con la programación simbólica requerida para llevar a cabo el análisis del modelo cinemático directo del péndulo; se obtienen: la matriz de transformación homogénea H_0^1, matriz de rotación $R_{z_0}(q_1)$, cinemática directa y diferencial del péndulo.

Debido a que el péndulo es un sistema con un gdl, en su extremo final no existe otro servomotor (de hecho, no se toma en cuenta la muñeca mecánica); entonces, $\boldsymbol{p}_1 = \mathbf{0} \in \mathbb{R}^3$:

$$\boldsymbol{p}_0 = \begin{bmatrix} p_{x0} \\ p_{y0} \\ p_{z0} \end{bmatrix} = \begin{bmatrix} d_{x0}^1 \\ d_{y0}^1 \\ d_{z0}^1 \end{bmatrix} + Rz_1(q_1) R_{x_1}(0) R_{y_1}(0) \boldsymbol{p}_1 = Rz_1(q_1) \begin{bmatrix} l_1 \\ 0 \\ \beta_1 \end{bmatrix}$$

Todos los programas y funciones de cinemática directa de robots manipuladores se encuentran disponibles en código fuente en el sitio Web de esta obra. Antes de ejecutar el programa `cinematicaPendulo.m`, el lector deberá descargar y almacenar todo el código en el mismo directorio que haya indicado, previamente.

Código MATLAB 5.1 cinematicaPendulo.m

Robótica: Control de Robots Manipuladores
Capítulo 5. Cinemática directa
Fernando Reyes Cortés
Alfaomega Grupo Editor: "**Te acerca al conocimiento**".

Programa: cinematicaPendulo.m	MATLAB versión 2024a

```
clc; clear all; close all; format short
syms beta1 l1 q1 real
H10=Hpendulo() % H_0^1 = H_{R_{z0}}(q_1) H_{T_{z0}}(β_1) H_{T_{x0}}(l_1) H_{R_{x0}}(0)
[R10, cinematicaDirecta_pendulo, cero, c]=HDH(H10)
jacobiano_pendulo=jacobian(cinematicaDirecta_pendulo, q1)
H10a=HRz(-pi/2)*H10 %H_{0a}^1 = H_{R_{z0}}(-π/2) H_0^1
%ejemplo numérico
q1=55*pi/180; %posición angular del péndulo
beta1=0.1; %ancho del servomotor más espesor de la barra
l1=0.45; beta1=0.1; %longitud del péndulo y espesor del servomotor
%cinemática cartesiana cuadrante I: f_{R_I}(β_1, l_1, q_1)
[px0, py0, pz0]=cinematicaPendulo(beta1,l1,q1)
%cinemática directa en el cuadrante IV
%f_{R_IV}(β_1, l_1, q_1) = R_z(-π/2) f_{R_I}(β_1, l_1, q_1)
Rz(-pi/2)*cinematicaPendulo(beta1,l1,q1)
```

•••

5.6.2 Robot antropomórfico de 2 gdl

El robot antropomórfico de dos gdl con eslabones rígidos se denomina brazo robot planar y se muestra en las figuras 5.14a-5.14b; tiene dos articulaciones rotacionales acopladas mecánicamente a barras de aluminio 6061, este metal es suficientemente rígido a temperatura y presión normal; resalta su estética tipo espejo, cuando está pulido con pasta o abrasivo. El movimiento del robot es en el plano vertical $x_0 - y_0$, sometido a la acción de la gravedad g.

5.6.2.1 Cinemática directa del robot planar de 2 gdl

La figura 5.14a muestra una perspectiva superior (de arriba hacia abajo) del brazo robot, donde se puede apreciar las longitudes de los servomotores β_1, β_2 y de las barras de aluminio l_1, l_2, correspondientes a las articulaciones del hombro y codo, respectivamente. El origen del sistema fijo $\Sigma_0(x_0, y_0, z_0)$ está en la parte posterior del servomotor de la articulación del hombro, el eje z_0 quede alineado con su eje de rotación q_1; el eje x_0 se alinea sobre la barra de aluminio de longitud l_1 hasta interceptar al eje z_1 de la articulación del codo, cuya variable articular es q_2. En la posición de casa ($q_1 = 0$, $q_2 = 0$), el origen de $\Sigma_1(x_1, y_1, z_1)$ con respecto a $\Sigma_0(x_0, y_0, z_0)$ es: $\boldsymbol{d}_0^1 = [l_1, 0, \beta_1]^T$. Los ejes y_0, y_1 son perpendiculares al plano $z_0 - x_0$.

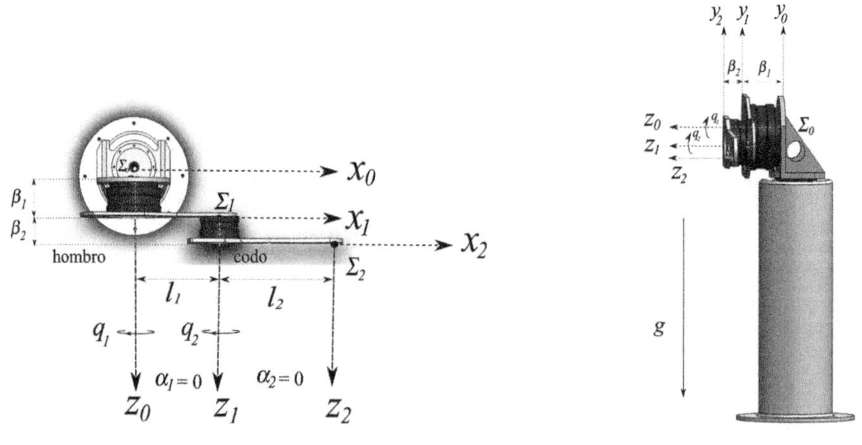

(a) Vista superior (b) Vista lateral

Figura 5.14: Brazo robot de dos gdl

El origen sistema de referencia móvil $\Sigma_1(x_1, y_1, z_1)$ se ubica en el respaldo del rotor de la articulación del codo; el eje z_1 se alinea con el eje de giro q_2 de esta articulación y se mantiene paralelo al eje z_0; el eje x_1 se proyecta sobre la barra metálica de longitud l_2

hasta interceptar al eje z_2, ubicado en el extremo final de este eslabón, donde generalmente se coloca la muñeca mecánica con la herramienta de trabajo. La figura 5.14b presenta una vista lateral del brazo robot, en este caso los ejes x_0, x_1, x_2 son perpendiculares al plano z_0-y_0. Cuando no se ha especificado la orientación en la herramienta de trabajo, el sistema de referencia $\Sigma_2(x_2, y_2, z_2)$ se coloca paralelo al sistema inmediato anterior $\Sigma_1(x_1, y_1, z_1)$, cuyas coordenadas del origen de Σ_2 con respecto a Σ_1 son: $[\,l_2, 0, \beta_2\,]^T$.

El robot de 2 gdl se mueve sobre el plano vertical fijo x_0-y_0; este sistema está construido con dos servomotores de transmisión directa, con capacidad de 150 Nm y 15 Nm, para las articulaciones del hombro y codo, respectivamente; las barra de aluminio son del tipo 6061 y cuyas longitudes: $l_1 = 0.45$ m y $l_2 = 0.45$ m. Los encoders de las articulaciones tienen una resolución de 4,096,000 pulsos por cada 360°. Su espacio de trabajo corresponde a una circunferencia de radio $l_1 + l_2$ y el tubo o soporte donde está colocado tiene una longitud mayor a $l_1 + l_2$, para evitar colisiones. La figura 5.15a muestra la configuración de casa: $q_1 = 0; q_2 = 0$ y la figura 5.15b cunado el robot se encuentra en movimiento: $q_1 \neq 0$ y $q_2 \neq 0$.

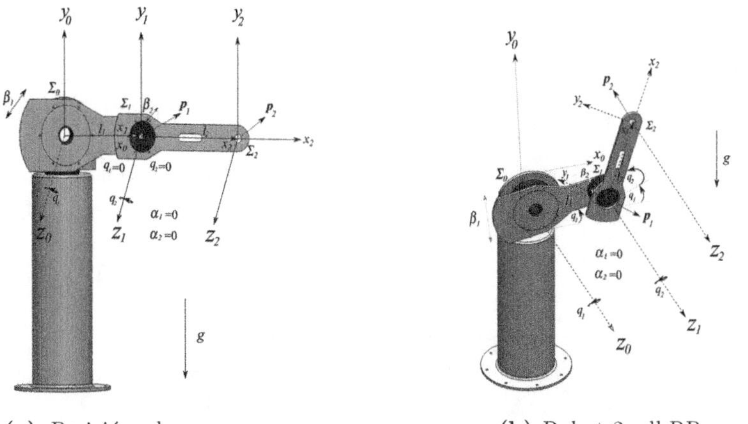

(a) Posición de casa: $q_1 = 0; q_2 = 0$ (b) Robot 2 gdl RR

Figura 5.15: Robot manipulador antropomórfico planar de 2 gdl

Las ecuaciones de movimiento rotacional y traslacional para el robot de 2 gdl están determinadas por la cinemática directa de Euler (5.18):

$$\boldsymbol{p}_0 \;=\; R_{z_0}(q_1)\left[\begin{bmatrix} l_1 \\ 0 \\ \beta_1 \end{bmatrix} + R_{x_0}(0)\boldsymbol{p}_1\right] \tag{5.26a}$$

$$\boldsymbol{p}_1 = R_{z_1}(q_2)\left[\begin{bmatrix} l_2 \\ 0 \\ \beta_2 \end{bmatrix} + R_{x_1}(0)\boldsymbol{p}_2\right] \tag{5.26b}$$

$$\boldsymbol{p}_0 = R_{z_0}(q_1)\left[\begin{bmatrix} l_1 \\ 0 \\ \beta_1 \end{bmatrix} + R_{z_1}(q_2)\left[\begin{bmatrix} l_2 \\ 0 \\ \beta_2 \end{bmatrix} + \boldsymbol{p}_2\right]\right] \tag{5.26c}$$

donde $R_{x_0}(0) = I \in \mathbb{R}^{3\times 3}$ y $R_{x_1}(0) = I \in \mathbb{R}^{3\times 3}$; I es la matriz identidad.

La representación de las ecuaciones (5.26a)-(5.26b) con matrices de transformación homogénea (5.19a): H_0^1 y H_1^2, con $\alpha_1 = \alpha_2 = 0$, se obtiene:

$$\begin{bmatrix} \boldsymbol{p}_0 \\ 1 \end{bmatrix} = \underbrace{H_{R_{z_0}}(q_1)\, H_{T_{z_0}}(\beta_1)\, H_{T_{x_0}}(l_1) H_{R_{x_0}}(0)}_{H_0^1} \begin{bmatrix} \boldsymbol{p}_1 \\ 1 \end{bmatrix} = \begin{bmatrix} R_{z_0}(q_1) & R_{z_0}(q_1)\begin{bmatrix} l_1 \\ 0 \\ \beta_1 \end{bmatrix} \\ [0 \;\; 0 \;\; 0] & 1 \end{bmatrix} \begin{bmatrix} \boldsymbol{p}_1 \\ 1 \end{bmatrix} \tag{5.27a}$$

$$\begin{bmatrix} \boldsymbol{p}_1 \\ 1 \end{bmatrix} = \underbrace{H_{R_{z_1}}(q_2)\, H_{T_{z_1}}(\beta_2)\, H_{T_{x_1}}(l_2) H_{R_{x_1}}(0)}_{H_1^2} \begin{bmatrix} \boldsymbol{p}_2 \\ 1 \end{bmatrix} = \begin{bmatrix} R_{z_1}(q_2) & R_{z_1}(q_2)\begin{bmatrix} l_2 \\ 0 \\ \beta_2 \end{bmatrix} \\ [0 \;\; 0 \;\; 0] & 1 \end{bmatrix} \begin{bmatrix} \boldsymbol{p}_2 \\ 1 \end{bmatrix} \tag{5.27b}$$

Por lo que, la expresión para (5.26c), adquiere la siguiente representación:

$$\begin{aligned} \begin{bmatrix} \boldsymbol{p}_0 \\ 1 \end{bmatrix} &= \underbrace{\begin{bmatrix} R_{z_0}(q_1) & R_{z_0}(q_1)\begin{bmatrix} l_1 \\ 0 \\ \beta_1 \end{bmatrix} \\ [0 \;\; 0 \;\; 0] & 1 \end{bmatrix}}_{H_0^1} \underbrace{\begin{bmatrix} R_{z_1}(q_2) & R_{z_1}(q_2)\begin{bmatrix} l_2 \\ 0 \\ \beta_2 \end{bmatrix} \\ [0 \;\; 0 \;\; 0] & 1 \end{bmatrix}}_{H_1^2} \begin{bmatrix} \boldsymbol{p}_2 \\ 1 \end{bmatrix} = H_0^1 H_1^2 \begin{bmatrix} \boldsymbol{p}_2 \\ 1 \end{bmatrix} \\ &= \underbrace{\begin{bmatrix} R_{z_0}(q_1+q_2) & R_{z_0}(q_1)\begin{bmatrix} l_1 \\ 0 \\ \beta_1 \end{bmatrix} + R_{z_1}(q_1+q_2)\begin{bmatrix} l_2 \\ 0 \\ \beta_2 \end{bmatrix} \\ [0 \;\; 0 \;\; 0] & 1 \end{bmatrix}}_{H_0^2 = H_0^1 H_1^2} \begin{bmatrix} \boldsymbol{p}_2 \\ 1 \end{bmatrix} = H_0^2 \begin{bmatrix} \boldsymbol{p}_2 \\ 1 \end{bmatrix} \end{aligned} \tag{5.28}$$

La matriz de rotación $R_0^2(\boldsymbol{q}) = R_{z_0}(q_1)R_{z_1}(q_2) = R_{z_0}(q_1+q_2)$ y el modelo de cinemática directa del robot manipulador de 2 gdl (sin tomar en cuenta la orientación de herramienta de trabajo: $\boldsymbol{p}_2 = \boldsymbol{0} \in \mathbb{R}^3$), están dadas por:

$$R_0^2(\boldsymbol{q}) = R_{z_0}(q_1)R_{z_1}(q_2) = \begin{bmatrix} \cos(q_1+q_2) & -\mathrm{sen}(q_1+q_2) & 0 \\ \mathrm{sen}(q_1+q_2) & \cos(q_1+q_2) & 0 \\ 0 & 0 & 1 \end{bmatrix} \tag{5.29a}$$

$$\begin{bmatrix} x_0 \\ y_0 \\ z_0 \end{bmatrix} = R_{z_0}(q_1)\begin{bmatrix} l_1 \\ 0 \\ \beta_1 \end{bmatrix} + R_{z_1}(q_1+q_2)\begin{bmatrix} l_2 \\ 0 \\ \beta_2 \end{bmatrix} = \begin{bmatrix} l_1\cos(q_1)+l_2\cos(q_1+q_2) \\ l_1\,\mathrm{sen}(q_1)+l_2\,\mathrm{sen}(q_1+q_2) \\ \beta_1+\beta_2 \end{bmatrix} \tag{5.29b}$$

La tabla 5.6 muestra los parámetros y variables Denavit-Hartenberg correspondientes a las ecuaciones (5.27a)-(5.27b) del brazo robot antropomórfico planar vertical de 2 gdl:

Tabla 5.6: Euler-DH del brazo robot planar vertical de 2 gdl

Eslabón-i	q_i	$\beta_i \oplus d_i$	l_i	α_i
1	q_1	β_1	l_1	0
2	q_2	β_2	l_2	0

La posición de casa del robot de 2 gdl puede ser modificada, por ejemplo, si se coloca en el cuarto cuadrante, como se muestra en la figura 5.16a. Entonces se requiere realizar una rotación de -90° $(-\frac{\pi}{2})$ rad, alrededor del eje z_0; por lo que la ecuación (5.28) queda de la siguiente forma:

$$\begin{aligned}\begin{bmatrix} \boldsymbol{p}_0 \\ 1 \end{bmatrix} &= \begin{bmatrix} R_{z_0}(-\frac{\pi}{2}) & \boldsymbol{0} \\ \boldsymbol{0}^T & 1 \end{bmatrix}\begin{bmatrix} R_{z_0}(q_1+q_2) & R_{z_0}(q_1)\begin{bmatrix} l_1 \\ 0 \\ \beta_1 \end{bmatrix} + R_{z_1}(q_1+q_2)\begin{bmatrix} l_2 \\ 0 \\ \beta_2 \end{bmatrix} \\ [0\;\;0\;\;0] & 1 \end{bmatrix}\begin{bmatrix} \boldsymbol{p}_2 \\ 1 \end{bmatrix} \\ &= \begin{bmatrix} R_{z_0}(q_1+q_2-\frac{\pi}{2}) & R_{z_0}(q_1-\frac{\pi}{2})\begin{bmatrix} l_1 \\ 0 \\ \beta_1 \end{bmatrix} + R_{z_1}(q_1+q_2-\frac{\pi}{2})\begin{bmatrix} l_2 \\ 0 \\ \beta_2 \end{bmatrix} \\ [0\;\;0\;\;0] & 1 \end{bmatrix}\begin{bmatrix} \boldsymbol{p}_2 \\ 1 \end{bmatrix} \end{aligned} \tag{5.30}$$

La figura 5.16b muestra el movimiento del robot planar vertical de 2 gdl cuando sale de su posición de casa (ubicada en el cuarto cuadrante); la cinemática directa para este caso toma la siguiente estructura:

$$\begin{aligned}\begin{bmatrix} x_0 \\ y_0 \\ z_0 \end{bmatrix} &= R_{z_0}(q_1-\tfrac{\pi}{2})R_{z_0}(q_1)\begin{bmatrix} l_1 \\ 0 \\ \beta_1 \end{bmatrix} + R_{z_1}(q_1+q_2-\tfrac{\pi}{2})\begin{bmatrix} l_2 \\ 0 \\ \beta_2 \end{bmatrix} \\ &= \begin{bmatrix} l_1\cos(q_1-\frac{\pi}{2})+l_2\cos(q_1+q_2-\frac{\pi}{2}) \\ l_1\,\mathrm{sen}(q_1-\frac{\pi}{2})+l_2\,\mathrm{sen}(q_1+q_2-\frac{\pi}{2}) \\ \beta_1+\beta_2 \end{bmatrix} = \begin{bmatrix} l_1\,\mathrm{sen}(q_1)+l_2\,\mathrm{sen}(q_1+q_2) \\ -l_1\cos(q_1)-l_2\,\mathrm{sen}(q_1+q_2) \\ \beta_1+\beta_2 \end{bmatrix}\end{aligned} \tag{5.31}$$

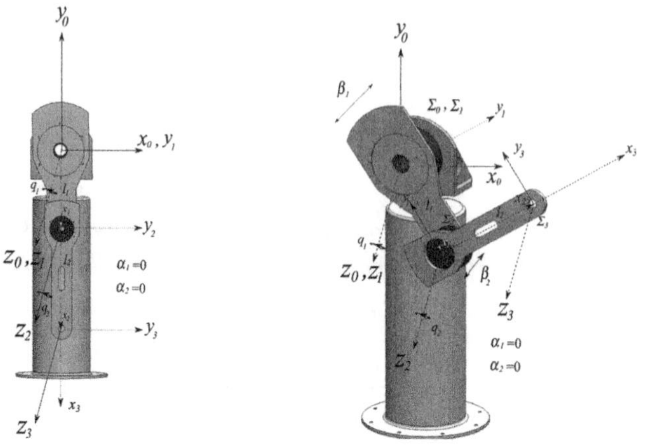

(a) Cambio de la posición de casa

(b) Robot 2 gdl RR

Figura 5.16: Cambio de posición de casa, ubicada en el cuarto cuadrante

La tabla 5.7 muestra cómo queda modificada la tabla 5.6, para el caso de que la posición de casa esté ubicada en el cuarto cuadrante.

Tabla 5.7: Euler-DH cambio de posición de casa

Eslabón-i	q_i	$\beta_i \oplus d_i$	l_i	α_i
1	$q_1 - \frac{\pi}{2}$	β_1	l_1	0
2	q_2	β_2	l_2	0

5.6.2.2 Cinemática inversa del robot planar de 2 gdl

El modelo geométrico para establecer la cinemática inversa del robot antropomórfico planar de 2 gdl se muestra en la figura 5.17. Usando trigonometría básica, en el triángulo rectángulo, se tiene que:

$$\begin{aligned}
x_0^2 + y_0^2 &= [\,l_1 + l_2 \cos(q_2)\,]^2 + l_2^2 \operatorname{sen}^2(q_2) \\
&= l_1^2 + l_2^2 \Big[\overbrace{\cos^2(q_2) + \operatorname{sen}^2(q_2)}^{1} \Big] + 2l_1 l_2 \cos(q_2) \\
&= l_1^2 + l_2^2 + 2l_1 l_2 \cos(q_2) \\
q_2 &= \operatorname{acos}\left(\frac{x_0^2 + y_0^2 - l_1^2 - l_2^2}{2l_1 l_2} \right)
\end{aligned}$$

El ángulo interior v del triángulo rectángulo satisface:

$$\begin{aligned} v &= \operatorname{atan}\left(\frac{l_2 \operatorname{sen}(q_2)}{l_1 + l_2 \cos(q_2)}\right) \\ v + q_1 &= \operatorname{atan}\left(\frac{y_0}{x_0}\right) \\ \therefore\ q_1 &= \operatorname{atan}\left(\frac{y_0}{x_0}\right) - v = \operatorname{atan}\left(\frac{y_0}{x_0}\right) - \operatorname{atan}\left(\frac{l_2 \operatorname{sen}(q_2)}{l_1 + l_2 \cos(q_2)}\right) \end{aligned}$$

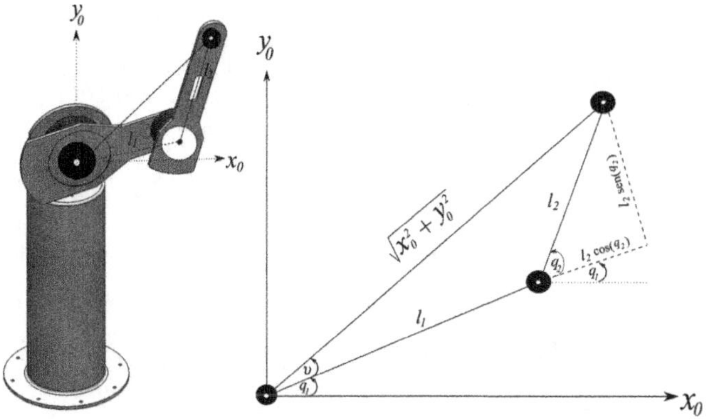

Figura 5.17: Modelo geométrico de cinemática inversa del robot de 2 gdl

Por lo tanto, el modelo de cinemática inversa del brazo robot planar es:

$$\begin{aligned} q_2 &= \operatorname{acos}\left(\frac{x_0^2 + y_0^2 - l_1^2 - l_2^2}{2 l_1 l_2}\right) \\ q_1 &= \operatorname{atan}\left(\frac{y_0}{x_0}\right) - \operatorname{atan}\left(\frac{l_2 \operatorname{sen}(q_2)}{l_1 + l_2 \cos(q_2)}\right) \end{aligned} \tag{5.32}$$

5.6.2.3 Cinemática diferencial del robot planar de 2 gdl

La ecuación (5.4) permite obtener la cinemática diferencial de un robot manipulador, para el caso del robot antropomórfico planar de 2 gdl, se emplea el modelo de cinemática directa (5.29b), entonces se obtiene:

$$\begin{aligned} \frac{d}{dt}\begin{bmatrix} x_0 \\ y_0 \\ z_0 \end{bmatrix} &= \frac{d}{dt} R_{z_0}(q_1) \begin{bmatrix} l_1 \\ 0 \\ \beta_1 \end{bmatrix} + \frac{d}{dt} R_{z_1}(q_1 + q_2) \begin{bmatrix} l_2 \\ 0 \\ \beta_2 \end{bmatrix} \\ &= S(\dot{q}_1 \boldsymbol{k}_0) R_{z_0}(q_1) \begin{bmatrix} l_1 \\ 0 \\ \beta_1 \end{bmatrix} + S(\dot{q}_1 \boldsymbol{k}_0 + \dot{q}_2 \boldsymbol{k}_1) R_{z_1}(q_1 + q_2) \begin{bmatrix} l_2 \\ 0 \\ \beta_2 \end{bmatrix} \end{aligned}$$

$$= \begin{bmatrix} 0 & -\dot{q}_1 & 0 \\ \dot{q}_1 & 0 & 0 \\ 0 & 0 & 0 \end{bmatrix} \begin{bmatrix} \cos(q_1) & -\operatorname{sen}(q_1) & 0 \\ \operatorname{sen}(q_1) & \cos(q_1) & 0 \\ 0 & 0 & 1 \end{bmatrix} \begin{bmatrix} l_1 \\ 0 \\ \beta_1 \end{bmatrix} +$$

$$\begin{bmatrix} 0 & -(\dot{q}_1+\dot{q}_2) & 0 \\ \dot{q}_1+\dot{q}_2 & 0 & 0 \\ 0 & 0 & 0 \end{bmatrix} \begin{bmatrix} \cos(q_1+q_2) & -\operatorname{sen}(q_1+q_2) & 0 \\ \operatorname{sen}(q_1+q_2) & \cos(q_1+q_2) & 0 \\ 0 & 0 & 1 \end{bmatrix} \begin{bmatrix} l_2 \\ 0 \\ \beta_2 \end{bmatrix}$$

$$= \begin{bmatrix} -l_1 \operatorname{sen}(q_1)\dot{q}_1 - l_2 \operatorname{sen}(q_1+q_2)\,[\,\dot{q}_1+\dot{q}_2\,] \\ l_1 \cos(q_1)\dot{q}_1 + l_2 \cos(q_1+q_2)\,[\,\dot{q}_1+\dot{q}_2\,] \\ 0 \end{bmatrix}$$

$$= \begin{bmatrix} \begin{bmatrix} -l_1 \operatorname{sen}(q_1) - l_2 \operatorname{sen}(q_1+q_2) & -l_2 \operatorname{sen}(q_1+q_2) \\ l_1 \cos(q_1) + l_2 \cos(q_1+q_2) & l_2 \cos(q_1+q_2) \end{bmatrix} \begin{bmatrix} \dot{\boldsymbol{q}}_1 \\ \dot{\boldsymbol{q}}_2 \end{bmatrix} \\ 0 \end{bmatrix} = \begin{bmatrix} J_r(\boldsymbol{q})\dot{\boldsymbol{q}} \\ 0 \end{bmatrix}$$

Puesto que este brazo robot se mueve en el pano $x_0 - y_0$, entonces su modelo cinemático diferencial (sin tomar en cuenta la orientación de la herramienta de trabajo) está dada por:

$$\begin{bmatrix} \dot{x}_0 \\ \dot{y}_0 \end{bmatrix} = \underbrace{\begin{bmatrix} -l_1 \operatorname{sen}(q_1) - l_2 \operatorname{sen}(q_1+q_2) & -l_2 \operatorname{sen}(q_1+q_2) \\ l_1 \cos(q_1) + l_2 \cos(q_1+q_2) & l_2 \cos(q_1+q_2) \end{bmatrix}}_{J_r(\boldsymbol{q})} \begin{bmatrix} \dot{\boldsymbol{q}}_1 \\ \dot{\boldsymbol{q}}_2 \end{bmatrix} = J_r(\boldsymbol{q})\dot{\boldsymbol{q}} \quad (5.33)$$

El modelo de cinemática diferencial inverso se obtiene como:

$$\dot{\boldsymbol{q}} = J_r^{-1}(\boldsymbol{q}) \begin{bmatrix} \dot{x}_0 \\ \dot{y}_0 \end{bmatrix}; \qquad \det[J_r(\boldsymbol{q})] = l_1 l_2 \operatorname{sen}(q_2)$$

El determinante de la matriz jacobina: $\det[J_r(\boldsymbol{q})] = l_1 l_2 \operatorname{sen}(q_2) = 0$, para $q_2 = 0, \pm n\pi$, donde $n \in N$; las singularidades de la matriz $J_r(\boldsymbol{q})$ no dependen de q_1. Esto significa que si la articulación del codo se encuentra alineada con el servomotor del hombro, produce una singularidad, donde no se puede invertir la matriz jacobiana del robot.

•• Ejemplo 5.3

Diseñe un programa en **MATLAB** que permite obtener en forma simbólica los modelos de cinemática directa y cinemática diferencial del brazo robot planar de 2 gdl. Además, programar una aplicación donde el extremo final del robot trace un círculo de radio $r = 0.20$ m, cuyo centro esté ubicado $[x_c, y_c]^T = [0.3, -0.3]^T$ m $\in \Sigma_0$; el periodo de movimiento en dicho trazo sea de 6.28 s.

Solución

En el cuadro de código **MATLAB** (5.2) se describe el programa principal llamado `robot2gdlRR.m`; en las líneas 8-18 se encuentra la programación simbólica requerida para obtener los modelos de cinemática directa y diferencial. Por otro lado, de la línea 19 a la línea 28 se desarrolla la aplicación numérica para que el robot manipulador realice el trazado de la trayectoria circular, dentro de su espacio de trabajo. En la línea de programación 8, se inicializa el registro de parámetros y variables Denavit-Hartenberg para el robot planar de 2 gdl, tal y como está indicado en la tabla 5.6. El cálculo de las matrices de transformación homogénea de las articulaciones del hombro, H_0^1 (5.27a) y codo, H_1^2 (5.27b) se realizan en las líneas 11 y 12, respectivamente. La asignación completa de la matriz de transformación homogénea H_0^2 (que relaciona el extremo final del robot, con respecto al sistema $\Sigma_0(x_0, y_0, z_0)$) se encuentra en la línea 13.

Por medio de la función `H_DH(H20)` (ver línea 14) se extrae de la matriz de transformación homogénea H_0^2, las componentes correspondientes a la matriz de rotación $R_{z_0}(q_1 + q_2)$ y el modelo de cinemática directa del robot (registrados en las variables `R20` y `cinematicaR2gdl`, respectivamente). La información registrada en la variable `cinematicaR2gdl` es la misma que se obtiene a través de la función `cinematicaRobot2gdlRR(···)`, ubicada en la línea de programación 16 y que está desarrollada en la ecuación (5.29b). La obtención de la matriz jacobiana $J_r(\boldsymbol{q})$ (5.33) y su determinante $\det[J_r(\boldsymbol{q})] = l_1 l_2 \operatorname{sen}(q_2)$ se encuentran programados por medio de variables simbólicas en las líneas 17 y 18, respectivamente.

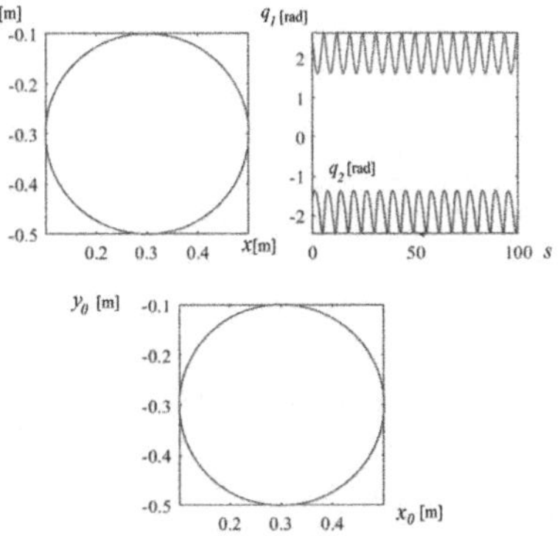

Figura 5.18: Aplicación del robot de 2 gdl vertical

A partir de la línea de programación 19 se encuentra el código fuente **MATLAB** para realizar la aplicación del trazo de la trayectoria circular. Los parámetros geométricos del robot se encuentran en la línea 21. Se utiliza la ecuación parametrizada del círculo en coordenadas cartesianas (ver líneas 23-25). Para realizar correctamente la aplicación, primero hay que convertir las coordenadas cartesianas de la trayectoria circular a coordenadas articulares usando la función cinemática inversa (5.32): `cinematicaInversaRobot2gdlRR(···)`, ubicada en la línea 25, con el retorno de las variables q_1 y q_2 se emplea el modelo de cinemática directa (5.29b) para realizar el trazo del círculo (ver línea 25). La figura 5.18 muestra el trazo del círculo de radio 0.20 m y centro en $[0.3, -0.3]^T$ m que realiza el extremo final del robot planar de 2 gdl en su espacio de trabajo. Las líneas de código 28-29 grafican el comportamiento en función del tiempo, para las articulaciones del hombro $q_1(t)$ y codo $q_2(t)$, respectivamente. El movimiento combinado de esas variables articulares es convertido a coordenadas cartesianas, por medio de la cinemática directa del robot.

Para ejecutar el programa principal `robot2gdlRR.m` primero deberán ser descargados de la página Web de esta obra todos los programas y funciones de este capítulo y colocarlos en el mismo directorio que seleccionó el usuario.

Código MATLAB 5.2 robot2gdlRR.m

Robótica: Control de Robots Manipuladores

Capítulo 5. Cinemática directa

Fernando Reyes Cortés

Alfaomega Grupo Editor: **"Te acerca al conocimiento"**.

Programa: robot2gdlRR.m	MATLAB versión 2024a

```
clc;
clearvars;
close all;
format short
syms q1 q2 beta1 beta2 l1 l2 alpha1 alpha2 real
disp('Parámetros Denavit-Hartenberg del robot planar vertical de 2 gdl')
disp('[ l alpha d q]')
dh=[l1, 0, beta1, q1;
    l2, 0, beta2, q2];
disp(dh)
H10=HRz(dh(1,4))*HTz(dh(1,3))*HTx(dh(1,1))*HRx(dh(1,2)) % matriz $H_0^1$.
H21=HRz(dh(2,4))*HTz(dh(2,3))*HTx(dh(2,1))*HRx(dh(2,2)) % matriz $H_1^2$.
H20=simplify(H10*H21) % $H_0^2 = H_0^1 H_1^2$.
[R20, cinemataticaR2gdl, cero, c]=H_DH(H20);
R20 % matriz de rotación $R_{z_0}(q_1 + q_2)$, ec: (5.29a).
[x0, y0, z0]=cinematicaRobot2gdlRR(beta1,l1,q1,beta2,l2,q2) % ec. (5.29b).
jac_r2gdl=jacobian([x0; y0], [q1;q2]) % matriz jacobiano $J_r(q)$: ec. (5.33).
det_r2gdl=simplify(det(jac_r2gdl)) % determinante de $J_r(q)$.
t=0:0.001:100; % vector tiempo para la aplicación de trazo del círculo.
xc=0.3; yc=-0.3; r=0.20; % parámetros de la trayectoria circular.
l1=0.45; l2=0.45; beta1=0.3; beta2=0.2; % parámetros geométricos del robot.
q1=[]; q2=[]; % apuntadores nulos, evita conflictos con las variables simbólicas.
x=xc+r*sin(t); % ecuación parametrizada del círculo en coordenadas cartesianas.
y=yc+r*cos(t); % el período del trazo es 6.28 s: $2\pi f = 1 \Longrightarrow f = \frac{1}{2\pi}$ Hertz.
[q1, q2]=cinematicaInversaRobot2gdlRR(l1,l2,x,y); % cinemática inversa: (5.32).
[x0, y0, z0]=cinematicaRobot2gdlRR(beta1,l1,q1,beta2,l2,q2); % ec. (5.29b).
figure(1), subplot(3,1,1); plot(x,y) % trayectoria circular a trazar por el robot.
subplot(3,1,2); plot(t,q1,t,q2) % articulaciones del hombro y codo: $q_1(t)$, $q_2(t)$.
subplot(3,1,3); plot(x0,y0) % círculo trazado por el extremo final del robot.
```

•••

•• Ejemplo 5.4

Utilizando las propiedades de la secciones 4.5 y 4.6 demostrar que se obtiene la misma matriz jacobiana (5.39) del brazo robot. Además, encontrar la velocidad angular $\boldsymbol{\omega}_0$ y la matriz $\mathcal{W}_0$.

Solución

La derivada con respecto al tiempo del modelo de cinemática directa del brazo robot de 2 gdl expresada en (5.29b):

$$
\begin{aligned}
\frac{d}{dt}\left[R_{z_0}(q_1)\begin{bmatrix} l_1 \\ 0 \\ \beta_1 \end{bmatrix} + R_{z_1}(q_1+q_2)\begin{bmatrix} l_2 \\ 0 \\ \beta_2 \end{bmatrix}\right] &= \dot{R}_{z_0}(q_1)\begin{bmatrix} l_1 \\ 0 \\ \beta_1 \end{bmatrix} + \dot{R}_{z_1}(q_1+q_2)\begin{bmatrix} l_2 \\ 0 \\ \beta_2 \end{bmatrix} \\
&= S(\dot{q}_1\boldsymbol{k}_0)R_{z_0}(q_1)\begin{bmatrix} l_1 \\ 0 \\ \beta_1 \end{bmatrix} + S(\underbrace{(\,\dot{q}_1+\dot{q}_2\,)\,\boldsymbol{k}_1}_{\boldsymbol{\omega}_0})R_{z_0}(q_1+q_2)\begin{bmatrix} l_2 \\ 0 \\ \beta_2 \end{bmatrix} \qquad (5.34a) \\
&= \begin{bmatrix} 0 & -\dot{q}_1 & 0 \\ \dot{q}_1 & 0 & 0 \\ 0 & 0 & 0 \end{bmatrix}\begin{bmatrix} l_1\cos(q_1) \\ l_1\,\mathrm{sen}(q_1) \\ \beta_1 \end{bmatrix} + \begin{bmatrix} 0 & -(\,\dot{q}_1+\dot{q}_2\,) & 0 \\ \dot{q}_1+\dot{q}_2 & 0 & 0 \\ 0 & 0 & 0 \end{bmatrix}\begin{bmatrix} l_2\cos(q_1+q_2) \\ l_2\,\mathrm{sen}(q_1+q_2) \\ \beta_2 \end{bmatrix} \\
&= \begin{bmatrix} -l_1\dot{q}_1\,\mathrm{sen}(q_1) \\ l_1\dot{q}_1\cos(q_1) \\ 0 \end{bmatrix} + \begin{bmatrix} -l_2\,(\,\dot{q}_1+\dot{q}_2\,)\,\mathrm{sen}(q_1+q_2) \\ l_2\,(\,\dot{q}_1+\dot{q}_2\,)\cos(q_1+q_2) \\ 0 \end{bmatrix} \\
&= \begin{bmatrix} -l_1\dot{q}_1\,\mathrm{sen}(q_1) - l_2\,(\,\dot{q}_1+\dot{q}_2\,)\,\mathrm{sen}(q_1+q_2) \\ l_1\dot{q}_1\cos(q_1) + l_2\,(\,\dot{q}_1+\dot{q}_2\,)\cos(q_1+q_2) \\ 0 \end{bmatrix} \\
&= \begin{bmatrix} \begin{bmatrix} -l_1\,\mathrm{sen}(q_1) - l_2\,\mathrm{sen}(q_1+q_2) & -l_2\,\mathrm{sen}(q_1+q_2) \\ l_1\cos(q_1) + l_2\cos(q_1+q_2) & l_2\cos(q_1+q_2) \end{bmatrix}\begin{bmatrix} \dot{q}_1 \\ \dot{q}_2 \end{bmatrix} \\ 0 \end{bmatrix} \\
&= \begin{bmatrix} J_r(\boldsymbol{q})\dot{\boldsymbol{q}} \\ 0 \end{bmatrix} \qquad (5.34b)
\end{aligned}
$$

El desarrollo realizado en (5.34b) concuerda con la ecuación (5.33). Para la velocidad angular $\boldsymbol{\omega}_0$, se encuentra definida en la expresión (5.34a):

$$
\begin{aligned}
\boldsymbol{\omega}_0 &= (\,\dot{q}_1+\dot{q}_2\,)\,\boldsymbol{k}_1 = \begin{bmatrix} 0 \\ 0 \\ \dot{q}_1+\dot{q}_2 \end{bmatrix} \\
&= \underbrace{\begin{bmatrix} 0 & 0 \\ 0 & 0 \\ 1 & 1 \end{bmatrix}}_{\mathcal{W}_0}\begin{bmatrix} \dot{q}_1 \\ \\ \dot{q}_2 \end{bmatrix}
\end{aligned}
$$

5.6.3 Brazo robot de 3 gdl

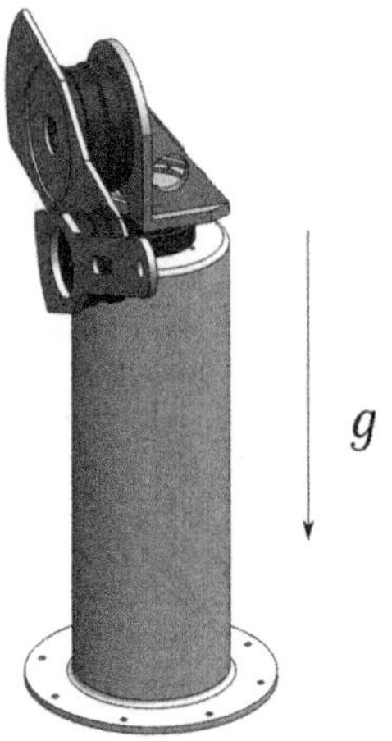

Figura 5.19: Brazo robot de 3 gdl

El brazo robot de 3 gdl también es conocido con los nombres de robot manipulador o robot industrial; tiene su movimiento en el espacio tridimensional; se encuentra sometido a la atracción gravitacional g, como se muestra en la figura 5.19. Consiste de tres eslabones rígidos, formados por articulaciones rotacionales de transmisión directa acopladas mecánicamente a barras de aluminio 6061. La capacidad de los tres servomotores es de 50 Nm, 150 Nm y 15 Nm, para las articulaciones de la base, hombro y codo, respectivamente. La longitud del eslabón para la articulación que forma la base es $l_1 = 0.15$ m; para el hombro: $l_2 = 0.45$ m y para el codo: $l_2 = 0.45$ m. Para evitar posibles colisiones del extremo final con el piso está instalado el robot manipulador sobre un soporte metálico, cuya altura con respecto al piso es mayor que la suma de las longitudes de los eslabones del hombro y codo. Los encoders de las articulaciones tienen una resolución de 4,096,000 pulsos por revolución, para la base y hombro; mientras que la articulación del codo es de 2,048,000 por cada 360°. El espacio de trabajo, para el brazo robot corresponde a una esfera de radio $l_2 + l_3$.

5.6.3.1 Cinemática directa del brazo robot de 3 gdl

La figura 5.20a muestra la posición de casa del robot manipulador: $q_1 = q_2 = q_3 = 0$; las longitudes de los servomotores están representadas por $\beta_1, \beta_2, \beta_3$ y de los eslabones, como l_1, l_2, l_3, correspondientes a las articulaciones de la base, hombro y codo, respectivamente. La altura con respecto al piso del soporte o tubo, donde se encuentra instalado el servomotor de la base del robot es $l_{1a} > l_2 + l_3$. El origen del sistema de referencia fijo $\Sigma_0(x_0, y_0, z_0)$ está colocado a nivel de piso, en el centro geométrico de la tapa inferior del tubo, tal que, el eje z_0 pasa por el interior de dicho tubo y queda alineado con el eje de giro q_1, correspondiente a al servomotor de la base; el eje x_0 se alinea con el eslabón del hombro de longitud l_2. La figura 5.20b muestra el movimiento del brazo robot cuando $q_1 > 0$ y $q_2 = q_3 = 0$.

El origen sistema de referencia móvil $\Sigma_1(x_1, y_1, z_1)$ se ubica en el respaldo del rotor de la articulación del hombro y el vector de coordenadas de dicho origen con respecto a $\Sigma_0(x_0, y_0, z_0)$ es: $\boldsymbol{d}_0^1 = [\,0, 0, l_{1a} + \beta_1 + l_1\,]^T$; el eje z_1 se alinea con el eje de giro q_2 de esta articulación y se mantiene perpendicular al eje z_0, es decir: $\alpha_1 = \frac{\pi}{2}$; el eje x_1 se proyecta sobre la barra metálica de longitud l_2 hasta interceptar al eje z_2.

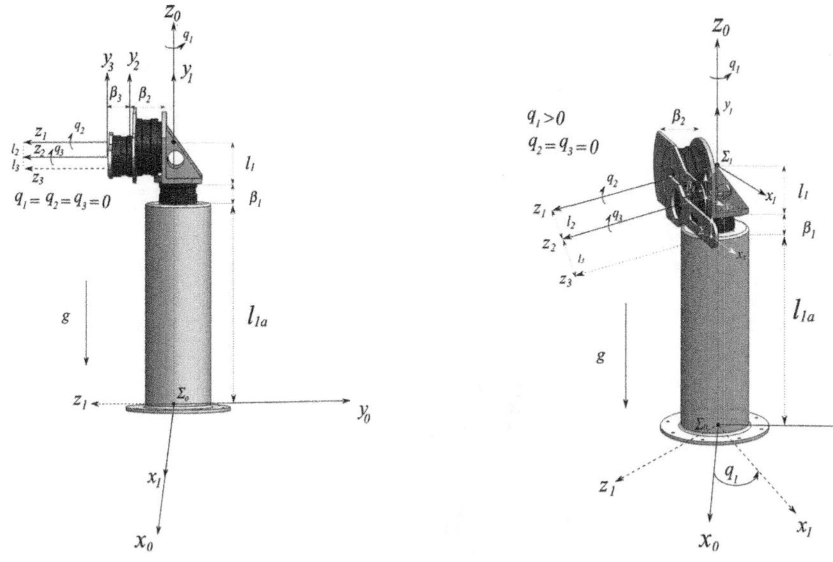

(a) $q_1 = q_2 = q_3 = 0$ (b) $q_1 > 0$, $q_2 = q_3 = 0$

Figura 5.20: Brazo robot de 3 gdl

La figura 5.21 presenta una vista lateral del brazo robot, cuyo movimiento corresponde a $q_1 > 0$ y $q_2 < 0$ y $q_3 > 0$; observe que para este caso, que el eje x_1 mantiene una rotación q_1 con respecto al eje fijo x_0. El origen de $\Sigma_2(x_2, y_2, z_2)$ se ubica en el extremo final de la articulación del hombro de longitud l_2, justo sobre la superficie de su barra de aluminio; el eje z_2 queda alineado con el eje de giro q_3 del servomotor que forma la articulación del codo; el eje x_2 se extiende sobre la superficie de dicha barra, hasta interceptar al eje z_3 (en su extremo final, donde se coloca la muñeca mecánica); los ejes z_1 y z_2 son paralelos entre sí: $\alpha_2 = 0$. El origen de $\Sigma_2(x_2, y_2, z_2)$ en referencia con $\Sigma_1(x_1, y_1, z_1)$ tiene las siguientes coordenadas: $\boldsymbol{d}_1^2 = R_{z_1}(q_2)\,[\,l_2, 0, \beta_2\,]^T$. Cuando no se ha especificado la orientación en la herramienta de trabajo, el sistema de referencia $\Sigma_3(x_3, y_3, z_3)$ se coloca paralelo al sistema inmediato anterior $\Sigma_2(x_2, y_2, z_2)$: las coordenadas del origen de Σ_3 con respecto a Σ_2 son: $\boldsymbol{d}_2^3 = R_{z_2}(q_3)\,[\,l_3, 0, \beta_3\,]^T$.

Las ecuaciones de movimiento de traslación y rotación para el brazo robot de 3 gdl están determinadas por la cinemática directa de Euler (5.18):

$$\boldsymbol{p}_0 \;=\; R_{z_0}(q_1)\left[\begin{bmatrix} 0 \\ 0 \\ l_{1a} + \beta_1 + l_1 \end{bmatrix} + R_{x_0}(\alpha_1)\boldsymbol{p}_1\right] \qquad (5.35a)$$

$$\boldsymbol{p}_1 = R_{z_1}(q_2)\left[\begin{bmatrix} l_2 \\ 0 \\ \beta_2 \end{bmatrix} + R_{x_1}(\alpha_2)\boldsymbol{p}_2\right] \tag{5.35b}$$

$$\boldsymbol{p}_2 = R_{z_2}(q_3)\left[\begin{bmatrix} l_3 \\ 0 \\ \beta_3 \end{bmatrix} + R_{x_2}(\alpha_3)\boldsymbol{p}_3\right] \tag{5.35c}$$

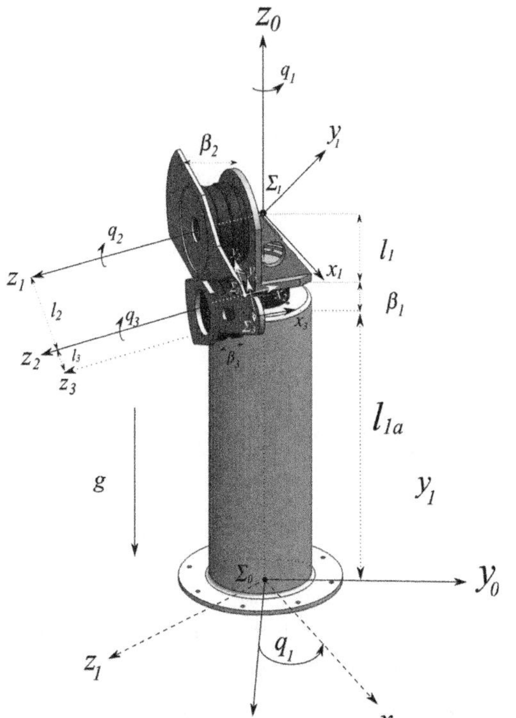

Figura 5.21: Movimiento del brazo robot para: $q_1 > 0$, $q_2 < 0$ y $q_3 > 0$

Sustituyendo la ecuación (5.35c) en la expresión de (5.35b) y a su vez la correspondiente sustitución en (5.35a), se obtiene:

$$\boldsymbol{p}_0 = R_{z_0}(q_1)\left[\begin{bmatrix} 0 \\ 0 \\ l_{1a}+\beta_1+l_1 \end{bmatrix} + R_{x_0}(\alpha_1)\left[R_{z_1}(q_2)\left[\begin{bmatrix} l_2 \\ 0 \\ \beta_2 \end{bmatrix} + R_{x_1}(\alpha_2)\left[R_{z_2}(q_3)\left[\begin{bmatrix} l_3 \\ 0 \\ \beta_3 \end{bmatrix} + R_{x_2}(\alpha_3)\boldsymbol{p}_3\right]\right]\right]\right]$$

Tomando en cuenta que: $\alpha_1 = \frac{\pi}{2}$; $\alpha_2 = 0$; $\alpha_3 = 0$; $R_{x_1}(0) = I \in \mathbb{R}^{3\times3}$ y $R_{x_2}(0) = I \in \mathbb{R}^{3\times3}$; siendo I la matriz identidad, entonces:

$$\boldsymbol{p}_0 = R_{z_0}(q_1)\left[\begin{bmatrix} 0 \\ 0 \\ l_{1a}+\beta_1+l_1 \end{bmatrix} + R_{x_0}(\tfrac{\pi}{2})\left[R_{z_1}(q_2)\left[\begin{bmatrix} l_2 \\ 0 \\ \beta_2 \end{bmatrix} + \left[R_{z_2}(q_3)\left[\begin{bmatrix} l_3 \\ 0 \\ \beta_3 \end{bmatrix} + \boldsymbol{p}_3\right]\right]\right]\right]\right] \tag{5.36}$$

La representación de (5.36) en matrices de transformación homogénea (5.19a), para: H_0^1, H_1^2 y H_2^3 adquieren la siguiente:

$$\begin{bmatrix} \boldsymbol{p}_0 \\ 1 \end{bmatrix} = \underbrace{H_{R_{z_0}}(q_1)\, H_{T_{z_0}}(l_{1a}+\beta_1+l_1)\, H_{T_{x_0}}(0) H_{R_{x_0}}(\tfrac{\pi}{2})}_{H_0^1} \begin{bmatrix} \boldsymbol{p}_1 \\ 1 \end{bmatrix} = \underbrace{\begin{bmatrix} R_{z_0}(q_1)R_{x_0}(\tfrac{\pi}{2}) & R_{z_0}(q_1)\begin{bmatrix} 0 \\ 0 \\ l_{1a}+\beta_1+l_1 \end{bmatrix} \\ [0\ \ 0\ \ 0] & 1 \end{bmatrix}}_{H_0^1} \begin{bmatrix} \boldsymbol{p}_1 \\ 1 \end{bmatrix} \tag{5.37a}$$

$$\begin{bmatrix} \boldsymbol{p}_1 \\ 1 \end{bmatrix} = \underbrace{H_{R_{z_1}}(q_2)\, H_{T_{z_1}}(\beta_2)\, H_{T_{x_1}}(l_2) H_{R_{x_1}}(0)}_{H_1^2} \begin{bmatrix} \boldsymbol{p}_2 \\ 1 \end{bmatrix} = \underbrace{\begin{bmatrix} R_{z_1}(q_2) & R_{z_1}(q_2)\begin{bmatrix} l_2 \\ 0 \\ \beta_2 \end{bmatrix} \\ [0\ \ 0\ \ 0] & 1 \end{bmatrix}}_{H_1^2} \begin{bmatrix} \boldsymbol{p}_2 \\ 1 \end{bmatrix} \tag{5.37b}$$

$$\begin{bmatrix} \boldsymbol{p}_2 \\ 1 \end{bmatrix} = \underbrace{H_{R_{z_2}}(q_3)\, H_{T_{z_2}}(\beta_3)\, H_{T_{x_2}}(l_3) H_{R_{x_2}}(0)}_{H_2^3} \begin{bmatrix} \boldsymbol{p}_3 \\ 1 \end{bmatrix} = \underbrace{\begin{bmatrix} R_{z_2}(q_3) & R_{z_2}(q_3)\begin{bmatrix} l_3 \\ 0 \\ \beta_3 \end{bmatrix} \\ [0\ \ 0\ \ 0] & 1 \end{bmatrix}}_{H_2^3} \begin{bmatrix} \boldsymbol{p}_3 \\ 1 \end{bmatrix} \tag{5.37c}$$

Realizando las sustituciones correspondientes de las expresiones (5.37c) en (5.37b) y en (5.37a) se obtiene:

$$\begin{bmatrix} \boldsymbol{p}_0 \\ 1 \end{bmatrix} = \underbrace{H_{R_{z_0}}(q_1)\, H_{T_{z_0}}(l_{1a}+\beta_1+l_1)\, H_{T_{x_0}}(0) H_{R_{x_0}}(\tfrac{\pi}{2})}_{H_0^1}$$
$$\underbrace{H_{R_{z_1}}(q_2)\, H_{T_{z_1}}(\beta_2)\, H_{T_{x_1}}(l_2) H_{R_{x_1}}(0)}_{H_1^2}$$

$$\underbrace{H_{R_{z_2}}(q_3)\,H_{T_{z_2}}(\beta_3)\,H_{T_{x_2}}(l_3)H_{R_{x_2}}(0)}_{H_2^3}\begin{bmatrix}\boldsymbol{p}_3\\ 1\end{bmatrix}$$

$$= \underbrace{\begin{bmatrix} R_{z_0}(q_1)R_{x_0}(\frac{\pi}{2}) & R_{z_0}(q_1)\begin{bmatrix}0\\0\\l_{1a}+\beta_1+l_1\end{bmatrix}\\ [0\ \ 0\ \ 0] & 1\end{bmatrix}}_{H_0^1}\underbrace{\begin{bmatrix} R_{z_1}(q_2) & R_{z_1}(q_2)\begin{bmatrix}l_2\\0\\\beta_2\end{bmatrix}\\ [0\ \ 0\ \ 0] & 1\end{bmatrix}}_{H_1^2}$$

$$\underbrace{\begin{bmatrix} R_{z_2}(q_3) & R_{z_2}(q_3)\begin{bmatrix}l_3\\0\\\beta_3\end{bmatrix}\\ [0\ \ 0\ \ 0] & 1\end{bmatrix}}_{H_2^3}\begin{bmatrix}\boldsymbol{p}_3\\ 1\end{bmatrix}$$

$$\begin{bmatrix}\boldsymbol{p}_0\\ 1\end{bmatrix} = \underbrace{\begin{bmatrix} R_{z_0}(q_1)R_{x_0}(\frac{\pi}{2})R_{z_1}(q_2)R_{z_2}(q_3) & R_{z_0}(q_1)\begin{bmatrix}0\\0\\l_{1a}+\beta_1+l_1\end{bmatrix}+R_{z_0}(q_1)R_{x_0}(\frac{\pi}{2})R_{z_1}(q_2)\begin{bmatrix}l_2\\0\\\beta_2\end{bmatrix}\\ & +R_{z_0}(q_1)R_{x_0}(\frac{\pi}{2})R_{z_1}(q_2)R_{z_1}(q_3)\begin{bmatrix}l_3\\0\\\beta_3\end{bmatrix}\\ [0\ \ 0\ \ 0] & 1\end{bmatrix}}_{H_0^3}\begin{bmatrix}\boldsymbol{p}_3\\ 1\end{bmatrix}$$

La matriz de rotación que modela la orientación del extremo final del robot manipulador con respecto al sistema fijo $\Sigma_0(x_0, y_0, z_0)$ está dada por: $R_0^3(\boldsymbol{q}) = R_{z_0}(q_1)R_{x_0}(\frac{\pi}{2})R_{z_1}(q_2)R_{z_2}(q_3)$; además, el modelo de cinemática directa del robot manipulador de 3 gdl (sin tomar en cuenta la orientación de herramienta de trabajo; es decir, las únicas coordenadas conocidas en $\Sigma_3(x_3, y_3, z_3)$ corresponden a su origen: $\boldsymbol{p}_3 = \boldsymbol{0} \in \mathbb{R}^3$); por lo que se obtiene lo siguiente:

$$R_0^3(\boldsymbol{q}) = R_{z_0}(q_1)R_{x_0}(\tfrac{\pi}{2})R_{z_1}(q_2)R_{z_2}(q_3) = \begin{bmatrix}\cos(q_2+q_3)\cos(q_1) & -\operatorname{sen}(q_2+q_3)\cos(q_1) & \operatorname{sen}(q_1)\\ \cos(q_2+q_3)\operatorname{sen}(q_1) & -\operatorname{sen}(q_2+q_3)\operatorname{sen}(q_1) & -\cos(q_1)\\ \operatorname{sen}(q_2+q_3) & \cos(q_2+q_3) & 0\end{bmatrix} \quad (5.38a)$$

$$\begin{bmatrix}x_0\\y_0\\z_0\end{bmatrix} = R_{z_0}(q_1)\begin{bmatrix}0\\0\\l_{1a}+\beta_1+l_1\end{bmatrix}+R_{z_0}(q_1)R_{x_0}(\tfrac{\pi}{2})R_{z_1}(q_2)\begin{bmatrix}l_2\\0\\\beta_2\end{bmatrix}+R_{z_0}(q_1)R_{x_0}(\tfrac{\pi}{2})R_{z_1}(q_2)R_{z_2}(q_3)\begin{bmatrix}l_3\\0\\\beta_3\end{bmatrix} \quad (5.38b)$$

$$= \begin{bmatrix}0\\0\\l_{1a}+\beta_1+l_1\end{bmatrix}+\begin{bmatrix}\beta_2\operatorname{sen}(q_1)+l_2\cos(q_1)\cos(q_2)\\ -\beta_2\cos(q_1)+l_2\operatorname{sen}(q_1)\cos(q_2)\\ l_2\operatorname{sen}(q_2)\end{bmatrix}+\begin{bmatrix}\beta_3\operatorname{sen}(q_1)+l_3\cos(q_1)\cos(q_2+q_3)\\ -\beta_3\cos(q_1)+l_3\operatorname{sen}(q_1)\cos(q_2+q_3)\\ l_3\operatorname{sen}(q_2+q_3)\end{bmatrix}$$

$$\begin{bmatrix} x_0 \\ y_0 \\ z_0 \end{bmatrix} = \begin{bmatrix} [\,\beta_2+\beta_3\,]\ \mathrm{sen}(q_1) + \cos(q_1)\,[\,l_2\cos(q_2)+l_3\cos(q_2+q_3)\,] \\ -[\,\beta_2+\beta_3\,]\ \cos(q_1) + \mathrm{sen}(q_1)\,[\,l_2\cos(q_2)+l_3\cos(q_2+q_3)\,] \\ l_{1a}+\beta_1+l_1+l_2\ \mathrm{sen}(q_2)+l_3\ \mathrm{sen}(q_2+q_3) \end{bmatrix} \tag{5.38c}$$

La tabla 5.8 muestra los parámetros y variables Denavit-Hartenberg correspondientes a las ecuaciones (5.37a)-(5.37c) del brazo robot de 3 gdl:

Tabla 5.8: Euler-DH del brazo robot 3 gdl

Eslabón-i	q_i	$\beta_i \oplus d_i$	l_i	α_i
1	q_1	$l_{1a}+\beta_1+l_1$	0	$\frac{\pi}{2}$
2	q_2	β_2	l_2	0
3	q_3	β_3	l_3	0

5.6.3.2 Cinemática diferencial

El modelo de cinemática diferencial se obtiene por medio de la derivada con respecto al tiempo del modelo de cinemática directa (5.38c):

$$\frac{d}{dt}\boldsymbol{d}_0^3 = \left[\frac{\partial}{\partial \boldsymbol{q}}\boldsymbol{f}_r(\boldsymbol{q})\right]\dot{\boldsymbol{q}} = \frac{\partial}{\partial \boldsymbol{q}}\begin{bmatrix} [\,\beta_2+\beta_3\,]\ \mathrm{sen}(q_1) + \cos(q_1)\,[\,l_2\cos(q_2)+l_3\cos(q_2+q_3)\,] \\ -[\,\beta_2+\beta_3\,]\ \cos(q_1) + \mathrm{sen}(q_1)\,[\,l_2\cos(q_2)+l_3\cos(q_2+q_3)\,] \\ l_{1a}+\beta_1+l_1+l_2\ \mathrm{sen}(q_2)+l_3\ \mathrm{sen}(q_2+q_3) \end{bmatrix}\begin{bmatrix}\dot{q}_1\\ \dot{q}_2\\ \dot{q}_3\end{bmatrix}$$

$$= \underbrace{\begin{bmatrix} [\beta_2+\beta_3]\ \cos(q_1) - \mathrm{sen}(q_1)[l_2\cos(q_2)+l_3\cos(q_2+q_3)] & \cos(q_1)[l_2\ \mathrm{sen}(q_2)-l_3\ \mathrm{sen}(q_2+q_3)] & -l_3\cos(q_1)\ \mathrm{sen}(q_2+q_3) \\ [\beta_2+\beta_3]\ \mathrm{sen}(q_1) + \cos(q_1)[l_2\cos(q_2)+l_3\cos(q_2+q_3)] & -\mathrm{sen}(q_1)[l_2\ \mathrm{sen}(q_2)-l_3\ \mathrm{sen}(q_2+q_3)] & -l_3\ \mathrm{sen}(q_1)\ \mathrm{sen}(q_2+q_3) \\ 0 & l_2\cos(q_2)+l_3\cos(q_2+q_3) & l_3\cos(q_2+q_3) \end{bmatrix}}_{J_r(\boldsymbol{q})}\begin{bmatrix}\dot{q}_1\\ \dot{q}_2\\ \dot{q}_3\end{bmatrix} \tag{5.39}$$

donde $J_r(\boldsymbol{q}) \in \mathbb{R}^{3\times 3}$ es la matriz jacobiana del brazo robot.

• • • Ejemplo 5.5

Utilizando las propiedades establecidas en las secciones 4.5 y 4.6, demostrar que se obtiene la misma matriz jacobiana (5.39) del brazo robot. Además, encontrar la velocidad angular $\boldsymbol{\omega}_0$ y la matriz $\mathcal{W}_0$.

Solución

La derivada con respecto al tiempo del primer y tercer términos del modelo de cinemática directa del brazo robot expresada en (5.38b), se tiene:

$$\frac{d}{dt}\left[R_{z_0}(q_1)\begin{bmatrix}0\\0\\l_{1a}+\beta_1+l_1\end{bmatrix}\right] = \dot{R}_{z_0}(q_1)\begin{bmatrix}0\\0\\l_{1a}+\beta_1+l_1\end{bmatrix} = S(\dot{q}_1\boldsymbol{k}_0)R_{z_0}(q_1)\begin{bmatrix}0\\0\\l_{1a}+\beta_1+l_1\end{bmatrix} = \begin{bmatrix}0\\0\\0\end{bmatrix}$$

$$
\begin{aligned}
\frac{d}{dt}\left[R_{z_0}(q_1)\,R_{x_0}(\tfrac{\pi}{2})\,R_{z_1}(q_2)\begin{bmatrix} l_2\\ 0\\ \beta_2\end{bmatrix}\right] &= \Big[\dot{R}_{z_0}(q_1)\,R_{x_0}(\tfrac{\pi}{2})\,R_{z_1}(q_2) + R_{z_0}(q_1)\,\cancelto{0}{\dot{R}_{x_0}}(\tfrac{\pi}{2})\,R_{z_1}(q_2) + \\
&\qquad R_{z_0}(q_1)\,R_{x_0}(\tfrac{\pi}{2})\,\dot{R}_{z_1}(q_2)\Big]\begin{bmatrix} l_2\\ 0\\ \beta_2\end{bmatrix} \\
&= \left[S(\dot{q}_1\boldsymbol{k}_0)R_{z_0}(q_1)\,R_{x_0}(\tfrac{\pi}{2})\,R_{z_1}(q_2) + R_{z_0}(q_1)\,R_{x_0}(\tfrac{\pi}{2})\,S(\dot{q}_2\boldsymbol{k}_1)R_{z_1}(q_2)\right]\begin{bmatrix} l_2\\ 0\\ \beta_2\end{bmatrix} \\
&= \Big[S(\dot{q}_1\boldsymbol{k}_0)R_{z_0}(q_1)\,R_{x_0}(\tfrac{\pi}{2})\,R_{z_1}(q_2)\ + \\
&\qquad R_{z_0}(q_1)\,R_{x_0}(\tfrac{\pi}{2})\,S(\dot{q}_2\boldsymbol{k}_1)\underbrace{\left[R_{z_0}(q_1)\,R_{x_0}(\tfrac{\pi}{2})\right]^T\left[R_{z_0}(q_1)\,R_{x_0}(\tfrac{\pi}{2})\right]}_{\text{matriz identidad: } I\in\mathbb{R}^{3\times 3}}R_{z_1}(q_2)\Big]\begin{bmatrix} l_2\\ 0\\ \beta_2\end{bmatrix} \\
&= \Big[S(\dot{q}_1\boldsymbol{k}_0)R_{z_0}(q_1)\,R_{x_0}(\tfrac{\pi}{2})\,R_{z_1}(q_2) + \\
&\qquad \underbrace{R_{z_0}(q_1)\,R_{x_0}(\tfrac{\pi}{2})\,S(\dot{q}_1\boldsymbol{k}_1)\left[R_{z_0}(q_1)\,R_{x_0}(\tfrac{\pi}{2})\right]^T}_{\text{propiedad ()}}\ R_{z_0}(q_1)\,R_{x_0}(\tfrac{\pi}{2})\,R_{z_1}(q_2)\Big]\begin{bmatrix} l_2\\ 0\\ \beta_2\end{bmatrix} \\
&= \Big[S(\dot{q}_1\boldsymbol{k}_0) + \underbrace{S(R_{z_0}(q_1)\,R_{x_0}(\tfrac{\pi}{2})\,\boldsymbol{k}_1\dot{q}_2)}_{\text{propiedad ()}}\Big]\ R_{z_0}(q_1)\,R_{x_0}(\tfrac{\pi}{2})\,R_{z_1}(q_2)\begin{bmatrix} l_2\\ 0\\ \beta_2\end{bmatrix} \\
&= \underbrace{S\left(\dot{q}_1\boldsymbol{k}_0 + R_{z_0}(q_1)\,R_{x_0}(\tfrac{\pi}{2})\,\boldsymbol{k}_1\dot{q}_2\right)}_{\text{propiedad ()}}\ R_{z_0}(q_1)\,R_{x_0}(\tfrac{\pi}{2})\,R_{z_1}(q_2)\begin{bmatrix} l_2\\ 0\\ \beta_2\end{bmatrix} \\
&= S\left(\begin{bmatrix} \dot{q}_2\ \mathrm{sen}(q_1)\\ -\dot{q}_2\ \cos(q_1)\\ \dot{q}_1\end{bmatrix}\right)\begin{bmatrix} \cos(q_1)\cos(q_2) & -\cos(q_1)\,\mathrm{sen}(q_2) & \mathrm{sen}(q_1)\\ \mathrm{sen}(q_1)\cos(q_2) & -\,\mathrm{sen}(q_1)\,\mathrm{sen}(q_2) & -\cos(q_1)\\ \mathrm{sen}(q_2) & \cos(q_2) & 0\end{bmatrix}\begin{bmatrix} l_2\\ 0\\ \beta_2\end{bmatrix} \\
&= \begin{bmatrix} -\dot{q}_1\cos(q_2)\,\mathrm{sen}(q_1) - \dot{q}_2\cos(q_1)\,\mathrm{sen}(q_2) & \dot{q}_1\,\mathrm{sen}(q_1)\,\mathrm{sen}(q_2) - \dot{q}_2\cos(q_1)\cos(q_2) & \dot{q}_1\cos(q_1)\\ \dot{q}_1\cos(q_1)\cos(q_2) - \dot{q}_2\,\mathrm{sen}(q_1)\,\mathrm{sen}(q_2) & -\dot{q}_1\cos(q_1)\,\mathrm{sen}(q_2) - \dot{q}_2\cos(q_2)\,\mathrm{sen}(q_1) & \dot{q}_1\,\mathrm{sen}(q_1)\\ \dot{q}_2\cos(q_2) & -\dot{q}_2\,\mathrm{sen}(q_2) & 0\end{bmatrix}\begin{bmatrix} l_2\\ 0\\ \beta_2\end{bmatrix} \\
&= \begin{bmatrix} \beta_2\dot{q}_1\cos(q_1) - l_2[\dot{q}_1\cos(q_2)\,\mathrm{sen}(q_1) + \dot{q}_2\cos(q_1)\,\mathrm{sen}(q_2)]\\ l_2[\dot{q}_1\cos(q_1)\cos(q_2) - \dot{q}_2\,\mathrm{sen}(q_1)\,\mathrm{sen}(q_2)] + \beta_2\dot{q}_1\,\mathrm{sen}(q_1)\\ l_2\dot{q}_2\cos(q_2)\end{bmatrix} \\
&= \begin{bmatrix} \beta_2\cos(q_1) - l_2\cos(q_2)\,\mathrm{sen}(q_1) & l_2\cos(q_1)\,\mathrm{sen}(q_2) & 0\\ \beta_2\,\mathrm{sen}(q_1) + l_2\cos(q_1)\cos(q_2) & -l_2\,\mathrm{sen}(q_1)\,\mathrm{sen}(q_2) & 0\\ 0 & l_2\cos(q_2) & 0\end{bmatrix}\begin{bmatrix} \dot{q}_1\\ \dot{q}_2\\ \dot{q}_3\end{bmatrix}
\end{aligned} \tag{5.40}
$$

La derivada con respecto al tiempo del tercer término de la ecuación (5.38b) es:

$$
\begin{aligned}
\frac{d}{dt}\left[R_{z_0}(q_1)\,R_{x_0}(\tfrac{\pi}{2})\,\underbrace{R_{z_1}(q_2)\,R_{z_2}(q_3)}_{R_{z_1}(q_2+q_3)}\begin{bmatrix} l_3\\ 0\\ \beta_3\end{bmatrix}\right] &= \Big[\dot{R}_{z_0}(q_1)\,R_{x_0}(\tfrac{\pi}{2})\,R_{z_1}(q_2+q_3) + R_{z_0}(q_1)\,\cancelto{0}{\dot{R}_{x_0}}(\tfrac{\pi}{2})\,R_{z_1}(q_2+q_3) + \\
&\qquad R_{z_0}(q_1)\,R_{x_0}(\tfrac{\pi}{2})\,\dot{R}_{z_1}(q_2+q_3)\Big]\begin{bmatrix} l_3\\ 0\\ \beta_3\end{bmatrix} \\
&= \Big[S(\boldsymbol{k}_0\dot{q}_1)R_{z_0}(q_1)\,R_{x_0}(\tfrac{\pi}{2})\,R_{z_1}(q_2+q_3)\ + \\
&\qquad R_{z_0}(q_1)\,R_{x_0}(\tfrac{\pi}{2})\,S\left(\dot{q}_2+\dot{q}_3\right)\boldsymbol{k}_1)R_{z_1}(q_2+q_3)\Big]\begin{bmatrix} l_3\\ 0\\ \beta_3\end{bmatrix}
\end{aligned}
$$

$$
\begin{aligned}
&= \Big[S(\boldsymbol{k}_0\dot{q}_1)R_{z_0}(q_1)\,R_{x_0}(\tfrac{\pi}{2})\,R_{z_1}(q_2+q_3) \quad + \\
&\qquad R_{z_0}(q_1)\,R_{x_0}(\tfrac{\pi}{2})S((\dot{q}_2+\dot{q}_3)\,\boldsymbol{k}_1)\underbrace{[R_{z_0}(q_1)\,R_{x_0}(\tfrac{\pi}{2})]^T\,[R_{z_0}(q_1)\,R_{x_0}(\tfrac{\pi}{2})]}_{\text{matriz identidad: } I\in\mathbb{R}^{3\times 3}}\,R_{z_1}(q_2+q_3)\Big]\begin{bmatrix} l_3\\ 0\\ \beta_3\end{bmatrix} \\
&= \Big[\,S(\boldsymbol{k}_0\dot{q}_1)R_{z_0}(q_1)\,R_{x_0}(\tfrac{\pi}{2})\,R_{z_1}(q_2) \quad + \\
&\qquad \underbrace{R_{z_0}(q_1)\,R_{x_0}(\tfrac{\pi}{2})\,S((\dot{q}_2+\dot{q}_3)\,\boldsymbol{k}_1)\,[R_{z_0}(q_1)\,R_{x_0}(\tfrac{\pi}{2})]^T}_{\text{propiedad ()}}\;R_{z_0}(q_1)\,R_{x_0}(\tfrac{\pi}{2})\,R_{z_1}(q_2+q_3)\Big]\begin{bmatrix} l_3\\ 0\\ \beta_3\end{bmatrix} \\
&= \Big[S(\boldsymbol{k}_0\dot{q}_1) + \underbrace{S(R_{z_0}(q_1)\,R_{x_0}(\tfrac{\pi}{2})\,(\dot{q}_2+\dot{q}_2)\,\boldsymbol{k}_1}_{\text{propiedad ()}}\Big]\;R_{z_0}(q_1)\,R_{x_0}(\tfrac{\pi}{2})\,R_{z_1}(q_2+q_3)\begin{bmatrix} l_3\\ 0\\ \beta_3\end{bmatrix} \\
&= \underbrace{S\left(\boldsymbol{k}_0\dot{q}_1 + R_{z_0}(q_1)\,R_{x_0}(\tfrac{\pi}{2})\,(\dot{q}_2+\dot{q}_3)\,\boldsymbol{k}_1\right)}_{\text{propiedad ()}}\;R_{z_0}(q_1)\,R_{x_0}(\tfrac{\pi}{2})\,R_{z_1}(q_2+q_3)\begin{bmatrix} l_3\\ 0\\ \beta_3\end{bmatrix}
\end{aligned}
$$

$$
= S\left(\underbrace{\begin{bmatrix} (\dot{q}_2+\dot{q}_3)\,\mathrm{sen}(q_1)\\ -(\dot{q}_2+\dot{q}_3)\,\cos(q_1)\\ \dot{q}_1\end{bmatrix}}_{\boldsymbol{\omega}_0}\right)\begin{bmatrix} \cos(q_1)\cos(q_2+q_3) & -\cos(q_1)\,\mathrm{sen}(q_2+q_3) & \mathrm{sen}(q_1)\\ \mathrm{sen}(q_1)\cos(q_2+q_3) & -\,\mathrm{sen}(q_1)\,\mathrm{sen}(q_2+q_3) & -\cos(q_1)\\ \mathrm{sen}(q_2+q_3) & \cos(q_2+q_3) & 0\end{bmatrix}\begin{bmatrix} l_3\\ 0\\ \beta_3\end{bmatrix} \quad (5.41)
$$

$$
= \begin{bmatrix} -\dot{q}_1\cos(q_2+q_2)\,\mathrm{sen}(q_1) - (\dot{q}_2+\dot{q}_3)\cos(q_1)\,\mathrm{sen}(q_2+q_3) & \dot{q}_1\,\mathrm{sen}(q_1)\,\mathrm{sen}(q_2+q_3) - (\dot{q}_2+\dot{q}_3)\cos(q_1)\cos(q_2+q_3) & \dot{q}_1\cos(q_1)\\ \dot{q}_1\cos(q_1)\cos(q_2+q_3) - (\dot{q}_2+\dot{q}_3)\,\mathrm{sen}(q_1)\,\mathrm{sen}(q_2+q_3) & -\dot{q}_1\cos(q_1)\,\mathrm{sen}(q_2+q_3) - (\dot{q}_2+\dot{q}_3)\cos(q_2+q_3)\,\mathrm{sen}(q_1) & \dot{q}_1\,\mathrm{sen}(q_1)\\ (\dot{q}_2+\dot{q}_3)\cos(q_2+q_3) & -(\dot{q}_2+\dot{q}_3)\,\mathrm{sen}(q_2+q_3) & 0\end{bmatrix}\begin{bmatrix} l_3\\ 0\\ \beta_3\end{bmatrix}
$$

$$
= \begin{bmatrix} \beta_3\dot{q}_1\cos(q_1) - l_3[\dot{q}_1\cos(q_2+q_3)\,\mathrm{sen}(q_1) + (\dot{q}_2+\dot{q}_3)\cos(q_1)\,\mathrm{sen}(q_2+q_3)]\\ l_3[\dot{q}_1\cos(q_1)\cos(q_2+q_3) - (\dot{q}_2+\dot{q}_3)\,\mathrm{sen}(q_1)\,\mathrm{sen}(q_2+q_3)] + \beta_3\dot{q}_1\,\mathrm{sen}(q_1)\\ l_3(\dot{q}_2+\dot{q}_3)\cos(q_2+q_3)\end{bmatrix}
$$

$$
= \begin{bmatrix} \beta_3\cos(q_1) - l_3\cos(q_2+q_3)\,\mathrm{sen}(q_1) & -l_3\cos(q_1)\,\mathrm{sen}(q_2+q_3) & -l_3\cos(q_1)\,\mathrm{sen}(q_2+q_3)\\ \beta_3\,\mathrm{sen}(q_1) + l_3\cos(q_1)\cos(q_2+q_3) & -l_3\,\mathrm{sen}(q_1)\,\mathrm{sen}(q_2+q_3) & -l_3\,\mathrm{sen}(q_1)\,\mathrm{sen}(q_2+q_3)\\ 0 & l_3\cos(q_2+q_3) & l_3\cos(q_2+q_3)\end{bmatrix}\begin{bmatrix} \dot{q}_1\\ \dot{q}_2\\ \dot{q}_3\end{bmatrix} \quad (5.42)
$$

Sumando las expresiones (5.40) y (5.42), se obtiene el jacobiano de (5.39):

$$
\begin{aligned}
J_r(q)\dot{\boldsymbol{q}} &= \begin{bmatrix} \beta_2\cos(q_1) - l_2\cos(q_2)\,\mathrm{sen}(q_1) & l_2\cos(q_1)\,\mathrm{sen}(q_2) & 0\\ \beta_2\,\mathrm{sen}(q_1) + l_2\cos(q_1)\cos(q_2) & -l_2\,\mathrm{sen}(q_1)\,\mathrm{sen}(q_2) & 0\\ 0 & l_2\cos(q_2) & 0\end{bmatrix}\begin{bmatrix} \dot{q}_1\\ \dot{q}_2\\ \dot{q}_3\end{bmatrix} + \\
&\begin{bmatrix} \beta_3\cos(q_1) - l_3\cos(q_2+q_3)\,\mathrm{sen}(q_1) & -l_3\cos(q_1)\,\mathrm{sen}(q_2+q_3) & -l_3\cos(q_1)\,\mathrm{sen}(q_2+q_3)\\ \beta_3\,\mathrm{sen}(q_1) + l_3\cos(q_1)\cos(q_2+q_3) & -l_3\,\mathrm{sen}(q_1)\,\mathrm{sen}(q_2+q_3) & -l_3\,\mathrm{sen}(q_1)\,\mathrm{sen}(q_2+q_3)\\ 0 & l_3\cos(q_2+q_3) & l_3\cos(q_2+q_3)\end{bmatrix}\begin{bmatrix} \dot{q}_1\\ \dot{q}_2\\ \dot{q}_3\end{bmatrix} \\
&= \begin{bmatrix} [\beta_2+\beta_3]\cos(q_1) - \mathrm{sen}(q_1)[l_2\cos(q_2) + l_3\cos(q_2+q_3)] & \cos(q_1)[l_2\,\mathrm{sen}(q_2) - l_3\,\mathrm{sen}(q_2+q_3)] & -l_3\cos(q_1)\,\mathrm{sen}(q_2+q_3)\\ [\beta_2+\beta_3]\,\mathrm{sen}(q_1) + \cos(q_1)[l_2\cos(q_2) + l_3\cos(q_2+q_3)] & -\,\mathrm{sen}(q_1)[l_2\,\mathrm{sen}(q_2) - l_3\,\mathrm{sen}(q_2+q_3)] & -l_3\,\mathrm{sen}(q_1)\,\mathrm{sen}(q_2+q_3)\\ 0 & l_2\cos(q_2) + l_3\cos(q_2+q_3) & l_3\cos(q_2+q_3)\end{bmatrix}\begin{bmatrix} \dot{q}_1\\ \dot{q}_2\\ \dot{q}_3\end{bmatrix} \quad (5.43)
\end{aligned}
$$

Para deducir la matriz de transformación $\mathcal{W}_0$ que relaciona la velocidad rotacional $\boldsymbol{q}$ con la velocidad angular $\boldsymbol{\omega}_0$ se utiliza el argumento de la matriz antisimétrica $S(\boldsymbol{\omega}_0)$ definida en la ecuación (5.41), de la siguiente manera:

$$
\boldsymbol{\omega}_0 = \begin{bmatrix} (\dot{q}_2+\dot{q}_3)\,\mathrm{sen}(q_1)\\ -(\dot{q}_2+\dot{q}_3)\,\cos(q_1)\\ \dot{q}_1\end{bmatrix} = \underbrace{\begin{bmatrix} 0 & \mathrm{sen}(q_1) & \mathrm{sen}(q_1)\\ 0 & -\cos(q_1) & -\cos(q_1)\\ 1 & 0 & 0\end{bmatrix}}_{\mathcal{W}_0}\begin{bmatrix} \dot{q}_1\\ \dot{q}_2\\ \dot{q}_3\end{bmatrix}
$$

5.6.3.3 Cinemática inversa del brazo robot de 3 gdl

La figura 5.22 presenta los detalles del modelo geométrico para encontrar al ángulo q_1 del brazo robot. Por trigonometría aplicada sobre los triángulos rectángulos que forman las articulaciones del hombro y codo, los catetos adyacentes $l_2 \cos(q_2)$ y $l_3 \cos(q_2 + q_3)$, respectivamente se proyectan sobre plano horizontal $x_0 - y_0$; en la imagen de la derecha se muestra ampliado dicho plano; el ángulo q_1 del servomotor de la base gira alrededor del eje z_0. El ángulo v es la orientación de la hipotenusa $\sqrt{(x_0^2 + y_0^2)}$ del triángulo rectángulo formado por el cateto opuesto $\beta_2 + \beta_3$ y el cateto adyacente $l_2 \cos(q_2) + l_3 \cos(q_2 + q_3)$. El ángulo interior a dicho triángulo es ρ.

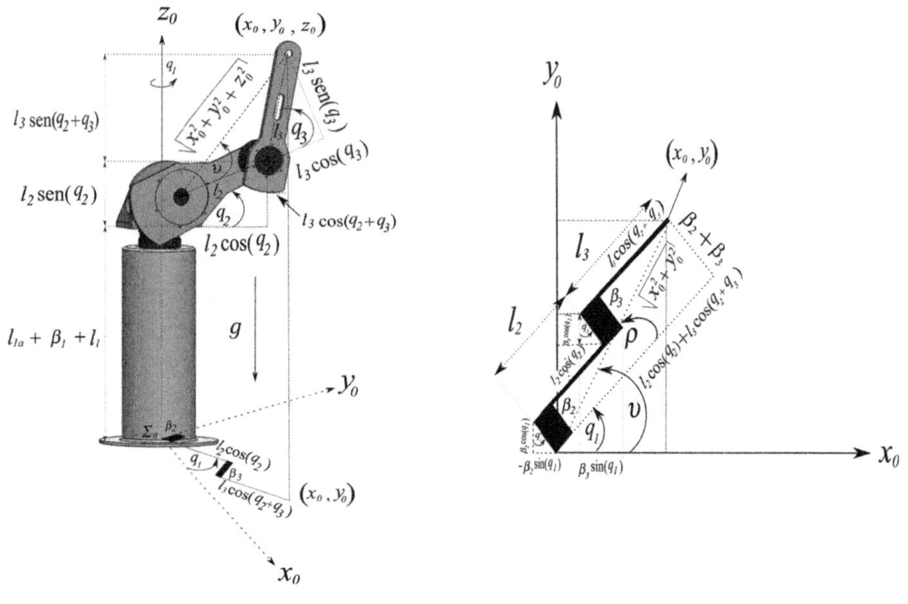

Figura 5.22: Modelo geométrico para encontrar a la variable articular q_1

Del análisis del modelo geométrico que se describe en la figura (5.22), las siguientes expresiones se deducen para q_1:

$$
\begin{aligned}
v &= \operatorname{atan}\left(\frac{y_0}{x_0}\right) = \rho + q_1 \Longrightarrow q_1 = v - \rho \\
x_0^2 + y_0^2 &= [\, l_2 \cos(q_2) + l_3 \cos(q_2 + q_3)\,]^2 + [\,\beta_2 + \beta_3\,]^2 \\
\rho &= \operatorname{atan}\left(\frac{\beta_2+\beta_3}{l_2 \cos(q_2)+l_3 \cos(q_2+q_3)}\right) = \operatorname{atan}\left(\frac{\beta_2+\beta_3}{\sqrt{x_0^2+y_0^2-[\,\beta_2+\beta_3\,]^2}}\right) \\
q_1 &= \operatorname{atan}\left(\frac{y_0}{x_0}\right) - \operatorname{atan}\left(\frac{\beta_2+\beta_3}{\sqrt{x_0^2+y_0^2-[\,\beta_2+\beta_3\,]^2}}\right)
\end{aligned}
$$

Ahora, para encontrar a los ángulos q_2 y q_3, correspondientes a las articulaciones del hombro y codo, respectivamente, se analiza el modelo geométrico mostrado en la figura 5.23. Utilizando el triángulo rectángulo auxiliar, compuesto por el cateto adyacente $l_2 + l_3 \cos(q_3)$ y el cateto opuesto $l_3 \operatorname{sen}(q_3)$ se obtienen las siguientes expresiones para determinar el ángulo q_3:

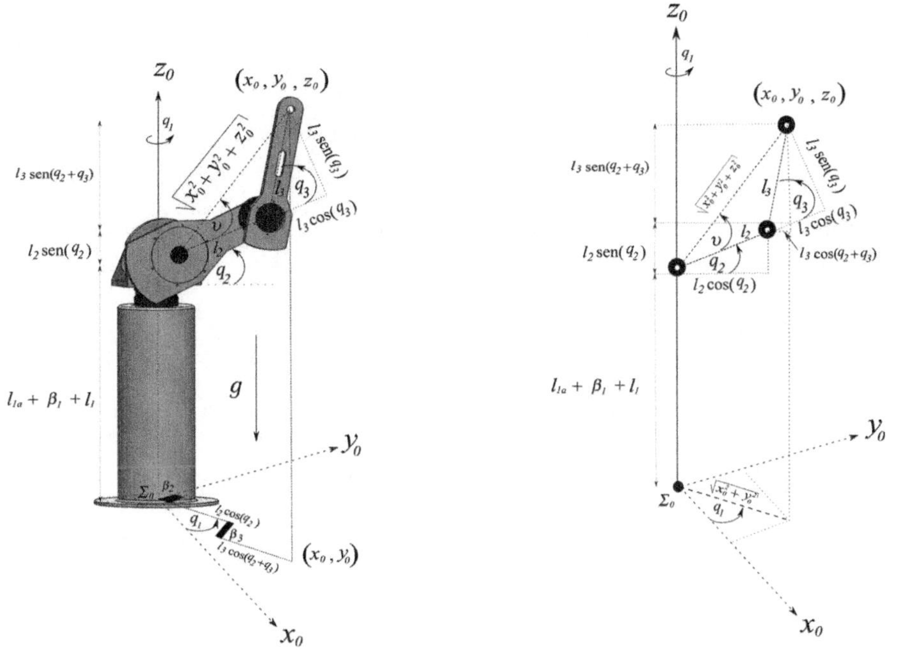

Figura 5.23: Modelo de cinemática inversa para los ángulos q_2 y q_3

$$
\begin{aligned}
[\,z_0 - (\,l_1 + l_{1a} + \beta_1\,)\,]^2 + y_0^2 + x_0^2 &= [\,l_2 + l_3 \cos(q_3)\,]^2 + l_3^2 \operatorname{sen}^2(q_3)\\
&= l_2^2 + l_3^2 \underbrace{[\,\cos^2(q_3) + \operatorname{sen}^2(q_3)\,]}_{1} + 2l_2 l_3 \cos(q_3)\\
&= l_2^2 + l_3^2 + 2l_2 l_3 \cos(q_3)
\end{aligned}
$$

$$
\begin{aligned}
\cos(q_3) &= \frac{[\,z_0 - (\,l_1 + l_{1a} + \beta_1\,)\,]^2 + y_0^2 + x_0^2 - l_2^2 - l_3^2}{2l_2 l_3}\\
\operatorname{sen}(q_3) &= \sqrt{1 - \left[\frac{[\,z_0 - (\,l_1 + l_{1a} + \beta_1\,)\,]^2 + y_0^2 + x_0^2 - l_2^2 - l_3^2}{2l_2 l_3}\right]^2}\\
\tan(q_3) &= \frac{\sqrt{(\,2l_2 l_3\,)^2 - \left[[\,z_0 - (\,l_1 + l_{1a} + \beta_1\,)\,]^2 + y_0^2 + x_0^2 - l_2^2 - l_3^2\right]^2}}{[\,z_0 - (\,l_1 + l_{1a} + \beta_1\,)\,]^2 + y_0^2 + x_0^2 - l_2^2 - l_3^2}
\end{aligned}
$$

Continuando con el desarrollo, ahora se emplea el triángulo que tiene ángulos interiores $q_2+\upsilon$, el cateto adyacente $\sqrt{x_0^2+y_0^2}$ y el cateto opuesto $z_0-(l_1+l_{1a}+\beta_1)$, para obtener las siguientes expresiones:

$$\begin{aligned}\tan(q_2+\upsilon) &= \frac{z_0-(l_1+l_{1a}+\beta_1)}{\sqrt{x_0^2+y_0^2}}\\ &= \frac{\tan(q_2)+\tan(\upsilon)}{1-\tan(q_2)\tan(\upsilon)}\end{aligned}$$

Simples manipulaciones algebraicas y utilizando las propiedades de la función $\tan(\cdots)$, se obtiene lo siguiente:

$$\begin{aligned}\tan(q_2)+\tan(\upsilon) &= \frac{z_0-(l_1+l_{1a}+\beta_1)}{\sqrt{x_0^2+y_0^2}}\left[1-\tan(q_2)\tan(\upsilon)\right]\\ \tan(q_2)\left[1+\frac{z_0-(l_1+l_{1a}+\beta_1)}{\sqrt{x_0^2+y_0^2}}\tan(\upsilon)\right] &= \frac{z_0-(l_1+l_{1a}+\beta_1)}{\sqrt{x_0^2+y_0^2}}-\tan(\upsilon)\\ \tan(q_2) &= \frac{\frac{z_0-(l_1+l_{1a}+\beta_1)}{\sqrt{x_0^2+y_0^2}}-\tan(\upsilon)}{1+\frac{z_0-(l_1+l_{1a}+\beta_1)}{\sqrt{x_0^2+y_0^2}}\tan(\upsilon)}\\ &= \frac{\frac{z_0-(l_1+l_{1a}+\beta_1)}{\sqrt{x_0^2+y_0^2}}-\frac{l_3\operatorname{sen}(q_3)}{l_2+l_3\cos(q_3)}}{1+\frac{z_0-(l_1+l_{1a}+\beta_1)}{\sqrt{x_0^2+y_0^2}}\frac{l_3\operatorname{sen}(q_3)}{l_2+l_3\cos(q_3)}}\\ &= \frac{z_0-(l_1+l_{1a}+\beta_1)-\sqrt{x_0^2+y_0^2}\frac{l_3\operatorname{sen}(q_3)}{l_2+l_3\cos(q_3)}}{\sqrt{x_0^2+y_0^2}+[z_0-(l_1+l_{1a}+\beta_1)]\frac{l_3\operatorname{sen}(q_3)}{l_2+l_3\cos(q_3)}}\\ &= \frac{[l_2+l_3\cos(q_3)][z_0-(l_1+l_{1a}+\beta_1)]-l_3\operatorname{sen}(q_3)\sqrt{x_0^2+y_0^2}}{\sqrt{x_0^2+y_0^2}[l_2+l_3\cos(q_3)]+[z_0-(l_1+l_{1a}+\beta_1)]l_3\operatorname{sen}(q_3)}\end{aligned}$$

La expresión final para deducir el ángulo q_2 es:

$$\boldsymbol{q}_2 = \operatorname{atan}\left(\frac{[l_2+l_3\cos(q_3)][z_0-(l_1+l_{1a}+\beta_1)]-l_3\operatorname{sen}(q_3)\sqrt{x_0^2+y_0^2}}{\sqrt{x_0^2+y_0^2}[l_2+l_3\cos(q_3)]+[z_0-(l_1+l_{1a}+\beta_1)]l_3\operatorname{sen}(q_3)}\right)$$

Por lo tanto, el modelo de cinemática inversa, para un brazo robot de 3 gdl es:

$$\begin{aligned}
q_1 &= \operatorname{atan}\left(\frac{y_0}{x_0}\right) - \operatorname{atan}\left(\frac{\beta_2+\beta_3}{\sqrt{x_0^2+y_0^2-[\beta_2+\beta_3]^2}}\right)\\
q_3 &= \operatorname{atan}\left(\frac{\sqrt{(2l_2l_3)^2-\left[[z_0-(l_1+l_{1a}+\beta_1)]^2+y_0^2+x_0^2-l_2^2-l_3^2\right]^2}}{[z_0-(l_1+l_{1a}+\beta_1)]^2+y_0^2+x_0^2-l_2^2-l_3^2}\right)\\
q_2 &= \operatorname{atan}\left(\frac{[l_2+l_3\cos(q_3)][z_0-(l_1+l_{1a}+\beta_1)]-l_3\operatorname{sen}(q_3)\sqrt{x_0^2+y_0^2}}{\sqrt{x_0^2+y_0^2}[l_2+l_3\cos(q_3)]+[z_0-(l_1+l_{1a}+\beta_1)]l_3\operatorname{sen}(q_3)}\right)
\end{aligned} \tag{5.44}$$

• • • Ejemplo 5.6

Diseñar un programa en **MATLAB** que permita desplegar en forma simbólica la tabla E-DH, matrices de transformación homogénea, el modelo de cinemática directa, matriz jacobiana y su determinante, correspondiente a un brazo robot de 3 gdl. Además, implementar una aplicación para que el extremo final del robot manipulador trace trayectorias circulares sobre el eje z_0, de radio $r = 0.2$ m, con centro en $[x_c, y_c]^T = [0.3, -0.3]^T$ m y periodo de movimiento de 6.28 segundos.

Solución

En el cuadro de código 5.3 se encuentra el programa `BrazoRobot3gdl.m`, con la programación requerida para obtener el análisis cinemático del brazo robot de 3 gdl en su configuración antropomórfico. Las líneas de programación 5-18 contienen el código fuente **MATLAB** para realizar el modelo cinemático, lo cual incluye las matrices de transformación homogénea para cada articulación: H_0^1, H_1^2, H_2^3 y $H_0^3 = H_0^1 H_1^2 H_2^3$; la matriz jacobiana y su determinante. Mientras que entre las líneas 19-31 se encuentra la aplicación del trazo de la trayectoria circular.

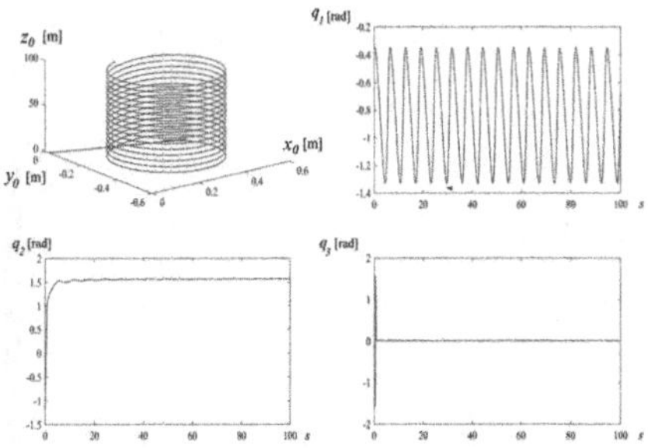

Figura 5.24: Aplicación del brazo robot de 3 gdl

La figura 5.24 muestra los resultados de la aplicación desarrollada por el robot manipulador antropomórifico. En el espacio tridimensional, se exhibe el resorte formado por la herramienta de trabajo. Asimismo, se ilustra la evolución en el tiempo de cada uno de los servomotores que forman al robot. Note que la variable de la base $q_1(t)$ tiene un movimiento cosenoidal, necesario para que la herramienta de trabajo trace los círculos; la variable $q_2(t)$ se incrementa lentamente, para moverse en el eje z_0 después de la etapa transitoria, q_3, adquiere un valor constante, puesto que cada círculo se realiza en el plano $x_0 - y_0$.

Código MATLAB 5.3 BrazoRobot3gdl.m

Robótica: Control de Robots Manipuladores

Capítulo 5. Cinemática directa.

Fernando Reyes Cortés

Alfaomega Grupo Editor: "**Te acerca al conocimiento**".

Programa: BrazoRobot3gdl.m	MATLAB versión 2024a

```
clc;
clearvars;
close all;
format short
syms q1 q2 q3 beta1 beta2 beta3 l1a l1 l2 l3 alpha1 alpha2 alpha3 real
disp('Tabla Euler-DH del brazo robot de 3 gdl')
disp('[ l_i alpha_i (d_i XOR beta_i) q_i]')
dh=[0, pi/2, l1a+l1+beta1, q1;
      l2, 0, beta2, q2;]
      l3, 0, beta3, q3];
disp(dh)
H10=simplify(HRz(dh(1,4))*HTz(dh(1,3))*HTx(dh(1,1))*HRx(dh(1,2))) %H_0^1.
H21=simplify(HRz(dh(2,4))*HTz(dh(2,3))*HTx(dh(2,1))*HRx(dh(2,2))) %H_1^2.
H32=simplify(HRz(dh(3,4))*HTz(dh(3,3))*HTx(dh(3,1))*HRx(dh(3,2))) %H_2^3.
H30=simplify(H10*H21*H32) % H_0^3 = H_0^1 H_1^2 H_2^3.
[R30, cinematica, cero, c]=H_DH(H30)
J=jacobian(cinematica, [q1; q2; q3]) matriz jacobiana: J_r(q).
determinante=detJ=collect(simplify(det(J))) % determinante de J_r(q).
l1=0; l2=0.45; l3=0.45; beta1=0.12; beta2=0.01; beta3=0.01;
xc=0.3; yc=-0.3; r=0.20;
t=0:0.001:100;
q1=[]; q2=[]; q3=[];
x=xc+r*sin(t);
y=yc+r*cos(t);
z=1.0*t;
[q1, q2, q3]=cinv_r3gdl(beta2,beta3,l2,l3,x,y,z);
[x0, y0, z0]=cinematica_r3gdl(beta1,l1,q1,beta2,l2,q2,beta3,l3,q3);
figure, subplot(2,2,1); plot3(x0,y0,z0)
subplot(2,2,2); plot(t,q1)
subplot(2,2,3); plot(t,q2)
subplot(2,2,4); plot(t,q3)
%Código disponible en Web
```

•••

• • • Ejemplo 5.7

Considere el robot manipulador industrial que se muestra en la figura 5.25. Para la posición de casa indicada asigne los sistemas de referencia $\Sigma_i(x_i, y_i, z_i)$ y deduzca la correspondiente tabla Euler-DH. Desarrollar la programación simbólica en **MATLAB**, para obtener las matrices de transformación homogéneas $H_0^1, H_1^2, H_2^3, H_0^3$; el modelo de cinemática directa, matriz jacobiana y su determinante.

Solución

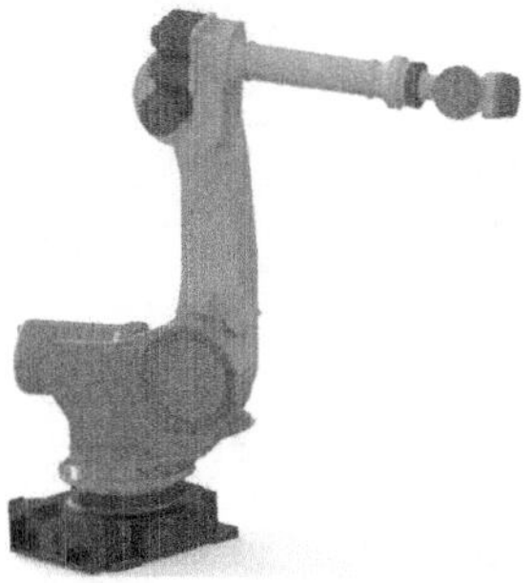

Figura 5.25: Posición de casa industrial

La posición de casa que presenta el robot industrial de la figura 5.25 es una configuración típica para la mayoría de robots que se encuentran en las líneas de automatización del sector industrial. Principalmente se debe a que este tipo de robots pueden alcanzar un peso considerable; por ejemplo, alrededor de 3 toneladas; por lo que es una forma adecuada de balancear su peso sin dañar sus componentes mecánicas. En contraste, si adopta la configuración de casa del robot mostrado en la figura 5.20, por el efecto gravitacional, el sistema de engranes y otras componentes mecánicas se pueden dañar.

En la figura 5.26 se presenta la comparación de posición de casa entre un robot industrial y el brazo robot prototipo académico de la figura 5.20; en el caso del robot industrial (imagen superior izquierda), el robot se encuentra extendido horizontalmente, su peso, con aproximadamente 3000 kg hacen que el centro de masa no tenga un soporte mecánico adecuado y puede colapsar; por eso la articulación del hombro está vertical(imagen derecha superior); mientras que para el prototipo sí puede estar extendido en forma horizontal, sin ningún problema; puesto que su peso es mucho menor (100 kg); sin embargo, también puede tener la misma configuración industrial de casa cuando el hombro queda vertical, como se muestra en la imagen inferior derecha de la figura 5.26.

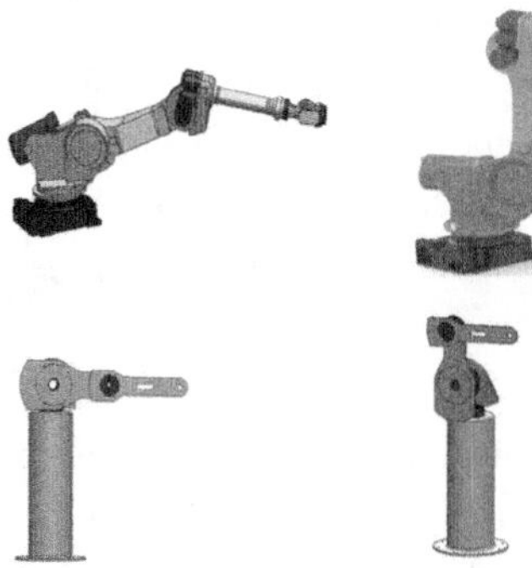

Figura 5.26: Comparación de la posición de casa

La figura 5.27 describe la asignación de los sistemas de referencia $\Sigma_i(x_i, y_i, z_i)$, para $i = 0, 1, 2, 3$, para el robot industrial. El origen del sistema fijo $\Sigma_0(x_0, y_0, z_0)$ se coloca en la primera articulación, donde inicia el rotor de la base, alineando el eje z_0 con su respectivo eje de giro q_1; el origen de $\Sigma_1(x_1, y_1, z_1)$ correspondiente a la articulación del hombro se coloca sobre el eje z_0, cuyas coordenadas con respecto a Σ_0 son: $\boldsymbol{d}_0^1 = [\,0 \quad 0 \quad l_s + \beta + l_1\,]^T$; el eje de giro z_1 que mide a q_2 es perpendicular al eje z_0; es decir $\alpha_1 = \frac{\pi}{2}$.

Tabla 5.9: Parámetros y variables Euler-DH del robot industrial

Eslabón-i	q_i	$\beta_i \oplus d_i$	l_i	α_i
1	q_1	$l_{1a} + \beta_1 + l_s$	l_1	$\frac{\pi}{2}$
2	$q_2 - \frac{\pi}{2}$	β_2	l_2	0
3	$q_3 + \frac{\pi}{2}$	β_3	l_3	0

•La rotación auxiliar

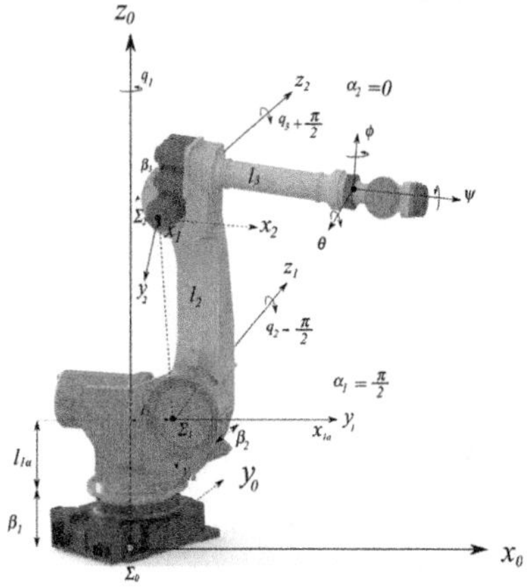

Figura 5.27: Robot industrial

Observe que la barra de metal (fabricada de fierro dulce o colado) de la articulación del hombro está vertical y se requiere realizar una rotación auxiliar, puesto que el eje x_1 después de la rotación de α_1 queda paralelo al eje x_0. Dicha rotación auxiliar se realiza alrededor del eje z_1 por un ángulo $-\frac{\pi}{2}$, es decir $R_{z_1}(-\frac{\pi}{2})$; con esta rotación se obtiene que el eje x_{1a} apunte del eje z_1 hacia el eje z_2, indicando la distancia l_2 que se mide sobre el eje x_{1a}.

Para colocar el sistema de referencia $\Sigma_2(x_2, y_2, z_2)$ de la articulación del codo, cuyo eje z_2 debe coincidir con el eje de giro q_3, el cual es paralelo al eje z_1, es decir: $z_1 \parallel z_2$. Sin embargo, del proceso de rotación anterior, el eje auxiliar x_{1a} está vertical y no puede apuntar del eje z_{1a} hacia el extremo final, donde se coloca la muñeca; es decir, no está en la dirección de la longitud l_3; entonces, se requiere de una segunda rotación auxiliar alrededor del eje z_{1a} por un ángulo $\frac{\pi}{2}$ usando una matriz de rotación elemental: $R_{z_{1a}}(\frac{\pi}{2})$, obteniendo al eje x_2 apuntando del eje z_{1a} o eje z_2 al extremo final. El cuadro de código **MATLAB** 5.4 describe el programa principal `robotIndustrial.m`, el cual resuelve las matrices de transformación homogéneas, modelado cinemático, matriz jacobiana y su determinante.

Código MATLAB 5.4 robotIndustrial.m

Robótica: Control de Robots Manipuladores

Capítulo 5. Cinemática directa.

Fernando Reyes Cortés

Alfaomega Grupo Editor: "**Te acerca al conocimiento**".

Programa: robotIndustrial.m	MATLAB versión 2024a

```
clc; clearvars; close all; format short
syms q1 q2 q3 beta1 beta2 beta3 ls l1a l1 l2 l3 alpha1 alpha2 alpha3 real
disp('Tabla E-DH del robot industrial')
disp('[ q_i (d_i XOR beta_i) l_i alpha_i ]')
dh=[q1, ls+l1+beta1, l1a, pi/2;
     q2-pi/2, beta2, l2, 0;]
    q3+pi/2, beta3, l3, 0];
disp(dh)
H10=simplify(HRz(dh(1,4))*HTz(dh(1,3))*HTx(dh(1,1))*HRx(dh(1,2))) %H_0^1.
H21=simplify(HRz(dh(2,4))*HTz(dh(2,3))*HTx(dh(2,1))*HRx(dh(2,2))) %H_1^2.
H32=simplify(HRz(dh(3,4))*HTz(dh(3,3))*HTx(dh(3,1))*HRx(dh(3,2))) %H_2^3.
H30=simplify(H10*H21*H32) % H_0^3 = H_0^1 H_1^2 H_2^3.
[R30, cinematica, cero, c]=H_DH(H30)
J=jacobian(cinematica, [q1; q2; q3]) matriz jacobiana.
determinante=detJ=collect(simplify(det(J))) % determinante de J_r(q).
%Código disponible en Web
```

•••

5.7 Robot SCARA (RRP)

La configuración SCARA (*Selective Compliance Assembly Robot Arm*) representa una geometría especial de robots industriales; está construido por un brazo antropomórfico planar horizontal con dos articulaciones rotacionales, correspondientes a la base y hombro; además, cuenta con una tercera articulación, tipo prismática o lineal, como se muestra en la figura 5.28. Esta configuración aprovecha las ventajas que proporciona el brazo robot antropomórfico de 2 gdl moviéndose en el plano horizontal, debido a que la energía potencial es constante (el par gravitacional cero), la estructura mecánica es de alta rigidez para soportar cargas en forma vertical y para control de fuerza; es adecuada para tareas de ensamble con pequeños objetos.

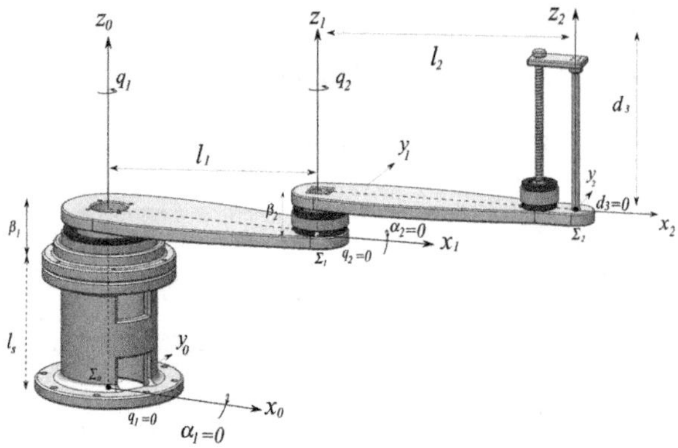

Figura 5.28: Posición de casa del robot SCARA

La figura 5.28 describe la posición de casa para el robot SCARA, donde todas sus variables articulares: $q_1 = 0$, $q_2 = 0$, $d_3 = 0$. El espacio de trabajo de este robot es un cilindro, cuyo radio es igual a la suma de las longitudes $l_1 + l_2$. El origen del sistema de referencia fijo $\Sigma_0(x_0, y_0, z_0)$ se coloca sobre el piso, en el centro geométrico del soporte tubular (de longitud l_s) que sostiene al robot, de tal forma que el eje z_0 esté alineado con el eje de rotación q_1 para la articulación de la base, la cual tiene longitud β_1 (incluye el espesor de la barra de aluminio). El sistema de referencia $\Sigma_1(x_1, y_1, z_1)$ se encuentra colocado en el extremo final del primer eslabón de longitud l_1, donde se intercepta al eje de rotación de la segunda articulación rotacional q_2 con el eje x_0. Los ejes z_0 y z_1 son paralelos entre sí y mantienen la misma dirección de giro, por lo tanto el ángulo que existe entre ellos es $\alpha_1 = 0$. El sistema de referencia $\Sigma_1(x_1, y_1, z_1)$ mide la variable articular q_2 alrededor del eje z_1. El plano $x_1 - y_1$ tiene una rotación q_1 con respecto al plano $x_0 - y_0$.

El sistema de referencia $\Sigma_2(x_2, y_2, z_2)$ se coloca en el extremo final del eslabón 2 de longitud l_2, el eje z_2 se alinea con el desplazamiento lineal de la variable d_3, por lo que los ejes z_1 y z_2 son paralelos, es decir: $\alpha_2 = 0$. Además, se considera que el eje z_2 es paralelo al eje de la herramienta ($\alpha_3 = 0$). De acuerdo con la asignación de sistemas de referencia $\Sigma_i(x_i, y_i, z_i)$, para $i = 0, 1, 2$; los parámetros y variables articulares Euler-DH del robot SCARA están en la tabla 5.10 y la figura 5.29 presenta el desplazamiento articular.

Tabla 5.10: Parámetros y variables Euler-DH del robot SCARA

Eslabón	q_i	$\beta_i \oplus d_i$	l_i	α_i
1	q_1	$l_s + \beta_1$	l_1	0
2	q_2	β_2	l_2	0
3	0	d_3	0	0

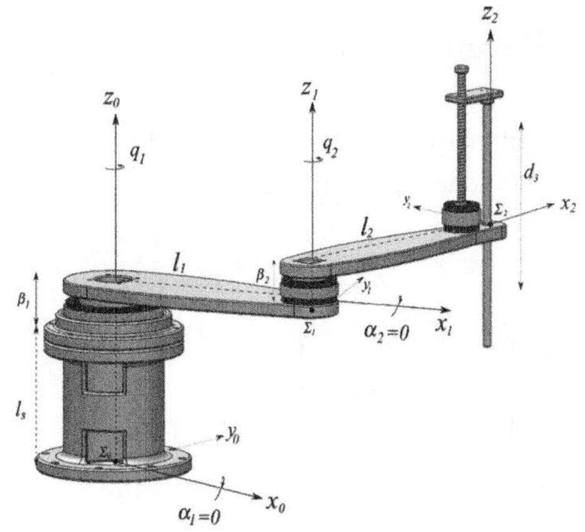

Figura 5.29: Movimiento articular del robot SCARA

De acuerdo con la información contenida en la tabla 5.10, las matrices de transformación homogénea del robot SCARA H_0^1, H_1^2, H_2^3 y H_0^3 tienen la siguiente forma:

$$\begin{bmatrix} \boldsymbol{p}_0 \\ 1 \end{bmatrix} = \underbrace{H_{R_{z_0}}(q_1)\, H_{T_{z_0}}(l_s+\beta_1)\, H_{T_{x_0}}(l_1) H_{R_{x_0}}(0)}_{H_0^1}\ \underbrace{H_{R_{z_1}}(q_2)\, H_{T_{z_1}}(\beta_2)\, H_{T_{x_1}}(0) H_{R_{x_1}}(0)}_{H_1^2}$$

$$\underbrace{H_{R_{z_2}}(0)\, H_{T_{z_2}}(d_3)\, H_{T_{x_2}}(l_2) H_{R_{x_2}}(0)}_{H_2^3} \begin{bmatrix} \boldsymbol{p}_3 \\ 1 \end{bmatrix}$$

$$= \underbrace{\begin{bmatrix} R_{z_0}(q_1) & R_{z_0}(q_1)\begin{bmatrix} l_1 \\ 0 \\ l_s+\beta_1 \end{bmatrix} \\ [0\ \ 0\ \ 0] & 1 \end{bmatrix}}_{H_0^1} \underbrace{\begin{bmatrix} R_{z_1}(q_2) & R_{z_1}(q_2)\begin{bmatrix} l_2 \\ 0 \\ \beta_2 \end{bmatrix} \\ [0\ \ 0\ \ 0] & 1 \end{bmatrix}}_{H_1^2} \underbrace{\begin{bmatrix} I & \begin{bmatrix} 0 \\ 0 \\ d_3 \end{bmatrix} \\ [0\ \ 0\ \ 0] & 1 \end{bmatrix}}_{H_2^3} \begin{bmatrix} \boldsymbol{p}_3 \\ \\ 1 \end{bmatrix}$$

$$\begin{bmatrix} \boldsymbol{p}_0 \\ \\ \\ 1 \end{bmatrix} = \underbrace{\begin{bmatrix} \underbrace{R_{z_0}(q_1+q_2)}_{R_0^3(\boldsymbol{q})} & \underbrace{R_{z_0}(q_1)\begin{bmatrix} l_1 \\ 0 \\ l_s+\beta_1 \end{bmatrix} + R_{z_0}(q_1+q_2)\begin{bmatrix} l_2 \\ 0 \\ \beta_2 \end{bmatrix} + R_{z_0}(q_1+q_2)\begin{bmatrix} 0 \\ 0 \\ d_3 \end{bmatrix}}_{\boldsymbol{f}_r(\boldsymbol{q})=\boldsymbol{d}_0^3} \\ \\ [0\ \ 0\ \ 0] & 1 \end{bmatrix}}_{H_0^3=H_0^1 H_1^2 H_2^3} \begin{bmatrix} \boldsymbol{p}_3 \\ \\ \\ 1 \end{bmatrix}$$

Por lo que, la matriz de rotación $R_0^3(\boldsymbol{q})$ y el modelo de cinemática directa $\boldsymbol{d}_0^3$ del robot SCARA tienen la siguiente forma:

$$R_0^3(\boldsymbol{q}) = \begin{bmatrix} \cos(q_2+q_3) & -\operatorname{sen}(q_2+q_3) & 0 \\ \operatorname{sen}(q_2+q_3) & \cos(q_2+q_3) & 0 \\ 0 & 0 & 1 \end{bmatrix} \tag{5.45}$$

$$\boldsymbol{f}_r(\boldsymbol{q}) = \begin{bmatrix} l_1\ \cos(q_1) + l_2\ \cos(q_1+q_2) \\ l_1\ \operatorname{sen}(q_1) + l_2\ \operatorname{sen}(q_1+q_2) \\ l_s+\beta_1+\beta_2+d_3 \end{bmatrix} \tag{5.46}$$

5.7.1 Cinemática diferencial del robot SCARA

El modelo de cinemática diferencial del robot SCARA se obtiene a través de la derivada, con respecto al tiempo del modelo de cinemática directa (5.46), obteniendo la siguiente estructura:

$$\frac{d}{dt}\boldsymbol{f}_r(\boldsymbol{q}) = \frac{\partial}{\partial\begin{bmatrix} q_1 \\ q_2 \\ d_3 \end{bmatrix}}\boldsymbol{f}_r(\boldsymbol{q})\begin{bmatrix} \dot{q} \\ \dot{q}_2 \\ \dot{d}_3 \end{bmatrix} = \frac{\partial}{\partial\begin{bmatrix} q_1 \\ q_2 \\ d_3 \end{bmatrix}}\begin{bmatrix} l_1 \cos(q_1) + l_2 \cos(q_1+q_2) \\ l_1 \operatorname{sen}(q_1) + l_2 \operatorname{sen}(q_1+q_2) \\ l_s + \beta_1 + \beta_2 + d_3 \end{bmatrix}\begin{bmatrix} \dot{q}_1 \\ \dot{q}_2 \\ \dot{d}_3 \end{bmatrix}$$

$$= \underbrace{\begin{bmatrix} -l_1 \operatorname{sen}(q_1) - l_2 \operatorname{sen}(q_1+q_2) & -l_2 \operatorname{sen}(q_1+q_2) & 0 \\ l_1 \cos(q_1) + l_2 \cos(q_1+q_2) & l_2 \cos(q_1+q_2) & 0 \\ 0 & 0 & 1 \end{bmatrix}}_{J_r(\boldsymbol{q})}\begin{bmatrix} \dot{q}_1 \\ \dot{q}_2 \\ \dot{d}_3 \end{bmatrix} \tag{5.47}$$

donde $J_r(\boldsymbol{q}) \in \mathbb{R}^{3\times 3}$ es la matriz jacobiana del robot SCARA, cuyo determinante es: $\det[J_r(\boldsymbol{q})] = l_1 l_2 \operatorname{sen}(q_2)$; por lo que, el conjunto de puntos singulares es: $q_2 = \{0, \pm m\pi\}$; con $m \in N$. Observe que resulta el mismo conjunto de singularidades del brazo robot antropomórfico de 2 gdl.

Usando las propiedades de matrices ortogonales y antisimétricas del capítulo 4 se obtiene el mismo modelo de cinemática diferencial (5.47):

$$\begin{bmatrix} \dot{\boldsymbol{p}}_0 \\ \\ 0 \end{bmatrix} = \underbrace{\begin{bmatrix} S\Big(\underbrace{(\dot{q}_1 + \dot{q}_1)\boldsymbol{k}_0}_{\boldsymbol{\omega}_0}\Big) R_{z_0}(q_1+q_2) & \underbrace{\boxed{\begin{matrix} S(\dot{q}_1\boldsymbol{k}_0)R_{z_0}(q_1)\begin{bmatrix} l_1 \\ 0 \\ l_s+\beta_1 \end{bmatrix} + R_{z_0}(q_1+q_2)\begin{bmatrix} 0 \\ 0 \\ \dot{d}_3 \end{bmatrix} + \\ S((\dot{q}_1 + \dot{q}_1)\boldsymbol{k}_0)R_{z_0}(q_1+q_2)\left[\begin{bmatrix} l_2 \\ 0 \\ \beta_2 \end{bmatrix} + \begin{bmatrix} 0 \\ 0 \\ d_3 \end{bmatrix}\right] \end{matrix}}}_{\frac{d}{dt}\boldsymbol{f}_r(\boldsymbol{q}) = \dot{\boldsymbol{d}}_0^3} \\ [0 \;\; 0 \;\; 0] & 0 \end{bmatrix}}_{\frac{d}{dt}H_0^3}\begin{bmatrix} \boldsymbol{p}_3 \\ \\ 1 \end{bmatrix} \tag{5.48}$$

Se deja como ejercicio al lector verificar por álgebra directa que la expresión $\frac{d}{dt}\boldsymbol{f}_r(\boldsymbol{q})$ contenida en la matriz de transformación homogénea $\frac{d}{dt}H_0^3$ (5.48) es el mismo resultado desarrollado en (5.47).

Observe que de la ecuación (5.48), la velocidad angular $\boldsymbol{\omega}_0$ está dada por: $\boldsymbol{\omega} = [\,\dot{q}_1 + \dot{q}_2\,]\,\boldsymbol{k}_0$, por lo que el efecto rotacional únicamente se produce alrededor de los ejes de giro de los servomotores de la base y hombro; esto significa que la correspondiente matriz de transformación de velocidad rotacional a angular, $\mathcal{W}_0 \in \mathbb{R}^{3\times 3}$ no existe su matriz inversa.

Por otro lado, la componente de velocidad de traslación está dada por (5.47); entonces el modelo de cinemática diferencial para el robot SCARA (sin tomar en cuenta la orientación en la herramienta de trabajo) queda determinado por:

$$\begin{aligned}
\begin{bmatrix} \frac{d}{dt}\boldsymbol{f}_r(\boldsymbol{q}) \\ \boldsymbol{\omega}_0 \end{bmatrix} &= \begin{bmatrix} J_r(\boldsymbol{q})\,\dot{\boldsymbol{q}} \\ \\ \mathcal{W}_0\,\dot{\boldsymbol{q}} \end{bmatrix} \\
&= \begin{bmatrix} \begin{bmatrix} -l_1\,\mathrm{sen}(q_1) - l_2\,\mathrm{sen}(q_1+q_2) & -l_2\,\mathrm{sen}(q_1+q_2) & 0 \\ l_1\,\cos(q_1) + l_2\,\cos(q_1+q_2) & l_2\,\cos(q_1+q_2) & 0 \\ 0 & & 1 \end{bmatrix} \begin{bmatrix} \dot{q}_1 \\ \dot{q}_2 \\ \dot{d}_3 \end{bmatrix} \\ \\ \underbrace{\begin{bmatrix} 0 & 0 & 0 \\ 0 & 0 & 0 \\ 1 & 1 & 0 \end{bmatrix}}_{\mathcal{W}_0} \begin{bmatrix} \dot{q}_1 \\ \dot{q}_2 \\ \dot{d}_3 \end{bmatrix} \end{bmatrix}
\end{aligned} \tag{5.49}$$

5.7.2 Cinemática inversa del robot SCARA

Puesto que la estructura fundamental del robot SCARA es la del robot antropomórfico de 2 gdl (ver figura 5.17), entonces el modelo de cinemática inversa está dado por:

$$\begin{aligned}
q_2 &= \mathrm{acos}\left(\frac{x_0^2 + y_0^2 - l_1^2 - l_2^2}{2l_1 l_2}\right) \\
q_1 &= \mathrm{atan}\left(\frac{y_0}{x_0}\right) - \mathrm{atan}\left(\frac{l_2\,\mathrm{sen}(q_2)}{l_1 + l_2\,\cos(q_2)}\right) \\
d_3 &= z_0 - (l_s + \beta_1 + \beta_2)
\end{aligned} \tag{5.50}$$

• • • Ejemplo 5.8

Usando programación simbólica en **MATLAB**, desarrollar un algoritmo para obtener las matrices de transformación homogénea H_0^1, H_1^2, H_2^3 y H_0^3; el modelo de cinemática directa, matriz jacobiana y el determinante, correspondientes al robot SCARA. Además, que el extremo final del robot trace la figura de una rosa polar de radio $r = 0.1$ m, con centro en $[x_0 \quad y_0 \quad z_0]^T = [0.3 \quad -0.3 \quad -0.5]^T$ m.

Solución

El programa principal `robotScara.m` se ubica en el cuadro de código 5.5 con la programación requerida para obtener las matrices de transformación homogéneas correspondientes a cada articulación del robot; así como el modelo de cinemática directa y el trazo de la curva rosa polar.

La programación simbólica que proporciona el modelado cinemático del robot SCARA incluye a los resultados de la forma específica de cada matriz de transformación homogénea, cinemática directa del robot, matriz jacobiana y su determinante; el código se encuentra contenido entre las líneas 5-18.

Las ecuaciones parametrizadas en coordenadas cartesianas, para realizar la trayectoria rosa polar dentro del espacio de trabajo del robot son las siguientes

$$\begin{aligned} r &= 0.1 \operatorname{sen}\left(\tfrac{6t}{7}\right) \\ x &= x_c + r \operatorname{sen}^3(t) \qquad y = y_c + \cos^3(t) \qquad z = 0.5 \end{aligned}$$

el trazo de la trayectoria se lleva a cabo sobre el plano $x_0 - y_0$; el centro de la rosa polar se ubica en $x_c = 0.3$ m, $y_c = -0.3$ y en el eje z_0 tiene la coordenada constante de 0.5 m; la implementación de la trayectoria se encuentra a partir de la línea 24.

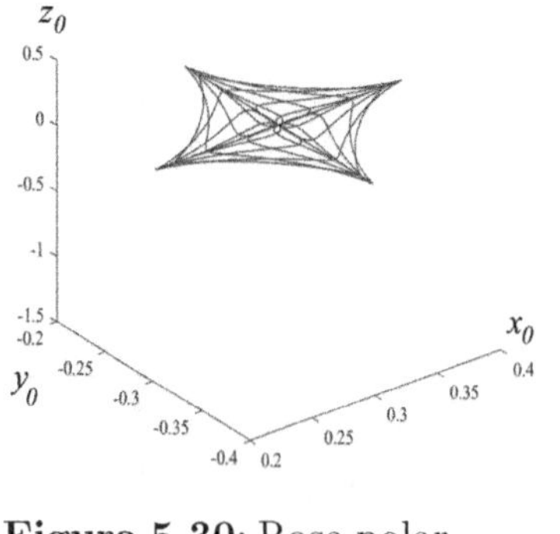

Figura 5.30: Rosa polar

La figura 5.30 muestra el trazo de la rosa polar realizado por el extremo final del robot. El código de programación para esa aplicación se encuentra entre las líneas 19 y 30. Primero, se generan las coordenadas cartesianas de la trayectoria rosa polar (ver líneas 24-27), posteriormente, esas coordenadas son transformadas a coordenadas articulares por medio de la función cinemática inversa del robot SCARA (línea 28) y el trazo de la trayectoria se lleva a cabo a través de la cinemática directa (línea 29).

Código MATLAB 5.5 robotScara.m

Robótica: Control de Robots Manipuladores

Capítulo 5. Cinemática directa.

Fernando Reyes Cortés

Alfaomega Grupo Editor: "**Te acerca al conocimiento**".

Programa: robotScara.m MATLAB versión 2024a

```
clc;
clearvars;
close all;
format short
syms q1 q2 d3 beta1 beta2 ls l1 l2 real
disp('Tabla Euler-DH del robot SCARA ')
disp('[ l_i alpha_i (d_i XOR beta_i) q_i]')
dh=[l1, 0, ls+beta1, q1;
      l2, 0, beta2, q2;]
      0, 0, beta3, 0];
disp(dh)
H10=simplify(HRz(dh(1,4))*HTz(dh(1,3))*HTx(dh(1,1))*HRx(dh(1,2))) %H_0^1.
H21=simplify(HRz(dh(2,4))*HTz(dh(2,3))*HTx(dh(2,1))*HRx(dh(2,2))) %H_1^2.
H32=simplify(HRz(dh(3,4))*HTz(dh(3,3))*HTx(dh(3,1))*HRx(dh(3,2))) %H_2^3.
H30=simplify(H10*H21*H32) % H_0^3 = H_0^1 H_1^2 H_2^3.
[R30, cinematica, cero, c]=H_DH(H30)
J=jacobian(cinematica, [q1; q2; d3]) matriz jacobiana: J_r(q).
detJ=collect(simplify(det(J))) % determinante de J_r(q).
ls=0.5; l1=0.45; l2=0.45; beta1=0.25; beta2=0.25; % parámetros geométricos del robot SCARA.
t=0:0.001:100; % vector tiempo.
xc=0.3; yc=-0.3;
q1=[]; q2=[]; z0=[]; d3=[];
[n, m]=size(t);
r=0.1*sin(6*t/7); % ecuación de la rosa polar centro en xc,yc; radio r.
x=xc+r.*(sin(t).^3);
y=yc+r.*(cos(t).^3);
z(1:m)=0.5;
[d3, q2, q1]=cinv_SCARA(beta1,beta2,l1,l2,l3,x,y,z);
[x0, y0, z0]=cinematica_SCARA(beta1,beta2,l1,l2,l3,q1,q2,d3);
plot3(x0,y0,z0)
%Código disponible en Web
```

•••

5.8 Robot cilíndrico (RPP)

El robot cilíndrico (RPP) tiene una articulación rotacional y dos prismáticas; la base es del tipo rotacional y tiene acoplado un sistema cartesiano con articulaciones prismáticas (para el hombro y codo), cuyos ejes son ortogonales. Entre sus principales aplicaciones se encuentran procesos para desbastar moldes, traslado o transporte de objetos, ensamble de piezas en espacios horizontales, entre otras más. La figura 5.31 describe el robot cilíndrico y la asignación de sistemas de referencia.

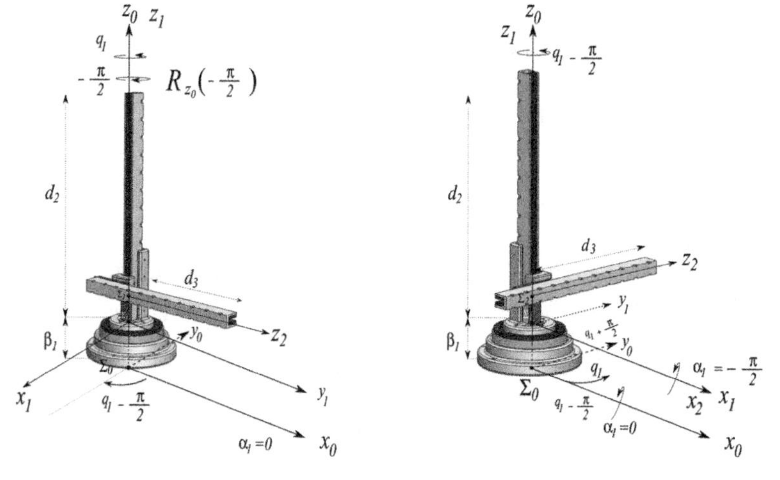

Figura 5.31: Asignación de sistemas de referencia del robot cilíndrico

La posición de casa del robot cilíndrico: $q_1 = 0$, $d_2 = 0$, $d_3 = 0$ y la asignación de sistemas de referencia $\Sigma_i(x_i, y_i, z_i)$ para $i = 0, 1, 2$ se encuentran descritos en la figura 5.31. El espacio de trabajo para esta configuración tiene geometría cilíndrica (de ahí su nombre), con radio variable d_3. El origen del sistema de referencia fijo $\Sigma_0(x_0, y_0, z_0)$ se coloca en el estator del servomotor que forma la articulación de la base, con parámetro β_1; el eje z_0 está alineado con el eje de rotación q_1. El sistema de referencia móvil $\Sigma_1(x_1, y_1, z_1)$ se encuentra colocado en la articulación del hombro, cuyo eje de traslación z_1 se alinea con la variable d_2 y se encuentra paralelo al eje z_0; es decir, $\alpha_1 = 0$. Debido a las características mecánicas de este robot, el origen de $\Sigma_1(x_1, y_1, z_1)$ está sobre el eje z_0, por lo que su componente coordenada del eje x_0 es cero. El plano $x_1 - y_1$ tiene una rotación q_1 con respecto al plano fijo $x_0 - y_0$. El origen del sistema de referencia $\Sigma_2(x_2, y_2, z_2)$ se coloca sobre el eje $z_1 \in \Sigma_1$ y se encuentra alineado al eje de traslación de la variable d_3; por lo que los ejes z_1 y z_2 son ortogonales: $\alpha_2 = -\frac{\pi}{2}$. También se considera que el eje z_2 es paralelo al eje de la herramienta ($\alpha_3 = 0$).

5.8.1 Modelo cinemático del robot cilíndrico

De acuerdo con esta asignación de sistemas de referencia $\Sigma_i(x_i, y_i, z_i)$, para $i = 0, 1, 2$, los parámetros y variables articulares Euler-DH del robot cilíndrico se encuentran concentrados en la tabla 5.11 y la figura 5.32 muestra el desplazamiento articular del robot cilíndrico.

Tabla 5.11: Parámetros y variables Euler-DH del robot cilíndrico

Eslabón	q_i	$\beta_i \oplus d_i$	l_i	α_i
1	$q_1 - \frac{\pi}{2}$	β_1	0	0
2	0	d_2	0	$-\frac{\pi}{2}$
3	0	d_3	0	0

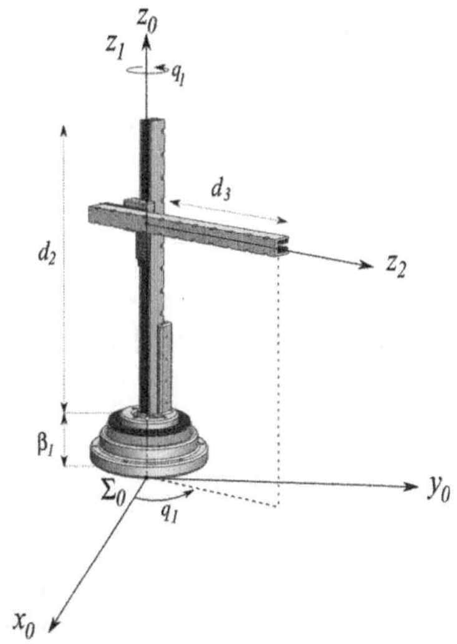

Figura 5.32: Robot cilíndrico

La tabla 5.11 representa el pase de parámetros de las matrices de transformación homogénea del robot cilíndrico H_0^1, H_1^2, H_2^3 y H_0^3, quedando de la siguiente forma:

$$\begin{bmatrix} \boldsymbol{p}_0 \\ 1 \end{bmatrix} = \underbrace{H_{R_{z_0}}(q_1 - \tfrac{\pi}{2})\, H_{T_{z_0}}(\beta_1)\, H_{T_{x_0}}(0) H_{R_{x_0}}(0)}_{H_0^1}\ \underbrace{H_{R_{z_1}}(0)\, H_{T_{z_1}}(d_2)\, H_{T_{x_1}}(-\tfrac{\pi}{2}) H_{R_{x_1}}(0)}_{H_1^2}$$
$$\underbrace{H_{R_{z_2}}(0)\, H_{T_{z_2}}(d_3)\, H_{T_{x_2}}(0) H_{R_{x_2}}(0)}_{H_2^3} \begin{bmatrix} \boldsymbol{p}_3 \\ 1 \end{bmatrix}$$

$$
= \underbrace{\begin{bmatrix} R_{z_0}(q_1 - \frac{\pi}{2}) & R_{z_0}(q_1 - \frac{\pi}{2})\begin{bmatrix} 0 \\ 0 \\ \beta_1 \end{bmatrix} \\ [0 \quad 0 \quad 0] & 1 \end{bmatrix}}_{H_0^1} \underbrace{\begin{bmatrix} R_{x_1}(-\frac{\pi}{2}) & \begin{bmatrix} 0 \\ 0 \\ d_2 \end{bmatrix} \\ [0 \quad 0 \quad 0] & 1 \end{bmatrix}}_{H_1^2} \underbrace{\begin{bmatrix} I & \begin{bmatrix} 0 \\ 0 \\ d_3 \end{bmatrix} \\ [0 \quad 0 \quad 0] & 1 \end{bmatrix}}_{H_2^3} \begin{bmatrix} \boldsymbol{p}_3 \\ 1 \end{bmatrix}
$$

$$
\begin{bmatrix} \boldsymbol{p}_0 \\ 1 \end{bmatrix} = \underbrace{\begin{bmatrix} \underbrace{R_{z_0}(q_1 - \frac{\pi}{2})R_{x_1}(-\frac{\pi}{2})}_{R_0^3(\boldsymbol{q})} & \underbrace{R_{z_0}(q_1 - \frac{\pi}{2})\left[\begin{bmatrix} 0 \\ 0 \\ \beta_1 \end{bmatrix} + \begin{bmatrix} 0 \\ 0 \\ d_2 \end{bmatrix} + R_{x_1}(-\frac{\pi}{2})\begin{bmatrix} 0 \\ 0 \\ d_3 \end{bmatrix}\right]}_{\boldsymbol{f}_r(\boldsymbol{q})=\boldsymbol{d}_0^3} \\ [0 \quad 0 \quad 0] & 1 \end{bmatrix}}_{H_0^3=H_0^1\, H_1^2\, H_2^3} \begin{bmatrix} \boldsymbol{p}_3 \\ 1 \end{bmatrix}
$$

La matriz de rotación $R_0^3(\boldsymbol{q})$ y el modelo de cinemática directa $\boldsymbol{d}_0^3$ del robot cilíndrico son:

$$
R_0^3(\boldsymbol{q}) = \begin{bmatrix} \cos(q_1 - \frac{\pi}{2}) & -\operatorname{sen}(q_1 - \frac{\pi}{2}) & 0 \\ \operatorname{sen}(q_1 - \frac{\pi}{2}) & \cos(q_1 - \frac{\pi}{2}) & 0 \\ 0 & 0 & 1 \end{bmatrix} \tag{5.51}
$$

$$
\boldsymbol{f}_r(\boldsymbol{q}) = \begin{bmatrix} d_3 \cos(q_1) \\ d_3 \operatorname{sen}(q_1) \\ \beta_1 + d_2 \end{bmatrix} \tag{5.52}
$$

5.8.2 Cinemática diferencial del robot cilíndrico

El modelo cinemático diferencial del robot cilíndrico es la derivada temporal del modelo de cinemática directa (5.52):

$$
\frac{d}{dt}\boldsymbol{f}_r(\boldsymbol{q}) = \frac{\partial}{\partial \begin{bmatrix} q_1 \\ d_2 \\ d_3 \end{bmatrix}} \boldsymbol{f}_r(\boldsymbol{q}) \begin{bmatrix} \dot{q}_1 \\ \dot{d}_2 \\ \dot{d}_3 \end{bmatrix} = \frac{\partial}{\partial \begin{bmatrix} q_1 \\ d_2 \\ d_3 \end{bmatrix}} \begin{bmatrix} d_3 \cos(q_1) \\ d_3 \operatorname{sen}(q_1) \\ \beta_1 + d_2 \end{bmatrix} \begin{bmatrix} \dot{q}_1 \\ \dot{d}_2 \\ \dot{d}_3 \end{bmatrix}
$$

$$
= \underbrace{\begin{bmatrix} -d_3 \operatorname{sen}(q_1) & 0 & \cos(q_1) \\ d_3 \cos(q_1) & 0 & \operatorname{sen}(q_1) \\ 0 & 1 & 0 \end{bmatrix}}_{J_r(\boldsymbol{q})} \begin{bmatrix} \dot{q}_1 \\ \dot{d}_2 \\ \dot{d}_3 \end{bmatrix} \tag{5.53}
$$

$$
\det[J(\boldsymbol{q})] = d_3 \tag{5.54}
$$

donde $J_r(\boldsymbol{q}) \in \mathbb{R}^{3\times 3}$ es la matriz jacobiana del robot cilíndrico, cuyo determinante es: $\det[J_r(\boldsymbol{q})] = d_3$; por lo que, el único punto singular corresponde a: $d_3 = 0$.

Usando las propiedades de matrices ortogonales y antisimétricas de las secciones 4.5 y 4.6 se obtiene el mismo modelo de cinemática diferencial (5.53):

$$\begin{bmatrix} \dot{\boldsymbol{p}}_0 \\ 0 \end{bmatrix} = \underbrace{\begin{bmatrix} S\Big(\underbrace{\dot{q}_1\boldsymbol{k}_0}_{\boldsymbol{\omega}_0}\Big) R_{z_0}(q_1-\frac{\pi}{2})R_{x_1}(-\frac{\pi}{2}) & \underbrace{\boxed{\begin{matrix} S(\dot{q}_1\boldsymbol{k}_0)R_{z_0}(q_1-\frac{\pi}{2})\begin{bmatrix}0\\0\\\beta_1\end{bmatrix} + R_{z_0}(q_1-\frac{\pi}{2})R_{x_1}(-\frac{\pi}{2})\begin{bmatrix}0\\0\\\dot{d}_2\end{bmatrix} + \\ S(\dot{q}_1\boldsymbol{k}_0)R_{z_0}(q_1-\frac{\pi}{2})\left[\begin{bmatrix}0\\0\\d_2\end{bmatrix}+\begin{bmatrix}0\\0\\d_3\end{bmatrix}\right]\end{matrix}}}_{\frac{d}{dt}\boldsymbol{f}_r(\boldsymbol{q})=\dot{\boldsymbol{d}}_0^3} \\ [0\ \ 0\ \ 0] & 0 \end{bmatrix}}_{\frac{d}{dt}H_0^3} \begin{bmatrix} \boldsymbol{p}_3 \\ 1 \end{bmatrix} \tag{5.55}$$

Se deja como ejercicio al lector verificar que por manipulación algebraica de la expresión $\frac{d}{dt}\boldsymbol{f}_r(\boldsymbol{q})$ contenida en la matriz de transformación homogénea $\frac{d}{dt}H_0^3$ (5.55), se obtiene el mismo resultado desarrollado en (5.53).

Observe que de la ecuación (5.55), la velocidad angular $\boldsymbol{\omega}_0$ está dada por: $\boldsymbol{\omega} = \dot{q}_1\boldsymbol{k}_0$, por lo que el efecto rotacional del robot se encuentra alrededor del eje de giro de la base $\mathcal{W}_0 \in \mathbb{R}^{3\times 2}$. Por otro lado, la componente de velocidad de traslación está dada por (5.47); entonces el modelo de cinemática diferencial para el robot SCARA (sin tomar en cuenta la orientación en la herramienta de trabajo) queda determinado por:

$$\begin{bmatrix} \frac{d}{dt}\boldsymbol{f}_r(\boldsymbol{q}) \\ \boldsymbol{\omega}_0 \end{bmatrix} = \begin{bmatrix} J_r(\boldsymbol{q})\dot{\boldsymbol{q}} \\ \mathcal{W}_0\begin{bmatrix}\dot{q}_1\\\dot{q}_2\end{bmatrix} \end{bmatrix} = \begin{bmatrix} \begin{bmatrix} -d_3\,\text{sen}(q_1) & 0 & \cos(q_1) \\ d_3\cos(q_1) & 0 & \text{sen}(q_1) \\ 0 & 1 & 0 \end{bmatrix}\begin{bmatrix}\dot{q}_1\\\dot{d}_2\\\dot{d}_3\end{bmatrix} \\ \begin{bmatrix} 0 & 0 \\ 0 & 0 \\ 1 & 1 \end{bmatrix}\begin{bmatrix}\dot{q}_1\\ \\ \dot{q}_2\end{bmatrix} \end{bmatrix} \tag{5.56}$$

5.8.3 Cinemática inversa del robot cilíndrico

La cinemática inversa del robot cilíndrico no requiere de un modelo geométrico, puesto que se deduce directamente de la ecuación (??); observe que para la componente d_3 se indica en la figura 5.32:

$$\begin{aligned} q_1 &= \text{atan}\left(\frac{y_0}{x_0}\right) \\ d_2 &= \beta_2 - z_0 \\ d_3 &= \pm\sqrt{x_0^2+y_0^2} \end{aligned} \tag{5.57}$$

• • • Ejemplo 5.9

Desarrollar un programa en **MATLAB** que permite obtener las matrices de transformación homogéneas H_0^1, H_1^2, H_2^3, H_0^3 y el modelo de cinemática directa, matriz jacobiana y su determinante del robot cilíndrico. Además, que el extremo final del robot trace la figura de una rosa polar de radio $r = 0.5$ m, con centro en $[x_0 \;\; y_0 \;\; z_0]^T = [\,0.3 \;\; -0.3 \;\; 0.5\,]^T$ m.

Solución

En el cuadro de código **MATLAB** (5.6) se describe el programa `robotCilindrico.m` con la programación simbólica para obtener las matrices de transformación homogéneas, modelado cinemático directo, matriz jacobiana y su determinante, así como el trazo de la curva rosa polar. La parte simbólica que proporciona el modelado cinemático se encuentra contenido entre las líneas 2-15.

La ecuación parametrizada en coordenadas cartesianas para realizar una variante de la trayectoria de familias de curvas rhodoneas (rosa polar) en el espacio de trabajo del robot, sobre el plano $x_0 - y_0$, cuyo centro se encuentra en las coordenadas $x_c = 0.3$ m, $y_c = -0.3$; se mantiene constante la coordenada en el eje z_0, con un valor de 0.5 m; el código se encuentra a partir de la línea 20:

$$
\begin{aligned}
r &= 0.05 + 0.1\ \mathrm{sen}(t)\\
x &= x_c + r\ \mathrm{sen}(t)\\
y &= y_c + \cos(t)\\
z &= 0.5
\end{aligned}
$$

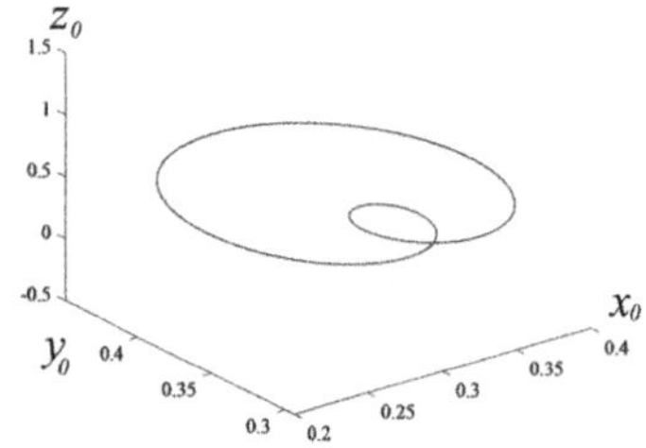

Figura 5.33: Trayectoria rhodonea realizada por el robot cilíndrico

La figura 5.33 muestra el trazo de la trayectoria rosa polar llevada a cabo por el extremo final del robot cilíndrico. La programación de esta curva se encuentra entre las líneas 20 y 26. La generación de coordenadas cartesianas de la trayectoria se realiza en la líneas 20-20, las cuales son transformadas a coordenadas articulares por medio de la cinemática inversa del robot cilíndrico (línea 24) y el trazo de la trayectoria dentro del espacio de trabajo del robot se lleva a cabo a través de la cinemática directa (línea 25). la figura 5.33 se obtiene en la línea 26.

Código MATLAB 5.6 robotCilindrico.m

Robótica: Control de Robots Manipuladores, segunda edición.
Capítulo 5. Cinemática directa.
Fernando Reyes Cortés.
Alfaomega Grupo Editor: "**Te acerca al conocimiento**".

Programa: robotCilindrico.m	MATLAB versión 2024a

```
clc; clearvars; close all; format short
syms q1 d2 d3 beta1 real
disp('Tabla Euler-DH del robot cilíndrico ')
disp('[ l_i alpha_i (d_i XOR beta_i) q_i]')
dh=[0, 0, beta1, q1-pi/2;
    0, 0, d2, 0;]
    0, 0, d3, 0];
disp(dh)
H10=simplify(HRz(dh(1,4))*HTz(dh(1,3))*HTx(dh(1,1))*HRx(dh(1,2))) %H_0^1.
H21=simplify(HRz(dh(2,4))*HTz(dh(2,3))*HTx(dh(2,1))*HRx(dh(2,2))) %H_1^2.
H32=simplify(HRz(dh(3,4))*HTz(dh(3,3))*HTx(dh(3,1))*HRx(dh(3,2))) %H_2^3.
H30=simplify(H10*H21*H32) % H_0^3 = H_0^1 H_1^2 H_2^3.
[R30, cinematica, cero, c]=H_DH(H30)
J=jacobian(cinematica, [q1; q2; d3]) matriz jacobiana: J_r(q).
detJ=collect(simplify(det(J))) % determinante de J_r(q).
xc=0.3; yc=-0.3; beta1=0.05; l1=0.40; % parámetros geométricos del robot
cilíndrico.
t=0:0.001:100;
q1=[]; d2=[]; d3=[];
[n, m]=size(t);
r=0.05+0.1*sin(t);
x=xc+r.*sin(t);
y=yc+r.*cos(t);
z(1:m)=l1+beta1+0.05;
[q1, d2, d3]=cinv_cilindrico(beta1,l1,x,y,z);
[x0, y0 ,z0]=cinematica_cilindrico(beta1,l1,q1,d2,d3);
plot3(x0,y0,z0) %trazo del robot cilíndrico.
```

Código fuente disponible en sitio Web: https://www.alfaomega.com.mx/

5.9 Robot esférico (RRP)

El robot esférico (RRP), también conocido como robot Stanford, tiene sus dos primeras articulaciones rotacionales: base y hombro; mientras que la tercera, correspondiente al codo es lineal; sin incluir a los servomotores que forman la muñeca mecánica para orientar la herramienta de trabajo. El robot Stanford fue diseñado por Victor Scheinman en 1969, quien era estudiante de ingeniería mecánica en Stanford Artificial Intelligence Lab (SAIL). Es un prototipo académico, cuyo caso de estudio y análisis es de interés en los cursos de robótica para las carreras de ingeniería. La figura 5.34 muestra una versión actualizada del prototipo original y su correspondiente asignación de sistemas de referencia $\Sigma_i(x_i, y_i, z_i)$, para $i = 0, 1, 2$. La posición de casa corresponde a: $q_1 = 0$, $d_2 = 0$, $d_3 = 0$. El espacio de trabajo para esta configuración corresponde a una geometría esférica.

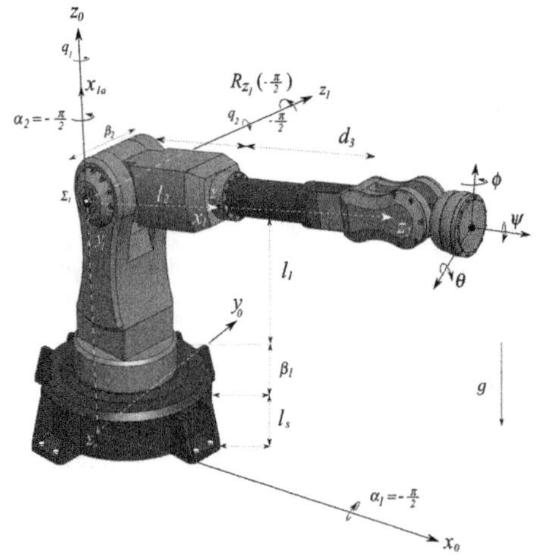

Figura 5.34: Posición de casa del robot esférico

En la figura 5.34 se muestra que el origen de $\Sigma_0(x_0, y_0, z_0)$ está en la parte inferior de la articulación que forma la base; el eje z_0 está alineado con el eje de rotación q_1. El eje z_1 es coincidente con el eje de rotación del hombro q_2, el cual es ortogonal al eje z_0 de la base: $\alpha_1 = -\frac{\pi}{2}$. El origen del sistema $\Sigma_1(x_1, y_1, z_1)$ está colocado sobre el eje z_0, entonces sus coordenadas $\boldsymbol{d}_0^1 = [\,0, 0, l_s + \beta_1 + l_1\,]^T$. El origen de $\Sigma_2(x_2, y_2, z_2)$ se encuentra a una distancia l_2 sobre el eje x_1; observe que para alinear al eje z_2 con la variable d_3 es necesario hacer una rotación auxiliar de $\frac{\pi}{2}$ alrededor del eje z_1 para obtener el eje auxiliar x_{1a}; de esta manera, realizar un giro $\alpha_2 = \frac{\pi}{2}$ alrededor de x_{1a} para alinear a z_2 con el eje de traslación para d_3; además, los ejes se mantienen: $z_1 \perp z_2$.

5.9.1 Modelo cinemático del robot esférico

De acuerdo con la asignación de sistemas de referencia detallados en la figura 5.34, los parámetros y variables articulares Euler-DH para el robot esférico se encuentran descritos en la tabla 5.12.

Tabla 5.12: Parámetros y variables Euler-DH del robot esférico

Eslabón	q_i	$\beta_i \oplus d_i$	l_i	α_i
1	q_1	$l_s + \beta_1 + l_1$	0	$\frac{\pi}{2}$
2	$q_2 - \frac{\pi}{2}$	β_2	0	-$\frac{\pi}{2}$
3	0	d_3	0	0

El pase de parámetros en la metodología de cinemática analítica de Euler es a través de la tabla 5.12, lo que permite obtener las matrices de transformación homogénea del robot esférico H_0^1, H_1^2, H_2^3 y H_0^3:

$$\begin{bmatrix} \boldsymbol{p}_0 \\ 1 \end{bmatrix} = \underbrace{H_{R_{z_0}}(q_1)\, H_{T_{z_0}}(l_s+\beta_1+l_1)\, H_{T_{x_0}}(0) H_{R_{x_0}}(\tfrac{\pi}{2})}_{H_0^1}$$

$$\underbrace{H_{R_{z_1}}(q_2 - \tfrac{\pi}{2})\, H_{T_{z_1}}(\beta_2)\, H_{T_{x_1}}(0) H_{R_{x_1}}(-\tfrac{\pi}{2})}_{H_1^2}$$

$$\underbrace{H_{R_{z_2}}(0)\, H_{T_{z_2}}(d_3)\, H_{T_{x_2}}(0) H_{R_{x_2}}(0)}_{H_2^3} \begin{bmatrix} \boldsymbol{p}_3 \\ 1 \end{bmatrix}$$

$$= \underbrace{\begin{bmatrix} R_{z_0}(q_1) R_{x_0}(\tfrac{\pi}{2}) & R_{z_0}(q_1)\begin{bmatrix} 0 \\ 0 \\ l_s+\beta_1+l_1 \end{bmatrix} \\ [0\ \ 0\ \ 0] & 1 \end{bmatrix}}_{H_0^1} \underbrace{\begin{bmatrix} R_{z_1}(q_2-\tfrac{\pi}{2}) R_{x_1}(-\tfrac{\pi}{2}) & R_{z_1}(q_2-\tfrac{\pi}{2})\begin{bmatrix} 0 \\ 0 \\ \beta_2 \end{bmatrix} \\ [0\ \ 0\ \ 0] & 1 \end{bmatrix}}_{H_1^2}$$

$$\underbrace{\begin{bmatrix} I & \begin{bmatrix} 0 \\ 0 \\ d_3 \end{bmatrix} \\ [0\ \ 0\ \ 0] & 1 \end{bmatrix}}_{H_2^3} \begin{bmatrix} \boldsymbol{p}_3 \\ 1 \end{bmatrix}$$

$$\begin{bmatrix} \boldsymbol{p}_0 \\ \\ 1 \end{bmatrix} = \underbrace{\begin{bmatrix} \underbrace{\boxed{\begin{matrix} R_{z_0}(q_1)\, R_{x_0}(\frac{\pi}{2}) \\ R_{z_1}(q_2 - \frac{\pi}{2})\, R_{x_1}(-\frac{\pi}{2}) \end{matrix}}}_{R_0^3(\boldsymbol{q})} & \underbrace{R_{z_0}(q_1) \begin{bmatrix} \begin{bmatrix} 0 \\ 0 \\ l_1 + \beta_1 + l_1 \end{bmatrix} + R_{x_0}(\frac{\pi}{2}) R_{z_1}(q_2 - \frac{\pi}{2}) \begin{bmatrix} 0 \\ 0 \\ \beta_2 \end{bmatrix} \\ + \ R_{x_0}(\frac{\pi}{2}) R_{z_1}(q_2 - \frac{\pi}{2}) R_{x_1}(-\frac{\pi}{2}) \begin{bmatrix} 0 \\ 0 \\ d_3 \end{bmatrix} \end{bmatrix}}_{\boldsymbol{f}_r(\boldsymbol{q}) = \boldsymbol{d}_0^3} \\ [0 \quad 0 \quad 0] & 1 \end{bmatrix}}_{H_0^3 = H_0^1\, H_1^2\, H_2^3} \begin{bmatrix} \boldsymbol{p}_3 \\ \\ 1 \end{bmatrix} \tag{5.58}$$

La matriz de rotación $R_0^3(\boldsymbol{q})$ y el modelo de cinemática directa $\boldsymbol{f}_r(\boldsymbol{q}) = \boldsymbol{d}_0^3$ del robot esférico son:

$$R_0^3(\boldsymbol{q}) = R_{z_0}(q_1)\, R_{x_0}(\tfrac{\pi}{2})\, R_{z_1}(q_2 - \tfrac{\pi}{2})\, R_{x_1}(-\tfrac{\pi}{2}) \tag{5.59}$$

$$= \begin{bmatrix} \cos(q_1)\, \mathrm{sen}(q_2) & -\,\mathrm{sen}(q_1) & \cos(q_1)\cos(q_2) \\ \mathrm{sen}(q_1)\, \mathrm{sen}(q_2) & \cos(q_1) & \mathrm{sen}(q_1)\cos(q_2) \\ -\cos(q_2) & 0 & \mathrm{sen}(q_2) \end{bmatrix}$$

$$\boldsymbol{f}_r(\boldsymbol{q}) = \begin{bmatrix} \beta_2\, \mathrm{sen}(q_1) + d_3 \cos(q_2)\cos(q_1) \\ -\beta_2 \cos(q_1) + d_3 \cos(q_2)\, \mathrm{sen}(q_1) \\ l_s + \beta_1 + l_1 + d_3\, \mathrm{sen}(q_2) \end{bmatrix} \tag{5.60}$$

5.9.2 Cinemática diferencial del robot esférico

El modelo cinemático diferencial del robot esférico se obtiene con la derivada temporal del modelo de cinemática directa (5.60), de la siguiente manera:

$$\frac{d}{dt}\boldsymbol{f}_r(\boldsymbol{q}) = \frac{\partial}{\partial \begin{bmatrix} q_1 \\ q_2 \\ d_3 \end{bmatrix}} \boldsymbol{f}_r(\boldsymbol{q}) \begin{bmatrix} \dot{q}_1 \\ \dot{q}_2 \\ \dot{d}_3 \end{bmatrix} = \frac{\partial}{\partial \begin{bmatrix} q_1 \\ q_2 \\ d_3 \end{bmatrix}} \begin{bmatrix} \beta_2\, \mathrm{sen}(q_1) + d_3 \cos(q_1)\cos(q_2) \\ -\beta_2 \cos(q_1) + d_3\, \mathrm{sen}(q_1)\cos(q_2) \\ l_s + \beta_1 + l_1 + d_3\, \mathrm{sen}(q_2) \end{bmatrix} \begin{bmatrix} \dot{q}_1 \\ \dot{q}_2 \\ \dot{d}_3 \end{bmatrix}$$

$$= \underbrace{\begin{bmatrix} \beta_2 \cos(q_1) - d_3 \cos(q_2)\, \mathrm{sen}(q_1) & -d_3 \cos(q_1)\, \mathrm{sen}(q_2) & \cos(q_1)\cos(q_2) \\ \beta_2\, \mathrm{sen}(q_1) + d_3 \cos(q_1)\cos(q_2) & -d_3\, \mathrm{sen}(q_1)\, \mathrm{sen}(q_2) & \mathrm{sen}(q_1)\cos(q_2) \\ 0 & d_3 \cos(q_2) & \mathrm{sen}(q_2) \end{bmatrix}}_{J_r(\boldsymbol{q})} \begin{bmatrix} \dot{q}_1 \\ \dot{d}_2 \\ \dot{d}_3 \end{bmatrix} \tag{5.61}$$

$$\det[J(\boldsymbol{q})] = d_3^2 \cos(q_2) \tag{5.62}$$

donde $J_r(\boldsymbol{q}) \in \mathbb{R}^{3\times 3}$ es la matriz jacobiana del robot esférico, cuyo determinante es: $\det[J_r(\boldsymbol{q})] = d_3^2 \cos(q_2)$; por lo que el conjunto de puntos singulares está dado por: $\{d_3 = 0 \wedge q_2 = \pm m\frac{\pi}{2}\}$; donde $m \in N$.

Usando las propiedades de matrices ortogonales y antisimétricas del capítulo 4 se obtiene el mismo modelo de cinemática diferencial (5.61):

$$\begin{bmatrix} \dot{\boldsymbol{p}}_0 \\ \\ 0 \end{bmatrix} = \underbrace{\begin{bmatrix} S\Big(\underbrace{\dot{q}_1\boldsymbol{k}_0 + R_{z_0}(q_1)R_{x_0}(\frac{\pi}{2})\dot{q}_2\boldsymbol{k}_1}_{\boldsymbol{\omega}_0}\Big)\cdot [R_{z_0}(q_1)R_{x_0}(\frac{\pi}{2})R_{z_0}(q_2-\frac{\pi}{2})R_{x_0}(-\frac{\pi}{2})] & \underbrace{\boxed{\frac{d}{dt}R_{z_0}(q_1)\left[\begin{bmatrix} 0 \\ 0 \\ l_1+\beta_1+l_1 \end{bmatrix} + R_{x_0}(\frac{\pi}{2})R_{z_1}(q_2-\frac{\pi}{2})\begin{bmatrix} 0 \\ 0 \\ \beta_2 \end{bmatrix} + R_{x_0}(\frac{\pi}{2})R_{z_1}(q_2-\frac{\pi}{2})R_{x_1}(-\frac{\pi}{2})\begin{bmatrix} 0 \\ 0 \\ d_3 \end{bmatrix}\right]}}_{\frac{d}{dt}\boldsymbol{f}_r(\boldsymbol{q})=\dot{\boldsymbol{d}}_0^3} \\ [0\ \ 0\ \ 0] & 0 \end{bmatrix}}_{\frac{d}{dt}H_0^3} \begin{bmatrix} \boldsymbol{p}_3 \\ \\ 1 \end{bmatrix} \tag{5.63}$$

donde la velocidad angular $\boldsymbol{\omega}_0$ para el robot esférico viene dada por:

$$\begin{aligned} \boldsymbol{\omega}_0 &= \dot{q}_1\boldsymbol{k}_0 + R_{z_0}(q_1)R_{x_0}(\tfrac{\pi}{2})\dot{q}_2\boldsymbol{k}_1 \\ &= \underbrace{\begin{bmatrix} 0 & \operatorname{sen}(q_1) & 0 \\ 0 & -\cos(q_1) & 0 \\ 0 & 1 & 0 \end{bmatrix}}_{\mathcal{W}_0} \begin{bmatrix} \dot{q}_1 \\ \dot{q}_2 \\ \dot{d}_3 \end{bmatrix} \end{aligned} \tag{5.64}$$

Se deja como ejercicio al lector verificar por manipulación algebraica la expresión de la velocidad angular $\boldsymbol{\omega}_0$ (5.64); se obtiene de la derivada temporal de la matriz ortogonal $R_0^3(\boldsymbol{q})$ dada por (5.59) y que la derivada con respecto al tiempo de la cinemática directa $\frac{d}{dt}\boldsymbol{f}_r(\boldsymbol{q})$ contenida en la matriz de transformación homogénea $\frac{d}{dt}H_0^3$ (5.63) reproduce el mismo resultado desarrollado en (5.61).

5.9.3 Cinemática inversa del robot esférico

La cinemática inversa del robot esférico se deduce del modelo geométrico de la figura 5.35, particularmente los detalles se encuentran en el diagrama derecho de esa figura. El ángulo υ está ubicado en el interior del triángulo auxiliar, formado por los catetos adyacente $\sqrt{x_0^2+y_0^2-\beta_2^2}$ y opuesto β_2, cuya hipotenusa es: $\sqrt{x_0^2+y_0^2}$. Por lo que la tangente del ángulo υ es: $\tan(\upsilon) = \frac{\beta_2}{\sqrt{x_0^2+y_0^2-\beta_2^2}}$. La proyección sobre el plano $x_0 - y_0$ del movimiento de la variable articular d_3 está dado por $d_3\cos(\frac{\pi}{2}-q_2) = d_3\operatorname{sen}(q_2) = \sqrt{x_0^2+y_0^2-\beta_2^2}$. Por otro lado, observe que: $\tan(\upsilon+q_1) = \frac{y_0}{x_0}$.

Entonces, se tiene lo siguiente:

$$\begin{aligned} \tan(\upsilon+q_1) &= \frac{\tan(\upsilon)+\tan(q_1)}{1-\tan(\upsilon)\tan(q_1)} \\ \Longrightarrow \quad & \tan(q_1) = \frac{\tan(\upsilon+q_1)-\tan(\upsilon)}{1+\tan(\upsilon+q_1)\tan(\upsilon)} = \frac{y_0\sqrt{x_0^2+y_0^2-\beta_2^2}-x_0\beta_2}{x_0\sqrt{x_0^2+y_0^2-\beta_2^2}+y_0\beta_2} \end{aligned}$$

$$\tan(q_2 - \tfrac{\pi}{2}) = \frac{z_0 - (l_1 + \beta_1 + l_s)}{\sqrt{x_0^2 + y_0^2 - \beta_2^2}}$$

$$d_3 = \sqrt{x_0^2 + y_0^2 - \beta_2^2 + (\,z_0 - (l_1 + \beta_1 + l_s)\,)^2}$$

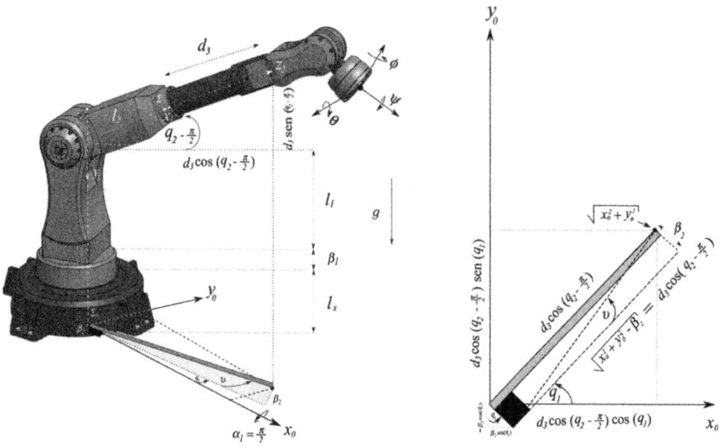

Figura 5.35: Modelo de cinemática inversa del robot esférico

Por lo tanto el modelo de cinemática inversa del robot esférico está dado por:

$$\begin{aligned} q_1 &= \operatorname{atan}\left(\frac{y_0\,\sqrt{x_0^2+y_0^2-\beta_2^2}-x_0\beta_2}{x_0\,\sqrt{x_0^2+y_0^2-\beta_2^2}+y_0\,\beta_2}\right) \\ q_2 &= \frac{\pi}{2} + \operatorname{atan}\left(\frac{z_0-(l_1+\beta_1+l_s)}{\sqrt{x_0^2+y_0^2-\beta_2^2}}\right) \\ d_3 &= \sqrt{x_0^2 + y_0^2 - \beta_2^2 + (\,z_0 - (l_1 + \beta_1 + l_s)\,)^2} \end{aligned} \tag{5.65}$$

• • • Ejemplo 5.10

Desarrollar un programa en **MATLAB** que permita dibujar al extremo final de un robot esférico el nombre "Leslie Pérez Varillas" con estilo de letras manuscritas o script. Asimismo, desarrollar la programación simbólica para obtener las matrices de transformación homogéneas H_0^1, H_1^2, H_2^3, H_0^3; el modelo de cinemática directa, matriz jacobiana y su determinante correspondiente.

Solución

El cuadro de código **MATLAB** 5.7 describe el programa principal `robotEsferico`.m, para que el extremo final del robot realice la aplicación de escritura usando el tipo de fonts, para letras cursivas (ver líneas 24-26). La programación simbólica en **MATLAB**, para el desarrollo de las matrices de transformación homogéneas para cada articulación, así como la del robot esférico, modelo cinemático directo, matriz jacobiana y su determinante se encuentran implementados entre las líneas de código 5-19.

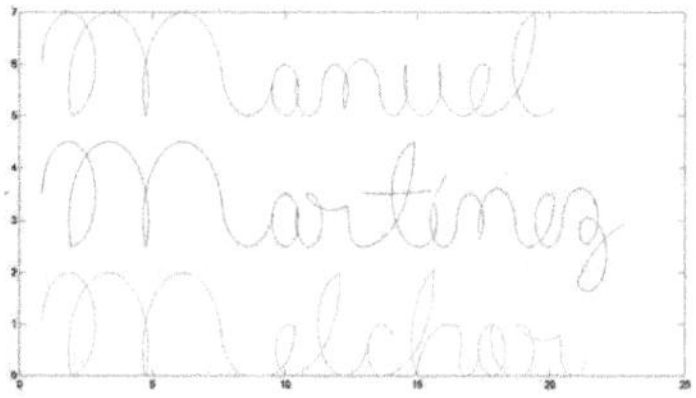

Figura 5.36: Trazos de letras cursivas

La figura 5.36 presenta el trazo de trayectorias para generar las letras manuscritas, realizado por el extremo final del robot esférico correspondientes al nombre previamente diseñado (con arcos y segmentos curvos, con determinados intervalos de tiempos). La generación de coordenadas cartesianas para cada letra cursiva se encuentra en la línea 24, por medio de la función `letras(···)`, en donde se utiliza el vector tiempo para realizar trozos de arcos para formar las letras y retorna las coordenadas en el plano $x-y$ como parte del proceso de planificación de trayectorias. La transformación de las coordenadas cartesianas de la trayectoria a coordenadas articulares del robot se realiza usando la cinemática inversa del robot esférico (ver línea 25). El trazo de las letras dentro del espacio de trabajo del robot se obtiene por medio de la función cinemática directa, la cual transforma las coordenadas articulares a cartesianas en $\Sigma_0(x_0, y_0, z_0)$; el trazo que realiza el extremo final del robot se lleva a cabo en la línea 27.

La programación simbólica cosiste en definir la tabla Euler-DH 5.12 del robot, en la línea 8, la cual sirve como pase de parámetros en la metodología de cinemática analítica de Euler para obtener las matrices de transformación homogénea: H_0^1, H_1^2, H_2^3, $H_0^3 \in \mathbb{R}^{4\times 4}$, implementadas en las líneas 13 a la 16, respectivamente. En la línea de código 17 se presenta la cinemática directa del robot $\boldsymbol{f}_r(\boldsymbol{q}) \in \mathbb{R}^3$ y su matriz de rotación $R_0^3(\boldsymbol{q}) \in \mathbb{R}^{3\times 3}$. En la línea 18 se deduce la matriz jacobiana $J_r(\boldsymbol{q}) \in \mathbb{R}^{3\times 3}$ y su correspondiente determinante $\det[J_r(\boldsymbol{q})]$ en la línea 19.

El código **MATLAB** de la función de cinemática inversa del robot esférico está formado por el conjunto de ecuaciones (5.65) y se utiliza en la línea 25, para convertir las coordenadas cartesianas de las trayectorias a trazar por el extremo final del robot; es decir, dichas coordenadas deben ser relacionadas con las articulaciones de cada servomotor del robot; de esta forma, se obtiene un movimiento coordinado en los eslabones del robot y la correcta aplicación en el conjunto de curvas a trazar, lo que representa un paso necesario en el procedimiento. Mientras que la función de cinemática directa tiene la estructura correspondiente a la ecuación desarrollada en (5.60), la cual utiliza la información registrada en las coordenadas articulares para guiar al robot en el trazo de curvas para cada letra, dentro de su espacio cartesiano; la implementación se encuentra en la línea de código 26.

Código MATLAB 5.7 robotEsferico.m

Robótica: Control de Robots Manipuladores, segunda edición.

Capítulo 5. Cinemática directa.

Fernando Reyes Cortés.

Alfaomega Grupo Editor: "**Te acerca al conocimiento**" .

Programa: robotEsferico.m	MATLAB versión 2024a

```
 1  clc;
 2  clearvars;
 3  close all;
 4  format short
 5  syms q1 d2 d3 beta1 real
 6  disp('Tabla 5.12 Euler-DH del robot esférico ')
 7  disp('[ l_i alpha_i (d_i XOR beta_i) q_i]')
 8  dh=[0, pi/2, ls+beta1+l1, q1;
 9      0, -pi/2, beta2, q2-pi/2;]
10      0, 0, d3, 0];
11  disp(dh)
```
12 % matrices de transformación homogénea: H_0^1, H_1^2, H_2^3 y H_0^3:
```
13  H10=simplify(HRz(dh(1,4))*HTz(dh(1,3))*HTx(dh(1,1))*HRx(dh(1,2))) %$H_0^1$.
14  H21=simplify(HRz(dh(2,4))*HTz(dh(2,3))*HTx(dh(2,1))*HRx(dh(2,2))) %$H_1^2$.
15  H32=simplify(HRz(dh(3,4))*HTz(dh(3,3))*HTx(dh(3,1))*HRx(dh(3,2))) %$H_2^3$.
16  H30=simplify(H10*H21*H32) % $H_0^3 = H_0^1\,H_1^2\,H_2^3$, ec. (5.58).
17  [R30, cinematica, cero, c]=H_DH(H30)
18  J=jacobian(cinematica, [q1; q2; d3]) matriz jacobiana: $J_r(\boldsymbol{q})$: ec. (5.61).
19  detJ=collect(simplify(det(J))) % det[$J_r(\boldsymbol{q})$]: ec. (5.62).
20  xc=0.3; yc=-0.3; beta1=0.05; l1=0.40;  % parámetros geométricos.
21  t=0:0.001:100;
22  q1=[]; d2=[]; d3=[];
23  [n, m]=size(t);
24  [x, y, z]=letras();
25  [q1, d2, d3]=cinematicaInversaRobotEsferico(beta1,l1,x,y,z); % ec. (5.65).
26  [x0, y0 ,z0]=cinematicaDirectaRobotEsferico(beta1,l1,q1,d2,d3); % ec. (5.60).
27  plot3(x0,y0,z0) %trazo del robot esférico.
```

28 | **Código fuente disponible en sitio Web: https://www.alfaomega.com.mx/** |

• • •

5.10 Robot cartesiano (PPP)

El robot cartesiano (PPP) también conocido como robot lineal contiene todas sus articulaciones prismáticas, sin incluir a los servomotores que forman la muñeca mecánica, para dar orientación a la herramienta de trabajo. Este robot tiene amplias aplicaciones en impresoras láser y 3D, graficador o *plotter*, mesa coordenada xyz de mediciones en observatorios astronómicos, fresadoras y taladros mecánicos, control numérico, entre otras más. La figura 5.37 muestra su estructura mecánica y la asignación de los sistemas de referencia $\Sigma_i(x_i, y_i, z_i)$, para $i = 0, 1, 2$. La posición de casa del robot cartesiano corresponde a: $d_1 = 0$, $d_2 = 0$, $d_3 = 0$. El espacio de trabajo para esta configuración tiene una geometría de paralelepípedo.

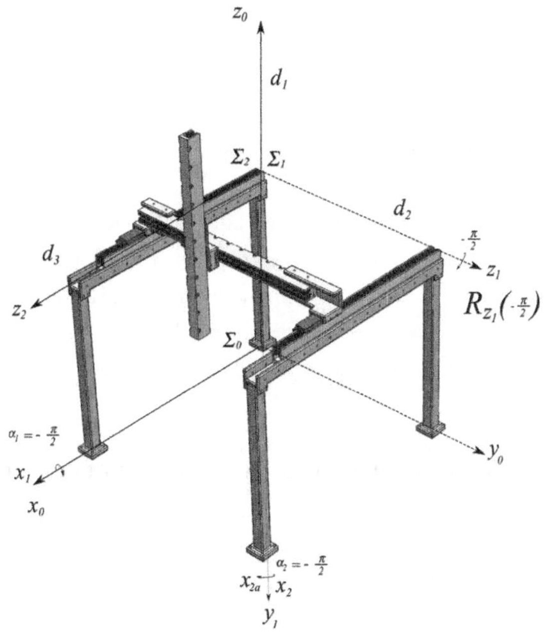

Figura 5.37: Posición de casa del robot cartesiano

El origen de $\Sigma_0(x_0, y_0, z_0)$ está en la parte inferior de la pata superior izquierda de la mesa de soporte (ver figura 5.38). El eje z_0 está alineado con el eje de traslación d_1. El origen del sistema $\Sigma_1(x_1, y_1, z_1)$ está sobre el eje z_0, entonces sus coordenadas $\boldsymbol{d}_0^1 = [\,0, 0, d_1\,]^T$; el eje z_1 es perpendicular a z_0 y paralelo al eje de traslación de la variable d_2; lo que significa: $\alpha_1 = -\frac{\pi}{2}$. El origen de $\Sigma_2(x_2, y_2, z_2)$ está sobre el eje z_1 y alineado con el eje de traslación para d_3; manteniendo los ejes z_1 y z_2 ortogonales: $\alpha_2 = \frac{\pi}{2}$.

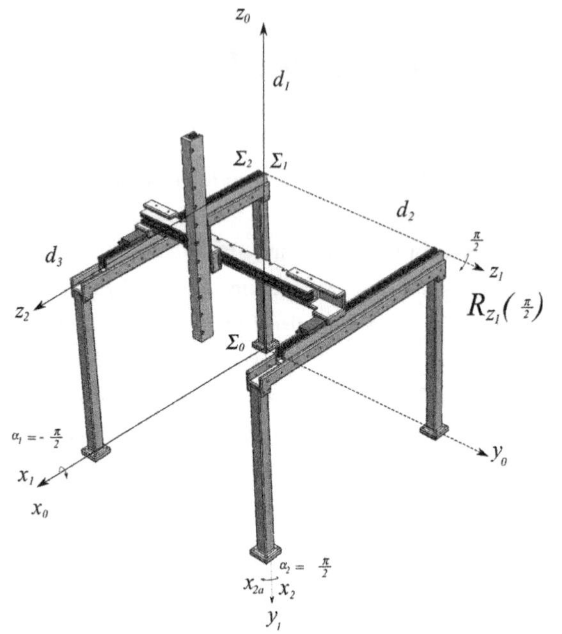

Figura 5.38: Movimiento articular del robot cartesiano

El sentido de giro en la rotación auxiliar de la matriz elemental $R_{z_1}(-\frac{\pi}{2})$ no es único; también puede aceptar rotaciones negativas; es decir incluir: $R_{z_0}(\pm\frac{\pi}{2})$. La regla general es realizar rotaciones positivas, salvo que se indique lo contrario. La rotación $\frac{\pi}{2}$ alrededor del eje x_1 es positiva, por lo que la dirección de giro es del eje y_{1_+} hacia el eje z_{1_+}. El modelo cinemático de un robot manipulador no es único, como está indicado en la propiedad (5.3).

5.10.1 Modelo cinemático del robot cartesiano

De acuerdo con la asignación de sistemas de referencia $\Sigma_i(x_i, y_i, z_i)$, para $i = 0, 1, 2$, establecidos en la figura 5.38, los parámetros y variables articulares Euler-DH del robot cartesiano se describen en la tabla 5.13.

Tabla 5.13: Parámetros y variables Euler-DH del robot cartesiano

Eslabón	q_i	$\beta_i \oplus d_i$	l_i	α_i
1	0	d_1	0	$-\frac{\pi}{2}$
2	0	d_2	0	$\frac{\pi}{2}$
3	0	d_3	0	0

La tabla 5.13 representa el pase de parámetros en la cinemática analítica de Euler y obtener las matrices de transformación homogéneas del robot cartesiano H_0^1, H_1^2, H_2^3 y H_0^3:

$$\begin{bmatrix} \boldsymbol{p}_0 \\ 1 \end{bmatrix} = \underbrace{H_{R_{z_0}}(0)\, H_{T_{z_0}}(d_1)\, H_{T_{x_0}}(0) H_{R_{x_0}}(-\tfrac{\pi}{2})}_{H_0^1} \underbrace{H_{R_{z_1}}(\tfrac{\pi}{2})\, H_{T_{z_1}}(d_2)\, H_{T_{x_1}}(0) H_{R_{x_1}}(\tfrac{\pi}{2})}_{H_1^2}$$

$$\underbrace{H_{R_{z_2}}(0)\, H_{T_{z_2}}(d_3)\, H_{T_{x_2}}(0) H_{R_{x_2}}(0)}_{H_2^3} \begin{bmatrix} \boldsymbol{p}_3 \\ 1 \end{bmatrix}$$

$$= \underbrace{\begin{bmatrix} R_{x_0}(-\frac{\pi}{2}) & \begin{bmatrix} 0 \\ 0 \\ d_1 \end{bmatrix} \\ [0\ \ 0\ \ 0] & 1 \end{bmatrix}}_{H_0^1} \underbrace{\begin{bmatrix} R_{z_1}(\frac{\pi}{2}) R_{x_1}(\frac{\pi}{2}) & \begin{bmatrix} 0 \\ 0 \\ d_2 \end{bmatrix} \\ [0\ \ 0\ \ 0] & 1 \end{bmatrix}}_{H_1^2} \underbrace{\begin{bmatrix} I & \begin{bmatrix} 0 \\ 0 \\ d_3 \end{bmatrix} \\ [0\ \ 0\ \ 0] & 1 \end{bmatrix}}_{H_2^3} \begin{bmatrix} \boldsymbol{p}_3 \\ 1 \end{bmatrix}$$

$$\begin{bmatrix} \boldsymbol{p}_0 \\ 1 \end{bmatrix} = \underbrace{\begin{bmatrix} \underbrace{R_{x_0}(-\frac{\pi}{2}) R_{z_1}(\frac{\pi}{2}) R_{x_1}(\frac{\pi}{2})}_{R_0^3(\boldsymbol{q})} & \underbrace{\left[\begin{bmatrix} 0 \\ 0 \\ d_1 \end{bmatrix} + R_{x_0}(-\frac{\pi}{2}) \begin{bmatrix} 0 \\ 0 \\ d_2 \end{bmatrix} + R_{x_0}(-\frac{\pi}{2}) R_{z_1}(\frac{\pi}{2}) R_{x_1}(\frac{\pi}{2}) \begin{bmatrix} 0 \\ 0 \\ d_3 \end{bmatrix}\right]}_{\boldsymbol{f}_r(\boldsymbol{q}) = \boldsymbol{d}_0^3} \\ [0\ \ 0\ \ 0] & 1 \end{bmatrix}}_{H_0^3 = H_0^1 H_1^2 H_2^3} \begin{bmatrix} \boldsymbol{p}_3 \\ 1 \end{bmatrix} \tag{5.66}$$

De la matriz de transformación homogénea en (5.66), se deduce la matriz de rotación $R_0^3(\boldsymbol{q})$ y la cinemática directa lineal $\boldsymbol{f}_r(\boldsymbol{q})$ del robot cartesiano:

$$R_0^3(\boldsymbol{q}) = R_{x_0}(-\tfrac{\pi}{2}) R_{z_1}(\tfrac{\pi}{2}) R_{x_1}(\tfrac{\pi}{2}) = \begin{bmatrix} 0 & 0 & 1 \\ 0 & 1 & 0 \\ -1 & 0 & 0 \end{bmatrix} \tag{5.67}$$

$$\boldsymbol{f}_r(\boldsymbol{q}) = \begin{bmatrix} d_3 \\ d_2 \\ d_1 \end{bmatrix} \tag{5.68}$$

Note que el modelo de cinemática directa es el mismo que el modelo cinemático inverso; en este caso ambos modelos son lineales.

5.10.2 Cinemática diferencial del robot cartesiano

El modelo cinemático diferencial del robot cartesiano se obtiene de la derivada con respecto al tiempo del modelo de cinemática directa (5.68):

$$\frac{d}{dt}\boldsymbol{f}_r(\boldsymbol{q}) = \frac{\partial}{\partial \begin{bmatrix} d_3 \\ d_2 \\ d_3 \end{bmatrix}} \boldsymbol{f}_r(\boldsymbol{q}) \begin{bmatrix} \dot{d}_3 \\ \dot{d}_2 \\ \dot{d}_1 \end{bmatrix} = \underbrace{\begin{bmatrix} 1 & 0 & 0 \\ 0 & 1 & 0 \\ 0 & 0 & 1 \end{bmatrix}}_{J(\boldsymbol{q})} \begin{bmatrix} \dot{d}_3 \\ \dot{d}_2 \\ \dot{d}_1 \end{bmatrix} \tag{5.69}$$

$$\det[J(\boldsymbol{q})] = 1 \tag{5.70}$$

Para el robot cartesiano, la matriz jacobiana resulta la matriz identidad: $J_q(\boldsymbol{q}) = I \in \mathbb{R}^{3\times 3}$; no tiene singularidades, puesto que el determinante es unitario. El mismo resultado en la cinemática diferencial (5.69), derivando con respecto al tiempo la expresión (5.66):

$$\begin{bmatrix} \dot{\boldsymbol{p}}_0 \\ \\ 0 \end{bmatrix} = \underbrace{\begin{bmatrix} \underbrace{O}_{\dot{R}_0^3(\boldsymbol{q})} & \underbrace{\left[\begin{bmatrix} 0 \\ 0 \\ \dot{d}_1 \end{bmatrix} + R_{x_0}(-\tfrac{\pi}{2})\begin{bmatrix} 0 \\ 0 \\ \dot{d}_2 \end{bmatrix} + R_{x_0}(-\tfrac{\pi}{2})R_{z_1}(\tfrac{\pi}{2})R_{x_1}(\tfrac{\pi}{2})\begin{bmatrix} 0 \\ 0 \\ \dot{d}_3 \end{bmatrix}\right]}_{\frac{d}{dt}\boldsymbol{f}_r(\boldsymbol{q}) = \dot{\boldsymbol{d}}_0^3} \\ [0 \;\; 0 \;\; 0] & 0 \end{bmatrix}}_{\dot{H}_0^3} \begin{bmatrix} \boldsymbol{p}_3 \\ \\ 1 \end{bmatrix} \tag{5.71}$$

donde todos los elementos escalares de la matriz neutra $O \in \mathbb{R}^{3\times 3}$ son cero. Note que la velocidad angular $\boldsymbol{\omega}_0 = \boldsymbol{0} \in \mathbb{R}^3$; de ninguna manera significa que el extremo final del robot está impedido realizar movimientos rotacionales, como se muestra a continuación.

• • • Ejemplo 5.11

Desarrollar la programación simbólica en **MATLAB**, para obtener las matrices de transformación homogéneas $H_0^1, H_1^2, H_2^3, H_0^3$; el modelo de cinemática directa, matriz jacobiana y el determinante del robot cartesiano. Además, que el extremo final trace una variante de la rosa polar, con radio $r = 0.5$ m, $x_c = 0.3$, $y_c = -0.3$, $z_0 = 0.5$ m.

Solución

En el cuadro de código **MATLAB** 5.8 se describe el programa `robotCartesiano.m`, con la programación simbólica de las matrices de transformación homogéneas, modelado cinemático y el trazo de la curva rosa polar. La implementación del código que obtiene el desarrollo del modelado cinemático se encuentra contenido entre las líneas 2-15. La ecuación parametrizada en coordenadas cartesianas para realizar una variante de curvas para el tipo de familias rhodoneas, sobre el plano $x_0 - y_0$: $r = 0.05 + 0.1\ \mathrm{sen}(t)$; $x = x_c + r\ \mathrm{sen}(t)$; $y = y_c +\ \cos(t)$; $z = 0.5$; como se describe en las líneas de código 20-23.

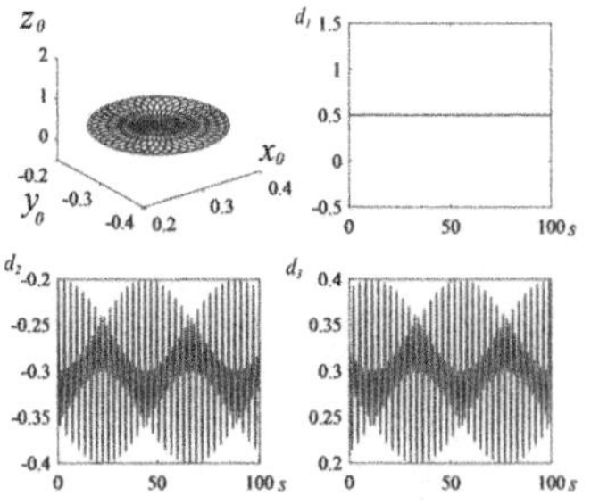

Figura 5.39: Trazo de la curva realizada por el robot cartesiano

La figura 5.39 describe el trazo de la trayectoria para una curva del tipo rosa polar llevada a cabo por el extremo final del robot cartesiano (ver las líneas 26-29); observe el comportamiento en función del tiempo de cada articulación $[d_1(t), d_2(t), d_3(t)]$, lo que permite al robot trazar la aplicación requerida. Las ecuaciones para ese tipo de curva se encuentran programadas entre las líneas 20-23. La transformación de coordenadas cartesianas de la curva rosa polar a coordenadas articulares se hace con la función de cinemática inversa del robot cartesiano (línea 24); la trayectoria en el espacio de trabajo del robot se realiza con la cinemática directa (línea 25).

Código MATLAB 5.8 robotCartesiano.m

Robótica: Control de Robots Manipuladores, segunda edición.
Capítulo 5. Cinemática directa.
Fernando Reyes Cortés.
Alfaomega Grupo Editor: "**Te acerca al conocimiento**".

Programa: robotCartesiano.m	MATLAB versión 2024a

```
clc; clearvars; close all; format short
syms q1 d2 d3 beta1 real
disp('Tabla 5.13 Euler-DH del robot cartesiano')
disp('[ l_i alpha_i (d_i XOR beta_i) q_i]')
dh=[0, -pi/2, d1, 0;
    0, pi/2, d2, pi/2;]
    0, 0, d3, 0];
disp(dh)
% matrices de transformación homogéneas: H_0^1, H_1^2, H_2^3: ver ec. (5.66).
H10=simplify(HRz(dh(1,4))*HTz(dh(1,3))*HTx(dh(1,1))*HRx(dh(1,2))) %H_0^1.
H21=simplify(HRz(dh(2,4))*HTz(dh(2,3))*HTx(dh(2,1))*HRx(dh(2,2))) %H_1^2.
H32=simplify(HRz(dh(3,4))*HTz(dh(3,3))*HTx(dh(3,1))*HRx(dh(3,2))) %H_2^3.
H30=simplify(H10*H21*H32) % ec. (5.66): H_0^3 = H_0^1 H_1^2 H_2^3.
[R30, cinematica, cero, c]=H_DH(H30)
J=jacobian(cinematica, [q1; q2; d3]) matriz jacobiana: J_r(q): ec. (5.69).
detJ=collect(simplify(det(J))) % determinante de J_r(q): ec. (5.70).
t=0:0.001:100;
[n, m]=size(t);
d1=[]; d2=[]; d3=[]; % apuntadores nulos.
xc=0.3; yc=-0.3;
r=0.1*cos(pi*t);
x=xc+r.*sin(t);
y=yc+r.*cos(t);
z(1:m)=0.5;
[d3, d2, d1]=cinematicaInversaRobotcartesiano(x,y,z); % ec: (5.68 ).
[x0, y0, z0]=cinematicaDirectaRobotcartesiano(d3,d2,d1); % ec. (5.68).
subplot(2,2,1); plot3(x0,y0,z0) % figura 5.39.
subplot(2,2,2); plot(t,d1)
subplot(2,2,3); plot(t,d2)
subplot(2,2,4); plot(t,d3)
```

Código fuente disponible en sitio Web: https://www.alfaomega.com.mx/

•••

5.11 Resumen

La cinemática analítica con el enfoque de Euler es una herramienta clave e importante en robótica, que permite obtener el modelo cinemático directo de un robot manipulador de n gdl, con su correspondiente modelo de cinemática inversa; así como el estudio descriptivo de la cinemática diferencial. Se ha presentado el desarrollo, para demostrar que la bien conocida metodología Denavit-Hartenberg resulta una caso particular del procedimiento propuesto por Euler.

Otro aspecto que vale la pena resaltar es que se ha planteado un algoritmo, con programación simbólica en **MATLAB**, para reducir notablemente los cálculos tediosos y extensos, que permitan simplificar la manipulación algebraica en el modelado cinemático, evitando errores de cálculo sobre todo, cuando los grados de libertad aumentan, puesto que se requiere multiplicar cuatro matrices de transformación homogénea de dimensión 4×4, por cada articulación. El procedimiento consiste en deducir la tabla de Euler-DH del robot, la cual sirve como pase de argumentos a las funciones diseñadas, de tal forma que el proceso de modelado resulta muy simple.

Sin embargo, a pesar de la simplicidad en el procedimiento computacional, por medio de las funciones de programación simbólica se han elaborado varios ejemplos, con diversas configuraciones de robots manipuladores, desarrollando la solución analítica y utilizando estricto rigor matemático en el planteamiento, cada detalle es explicado y documentado, con la finalidad de que el lector tenga claridad en dicho procedimiento y su rápida solución a través de código fuente en **MATLAB**. Todos los ejemplos incluyen la implementación de aplicaciones para mostrar la potencialidad y versatilidad de la metodología propuesta.

Utilizando las propiedades de las derivadas de matrices rotacionales y antisimétricas, se ha establecido el análisis del modelo de la cinemática diferencial, que relaciona la velocidad cartesiana con la velocidad rotacional y angular, incorporando su estructura a través de matrices de transformación homogénea.

Por otro lado, a pesar de que el desarrollo para deducir la cinemática inversa de un robot manipulador es complicado, se utilizan modelos geométricos, fáciles de interpretar y resolver para encontrar el mapa inverso correspondiente del modelo de cinemática directa. Por lo que, también en este escenario se le proporciona al lector de herramientas geométricas, para el análisis y solución de problemas con un grado mayor de dificultad, cuando los gdl se incrementan.

5.12 Problemas propuestos

La cinemática directa de robots manipuladores constituye los fundamentos para el desarrollo del modelado dinámico, identificación paramétrica y diseño de algoritmos de control. Por lo que en esta sección se presentan un conjunto de problemas a resolver por el lector, con la finalidad de mejorar sus conocimientos y habilidades en cinemática analítica desarrolla por Euler aplicada a la robótica.

5.12.1Considere el robot manipulador en la configuración antropomórfica de 2 gdl, diseñe una trayectoria parametriza en el tiempo en coordenadas cartesianas, para que el extremo final trace en su espacio de trabajo lo siguiente (desarrolle la programación en **MATLAB**):

a)Una línea vertical de longitud 0.4 m, con punto inicial en $(0.4, -0.6)$ m y punto final ubicado en$(0.4, -0.2)$ m.

b)Línea horizontal de longitud 0.4 m, con coordenada inicial en $(0.1, -0.6)$ m y punto final $(0.5, -0.2)$ m.

c)Línea diagonal , con 45° de pendiente, coordenada inicial en $(0.1, -0.1)$ m y coordenada final en $(0.6, -0.8)$ m.

5.12.2Sea el brazo robot de 3 gdl, en configuración antropomórfica; diseñe una trayectoria parametriza en el tiempo usando coordenadas cartesianas, tal que el extremo final del robot en su espacio de trabajo realice lo siguiente (desarrolle la programación en **MATLAB**):

a)Una línea vertical de longitud 0.4 m, con punto inicial en $(0.4, -0.6), 0.3$ m y punto final ubicado en$(0.4, -0.2, 0.3)$ m.

b)Línea horizontal de longitud 0.4 m, con coordenada inicial en $(0.1, -0.6, 0.5)$ m y punto final $(0.5, -0.2, 0.5)$ m.

c)Línea diagonal , con 65° de pendiente y 0.55 m de longitud, coordenada inicial en $(0.1, -0.1, 0.1)$ m; determinar la coordenada cartesiana final.

d)Con respecto al inciso inmediato anterior, oriente la herramienta de trabajo del robot con los siguientes ángulos de Euler: $[\phi,\ \theta,\ \psi]^T = \left[\frac{\pi}{3},\ \frac{\pi}{2},\ 3\frac{\pi}{4}\right]^T$ rad.

5.12.3En la derivada de la matriz de transformación homogénea del robot SCARA: $\frac{d}{dt}H_0^3$ (5.48) contiene en el cuadrante I, la componente correspondiente de la cinemática diferencial $\frac{d}{dt}\boldsymbol{f}_r(\boldsymbol{q}) = \dot{\boldsymbol{d}}_0^3$; en esta expresión verificar por álgebra directa, que se obtiene el mismo resultado desarrollado en (5.47).

5.12.4En el desarrollo del modelo de cinemática diferencial, para el robot en configuración cilíndrica se encuentra $\frac{d}{dt}\boldsymbol{f}_r(\boldsymbol{q}) = \dot{\boldsymbol{d}}_0^3$ en el primer cuadrante de la matriz de transformación homogénea $\frac{d}{dt}H_0^3$ (5.55); verificar por manipulación algebraica directa en esa expresión, que también se obtiene el mismo resultado desarrollado en la ecuación (5.53).

5.12.5Para la configuración del robot esférico, el desarrollo de la cinemática diferencial conduce a las expresiones (5.61) y (5.64), correspondientes a la cinemática diferencial $\frac{d}{dt}\boldsymbol{f}_r(\boldsymbol{q})$ y velocidad angular $\boldsymbol{\omega}_0$, respectivamente. Verificar por manipulación algebraica que, dichos resultados también se pueden obtener por:

a)La derivada con respecto al tiempo de la cinemática directa $\frac{d}{dt}\boldsymbol{f}_r(\boldsymbol{q})$ contenida en la matriz de transformación homogénea $\frac{d}{dt}H_0^3$ (5.63) reproduce el mismo resultado desarrollado en (5.61).

b)La velocidad angular $\boldsymbol{\omega}_0$ del robot esférico dada por la ecuación (5.64), también se obtiene por medio de la derivada, con respecto al tiempo de la matriz ortogonal $R_0^3(\boldsymbol{q})$ (5.59).

5.12.6Considere el robot prototipo que se muestra en la figura 5.40; está compuesto de una articulación rotacional en la base y la siguiente es del tipo prismática; los parámetros geométricos de la primera articulación son: l_1 es la longitud del tubo que sostiene a la articulación de la base, la cual tiene una altura β_1 y una barra de aluminio acoplada al rotor, con longitud l_2, que sirve para soportar mecánicamente a la articulación lineal, la cual tiene un eje de traslación ortogonal al eje de rotación de la base. Realizar el análisis correspondiente, para:

a)Asignar correctamente los sistemas de referencia $\Sigma_0(x_0, y_0, z_0)$ y $\Sigma_i(x_i, y_i, z_i)$, con $i = 1,\ 2$.

b)Obtener la tabla Euler-DH.

c)Desarrollar programación simbólica en **MATLAB**, para deducir los modelo de cinemática: directa, inversa y diferencial, angular; así como obtener la matriz jacobiana.

d)Lleva a cabo el estudio de puntos singulares.

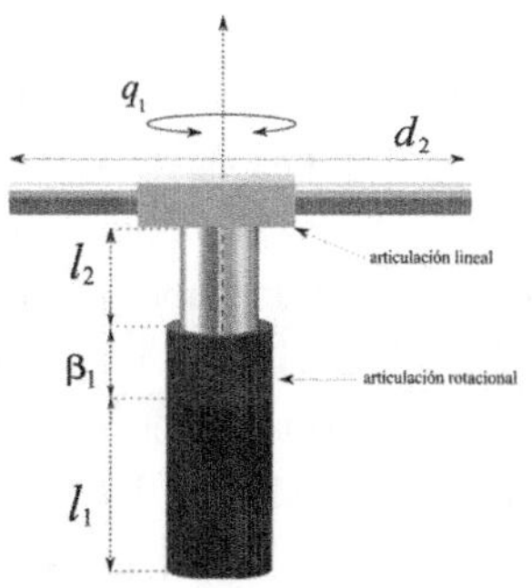

Figura 5.40: Prototipo robot-RP, con 2 gdl

5.12.7 Considere el robot-RPP 3 gdl que se muestra en la figura 5.41, tiene una articulación rotacional en la base y prismáticas para ambas articulaciones del hombro y codo; los parámetros geométricos, para la articulación de la base son los siguientes: longitud del soporte l_1, altura o espesor del servomotor β_1 y barra de aluminio l_2. Llevar a cabo el siguiente análisis:

a) Ubicar correctamente los sistemas de referencia $\Sigma_0(x_0, y_0, z_0)$ y $\Sigma_i(x_i, y_i, z_i)$, con $i = 1,\ 2,\ 3$.

b) Obtener la tabla Euler-DH.

c) Mediante programación simbólica en **MATLAB**, encontrar los modelos de cinemática: directa y diferencial; así como obtener la matriz jacobiana y el estudio correspondiente de singularidades.

d) Proponer un modelo geométrico, para deducir el modelo de cinemática inversa.

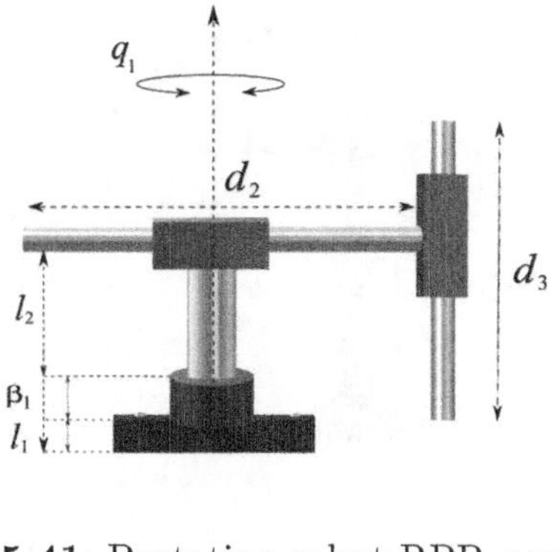

Figura 5.41: Prototipo robot-RPP, con 3 gdl

5.12.8Sea el robot-RPP 3 gdl sometido a la acción de la gravedad como se muestra en la figura 5.42, el cual está formado por una articulación prismática en la base, el servomotor del hombro es rotacional y la articulación del codo es lineal; el parámetro geométrico l_s es la longitud del tubo que soporta el servomotor de la base y que se encuentra acoplado a dicho tubo, por medio de una horquilla metálica, para sujetarlo y permanezca inmóvil, la varilla de aluminio pasa por dentro de esta articulación lineal (y también por el interior del tubo), puede llegar hasta el soporte metálico; para la articulación del hombro sus parámetros geométricos son: β_2, l_2, l_{2a}; en esta articulación, la barra de longitud l_2 tiene una extensión l_{2a} inclinada 45°, con respecto a la línea horizontal. Además, el desplazamiento articular de la base d_1 está delimitado por l_1; es decir, $d_1 \leq l_1$. Realizar el siguiente análisis:

a)Asignar a cada articulación sus correspondientes sistemas de referencia: el fijo $\Sigma_0(x_0, y_0, z_0)$ y móviles $\Sigma_i(x_i, y_i, z_i)$, con $i = 1,\ 2,\ 3$.

b)Deducir la tabla Euler-DH.

c)Con programación simbólica en **MATLAB**, obtener los modelos de cinemática: directa y diferencial; así como obtener la matriz jacobiana y el correspondiente estudio de singularidades.

d)Proponer un modelo geométrico, para encontrar la cinemática inversa.

e)Diseñe un conjunto de trayectorias cartesianas parametrizadas en el tiempo, de tal forma que el extremo final del robot escriba la palabra *Robot* (con fonts script) sobre el plano: $z_0 - y_0$; la coordenada inicial corresponde a: (0, 0.25, 0.15) m. Los valores numéricos de los parámetros geométricos son: $l_1 = 0.65$; $\beta_2 = 0.15$m; $l_2 = 0.25$m; $l_{2a} = 0.35$ m

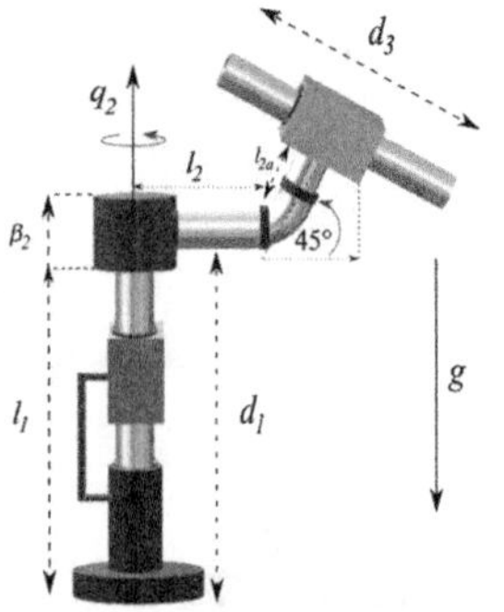

Figura 5.42: Robot prototipo-PRP, con 3 gdl

Capítulo 6

Dinámica

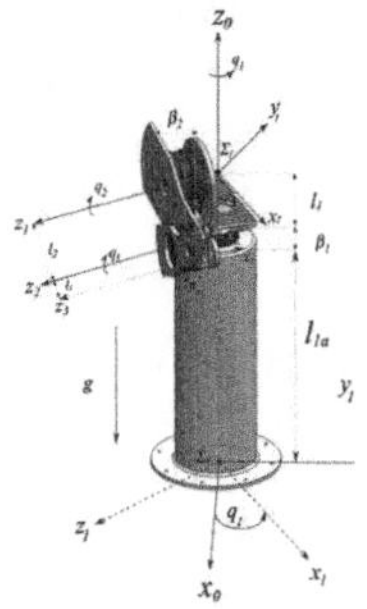

$$\frac{d}{dt}\begin{bmatrix} q \\ \dot{q} \end{bmatrix} = \begin{bmatrix} \dot{q} \\ M^{-1}(q)\,[\tau - C(q,\, \dot{q})\dot{q} - B\dot{q} - g(q)] \end{bmatrix}$$

6.1 Introducción ... 295

6.2 Ecuaciones de movimiento de Euler-Lagrange ... 296

6.3 Modelo dinámico ... 298

6.4 Propiedades del modelo dinámico ... 299

6.5 Ecuación diferencial ordinaria (ODE) ... 312

6.6 Desarrollo de modelos dinámicos ... 314

6.7 Resumen ... 378

6.8 Problemas propuestos ... 379

Descripción del capítulo

La mecánica analítica es una poderosa herramienta de la física para desarrollar el modelo dinámico y sus propiedades matemáticas de un robot manipulador. En este capítulo se describe la metodología para deducir el comportamiento dinámico de robots manipuladores usando las ecuaciones de movimiento de Euler-Lagrange; se presentan diversos ejemplos didácticos para ilustrar con detalle dicho proceso; y mediante simulación en código fuente **MATLAB** de la dinámica se enriquece la explicación cualitativa y cuantitativa sobre el estudio de los efectos físicos del robot.

Los siguientes temas son analizados:

- Modelos de energía y potencia
- Ecuaciones de movimiento de Euler-Lagrange
- Efectos físicos y sus propiedades
- Péndulo
- Brazo robot de 2 gdl
- Brazo robot de 3 gdl
- Robot cartesiano de 3gdl
- Simulación de la dinámica en **MATLAB**

6.1 Introducción

Un robot manipulador es un sistema mecánico continuo con dinámica compleja, cuya descripción analítica requiere de ecuaciones diferenciales. La naturaleza no lineal, multivariable y fuertemente acoplada en su comportamiento dinámico ofrece un amplio espectro para la formulación de problemas de control teóricos y prácticos. El modelo dinámico del robot manipulador permite explicar todos los fenómenos físicos que se encuentran presentes en su estructura mecánica, tales como efectos inerciales, fuerzas centrípetas y de Coriolis, par gravitacional y fricción; los cuales son efectos físicos intrínsecos que aparecen en el rango de operación nominal o ancho de banda del robot. Bajo determinadas condiciones, algunos robots manipuladores pueden exhibir en su comportamiento, dinámica caótica.

La mecánica analítica representa la herramienta sólida de las ciencias exactas para formular modelos matemáticos de sistemas mecánicos; en este contexto la dinámica, como parte de la física, estudia la relación que existe entre las fuerzas que actúan sobre un cuerpo y el movimiento que se origina. Por este motivo, el análisis y estudio de los fenómenos del robot es llevado a cabo por medio de ecuaciones diferenciales no lineales para formar el modelo dinámico. A diferencia de otros métodos sobre modelado de la física, tales como Newton y Hamilton, la mecánica analítica con las ecuaciones de movimiento de Euler-Lagrange es la que representa la mejor alternativa de modelado para robots manipuladores debido a las propiedades matemáticas que se deducen como parte del procedimiento y también facilitan el análisis y diseño de algoritmos de control.

La importancia del modelo dinámico de robots manipuladores resulta fundamental para propósitos de: simulación, análisis, diseño y construcción del sistema mecánico. En el área de simulación, el modelo dinámico es la parte clave debido a que puede reproducir todos los fenómenos físicos del robot sin la necesidad de usar un robot real (se conoce como realidad virtual) y esta característica resulta estratégica para diseñar y evaluar algoritmos de control, técnicas de planificación trayectorias, programación de aplicaciones industriales, etc. La simulación utiliza el modelo dinámico para describir su comportamiento físico y de ahí inferir aplicaciones potenciales. En este contexto, la simulación es muy diferente a la animación, la cual no necesariamente incorpora los efectos dinámicos en el movimiento del robot, puesto que utiliza datos sintéticos y no información dinámica.

Para diseñar algoritmos de control para robots manipuladores, es fundamental conocer el modelo dinámico, más aun cuando la técnica de diseño se basa en la estructura del modelo dinámico; sus propiedades matemáticas son explotadas para facilitar el análisis y propuesta de nuevas estrategias de control. Entre las ventajas que representa el modelo dinámico, se encuentra su empleo para diseñar y construir robots manipuladores, los cuales no se diseñan de manera empírica; existe un procedimiento científico para poder construir un robot industrial, el cual se sustenta en la dinámica del robot.

De esta forma, un robot industrial puede ser estudiado y analizado con detalle y de ser el caso, realizar las adecuaciones pertinentes antes de llegar a la etapa de construcción física. Por ejemplo, modificar los centros de masa y la distribución de masa en el volumen que ocupan en las barras metálicas (momentos de inercias) para formar los eslabones. Dependiendo del tipo de aplicación a realizar por el robot, la selección de los servomotores son componentes claves e importantes en la dinámica, puesto que determinan el desempeño, características operativas y funcionales del robot [Shimon, 2023].

En este capítulo se describe la metodología desarrollada por Euler-Lagrange para obtener la estructura matemática que gobierna el comportamiento dinámico de un robot manipulador, así como el estudio de sus propiedades. Para ilustrar el procedimiento, un conjunto de ejemplos con diversas estructuras mecánicas de robots manipuladores son desarrollados; cuidando en extremo todos los detalles presentados en el análisis, con la finalidad de que el lector no solo pueda entender dicho procedimiento de la mecánica analítica; más bien, domine y pueda obtener un estudio detallado y completo sobre la dinámica de cualquier tipo de robot manipulador [Goldstein, 2000], [Marion, 2000].

En los ejemplos presentados se acompaña con el desarrollo del modelado dinámico, la programación correspondiente en código fuente **MATLAB** para enriquecer el análisis y estudio de la dinámica no lineal en robots manipuladores.

6.2 Ecuaciones de Euler-Lagrange

La suma de energías cinética $\mathcal{K}(\boldsymbol{q}, \dot{\boldsymbol{q}})$ más la energía potencial $\mathcal{U}(\boldsymbol{q})$ de un robot manipulador, se conoce como hamiltoneano $\mathcal{H}(\boldsymbol{q}, \dot{\boldsymbol{q}})$ y se define de la siguiente forma:

$$\mathcal{H}(\boldsymbol{q}, \dot{\boldsymbol{q}}) = \mathcal{K}(\boldsymbol{q}, \dot{\boldsymbol{q}}) + \mathcal{U}(\boldsymbol{q}) \tag{6.1}$$

donde $\boldsymbol{q}, \dot{\boldsymbol{q}} \in \mathbb{R}^n$ representan a los vectores de posición y velocidad articular, respectivamente. La energía cinética $\mathcal{K}(\boldsymbol{q}, \dot{\boldsymbol{q}})$ tiene una dependencia de la posición y velocidad articular, mientras que la energía potencial $\mathcal{U}(\boldsymbol{q})$ está relacionada con el campo conservativo de la gravedad o de un sistema tipo resorte mecánico y por lo tanto es una función que únicamente depende de la posición $\boldsymbol{q}$.

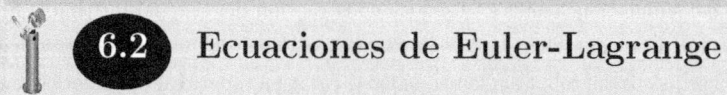

El lagrangiano $\mathcal{L}(\boldsymbol{q}, \dot{\boldsymbol{q}})$ de un robot manipulador de n grados de libertad se define como la diferencia entre la energía cinética $\mathcal{K}(\boldsymbol{q}, \dot{\boldsymbol{q}})$ y la energía potencial $\mathcal{U}(\boldsymbol{q})$:

$$\mathcal{L}(\boldsymbol{q}, \dot{\boldsymbol{q}}) = \mathcal{K}(\boldsymbol{q}, \dot{\boldsymbol{q}}) - \mathcal{U}(\boldsymbol{q}). \tag{6.2}$$

Las ecuaciones de movimiento de Euler-Lagrange de un robot manipulador de n grados de libertad están dadas por:

$$\frac{d}{dt}\left[\frac{\partial \mathcal{L}(\boldsymbol{q}, \dot{\boldsymbol{q}})}{\partial \dot{\boldsymbol{q}}}\right] - \frac{\partial \mathcal{L}(\boldsymbol{q}, \dot{\boldsymbol{q}})}{\partial \boldsymbol{q}} = \boldsymbol{\tau} - \boldsymbol{f}_f(\dot{\boldsymbol{q}}), \ \forall t \geq 0 \tag{6.3}$$

donde $\boldsymbol{q} = [q_1, q_2, \cdots, q_n]^T \in \mathbb{R}^n$ representa el vector de posiciones articulares o coordenadas generalizadas; $\dot{\boldsymbol{q}} = [\dot{q}_1, \dot{q}_2, \cdots, \dot{q}_n]^T \in \mathbb{R}^n$ es el vector de velocidades articulares; $\boldsymbol{\tau} = [\tau_1, \tau_2, \cdots, \tau_n]^T \in \mathbb{R}^n$ es el vector de pares aplicados, donde el i-ésimo par τ_i se encuentra asociado con la i-ésima coordenada generalizada q_i y $\boldsymbol{f}_f(\dot{\boldsymbol{q}}) \in \mathbb{R}^n$ es el vector de fuerzas o pares de fricción: estática, viscosa y de Coulomb que se encuentran presentes en las articulaciones del mismo; t representa la evolución del tiempo; la notación $t \geq 0$ denota al concepto de causalidad, puesto que un robot manipulador es un sistema físico causal; $n \in \mathrm{N}$ es el número de servomotores o articulaciones y determina los grados de libertad (gdl) [Kelly et. al, 2005], [Sciavicco and Siciliano, 2005], [Spong et. al, 2006].

Propiedad 6.1: La energía cinética $\mathcal{K}(\boldsymbol{q}, \dot{\boldsymbol{q}})$ es una función cuadrática

La estructura matemática de la energía cinética $\mathcal{K}(\boldsymbol{q}, \dot{\boldsymbol{q}})$ de un robot manipulador es una función cuadrática de la velocidad $\dot{\boldsymbol{q}}$:

$$\mathcal{K}(\boldsymbol{q}, \dot{\boldsymbol{q}}) = \frac{1}{2}\dot{\boldsymbol{q}}^T M(\boldsymbol{q})\dot{\boldsymbol{q}} \tag{6.4}$$

donde $M(\boldsymbol{q}) \in \mathbb{R}^{n \times n}$ es la matriz de inercia del manipulador.

Por otro lado, la energía potencial $\mathcal{U}(\boldsymbol{q})$ no tiene una forma específica como la energía cinética. Sin embargo, tiene una dependencia exclusivamente del vector de posición $\boldsymbol{q}$, ya que, su presencia se debe exclusivamente a campos conservativos, como la fuerza de gravedad o dispositivos mecánicos que almacenen energía potencial, como los resortes.

Con esta forma del lagrangiano, las ecuaciones de movimiento de Euler-Lagrange pueden escribirse en forma compacta como:

$$\begin{aligned}
\frac{\partial \mathcal{L}(\boldsymbol{q}, \dot{\boldsymbol{q}})}{\partial \dot{\boldsymbol{q}}} = \frac{\partial}{\partial \dot{\boldsymbol{q}}}\left[\mathcal{K}(\boldsymbol{q}, \dot{\boldsymbol{q}}) - \mathcal{U}(\boldsymbol{q})\right] &= \frac{\partial}{\partial \dot{\boldsymbol{q}}}\left[\frac{1}{2}\dot{\boldsymbol{q}}^T M(\boldsymbol{q})\dot{\boldsymbol{q}}\right] - \frac{\partial \mathcal{U}(\boldsymbol{q})}{\partial \dot{\boldsymbol{q}}} = M(\boldsymbol{q})\dot{\boldsymbol{q}} \\
\frac{d}{dt}\left[\frac{\partial \mathcal{L}(\boldsymbol{q}, \dot{\boldsymbol{q}})(\boldsymbol{q}, \dot{\boldsymbol{q}})}{\partial \dot{\boldsymbol{q}}}\right] &= M(\boldsymbol{q})\ddot{\boldsymbol{q}} + \dot{M}(\boldsymbol{q})\dot{\boldsymbol{q}} \\
\frac{\partial \mathcal{L}(\boldsymbol{q}, \dot{\boldsymbol{q}})}{\partial \boldsymbol{q}} &= \frac{\partial}{\partial \boldsymbol{q}}\left[\frac{1}{2}\dot{\boldsymbol{q}}^T M(\boldsymbol{q})\dot{\boldsymbol{q}}\right] - \frac{\partial \mathcal{U}(\boldsymbol{q})}{\partial \boldsymbol{q}}
\end{aligned}$$

Con la formulación Euler-Lagrange, las ecuaciones de movimiento para un robot manipulador se pueden deducir en forma sistemática, independientemente del sistema de referencia coordenado. Por lo que la dinámica de un robot manipulador (6.3) de n gdl, adquieren la siguiente forma:

$$\boldsymbol{\tau} = M(\boldsymbol{q})\ddot{\boldsymbol{q}} + \dot{M}(\boldsymbol{q})\dot{\boldsymbol{q}} - \frac{\partial}{\partial \boldsymbol{q}}\left[\frac{1}{2}\dot{\boldsymbol{q}}^T M(\boldsymbol{q})\dot{\boldsymbol{q}}\right] + \frac{\partial \mathcal{U}(\boldsymbol{q})}{\partial \boldsymbol{q}} + \boldsymbol{f}_f(\dot{\boldsymbol{q}}),\ \forall t \geq 0 \qquad (6.5)$$

El modelo dinámico de un robot manipulador proporciona una descripción completa entre los pares aplicados a los servomotores y el movimiento de la estructura mecánica.

6.3 Modelo dinámico

El modelo dinámico de un robot manipulador, para de n gdl, con eslabones rígidos (sin flexibilidad ni elasticidad en sus articulaciones) está dado por la ecuación (6.5), que en su forma compacta y con la notación más ampliamente utilizada en el área de robótica se encuentra descrito de la siguiente forma [Angeles, 1997], [Crespo, 2004], [Sciavicco and Siciliano, 2005], [Kelly et. al, 2005], [Spong et. al, 2006]:

$$\boldsymbol{\tau} = M(\boldsymbol{q})\ddot{\boldsymbol{q}} + C(\boldsymbol{q}, \dot{\boldsymbol{q}})\dot{\boldsymbol{q}} + \boldsymbol{g}(\boldsymbol{q}) + \boldsymbol{f}_f(\boldsymbol{f}_e,\ \dot{\boldsymbol{q}}),\ \forall t \geq 0 \qquad (6.6)$$

donde:

$\boldsymbol{q} \in \mathbb{R}^n$ es el vector de coordenadas generalizadas o posiciones articulares que puede incluir servomotores prismáticos y rotacionales,

$\dot{\boldsymbol{q}} \in \mathbb{R}^n$ es el vector de velocidades articulares,

$\ddot{\boldsymbol{q}} \in \mathbb{R}^n$ representa al vector de aceleraciones articulares,

$M(\boldsymbol{q}) \in \mathbb{R}^{n\times n}$ es la matriz de inercia, la cual es simétrica y definida positiva,

$C(\boldsymbol{q}, \dot{\boldsymbol{q}}) \in \mathbb{R}^{n\times n}$ es la matriz de fuerzas centrípetas y de Coriolis,

$$C(\boldsymbol{q}, \dot{\boldsymbol{q}})\dot{\boldsymbol{q}} = \dot{M}(\boldsymbol{q})\dot{\boldsymbol{q}} - \frac{\partial}{\partial \boldsymbol{q}}\left[\frac{1}{2}\dot{\boldsymbol{q}}^T M(\boldsymbol{q})\dot{\boldsymbol{q}}\right] \qquad (6.7)$$

$\boldsymbol{g}(\boldsymbol{q}) \in \mathbb{R}^n$ es el vector de fuerzas o pares gravitacionales obtenido como el gradiente de la energía potencial debida a la acción de la gravedad, es decir: $\boldsymbol{g}(\boldsymbol{q}) = \frac{\partial \mathcal{U}(\boldsymbol{q})}{\partial \boldsymbol{q}}$

$\boldsymbol{f}_e \in \mathbb{R}^n$ es el vector de coeficientes de fricción estática.

$\boldsymbol{f}_f(\boldsymbol{f}_e,\ \dot{\boldsymbol{q}}) \in \mathbb{R}^n$ es el vector de pares o torques de fricción que incluye la fricción viscosa, de Coulomb y estática de cada articulación del robot.

Cuando las articulaciones son rotacionales, entonces el vector $\boldsymbol{\tau} \in \mathbb{R}^n$ significa par o torque aplicado a los servomotores. Para el caso de articulaciones prismáticas o lineales, $\boldsymbol{\tau}$ denota fuerza aplicada.

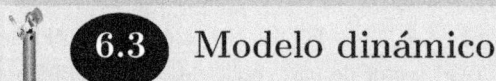

El modelo dinámico (6.6) representa la base matemática para llevar a cabo el análisis y estudio completo de los fenómenos físicos presentes en la estructura mecánica de un robot manipulador de n gdl en cadena cinemática abierta, con eslabones rígidos, en su rango de operación nominal o ancho de banda ($720\ \frac{\text{grados}}{\text{segundos}}$). Para el caso de que el robot tenga eslabones flexibles, es necesario incorporar dentro del modelo dinámico los fenómenos físicos de elasticidad y flexibilidad en los eslabones.

Cuando el robot se encuentra operando fuera de su ancho de banda, por ejemplo excede los límites de velocidades articulares o rebasa los límites físicos de torques (es decir, los servoamplificadores trabajan en la zona de saturación), pueden aparecer otro tipo de dinámica no modelada y bajo este escenario es mucho más complicado explicar su comportamiento dinámico. Algunas configuraciones mecánicas de robots manipuladores con condiciones iniciales especiales pueden exhibir dinámica caótica. Sin embargo, la ecuación del modelo dinámico (6.6) no explica directamente este fenómeno.

6.4 Propiedades del modelo dinámico

El modelo dinámico de un robot manipulador de n gdl (6.6) es una ecuación diferencial compleja, de naturaleza continua, multivariable con dinámica fuertemente acoplada y no lineal en el vector de estados $[\boldsymbol{q},\ \dot{\boldsymbol{q}}]^T \in \mathbb{R}^{2n}$. No obstante, tiene varias propiedades fundamentales que pueden ser explotadas para facilitar el diseño y análisis en sistemas de control. A continuación se describen las principales propiedades matemáticas que posee el modelo dinámico de un robot manipulador de n gdl con eslabones rígidos y configuración de cinemática abierta [Kelly et. al, 2005], [Spong et. al, 2006].

6.4.1 Efecto Inercial

El efecto inercial de un robot manipulador de n gdl (6.6) está representado por el término: $M(\boldsymbol{q})\ddot{\boldsymbol{q}} \in \mathbb{R}^n$ y significa los cambios de estados dinámicos con la evolución del tiempo y sus consecuencias en el movimiento del robot.

Propiedad 6.2: Matriz de inercia $M(\boldsymbol{q})$

La matriz de inercia $M(\boldsymbol{q}) \in \mathbb{R}^{n\times n}$ de un robot manipulador incluye en sus elementos los momentos y productos inerciales que se encuentran presentes en el tensor de inercia para cada eslabón; es una función matriz de la posición $\boldsymbol{q} \in \mathbb{R}^n$ y satisface las siguientes propiedades:

6.2.1 La matriz de inercia es cuadrada: $M(\boldsymbol{q}) \in \mathbb{R}^{n\times n}$, $\forall \boldsymbol{q} \in \mathbb{R}^n$.

6.2.2 $M(\boldsymbol{q})$ es una matriz simétrica: $M(\boldsymbol{q}) = M^T(\boldsymbol{q})$, $\forall \boldsymbol{q} \in \mathbb{R}^n$.

6.2.3 $M(\boldsymbol{q})$ es una matriz definida positiva $M(\boldsymbol{q}) > 0$, $\forall \boldsymbol{q} \in \mathbb{R}^n$. Entonces, existe la matriz inversa $M^{-1}(\boldsymbol{q}) \in \mathbb{R}^{n\times n}$, $\forall \boldsymbol{q} \in \mathbb{R}^n$; y también satisface que es una matriz simétrica $M^{-1}(\boldsymbol{q}) = M^{-T}(\boldsymbol{q})$ y definida positiva $M(\boldsymbol{q})^{-1} > 0$, $\forall \boldsymbol{q} \in \mathbb{R}^n$.

Una característica distintiva y clave es la propiedad de que la matriz de inercia $M(\boldsymbol{q})$ es definida positiva; es garantía que los momentos de inercia del robot estén mecánicamente bien balanceados y acoplados correctamente. Esta propiedad es ampliamente utilizada en el análisis y diseño de esquemas de control. Su importancia radica en que facilita la demostración de existencia y unicidad del punto de equilibrio en la ecuación de lazo cerrado compuesto por el modelo dinámico del robot y el algoritmo de control.

Propiedad 6.3: $\lambda_M^{\text{mín}} I \leq M(\boldsymbol{q}) \leq \lambda_M^{\text{máx}} I$

La matriz de inercia $M(\boldsymbol{q})$ satisface lo siguiente:

$$\lambda_M^{\text{mín}} I \leq M(\boldsymbol{q}) \leq \lambda_M^{\text{mín}} I$$

siendo $I \in \mathbb{R}^{n\times n}$ la matriz identidad; $\lambda_M^{\text{mín}}$, $\lambda_M^{\text{máx}} \in \mathbb{R}_+$ son los valores propios mínimo y máximo de la matriz de inercia, respectivamente.

Es necesario aclarar que la propiedad (6.3) indica la existencia de un escalar real $\lambda_M^{\text{mín}}$, tal que $\lambda_M^{\text{mín}}$ $\{M(\boldsymbol{q})\}I$ - $M(\boldsymbol{q}) \geq 0$ resulta una matriz semidefinida positiva. No caer en el error común de interpretación que el valor propio mínimo de la matriz de inercia multiplicado por la matriz identidad ($\lambda_M^{\text{mín}} I$) es menor que la matriz de inercia $M(\boldsymbol{q})$; esto carece de significado.

Similarmente, existe un escalar positivo $\lambda_M^{\text{máx}}$, tal que la matriz formada por la siguiente expresión: $M(\boldsymbol{q}) - \lambda_M^{\text{máx}} I \geq 0$ es una matriz semidefinida positiva.

Propiedad 6.4: $\|M(\boldsymbol{q})\ddot{\boldsymbol{q}}\| \leq \lambda_{\text{M}}\{M(\boldsymbol{q})\}\|\ddot{\boldsymbol{q}}\|$

La magnitud del vector de efecto inercial $\|M(\boldsymbol{q})\ddot{\boldsymbol{q}}\|$ satisface la siguiente desigualdad:

$$\|M(\boldsymbol{q})\ddot{\boldsymbol{q}}\| \quad \leq \quad \lambda_M^{\text{máx}} \|\ddot{\boldsymbol{q}}\|, \ \forall \boldsymbol{q} \in \mathbb{R}^n$$

6.4.1 Para el caso de robots con articulaciones rotacionales, existe una constante $k_M > 0$ tal que: $\lambda_M^{\text{máx}} \leq k_M$, $\forall \ \boldsymbol{q} \in \mathbb{R}^n$.

Propiedad 6.5: $\|M(\boldsymbol{x})\boldsymbol{z} - M(\boldsymbol{y})\boldsymbol{z}\| \leq k_M\|\boldsymbol{x} - \boldsymbol{y}\|\|\boldsymbol{z}\|$

Para robots formados con articulaciones rotacionales, existe una constante positiva k_M, tal que se cumple la siguiente condición Lipschitz:

$$\|M(\boldsymbol{x})\boldsymbol{z} - M(\boldsymbol{y})\boldsymbol{z}\| \leq k_M\|\boldsymbol{x} - \boldsymbol{y}\|\|\boldsymbol{z}\|, \ \forall\ \boldsymbol{x}, \boldsymbol{y}, \boldsymbol{z} \in \mathbb{R}^n$$

6.4.2 Fuerzas centrípetas y de Coriolis

Las fuerzas centrípetas y de Coriolis están representados por el vector: $C(\dot{\boldsymbol{q}}, \boldsymbol{q})\dot{\boldsymbol{q}} \in \mathbb{R}^n$. Con respecto a las fuerzas centrípetas sus efectos son radiales, con dirección del eje de giro hacia el centro de masa del eslabón; tiene signo contrario a las fuerzas centrífugas; su estructura matemática es cuadrática e incluyen términos de la forma: $\dot{q}_i^2$, para $i = 1, 2, \cdots, n$.

Por otro lado, las fuerzas de Coriolis representan una desviación o cambio de dirección del movimiento de traslación debido a la componente de rotación; matemáticamente se identifican por incluir productos cruzados de velocidades entre los eslabones del robot, por ejemplo: $\dot{q}_1\dot{q}_2$, $\dot{q}_2\dot{q}_3$, $\dot{q}_1\dot{q}_3$. La fuerza de Coriolis requiere que el movimiento del eje de la articulación tenga componentes de traslación y rotación.

Propiedad 6.6: La matriz de Coriolis $C(\boldsymbol{q}, \dot{\boldsymbol{q}})$ no es única

La matriz de fuerzas centrípetas y de Coriolis $C(\boldsymbol{q}, \dot{\boldsymbol{q}}) \in \mathbb{R}^{n\times n}$ no es única; sin embargo, el vector $C(\boldsymbol{q}, \dot{\boldsymbol{q}})\dot{\boldsymbol{q}} \in \mathbb{R}^n$ sí lo es. Es decir:

6.6.1 Para todo vector $\boldsymbol{q}$, $\boldsymbol{x}$, $\boldsymbol{y} \in \mathbb{R}^n$ se tiene que:

$$C(\boldsymbol{q}, \boldsymbol{x})\boldsymbol{y} = C(\boldsymbol{q}, \boldsymbol{y})\boldsymbol{x}.$$

Observe que las matrices $C(\boldsymbol{q}, \boldsymbol{x}) \in \mathbb{R}^{n\times n}$ y $C(\boldsymbol{q}, \boldsymbol{y}) \in \mathbb{R}^{n\times n}$ son diferentes.

Propiedad 6.7: La matriz de Coriolis $C(\boldsymbol{q}, \boldsymbol{0}) = O$

La matriz de fuerzas centrípetas y de Coriolis $C(\boldsymbol{q}, \dot{\boldsymbol{q}})$ es la matriz neutra o nula $O \in \mathbb{R}^{n\times n}$, si el vector de velocidad $\dot{\boldsymbol{q}} = \boldsymbol{0} \in \mathbb{R}^n$:

6.7.1 Si el vector de velocidad articular es cero: $\dot{\boldsymbol{q}} = \boldsymbol{0} \in \mathbb{R}^n$, entonces la matriz de Coriolis satisface $C(\boldsymbol{q}, \dot{\boldsymbol{q}})_{|_{\dot{\boldsymbol{q}}=\boldsymbol{0}}} = C(\boldsymbol{q}, \boldsymbol{0}) = O \in \mathbb{R}^{n\times n}$ para todo $\boldsymbol{q} \in \mathbb{R}^n$; donde O es la matriz neutra o nula, tiene todos sus elementos escalares son cero.

Propiedad 6.8: Constante k_C

Para el caso de robots provistos únicamente de articulaciones rotacionales, existe una constante positiva k_C tal que:

$$\|C(\boldsymbol{x}, \boldsymbol{y})\boldsymbol{z}\| \quad \leq \quad k_C\|\boldsymbol{y}\|\ \|\boldsymbol{z}\|, \ \forall \boldsymbol{x},\ \boldsymbol{y},\ \boldsymbol{z} \in \mathbb{R}^n$$

Casos particulares de esta propiedad son las siguientes:

6.8.1 Si $\boldsymbol{x} = \boldsymbol{q} \in \mathbb{R}^n \ \wedge \ \boldsymbol{y} = \boldsymbol{z} = \dot{\boldsymbol{q}} \in \mathbb{R}^n \Longrightarrow \|C(\boldsymbol{q}, \dot{\boldsymbol{q}})\dot{\boldsymbol{q}}\| \leq k_C\|\dot{\boldsymbol{q}}\|^2, \ \forall \boldsymbol{q}, \dot{\boldsymbol{q}} \in \mathbb{R}^n$.

6.8.2 Para articulaciones rotacionales, existen constantes positivas k_{C_1} y k_{C_2} tales que, se cumple la siguiente relación Lipschitz:

$$\|C(\boldsymbol{x}, \boldsymbol{z})\boldsymbol{w} - C(\boldsymbol{y}, \boldsymbol{v})\boldsymbol{w}\| \leq k_{C_1}\|\boldsymbol{z} - \boldsymbol{v}\|\ \|\boldsymbol{w}\| + k_{C_2}\|\boldsymbol{x} - \boldsymbol{y}\|\ \|\boldsymbol{w}\|\ \|\boldsymbol{z}\|; \ \forall\ \boldsymbol{v}, \boldsymbol{x}, \boldsymbol{y}, \boldsymbol{z}, \boldsymbol{w} \in \mathbb{R}^n.$$

Propiedad 6.9: Simetría de $\dot{M}(\boldsymbol{q}) = C(\boldsymbol{q}, \dot{\boldsymbol{q}}) + C^T(\boldsymbol{q}, \dot{\boldsymbol{q}})$

La derivada con respecto al tiempo de la matriz de inercia $\frac{d}{dt}M(\boldsymbol{q})$ se encuentra relacionada con la matriz de fuerzas centrípetas y de Coriolis, de la siguiente manera:

$$\dot{M}(\boldsymbol{q}) \quad = \quad C(\boldsymbol{q}, \dot{\boldsymbol{q}}) + C^T(\boldsymbol{q}, \dot{\boldsymbol{q}})$$

De esta propiedad, se desprenden las siguientes:

6.9.1 La derivada de la matriz de inercia $\dot{M}(\boldsymbol{q}) \in \mathbb{R}^{n\times n}$ es simétrica: $\dot{M}(\boldsymbol{q}) = \dot{M}^T(\boldsymbol{q})$.

6.9.2 La matriz $\dot{M}(\boldsymbol{q}) \in \mathbb{R}^{n\times n}$ es función de los vectores $\boldsymbol{q}$, $\dot{\boldsymbol{q}} \in \mathbb{R}^n$: $\dot{M}(\boldsymbol{q}) = \dot{M}(\boldsymbol{q},\ \dot{\boldsymbol{q}})$.

6.9.3 $\|\dot{M}(\boldsymbol{q})\| \leq 2\,k_C\|\dot{\boldsymbol{q}}\|$.

Propiedad 6.10: Símbolos de Christoffel c_{ijk}

Otra forma de obtener a la matriz de fuerzas centrípetas y de Coriolis $C(\boldsymbol{q},\ \dot{\boldsymbol{q}})$ es a través de los símbolos de Christoffel de primera clase, que se obtienen directamente de la expresión (6.7) y se definen de la siguiente manera:

$$c_{ijk} \quad = \quad \frac{1}{2}\left[\frac{\partial m_{kj}}{\partial q_i} + \frac{\partial m_{ki}}{\partial q_j} - \frac{\partial m_{ij}}{\partial q_k}\right]$$

donde $c_{ijk}(\boldsymbol{q})$ representa el ijk-ésimo símbolo de Christoffel y $m_{ij}(\boldsymbol{q})$ denota el ij-ésimo elemento de la matriz de inercia $M(\boldsymbol{q})$ (ver ejemplo, 6.2).

Propiedad 6.11: Antismetría $\frac{1}{2}\dot{\boldsymbol{q}}\left[\dot{M}(\boldsymbol{q}) - 2C(\boldsymbol{q},\dot{\boldsymbol{q}})\right]\dot{\boldsymbol{q}} \equiv 0$

La matriz de fuerzas centrípetas y de Coriolis $C(\boldsymbol{q},\dot{\boldsymbol{q}})$ y la derivada con respecto al tiempo de la matriz de inercia $\dot{M}(\boldsymbol{q})$ satisfacen:

$$\frac{1}{2}\dot{\boldsymbol{q}}\left[\dot{M}(\boldsymbol{q}) - 2C(\boldsymbol{q},\dot{\boldsymbol{q}})\right]\dot{\boldsymbol{q}} \equiv 0, \quad \forall \boldsymbol{q},\, \dot{\boldsymbol{q}} \in \mathbb{R}^n.$$

Es decir, la matriz resultante $\left[\dot{M}(\boldsymbol{q}) - 2C(\boldsymbol{q},\dot{\boldsymbol{q}})\right]$ es antisimétrica. Para demostrar esto, se usa la propiedad (6.9): $\dot{M}(\boldsymbol{q}) = C(\boldsymbol{q},\,\dot{\boldsymbol{q}}) + C^T(\boldsymbol{q},\,\dot{\boldsymbol{q}})$, entonces:

$$\begin{aligned}
\dot{M}(\boldsymbol{q}) - 2\,C(\boldsymbol{q},\,\dot{\boldsymbol{q}}) &= C(\boldsymbol{q},\,\dot{\boldsymbol{q}}) + C^T(\boldsymbol{q},\,\dot{\boldsymbol{q}}) - 2C(\boldsymbol{q},\,\dot{\boldsymbol{q}}) \\
&= C^T(\boldsymbol{q},\,\dot{\boldsymbol{q}}) - C(\boldsymbol{q},\,\dot{\boldsymbol{q}}) \\
&= -\left[C^T(\boldsymbol{q},\,\dot{\boldsymbol{q}}) - C(\boldsymbol{q},\,\dot{\boldsymbol{q}})\right]^T \\
&= C^T(\boldsymbol{q},\,\dot{\boldsymbol{q}}) - C(\boldsymbol{q},\,\dot{\boldsymbol{q}}) \\
\therefore\; C^T(\boldsymbol{q},\,\dot{\boldsymbol{q}}) - C(\boldsymbol{q},\,\dot{\boldsymbol{q}}) &= -\left[C^T(\boldsymbol{q},\,\dot{\boldsymbol{q}}) - C(\boldsymbol{q},\,\dot{\boldsymbol{q}})\right]^T \\
&\Longrightarrow \left[C^T(\boldsymbol{q},\,\dot{\boldsymbol{q}}) - C(\boldsymbol{q},\,\dot{\boldsymbol{q}})\right] + \left[C^T(\boldsymbol{q},\,\dot{\boldsymbol{q}}) - C(\boldsymbol{q},\,\dot{\boldsymbol{q}})\right]^T = O
\end{aligned}$$

donde $O \in \mathbb{R}^{n\times n}$ es la matriz neutra, cuyos elementos escalares son cero.

6.4.3 Par gravitacional

El par gravitacional de un robot manipulador de n gdl está representado por $\boldsymbol{g}(\boldsymbol{q}) \in \mathbb{R}^n$ y tiene las siguientes propiedades:

Propiedad 6.12: Constante k_q

Para el caso de robots provistos únicamente de articulaciones rotacionales, existe una constante $k_q > 0$ tal que se cumple la siguiente propiedad Lipschitz:

$$\|\boldsymbol{g}(\boldsymbol{x}) - \boldsymbol{g}(\boldsymbol{y})\| \;\leq\; k_q\|\boldsymbol{x} - \boldsymbol{y}\|, \quad \forall\, \boldsymbol{x}, \boldsymbol{y} \in \mathbb{R}^n.$$

Propiedad 6.13: $\|\boldsymbol{g}(\boldsymbol{q})\| \leq k_g$

Para el caso de robots provistos únicamente de articulaciones rotacionales, existe una constante positiva k_g tal que, la norma euclidiana del vector $\boldsymbol{g}(\boldsymbol{q}) \in \mathbb{R}^n$ está acotada:

$$\|\boldsymbol{g}(\boldsymbol{q})\| \leq k_g, \quad \forall\, \boldsymbol{q} \in \mathbb{R}^n$$

6.4.4 Fenómeno de fricción

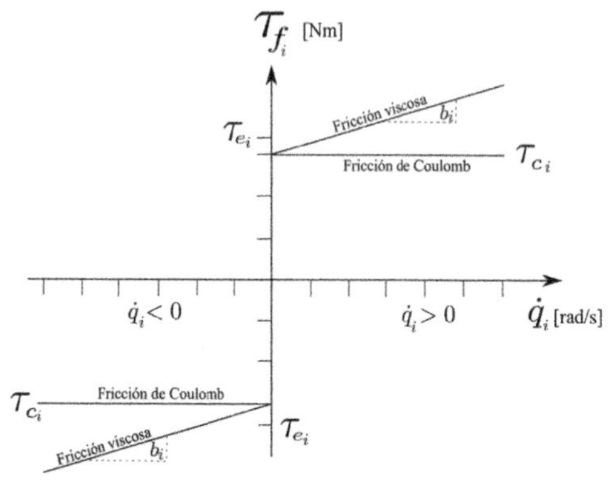

Figura 6.1: Modelo de fricción clásica

Tribología es parte de la física que se encarga de estudiar al fenómeno de fricción en sistemas mecánicos; por ejemplo, analiza cómo se manifiesta este efecto en el comportamiento dinámico de un robot. El fenómeno de fricción $\tau_f \in \mathbb{R}$ es un efecto físico disipativo; es decir, convierte la energía mecánica en energía térmica y siempre se opone al movimiento del robot; se ubica en el primer y tercer cuadrante, como se ilustra en la figura 6.1, que corresponde al modelo clásico o tradicional que incluye los coeficientes b, f_c, $f_e \in \mathbb{R}_+$ de fricción viscosa, de Coulomb y estática, respectivamente.

El modelo clásico de fricción vectorial $\boldsymbol{\tau}_f \in \mathbb{R}^n$ se añade al modelo dinámico del robot; incluye los efectos físicos del torque de fricción: estática, viscosa y de Coulomb:

$$\boldsymbol{\tau}_f = B\dot{\boldsymbol{q}} + F_c\,\text{signo}(\dot{\boldsymbol{q}}) + F_e \begin{bmatrix} [1 - |\,\text{signo}(\dot{q}_1)|] \\ [1 - |\text{signo}(\dot{q}_2)|] \\ \vdots \\ [1 - |\text{signo}(\dot{q}_n)|] \end{bmatrix} \tag{6.8}$$

donde $B = \text{diag}\{b_i\}$, $F_c = \text{diag}\{f_{ci}\}$, $F_e = \text{diag}\{f_{ei}\} \in \mathbb{R}^{n\times n}$ son matrices diagonales y definidas positivas con los coeficientes de fricción viscosa, de Coulomb y estática de cada servomotor ($i = 1, 2, \cdots, n$), respectivamente.

La función signo de la velocidad está dado por:

$$\text{signo}(\dot{\boldsymbol{q}}) = \begin{bmatrix} \text{signo}(\dot{q}_1) \\ \text{signo}(\dot{q}_2) \\ \vdots \\ \text{signo}(\dot{q}_n) \end{bmatrix}; \quad \text{signo}(\dot{q}_i) = \begin{cases} 1 & \text{si } \dot{q}_i > 0 \\ 0 & \text{si } \dot{q}_i = 0 \\ -1 & \text{si } \dot{q}_i < 0 \end{cases} \quad i = 1, 2, \cdots, n \tag{6.9}$$

La fricción de Coulomb permanece constante f_{c_i} con el movimiento articular $\dot{q}_i$; mientras que la fricción viscosa es directamente proporcional al movimiento del robot, el coeficiente b_i representa la pendiente de este efecto. La fricción estática hace que el servomotor no se mueva mientras el par aplicado $\tau_i \leq f_{e_i}$. Cuando $\tau_i > f_{e_i}$, entonces inician los efectos de fricción viscosa y de Coulomb.

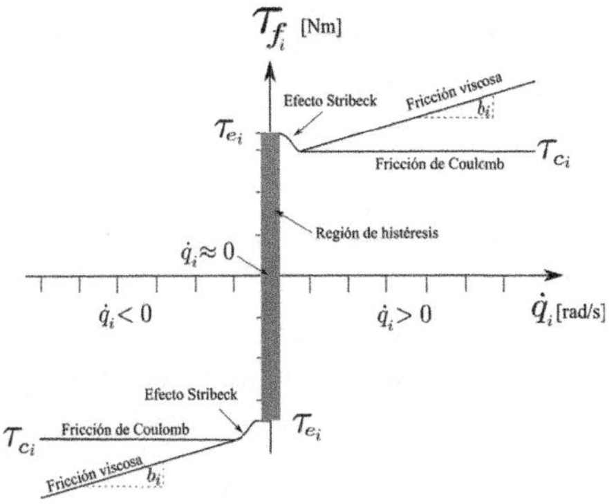

Figura 6.2: Modelo de fricción de LuGre

En la comunidad científica de tribología se realizan importantes aportaciones para mejorar el estudio del fenómeno de fricción. Por ejemplo, hoy en día se sabe que existe una etapa de transición entre la fricción estática y la fricción en movimiento; dicho fenómeno se le denomina efecto Stribeck; el modelo clásico (6.8) no incorpora esta contribución. Se contempla una región alrededor de la zona donde la velocidad de movimiento es cero, conocida como región de histéresis, siendo responsable de provocar juego mecánico (cascabeleo), como se indica en la figura 6.2. Uno de los modelos más completos para describir el fenómeno de fricción es el modelo de LuGre, el cual es una ecuación dinámica que incorpora la región de histéresis (fricción estática), el efecto Stribeck, fricción viscosa y de Coulomb; su estructura matemática está dada por:

$$\dot{z}_i = \dot{q}_i - \sigma_{0_i} \frac{|\dot{q}_i|}{\left[\tau_{f_{c_i}} + \left(\tau_{f_{e_i}} - \tau_{f_{c_i}}\right) e^{-\left|\frac{\dot{q}_i}{\dot{q}_{s_i}}\right|^{\rho_i}}\right]} z_i \qquad (6.10a)$$

$$\tau_{f_i} = \sigma_{0_i} z_i + \sigma_{1_i} \dot{z}_i + b_i \dot{q}_i; \quad i = 1, 2, \cdots, n \qquad (6.10b)$$

donde:

- $z_i \in \mathbb{R}$ es la i-ésima variable interna de fricción.
- $q_i \in \mathbb{R}$ es la i-ésima velocidad articular del i-ésimo servomotor.
- $\tau_{f_i} \in \mathbb{R}$ es el torque de fricción del i-ésima articulación.
- $\sigma_{0_i} \in \mathbb{R}_+$ es el i-ésimo coeficiente de rigidez de micro-desplazamiento.
- $\sigma_{1_i} \in \mathbb{R}_+$ es el i-ésimo coeficiente de microamortiguamiento.
- $b_i \in \mathbb{R}_+$ el i-ésimo coeficiente de fricción viscosa.
- $f_{c_i} \in \mathbb{R}_+$ el coeficiente de fricción de Coulomb de la i-ésima articulación.
- $f_{e_i} \in \mathbb{R}_+$ el coeficiente de fricción estática del i-ésimo servomotor.
- $\dot{q}_{s_i} \in \mathbb{R}_+$ es el i-ésimo parámetro que indica la velocidad de aproximación de la fricción de estática a la fricción de Coulomb.
- $\rho_i \in \mathbb{R}_+$ es un factor exponencial que toma un valor $\rho_i \geq 2$.

El modelo dinámico de fricción descrito por la ecuación de LuGre (6.10a) incrementa el orden de la dinámica del robot; es decir, por cada servomotor, se aumenta una dimensión más; por lo que es más complicado el análisis e implementación.

Una alternativa para evitar incrementar el orden del sistema dinámico e incluir todos los fenómenos descritos en la figura 6.2 es a través del siguiente modelo:

$$\tau_{f_i} = f_{c_i}\frac{\cosh^{2m_i}(\dot{q}_i)\tanh(\dot{q}_i)}{1+\cosh^{2m_i}(\dot{q}_i)} + b_i\dot{q}_i \tag{6.11}$$

donde el exponente m_i es un número entero positivo.

Observe que en el modelo dinámico de un robot manipulador (6.6), cuando el vector de velocidad es cero: $\dot{\boldsymbol{q}} = \boldsymbol{0} \in \mathbb{R}^n$, únicamente se encuentra presente la fricción estática, satisfaciendo:

$$f_i(0,\tau_i) = \tau_i - g_i(\boldsymbol{q}) \tag{6.12}$$

para $-f_{ei} \leq \tau_i - g_i(\boldsymbol{q}) \leq f_{ei}$, donde f_{ei} es el límite del par de fricción estática para la i-ésima articulación.

Propiedad 6.14: Fricción viscosa $B\dot{\boldsymbol{q}}$

El efecto físico de fricción viscosa satisface: $\|B\dot{\boldsymbol{q}}\| \leq \|B\|\|\dot{\boldsymbol{q}}\| \leq \lambda_B^{\text{máx}}\|\dot{\boldsymbol{q}}\|$; donde $\lambda_B^{\text{máx}}$ es el valor propio máximo de la matriz $B \in \mathbb{R}^{n\times n}$.

Propiedad 6.15: Fricción de Coulomb F_c signo$(\dot{\boldsymbol{q}})$

La componente de fricción de Coulomb cumple con: $\|F_c\,\text{signo}(\dot{\boldsymbol{q}})\| \leq \|F_c\|\sqrt{n} \leq \lambda_{F_c}^{\text{máx}}\sqrt{n}$; donde $\lambda_{F_c}^{\text{máx}}$ representa el valor propio máximo de la matriz $F_c \in \mathbb{R}^{n\times n}$.

Propiedad 6.16: Fricción estática

La fricción estática tiene la siguiente propiedad: $\left\| F_e \begin{bmatrix} [1-|\,\text{signo}(\dot{q}_1)|] \\ [1-|\text{signo}(\dot{q}_2)|] \\ \vdots \\ [1-|\text{signo}(\dot{q}_n)|] \end{bmatrix} \right\| \leq \lambda_{F_e}^{\text{máx}}\, 2\sqrt{n}$

Propiedad 6.17: Efecto disipativo $\dot{\boldsymbol{q}}^T\ \boldsymbol{f}_f(\dot{\boldsymbol{q}}) > 0$

El fenómeno disipativo de fricción clásica $\boldsymbol{f}_f(\dot{\boldsymbol{q}})$ cumple con la siguiente propiedad: $\dot{\boldsymbol{q}}^T\ \boldsymbol{f}_f(\dot{\boldsymbol{q}}) > 0$.

Propiedad 6.18: Fricción clásica (estática y de movimiento)

Dependiendo del valor que tome la velocidad de movimiento del robot $\dot{\boldsymbol{q}} \in \mathbb{R}^n$, el modelo de fricción clásico (6.8) tiene las siguientes propiedades:

$$\boldsymbol{f}_f(\boldsymbol{f}_e, \dot{\boldsymbol{q}}) = \begin{cases} \text{si } \dot{\boldsymbol{q}} = \boldsymbol{0}, & \boldsymbol{f}_e = \begin{bmatrix} f_{e_1} \\ f_{e_2} \\ \vdots \\ f_{e_n} \end{bmatrix} \\ \text{si } \dot{\boldsymbol{q}} \neq \boldsymbol{0}, & B\dot{\boldsymbol{q}} + F_c \,\text{signo}(\dot{\boldsymbol{q}}) \end{cases}$$

Notación

La siguiente nomenclatura es utilizada para representar el fenómeno de fricción:

- En forma general, cuando se toma en cuenta ambas regiones de fricción: estática $\boldsymbol{f}_e \in \mathbb{R}^n$ y en movimiento $\dot{\boldsymbol{q}} \in \mathbb{R}^n$, entonces se representa como una función: $\boldsymbol{f}_f(\boldsymbol{f}_e, \dot{\boldsymbol{q}}) \in \mathbb{R}^n$.
- Cuando el robot ya abandonó la región de fricción estática, esa decir se encuentra en movimiento, entonces se representa como: $\boldsymbol{f}_f(\dot{\boldsymbol{q}}) \in \mathbb{R}^n$.

6.4.5 Modelo de energía mecánica

La energía hamiltoneana $\mathcal{H}(\boldsymbol{q}, \dot{\boldsymbol{q}})$ de un robot manipulador está dada por la suma de la energía cinética $\mathcal{K}(\boldsymbol{q}, \dot{\boldsymbol{q}})$ más la energía potencial $\mathcal{U}(\boldsymbol{q})$; es decir está compuesta de la siguiente forma: $\mathcal{H}(\boldsymbol{q}, \dot{\boldsymbol{q}}) = \mathcal{K}(\boldsymbol{q}, \dot{\boldsymbol{q}}) + \mathcal{U}(\boldsymbol{q})$.

El modelo de energía mecánica total para un robot manipulador, tomando en cuenta el hamiltoneano $\mathcal{H}(\boldsymbol{q}, \dot{\boldsymbol{q}})$, la energía disipada $\boldsymbol{f}_f(\dot{\boldsymbol{q}})$ por el movimiento del robot y las condiciones iniciales articulares de posición y velocidad $[\boldsymbol{q}(0),\ \dot{\boldsymbol{q}}(0)]^T \in \mathbb{R}^{2n}$, está dado por la siguiente expresión:

$$\begin{aligned}
\underbrace{\int_0^t \dot{\boldsymbol{q}}^T(\sigma)\boldsymbol{\tau}(\sigma)d\sigma}_{\text{energía aplicada}} &= \underbrace{\mathcal{H}(\boldsymbol{q}(t),\dot{\boldsymbol{q}}(t)) - \mathcal{H}(\boldsymbol{q}(0),\dot{\boldsymbol{q}}(0))}_{\text{energía almacenada}} + \underbrace{\int_0^t \dot{\boldsymbol{q}}^T(\sigma)\boldsymbol{f}_f(\sigma))d\sigma}_{\text{energía disipada}} \\
&= \frac{1}{2}\dot{\boldsymbol{q}}^T(t)M(\boldsymbol{q}(t))\dot{\boldsymbol{q}}(t) - \frac{1}{2}\dot{\boldsymbol{q}}^T(0)M(\boldsymbol{q}(0))\dot{\boldsymbol{q}}(0) + \mathcal{U}(\boldsymbol{q}(t)) - \mathcal{U}(\boldsymbol{q}(0)) \\
&\quad + \int_0^t \dot{\boldsymbol{q}}^T(\sigma)\boldsymbol{f}_f(\sigma))d\sigma \qquad (6.13)
\end{aligned}$$

6.4.6 Modelo de potencia mecánica

La potencia mecánica de un robot manipulador representa la variación temporal de la energía mecánica (6.13) y se puede deducir a través de las ecuaciones de movimiento de Euler-Lagrange, como se indica a continuación:

$$\begin{aligned}
\dot{\boldsymbol{q}}^T\boldsymbol{\tau} &= \dot{\boldsymbol{q}}^T\left[\frac{d}{dt}\left[\frac{\partial\mathcal{L}(\boldsymbol{q},\dot{\boldsymbol{q}})}{\partial\dot{\boldsymbol{q}}}\right] - \frac{\mathcal{L}(\boldsymbol{q},\dot{\boldsymbol{q}})}{\partial\boldsymbol{q}}\right] + \dot{\boldsymbol{q}}^T\boldsymbol{f}_f(\dot{\boldsymbol{q}}) \\
&= \frac{d}{dt}\mathcal{H}(\boldsymbol{q},\dot{\boldsymbol{q}}) + \dot{\boldsymbol{q}}^T\boldsymbol{f}_f(\dot{\boldsymbol{q}}) \\
&= \dot{\boldsymbol{q}}^T M(\boldsymbol{q})\ddot{\boldsymbol{q}} + \frac{1}{2}\dot{\boldsymbol{q}}^T\dot{M}(\boldsymbol{q})\dot{\boldsymbol{q}} + \{\nabla\mathcal{U}(\boldsymbol{q})\}^T\dot{\boldsymbol{q}} + \dot{\boldsymbol{q}}^T\boldsymbol{f}_f(\dot{\boldsymbol{q}}) \qquad (6.14)
\end{aligned}$$

- La energía mecánica de un robot manipulador se obtiene, como la integral de la potencia mecánica.

6.4.7 Pasividad

Pasividad es una propiedad clave en robótica; generalmente un sistema pasivo satisface que su energía mecánica (la cual debe ser positiva o cero) y tomando en cuenta las condiciones iniciales sea igual a la suma de la energía externa aplicada más la energía perdida o disipada debido al fenómeno físico de fricción.

- En un sistema pasivo el intercambio de energía con su entorno juega un papel importante, puesto que no puede almacenar más energía que la energía aplicada; este principio se debe al consumo de la energía disipada (fricción).

- Una propiedad fundamental de los sistemas dinámicos es la pérdida de energía; es decir, disipación de energía.

- Un sistema pasivo incluye en su comportamiento dinámico al fenómeno disipativo de fricción.

Propiedad 6.19: Pasividad

Pasividad significa que existe una constante $\beta \geq 0$ tal que [Ortega y Spong, 1989]:

$$\int_0^t \dot{\boldsymbol{q}}^T(\sigma)\boldsymbol{\tau}(\sigma)d\sigma = \mathcal{H}(\boldsymbol{q}(t), \dot{\boldsymbol{q}}(t)) - \mathcal{H}(\boldsymbol{q}(0), \dot{\boldsymbol{q}}(0)) \geq -\beta \; \forall t > 0$$

entonces la energía $\mathcal{H}(t)$ no es negativa, por lo tanto $\mathcal{H}(0) = \beta$.

6.4.8 Linealidad en los parámetros

Los robots manipuladores pertenecen a una clase de sistemas mecánicos con una estructura dinámica no-lineal de n gdl bien establecida en (6.6), la cual presenta la propiedad de linealidad con respecto a los parámetros del robot que dependen de masas, momentos de inercias, centros de masa y coeficientes de fricción. Esta propiedad tiene una enorme repercusión en esquemas de identificación paramétrica (capítulo 7), control de trayectoria (capítulo 9) y en controladores del tipo adaptable.

Propiedad 6.20: Linealidad en los parámetros del modelo de fricción

El modelo clásico de fricción viscosa y de Coulomb de un robot manipulador es lineal con respecto a los coeficientes de fricción, es decir:

6.20.1 El modelo clásico de fricción que incluye loes efectos disipativos de: estática, Coulomb y viscosa satisface:

$$\boldsymbol{f}_f(\boldsymbol{f}_e, \dot{\boldsymbol{q}}) \quad = \quad \Psi_f(\dot{\boldsymbol{q}})\boldsymbol{\theta}_f$$

donde $\Psi_f(\dot{\boldsymbol{q}})$ es una matriz de mediciones de orden $n \times 3n$ y $\boldsymbol{\theta}_f$ es un vector de $3n \times 1$, el cual contiene los coeficientes de fricción estática, viscosa y de Coulomb.

6.20.2 La fricción de Coulomb y viscosa, cuya dependencia se restringe al movimiento del robot $\dot{\boldsymbol{q}} \in \mathbb{R}^n$ satisface:

$$\boldsymbol{f}_f(\dot{\boldsymbol{q}}) = \Psi_f(\dot{\boldsymbol{q}})\boldsymbol{\theta}_f$$

donde $\Psi_f(\dot{\boldsymbol{q}})$ es una matriz de mediciones de orden $n \times 2n$ y $\boldsymbol{\theta}_f$ es un vector de $2n \times 1$, el cual contiene los coeficientes de fricción viscosa y de Coulomb.

Propiedad 6.21: Linealidad en los parámetros de la energía cinética $\mathcal{K}(\boldsymbol{q}, \dot{\boldsymbol{q}})$

La energía cinética $\mathcal{K}(\boldsymbol{q}, \dot{\boldsymbol{q}}) = \frac{1}{2}\dot{\boldsymbol{q}}^T M(\boldsymbol{q})\dot{\boldsymbol{q}}$ definida en (6.4) puede ser expresada como un regresor lineal entre los parámetros (masas, centros de masa e inercias) y un vector de mediciones de posición y velocidad articular:

$$\mathcal{K}(\boldsymbol{q}, \dot{\boldsymbol{q}}) = \boldsymbol{\phi}_{\mathcal{K}}^T(\boldsymbol{q}, \ \dot{\boldsymbol{q}})\boldsymbol{\theta}_{\mathcal{K}}$$

donde $\boldsymbol{\phi}_{\mathcal{K}}(\boldsymbol{q}, \ \dot{\boldsymbol{q}})$ es un vector de observaciones: $\boldsymbol{\phi}_{\mathcal{K}}(\boldsymbol{q}, \ \dot{\boldsymbol{q}}) \in \mathbb{R}^{p_1}$ y el vector de parámetros $\boldsymbol{\theta}_{\mathcal{K}} \in \mathbb{R}^{p_1}$; $p_1 \in N$ es el número de parámetros a identificar (su valor numérico) del modelo de energía cinética.

Propiedad 6.22: Linealidad en los parámetros de la energía potencial $\mathcal{U}(\boldsymbol{q})$

La energía potencial del robot $\mathcal{U}(\boldsymbol{q})$ puede ser expresada como un regresor lineal entre los parámetros (masas y centros de masa) y un vector de mediciones que dependen de la posición articular:

$$\mathcal{U}(\boldsymbol{q}) = \boldsymbol{\phi}_{\mathcal{U}}^T(\boldsymbol{q})\boldsymbol{\theta}_{\mathcal{U}}$$

donde $\boldsymbol{\phi}_{\mathcal{U}}(\boldsymbol{q})$ es un vector de observaciones: $\boldsymbol{\phi}_{\mathcal{U}}(\boldsymbol{q}) \in \mathbb{R}^{p_2}$ y el vector de parámetros $\boldsymbol{\theta}_{\mathcal{U}} \in \mathbb{R}^{p_2}$; siendo $p_2 \in N$ el número de parámetros a identificar del modelo de energía potencial.

Propiedad 6.23: Linealidad en los parámetros del lagrangiano $\mathcal{L}(\boldsymbol{q}, \dot{\boldsymbol{q}})$

El lagrangiano dado por (6.2) satisface la propiedad de linealidad en los parámetros:

$$\mathcal{L}(\boldsymbol{q}, \dot{\boldsymbol{q}}) = \mathcal{K}(\boldsymbol{q}, \dot{\boldsymbol{q}}) - \mathcal{U}(\boldsymbol{q}) = \boldsymbol{\psi}_{\mathcal{K}}^T(\boldsymbol{q}, \ \dot{\boldsymbol{q}})\boldsymbol{\theta}_{\mathcal{K}} - \boldsymbol{\psi}_{\mathcal{U}}^T(\boldsymbol{q})\boldsymbol{\theta}_{\mathcal{U}} = \underbrace{\left[\boldsymbol{\psi}_{\mathcal{K}}^T(\boldsymbol{q}, \ \dot{\boldsymbol{q}}) \ \boldsymbol{\psi}_{\mathcal{U}}^T(\boldsymbol{q})\right]}_{\boldsymbol{\psi}_{\mathcal{L}}^T(\boldsymbol{q}, \dot{\boldsymbol{q}})} \underbrace{\begin{bmatrix} \boldsymbol{\theta}_{\mathcal{K}} \\ \\ \boldsymbol{\theta}_{\mathcal{U}} \end{bmatrix}}_{\boldsymbol{\theta}_{\mathcal{L}}} = \boldsymbol{\psi}_{\mathcal{L}}^T(\boldsymbol{q}, \dot{\boldsymbol{q}})\, \boldsymbol{\theta}_{\mathcal{L}}$$

donde $\boldsymbol{\psi}_{\mathcal{L}}(\boldsymbol{q}, \dot{\boldsymbol{q}}) = \left[\boldsymbol{\psi}_{\mathcal{K}}^T(\boldsymbol{q}, \ \dot{\boldsymbol{q}}) \ \boldsymbol{\psi}_{\mathcal{U}}^T(\boldsymbol{q})\right]^T \in \mathbb{R}^{p_1+p_2}$ es un vector de observaciones y $\boldsymbol{\theta}_{\mathcal{L}} = [\boldsymbol{\theta}_{\mathcal{K}} \quad \boldsymbol{\theta}_{\mathcal{U}}]^T \in \mathbb{R}^{p_1+p_2}$ el vector de parámetros constantes, pero se desconoce su valor numérico.

Propiedad 6.24: Linealidad en los parámetros de la energía hamiltoneana $\mathcal{H}(\boldsymbol{q},\, \dot{\boldsymbol{q}})$

La energía hamiltoneana (6.1) puede ser expresada como un regresor lineal entre los parámetros de la energía cinética y potencial:

$$\mathcal{H}(\boldsymbol{q},\, \dot{\boldsymbol{q}}) \;=\; \boldsymbol{\phi}_{\mathcal{H}}^T(\boldsymbol{q},\, \dot{\boldsymbol{q}})\boldsymbol{\theta}_{\mathcal{H}}$$

donde $\boldsymbol{\phi}_{\mathcal{H}}(\boldsymbol{q},\, \dot{\boldsymbol{q}}) \in \mathbb{R}^{p_1}$ es un vector de observaciones y el vector de parámetros $\boldsymbol{\theta}_{\mathcal{H}} \in \mathbb{R}^{p_1}$; $p_1 \in N$ es el número de parámetros a identificar del modelo de energía hamiltoneana.

Propiedad 6.25: Linealidad en los parámetros de Euler-Lagrange

Las ecuaciones de movimiento de Euler-Lagrange (6.3) puede ser expresado como un regresor lineal con respecto al vector de parámetros:

$$\underbrace{\left[\left[\frac{d}{dt}\left[\frac{\partial \boldsymbol{\psi}_{\mathcal{L}}(\boldsymbol{q},\dot{\boldsymbol{q}})}{\partial \dot{\boldsymbol{q}}}\right] - \frac{\partial \boldsymbol{\psi}_{\mathcal{L}}(\boldsymbol{q},\dot{\boldsymbol{q}})}{\partial \boldsymbol{q}}\right] \quad \psi_{\mathcal{F}}(\dot{\boldsymbol{q}})\right]}_{Y(\boldsymbol{q},\dot{\boldsymbol{q}},\ddot{\boldsymbol{q}})}\boldsymbol{\theta} = Y(\boldsymbol{q},\dot{\boldsymbol{q}},\ddot{\boldsymbol{q}})\,\boldsymbol{\theta} = \boldsymbol{\tau}$$

donde $Y(\boldsymbol{q},\, \dot{\boldsymbol{q}},\, \ddot{\boldsymbol{q}}) \in \mathbb{R}^{n\times p}$ es una matriz de mediciones con funciones conocidas, $\boldsymbol{\theta} \in \mathbb{R}^{p\times 1}$ denota al vector de parámetros del robot manipulador y p es el número de coeficientes o parámetros a identificar: $\boldsymbol{\theta} = [\boldsymbol{\theta}_{\mathcal{L}} \;\; \boldsymbol{\theta}_{\mathcal{F}}]^T \in \mathbb{R}^p$.

Una consecuencia directa de esta propiedad es la linealidad en los parámetros que tiene la dinámica de un robot de n gdl:

6.25.1 El modelo dinámico del robot manipulador (6.6) puede ser expresado como un regresor lineal en los parámetros

$$M(\boldsymbol{q})\ddot{\boldsymbol{q}} + C(\boldsymbol{q},\dot{\boldsymbol{q}})\dot{\boldsymbol{q}} + \boldsymbol{g}(\boldsymbol{q}) + \boldsymbol{f}_f(\dot{\boldsymbol{q}}) = Y(\boldsymbol{q},\dot{\boldsymbol{q}},\ddot{\boldsymbol{q}})\,\boldsymbol{\theta} = \boldsymbol{\tau}$$

Esta propiedad indica que a pesar de que el modelo de un robot manipulador de n gdl (6.6) describe dinámica no lineal, con respecto a las variables de estado, multivariable y fuertemente acoplada, se puede expresar como un regresor lineal en función de una matriz $Y(\boldsymbol{q},\, \dot{\boldsymbol{q}},\, \ddot{\boldsymbol{q}}) \in \mathbb{R}^{n\times p}$ con mediciones conocidas y de un vector $\boldsymbol{\theta} \in \mathbb{R}^p$, con parámetros constantes, pero se desconoce su valor numérico.

6.5 Ecuación diferencial ordinaria (ODE)

La estructura adecuada para realizar la simulación de sistemas dinámicos es en formato de ecuación diferencial ordinaria de primer orden (ODE), la cual generalmente es expresada en variables fase. Normalmente el modelo original del sistema es una ecuación diferencial de orden superior n (por ejemplo, $n \geq 2$); sin embargo, siempre es posible transformarlo a una ecuación de primer orden con la estructura ODE, mediante un adecuado cambio de variables de estado.

La forma estructural de una ODE de primer orden en variables fase es:

$$\dot{\boldsymbol{x}} = \boldsymbol{f}(\boldsymbol{x}), \ \forall t \geq 0 \tag{6.15}$$

donde $\boldsymbol{x} \in \mathbb{R}^n$ es la variable de estado, la cual proporciona información interna sobre la evolución de los estados internos del sistema; por notación $\dot{\boldsymbol{x}} = \frac{d}{dt}\boldsymbol{x}(t) \in \mathbb{R}^n$; el conector matemático $\forall t \geq 0$, significa que se trata de un sistema causal o físico (principio de causalidad).

- La ecuación (6.15) es de naturaleza autónoma, significa que el tiempo $t \geq 0$ está implícito, ya que no aparece de manera explícita.
- El vector de estados $\boldsymbol{x}$ es una función continua, suave y diferenciable en el tiempo: $\boldsymbol{x} = \boldsymbol{x}(t)$.
- El mapa vectorial $\boldsymbol{f}(\boldsymbol{x})$ debe incluir en su diseño funciones continuas, suaves y diferenciables (Lipschitz) sobre todo el espacio euclidiano $\mathbb{R}^n$, entonces se garantiza que existe la solución analítica $\boldsymbol{x} \in \mathbb{R}^n$ de la ODE (6.15) y además, es única, continua, suave y diferenciable en el t.
- La ODE (6.15) representa a sistemas dinámicos lineales y no lineales, con respecto a la variable de estado $\boldsymbol{x} \in \mathbb{R}^n$.

El proceso de simulación en **MATLAB** para robots manipuladores se realiza con la función ode45($\cdots$), la cual emplea la técnica de integración numérica 4/5 adaptable propuesta por Runge-Kutta. Para encontrar mayor documentación técnica sobre esa función, en la venta de comandos teclear:

$\boldsymbol{fx}$ >> doc ode45 ↩

La sintaxis de la función ode45$(\cdots)$ es la siguiente:

```
[t, x]=ode45( 'nombre_funcion' , ts, cond_iniciales, opciones)
```

donde el retorno de resultados y pase de argumentos es de la siguiente forma:

- La función ode45$(\cdots)$ retorna la solución numérica $\boldsymbol{x}$ del sistema dinámico (6.15) y el vector tiempo t utilizado en el proceso interno de la simulación.

- El argumento nombre_funcion representa una función script y contienen la implementación del sistema dinámico del robot en variables fase. La función script debe estar en un archivo **MATLAB**, cuyo nombre es el mismo que dicha función.

- El intervalo de integración se especifica como: $t_s = [t_{\text{inicial}} : h : t_{\text{final}}]$. Por ejemplo: $t_s = [0 : h : 10]$; siendo h el paso de integración: $h = 0.0025$ segundos.

- La dimensión para el tercer argumento cond_iniciales depende del orden del sistema. Por ejemplo, para un sistema dinámico escalar cond_inciales=0; para el caso vectorial $\boldsymbol{x}(0) \in \mathbb{R}^3$, tenemos: cond_inciales=[0; 0; 0].

- El cuarto argumento o pase de parámetros se denomina: opciones, y contiene la forma de trabajar, así como las propiedades del método de integración numérica Runge-Kutta; por ejemplo, se especifican las cotas superiores sobre los errores numéricos y el incremento del paso de integración. Esto se realiza con la función odeset$(\cdots)$ y se configura antes de utilizar a ode45$(\cdots)$, con la siguiente sintaxis:

```
opciones=odeset( 'RelTol' , 1e-6, 'AbsTol' , 1e-6, 'InitialStep' , h, 'MaxStep' , h)
```

El modelo dinámico de un robot manipulador de n gdl (6.6) puede ser expresado como una ODE de primer orden $\dot{\boldsymbol{x}} = \boldsymbol{f}(\boldsymbol{x})$, en variables de estado: $\boldsymbol{x} = [\boldsymbol{q},\ \dot{\boldsymbol{q}}]^T \in \mathbb{R}^{2n}$; cuya estructura corresponde al modelo dinámico (6.15), de la siguiente forma:

$$\underbrace{\frac{d}{dt}\begin{bmatrix}\boldsymbol{q}\\ \dot{\boldsymbol{q}}\end{bmatrix}}_{\dot{\boldsymbol{x}}} = \underbrace{\begin{bmatrix}\dot{\boldsymbol{q}}\\ M^{-1}(\boldsymbol{q})\left[\boldsymbol{\tau} - C(\boldsymbol{q},\ \dot{\boldsymbol{q}})\dot{\boldsymbol{q}} - B\dot{\boldsymbol{q}} - \boldsymbol{g}(\boldsymbol{q})\right]\end{bmatrix}}_{\boldsymbol{f}(\boldsymbol{x})}, \quad \forall t \geq 0 \qquad (6.16)$$

Observe que en el modelo dinámico (6.16) no se han incluido las componentes de fricción de Coulomb y estática, puesto que las componentes signo$(\cdots)$ no son funciones Lipschitz y no cumpliría los requerimientos establecidos en (6.15). En simulación con algoritmos de control, ode45$(\cdots)$ incrementa el tiempo para obtener la solución numérica y afecta el desempeño y calidad de resultados.

6.6 Desarrollo de modelos dinámicos

La metodología para obtener el modelo dinámico de sistemas mecánicos usando la mecánica analítica de Euler-Lagrange es un proceso sistemático que se realiza a través 4 pasos específicos y se ilustra con varios ejemplos:

1) Modelo de cinemática directa.
2) Cinemática diferencial.
3) Modelos de energía.
4) Ecuaciones de movimiento de Euler-Lagrange.

6.6.1 Sistema masa resorte amortiguador

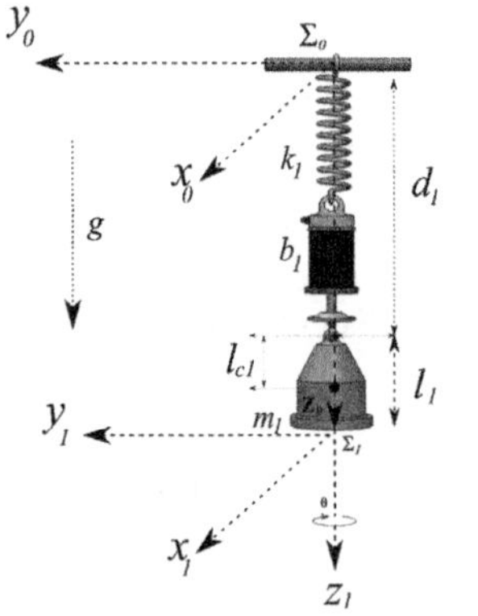

Figura 6.3: Sistema masa resorte

El sistema mecánico masa resorte amortiguador es un ejemplo obligado para los cursos de física clásica de Newton y en control lineal; su estudio y análisis está ampliamente documentado y es bien conocido su comportamiento dinámico. Sin embargo, para ilustrar el desarrollo de dicho modelo dinámico a través de la mecánica analítica de Euler-Lagrange, se describe en detalle. Considere el sistema masa resorte amortiguado, el cual está formado por un resorte con rigidez k_1, un amortiguador con coeficiente de fricción viscosa b_1 y una masa m_1, como se muestra en la figura 6.3. Se asume que la masa del sistema m_1 es mucho mayor a la masa del resorte y amortiguador. A continuación se describen los 4 pasos de la metodología de Euler-Lagrange, aplicado al caso de estudio sobre el comportamiento dinámico del sistema mecánico masa-resorte-amortiguador.

1) **Cinemática directa**: de acuerdo con la descripción de los sistemas de referencia $\Sigma_0(x_0, y_0, z_0)$ y $\Sigma_1(x_1, y_1, z_1)$ que se muestran en la figura 6.3, la siguiente tabla 6.1 Euler-DH se deduce:

Tabla 6.1: Euler-DH de sistema masa-resorte-amortiguador

Eslabón-i	q_i	$\beta_i \oplus d_i$	l_i	α_i
1	0	$d_1 + l_{c1}$	0	0

En el primer cuadrante de la matriz de transformación homogénea H_0^1, se encuentra el modelo de cinemática directa:

$$H_0^1 = H_{R_{z_0}}(0)\, H_{T_{z_0}}(d_1 + l_{c1})\, H_{T_{x_0}}(0)\, H_{R_{x_0}}(0) = \begin{bmatrix} I & \begin{bmatrix} 0 \\ 0 \\ d_1 + l_{c1} \end{bmatrix} \\ [0 \quad 0 \quad 0] & 1 \end{bmatrix}$$

$$\Longrightarrow \begin{bmatrix} x_1 \\ y_1 \\ z_1 \end{bmatrix} = \underbrace{\begin{bmatrix} 0 \\ 0 \\ d_1 + l_{c1} \end{bmatrix}}_{\text{cinemática directa}}$$

donde $I \in \mathbb{R}^{3\times 3}$ es la matriz identidad; d_1 es la variable de desplazamiento lineal sobre el eje de traslación z_1; el centro de masa del objeto de masa m_1 es l_{c1}.

2) **La cinemática diferencial**: es la derivada con respecto al tiempo del modelo de cinemática directa, por lo que:

$$\frac{d}{dt} H_0^1 = \frac{d}{dt} \begin{bmatrix} I & \begin{bmatrix} 0 \\ 0 \\ d_1 + l_{c1} \end{bmatrix} \\ [0 \quad 0 \quad 0] & 1 \end{bmatrix} = \begin{bmatrix} \underbrace{O}_{S(\boldsymbol{\omega}_0)=S(\mathbf{0})} & \begin{bmatrix} 0 \\ 0 \\ \dot{d}_1 \end{bmatrix} \\ [0 \quad 0 \quad 0] & 0 \end{bmatrix}$$

$$\boldsymbol{v}_1 = \frac{d}{dt} \begin{bmatrix} x_1 \\ y_1 \\ z_1 \end{bmatrix} = \begin{bmatrix} 0 \\ 0 \\ \dot{d}_1 \end{bmatrix}; \quad \boldsymbol{\omega}_0 = \dot{q}_1 \boldsymbol{k}_0 = \begin{bmatrix} 0 \\ 0 \\ 0 \end{bmatrix} = \mathbf{0} \in \mathbb{R}^3$$

donde $O \in \mathbb{R}^{3\times 3}$ es la matriz neutra y $\dot{q}_1 = 0$.

La rapidez del vector velocidad $\boldsymbol{v}_1$ se obtiene por medio de la norma euclidiana al cuadrado: $\|\boldsymbol{v}_1\|^2 = \boldsymbol{v}_1^T\boldsymbol{v}_1 = 0^2 + 0^2 + \dot{d}_1^2 = \dot{d}_1^2$.

3) **Modelo de energía**: para obtener el lagrangiano $\mathcal{L}_1(d_1, \dot{d}_1)$ se requieren calcular los modelos de energía cinética $\mathcal{K}_1(d_1, \dot{d}_1)$ y potencial $\mathcal{U}_1(d_1)$:

$$\mathcal{K}_1(d_1,\dot{d}_1) = \tfrac{1}{2}m_1\|\boldsymbol{v}_1\|^2 + \tfrac{1}{2}\boldsymbol{\omega}_0^T\mathcal{I}_1\boldsymbol{\omega}_0 = \tfrac{1}{2}m_1\dot{d}_1^2 + \tfrac{1}{2}\begin{bmatrix}0\\0\\0\end{bmatrix}^T \underbrace{\begin{bmatrix}\mathcal{I}_{xx_1} & \mathcal{I}_{xy_1} & \mathcal{I}_{xz_1}\\ \mathcal{I}_{yx_1} & \mathcal{I}_{yy_1} & \mathcal{I}_{yz_1}\\ \mathcal{I}_{zx_1} & \mathcal{I}_{zy_1} & \mathcal{I}_{zz_1}\end{bmatrix}}_{\mathcal{I}_1}\begin{bmatrix}0\\0\\0\end{bmatrix} = \tfrac{1}{2}m_1\dot{d}_1^2$$

$$\mathcal{U}_1(d_1) = \underbrace{m_1 g\,(\,l_{c1} + d_1\,)}_{\substack{\text{energía potencial debido}\\ \text{al campo gravitacional}}} + \underbrace{\tfrac{1}{2}k_1\,d_1^2}_{\substack{\text{energía potencial del resorte:}\\ \text{ley de Hooke}}}$$

$$\mathcal{L}_1(d_1,\dot{d}_1) = \mathcal{K}_1(d_1,\dot{d}_1) - \mathcal{U}_1(d_1) = \frac{1}{2}m_1\dot{d}_1^2 - [\,m_1 g\,(\,l_{c1}+d_1\,) + \tfrac{1}{2}k_1\,d_1^2\,]$$

4) **Ecuaciones de movimiento de Euler-Lagrange**:

$$\begin{aligned}
f_1 &= \frac{d}{dt}\left[\frac{\partial}{\partial\dot{d}_1}\mathcal{L}_1(\dot{d}_1,d_1)\right] - \frac{\partial}{\partial d_1}\mathcal{L}_1(\dot{d}_1,d_1) + b_1\dot{d}_1\\
\frac{\partial}{\partial\dot{d}_1}\mathcal{L}_1(\dot{d}_1,d_1) &= m_1\dot{d}_1 \Longrightarrow \frac{d}{dt}\left[\frac{\partial}{\partial\dot{d}_1}\mathcal{L}_1(\dot{d}_1,d_1)\right] = m_1\ddot{d}_1\\
-\frac{\partial}{\partial d_1}\mathcal{L}_1(\dot{d}_1,d_1) &= m_1 g + k\,d_1\\
f_1 &= m_1\ddot{d}_1 + m_1 g + k\,d_1 + b_1\dot{d}_1
\end{aligned}$$

La correspondiente ODE, $\dot{\boldsymbol{x}} = \boldsymbol{f}(\boldsymbol{x})$ (6.16) del sistema masa-resorte-amortiguador expresada en variables de estado $\boldsymbol{x} = \begin{bmatrix}d_1 & \dot{d}_1\end{bmatrix}^T \in \mathbb{R}^2$, sin tomar en cuenta la fricción de Coulomb y estática tiene la forma:

$$\underbrace{\frac{d}{dt}\begin{bmatrix}d_1\\ \dot{d}_1\end{bmatrix}}_{\dot{\boldsymbol{x}}} = \underbrace{\begin{bmatrix}\dot{d}_1\\ \frac{1}{m_1}\left[f_1 - m_1 g - k_1\,d_1 - b_1\dot{d}_1\right]\end{bmatrix}}_{\boldsymbol{f}(\boldsymbol{x})} \tag{6.17}$$

6.6.2 Centrífuga

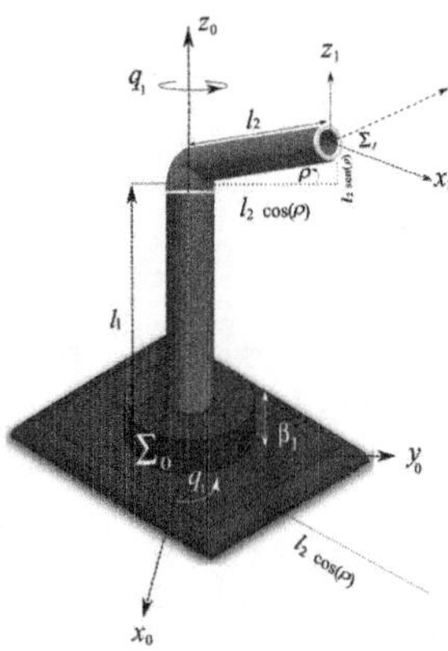

Figura 6.4: Sistema mecánico centrífuga

La centrífuga es un sistema mecánico compuesto por un servomotor rotacional, cuyo ángulo q_1 gira alrededor del eje z_0, como se muestra en la figura 6.4. Una varilla de longitud l_2 se encuentra soldada a la parte final de la flecha del rotor, manteniendo un ángulo constante de inclinación ρ, con respecto al plano horizontal $x_0 - y_0$ del sistema de referencia $\Sigma_0(x_0, y_0, z_0)$. La distancia del origen de $\Sigma_0(x_0, y_0, z_0)$ al centro de masa de la varilla l_2 está representado por $l_1 + \beta_1 + l_{c2}$ sen(ρ). El movimiento rotatorio de la centrífuga describe una trayectoria horizontal circular de radio $l_{c2}\cos(\rho)$. La acción de la gravedad g se encuentra en dirección contraria al eje z_0. El desarrollo para obtener el modelo dinámico de la centrífuga es el siguiente.

1) **Cinemática directa**: el sistema mecánico centrífuga se encuentra analizado en el capítulo 4 (ejemplo 4.9, página 196); por la descripción de los sistemas de referencia $\Sigma_0(x_0, y_0, z_0)$ y $\Sigma_1(x_1, y_1, z_1)$ mostrados en la figura 6.4, se deduce la tabla 6.2 Euler-DH, cuya información representa el pase de argumentos en la matriz de transformación homogénea H_0^1; por lo tanto el modelo de cinemática directa es:

Tabla 6.2: Euler-DH de la centrífuga

Eslabón-i	q_i	$\beta_i \oplus d_i$	l_i	α_i
1	q_1	$l_1 + \beta_1 + l_{c2}\,\mathrm{sen}(\theta)$	$l_{c2}\cos(\rho)$	0

$$
\begin{aligned}
H_0^1 &= H_{R_{z_0}}(q_1)\, H_{T_{z_0}}(l_1 + \beta_1 + l_{c2}\,\mathrm{sen}(\rho))\, H_{T_{x_0}}(l_{c2}\cos(\rho))\, H_{R_{x_0}}(0) \\
&= \begin{bmatrix} R_{z_0}(q_1) & R_{z_0}(q_1)\begin{bmatrix} l_{c2}\cos(\rho) \\ 0 \\ l_1 + \beta_1 + l_{c2}\,\mathrm{sen}(\rho) \end{bmatrix} \\ [0\ \ 0\ \ 0] & 1 \end{bmatrix} \\
\Longrightarrow \begin{bmatrix} x_1 \\ y_1 \\ z_1 \end{bmatrix} &= \underbrace{R_{z_0}(q_1)\begin{bmatrix} l_{c2}\cos(\rho) \\ 0 \\ l_1 + \beta_1 + l_{c2}\,\mathrm{sen}(\rho) \end{bmatrix}}_{\text{cinemática directa}}
\end{aligned}
$$

2) Cinemática diferencial: es la derivada con respecto al tiempo del modelo de cinemática directa, por lo que:

$$\frac{d}{dt}H_0^1 = \begin{bmatrix} S(\dot{q}_1\boldsymbol{k}_0)R_{z_0}(q_1) & S(\dot{q}_1\boldsymbol{k}_0)R_{z_0}(q_1)\begin{bmatrix} l_{c2}\cos(\rho) \\ 0 \\ l_1+\beta_1+l_{c2}\,\mathrm{sen}(\rho) \end{bmatrix} \\ \\ [0\ \ 0\ \ 0] & 0 \end{bmatrix}$$

$$\boldsymbol{v}_1 = \tfrac{d}{dt}\begin{bmatrix} x_1 \\ y_1 \\ z_1 \end{bmatrix} = S(\dot{q}_1\boldsymbol{k}_0)\,R_{z_0}(q_1)\begin{bmatrix} l_{c2}\cos(\rho) \\ 0 \\ l_1+\beta_1+l_{c2}\,\mathrm{sen}(\rho) \end{bmatrix};\quad \boldsymbol{\omega}_0 = \dot{q}_1\boldsymbol{k}_0 = \begin{bmatrix} 0 \\ 0 \\ \dot{q}_1 \end{bmatrix}$$

La rapidez del vector velocidad $\boldsymbol{v}_1$ se obtiene por medio del cuadrado de la norma euclidiana: $\|\boldsymbol{v}_1\|^2 = \boldsymbol{v}_1^T\boldsymbol{v}_1$:

$$\begin{aligned}
\|\boldsymbol{v}_1\|^2 = \boldsymbol{v}_1^T\boldsymbol{v}_1 &= \left[S(\dot{q}_1\boldsymbol{k}_0)\,R_{z_0}(q_1)\begin{bmatrix} l_{c2}\cos(\rho) \\ 0 \\ l_1+\beta_1+l_{c2}\,\mathrm{sen}(\rho) \end{bmatrix}\right]^T\left[S(\dot{q}_1\boldsymbol{k}_0)\,R_{z_0}(q_1)\begin{bmatrix} l_{c2}\cos(\rho) \\ 0 \\ l_1+\beta_1+l_{c2}\,\mathrm{sen}(\rho) \end{bmatrix}\right] \\
&= \begin{bmatrix} l_{c2}\cos(\rho) \\ 0 \\ l_1+\beta_1+l_{c2}\,\mathrm{sen}(\rho) \end{bmatrix}^T R_{z_0}^T(q_1)\underbrace{S^T(\dot{q}_1\boldsymbol{k}_0)\,S(\dot{q}_1\boldsymbol{k}_0)}_{\dot{q}_1^2\begin{bmatrix} 1 & 0 & 0 \\ 0 & 1 & 0 \\ 0 & 0 & 0 \end{bmatrix}} R_{z_0}(q_1)\begin{bmatrix} l_{c2}\cos(\rho) \\ 0 \\ l_1+\beta_1+l_{c2}\,\mathrm{sen}(\rho) \end{bmatrix} \\
&= \begin{bmatrix} l_{c2}\cos(\rho) \\ 0 \\ l_1+\beta_1+l_{c2}\,\mathrm{sen}(\rho) \end{bmatrix}^T R_{z_0}^T(q_1)\,\dot{q}_1^2\begin{bmatrix} 1 & 0 & 0 \\ 0 & 1 & 0 \\ 0 & 0 & 0 \end{bmatrix} R_{z_0}(q_1)\begin{bmatrix} l_{c2}\cos(\rho) \\ 0 \\ l_1+\beta_1+l_{c2}\,\mathrm{sen}(\rho) \end{bmatrix} \\
&= \begin{bmatrix} l_{c2}\cos(\rho) \\ 0 \\ l_1+\beta_1+l_{c2}\,\mathrm{sen}(\rho) \end{bmatrix}^T \dot{q}_1^2\begin{bmatrix} 1 & 0 & 0 \\ 0 & 1 & 0 \\ 0 & 0 & 0 \end{bmatrix}\begin{bmatrix} l_{c2}\cos(\rho) \\ 0 \\ l_1+\beta_1+l_{c2}\,\mathrm{sen}(\rho) \end{bmatrix} \\
&= l_{c2}^2\cos^2(\rho)\,\dot{q}_1^2
\end{aligned}$$

3) Modelo de energía:

$$\begin{aligned}
\mathcal{K}_1(q_1,\dot{q}_1) &= \frac{1}{2}m_1\|\boldsymbol{v}_1\|^2 + \frac{1}{2}\boldsymbol{\omega}_0^T\mathcal{I}_1\boldsymbol{\omega}_0 \\
&= \frac{1}{2}m_1 l_{c2}^2\cos^2(\rho)\,\dot{q}_1^2 + \frac{1}{2}\begin{bmatrix} 0 \\ 0 \\ \dot{q}_1 \end{bmatrix}^T\underbrace{\begin{bmatrix} \mathcal{I}_{xx_1} & \mathcal{I}_{xy_1} & \mathcal{I}_{xz_1} \\ \mathcal{I}_{yx_1} & \mathcal{I}_{yy_1} & \mathcal{I}_{yz_1} \\ \mathcal{I}_{zx_1} & \mathcal{I}_{zy_1} & \mathcal{I}_{zz_1} \end{bmatrix}}_{\mathcal{I}_1}\begin{bmatrix} 0 \\ 0 \\ \dot{q}_1 \end{bmatrix} \\
&= \frac{1}{2}\left[m_1 l_{c2}^2\cos^2(\rho) + \mathcal{I}_{zz1}\right]\dot{q}_1^2
\end{aligned}$$

$$\mathcal{U}_1(q_1) = m_1 g\left[l_1+\beta_1+l_{c2}\,\mathrm{sen}(\rho)\right];\ \text{energía potencial constante.}$$

$$\mathcal{L}_1(q_1,\dot{q}_1) = \mathcal{K}_1(q_1,\dot{q}_1) - \mathcal{U}_1(q_1) = \tfrac{1}{2}\left[m_1 l_{c2}^2\cos^2(\rho) + \mathcal{I}_{zz1}\right]\dot{q}_1^2 - m_1 g\left[l_1+\beta_1+l_{c2}\,\mathrm{sen}(\rho)\right]$$

Propiedad 6.26: Movimiento horizontal $\Longrightarrow \frac{\partial}{\partial \boldsymbol{q}}\mathcal{U}(\boldsymbol{q}) = 0$

En todo sistema mecánico que tenga su movimiento específicamente sobre un plano horizontal, la correspondiente energía potencial $\mathcal{U}(\boldsymbol{q})$ es constante y por lo tanto, el par gravitacional es cero, puesto que se obtiene como el gradiente de la energía potencial: $\boldsymbol{g}(\boldsymbol{q}) = \frac{\partial}{\partial \boldsymbol{q}}\mathcal{U}(\boldsymbol{q}) = 0$.

4) **Ecuaciones de movimiento de Euler-Lagrange**:

$$\tau_1 = \frac{d}{dt}\left[\frac{\partial}{\partial \dot{q}_1}\mathcal{L}_1(q_1,\, \dot{q}_1)\right] - \frac{\partial}{\partial q_1}\mathcal{L}_1(q_1,\, \dot{q}_1) + b_1\dot{q}_1$$

$$\mathcal{L}_1(q_1, \dot{q}_1) = \tfrac{1}{2}\left[m_1 l_{c2}^2 \cos^2(\rho) + \mathcal{I}_{zz1}\right]\dot{q}_1^2 - m_1 g\left[l_1 + \beta_1 + l_{c2}\,\mathrm{sen}(\rho)\right]$$

$$\begin{aligned}
\frac{\partial}{\partial \dot{q}_1}\mathcal{L}_1(q_1,\, \dot{q}_1) &= \left[m_1 l_{c2}^2 \cos^2(\rho) + \mathcal{I}_{zz1}\right]\dot{q}_1 \\
\frac{d}{dt}\left[\frac{\partial}{\partial \dot{q}_1}\mathcal{L}_1(q_1,\, \dot{q}_1)\right] &= \left[m_1 l_{c2}^2 \cos^2(\rho) + \mathcal{I}_{zz1}\right]\ddot{q}_1 \\
-\frac{\partial}{\partial q_1}\mathcal{L}_1(\dot{q}_1, q_1) &= -\frac{\partial}{\partial q_1}\left[m_1 g\left[l_1 + \beta_1 + l_{c2}\,\mathrm{sen}(\rho)\right]\right] = 0
\end{aligned}$$

Por lo que el modelo dinámico de una centrífuga está dado por:

$$\tau_1 = \left[m_1 l_{c2}^2 \cos^2(\rho) + \mathcal{I}_{zz1}\right]\ddot{q}_1 + b_1\dot{q}_1$$

La correspondiente ODE (6.16) que describe el comportamiento de la centrífuga, $\dot{\boldsymbol{x}} = \boldsymbol{f}(\boldsymbol{x})$ expresada en variables de estado: $\boldsymbol{x} = [q_1 \;\; \dot{q}_1]^T \in \mathbb{R}^2$, excluyendo a los términos de fricción de Coulomb y estática está dada por:

$$\underbrace{\frac{d}{dt}\begin{bmatrix} q_1 \\ \dot{q}_1 \end{bmatrix}}_{\dot{\boldsymbol{x}}} = \underbrace{\begin{bmatrix} \dot{q}_1 \\ \dfrac{1}{m_1 l_{c2}^2 \cos^2(\rho) + \mathcal{I}_{zz1}}\left[\tau_1 - b_1\dot{q}_1\right] \end{bmatrix}}_{\boldsymbol{f}(\boldsymbol{x})} \tag{6.18}$$

Observe que $\frac{\partial}{\partial q_1}\mathcal{U}_1(q_1) = 0$, por la propiedad (6.26).

6.6.3 Péndulo

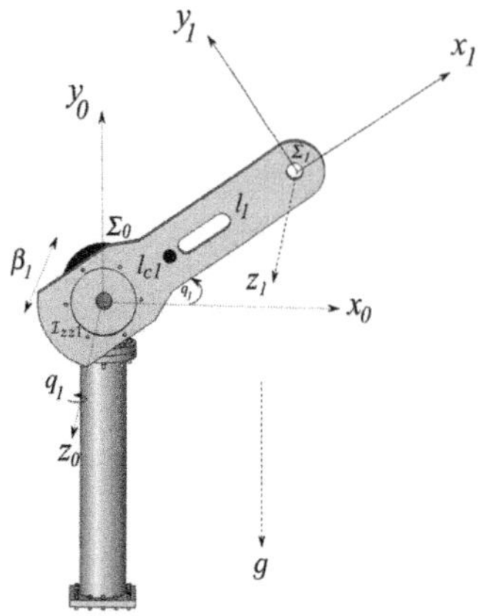

Figura 6.5: Péndulo

La figura 6.5 describe el sistema mecánico del péndulo, el cual está formado por un servomotor rotacional de altura β_1, barra de aluminio con longitud l_1 y tiene un ángulo de rotación q_1, cuyo giro es alrededor del eje z_0. Adicional a los parámetros geométricos, también hay que considerar los parámetros dinámicos m_1, l_{c1}, $\mathcal{I}_{zz1}$ representan, la masa, el centro de masa y momento de inercia, respectivamente. El péndulo se mueve en el plano vertical $x_0 - y_0 \in \Sigma_0(x_0, y_0, z_0)$ y por definición para este tipo de mecanismos, un péndulo está sometido a la acción de la gravedad g (apunta en la dirección negativa del eje y_0).

1) **Cinemática directa**: en la subsección 5.6 (página 231) se encuentra el análisis cinemático del péndulo:

$$H_0^1 = \begin{bmatrix} R_{z_0}(q_1) & R_{z_0}(q_1)\begin{bmatrix} l_{c1} \\ 0 \\ \beta_1 \end{bmatrix} \\ [0 \;\; 0 \;\; 0] & 1 \end{bmatrix} \implies \begin{bmatrix} x_1 \\ y_1 \\ z_1 \end{bmatrix} = \underbrace{R_{z_0}(q_1)\begin{bmatrix} l_{c1} \\ 0 \\ \beta_1 \end{bmatrix} = \begin{bmatrix} l_{c1}\cos(q_1) \\ l_{c1}\operatorname{sen}(q_1) \\ \beta_1 \end{bmatrix}}_{\text{cinemática directa}}$$

2) **Cinemática diferencial**: es la derivada con respecto al tiempo del modelo de cinemática directa, por lo que:

$$\frac{d}{dt}H_0^1 = \begin{bmatrix} S(\dot{q}_1\boldsymbol{k}_0)R_{z_0}(q_1) & S(\dot{q}_1\boldsymbol{k}_0)R_{z_0}(q_1)\begin{bmatrix} l_{c1} \\ 0 \\ \beta_1 \end{bmatrix} \\ [0 \;\; 0 \;\; 0] & 0 \end{bmatrix}$$

$$\boldsymbol{v}_1 = \frac{d}{dt}\begin{bmatrix} x_1 \\ y_1 \\ z_1 \end{bmatrix} = S(\dot{q}_1\boldsymbol{k}_0)\,R_{z_0}(q_1)\begin{bmatrix} l_{c1} \\ 0 \\ \beta_1 \end{bmatrix} = \begin{bmatrix} -l_{c1}\dot{q}_1\operatorname{sen}(q_1) \\ l_{c1}\dot{q}_1\cos(q_1) \\ 0 \end{bmatrix}$$

La rapidez del vector velocidad $\boldsymbol{v}_1$ corresponde al cuadrado de la norma euclidiana: $\|\boldsymbol{v}_1\|^2 = \boldsymbol{v}_1^T \boldsymbol{v}_1$:

$$
\begin{aligned}
\|\boldsymbol{v}_1\|^2 &= \left[S(\dot{q}_1 \boldsymbol{k}_0)\, R_{z_0}(q_1) \begin{bmatrix} l_{c2} \\ 0 \\ \beta_1 \end{bmatrix} \right]^T \left[S(\dot{q}_1 \boldsymbol{k}_0)\, R_{z_0}(q_1) \begin{bmatrix} l_{c2} \\ 0 \\ \beta_1 \end{bmatrix} \right] = \begin{bmatrix} l_{c2} \\ 0 \\ \beta_1 \end{bmatrix}^T R_{z_0}^T(q_1) \underbrace{S^T(\dot{q}_1 \boldsymbol{k}_0)\, S(\dot{q}_1 \boldsymbol{k}_0)}_{\dot{q}_1^2 \begin{bmatrix} 1 & 0 & 0 \\ 0 & 1 & 0 \\ 0 & 0 & 0 \end{bmatrix}} R_{z_0}(q_1) \begin{bmatrix} l_{c2} \\ 0 \\ \beta_1 \end{bmatrix} \\
&= \begin{bmatrix} l_{c2} \\ 0 \\ \beta_1 \end{bmatrix}^T R_{z_0}^T(q_1)\, \dot{q}_1^2 \begin{bmatrix} 1 & 0 & 0 \\ 0 & 1 & 0 \\ 0 & 0 & 0 \end{bmatrix} R_{z_0}(q_1) \begin{bmatrix} l_{c2} \\ 0 \\ \beta_1 \end{bmatrix} = \begin{bmatrix} l_{c2} \\ 0 \\ \beta_1 \end{bmatrix}^T \dot{q}_1^2 \begin{bmatrix} 1 & 0 & 0 \\ 0 & 1 & 0 \\ 0 & 0 & 0 \end{bmatrix} \begin{bmatrix} l_{c2} \\ 0 \\ \beta_1 \end{bmatrix} \\
&= \begin{bmatrix} l_{c2} & 0 & 0 \end{bmatrix} \begin{bmatrix} l_{c2} \\ 0 \\ \beta_1 \end{bmatrix} \dot{q}_1^2 = l_{c2}^2\, \dot{q}_1^2
\end{aligned}
$$

3) **Modelo de energía**: está compuesto por la energía cinética (componentes de traslación y rotación) y la energía potencial.

$$
\begin{aligned}
\mathcal{K}_1(q_1, \dot{q}_1) &= \frac{1}{2} m_1 \|\boldsymbol{v}_1\|^2 + \frac{1}{2} \boldsymbol{\omega}_0^T \mathcal{I}_1 \boldsymbol{\omega}_0 \\
&= \tfrac{1}{2} m_1 l_{c2}^2\, \dot{q}_1^2 + \tfrac{1}{2} \begin{bmatrix} 0 \\ 0 \\ \dot{q}_1 \end{bmatrix}^T \underbrace{\begin{bmatrix} \mathcal{I}_{xx_1} & \mathcal{I}_{xy_1} & \mathcal{I}_{xz_1} \\ \mathcal{I}_{yx_1} & \mathcal{I}_{yy_1} & \mathcal{I}_{yz_1} \\ \mathcal{I}_{zx_1} & \mathcal{I}_{zy_1} & \mathcal{I}_{zz_1} \end{bmatrix}}_{\mathcal{I}_1} \begin{bmatrix} 0 \\ 0 \\ \dot{q}_1 \end{bmatrix} = \tfrac{1}{2} \left[m_1 l_{c2}^2 + \mathcal{I}_{zz1} \right] \dot{q}_1^2
\end{aligned}
$$

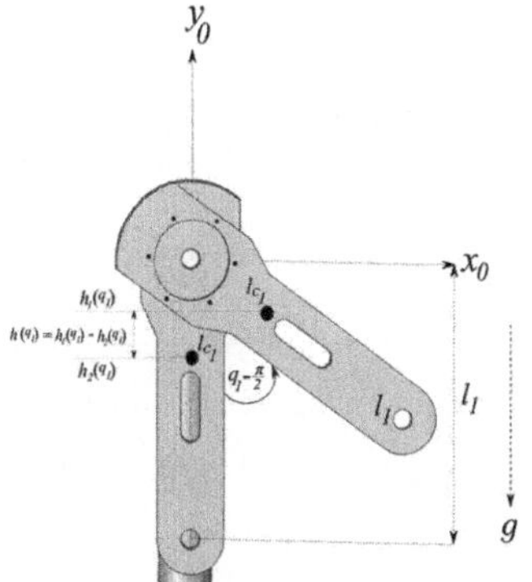

Figura 6.6: Energía potencial del péndulo

La figura 6.6 describe cómo calcular la diferencia de potencial $\mathcal{U}(q_1)$ debido al campo gravitacional del planeta. Note que la acción de la gravedad g apunta en la dirección del eje $-y_0$; cuando el péndulo se encuentra alineado con dicho eje, el centro de masa l_{c1} tiene coordenadas $[0 \;\; -l_{c_1} \;\; \beta_1]^T$ y cuando mantiene una rotación q_1 alrededor del eje $z_0 \in \Sigma_0(x_0, y_0, z_0)$, sus respectivas coordenadas son: $[0 \;\; -l_{c_1} \cos(q_1) \;\; \beta_1]^T$; la diferencia de potencial es: $\mathcal{U}_1(q_1) = m_1 g h(q_1) = m_1 g\,[\, h_1(q_1) - h_2(q_2) \,]$, donde $h_1(q_1) = -l_{c1} \cos(q_1)$ y $h_2(q_1) = -l_{c1}$. Tomando esto en consideración, la energía potencial del péndulo se encuentra dada por: $\mathcal{U}_1(q_1) = m_1\, g\, l_{c1}\, [\, 1 - \cos(q_1) \,]$. El lagrangiano $\mathcal{L}_1 q_1, \dot{q}_1)$ del péndulo se obtiene como la diferencia de las energías cinética $\mathcal{K}_1(q_1, \dot{q}_1)$ y potencial $\mathcal{U}_1(q_1)$.

$$\mathcal{L}_1 q_1, \dot{q}_1) = \mathcal{K}_1(q_1, \dot{q}_1) - \mathcal{U}_1(q_1) = \frac{1}{2}\left[m_1 l_{c2}^2 + \mathcal{I}_{zz1}\right]\dot{q}_1^2 - m\, g\, l_{c1}\left[1 - \cos(q_1)\right]$$

4) **Ecuaciones de movimiento de Euler-Lagrange**: aplicando el procedimiento de Euler-Lagrange al sistema mecánico del péndulo, se obtiene el correspondiente modelo dinámico:

$$\begin{aligned}
\tau_1 &= \frac{d}{dt}\left[\frac{\partial}{\partial \dot{q}_1}\mathcal{L}(q_1,\, \dot{q}_1)\right] - \frac{\partial}{\partial q_1}\mathcal{L}(q_1,\, \dot{q}_1) + b_1 \dot{q}_1 \\
\frac{\partial}{\partial \dot{q}_1}\mathcal{L}(q_1,\, \dot{q}_1) &= \left[m_1 l_{c2}^2 + \mathcal{I}_{zz1}\right]\dot{q}_1 \\
\frac{d}{dt}\left[\frac{\partial}{\partial \dot{q}_1}\mathcal{L}(q_1,\, \dot{q}_1)\right] &= \left[m_1 l_{c2}^2 + \mathcal{I}_{zz1}\right]\ddot{q}_1 \\
\frac{\partial}{\partial q_1}\mathcal{L}(\dot{q}_1, q_1) &= -m\, g\, l_{c1}\ \mathrm{sen}(q_1)
\end{aligned}$$

Entonces, sustituyendo las expresiones anteriores en las ecuaciones de Euler-Lagrange, el modelo dinámico del péndulo (excluyendo los fenómenos de fricción estática y de Coulomb) adquiere la siguiente estructura:

$$\tau_1 = \left[m_1 l_{c2}^2 + \mathcal{I}_{zz1}\right]\ddot{q}_1 + m\, g\, l_{c1}\ \mathrm{sen}(q_1) + b_1 \dot{q}_1 + f_{c1}\mathrm{signo}(\dot{q}_1) \tag{6.19}$$

El término $[m_1 l_{c2}^2 + \mathcal{I}_{zz1}]$ representa la suma de momentos de inercia que se encuentran en el péndulo, compuesto por el momento de inercia del rotor del servomotor: $\mathcal{I}_{zz1}$; y el momento de inercia correspondiente a la barra metálica está dad como: $m_1 l_{c2}^2$. Debido a que el eje $z_1 \Sigma_1(x_1, y_1, z_1)$ es paralelo al eje $z_0 \in \Sigma_0(x_0, y_0, z_0)$: $z_0 \parallel z_1$, entonces se suman los momentos de inercia (ley de ejes paralelos). Sea: $\mathcal{I}_{p1} = [m_1 l_{c2}^2 + \mathcal{I}_{zz1}]$, donde $\mathcal{I}_{p1}$ es el momento de inercia total del péndulo.

La ecuación (6.19) es un sistema dinámico de segundo orden; su correspondiente conversión a la forma de una ODE (6.16), $\dot{\boldsymbol{x}} = \boldsymbol{f}(\boldsymbol{x})$ expresada en variables de estado: $\boldsymbol{x} = [q_1\ \dot{q}_1]^T \in \mathbb{R}^2$ y sin tomar en cuenta la fricción viscosa y de Coulomb, tiene la siguiente forma:

$$\underbrace{\frac{d}{dt}\begin{bmatrix} q_1 \\ \dot{q}_1 \end{bmatrix}}_{\dot{\boldsymbol{x}}} = \underbrace{\begin{bmatrix} \dot{q}_1 \\ \frac{1}{\mathcal{I}_{p1}}\left[\tau_1 - m_1\, g\, l_{c1}\ \mathrm{sen}(q_1) - b_1 \dot{q}_1\right] \end{bmatrix}}_{\boldsymbol{f}(\boldsymbol{x})} \tag{6.20}$$

• Ejemplo 6.1

Simular el modelo dinámico del péndulo (6.20) en el entorno de **MATLAB** usando código fuente. Considere $t = 0,\ 0.0025, \cdots, 25$ seg., y el siguiente par aplicado:

$$\tau_1 = 7\ \mathrm{sen}(2\pi \tfrac{b_1}{\mathcal{I}_{zz_1}} \sqrt{\tfrac{e}{\pi}} t + 0.08) + 5\ \mathrm{sen}(2\pi \tfrac{b_1}{\mathcal{I}_{zz_1}} e^2 t + \tfrac{\pi}{2}) \tag{6.21}$$

La tabla 6.3 contiene los valores numéricos de los parámetros del péndulo.

Solución

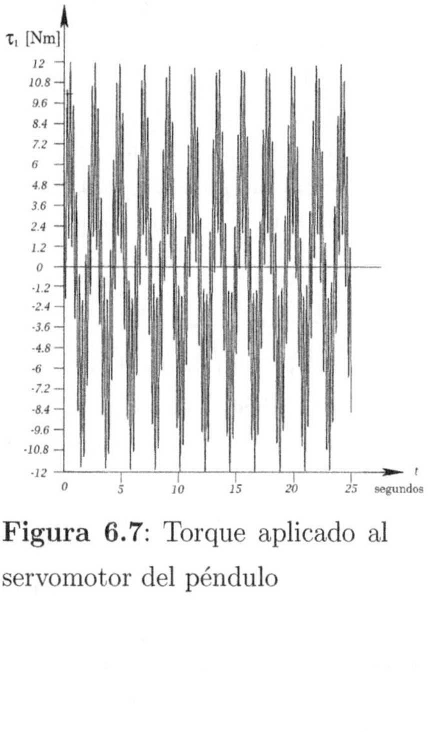

Figura 6.7: Torque aplicado al servomotor del péndulo

El torque τ_1 definido en (6.21) es la señal de energía aplicada al servomotor del péndulo, cuyo perfil en el tiempo se muestra en la figura 6.7; para no saturar al servoamplificador, las amplitudes de las componentes sinusoidales se encuentran sintonizadas de tal forma que cumplan: $|\tau_1| < \tau_1^{\text{máx}} = 15$ Nm; además, la señal de energía incorpora frecuencias con números irracionales para incluir movimiento con armónicos que permitan exhibir el comportamiento dinámico del péndulo; dichas frecuencias están acorde a su ancho de banda: $\frac{b_1}{\mathcal{I}_{zz_1}}$. La fase en la segunda componente de τ_1 es $\frac{\pi}{2}$ rad; es decir, equivale a una onda cosenoidal que suministra energía en $t = 0$, para evitar estar en la región de fricción estática.

Tabla 6.3: Valores numéricos de parámetros del péndulo

Eslabón	Parámetro	Valor
1	m_1	3.88 kg
	$\mathcal{I}_{zz_1}$	0.34 Nm $\frac{\text{seg}^2}{\text{rad}}$
$\tau_1^{\text{máx}} = 15$Nm	l_{c1}	0.021 m
	b_1	0.175 $\frac{\text{Nm seg}}{\text{rad}}$
	g	9.81 $\frac{\text{m}}{\text{seg}^2}$

El tiempo de simulación para el modelo dinámico (6.23) es de 0 a 25 segundos, con paso de integración de 0.0025 segundos. No fue considerada la fricción de Coulomb y fricción estática, debido a que la función signo$(\cdots)$ es discontinua alrededor de cero, y particularmente el método de integración de Runge-Kutta $\frac{4}{5}$ presenta problemas de desempeño con ese tipo de funciones.

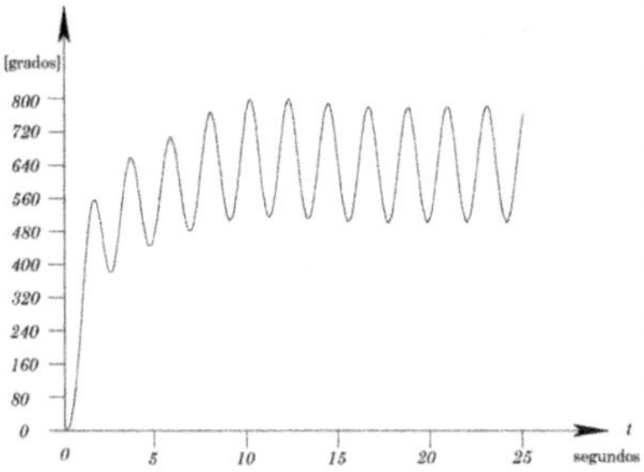

Figura 6.8: Movimiento articular del péndulo

La energía aplicada al péndulo dada por el torque (6.21) causa que el movimiento articular q_1 tenga un perfil en función del tiempo, como se muestra en la figura 6.8. El mayor desplazamiento que alcanza es de 796.082°; el comportamiento dinámico no incluye el fenómeno de la fuerza centrípeta, ya que se cancela con la fuerza centrífuga. Asimismo, el comportamiento dinámico del péndulo no incluye el efecto de las fuerzas y torques de Coriolis, debido a que el eje de rotación del servomotor no tiene componente de traslación.

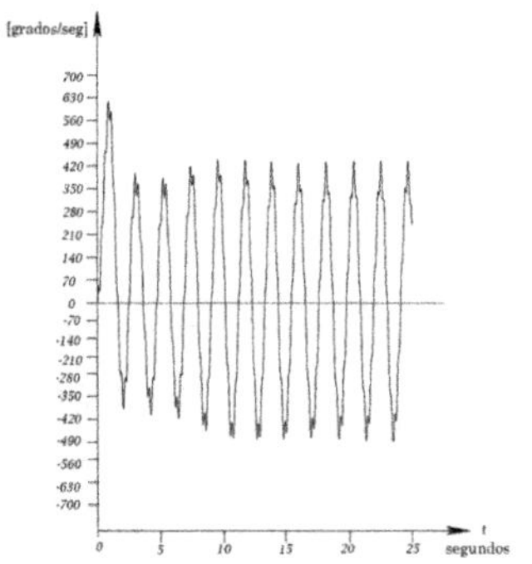

Figura 6.9: Velocidad articular del péndulo

La figura 6.9 ilustra el perfil de velocidad articular $\dot{q}_1$ del péndulo, debido a la inyección de energía aplicada (6.21). Las amplitudes utilizadas en esa señal de energía τ_1 fueron sintonizadas (seleccionadas) para no saturar los límites del servomotor ($|\tau_1| < \tau_1^{\text{máx}} = 15$ Nm); así como evitar que la frecuencia de operación sobrepase el límite físico de velocidad máxima permitido ($720\ \frac{\text{grados}}{\text{seg}}$); observe que durante todo el movimiento, la velocidad del péndulo no exhibe rizo o vibración mecánica ni ruido, puesto que se encuentra dentro del ancho de banda definido por los parámetros dinámicos: $\frac{b_1}{I_{zz_1}}$. El código fuente en **MATLAB** para llevar a cabo la simulación del modelo dinámico del péndulo (6.20) se encuentra descrito en la rutina `pendulo.m` del cuadro de código 6.1; mientras que el programa principal denominado `simupendulo.m` se ubica en el cuadro 6.2. Observe que en el programa principal las variables `tau1` y `h` son declaradas del tipo global, con la finalidad de que se registre los torques aplicados, dentro la función `pendulo.m`; de esta forma se puede exhibir la gráfica de esa energía desde el programa principal.

Código MATLAB 6.1 pendulo.m

Robótica: Control de Robots Manipuladores

Capítulo 6. Dinámica

Fernando Reyes Cortés

Alfaomega Grupo Editor: "**Te acerca al conocimiento**".

Programa: pendulo.m MATLAB versión 2024a

```
function xp= pendulo(t,x)
    global tau1 h
    %
    q1=x(1); % posición articular.
    qp1=x(2); % velocidad articular.
    %
    % parámetros del péndulo.
    m1=3.88;
    lc1=0.021; b1=0.17;
    izz1=0.34;
    ip1=m1*lc1^2+izz1;
    g=9.81;
    %
    % señal de energía aplicada al servomotor del péndulo.
    tau1a=7*sin(2*pi*(b1/izz1)*sqrt((exp(1)/pi))*t +0.08);
    tau1b=5*sin(2*pi*(b1/izz1)*exp(2)*t+1.57);
    tau=tau1a+tau1b;
    tau1(uint64(1+round(t/h)),1)=tau;
    %
    qpp1=(tau-b1*qp1-m1*g*lc1*sin(q1))/ip1;
    %
    % modelo dinámico del péndulo ẋ = f(x).
    xp=[qp1;
        qpp1];
end
```

 Código MATLAB 6.2 simupendulo.m

Robótica: Control de Robots Manipuladores
Capítulo 6. Dinámica
Fernando Reyes Cortés
Alfaomega Grupo Editor: "**Te acerca al conocimiento**".

Programa: simupendulo.m	MATLAB versión 2024a

```
1  clc;
2  clearvars;
3  close all;
4  format short
5  global tau1 h
6  ti=0;
7  h=0.0025;
8  tf = 25;
9  ts=(ti:h:tf)';
10 [n, m ]=size(ts);
11 tau1=zeros(n,m);
12 opciones=odeset('RelTol' ,1e-06, 'AbsTol' ,1e-06, 'InitialStep' ,h,'
   MaxStep' ,h);
13 ci=[0.0; % condición inicial de la posición q₁(0).
14     0.0];% condición inicial de la velocidad q̇₁(0).
15 %
16 % simulación del modelo dinámico del péndulo (6.20).
17 [t, x]=ode45('pendulo' ,ts,ci,opciones);
18 figure(1), plot(t,(180/pi)*x(:,1))% gráfica de la posición: q₁(t).
19 figure(2), plot(t,(180/pi)*x(:,2) )% gráfica de la velocidad q̇₁(t).
20 figure(3), plot(t, tau1)% torques aplicados al servomotor: τ₁(t).
21 %
22 % programa disponible en el sitio Web de esta obra.
```

6.6.4 Brazo robot 2 gdl

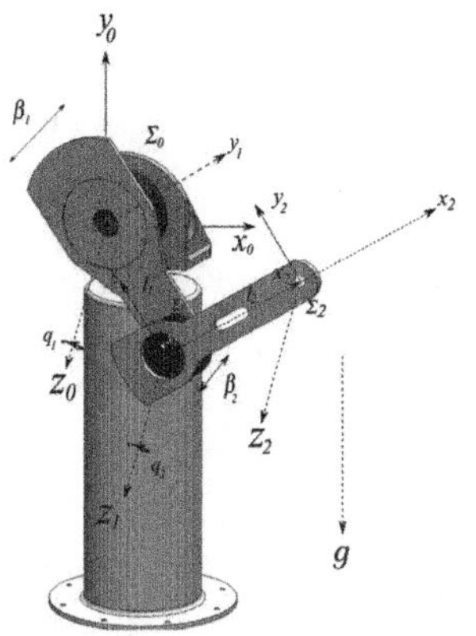

Figura 6.10: Brazo robot 2 gdl

En la figura 6.10 se muestra un brazo robot de 2 gdl, sometido a la acción de la gravedad g y cuyo movimiento se realiza en el plano vertical $x_0 - y_0$. Este tipo de robot pertenece a la configuración antropomórfica y exhibe una dinámica complicada, por lo que su desarrollo es clave para entender el procedimiento que se emplea con las ecuaciones de movimiento de Euler-Lagrange. El análisis completo del modelo de cinemática directa se encuentra desarrollado en el capítulo 5, subsección 5.6.2 (ver página 238). Los parámetros geométricos y dinámicos forman parte importante de la dinámica en este robot y se encuentran descritos en la tabla 6.4.

Tabla 6.4: Parámetros del brazo robot de 2gdl

Eslabón	Significado	Notación
1	Masa	m_1
	Longitud del servomotor	β_1
	Longitud del eslabón 1	l_1
(Hombro)	Momentos de inercia	$\mathcal{I}_{xx_1}, \mathcal{I}_{yy_1}, \mathcal{I}_{zz_1}$
	Productos de inercia	$\mathcal{I}_{xy_1}, \mathcal{I}_{xz_1}, \mathcal{I}_{yx_1}, \mathcal{I}_{yz_1}, \mathcal{I}_{zx_1}, \mathcal{I}_{zy_1}$
	Centro de masa	l_{c1}
	Torque	τ_1
	Posición, velocidad y aceleración articular	$q_1, \dot{q}_1, \ddot{q}_1$
2	Masa	m_2
	Longitud del eslabón 2	l_2
	Longitud del servomotor	β_2
(Codo)	Momentos de inercia	$\mathcal{I}_{xx_2}, \mathcal{I}_{yy_2}, \mathcal{I}_{zz_2}$
	Productos de inercia	$\mathcal{I}_{xy_2}, \mathcal{I}_{xz_2}, \mathcal{I}_{yx_2}, \mathcal{I}_{yz_2}, \mathcal{I}_{zx_2}, \mathcal{I}_{zy_2}$
	Centro de masa	l_{c2}
	Torque	τ_2
	Posición, velocidad y aceleración articular	$q_2, \dot{q}_2, \ddot{q}_2$
	Aceleración debida a la gravedad	g

1) Cinemática directa: el modelo de cinemática directa se obtiene de las matrices de transformación homogénea (ver capítulo 5, subsección 5.6.2, página 238); por lo que las coordenadas cartesianas de cada eslabón se obtienen como:

$$H_0^1 = \begin{bmatrix} R_{z_0}(q_1) & R_{z_0}(q_1)\begin{bmatrix} l_1 \\ 0 \\ \beta_1 \end{bmatrix} \\ [0 \;\; 0 \;\; 0] & 1 \end{bmatrix}$$

$$\begin{bmatrix} x_1 \\ y_1 \\ z_1 \end{bmatrix} = R_{z_0}(q_1)\begin{bmatrix} l_{c1} \\ 0 \\ \beta_1 \end{bmatrix} = \begin{bmatrix} l_{c1}\cos(q_1) \\ l_{c1}\operatorname{sen}(q_1) \\ \beta_1 \end{bmatrix}$$

$$H_0^2 = H_0^1 H_1^2 = \begin{bmatrix} R_{z_0}(q_1+q_2) & R_{z_0}(q_1)\begin{bmatrix} l_1 \\ 0 \\ \beta_1 \end{bmatrix} + R_{z_1}(q_1+q_2)\begin{bmatrix} l_{c2} \\ 0 \\ \beta_2 \end{bmatrix} \\ [0 \;\; 0 \;\; 0] & 1 \end{bmatrix}$$

$$\begin{bmatrix} x_2 \\ y_2 \\ z_2 \end{bmatrix} = R_{z_0}(q_1)\begin{bmatrix} l_1 \\ 0 \\ \beta_1 \end{bmatrix} + R_{z_1}(q_1+q_2)\begin{bmatrix} l_{c2} \\ 0 \\ \beta_2 \end{bmatrix} = \begin{bmatrix} l_1\cos(q_1) + l_{c2}\cos(q_1+q_2) \\ l_1\operatorname{sen}(q_1) + l_{c2}\operatorname{sen}(q_1+q_2) \\ \beta_1+\beta_2 \end{bmatrix}$$

2) Cinemática diferencial: es la derivada con respecto al tiempo del modelo de cinemática directa, por lo que:

$$\boldsymbol{v}_1 = \frac{d}{dt}\begin{bmatrix} x_1 \\ y_1 \\ z_1 \end{bmatrix} = \frac{d}{dt}\left[R_{z_0}(q_1)\begin{bmatrix} l_{c1} \\ 0 \\ \beta_1 \end{bmatrix}\right] = S(\dot{q}_1\boldsymbol{k}_0)\, R_{z_0}(q_1)\begin{bmatrix} l_{c1} \\ 0 \\ \beta_1 \end{bmatrix} = \begin{bmatrix} -l_{c1}\dot{q}_1\operatorname{sen}(q_1) \\ l_{c1}\dot{q}_1\cos(q_1) \\ 0 \end{bmatrix}$$

$$\begin{aligned} \boldsymbol{v}_2 &= \frac{d}{dt}\begin{bmatrix} x_2 \\ y_2 \\ z_2 \end{bmatrix} = \frac{d}{dt}\left[R_{z_0}(q_1)\begin{bmatrix} l_1 \\ 0 \\ \beta_1 \end{bmatrix} + R_{z_1}(q_1+q_2)\begin{bmatrix} l_{c2} \\ 0 \\ \beta_2 \end{bmatrix}\right] \\ &= S(\dot{q}_1\boldsymbol{k}_0)\, R_{z_0}(q_1)\begin{bmatrix} l_1 \\ 0 \\ \beta_1 \end{bmatrix} + S(\underbrace{(\,\dot{q}_1+\dot{q}_2\,)\,\boldsymbol{k}_0}_{\boldsymbol{\omega}_2})R_{z_1}(q_1+q_2)\begin{bmatrix} l_{c2} \\ 0 \\ \beta_2 \end{bmatrix} \\ &= \begin{bmatrix} [\,l_1\cos(q_1) + l_{c2}\cos(q_1+q_2)\,]\,\dot{q}_1 + [\,l_{c2}\cos(q_1+q_2)\,]\,\dot{q}_2 \\ [\,l_1\operatorname{sen}(q_1) + l_{c2}\operatorname{sen}(q_1+q_2)\,]\,\dot{q}_1 + l_{c2}\operatorname{sen}(q_1+q_2)\dot{q}_2 \end{bmatrix} \end{aligned}$$

Observe que la velocidad angular $\boldsymbol{\omega}_2 \in \mathbb{R}^3$ para la articulación del hombro está dada por: $\boldsymbol{\omega}_2 = [\,\dot{q}_1 + \dot{q}_2\,]\,\boldsymbol{k}_0$. Por otro lado, la rapidez de la velocidad se obtiene como: $\|\boldsymbol{v}_i\|^2 = \boldsymbol{v}_i^T \boldsymbol{v}_i$, para $i = 1, 2$; entonces:

$$\|\boldsymbol{v}_1\|^2 = [\,l_{c1}\,\cos(q_1)\dot{q}_1\,]^2 + [\,l_{c1}\,\mathrm{sen}(q_1)\dot{q}_1\,]^2 = l_{c1}^2\,[\,\cos^2(q_1) + \mathrm{sen}^2(q_1)\,]\,\dot{q}_1^2 = l_{c1}^2\dot{q}_1^2$$

$$\begin{aligned}
\|\boldsymbol{v}_2\|^2 &= [\,[\,l_1\,\cos(q_1) + l_{c2}\,\cos(q_1+q_2)\,]\,\dot{q}_1 + l_{c2}\,\cos(q_1+q_2)\dot{q}_2\,]^2 + \\
&\quad [\,[\,l_1\,\mathrm{sen}(q_1) + l_{c2}\,\mathrm{sen}(q_1+q_2)\,]\,\dot{q}_1 + l_{c2}\,\mathrm{sen}(q_1+q_2)\dot{q}_2\,]^2 + \\
&\quad [\,l_1\,\cos(q_1) + l_{c2}\,\cos(q_1+q_2)\,]^2\,\dot{q}_1^2 + l_{c2}^2\,\cos^2(q_1+q_2)\dot{q}_2^2 + \\
&\quad 2\,[\,l_1\,\cos(q_1) + l_{c2}\,\cos(q_1+q_2)\,]\,l_{c2}\,\cos(q_1+q_2)\dot{q}_1\dot{q}_2 + \\
&\quad [\,l_1\,\mathrm{sen}(q_1) + l_{c2}\,\mathrm{sen}(q_1+q_2)\,]^2\,\dot{q}_1^2 + l_{c2}^2\,\mathrm{sen}^2(q_1+q_2)\dot{q}_2^2 + \\
&\quad 2\,[\,l_1\,\mathrm{sen}(q_1) + l_{c2}\,\mathrm{sen}(q_1+q_2)\,]\,l_{c2}\,\mathrm{sen}(q_1+q_2)\dot{q}_1\dot{q}_2 \\
&= \Big[\,\cancel{l_1^2\,\cos^2(q_1)}^{\,1} + \cancel{l_{c2}^2\,\cos^2(q_1+q_2)}^{\,2} + \cancel{2l_1l_{c2}\,\cos(q_1)\,\cos(q_1+q_2)}^{\,3}\Big]\,\dot{q}_1^2 + \cancel{2\,l_{c2}^2\,\cos^2(q_1+q_2)\dot{q}_1\dot{q}_2}^{\,6} + \\
&\quad \cancel{l_{c2}^2\,\cos^2(q_1+q_2)\dot{q}_2^2}^{\,4} + \cancel{2l_1l_{c2}\,\cos(q_1)\,\cos(q_1+q_2)\dot{q}_1\dot{q}_2}^{\,5} + \\
&\quad \Big[\,\cancel{l_1^2\,\mathrm{sen}^2(q_1)}^{\,1} + \cancel{l_{c2}^2\,\mathrm{sen}^2(q_1+q_2)}^{\,2} + \cancel{2l_1l_{c2}\,\mathrm{sen}(q_1)\,\mathrm{sen}(q_1+q_2)}^{\,3}\Big]\,\dot{q}_1^2 + \\
&\quad \cancel{l_{c2}^2\,\mathrm{sen}^2(q_1+q_2)\dot{q}_2^2}^{\,4} + \cancel{2l_1l_{c2}\,\mathrm{sen}(q_1)\,\mathrm{sen}(q_1+q_2)\dot{q}_1\dot{q}_2}^{\,5} + \cancel{2l_{c2}^2\,\mathrm{sen}^2(q_1+q_2)\dot{q}_1\dot{q}_2}^{\,6} \\
&= [\,l_1^2 + l_{c2}^2 + 2l_1l_{c2}\,\cos(q_2)\,]\,\dot{q}_1^2 + l_{c2}^2\dot{q}_2^2 + 2\,[\,l_1l_{c2}\,\cos(q_2) + l_{c2}^2\,]\,\dot{q}_1\dot{q}_2
\end{aligned}$$

Para simplificar los cálculos, se han usado las siguientes identidades trigonométricas:

- $\cos^2(q_1) + \mathrm{sen}^2(q_1) = 1$.
- $\cos^2(q_1+q_2) + \mathrm{sen}^2(q_1+q_2) = 1$.
- $\cos(q_1)\,\cos(q_1+q_2) + \mathrm{sen}(q_1)\,\mathrm{sen}(q_1+q_2) = \cos(q_2)$.

El mismo resultado se obtiene para la rapidez $\|\boldsymbol{v}_i\|^2 = \boldsymbol{v}_i^T\boldsymbol{v}_i$, $i = 1, 2$ usando las propiedades desarrolladas en el capítulo 4, sección 4.6:

$$\begin{aligned}
\|\boldsymbol{v}_1\|^2 &= \left[S(\dot{q}_1\boldsymbol{k}_0)\,R_{z_0}(q_1)\begin{bmatrix} l_{c1} \\ 0 \\ \beta_1 \end{bmatrix}\right]^T \left[S(\dot{q}_1\boldsymbol{k}_0)\,R_{z_0}(q_1)\begin{bmatrix} l_{c1} \\ 0 \\ \beta_1 \end{bmatrix}\right] \\
&= \begin{bmatrix} l_{c1} \\ 0 \\ \beta_1 \end{bmatrix}^T \underbrace{R_{z_0}^T(q_1)\,S^T(\dot{q}_1\boldsymbol{k}_0)\,S(\dot{q}_1\boldsymbol{k}_0)\,R_{z_0}(q_1)}_{\dot{q}_1^2\begin{bmatrix} 1 & 0 & 0 \\ 0 & 1 & 0 \\ 0 & 0 & 0 \end{bmatrix}} \begin{bmatrix} l_{c1} \\ 0 \\ \beta_1 \end{bmatrix} = \begin{bmatrix} l_{c1} \\ 0 \\ \beta_1 \end{bmatrix}^T \dot{q}_1^2 \begin{bmatrix} 1 & 0 & 0 \\ 0 & 1 & 0 \\ 0 & 0 & 0 \end{bmatrix} \begin{bmatrix} l_{c1} \\ 0 \\ \beta_1 \end{bmatrix} = l_{c1}^2\,\dot{q}_1^2
\end{aligned}$$

$$
\begin{aligned}
\|\boldsymbol{v}_2\|^2 &= \left[S(\dot{q}_1\boldsymbol{k}_0)R_{z_0}(q_1)\begin{bmatrix} l_1 \\ 0 \\ \beta_1 \end{bmatrix} + S([\,\dot{q}_1+\dot{q}_2\,]\,\boldsymbol{k}_0)R_{z_0}(q_1+q_2)\begin{bmatrix} l_{c2} \\ 0 \\ \beta_2 \end{bmatrix}\right]^T \\
&\quad \left[S(\dot{q}_1\boldsymbol{k}_0)R_{z_0}(q_1)\begin{bmatrix} l_1 \\ 0 \\ \beta_1 \end{bmatrix} + S([\,\dot{q}_1+\dot{q}_2\,]\,\boldsymbol{k}_0)R_{z_0}(q_1+q_2)\begin{bmatrix} l_{c2} \\ 0 \\ \beta_2 \end{bmatrix}\right] \\
&= \left[\begin{bmatrix} l_1 \\ 0 \\ \beta_1 \end{bmatrix}^T R_{z_0}^T(q_1)\,S^T(\dot{q}_1\boldsymbol{k}_0) + \begin{bmatrix} l_{c2} \\ 0 \\ \beta_2 \end{bmatrix}^T R_{z_0}^T(q_1+q_2)S^T([\,\dot{q}_1+\dot{q}_2\,]\,\boldsymbol{k}_0)\right] \\
&\quad \left[S(\dot{q}_1\boldsymbol{k}_0)R_{z_0}(q_1)\begin{bmatrix} l_1 \\ 0 \\ \beta_1 \end{bmatrix} + S([\,\dot{q}_1+\dot{q}_2\,]\,\boldsymbol{k}_0)R_{z_0}(q_1+q_2)\begin{bmatrix} l_{c2} \\ 0 \\ \beta_2 \end{bmatrix}\right] \\
&= \begin{bmatrix} l_1 \\ 0 \\ \beta_1 \end{bmatrix}^T \underbrace{R_{z_0}^T(q_1)\,S^T(\dot{q}_1\boldsymbol{k}_0)\,S(\dot{q}_1\boldsymbol{k}_0)R_{z_0}(q_1)}_{\text{propiedad ():}\ \dot{q}_1^2\begin{bmatrix} 1 & 0 & 0 \\ 0 & 1 & 0 \\ 0 & 0 & 0 \end{bmatrix}} \begin{bmatrix} l_1 \\ 0 \\ \beta_1 \end{bmatrix} + \\
&\quad \begin{bmatrix} l_1 \\ 0 \\ \beta_1 \end{bmatrix}^T \underbrace{R_{z_0}^T(q_1)\,S^T(\dot{q}_1\boldsymbol{k}_0)\,S([\,\dot{q}_1+\dot{q}_2\,]\,\boldsymbol{k}_0)R_{z_0}(q_1+q_2)}_{\text{propiedad ():}\ \dot{q}_1[\,\dot{q}_1+\dot{q}_2\,]\begin{bmatrix} 1 & 0 & 0 \\ 0 & 1 & 0 \\ 0 & 0 & 0 \end{bmatrix}\begin{bmatrix} \cos(q_2) & -\operatorname{sen}(q_2) & 0 \\ \operatorname{sen}(q_2) & \cos(q_2) & 0 \\ 0 & 0 & 0 \end{bmatrix}} \begin{bmatrix} l_{c2} \\ 0 \\ \beta_2 \end{bmatrix} + \\
&\quad \begin{bmatrix} l_{c2} \\ 0 \\ \beta_2 \end{bmatrix}^T \underbrace{R_{z_0}^T(q_1+q_2)S^T([\,\dot{q}_1+\dot{q}_2\,]\,\boldsymbol{k}_0)\,S(\dot{q}_1\boldsymbol{k}_0)R_{z_0}(q_1)}_{\text{propiedad ():}\ \dot{q}_1[\,\dot{q}_1+\dot{q}_2\,]\begin{bmatrix} \cos(q_2) & \operatorname{sen}(q_2) & 0 \\ -\operatorname{sen}(q_2) & \cos(q_2) & 0 \\ 0 & 0 & 0 \end{bmatrix}\begin{bmatrix} 1 & 0 & 0 \\ 0 & 1 & 0 \\ 0 & 0 & 0 \end{bmatrix}} \begin{bmatrix} l_1 \\ 0 \\ \beta_1 \end{bmatrix} + \\
&\quad \begin{bmatrix} l_{c2} \\ 0 \\ \beta_2 \end{bmatrix}^T \underbrace{R_{z_0}^T(q_1+q_2)S^T([\,\dot{q}_1+\dot{q}_2\,]\,\boldsymbol{k}_0)\,S([\,\dot{q}_1+\dot{q}_2\,]\,\boldsymbol{k}_0)R_{z_0}(q_1+q_2)}_{\text{propiedad ():}\ [\,\dot{q}_1+\dot{q}_2\,]^2\begin{bmatrix} 1 & 0 & 0 \\ 0 & 1 & 0 \\ 0 & 0 & 0 \end{bmatrix}} \begin{bmatrix} l_{c2} \\ 0 \\ \beta_2 \end{bmatrix} \\
&= \dot{q}_1^2 \begin{bmatrix} l_1 \\ 0 \\ \beta_1 \end{bmatrix}^T \begin{bmatrix} l_1 \\ 0 \\ 0 \end{bmatrix} + \dot{q}_1[\,\dot{q}_1+\dot{q}_2\,] \begin{bmatrix} l_1 \\ 0 \\ \beta_1 \end{bmatrix}^T \begin{bmatrix} l_{c2}\cos(q_2) \\ l_{c2}\operatorname{sen}(q_2) \\ 0 \end{bmatrix} + \\
&\quad \dot{q}_1[\,\dot{q}_1+\dot{q}_2\,] \begin{bmatrix} l_{c2} \\ 0 \\ \beta_2 \end{bmatrix}^T \begin{bmatrix} l_1\cos(q_2) \\ -l_1\operatorname{sen}(q_2) \\ 0 \end{bmatrix} + [\,\dot{q}_1+\dot{q}_2\,]^2 \begin{bmatrix} l_{c2} \\ 0 \\ \beta_2 \end{bmatrix}^T \begin{bmatrix} l_{c2} \\ 0 \\ 0 \end{bmatrix} \\
&= l_1^2\dot{q}_1^2 + 2\,\dot{q}_1[\,\dot{q}_1+\dot{q}_2\,]\,l_1\,l_{c2}\cos(q_2) + l_{c2}^2\,[\,\dot{q}_1+\dot{q}_2\,]^2 \\
&= [\,l_1^2 + l_{c2}^2 + 2\,l_1\,l_{c2}\cos(q_2)\,]\,\dot{q}_1^2 + l_{c2}^2\,\dot{q}_2^2 + 2\,[\,l_1\,l_{c2}\cos(q_2) + l_{c2}^2\,]\,\dot{q}_1\dot{q}_2
\end{aligned}
$$

3) Modelo de energía

$$
\begin{aligned}
\mathcal{K}(q,\dot{q}) &= \tfrac{1}{2}m_1\boldsymbol{v}_1^T\boldsymbol{v}_1 + \tfrac{1}{2}\begin{bmatrix}0\\0\\\dot{q}_1\end{bmatrix}^T\begin{bmatrix}\mathcal{I}_{xx_1} & \mathcal{I}_{xy_1} & \mathcal{I}_{xz_1}\\ \mathcal{I}_{yx_1} & \mathcal{I}_{yy_1} & \mathcal{I}_{yz_1}\\ \mathcal{I}_{zx_1} & \mathcal{I}_{zy_1} & \mathcal{I}_{zz_1}\end{bmatrix}\begin{bmatrix}0\\0\\\dot{q}_1\end{bmatrix} + \\
&\quad \tfrac{1}{2}m_2\boldsymbol{v}_2^T\boldsymbol{v}_2 + \tfrac{1}{2}\begin{bmatrix}0\\0\\\dot{q}_1+\dot{q}_2\end{bmatrix}^T\begin{bmatrix}\mathcal{I}_{xx_2} & \mathcal{I}_{xy_2} & \mathcal{I}_{xz_2}\\ \mathcal{I}_{yx_2} & \mathcal{I}_{yy_2} & \mathcal{I}_{yz_2}\\ \mathcal{I}_{zx_2} & \mathcal{I}_{zy_2} & \mathcal{I}_{zz_2}\end{bmatrix}\begin{bmatrix}0\\0\\\dot{q}_1+\dot{q}_2\end{bmatrix}\\
&= \tfrac{1}{2}\left[m_1l_{c1}^2 + \mathcal{I}_{zz_1}\right]\dot{q}_1^2 + \tfrac{1}{2}\left[\left[m_2l_1^2 + m_2l_{c2}^2 + 2m_2l_1l_{c2}\cos(q_2)\right]\dot{q}_1^2 + \right.\\
&\quad \left. m_2l_{c2}^2\dot{q}_2^2 + 2\left[m_2l_1l_{c2}\cos(q_2) + m_2l_{c2}^2\right]\dot{q}_1\dot{q}_2\right] + \tfrac{1}{2}\mathcal{I}_{zz_2}\left[\dot{q}_1+\dot{q}_2\right]^2\\
&= \tfrac{1}{2}\left[m_1l_{c1}^2 + \mathcal{I}_{zz_1} + \mathcal{I}_{zz_2} + m_2l_1^2 + m_2l_{c2}^2 + 2m_2l_1l_{c2}\cos(q_2)\right]\dot{q}_1^2 + \\
&\quad \tfrac{1}{2}\left[\mathcal{I}_{zz_2} + m_2l_{c2}^2\right]\dot{q}_2^2 + \left[m_2l_1l_{c2}\cos(q_2) + m_2l_{c2}^2 + \mathcal{I}_{zz_2}\right]\dot{q}_1\dot{q}_2\\
&= \tfrac{1}{2}\underbrace{\begin{bmatrix}\dot{q}_1\\ \\ \dot{q}_1\end{bmatrix}^T}_{\dot{\boldsymbol{q}}^T}\underbrace{\begin{bmatrix}m_1l_{c1}^2 + m_2l_1^2 + m_2l_{c2}^2 + 2m_2l_1l_{c2}\cos(q_2) + \mathcal{I}_{zz_1} + \mathcal{I}_{zz_2} & m_2l_{c2}^2 + m_2l_1l_{c2}\cos(q_2) + \mathcal{I}_{zz_2}\\ \\ m_2l_{c2}^2 + m_2l_1l_{c2}\cos(q_2) + \mathcal{I}_{zz_2} & m_2l_{c2}^2 + \mathcal{I}_{zz_2}\end{bmatrix}}_{M(\boldsymbol{q})}\underbrace{\begin{bmatrix}\dot{q}_1\\ \\ \dot{q}_1\end{bmatrix}}_{\dot{\boldsymbol{q}}}\\
&= \frac{1}{2}\dot{\boldsymbol{q}}^T M(\boldsymbol{q})\dot{\boldsymbol{q}}
\end{aligned}
$$

La energía potencial $\mathcal{U}(\boldsymbol{q})$ del centro de masa para ambos eslabones está dada como:

$$
\mathcal{U}(\boldsymbol{q}) = m_1gl_{c1}\left[1 - \cos(q_1)\right] + m_2g\left[\left[l_1 + l_{c2}\right] - \left[l_1\cos(q_1) + l_{c2}\cos(q_1+q_2)\right]\right].
$$

El lagrangiano del brazo robot de 2 gdl está dado por:

$$
\begin{aligned}
\mathcal{L}(\boldsymbol{q},\dot{\boldsymbol{q}}) &= \mathcal{K}(\boldsymbol{q},\dot{\boldsymbol{q}}) - \mathcal{U}(\boldsymbol{q})\\
&= \tfrac{1}{2}\left[m_1l_{c1}^2 + \mathcal{I}_{zz_1} + \mathcal{I}_{zz_2} + m_2l_1^2 + m_2l_{c2}^2 + 2m_2l_1l_{c2}\cos(q_2)\right]\dot{q}_1^2 + \tfrac{1}{2}\left[\mathcal{I}_{zz_2} + m_2l_{c2}^2\right]\dot{q}_2^2 + \\
&\quad \left[m_2l_1l_{c2}\cos(q_2) + m_2l_{c2}^2 + \mathcal{I}_{zz_2}\right]\dot{q}_1\dot{q}_2 - m_1gl_{c1}\left[1 - \cos(q_1)\right]\\
&\quad -m_2g\left[\left[l_1 + l_{c2}\right] + \left[l_1\cos(q_1) + l_{c2}\cos(q_1+q_2)\right]\right]
\end{aligned}
$$

4) Ecuaciones de movimiento de Euler-Lagrange:

$$
\begin{aligned}
\frac{\partial \mathcal{L}(\boldsymbol{q},\dot{\boldsymbol{q}})}{\partial \dot{q}_1} &= \left[m_1 l_{c1}^2 + \mathcal{I}_{zz_1} + \mathcal{I}_{zz_2} + m_2 l_1^2 + m_2 l_{c2}^2 + 2m_2 l_1 l_{c2}\cos(q_2) \right] \dot{q}_1 + \left[m_2 l_1 l_{c2}\cos(q_2) + m_2 l_{c2}^2 + \mathcal{I}_{zz_2} \right] \dot{q}_2 \\
\frac{d}{dt}\left[\frac{\partial \mathcal{L}(\boldsymbol{q},\dot{\boldsymbol{q}})}{\partial \dot{q}_1} \right] &= \left[m_1 l_{c1}^2 + \mathcal{I}_{zz_1} + \mathcal{I}_{zz_2} + m_2 l_1^2 + m_2 l_{c2}^2 + 2m_2 l_1 l_{c2}\cos(q_2) \right] \ddot{q}_1 + \left[m_2 l_1 l_{c2}\cos(q_2) + m_2 l_{c2}^2 + \mathcal{I}_{zz_2} \right] \ddot{q}_2 \\
&\quad -2m_2 l_1 l_{c2}\,\mathrm{sen}(q_2)\dot{q}_1\dot{q}_2 - m_2 l_1 l_{c2}\,\mathrm{sen}(q_2)\dot{q}_2^2 \\
-\frac{\partial \mathcal{L}(\boldsymbol{q},\dot{\boldsymbol{q}})}{\partial q_1} &= m_1 g l_{c1}\,\mathrm{sen}(q_1) + m_2 g \left[l_1\,\mathrm{sen}(q_1) + l_{c2}\,\mathrm{sen}(q_1+q_2) \right] \\
\frac{\partial \mathcal{L}(\boldsymbol{q},\dot{\boldsymbol{q}})}{\partial \dot{q}_2} &= \left[m_2 l_1 l_{c2}\cos(q_2) + m_2 l_{c2}^2 + \mathcal{I}_{zz_2} \right] \dot{q}_1 + \left[\mathcal{I}_{zz_2} + m_2 l_{c2}^2 \right] \dot{q}_2 \\
\frac{d}{dt}\left[\frac{\partial \mathcal{L}(\boldsymbol{q},\dot{\boldsymbol{q}})}{\partial \dot{q}_2} \right] &= \left[m_2 l_1 l_{c2}\cos(q_2) + m_2 l_{c2}^2 + \mathcal{I}_{zz_2} \right] \ddot{q}_1 + \left[\mathcal{I}_{zz_2} + m_2 l_{c2}^2 \right] \ddot{q}_2 - m_2 l_1 l_{c2}\,\mathrm{sen}(q_2)\dot{q}_2\dot{q}_1 \\
-\frac{\partial \mathcal{L}(\boldsymbol{q},\dot{\boldsymbol{q}})}{\partial q_2} &= m_2 l_1 l_{c2}\,\mathrm{sen}(q_2)\dot{q}_1^2 + m_2 l_1 l_{c2}\,\mathrm{sen}(q_2)\dot{q}_1\dot{q}_2 + m_2 g l_{c2}\,\mathrm{sen}(q_1+q_2)
\end{aligned}
$$

$$
\begin{aligned}
\tau_1 &= \left[m_1 l_{c1}^2 + \mathcal{I}_{zz_1} + \mathcal{I}_{zz_2} + m_2 l_1^2 + m_2 l_{c2}^2 + 2m_2 l_1 l_{c2}\cos(q_2) \right] \ddot{q}_1 + \left[m_2 l_1 l_{c2}\cos(q_2) + m_2 l_{c2}^2 + \mathcal{I}_{zz_2} \right] \ddot{q}_2 \\
&\quad -2m_2 l_1 l_{c2}\,\mathrm{sen}(q_2)\dot{q}_1\dot{q}_2 - m_2 l_1 l_{c2}\,\mathrm{sen}(q_2)\dot{q}_2^2 + m_1 g l_{c1}\,\mathrm{sen}(q_1) + m_2 g \left[l_1\,\mathrm{sen}(q_1) + l_{c2}\,\mathrm{sen}(q_1+q_2) \right] \\
&\quad + b_1\dot{q}_1 + f_{c1}\mathrm{signo}(\dot{q}_1) + [1 - |\mathrm{signo}(\dot{q}_1)|] f_{e1}
\end{aligned}
$$

$$
\begin{aligned}
\tau_2 &= \left[m_2 l_1 l_{c2}\cos(q_2) + m_2 l_{c2}^2 + \mathcal{I}_{zz_2} \right] \ddot{q}_1 + \left[\mathcal{I}_{zz_2} + m_2 l_{c2}^2 \right] \ddot{q}_2 + m_2 l_1 l_{c2}\,\mathrm{sen}(q_2)\dot{q}_1^2 + m_2 g l_{c2}\,\mathrm{sen}(q_1+q_2) \\
&\quad + \cancel{m_2 l_1 l_{c2}\,\mathrm{sen}(q_2)\dot{q}_2\dot{q}_1} - \cancel{m_2 l_1 l_{c2}\,\mathrm{sen}(q_2)\dot{q}_2\dot{q}_1} + b_2\dot{q}_2 + f_{c2}\mathrm{signo}(\dot{q}_2) + [1 - |\mathrm{signo}(\dot{q}_2)|] f_{e2} \\
&= \left[m_2 l_1 l_{c2}\cos(q_2) + m_2 l_{c2}^2 + \mathcal{I}_{zz_2} \right] \ddot{q}_1 + \left[\mathcal{I}_{zz_2} + m_2 l_{c2}^2 \right] \ddot{q}_2 + m_2 l_1 l_{c2}\,\mathrm{sen}(q_2)\dot{q}_1^2 + m_2 g l_{c2}\,\mathrm{sen}(q_1+q_2) \\
&\quad + b_2\dot{q}_2 + f_{c2}\mathrm{signo}(\dot{q}_2) + [1 - |\mathrm{signo}(\dot{q}_2)|] f_{e2}.
\end{aligned}
$$

El modelo dinámico del robot manipulador de 2 gdl expresado, con la estructura general de la ecuación (6.6), adquiere la forma:

$$
\begin{aligned}
\begin{bmatrix} \tau_1 \\ \tau_2 \end{bmatrix} &= \underbrace{\begin{bmatrix} m_1 l_{c1}^2 + m_2 l_1^2 + m_2 l_{c2}^2 + 2m_2 l_1 l_{c2}\cos(q_2) + \mathcal{I}_{zz_1} + \mathcal{I}_{zz_2} & m_2 l_{c2}^2 + m_2 l_1 l_{c2}\cos(q_2) + \mathcal{I}_{zz_2} \\ m_2 l_{c2}^2 + m_2 l_1 l_{c2}\cos(q_2) + \mathcal{I}_{zz_2} & m_2 l_{c2}^2 + \mathcal{I}_{zz_2} \end{bmatrix}}_{M(\boldsymbol{q})} \begin{bmatrix} \ddot{q}_1 \\ \ddot{q}_2 \end{bmatrix} \\
&\quad + \underbrace{\begin{bmatrix} -m_2 l_1 l_{c2}\,\mathrm{sen}(q_2)\dot{q}_2 & -m_2 l_1 l_{c2}\,\mathrm{sen}(q_2)\left[\dot{q}_1 + \dot{q}_2 \right] \\ m_2 l_1 l_{c2}\,\mathrm{sen}(q_2)\dot{q}_1 & 0 \end{bmatrix}}_{C(\boldsymbol{q},\,\dot{\boldsymbol{q}})} \begin{bmatrix} \dot{q}_1 \\ \dot{q}_2 \end{bmatrix} + \\
&\quad \underbrace{g \begin{bmatrix} l_{c1} m_1\,\mathrm{sen}(q_1) + m_2 l_1\,\mathrm{sen}(q_1) + m_2 l_{c2}\,\mathrm{sen}(q_1+q_2) \\ l_{c2} m_2\,\mathrm{sen}(q_1+q_2) \end{bmatrix}}_{\boldsymbol{g}(\boldsymbol{q})} + \underbrace{\begin{bmatrix} b_1\dot{q}_1 + f_{c1}\mathrm{signo}(\dot{q}_1) + [1 - |\mathrm{signo}(\dot{q}_1)|] f_{e1} \\ b_2\dot{q}_2 + f_{c2}\mathrm{signo}(\dot{q}_2) + [1 - |\mathrm{signo}(\dot{q}_2)|] f_{e2} \end{bmatrix}}_{\boldsymbol{f}_f(\boldsymbol{f}_e,\,\dot{\boldsymbol{q}})}
\end{aligned}
\tag{6.22}
$$

La matriz de inercia $M(\boldsymbol{q}) \in \mathbb{R}^{2\times 2}$ del robot de 2 gdl es:

$$M(\boldsymbol{q}) \quad \begin{bmatrix} m_1 l_{c1}^2 + m_2 l_1^2 + m_2 l_{c2}^2 + 2m_2 l_1 l_{c2}\cos(q_2) + \mathcal{I}_{zz_1} + \mathcal{I}_{zz_2} & m_2 l_{c2}^2 + m_2 l_1 l_{c2}\cos(q_2) + \mathcal{I}_{zz_2} \\ m_2 l_{c2}^2 + m_2 l_1 l_{c2}\cos(q_2) + \mathcal{I}_{zz_2} & m_2 l_{c2}^2 + \mathcal{I}_{zz_2} \end{bmatrix}$$

Las componentes de la matriz de inercia $M(\boldsymbol{q}) \in \mathbb{R}^{2\times 2}$ son:

$$\begin{aligned} m_{11} &= m_1 l_{c1}^2 + m_2 l_1^2 + m_2 l_{c2}^2 + 2m_2 l_1 l_{c2}\cos(q_2) + \mathcal{I}_{zz_1} + \mathcal{I}_{zz_2} \\ m_{12} &= m_2 l_{c2}^2 + m_2 l_1 l_{c2}\cos(q_2) + \mathcal{I}_{zz_2} \\ m_{21} &= m_2 l_{c2}^2 + m_2 l_1 l_{c2}\cos(q_2) + \mathcal{I}_{zz_2} \\ m_{22} &= m_2 l_{c2}^2 + \mathcal{I}_{zz_2}. \end{aligned}$$

La matriz de fuerza centrípetas y de Coriolis $C(\boldsymbol{q}, \dot{\boldsymbol{q}}) \in \mathbb{R}^{2\times 2}$ toma la forma:

$$C(\boldsymbol{q}, \dot{\boldsymbol{q}}) = \begin{bmatrix} -m_2 l_1 l_{c2}\operatorname{sen}(q_2)\dot{q}_2 & -m_2 l_1 l_{c2}\operatorname{sen}(q_2)\left[\dot{q}_1 + \dot{q}_2\right] \\ m_2 l_1 l_{c2}\operatorname{sen}(q_2)\dot{q}_1 & 0 \end{bmatrix}$$

Las componentes de la matriz de Coriolis $C(\boldsymbol{q}, \dot{\boldsymbol{q}}) \in \mathbb{R}^{2\times 2}$ son:

$$\begin{aligned} c_{11} &= -m_2 l_1 l_{c2}\operatorname{sen}(q_2)\dot{q}_2 \\ c_{12} &= -m_2 l_1 l_{c2}\operatorname{sen}(q_2)\left[\dot{q}_1 + \dot{q}_2\right] \\ c_{21} &= m_2 l_1 l_{c2}\operatorname{sen}(q_2)\dot{q}_1 \\ c_{22} &= 0. \end{aligned}$$

La matriz de fuerzas centrípetas y de Coriolis $C(\boldsymbol{q}, \dot{\boldsymbol{q}})$ satisface la propiedad (6.9) sobre la simetría en la derivada de la matriz de inercia $\dot{M}(\boldsymbol{q})$:

$$\begin{aligned} \dot{M}(\boldsymbol{q}) &= \begin{bmatrix} -2m_2 l_1 l_{c2}\operatorname{sen}(q_2)\dot{q}_2 & -m_2 l_1 l_{c2}\operatorname{sen}(q_2)\dot{q}_2 \\ -m_2 l_1 l_{c2}\operatorname{sen}(q_2)\,\dot{q}_2 & 0 \end{bmatrix} \\ &= \underbrace{\begin{bmatrix} -m_2 l_1 l_{c2}\operatorname{sen}(q_2)\dot{q}_2 & -m_2 l_1 l_{c2}\operatorname{sen}(q_2)\left[\dot{q}_1 + \dot{q}_2\right] \\ m_2 l_1 l_{c2}\operatorname{sen}(q_2)\dot{q}_1 & 0 \end{bmatrix}}_{C(\boldsymbol{q}, \dot{\boldsymbol{q}})} + \\ &\quad \underbrace{\begin{bmatrix} -m_2 l_1 l_{c2}\operatorname{sen}(q_2)\dot{q}_2 & m_2 l_1 l_{c2}\operatorname{sen}(q_2)\dot{q}_1 \\ -m_2 l_1 l_{c2}\operatorname{sen}(q_2)\left[\dot{q}_1 + \dot{q}_2\right] & 0 \end{bmatrix}}_{C^T(\boldsymbol{q}, \dot{\boldsymbol{q}})} \\ &= C(\boldsymbol{q}, \dot{\boldsymbol{q}}) + C^T(\boldsymbol{q}, \dot{\boldsymbol{q}}) \end{aligned}$$

Observe que la matriz de fuerzas centrípetas y de Coriolis $C(\boldsymbol{q},\, \dot{\boldsymbol{q}})$ del brazo robot de 2 gdl cumple con la propiedad (6.7.1); es decir, cuando la velocidad de movimiento del robot $\dot{\boldsymbol{q}} = \boldsymbol{0} \in \mathbb{R}^2$, entonces $C(\boldsymbol{q},\, \boldsymbol{0}) = O \in \mathbb{R}^{2\times 2}$:

$$C(\boldsymbol{q}, \boldsymbol{0}) = \begin{bmatrix} -m_2 l_1 l_{c2} \operatorname{sen}(q_2)\dot{q}_2 & -m_2 l_1 l_{c2} \operatorname{sen}(q_2)\,[\,\dot{q}_1 + \dot{q}_2\,] \\ m_2 l_1 l_{c2} \operatorname{sen}(q_2)\dot{q}_1 & 0 \end{bmatrix} = \begin{bmatrix} 0 & 0 \\ 0 & 0 \end{bmatrix} = O$$

También es inmediato verificar que la matriz $C(\boldsymbol{q},\, \dot{\boldsymbol{q}})$ no es única, propiedad (6.9); para el brazo robot de 2gdl las siguientes matrices se pueden obtener:

$$\begin{aligned} C(\boldsymbol{q},\, \dot{\boldsymbol{q}}) &= \begin{bmatrix} -m_2 l_1 l_{c2} \operatorname{sen}(q_2)\dot{q}_2 & -m_2 l_1 l_{c2} \operatorname{sen}(q_2)\,[\,\dot{q}_1 + \dot{q}_2\,] \\ m_2 l_1 l_{c2} \operatorname{sen}(q_2)\dot{q}_1 & 0 \end{bmatrix} \\ C(\boldsymbol{q},\, \dot{\boldsymbol{q}}) &= \begin{bmatrix} 0 & -2m_2 l_1 l_{c2} \operatorname{sen}(q_2)\dot{q}_1 - m_2 l_1 l_{c2} \operatorname{sen}(q_2)\dot{q}_2 \\ m_2 l_1 l_{c2} \operatorname{sen}(q_2)\dot{q}_1 & 0 \end{bmatrix} \\ C(\boldsymbol{q},\, \dot{\boldsymbol{q}}) &= \begin{bmatrix} -2m_2 l_1 l_{c2} \operatorname{sen}(q_2)\dot{q}_2 & -m_2 l_1 l_{c2} \operatorname{sen}(q_2)\dot{q}_2 \\ m_2 l_1 l_{c2} \operatorname{sen}(q_2)\dot{q}_1 & 0 \end{bmatrix} \end{aligned}$$

Por otro lado, se puede comprobar por álgebra directa que se satisface la propiedad (6.11) de antisimetría en la matriz: $\dot{M}(\boldsymbol{q}) - 2C(\boldsymbol{q},\, \dot{\boldsymbol{q}})$. Se procede de la siguiente manera:

$$\begin{aligned} \dot{M}(\boldsymbol{q}) - 2C(\boldsymbol{q},\, \dot{\boldsymbol{q}}) &= \begin{bmatrix} -2m_2 l_1 l_{c2} \operatorname{sen}(q_2)\dot{q}_2 & -m_2 l_1 l_{c2} \operatorname{sen}(q_2)\dot{q}_2 \\ -m_2 l_1 l_{c2} \operatorname{sen}(q_2)\,\dot{q}_2 & 0 \end{bmatrix} \\ &\quad -2 \begin{bmatrix} -m_2 l_1 l_{c2} \operatorname{sen}(q_2)\dot{q}_2 & -m_2 l_1 l_{c2} \operatorname{sen}(q_2)\,[\,\dot{q}_1 + \dot{q}_2\,] \\ m_2 l_1 l_{c2} \operatorname{sen}(q_2)\dot{q}_1 & 0 \end{bmatrix} \\ &= \begin{bmatrix} 0 & m_2 l_1 l_{c2} \operatorname{sen}(q_2)\,[\,2\,\dot{q}_1 + \dot{q}_2\,] \\ -\,m_2 l_1 l_{c2} \operatorname{sen}(q_2)\,[\,2\,\dot{q}_1 + \dot{q}_2\,] & 0 \end{bmatrix} \end{aligned}$$

por lo que, $\dot{M}(\boldsymbol{q}) - 2C(\boldsymbol{q},\, \dot{\boldsymbol{q}})$ es una matriz antisimétrica, cumpliendo la propiedad (6.11).

Para propósitos de realizar estudios y análisis de simulación con el modelo dinámico del brazo robot de 2 gdl (6.22) puede ser expresado como una ODE de primer orden (6.16), $\dot{\boldsymbol{x}} = \boldsymbol{f}(\boldsymbol{x})$. Con esta finalidad, se excluyen las componentes discontinuas de los términos de fricción de Coulomb y estática, adquiriendo la siguiente forma:

$$
\underbrace{\frac{d}{dt}\begin{bmatrix} q_1 \\ q_2 \\ \dot{q}_1 \\ \dot{q}_2 \end{bmatrix}}_{\dot{\boldsymbol{x}}} = \underbrace{\begin{bmatrix} \dot{q}_1 \\ \dot{q}_2 \\ \underbrace{\begin{bmatrix} m_1 l_{c1}^2 + m_2 l_1^2 + m_2 l_{c2}^2 + 2m_2 l_1 l_{c2}\cos(q_2) + \mathcal{I}_{zz_1} + \mathcal{I}_{zz_2} & m_2 l_{c2}^2 + m_2 l_1 l_{c2}\cos(q_2) + \mathcal{I}_{zz_2} \\ m_2 l_{c2}^2 + m_2 l_1 l_{c2}\cos(q_2) + \mathcal{I}_{zz_2} & m_2 l_{c2}^2 + \mathcal{I}_{zz_2} \end{bmatrix}^{-1}}_{M^{-1}(\boldsymbol{q})} \left[\begin{bmatrix} \tau_1 \\ \tau_2 \end{bmatrix} - \underbrace{\begin{bmatrix} -m_2 l_1 l_{c2}\,\mathrm{sen}(q_2)\dot{q}_2 & -m_2 l_1 l_{c2}\,\mathrm{sen}(q_2)\left[\dot{q}_1 + \dot{q}_2\right] \\ m_2 l_1 l_{c2}\,\mathrm{sen}(q_2)\dot{q}_1 & 0 \end{bmatrix}}_{C(\boldsymbol{q},\dot{\boldsymbol{q}})} \begin{bmatrix} \dot{q}_1 \\ \dot{q}_2 \end{bmatrix} + \right. \\ \left. \underbrace{- g \begin{bmatrix} l_{c1} m_1\,\mathrm{sen}(q_1) + m_2 l_1\,\mathrm{sen}(q_1) + m_2 l_{c2}\,\mathrm{sen}(q_1 + q_2) \\ m_2\, l_{c2}\,\mathrm{sen}(q_1 + q_2) \end{bmatrix}}_{\boldsymbol{g}(\boldsymbol{q})} - \underbrace{\begin{bmatrix} b_1 & 0 \\ 0 & b_2 \end{bmatrix}\begin{bmatrix} \dot{q}_1 \\ \dot{q}_2 \end{bmatrix}}_{B\dot{\boldsymbol{q}}} \right] \end{bmatrix}}_{\boldsymbol{f}(\boldsymbol{x})} \tag{6.23}
$$

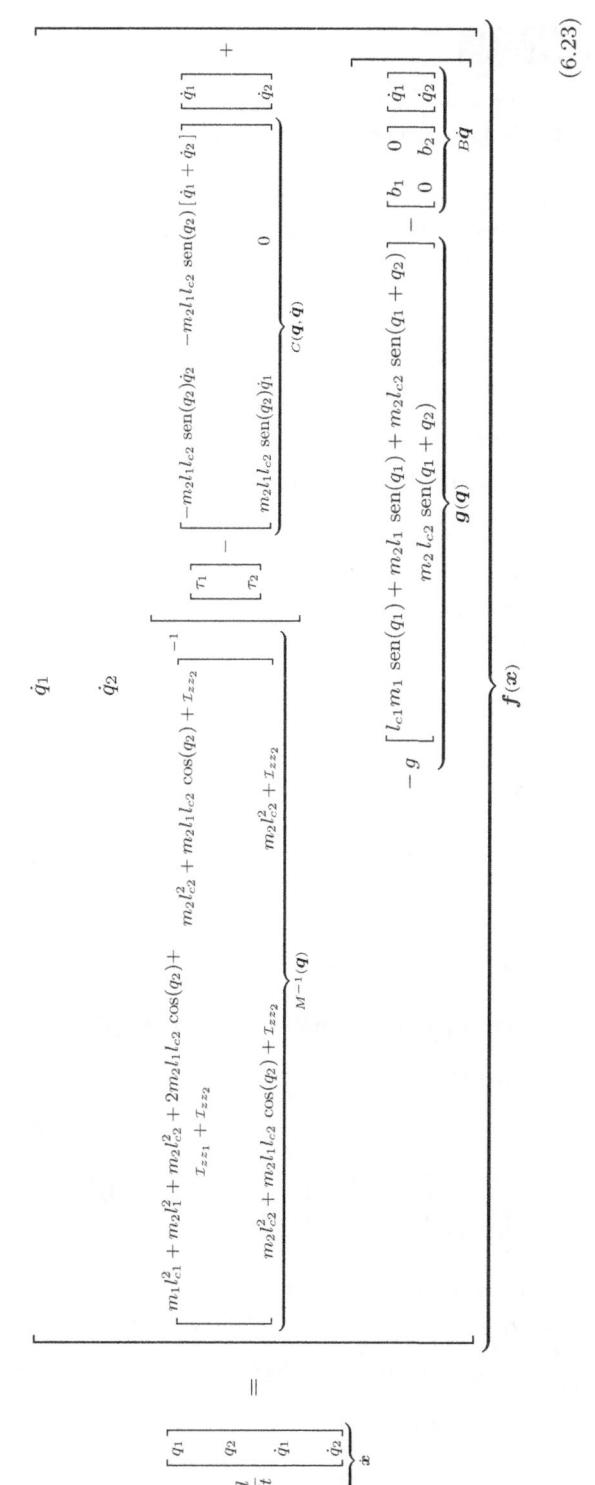

•• Ejemplo 6.2

Para el brazo robot de 2 gdl obtenga la matriz de Coriolis $C(\boldsymbol{q}, \dot{\boldsymbol{q}})$ usando los símbolos de Christoffel c_{ijk} dados por la propiedad (6.10).

Solución

Las componentes de la matriz de inercia $M(\boldsymbol{q})$ del brazo robot de 2 gdl, están dados en el modelo dinámico (6.23):

$$
\begin{aligned}
m_{11} &= m_1 l_{c1}^2 + m_2 l_1^2 + m_2 l_{c2}^2 + 2 m_2 l_1 l_{c2} \cos(q_2) + \mathcal{I}_{zz_1} + \mathcal{I}_{zz_2} \\
m_{12} &= m_2 l_{c2}^2 + m_2 l_1 l_{c2} \cos(q_2) + \mathcal{I}_{zz_2} \\
m_{21} &= m_2 l_{c2}^2 + m_2 l_1 l_{c2} \cos(q_2) + \mathcal{I}_{zz_2} \\
m_{22} &= m_2 l_{c2}^2 + \mathcal{I}_{zz_2}.
\end{aligned}
$$

El cómputo de la matriz de fuerzas centrípetas y de Coriolis se puede obtener usando los símbolos de Christoffel c_{ijk}; de la propiedad (6.10):

$$
\begin{aligned}
c_{111} &= \frac{1}{2}\left[\frac{\partial m_{11}}{\partial q_1} + \frac{\partial m_{11}}{\partial q_1} - \frac{\partial m_{11}}{\partial q_1}\right] = \frac{1}{2}\left[\frac{\partial m_{11}}{\partial q_1}\right] \\
&= \frac{1}{2}\frac{\partial}{\partial q_1}\left(m_1 l_{c1}^2 + m_2 l_1^2 + m_2 l_{c2}^2 + 2 m_2 l_1 l_{c2} \cos(q_2) + \mathcal{I}_{zz_1} + \mathcal{I}_{zz_2}\right) = 0
\end{aligned}
$$

$$
\begin{aligned}
c_{121} &= \frac{1}{2}\left[\cancel{\frac{\partial m_{12}}{\partial q_1}} + \frac{\partial m_{11}}{\partial q_2} - \cancel{\frac{\partial m_{12}}{\partial q_1}}\right] = \frac{1}{2}\frac{\partial m_{11}}{\partial q_2} \\
&= \frac{1}{2}\frac{\partial}{\partial q_2}\left(m_1 l_{c1}^2 + m_2 l_1^2 + m_2 l_{c2}^2 + 2 m_2 l_1 l_{c2} \cos(q_2) + \mathcal{I}_{zz_1} + \mathcal{I}_{zz_2}\right) \\
&= -m_2 l_1 l_{c2} \operatorname{sen}(q_2)
\end{aligned}
$$

$$
c_{211} = \frac{1}{2}\left[\frac{\partial m_{11}}{\partial q_2} + \cancel{\frac{\partial m_{12}}{\partial q_1}} - \cancel{\frac{\partial m_{21}}{\partial q_1}}\right] = \frac{1}{2}\frac{\partial m_{11}}{\partial q_2} = -m_2 l_1 l_{c2} \operatorname{sen}(q_2)
$$

$$
\begin{aligned}
c_{221} &= \frac{1}{2}\left[\frac{\partial m_{12}}{\partial q_2} + \frac{\partial m_{12}}{\partial q_2} - \frac{\partial m_{22}}{\partial q_1}\right] = \frac{\partial m_{12}}{\partial q_2} - \frac{1}{2}\frac{\partial m_{22}}{\partial q_1} \\
&= \frac{\partial}{\partial q_2}\left(m_2 l_{c2}^2 + m_2 l_1 l_{c2} \cos(q_2) + \mathcal{I}_{zz_2}\right) - \frac{1}{2}\frac{\partial}{\partial q_1}\left(m_2 l_{c2}^2 + \mathcal{I}_{zz_2}\right) \\
&= -m_2 l_1 l_{c2} \operatorname{sen}(q_2)
\end{aligned}
$$

$$
\begin{aligned}
c_{112} &= \frac{1}{2}\left[\frac{\partial m_{21}}{\partial q_1} + \frac{\partial m_{21}}{\partial q_1} - \frac{\partial m_{11}}{\partial q_2}\right] = \frac{\partial m_{21}}{\partial q_1} - \frac{1}{2}\frac{\partial m_{11}}{\partial q_2} \\
&= \frac{\partial}{\partial q_1}\left(m_2 l_{c2}^2 + m_2 l_1 l_{c2}\cos(q_2) + \mathcal{I}_{zz_2}\right) \\
&\quad -\frac{1}{2}\frac{\partial}{\partial q_2}\left(m_1 l_{c1}^2 + m_2 l_1^2 + m_2 l_{c2}^2 + 2m_2 l_1 l_{c2}\cos(q_2) + \mathcal{I}_{zz_1} + \mathcal{I}_{zz_2}\right) \\
&= m_2 l_1 l_{c2}\,\mathrm{sen}(q_2)
\end{aligned}
$$

$$
c_{122} = \frac{1}{2}\left[\frac{\partial m_{22}}{\partial q_1} + \cancel{\frac{\partial m_{21}}{\partial q_2}} - \cancel{\frac{\partial m_{21}}{\partial q_2}}\right] = \frac{1}{2}\frac{\partial m_{22}}{\partial q_1} = \frac{1}{2}\frac{\partial}{\partial q_1}\left(m_2 l_{c2}^2 + I_2\right) = 0
$$

$$
c_{212} = \frac{1}{2}\left[\cancel{\frac{\partial m_{21}}{\partial q_2}} + \frac{\partial m_{22}}{\partial q_1} - \cancel{\frac{\partial m_{21}}{\partial q_2}}\right] = \frac{1}{2}\frac{\partial m_{22}}{\partial q_1} = \frac{1}{2}\frac{\partial}{\partial q_1}\left(m_2 l_{c2}^2 + I_2\right) = 0
$$

$$
c_{222} = \frac{1}{2}\left[\frac{\partial m_{22}}{\partial q_2} + \cancel{\frac{\partial m_{22}}{\partial q_2}} - \cancel{\frac{\partial m_{22}}{\partial q_2}}\right] = \frac{1}{2}\frac{\partial m_{22}}{\partial q_2} = \frac{1}{2}\frac{\partial}{\partial q_2}\left(m_2 l_{c2}^2 + I_2\right) = 0.
$$

La matriz de fuerzas centrípetas y de Coriolis está dada por:

$$
C(\boldsymbol{q},\dot{\boldsymbol{q}})\dot{\boldsymbol{q}} = \begin{bmatrix} \dot{\boldsymbol{q}}^T C_1(\boldsymbol{q})\dot{\boldsymbol{q}} \\ \dot{\boldsymbol{q}}^T C_2(\boldsymbol{q})\dot{\boldsymbol{q}} \\ \vdots \\ \dot{\boldsymbol{q}}^T C_n(\boldsymbol{q})\dot{\boldsymbol{q}} \end{bmatrix}; \quad C_{kj}(\boldsymbol{q},\dot{\boldsymbol{q}}) = \begin{bmatrix} c_{ijk} \\ c_{2jk} \\ \vdots \\ c_{njk} \end{bmatrix}^T \dot{\boldsymbol{q}}
$$

$$
C(\boldsymbol{q},\dot{\boldsymbol{q}})\dot{\boldsymbol{q}} = \begin{bmatrix} \begin{bmatrix}\dot q_1 \\ \dot q_2\end{bmatrix}^T \underbrace{\begin{bmatrix} c_{111} & c_{121} \\ c_{211} & c_{221}\end{bmatrix}}_{C_1(\boldsymbol{q})} \begin{bmatrix}\dot q_1 \\ \dot q_2\end{bmatrix} \\ \begin{bmatrix}\dot q_1 \\ \dot q_2\end{bmatrix}^T \underbrace{\begin{bmatrix} c_{112} & c_{122} \\ c_{212} & c_{222}\end{bmatrix}}_{C_2(\boldsymbol{q})} \begin{bmatrix}\dot q_1 \\ \dot q_2\end{bmatrix} \end{bmatrix} = \begin{bmatrix} \begin{bmatrix}\dot q_1 \\ \dot q_2\end{bmatrix}^T \begin{bmatrix} 0 & -m_2 l_1 l_{c2}\,\mathrm{sen}(q_2) \\ -m_2 l_1 l_{c2}\,\mathrm{sen}(q_2) & -m_2 l_1 l_{c2}\,\mathrm{sen}(q_2)\end{bmatrix} \begin{bmatrix}\dot q_1 \\ \dot q_2\end{bmatrix} \\ \begin{bmatrix}\dot q_1 \\ \dot q_2\end{bmatrix}^T \begin{bmatrix} m_2 l_1 l_{c2}\,\mathrm{sen}(q_2) & 0 \\ 0 & 0\end{bmatrix} \begin{bmatrix}\dot q_1 \\ \dot q_2\end{bmatrix} \end{bmatrix}
$$

$$
= \begin{bmatrix} -m_2 l_1 l_{c2}\,\mathrm{sen}(q_2)\left[2\dot q_1 \dot q_2 + \dot q_2^2\right] \\ m_2 l_1 l_{c2}\,\mathrm{sen}(q_2)\dot q_1^2 \end{bmatrix} = \underbrace{\begin{bmatrix} -2m_2 l_1 l_{c2}\,\mathrm{sen}(q_2)\dot q_2 & -m_2 l_1 l_{c2}\,\mathrm{sen}(q_2)\dot q_2 \\ m_2 l_1 l_{c2}\,\mathrm{sen}(q_2)\dot q_1 & 0 \end{bmatrix}}_{C(\boldsymbol{q},\dot{\boldsymbol{q}})} \underbrace{\begin{bmatrix}\dot q_1 \\ \dot q_2\end{bmatrix}}_{\dot{\boldsymbol{q}}}
$$

•••

•• Ejemplo 6.3

Desarrollar un programa en **MATLAB**, para simular el modelo dinámico del brazo robot de 2 gdl (6.23), con $[t = 0,\ 0.0025, \cdots, 25]$ segundos; sean los siguientes torques aplicados a las articulaciones del robot:

$$\begin{bmatrix} \tau_1 \\ \\ \tau_2 \end{bmatrix} = \begin{bmatrix} 45\ \ \mathrm{sen}(2\pi \frac{b_1}{\mathcal{I}_{zz_1}} \sqrt{\frac{e}{\pi}} t + 0.01) + 5\ \ \mathrm{sen}(2\pi \frac{b_1}{\mathcal{I}_{zz_1}} e t + \frac{\pi}{2}) \\ 7\ \ \mathrm{sen}(2\pi \frac{b_2}{\mathcal{I}_{zz_2}} \sqrt{\frac{e}{\pi}} t + 0.08) + 5\ \ \mathrm{sen}(2\pi \frac{b_2}{\mathcal{I}_{zz_2}} e^2 t + \frac{\pi}{2}) \end{bmatrix} \tag{6.24}$$

Los valores numéricos de los parámetros para el brazo robot se encuentran concentrados en la tabla 6.5.

Solución

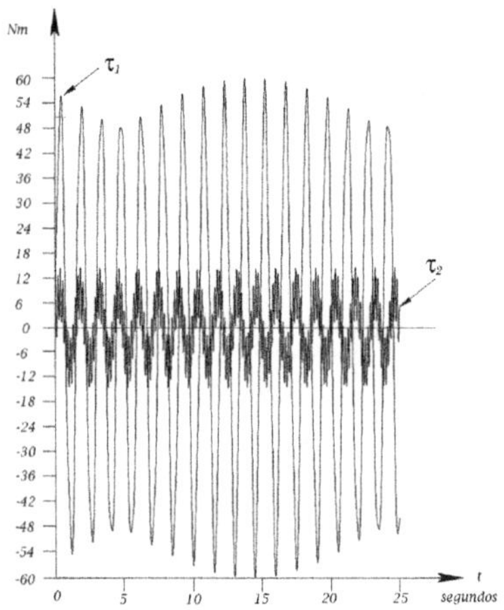

Figura 6.11: Energía aplicada $\boldsymbol{\tau}$ al robot de 2 gdl

El vector (6.24) de energía aplicada a las articulaciones del hombro y codo del brazo robot de 2 gdl se muestra en la figura 6.11; las amplitudes de sus componentes sinusoidales fueron sintonizadas tal que no saturen a los límites físicos del servoamplificadores (ver tabla 6.5); además, contienen frecuencias con números irracionales para incluir armónicas en el movimiento del robot y exhibir su comportamiento dinámico, dentro del ancho de banda: $\frac{b_i}{\mathcal{I}_{zz_i}}$, para $i = 1, 2$. Observe que en los segundos componentes del vector de energía, la fase es $\frac{\pi}{2}$ rad o 90°; equivale a una onda cosenoidal que suministra energía en $t = 0$, puesto que las amplitudes iniciales de energía son mayores que f_{e1} y f_{e2}; para un robot experimental es importante que no permanezca en la región de fricción estática, puesto que la zona de histéresis produce vibración y juego mecánico.

El tiempo de simulación para el modelo dinámico (6.23) es de 0 a 25 segundos, con un paso de integración igual a 0.0025 segundos. Durante dicho proceso de simulación no fue considerado la fricción de Coulomb y la fricción estática, debido a que la función signo$(\cdots)$ es discontinua alrededor de cero; particularmente el método de integración numérica de Runge-Kutta $\frac{4}{5}$ presenta problemas de desempeño con ese tipo de funciones y consume suficiente tiempo durante la ejecución del proceso. El programa principal se denomina `simubrazoRobot2gdl.m` descrito en el cuadro de código **MATLAB** 6.6; mientras que el modelo dinámico del robot se encuentra implementado en la función `brazoRobot2gdl.m` ubicado en el cuadro 6.5.

Tabla 6.5: Valores numéricos de parámetros del brazo robot de 2 gdl

Eslabón	Parámetro	Valor
1	m_1	23.902 kg
	β_1	0.15 m
	l_1	0.45 m
Hombro	$\mathcal{I}_{zz_1}$	0.85 Nm $\frac{\text{seg}^2}{\text{rad}}$
	l_{c1}	0.034 m
$\tau_1^{\text{máx}} = 150\text{Nm}$	b_1	2.288 $\frac{\text{Nm seg}}{\text{rad}}$
	f_{c1}	5.15 Nm
	f_{e1}	5.45 Nm
2	m_2	3.88 kg
	β_2	0.15 m
	l_2	0.45 m
Codo	$\mathcal{I}_{zz_2}$	0.34 Nm $\frac{\text{seg}^2}{\text{rad}}$
	l_{c2}	0.021 m
$\tau_2^{\text{máx}} = 15\text{Nm}$	b_2	0.175 $\frac{\text{Nm seg}}{\text{rad}}$
	f_{c2}	5.15 Nm
	f_{e2}	5.45 Nm
	g	9.81 $\frac{\text{m}}{\text{seg}^2}$

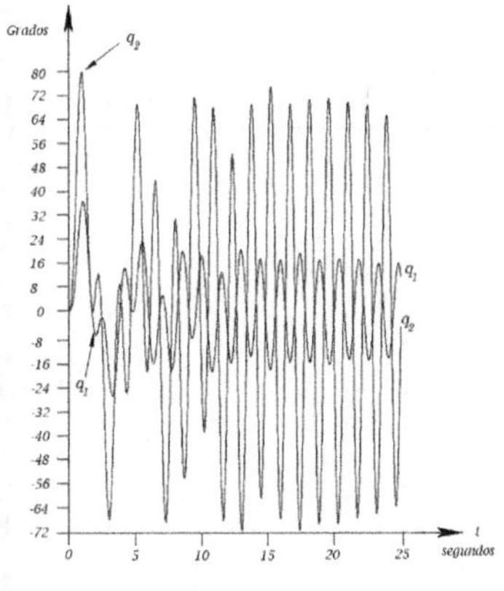

Figura 6.12: Movimiento articular del brazo robot

La figura 6.12 muestra el movimiento articular del brazo robot, correspondientes a las articulaciones del hombro $q_1(t)$ y codo $q_2(t)$, respectivamente; en dicha figura, ambas articulaciones se muestra en unidades de grados, para una mejor interpretación de resultados; en el proceso de simulación las unidades son en radianes. Observe que la articulación del codo es la que exhibe mayor desplazamiento $q_2(t)$; debido al fuerte acoplamiento dinámico que presenta este robot, el movimiento de la articulación del hombro $q_1(t)$ le proporciona un impulso al servomotor del codo, teniendo mayor $q_2(t)$ mayor recorrido. La articulación del hombro se desplaza dentro de un rango comprendido de ± 24° y para el codo se encuentra en ± 80°.

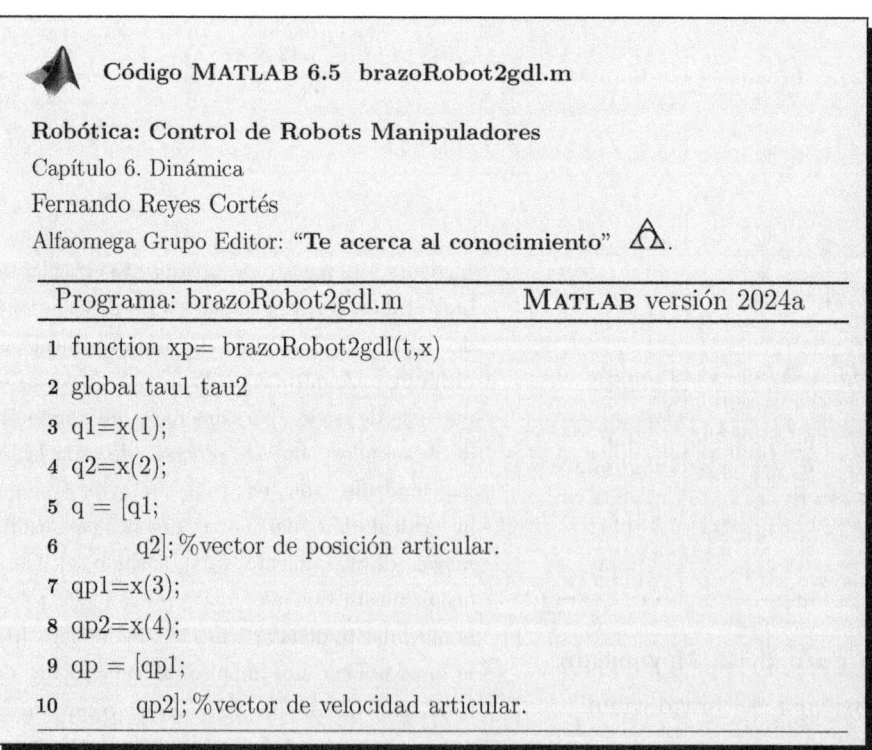

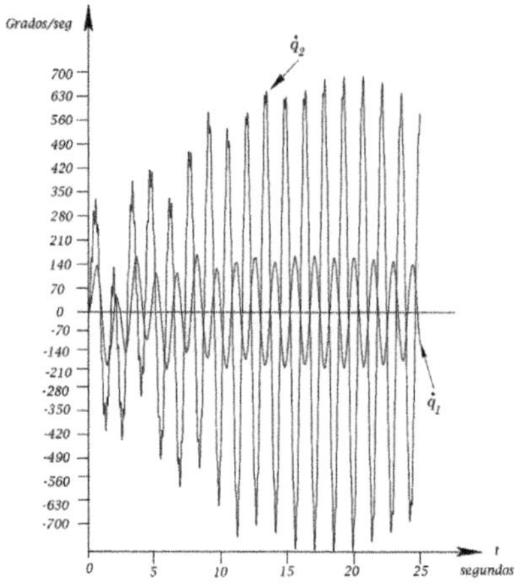

Figura 6.13: Velocidades articulares del brazo robot 2 gdl

En la figura 6.13 se muestran las velocidades correspondientes a las articulaciones del brazo robot de 2 gdl: hombro $\dot{q}_1(t)$ y codo $\dot{q}_2(t)$, respectivamente. Las amplitudes y frecuencias utilizadas en el vector de energía aplicada (6.24) deben satisfacer no saturar a los límites físicos de los servoamplificadores, para cada articulación; por ejemplo, mantenerse por debajo de los límites físicos: $\tau_1^{\text{máx}}$, $\tau_2^{\text{máx}}$; además que las frecuencias de movimiento se encuentren dentro del ancho de banda de los servomotores: $\frac{b_i}{I_{zz_i}}$, para $i = 1, 2$; esto garantiza que el extremo final del robot se mueva suave, libre de vibraciones, evitando ruido mecánica y otros efectos no lineales. Los anteriores requerimientos técnicos deben estar presentes e incorporados al momento de diseñar una función de energía. Todos los programa en código fuentes se encuentran disponibles en el sitio Web de esta obra.

Código MATLAB 6.5 brazoRobot2gdl.m

Robótica: Control de Robots Manipuladores
Capítulo 6. Dinámica
Fernando Reyes Cortés
Alfaomega Grupo Editor: "**Te acerca al conocimiento**".

Programa: brazoRobot2gdl.m	MATLAB versión 2024a

```
function xp= brazoRobot2gdl(t,x)
global tau1 tau2
q1=x(1);
q2=x(2);
q = [q1;
      q2]; %vector de posición articular.
qp1=x(3);
qp2=x(4);
qp = [qp1;
      qp2]; %vector de velocidad articular.
```

Código MATLAB 6.5 brazoRobot2gdl.m

Continúa código 6.5: brazoRobot2gdl.m

```
m1=23.902;
izz1=1.266;
lc1=0.091;
b1=2.288;
m2=3.88;
izz2=0.093;
lc2=0.048;
b2=0.175;
g=9.81;
m11=m1* lc1^2+m2*l1^2+m2*lc2^2 ...
        +2*m2*l1*lc2 *cos(q2)+izz1+izz2;
m12= m2*lc2^2+ m2* l1* lc2*cos(q2)+ izz2;
m21=m12;
m22= m2* lc2^2+ izz2;
% matriz de inercia M(q).
M=[m11, m12;
     m21, m22];
% matriz de fuerzas centrípetas y de Coriolis.
c11=-m2*l1* lc2*sin(q2)*qp2;
c12=-m2* l1*lc2*sin(q2)*(qp1+qp2);
c21=m2* l1* lc2*sin(q2)*qp1;
c22=0;
C=[c11, c12;
     c21, c22];
% par gravitacional.
gq=g*[lc1*m1*sin(q1)+ m2* l1*sin(q1) + m2*lc2*sin(q1+q2) ;
        m2*lc2*sin(q1+q2)];
%
% matriz de coeficientes de fricción viscosa.
B=[b1, 0;
     0, b2];
%
```

Código MATLAB 6.5 brazoRobot2gdl.m

Continúa código 6.5: brazoRobot2gdl.m

```
% energía aplicada.
tau=[ 45*sin(2*pi*(b1/izz1)*sqrt((exp(1)/pi))*t+0.01) +
      5*sin(2*pi*(b1/izz1)*exp(1)*t+1.57);
       7*sin(2*pi*(b2/izz2)*sqrt((exp(1)/pi))*t+0.08) +
        5*sin(2*pi*(b2/izz2)*exp(2)*t+1.57)];
% vector de aceleración.
qpp = M^(-1)*(tau-C*qp-B*qp-gq);
% ODE: ẋ = f(x); %vector de estados: ẋ, x ∈ IR^4.
xp = [qp1;
      qp2;
      qpp(1);
      qpp(2)];
```

$$\frac{d}{dt}\begin{bmatrix} q_1 \\ q_2 \\ \dot{q}_1 \\ \dot{q}_2 \end{bmatrix} = \begin{bmatrix} \dot{q}_1 \\ \dot{q}_2 \\ \begin{bmatrix} m_{11} & m_{12} \\ m_{21} & m_{22} \end{bmatrix}^{-1} \left[\begin{bmatrix} \tau_1 \\ \tau_2 \end{bmatrix} - \begin{bmatrix} c_{11} & c_{12} \\ c_{21} & c_{22} \end{bmatrix} \begin{bmatrix} \dot{q}_1 \\ \dot{q}_2 \end{bmatrix} - g \begin{bmatrix} g_1 \\ g_2 \end{bmatrix} - \begin{bmatrix} b_1 & 0 \\ 0 & b_2 \end{bmatrix} \begin{bmatrix} \dot{q}_1 \\ \dot{q}_2 \end{bmatrix} \right] \end{bmatrix} \tag{6.25}$$

$$\begin{aligned} m_{11} &= 0.168\cos(q_2) + 2.35 \\ m_{12} &= 0.0838\cos(q_2) + 0.102 \\ m_{21} &= 0.0838\cos(q_2) + 0.102 \\ m_{22} &= 0.1019 \\ c_{11} &= -0.0838\dot{q}_2\,\mathrm{sen}(q_2) \\ c_{12} &= -0.0838\,\mathrm{sen}(q_2)(\dot{q}_1 + \dot{q}_2) \\ c_{21} &= 0.0838\dot{q}_1\,\mathrm{sen}(q_2); \quad c_{22} = 0 \\ g_1 &= 38.5\,\mathrm{sen}(q_1) + 1.83\,\mathrm{sen}(q_1 + q_2) \\ g_2 &= 1.83\,\mathrm{sen}(q_1 + q_2) \\ b_1 &= 2.288; \quad b_2 = 0.175 \end{aligned}$$

Código MATLAB 6.6 simubrazoRobot2gdl.m

Robótica: Control de Robots Manipuladores

Capítulo 6. Dinámica

Fernando Reyes Cortés

Alfaomega Grupo Editor: "**Te acerca al conocimiento**".

Programa: simubrazoRobot2gdl.m	MATLAB versión 2024a

```
clc;
clearvars;
close all;
format short
global tau1 tau2
ti=0; % por sistemas causales (sistemas físicos).
h=0.0025; % período de muestreo.
tf = 10; % tiempo de simulación (segundos).
ts=(ti:h:tf)'; % vector tempo de simulación.
[n, m]=size(ts);
tau1=zeros(n,m);
tau2=zeros(n,m);
opciones=odeset('RelTol' ,1e-06, 'AbsTol' ,1e-06, 'InitialStep' ,h, 'MaxStep' ,h);
ci=[0.0; %posición del hombro q1.
    0.0; %posición del codo q2.
    0.0; %velocidad del hombro qp1.
    0.0]; %velocidad del codo qp2.
[t, x]=ode45( 'brazoRobot2gdl' ,ts,ci,opciones);
fc=180/pi;
figure(1), plot(t,fc*x(:,1), 'k' ,t,fc*x(:,2), 'r' ) % posiciones.
figure(2), plot(t,fc*x(:,3), 'k' ,t,fc*x(:,4), 'r' ) % velocidades.
figure(3), plot(t, tau1, 'k' , t, tau2, 'r' ) % torques.
%
% Código fuente disponible en el sitio Web de esta obra.
```

•••

6.6.5 Brazo robot 3 gdl

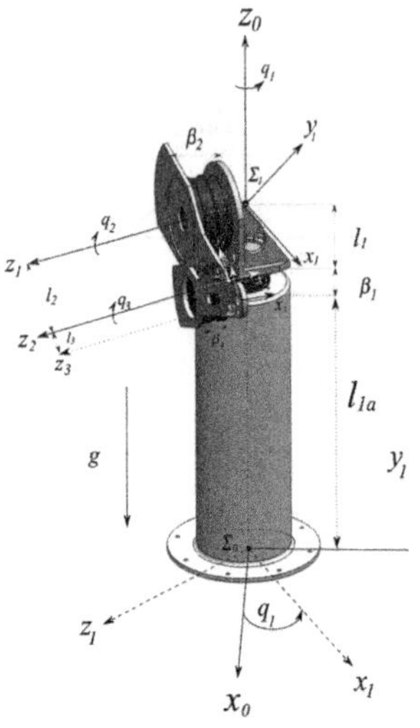

Figura 6.14: Brazo robot

En la figura 6.14 se muestra el brazo robot de 3 gdl (configuración antropomórfica), el cual está sometido a la acción del campo gravitacional. El movimiento de este robot se desarrolla dentro de su espacio tridimensional; tiene un comportamiento dinámico no-lineal, multivariable y con fuertes acoplamientos dinámicos. El punto de partida para el modelado dinámico es a través del modelo cinemático directo, el cual se encuentra desarrollado en el capítulo 5, subsección 5.6.3 (ver página 248). La tabla 6.6 contiene el concentrado de los parámetros geométricos y estructurales que caracterizan al modelo dinámico del robot. A continuación se describen los 4 pasos del procedimiento de las ecuaciones de movimiento de Euler-Lagrange, para obtener el comportamiento dinámico del robot.

1) **Cinemática directa**: del capítulo 5, subsección 5.6.3, página 248:

$$H_0^1 = \begin{bmatrix} R_{z_0}(q_1)R_{x_0}(\frac{\pi}{2}) & R_{z_0}(q_1)\begin{bmatrix} 0 \\ 0 \\ l_{1a}+\beta_1+l_1 \end{bmatrix} \\ [0 \;\; 0 \;\; 0] & 1 \end{bmatrix}$$

$$\Longrightarrow \begin{bmatrix} x_1 \\ y_1 \\ z_1 \end{bmatrix} = R_{z_0}(q_1)\begin{bmatrix} 0 \\ 0 \\ l_{1a}+\beta_1+l_1 \end{bmatrix} = \begin{bmatrix} 0 \\ 0 \\ l_{1a}+\beta_1+l_1 \end{bmatrix}$$

$$H_0^2 = H_0^1 H_1^2 = \begin{bmatrix} R_{z_0}(q_1)R_{x_0}(\frac{\pi}{2})R_{z_0}(q_2) & R_{z_0}(q_1)\begin{bmatrix} 0 \\ 0 \\ l_{1a}+\beta_1+l_1 \end{bmatrix} + R_{z_0}(q_1)R_{x_0}(\frac{\pi}{2})R_{z_1}(q_2)\begin{bmatrix} l_2 \\ 0 \\ \beta_2 \end{bmatrix} \\ [0 \;\; 0 \;\; 0] & 1 \end{bmatrix}$$

$$\Longrightarrow \begin{bmatrix} x_2 \\ y_2 \\ z_2 \end{bmatrix} = R_{z_0}(q_1)\begin{bmatrix} 0 \\ 0 \\ l_{1a}+\beta_1+l_1 \end{bmatrix} + R_{z_0}(q_1)R_{x_0}(\frac{\pi}{2})R_{z_1}(q_2)\begin{bmatrix} l_2 \\ 0 \\ \beta_2 \end{bmatrix} = \begin{bmatrix} \beta_2\,\mathrm{sen}(q_1) + l_2\cos(q_2)\cos(q_1) \\ -\beta_2\cos(q_1) + l_2\cos(q_2)\,\mathrm{sen}(q_1) \\ l_{1a}+\beta_1+l_1+l_2\,\mathrm{sen}(q_2) \end{bmatrix}$$

Tabla 6.6: Parámetros del brazo robot de 3 gdl

Eslabón	Significado	Notación
1	Masa	m_1
	Longitud del servomotor	β_1
	Longitud del eslabón 1 y tubo de soporte	$l_1 + l_{1a}$
	Momentos de inercia del eslabón 1	$\mathcal{I}_{xx_1}, \mathcal{I}_{yy_1}, \mathcal{I}_{zz_1}$
	Productos de inercia del eslabón 1	$\mathcal{I}_{xy_1}, \mathcal{I}_{yx_1}, \mathcal{I}_{xz_1}, \mathcal{I}_{zx_1}, \mathcal{I}_{yz_1}, \mathcal{I}_{zy_1}$
Base	Centro de masa del eslabón 1	l_{c1}
	Coeficiente de fricción viscosa	b_1
	Coeficiente de fricción de Coulomb	f_{c1}
	Coeficiente de fricción estática	f_{e1}
	Torque	τ_1
	Posición, velocidad y aceleración articular	$q_1, \dot{q}_1, \ddot{q}_1$
2	Masa	m_2
	Longitud del servomotor	β_2
	Longitud del eslabón 2	l_2
	Momentos de inercia del eslabón 2	$\mathcal{I}_{xx_2}, \mathcal{I}_{yy_2}, \mathcal{I}_{zz_2}$
	Productos de inercia del eslabón 2	$\mathcal{I}_{xy_2}, \mathcal{I}_{yx_2}, \mathcal{I}_{xz_2}, \mathcal{I}_{zx_2}, \mathcal{I}_{yz_2}, \mathcal{I}_{zy_2}$
Hombro	Centro de masa del eslabón 2	l_{c2}
	Coeficiente de fricción viscosa	b_2
	Coeficiente de fricción de Coulomb	f_{c2}
	Coeficiente de fricción estática	f_{e2}
	Torque	τ_2
	Posición, velocidad y aceleración articular	$q_2, \dot{q}_2, \ddot{q}_2$
3	Masa	m_3
	Longitud del servomotor	β_3
	Longitud del eslabón 3	l_3
	Momentos de inercia del eslabón 3	$\mathcal{I}_{xx_3}, \mathcal{I}_{yy_3}, \mathcal{I}_{zz_3}$
	Productos de inercia del eslabón 3	$\mathcal{I}_{xy_3}, \mathcal{I}_{yx_3}, \mathcal{I}_{xz_3}, \mathcal{I}_{zx_3}, \mathcal{I}_{yz_3}, \mathcal{I}_{zy_3}$
Codo	Centro de masa del eslabón 3	l_{c3}
	Coeficiente de fricción viscosa	b_3
	Coeficiente de fricción de Coulomb	f_{c3}
	Coeficiente de fricción estática	f_{e3}
	Torque	τ_3
	Posición, velocidad y aceleración articular	$q_3, \dot{q}_3, \ddot{q}_3$
	Aceleración debida a la gravedad	g

$$H_0^3 = H_0^1\, H_1^2\, H_2^3 \quad = \quad \begin{bmatrix} R_{z_0}(q_1)R_{x_0}(\tfrac{\pi}{2})R_{z_0}(q_2)R_{z_0}(q_3) & \begin{array}{c} R_{z_0}(q_1)\begin{bmatrix} 0 \\ 0 \\ l_{1a}+\beta_1+l_1 \end{bmatrix} + R_{z_0}(q_1)R_{x_0}(\tfrac{\pi}{2})R_{z_1}(q_2)\begin{bmatrix} l_2 \\ 0 \\ \beta_2 \end{bmatrix} \\ + R_{z_0}(q_1)R_{x_0}(\tfrac{\pi}{2})R_{z_1}(q_2)R_{z_0}(q_3)\begin{bmatrix} l_3 \\ 0 \\ \beta_3 \end{bmatrix} \end{array} \\ [0 \;\; 0 \;\; 0] & 1 \end{bmatrix}$$

$$\Longrightarrow \begin{bmatrix} x_3 \\ y_3 \\ z_3 \end{bmatrix} \quad = \quad R_{z_0}(q_1)\begin{bmatrix} 0 \\ 0 \\ l_{1a}+\beta_1+l_1 \end{bmatrix} + R_{z_0}(q_1)R_{x_0}(\tfrac{\pi}{2})R_{z_1}(q_2)\begin{bmatrix} l_2 \\ 0 \\ \beta_2 \end{bmatrix} + R_{z_0}(q_1)R_{x_0}(\tfrac{\pi}{2})R_{z_1}(q_2)R_{z_0}(q_3)\begin{bmatrix} l_3 \\ 0 \\ \beta_3 \end{bmatrix}$$

$$= \begin{bmatrix} [\,\beta_2+\beta_2\,]\ \operatorname{sen}(q_1) + [\,l_2\cos(q_2) + l_3\cos(q_2+q_3)\,]\ \cos(q_1) \\ -[\,\beta_2+\beta_2\,]\ \cos(q_1) + [\,l_2\cos(q_2) + l_3\cos(q_2+q_3)\,]\ \operatorname{sen}(q_1) \\ l_{1a}+\beta_1+l_1+l_2\operatorname{sen}(q_2)+l_3\operatorname{sen}(q_2+q_3) \end{bmatrix}$$

2) Cinemática diferencial:

$$\boldsymbol{v}_1 = \frac{d}{dt}\begin{bmatrix} x_1 \\ y_1 \\ z_1 \end{bmatrix} \quad = \quad \frac{d}{dt}\begin{bmatrix} 0 \\ 0 \\ l_{1a}+\beta_1+l_1 \end{bmatrix} = \begin{bmatrix} 0 \\ 0 \\ 0 \end{bmatrix}$$

$$\boldsymbol{v}_2 = \frac{d}{dt}\begin{bmatrix} x_2 \\ y_2 \\ z_2 \end{bmatrix} \quad = \quad \frac{d}{dt}\left[\begin{bmatrix} 0 \\ 0 \\ l_{1a}+\beta_1+l_1 \end{bmatrix} + R_{z_0}(q_1)R_{x_0}(\tfrac{\pi}{2})R_{z_1}(q_2)\begin{bmatrix} l_2 \\ 0 \\ \beta_2 \end{bmatrix}\right]$$

$$= \left[S(\dot{q}_1\boldsymbol{k}_0) + \underbrace{S(R_{z_0}(q_1)\,R_{x_0}(\tfrac{\pi}{2})\,\boldsymbol{k}_1\dot{q}_2)}_{\text{propiedad ()}} \right] R_{z_0}(q_1)\,R_{x_0}(\tfrac{\pi}{2})\,R_{z_1}(q_2)\begin{bmatrix} l_{c2} \\ 0 \\ \beta_2 \end{bmatrix}$$

$$= S\left(\begin{bmatrix} \dot{q}_2\operatorname{sen}(q_1) \\ -\dot{q}_2\cos(q_1) \\ \dot{q}_1 \end{bmatrix}\right) R_{z_0}(q_1)\,R_{x_0}(\tfrac{\pi}{2})\,R_{z_1}(q_2)\begin{bmatrix} l_{c2} \\ 0 \\ \beta_2 \end{bmatrix}$$

$$= \begin{bmatrix} [\,\beta_2\cos(q_1) - l_2\cos(q_2)\operatorname{sen}(q_1)\,]\,\dot{q}_1 - l_{c2}\operatorname{sen}(q_2)\cos(q_1)\,\dot{q}_2 \\ [\,\beta_2\operatorname{sen}(q_1) + l_{c2}\cos(q_2)\cos(q_1)\,]\,\dot{q}_1 - l_{c2}\operatorname{sen}(q_2)\operatorname{sen}(q_1)\,\dot{q}_2 \\ l_{c2}\cos(q_2)\dot{q}_2 \end{bmatrix}$$

$$\|\boldsymbol{v}_2\|^2 \quad = \quad \begin{bmatrix} l_{c2} \\ 0 \\ \beta_2 \end{bmatrix}^T R_{z_1}^T(q_2)\,R_{x_0}^T(\tfrac{\pi}{2})\,R_{z_0}^T(q_1)\,S^T\left(\begin{bmatrix} \dot{q}_2\operatorname{sen}(q_1) \\ -\dot{q}_2\cos(q_1) \\ \dot{q}_1 \end{bmatrix}\right)$$

$$S\left(\begin{bmatrix} \dot{q}_2\operatorname{sen}(q_1) \\ -\dot{q}_2\cos(q_1) \\ \dot{q}_1 \end{bmatrix}\right) R_{z_0}(q_1)\,R_{x_0}(\tfrac{\pi}{2})\,R_{z_1}(q_2)\begin{bmatrix} l_{c2} \\ 0 \\ \beta_2 \end{bmatrix}$$

$$= \quad [\,\beta_2^2 + l_{c2}^2\cos^2(q_2)\,]\,\dot{q}_1^2 + l_{c2}^2\dot{q}_2^2 - 2l_{c2}\beta_2\operatorname{sen}(q_2)\dot{q}_1\dot{q}_2$$

$$\boldsymbol{v}_3 = \frac{d}{dt}\begin{bmatrix} x_3 \\ y_3 \\ z_3 \end{bmatrix} = \frac{d}{dt}\left[\begin{bmatrix} 0 \\ 0 \\ l_{1a}+\beta_1+l_1 \end{bmatrix} + R_{z_0}(q_1)R_{x_0}(\tfrac{\pi}{2})R_{z_1}(q_2)\begin{bmatrix} l_2 \\ 0 \\ \beta_2 \end{bmatrix} + R_{z_0}(q_1)R_{x_0}(\tfrac{\pi}{2})R_{z_1}(q_2)R_{z_0}(q_3)\begin{bmatrix} l_3 \\ 0 \\ \beta_3 \end{bmatrix}\right]$$

$$= S\left(\begin{bmatrix} \dot q_2 \operatorname{sen}(q_1) \\ -\dot q_2 \cos(q_1) \\ \dot q_1 \end{bmatrix}\right) R_{z_0}(q_1)\, R_{x_0}(\tfrac{\pi}{2})\, R_{z_1}(q_2) \begin{bmatrix} l_2 \\ 0 \\ \beta_2 \end{bmatrix} +$$

$$S\left(\boldsymbol{k}_0 \dot q_1 + R_{z_0}(q_1)\, R_{x_0}(\tfrac{\pi}{2})\, (\dot q_2+\dot q_3)\, \boldsymbol{k}_1\right) R_{z_0}(q_1)\, R_{x_0}(\tfrac{\pi}{2})\, R_{z_1}(q_2+q_3) \begin{bmatrix} l_3 \\ 0 \\ \beta_3 \end{bmatrix}$$

$$= S\left(\begin{bmatrix} \dot q_2 \operatorname{sen}(q_1) \\ -\dot q_2 \cos(q_1) \\ \dot q_1 \end{bmatrix}\right) R_{z_0}(q_1)\, R_{x_0}(\tfrac{\pi}{2})\, R_{z_1}(q_2) \begin{bmatrix} l_2 \\ 0 \\ \beta_2 \end{bmatrix} +$$

$$S\left(\begin{bmatrix} (\dot q_2+\dot q_3)\, \operatorname{sen}(q_1) \\ -(\dot q_2+\dot q_3)\, \cos(q_1) \\ \dot q_1 \end{bmatrix}\right) R_{z_0}(q_1)\, R_{x_0}(\tfrac{\pi}{2})\, R_{z_1}(q_2+q_3) \begin{bmatrix} l_3 \\ 0 \\ \beta_3 \end{bmatrix}$$

$$\|\boldsymbol{v}_3\|^2 = \left[S\left(\begin{bmatrix} \dot q_2 \operatorname{sen}(q_1) \\ -\dot q_2 \cos(q_1) \\ \dot q_1 \end{bmatrix}\right) R_{z_0}(q_1)\, R_{x_0}(\tfrac{\pi}{2})\, R_{z_1}(q_2) \begin{bmatrix} l_2 \\ 0 \\ \beta_2 \end{bmatrix} + \right.$$

$$\left. S\left(\begin{bmatrix} (\dot q_2+\dot q_3)\, \operatorname{sen}(q_1) \\ -(\dot q_2+\dot q_3)\, \cos(q_1) \\ \dot q_1 \end{bmatrix}\right) R_{z_0}(q_1)\, R_{x_0}(\tfrac{\pi}{2})\, R_{z_1}(q_2+q_3) \begin{bmatrix} l_{c3} \\ 0 \\ \beta_3 \end{bmatrix}\right]^T$$

$$\left[S\left(\begin{bmatrix} \dot q_2 \operatorname{sen}(q_1) \\ -\dot q_2 \cos(q_1) \\ \dot q_1 \end{bmatrix}\right) R_{z_0}(q_1)\, R_{x_0}(\tfrac{\pi}{2})\, R_{z_1}(q_2) \begin{bmatrix} l_2 \\ 0 \\ \beta_2 \end{bmatrix} + \right.$$

$$\left. S\left(\begin{bmatrix} (\dot q_2+\dot q_3)\, \operatorname{sen}(q_1) \\ -(\dot q_2+\dot q_3)\, \cos(q_1) \\ \dot q_1 \end{bmatrix}\right) R_{z_0}(q_1)\, R_{x_0}(\tfrac{\pi}{2})\, R_{z_1}(q_2+q_3) \begin{bmatrix} l_{c3} \\ 0 \\ \beta_3 \end{bmatrix}\right]$$

$$= \left[\begin{bmatrix} l_2 \\ 0 \\ \beta_2 \end{bmatrix}^T R_{z_1}^T(q_2)\, R_{x_0}^T(\tfrac{\pi}{2})\, R_{z_0}^T(q_1)\, S^T \left(\begin{bmatrix} \dot q_2 \operatorname{sen}(q_1) \\ -\dot q_2 \cos(q_1) \\ \dot q_1 \end{bmatrix}\right) + \right.$$

$$\left. \begin{bmatrix} l_{c3} \\ 0 \\ \beta_3 \end{bmatrix}^T R_{z_0}^T(q_2+q_3)\, R_{x_0}^T(\tfrac{\pi}{2})\, R_{z_1}^T(q_2) S^T \left(\begin{bmatrix} (\dot q_2+\dot q_3)\, \operatorname{sen}(q_1) \\ -(\dot q_2+\dot q_3)\, \cos(q_1) \\ \dot q_1 \end{bmatrix}\right)\right]$$

$$\left[S\left(\begin{bmatrix} \dot q_2 \operatorname{sen}(q_1) \\ -\dot q_2 \cos(q_1) \\ \dot q_1 \end{bmatrix}\right) R_{z_0}(q_1)\, R_{x_0}(\tfrac{\pi}{2})\, R_{z_1}(q_2) \begin{bmatrix} l_2 \\ 0 \\ \beta_2 \end{bmatrix} + \right.$$

$$\left. S\left(\begin{bmatrix} (\dot q_2+\dot q_3)\, \operatorname{sen}(q_1) \\ -(\dot q_2+\dot q_3)\, \cos(q_1) \\ \dot q_1 \end{bmatrix}\right) R_{z_0}(q_1)\, R_{x_0}(\tfrac{\pi}{2})\, R_{z_1}(q_2+q_3) \begin{bmatrix} l_{c3} \\ 0 \\ \beta_3 \end{bmatrix}\right]$$

$$
\begin{aligned}
= \quad & \begin{bmatrix} l_2 \\ 0 \\ \beta_2 \end{bmatrix}^T R_{z_1}^T(q_2)\, R_{x_0}^T(\tfrac{\pi}{2})\, R_{z_0}^T(q_1)\, S^T\left(\begin{bmatrix} \dot{q}_2 \operatorname{sen}(q_1) \\ -\dot{q}_2 \cos(q_1) \\ \dot{q}_1 \end{bmatrix}\right) S\left(\begin{bmatrix} \dot{q}_2 \operatorname{sen}(q_1) \\ -\dot{q}_2 \cos(q_1) \\ \dot{q}_1 \end{bmatrix}\right) R_{z_0}(q_1)\, R_{x_0}(\tfrac{\pi}{2})\, R_{z_1}(q_2) \begin{bmatrix} l_2 \\ 0 \\ \beta_2 \end{bmatrix} + \\
& \begin{bmatrix} l_2 \\ 0 \\ \beta_2 \end{bmatrix}^T R_{z_1}^T(q_2)\, R_{x_0}^T(\tfrac{\pi}{2})\, R_{z_0}^T(q_1)\, S^T\left(\begin{bmatrix} \dot{q}_2 \operatorname{sen}(q_1) \\ -\dot{q}_2 \cos(q_1) \\ \dot{q}_1 \end{bmatrix}\right) S\left(\begin{bmatrix} (\dot{q}_2+\dot{q}_3) \operatorname{sen}(q_1) \\ -(\dot{q}_2+\dot{q}_3) \cos(q_1) \\ \dot{q}_1 \end{bmatrix}\right) R_{z_0}(q_1)\, R_{x_0}(\tfrac{\pi}{2})\, R_{z_1}(q_2+q_3) \begin{bmatrix} l_{c3} \\ 0 \\ \beta_3 \end{bmatrix} + \\
& \begin{bmatrix} l_{c3} \\ 0 \\ \beta_3 \end{bmatrix}^T R_{z_1}^T(q_2+q_3)\, R_{x_0}^T(\tfrac{\pi}{2})\, R_{z_0}^T(q_1) S^T\left(\begin{bmatrix} (\dot{q}_2+\dot{q}_3) \operatorname{sen}(q_1) \\ -(\dot{q}_2+\dot{q}_3) \cos(q_1) \\ \dot{q}_1 \end{bmatrix}\right) S\left(\begin{bmatrix} \dot{q}_2 \operatorname{sen}(q_1) \\ -\dot{q}_2 \cos(q_1) \\ \dot{q}_1 \end{bmatrix}\right) R_{z_0}(q_1)\, R_{x_0}(\tfrac{\pi}{2})\, R_{z_1}(q_2) \begin{bmatrix} l_2 \\ 0 \\ \beta_2 \end{bmatrix} + \\
& \begin{bmatrix} l_{c3} \\ 0 \\ \beta_3 \end{bmatrix}^T R_{z_1}^T(q_2+q_3)\, R_{x_0}^T(\tfrac{\pi}{2})\, R_{z_0}^T(q_1) S^T\left(\begin{bmatrix} (\dot{q}_2+\dot{q}_3) \operatorname{sen}(q_1) \\ -(\dot{q}_2+\dot{q}_3) \cos(q_1) \\ \dot{q}_1 \end{bmatrix}\right) S\left(\begin{bmatrix} (\dot{q}_2+\dot{q}_3) \operatorname{sen}(q_1) \\ -(\dot{q}_2+\dot{q}_3) \cos(q_1) \\ \dot{q}_1 \end{bmatrix}\right) R_{z_0}(q_1)\, R_{x_0}(\tfrac{\pi}{2})\, R_{z_1}(q_2+q_3) \begin{bmatrix} l_{c3} \\ 0 \\ \beta_3 \end{bmatrix}
\end{aligned}
$$

$$
\begin{aligned}
= \quad & [\,\beta_2^2 + l_2^2 \cos^2(q_2)\,]\,\dot{q}_1^2 + l_2^2\dot{q}_2^2 - 2l_2\beta_2 \operatorname{sen}(q_2)\dot{q}_1\dot{q}_2 + 2\,[\,\beta_2\beta_3 + l_2 l_{c3} \cos(q_2+q_3)\cos(q_2)\,]\,\dot{q}_1^2 \\
& -2\,\beta_2 l_{c3} \operatorname{sen}(q_2+q_3)\,[\,\dot{q}_2+\dot{q}_3\,]\,\dot{q}_1 - 2\,\beta_3 l_2 \operatorname{sen}(q_2)\dot{q}_1\dot{q}_2 + 2\,l_2 l_{c3}\cos(q_3)\,[\,\dot{q}_2+\dot{q}_3\,]\,\dot{q}_2 + \\
& [\,\beta_3^2 + l_{c3}^2 \cos^2(q_2+q_3)\,]\,\dot{q}_1^2 + l_{c3}^2\,(\,\dot{q}_2+\dot{q}_3\,)^2 - 2l_{c3}\beta_3 \operatorname{sen}(q_2+q_3)\dot{q}_1\,(\,\dot{q}_2+\dot{q}_3\,)
\end{aligned}
$$

$$
\begin{aligned}
= \quad & [\,\beta_2^2 + \beta_3^2 + 2\,\beta_2\beta_3 + 2\,l_2 l_{c3}\cos(q_2+q_3)\cos(q_2) + l_2^2\cos^2(q_2) + l_{c3}^2\cos^2(q_2+q_3)\,]\,\dot{q}_1^2 + \\
& [\,l_2^2 + l_{c3}^2 + 2\,l_2\,l_{c3}\cos(q_3)\,]\,\dot{q}_2^2 + l_{c3}^2\dot{q}_3^2 - 2\,(\,\beta_2+\beta_3\,)\,l_{c3}\operatorname{sen}(q_2+q_3)\dot{q}_1\dot{q}_3 \\
& -2\,(\,\beta_2+\beta_3\,)\,[\,l_2 \operatorname{sen}(q_2) + l_{c3}\operatorname{sen}(q_2+q_3)\,]\,\dot{q}_1\dot{q}_2 + 2\,[\,l_2 l_{c3}\cos(q_3) + l_{c3}^2\,]\,\dot{q}_2\dot{q}_3
\end{aligned}
$$

La energía cinética $\mathcal{K}(\boldsymbol{q}, \dot{\boldsymbol{q}})$ es la suma de las i-contribuciones de energías cinéticas de cada servomotor o articulación $\mathcal{K}_i(\boldsymbol{q}, \dot{\boldsymbol{q}})$, para $i = 1, 2, 3$:

$$
\begin{aligned}
\mathcal{K}(\boldsymbol{q}, \dot{\boldsymbol{q}}) \quad = \quad & \mathcal{K}_1(\boldsymbol{q}, \dot{\boldsymbol{q}}) + \mathcal{K}_2(\boldsymbol{q}, \dot{\boldsymbol{q}}) + \mathcal{K}_3(\boldsymbol{q}, \dot{\boldsymbol{q}}) \\
= \quad & \tfrac{1}{2}m_1\|\boldsymbol{v}_1\|^2 + \tfrac{1}{2}\boldsymbol{\omega}_1^T\mathcal{I}_1\boldsymbol{\omega}_1 + \tfrac{1}{2}m_2\|\boldsymbol{v}_2\|^2 + \tfrac{1}{2}\boldsymbol{\omega}_2^T\mathcal{I}_2\boldsymbol{\omega}_2 + \tfrac{1}{2}m_3\|\boldsymbol{v}_3\|^2 + \tfrac{1}{2}\boldsymbol{\omega}_3^T\mathcal{I}_3\boldsymbol{\omega}_3 \\
= \quad & 0 + \tfrac{1}{2}\underbrace{\begin{bmatrix} 0 \\ 0 \\ \dot{q}_1 \end{bmatrix}^T}_{\boldsymbol{\omega}_1^T} \underbrace{\begin{bmatrix} \mathcal{I}_{xx_1} & \mathcal{I}_{xy_1} & \mathcal{I}_{xz_1} \\ \mathcal{I}_{yx_1} & \mathcal{I}_{yy_1} & \mathcal{I}_{yz_1} \\ \mathcal{I}_{zx_1} & \mathcal{I}_{zy_1} & \mathcal{I}_{zz_1} \end{bmatrix}}_{\mathcal{I}_1} \underbrace{\begin{bmatrix} 0 \\ 0 \\ \dot{q}_1 \end{bmatrix}}_{\boldsymbol{\omega}_1} + \tfrac{1}{2}m_2\,[\,(\,\beta_2^2 + l_{c2}^2\cos^2(q_2)\,)\,\dot{q}_1^2 + l_{c2}^2\dot{q}_2^2 - 2l_{c2}\beta_2\operatorname{sen}(q_2)\dot{q}_1\dot{q}_2\,] \\
& + \tfrac{1}{2}\underbrace{\begin{bmatrix} \operatorname{sen}(q_1)\dot{q}_2 \\ -\cos(q_1)\dot{q}_2 \\ \dot{q}_1 \end{bmatrix}^T}_{\boldsymbol{\omega}_2^T} \underbrace{\begin{bmatrix} \mathcal{I}_{xx_2} & \mathcal{I}_{xy_2} & \mathcal{I}_{xz_2} \\ \mathcal{I}_{yx_2} & \mathcal{I}_{yy_2} & \mathcal{I}_{yz_2} \\ \mathcal{I}_{zx_2} & \mathcal{I}_{zy_2} & \mathcal{I}_{zz_2} \end{bmatrix}}_{\mathcal{I}_2} \underbrace{\begin{bmatrix} \operatorname{sen}(q_1)\dot{q}_2 \\ -\cos(q_1)\dot{q}_2 \\ \dot{q}_1 \end{bmatrix}}_{\boldsymbol{\omega}_2} +
\end{aligned}
$$

$$\tfrac{1}{2}m_3\Big[\ [\beta_2^2+\beta_3^2+2\beta_2\beta_3+2l_2l_{c3}\cos(q_2+q_3)\cos(q_2)+l_2^2\cos^2(q_2)+l_{c3}^2\cos^2(q_2+q_3)]\,\dot q_1^2$$

$$+[l_2^2+l_{c3}^2+2l_2l_{c3}\cos(q_3)]\,\dot q_2^2+l_{c3}^2\dot q_3^2-2(\beta_2+\beta_3)\,l_{c3}\,\mathrm{sen}(q_2+q_3)\dot q_1\dot q_3$$

$$-2(\beta_2+\beta_3)\,[l_2\,\mathrm{sen}(q_2)+l_{c3}\,\mathrm{sen}(q_2+q_3)]\,\dot q_1\dot q_2+2\,[l_2l_{c3}\cos(q_3)+l_{c3}^2]\,\dot q_2\dot q_3\Big]+$$

$$\tfrac{1}{2}\underbrace{\begin{bmatrix}[\dot q_2+\dot q_3]\,\mathrm{sen}(q_1)\\ -[\dot q_2+\dot q_3]\,\cos(q_1)\\ \dot q_1\end{bmatrix}^T}_{\boldsymbol{\omega}_3^T}\underbrace{\begin{bmatrix}\mathcal{I}_{xx_3} & \mathcal{I}_{xy_3} & \mathcal{I}_{xz_3}\\ \mathcal{I}_{yx_3} & \mathcal{I}_{yy_3} & \mathcal{I}_{yz_3}\\ \mathcal{I}_{zx_3} & \mathcal{I}_{zy_3} & \mathcal{I}_{zz_3}\end{bmatrix}}_{\mathcal{I}_3}\underbrace{\begin{bmatrix}[\dot q_2+\dot q_3]\,\mathrm{sen}(q_1)\\ -[\dot q_2+\dot q_3]\,\cos(q_1)\\ \dot q_1\end{bmatrix}}_{\boldsymbol{\omega}_3}$$

Los términos de velocidades angulares están definidos como:

$$\tfrac{1}{2}\boldsymbol{\omega}_1^T\mathcal{I}_1\boldsymbol{\omega}_1 = \tfrac{1}{2}\mathcal{I}_{zz_1}\dot q_1^2$$

$$\tfrac{1}{2}\boldsymbol{\omega}_2^T\mathcal{I}_2\boldsymbol{\omega}_2 = \tfrac{1}{2}\Big[\ \mathcal{I}_{zz_2}\dot q_1^2+[\mathcal{I}_{xx_2}\,\mathrm{sen}^2(q_1)+\mathcal{I}_{yy_2}\cos^2(q_1)-2\mathcal{I}_{yx_2}\cos(q_1)\,\mathrm{sen}(q_1)]\,\dot q_2^2$$

$$+\,2\,[\mathcal{I}_{zx_2}\,\mathrm{sen}(q_1)-\mathcal{I}_{zy_2}\cos(q_1)]\,\dot q_1\dot q_2\Big]$$

$$\tfrac{1}{2}\boldsymbol{\omega}_3^T\mathcal{I}_3\boldsymbol{\omega}_3 = \tfrac{1}{2}\Big[\ \mathcal{I}_{zz_3}\dot q_1^2+[\mathcal{I}_{xx_3}\,\mathrm{sen}^2(q_1)+\mathcal{I}_{yy_3}\cos^2(q_1)-2\mathcal{I}_{yx_3}\cos(q_1)\,\mathrm{sen}(q_1)]\,\dot q_2^2+$$

$$[\mathcal{I}_{xx_3}\,\mathrm{sen}^2(q_1)+\mathcal{I}_{yy_3}\cos^2(q_1)-2\mathcal{I}_{yx_3}\cos(q_1)\,\mathrm{sen}(q_1)]\,\dot q_3^2+$$

$$2\,[\mathcal{I}_{zx_3}\,\mathrm{sen}(q_1)-\mathcal{I}_{zy_3}\cos(q_1)]\,\dot q_1\dot q_2+2\,[\mathcal{I}_{zx_3}\,\mathrm{sen}(q_1)-\mathcal{I}_{zy_3}\cos(q_1)]\,\dot q_1\dot q_3+$$

$$2\,[\mathcal{I}_{xx_3}\,\mathrm{sen}^2(q_1)+\mathcal{I}_{yy_3}\cos^2(q_1)-2\,\mathcal{I}_{yx_3}\cos(q_1)\,\mathrm{sen}(q_1)]\,\dot q_2\dot q_3\Big]$$

Note que el movimiento en la componente de rotación para la articulación de la base solo es alrededor del eje z_1, esto se encuentra determinado por la expresión de la velocidad angular: $\boldsymbol{\omega}_1^T\mathcal{I}_1\boldsymbol{\omega}_1 = \frac{1}{2}\mathcal{I}_{zz_1}\dot q_1^2$; es decir no mantiene movimiento rotacional alrededor de los ejes x_1, y_1 ni proyecciones de movimientos en ningunos de sus planos. La articulación del hombro, proyecta componentes rotacionales alrededor de los tres ejes principales del sistema de referencia $\Sigma_2(x_2, y_2, z_2)$, así como en los planos $y_2 - x_2$, $z_2 - x_2$, $z_2 - y_2$. Similarmente para la articulación del codo, tiene movimiento rotacional alrededor de sus ejes principales de $\Sigma_3(x_3, y_3, z_3)$ y proyecciones sobre los planos $y_3 - x_3$, $z_3 - x_3$, $z_3 - y_3$.

Con la energía cinética $\mathcal{K}(\boldsymbol{q}, \dot{\boldsymbol{q}})$ del robot manipulador, se puede deducir la matriz de inercia, usando la propiedad (6.1), la cual establece que dicha energía se puede estructurar como: $\mathcal{K}(\boldsymbol{q}, \dot{\boldsymbol{q}}) = \frac{1}{2}\dot{\boldsymbol{q}}^T M(\boldsymbol{q})\dot{\boldsymbol{q}}$.

$$
\begin{aligned}
\mathcal{K}(\boldsymbol{q}, \dot{\boldsymbol{q}}) = \tfrac{1}{2}\Bigg[& \Big[m_2 [\beta_2^2 + l_{c2}^2 \cos^2(q_2)] + m_3 [(\beta_2 + \beta_3)^2 + 2 l_2 l_{c3} \cos(q_2 + q_3) \cos(q_2) + l_2^2 \cos^2(q_2)] \\
& + m_3 l_{c3}^2 \cos^2(q_2 + q_3) + \mathcal{I}_{zz_1} + \mathcal{I}_{zz_2} + \mathcal{I}_{zz_3} \Big] \dot{q}_1^2 + \Big[m_2 l_{c2}^2 + m_3 l_2^2 + m_3 l_{c3}^2 \\
& + 2 m_3 l_2 l_{c3} \cos(q_3) + [\mathcal{I}_{xx_2} + \mathcal{I}_{xx_3}] \operatorname{sen}^2(q_1) + [\mathcal{I}_{yy_2} + \mathcal{I}_{yy_3}] \cos^2(q_1) \\
& - 2 [\mathcal{I}_{yx_2} + \mathcal{I}_{yx_3}] \cos(q_1) \operatorname{sen}(q_1) \Big] \dot{q}_2^2 + \Big[m_3 l_{c3}^2 + \mathcal{I}_{xx_3} \operatorname{sen}^2(q_1) + \mathcal{I}_{yy_3} \cos^2(q_1) \\
& - 2 \mathcal{I}_{yx_3} \cos(q_1) \operatorname{sen}(q_1) \Big] \dot{q}_3^2 - 2 \Big[m_3 (\beta_2 + \beta_3) [l_2 \operatorname{sen}(q_2) + l_{c3} \operatorname{sen}(q_2 + q_3)] \\
& + m_2 l_{c2} \beta_2 \operatorname{sen}(q_2) - [(\mathcal{I}_{zx_2} + \mathcal{I}_{zx_3}) \operatorname{sen}(q_1) - (\mathcal{I}_{zy_2} + \mathcal{I}_{zy_3}) \cos(q_1)] \Big] \dot{q}_1 \dot{q}_2 \\
& + 2 \Big[\mathcal{I}_{zx_3} \operatorname{sen}(q_1) - \mathcal{I}_{zy_3} \cos(q_1) - m_3 (\beta_2 + \beta_3) l_{c3} \operatorname{sen}(q_2 + q_3) \Big] \dot{q}_1 \dot{q}_3 \\
& + 2 \Big[m_3 l_2 l_{c3} \cos(q_3) + m_3 l_{c3}^2 + \mathcal{I}_{xx_3} \operatorname{sen}^2(q_1) + \mathcal{I}_{yy_3} \cos^2(q_1) \\
& \qquad - 2 \mathcal{I}_{yx_3} \cos(q_1) \operatorname{sen}(q_1) \Big] \dot{q}_2 \dot{q}_3 \Bigg] \\
= {} & \frac{1}{2}\dot{\boldsymbol{q}}^T M(\boldsymbol{q})\dot{\boldsymbol{q}}
\end{aligned}
$$

La matriz de inercia $M(\boldsymbol{q}) \in \mathbb{R}^{2\times 2}$ del brazo robot de 2 gdl, energía potencial $\mathcal{U}(\boldsymbol{q})$, par gravitacional $\boldsymbol{g}(\boldsymbol{q})$ y lagrangiano $\mathcal{L}(\boldsymbol{q}, \dot{\boldsymbol{q}})$ están dados por:

$$
\underbrace{\begin{bmatrix}
\underbrace{\begin{matrix} m_2 [\beta_2^2 + l_{c2}^2 \cos^2(q_2)] + m_3 \Big[(\beta_2 + \beta_3)^2 + \\ l_2^2 \cos^2(q_2) + 2 l_2 l_{c3} \cos(q_2 + q_3) \cos(q_2) + \\ l_{c3}^2 \cos^2(q_2 + q_3) \Big] + \mathcal{I}_{zz_1} + \mathcal{I}_{zz_2} + \mathcal{I}_{zz_3} \end{matrix}}_{m_{11}} &
\underbrace{\begin{matrix} -m_3 (\beta_2 + \beta_3) [l_2 \operatorname{sen}(q_2) + l_{c3} \operatorname{sen}(q_2 + q_3)] \\ - m_2 l_{c2} \beta_2 \operatorname{sen}(q_2) + (\mathcal{I}_{zx_2} + \mathcal{I}_{zx_3}) \operatorname{sen}(q_1) \\ - (\mathcal{I}_{zy_2} + \mathcal{I}_{zy_3}) \cos(q_1) \end{matrix}}_{m_{12}} &
\underbrace{\begin{matrix} \mathcal{I}_{zx_3} \operatorname{sen}(q_1) - \mathcal{I}_{zy_3} \cos(q_1) \\ - m_3 (\beta_2 + \beta_3) l_{c3} \operatorname{sen}(q_2 + q_3) \end{matrix}}_{m_{13}} \\
\underbrace{\begin{matrix} -m_3 (\beta_2 + \beta_3) [l_2 \operatorname{sen}(q_2) + l_{c3} \operatorname{sen}(q_2 + q_3)] \\ - m_2 l_{c2} \beta_2 \operatorname{sen}(q_2) + (\mathcal{I}_{zx_2} + \mathcal{I}_{zx_3}) \operatorname{sen}(q_1) \\ - (\mathcal{I}_{zy_2} + \mathcal{I}_{zy_3}) \cos(q_1) \end{matrix}}_{m_{21}} &
\underbrace{\begin{matrix} m_2 l_{c2}^2 + m_3 [l_2^2 + l_{c3}^2 + 2 l_2 l_{c3} \cos(q_3)] \\ + [\mathcal{I}_{xx_2} + \mathcal{I}_{xx_3}] \operatorname{sen}^2(q_1) \\ + [\mathcal{I}_{yy_2} + \mathcal{I}_{yy_3}] \cos^2(q_1) \\ -2 [\mathcal{I}_{yx_2} + \mathcal{I}_{yx_3}] \cos(q_1) \operatorname{sen}(q_1) \end{matrix}}_{m_{22}} &
\underbrace{\begin{matrix} m_3 l_2 l_{c3} \cos(q_3) + m_3 l_{c3}^2 + \\ \mathcal{I}_{xx_3} \operatorname{sen}^2(q_1) + \mathcal{I}_{yy_3} \cos^2(q_1) \\ -2 \mathcal{I}_{yx_3} \cos(q_1) \operatorname{sen}(q_1) \end{matrix}}_{m_{23}} \\
\underbrace{\begin{matrix} \mathcal{I}_{zx_3} \operatorname{sen}(q_1) - \mathcal{I}_{zy_3} \cos(q_1) \\ - m_3 (\beta_2 + \beta_3) l_{c3} \operatorname{sen}(q_2 + q_3) \end{matrix}}_{m_{31}} &
\underbrace{\begin{matrix} m_3 l_2 l_{c3} \cos(q_3) + m_3 l_{c3}^2 + \\ \mathcal{I}_{xx_3} \operatorname{sen}^2(q_1) + \mathcal{I}_{yy_3} \cos^2(q_1) \\ -2 \mathcal{I}_{yx_3} \cos(q_1) \operatorname{sen}(q_1) \end{matrix}}_{m_{32}} &
\underbrace{\begin{matrix} m_3 l_{c3}^2 + \mathcal{I}_{xx_3} \operatorname{sen}^2(q_1) \\ + \mathcal{I}_{yy_3} \cos^2(q_1) \\ -2 \mathcal{I}_{yx_3} \cos(q_1) \operatorname{sen}(q_1) \end{matrix}}_{m_{33}}
\end{bmatrix}}_{M(\boldsymbol{q})}
$$

La energía potencial del brazo robot de 3 gdl $\mathcal{U}(\boldsymbol{q})$ se encuentra dada por:

$$\mathcal{U}(\boldsymbol{q}) = m_1 g\,[\,l_{1a} + \beta_1 + l_{c1}\,] + m_2 g l_{c2}\,[\,1 - \cos(q_2)\,] + m_3 g\,[\,[\,l_2 + l_{c3}\,] - [\,l_2 \cos(q_2) + l_{c3}\cos(q_2+q_3)\,]\,]$$

El par gravitacional $\boldsymbol{g}(\boldsymbol{q})$ se obtiene como el gradiente de la energía potencial $\mathcal{U}(\boldsymbol{q})$:

$$\boldsymbol{g}(\boldsymbol{q}) = \frac{\partial}{\partial \boldsymbol{q}}\mathcal{U}(\boldsymbol{q}) = \begin{bmatrix} 0 \\ m_2 g l_{c2}\,\mathrm{sen}(q_2) + m_3 g\, l_2\,\mathrm{sen}(q_2) + m_3 g\, l_{c3}\,\mathrm{sen}(q_2+q_3) \\ m_3 g\, l_{c3}\,\mathrm{sen}(q_2+q_3) \end{bmatrix}$$

El lagrangiano $\mathcal{L}(\boldsymbol{q},\dot{\boldsymbol{q}})$ es la diferencia entre la energía cinética $\mathcal{K}(\boldsymbol{q},\dot{\boldsymbol{q}})$ y energía potencial $\mathcal{U}(\boldsymbol{q})$:

$$\begin{aligned}
\mathcal{L}(\boldsymbol{q},\dot{\boldsymbol{q}}) &= \mathcal{K}(\boldsymbol{q},\dot{\boldsymbol{q}}) - \mathcal{U}(\boldsymbol{q}) \\
&= \tfrac{1}{2}\Bigg[\Big[\, m_2\,[\,\beta_2^2 + l_{c2}^2\cos^2(q_2)\,] + m_3\,[\,(\,\beta_2+\beta_3\,)^2 + 2\,l_2 l_{c3}\cos(q_2+q_3)\cos(q_2) + l_2^2\cos^2(q_2)\,] \\
&\quad + m_3\, l_{c3}^2\cos^2(q_2+q_3) + \mathcal{I}_{zz_1} + \mathcal{I}_{zz_2} + \mathcal{I}_{zz_3}\Big]\dot{q}_1^2 + \Big[\, m_2 l_{c2}^2 + m_3\,[\,l_2^2 + l_{c3}^2\,] \\
&\quad + 2\,m_3\, l_2\, l_{c3}\cos(q_3) + [\,\mathcal{I}_{xx_2} + \mathcal{I}_{xx_3}\,]\,\mathrm{sen}^2(q_1) + [\,\mathcal{I}_{yy_2} + \mathcal{I}_{yy_3}\,]\cos^2(q_1) \\
&\quad - 2\,[\,\mathcal{I}_{yx_2} + \mathcal{I}_{yx_3}\,]\cos(q_1)\,\mathrm{sen}(q_1)\Big]\dot{q}_2^2 + \Big[\, m_3 l_{c3}^2 + \mathcal{I}_{xx_3}\,\mathrm{sen}^2(q_1) + \mathcal{I}_{yy_3}\cos^2(q_1) \\
&\quad - 2\,\mathcal{I}_{yx_3}\cos(q_1)\,\mathrm{sen}(q_1)\Big]\dot{q}_3^2 - 2\Big[\, m_3\,(\,\beta_2+\beta_3\,)\,[\,l_2\,\mathrm{sen}(q_2) + l_{c3}\,\mathrm{sen}(q_2+q_3)\,] \\
&\quad + m_2\, l_{c2}\beta_2\,\mathrm{sen}(q_2) - [\,(\,\mathcal{I}_{zx_2} + \mathcal{I}_{zx_3}\,)\,\mathrm{sen}(q_1) - (\,\mathcal{I}_{zy_2} + \mathcal{I}_{zy_3}\,)\cos(q_1)\,]\Big]\dot{q}_1\dot{q}_2 \\
&\quad + 2\Big[\,\mathcal{I}_{zx_3}\,\mathrm{sen}(q_1) - \mathcal{I}_{zy_3}\cos(q_1) - m_3\,(\,\beta_2+\beta_3\,)\, l_{c3}\,\mathrm{sen}(q_2+q_3)\Big]\dot{q}_1\dot{q}_3 \\
&\quad + 2\Big[\, m_3\, l_2 l_{c3}\cos(q_3) + m_3\, l_{c3}^2 + \mathcal{I}_{xx_3}\,\mathrm{sen}^2(q_1) + \mathcal{I}_{yy_3}\cos^2(q_1) \\
&\quad - 2\,\mathcal{I}_{yx_3}\cos(q_1)\,\mathrm{sen}(q_1)\Big]\dot{q}_2\dot{q}_3\Bigg] - m_1 g\,[\,l_{1a} + \beta_1 + l_{c1}\,] + \\
&\quad - m_2 g l_{c2}\,[\,1 - \cos(q_2)\,] - m_3 g\,[\,l_2 + l_{c3}\,]\,[\,1 - \cos(q_2+q_3)\,]
\end{aligned}$$

4) Ecuaciones de movimiento de Euler-Lagrange: el procedimiento para la articulación de la base es el siguiente:

$$
\begin{aligned}
\frac{\partial}{\partial \dot{q}_1}\mathcal{L}(\boldsymbol{q},\dot{\boldsymbol{q}}) = & \Big[m_2\,[\beta_2^2 + l_{c2}^2\cos^2(q_2)] + m_3\,[\,(\beta_2+\beta_3)^2 + 2\,l_2 l_{c3}\cos(q_2+q_3)\cos(q_2) + l_2^2\cos^2(q_2)\,] \\
& + m_3\, l_{c3}^2\cos^2(q_2+q_3) + \mathcal{I}_{zz_1} + \mathcal{I}_{zz_2} + \mathcal{I}_{zz_3} \Big]\dot{q}_1 + \Big[-\, m_3\,(\beta_2+\beta_3)\,[l_2\,\operatorname{sen}(q_2) + l_{c3}\,\operatorname{sen}(q_2+q_3)\,] \\
& -\, m_2\, l_{c2}\beta_2\operatorname{sen}(q_2) + (\,\mathcal{I}_{zx_2} + \mathcal{I}_{zx_3}\,)\operatorname{sen}(q_1) - (\,\mathcal{I}_{zy_2} + \mathcal{I}_{zy_3}\,)\cos(q_1) \Big]\dot{q}_2 + \Big[\, \mathcal{I}_{zx_3}\operatorname{sen}(q_1) \\
& - \mathcal{I}_{zy_3}\cos(q_1) - m_3\,(\beta_2+\beta_3)\, l_{c3}\operatorname{sen}(q_2+q_3)\Big]\dot{q}_3
\end{aligned}
$$

$$
\begin{aligned}
\frac{d}{dt}\left[\frac{\partial}{\partial \dot{q}_1}\mathcal{L}(\boldsymbol{q},\dot{\boldsymbol{q}})\right] = & \Big[m_2\,[\beta_2^2 + l_{c2}^2\cos^2(q_2)] + m_3\,[\,(\beta_2+\beta_3)^2 + 2\,l_2 l_{c3}\cos(q_2+q_3)\cos(q_2) + l_2^2\cos^2(q_2)\,] \\
& + m_3\, l_{c3}^2\cos^2(q_2+q_3) + \mathcal{I}_{zz_1} + \mathcal{I}_{zz_2} + \mathcal{I}_{zz_3} \Big]\ddot{q}_1 + \Big[-\, m_3\,(\beta_2+\beta_3)\,[l_2\,\operatorname{sen}(q_2) + l_{c3}\,\operatorname{sen}(q_2+q_3)\,] \\
& -\, m_2\, l_{c2}\beta_2\operatorname{sen}(q_2) + (\,\mathcal{I}_{zx_2} + \mathcal{I}_{zx_3}\,)\operatorname{sen}(q_1) - (\,\mathcal{I}_{zy_2} + \mathcal{I}_{zy_3}\,)\cos(q_1) \Big]\ddot{q}_2 + \Big[\, \mathcal{I}_{zx_3}\operatorname{sen}(q_1) \\
& - \mathcal{I}_{zy_3}\cos(q_1) - m_3\,(\beta_2+\beta_3)\, l_{c3}\operatorname{sen}(q_2+q_3)\Big]\ddot{q}_3 + \Big[-2\,(m_2 l_{c2}^2 + m_3 l_2^2)\cos(q_2)\operatorname{sen}(q_2) + \\
& -\, 2\,m_3\, l_2 l_{c3}\operatorname{sen}(2q_2+q_3) - 2\,m_3 l_{c3}^2\operatorname{sen}(q_2+q_3)\cos(q_2+q_3) + (\,\mathcal{I}_{zx_2} + \mathcal{I}_{zx_3}\,)\cos(q_1) \\
& + (\,\mathcal{I}_{zy_2} + \mathcal{I}_{zy_3}\,)\operatorname{sen}(q_1)\Big]\dot{q}_1\dot{q}_2 + \Big[\, \mathcal{I}_{zx_3}\cos(q_1) + \mathcal{I}_{zy_3}\operatorname{sen}(q_1) - m_3 l_{c3}^2\cos(q_2+q_3)\operatorname{sen}(q_2+q_3) \\
& - m_3 l_2 l_{c3}\operatorname{sen}(q_2+q_3)\cos(q_2)\Big]\dot{q}_1\dot{q}_3 - \Big[\, m_3\,(\beta_2+\beta_3)\,[l_2\cos(q_2) + l_{c3}\cos(q_2+q_3)\,] \\
& + m_2 l_{c2}\beta_2\cos(q_2)\Big]\dot{q}_2^2 - m_3 l_{c3}\,(\beta_2+\beta_3)\cos(q_2+q_3)\dot{q}_2\dot{q}_3 - m_3 l_{c3}\,(\beta_2+\beta_3)\cos(q_2+q_3)\dot{q}_3^2
\end{aligned}
$$

$$
\begin{aligned}
-\frac{\partial}{\partial q_1}\mathcal{L}(\boldsymbol{q},\dot{\boldsymbol{q}}) = & -\Big[\,(\,\mathcal{I}_{xx_2} + \mathcal{I}_{xx_3} - \mathcal{I}_{yy_2} - \mathcal{I}_{yy_3}\,)\operatorname{sen}(q_1)\cos(q_1) + (\,\mathcal{I}_{yx_2} + \mathcal{I}_{yx_3}\,)\,[\,\operatorname{sen}^2(q_1) - \cos^2(q_1)\,]\Big]\dot{q}_2^2 \\
& -\Big[\,(\,\mathcal{I}_{xx_3} - \mathcal{I}_{yy_3}\,)\operatorname{sen}(q_1)\cos(q_1) + \mathcal{I}_{yy_3}\,[\,\operatorname{sen}^2(q_1) - \cos^2(q_1)\,]\Big]\dot{q}_3^2 + \\
& -\Big[\,(\,\mathcal{I}_{zy_2} + \mathcal{I}_{zy_3}\,)\operatorname{sen}(q_1) + (\,\mathcal{I}_{zx_2} + \mathcal{I}_{zx_3}\,)\cos(q_1)\Big]\dot{q}_1\dot{q}_2 - \Big[\,\mathcal{I}_{zx_3}\cos(q_1) + \mathcal{I}_{zy_3}\operatorname{sen}(q_1)\Big]\dot{q}_1\dot{q}_3 \\
& -2\Big[\,(\,\mathcal{I}_{xx_3} - \mathcal{I}_{yy_3}\,)\operatorname{sen}(q_1)\cos(q_1) + \mathcal{I}_{yz_3}\,[\,\operatorname{sen}^2(q_1) - \cos^2(q_1)\,]\Big]\dot{q}_2\dot{q}_3
\end{aligned}
$$

$$
\begin{aligned}
\tau_1 = & \Big[m_2\,[\beta_2^2 + l_{c2}^2\cos^2(q_2)] + m_3\Big[\,(\beta_2+\beta_3)^2 + l_2^2\cos^2(q_2) + 2\,l_2 l_{c3}\cos(q_2+q_3)\cos(q_2) + l_{c3}^2\cos^2(q_2+q_3)\Big] + \mathcal{I}_{zz_1} + \mathcal{I}_{zz_2} + \mathcal{I}_{zz_3}\Big]\ddot{q}_1 \\
& + \Big[-\, m_3\,(\beta_2+\beta_3)\,[l_2\,\operatorname{sen}(q_2) + l_{c3}\,\operatorname{sen}(q_2+q_3)\,] - m_2\, l_{c2}\beta_2\operatorname{sen}(q_2) + (\,\mathcal{I}_{zx_2} + \mathcal{I}_{zx_3}\,)\operatorname{sen}(q_1) - (\,\mathcal{I}_{zy_2} + \mathcal{I}_{zy_3}\,)\cos(q_1) \Big]\ddot{q}_2 \\
& + \Big[\, \mathcal{I}_{zx_3}\operatorname{sen}(q_1) - \mathcal{I}_{zy_3}\cos(q_1) - m_3\,(\beta_2+\beta_3)\, l_{c3}\operatorname{sen}(q_2+q_3)\Big]\ddot{q}_3 + \Big[-\, m_3\,(\beta_2+\beta_3)\,[l_2\cos(q_2) + l_{c3}\cos(q_2+q_3)\,] + \\
& \quad - m_2 l_{c2}\beta_2\cos(q_2) - [\,\mathcal{I}_{xx_2} + \mathcal{I}_{xx_3} - (\,\mathcal{I}_{yy_2} + \mathcal{I}_{yy_3}\,)\,]\operatorname{sen}(q_1)\cos(q_1) - (\,\mathcal{I}_{yx_2} + \mathcal{I}_{yx_3}\,)\,[\,\operatorname{sen}^2(q_1) - \cos^2(q_1)\,]\Big]\dot{q}_2^2 \\
& - \Big[m_3 l_{c3}\,(\beta_2+\beta_3)\cos(q_2+q_3) + (\,\mathcal{I}_{xx_3} - \mathcal{I}_{yy_3}\,)\operatorname{sen}(q_1)\cos(q_1) + \mathcal{I}_{yy_3}\,[\,\operatorname{sen}^2(q_1) - \cos^2(q_1)\,]\Big]\dot{q}_3^2 \\
& + \Big[-2\,(m_2 l_{c2}^2 + m_3 l_2^2)\cos(q_2)\operatorname{sen}(q_2) - 2\,m_3\, l_2 l_{c3}\operatorname{sen}(2q_2+q_3) - 2\,m_3 l_{c3}^2\operatorname{sen}(q_2+q_3)\cos(q_2+q_3) + \\
& \quad \Big[\cancel{(\,\mathcal{I}_{zy_2} + \mathcal{I}_{zy_3}\,)\operatorname{sen}(q_1)} - \cancel{(\,\mathcal{I}_{zy_2} + \mathcal{I}_{zy_3}\,)\operatorname{sen}(q_1)}\Big] + \Big[\cancel{(\,\mathcal{I}_{zx_2} + \mathcal{I}_{zx_3}\,)\cos(q_1)} - \cancel{(\,\mathcal{I}_{zx_2} + \mathcal{I}_{zx_3}\,)\cos(q_1)}\Big]\Big]\dot{q}_1\dot{q}_2 \\
& + \Big[-\, m_3 l_2 l_{c3}\operatorname{sen}(q_2+q_3)\cos(q_2) - m_3 l_{c3}^2\cos(q_2+q_3)\operatorname{sen}(q_2+q_3) + [\cancel{\mathcal{I}_{zx_3}\cos(q_1)} - \cancel{\mathcal{I}_{zx_3}\cos(q_1)}] +
\end{aligned}
$$

$$\left.\left[\xcancel{\mathcal{I}_{zy_3}\,\mathrm{sen}(q_1)} - \xcancel{\mathcal{I}_{zy_3}\,\mathrm{sen}(q_1)}\right]\right]\dot{q}_1\dot{q}_3 + \left[\ -2\,[\,\mathcal{I}_{xx_3} - \mathcal{I}_{yy_3}\,]\ \mathrm{sen}(q_1)\cos(q_1) - 2\mathcal{I}_{yz_3}\,[\ \mathrm{sen}^2(q_1) - \cos^2(q_1)\,] + \right.$$

$$\left. -\ m_3 l_{c3}\,(\,\beta_2 + \beta_3\,)\ \cos(q_2 + q_3)\right]\dot{q}_2\dot{q}_3$$

Simplificando términos en el torque τ_1 se obtiene:

$$\begin{aligned}
\tau_1 \quad = \quad & \Big[m_2\,[\,\beta_2^2 + l_{c2}^2\cos^2(q_2)\,] + m_3\Big[\,(\,\beta_2+\beta_3\,)^2 + l_2^2\cos^2(q_2) + 2\,l_2 l_{c3}\cos(q_2+q_3)\cos(q_2) + l_{c3}^2\cos^2(q_2+q_3)\Big] + \mathcal{I}_{zz_1} + \mathcal{I}_{zz_2} + \mathcal{I}_{zz_3}\Big]\ddot{q}_1 \\
& + \Big[\ -m_3\,(\,\beta_2+\beta_3\,)\,[\,l_2\ \mathrm{sen}(q_2) + l_{c3}\ \mathrm{sen}(q_2+q_3)\,] - m_2\,l_{c2}\beta_2\ \mathrm{sen}(q_2) + (\,\mathcal{I}_{zx_2} + \mathcal{I}_{zx_3}\,)\ \mathrm{sen}(q_1) - (\,\mathcal{I}_{zy_2} + \mathcal{I}_{zy_3}\,)\ \cos(q_1)\Big]\ddot{q}_2 \\
& + \Big[\,\mathcal{I}_{zx_3}\ \mathrm{sen}(q_1) - \mathcal{I}_{zy_3}\cos(q_1) - m_3\,(\,\beta_2+\beta_3\,)\,l_{c3}\ \mathrm{sen}(q_2+q_3)\Big]\ddot{q}_3 + \Big[-m_3\,(\,\beta_2+\beta_3\,)\,[\,l_2\cos(q_2) + l_{c3}\cos(q_2+q_3)\,] + \\
& \quad -m_2 l_{c2}\beta_2\cos(q_2) - [\,\mathcal{I}_{xx_2} + \mathcal{I}_{xx_3} - (\,\mathcal{I}_{yy_2} + \mathcal{I}_{yy_3}\,)\,]\ \mathrm{sen}(q_1)\cos(q_1) - (\,\mathcal{I}_{yx_2} + \mathcal{I}_{yx_3}\,)\,[\ \mathrm{sen}^2(q_1) - \cos^2(q_1)\,]\ \Big]\dot{q}_2^2 \\
& - \Big[m_3 l_{c3}\,(\,\beta_2+\beta_3\,)\ \cos(q_2+q_3) + (\,\mathcal{I}_{xx_3} - \mathcal{I}_{yy_3}\,)\ \mathrm{sen}(q_1)\cos(q_1) + \mathcal{I}_{yy_3}\,[\ \mathrm{sen}^2(q_1) - \cos^2(q_1)\,]\ \Big]\dot{q}_3^2 + \\
& \Big[\ -2\,(\,m_2 l_{c2}^2 + m_3 l_2^2\,)\ \cos(q_2)\ \mathrm{sen}(q_2) - 2\,m_3\,l_2 l_{c3}\ \mathrm{sen}(2q_2+q_3) - 2\,m_3 l_{c3}^2\ \mathrm{sen}(q_2+q_3)\ \cos(q_2+q_3)\Big]\dot{q}_1\dot{q}_2 \\
& \Big[\ -m_3 l_2 l_{c3}\ \mathrm{sen}(q_2+q_3)\cos(q_2) - m_3 l_{c3}^2\cos(q_2+q_3)\ \mathrm{sen}(q_2+q_3)\Big]\dot{q}_1\dot{q}_3 + \\
& \Big[\ -2\,[\,\mathcal{I}_{xx_3} - \mathcal{I}_{yy_3}\,]\ \mathrm{sen}(q_1)\cos(q_1) - 2\mathcal{I}_{yz_3}\,[\ \mathrm{sen}^2(q_1) - \cos^2(q_1)\,] - m_3 l_{c3}\,(\,\beta_2+\beta_3\,)\ \cos(q_2+q_3)\Big]\dot{q}_2\dot{q}_3
\end{aligned}$$

El desarrollo matemático de Euler-Lagrange para la articulación del hombro:

$$\begin{aligned}
\frac{\partial}{\partial \dot{q}_2}\mathcal{L}(\boldsymbol{q},\dot{\boldsymbol{q}}) \quad = \quad & \Big[\ -m_3\,(\,\beta_2+\beta_3\,)\,[\,l_2\ \mathrm{sen}(q_2) + l_{c3}\ \mathrm{sen}(q_2+q_3)\,] - m_2\,l_{c2}\beta_2\ \mathrm{sen}(q_2) + \\
& (\,\mathcal{I}_{zx_2} + \mathcal{I}_{zx_3}\,)\ \mathrm{sen}(q_1) - (\,\mathcal{I}_{zy_2} + \mathcal{I}_{zy_3}\,)\ \cos(q_1)\Big]\dot{q}_1 + \Big[\ m_2 l_{c2}^2 + m_3\,[\,l_2^2 + l_{c3}^2\,] \\
& + 2\,m_3\,l_2\,l_{c3}\cos(q_3) + [\,\mathcal{I}_{xx_2} + \mathcal{I}_{xx_3}\,]\ \mathrm{sen}^2(q_1) + [\,\mathcal{I}_{yy_2} + \mathcal{I}_{yy_3}\,]\ \cos^2(q_1) \\
& -2\,[\,\mathcal{I}_{yx_2} + \mathcal{I}_{yx_3}\,]\ \cos(q_1)\ \mathrm{sen}(q_1)\Big]\dot{q}_2 + \Big[\ m_3\,l_2 l_{c3}\cos(q_3) + m_3\,l_{c3}^2 + \\
& \mathcal{I}_{xx_3}\ \mathrm{sen}^2(q_1) + \mathcal{I}_{yy_3}\cos^2(q_1) - 2\,\mathcal{I}_{yx_3}\cos(q_1)\ \mathrm{sen}(q_1)\Big]\dot{q}_3
\end{aligned}$$

$$\begin{aligned}
\frac{d}{dt}\left[\frac{\partial}{\partial \dot{q}_2}\mathcal{L}(\boldsymbol{q},\dot{\boldsymbol{q}})\right] \quad = \quad & \Big[\ -m_3\,(\,\beta_2+\beta_3\,)\,[\,l_2\ \mathrm{sen}(q_2) + l_{c3}\ \mathrm{sen}(q_2+q_3)\,] - m_2\,l_{c2}\beta_2\ \mathrm{sen}(q_2) + (\,\mathcal{I}_{zx_2} + \mathcal{I}_{zx_3}\,)\ \mathrm{sen}(q_1) \\
& -\ (\,\mathcal{I}_{zy_2} + \mathcal{I}_{zy_3}\,)\ \cos(q_1)\Big]\ddot{q}_1 + \Big[\ m_2 l_{c2}^2 + m_3\,[\,l_2^2 + l_{c3}^2\,] + 2\,m_3\,l_2\,l_{c3}\cos(q_3) + \\
& [\,\mathcal{I}_{xx_2} + \mathcal{I}_{xx_3}\,]\ \mathrm{sen}^2(q_1) + [\,\mathcal{I}_{yy_2} + \mathcal{I}_{yy_3}\,]\ \cos^2(q_1) - 2\,[\,\mathcal{I}_{yx_2} + \mathcal{I}_{yx_3}\,]\ \cos(q_1)\ \mathrm{sen}(q_1)\Big]\ddot{q}_2 \\
& + \Big[\ m_3\,l_2 l_{c3}\cos(q_3) + m_3\,l_{c3}^2 + \mathcal{I}_{xx_3}\ \mathrm{sen}^2(q_1) + \mathcal{I}_{yy_3}\cos^2(q_1) - 2\,\mathcal{I}_{yx_3}\cos(q_1)\ \mathrm{sen}(q_1)\Big]\ddot{q}_3 \\
& + \Big[\ (\,\mathcal{I}_{zx_2} + \mathcal{I}_{zx_3}\,)\ \cos(q_1) + (\,\mathcal{I}_{zy_2} + \mathcal{I}_{zy_3}\,)\ \mathrm{sen}(q_1)\Big]\dot{q}_1^2 +
\end{aligned}$$

$$
\begin{aligned}
&\Big[2\,[\mathcal{I}_{xx_2}+\mathcal{I}_{xx_3}-(\mathcal{I}_{yy_2}+\mathcal{I}_{yy_3})]\,\cos(q_1)\,\operatorname{sen}(q_1)+2\,[\mathcal{I}_{yx_2}+\mathcal{I}_{yx_3}]\,[\,\operatorname{sen}^2(q_1)-\cos^2(q_1)\,]\\
&-m_3\,(\beta_2+\beta_3)\,[l_2\,\cos(q_2)+l_{c3}\,\cos(q_2+q_3)]-m_2\,l_{c2}\beta_2\,\cos(q_2)\Big]\,\dot q_1\dot q_2+\\
&\Big[-m_3\,(\beta_2+\beta_3)\,l_{c3}\,\cos(q_2+q_3)+2\,\mathcal{I}_{yx_3}\,[\,\cos^2(q_1)-\operatorname{sen}^2(q_1)\,]+2\,[\mathcal{I}_{xx_3}-\mathcal{I}_{yy_3}]\,\operatorname{sen}(q_1)\,\cos(q_1)\Big]\,\dot q_1\dot q_3\\
&-2\,m_3\,l_2\,l_{c3}\,\operatorname{sen}(q_3)\dot q_2\dot q_3-m_3l_2l_{c3}\,\operatorname{sen}(q_3)\dot q_3^2
\end{aligned}
$$

$$
\begin{aligned}
-\tfrac{\partial}{\partial q_2}\mathcal{L}(\boldsymbol{q},\dot{\boldsymbol{q}}) \;=\;& \Big[\,[m_2\,l_{c2}^2+m_3\,l_2^2]\,\cos(q_2)\,\operatorname{sen}(q_2)+m_3l_2l_{c3}\,\cos(2q_2+q_3)+m_3\,l_{c3}^2\,\cos(q_2+q_3)\,\operatorname{sen}(q_2+q_3)\Big]\,\dot q_1^2+\\
&\Big[\,m_3\,(\beta_2+\beta_3)\,[l_2\,\cos(q_2)+l_{c3}\,\cos(q_2+q_3)]+m_2\,l_{c2}\beta_2\,\cos(q_2)\Big]\,\dot q_1\dot q_2+\\
&\Big[\,m_3\,(\beta_2+\beta_3)\,l_{c3}\,\cos(q_2+q_3)\Big]\,\dot q_1\dot q_3+m_2\,g\,l_{c2}\,\operatorname{sen}(q_2)+m_3\,g\,[l_2+l_{c3}]\,\operatorname{sen}(q_2+q_3)
\end{aligned}
$$

El torque de la segunda articulación (hombro) toma la forma de:

$$
\begin{aligned}
\tau_2 \;=\;& \Big[-m_3\,(\beta_2+\beta_3)\,[l_2\,\operatorname{sen}(q_2)+l_{c3}\,\operatorname{sen}(q_2+q_3)]-m_2\,l_{c2}\beta_2\,\operatorname{sen}(q_2)+(\mathcal{I}_{zx_2}+\mathcal{I}_{zx_3})\,\operatorname{sen}(q_1)\;+\\
&-[\mathcal{I}_{zy_2}+\mathcal{I}_{zy_3}]\,\cos(q_1)\Big]\,\ddot q_1+\Big[\,m_2l_{c2}^2+m_3\,[l_2^2+l_{c3}^2]+2\,m_3\,l_2\,l_{c3}\,\cos(q_3)+[\mathcal{I}_{xx_2}+\mathcal{I}_{xx_3}]\,\operatorname{sen}^2(q_1)\\
&+[\mathcal{I}_{yy_2}+\mathcal{I}_{yy_3}]\,\cos^2(q_1)-2\,[\mathcal{I}_{yx_2}+\mathcal{I}_{yx_3}]\,\cos(q_1)\,\operatorname{sen}(q_1)\Big]\,\ddot q_2+\Big[\,m_3\,l_2l_{c3}\,\cos(q_3)+m_3\,l_{c3}^2+\\
&+\mathcal{I}_{xx_3}\,\operatorname{sen}^2(q_1)+\mathcal{I}_{yy_3}\,\cos^2(q_1)-2\,\mathcal{I}_{yx_3}\,\cos(q_1)\,\operatorname{sen}(q_1)\Big]\,\ddot q_3\;+\;\Big[\,(\mathcal{I}_{zx_2}+\mathcal{I}_{zx_3})\,\cos(q_1)+\\
&(\mathcal{I}_{zy_2}+\mathcal{I}_{zy_3})\,\operatorname{sen}(q_1)+[m_2\,l_{c2}^2+m_3\,l_2^2]\,\cos(q_2)\,\operatorname{sen}(q_2)\;+m_3l_2l_{c3}\,\cos(2q_2+q_3)\;+\\
&+m_3\,l_{c3}^2\,\cos(q_2+q_3)\,\operatorname{sen}(q_2+q_3)\Big]\,\dot q_1^2\;+\;\Big[\;2\,[\mathcal{I}_{xx_2}+\mathcal{I}_{xx_3}-(\mathcal{I}_{yy_2}+\mathcal{I}_{yy_3})]\,\cos(q_1)\,\operatorname{sen}(q_1)\;+\\
&2\,[\mathcal{I}_{yx_2}+\mathcal{I}_{yx_3}]\,[\,\operatorname{sen}^2(q_1)-\cos^2(q_1)\,]\;+\;\Big[\,\cancel{m_2\,l_{c2}\beta_2\,\cos(q_2)}-\cancel{m_2\,l_{c2}\beta_2\,\cos(q_2)}\Big]\;+\\
&+\Big[\,\cancel{m_3\,(\beta_2+\beta_3)\,[l_2\,\cos(q_2)+l_{c3}\,\cos(q_2+q_3)]}-\cancel{m_3\,(\beta_2+\beta_3)\,[l_2\,\cos(q_2)+l_{c3}\,\cos(q_2+q_3)]}\Big]\Big]\,\dot q_1\dot q_2+\\
&\Big[-m_3\,(\beta_2+\beta_3)\,l_{c3}\,\cos(q_2+q_3)+2\,\mathcal{I}_{yx_3}\,[\,\cos^2(q_1)-\operatorname{sen}^2(q_1)\,]+2\,[\mathcal{I}_{xx_3}-\mathcal{I}_{yy_3}]\,\operatorname{sen}(q_1)\,\cos(q_1)\Big]\,\dot q_1\dot q_3\\
&-2\,m_3\,l_2\,l_{c3}\,\operatorname{sen}(q_3)\dot q_2\dot q_3-m_3l_2l_{c3}\,\operatorname{sen}(q_3)\dot q_3^2+m_2\,g\,l_{c2}\,\operatorname{sen}(q_2)+m_3\,g\,[l_2+l_{c3}]\,\operatorname{sen}(q_2+q_3)
\end{aligned}
$$

Depurando aspectos algebraicos se obtiene:

$$
\tau_2 \;=\; \Big[-m_3\,(\beta_2+\beta_3)\,[l_2\,\operatorname{sen}(q_2)+l_{c3}\,\operatorname{sen}(q_2+q_3)]-m_2\,l_{c2}\beta_2\,\operatorname{sen}(q_2)+(\mathcal{I}_{zx_2}+\mathcal{I}_{zx_3})\,\operatorname{sen}(q_1)\;+
$$

$$- [\mathcal{I}_{zy_2} + \mathcal{I}_{zy_3}] \cos(q_1) \Big] \ddot{q}_1 + \Big[m_2 l_{c2}^2 + m_3 [l_2^2 + l_{c3}^2] + 2 m_3 l_2 l_{c3} \cos(q_3) + [\mathcal{I}_{xx_2} + \mathcal{I}_{xx_3}] \operatorname{sen}^2(q_1)$$

$$+ [\mathcal{I}_{yy_2} + \mathcal{I}_{yy_3}] \cos^2(q_1) - 2 [\mathcal{I}_{yx_2} + \mathcal{I}_{yx_3}] \cos(q_1) \operatorname{sen}(q_1) \Big] \ddot{q}_2 + \Big[m_3 l_2 l_{c3} \cos(q_3) + m_3 l_{c3}^2 +$$

$$+ \mathcal{I}_{xx_3} \operatorname{sen}^2(q_1) + \mathcal{I}_{yy_3} \cos^2(q_1) - 2 \mathcal{I}_{yx_3} \cos(q_1) \operatorname{sen}(q_1) \Big] \ddot{q}_3 + \Big[(\mathcal{I}_{zx_2} + \mathcal{I}_{zx_3}) \cos(q_1) +$$

$$(\mathcal{I}_{zy_2} + \mathcal{I}_{zy_3}) \operatorname{sen}(q_1) + [m_2 l_{c2}^2 + m_3 l_2^2] \cos(q_2) \operatorname{sen}(q_2) + m_3 l_2 l_{c3} \cos(2q_2 + q_3) +$$

$$+ m_3 l_{c3}^2 \cos(q_2 + q_3) \operatorname{sen}(q_2 + q_3) \Big] \dot{q}_1^2 + \Big[2 [\mathcal{I}_{xx_2} + \mathcal{I}_{xx_3} - (\mathcal{I}_{yy_2} + \mathcal{I}_{yy_3})] \cos(q_1) \operatorname{sen}(q_1) +$$

$$2 [\mathcal{I}_{yx_2} + \mathcal{I}_{yx_3}] [\operatorname{sen}^2(q_1) - \cos^2(q_1)] \Big] \dot{q}_1 \dot{q}_2 + \Big[- m_3 (\beta_2 + \beta_3) l_{c3} \cos(q_2 + q_3) +$$

$$- 2 \mathcal{I}_{yx_3} [\cos^2(q_1) - \operatorname{sen}^2(q_1)] + 2 [\mathcal{I}_{xx_3} - \mathcal{I}_{yy_3}] \operatorname{sen}(q_1) \cos(q_1) \Big] \dot{q}_1 \dot{q}_3 - 2 m_3 l_2 l_{c3} \operatorname{sen}(q_3) \dot{q}_2 \dot{q}_3 +$$

$$- m_3 l_2 l_{c3} \operatorname{sen}(q_3) \dot{q}_3^2 + m_2 g l_{c2} \operatorname{sen}(q_2) + m_3 g [l_2 + l_{c3}] \operatorname{sen}(q_2 + q_3)$$

El proceso para la tercera articulación se describe a continuación:

$$\frac{\partial}{\partial \dot{q}_3} \mathcal{L}(\boldsymbol{q}, \dot{\boldsymbol{q}}) = \Big[\mathcal{I}_{zx_3} \operatorname{sen}(q_1) - \mathcal{I}_{zy_3} \cos(q_1) - m_3 (\beta_2 + \beta_3) l_{c3} \operatorname{sen}(q_2 + q_3) \Big] \dot{q}_1 +$$

$$\Big[m_3 l_2 l_{c3} \cos(q_3) + m_3 l_{c3}^2 + \mathcal{I}_{xx_3} \operatorname{sen}^2(q_1) + \mathcal{I}_{yy_3} \cos^2(q_1) - 2 \mathcal{I}_{yx_3} \cos(q_1) \operatorname{sen}(q_1) \Big] \dot{q}_2 +$$

$$\Big[m_3 l_{c3}^2 + \mathcal{I}_{xx_3} \operatorname{sen}^2(q_1) + \mathcal{I}_{yy_3} \cos^2(q_1) - 2 \mathcal{I}_{yz_3} \cos(q_1) \operatorname{sen}(q_1) \Big] \dot{q}_3$$

$$\frac{d}{dt} \Big[\frac{\partial}{\partial \dot{q}_3} \mathcal{L}(\boldsymbol{q}, \dot{\boldsymbol{q}}) \Big] = \Big[\mathcal{I}_{zx_3} \operatorname{sen}(q_1) - \mathcal{I}_{zy_3} \cos(q_1) - m_3 (\beta_2 + \beta_3) l_{c3} \operatorname{sen}(q_2 + q_3) \Big] \ddot{q}_1 +$$

$$\Big[m_3 l_2 l_{c3} \cos(q_3) + m_3 l_{c3}^2 + \mathcal{I}_{xx_3} \operatorname{sen}^2(q_1) + \mathcal{I}_{yy_3} \cos^2(q_1) - 2 \mathcal{I}_{yx_3} \cos(q_1) \operatorname{sen}(q_1) \Big] \ddot{q}_2 +$$

$$\Big[m_3 l_{c3}^2 + \mathcal{I}_{xx_3} \operatorname{sen}^2(q_1) + \mathcal{I}_{yy_3} \cos^2(q_1) - 2 \mathcal{I}_{yx_3} \cos(q_1) \operatorname{sen}(q_1) \Big] \ddot{q}_3$$

$$\Big[\mathcal{I}_{zx_3} \cos(q_1) + \mathcal{I}_{zy_3} \operatorname{sen}(q_1) \Big] \dot{q}_1^2 +$$

$$\Big[- m_3 (\beta_2 + \beta_3) l_{c3} \cos(q_2 + q_3) + 2 [\mathcal{I}_{xx_3} - \mathcal{I}_{yy_3}] \operatorname{sen}(q_1) \cos(q_1) +$$

$$2 \mathcal{I}_{yx_3} [\operatorname{sen}^2(q_1) - \cos^2(q_1)] \Big] \dot{q}_1 \dot{q}_2$$

$$\Big[- m_3 (\beta_2 + \beta_3) l_{c3} \cos(q_2 + q_3) + 2 [\mathcal{I}_{xx_3} - \mathcal{I}_{yy_3}] \cos(q_1) \operatorname{sen}(q_1) +$$

$$2 \mathcal{I}_{yz_3} [\cos(q_1) \operatorname{sen}^2(q_1) - \cos^2(q_1)] \Big] \dot{q}_1 \dot{q}_3 - m_3 l_2 l_{c3} \operatorname{sen}(q_3) \dot{q}_2 \dot{q}_3$$

$$
\begin{aligned}
-\frac{\partial}{\partial q_3}\mathcal{L}(\boldsymbol{q},\dot{\boldsymbol{q}}) \;=\;& \Big[m_3 l_2 l_{c3}\,\mathrm{sen}(q_2+q_3)\cos(q_2) + m_3\, l_{c3}^2 \cos(q_2+q_3)\,\mathrm{sen}(q_2+q_3) \Big]\dot{q}_1^2 + m_3\, l_2\, l_{c3}\,\mathrm{sen}(q_3)\dot{q}_2^2 \\
&+ m_3\,(\beta_2+\beta_3)\, l_{c3}\,\cos(q_2+q_3)\,\dot{q}_1\dot{q}_2 + m_3\,(\beta_2+\beta_3)\, l_{c3}\cos(q_2+q_3)\dot{q}_1\dot{q}_3 \\
&+ m_3\, l_2 l_{c3}\,\mathrm{sen}(q_3)\dot{q}_2\dot{q}_3 + m_3\, g\,[\, l_2 + l_{c3}\,]\ \mathrm{sen}(q_2+q_3)
\end{aligned}
$$

El torque para la tercera articulación se muestra a continuación:

$$
\begin{aligned}
\tau_3 \;=\;& \Big[\mathcal{I}_{zx_3}\,\mathrm{sen}(q_1) - \mathcal{I}_{zy_3}\cos(q_1) - m_3\,(\beta_2+\beta_3)\, l_{c3}\,\mathrm{sen}(q_2+q_3)\Big]\ddot{q}_1 + \\
& \Big[m_3\, l_2 l_{c3}\cos(q_3) + m_3\, l_{c3}^2 + \mathcal{I}_{xx_3}\,\mathrm{sen}^2(q_1) + \mathcal{I}_{yy_3}\cos^2(q_1) - 2\,\mathcal{I}_{yx_3}\cos(q_1)\,\mathrm{sen}(q_1)\Big]\ddot{q}_2 + \\
& \Big[m_3 l_{c3}^2 + \mathcal{I}_{xx_3}\,\mathrm{sen}^2(q_1) + \mathcal{I}_{yy_3}\cos^2(q_1) - 2\,\mathcal{I}_{yx_3}\cos(q_1)\,\mathrm{sen}(q_1)\Big]\ddot{q}_3 \\
& \Big[\mathcal{I}_{zx_3}\cos(q_1) + \mathcal{I}_{zy_3}\,\mathrm{sen}(q_1) + m_3 l_2 l_{c3}\,\mathrm{sen}(q_2+q_3)\cos(q_2) + m_3\, l_{c3}^2\cos(q_2+q_3)\,\mathrm{sen}(q_2+q_3)\Big]\dot{q}_1^2 + \\
& m_3\, l_2\, l_{c3}\,\mathrm{sen}(q_3)\,\dot{q}_2^2 + \Big[2\,[\mathcal{I}_{xx_3} - \mathcal{I}_{yy_3}]\ \mathrm{sen}(q_1)\cos(q_1) - 2\,\mathcal{I}_{yx_3}\,[\,\cos^2(q_1) - \mathrm{sen}^2(q_1)] \; + \\
& - \cancel{m_3\,(\beta_2+\beta_3)\, l_{c3}\cos(q_2+q_3)} + \cancel{m_3\,(\beta_2+\beta_3)\, l_{c3}\cos(q_2+q_3)}\Big]\dot{q}_1\dot{q}_2 + \\
& \Big[2\,[\mathcal{I}_{xx_3} - \mathcal{I}_{yy_3}]\cos(q_1)\,\mathrm{sen}(q_1) + 2\,\mathcal{I}_{yz_3}[\,\mathrm{sen}^2(q_1) - \cos^2(q_1)] - \cancel{m_3\,(\beta_2+\beta_3)\, l_{c3}\cos(q_2+q_3)} \\
& + \cancel{m_3\,(\beta_2+\beta_3)\, l_{c3}\cos(q_2+q_3)}\Big]\dot{q}_1\dot{q}_3 + \Big[\cancel{m_3 l_2 l_{c3}\,\mathrm{sen}(q_3)} - \cancel{m_3 l_2 l_{c3}\,\mathrm{sen}(q_3)}\Big]\dot{q}_2\dot{q}_3 \\
& + m_3\, g\,[\, l_2 + l_{c3}\,]\ \mathrm{sen}(q_2+q_3)
\end{aligned}
$$

Simplificando la expresión del torque τ_3 se obtiene:

$$
\begin{aligned}
\tau_3 \;=\;& \Big[\mathcal{I}_{zx_3}\,\mathrm{sen}(q_1) - \mathcal{I}_{zy_3}\cos(q_1) - m_3\,(\beta_2+\beta_3)\, l_{c3}\,\mathrm{sen}(q_2+q_3)\Big]\ddot{q}_1 + \\
& \Big[m_3\, l_2 l_{c3}\cos(q_3) + m_3\, l_{c3}^2 + \mathcal{I}_{xx_3}\,\mathrm{sen}^2(q_1) + \mathcal{I}_{yy_3}\cos^2(q_1) - 2\,\mathcal{I}_{yx_3}\cos(q_1)\,\mathrm{sen}(q_1)\Big]\ddot{q}_2 + \\
& \Big[m_3 l_{c3}^2 + \mathcal{I}_{xx_3}\,\mathrm{sen}^2(q_1) + \mathcal{I}_{yy_3}\cos^2(q_1) - 2\,\mathcal{I}_{yx_3}\cos(q_1)\,\mathrm{sen}(q_1)\Big]\ddot{q}_3 \\
& \Big[\mathcal{I}_{zx_3}\cos(q_1) + \mathcal{I}_{zy_3}\,\mathrm{sen}(q_1) + m_3 l_2 l_{c3}\,\mathrm{sen}(q_2+q_3)\cos(q_2) + m_3\, l_{c3}^2\cos(q_2+q_3)\,\mathrm{sen}(q_2+q_3)\Big]\dot{q}_1^2 + \\
& + \Big[2\,[\mathcal{I}_{xx_3} - \mathcal{I}_{yy_3}]\ \mathrm{sen}(q_1)\cos(q_1) - 2\,\mathcal{I}_{yx_3}\,[\,\cos^2(q_1) - \mathrm{sen}^2(q_1)]\Big]\dot{q}_1\dot{q}_2 + m_3\, l_2\, l_{c3}\,\mathrm{sen}(q_3)\,\dot{q}_2^2 + \\
& \Big[2\,[\mathcal{I}_{xx_3} - \mathcal{I}_{yy_3}]\cos(q_1)\,\mathrm{sen}(q_1) + 2\,\mathcal{I}_{yz_3}[\,\mathrm{sen}^2(q_1) - \cos^2(q_1))\Big]\dot{q}_1\dot{q}_3 + m_3\, g\,[\, l_2 + l_{c3}\,]\ \mathrm{sen}(q_2+q_3)
\end{aligned}
$$

$$
\begin{bmatrix} \tau_1 \\ \tau_2 \\ \tau_3 \end{bmatrix} =
\begin{bmatrix}
\underbrace{\begin{array}{c} m_2\,[\,\beta_2^2 + l_{c2}^2\cos^2(q_2)\,] + m_3 \Big[\,(\beta_2+\beta_3\,)^2 \\ + l_2^2\cos^2(q_2) + 2\,l_2 l_{c3}\cos(q_2+q_3)\cos(q_2) \\ + l_{c3}^2\cos^2(q_2+q_3)\Big] + \mathcal{I}_{zz_1} + \mathcal{I}_{zz_2} + \mathcal{I}_{zz_3} \end{array}}_{m_{11}} &
\underbrace{\begin{array}{c} -m_3\,(\,\beta_2+\beta_3\,)\,[\,l_2\ \mathrm{sen}(q_2) + l_{c3}\ \mathrm{sen}(q_2+q_3)\,] \\ -\,m_2\,l_{c2}\beta_2\ \mathrm{sen}(q_2) + (\,\mathcal{I}_{zx_2} + \mathcal{I}_{zx_3}\,)\ \mathrm{sen}(q_1) \\ -(\,\mathcal{I}_{zy_2} + \mathcal{I}_{zy_3}\,)\ \cos(q_1) \end{array}}_{m_{12}} &
\underbrace{\begin{array}{c} \mathcal{I}_{zx_3}\ \mathrm{sen}(q_1) - \mathcal{I}_{zy_3}\ \cos(q_1) \\ -\,m_3\,(\,\beta_2+\beta_3\,)\ l_{c3}\ \mathrm{sen}(q_2+q_3) \end{array}}_{m_{13}} \\
\underbrace{\begin{array}{c} -m_3\,(\,\beta_2+\beta_3\,)\,[\,l_2\ \mathrm{sen}(q_2) + l_{c3}\ \mathrm{sen}(q_2+q_3)\,] \\ -\,m_2\,l_{c2}\beta_2\ \mathrm{sen}(q_2) + (\,\mathcal{I}_{zx_2} + \mathcal{I}_{zx_3}\,)\ \mathrm{sen}(q_1) \\ -(\,\mathcal{I}_{zy_2} + \mathcal{I}_{zy_3}\,)\ \cos(q_1) \end{array}}_{m_{21}} &
\underbrace{\begin{array}{c} m_2 l_{c2}^2 + m_3\,[\,l_2^2 + l_{c3}^2 + 2\,l_2\,l_{c3}\cos(q_3)\,] \\ +\,[\,\mathcal{I}_{xx_2} + \mathcal{I}_{xx_3}\,]\ \mathrm{sen}^2(q_1) \\ +\,[\,\mathcal{I}_{yy_2} + \mathcal{I}_{yy_3}\,]\ \cos^2(q_1) \\ -2\,[\,\mathcal{I}_{yx_2} + \mathcal{I}_{yx_3}\,]\ \cos(q_1)\ \mathrm{sen}(q_1) \end{array}}_{m_{22}} &
\underbrace{\begin{array}{c} m_3\,l_2 l_{c3}\cos(q_3) + m_3\,l_{c3}^2 + \\ \mathcal{I}_{xx_3}\ \mathrm{sen}^2(q_1) + \mathcal{I}_{yy_3}\ \cos^2(q_1) \\ -2\,\mathcal{I}_{yx_3}\ \cos(q_1)\ \mathrm{sen}(q_1) \end{array}}_{m_{23}} \\
\underbrace{\begin{array}{c} \mathcal{I}_{zx_3}\ \mathrm{sen}(q_1) - \mathcal{I}_{zy_3}\ \cos(q_1) \\ -\,m_3\,(\,\beta_2+\beta_3\,)\ l_{c3}\ \mathrm{sen}(q_2+q_3) \end{array}}_{m_{31}} &
\underbrace{\begin{array}{c} m_3\,l_2 l_{c3}\cos(q_3) + m_3\,l_{c3}^2 + \\ \mathcal{I}_{xx_3}\ \mathrm{sen}^2(q_1) + \mathcal{I}_{yy_3}\ \cos^2(q_1) \\ -2\,\mathcal{I}_{yx_3}\ \cos(q_1)\ \mathrm{sen}(q_1) \end{array}}_{m_{32}} &
\underbrace{\begin{array}{c} m_3 l_{c3}^2 + \mathcal{I}_{xx_3}\ \mathrm{sen}^2(q_1) \\ +\mathcal{I}_{yy_3}\ \cos^2(q_1) \\ -2\,\mathcal{I}_{yx_3}\ \cos(q_1)\ \mathrm{sen}(q_1) \end{array}}_{m_{33}}
\end{bmatrix}
\begin{bmatrix} \ddot{q}_1 \\ \ddot{q}_2 \\ \ddot{q}_3 \end{bmatrix} +
$$

$$
\begin{bmatrix}
\underbrace{\begin{array}{c} -\,[\,m_2\,l_{c2}^2 + m_3\,l_2^2\,]\ \cos(q_2)\ \mathrm{sen}(q_2)\dot{q}_2 \\ -m_3\,l_2 l_{c3}\ \mathrm{sen}(2\,q_2+q_3)\dot{q}_2 \\ -m_3\,l_2 l_{c3}\ \mathrm{sen}(q_2+q_3)\ \cos(q_2)\dot{q}_3 \\ -m_3 l_{c3}^2\ \mathrm{sen}(q_2+q_3)\ \cos(q_2+q_3)\,[\,\dot{q}_2+\dot{q}_3\,] \end{array}}_{c_{11}} &
\underbrace{\begin{array}{c} -m_3\,(\,\beta_2+\beta_3\,)\Big[\,l_2\ \cos(q_2)\dot{q}_2 + l_{c3}\ \cos(q_2+q_3)\,[\,\dot{q}_2+\dot{q}_3\,]\Big] \\ -\,m_2\,l_{c2}\beta_2\ \cos(q_2)\dot{q}_2 - (\,\mathcal{I}_{yx_2}+\mathcal{I}_{yx_3}\,)\,[\ \mathrm{sen}^2(q_1) -\ \cos^2(q_1)\,]\,\dot{q}_2 \\ -\,[\,\mathcal{I}_{xx_2}+\mathcal{I}_{xx_3} - (\,\mathcal{I}_{yy_2}+\mathcal{I}_{yy_3}\,)\,]\ \mathrm{sen}(q_1)\ \cos(q_1)\dot{q}_2 \\ -\,[\,m_2 l_{c2}^2 + m_3 l_2^2\,]\ \cos(q_2)\ \mathrm{sen}(q_2)\dot{q}_1 - m_3\,l_2 l_{c3}\ \mathrm{sen}(2q_2+q_3)\dot{q}_1 \\ -m_3 l_{c3}^2\ \mathrm{sen}(q_2+q_3)\ \cos(q_2+q_3)\dot{q}_1 \end{array}}_{c_{12}} &
\underbrace{\begin{array}{c} -\,m_3\,(\,\beta_2+\beta_3\,)\ l_{c3}\ \cos(q_2+q_3)\,[\,\dot{q}_2+\dot{q}_3\,] \\ -\,[\,\mathcal{I}_{xx_3} - \mathcal{I}_{yy_3}\,]\ \mathrm{sen}(q_1)\ \cos(q_1)\,[\,\dot{q}_2+\dot{q}_3\,] \\ -\mathcal{I}_{yz_3}\,[\ \mathrm{sen}^2(q_1) -\ \cos^2(q_1)\,]\,[\,\dot{q}_2+\dot{q}_3\,] \\ -m_3 l_2 l_{c3}\ \mathrm{sen}(q_2+q_3)\ \cos(q_2)\,\dot{q}_1 \\ -m_3 l_{c3}^2\ \cos(q_2+q_3)\ \mathrm{sen}(q_2+q_3)\,\dot{q}_1 \end{array}}_{c_{13}} \\
\underbrace{\begin{array}{c} (\,\mathcal{I}_{zx_2}+\mathcal{I}_{zx_3}\,)\ \cos(q_1)\dot{q}_1 + (\,\mathcal{I}_{zy_2}+\mathcal{I}_{zy_3}\,)\ \mathrm{sen}(q_1)\dot{q}_1 \\ +\,[\,m_2\,l_{c2}^2 + m_3\,l_2^2\,]\ \cos(q_2)\ \mathrm{sen}(q_2)\dot{q}_1 \\ +m_3 l_2 l_{c3}\ \mathrm{sen}(2q_2+q_3)\dot{q}_1 + m_3\,l_{c3}^2\ \cos(q_2+q_3)\ \mathrm{sen}(q_2+q_3)\dot{q}_1 \\ [\,\mathcal{I}_{xx_2}+\mathcal{I}_{xx_3} - (\,\mathcal{I}_{yy_2}+\mathcal{I}_{yy_3}\,)\,]\ \cos(q_1)\ \mathrm{sen}(q_1)\,\dot{q}_2 \\ +\,(\,\mathcal{I}_{yx_2}+\mathcal{I}_{yx_3}\,)\,[\ \mathrm{sen}^2(q_1) -\ \cos^2(q_1)\,]\,\dot{q}_2 \end{array}}_{c_{21}} &
\underbrace{\begin{array}{c} -m_3\,l_2\,l_{c3}\ \mathrm{sen}(q_3)\dot{q}_3 + \\ [\,\mathcal{I}_{xx_2}+\mathcal{I}_{xx_3} - (\,\mathcal{I}_{yy_2}+\mathcal{I}_{yy_3}\,)\,]\ \cos(q_1)\ \mathrm{sen}(q_1)\dot{q}_1 \\ +\,(\,\mathcal{I}_{yx_2}+\mathcal{I}_{yx_3}\,)\,[\ \mathrm{sen}^2(q_1) -\ \cos^2(q_1)\,]\,\dot{q}_1 \end{array}}_{c_{22}} &
\underbrace{\begin{array}{c} -\,\mathcal{I}_{yx_3}\,[\ \cos^2(q_1) -\ \mathrm{sen}^2(q_1)\,]\,\dot{q}_1 \\ +\,[\,\mathcal{I}_{xx_3} - \mathcal{I}_{yy_3}\,]\ \mathrm{sen}(q_1)\ \cos(q_1)\dot{q}_1 \\ -m_3\,l_2\,l_{c3}\ \mathrm{sen}(q_3)\,[\,\dot{q}_2+\dot{q}_3\,] \end{array}}_{c_{23}} \\
\underbrace{\begin{array}{c} [\,\mathcal{I}_{zx_3}\ \cos(q_1) + \mathcal{I}_{zy_3}\ \mathrm{sen}(q_1)\,]\,\dot{q}_1 \\ +\,[\,\mathcal{I}_{xx_3} - \mathcal{I}_{yy_3}\,]\ \mathrm{sen}(q_1)\ \cos(q_1)\,[\,\dot{q}_2+\dot{q}_3\,] \\ +\mathcal{I}_{yz_3}\,[\ \mathrm{sen}^2(q_1) -\ \cos^2(q_1)\,]\,[\,\dot{q}_2+\dot{q}_3\,] \\ +m_3 l_2 l_{c3}\ \mathrm{sen}(q_2+q_3)\ \cos(q_2)\,\dot{q}_1 \\ +m_3 l_{c3}^2\ \cos(q_2+q_3)\ \mathrm{sen}(q_2+q_3)\,\dot{q}_1 \end{array}}_{c_{31}} &
\underbrace{\begin{array}{c} -\,\mathcal{I}_{yx_3}\,[\ \cos^2(q_1) -\ \mathrm{sen}^2(q_1)\,]\ \dot{q}_1 \\ +\,[\,\mathcal{I}_{xx_3} - \mathcal{I}_{yy_3}\,]\ \mathrm{sen}(q_1)\ \cos(q_1)\,\dot{q}_1 \\ +\,m_3\,l_2\,l_{c3}\ \mathrm{sen}(q_3)\,\dot{q}_2 \end{array}}_{c_{32}} &
\underbrace{\begin{array}{c} [\,\mathcal{I}_{xx_3} - \mathcal{I}_{yy_3}\,]\ \mathrm{sen}(q_1)\ \cos(q_1)\,\dot{q}_1 \\ -\mathcal{I}_{yx_3}\,[\ \cos^2(q_1) -\ \mathrm{sen}^2(q_1)\,]\,\dot{q}_1 \end{array}}_{c_{33}}
\end{bmatrix}
\begin{bmatrix} \dot{q}_1 \\ \dot{q}_2 \\ \dot{q}_3 \end{bmatrix} +
\begin{bmatrix} 0 \\ \begin{array}{c} m_2\,g l_{c2}\ \mathrm{sen}(q_2) + \\ m_3\,g\,l_2\ \mathrm{sen}(q_2) + \\ m_3\,g\,l_{c3}\ \mathrm{sen}(q_2+q_3) \end{array} \\ m_3\,g\,l_{c3}\ \mathrm{sen}(q_2+q_3) \end{bmatrix} +
\begin{bmatrix} \begin{array}{c} b_1\dot{q}_1 + \\ f_{c1}\mathrm{signo}(\dot{q}_1) + \\ f_{e1}\,[\,1 - |\mathrm{signo}(\dot{q}_1)|\,] \end{array} \\ \begin{array}{c} b_2\dot{q}_2 + \\ f_{c2}\mathrm{signo}(\dot{q}_2) + \\ f_{e2}\,[\,1 - |\mathrm{signo}(\dot{q}_2)|\,] \end{array} \\ \begin{array}{c} b_3\dot{q}_3 + \\ f_{c3}\mathrm{signo}(\dot{q}_3) + \\ f_{e3}\,[\,1 - |\mathrm{signo}(\dot{q}_3)|\,] \end{array} \end{bmatrix}
\qquad (6.26)
$$

Los elementos de la matriz de inercia $M(\boldsymbol{q}) = M^T(\boldsymbol{q}) \in \mathbb{R}^{3\times 3}$ son:

$$
\begin{aligned}
m_{11} &= m_2\,[\,\beta_2^2 + l_{c2}^2 \cos^2(q_2)\,] + m_3 \Bigg[\, (\,\beta_2+\beta_3\,)^2 + \,l_2^2 \cos^2(q_2) \\
&\quad +2\,l_2 l_{c3} \cos(q_2+q_3)\cos(q_2) + \,l_{c3}^2 \cos^2(q_2+q_3)\,\Bigg] + \mathcal{I}_{zz_1} + \mathcal{I}_{zz_2} + \mathcal{I}_{zz_3}
\end{aligned}
$$

$$
\begin{aligned}
m_{12} &= -m_3\,(\,\beta_2+\beta_3\,)\,[\,l_2 \,\operatorname{sen}(q_2) + l_{c3}\,\operatorname{sen}(q_2+q_3)\,] - \,m_2\,l_{c2}\beta_2\,\operatorname{sen}(q_2) \\
&\quad + (\,\mathcal{I}_{zx_2} + \mathcal{I}_{zx_3}\,)\,\operatorname{sen}(q_1) - (\,\mathcal{I}_{zy_2} + \mathcal{I}_{zy_3}\,)\,\cos(q_1)
\end{aligned}
$$

$$
m_{13} = \mathcal{I}_{zx_3}\,\operatorname{sen}(q_1) - \mathcal{I}_{zy_3}\,\cos(q_1) - \,m_3\,(\,\beta_2+\beta_3\,)\,l_{c3}\,\operatorname{sen}(q_2+q_3)
$$

$$
\begin{aligned}
m_{21} &= m_{12} \\
m_{22} &= m_2 l_{c2}^2 + m_3\,[\,l_2^2 + \,l_{c3}^2 + 2\,l_2\,l_{c3}\cos(q_3)\,] + [\,\mathcal{I}_{xx_2} + \mathcal{I}_{xx_3}\,]\,\operatorname{sen}^2(q_1) \\
&\quad + [\,\mathcal{I}_{yy_2} + \mathcal{I}_{yy_3}\,]\,\cos^2(q_1) - 2\,[\,\mathcal{I}_{yx_2} + \mathcal{I}_{yx_3}\,]\,\cos(q_1)\,\operatorname{sen}(q_1)
\end{aligned}
$$

$$
\begin{aligned}
m_{23} &= m_3\,l_2 l_{c3}\cos(q_3) + m_3\,l_{c3}^2 + \mathcal{I}_{xx_3}\,\operatorname{sen}^2(q_1) + \mathcal{I}_{yy_3}\,\cos^2(q_1) \\
&\quad -2\,\mathcal{I}_{yx_3}\,\cos(q_1)\,\operatorname{sen}(q_1)
\end{aligned}
$$

$$
\begin{aligned}
m_{31} &= m_{13} \\
m_{32} &= m_{23} \\
m_{33} &= m_3 l_{c3}^2 + \mathcal{I}_{xx_3}\,\operatorname{sen}^2(q_1) + \mathcal{I}_{yy_3}\,\cos^2(q_1) - 2\,\mathcal{I}_{yx_3}\,\cos(q_1)\,\operatorname{sen}(q_1)
\end{aligned}
$$

Los componentes de la matriz $C(\boldsymbol{q},\dot{\boldsymbol{q}}) \in \mathbb{R}^{3\times 3}$ son:

$$
\begin{aligned}
c_{11} &= -\,[\,m_2\,l_{c2}^2 + m_3\,l_2^2\,]\,\cos(q_2)\,\operatorname{sen}(q_2)\,\dot{q}_2 - \,m_3\,l_2 l_{c3}\,\operatorname{sen}(2\,q_2+q_3)\,\dot{q}_2 \\
&\quad -m_3\,l_2 l_{c3}\,\operatorname{sen}(q_2+q_3)\,\cos(q_2)\,\dot{q}_3 \,+ \\
&\quad -m_3 l_{c3}^2\,\operatorname{sen}(q_2+q_3)\,\cos(q_2+q_3)\,[\,\dot{q}_2+\dot{q}_3\,]
\end{aligned}
$$

$$
\begin{aligned}
c_{12} &= -m_3\,(\,\beta_2+\beta_3\,)\,\Bigg[\,l_2\,\cos(q_2)\dot{q}_2 + l_{c3}\,\cos(q_2+q_3)\,[\,\dot{q}_2+\dot{q}_3\,]\Bigg] \,+ \\
&\quad -\,m_2\,l_{c2}\beta_2\,\cos(q_2)\,\dot{q}_2 - (\,\mathcal{I}_{yx_2} + \mathcal{I}_{yx_3}\,)[\,\operatorname{sen}^2(q_1) - \,\cos^2(q_1)\,]\,\dot{q}_2 \,+ \\
&\quad -\,[\,\mathcal{I}_{xx_2} + \mathcal{I}_{xx_3} - (\,\mathcal{I}_{yy_2} + \mathcal{I}_{yy_3}\,)]\,\operatorname{sen}(q_1)\,\cos(q_1)\,\dot{q}_2 \,+
\end{aligned}
$$

$$- [\, m_2 l_{c2}^2 + m_3 l_2^2 \,] \cos(q_2)\,\mathrm{sen}(q_2)\dot{q}_1 - m_3\, l_2 l_{c3}\,\mathrm{sen}(2q_2 + q_3)\,\dot{q}_1 +$$
$$-m_3 l_{c3}^2\,\mathrm{sen}(q_2 + q_3)\,\cos(q_2 + q_3)\,\dot{q}_1$$

$$\begin{aligned}
c_{13} &= -\, m_3\,(\,\beta_2 + \beta_3\,)\, l_{c3}\cos(q_2 + q_3)\,[\,\dot{q}_2 + \dot{q}_3\,] + \\
&\quad -[\,\mathcal{I}_{xx_3} - \mathcal{I}_{yy_3}\,]\,\mathrm{sen}(q_1)\cos(q_1)\,[\,\dot{q}_2 + \dot{q}_3\,] + \\
&\quad -\mathcal{I}_{yz_3}\,[\,\mathrm{sen}^2(q_1) - \cos^2(q_1)\,]\,[\,\dot{q}_2 + \dot{q}_3\,] + \\
&\quad -m_3 l_2 l_{c3}\,\mathrm{sen}(q_2 + q_3)\cos(q_2)\,\dot{q}_1 - m_3 l_{c3}^2\cos(q_2 + q_3)\,\mathrm{sen}(q_2 + q_3)\,\dot{q}_1
\end{aligned}$$

$$\begin{aligned}
c_{21} &= (\,\mathcal{I}_{zx_2} + \mathcal{I}_{zx_3}\,)\cos(q_1)\,\dot{q}_1 + (\,\mathcal{I}_{zy_2} + \mathcal{I}_{zy_3}\,)\,\mathrm{sen}(q_1)\,\dot{q}_1 + \\
&\quad [\,m_2\, l_{c2}^2 + m_3\, l_2^2\,]\cos(q_2)\,\mathrm{sen}(q_2)\,\dot{q}_1 + m_3 l_2 l_{c3}\,\mathrm{sen}(2q_2 + q_3)\,\dot{q}_1 + \\
&\quad m_3\, l_{c3}^2\cos(q_2 + q_3)\,\mathrm{sen}(q_2 + q_3)\,\dot{q}_1 + \\
&\quad [\,\mathcal{I}_{xx_2} + \mathcal{I}_{xx_3} - (\,\mathcal{I}_{yy_2} + \mathcal{I}_{yy_3}\,)\,]\cos(q_1)\,\mathrm{sen}(q_1)\,\dot{q}_2 + \\
&\quad (\,\mathcal{I}_{yx_2} + \mathcal{I}_{yx_3}\,)\,[\,\mathrm{sen}^2(q_1) - \cos^2(q_1)\,]\,\dot{q}_2
\end{aligned}$$

$$\begin{aligned}
c_{22} &= -m_3\, l_2\, l_{c3}\,\mathrm{sen}(q_3)\,\dot{q}_3 + \\
&\quad [\,\mathcal{I}_{xx_2} + \mathcal{I}_{xx_3} - (\,\mathcal{I}_{yy_2} + \mathcal{I}_{yy_3}\,)\,]\cos(q_1)\,\mathrm{sen}(q_1)\,\dot{q}_1 + \\
&\quad (\,\mathcal{I}_{yx_2} + \mathcal{I}_{yx_3}\,)\,[\,\mathrm{sen}^2(q_1) - \cos^2(q_1)\,]\,\dot{q}_1
\end{aligned}$$

$$\begin{aligned}
c_{23} &= -\,\mathcal{I}_{yx_3}\,[\,\cos^2(q_1) - \mathrm{sen}^2(q_1)\,]\,\dot{q}_1 + [\,\mathcal{I}_{xx_3} - \mathcal{I}_{yy_3}\,]\,\mathrm{sen}(q_1)\cos(q_1)\dot{q}_1 \\
&\quad -m_3\, l_2\, l_{c3}\,\mathrm{sen}(q_3)\,[\,\dot{q}_2 + \dot{q}_3\,]
\end{aligned}$$

$$\begin{aligned}
c_{31} &= [\,\mathcal{I}_{zx_3}\cos(q_1) + \mathcal{I}_{zy_3}\,\mathrm{sen}(q_1)\,]\,\dot{q}_1 + \\
&\quad [\,\mathcal{I}_{xx_3} - \mathcal{I}_{yy_3}\,]\,\mathrm{sen}(q_1)\cos(q_1)\,[\,\dot{q}_2 + \dot{q}_3\,] + \\
&\quad \mathcal{I}_{yz_3}\,[\,\mathrm{sen}^2(q_1) - \cos^2(q_1)\,]\,[\,\dot{q}_2 + \dot{q}_3\,] + \\
&\quad m_3 l_2 l_{c3}\,\mathrm{sen}(q_2 + q_3)\cos(q_2)\,\dot{q}_1 + m_3 l_{c3}^2\cos(q_2 + q_3)\,\mathrm{sen}(q_2 + q_3)\,\dot{q}_1
\end{aligned}$$

$$\begin{aligned}
c_{32} &= -\,\mathcal{I}_{yx_3}\,[\,\cos^2(q_1) - \mathrm{sen}^2(q_1)\,]\,\dot{q}_1 + [\,\mathcal{I}_{xx_3} - \mathcal{I}_{yy_3}\,]\,\mathrm{sen}(q_1)\cos(q_1)\,\dot{q}_1 \\
&\quad +m_3\, l_2\, l_{c3}\,\mathrm{sen}(q_3)\,\dot{q}_2
\end{aligned}$$

$$c_{33} = [\,\mathcal{I}_{xx_3} - \mathcal{I}_{yy_3}\,]\,\mathrm{sen}(q_1)\cos(q_1)\,\dot{q}_1 - \mathcal{I}_{yx_3}\,[\,\cos^2(q_1) - \mathrm{sen}^2(q_1)\,]\,\dot{q}_1$$

● ● ● Ejemplo 6.4

Verifique que la matriz de inercia $M(\boldsymbol{q})$ establecida en el modelo dinámico (6.26) del brazo robot de 3 gdl, satisface la propiedad (6.9), es decir: $\dot{M}(\boldsymbol{q}) = C^T(\boldsymbol{q}, \dot{\boldsymbol{q}}) + C(\boldsymbol{q}, \dot{\boldsymbol{q}})$.

Solución

La propiedad (6.9): $\dot{M}(\boldsymbol{q}) = C^T(\boldsymbol{q}, \dot{\boldsymbol{q}}) + C(\boldsymbol{q}, \dot{\boldsymbol{q}})$ se puede verificar por álgebra directa entre los elementos escalares de las matrices: la derivada de la matriz de inercia $M(\boldsymbol{q})$ y de Coriolis $C(\boldsymbol{q}, \dot{\boldsymbol{q}})$, ambas obtenidas en el modelo dinámico del brazo robot de 3 gdl (6.26).

Para verificar esa propiedad se deriva con respecto al tiempo a la matriz de inercia $M(\boldsymbol{q})$ del modelo dinámico (6.26), para obtener lo siguiente:

$$
\dot{M}(\boldsymbol{q}) = \frac{d}{dt}\begin{bmatrix}
\underbrace{\begin{matrix} m_2\left[\beta_2^2 + l_{c2}^2\cos^2(q_2)\right] + m_3\Big[\,(\beta_2+\beta_3)^2 \\ + l_2^2\cos^2(q_2) + 2\,l_2 l_{c3}\cos(q_2+q_3)\cos(q_2) \\ + l_{c3}^2\cos^2(q_2+q_3)\Big] + \mathcal{I}_{zz_1} + \mathcal{I}_{zz_2} + \mathcal{I}_{zz_3}\end{matrix}}_{m_{11}} &
\underbrace{\begin{matrix} -m_3\,(\beta_2+\beta_3)\left[l_2\,\mathrm{sen}(q_2) + l_{c3}\,\mathrm{sen}(q_2+q_3)\right] \\ -m_2\,l_{c2}\beta_2\,\mathrm{sen}(q_2) + (\mathcal{I}_{zx_2} + \mathcal{I}_{zx_3})\,\mathrm{sen}(q_1) \\ -(\mathcal{I}_{zy_2} + \mathcal{I}_{zy_3})\cos(q_1)\end{matrix}}_{m_{12}} &
\underbrace{\begin{matrix} \mathcal{I}_{zx_3}\,\mathrm{sen}(q_1) - \mathcal{I}_{zy_3}\cos(q_1) \\ -m_3\,(\beta_2+\beta_3)\,l_{c3}\,\mathrm{sen}(q_2+q_3)\end{matrix}}_{m_{13}} \\
\underbrace{\begin{matrix} -m_3\,(\beta_2+\beta_3)\left[l_2\,\mathrm{sen}(q_2) + l_{c3}\,\mathrm{sen}(q_2+q_3)\right] \\ -m_2\,l_{c2}\beta_2\,\mathrm{sen}(q_2) + (\mathcal{I}_{zx_2} + \mathcal{I}_{zx_3})\,\mathrm{sen}(q_1) \\ -(\mathcal{I}_{zy_2} + \mathcal{I}_{zy_3})\cos(q_1)\end{matrix}}_{m_{21}} &
\underbrace{\begin{matrix} m_2 l_{c2}^2 + m_3\left[l_2^2 + l_{c3}^2 + 2\,l_2\,l_{c3}\cos(q_3)\right] \\ +\left[\mathcal{I}_{xx_2} + \mathcal{I}_{xx_3}\right]\mathrm{sen}^2(q_1) \\ +\left[\mathcal{I}_{yy_2} + \mathcal{I}_{yy_3}\right]\cos^2(q_1) \\ -2\left[\mathcal{I}_{yx_2} + \mathcal{I}_{yx_3}\right]\cos(q_1)\,\mathrm{sen}(q_1)\end{matrix}}_{m_{22}} &
\underbrace{\begin{matrix} m_3\,l_2 l_{c3}\cos(q_3) + m_3\,l_{c3}^2 + \\ \mathcal{I}_{xx_3}\,\mathrm{sen}^2(q_1) + \mathcal{I}_{yy_3}\cos^2(q_1) \\ -2\,\mathcal{I}_{yx_3}\cos(q_1)\,\mathrm{sen}(q_1)\end{matrix}}_{m_{23}} \\
\underbrace{\begin{matrix} \mathcal{I}_{zx_3}\,\mathrm{sen}(q_1) - \mathcal{I}_{zy_3}\cos(q_1) \\ -m_3\,(\beta_2+\beta_3)\,l_{c3}\,\mathrm{sen}(q_2+q_3)\end{matrix}}_{m_{31}} &
\underbrace{\begin{matrix} m_3\,l_2 l_{c3}\cos(q_3) + m_3\,l_{c3}^2 + \\ \mathcal{I}_{xx_3}\,\mathrm{sen}^2(q_1) + \mathcal{I}_{yy_3}\cos^2(q_1) \\ -2\,\mathcal{I}_{yx_3}\cos(q_1)\,\mathrm{sen}(q_1)\end{matrix}}_{m_{32}} &
\underbrace{\begin{matrix} m_3 l_{c3}^2 + \mathcal{I}_{xx_3}\,\mathrm{sen}^2(q_1) \\ +\mathcal{I}_{yy_3}\cos^2(q_1) \\ -2\,\mathcal{I}_{yx_3}\cos(q_1)\,\mathrm{sen}(q_1)\end{matrix}}_{m_{33}}
\end{bmatrix}
$$

$$
= \begin{bmatrix}
\underbrace{\begin{matrix} -2\left[m_2\,l_{c2}^2 + m_3 l_2^2\right]\cos(q_2)\,\mathrm{sen}(q_2)\dot{q}_2 \\ -2\,m_3 l_2 l_{c3}\,\mathrm{sen}(2\,q_2+q_3)\dot{q}_2 \\ -2\,m_3 l_2 l_{c3}\,\mathrm{sen}(q_2+q_3)\cos(q_2)\dot{q}_3 \\ -2m_3 l_{c3}^2\,\mathrm{sen}(q_2+q_3)\cos(q_2+q_3)\left[\dot{q}_2+\dot{q}_3\right]\end{matrix}}_{\dot{m}_{11}=2\,c_{11}} &
\underbrace{\begin{matrix} -m_3\,(\beta_2+\beta_3)\,l_2\cos(q_2)\dot{q}_2 \\ -m_3\,(\beta_2+\beta_3)\,l_{c3}\cos(q_2+q_3)\left[\dot{q}_2+\dot{q}_3\right] \\ -m_2\,l_{c2}\beta_2\cos(q_2)\dot{q}_2 + (\mathcal{I}_{zx_2} + \mathcal{I}_{zx_3})\cos(q_1)\dot{q}_1 \\ +(\mathcal{I}_{zy_2} + \mathcal{I}_{zy_3})\,\mathrm{sen}(q_1)\dot{q}_1\end{matrix}}_{\dot{m}_{12}=c_{12}+c_{21}} &
\underbrace{\begin{matrix} \left[\mathcal{I}_{zx_3}\cos(q_1) + \mathcal{I}_{zy_3}\,\mathrm{sen}(q_1)\right]\dot{q}_1 \\ -m_3\,(\beta_2+\beta_3)\,l_{c3}\cos(q_2+q_3)\left[\dot{q}_2+\dot{q}_3\right]\end{matrix}}_{\dot{m}_{13}=c_{13}+c_{31}} \\
\underbrace{\begin{matrix} -m_3\,(\beta_2+\beta_3)\,l_2\cos(q_2)\,\dot{q}_2 \\ -m_3\,(\beta_2+\beta_3)\,l_{c3}\cos(q_2+q_3)\left[\dot{q}_2+\dot{q}_3\right] \\ -m_2\,l_{c2}\beta_2\cos(q_2)\,\dot{q}_2 + (\mathcal{I}_{zx_2} + \mathcal{I}_{zx_3})\cos(q_1)\,\dot{q}_1 \\ +(\mathcal{I}_{zy_2} + \mathcal{I}_{zy_3})\,\mathrm{sen}(q_1)\,\dot{q}_1\end{matrix}}_{\dot{m}_{21}=c_{12}+c_{21}} &
\underbrace{\begin{matrix} -2\,m_3\,l_2\,l_{c3}\,\mathrm{sen}(q_3)\,\dot{q}_3 \\ +2\left[\mathcal{I}_{xx_2} + \mathcal{I}_{xx_3}\right]\cos(q_1)\,\mathrm{sen}(q_1)\,\dot{q}_1 \\ -2\left[\mathcal{I}_{yy_2} + \mathcal{I}_{yy_3}\right]\cos(q_1)\,\mathrm{sen}(q_1)\,\dot{q}_1 \\ +2\,(\mathcal{I}_{yx_2} + \mathcal{I}_{yx_3})\left[\mathrm{sen}^2(q_1) - \cos^2(q_1)\right]\dot{q}_1\end{matrix}}_{\dot{m}_{22}=2\,c_{22}} &
\underbrace{\begin{matrix} -m_3\,l_2 l_{c3}\,\mathrm{sen}(q_3)\,\dot{q}_3 + \\ 2\left[\mathcal{I}_{xx_3} - \mathcal{I}_{yy_3}\right]\mathrm{sen}(q_1)\cos(q_1)\,\dot{q}_1 \\ -2\,\mathcal{I}_{yx_3}\left[\cos^2(q_1) - \mathrm{sen}^2(q_1)\right]\dot{q}_1\end{matrix}}_{\dot{m}_{23}=c_{23}+c_{32}} \\
\underbrace{\begin{matrix} \left[\mathcal{I}_{zx_3}\cos(q_1) + \mathcal{I}_{zy_3}\,\mathrm{sen}(q_1)\right]\dot{q}_1 \\ -m_3\,(\beta_2+\beta_3)\,l_{c3}\cos(q_2+q_3)\left[\dot{q}_2+\dot{q}_3\right]\end{matrix}}_{\dot{m}_{31}=c_{31}+c_{13}} &
\underbrace{\begin{matrix} -m_3\,l_2 l_{c3}\,\mathrm{sen}(q_3)\,\dot{q}_3 + \\ 2\left[\mathcal{I}_{xx_3} - \mathcal{I}_{yy_3}\right]\mathrm{sen}(q_1)\cos(q_1)\,\dot{q}_1 \\ -2\,\mathcal{I}_{yx_3}\left[\cos^2(q_1) - \mathrm{sen}^2(q_1)\right]\dot{q}_1\end{matrix}}_{\dot{m}_{32}=c_{32}+c_{23}} &
\underbrace{\begin{matrix} 2\,\mathcal{I}_{xx_3}\,\mathrm{sen}(q_1)\cos(q_1)\,\dot{q}_1 \\ -2\mathcal{I}_{yy_3}\cos(q_1)\,\mathrm{sen}(q_1)\,\dot{q}_1 \\ -2\,\mathcal{I}_{yx_3}\left[\cos(^2q_1) - \mathrm{sen}2(q_1)\right]\dot{q}_1\end{matrix}}_{\dot{m}_{33}=2\,c_{33}}
\end{bmatrix}
$$

Verificando la propiedad (6.9): $\dot{M}(\boldsymbol{q}) = C(\boldsymbol{q}, \dot{\boldsymbol{q}}) + C^T(\boldsymbol{q}, \dot{\boldsymbol{q}})$ a través del proceso algebraico término a término de las componentes escalares de la matriz $\dot{M}(\boldsymbol{q})$ y su relación con la matriz de Coriolis $C(\boldsymbol{q}, \dot{\boldsymbol{q}})$, establecida en el modelo dinámico (6.26), se tiene que cumple con lo siguiente:

$$\begin{aligned}
\dot{m}_{11} &= -2\,[\,m_2\,l_{c2}^2 + m_3 l_2^2\,]\,\cos(q_2)\,\text{sen}(q_2)\,\dot{q}_2 - 2\,m_3 l_2 l_{c3}\,\text{sen}(2\,q_2 + q_3)\,\dot{q}_2 \\
&\quad -2\,m_3\,l_2\,l_{c3}\,\text{sen}(q_2 + q_3)\,\cos(q_2)\,\dot{q}_3\, + \\
&\quad -2\,m_3\,l_{c3}^2\,\text{sen}(q_2 + q_3)\,\cos(q_2 + q_3)\,[\,\dot{q}_2 + \dot{q}_3\,] \\
&= 2\,c_{11} \\
&= -2\,[\,m_2\,l_{c2}^2 + m_3\,l_2^2\,]\,\cos(q_2)\,\text{sen}(q_2)\,\dot{q}_2\, - 2\,m_3\,l_2 l_{c3}\,\text{sen}(2\,q_2 + q_3)\dot{q}_2 \\
&\quad -2\,m_3\,l_2 l_{c3}\,\text{sen}(q_2 + q_3)\,\cos(q_2)\dot{q}_3\, + \\
&\quad -2\,m_3 l_{c3}^2\,\text{sen}(q_2 + q_3)\,\cos(q_2 + q_3)\,[\,\dot{q}_2 + \dot{q}_3\,]
\end{aligned}$$

$$\begin{aligned}
\dot{m}_{12} &= -m_3\,(\,\beta_2 + \beta_3\,)\,l_2\,\cos(q_2)\,\dot{q}_2\, + \\
&\quad -m_3\,(\,\beta_2 + \beta_3\,)\,l_{c3}\,\cos(q_2 + q_3)\,[\,\dot{q}_2 + \dot{q}_3\,] - m_2\,l_{c2}\beta_2\,\cos(q_2)\,\dot{q}_2\, + \\
&\quad (\,\mathcal{I}_{zx_2} + \mathcal{I}_{zx_3}\,)\,\cos(q_1)\,\dot{q}_1 + (\,\mathcal{I}_{zy_2} + \mathcal{I}_{zy_3}\,)\,\text{sen}(q_1)\,\dot{q}_1 \\
&= c_{12} + c_{21} \\
&= -m_3\,(\,\beta_2 + \beta_3\,)\,l_2\,\cos(q_2)\,\dot{q}_2\, + \\
&\quad -m_3\,(\,\beta_2 + \beta_3\,)\,l_{c3}\,\cos(q_2 + q_3)\,[\,\dot{q}_2 + \dot{q}_3\,] - m_2\,l_{c2}\beta_2\,\cos(q_2)\,\dot{q}_2\, + \\
&\quad -(\,\mathcal{I}_{yx_2} + \mathcal{I}_{yx_3}\,)[\,\text{sen}^2(q_1) - \cos^2(q_1)\,]\,\dot{q}_2\, + \\
&\quad -[\,\mathcal{I}_{xx_2} + \mathcal{I}_{xx_3} - (\,\mathcal{I}_{yy_2} + \mathcal{I}_{yy_3}\,)\,]\,\text{sen}(q_1)\,\cos(q_1)\,\dot{q}_2\, + \\
&\quad -[\,m_2 l_{c2}^2 + m_3 l_2^2\,]\,\cos(q_2)\,\text{sen}(q_2)\dot{q}_1 - m_3\,l_2 l_{c3}\,\text{sen}(2q_2 + q_3)\,\dot{q}_1\, + \\
&\quad -m_3 l_{c3}^2\,\text{sen}(q_2 + q_3)\,\cos(q_2 + q_3)\,\dot{q}_1 \\
&\quad +\,(\,\mathcal{I}_{zx_2} + \mathcal{I}_{zx_3}\,)\,\cos(q_1)\,\dot{q}_1\, +\,(\,\mathcal{I}_{zy_2} + \mathcal{I}_{zy_3}\,)\,\text{sen}(q_1)\,\dot{q}_1\, + \\
&\quad [\,m_2\,l_{c2}^2 + m_3\,l_2^2\,]\,\cos(q_2)\,\text{sen}(q_2)\,\dot{q}_1\, +\, m_3 l_2 l_{c3}\,\text{sen}(2q_2 + q_3)\,\dot{q}_1\, + \\
&\quad m_3\,l_{c3}^2\,\cos(q_2 + q_3)\,\text{sen}(q_2 + q_3)\,\dot{q}_1\, + \\
&\quad [\,\mathcal{I}_{xx_2} + \mathcal{I}_{xx_3} - (\,\mathcal{I}_{yy_2} + \mathcal{I}_{yy_3}\,)\,]\,\cos(q_1)\,\text{sen}(q_1)\,\dot{q}_2\, + \\
&\quad (\,\mathcal{I}_{yx_2} + \mathcal{I}_{yx_3}\,)[\,\text{sen}^2(q_1) - \cos^2(q_1)\,]\,\dot{q}_2 \\
&= -m_3\,(\,\beta_2 + \beta_3\,)\,l_2\,\cos(q_2)\,\dot{q}_2\, + \\
&\quad -m_3\,(\,\beta_2 + \beta_3\,)\,l_{c3}\,\cos(q_2 + q_3)\,[\,\dot{q}_2 + \dot{q}_3\,] - m_2\,l_{c2}\beta_2\,\cos(q_2)\,\dot{q}_2\, + \\
&\quad [\,-\cancel{(\,\mathcal{I}_{yx_2} + \mathcal{I}_{yx_3}\,)} + \cancel{(\,\mathcal{I}_{yx_2} + \mathcal{I}_{yx_3}\,)}\,]\,\Big[\,\text{sen}^2(q_1) - \cos^2(q_1)\,\Big]\,\dot{q}_2\, +
\end{aligned}$$

$$
\begin{aligned}
& \cancel{[-[\mathcal{I}_{xx_2}+\mathcal{I}_{xx_3}-(\mathcal{I}_{yy_2}+\mathcal{I}_{yy_3})]+[\mathcal{I}_{xx_2}+\mathcal{I}_{xx_3}-(\mathcal{I}_{yy_2}+\mathcal{I}_{yy_3})]]}\ \operatorname{sen}(q_1)\cos(q_1)\,\dot{q}_2 + \\
& [-\cancel{[m_2 l_{c2}^2+m_3 l_2^2]}+\cancel{[m_2 l_{c2}^2+m_3 l_2^2]}]\ \cos(q_2)\ \operatorname{sen}(q_2)\,\dot{q}_1 + \\
& [-\cancel{m_3\, l_2 l_{c3}\ \operatorname{sen}(2q_2+q_3)}+\cancel{m_3\, l_2 l_{c3}\ \operatorname{sen}(2q_2+q_3)}]\ \dot{q}_1 + \\
& [-\cancel{m_3 l_{c3}^2}+\cancel{m_3 l_{c3}^2}]\ \operatorname{sen}(q_2+q_3)\cos(q_2+q_3)\,\dot{q}_1 + \\
& (\mathcal{I}_{zx_2}+\mathcal{I}_{zx_3})\ \cos(q_1)\,\dot{q}_1 + (\mathcal{I}_{zy_2}+\mathcal{I}_{zy_3})\ \operatorname{sen}(q_1)\,\dot{q}_1 \\
= \ & -m_3\,(\beta_2+\beta_3)\,l_2\cos(q_2)\,\dot{q}_2 + \\
& -m_3\,(\beta_2+\beta_3)\,l_{c3}\ \cos(q_2+q_3)\ [\dot{q}_2+\dot{q}_3] - m_2\,l_{c2}\beta_2\cos(q_2)\,\dot{q}_2 + \\
& (\mathcal{I}_{zx_2}+\mathcal{I}_{zx_3})\ \cos(q_1)\,\dot{q}_1 + (\mathcal{I}_{zy_2}+\mathcal{I}_{zy_3})\ \operatorname{sen}(q_1)\,\dot{q}_1
\end{aligned}
$$

$$
\begin{aligned}
\dot{m}_{13} = \ & [\mathcal{I}_{zx_3}\cos(q_1)+\mathcal{I}_{zy_3}\operatorname{sen}(q_1)]\ \dot{q}_1 + \\
& -m_3\,(\beta_2+\beta_3)\,l_{c3}\cos(q_2+q_3)\ [\dot{q}_2+\dot{q}_3] \\
= \ & c_{13}+c_{31} \\
= \ & -m_3\,(\beta_2+\beta_3)\,l_{c3}\cos(q_2+q_3)\ [\dot{q}_2+\dot{q}_3] + \\
& -[\mathcal{I}_{xx_3}-\mathcal{I}_{yy_3}]\ \operatorname{sen}(q_1)\ \cos(q_1)\ [\dot{q}_2+\dot{q}_3] + \\
& -\mathcal{I}_{yz_3}[\ \operatorname{sen}^2(q_1)-\ \cos^2(q_1)]\ [\dot{q}_2+\dot{q}_3] + \\
& -m_3 l_2 l_{c3}\ \operatorname{sen}(q_2+q_3)\ \cos(q_2)\,\dot{q}_1 + \\
& -m_3 l_{c3}^2\ \cos(q_2+q_3)\ \operatorname{sen}(q_2+q_3)\,\dot{q}_1 + \\
& [\mathcal{I}_{zx_3}\cos(q_1)+\mathcal{I}_{zy_3}\operatorname{sen}(q_1)]\ \dot{q}_1 + \\
& [\mathcal{I}_{xx_3}-\mathcal{I}_{yy_3}]\ \operatorname{sen}(q_1)\ \cos(q_1)\ [\dot{q}_2+\dot{q}_3] + \\
& \mathcal{I}_{yz_3}[\ \operatorname{sen}^2(q_1)-\ \cos^2(q_1)]\ [\dot{q}_2+\dot{q}_3] + \\
& m_3 l_2 l_{c3}\ \operatorname{sen}(q_2+q_3)\ \cos(q_2)\,\dot{q}_1 + m_3 l_{c3}^2\ \cos(q_2+q_3)\ \operatorname{sen}(q_2+q_3)\,\dot{q}_1 \\
= \ & -m_3\,(\beta_2+\beta_3)\,l_{c3}\cos(q_2+q_3)\ [\dot{q}_2+\dot{q}_3] + \\
& [\mathcal{I}_{zx_3}\cos(q_1)+\mathcal{I}_{zy_3}\operatorname{sen}(q_1)]\ \dot{q}_1 + \\
& [-\cancel{\mathcal{I}_{yz_3}}+\cancel{\mathcal{I}_{yz_3}}][\ \operatorname{sen}^2(q_1)-\ \cos^2(q_1)]\ [\dot{q}_2+\dot{q}_3] + \\
& [-\cancel{[\mathcal{I}_{xx_3}-\mathcal{I}_{yy_3}]}+\cancel{[\mathcal{I}_{xx_3}-\mathcal{I}_{yy_3}]}]\ \operatorname{sen}(q_1)\ \cos(q_1)\ [\dot{q}_2+\dot{q}_3] + \\
& [-\cancel{m_3 l_2 l_{c3}}+\cancel{m_3 l_2 l_{c3}}]\ \operatorname{sen}(q_2+q_3)\ \cos(q_2)\,\dot{q}_1 + \\
& [-\cancel{m_3 l_{c3}^2}+\cancel{m_3 l_{c3}^2}]\ \cos(q_2+q_3)\ \operatorname{sen}(q_2+q_3)\,\dot{q}_1 \\
= \ & [\mathcal{I}_{zx_3}\cos(q_1)+\mathcal{I}_{zy_3}\operatorname{sen}(q_1)]\ \dot{q}_1 + \\
& -m_3\,(\beta_2+\beta_3)\,l_{c3}\cos(q_2+q_3)\ [\dot{q}_2+\dot{q}_3]
\end{aligned}
$$

$$
\dot{m}_{21} = \dot{m}_{12} = c_{21}+c_{12}
$$

$$
\begin{aligned}
\dot{m}_{22} &= -2\,m_3\,l_2\,l_{c3}\,\mathrm{sen}(q_3)\,\dot{q}_3 + \\
&\quad 2\,[\,\mathcal{I}_{xx_2} + \mathcal{I}_{xx_3} - (\,\mathcal{I}_{yy_2} + \mathcal{I}_{yy_3}\,)\,]\;\cos(q_1)\,\mathrm{sen}(q_1)\,\dot{q}_1 + \\
&\quad 2\,(\,\mathcal{I}_{yx_2} + \mathcal{I}_{yx_3}\,)\,[\;\mathrm{sen}^2(q_1) - \;\cos^2(q_1)\,]\;\dot{q}_1 \\
&= 2\,c_{22} \\
&= -2\,m_3\,l_2\,l_{c3}\,\mathrm{sen}(q_3)\,\dot{q}_3 + \\
&\quad 2\,[\,\mathcal{I}_{xx_2} + \mathcal{I}_{xx_3} - (\,\mathcal{I}_{yy_2} + \mathcal{I}_{yy_3}\,)\,]\;\cos(q_1)\,\mathrm{sen}(q_1)\,\dot{q}_1 + \\
&\quad 2\,(\,\mathcal{I}_{yx_2} + \mathcal{I}_{yx_3}\,)\,[\;\mathrm{sen}^2(q_1) - \;\cos^2(q_1)\,]\,\dot{q}_1
\end{aligned}
$$

$$
\begin{aligned}
\dot{m}_{23} &= -m_3\,l_2 l_{c3}\,\mathrm{sen}(q_3)\,\dot{q}_3 + 2\,[\,\mathcal{I}_{xx_3} - \mathcal{I}_{yy_3}\,]\;\mathrm{sen}(q_1)\,\cos(q_1)\,\dot{q}_1 + \\
&\quad -2\,\mathcal{I}_{yx_3}\,[\;\cos^2(q_1) - \;\mathrm{sen}^2(q_1)\,]\;\dot{q}_1 \\
&= c_{23} + c_{32} \\
&= -\,\mathcal{I}_{yx_3}\,[\;\cos^2(q_1) - \;\mathrm{sen}^2(q_1)\,]\,\dot{q}_1 + [\,\mathcal{I}_{xx_3} - \mathcal{I}_{yy_3}\,]\;\mathrm{sen}(q_1)\,\cos(q_1)\dot{q}_1 \\
&\quad -m_3\,l_2\,l_{c3}\,\mathrm{sen}(q_3)\,[\,\dot{q}_2 + \dot{q}_3\,] + \\
&\quad -\,\mathcal{I}_{yx_3}\;[\;\cos^2(q_1) - \;\mathrm{sen}^2(q_1)\,]\;\dot{q}_1 + \;[\,\mathcal{I}_{xx_3} - \mathcal{I}_{yy_3}\,]\;\mathrm{sen}(q_1)\,\cos(q_1)\,\dot{q}_1 \\
&\quad +m_3\,l_2\,l_{c3}\,\mathrm{sen}(q_3)\,\dot{q}_2 \\
&= -2\mathcal{I}_{yx_3}\,[\;\cos^2(q_1) - \;\mathrm{sen}^2(q_1)\,]\,\dot{q}_1 + 2\,[\,\mathcal{I}_{xx_3} - \mathcal{I}_{yy_3}\,]\;\mathrm{sen}(q_1)\,\cos(q_1)\dot{q}_1 \\
&\quad +\;[\,\cancel{-m_3 l_2 l_{c3}} + \cancel{m_3 l_2 l_{c3}}\,]\;\mathrm{sen}(q_3)\dot{q}_2 \;+\; m_3\,l_2\,l_{c3}\;\mathrm{sen}(q_3)\dot{q}_3 \\
&= -m_3\,l_2 l_{c3}\,\mathrm{sen}(q_3)\,\dot{q}_3 + 2\,[\,\mathcal{I}_{xx_3} - \mathcal{I}_{yy_3}\,]\;\mathrm{sen}(q_1)\,\cos(q_1)\,\dot{q}_1 + \\
&\quad -2\,\mathcal{I}_{yx_3}\,[\;\cos^2(q_1) - \;\mathrm{sen}^2(q_1)\,]\;\dot{q}_1
\end{aligned}
$$

$$
\dot{m}_{31} = c_{31} + c_{13} = \dot{m}_{13}
$$

$$
\dot{m}_{32} = c_{32} + c_{23} = \dot{m}_{23}
$$

$$
\begin{aligned}
\dot{m}_{33} &= 2\,[\,\mathcal{I}_{xx_3} - \mathcal{I}_{yy_3}\,]\;\mathrm{sen}(q_1)\,\cos(q_1)\,\dot{q}_1 - 2\,\mathcal{I}_{yx_3}\,[\;\cos(^2 q_1) - \;\mathrm{sen}2(q_1)\,]\;\dot{q}_1 \\
&= 2\,c_{33} \\
&= 2\,[\,\mathcal{I}_{xx_3} - \mathcal{I}_{yy_3}\,]\;\mathrm{sen}(q_1)\,\cos(q_1)\,\dot{q}_1 - 2\,\mathcal{I}_{yx_3}\,[\;\cos^2(q_1) - \;\mathrm{sen}^2(q_1)\;]\,\dot{q}_1
\end{aligned}
$$

■

•••

•• Ejemplo 6.5

En el modelo dinámico del brazo robot de 3 gdl (6.26), verifique que se cumple la propiedad de antisimetría (6.11).

Solución

La propiedad de antisimetría (6.11): $\dot{\boldsymbol{q}}^T \left[\dot{M}(\boldsymbol{q}) - 2C(\boldsymbol{q}, \dot{\boldsymbol{q}})\right] \dot{\boldsymbol{q}} = 0$ juega un papel preponderante el el diseño de algoritmos de control, puesto que su uso permite simplificar notablemente el análisis y desarrollo de estabilidad. Para el caso particular del brazo robot de 3 gdl, cuyo modelo dinámico está dado por (6.26), se tiene lo siguiente:

$$
\underbrace{\begin{bmatrix}
\underbrace{\begin{matrix} -2\left[m_2 l_{c2}^2 + m_3 l_2^2\right] \cos(q_2)\,\mathrm{sen}(q_2)\dot{q}_2 \\ -2\, m_3 l_2 l_{c3}\,\mathrm{sen}(2\,q_2+q_3)\dot{q}_2 \\ -2\, m_3 l_2 l_{c3}\,\mathrm{sen}(q_2+q_3)\cos(q_2)\dot{q}_3 \\ -2 m_3 l_{c3}^2\,\mathrm{sen}(q_2+q_3)\cos(q_2+q_3)\left[\dot{q}_2+\dot{q}_3\right] \end{matrix}}_{\dot{m}_{11}} &
\underbrace{\begin{matrix} -m_3\,(\beta_2+\beta_3)\, l_2\,\cos(q_2)\dot{q}_2 \\ -m_3\,(\beta_2+\beta_3)\, l_{c3}\,\cos(q_2+q_3)\left[\dot{q}_2+\dot{q}_3\right] \\ -m_2\, l_{c2}\beta_2\cos(q_2)\dot{q}_2 + (\mathcal{I}_{zx_2}+\mathcal{I}_{zx_3})\,\cos(q_1)\dot{q}_1 \\ +(\mathcal{I}_{zy_2}+\mathcal{I}_{zy_3})\,\mathrm{sen}(q_1)\dot{q}_1 \end{matrix}}_{\dot{m}_{12}} &
\underbrace{\begin{matrix} \left[\mathcal{I}_{zx_3}\cos(q_1)+\mathcal{I}_{zy_3}\,\mathrm{sen}(q_1)\right]\dot{q}_1 \\ -m_3\,(\beta_2+\beta_3)\, l_{c3}\cos(q_2+q_3)\left[\dot{q}_2+\dot{q}_3\right] \end{matrix}}_{\dot{m}_{13}} \\[2em]
\underbrace{\begin{matrix} -m_3\,(\beta_2+\beta_3)\, l_2\,\cos(q_2)\,\dot{q}_2 \\ -m_3\,(\beta_2+\beta_3)\, l_{c3}\,\cos(q_2+q_3)\,\left[\dot{q}_2+\dot{q}_3\right] \\ -m_2\, l_{c2}\beta_2\cos(q_2)\,\dot{q}_2 + (\mathcal{I}_{zx_2}+\mathcal{I}_{zx_3})\,\cos(q_1)\,\dot{q}_1 \\ +\,(\mathcal{I}_{zy_2}+\mathcal{I}_{zy_3})\,\mathrm{sen}(q_1)\,\dot{q}_1 \end{matrix}}_{\dot{m}_{21}} &
\underbrace{\begin{matrix} -2\, m_3\, l_2\, l_{c3}\,\mathrm{sen}(q_3)\,\dot{q}_3 \\ +2\left[\mathcal{I}_{xx_2}+\mathcal{I}_{xx_3}\right]\cos(q_1)\,\mathrm{sen}(q_1)\,\dot{q}_1 \\ -2\left[\mathcal{I}_{yy_2}+\mathcal{I}_{yy_3}\right]\cos(q_1)\,\mathrm{sen}(q_1)\,\dot{q}_1 \\ +2\,(\mathcal{I}_{yx_2}+\mathcal{I}_{yx_3})\left[\mathrm{sen}^2(q_1)-\cos^2(q_1)\right]\dot{q}_1 \end{matrix}}_{\dot{m}_{22}} &
\underbrace{\begin{matrix} -m_3\, l_2 l_{c3}\,\mathrm{sen}(q_3)\,\dot{q}_3 + \\ 2\left[\mathcal{I}_{xx_3}-\mathcal{I}_{yy_3}\right]\,\mathrm{sen}(q_1)\cos(q_1)\,\dot{q}_1 \\ -2\,\mathcal{I}_{yx_3}\left[\cos^2(q_1)-\mathrm{sen}^2(q_1)\right]\dot{q}_1 \end{matrix}}_{\dot{m}_{23}} \\[2em]
\underbrace{\begin{matrix} \left[\mathcal{I}_{zx_3}\cos(q_1)+\mathcal{I}_{zy_3}\,\mathrm{sen}(q_1)\right]\dot{q}_1 \\ -m_3\,(\beta_2+\beta_3)\, l_{c3}\cos(q_2+q_3)\left[\dot{q}_2+\dot{q}_3\right] \end{matrix}}_{\dot{m}_{31}} &
\underbrace{\begin{matrix} -m_3\, l_2 l_{c3}\,\mathrm{sen}(q_3)\,\dot{q}_3 + \\ 2\left[\mathcal{I}_{xx_3}-\mathcal{I}_{yy_3}\right]\,\mathrm{sen}(q_1)\cos(q_1)\,\dot{q}_1 \\ -2\,\mathcal{I}_{yx_3}\left[\cos^2(q_1)-\mathrm{sen}^2(q_1)\right]\dot{q}_1 \end{matrix}}_{\dot{m}_{32}} &
\underbrace{\begin{matrix} 2\,\mathcal{I}_{xx_3}\,\mathrm{sen}(q_1)\cos(q_1)\,\dot{q}_1 \\ -2\mathcal{I}_{yy_3}\cos(q_1)\,\mathrm{sen}(q_1)\,\dot{q}_1 \\ -2\,\mathcal{I}_{yx_3}\left[\cos(^2q_1)-\mathrm{sen}2(q_1)\right]\dot{q}_1 \end{matrix}}_{\dot{m}_{33}}
\end{bmatrix}}_{\dot{M}(\boldsymbol{q})}
$$

$$
-2\underbrace{\begin{bmatrix}
\underbrace{\begin{matrix} -\left[m_2 l_{c2}^2 + m_3 l_2^2\right]\cos(q_2)\,\mathrm{sen}(q_2)\dot{q}_2 \\ -m_3 l_2 l_{c3}\,\mathrm{sen}(2\,q_2+q_3)\dot{q}_2 \\ -m_3 l_2 l_{c3}\,\mathrm{sen}(q_2+q_3)\cos(q_2)\dot{q}_3 \\ -m_3 l_{c3}^2\,\mathrm{sen}(q_2+q_3)\cos(q_2+q_3)\left[\dot{q}_2+\dot{q}_3\right] \end{matrix}}_{c_{11}} &
\underbrace{\begin{matrix} -m_3\,(\beta_2+\beta_3)\left[l_2\cos(q_2)\dot{q}_2 + l_{c3}\,\cos(q_2+q_3)\left[\dot{q}_2+\dot{q}_3\right]\right] \\ -m_2 l_{c2}\beta_2\cos(q_2)\dot{q}_2 - (\mathcal{I}_{yx_2}+\mathcal{I}_{yx_3})\left[\mathrm{sen}^2(q_1)-\cos^2(q_1)\right]\dot{q}_2 \\ -\left[\mathcal{I}_{xx_2}+\mathcal{I}_{xx_3}-(\mathcal{I}_{yy_2}+\mathcal{I}_{yy_3})\right]\mathrm{sen}(q_1)\cos(q_1)\dot{q}_2 \\ -\left[m_2 l_{c2}^2+m_3 l_2^2\right]\cos(q_2)\,\mathrm{sen}(q_2)\dot{q}_1 - m_3 l_2 l_{c3}\,\mathrm{sen}(2q_2+q_3)\dot{q}_1 \\ -m_3 l_{c3}^2\,\mathrm{sen}(q_2+q_3)\cos(q_2+q_3)\dot{q}_1 \end{matrix}}_{c_{12}} &
\underbrace{\begin{matrix} -m_3\,(\beta_2+\beta_3)\, l_{c3}\cos(q_2+q_3)\left[\dot{q}_2+\dot{q}_3\right] \\ -\left[\mathcal{I}_{xx_3}-\mathcal{I}_{yy_3}\right]\mathrm{sen}(q_1)\cos(q_1)\left[\dot{q}_2+\dot{q}_3\right] \\ -\mathcal{I}_{yz_3}\left[\mathrm{sen}^2(q_1)-\cos^2(q_1)\right]\left[\dot{q}_2+\dot{q}_3\right] \\ -m_3 l_2 l_{c3}\,\mathrm{sen}(q_2+q_3)\cos(q_2)\,\dot{q}_1 \\ -m_3 l_{c3}^2\cos(q_2+q_3)\,\mathrm{sen}(q_2+q_3)\,\dot{q}_1 \end{matrix}}_{c_{15}} \\[2em]
\underbrace{\begin{matrix} (\mathcal{I}_{zx_2}+\mathcal{I}_{zx_3})\cos(q_1)\dot{q}_1 + (\mathcal{I}_{zy_2}+\mathcal{I}_{zy_3})\,\mathrm{sen}(q_1)\dot{q}_1 \\ +\left[m_2 l_{c2}^2+m_3 l_2^2\right]\cos(q_2)\,\mathrm{sen}(q_2)\dot{q}_1 \\ +m_3 l_2 l_{c3}\,\mathrm{sen}(2q_2+q_3)\dot{q}_1 + m_3 l_{c3}^2\cos(q_2+q_3)\,\mathrm{sen}(q_2+q_3)\dot{q}_1 \\ \left[\mathcal{I}_{xx_2}+\mathcal{I}_{xx_3}-(\mathcal{I}_{yy_2}+\mathcal{I}_{yy_3})\right]\cos(q_1)\,\mathrm{sen}(q_1)\,\dot{q}_2 \\ +(\mathcal{I}_{yx_2}+\mathcal{I}_{yx_3})\left[\mathrm{sen}^2(q_1)-\cos^2(q_1)\right]\dot{q}_2 \end{matrix}}_{c_{21}} &
\underbrace{\begin{matrix} -m_3 l_2 l_{c3}\,\mathrm{sen}(q_3)\dot{q}_3 + \\ \left[\mathcal{I}_{xx_2}+\mathcal{I}_{xx_3}-(\mathcal{I}_{yy_2}+\mathcal{I}_{yy_3})\right]\cos(q_1)\,\mathrm{sen}(q_1)\dot{q}_1 \\ +(\mathcal{I}_{yx_2}+\mathcal{I}_{yx_3})\left[\mathrm{sen}^2(q_1)-\cos^2(q_1)\right]\dot{q}_1 \end{matrix}}_{c_{22}} &
\underbrace{\begin{matrix} -\mathcal{I}_{yx_3}\left[\cos^2(q_1)-\mathrm{sen}^2(q_1)\right]\dot{q}_1 \\ +\left[\mathcal{I}_{xx_3}-\mathcal{I}_{yy_3}\right]\mathrm{sen}(q_1)\cos(q_1)\dot{q}_1 \\ -m_3 l_2 l_{c3}\,\mathrm{sen}(q_3)\left[\dot{q}_2+\dot{q}_3\right] \end{matrix}}_{c_{23}} \\[2em]
\underbrace{\begin{matrix} \left[\mathcal{I}_{zx_3}\cos(q_1)+\mathcal{I}_{zy_3}\,\mathrm{sen}(q_1)\right]\dot{q}_1 \\ +\left[\mathcal{I}_{xx_3}-\mathcal{I}_{yy_3}\right]\mathrm{sen}(q_1)\cos(q_1)\left[\dot{q}_2+\dot{q}_3\right] \\ +\mathcal{I}_{yz_3}\left[\mathrm{sen}^2(q_1)-\cos^2(q_1)\right]\left[\dot{q}_2+\dot{q}_3\right] \\ +m_3 l_2 l_{c3}\,\mathrm{sen}(q_2+q_3)\cos(q_2)\,\dot{q}_1 \\ +m_3 l_{c3}^2\cos(q_2+q_3)\,\mathrm{sen}(q_2+q_3)\,\dot{q}_1 \end{matrix}}_{c_{31}} &
\underbrace{\begin{matrix} -\mathcal{I}_{yx_3}\left[\cos^2(q_1)-\mathrm{sen}^2(q_1)\right]\dot{q}_1 \\ +\left[\mathcal{I}_{xx_3}-\mathcal{I}_{yy_3}\right]\mathrm{sen}(q_1)\cos(q_1)\,\dot{q}_1 \\ +m_3 l_2 l_{c3}\,\mathrm{sen}(q_3)\,\dot{q}_2 \end{matrix}}_{c_{32}} &
\underbrace{\begin{matrix} \left[\mathcal{I}_{xx_3}-\mathcal{I}_{yy_3}\right]\mathrm{sen}(q_1)\cos(q_1)\,\dot{q}_1 \\ -\mathcal{I}_{yx_3}\left[\cos^2(q_1)-\mathrm{sen}^2(q_1)\right]\dot{q}_1 \end{matrix}}_{c_{33}}
\end{bmatrix}}_{C(\boldsymbol{q},\dot{\boldsymbol{q}})}
$$

$$
= \underbrace{\begin{bmatrix}
\underbrace{0}_{\dot{m}_{11}-2c_{11}} & \underbrace{\begin{array}{c} m_3\,(\beta_2+\beta_3)\left[\,l_2\cos(q_2)\dot{q}_2 + l_{c3}\,\cos(q_2+q_3)\left[\dot{q}_2+\dot{q}_3\right]\right] \\ +\,m_2\,l_{c2}\beta_2\cos(q_2)\dot{q}_2 + 2\,(\mathcal{I}_{yx_2}+\mathcal{I}_{yx_3})\left[\,\mathrm{sen}^2(q_1) - \cos^2(q_1)\right]\dot{q}_2 \\ +2\left[\mathcal{I}_{xx_2}+\mathcal{I}_{xx_3} - (\mathcal{I}_{yy_2}+\mathcal{I}_{yy_3})\right]\,\mathrm{sen}(q_1)\,\cos(q_1)\dot{q}_2 \\ +2\left[m_2 l_{c2}^2 + m_3 l_2^2\right]\,\cos(q_2)\,\mathrm{sen}(q_2)\dot{q}_1 + 2\,m_3\,l_2 l_{c3}\,\mathrm{sen}(2q_2+q_3)\dot{q}_1 \\ +2\,m_3 l_{c3}^2\,\mathrm{sen}(q_2+q_3)\,\cos(q_2+q_3)\dot{q}_1 \\ \left[\mathcal{I}_{zx_2}+\mathcal{I}_{zx_3}\right]\,\cos(q_1)\dot{q}_1 + \left[\mathcal{I}_{zy_2}+\mathcal{I}_{zy_3}\right]\,\mathrm{sen}(q_1)\dot{q}_1 \end{array}}_{\dot{m}_{12}-2c_{12}=-\left[\dot{m}_{21}-2c_{21}\right]} & \underbrace{\begin{array}{c} m_3\,(\beta_2+\beta_3)\,l_{c3}\,\cos(q_2+q_3)\left[\dot{q}_2+\dot{q}_3\right] \\ +2\left[\mathcal{I}_{xx_3}-\mathcal{I}_{yy_3}\right]\,\mathrm{sen}(q_1)\,\cos(q_1)\left[\dot{q}_2+\dot{q}_3\right] \\ +2\,\mathcal{I}_{yx_3}\left[\,\mathrm{sen}^2(q_1) - \cos^2(q_1)\right]\left[\dot{q}_2+\dot{q}_3\right] \\ +2\,m_3 l_2 l_{c3}\,\mathrm{sen}(q_2+q_3)\,\cos(q_2)\,\dot{q}_1 \\ +2\,m_3 l_{c3}^2\,\cos(q_2+q_3)\,\mathrm{sen}(q_2+q_3)\,\dot{q}_1 \\ +\left[\mathcal{I}_{zx_3}\,\cos(q_1) + \mathcal{I}_{zy_3}\,\mathrm{sen}(q_1)\right]\dot{q}_1 \end{array}}_{\dot{m}_{13}-2c_{13}=-\left[\dot{m}_{31}-2c_{31}\right]} \\[2ex]
\underbrace{\begin{array}{c} -m_3\,(\beta_2+\beta_3)\left[\,l_2\cos(q_2)\dot{q}_2 + l_{c3}\,\cos(q_2+q_3)\left[\dot{q}_2+\dot{q}_3\right]\right] \\ -\,m_2\,l_{c2}\beta_2\cos(q_2)\dot{q}_2 \\ -(\mathcal{I}_{zx_2}+\mathcal{I}_{zx_3})\,\cos(q_1)\dot{q}_1 - (\mathcal{I}_{zy_2}+\mathcal{I}_{zy_3})\,\mathrm{sen}(q_1)\dot{q}_1 \\ -2\left[m_2 l_{c2}^2 + m_3 l_2^2\right]\,\cos(q_2)\,\mathrm{sen}(q_2)\dot{q}_1 \\ -2\,m_3 l_2 l_{c3}\,\mathrm{sen}(2q_2+q_3)\dot{q}_1 - 2\,m_3\,l_{c3}^2\,\cos(q_2+q_3)\,\mathrm{sen}(q_2+q_3)\dot{q}_1 \\ -2\left[\mathcal{I}_{xx_2}+\mathcal{I}_{xx_3} - (\mathcal{I}_{yy_2}+\mathcal{I}_{yy_3})\right]\,\cos(q_1)\,\mathrm{sen}(q_1)\,\dot{q}_2 \\ -2\,(\mathcal{I}_{yx_2}+\mathcal{I}_{yx_3})\left[\,\mathrm{sen}^2(q_1) - \cos^2(q_1)\right]\dot{q}_2 \end{array}}_{\dot{m}_{21}-2c_{21}=-\left[\dot{m}_{12}-2c_{12}\right]} & \underbrace{0}_{\dot{m}_{22}-2c_{22}} & \underbrace{m_3\,l_2\,l_{c3}\,\mathrm{sen}(q_3)\,\dot{q}_3 + 2\,m_3\,l_2\,l_{c3}\,\mathrm{sen}(q_3)\dot{q}_2}_{\dot{m}_{23}-2c_{23}=-\left[\dot{m}_{32}-2c_{32}\right]} \\[2ex]
\underbrace{\begin{array}{c} -m_3\,(\beta_2+\beta_3)\,l_{c3}\,\cos(q_2+q_3)\left[\dot{q}_2+\dot{q}_3\right] \\ -\left[\mathcal{I}_{zx_3}\,\cos(q_1) + \mathcal{I}_{zy_3}\,\mathrm{sen}(q_1)\right]\dot{q}_1 \\ -2\left[\mathcal{I}_{xx_3}-\mathcal{I}_{yy_3}\right]\,\mathrm{sen}(q_1)\,\cos(q_1)\left[\dot{q}_2+\dot{q}_3\right] \\ -2\,\mathcal{I}_{yx_3}\left[\,\mathrm{sen}^2(q_1) - \cos^2(q_1)\right]\left[\dot{q}_2+\dot{q}_3\right] \\ -2\,m_3 l_2 l_{c3}\,\mathrm{sen}(q_2+q_3)\,\cos(q_2)\,\dot{q}_1 \\ -2\,m_3 l_{c3}^2\,\cos(q_2+q_3)\,\mathrm{sen}(q_2+q_3)\,\dot{q}_1 \end{array}}_{\dot{m}_{31}-2c_{31}=-\left[\dot{m}_{13}-2c_{13}\right]} & \underbrace{-\,m_3\,l_2\,l_{c3}\,\mathrm{sen}(q_3)\,\dot{q}_3 - 2\,m_3\,l_2\,l_{c3}\,\mathrm{sen}(q_3)\dot{q}_2}_{\dot{m}_{32}-2c_{32}=-\left[\dot{m}_{23}-2c_{23}\right]} & \underbrace{0}_{\dot{m}_{33}-2c_{33}}
\end{bmatrix}}_{\dot{M}(\boldsymbol{q})-2\,C(\boldsymbol{q},\,\dot{\boldsymbol{q}})}
$$

Por lo que se cumple la propiedad (6.11) del modelo dinámico del robot manipulador, puesto que: $\dot{\boldsymbol{q}}^T\left[\dot{M}(\boldsymbol{q}) - 2\,C(\boldsymbol{q},\,\dot{\boldsymbol{q}})\right]\dot{\boldsymbol{q}} = 0$; en otra palabras, en efecto la matriz $\dot{M}(\boldsymbol{q}) - 2\,C(\boldsymbol{q},\,\dot{\boldsymbol{q}})$ resulta antisimétrica.

El anterior procedimiento es una forma de consistencia, para verificar que es correcto el procedimiento utilizado con las ecuaciones de movimiento de Euler-Lagrange en el desarrollo del modelo dinámico del brazo robot de 3 gdl; las matrices de inercia $M(\boldsymbol{q}) \in \mathbb{R}^{3\times 3}$ y las fuerzas centrípetas y de Coriolis $C(\boldsymbol{q},\,\dot{\boldsymbol{q}}) \in \mathbb{R}^{3\times 3}$ satisfagan todas las propiedades del modelo dinámico; puesto que dicho desarrollo no fue trivial ni sencillo, vale la pena realizar ese fuerzo para tener certeza en los resultados obtenidos. Observe que en la matriz resultante del brazo robot manipulador con 3 gdl: $\dot{M}(\boldsymbol{q}) - 2\,C(\boldsymbol{q},\,\dot{\boldsymbol{q}})$, todos sus elementos que se encuentran en la diagonal principal son cero, es decir, se satisface lo siguiente: $\dot{m}_{11} - 2\,c_{11} = 0$; $\dot{m}_{22} - 2\,c_{22} = 0$; $\dot{m}_{33} - 2\,c_{33} = 0$. Además, también se cumple lo siguiente: $\dot{m}_{12} - 2\,c_{12} = -\left[\dot{m}_{21} - 2\,c_{21}\right]$, $\dot{m}_{13} - 2\,c_{13} = -\left[\dot{m}_{31} - 2\,c_{31}\right]$ y $\dot{m}_{23} - 2\,c_{23} = -\left[\dot{m}_{32} - 2\,c_{32}\right]$. ■

•••

• • • Ejemplo 6.6

Desarrollar un programa en MATLAB para simular el modelo dinámico del brazo robot de 3 gdl (6.26), considerando $[t = 0, 0.0025, \cdots, 25]$ segundos y los siguientes torques aplicados a las articulaciones del robot:

$$\begin{bmatrix} \tau_1 \\ \\ \tau_2 \\ \\ \tau_3 \end{bmatrix} = \begin{bmatrix} \frac{\tau_1^{\text{máx}}}{4} \operatorname{sen}(0.1 \frac{b_1}{\mathcal{I}_{zz_1}} \frac{e}{\pi} t + 0.1) + \frac{\tau_1^{\text{máx}}}{5} \operatorname{sen}(0.05 \frac{b_1}{\mathcal{I}_{zz_1}} t + 1.25), \text{ base} \\ \frac{\tau_2^{\text{máx}}}{2} \operatorname{sen}(0.1 \frac{b_2}{\mathcal{I}_{zz_2}} \sqrt{\frac{\pi}{2}} t + 0.2) + \frac{\tau_2^{\text{máx}}}{5} \operatorname{sen}(0.05 \frac{b_2}{\mathcal{I}_{zz_2}} t + 1.25), \text{ hombro} \\ \frac{\tau_3^{\text{máx}}}{10} \operatorname{sen}(0.1 \frac{b_3}{\mathcal{I}_{zz_3}} \sqrt{\frac{e}{3}} t + 0.3) + \frac{\tau_3^{\text{máx}}}{12} \operatorname{sen}(0.05 \frac{b_3}{\mathcal{I}_{zz_3}} t + 1.25), \text{ codo} \end{bmatrix} \quad (6.27)$$

Los valores numéricos para el modelo dinámico del brazo robot se encuentran concentrados en la tabla 6.7.

Solución

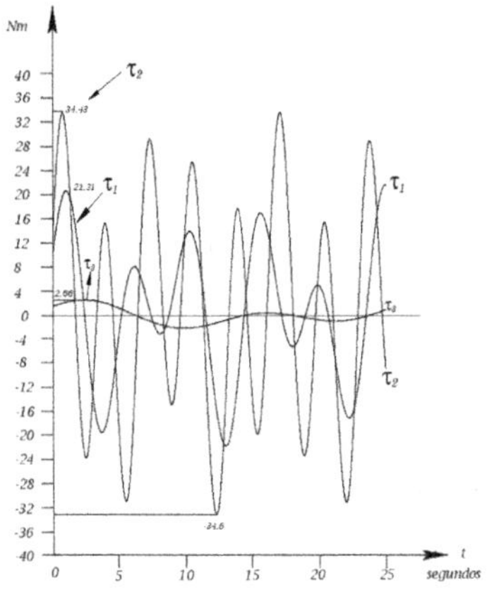

Figura 6.15: Energía aplicada

La figura 6.15 presenta los perfiles en el tiempo de la energía mecánica aplicada a cada una de las articulaciones (servomotores) del robot manipulador de 3 gdl; dicha energía está dada por el vector $\boldsymbol{\tau}$ de torques (6.27), cuyas amplitudes fueron seleccionadas para no saturar a los servoamplificadores (ver tabla 6.7); además, suministrar la frecuencia en las señales periódicas en función de las características del ancho de banda en cada servomotor: $\frac{b_i}{\mathcal{I}_{zz_i}}$, para $i = 1, 2, 3$. Las frecuencias en las tres señales de energía son números irracionales, para generar suficientes armónicos en el movimiento del robot. Se ha seleccionado un bajo porcentaje del ancho de banda (frecuencia de corte) en cada servomotor, para que no filtre a dichas señales. La fase es otro de los parámetros a determinar, note que la segunda componente en cada señal articular de energía tiene una fase de 1.25 rad (72°), con la finalidad que sea lo más cercano a una función cosenoidal, para suministrar energía desde $t = 0$ y salir de la fricción estática; evitando que el robot permanezca en la zona de histéresis de fricción.

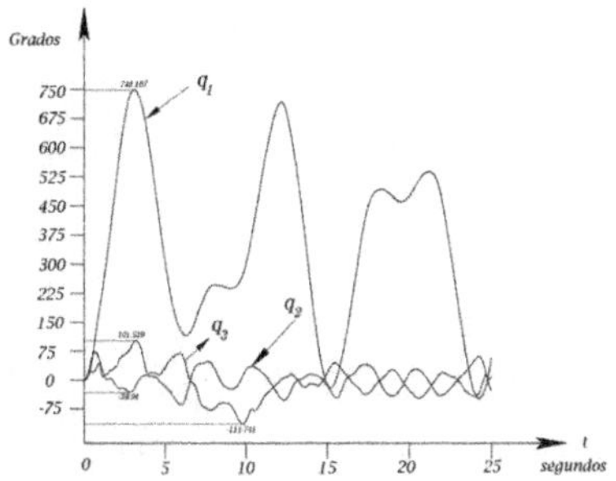

Figura 6.16: Posiciones articulares

La figura 6.16 exhibe la evolución en el tiempo de las posiciones $[q_1, q_2, q_3]$ del brazo robot, correspondientes a las articulaciones de la base, hombro y codo, respectivamente. Observe que la articulación de la base presenta mayor desplazamiento, es decir, tiene un tipo de movimiento mucho más amplio [-46.354°, 748.167°]; mientras que la articulación del hombro se mueve entre [-39.441°, 72.1399°]. El codo tiene un desplazamiento entre los valores [-111.333°, 101.997°]. El movimiento del robot es suave, libre de rizo, ruido y vibración mecánica.

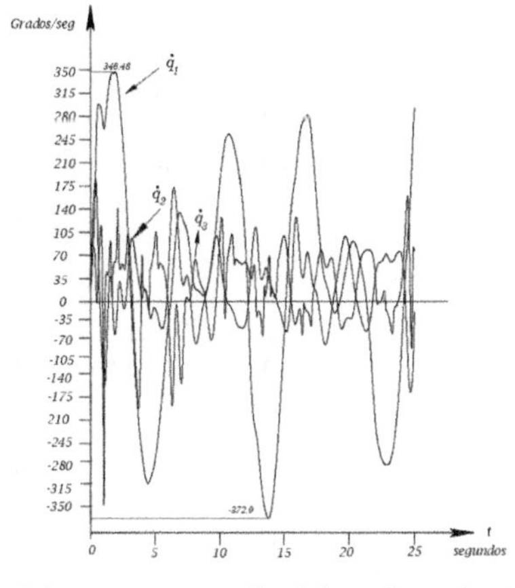

Figura 6.17: Señales de velocidad

La figura 6.17 muestra las velocidades $[\dot{q}_1, \dot{q}_2, \dot{q}_3]$ para las articulaciones de la base, hombro y codo, respectivamente. Un criterio de diseño en las amplitudes y frecuencias utilizadas en el vector de la señal de energía (6.27) es que deben satisfacer que las magnitudes de velocidad, para cada articulación no rebasen los límites físicos de velocidades de cada servomotor (por ejemplo, $\frac{b_i}{\mathcal{I}_{zz_i}}$, para $i = 1, 2, 3$) y que el extremo final no sea mayor que el ancho de banda nominal (720 grados/seg).

La tabla 6.7 muestra los valores numéricos de los parámetros del brazo robot. El modelo dinámico del brazo robot de 3 gdl (6.26) se encuentra programado con lenguaje **MATLAB** en el cuadro de código 6.10, cuya función se denomina: brazoRobot3gdl.m y el programa principal se llama `simubrazoRobot3gdl.m`, ubicado en el cuadro de código 6.11.

Tabla 6.7: Valores numéricos de parámetros del brazo robot de 3 gdl

Eslabón	Parámetro	Valor
1	m_1	22.35 kg
	β_1	0.15 m
	l_1	0.25 m
	$\mathcal{I}_{xx_1}, \mathcal{I}_{yy_1}, \mathcal{I}_{zz_1}$	[0.01, 0.01, 0.85] Nm $\frac{\text{seg}^2}{\text{rad}}$
	$\mathcal{I}_{xy_1}, \mathcal{I}_{yx_1}, \mathcal{I}_{xz_1}, \mathcal{I}_{zx_1}, \mathcal{I}_{yz_1}, \mathcal{I}_{zy_1}$	[0.01, 0.01, 0.01, 0.01, 0.01, 0.01] Nm $\frac{\text{seg}^2}{\text{rad}}$
Base	l_{c1}	0.034 m
$\tau_1^{\text{máx}} = 50\text{Nm}$	b_1	2.288 $\frac{\text{Nm seg}}{\text{rad}}$
	f_{c1}	5.15 Nm
	f_{e1}	5.45 Nm
2	m_2	23.902 kg
	β_2	0.15 m
	l_2	0.45 m
	$\mathcal{I}_{xx_2}, \mathcal{I}_{yy_2}, \mathcal{I}_{zz_2}$	[0.23, 0.23, 1.266] Nm $\frac{\text{seg}^2}{\text{rad}}$
	$\mathcal{I}_{xy_2}, \mathcal{I}_{yx_2}, \mathcal{I}_{xz_2}, \mathcal{I}_{zx_2}, \mathcal{I}_{yz_2}, \mathcal{I}_{zy_2}$	[0.03, 0.03, 0.03, 0.03, 0.03, 0.03] Nm $\frac{\text{seg}^2}{\text{rad}}$
Hombro	l_{c2}	0.091 m
$\tau_2^{\text{máx}} = 50\text{Nm}$	b_2	2.288 $\frac{\text{Nm seg}}{\text{rad}}$
	f_{c2}	5.15 Nm
	f_{e2}	5.45 Nm
3	m_3	3.88 kg
	β_3	0.15 m
	l_3	0.45 m
	$\mathcal{I}_{xx_3}, \mathcal{I}_{yy_3}, \mathcal{I}_{zz_3}$	[0.13, 0.13, 0.093] Nm $\frac{\text{seg}^2}{\text{rad}}$
	$\mathcal{I}_{xy_3}, \mathcal{I}_{yx_3}, \mathcal{I}_{xz_3}, \mathcal{I}_{zx_3}, \mathcal{I}_{yz_3}, \mathcal{I}_{zy_3}$	[0.01, 0.01, 0.01, 0.01, 0.01, 0.01] Nm $\frac{\text{seg}^2}{\text{rad}}$
Codo	l_{c3}	0.048 m
$\tau_3^{\text{máx}} = 15\text{Nm}$	b_3	0.175 $\frac{\text{Nm seg}}{\text{rad}}$
	f_{c3}	1.23 Nm
	f_{e3}	1.27 Nm
	g	9.81 $\frac{\text{m}}{\text{seg}^2}$

El modelo dinámico numérico del brazo robot de 3 gdl, tomando en cuenta los valores de los parámetros de la tabla 6.7 toma la forma siguiente.

$$\begin{bmatrix}\tau_1\\ \tau_2\\ \tau_3\end{bmatrix} = \begin{bmatrix} m_{11} & m_{12} & m_{13}\\ m_{21} & m_{22} & m_{23}\\ m_{31} & m_{32} & m_{33}\end{bmatrix}^{-1}\left[\begin{bmatrix}\tau_1\\ \tau_2\\ \tau_3\end{bmatrix} - \begin{bmatrix} c_{11} & c_{12} & c_{13}\\ m_{21} & c_{22} & c_{23}\\ c_{31} & c_{32} & c_{33}\end{bmatrix} - \begin{bmatrix} b_1 & 0 & 0\\ 0 & b_2 & 0\\ 0 & 0 & b_3\end{bmatrix} - \begin{bmatrix} g_1\\ g_2\\ g_3\end{bmatrix}\right] \tag{6.28}$$

$$\begin{aligned}
m_{11} &= 0.00968\ \cos^2(q_2+q_3)+1.04\ \cos^2(q_2)+0.181\ \cos(q_2+q_3)\ \cos(q_2)+1.22\\
m_{12} &= -0.0283\ \cos(q_1+0.785)-0.0605\ \mathrm{sen}(q_2+q_3)-0.872\ \mathrm{sen}(q_2)\\
m_{13} &= -0.0141\ \cos(q_1+0.785)-0.0605\ \mathrm{sen}(q_2+q_3)\\
m_{21} &= -0.0283\ \cos(q_1+0.785)-0.0605\ \mathrm{sen}(q_2+q_3)-0.872\ \mathrm{sen}(q_2)\\
m_{22} &= 0.181\ \cos(q_3)-0.02\ \mathrm{sen}(2q_1)+1.07\\
m_{23} &= 0.0907\ \cos(q3)-0.01\ \mathrm{sen}(2.0q_1)+0.0197\\
m_{31} &= -0.0141\ \cos(q_1+0.785)-0.0605\ \mathrm{sen}(q_2+q_3)\\
m_{32} &= 0.0907\ \cos(q_3)-0.01\ \mathrm{sen}(2q_1)+0.0197\\
m_{33} &= 0.0197-0.01\ \mathrm{sen}(2q_1)\\
c_{11} &= -0.0907\dot q_2\ \mathrm{sen}(2q_2+q_3)-0.518\dot q_2\ \mathrm{sen}(2q_2)-\ \mathrm{sen}(2q_2+2q_3)[0.00484\dot q_2+0.00484\dot q_3]\\
&\quad -0.0907\dot q_3\ \mathrm{sen}(q_2+q_3)\ \cos(q_2)\\
c_{12} &= 0.02\dot q_2\ \cos(2q_1)-0.0907\dot q_1\ \mathrm{sen}(2q_2+q_3)-0.518\dot q_1\ \mathrm{sen}(2q_2)-0.0605\dot q_2\ \cos(q_2+q_3)\\
&\quad -0.0605\dot q_3\ \cos(q_2+q_3)-0.872\dot q_2\ \cos(q_2)-0.00484\dot q_1\ \mathrm{sen}(2q_2+2q_3)\\
c_{13} &= -(\dot q_2+\dot q_3)(0.02\ \mathrm{sen}^2(q1)-0.01)-0.00484\dot q_1\ \mathrm{sen}(2q_2+2q_3)\\
&\quad -\ \cos(q_2+q_3)(0.0605\dot q_2+0.0605\dot q_3)-0.0907\dot q_1\ \mathrm{sen}(q_2+q_3)\ \cos(q_2)\\
c_{21} &= 0.0907\dot q_1\ \mathrm{sen}(2q_2+q3)-0.02\dot q_2\ \cos(2q_1)+0.518\dot q_1\ \mathrm{sen}(2q_2)+0.02\dot q_1\ \cos(q_1)\\
&\quad +0.02\dot q_1\ \mathrm{sen}(q_1)+0.00484\dot q_1\ \mathrm{sen}(2q_2+2q_3)\\
c_{22} &= -0.02\dot q_1\ \cos(2q_1)-0.0907\dot q_3\ \mathrm{sen}(q_3)\\
c_{23} &= -0.01\dot q_1\ \cos(2q_1)-0.0907\dot q_2\ \mathrm{sen}(q_3)-0.0907\dot q_3\ \mathrm{sen}(q_3)\\
c_{31} &= (\dot q_2+\dot q_3)(0.02\ \mathrm{sen}^2(q_1)-0.01)+0.0141\dot q_1\ \mathrm{sen}(q_1+0.785)+\\
&\quad 0.00484\dot q_1\ \mathrm{sen}(2q_2+2q_3)+0.0907\dot q_1\ \mathrm{sen}(q_2+q_3)\ \cos(q_2)\\
c_{32} &= 0.0907\dot q_2\ \mathrm{sen}(q_3)-0.01\dot q_1\ \cos(2q_1)\\
c_{33} &= \dot q_1(0.02\ \mathrm{sen}^2(q_1)-0.01)\\
b_1 &= 2.288;\ b_2=2.288;\ b_3=0.178\\
g_1 &= 0;\ \ g_2=1.98\ \mathrm{sen}(q_2+q_3)+38.5\ \mathrm{sen}(q_2)\ \ g_3=1.98\ \mathrm{sen}(q_2+q_3)
\end{aligned}$$

 Código MATLAB 6.10   brazoRobot3gdl.m

Robótica: Control de Robots Manipuladores
Capítulo 6. Dinámica
Fernando Reyes Cortés
Alfaomega Grupo Editor: "**Te acerca al conocimiento**".

Programa: brazoRobot3gdl.m	MATLAB versión 2024a

```
1  function xp= brazoRobot3gdl(t,x)
2     global tau1 tau2 tau3
3     % vector de posición.
4     q1=x(1,1);
5     q2=x(2,1);
6     q3=x(3,1);
7     q = [q1;
8          q2;
9          q3];
10    % vector de velocidad articular.
11    qp1=x(4,1);
12    qp2=x(5,1);
13    qp3=x(6,1);
14    qp = [qp1;
15          qp2;
16          qp3];
17    m1= 22.35; % eslabón 1
18    beta1=0.15;
19    l1=0.25;
20    ixx1=0.01; iyy1=0.01; izz1=0.15; % momentos de inercia.
21    ixy1=0.01; iyx1=0.01; ixz1=0.01; izx1=0.01; iyz1=0.01; izy1=0.01;
22    lc1=0.034;
23    b1=2.288;
24    m2= 22.35; % eslabón 2
25    beta2=0.15;
26    l2=0.45;
27    ixx2=0.01; iyy2=0.01; izz2=0.15;
```

Código MATLAB 6.10 brazoRobot3gdl.m

Continúa código 6.10: brazoRobot3gdl.m

```
ixy2=0.01; iyx2=0.01; ixz2=0.01; izx2=0.01; iyz2=0.01; izy2=0.01;
lc2=0.091;
b2=2.288;
m3= 4.2; % eslabón 3
beta3=0.15;
l3=0.45;
ixx3=0.01; iyy3=0.01; izz3=0.035;% momentos de inercia
% productos de inercia de la articulación del codo.
ixy3=0.01; iyx3=0.01; ixz3=0.01; izx3=0.01; iyz3=0.01; izy3=0.01;
lc3=0.048;
b3=0.178;
g=9.81;
% elementos de la matriz de inercia M(q)
m11=m2*(beta2^2+lc2^2*cos(q2)^2 )+m3*( (beta2+beta3)^2 ...
      + l2^2*cos(q2)^2+2* l2* lc3*cos(q2+q3)*cos(q2)...
      + lc3^2*cos(q2+q3)^2) + izz1+izz2+izz3;
m12=-m3*(beta2+beta3)*(l2*sin(q2)+lc3*sin(q2+q3))...
     -m2* lc2* beta2*sin(q2)+(izx2+izx3)*sin(q1)...
     -(izy2+izy3)*cos(q1);
m13= izx3*sin(q1)-izy3*cos(q1)...
     -m3*(beta2+beta3)* lc3*sin(q2+q3);
m21= m12;
m22= m2*lc2^2+ m3*(l2^2+ lc3^2+ 2*l2* lc3*cos(q3))...
     + (ixx2+ixx3)*sin(q1)^2+ (iyy2+iyy3)*cos(q1)^2 ...
     -2*(iyx2+iyx3)*cos(q1)*sin(q1);
m23=m3*l2*lc3*cos(q3)+ m3*lc3^2+ ixx3*sin(q1)^2...
     +iyy3*cos(q1)^2-2*iyx3*cos(q1)*sin(q1);
m31=m13;
m32=m23;
m33=m3*lc3^2+ixx3*sin(q1)^2 +iyy3*cos(q1)^2 ...
     -2*iyx3*cos(q1)*sin(q1);
```

Código MATLAB 6.10 brazoRobot3gdl.m

Continúa código 6.10: brazoRobot3gdl.m

```
M=[m11, m12, m13;   % Matriz de inercia M(q)
   m21, m22, m23;
   m31, m32, m33];
% matriz de fuerzas centrípetas y de Coriolis C(q,qp)
c11=-(m2* lc2^2+m3* l2^2)*cos(q2)*sin(q2)*qp2 ...
     -m3*l2*lc3*sin(2*q2+q3)*qp2 ...
     -m3* l2*lc3*sin(q2+q3)*cos(q2)*qp3 ...
     -m3* lc3^2*sin(q2+q3)*cos(q2+q3)*(qp2+qp3);
c12=-m3*(beta2+beta3)*(l2*cos(q2)*qp2...
       +lc3*cos(q2+q3)*(qp2+qp3)) -m2*lc2*beta2*cos(q2)*qp2...
       - (iyx2+iyx3)*(sin(q1)^2-cos(q1)^2)*qp2 ...
       -( ixx2+ixx3-(iyy2+iyy3))*sin(q1)*cos(q1)*qp2...
      -(m2*lc2^2+m3* l2^2)*cos(q2)*sin(q2)*qp1 ...
      -m3* l2* lc3*sin(2*q2+q3)*qp1...
      -m3* lc3^2*sin(q2+q3)*cos(q2+q3)*qp1;
c13 = -m3*(beta2+beta3)*lc3*cos(q2+q3)*(qp2+qp3) ...
      - (ixx3-iyy3)*sin(q1)*cos(q1)*(qp2+qp3) ...
      -iyz3*(sin(q1)^2-cos(q1)^2)*(qp2+qp3) ...
      -m3* l2* lc3*sin(q2+q3)*cos(q2)*qp1 ...
      -m3* lc3^2*cos(q2+q3)*sin(q2+q3)*qp1;
c21=(izx2+izx3)*cos(q1)*qp1+(izy2+izy3)*sin(q1)*qp1 ...
      +(m2*lc2^2+m3*l2^2)*cos(q2)*sin(q2)*qp1 ...
      + m3* l2* lc3*sin(2*q2+q3)*qp1 ...
      +m3* lc3^2*cos(q2+q3)*sin(q2+q3)*qp1 ...
      +(ixx2+ixx3-(iyy2+iyy3))*cos(q1)*sin(q1)*qp2 ...
      +(iyx2+iyx3)*(sin(q1)^2-cos(q1)^2)*qp2;
c22 =- m3*l2* lc3*sin(q3)*qp3 ...
      +(ixx2+ixx3-(iyy2+iyy3))*cos(q1)*sin(q1)*qp1 ...
      +(iyx2+iyx3)*(sin(q1)^2-cos(q1)^2)*qp1;
c23=-iyx3*(cos(q1)^2-sin(q1)^2)*qp1+(ixx3-iyy3)*sin(q1)*cos(q1)*qp1 ...
     -m3*l2* lc3*sin(q3)*(qp2+qp3);
```

    Código MATLAB 6.10   brazoRobot3gdl.m

Continúa código 6.10: brazoRobot3gdl.m

```
90    c31 = (izx3*cos(q1)+izy3*sin(q1))*qp1...
91          +(ixx3-iyy3)*sin(q1)*cos(q1)*(qp2+qp3) ...
92          +iyz3*(sin(q1)^2 -cos(q1)^2)*(qp2+qp3) ...
93          + m3* l2* lc3*sin(q2+q3)*cos(q2)*qp1 ...
94          +m3*lc3^2*cos(q2+q3)*sin(q2+q3)*qp1;
95    c32= -iyx3*(cos(q1)^2-sin(q1)^2)*qp1 ...
96          +(ixx3-iyy3)*sin(q1)*cos(q1)*qp1 ...
97          +m3*l2* lc3*sin(q3)*qp2;
98    c33 =(ixx3 -iyy3)*sin(q1)*cos(q1)*qp1 -iyx3*(cos(q1)^2-sin(q1)^2)*qp1;
99    C=[c11, c12, c13;% Matriz C(q, qp)
100        c21, c22, c23;
101        c31, c32, c33];
102   gq=g*[0; % par gravitacional g(q)
103          m2*lc2*sin(q2)+m3*l2*sin(q2)+m3*lc3*sin(q2+q3);
104          m3*lc3*sin(q2+q3)];
105   B=diag([b1, b2, b3]);% matriz B ∈ ℝ^{3×3} de coeficientes de fricción viscosa.
106   tau1max=50; tau2max=50; tau3max=15;% límtes físicos de los actuadores.
107   tau=[(tau1max/4)*sin(0.1*(b1/izz1)*(exp(1)/pi)*t+0.1)+
108        (tau1max/5)*sin(0.05*(b1/izz1)*t+1.25);
109        (tau2max/2)*sin(0.1*(b2/izz2)*sqrt(pi/2)*t+0.2)+
110        (tau2max/5)*sin(0.05*(b2/izz2)*t+1.25);
111        (tau3max/10)*sin(0.1*(b3/izz3)*sqrt(exp(1)/3)*t+0.3)+
112        (tau3max/12)*sin(0.05*(b3/izz3)*t+1.25)];
113   qpp = M^(-1)*(tau-C*qp-gq-B*qp);
114   xp = [qp1; % vector de estados
115        qp2;
116        qp3;
117        qpp(1,1);
118        qpp(2,1);
119        qpp(3,1)];
120   end
```

Código MATLAB 6.11 simubrazoRobot3gdl.m

Robótica: Control de Robots Manipuladores

Capítulo 6. Dinámica

Fernando Reyes Cortés

Alfaomega Grupo Editor: "**Te acerca al conocimiento**".

Programa: simubrazoRobot3gdl.m	MATLAB versión 2024a

```
clc;
clearvars;
close all;
format short
global tau1 tau2 tau3
ti=0;
h=0.0025;
tf = 25; % tiempo final de simulación (segundos)
ts=(ti:h:tf)'; % vector tiempo para simulación
opciones= odeset('RelTol' ,1e-06,'AbsTol' ,1e-06,'InitialStep' ,h,'MaxStep' ,h);
ci=[0; % q1
    0; % q2
    0; % q3
    0; % qp1
    0; % qp2
    0]; % qp3
[renglones, columnas]=size(ts);
tr=zeros(renglones,columnas);
tau1=zeros(renglones,columnas); tau2=zeros(renglones,columnas);
tau3=zeros(renglones,columnas);
 % solución del sistema pro Runge-Kutta 4/5 adaptable:
[t, x]=ode45( 'brazoRobot3gdl' ,ts,ci,opciones);
figure(1), plot(t,(180/pi)*x(:,1),'k' ,t,(180/pi)*x(:,2),'r' ,t,(180/pi)*x(:,3),'g' )
figure(2), plot(t,(180/pi)*x(:,4),'k' ,t,(180/pi)*x(:,5),'r' , t,(180/pi)*x(:,6),'g' )
```

•••

6.6.6 Robot cartesiano de 3 gdl

En la figura 6.18 se muestra el robot cartesiano de 3 gdl, cuyo análisis cinemático esta descrito en el capítulo 5, sección 5.10, página 283; las coordenadas de cinemática directa, para cada servomotor se obtienen a partir de la matriz de transformación homogénea (5.66), entonces:

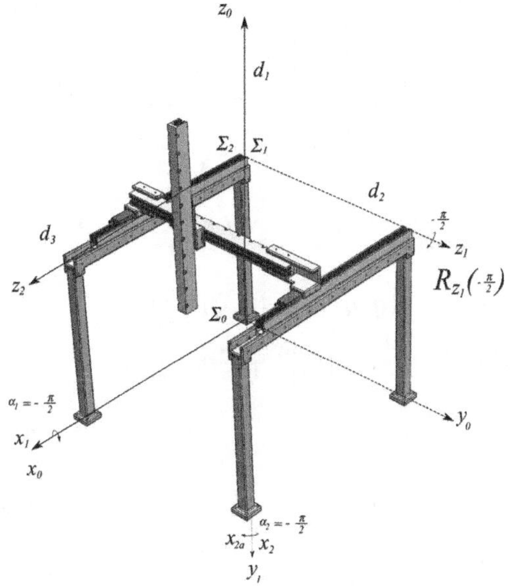

Figura 6.18: Robot cartesiano de 3 gdl

1) Cinemática directa: El robot cartesiano tiene todas sus articulaciones prismáticas o lineales: $\boldsymbol{q} = [\,d_1 \quad d_2 \quad d_3\,]^T$.

$$H_0^1 = \begin{bmatrix} R_{x_0}(-\frac{\pi}{2}) & \begin{bmatrix} 0 \\ 0 \\ d_1 \end{bmatrix} \\ [0\ \ 0\ \ 0] & 1 \end{bmatrix} \Longrightarrow \begin{bmatrix} x_1 \\ y_1 \\ z_1 \end{bmatrix} = \begin{bmatrix} 0 \\ 0 \\ d_1 \end{bmatrix}$$

$$H_0^2 = H_0^1 H_1^2 = \begin{bmatrix} R_{x_0}(-\frac{\pi}{2}) & \begin{bmatrix} 0 \\ 0 \\ d_1 \end{bmatrix} \\ [0\ \ 0\ \ 0] & 1 \end{bmatrix} \begin{bmatrix} R_{z_1}(\frac{\pi}{2})R_{x_1}(\frac{\pi}{2}) & \begin{bmatrix} 0 \\ 0 \\ d_2 \end{bmatrix} \\ [0\ \ 0\ \ 0] & 1 \end{bmatrix} \Longrightarrow \begin{bmatrix} x_2 \\ y_2 \\ z_2 \end{bmatrix} = \begin{bmatrix} 0 \\ d_2 \\ d_1 \end{bmatrix}$$

$$H_0^3 = H_0^1 H_1^2 H_2^3 = \begin{bmatrix} R_{x_0}(-\frac{\pi}{2}) & \begin{bmatrix} 0 \\ 0 \\ d_1 \end{bmatrix} \\ [0\ \ 0\ \ 0] & 1 \end{bmatrix} \begin{bmatrix} R_{z_1}(\frac{\pi}{2})R_{x_1}(\frac{\pi}{2}) & \begin{bmatrix} 0 \\ 0 \\ d_2 \end{bmatrix} \\ [0\ \ 0\ \ 0] & 1 \end{bmatrix} \begin{bmatrix} I & \begin{bmatrix} 0 \\ 0 \\ d_3 \end{bmatrix} \\ [0\ \ 0\ \ 0] & 1 \end{bmatrix} \Longrightarrow \begin{bmatrix} x_3 \\ y_3 \\ z_3 \end{bmatrix} = \begin{bmatrix} d_3 \\ d_2 \\ d_1 \end{bmatrix}$$

2) Cinemática diferencial

$$\boldsymbol{v}_1 = \frac{d}{dt}\begin{bmatrix} x_1 \\ y_1 \\ z_1 \end{bmatrix} = \begin{bmatrix} 0 \\ 0 \\ \dot{d}_1 \end{bmatrix} \implies \|\boldsymbol{v}_1\|^2 = \dot{d}_1^2$$

$$\boldsymbol{v}_2 = \frac{d}{dt}\begin{bmatrix} x_2 \\ y_2 \\ z_2 \end{bmatrix} = \begin{bmatrix} 0 \\ \dot{d}_2 \\ \dot{d}_1 \end{bmatrix} \implies \|\boldsymbol{v}_2\|^2 = \dot{d}_1^2 + \dot{d}_2^2$$

$$\boldsymbol{v}_3 = \frac{d}{dt}\begin{bmatrix} x_3 \\ y_3 \\ z_3 \end{bmatrix} = \begin{bmatrix} \dot{d}_3 \\ \dot{d}_2 \\ \dot{d}_1 \end{bmatrix} \implies \|\boldsymbol{v}_3\|^2 = \dot{d}_1^2 + \dot{d}_2^2 + \dot{d}_3^2$$

3) Modelos de energía

$$\begin{aligned}
\mathcal{K}(\boldsymbol{q},\dot{\boldsymbol{q}}) &= \mathcal{K}_1(\boldsymbol{q},\dot{\boldsymbol{q}}) + \mathcal{K}_2(\boldsymbol{q},\dot{\boldsymbol{q}}) + \mathcal{K}_3(\boldsymbol{q},\dot{\boldsymbol{q}}) \\
&= \frac{1}{2}m_1\|\boldsymbol{v}_1\|^2 + \frac{1}{2}m_2\|\boldsymbol{v}_2\|^2 + \frac{1}{2}m_3\|\boldsymbol{v}_3\|^2 \\
&= \frac{1}{2}m_1\dot{d}_1^2 + \frac{1}{2}m_2\left[\dot{d}_1^2 + \dot{d}_1^2\right] + \frac{1}{2}m_3\left[\dot{d}_1^2 + \dot{d}_1^2 + \dot{d}_3^2\right] \\
&= \frac{1}{2}\left[m_1 + m_2 + m_3\right]\dot{d}_1^2 + \frac{1}{2}\left[m_2 + m_3\right]\dot{d}_2^2 + m_3\dot{d}_3^2 \\
&= \begin{bmatrix} \dot{d}_1 \\ \dot{d}_2 \\ \dot{d}_3 \end{bmatrix}^T \underbrace{\begin{bmatrix} m_1+m_2+m_3 & 0 & 0 \\ 0 & m_2+m_3 & 0 \\ 0 & 0 & m_3 \end{bmatrix}}_{M(\boldsymbol{q})} \begin{bmatrix} \dot{d}_1 \\ \dot{d}_2 \\ \dot{d}_3 \end{bmatrix} = \frac{1}{2}\dot{\boldsymbol{q}}^T M(\boldsymbol{q})\dot{\boldsymbol{q}}
\end{aligned}$$

La energía potencial $\mathcal{U}(\boldsymbol{q})$ viene dada por:

$$\mathcal{U}(\boldsymbol{q}) = g\left[m_1 + m_2 + m_3\right]d_1 \implies \boldsymbol{g}(\boldsymbol{q}) = \frac{\partial}{\partial \boldsymbol{q}}\mathcal{U}(\boldsymbol{q}) = g\begin{bmatrix} m_1+m_2+m_3 \\ 0 \\ 0 \end{bmatrix}$$

Por lo que el lagrangiano $\mathcal{L}(\boldsymbol{q},\dot{\boldsymbol{q}})$ está dado de la siguiente forma:

$$\begin{aligned}
\mathcal{L}(\boldsymbol{q},\dot{\boldsymbol{q}}) &= \mathcal{K}(\boldsymbol{q},\dot{\boldsymbol{q}}) - \mathcal{U}(\boldsymbol{q}) \\
&= \tfrac{1}{2}\left[m_1 + m_2 + m_3\right]\dot{d}_1^2 + \tfrac{1}{2}\left[m_2 + m_3\right]\dot{d}_2^2 + m_3\dot{d}_3^2 - g\left[m_1 + m_2 + m_3\right]d_1
\end{aligned}$$

4) Ecuaciones de movimiento de Euler-Lagrange: El procedimiento se muestra a continuación:

$$\begin{aligned}
\frac{\partial}{\partial \dot{d}_1}\mathcal{L}(\boldsymbol{q},\dot{\boldsymbol{q}}) &= [\,m_1+m_2+m_3\,]\,\dot{d}_1 \\
\frac{d}{dt}\left[\frac{\partial}{\partial \dot{d}_1}\mathcal{L}(\boldsymbol{q},\dot{\boldsymbol{q}})\right] &= [\,m_1+m_2+m_3\,]\,\ddot{d}_1 \\
\frac{\partial}{\partial d_1}\mathcal{L}(\boldsymbol{q},\dot{\boldsymbol{q}}) &= -g\,[\,m_1+m_2+m_3\,] \\
\frac{\partial}{\partial \dot{d}_3}\mathcal{L}(\boldsymbol{q},\dot{\boldsymbol{q}}) &= m_3\dot{d}_3 \\
\frac{d}{dt}\left[\frac{\partial}{\partial \dot{d}_3}\mathcal{L}(\boldsymbol{q},\dot{\boldsymbol{q}})\right] &= m_3\ddot{d}_3 \\
\frac{\partial}{\partial d_3}\mathcal{L}(\boldsymbol{q},\dot{\boldsymbol{q}}) &= 0
\end{aligned}
\qquad
\begin{aligned}
\frac{\partial}{\partial \dot{d}_2}\mathcal{L}(\boldsymbol{q},\dot{\boldsymbol{q}}) &= [\,m_2+m_3\,]\,\dot{d}_2 \\
\frac{d}{dt}\left[\frac{\partial}{\partial \dot{d}_2}\mathcal{L}(\boldsymbol{q},\dot{\boldsymbol{q}})\right] &= [\,m_2+m_3\,]\,\ddot{d}_2 \\
\frac{\partial}{\partial d_2}\mathcal{L}(\boldsymbol{q},\dot{\boldsymbol{q}}) &= 0
\end{aligned}$$

El modelo dinámico del robot cartesiano de 3 gdl está dado por:

$$\boldsymbol{f} = \begin{bmatrix} f_1 \\ f_2 \\ f_3 \end{bmatrix} = \begin{bmatrix} m_1+m_2+m_3 & 0 & 0 \\ 0 & m_2+m_3 & 0 \\ 0 & 0 & m_3 \end{bmatrix}\begin{bmatrix} \ddot{d}_1 \\ \ddot{d}_2 \\ \ddot{d}_3 \end{bmatrix} + g\begin{bmatrix} m_1+m_2+m_3 \\ 0 \\ 0 \end{bmatrix} + \begin{bmatrix} b_1\dot{d}_1 + f_{c1}\text{signo}(\dot{d}_1) + f_{e1}\,[\,1-|\text{signo}(\dot{d}_1)|\,] \\ b_2\dot{d}_2 + f_{c2}\text{signo}(\dot{d}_2) + f_{e2}\,[\,1-|\text{signo}(\dot{d}_2)|\,] \\ b_3\dot{d}_3 + f_{c3}\text{signo}(\dot{d}_3) + f_{e3}\,[\,1-|\text{signo}(\dot{d}_3)|\,] \end{bmatrix} \tag{6.29}$$

La correspondiente ODE (6.16) de primer orden $\dot{\boldsymbol{x}} = \boldsymbol{f}(\boldsymbol{x})$, descrito en variables de estado $[\boldsymbol{q},\ \dot{\boldsymbol{q}}]^T \in \mathbb{R}^6$ y excluyendo los términos de fricción discontinuos de Coulomb y estática es:

$$\underbrace{\frac{d}{dt}\begin{bmatrix} \dot{d}_1 \\ \dot{d}_2 \\ \dot{d}_3 \\ \\ \ddot{d}_1 \\ \ddot{d}_2 \\ \dot{d}_3 \end{bmatrix}}_{\dot{\boldsymbol{x}}} = \underbrace{\begin{bmatrix} \dot{d}_1 \\ \dot{d}_2 \\ \dot{d}_3 \\ \\ \begin{bmatrix} m_1+m_2+m_3 & 0 & 0 \\ 0 & m_2+m_3 & 0 \\ 0 & 0 & m_3 \end{bmatrix}^{-1}\left[\begin{bmatrix} f_1 \\ f_2 \\ f_3 \end{bmatrix} - g\begin{bmatrix} m_1+m_2+m_3 \\ 0 \\ 0 \end{bmatrix} - \begin{bmatrix} b_1\dot{d}_1 \\ b_2\dot{d}_2 \\ b_3\dot{d}_3 \end{bmatrix}\right] \end{bmatrix}}_{\boldsymbol{f}(\boldsymbol{x})} \tag{6.30}$$

Observe que el modelo (6.30) es un sistema dinámico lineal, sin tomar en cuenta los términos de fricción que usan la función signo($\cdots$); por este motivo al robot cartesiano, también es conocido como robot lineal.

6.7 Resumen

El modelo dinámico de un robot manipulador de n gdl es de naturaleza no-lineal, multivariable y con fuertes acoplamientos dinámicos entre la interacción de sus eslabones. Por este motivo es considerado en control automático una planta o sistema de estudio de gran interés, que permite formular un amplio espectro de problemas teóricos prácticos y mediante su eventual solución dan origen a diversas aplicaciones potenciales.

Los fenómenos físicos (dentro del rango de operación nominal) que se encuentran presentes en su estructura mecánica los efectos inerciales, fuerzas centrípetas y de Coriolis, par gravitacional y fricción, los cuales están ampliamente documentados y bien conocidos en la comunidad científica de robótica. El área de la física que permite modelar de manera completa y eficiente el comportamiento dinámico de un robot manipulador es la mecánica analítica, debido a las propiedades matemáticas que se deducen de manera natural y que facilitan el análisis y diseño de algoritmos de control.

En este capítulo se ha presentado las ecuaciones de movimiento de Euler-Lagrange, como un procedimiento sistemático para formular la dinámica de un robot manipulador; asimismo, también se han descrito las principales propiedades de dicho modelo dinámico y que son relevantes para los temas de identificación paramétrica, regulación y control de trayectoria.

A través de ejemplos, con diversas configuraciones de robots manipuladores se ha desarrollado el procedimiento para obtener el modelo dinámico, con énfasis sustancial en los detalles de cálculos algebraicos para las energías cinética y potencial; así como la comprobación correspondiente de las propiedades fundamentales que deben satisfacer para ser considerados robots manipuladores. Para enriquecer el análisis y estudio de la dinámica de los robots estudiados, se ha acompañando el código fuente en MATLAB (con la documentación requerida), para realizar la simulación correspondiente.

6.8 Problemas propuestos

En esta sección se propone un conjunto de problemas sobre el tema de modelado dinámico en robots manipuladores, con la finalidad de que el lector practique y mejore sus conocimientos adquiridos.

6.8.1 Considere el robot manipulador de 2 gdl con articulaciones RP que se muestra en la figura 6.19:

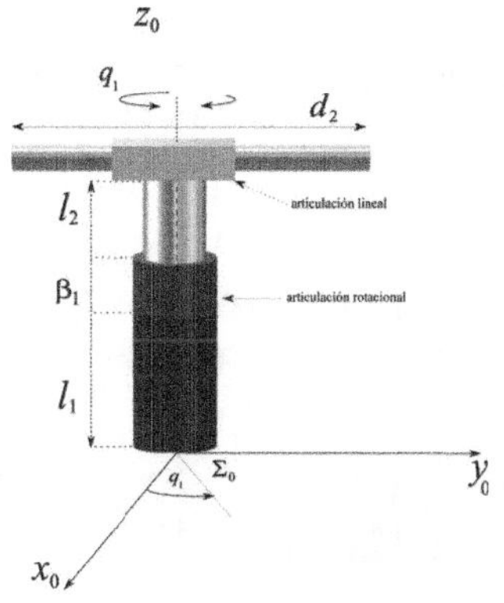

Figura 6.19: Robot prototipo RP

a) Obtenga la energía cinética y potencial del robot prototipo.

b) Deducir la matriz de inercia $M(\boldsymbol{q}) \in \mathbb{R}^{2\times 2}$ y verifique que es una matriz definida positiva.

c) Utilice la metodología de Euler-Lagrange, para obtener el modelo dinámico.

d) ¿Existe el efecto de fuerzas centrípetas y de Coriolis? Explicar claramente con fundamentos científicos.

6.8.2 Obtener el modelo dinámico del robot SCARA RRP, cuyo análisis de cinemática se encuentra desarrollado en la sección 5.7 (página 263).

- Verificar que la derivada de la matriz de inercia y la matriz de fuerzas centrípetas y de Coriolis del robot SCARA satisfacen la propiedad de antisimetría (6.11).

6.8.3 Obtener el modelo dinámico del robot cilíndrico RPP, cuyo análisis cinemático se encuentra en la sección 5.8 (página 270).

- Verificar que la derivada de la matriz de inercia cumple con la propiedad (6.9).

6.8.4 Deducir el modelo dinámico del robot esférico RRP, cuyo análisis cinemático se encuentra descrito en la sección 5.9 (página 276).

- Verificar que la derivada de la matriz de inercia y la matriz de fuerzas centrípetas y de Coriolis del robot esférico satisfacen la propiedad de antisimetría (6.11).

6.8.5 Considere el robot de 3 gdl, con articulaciones PRP que se presenta en la figura 6.20:

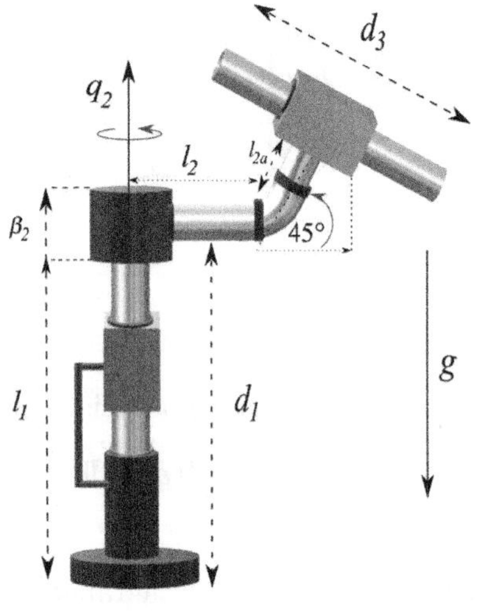

Figura 6.20: Robot prototipo PRP

a) Obtenga la energía cinética y potencial.

b) Deducir la matriz de inercia $M(\boldsymbol{q}) \in \mathbb{R}^{3\times 3}$ y verifique que es una matriz definida positiva.

c) Utilice la metodología de Euler-Lagrange, para obtener el modelo dinámico.

Capítulo

7 Identificación paramétrica

Código MATLAB: $\hat{\theta}_{k-1}$=minimosCuadrados(t_k, Ψ_k, y_k)

```
for k=1:nob
    for j=1:n
        for i=1:p
            psi(i,j)=fi(k+nob*(j-1),i);
        end
        for i=1:n
            ys(i,1)=y(k+nob*(i-1));
        end
    end
    theta= theta+P*psi*(I+psi'*P*psi)^(-1)*(ys-psi'*theta); % vector: θ̂(t_{k-1}).
    P=P-(P*psi*(I+psi'*P*psi)^(-1)*(psi')*P); % matriz de covarianza.
    % θ̂(t_k) = θ̂(t_{k-1}) + P(t_{k-1}) Ψ(t_k)[I + Ψ(t_{k-1})^T P(t_{k-1})Ψ(t_k)]^{-1} [y(t_k) - Ψ(t_k)^T θ̂(t_{k-1})]
    % P(t_k) = P(t_{k-1}) - P(t_{k-1})Ψ(t_k)[I + Ψ(t_k)^T P(t_{k-1})Ψ(t_k)]^{-1} Ψ(t_k)^T P(t_{k-1})
end
```


7.1 Introducción 383

7.2 Algoritmo de mínimos cuadrados 384

7.3 Ejemplos de identificación paramétrica 402

7.4 Resumen 428

7.5 Problemas propuestos 429

Descripción del capítulo

La estructura matemática que define el modelo dinámico de un robot manipulador de n gdl es compleja, debido a las características no lineales, multivariable y con fuertes acoplamientos de efectos físicos entre sus eslabones y componentes mecánicas. Sin embargo, puede ser expresado como un regresor lineal formado por el producto de una matriz de observaciones y un vector de parámetros que incluye longitudes, masas, centros de masa, momentos y productos de inercia y coeficientes de fricción. Este capítulo describe el algoritmo de mínimos cuadrados diseñado por Gauss en 1794 y su aplicación para diversos modelos de robots manipuladores.

Los siguientes temas son analizados:

- Algoritmo recursivo de mínimos cuadrados
- Esquemas de regresión utilizando:
  - modelos dinámico y dinámico filtrado
  - energía mecánica
  - potencia mecánica y filtrada
- Sistemas observadores para velocidad y aceleración
- Simulación con mínimos cuadrados recursivo

7.1 Introducción

LA forma estructural completa del modelo dinámico de un robot de n gdl no es suficiente para realizar análisis, simulación, diseño e implementar sus potenciales aplicaciones en robótica, ya que subsisten problemas de naturaleza práctica como son la medición de parámetros, tales como: centros de gravedad, masas, momentos de inercia y coeficientes de fricción, cuyos valores numéricos generalmente son desconocidos para la mayoría de robots comerciales, donde el fabricante no proporciona sus valores nominales.

Si bien existen herramientas en la teoría de control como esquemas adaptables y controladores robustos que permiten tolerar errores en los parámetros dinámicos, el conocimiento de dichos valores numéricos es crucial para la mayoría de los esquemas que se basan en el modelo dinámico del robot manipulador, como lo es control de movimiento o trayectoria; por lo que, el comportamiento, desempeño y robustez de esos esquemas depende de la exactitud en los valores de los parámetros del modelo dinámico.

La propiedad de linealidad (6.25) en los parámetros del modelo dinámico de un robot de n gdl (ver página 311) es de particular relevancia para identificación paramétrica, puesto que el modelo dinámico se puede expresar como el producto de una matriz de regresión compuesta por funciones no lineales (dependientes de la posición, velocidad y aceleración articular) y un vector de parámetros constantes, pero con valores desconocidos.

El problema de identificación paramétrica ha conducido a derivar varios esquemas de regresión que se han convertido en una herramienta atractiva para determinar el valor numérico de los parámetros, sobre todo cuando existe dificultad para medirlos directamente, debido a que no siempre es posible desensamblar al robot manipulador. Sin embargo, la naturaleza no lineal y fuertemente acoplada en el modelo dinámico de un robot manipulador de n gdl hace que la tarea de identificación paramétrica sea un proceso tedioso y no trivial.

Los esquemas de identificación que se describirán en este capítulo pertenecen a la filosofía de identificación híbrida, es decir el modelo de regresión es formulado en tiempo continuo mientras que la identificación se realiza a través de un estimador recursivo llamado mínimos cuadrados, el cual se utiliza ampliamente en la literatura debido a su sencillez y a su propiedad de recursividad, atributo que lo hace atractivo para su implementación [Whitcomb et. al, 1993], [Åström y Wittenmark, 1997], [Reyes y Kelly, 1997, 1997a]; diversos ejemplos son ilustrados e implementados en código fuente **MATLAB**.

7.2 Algoritmo de mínimos cuadrados

El algoritmo de mínimos cuadrados permite resolver el problema de identificación paramétrica en robots manipuladores, es una técnica particularmente simple cuando el modelo matemático tiene la propiedad de linealidad en los parámetros. El método de mínimos cuadrados es un esquema estándar que minimiza la suma de errores cuadráticos valor observado y el valor proporcionado por el modelo matemático del robot.

El error paramétrico se define como la diferencia entre el valor del vector de parámetros teórico y el valor de parámetros estimados. El método de mínimos cuadrados fue desarrollado por Gauss en 1794; consiste en encontrar el valor óptimo cuando la suma de errores cuadráticos alcanza el mínimo. Este método es la base del teorema de Gauss-Markov, el cual es ampliamente utilizando en estadística y econometría.

El algoritmo de mínimos cuadrados consiste en expresar al modelo del robot manipulador como un regresor lineal en los parámetros [Whitcomb et. al, 1993], [Åström y Wittenmark, 1997], [Reyes y Kelly, 1997, 1997a]; por ejemplo:

$$\boldsymbol{y}(t_k) \quad = \quad \Psi(t_k)\theta \tag{7.1}$$

donde $\boldsymbol{y}(t_k) \in \mathbb{R}^n$ es un vector de salida o respuesta del modelo; $\Psi(t_k) \in \mathbb{R}^{p\times n}$ es la matriz de regresión compuesta por mediciones de funciones conocidas y $\boldsymbol{\theta} \in \mathbb{R}^p$ es el vector de parámetros desconocidos. El modelo (7.1) está indexado por el tiempo discreto: $t_k = kh$, siendo $k \in N$ y $h \in \mathbb{R}_+$ es el período de muestreo; se asume que la evolución del tiempo discreto t_k, para $k = 1, 2, \cdots, m$ forman un conjunto de m muestras o datos discretos.

El vector de parámetros desconocido $\boldsymbol{\theta} \in \mathbb{R}^p$, cuyo estimado está representado por $\hat{\boldsymbol{\theta}} \in \mathbb{R}^p$ se encuentra al minimizar la función de costo [Åström y Wittenmark, 1997]:

$$\mathcal{J}_k(\hat{\boldsymbol{\theta}}) \quad = \quad \tfrac{1}{2}\textstyle\sum_{k=1}^{m}[\boldsymbol{y}(t_k) - \Psi(t_k)^T\hat{\boldsymbol{\theta}}]^2 + \tfrac{1}{2}[\hat{\boldsymbol{\theta}} - \hat{\boldsymbol{\theta}}(0)]^T P^{-1}(0)[\hat{\boldsymbol{\theta}} - \hat{\boldsymbol{\theta}}(0)] \tag{7.2}$$

donde $P(0) \in \mathbb{R}^{n\times n}$ es la condición inicial de la matriz de covarianza $P(t_k) \in \mathbb{R}^{n\times n}$, la cual es una matriz definida positiva y $\hat{\boldsymbol{\theta}}(0)$ representa el valor inicial del vector estimado.

La ecuación (7.2) representa la suma de errores cuadráticos, es decir, es el cuadrado de la diferencia entre la observación actual $\boldsymbol{y}(t_k)$ y el valor estimado por el modelo con vector de parámetros: $\boldsymbol{e}(t_k) = \boldsymbol{y}(t_k) - \Psi(t_k)^T\hat{\boldsymbol{\theta}}$. El segundo término del lado derecho de (7.2) ha sido incluido para tomar en cuenta las condiciones iniciales.

Johann Friedrich Carl Gauss (1777-1855)

Gauss nació el 30 de abril de 1777 en Brunswick, hoy en día es Alemania. En 1794 Gauss desarrolló el método de mínimos cuadrados, cuyo objetivo consiste en encontrar los valores numéricos de los parámetros que forman parte del modelo que describen a una planta física (por ejemplo, un robot manipulador) a través de un simple conjunto de datos que contienen mediciones u observaciones. El método de mínimos cuadrados encuentra su óptimo cuando la suma de errores cuadráticos alcanza el mínimo. El error paramétrico se define como la diferencia entre el valor del vector de parámetros real y el valor d estimado.

Desde muy joven, Gauss demostró ser una persona con un alto coeficiente intelectual aprendiendo diversas lenguas clásicas, literatura, filosofía y matemáticas superiores. A la edad de 17 años desarrolló las bases de análisis del método de mínimos cuadrados. Con escasos 18 años hizo un descubrimiento que sería clave en el futuro de las matemáticas, encontró la fórmula para construir el heptadecágono o polígono regular de 17 lados con regla y compás. Obtuvo su doctorado en la Universidad de Helmstedt defendiendo su tesis en un examen oral que fue presidido por Johann Friedrich Pfaff, el mejor matemático germano de esa época. Gauss demostró que toda función algebraica racional puede descomponerse en factores de primer o segundo grado con coeficientes reales (ni más ni menos, el sueño de Leonhard Euler). Gauss murió el 23 de febrero de 1855.

La función de costo $\mathcal{J}_k(\hat{\boldsymbol{\theta}})$ (7.2) se desarrolla como [Åström y Wittenmark, 1997]:

$$
\begin{aligned}
\mathcal{J}_k(\hat{\boldsymbol{\theta}}) &= \frac{1}{2}\sum_{k=1}^{m}[\boldsymbol{y}(t_k)-\Psi(t_k)^T\hat{\boldsymbol{\theta}}]^T\,[\boldsymbol{y}(t_k)-\Psi(t_k)^T\hat{\boldsymbol{\theta}}]+\frac{1}{2}\hat{\boldsymbol{\theta}}^T P^{-1}(0)\hat{\boldsymbol{\theta}}+\\
&\quad \frac{1}{2}[-\hat{\boldsymbol{\theta}}^T(0)P^{-1}(0)\hat{\boldsymbol{\theta}}-\hat{\boldsymbol{\theta}}^T P^{-1}(0)\hat{\boldsymbol{\theta}}(0)+\hat{\boldsymbol{\theta}}^T(0)P^{-1}(0)\hat{\boldsymbol{\theta}}(0)]\\
&= \frac{1}{2}\sum_{k=1}^{m}\Big[\boldsymbol{y}^T(t_k)\boldsymbol{y}(t_k)-\left(\Psi(t_k)^T\hat{\boldsymbol{\theta}}\right)^T\boldsymbol{y}(t_k)-\boldsymbol{y}(t_k)^T\Psi(t_k)^T\hat{\boldsymbol{\theta}}\Big]+\\
&\quad \left(\Psi^T(t_k)\hat{\boldsymbol{\theta}}\right)^T\Psi^T(t_k)\hat{\boldsymbol{\theta}}+\frac{1}{2}[\hat{\boldsymbol{\theta}}^T P^{-1}(0)\hat{\boldsymbol{\theta}}-2\hat{\boldsymbol{\theta}}^T P^{-1}(0)\hat{\boldsymbol{\theta}}(0)]+\\
&\quad \frac{1}{2}\hat{\boldsymbol{\theta}}^T(0)P^{-1}(0)\hat{\boldsymbol{\theta}}(0)\\
&= \frac{1}{2}\sum_{k=1}^{m}[\boldsymbol{y}^T(t_k)\boldsymbol{y}(t_k)-2\hat{\boldsymbol{\theta}}^T\Psi(t_k)\boldsymbol{y}(t_k)+\hat{\boldsymbol{\theta}}^T\Psi(t_k)\Psi^T(t_k)\hat{\boldsymbol{\theta}}]+\\
&\quad \frac{1}{2}[\hat{\boldsymbol{\theta}}^T P^{-1}(0)\hat{\boldsymbol{\theta}}-2\hat{\boldsymbol{\theta}}^T P^{-1}(0)\hat{\boldsymbol{\theta}}(0)+\hat{\boldsymbol{\theta}}^T(0)P^{-1}(0)\hat{\boldsymbol{\theta}}(0)] \qquad (7.3)
\end{aligned}
$$

Realizando el gradiente de la ecuación (7.3) con respecto a $\hat{\boldsymbol{\theta}}$ e igualando con cero, el vector estimado $\hat{\boldsymbol{\theta}} \in \mathbb{R}^p$ adquiere la forma siguiente:

$$\begin{aligned} \frac{\partial \mathcal{J}_k(\hat{\boldsymbol{\theta}})}{\partial \hat{\boldsymbol{\theta}}} &= \sum_{k=1}^{m} [-\Psi(t_k)\boldsymbol{y}(t_k) + \Psi(t_k)\Psi^T(t_k)\hat{\boldsymbol{\theta}}] + P^{-1}(0)\hat{\boldsymbol{\theta}} - P^{-1}(0)\hat{\boldsymbol{\theta}}(0) = 0 \\ \hat{\boldsymbol{\theta}} &= [P^{-1}(0) + \textstyle\sum_{k=1}^{m} \Psi(t_k)\Psi^T(t_k)]^{-1} [P^{-1}(0)\hat{\boldsymbol{\theta}}(0) + \textstyle\sum_{k=1}^{n} \Psi(t_k)\boldsymbol{y}(t_k)] \end{aligned} \tag{7.4}$$

La ecuación (7.4) es el algoritmo de mínimos cuadrados estándar.

Una desventaja del algoritmo (7.4), es que está sobredeterminado y se requiere registrar toda la información de las m muestras, para encontrar el vector de parámetros estimado $\hat{\boldsymbol{\theta}}$; esto significa que no se puede realizar en tiempo real. Por lo que, es conveniente desarrollar una expresión mucho más simple del algoritmo de mínimos cuadrados y que se pueda implementar en un sistema embebido. A esa versión simplificada se denomina algoritmo recursivo de mínimos cuadrados, el cual se describe a continuación.

7.2.1 Algoritmo recursivo de mínimos cuadrados

El proceso para obtener la versión recursiva del algoritmo de mínimos cuadrados estándar (7.4) es la siguiente [Åström y Wittenmark, 1997]:

Sea:

$$\begin{aligned} P^{-1}(t_k) &= P^{-1}(0) + \sum_{k=1}^{m} \Psi(t_k)\Psi^T(t_k) \\ &= \underbrace{[P^{-1}(0) + \textstyle\sum_{k=1}^{m-1} \Psi(t_k)\Psi^T(t_k)]}_{P^{-1}(t_{k-1})} + \Psi(m)\Psi^T(m) \\ P^{-1}(t_k) &= P^{-1}(t_{k-1}) + \Psi(m)\Psi^T(m) \end{aligned} \tag{7.5}$$

Entonces, el vector de parámetros estimados $\hat{\boldsymbol{\theta}}$ (7.4) adopta la forma:

$$\hat{\boldsymbol{\theta}}(k) = P(t_k)\,[P^{-1}(0)\,\hat{\boldsymbol{\theta}}(0) + \textstyle\sum_{k=1}^{m} \Psi(t_k)\,\boldsymbol{y}(t_k)] \tag{7.6}$$

$$= P(t_k) \left[\underbrace{P^{-1}(0)\,\hat{\boldsymbol{\theta}}(0) + \sum_{k=1}^{m-1} \Psi(t_k)\,\boldsymbol{y}(t_k)}_{\varpi} + \Psi(m)\,\boldsymbol{y}(m) \right] \tag{7.7}$$

$$\hat{\boldsymbol{\theta}}(k-1) = P(t_{k-1}) \left[\underbrace{P^{-1}(0)\hat{\boldsymbol{\theta}}(0) + \sum_{k=1}^{m-1} \Psi(t_k)\boldsymbol{y}(t_k)}_{\varpi} \right] \tag{7.8}$$

La ecuación para el vector de parámetros estimados (7.6) se divide en dos componentes: los términos en la sumatoria desde $k = 1$ hasta $m - 1$ más el último término $\Psi(m)\boldsymbol{y}(m)$ resultando la ecuación (7.7). De esta forma el vector de parámetros estimados $\hat{\boldsymbol{\theta}}(k-1)$ hasta $m - 1$ muestras es la expresión (7.8).

Relacionando los términos de las expresiones (7.7) y (7.8), se obtiene:

$$\hat{\boldsymbol{\theta}}(k) = P(t_k)\,[\,P^{-1}(t_{k-1})\,\hat{\boldsymbol{\theta}}(t_{k-1}) + \Psi(m)\,\boldsymbol{y}(m)\,] \tag{7.9}$$

$$= P(t_k)\,[\,(\,P^{-1}(t_k) - \Psi(m)\,\Psi(m)^T\,)\,]\;\hat{\boldsymbol{\theta}}(t_{k-1}) + \Psi(m)\,\boldsymbol{y}(m) \tag{7.10}$$

donde se ha empleado la ecuación (7.5) en la ecuación (7.9) para resultar (7.10).

La expresión para el vector de parámetros estimados queda como sigue:

$$\hat{\boldsymbol{\theta}}(t_k) = \hat{\boldsymbol{\theta}}(t_{k-1}) + P(t_k)\Psi(t_k)\,[\,\boldsymbol{y}(t_k) - \Psi^T(t_k)\hat{\boldsymbol{\theta}}(t_{k-1})\,] \tag{7.11}$$

Considérese el siguiente lema de inversión de matrices:

Lema 7.1: Inversión de matrices

Sean $A \in \mathbb{R}^{p\times p}$; $B \in \mathbb{R}^{p\times n}$ y $C \in \mathbb{R}^{n\times p}$; $I \in \mathbb{R}^{n\times n}$ es la matriz identidad, entonces se satisface el siguiente resultado de inversión de matrices [Åström y Wittenmark, 1997], [Lewis et. al, 2004]:

$$[\,A + BC\,]^{-1} = A^{-1} - A^{-1}B\,[\,I + CA^{-1}B\,]^{-1}\,CA^{-1}$$

Aplicando el lema (7.1) para invertir matrices en la ecuación (7.5) y tomando en cuenta:

$A = P^{-1}(t_k)$; $B = \Psi(t_k)$; $C = \Psi^T(t_k)$, se tiene:

$$P(t_k) = P(t_{k-1}) - P(t_{k-1})\Psi(t_k)\,[\,I + \Psi^T(t_k)P(t_{k-1})\Psi(t_k)\,]^{-1}\,\Psi(t_k)^T P(t_{k-1}) \tag{7.12}$$

Además, el término $P(t_k)\Psi(t_k)$ se puede expresar como:

$$P(t_k)\Psi(t_k) = P(t_{k-1})\Psi(t_k) - P(t_{k-1})\Psi(t_k)\,[\,I + \Psi^T(t_k)P(t_{k-1})\Psi(t_k)\,]^{-1}\,\Psi(t_k)^T P(t_{k-1})\Psi(t_k)$$

$$= P(k-1)\Psi(k)\,[\,I + \Psi^T(k)P(k-1)\Psi(k)\,]^{-1}\,[\,I + \Psi^T(k)P(k-1)\Psi(k) - \Psi(k)P(k-1)\Psi(k)\,]$$

$$= P(t_{k-1})\Psi(t_k)\,[\,I + \Psi^T(t_k)P(t_{k-1})\Psi(t_k)\,]^{-1} \tag{7.13}$$

Por lo tanto, las ecuaciones recursivas del algoritmo de mínimos cuadrados se encuentran expresadas como:

$$
\begin{aligned}
\hat{\boldsymbol{\theta}}(t_k) &= \hat{\boldsymbol{\theta}}(t_{k-1}) + P(t_{k-1})\,\Psi(t_k)[I + \Psi(t_{k-1})^T P(t_{k-1})\Psi(t_k)]^{-1}\, e(t_k) \\
P(t_k) &= P(t_{k-1}) - P(t_{k-1})\Psi(t_k)[I + \Psi(t_k)^T P(t_{k-1})\Psi(t_k)]^{-1}\Psi(t_k)^T P(t_{k-1}) \\
\tilde{e}(t_k) &= \boldsymbol{y}(t_k) - \Psi(t_k)^T \hat{\boldsymbol{\theta}}(t_{k-1})
\end{aligned}
\tag{7.14}
$$

Para el caso particular de tener un sistema escalar, entonces:

$$
\begin{aligned}
\hat{\boldsymbol{\theta}}(t_k) &= \hat{\boldsymbol{\theta}}(t_{k-1}) + \frac{P(t_{k-1})\boldsymbol{\psi}(t_k)\ \tilde{e}(t_k)}{1+\boldsymbol{\psi}^T(t_k)P(t_{k-1})\boldsymbol{\psi}(t_k)} \\
P(t_k) &= P(t_{k-1}) - \frac{P(t_{k-1})\boldsymbol{\psi}(t_k)\,\boldsymbol{\psi}^T(t_k)P(t_{k-1})}{1+\boldsymbol{\psi}^T(t_k)P(t_{k-1})\boldsymbol{\psi}(t_k)} \\
\mathbf{e}(t_k) &= y(t_k) - \boldsymbol{\psi}^T(t_k)\hat{\boldsymbol{\theta}}(t_{k-1})
\end{aligned}
\tag{7.15}
$$

Se denota a $P(k) \in \mathbb{R}^{p\times p}$ como la matriz de covarianza y $\boldsymbol{e}(k) \in \mathbb{R}^n$ representa el error de predicción.

Una propiedad importante para los algoritmos (7.14)-(7.15) es la siguiente:

$$
\|\hat{\boldsymbol{\theta}}(k) - \boldsymbol{\theta}\| \leq \frac{\lambda^{\text{máx}}_{P(k)}}{\lambda^{\text{mín}}_{P(0)}} \|\hat{\boldsymbol{\theta}}(0) - \boldsymbol{\theta}\|; \ k \geq 1 \tag{7.16}
$$

donde $\lambda^{\text{mín}}_{P(0)}$ y $\lambda^{\text{máx}}_{P(k)}$ son los valores propios mínimo y máximo de la matriz $P \in \mathbb{R}^{p\times p}$, respectivamente.

El algoritmo de mínimos cuadrados puede identificar cualquier modelo matemático, no depende de la naturaleza del sistema, la única condición que debe satisfacer el modelo es que pueda ser expresado como un regresor lineal con respecto a sus parámetros. Entonces puede ser aplicado a:

- Sistemas dinámicos y estáticos.
- Sistemas continuos y discretos.
- Sistemas lineales y no-lineales.
- No depende del periodo de muestreo, inclusive puede ser aperiódico.

En el cuadro de código **MATLAB** se describe la función `mincuadm.m` del algoritmo de mínimos cuadrados recursivo (7.14) para el caso vectorial.

Código MATLAB 7.1 mincuadm.m

Robótica: Control de Robots Manipuladores
Capítulo 7. Identificación paramétrica
Fernando Reyes Cortés
Alfaomega Grupo Editor: "**Te acerca al conocimiento**".

Programa: mincuadm.m	MATLAB versión 2024a

```
function theta =mincuadm(y,fi,nob,p,n)
    theta=[1:p]'; % vector columna de parámetros.
    theta(1)=0; % condición inicial del vector de parámetros.
    psi=zeros(p,n); % vector columna de observaciones.
    P=eye(p,p)*10e20; % matriz de covarianza P.
    I=eye(n,n); % matriz identidad.
    ys=zeros(n,1);
    % algorimo de mínimos cuadrados recursivo (7.14).
    for k=1:nob
        for j=1:n
            for i=1:p
                psi(i,j)=fi(k+nob*(j-1),i);
            end
            for i=1:n
                ys(i,1)=y(k+nob*(i-1));
            end
        end
        % error de regresión: $\tilde{e} = \boldsymbol{y}(t_k) - \boldsymbol{\psi}^T(t_k)\hat{\boldsymbol{\theta}}(t_{k-1})$.
        etilde=ys-psi'*theta;
        % vector estimado de parámetros $\hat{\boldsymbol{\theta}}(t_{k-1})$.
        theta= theta+P*psi*(I+psi'*P*psi)^(-1)*e;
        % matriz de covarianza: $P(t_k) \in \mathbb{R}^{n\times n}$.
        P=P-(P*psi*(I+psi'*P*psi)^(-1)*(psi')*P);
    end
end
```

El cuadro de código **MATLAB** 7.2 describe la rutina `mincuad.m` en lenguaje fuente del algoritmo de mínimos cuadrados para el caso escalar (7.15).

Código MATLAB 7.2 mincuad.m

Robótica: Control de Robots Manipuladores
Capítulo 7. Identificación paramétrica
Fernando Reyes Cortés
Alfaomega Grupo Editor: **"Te acerca al conocimiento"**.

Programa: mincuad.m	MATLAB versión 2024a

```
function [r, theta] =mincuad(y, fi)
    %n=número de renglones, m=número de columnas.
    [n, m]=size(fi); % vector de mediciones conocidas.
    theta=[1:m]'; % vector columna de parámetros.
    theta(1)=0; % condición inicial del vector de parámetros.
    psi=[1:m]'; % vector columna de observaciones.
    % matriz de covarianza P.
    P=eye(m,m)*10e50;
    r=eye(n,m); % registro para los parámetros estimados.
    for k=1:n % algoritmo recursivo de mínimos cuadrados
        for i=1:m
            psi(i,1)=fi(k,i);
        end
        % error de regresión: ẽ = y(t_k) − ψ^T(t_k)θ̂(t_{k−1}).
        e=y(k)-theta'*psi; %error de regresión
        % vector estimado de parámetros θ̂(t_{k−1}).
        theta= theta+(P*psi*e)/(1+psi'*P*psi);
        % matriz de covarianza: P(t_k) ∈ IR^{n×n}.
        P=P-(P*psi*(psi')*P)/(1+psi'*P*psi);
        for for i=1:m
            r(k,i)=theta(i,1); %registro por cada iteración de parámetros estimados.
        end
    end
end
```

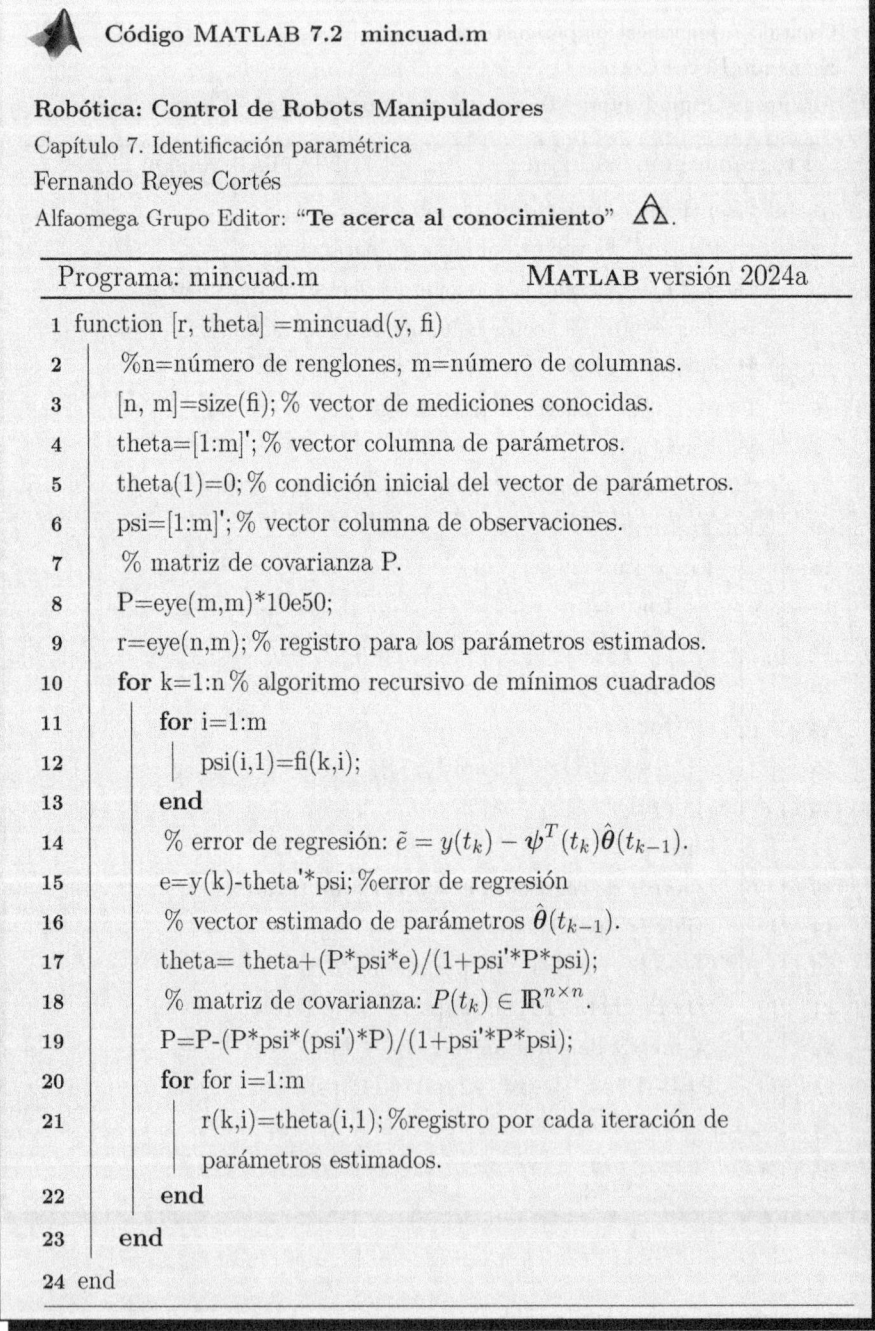

7.2.2 Señales de excitación persistente

El propósito de utilizar señales de excitación persistente es registrar información relevante sobre la dinámica del proceso; exhibir todos los modos dinámicos del sistema a identificar. Esta señal influye considerablemente sobre la calidad de estimación paramétrica. Es recomendable que señal de entrada de excitación persistente, sea periódica con distintas componentes sinusoidales, preferentemente con fase aleatoria o ruido blanco, para tener suficiente potencia que permita generar riqueza dinámica (exhiban los modos dinámicos de la planta) dentro del rango de frecuencia del ancho de banda del sistema, como consecuencia el error de predicción $\tilde{e}(t_k) \to \mathbf{0}$.

Señales de entrada con baja frecuencias no siempre dan buenos resultados, como el escalón y pulso. Por otro lado, señales con ruido blanco permiten exhibir los modos dinámicos de cualquier sistema; sin embargo, desde el punto de vista práctico no es adecuado este tipo de señales, debido a que mínimos cuadrado puede tener cierta deriva paramétrica en la convergencia de los coeficientes de fricción estática. Señales multisinusoidales periódicas compuestas con fase aleatoria y frecuencias irracionales son señales ampliamente sugeridas en el proceso de identificación:

$$\tau = a_1 \operatorname{sen}(w_1 t + \varphi_1) + a_2 \operatorname{sen}(w_2 t + \varphi_2) + \cdots + a_n \operatorname{sen}(w_n t + \varphi_n)$$

donde $a_1, a_2, \cdots, a_n \in \mathbb{R}$ deben ser seleccionados de manera conveniente para no saturar a los servomotores. Las frecuencias $w_1, w_2, \cdots, w_n \in \mathbb{R}_+$ son del tipo irracional y con factores de $\alpha\pi$, con $\alpha \in \mathbb{R}_+$. Las fases $\varphi_1, \varphi_2, \cdots, \varphi_n$ son del tipo aleatorio o *random*. Sin embargo, cuando se utiliza señales con ruido blanco en **MATLAB** a través de la función ode45($\cdots$) puede tardar bastante el proceso de simulación. Sean los siguientes ejemplos:

• Ejemplo 7.1

Sea el modelo lineal escalar: $y(t_k) = a_1\, tk + a_2\, tk^2$; donde $y \in \mathbb{R}$ es la respuesta del modelo; $a_1 = 4.28$, $a_2 = 5.33$ y $t_k = kh$, siendo $k \in N$ y $h = 0.001$; por ejemplo: $t_k = 0 : h : 10$. Obtener el regresor $\psi(t_k) \in \mathbb{R}^2$, el error de estimación $\tilde{e}(t_k) \in \mathbb{R}$ e implementar mínimos cuadrados en **MATLAB** para encontrar $\hat{\theta}(t_k) \in \mathbb{R}^2$.

Solución

El modelo matemático $y(t_k) = a_1\, tk + a_2\, tk^2$ es no lineal en la variable tiempo t, pero cumple con la propiedad de linealidad en los parámetros (7.1); entonces puede ser expresado como un regresor lineal, el cual está formado por un vector de observaciones y un vector de parámetros. Además la respuesta a dicho modelo está dada por la variable $y(t_k)$.

$$y(t_k) = a_1\, tk + a_2\, tk^2 = [\,tk \quad tk^2\,] \begin{bmatrix} a_1 \\ a_2 \end{bmatrix} \Longrightarrow y(t_k) = \underbrace{[\,tk \quad tk^2\,]}_{\psi^T(t_k)} \underbrace{\begin{bmatrix} \theta_1 \\ \theta_2 \end{bmatrix}}_{\theta}$$

El error de estimación $\tilde{e}(t_k) = y(t_k) - \boldsymbol{\psi}^T(t_k)\hat{\boldsymbol{\theta}}(t_{k-1})$ tiene la forma:

$$\tilde{e}(t_k) \;=\; y(t_k) - \underbrace{\begin{bmatrix} tk & tk^2 \end{bmatrix}}_{\boldsymbol{\psi}^T(t_k)} \underbrace{\begin{bmatrix} \hat{\theta}_1 \\ \hat{\theta}_2 \end{bmatrix}}_{\hat{\boldsymbol{\theta}}(t_{k-1})} \;;\; \text{donde} \begin{bmatrix} \hat{\theta}_1(t_{k-1}) \\ \hat{\theta}_2(t_{k-1}) \end{bmatrix} = \begin{bmatrix} \hat{a}_1 \\ \hat{a}_2 \end{bmatrix}$$

En este caso de estudio, por ser un modelo escalar, se emplea el algoritmo de mínimos cuadrados (7.15), cuyo código se encuentra en el cuadro 7.2, con la descripción de la función `mincuad.m`; el programa principal se denomina `ide1.m`, el cual permite realizar el proceso de identificación paramétrica (ver el cuadro de código **MATLAB** 7.3). En la línea 6 se encuentra implementado el modelo matemático como caso de estudio: $y(t_k) = a_1\, tk + a_2\, tk^2$; la línea 7 describe el regresor $\boldsymbol{\psi}(t_k)$ que se utiliza como pase de argumentos para la función del algoritmo de mínimos cuadrados, denominada: `mincuad.m`, tal y como se muestra en la línea 8, cuyo resultado retorna el vector de parámetros estimados $\hat{\boldsymbol{\theta}} = [4.28 \quad 5.33]^T$. Además, en la variable r se registra el comportamiento en función del tiempo t_k de cada componente $\hat{\theta}_1(t_k)$ y $\hat{\theta}_2(t_k)$ (ver la línea 10).

Código MATLAB 7.3 ide1.m

Robótica: Control de Robots Manipuladores

Capítulo 7. Identificación paramétrica

Fernando Reyes Cortés

Alfaomega Grupo Editor: "**Te acerca al conocimiento**".

Programa: ide1.m	MATLAB versión 2024a

```
1 clc; clearvars;
2 close all;
3 format long
4 h=0.001; tk=(0:h:10)'; % vector columna de tiempo.
5 a1=4.28; a2=5.33; % parámetros del modelo matemático.
6 y=a1*tk+a2*tk.^2; % modelo matemático.
7 psi=[tk, tk.^2]; % regresor ψ^T(t_k) = [t_k t_k^2] ∈ IR^(1×2).
8 [r, theta ] =mincuad(y, psi); % mínimos cuadrados: modelos escalares.
9 theta % resultado de identificación: θ̂ = [4.28 5.33]^T ∈ IR^2.
10 plot(tk, r) % comportamiento en el tiempo de r = [θ̂1(t_k), θ̂2(t_k)].
```

• Ejemplo 7.2

Considere el siguiente modelo escalar no lineal:

$$y(t_k) = a_1\, t_k + a_2 \,\operatorname{sen}(t_k) + a_3 \cos^2(t_k) + a_4 \tanh^3(t_k) + a_5\, e^{-t_k}$$

el valor numérico para cada parámetro son los siguientes: $a_1 = 3.18$, $a_2 = 8.43$, $a_3 = -0.878$, $a_4 = 1.26$, $a_5 = -3.45$. Sea $h = 0.001$, con $t_k = (0 : h : 10)$. Encontrar el regresor $\boldsymbol{\psi}(t_k) \in \mathbb{R}^5$ y el error de estimación $\tilde{e}(t_k) \in \mathbb{R}$ para obtener el vector de parámetros $\hat{\theta}(t_k) \in \mathbb{R}^5$.

Solución

El modelo $y(t_k) = a_1\, t_k + a_2 \,\operatorname{sen}(t_k) + a_3 \cos^2(t_k) + a_4 \tanh^3(t_k) + a_5\, e^{-t_k}$ es no lineal con respecto al tiempo t_k y del tipo escalar, puesto que $y(t_k) \in \mathbb{R}$ es la única variable de salida; además, cumple con la propiedad de linealidad en los parámetros (7.1) y puede ser expresado como un regresor de mediciones y un vector de parámetros:

$$\begin{aligned} y(t_k) &= a_1\, t_k + a_2 \,\operatorname{sen}(t_k) + a_3 \cos^2(t_k) + a_4 \tanh^3(t_k) + a_5\, e^{-t_k} \\ &= \underbrace{\begin{bmatrix} t_k & \operatorname{sen}(t_k) & \cos^2(t_k) & \tanh^3(t_k) & e^{-t_k} \end{bmatrix}}_{\boldsymbol{\psi}^T(t_k) \in \mathbb{R}^{1\times 5}} \underbrace{\begin{bmatrix} a_1 \\ a_2 \\ a_3 \\ a_4 \\ a_5 \end{bmatrix}}_{\boldsymbol{\theta}} \end{aligned}$$

El error de estimación $\tilde{e}(t_k) = y(t_k) - \boldsymbol{\psi}^T(t_k)\hat{\boldsymbol{\theta}}(t_{k-1})$ tiene la forma:

$$\tilde{e}(t_k) = y(t_k) - \underbrace{\begin{bmatrix} t_k & \operatorname{sen}(t_k) & \cos^2(t_k) & \tanh^3(t_k) & e^{-t_k} \end{bmatrix}}_{\boldsymbol{\psi}^T(t_k) \in \mathbb{R}^{1\times 5}} \underbrace{\begin{bmatrix} \hat{\theta}_1(t_{k-1}) \\ \hat{\theta}_2(t_{k-1}) \\ \hat{\theta}_3(t_{k-1}) \\ \hat{\theta}_4(t_{k-1}) \\ \hat{\theta}_5(t_{k-1}) \end{bmatrix}}_{\hat{\boldsymbol{\theta}}(t_{k-1})} ; \text{ donde: } \begin{bmatrix} \hat{\theta}_1(t_{k-1}) = \hat{a}_1 \\ \hat{\theta}_2(t_{k-1}) = \hat{a}_2 \\ \hat{\theta}_3(t_{k-1}) = \hat{a}_3 \\ \hat{\theta}_4(t_{k-1}) = \hat{a}_4 \\ \hat{\theta}_5(t_{k-1}) = \hat{a}_5 \end{bmatrix}$$

El programa principal MATLAB con el código fuente que permite realizar el proceso de identificación para encontrar el vector estimado $\hat{\boldsymbol{\theta}} \in \mathbb{R}^5$ se denomina `ide2.m` y se encuentra descrito en el cuadro de código 7.4.

Código MATLAB 7.4 ide2.m

Robótica: Control de Robots Manipuladores

Capítulo 7. Identificación paramétrica

Fernando Reyes Cortés

Alfaomega Grupo Editor: "**Te acerca al conocimiento**".

Programa: ide2.m	MATLAB versión 2024a

```
clc;
clearvars;
close all;
format
tk=(0:0.001:10)'; % vector columna de tiempo.
a1=3.18; % parámetros del modelo.
a2=8.43;
a3=-0.878;
a4=1.26;
a5=-3.45; %
% modelo matemático: y(t_k) = a_1 t_k + a_2 sen(t_k) + a_3 cos^2(t_k) + a_4 tanh^3(t_k) + a_5 e^{-t_k}.
y=a1*tk+a2*sin(tk)+a3*cos(tk).^2+a4*tanh(tk).^3+a5*exp(-tk);
psi=[tk, sin(tk), cos(tk).^2, tanh(tk).^3, exp(-tk)]; % regresor ψ^T ∈ IR^{1×5}.
[r, theta] =mincuad(y, psi); % algoritmo de mínimos cuadrados.
theta %% vector estimado θ̂ ∈ IR^5.
plot(tk, r) % comportamiento en el tiempo del vector θ̂ ∈ IR^5.
```

El resultado del vector de parámetros $\hat{\boldsymbol{\theta}}(t_{k-1}) \in \mathbb{R}^5$ es el siguiente:

$\boldsymbol{f_x}$ >> theta =

$$\begin{matrix} 3.18 \\ 8.43 \\ -0.878 \\ 1.26 \\ -3.45 \end{matrix}$$

•••

•• Ejemplo 7.3

Considere el modelo dinámico lineal: $\dot{x} = a\,x + b\ \text{sen}(t_k)$; $\forall\ t_k \geq 0$; donde los parámetros son: $a = -25.3338$, $b = 108.4517$; el intervalo de simulación corresponde a: t_k=0:0.001:5. Encuentre el regresor $\boldsymbol{\psi}(t_k) \in \mathbb{R}^2$ y el error de estimación $\tilde{e}(t_k) \in \mathbb{R}$. Implementar en MATLAB un algoritmo para obtener $\hat{\theta}(t_k) \in \mathbb{R}^2$.

Solución

El modelo escalar $\dot{x} = a\,x + b\ \text{sen}(t_k)$ es un sistema dinámico lineal con respecto a la variable de estados $x = x(t_k) \in \mathbb{R}$; y dicho modelo también cumple con la propiedad de linealidad en los parámetros (7.1), por lo que puede ser desarrollado como el producto de un vector de mediciones $\boldsymbol{\psi}(t_k) \in \mathbb{R}^2$ y un vector de parámetros $\boldsymbol{\theta} \in \mathbb{R}^2$.

El regresor para el sistema dinámico está dado por:

$$\overbrace{\dot{x}(t_k)}^{y(t_k)} = a\,x(t_k) + b\ \text{sen}(t_k) = \underbrace{\begin{bmatrix} x(t_k) & \text{sen}(t_k) \end{bmatrix}}_{\boldsymbol{\psi}^T(t_k) \in \mathbb{R}^{1\times 2}} \underbrace{\begin{bmatrix} a \\ b \end{bmatrix}}_{\boldsymbol{\theta} \in \mathbb{R}^2}$$

El error de estimación $\tilde{e}(t_k) = \dot{x}(t_k) - \boldsymbol{\psi}^T(t_k)\hat{\boldsymbol{\theta}}(t_{k-1})$ tiene la forma:

$$\tilde{e}(t_k) = \underbrace{\dot{x}(t_k)}_{y(t_k)\in\mathbb{R}} - \underbrace{\begin{bmatrix} x(t_k) & \text{sen}(t_k) \end{bmatrix}}_{\boldsymbol{\psi}^T(t_k) \in \mathbb{R}^{1\times 2}} \underbrace{\begin{bmatrix} \hat{\theta}_1(t_{k-1}) \\ \hat{\theta}_2(t_{k-1}) \end{bmatrix}}_{\hat{\boldsymbol{\theta}}(t_{k-1}) \in \mathbb{R}^2}$$

donde $\hat{\theta}_1(t_{k-1}) = \hat{a}$ y $\hat{\theta}_2(t_{k-1}) = \hat{b}$.

El cuadro de código 7.5 contiene la descripción del programa principal `ide3.m`; en la línea de código 8 se ubica la implementación del modelo dinámico y en la línea 11 su solución a través del método de integración numérica de Runge-Kutta 4/5. El regresor $\boldsymbol{\psi}(t_k)$ está formado en la línea 12 y el algoritmo cuadrados para determinar $\hat{\boldsymbol{\theta}}$ está en la línea 13; el valor numérico del vector estimado $\hat{\boldsymbol{\theta}}$ se despliega en la línea 14.

A diferencia del capítulo 6, donde el código fuente de los modelos dinámicos se implementan en una función externa o que reside fuera del programa principal, en este ejemplo se implementa el modelo dinámico en el mismo archivo del programa principal; observe que en la línea 8, la función ode45($\cdots$) no utiliza apostrofes, para delimitar el nombre del archivo que contiene la función con el código MATLAB del modelo dinámico. Otra forma posible de sintaxis es en lugar de usar la línea 11, emplear un apuntador o descriptor a función con el operador @ (ver línea 10).

Código MATLAB 7.5 ide3.m

Robótica: Control de Robots Manipuladores

Capítulo 7. Identificación paramétrica

Fernando Reyes Cortés

Alfaomega Grupo Editor: "**Te acerca al conocimiento**".

Programa: ide3.m	MATLAB versión 2024a

```
1 clc;
2 clearvars; close all;
3 format
4 h=0.001;
5 tk=(0:h:5)'; % vector columna de tiempo.
6 opciones=odeset( 'RelTol' ,1e-06, 'AbsTol' ,1e-06, 'InitialStep' , h, 'MaxStep' ,h);
7 a=-25.3338; b=108.4517; % parámetros del modelo.
8 xp=@(t,x) a*x+b*sin(t); % modelo dinámico.
9 x0=0; % condición inicial.
10 % [t, x]=ode45(@(t,x) xp(t,x),tk,0,opciones); % código opcional para simular al sistema.
11 [t ,x]=ode45(xp,tk,x0,opciones);
12 psi=[x, sin(t)]; % regresor.
13 [r, theta] =mincuad(xp(t,x), psi); % algoritmo de mínimos cuadrados.
14 theta % θ̂(t_{k-1}) = [ -25.3338  108.4517]^T.
15 figure(1), plot(t, r) % evolución en el tiempo de la convergencia paramétrica.
```

•••

•• Ejemplo 7.4

Sea el sistema discreto: $x(t_k) = 0.9704\, x(t_{k-1}) + 0.0296\, u(t_{k-1})$, $\forall\ t_k \geq 0$; donde $u(t_k)$ es la señal escalón unitario; el intervalo de simulación es: t_k=0:h:5, con h=0.001. Encontrar $\psi(t_k) \in \mathbb{R}^2$ y el error de estimación $\tilde{e}(t_k) \in \mathbb{R}$. Implemente un procedimiento en MATLAB para obtener el vector de parámetros estimado: $\hat{\theta}(t_k) \in \mathbb{R}^2$.

Solución

El modelo recursivo $x(t_k) = 0.9704\, x(t_{k-1}) + 0.0296\, u(t_{k-1})$ satisface la propiedad de linealidad en los parámetros (7.1), por lo que puede ser expresado como:

$$\overbrace{\underbrace{x(t_k)}}^{y(t_k)} = 0.9704\, x(t_{k-1}) + 0.0296\, u(t_{k-1}) = \underbrace{\begin{bmatrix} x(t_{k-1}) & u(t_{k-1}) \end{bmatrix}}_{\psi^T(t_k) \in \mathbb{R}^{1\times 2}} \underbrace{\begin{bmatrix} 0.9704 \\ 0.0296 \end{bmatrix}}_{\theta \in \mathbb{R}^2}$$

El error de estimación $\tilde{e}(t_k) = x(t_k) - \psi^T(t_k)\hat{\theta}(t_{k-1})$ tiene la forma:

$$\tilde{e}(t_k) = \underbrace{x(t_k)}_{y(t_k)} - \underbrace{\begin{bmatrix} x(t_{k-1}) & u(t_{k-1}) \end{bmatrix}}_{\psi^T(t_k)} \underbrace{\begin{bmatrix} \hat{\theta}_1(t_{k-1}) \\ \hat{\theta}_2(t_{k-1}) \end{bmatrix}}_{\hat{\theta}(t_{k-1})}$$

donde $\hat{\theta}_1(t_{k-1}) = 0.9704$; $\hat{\theta}_2(t_{k-1}) = 0.0296$.

En los ejemplos anteriores 7.1-7.3 se ha considerado que el proceso de identificación es fuera de línea, es decir, primero se recolectan todos los datos y posteriormente se realiza la identificación paramétrica. Los algoritmos de mínimos cuadrados recursivo para los casos vectorial (7.14) o escalar (7.15) pueden realizar la identificación en línea, durante la evolución del sistema (en tiempo real, cuando se implementa en una tarjeta embebida). El cuadro de código MATLAB 7.6 muestra la programación del programa `ide4.m`, donde la planta evoluciona en tiempo discreto y simultáneamente se realiza la identificación de $\hat{\boldsymbol{\theta}}$ (ver líneas 11-20).

 Código MATLAB 7.6 ide4.m

Robótica: Control de Robots Manipuladores

Capítulo 7. Identificación paramétrica

Fernando Reyes Cortés

Alfaomega Grupo Editor: **"Te acerca al conocimiento"**.

Programa: ide4.m	MATLAB versión 2024a

```
1  clc;
2  clearvars; close all;
3  format ( ''default'' );
4  ti=0; h=0.001; tf = 5; tk=(ti:h:tf)'; % vector columna de tiempo.
5  [m, n]=size(tk);
6  u=ones(m,n); u(1)=0; x=zeros(m,n);
7  theta=zeros(2,1); % vector columna de parámetros.
8  psi=zeros(2,1);
9  P=eye(2,2)*10e50; % matriz de covarianza P.
10 r=eye(1,2); % registro para los parámetros estimados.
11 for k=2:m
12     x(k)=0.9704*x(k-1)+0.0296*u(k-1);
13     psi=[x(k-1); u(k-1)]; % regresor.
14     etilde=x(k)-theta'*psi; % error de regresión.
15     theta= theta+(P*psi*etilde)/(1+psi'*P*psi); % vector estimado.
16     P=P-(P*psi*(psi')*P)/(1+psi'*P*psi); % matriz de covariancia.
17     for i=1:2 % registro de estimación de parámetros por iteración.
18         r(k,i)=theta(i,1);
19     end
20 end
21 theta % El resultado del vector de estimación es: θ̂(t_{k-1}) = [0.9704  0.0296]^T.
22 figure(1), plot(tk, r) % evolución en el tiempo de la convergencia paramétrica.
```

• • •

•• Ejemplo 7.5

Sea el siguiente sistema dinámico:

$$\begin{bmatrix} \dot{x}_1 \\ \dot{x}_2 \end{bmatrix} = \begin{bmatrix} 0 & 1 \\ -w_n^2 & -2\rho w_n \end{bmatrix} \begin{bmatrix} x_1 \\ x_2 \end{bmatrix} + \begin{bmatrix} 0 \\ w_n^2 \end{bmatrix} u, \ \forall\, t_k \geq 0$$

donde u es la señal escalón unitario; $w_n = 1 \left[\frac{\text{rad}}{\text{seg}}\right]$ es la frecuencia de resonancia; $\rho = 0.8$ representa el factor de amortiguamiento. Sea el intervalo de simulación: t_k=0:h:5, con h=0.001. Desarrolle un programa en MATLAB para encontrar el vector de estimación paramétrica $\hat{\boldsymbol{\theta}}$.

Solución

Este modelo dinámico es lineal con respecto al vector de estados $\boldsymbol{x} \in \mathbb{R}^2$; ya que tiene la forma: $\dot{\boldsymbol{x}} = A\boldsymbol{x} + Bu$, donde $A \in \mathbb{R}^{2\times 2}, B \in \mathbb{R}^{2\times 1}$. Sin embargo, note que aun no tiene la forma estructural de un regresor compuesto por una matriz de observaciones y un vector de parámetros, como es requerido por la propiedad de linealidad en los parámetros (7.1), por lo que hay que expresarlo de manera conveniente:

$$\overbrace{\begin{bmatrix} \dot{x}_1 \\ \dot{x}_2 \end{bmatrix}}^{\boldsymbol{y}(t_k)} = \begin{bmatrix} 0 & 1 \\ -w_n^2 & -2\rho w_n \end{bmatrix} \begin{bmatrix} x_1 \\ x_2 \end{bmatrix} + \begin{bmatrix} 0 \\ w_n^2 \end{bmatrix} u = \underbrace{\begin{bmatrix} x_1 & x_2 & u & 0 & 0 & 0 \\ 0 & 0 & 0 & -x_1 & -x_2 & u \end{bmatrix}}_{\Psi(t_k)\in\mathbb{R}^{2\times 6}} \underbrace{\begin{bmatrix} 0 \\ 1 \\ 0 \\ w_n^2 \\ 2\rho w_n \\ w_n^2 \end{bmatrix}}_{\boldsymbol{\theta}\in\mathbb{R}^6}$$

La matriz de observaciones $\Psi \in \mathbb{R}^{2\times 6}$ que forma parte del regresor, no es única; otra opción es $\Psi \in \mathbb{R}^{2\times 5}$ y $\boldsymbol{\theta} \in \mathbb{R}^5$, como a continuación se expresa:

$$\overbrace{\begin{bmatrix} \dot{x}_1 \\ \dot{x}_2 \end{bmatrix}}^{\boldsymbol{y}(t_k)} = \begin{bmatrix} 0 & 1 \\ -w_n^2 & -2\rho w_n \end{bmatrix} \begin{bmatrix} x_1 \\ x_2 \end{bmatrix} + \begin{bmatrix} 0 \\ w_n^2 \end{bmatrix} u = \underbrace{\begin{bmatrix} x_1 & x_2 & u & 0 & 0 \\ 0 & 0 & 0 & -x_1 + u & -x_2 \end{bmatrix}}_{\Psi(t_k)\in\mathbb{R}^{2\times 5}} \underbrace{\begin{bmatrix} 0 \\ 1 \\ 0 \\ w_n^2 \\ 2\rho w_n \end{bmatrix}}_{\boldsymbol{\theta}\in\mathbb{R}^5}$$

El error de estimación paramétrica del algoritmo de mínimos cuadrados recursivo, para el caso de un modelo vectorial $\tilde{\boldsymbol{e}}(t_k) = \dot{\boldsymbol{x}}(t_k) - \Psi(t_k)\hat{\boldsymbol{\theta}}(t_{k-1})$ y considerando a $\Psi \in \mathbb{R}^{2\times 6}$ y $\hat{\boldsymbol{\theta}} \in \mathbb{R}^6$ es la siguiente forma:

$$\tilde{\boldsymbol{e}}(t_k) = \underbrace{\begin{bmatrix} \dot{x}_1(t_k) \\ \dot{x}_2(t_k) \end{bmatrix}}_{\boldsymbol{y}(t_k)} - \underbrace{\begin{bmatrix} x_1(t_k) & x_2(t_k) & u(t_k) & 0 & 0 & 0 \\ 0 & 0 & 0 & -x_1(t_k) & -x_2(t_k) & u(t_k) \end{bmatrix}}_{\Psi(t_k)\in\mathbb{R}^{2\times 6}} \underbrace{\begin{bmatrix} \hat{\theta}_1(t_{k-1}) \\ \hat{\theta}_2(t_{k-1}) \\ \hat{\theta}_3(t_{k-1}) \\ \hat{\theta}_4(t_{k-1}) \\ \hat{\theta}_5(t_{k-1}) \\ \hat{\theta}_6(t_{k-1}) \end{bmatrix}}_{\hat{\boldsymbol{\theta}}(t_{k-1})\in\mathbb{R}^6}$$

donde los componentes del vector $\hat{\boldsymbol{\theta}}(t_{k-1})$ son: $\hat{\theta}_1(t_{k-1}) = 0$; $\hat{\theta}_2(t_{k-1}) = 1$; $\hat{\theta}_3(t_{k-1}) = 0$; $\hat{\theta}_4(t_{k-1}) = w_n^2$; $\hat{\theta}_5(t_{k-1}) = 2\rho w_n$; $\hat{\theta}_6(t_{k-1}) = w_n^2$.

Observe que para este caso de estudio, el error de estimación $\tilde{\boldsymbol{e}}(t_k)$ es un vector de dimensión 2×1 y la matriz de observaciones $\Psi(t_k)$ tiene dimensión 2×6. El número de parámetros a identificar sus respectivos valores numéricos corresponde a: $p = 6$. Entonces, el algoritmo de mínimos cuadrados a utilizar es el esquema vectorial establecido en (7.14).

En el cuadro de código MATLAB 7.7 se encuentra la descripción del programa `ide5.m`, con la programación requerida para llevar a cabo el proceso de identificación paramétrica. La línea de programación 4 contiene la declaración de parámetros del modelo dinámico, el cual se encuentra en la línea 5. La condiciones iniciales de dicho sistema dinámico están inicializadas en cero (ver línea 6); sin embargo, el lector puede indicar cualquier otro valor y no se alterará el resultado de identificación. La simulación del sistema dinámico se realiza en la línea 7, con el algoritmo de integración numérica Runge-Kutta. La formación para cada una de las componentes del regreso se encuentra comprendido entre las líneas 11-17.

El algoritmo de mínimos cuadrados vectorial se ejecuta en la línea 19 y el resultado se despliega en la línea 20. Note que la función escalón se encuentra en el mismo programa principal `ide5.m` (ver línea 22). La evolución en el tiempo de la convergencia de cada componente paramétrica del vector $\hat{\boldsymbol{\theta}}(t_k)$ se puede estudiar con la línea 21.

Código MATLAB 7.7 ide5.m

Robótica: Control de Robots Manipuladores

Capítulo 7. Identificación paramétrica

Fernando Reyes Cortés

Alfaomega Grupo Editor: **"Te acerca al conocimiento"**.

Programa: ide5.m	MATLAB versión 2024a

```
clc; clearvars; close all; format short;
ti=0; h=0.001; tf = 15; tk=(ti:h:tf)'; % vector tiempo.
opciones=odeset('RelTol' ,1e-06, 'AbsTol' ,1e-06, 'InitialStep' ,h, 'MaxStep' ,h);
w_n=1; rho=0.8; A=[ 0, 1; -w_n^2, -2*rho*w_n]; B=[0; w_n^2];
xp=@(t,x) A*x+B*u(t); % modelo dinámico.
x0=[0;0]; % condición inicial.
[t, x]=ode45(xp,tk,x0,opciones); % algoritmo Runge-Kutta 4/5.
plot(t, x)
[nob, ~ ]=size(t);
y2a=zeros(nob, 1); y2b=zeros(nob, 1);
for k=1:nob % se forman las componentes del vector de salida y(t_k).
    y1=xp(t(k),[x(k,1), x(k,2)]');
    y2a(k,1)=y1(1,1); y2b(k,1)=y1(2,1);
end
y=[y2a; y2b]; % vector y(t_k)
Psi=[x(:,1), x(:,2),u(t), zeros(nob,1), zeros(nob,1), zeros(nob,1);
    zeros(nob,1), zeros(nob,1), zeros(nob,1), -x(:,1), -x(:,2), u(t)];
[~, p]=size(Psi);
[r, theta]=mincuadm(y,Psi,nob,p,2) % algoritmo de mínimos cuadrados vectorial.
theta % estimación encontrada: θ̂(t_{k-1}) = [0  1  0  1  1.6  1]^T.
figure(2), plot(t, r) % evolución en el tiempo de la convergencia paramétrica.
function escalon=u(t)
    escalon(t>=0,1)=+1;
end
```

•••

7.3 Ejemplos de identificación paramétrica

En esta sección se presentan varios ejemplos de esquemas de regresión y su respectivo proceso de identificación paramétrica aplicada a robots manipuladores; se describen diversos modelos implementados en MATLAB.

•• Ejemplo 7.6

Sea el modelo dinámico del péndulo (6.19), donde los valores numéricos de sus parámetros se encuentran concentrados en la tabla 6.3. Considere el vector tiempo t_k=0:h:5 segundos, con h=0.001. La señal de entrada $\tau_1(t_k)$ es la misma que se utilizan el ejemplo 6.1 (ver capítulo 6, página 323). Deduzca el error de estimación $\tilde{e}(t_k) \in \mathbb{R}$, el vector de observaciones $\boldsymbol{\psi}(t_k) \in \mathbb{R}^{6\times 2}$ y el vector de parámetros $\hat{\theta}(t_{k-1}) \in \mathbb{R}^6$. Desarrolle un programa en MATLAB para encontrar $\hat{\boldsymbol{\theta}}(t_{k-1})$.

Solución

La propiedad de linealidad del modelo dinámico de un robot manipulador está descrita en la subsección 6.4.8; tiene enorme repercusión en esquemas de identificación paramétrica y en otras áreas de control automático, tales como: esquemas para control: adaptable, trayectoria o movimiento.

El modelo dinámico del péndulo (6.19) cumple con la propiedad de linealidad en los parámetros (7.1), por lo que puede ser expresado como un esquema regresor compuesto de un vector con observaciones $\boldsymbol{\psi}(q_1, \dot{q}_1, \ddot{q}_1)$ y el vector de parámetros $\boldsymbol{\theta}$ [Reyes y Kelly, 1997, 1997a]:

$$\begin{aligned}
\tau_1 &= \underbrace{\left[m_1 l_{c2}^2 + \mathcal{I}_{zz1}\right]}_{\mathcal{I}_{p1}} \ddot{q}_1 + m_1\, g\, l_{c1}\ \mathrm{sen}(q_1) + b_1\dot{q}_1 + f_{c1}\,\mathrm{signo}(\dot{q}_1) + f_{e1}\left[1 - |\mathrm{signo}(q_1)|\right] \\
&= \underbrace{\left[\ddot{q}_1 \quad \dot{q}_1 \quad \mathrm{sen}(q_1) \quad \mathrm{signo}(\dot{q}_1) \quad 1 - |\mathrm{signo}(q_1)|\right]}_{\boldsymbol{\psi}^T(q_1,\dot{q}_1,\ddot{q}_1)} \underbrace{\begin{bmatrix} \mathcal{I}_{p1} \\ b_1 \\ m_1\, g\, l_{c1} \\ f_{c1} \\ f_{e1} \end{bmatrix}}_{\boldsymbol{\theta}}
\end{aligned}$$

siendo el momento de inercia del péndulo está dado por: $\mathcal{I}_{p1} = m_1 l_{c2}^2 + \mathcal{I}_{zz1}$.

El error de estimación del péndulo es la diferencia del par aplicado $\tau_1(t_k)$ al servomotor y el término compuesto por un vector de observaciones $\boldsymbol{\psi}^T(t_k) \in \mathbb{R}^{1\times 5}$ y el vector de parámetros estimados: $\hat{\boldsymbol{\theta}}(t_{k-1}) \in \mathbb{R}^5$; entonces: $\tilde{e}(t_k) = \tau_1(t_k) - \boldsymbol{\psi}^T(t_k)\hat{\boldsymbol{\theta}}(t_{k-1})$ se obtiene como:

$$
\begin{aligned}
\tilde{e}(t_k) &= \underbrace{\tau_1(t_k)}_{y(t_k)} - \\
& \underbrace{\begin{bmatrix} \ddot{q}_1 & \dot{q}_1 & \operatorname{sen}(q_1) & \operatorname{signo}(\dot{q}_1) & 1 - |\operatorname{signo}(q_1)| \end{bmatrix}}_{\boldsymbol{\psi}^T(q_1,\,\dot{q}_1,\,\ddot{q}_1)} \underbrace{\begin{bmatrix} \hat{\theta}_1(t_{k-1}) \\ \hat{\theta}_2(t_{k-1}) \\ \hat{\theta}_3(t_{k-1}) \\ \hat{\theta}_4(t_{k-1}) \\ \hat{\theta}_5(t_{k-1}) \end{bmatrix}}_{\hat{\boldsymbol{\theta}}(t_{k-1})}
\end{aligned}
$$

donde: $\hat{\theta}_1(t_{k-1}) = \hat{\imath}_{p1}$; $\hat{\theta}_2(t_{k-1}) = \hat{m}_1\,\hat{g}\,\hat{l}_{c1}$; $\hat{\theta}_3(t_{k-1}) = \hat{b}_1$; $\hat{\theta}_4(t_{k-1}) = \hat{f}_{c1}$; $\hat{\theta}_5(t_{k-1}) = \hat{f}_{e1}$.

El cuadro de código 7.9 contiene la función `penduloIDE.m` con la descripción en lenguaje MATLAB para el modelo dinámico del péndulo (6.19), cuyo programa principal `simupenduloIDE.m` se ubica en el cuadro 7.8; la simulación del péndulo se realiza a través del algoritmo de integración numérica Runge-Kutta. 4/5 en un intervalo de 0 a 15 segundos, con incrementos de $h = 0.001$ (ver línea 12).

Para este caso, la simulación es realizada en lazo abierto, puesto que la inyección de energía $\tau_1(t_k)$ no tiene elementos de control retroalimentado de la respuesta del robot; por lo que es factible incorporar las componentes de fricción que dependen de la funciín signo$(\cdots)$, como la fricción estática y de Coulomb; al mismo tiempo este escenario permite mantener las cotas superiores 10^{-06} de los errores numéricos del algoritmo de ode45$(\cdots)$.

Observe que en la línea 22 se utiliza por segunda ocasión la función del modelo dinámico `penduloIDE.m`, con la finalidad de obtener la aceleración articular $\ddot{q}$, la cual forma parte del vector de observaciones $\boldsymbol{\psi}^T(q,\,\dot{q},\,\ddot{q})$ y se construye en la línea 21. El esquema de identificación paramétrica mínimos cuadrados se ejecuta en la línea 22.

Código MATLAB 7.8 simependuloIDE.m

Robótica: Control de Robots Manipuladores

Capítulo 7. Identificación paramétrica

Fernando Reyes Cortés

Alfaomega Grupo Editor: **"Te acerca al conocimiento"**.

Programa: simependuloIDE.m	MATLAB versión 2024a

```
clc;
clearvars;
close all;
format short g
ti=0; % tiempo inicial de simulación.
h=0.001; % paso de integración.
tf = 5; % tiempo final (límite superior de integración).
tk=ti:h:tf % intervalo de integración.
ci=[0; 0]; %condiciones iniciales.
opciones=odeset( 'RelTol' ,1e-06, 'AbsTol' ,1e-06, 'InitialStep' ,h, 'MaxStep' ,h);
% solución numérica del modelo dinámico del péndulo.
[t, x]=ode45( 'penduloIDE' ,tk,ci,opciones); % Runge-Kutta.
q1=x(:,1); % posición articular.
qp1=x(:,2); % velocidad articular.
[m, n]=size(t); tau1=zeros(m, n); qpp1=zeros(m, n);
% calcula aceleración articular $\ddot{q} \in \mathbb{R}$ y el torque aplicado $\tau \in \mathbb{R}$ al péndulo.
for k=1:m
    [qpp_aux, tau1(k,1)]=penduloIDE(t(k),[q1(k); qp1(k)] );
    qpp1(k,1)=qpp_aux(2,1); % aceleración articular $\ddot{q} \in \mathbb{R}$.
end
psi=[qpp1, qp1, sin(q1), sign(qp1), 1-abs(sign(qp1))]; % $\boldsymbol{\psi}^T(q, \dot{q}, \ddot{q})$.
[r, theta] =mincuad(tau1, psi); % mínimos cuadrados escalar.
theta % despliega resultado: $\hat{\boldsymbol{\theta}} = [0.34171\ 0.175,\ 0.79932,\ 0.45,\ 0.5]^T$.
plot(t,r) % grafica parámetros estimados en el vector $\hat{\boldsymbol{\theta}}(t_k)$.
```

Código MATLAB 7.9 penduloIDE.m

Robótica: Control de Robots Manipuladores

Capítulo 7. Identificación paramétrica

Fernando Reyes Cortés

Alfaomega Grupo Editor: "**Te acerca al conocimiento**".

Programa: penduloIDE.m	MATLAB versión 2024a

```
function [xp, tau1 ] =penduloIDE(t,x)
    q1=x(1,1); %
    qp1=x(2,1);
    m1=3.88; lc1=0.021; izz1=0.34; g=9.81;
    ip1=m1*lc1^2+izz1; % momento de inercia del péndulo.
    b1=0.175;  fc1=0.45;  fe1=0.5; % coeficientes de fricción.
    tau1=5.3*sin(0.8345*pi*t+0.1*pi^3)+4.2*sin(0.1709*t+0.1*pi^5);
    qpp1=(tau1-b1*qp1-fc1*sign(qp1)-fe1*(1-abs(sign(qp1)))-m1*g*lc1*sin(q1))/ip1;
    xp=[qp1 ; % xp(1)=x(2) velocidad articular.
        qpp1] ; % xp(2)=q̈1 aceleración articular.
end
```

•••

•• Ejemplo 7.7

Sea el modelo dinámico del péndulo (6.19) y los valores numéricos de los parámetros en la tabla 6.1. El vector tiempo: t_k=0:0.001:5, segundos; La inyección de energía $\tau_1(t_k)$ es la utilizada en el ejemplo 6.1. Encuentre el error de estimación $\tilde{e}(t_k) \in \mathbb{R}$ del modelo de energía del péndulo y escriba un programa en **MATLAB** para obtener los valores de $\hat{\boldsymbol{\theta}}$.

Solución

El modelo de energía mecánica para un robot manipulador de n gdl, tomando en cuenta las condiciones iniciales está dado por la expresión (6.13); para el caso particular del péndulo adquiere la siguiente forma [Reyes y Kelly, 1997, 1997a]:

$$
\begin{aligned}
\int_0^t \dot{q}_1(\sigma)\tau_1(\sigma)d\sigma &= \tfrac{1}{2}\mathcal{I}_{p1}\left[\dot{q}_1^2(t)-\dot{q}_1^2(0)\right] + b_1 \int_0^t \dot{q}_1^2(\sigma)d\sigma \\
&\quad + m_1\, g\, l_{c1}\, \left[\ \cos(q_1(0)) -\ \cos(q_1(t))\right] + f_{c1} \int_0^t |\dot{q}_1(\sigma)|d\sigma \\
&\quad + f_{e1} \int_0^t \dot{q}_1(\sigma)\left[1 - |\mathrm{signo}(\dot{q}_1(\sigma))|\right] d\sigma \\
&= \underbrace{\left[\ \tfrac{1}{2}\left[\dot{q}_1^2(t)-\dot{q}_1^2(0)\right]\ \ \int_0^t \dot{q}_1^2(\sigma)d\sigma\ \ \left[\ \cos(q_1(0)) -\ \cos(q_1(t))\right]\ \ \int_0^t |\dot{q}_1(\sigma)|d\sigma\ \ \int_0^t \dot{q}_1(\sigma)\left[1-|\mathrm{signo}(\dot{q}_1(\sigma))|\right]d\sigma\right]}_{\boldsymbol{\psi}^T(q_1,\,\dot{q}_1)} \\
&\qquad \underbrace{\begin{bmatrix} \mathcal{I}_{p1} \\ b_1 \\ m_1\, g\, l_{c1} \\ f_{c1} \\ f_{e1} \end{bmatrix}}_{\boldsymbol{\theta}} \\
&= \boldsymbol{\psi}^T(q_1,\, \dot{q}_1)\boldsymbol{\theta}
\end{aligned}
$$

donde $\boldsymbol{\psi}^T(q_1,\, \dot{q}_1) \in \mathbb{R}^{5\times 1}$ es el vector de observaciones y $\boldsymbol{\theta} \in \mathbb{R}^5$ es el vector constante de parámetros del péndulo, el cual contiene los mismos parámetros para el caso del regresor del modelo dinámico que se encuentra desarrollado en el ejemplo 7.6.

Por otro lado, note que el valor absoluto de la velocidad $|\dot{q}_1|$ se puede expresar como: $|\dot{q}_1| = \mathrm{signo}(\dot{q}_1)\, \dot{q}_1$. El error de estimación paramétrica $e(t_k)$ del modelo de energía es:

$$
\begin{aligned}
e(t_k) &= \underbrace{\int_0^{t_k} \dot{q}_1(\sigma)\tau_1(\sigma)d\sigma}_{y(t_k)} - \\
&\quad \underbrace{\left[\ \tfrac{1}{2}\left[\dot{q}_1^2(t_k)-\dot{q}_1^2(0)\right]\ \ \int_0^{t_k} \dot{q}_1^2(\sigma)d\sigma\ \ \left[\ \cos(q_1(0)) -\ \cos(q_1(t_k))\right]\ \ \int_0^{t_k} |\dot{q}_1(\sigma)|d\sigma\ \ \int_0^{t_k} \dot{q}_1(\sigma)\left[1-|\mathrm{signo}(\dot{q}_1(\sigma))|\right]d\sigma\right]}_{\boldsymbol{\psi}^T(q_1(t_k),\, \dot{q}_1(t_k))}\underbrace{\left[\hat{\boldsymbol{\theta}}_{t_{k-1}}\right]}_{\hat{\boldsymbol{\theta}}(t_{k-1})} \\
&= y(t_k) - \boldsymbol{\psi}^T(q_1(t_k),\, \dot{q}_1(t_k))\hat{\boldsymbol{\theta}}(t_{k-1})
\end{aligned}
$$

donde $\hat{\theta}_1(t_{k-1}) = \hat{\mathcal{I}}_{p1}$; $\hat{\theta}_2(t_{k-1}) = \hat{b}_1$; $\hat{\theta}_3(t_{k-1}) = \hat{m}_1\, \hat{g}\, \hat{l}_{c1}$; $\hat{\theta}_4(t_{k-1}) = \hat{f}_{c1}$; $\hat{\theta}_5(t_{k-1}) = \hat{f}_{e1}$.

La dinámica del péndulo y las integrales que forman del modelo de energía se encuentran implementados en la función `penduloIDEenergia.m`, descrita en el cuadro de código MATLAB 7.10. Con esta función se obtienen las variables de estados que forman las integrales del esquema de regresión, como se muestra en las líneas 3-5, las cuales se calculan directamente del proceso de integración numérica con las líneas 11-13. El programa principal `simependuloIDEenergia.m` está en el cuadro de código 7.11.

Código MATLAB 7.10 penduloIDEenergia.m

Robótica: Control de Robots Manipuladores

Capítulo 7. Identificación paramétrica

Fernando Reyes Cortés

Alfaomega Grupo Editor: "**Te acerca al conocimiento**".

Programa: penduloIDEenergia.m	MATLAB versión 2024a

```
1  function xp =penduloIDEenergia(t,x)
2      q1=x(1,1); qp1=x(2,1); % $x_1(t) = q_1(t),\ x_2(t) = \dot{q}_1(t).$
3      intxp3=x(3,1);      $x_3(t) = \int_0^t \dot{q}_1(\sigma)\tau_1(\sigma)d\sigma.$
4      intxp4=x(4,1);      $x_4(t) = \int_0^t \dot{q}_1^2(\sigma)d\sigma.$
5      intxp5=x(5,1);      $x_5(t) = \int_0^t \text{signo}(\dot{q}_1(\sigma))\dot{q}_1(\sigma)d\sigma = \int_0^t |\dot{q}_1(\sigma)|d\sigma.$
6      intxp6=x(6,1);      $x_6(t) = \int_0^t \dot{q}_1(\sigma)\,[1 - |\text{signo}(\dot{q}_1(\sigma))|\,]\,d\sigma.$
7      m1=3.88;  lc1=0.021; izz1=0.34; ip1=izz1+m1*lc1^2;
8      b1=0.175; fc1=0.45;  fe1=0.5; g=9.81;
9      tau1=5.3*sin(0.8345*pi*t+0.1*pi^3)+4.2*sin(0.1709*t+0.1*pi^5);
10     qpp1=(tau1-b1*qp1-fc1*sign(qp1)-m1*g*lc1*sin(q1)-fe1*(1-abs(sign(qp1))))/ip1;
11     xp3=qp1*tau1;          % $\dot{x}_3(t) = \dot{q}_1(t)\,\tau_1(t).$
12     xp4=qp1*qp1;           % $\dot{x}_4(t) = \dot{q}_1^2(t).$
13     xp5= sign(qp1)*qp1;  % $\dot{x}_5(t) = \text{signo}(\dot{q}_1(t))\,\dot{q}_1(t) = |\dot{q}_1(t)|.$
14     xp6=qp1*(1-abs(sign(qp1))); % $\dot{x}_6(t) = \dot{q}_1(t)\,[1 - |\text{signo}(\dot{q}_1(t))|\,].$
15     xp=[qp1; qpp1;  xp3; xp4;  xp5; xp6]; % $\dot{\boldsymbol{x}} \in \mathbb{R}^6.$
16     % $\dot{\boldsymbol{x}} = [\,\dot{q}_1\ \ddot{q}_1,\ \dot{q}_1\tau_1,\ \dot{q}_1^2,\ \text{signo}(\dot{q}_1)\,\dot{q}_1,\ \dot{q}_1\ [1 - |\text{signo}(\dot{q}_1)|\,]\,]^T.$
17 end
```

Código MATLAB 7.11 simependuloIDEenergia.m

Robótica: Control de Robots Manipuladores

Capítulo 7. Identificación paramétrica

Fernando Reyes Cortés

Alfaomega Grupo Editor: "**Te acerca al conocimiento**".

Programa: simependuloIDEenergia.m	MATLAB versión 2024a

```
clc;
clearvars;
close all;
format short g
ti=0; h=0.001; tf = 5; ts=ti:h:tf; % intervalo de integración.
ci=[ 0; % $q_1(0)$.
     0; % $\dot{q}_1(0)$.
     0; % $x_3(0)$.
     0; % $x_4(0)$.
     0 % $x_5(0)$.
     0 % $x_6(0)$.
   ]; % condiciones iniciales del vector de estados $x(0) \in \mathbb{R}^6$.
opciones=odeset( 'RelTol' , 1e-06, 'AbsTol' , 1e-06, 'InitialStep' , h, 'MaxStep' , h);
[t, x]=ode45(@(t,x) penduloIDEenergia(t,x), ts, ci, opciones); %
q1=x(:,1);     % $x_1(t) = q_1(t)$.
qp1=x(:,2);    % $x_2(t) = \dot{q}_1(t)$.
intxp3=x(:,3); % $x_3(t) = \int_0^t \dot{q}_1(\sigma)\tau_1(\sigma)d\sigma$.
intxp4=x(:,4); % $x_4(t) = \int_0^t \dot{q}_1^2(\sigma)d\sigma$.
intxp5=x(:,5); % $x_5(t) = \int_0^t \text{signo}(\dot{q}_1(\sigma))\dot{q}_1(\sigma)d\sigma$.
intxp6=x(:,6); % $x_6(t) = \int_0^t \dot{q}_1(\sigma)\,[\,1 - |\text{signo}(\dot{q}_1(\sigma))|\,]\,d\sigma$.
psi=[(1/2)*(qp1.*qp1-ci(2,1)), intxp4, (cos(ci(1,1))-cos(q1)), intxp5, intxp6];
[r, theta] =mincuad(intxp3,psi);
theta % $\hat{\theta}(t_{k-1}) = [\,0.34171\ 0.175,\ 0.79932,\ 0.45,\ 0.5\,]^T$.
plot(t,r) % grafica componentes de los parámetros estimados $\hat{\theta}(t_{k-1})$.
```

• • •

• • • Ejemplo 7.8

Desarrolle un esquema de regresión filtrado para el modelo dinámico del péndulo (6.19). En la tabla 6.3 están los valores numéricos de sus parámetros. La señal de entrada, que representa la inyección de energía $\tau_1(t_k)$ es la misma utilizada en el ejemplo 6.1. Encuentre el error de estimación $\tilde{e}(t_k) \in \mathbb{R}$ formado por el vector de observaciones filtradas $\boldsymbol{\psi}(t_k) \in \mathbb{R}^5$ y el vector de parámetros estimados $\hat{\theta}(t_{k-1}) \in \mathbb{R}^5$; diseñe un programa en MATLAB para identificar los valores numéricos del vector de parámetros.

Solución

El modelo dinámico del péndulo (6.19) requiere conocer la medición de velocidad $\dot{q}_1$ y aceleración articular $\ddot{q}_1$, lo que representa una desventaja cuando no se disponen de sensores para medir dichas variables; asuma que solo se tiene la información del encoder para conocer a la posición q_1; entonces una alternativa viable para estimar ambas señales a partir de la posición es por medio de filtrado como a continuación se establece.

Considere el operador filtro: $f_u = \frac{\lambda}{s+\lambda} u \Longleftrightarrow \dot{f}_u = -\lambda f_u + \lambda\, u$; donde u representa la señal de entrada y $\lambda > 0$ define el ancho de banda (frecuencia de corte); f_u es el estado del filtro u observador; $\dot{f}_u$ es la aproximación de la derivada para la entrada u; es decir: $\dot{f}_u \approx \frac{d}{dt} u$ [Reyes y Kelly, 1997, 1997a].

A partir del modelo dinámico del péndulo (6.19), se aplica el operador filtro $\frac{\lambda}{s+\lambda}$ de ambos lados del signo igual, para obtener:

$$
\begin{aligned}
\tau_1 &= \mathcal{I}_{p1}\, \ddot{q}_1 + m_1\, g\, l_{c1}\; \mathrm{sen}(q_1) + b_1 \dot{q}_1 + f_{c1}\, \mathrm{signo}(\dot{q}_1), + f_{e1}\, [\, 1 - |\mathrm{signo}(\dot{q}_1)|\,] \\
\tfrac{\lambda}{s+\lambda} \tau_1 &= \tfrac{\lambda}{s+\lambda} \mathcal{I}_{p1}\, \ddot{q}_1 + \tfrac{\lambda}{s+\lambda} m_1\, g\, l_{c1}\; \mathrm{sen}(q_1) + \tfrac{\lambda}{s+\lambda} b_1 \dot{q}_1 + \tfrac{\lambda}{s+\lambda} f_{c1}\, \mathrm{signo}(\dot{q}_1) + f_{e1} \tfrac{\lambda}{s+\lambda}\, [\, 1 - |\mathrm{signo}(\dot{q}_1)|\,] \\
\tfrac{\lambda}{s+\lambda} \tau_1 &\approx \mathcal{I}_{p1}\, s\, \tfrac{\lambda}{s+\lambda} \dot{q}_1 + m_1\, g\, l_{c1}\, \tfrac{\lambda}{s+\lambda}\; \mathrm{sen}(q_1) + b_1\, s\, \tfrac{\lambda}{s+\lambda}\, q_1 + f_{c1}\, \tfrac{\lambda}{s+\lambda} \mathrm{signo}(s \tfrac{\lambda}{s+\lambda} q_1) + f_{e1}\, [\, 1 - |\mathrm{signo}(s\, \tfrac{\lambda}{s+\lambda} q_1)|\,]
\end{aligned}
$$

donde la forma estructural para cada uno de los filtros u observadores queda como a continuación se indica:

$$
\begin{aligned}
\dot{f}_{\tau_1} &= -\lambda f_{\tau_1} + \lambda \tau_1 & \dot{f}_{q_1} &= -\lambda f_{q_1} + \lambda q_1 \\
\dot{f}_{\dot{f}_{q_1}} &= -\lambda f_{\dot{f}_{q_1}} + \lambda\, \dot{f}_{q_1} & \dot{f}_{\mathrm{signo}(\dot{f}_{q_1})} &= -\lambda f_{\mathrm{signo}(\dot{f}_{q_1})} + \lambda\, \mathrm{signo}(\dot{f}_{q_1}) \\
\dot{f}_{\mathrm{sen}(q_1)} &= -\lambda f_{\mathrm{sen}(q_1)} + \lambda\, \mathrm{sen}(q_1) & \dot{f}_{\text{estática}} &= -\lambda f_{\text{estática}} + \lambda\, [\, 1 - |\mathrm{signo}(\dot{f}_{q_1})|\,]
\end{aligned}
$$

La aproximación en la estimación para la señal $\dot{q}_1$ se obtiene con: $\dot{f}_{q_1} \approx \dot{q}_1$ y para $\ddot{q}_1$ está dada por: $\dot{f}_{\dot{f}_{q_1}} \approx \ddot{q}_1$. Las variables $f_{\tau_1}, f_{q_1}, f_{\text{sen}(q_1)}, f_{\text{signo}(\dot{f}_{q_1})}$ y $f_{\text{estática}}$, son los estados de los filtros para las señales de energía τ_1, posición articular q_1, par gravitacional, fricción de Coulomb y estática $f_{\text{estática}}$, respectivamente. El operador filtro $\frac{\lambda}{s+\lambda}$ es lineal y no tiene propiedades para ingresar en los argumentos de las funciones signo$(\cdots)$ y sen$(\cdots)$, las cuales son no lineales; por lo que la aproximación con este tipo de filtrado es mucho más burda.

El modelo de la dinámica filtrada del péndulo se puede aproximar como:

$$f_{\tau_1} = \mathcal{I}_{p1}\,\dot{f}_{\dot{f}_{q_1}} + m_1\,g\,l_{c1}\,f_{\sin(q_1)} + b_1\,\dot{f}_{f_{q_1}} + f_{c1}\,f_{\text{signo}(\dot{f}_{q_1})} + f_{e1}\,f_{\text{estática}}$$

El esquema de regresión para el modelo de la dinámica filtrada del péndulo cumple con la propiedad de linealidad en los parámetros (7.1), por lo que puede ser expresado como un esquema regresor compuesto de un vector con observaciones $\boldsymbol{\psi}^T(q_1) \in \mathbb{R}^{1\times 5}$ y el vector de parámetros $\boldsymbol{\theta} \in \mathbb{R}^5$:

$$f_{\tau_1} = \underbrace{\begin{bmatrix} \dot{f}_{\dot{f}_{q_1}} & f_{\sin(q_1)} & \dot{f}_{f_{q_1}} & f_{\text{signo}(\dot{f}_{q_1})} & f_{\text{estática}} \end{bmatrix}}_{\boldsymbol{\psi}^T(q_1)\in\mathbb{R}^{5\times 1}} \underbrace{\begin{bmatrix} \mathcal{I}_{p1} \\ m_1\,g\,l_{c1} \\ b_1 \\ f_{c1} \\ f_{e1} \end{bmatrix}}_{\boldsymbol{\theta}\in\mathbb{R}^5}$$

El error de estimación $\tilde{e}(t_k) = \tau_1(t_k) - \boldsymbol{\psi}^T(t_k)\hat{\boldsymbol{\theta}}(t_{k-1})$ se obtiene como:

$$\tilde{e}(t_k) = \underbrace{\tau_1(t_k)}_{y(t_k)} - \underbrace{\begin{bmatrix} \dot{f}_{\dot{f}_{q_1}} & f_{\sin(q_1)} & \dot{f}_{f_{q_1}} & f_{\text{signo}(\dot{f}_{q_1})} & f_{\text{estática}} \end{bmatrix}}_{\boldsymbol{\psi}^T(q_1)} \underbrace{\begin{bmatrix} \hat{\theta}_1(t_{k-1}) \\ \hat{\theta}_2(t_{k-1}) \\ \hat{\theta}_3(t_{k-1}) \\ \hat{\theta}_4(t_{k-1}) \\ \hat{\theta}_5(t_{k-1}) \end{bmatrix}}_{\hat{\boldsymbol{\theta}}(t_{k-1})}$$

donde $\hat{\theta}_1(t_{k-1}) = \hat{\mathcal{I}}_{p1}$; $\hat{\theta}_2(t_{k-1}) = \hat{m}_1\,\hat{g}\,\hat{l}_{c1}$; $\hat{\theta}_3(t_{k-1}) = \hat{b}_1$; $\hat{\theta}_4(t_{k-1}) = \hat{f}_{c1}$; $\hat{\theta}_5(t_{k-1}) = \hat{f}_{e1}$. Note que el modelo de regresión con dinámica filtrada tiene los mismos parámetros que los modelos dinámico y de energía. El cuadro de código MATLAB 7.12 tiene el programa principal `simupenduloIDEdinamicaFiltrada.m` que realiza la estimación paramétrica del modelo dinámico filtrado del péndulo (ver línea 11). El algoritmo de mínimos cuadrados, la dinámica del péndulo y los filtros para la estimación de las señales se encuentran en la función `penduloIDEdinamicaFiltrada.m` (cuadro de código 7.13). Es importante resaltar que el procedimiento de identificación se realiza en línea (ver líneas 15-18 del cuadro de código 7.13). La dinámica del filtro no debe predominar sobre el comportamiento dinámico del péndulo, ya que incrementa el error de predicción; por lo que es clave la selección de λ para definir el ancho de banda. Un criterio es que debe ser mucho mayor a la constante mecánica del servomotor (por ejemplo, $100\frac{b_1}{\mathcal{I}_{p_1}}$), para no recortar información importante de las señales estimadas.

Código MATLAB 7.12 **simupenduloIDEdinamicaFiltrada.m**

Robótica: Control de Robots Manipuladores

Capítulo 7. Identificación paramétrica

Fernando Reyes Cortés

Alfaomega Grupo Editor: "**Te acerca al conocimiento**".

Programa: simupenduloIDEdinamicaFiltrada.m MATLAB versión 2024a

```
1 clc; clearvars; close all; format short g
2 global theta P psi lambda r h
3 lambda=1000; % ancho de banda $\lambda$ de los filtros.
4 theta=zeros(5,1); % condición inicial del vector $\hat{\theta}(0) \in \mathbb{R}^4$.
5 psi=zeros(5,1); % se incializa el vector de observaciones $\psi(t_k) \in \mathbb{R}^4$.
6 P=eye(5,5)*10e50; % valor inicial de la matriz $P(0) \in \mathbb{R}^{4\times 4}$.
7 r=eye(1,5); % registro para los parámetros estimados
8 ti=0; h=0.001; tf = 5; ts=ti:h:tf;
9 ci=[0; 0; 0; 0; 0; 0; 0; 0]; % condiciones iniciales del sistema (dinámico-filtros).
10 opciones=odeset('RelTol' ,1e-06, 'AbsTol' ,1e-06, 'InitialStep' ,h, 'MaxStep' ,h);
11 [t, x]=ode45(@(t,x) penduloIDEdinamicaFiltrada(t,x), ts, ci, opciones); %
12 theta % despliega resultados $\hat{\theta}$.
13 plot(t,r) % evolución en el tiempo de las componentes de $\hat{\theta}(t_k)$.
```

La dimensión en espacio de estados del vector de salida $\dot{\boldsymbol{x}}$ en la función `penduloIDEdinamicaFiltrada.m` (cuadro 7.13) es: $\dot{\boldsymbol{x}} \in \mathbb{R}^8$ (ver línea 22).

Código MATLAB 7.13 penduloIDEdinamicaFiltrada.m

Robótica: Control de Robots Manipuladores

Capítulo 7. Identificación paramétrica

Fernando Reyes Cortés

Alfaomega Grupo Editor: "**Te acerca al conocimiento**".

Programa: penduloIDEdinamicaFiltrada.m — MATLAB versión 2024a

```
1  function xp =penduloIDEdinamicaFilt(t,x)
2      global theta P lambda r h
3      q1=x(1,1); qp1=x(2,1); % variables de estados del péndulo.
4      ftau=x(3,1); fq=x(4,1); fqp=x(5,1); fsin=x(6,1); fsigno=x(7,1) festatica=x(8,1);
5      m1=3.88;  lc1=0.021; izz1=0.34; ip1=izz1+m1*lc1^2;
6      b1=0.175; fc1=0.45;  fe1=0.5; g=9.81;
7      tau1=5.3*sin(0.8345*pi*t+0.1*pi^3)+4.2*sin(0.1709*t+0.1*pi^5);
8      qpp1=(tau1-b1*qp1-fc1*sign(qp1)-m1*g*lc1*sin(q1)-fe1*(1-abs(sign(qp1))))/ip1;
9      fptau=-lambda*ftau+lambda*tau1; % \dot{f}_{\tau_1} = -\lambda f_{\tau_1} + \lambda\tau_1.
10     fpq=-lambda*fq+lambda*q1; % \dot{f}_{q_1} = -\lambda f_{q_1} + \lambda q_1;  f_{q_1} \approx \dot{q}_1.
11     fpqp=-lambda*fqp+lambda*fpq; % \dot{f}_{\dot{f}_{q_1}} = -\lambda f_{\dot{f}_{q_1}} + \lambda \dot{f}_{q_1}; % \dot{f}_{\dot{f}_{q_1}} \approx \ddot{q}_1.
12     fpsin=-lambda*fsin+lambda*sin(q1); % \dot{f}_{sen(q_1)} = -\lambda f_{sen(q_1)} + \lambda sen(q_1).
13     fpsigno=-lambda*fsigno+lambda*sign(fpq); % \dot{f}_{signo(q_1)} = -\lambda f_{signo(q_1)} + \lambda signo(q_1).
14     fpestatica=-lambda*festatica+lambda*(1-abs(sign(fpq))); % \dot{f}_{estatica} = -\lambda f_{estatica} + \lambda[1 - |signo(q_1)|].
15     psi=[fpqp; fpq; fsin; fsigno; festatica ]; % vector de observaciones: \psi \in IR^4.
16     etilde=ftau-psi'*theta; % \tilde{e}(t_k) = f_{\tau_1}(t_k) - \psi^T(t_k)\hat{\theta}(t_{k-1}).
17     theta= theta+(P*psi*etilde)/(1+psi'*P*psi); % vector estimado \hat{\theta}(t_k) \in IR^4.
18     P=P-(P*psi*psi'*P)/(1+psi'*P*psi); % matriz de covariancia P \in IR^{4x4}.
19     for i=1:5
20         r(1+round(t/h),i)=theta(i,1); % registra \hat{\theta}_i(t_k), para i = 1, 2, 3, 4, 5.
21     end
22     xp=[qp1; qpp1; fptau; fpq; fpqp; fpsin; fpsigno; fpestatica];
23     \dot{x} = [ \dot{q}_1, \ddot{q}_1, \dot{f}_{\tau_1}, \dot{f}_{q_1}, \dot{f}_{\dot{f}_{q_1}}, \dot{f}_{sen(q_1)}, \dot{f}_{signo(q_1)}, \dot{f}_{estatica} ]^T \in IR^8.
24 end
```

El resultado que se obtiene para el vector de estimación paramétrica con el modelo de regresión de la dinámica filtrada del péndulo es el siguiente: $\hat{\boldsymbol{\theta}}_{t_{k-1}} = [\,0.34187,\ 0.17379,\ 0.80153,\ 0.45563,\ -0.054941\,]^T$. El vector $\boldsymbol{\theta}$ con los valores reales es: $\boldsymbol{\theta} = [\,0.34171,\ 0.175,\ 0.79932,\ 0.45,\ 0.5\,]^T$. El error paramétrico es: $\boldsymbol{\theta} - \hat{\boldsymbol{\theta}}_{t_{k-1}} = [\,-0.00016358,\ 0.0012101,\ -0.0022116,\ -0.0056303,\ 0.55494\,]^T$.

En este caso de estudio, la estimación paramétrica no es exacta con respecto a los modelos dinámico y de energía; la dinámica filtrada es un método aproximado para predecir las señales de velocidad y aceleración. Los errores de estimación son mayores cuando se toma en cuenta a la fricción estática, la cual se manifiesta solo si la velocidad $\dot{q}_1(t_k) = 0$. Al utilizar filtrado este fenómeno de fricción queda diluido usando métodos de aproximación y por ende, el error numérico crece notablemente. No sucede así para el modelo dinámico que no utiliza filtros.

•••

•• Ejemplo 7.9

Desarrollar los modelos de potencia y potencia filtrada para un péndulo. Deduzca los esquemas de regresión para ambos modelos y sus correspondientes errores de estimación $\tilde{e}(t_k) \in \mathbb{R}$.

Solución

El modelo de potencia mecánica para un robot manipulador de n gdl está dado por la ecuación (6.14); para el caso del péndulo, adquiere la siguiente forma [Reyes y Kelly, 1997, 1997a]:

$$\begin{aligned}
\dot{q}_1\,\tau_1 &= \mathcal{I}_{p_1}\dot{q}_1\ddot{q}_1 + m_1 g l_{c1}\,\dot{q}_1\ \operatorname{sen}(q_1) + b_1\dot{q}_1^2 + f_{c1}\,\dot{q}_1\,\text{signo}(\dot{q}_1) + f_{e1}\dot{q}_1\,[\,1 - |\text{signo}(\dot{q}_1)|\,] \\
&= \underbrace{\left[\dot{q}_1\ddot{q}_1 \quad \dot{q}_1\ \operatorname{sen}(q_1) \quad \dot{q}_1^2 \quad \dot{q}_1\,\text{signo}(\dot{q}_1) \quad \dot{q}_1\,[\,1 - |\text{signo}(\dot{q}_1)|\,]\right]}_{\boldsymbol{\psi}^T(q_1,\ \dot{q}_1,\ \ddot{q}_1)} \underbrace{\begin{bmatrix} \mathcal{I}_{p1} \\ m_1\, g\, l_{c1} \\ b_1 \\ f_{c1} \\ f_{e1} \end{bmatrix}}_{\boldsymbol{\theta}}
\end{aligned}$$

El error $\tilde{e}(t_k)$ del esquema de regresión de potencia mecánica es:

$$\tilde{e}(t_k) = \underbrace{\dot{q}_1\,\tau_1}_{y(t_k)} - \underbrace{\left[\dot{q}_1\ddot{q}_1 \quad \dot{q}_1\,\operatorname{sen}(q_1) \quad \dot{q}_1^2 \quad \dot{q}_1\,\operatorname{signo}(q_1) \quad \dot{q}_1\left[1-|\operatorname{signo}(\dot{q}_1)|\right]\right]}_{\psi^T(q_1,\dot{q}_1,\ddot{q}_1)} \underbrace{\begin{bmatrix}\hat{\theta}_1(t_{k-1})\\ \hat{\theta}_2(t_{k-1})\\ \hat{\theta}_3(t_{k-1})\\ \hat{\theta}_4(t_{k-1})\\ \hat{\theta}_5(t_{k-1})\end{bmatrix}}_{\hat{\boldsymbol{\theta}}(t_{k-1})}$$

donde $\hat{\theta}_1(t_{k-1}) = \hat{\mathcal{I}}_{p1}$; $\hat{\theta}_2(t_{k-1}) = \hat{m}_1\,\hat{g}\,\hat{l}_{c1}$; $\hat{\theta}_3(t_{k-1}) = \hat{b}_1$; $\hat{\theta}_4(t_{k-1}) = \hat{f}_{c1}$; $\hat{\theta}_5(t_{k-1}) = \hat{f}_{e1}$.

La medición de la aceleración $\ddot{q}$ es requerida en el modelo de potencia del péndulo y representa una desventaja; para evitar esta restricción se aplican filtros $\frac{\lambda}{s+\lambda}$ y asumiendo que se conoce la posición q_1, se obtiene:

$$\begin{aligned}
\tfrac{\lambda}{s+\lambda}\left[\dot{q}_1\,\tau_1\right] &= \mathcal{I}_{p1}\tfrac{\lambda}{s+\lambda}\left[\dot{q}_1\ddot{q}_1\right] + m_1\,g\,l_{c1}\,\tfrac{\lambda}{s+\lambda}\left[\dot{q}_1\ \operatorname{sen}(q_1)\right] + b_1\tfrac{\lambda}{s+\lambda}\dot{q}_1^2 + f_{c1}\,\tfrac{\lambda}{s+\lambda}\left[\dot{q}_1\operatorname{signo}(\dot{q}_1)\right] + \tfrac{\lambda}{s+\lambda}f_{e1}\left[1-|\operatorname{signo}(\dot{q}_1)|\right]\\
&= \mathcal{I}_{p1}\tfrac{\lambda}{s+\lambda}\left[s\,\tfrac{1}{2}\dot{q}_1^2\right] + m_1\,g\,l_{c1}\,\tfrac{\lambda}{s+\lambda}\left[\dot{q}_1\ \operatorname{sen}(q_1)\right] + b_1\tfrac{\lambda}{s+\lambda}\dot{q}_1^2 + f_{c1}\,\tfrac{\lambda}{s+\lambda}|\dot{q}_1| + \tfrac{\lambda}{s+\lambda}f_{e1}\left[1-|\operatorname{signo}(\dot{q}_1)|\right]\\
f_{\dot{f}_{q_1}\tau_1} &\approx \tfrac{1}{2}\mathcal{I}_{p1}\,\dot{f}_{f^2_{q_1}} + m_1\,g\,l_{c1}\,f_{\dot{f}_{q_1}\sin(q_1)} + b_1\dot{f}_{q_1}^2 + f_{c1}\,f_{|\dot{f}_{q_1}|} + f_{e1}\left[1-|\operatorname{signo}(\dot{f}_{q_1})|\right]
\end{aligned}$$

El error $\tilde{e}(t_k)$ del esquema de regresión de potencia mecánica filtrada es:

$$\tilde{e}(t_k) = \underbrace{f_{\dot{f}_{q_1}\tau_1}}_{y(t_k)} - \underbrace{\left[\tfrac{1}{2}\dot{f}_{f^2_{q_1}} \quad f_{\dot{f}_{q_1}\sin(q_1)} \quad \dot{f}_{q_1}^2 \quad f_{|\dot{f}_{q_1}|} \quad \left[1-|\operatorname{signo}(\dot{f}_{q_1})|\right]\right]}_{\psi^T(q_1)} \underbrace{\begin{bmatrix}\hat{\theta}_1(t_{k-1})\\ \hat{\theta}_2(t_{k-1})\\ \hat{\theta}_3(t_{k-1})\\ \hat{\theta}_4(t_{k-1})\\ \hat{\theta}_5(t_{k-1})\end{bmatrix}}_{\hat{\boldsymbol{\theta}}(t_{k-1})}$$

La forma matemática para cada filtro es la siguiente:

$$\begin{aligned}
\dot{f}_{q_1} &= -\lambda f_{q_1} + \lambda q_1 & \qquad \dot{f}_{f_{q_1}\sin(q_1)} &= -\lambda f_{f_{q_1}\sin(q_1)} + \lambda\,\dot{f}_{q_1}\sin(q_1)\\
\dot{f}_{\dot{f}_{q_1}\tau_1} &= -\lambda\,f_{\dot{f}_{q_1}\tau_1} + \lambda\,\dot{f}_{q_1}\tau_1 & \qquad \dot{f}_{f^2_{q_1}} &= -\lambda f_{f^2_{q_1}} + \lambda\dot{f}_{q_1}^2
\end{aligned}$$

Se deja al lector la implementación en MATLAB de la potencia mecánica y su correspondiente modelo filtrado (ver problema propuesto 7.5.4).

•••

• • • Ejemplo 7.10

Desarrollar el modelo de regresión del modelo dinámico de un robot manipulador antropomórfico de 2 gdl y su correspondiente implementación en MATLAB.

Solución

Usando el modelo del brazo robot de 2 gdl desarrollado en la expresión (6.22) puede ser expresado a través de una adecuada selección de once parámetros θ_i, para $i = 1, 2, \cdots, 11$, de la siguiente manera [Reyes y Kelly, 1997, 1997a]:

$$
\begin{aligned}
\begin{bmatrix} \tau_1 \\ \tau_2 \end{bmatrix} &= \begin{bmatrix} \underbrace{m_1 l_{c1}^2 + m_2 l_1^2 + m_2 l_{c2}^2 + \mathcal{I}_{zz_1} + \mathcal{I}_{zz_2}}_{\theta_1} + 2\underbrace{m_2 l_1 l_{c2}}_{\theta_2} \cos(q_2) & \underbrace{m_2 l_1 l_{c2}}_{\theta_2} \cos(q_2) + \underbrace{m_2 l_{c2}^2 + \mathcal{I}_{zz_2}}_{\theta_3} \\ \underbrace{m_2 l_1 l_{c2}}_{\theta_2} \cos(q_2) + \underbrace{m_2 l_{c2}^2 + \mathcal{I}_{zz_2}}_{\theta_3} & \underbrace{m_2 l_{c2}^2 + \mathcal{I}_{zz_2}}_{\theta_3} \end{bmatrix} \begin{bmatrix} \ddot{q}_1 \\ \ddot{q}_2 \end{bmatrix} \\
&+ \begin{bmatrix} -\underbrace{m_2 l_1 l_{c2}}_{\theta_2} \operatorname{sen}(q_2)\dot{q}_2 & -\underbrace{m_2 l_1 l_{c2}}_{\theta_2} \operatorname{sen}(q_2)\left[\dot{q}_1 + \dot{q}_2\right] \\ \underbrace{m_2 l_1 l_{c2}}_{\theta_2} \operatorname{sen}(q_2)\dot{q}_1 & 0 \end{bmatrix} \begin{bmatrix} \dot{q}_1 \\ \dot{q}_2 \end{bmatrix} + \begin{bmatrix} \underbrace{g\,\left[l_{c1} m_1 + m_2 l_1\right]}_{\theta_4} \operatorname{sen}(q_1) + \underbrace{g\, m_2 l_{c2}}_{\theta_5} \operatorname{sen}(q_1 + q_2) \\ \underbrace{g\, l_{c2} m_2}_{\theta_5} \operatorname{sen}(q_1 + q_2) \end{bmatrix} \\
&+ \begin{bmatrix} \underbrace{b_1}_{\theta_6} \dot{q}_1 + \underbrace{f_{c1}}_{\theta_8} \operatorname{signo}(\dot{q}_1) + \left[1 - |\operatorname{signo}(\dot{q}_1)|\right] \underbrace{f_{e1}}_{\theta_{10}} \\ \underbrace{b_2}_{\theta_7} \dot{q}_2 + \underbrace{f_{c2}}_{\theta_9} \operatorname{signo}(\dot{q}_2) + \left[1 - |\operatorname{signo}(\dot{q}_2)|\right] \underbrace{f_{e2}}_{\theta_{11}} \end{bmatrix} \\
&= \begin{bmatrix} \theta_1 + 2\theta_2 \cos(q_2) & \theta_3 + \theta_2 \cos(q_2) \\ \theta_3 + \theta_2 \cos(q_2) & \theta_3 \end{bmatrix} \begin{bmatrix} \ddot{q}_1 \\ \ddot{q}_2 \end{bmatrix} + \begin{bmatrix} -\theta_2 \operatorname{sen}(q_2)\dot{q}_2 & -\theta_2 \operatorname{sen}(q_2)\left[\dot{q}_1 + \dot{q}_2\right] \\ \theta_2 \operatorname{sen}(q_2)\dot{q}_1 & 0 \end{bmatrix} \begin{bmatrix} \dot{q}_1 \\ \dot{q}_2 \end{bmatrix} \\
&+ \begin{bmatrix} \theta_4 \operatorname{sen}(q_1) + \theta_5 \operatorname{sen}(q_1 + q_2) \\ \theta_5 \operatorname{sen}(q_1 + q_2) \end{bmatrix} + \begin{bmatrix} \theta_6 & 0 \\ 0 & \theta_7 \end{bmatrix} \begin{bmatrix} \dot{q}_1 \\ \dot{q}_2 \end{bmatrix} + \begin{bmatrix} \theta_8 & 0 \\ 0 & \theta_9 \end{bmatrix} \begin{bmatrix} \operatorname{signo}(\dot{q}_1) \\ \operatorname{signo}(\dot{q}_2) \end{bmatrix} \\
&+ \begin{bmatrix} \theta_{10} & 0 \\ 0 & \theta_{11} \end{bmatrix} \begin{bmatrix} 1 - |\operatorname{signo}(\dot{q}_1)| \\ 1 - |\operatorname{signo}(\dot{q}_2)| \end{bmatrix}
\end{aligned}
$$

Donde cada componente del vector de parámetros $\boldsymbol{\theta}$, denotados por θ_i, para $i = 1, 2, \cdots, 11$; se encuentran compuestos como a continuación se indica:

$$
\begin{aligned}
\theta_1 &= m_1\, l_{c1}^2 + m_2\, l_1^2 + m_2\, l_{c2}^2 + \mathcal{I}_{zz_1} + \mathcal{I}_{zz_2} & \theta_7 &= b_2 \\
\theta_2 &= m_2\, l_1\, l_{c2} & \theta_8 &= f_{c1} \\
\theta_3 &= m_2\, l_{c2}^2 + \mathcal{I}_{zz_2} & \theta_9 &= f_{c2} \\
\theta_4 &= g\, \left[l_{c1}\, m_1 \,+\, m_2\, l_1\right] & \theta_{10} &= f_{e1} \\
\theta_5 &= g\, m_2\, l_{c2} & \theta_{11} &= f_{e2} \\
\theta_6 &= b_1 & &
\end{aligned}
$$

Entonces se obtiene el siguiente esquema de regresión para el modelo dinámico del brazo robot de 2 gdl, como a continuación se describe:

$$\begin{bmatrix}\tau_1\\ \tau_2\end{bmatrix} = \underbrace{\begin{bmatrix}\psi_{11} & \psi_{12} & \psi_{13} & \psi_{14} & \psi_{15} & \psi_{16} & 0 & \psi_{18} & 0 & \psi_{110} & 0\\ 0 & \psi_{22} & \psi_{23} & 0 & \psi_{25} & 0 & \psi_{27} & 0 & \psi_{29} & 0 & \psi_{211}\end{bmatrix}}_{\Psi(\boldsymbol{q},\,\dot{\boldsymbol{q}},\,\ddot{\boldsymbol{q}})} \underbrace{\begin{bmatrix}\theta_1\\ \theta_2\\ \theta_3\\ \theta_4\\ \theta_5\\ \theta_6\\ \theta_7\\ \theta_8\\ \theta_9\\ \theta_{10}\\ \theta_{11}\end{bmatrix}}_{\boldsymbol{\theta}}$$

$$= \Psi(\boldsymbol{q},\,\dot{\boldsymbol{q}},\,\ddot{\boldsymbol{q}})\boldsymbol{\theta}$$

donde los elementos de la matriz de medición $\Psi(\boldsymbol{q},\,\dot{\boldsymbol{q}},\,\ddot{\boldsymbol{q}}) \in \mathbb{R}^{11\times 2}$ son:

$$\begin{aligned}
\psi_{11} &= \ddot{q}_1 & \psi_{22} &= \cos(q_2)\ddot{q}_1 + \operatorname{sen}(q_2)\dot{q}_1^2\\
\psi_{12} &= \begin{matrix}2\cos(q_2)\ddot{q}_1 + \cos(q_2)\ddot{q}_2\\ -\operatorname{sen}(q_2)\dot{q}_2\dot{q}_1 - \operatorname{sen}(q_2)\,[\,\dot{q}_1+\dot{q}_2\,]\,\dot{q}_2\end{matrix} & \psi_{23} &= \ddot{q}_1+\ddot{q}_2\\
\psi_{13} &= \ddot{q}_2 & \psi_{25} &= \operatorname{sen}(q_1+q_2)\\
\psi_{14} &= \operatorname{sen}(q_1) & \psi_{27} &= \ddot{q}_2\\
\psi_{15} &= \operatorname{sen}(q_1+q_2) & \psi_{29} &= \operatorname{signo}(\dot{q}_2)\\
\psi_{16} &= \dot{q}_1 & \psi_{211} &= 1-|\operatorname{signo}(\dot{q}_2)|\\
\psi_{18} &= \operatorname{signo}(\dot{q}_1) & &\\
\psi_{110} &= 1-|\operatorname{signo}(\dot{q}_1)| & &
\end{aligned}$$

Por lo que, el error de estimación es: $\tilde{\boldsymbol{e}}(t_k) = \begin{bmatrix}\tau_1(t_k)\\ \tau_2(t_k)\end{bmatrix} - \Psi(t_k)\hat{\boldsymbol{\theta}}(t_{k-1})$.

El programa principal `simurobot2gdlIDE.m` está en el cuadro de código MATLAB 7.19, el cual realiza la identificación de los once componentes θ_i del vector $\hat{\boldsymbol{\theta}}$ para el brazo robot de 2 gdl. El error paramétrico que se obtiene en estado estacionario es exacto: $\tilde{\boldsymbol{\theta}}(t_k) = \boldsymbol{\theta} - \hat{\boldsymbol{\theta}}(t_{k-1}) = \boldsymbol{0} \in \mathbb{R}^{11}$. El modelo dinámico del brazo robot de 2 gdl se encuentra implementado en la función `robot2gdlIDE.m` (ver cuadro de código 7.15) con la descripción de esos componentes θ_i. La energía aplicada en las articulaciones del hombro y codo son los torques utilizados del ejemplo 6.3, ecuación (6.24).

Código MATLAB 7.19 simurobot2gdlIDE.m

Robótica: Control de Robots Manipuladores

Capítulo 7. Identificación paramétrica

Fernando Reyes Cortés

Alfaomega Grupo Editor: "**Te acerca al conocimiento**".

Programa: simurobot2gdlIDE.m	MATLAB versión 2024a

```
clc; clearvars; close all; format short
ti=0; h=0.001; tf = 5;  ts=ti:h:tf;
opciones=odeset( 'RelTol' ,1e-06, 'AbsTol' ,1e-06, 'InitialStep' ,h, 'MaxStep' ,h);
ci=[0;  0; 0; 0]; % condiciones iniciales del brazo robot de 2 gdl.
disp( 'La simulación puede demorar por utilizar funciones tipo signo(qp)...' )
[t, x]=ode45( 'robot2gdlIDE' ,ts,ci,opciones);
q1=x(:,1); q2=x(:,2); qp1=x(:,3); qp2=x(:,4);
[m, n]=size(t); qpp1=zeros(m,1); qpp2=zeros(m,1);  tau1=zeros(m,1); tau2=zeros(m,1);
for  k=1:m
    [xp, tau_aux]=robot2gdlIDE(t(k),[x(k,1),x(k,2),x(k,3), x(k,4)]);
    qpp1(k,1)=xp(3,1); qpp2(k,1)=xp(4,1);
    tau1(k,1) =tau_aux(1,1); tau2(k,1) =tau_aux(2,1);
end
tau=[tau1; tau2]; fi11=qpp1;
fi12=2*cos(q2).*qpp1+cos(q2).*qpp2-sin(q2).*qp2.*qp1-sin(q2).*(qp1+qp2).*qp2;
ffi13=qpp2; fi14=sin(q1); fi15=sin(q1+q2);  fi16=qp1;  fi17=zeros(m,1);
fi18=sign(qp1);  fi19=zeros(m,1);  fi110=(1-abs(sign(qp1))); fi111=zeros(m,1);
fi21=zeros(m,1); fi22=cos(q2).*qpp1+sin(q2).*qp1.*qp1; fi23=qpp1+qpp2;
fi24=zeros(m,1); fi25=sin(q1+q2); fi26=zeros(m,1); fi27=qp2;
fi28=zeros(m,1); fi29=sign(qp2); fi210=zeros(m,1);  fi211=(1-abs(sign(qp2)));
fi=[fi11, fi12, fi13, fi14, fi15, fi16, fi17, fi18, fi19, fi110, fi111;
    fi21, fi22, fi23, fi24, fi25, fi26, fi27, fi28, fi29, fi210, fi211];
[~, p]=size(fi);
[r, theta]=mincuadm(tau, fi, m, p, 2); % identificación multivariable.
theta % θ̂ = [2.3516  0.0838  0.1019  38.4658  1.827  2.288  0.175  4.12  1.71  4.5  1.8]^T.
plot(t,r) % evolución en el tiempo de las componentes de θ̂(t_k).
```

Código MATLAB 7.15 robot2gdlIDE.m

Robótica: Control de Robots Manipuladores

Capítulo 7. Identificación paramétrica

Fernando Reyes Cortés

Alfaomega Grupo Editor: "**Te acerca al conocimiento**".

Programa: robot2gdlIDE.m MATLAB versión 2024a

```
function [xp, tau] =robot2gdlIDE(t,x)
    q1=x(1); q2=x(2); q = [q1; q2];
    qp1=x(3); qp2=x(4); qp = [qp1; qp2];
    m1=23.902; l1=0.45; izz1=1.266; lc1=0.091; b1=2.288; fc1=4.12; fe1=4.5;
    m2=3.88; izz2=0.093; lc2=0.048; b2=0.175; fc2=1.71; fe2=1.8; g=9.81;
    theta1=m1* lc1^2+m2*l1^2+m2*lc2^2+izz1+izz2;
    theta2=m2*l1*lc2; theta3=m2*lc2^2+ izz2;
    theta4=g*(lc1*m1+m2*l1); theta5=g*m2*lc2; theta6=b1; theta7=b2;
    theta8=fc1; theta9=fc2; theta10=fe1; theta11=fe2;
    M=[theta1+2*theta2*cos(q2), theta3+theta2*cos(q2);
          theta3+theta2*cos(q2), theta3];
    C=[ -theta2*sin(q2)*qp2, -theta2*sin(q2)*(qp1+qp2);
          theta2*sin(q2)*qp1, 0];
    gq=[theta4*sin(q1)+theta5*sin(q1+q2);
          theta5*sin(q1+q2)];
    B=[theta6, 0; 0, theta7]; Fc=[theta8, 0; 0, theta9]; Fe=[theta10, 0; 0, theta11 ];
    tau=[ 45*sin(2*pi*(b1/izz1)*sqrt((exp(1)/pi))*t+0.01) + 5*sin(2*pi*(b1/izz1)*exp(1)*t+1.57);
          7*sin(2*pi*(b2/izz2)*sqrt((exp(1)/pi))*t+0.08)+5*sin(2*pi*(b2/izz2)*exp(2)*t+1.57)];
    qpp = M^(-1)*(tau-C*qp-B*qp-Fc*sign(qp)-Fe*[(1-abs(sign(qp1))); (1-abs(sign(qp2))) ]-gq);
    xp=[qp1;      % $\dot{x}_1 = \dot{q}_1$ velocidad articular del hombro.
          qp2;    % $\dot{x}_2 = \dot{q}_2$; velocidad articular del codo.
          qpp1;   % $\dot{x}_3 = \ddot{q}_1$ aceleración articular del hombro.
          qpp2;   % $\dot{x}_4 = \ddot{q}_2$; aceleración articular del codo.
          ];
end
```

•••

• • • Ejemplo 7.11

Desarrollar el modelo escalar de energía mecánica para un brazo robot de 2 gdl; deducir el correspondiente esquema de regresión, así como su implemtentación en MATLAB, para obtener el vector de estimación de parámetros $\hat{\boldsymbol{\theta}}$.

Solución

El modelo general de energía mecánica para un robot manipulador de n gdl, con condiciones iniciales está representado por la expresión (6.13); para el caso específico de un brazo robot con 2 gdl, la energía cinética $\mathcal{K}(\boldsymbol{q}, \dot{\boldsymbol{q}})$ y la energía potencial se encuentran desarrolladas en la página 331; retomando la misma selección de componentes paramétricas del modelo dinámico θ_i, para $i = 1, 2, \cdots, 11$, definidos en el ejemplo 7.10, la energía mecánica para el robot manipulador del tipo antropomórfico de 2 gdl está dada como:

$$
\begin{aligned}
\int_0^t [\,\tau_1(\sigma) \quad \tau_2(\sigma)\,] \begin{bmatrix} \dot{q}_1(\sigma) \\ q_2(\sigma) \end{bmatrix} d\sigma \;=\;& \underbrace{[\,m_1 l_{c1}^2 + m_2 l_1^2 + m_2 l_{c2}^2 + \mathcal{I}_{zz_1} + \mathcal{I}_{zz_2}\,]}_{\theta_1} \tfrac{1}{2}\dot{q}_1^2 + \underbrace{m_2 l_1 l_{c2}}_{\theta_2} \cos(q_2)\dot{q}_1 [\,\dot{q}_1 + \dot{q}_2\,] \\
& + \underbrace{m_2 l_{c2}^2 + \mathcal{I}_{zz_2}}_{\theta_3} \dot{q}_2 [\,\dot{q}_1 + \tfrac{1}{2}\dot{q}_2\,] + \underbrace{g\,[\,m_1 l_{c1} + m_2 l_1\,]}_{\theta_4} [\,1 - \cos(q_1)\,] \\
& + \underbrace{g\, m_2 l_{c2}}_{\theta_5} [\,1 - \cos(q_1 + q_2)\,] + \underbrace{b_1}_{\theta_6} \int_0^t \dot{q}_1^2(\sigma) d\sigma + \underbrace{b_2}_{\theta_7} \int_0^t \dot{q}_2^2(\sigma) d\sigma \\
& + \underbrace{f_{c1}}_{\theta_8} \int_0^t |\dot{q}_1(\sigma)| d\sigma + \underbrace{f_{c2}}_{\theta_9} \int_0^t |\dot{q}_2(\sigma)| d\sigma + \underbrace{f_{e1}}_{\theta_{10}} \int_0^t \dot{q}_1(\sigma) [\,1 - |\text{signo}(\dot{q}_1(\sigma))|\,]\, d\sigma \\
& + \underbrace{f_{e2}}_{\theta_{11}} \int_0^t \dot{q}_2(\sigma) [\,1 - |\text{signo}(\dot{q}_2(\sigma))|\,]\, d\sigma \\
=\;& \theta_1 \dot{q}_1^2 + \theta_2 \cos(q_2)\dot{q}_1 [\,2\dot{q}_1 + \dot{q}_2\,] + \theta_3 \dot{q}_2 [\,\dot{q}_1 + \tfrac{1}{2}\dot{q}_2\,] + \theta_4 [\,1 - \cos(q_1)\,] \\
& + \theta_5 [\,1 - \cos(q_1 + q_2)\,] + \theta_6 \int_0^t \dot{q}_1^2(\sigma) d\sigma + \theta_7 \int_0^t \dot{q}_2^2(\sigma) d\sigma + \theta_8 \int_0^t |\dot{q}_1(\sigma)| d\sigma \\
& + \theta_9 \int_0^t |\dot{q}_2(\sigma)| d\sigma + \theta_{10} \int_0^t \dot{q}_1(\sigma) [\,1 - |\text{signo}(\dot{q}_1(\sigma))|\,]\, d\sigma + \theta_{11} \int_0^t \dot{q}_2(\sigma) [\,1 - |\text{signo}(\dot{q}_2(\sigma))|\,]\, d\sigma
\end{aligned}
$$

En el modelo de energía mecánica de un robot manipulador no se requiere la medición del vector de aceleración articular $\ddot{\boldsymbol{q}}$; solo de la posición $\boldsymbol{q}$ y velocidad $\dot{\boldsymbol{q}}$. Además su estructura matemática corresponde a un modelo escalar, el cual cumple con la propiedad de linealidad en los parámetros; entonces es posible expresarlo como un esquema de regresión paramétrica compuesto por un vector de mediciones $\boldsymbol{\psi}^T(\boldsymbol{q}, \dot{\boldsymbol{q}}) \in \mathbb{R}^{1\times 11}$ y un vector de parámetros constantes $\boldsymbol{\theta} \in \mathbb{R}^{11}$ [Reyes y Kelly, 1997, 1997a].

El esquema de regresión con el modelo de la energía mecánica es:

$$\underbrace{\int_0^t [\,\tau_1(\sigma)\dot{q}_1(\sigma) + \tau_2(\sigma)\dot{q}_2(\sigma)\,]\, d\sigma}_{y(\boldsymbol{\tau},\dot{\boldsymbol{q}})} = \underbrace{[\psi_{11}\;\psi_{12}\;\psi_{13}\;\psi_{14}\;\psi_{15}\;\psi_{16}\;\psi_{17}\;\psi_{18}\;\psi_{19}\;\psi_{110}\;\psi_{111}]}_{\boldsymbol{\psi}^T(\boldsymbol{q},\,\dot{\boldsymbol{q}})} \underbrace{\begin{bmatrix}\theta_1\\ \theta_2\\ \theta_3\\ \theta_4\\ \theta_5\\ \theta_6\\ \theta_7\\ \theta_8\\ \theta_9\\ \theta_{10}\\ \theta_{11}\end{bmatrix}}_{\boldsymbol{\theta}}$$

$$= \boldsymbol{\psi}^T(\boldsymbol{q},\, \dot{\boldsymbol{q}})\boldsymbol{\theta}$$

donde los elementos del vector de observaciones $\boldsymbol{\psi}^T(\boldsymbol{q},\, \dot{\boldsymbol{q}}) \in \mathbb{R}^{1\times 11}$ son:

$$\begin{aligned}
\psi_{11} &= \tfrac{1}{2}\ddot{q}_1^2 & \psi_{17} &= \textstyle\int_0^t \dot{q}_2^2(\sigma)d\sigma\\
\psi_{12} &= \cos(q_2)\dot{q}_1\,[\,\dot{q}_1 + \dot{q}_2\,] & \psi_{18} &= \textstyle\int_0^t |\dot{q}_1(\sigma)|d\sigma\\
\psi_{13} &= \dot{q}_2\,[\,\tfrac{1}{2}\dot{q}_2 + \dot{q}_1\,] & \psi_{19} &= \textstyle\int_0^t |\dot{q}_2(\sigma)|d\sigma\\
\psi_{14} &= 1-\ \cos(q_1) & \psi_{110} &= \textstyle\int_0^t \dot{q}_1(\sigma)\,[\,1-|\text{signo}(\dot{q}_1(\sigma))|\,]\,d\sigma\\
\psi_{15} &= 1-\ \cos(q_1+q_2) & \psi_{111} &= \textstyle\int_0^t \dot{q}_2(\sigma)\,[\,1-|\text{signo}(\dot{q}_2(\sigma))|\,]\,d\sigma\\
\psi_{16} &= \textstyle\int_0^t \dot{q}_1^2(\sigma)d\sigma & &
\end{aligned}$$

El error de estimación escalar del modelo de energía de un brazo robot de 2 gdl está dado por: $\tilde{e}(t_k) = \int_0^t [\,\tau_1(\sigma)\dot{q}_1(\sigma) + \tau_2(\sigma)\dot{q}_2(\sigma)\,]\, d\sigma - \boldsymbol{\psi}^T(t_k)\hat{\boldsymbol{\theta}}(t_{k-1})$.

Las integrales del modelo de energía mecánica se implementan junto con la dinámica del brazo robot de 2 gdl en la función denominada `robot2gdlIDEenergia.m` (ver cuadro de código MATLAB 7.16). En el programa principal `simurobot2gdlIDEenergia.m` se construye al vector de observaciones $\boldsymbol{\psi} \in \mathbb{R}^{11}$ y por medio del algoritmo escalar de mínimos cuadrados (7.15) se obtiene $\hat{\boldsymbol{\theta}} \in \mathbb{R}^{11}$ (cuadro 7.17).

Cuando $\dot{\boldsymbol{q}} \neq \boldsymbol{0}$ no está presente la fricción estática, pero produce errores numéricos en las integrales que son modeladas con la transformada de Laplace: $\frac{1}{s}$; en frecuencias cercanas a cero, funcionan como amplificadores de ganancia infinita, incrementando el error de estimación paramétrica.

 Código MATLAB 7.16   robot2gdlIDEenergia.m

Robótica: Control de Robots Manipuladores

Capítulo 7. Identificación paramétrica

Fernando Reyes Cortés

Alfaomega Grupo Editor: "**Te acerca al conocimiento**"

Programa: robot2gdlIDEenergia.m	MATLAB versión 2024a

```matlab
1   function xp = robot2gdlIDEenergia(t,x)
2     q1=x(1,1);  q2=x(2,1);  q = [q1; q2];
3     qp1=x(3,1);  qp2=x(4,1); qp = [qp1; qp2];
4     m1=23.902; l1=0.45; izz1=1.266; lc1=0.091; b1=2.288; fc1=4.12; fe1=4.5;
5     m2=3.88; izz2=0.093; lc2=0.048; b2=0.175; fc2=1.71; fe2=1.8; g=9.81;
6     theta1=m1* lc1^2+m2*l1^2+m2*lc2^2+izz1+izz2;
7     theta2=m2*l1*lc2; theta3=m2*lc2^2+ izz2;  theta4=g*(lc1*m1+m2*l1);
8     theta5=g*m2*lc2; theta6=b1;  theta7=b2;  theta8=fc1;  theta9=fc2; theta10=fe1; theta11=fe2;
9     M=[theta1+2*theta2*cos(q2), theta3+theta2*cos(q2); theta3+theta2*cos(q2), theta3];
10    C=[ -theta2*sin(q2)*qp2, -theta2*sin(q2)*(qp1+qp2); theta2*sin(q2)*qp1,  0];
11    gq=[theta4*sin(q1)+theta5*sin(q1+q2); theta5*sin(q1+q2)]; % par gravitacional.
12    B=[theta6, 0; 0,  theta7]; Fc=[theta8, 0; 0,  theta9]; Fe=[theta10, 0; 0, theta11 ];
13    tau=[ 45*sin(2*pi*(b1/izz1)*sqrt((exp(1)/pi))*t+0.01) + 5*sin(2*pi*(b1/izz1)*exp(1)*t+1.57);
14          7*sin(2*pi*(b2/izz2)*sqrt((exp(1)/pi))*t+0.08)+5*sin(2*pi*(b2/izz2)*exp(2)*t+1.57)];
15    qpp = M^(-1)*(tau-C*qp-B*qp-Fc*sign(qp)-Fe*[(1-abs(sign(qp1))); (1-abs(sign(qp2))) ]-gq);
16    xp = [  qp1;
17            qp2;
18            qpp(1,1);
19            qpp(2,1);
20            qp1*tau(1,1)+qp2*tau(2,1);
21            qp1*qp1;
22            qp2*qp2;
23            abs(qp1);
24            abs(qp2);
25            qp1*(1-abs(sign(qp1)));
26            qp2*(1-abs(sign(qp2)))];
27  end
```

Código MATLAB 7.17 simurobot2gdlIDEenergia.m

Robótica: Control de Robots Manipuladores

Capítulo 7. Identificación paramétrica

Fernando Reyes Cortés

Alfaomega Grupo Editor: **"Te acerca al conocimiento"**.

Programa: simurobot2gdlIDEenergia.m — MATLAB versión 2024a

```
clc; clearvars; close all; format short
ti=0; h=0.001; tf = 5; ts=ti:h:tf;
opciones=odeset('RelTol' ,1e-06, 'AbsTol' ,1e-06, 'InitialStep' ,h, 'MaxStep' ,h);
ci=[0; 0; 0; 0; 0; 0; 0; 0; 0; 0; 0]; % condiciones iniciales.
disp('La simulación puede demorar por utilizar funciones tipo signo(qp)...' )
[t, x]=ode45('robot2gdlIDEenergia' ,ts,ci,opciones);
q1=x(:,1); q2=x(:,2); qp1=x(:,3); qp2=x(:,4);
% variables de estados para las integrales.
int1=x(:,5); int2=x(:,6); int3=x(:,7); int4=x(:,8);
int5=x(:,9); int6=x(:,10); int7=x(:,11);
psi11=(1/2)*qp1.*qp1; psi12=cos(q2).*qp1.*(qp1+qp2);
psi13=qp2.*((1/2)*qp2+qp1); psi14=1-cos(q1); psi15=1-cos(q1+q2);
psi16=int2; psi17=int3; psi18=int4;
psi19=int5; psi110=int6; psi111=int7;
psi=[psi11, psi12, psi13, psi14, psi15, psi16, psi17, psi18,...
        psi19, psi110, psi111]; % vector de observaciones ψ ∈ IR^11.
[r, theta] =mincuad(int1,psi);
theta % θ̂ = [2.3516, 0.08380.1019, 38.4658, 1.8270, 2.2880, 0.1750, 4.1200, 1.7100, 10.0000, 11.0000]^T.
plot(t,r) % evolución en el tiempo de las componentes de θ̂(t_k).
```

Las componentes del vector de parámetros $\hat{\theta}_i$, para $i = 1, 2, \cdots, 9$ son correctamente identificadas, con excepción de los coeficientes de fricción estática: $\hat{\theta}_{10} = \hat{f}_{e1}$ y $\hat{\theta}_{11} = \hat{f}_{e2}$.

•••

• • • Ejemplo 7.12

Desarrollar el modelo de regresión de potencia mecánica para un brazo robot de 2 gdl e implementar en MATLAB el proceso de identificación paramétrica de $\boldsymbol{\theta}$.

Solución

El modelo de potencia mecánica para un robot manipulador de n gdl se encuentra dado por la ecuación (6.14); la forma particular que adquiere en el caso del brazo robot de 2 gdl y usando la misma selección de componentes: θ_i, para $i = 1, 2, \cdots, 11$; definidos en el ejemplo 7.10 es la siguiente:

$$
\begin{aligned}
\tau_1\dot{q}_1 + \tau_2\dot{q}_2 &= \underbrace{\left[m_1 l_{c1}^2 + m_2 l_1^2 + m_2 l_{c2}^2 + \mathcal{I}_{zz_1} + \mathcal{I}_{zz_2}\right]}_{\theta_1} \dot{q}_1\ddot{q}_1 + \\
&\underbrace{m_2 l_1 l_{c2}}_{\theta_2}[\cos(q_2)\dot{q}_1[\ddot{q}_1 + \ddot{q}_2] + \cos(q_2)\ddot{q}_1[\dot{q}_1 + \dot{q}_2] - \operatorname{sen}(q_2)\dot{q}_1\dot{q}_2[\dot{q}_1 + \dot{q}_2]] \\
&+ \underbrace{m_2 l_{c2}^2 + \mathcal{I}_{zz_2}}_{\theta_3}[\dot{q}_2[\ddot{q}_1 + \tfrac{1}{2}\ddot{q}_2] + \ddot{q}_2[\dot{q}_1 + \tfrac{1}{2}\dot{q}_2]] + \underbrace{g[m_1 l_{c1} + m_2 l_1]}_{\theta_4}\operatorname{sen}(q_1)\dot{q}_1 \\
&+ \underbrace{g\, m_2 l_{c2}}_{\theta_5}[\dot{q}_1 + \dot{q}_2]\operatorname{sen}(q_1 + q_2) + \underbrace{b_1}_{\theta_6}\dot{q}_1^2 + \underbrace{b_2}_{\theta_7}\dot{q}_2^2 + \underbrace{f_{c1}}_{\theta_8}|\dot{q}_1| + \underbrace{f_{c2}}_{\theta_9}|\dot{q}_2| + \\
&\underbrace{f_{e1}}_{\theta_{10}}\dot{q}_1[1 - |\text{signo}(\dot{q}_1)|] + \underbrace{f_{e2}}_{\theta_{11}}\dot{q}_2[1 - |\text{signo}(\dot{q}_2)|] \\
&= \theta_1\dot{q}_1\ddot{q}_1 + \theta_2[\cos(q_2)\dot{q}_1[\ddot{q}_1 + \ddot{q}_2] + (\cos(q_2)\ddot{q}_1 - \operatorname{sen}(q_2)\dot{q}_1\dot{q}_2)[\dot{q}_1 + \dot{q}_2]] \\
&+ \theta_3[\dot{q}_2[\ddot{q}_1 + \tfrac{1}{2}\ddot{q}_2] + \ddot{q}_2[\dot{q}_1 + \tfrac{1}{2}\dot{q}_2]] + \theta_4\operatorname{sen}(q_1)\dot{q}_1 + \theta_5[\dot{q}_1 + \dot{q}_2]\operatorname{sen}(q_1 + q_2) \\
&+ \theta_6\dot{q}_1^2 + \theta_7\dot{q}_2^2 + \theta_8|\dot{q}_1| + \theta_9|\dot{q}_2| + \theta_{10}\dot{q}_1[1 - |\text{signo}(\dot{q}_1)|] + \theta_{11}\dot{q}_2[1 - |\text{signo}(\dot{q}_2)|]
\end{aligned}
$$

Una de las ventajas del modelo de potencia mecánica de un robot es que corresponde a un regresor escalar y cumple con la propiedad de linealidad en los parámetros, entonces puede ser expresado como:

$$
\begin{aligned}
\underbrace{\tau_1\dot{q}_1 + \tau_2\dot{q}_2}_{y(\boldsymbol{\tau}, \dot{\boldsymbol{q}})} &= \underbrace{\begin{bmatrix}\psi_{11} & \psi_{12} & \psi_{13} & \psi_{14} & \psi_{15} & \psi_{16} & \psi_{17} & \psi_{18} & \psi_{19} & \psi_{110} & \psi_{111}\end{bmatrix}}_{\boldsymbol{\psi}^T(\boldsymbol{q},\, \dot{\boldsymbol{q}},\, \ddot{\boldsymbol{q}})} \underbrace{\begin{bmatrix}\theta_1 \\ \theta_2 \\ \theta_3 \\ \theta_4 \\ \theta_5 \\ \theta_6 \\ \theta_7 \\ \theta_8 \\ \theta_9 \\ \theta_{10} \\ \theta_{11}\end{bmatrix}}_{\boldsymbol{\theta}} \\
&= \boldsymbol{\psi}^T(\boldsymbol{q},\, \dot{\boldsymbol{q}},\, \ddot{\boldsymbol{q}})\boldsymbol{\theta}
\end{aligned}
$$

donde cada elemento del vector de observaciones $\boldsymbol{\psi}^T(\boldsymbol{q},\ \dot{\boldsymbol{q}},\ \ddot{\boldsymbol{q}}) \in \mathbb{R}^{1\times 11}$ se define como a continuación se indica [Reyes y Kelly, 1997, 1997a]:

$$
\begin{aligned}
\psi_{11} &= \dot{q}_1\ddot{q}_1 \\
\psi_{12} &= \cos(q_2)\dot{q}_1\,[\,\ddot{q}_1+\ddot{q}_2\,]+[\cos(q_2)\ddot{q}_1 - \ \mathrm{sen}(q_2)\dot{q}_1\dot{q}_2\,]\,[\,\dot{q}_1+\dot{q}_2\,] \\
\psi_{13} &= \dot{q}_2\,[\,\ddot{q}_1+\tfrac{1}{2}\ddot{q}_2\,]+\ddot{q}_2\,[\,\dot{q}_1+\tfrac{1}{2}\dot{q}_2\,] \\
\psi_{14} &= \mathrm{sen}(q_1)\dot{q}_1 \\
\psi_{15} &= \mathrm{sen}(q_1+q_2)\,[\,\dot{q}_1+\dot{q}_2\,] \\
\psi_{16} &= \dot{q}_1^2 \\
\psi_{17} &= \dot{q}_2^2 \\
\psi_{18} &= |\dot{q}_1| \\
\psi_{19} &= |\dot{q}_2| \\
\psi_{110} &= \dot{q}_1\,[\,1-|\mathrm{signo}(\dot{q}_1)|\,] \\
\psi_{111} &= \dot{q}_2\,[\,1-|\mathrm{signo}(\dot{q}_2)|\,]
\end{aligned}
$$

El error de estimación paramétrica del modelo de potencia mecánica de un brazo robot de 2 gdl es: $\tilde{e}(t_k)=\int_0^t[\,\tau_1(\sigma)\dot{q}_1(\sigma)+\tau_2(\sigma)\dot{q}_2(\sigma)\,]\,d\sigma - \boldsymbol{\psi}^T(t_k)\hat{\boldsymbol{\theta}}(t_{k-1})$.

Como parte del desarrollo de identificación paramétrica, en este ejemplo se plantea la idea de tener registrada la información dinámica del robot manipulador en un archivo de datos, para que pueda estar disponible en todo momento y ser utilizada por el algoritmo mínimos cuadrados. El programa principal se denomina `simurobot2gdlGrabaDinamica` (ver cuadro de código 7.19), permite realizar la simulación del comportamiento dinámico de un robot de 2 gdl y registrar las variables de estado: posición $\boldsymbol{q}=[q_1,\ q_2]^T$, velocidad $\dot{\boldsymbol{q}}=[\dot{q}_1,\ \dot{q}_2]^T$, aceleración $\ddot{\boldsymbol{q}}=[\ddot{q}_1,\ \ddot{q}_2]^T$; así como los pares aplicados a los servomotores: $\boldsymbol{\tau}=[\tau_1,\ \tau_2]^T$ en el archivo de datos `robotDatos.dat` (disponible en el sitio Web de esta obra), cuyo formato de registro tiene la siguiente estructura:

t_k	q_1	q_2	$\dot{q}_1$	$\dot{q}_2$	$\ddot{q}_1$	$\ddot{q}_2$	τ_1	τ_2
0.0000	0.0000000000	0.0000000000	0.0000000000	0.0000000000	−2.7055808122	41.8086743833	5.4499909146	5.5594012724
0.0010	−0.0000000024	0.0000189826	−0.0000014615	0.0380450203	1.3460532750	35.8120682049	5.9229953252	5.6173836562
⋮	⋮	⋮	…	…	…	⋮	⋮	⋮
5.0000	−0.0893324906	0.4616079143	2.3906994527	−7.0886169607	14.1660222164	−121.2836263207	20.1863784060	−11.9291654009

El archivo de datos `robotDatos.dat` es del tipo ASCII y consta de siete columnas de datos separadas por espacios en blanco, con su respectivo retorno de carro al finalizar cada renglón. La primera columna tiene el registro del tiempo t_k, la segunda describe la información correspondiente a la posición articular del hombro q_1, seguida del desplazamiento de la articulación del codo q_2; posteriormente las columnas destinadas a las velocidades $\dot{q}_1$, $\dot{q}_2$; aceleraciones $\ddot{q}_1$ y $\ddot{q}_2$; las últimas dos columnas se usan para almacenar los torques de energía τ_1, τ_2.

Cada una de las siete columnas de datos tiene el mismo número de renglones que depende del período de muestreo h; por ejemplo, si $h = 0.001$ segundos, entonces para un intervalo de $t_k = 0 : 0.001 : 5$ segundos, se tienen 5001 renglones (incluyendo $t_k = 0$). Se ha seleccionado que las variables de estado y los torques aplicados sean registrados con la resolución de doce dígitos después del punto decimal, para que al ser procesados por el algoritmo de mínimos cuadrados no se tengan problemas de errores numéricos debido a la falta o pérdida de información del robot.

En el cuadro de código MATLAB 7.19 se describe la programación para realizar el proceso de registro para la dinámica del robot manipulador de 2 gdl; la simulación del modelo dinámico se lleva a cabo en la línea 2 (usando la función `robot2gdlIDE.m`, ver cuadro de código 7.15); donde se obtiene la solución numérica de los estados de posiciones y velocidades: $q_1 = x(:,1)$, $q_2 = x(:,2)$ y $\dot{q}_1 = x(:,3)$, $\dot{q}_2(:,4)$, respectivamente. Con esta información se obtienen las aceleraciones $\ddot{q}_1$, $\ddot{q}_2$ y torques aplicados τ_1, τ_2, evaluadas con la función `robot2gdlIDE.m`, como se indica en las líneas 12-18. El archivo de datos `robotDatos.dat` se genera con la línea 22 y el registro de la información del robot, con el formato ya indicado, en la línea 23.

El programa `simurobot2gdlIDEPotencia.m` está en el cuadro de código MATLAB 7.19; en la línea 2 se abre el archivo de datos robotDatos.dat para obtener la información registrada y formar las componentes del vector de observaciones $\boldsymbol{\psi}(\boldsymbol{q},\ \dot{\boldsymbol{q}},\ \ddot{\boldsymbol{q}}) \in \mathbb{R}^{11}$ (ver línea 21); la identificación paramétrica de $\hat{\boldsymbol{\theta}}$ se realiza en la línea 22, con mínimos cuadrados escalar. El modelo de potencia identifica correctamente los elementos $\hat{\theta}_i$, para $i = 1, 2, \cdots, 9$. Sin embargo, no converge con los de la fricción estática $\hat{\theta}_{10} = \hat{f}_{e1}$ y $\hat{\theta}_{11} = \hat{f}_{e2}$.

 Código MATLAB 7.19 simurobot2gdlGrabaDinamica.m

Robótica: Control de Robots Manipuladores

Capítulo 7. Identificación paramétrica

Fernando Reyes Cortés

Alfaomega Grupo Editor: "**Te acerca al conocimiento**" △△.

Programa: simurobot2gdlGrabaDinamica.m   MATLAB versión 2024a

---

```matlab
1  clc; clearvars; close all; format long
2  ti=0; h=0.001; tf = 5;  ts=ti:h:tf;
3  opciones=odeset('RelTol' ,1e-06, 'AbsTol' ,1e-06, 'InitialStep' ,h,'MaxStep' ,h);
4  ci=[0;  0; 0; 0];% condiciones iniciales.
5  disp('La simulación puede demorar por utilizar funciones tipo signo(qp)...' )
6  [t, x]=ode45('robot2gdlIDE' ,ts,ci,opciones);
7  q1=x(:,1); q2=x(:,2); qp1=x(:,3); qp2=x(:,4);
8  [m, n]=size(t);
9  qpp1=zeros(m,1);  qpp2=zeros(m,1);
10 tau1=zeros(m,1);  tau2=zeros(m,1);
11 % cálculo de las aceleraciones q̈1, q̈2 y torques τ1, τ2.
12 for k=1:m %
13     [xp, tau_aux]=robot2gdlIDE(t(k), [q1(k), q2(k), qp1(k), qp2(k)]);
14     qpp1(k,1)=xp(3,1);
15     qpp2(k,1)=xp(4,1);
16     tau1(k) =tau_aux(1,1);
17     tau2(k) =tau_aux(2,1);
18 end
19 % registro de la dinámica del robot en un archivo de datos.
20 fidRobot = fopen('robotDatos.dat' , 'wt' );
21 yRobot=[t, q1, q2, qp1, qp2, qpp1, qpp2, tau1, tau2];% formato de registro.
22 fprintf(fidRobot, '%5.12f %5.12f  %5.12f %5.12f %5.12f %5.12f %5.12f %5.12f %5.12f \n' ,...
23         yRobot');
24 fclose(fidRobot);
25 disp('Simulación terminada y datos registrados' )
```

 Código MATLAB 7.19   simurobot2gdlIDEPotencia.m

Robótica: Control de Robots Manipuladores

Capítulo 7. Identificación paramétrica

Fernando Reyes Cortés

Alfaomega Grupo Editor: "**Te acerca al conocimiento**" △△.

Programa: simurobot2gdlIDEPotencia.m   MATLAB versión 2024a

```matlab
1  clc; clearvars; close all; format long
2  datos=load( 'robotDatos.dat' );
3  t=datos(:,1);
4  q1=datos(:,2); q2=datos(:,3);
5  qp1=datos(:,4); qp2=datos(:,5);
6  qpp1=datos(:,6); qpp2=datos(:,7);
7  tau1=datos(:,8); tau2=datos(:,9);
8  % componentes del vector de observaciones ψ(q, q̇, q̈) ∈ ℝ^11.
9  psi11=qp1.*qpp1;
10 psi12=cos(q2).*qp1.*(qpp1+qpp2)+(cos(q2).*qpp1- sin(q2).*qp1.*qp2).*(qp1+qp2);
11 psi13=qp2.*(qpp1+(1/2)*qpp2)+qpp2.*(qp1+(1/2)*qp2);
12 psi14=sin(q1).*qp1;
13 psi15=sin(q1+q2).*(qp1+qp2);
14 psi16=qp1.*qp1;
15 psi17=qp2.*qp2;
16 psi18=abs(qp1);
17 psi19=abs(qp2);
18 psi110=qp1.*(1-sign(qp1));
19 psi111=qp2.*(1-sign(qp2));
20 psi=[psi11, psi12, psi13, psi14, psi15, psi16, psi17, psi18,...
21      psi19, psi110, psi111];
22 [r, theta] =mincuad(tau1.*qp1+tau2.*qp2, psi);
23 theta
24 plot(t, r)
```

• • •

7.4 Resumen

El modelo dinámico de un robot manipulador de n gdl es de naturaleza no lineal, multivariable y fuertemente acoplada entre la interacción de sus eslabones. Sin embargo, a pesar de su complejidad es posible expresar su dinámica como un esquema de regresión lineal compuesto por el producto de una matriz de observaciones y un vector de parámetros constantes, cuyos valores numéricos son desconocidos parcialmente o en su totalidad.

El problema de identificación paramétrica consiste en encontrar el valor numérico de los parámetros que forman al vector $\boldsymbol{\theta}$; para dar solución a esta problemática, se utiliza el algoritmo de mínimos cuadrados recursivo, el cual aprovecha sus propiedades matemáticas, para obtener una convergencia asintótica hacia cero del error paramétrico, definido como la diferencia entre el valor numérico de los parámetros teóricos y los valores estimados. Para esto, se procesa la matriz de observaciones formada por mediciones de variables de estado, tales como: posición, velocidad y aceleración articular. La inyección de energía debe cumplir la propiedad de excitación persistente.

Una desventaja que presenta el esquema de regresión formado por el modelo dinámico del robot es que la matriz de observaciones requiere la aceleración, cuya lectura no siempre está disponible; por la falta de un sensor adecuado (acelerómetro). Para vencer este requerimiento técnico, se puede utilizar un sistema dinámico filtrado, que al procesar la velocidad retorna como resultado la señal estimada de la aceleración.

En la mayoría de los casos prácticos de robótica, no se encuentran disponibles los sensores de aceleración ni de velocidad; entonces usando únicamente la información del sensor de posición articular (encoder), las señales de velocidad y aceleración pueden ser estimadas con suficiente calidad, por medio de diversas técnicas de estimación de señales, tales como: filtrado estándar, método numérico de Euler o diferenciación numérica, predictores asintóticos, filtros de Kalman, entre otros.

7.5 Problemas propuestos

El tema de identificación paramétrica involucra varios regresores de tipo escalar y vectorial; tiene la finalidad de encontrar el valor numérico de cada componente del vector de parámetros. Esta sección pretende mejorar los conocimientos del lector a través de una serie de problemas diseñados específicamente con diferentes grados de complejidad, donde se requiere profundidad y realizar un esfuerzo, para encontrar la solución.

7.5.1 Realizar un programa en MATLAB para llevar a cabo el proceso de identificación paramétrica del siguiente modelo:

$$y(t_k) \;=\; 0.23\, e^{-t_k} + 5.67 \tanh(t_k) + 0.345 \sinh\left(\frac{t_k}{1+t_k^2}\right) - \pi^e \operatorname{sen}(t_k)$$

considere el vector tiempo de simulación: t_k=0:0.001:5 segundos.

7.5.2 Con la función `penduloIDE.m` (ver cuadro de código 7.9), desarrollar un programa en MATLAB con el modelo de regresión del modelo dinámico, entonces identificar el vector de parámetros $\boldsymbol{\theta} \in \mathbb{R}^4$ usando la estimación de la aceleración articular $\hat{\ddot{q}}_1(t_k)$ a través de la medición de velocidad; por ejemplo:

a) Método de Euler: $\hat{\ddot{q}}_1(t_k) = \frac{\dot{q}_1(t_k)-\dot{q}_1(t_{k-1})}{h}$.

b) Filtrado estándar recursivo:

$$\begin{aligned} f(t_k) &= e^{-\lambda h} f(t_{k-1}) + [\,1 - e^{-\lambda h}\,]\, \dot{q}_1(t_{k-1}) \\ \hat{\ddot{q}}_1(t_k) &= -\lambda f(t_k) + \lambda\, \dot{q}_1(t_k) \longrightarrow \text{aceleración estimada} \end{aligned}$$

donde $\lambda > 0$ es la frecuencia de corte (ancho de banda del filtro); $h > 0$ es el período de muestreo y $f(t_k)$ representa el estado del filtro.

7.5.3 En el ejemplo 7.7 se realiza la implementación del esquema de regresión con el modelo de energía del péndulo para identificar el vector de parámetros $\boldsymbol{\theta} \in \mathbb{R}^5$. Los estados de las integrales se realizan dentro de la función `penduloIDEenergia.m` (cuadro de código 7.10) y con el programa principal `simependuloIDEenergia.m` (cuadro 7.11) se forma el vector de observaciones $\psi(q_1, \dot{q}_1) \in \mathbb{R}^4$. Utilice la función del modelo dinámico `penduloIDE.m` (cuadro de código 7.9) y desarrolle un programa principal para implementar las integrales en forma discreta con el método de Euler, de la siguiente forma:

$$
\begin{aligned}
\mathrm{int}_{x_3}(t_k) &= \mathrm{int}_{x_3}(t_{k-1}) + h\,\dot{q}_1(t_k)\tau_1(t_k) \longrightarrow \int_0^t \dot{q}_1(\sigma)\tau_1(\sigma)d\sigma \\
\mathrm{int}_{x_4}(t_k) &= \mathrm{int}_{x_4}(t_{k-1}) + h\,\dot{q}_1^2(t_k) \longrightarrow \int_0^t \dot{q}_1^2(\sigma)d\sigma \\
\mathrm{int}_{x_5}(t_k) &= \mathrm{int}_{x_5}(t_{k-1}) + h\,\mathrm{signo}(\dot{q}_1(t_k))\,\dot{q}_1(t_k) \longrightarrow \int_0^t \underbrace{\mathrm{signo}(\dot{q}_1(\sigma))\,\dot{q}_1(\sigma)}_{|\dot{q}_1(\sigma)|}d\sigma
\end{aligned}
$$

Con esta información es posible determinar el vector de mediciones $\psi(q_1, \dot{q}_1) \in \mathbb{R}^5$ y encontrar $\boldsymbol{\theta} \in \mathbb{R}^5$ usando mínimos cuadrados.

7.5.4 Considere el modelo de potencia mecánica del péndulo desarrollado en el ejemplo 7.9. Utilice la función `penduloIDE.m` (ver cuadro de código 7.9) y desarrolle un programa principal en MATLAB donde implemente los modelos de potencia y los filtros en tiempo discreto para la potencia filtrada; obtenga el vector de mediciones $\psi(q_1, \hat{\dot{q}}_1, \hat{\ddot{q}}_1) \in \mathbb{R}^5$ y lleve a cabo la identificación paramétrica del vector $\boldsymbol{\theta} \in \mathbb{R}^5$.

7.5.5 En el ejemplo 7.12 se utiliza un archivo de datos `robotDatos.dat`, con el registro de la dinámica del robot de 2 gdl, para obtener la matriz de regresión $\Psi(\boldsymbol{q}, \dot{\boldsymbol{q}}, \ddot{\boldsymbol{q}}) \in \mathbb{R}^{2\times 11}$ y con el esquema de regresión escalar de potencia mecánica para dicho robot, se realiza el proceso de identificación de $\hat{\boldsymbol{\theta}} \in \mathbb{R}^{11}$. Con el mismo archivo de datos, emplee únicamente las posiciones $q_1(t_k)$ y $q_2(t_k)$ para estimar los vectores de velocidad $\hat{\dot{\boldsymbol{q}}}(t_k) \in \mathbb{R}^2$ y aceleración $\hat{\ddot{\boldsymbol{q}}}(t_k) \in \mathbb{R}^2$ a través del método de diferenciación numérica de Euler; obtenga la matriz de observaciones $\Psi(\boldsymbol{q}, \hat{\dot{\boldsymbol{q}}}, \hat{\ddot{\boldsymbol{q}}}) \in \mathbb{R}^{2\times 11}$ para identificar al vector $\hat{\boldsymbol{\theta}} \in \mathbb{R}^{11}$. Compare y argumente correctamente los resultados obtenidos.

Capítulo

8 Control de posición

Moldeo de energía: $\boldsymbol{\tau} = \nabla \mathcal{U}_a(K_p,\ \tilde{\boldsymbol{q}}) - \boldsymbol{f}_v(K_v, \dot{\boldsymbol{q}}) + \boldsymbol{g}(\boldsymbol{q}_d - \tilde{\boldsymbol{q}})$

$$\frac{d}{dt}\begin{bmatrix} \tilde{q} \\ \dot{q} \end{bmatrix} = \begin{bmatrix} -\dot{q} \\ M^{-1}(q_d - \tilde{q})\left[\tau - C(q_d - \tilde{q}, \dot{q})\dot{q} - B\dot{q} - g(q_d - \tilde{q})\right] \end{bmatrix}$$

8.1 Introducción 433

8.2 Teoría de estabilidad de Lyapunov 434

8.3 Control de posición 461

8.4 Control por moldeo de energía 464

8.5 Control PD 470

8.6 Clasificación de algoritmos de control 496

8.7 Control PID 512

8.8 Control punto a punto 521

8.9 Resumen 526

8.10 Problemas propuestos 527

Descripción del capítulo

Moldeo de energía es una técnica de control moderno que permite diseñar familias extensas de reguladores para resolver el problema de control de posición en robots manipuladores. La idea fundamental es proponer una función de energía potencial, tal que su gradiente da forma a la estructura del regulador; se añade la acción de control derivativo y compensación de gravedad para el caso de movimiento vertical planar o en el espacio tridimensional. El punto de equilibrio de la ecuación en lazo cerrado, formada por el modelo dinámico de un robot de n gdl y la estructura de control tiene propiedades de estabilidad asintótica global. En este capítulo se presentan los conceptos y definiciones fundamentales de la teoría de control, que permitan el análisis y diseño de esquemas de control aplicados a robots manipuladores.

Los siguientes temas son desarrollados:

- Análisis de estabilidad en el sentido de Lyapunov
- Estabilidad global: exponencial, asintótica y $\mathcal{L}$
- Moldeo de energía
- Control PD y PID
- Control punto a punto
- Simulación en **MATLAB** con esquemas de control

8.1 Introducción

HOY en día, los robots manipuladores llevan a aplicaciones específicas en diferentes sectores de la sociedad; por ejemplo, en la industria: traslado, estibado, ensamble, montaje y pintado de objetos, soldadura de arco y por punto; hospitales y sector salud: desde manipulación de instrumental quirúrgico, rutinas de rehabilitación y fisioterapia, hasta auxiliar en operaciones complicadas; centros comerciales: limpieza y traslado de materiales. Los robots pueden mejorar la calidad de vida en personas vulnerables, con capacidades diferentes o para aquellas que se encuentran enfermas o en tratamiento, debido a que ofrecen asistencia personalizada.

Cualquier aplicación tiene que ser realizada en forma correcta y eficiente. A simple vista parecería innecesario desarrollar investigación científica sobre el tema de control de robots manipuladores. Sin embargo, es importante resaltar la necesidad de ejecutar cualquier tarea programada al robot lo haga con alto desempeño y exactitud en sus movimientos.

El diseño de nuevos esquemas de control para robots manipuladores de n gdl implica grandes retos teóricos, puesto que involucran a la teoría de control automático y las propiedades de la dinámica no lineal; el objetivo fundamental de control es la convergencia asintótica hacia el punto de equilibrio, para todas las variables de estado que definen el problema de control.

El desarrollo teórico pretende mejorar sustancialmente los problemas de origen práctico, puesto que diversas aplicaciones no pueden ser realizadas a través de algoritmos de control tradicionales, tales como el proporcional-derivativo (PD) y proporcional-integral-derivativo (PID). De ahí que el estudio, análisis y diseño de nuevas estrategias de control con mucho mejor desempeño es una actividad científica permanente, sistemática y periódica que resulta indispensable.

Control de posición pertenece al tipo de movimiento libre o sin restricciones en su espacio de trabajo, puesto que no ejerce interacción física en su entorno. Se requiere controlar el extremo final del robot para que alcance un punto deseado constante; también puede seguir una trayectoria variante en el tiempo en posición y velocidad de movimiento (en este caso se denomina control de trayectoria). Este capítulo está destinado a analizar el problema de control de posición (regulación), por medio de la metodología de moldeo de energía, la cual permite diseñar una familia muy grande de algoritmos de control y que de manera conjunta, con la teoría de estabilidad de Lyapunov se establece un procedimiento científico aplicado a la robótica.

8.2 Teoría de estabilidad de Lyapunov

La teoría de estabilidad de Lyapunov tiene como principal objetivo estudiar el comportamiento de sistemas dinámicos (lineales y no lineales) descritos por ecuaciones diferenciales ordinarias de primer orden (ODE) de la forma $\dot{\boldsymbol{x}} = \boldsymbol{f}(\boldsymbol{x})$ a través del análisis de las propiedades de estabilidad del punto de equilibrio [Lyapunov, 1992].

El estudio de la estabilidad de sistemas dinámicos se caracteriza por analizar la respuesta del sistema para pequeñas perturbaciones en los estados del sistema. Un punto de equilibrio se dice ser estable si para valores pequeños de perturbaciones iniciales el movimiento perturbado permanece en el espacio de estados. La metodología de Lyapunov no requiere resolver la ecuación diferencial, lo cual representa una enorme ventaja; la solución analítica de ecuaciones diferenciales puede ser muy complicada y no siempre se logra obtenerla.

La estabilidad del punto de equilibrio se demuestra por diseñar funciones de energía definidas positivas para el sistema dinámico, tal que su potencia sea semidefinida negativa. Si la derivada de la energía o potencia resulta una función definida negativa se habrá demostrado estabilidad asintótica del punto de equilibrio; esta última propiedad de convergencia asintótica es lo que se persigue demostrar en la teoría de control automático; por lo que, los algoritmos de control que se emplean en robótica están directamente relacionados con la estabilidad asintótica y no con la propiedad de estabilidad.

La estabilidad asintótica global (en el sentido de Lyapunov) es una propiedad del punto de equilibrio y no del sistema dinámico; dicha propiedad garantiza que el vector de estados $\boldsymbol{x}(t) \in \mathbb{R}^n$ converga asintóticamente hacia al punto de equilibrio, sin importar las condiciones iniciales $\boldsymbol{x}(0) \in \mathbb{R}^n$ de donde parta. Por otro lado, la propuesta o diseño de la función candidata de Lyapunov aplicada a dinámica no lineal, tal que su derivada satisfaga las condiciones de una función definida negativa es un proceso no trivial, puesto que en la mayoría de las ocasiones depende de la intuición y experiencia del diseñador.

8.2.1 Sistemas dinámicos

Los sistemas dinámicos son modelos matemáticos, cuya estructura es una ecuación diferencial para describir los fenómenos físicos del sistema; para el caso de un robot manipulador, el modelo dinámico se aplica a diseño y análisis de algoritmos de control, construcción del sistema mecánico, simulación, entre otros tópicos más. Con las leyes de la física, generalmente un sistema dinámico puede tener un orden mayor o igual a 2. Sin embargo, puede ser representado como una ecuación diferencial ordinaria de primer orden en variables de estado fase, conocida como ODE (ver subsección 6.5):

$$\dot{\boldsymbol{x}} \;=\; \boldsymbol{f}(\boldsymbol{x}), \quad \boldsymbol{x}(0) \in \mathbb{R}^n, \quad \forall t \geq 0 \tag{8.1}$$

donde $\boldsymbol{x} \in \mathbb{R}^n$ es la variable de estado, la cual proporciona información interna y externa sobre los estados de la dinámica del sistema físico. La variable de estado $\boldsymbol{x}$ es una función continua del tiempo: $\boldsymbol{x} = \boldsymbol{x}(t)$, que depende en forma implícita (no es necesario describirla de manera explícita); también representa la solución analítica de la ecuación diferencial (8.1); la existencia y unicidad de la solución está garantizada si las componentes de $\dot{\boldsymbol{x}} = \boldsymbol{f}(\boldsymbol{x})$ son funciones continuas, suaves y diferenciables; el término $\boldsymbol{x}(0) \in \mathbb{R}^n$ es la condición o estado inicial; la notación $\forall t \geq 0$ indica el principio de causalidad (a toda acción corresponde una reacción, tercera ley de Newton); debido a la inyección de energía $\boldsymbol{\tau}(t)$ (acción), la respuesta del robot (reacción) $[\boldsymbol{q}(t),\ \dot{\boldsymbol{q}}(t)]^T \in \mathbb{R}^{2n}$ obedece a un sistema causal, la evolución del tiempo se satisface para $t \geq 0$ y no para $t < 0$.

La función $\boldsymbol{f}(\boldsymbol{x})$ es un mapa vectorial continuo en la variable de estado $\boldsymbol{x} \in \mathbb{R}^n$, $\boldsymbol{f} : \mathbb{R}^n \to \mathbb{R}^n$ que satisface lo siguiente:

- Si las componentes de $\boldsymbol{f}(\boldsymbol{x})$ son continuas, suaves y diferenciables, la ecuación (8.1) tiene una solución única en el intervalo $[0,\ \infty)$ correspondiente a cada condición o estado inicial $\boldsymbol{x}(0)$.

- La variable de estado $\boldsymbol{x}$ es una función continua del tiempo t y en la condición inicial $\boldsymbol{x}(0) \in \mathbb{R}^n$; la dependencia del tiempo es una característica propia, interna o intrínseca de $\boldsymbol{x} = \boldsymbol{x}(t) \in \mathbb{R}^n$. Por lo tanto, la derivada $\dot{\boldsymbol{x}} = \frac{d\boldsymbol{x}}{dt} = \frac{d\boldsymbol{x}(t)}{dt}$ existe: $\dot{\boldsymbol{x}} = \dot{\boldsymbol{x}}(t)$.

En el sistema (8.1) la variable tiempo t no aparece de manera explícita, se denomina sistema dinámico autónomo. Si el tiempo está explícitamente como parte de la estructura matemática, se le denomina sistema dinámico no autónomo: $\dot{\boldsymbol{x}} = \boldsymbol{f}(t, \boldsymbol{x})$. Ambos sistemas representan dinámica lineal y no lineal, estas características se refieren a la dependencia matemática con la variable de estado $\boldsymbol{x}$, por ejemplo si es argumento de una función no lineal.

En este capítulo, las herramientas matemáticas de análisis y diseño de algoritmos de control de posición para robots manipuladores se encuentran bajo el enfoque de los sistemas dinámicos autónomos [Nijmeijer et. al, 1990], [Sontag, 1990], [Vidyasagar, 1993].

Lyapunov (1857-1918), científico soviético

Aleksandr Mikhailovich Lyapunov físico-matemático soviético, nació el 6 de junio de 1857 en Yaroslavl, Rusia Imperial. Debido a una mala situación económica por la que pasaba no pudo llevar al médico a su esposa Natalia, quien falleció de tuberculosis el 31 de octubre de 1918; tres días después, el 3 de noviembre de 1918, Lyapunov se disparó en la cabeza a consecuencia de la depresión; no tuvo descendencia. A partir de 1950, se reconoció el valor de su legado científico y las bases teóricas del control moderno.

Laypunov estudió en la Universidad de San Petersburgo, donde formalizó el concepto de estabilidad en respuesta al problema abierto por determinar configuraciones estables de cuerpos en rotación en fluidos, propuesto por Poincaré. En 1892, Lyapunov obtuvo su doctorado con honores en tópicos de estabilidad para sistemas dinámicos, que detonó el desarrollo de control aplicado a la robótica; en este mismo año fue publicada su tesis doctoral con las definiciones y criterios de estabilidad. En la Universidad de Kharkov fue profesor, contemporáneo en aquella época de las mejores mentes matemáticas especializadas en control clásico, tales como: Nyquist, Routh y Hurwitz.

• Ejemplo 8.1

Enunciar ejemplos para sistemas dinámicos lineales y no lineales, teniendo en cuenta sus representaciones autónomas y no autónomas.

Solución

Ejemplos de sistemas lineales autónomos, considerando el caso escalar: $\dot{x} = -ax$, donde las variables de estado son; x, $\dot{x} \in \mathbb{R}$ y $a \in \mathbb{R}_+$ es un parámetro del sistema, el cual es constante. Caso vectorial: $\dot{\boldsymbol{x}} = A\boldsymbol{x}$, la matriz de parámetros $A \in \mathbb{R}^{n\times n}$ es constante y los vectores de estado: $\boldsymbol{x}$, $\dot{\boldsymbol{x}} \in \mathbb{R}^n$.

Los siguientes ejemplos son sistemas dinámicos no lineales autónomos:

$$\dot{\boldsymbol{x}} = [x_1^2 \quad \operatorname{sen}(x_2) \quad x_3^3]^T; \quad \dot{\boldsymbol{x}} = \tanh(\boldsymbol{x}); \quad \dot{\boldsymbol{x}} = \operatorname{sen}(\boldsymbol{x})$$

Ejemplos de sistemas dinámicos no autónomos son los siguientes:

$$\dot{\boldsymbol{x}} = \frac{t}{1+t^4}\boldsymbol{x}; \quad \dot{\boldsymbol{x}} = \tanh(\boldsymbol{x})\cosh(t); \quad \dot{\boldsymbol{x}} = A\boldsymbol{x}\, t^9; \quad \dot{\boldsymbol{x}} = \operatorname{sen}(t)\operatorname{sen}(\boldsymbol{x})$$

• • •

A continuación se describe el procedimiento para convertir un sistema lineal del dominio de la frecuencia al dominio del tiempo, como una ecuación diferencial ordinaria (ODE).

•• Ejemplo 8.2

Considere un sistema lineal representado por la siguiente función de transferencia:

$$\frac{y(s)}{u(s)} = \frac{s+b_0}{s^2+a_1s+a_0}$$

donde $b_0, a_0, a_1 \in \mathbb{R}_+$ son constantes, la respuesta del sistema está representada por $y(s) \in C$; la entrada es $u(s) \in C$; $s \in C$ es la variable compleja: $s = jw$, $w \in \mathbb{R}_+$ es la frecuencia. Obtener la representación ODE en variables de estado fase de la forma $\dot{\boldsymbol{x}} = \boldsymbol{f}(\boldsymbol{x})$.

Solución

El numerador de la función de transferencia tiene un polinomio en la variable s y tomando a $x_1(s)$ como variable auxiliar, se realiza el siguiente procedimiento:

$$\begin{aligned}\frac{y(s)}{u(s)} &= \frac{y(s)}{x_1(s)}\frac{x_1(s)}{u(s)} = \frac{s+b_0}{s^2+a_1s+a_0}\\ \frac{y(s)}{x_1(s)} &= = s+b_0;\ \frac{x_1(s)}{u(s)} = \frac{1}{s^2+a_1s+a_0}\end{aligned}$$

La transformación del dominio de la frecuencia al dominio del tiempo y considerando $\dot{x}_1(t) = x_2(t)$, adquiere la forma siguiente:

$$y = b_0x_1 + \dot{x}_1 = b_0x_1 + x_2;\ \underbrace{\ddot{x}_1}_{\dot{x}_2} + a_1\underbrace{\dot{x}_1}_{x_2} + a_0x_1 = u$$

El correspondiente sistema dinámico de primer orden (ODE) es:

$$\begin{aligned}\frac{d}{dt}\begin{bmatrix}x_1\\x_2\end{bmatrix} &= \begin{bmatrix}0 & 1\\ -a_0 & -a_1\end{bmatrix}\begin{bmatrix}x_1\\x_2\end{bmatrix} + \begin{bmatrix}0\\1\end{bmatrix}u\\ y(t) &= \begin{bmatrix}b_0 & 1\end{bmatrix}\begin{bmatrix}x_1\\x_2\end{bmatrix}\end{aligned}$$

•••

Definición 8.1: Puntos fijos

Considérese el sistema dinámico autónomo (8.1). El vector $\boldsymbol{x}^* \in \mathbb{R}^n$ es un punto fijo de $\boldsymbol{f}(\boldsymbol{x})$ si:

$$\dot{\boldsymbol{x}} = \boldsymbol{f}(\boldsymbol{x}^*) = \boldsymbol{x}^*$$

La interpretación geométrica de los puntos fijos de la función $\boldsymbol{f}(\boldsymbol{x})$ son los puntos de intersección de la gráfica de $\boldsymbol{f}(\boldsymbol{x})$ con la recta de $\boldsymbol{x}$. Algunas funciones tienen uno o más puntos fijos; por ejemplo: $f(x) = x^3$ tiene tres puntos: $f(-1) = -1$, $f(1) = 1$ y $f(0) = 0$; $f(x) = x^2$ tiene dos puntos fijos: $f(0) = 0$ y $f(1) = 1$; la función $f(x) = \text{sen}(x)$ tiene como único punto fijo $x^* = 0$; la función $f(x) = e^x$ no tiene ningún punto; mientras que la función $f(x) = x$ tiene un número infinito de puntos fijos.

8.2.2 Puntos de equilibrio

Un punto de equilibrio (estado de equilibrio) es un vector constante $\boldsymbol{x}_e \in \mathbb{R}^n$ del sistema (8.1) si cumple con la siguiente condición:

$$\dot{\boldsymbol{x}} \;=\; \boldsymbol{f}(\boldsymbol{x}_e) = \boldsymbol{0} \in \mathbb{R}^n, \quad \forall\, t \geq 0 \tag{8.2}$$

Si la condición inicial $\boldsymbol{x}(\boldsymbol{0}) \in \mathbb{R}^n$ se encuentra justo en el punto de equilibrio, entonces se satisface que $\dot{\boldsymbol{x}}(t) = \boldsymbol{0}$, $\forall\ t \geq 0$. El punto de equilibrio es un ente dinámico donde todas las fuerzas del sistema se encuentran en equilibrio. Se remarca enfáticamente que las propiedades de estabilidad o inestabilidad se refieren al punto de equilibrio y no al sistema dinámico.

El análisis de puntos de equilibrio en sistemas dinámicos no lineales pueden presentar los siguientes casos: el sistema $\dot{x} = x^2$ tiene un único punto de equilibrio. Un número finito de puntos de equilibrio, $x = 0$ y $x = 1$, para $\dot{x} = x^3\,[\,x - 1\,]$. Número infinito de puntos de equilibrio $x = 0, \pm n\pi$ en: $\dot{x} = \text{sen}(x)$. No existe punto de equilibrio alguno para: $\dot{x} = e^x$; en este caso, al carecer punto de equilibrio este sistema dinámico, no procede el análisis de estabilidad en el sentido de Lyapunov.

Para sistemas dinámicos lineales, el análisis de puntos de equilibrio tiene dos posibilidades: unicidad del punto de equilibrio: $\dot{\boldsymbol{x}} = A\boldsymbol{x}$, si el determinante de la matriz de parámetros $A \in \mathbb{R}^{n\times n}$ es diferente de cero o el número de puntos de equilibrio es infinito, si $\det[A] = 0 \Longrightarrow \nexists\ A^{-1}$.

Definición 8.2: Estabilidad (en el sentido de Lyapunov)

El origen de la ecuación (8.1) es un punto de equilibrio estable en el sentido de Lyapunov, si para cada $t_0 \geq 0$ y $\epsilon > 0$ se puede encontrar un número ρ que en general depende de t_0 y ϵ, es decir: $\rho(t_0, \epsilon) > 0$, tal que:

$$\|\boldsymbol{x}(0) - \boldsymbol{0}\| < \rho(t_0, \epsilon) \Rightarrow \|\boldsymbol{x}(t) - \boldsymbol{0}\| < \epsilon, \ \forall t \geq 0$$

donde $\boldsymbol{x}(t)$ es la solución de (8.1), la cual inicia en el estado $\boldsymbol{x}(0)$ y $t_0 = 0$.

En la definición (8.2), la estabilidad en el sentido de Lyapunov, el número $\rho(t_0, \epsilon) \leq \epsilon$ no es único y en general depende de t_0 y de ϵ. Debe interpretarse que en esta definición de estabilidad que se requiere de la existencia de un número $\rho(t_0, \epsilon) > 0$, para cada $\epsilon > 0$ y no para algún cierto $\epsilon > 0$.

En la figura 8.1a se muestra el concepto de estabilidad para un caso práctico $\boldsymbol{x} \in \mathbb{R}^2$; se requiere necesariamente que la condición inicial $\boldsymbol{x}(0) \in \mathbb{R}^2$ se encuentra en el interior del círculo de radio ρ; esto es una hipótesis que se debe satisfacer. El punto de equilibrio $\boldsymbol{0} \in \mathbb{R}^2$ es el origen del espacio de estados $\boldsymbol{x}(t) = [x_1(t),\ x_2(t)]^T$. Esta figura no corresponde a un diagrama fase, debido a que uno de los ejes corresponde al tiempo t. La solución del sistema dinámico $\boldsymbol{x}(t) \in \mathbb{R}^2$ navega conforme el tiempo evoluciona y se encuentra dentro del atractor, que corresponde a un círculo de radio ϵ. Note que se satisface la definición (8.2): $\|\boldsymbol{x}(0) - \boldsymbol{0}\| < \rho \Rightarrow \|\boldsymbol{x}(t) - \boldsymbol{0}\| < \epsilon,\ \forall\, t \geq 0$.

La figura 8.1b muestra el diagrama fase para el caso tridimensional: $\boldsymbol{x} \in \mathbb{R}^3$; el atractor es una esfera, cuyo centro geométrico corresponde al punto de equilibrio u origen del espacio de estados. El tiempo t ya se encuentra de forma implícita, como parte de las propiedades en las variables de estado $\boldsymbol{x}(t) = [x_1(t),\ x_2(t),\ x_3(t)]^T$. La condición inicial $\boldsymbol{x}(0) \in \mathbb{R}^3$ se encuentra en una esfera de radio ρ y la evolución temporal de $\boldsymbol{x}(t)$ siempre se encuentra en el interior de la esfera de radio ϵ. De igual forma como en el caso anterior bidimensional, la definición (8.2) se satisface, para cualquier condición inicial $\boldsymbol{x}(0)$ que esté al interior del atractor.

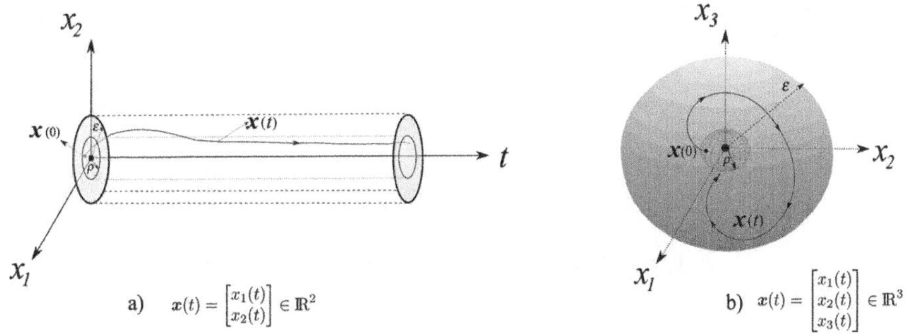

Figura 8.1: Estabilidad global

Definición 8.3: Estabilidad uniforme

El origen del sistema dinámico autónomo (8.1) es un punto de equilibrio estable uniformemente, si ρ únicamente tiene dependencia sobre el radio del atractor ϵ; es decir: $\rho = \rho(\epsilon)$ no requiere de algún t_0.

Definición 8.4: Estabilidad asintótica global

El origen del sistema dinámico autónomo (8.1) es un punto de equilibrio asintóticamente estable global si se cumple lo siguiente:

- El origen $\mathbf{0} \in \mathbb{R}^n$ es estable.

- El origen $\mathbf{0} \in \mathbb{R}^n$ es un atractor para todo $\boldsymbol{x}(0) \in \mathbb{R}^n$; es decir: existe un número $\rho > 0$, tal que

$$\|\boldsymbol{x}(0) - \mathbf{0}\| < \rho \quad \Rightarrow \quad \|\boldsymbol{x}(t) - \mathbf{0}\| \to 0 \text{ cuando } t \to \infty, \ \forall \boldsymbol{x}(0) \in \mathbb{R}^n.$$

En la figura 8.2a se muestra la evolución en función del tiempo de la trayectoria $\boldsymbol{x}(t) \in \mathbb{R}^2$ hacia el punto de equilibrio. La condición inicial $\boldsymbol{x}(0) \in \mathbb{R}^3$ se encuentra dentro de la región de atracción, por lo que la convergencia asintótica es: $\boldsymbol{x}(t) \to \mathbf{0}$ cuando $t \to \infty$. La figura 8.2b muestra el diagrama fase para el caso $\boldsymbol{x}(t) \in \mathbb{R}^3$, de igual forma, la condición inicial $\boldsymbol{x}(0) \in \mathbb{R}^3$ se encuentra dentro de una esfera de radio ρ y el perfil en el tiempo de $\boldsymbol{x}(t) \to \mathbf{0}$, conforme el tiempo evoluciona hacia infinito.

a) $\quad \boldsymbol{x}(t) = \begin{bmatrix} x_1(t) \\ x_2(t) \end{bmatrix} \in \mathbb{R}^2$

b) $\quad \boldsymbol{x}(t) = \begin{bmatrix} x_1(t) \\ x_2(t) \\ x_3(t) \end{bmatrix} \in \mathbb{R}^3$

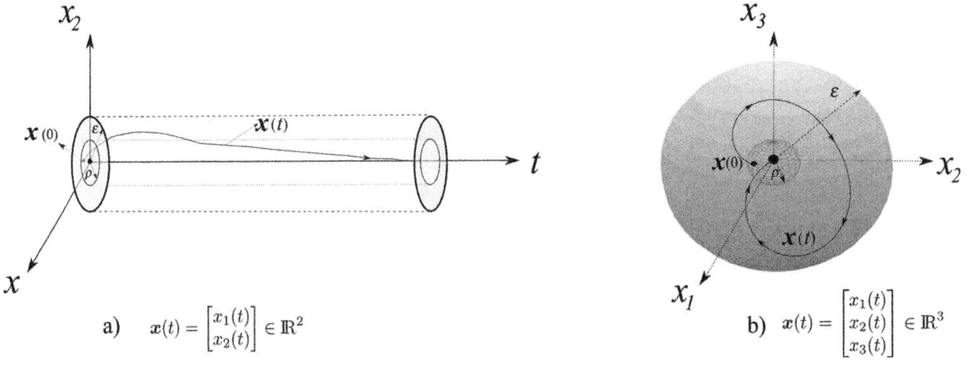

Figura 8.2: Estabilidad asintótica global

Definición 8.5: Estabilidad asintótica uniforme

El origen del sistema dinámico autónomo (8.1) es un punto de equilibrio uniforme asintóticamente estable si:

- El origen $\mathbf{0} \in \mathbb{R}^n$ es uniformemente estable.

- El origen $\mathbf{0} \in \mathbb{R}^n$ es uniformemente atractivo, existe un $\rho > 0$ tal que $\rho = \rho(\epsilon)$ no depende de t_0.

Para los sistemas dinámicos autónomos, la estabilidad asintótica uniforme es equivalente a la estabilidad asintótica.

La estabilidad global y estabilidad asintótica global significan que el punto de equilibrio del sistema dinámico autónomo (8.1) es único.

Definición 8.6: Estabilidad exponencial global

El origen del sistema dinámico autónomo (8.1) es un punto de equilibrio exponencialmente estable global, si existen constantes positivas ρ, α, β, tal que se cumpla lo siguiente:

$$\text{si } \|\boldsymbol{x}(0) - \mathbf{0}\| < \rho \Rightarrow \|\boldsymbol{x}(t) - \mathbf{0}\| < \alpha\|\boldsymbol{x}(0)\|e^{-\beta t}, \qquad \forall\, t \geq 0 \text{ y } \forall \boldsymbol{x}(0) \in \mathbb{R}^n$$

Un equilibrio exponencialmente estable global también es un punto de equilibrio asintóticamente estable. Sin embargo, lo contrario no necesariamente es verdad.

Definición 8.7: Punto de equilibrio inestable

El origen del sistema dinámico autónomo (8.1) es un punto de equilibrio inestable si no es estable; existe al menos un número $\epsilon > 0$ para el cual no es posible encontrar un $\rho > 0$ tal que: $\|\boldsymbol{x}(0) - \mathbf{0}\| < \rho \Rightarrow \|\boldsymbol{x}(t) - \mathbf{0}\| < \epsilon,\ \forall\, t \geq 0$.

Si existe al menos un $\epsilon > 0$, tal que la solución del sistema no cumpla con: $\|\boldsymbol{x}(t) - \mathbf{0}\| < \epsilon$; no existe ninguna condición inicial $\boldsymbol{x}(0) \neq \mathbf{0} \in \mathbb{R}^n$ que satisfaga $\|\boldsymbol{x}(t)\| < \epsilon,\ \forall\, t \geq 0$; entonces el origen $\mathbf{0} \in \mathbb{R}^n$ es inestable. Es importante subrayar que en ningún momento se afirma que la solución $\boldsymbol{x}(t)$ "crece indefinidamente"; esto no necesariamente sucede.

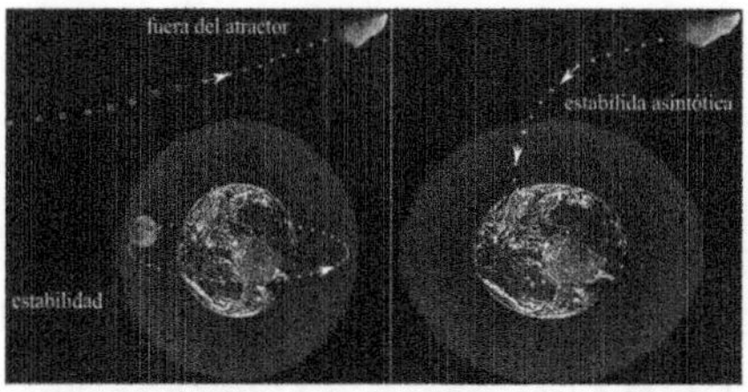

Figura 8.3: Atractor

Una excelente analogía del atractor de un punto de equilibrio es el campo gravitacional y electromagnético que genera el núcleo de nuestro planeta, como se muestra en la figura 8.3. Si un asteroide invade al atractor, invariablemente lo envía al punto de equilibrio (estabilidad asintótica). La estabilidad corresponde a la luna orbitando al núcleo. Si la condición inicial está fuera del atractor, la trayectoria del cometa continúa lejos de su alcance.

•• Ejemplo 8.3

Analizar la estabilidad, estabilidad asintótica y estabilidad exponencial del punto de equilibrio del sistema dinámico $\dot{x} = -ax$, con $a \in \mathbb{R}_+$.

Solución

El punto de equilibrio del sistema dinámico $\dot{x} = a\,x = 0 \iff x = 0 \wedge a > 0$, el cual existe y es único. La definición de estabilidad (8.2) requiere conocer la solución analítica $x(t) \in \mathbb{R}$ del sistema dinámico $\dot{x} = -ax$, la cual se obtiene como a continuación se describe:

$$\begin{aligned}
\dot{x} &= -ax \Longrightarrow \dot{x}e^{at} = -axe^{at} \Longrightarrow \dot{x}e^{at} + axe^{at} = 0 \\
\frac{d}{dt}\left[xe^{at}\right] &= \dot{x}e^{at} + axe^{at} = 0 \Longrightarrow d\left[xe^{at}\right] = 0 \Longrightarrow \int_0^t d\left[xe^{a\sigma}\right] = 0 \\
\int_0^t d\left[xe^{a\sigma}\right] &= xe^{a\sigma}\Bigg|_0^t = 0 \Longrightarrow x(t)e^{at} - x(0)e^0 = 0 \Longrightarrow x(t)e^{at} = x(0) \\
\therefore\ x(t) &= x(0)e^{-at}
\end{aligned}$$

Si la condición inicial está dentro del atractor del punto de equilibrio, entonces se cumple: $|x(0) - 0| < \rho$; por lo que:

$$|x(t) - 0| = |x(0)e^{-at} - 0| \leq |x(0)e^{-at}| \leq |x(0)| < \rho = \epsilon$$

Usando la definición (8.2) se demuestra la estabilidad del punto de equilibrio, de hecho es estabilidad uniforme (8.3), debido a que $a > 0$, $e^{at} \geq 1$, $\forall t \geq 0$, entonces $e^{-at} \leq 1 \Longrightarrow |x(t)| < \rho = \epsilon$, $\forall t \geq 0$.

La estabilidad asintótica global se demuestra de la siguiente manera. Puesto que el origen es un punto de equilibrio estable, para todo $x(0) \in \mathbb{R}$:

$$|x(0) - 0| < \rho \Rightarrow |\boldsymbol{x}(t) - 0| = |x(0)e^{-at}| \Longrightarrow \lim_{t\to\infty} |x(0)e^{-at}| \to 0,\ \forall x(0) \in \mathbb{R}$$

en consecuencia, la estabilidad asintótica global queda demostrada por (8.4).

La estabilidad exponencial es inmediata usando la definición (8.6) de la siguiente forma: $|x(0) - 0| < \rho \Rightarrow |x(t) - 0| < |x(0)e^{-at}|$; $\alpha = 1$ y $\beta = a$.

■

Para usar las definiciones (8.2), (8.4) y (8.6) se requiere conocer la solución analítica del sistema dinámico, la cual no siempre es fácil obtenerla; por ejemplo, considérese la dinámica escalar dada por: $\dot{x} = \sqrt{\sinh\left(\tanh\left(\frac{x^{\cos(x)}}{1+e^{-x^8}}\right)\right)}$.

•••

8.2.3 Función candidata de Lyapunov

La teoría de estabilidad de Lyapunov es una herramienta importante de control automático, debido a que el análisis del punto de equilibrio del sistema dinámico (8.1) no se requiere resolver analíticamente; dicho análisis se realiza a través de las funciones candidatas de Lyapunov, cuyas características matemáticas se describen a continuación [Lyapunov, 1992].

Una función $\mathcal{V}(\boldsymbol{x})$ es una función candidata de Lyapunov para el punto de equilibrio $\boldsymbol{x} = \mathbf{0} \in \mathbb{R}^n$ del sistema dinámico $\dot{\boldsymbol{x}} = \boldsymbol{f}(\boldsymbol{x})$, si $\mathcal{V} : \mathbb{R}^n \to \mathbb{R}_+$ cumple con lo siguiente:

- $\mathcal{V}(\boldsymbol{x})$ es una función definida positiva: $\mathcal{V}(\boldsymbol{x}) > 0$.
- $\frac{\partial}{\partial \boldsymbol{x}}\mathcal{V}(\boldsymbol{x}) = \nabla\mathcal{V}(\boldsymbol{x})$ es una función vectorial suave y continua con respecto a $\boldsymbol{x}$.
- La derivada temporal a lo largo de sus trayectorias del sistema, está denotada por: $\dot{\mathcal{V}}(\boldsymbol{x}) = \frac{d}{dt}\mathcal{V}(\boldsymbol{x}) = \left[\frac{\partial}{\partial \boldsymbol{x}}\mathcal{V}(\boldsymbol{x})\right]^T \dot{\boldsymbol{x}} = \nabla\mathcal{V}(\boldsymbol{x})^T \dot{\boldsymbol{x}}$ existe y es una función continua con respecto a $\boldsymbol{x}$.

8.2.4 Método directo de Lyapunov

Con los preliminares enunciados anteriormente, ahora se presentan las definiciones y teoremas fundamentales para el análisis de estabilidad del punto de equilibrio de un sistema dinámico autónomo (8.1) en el sentido de Lyapunov; específicamente corresponden al denominado método directo o segundo método de Lyapunov [Sontag, 1990], [Nijmeijer et. al, 1990], [Vidyasagar, 1993], [Murray and Sastry, 1994], [Sastry, 1999], [Khalil, 2002].

Teorema 8.1: Estabilidad en el sentido de Lyapunov

El origen $\mathbf{0} \in \mathbb{R}^n$ del sistema dinámico (8.1) es un punto de equilibrio estable, si existe una función candidata de Lyapunov $\mathcal{V}(\boldsymbol{x})$ con derivadas parciales continuas con respecto a $\boldsymbol{x}$, tal que su derivada temporal sea semidefinida negativa, es decir satisfaga: $\dot{\mathcal{V}}(\boldsymbol{x}) \leq 0,\ \forall\ t \geq 0$ y $\forall\ \boldsymbol{x} \in \mathbb{R}^n$.

Teorema 8.2: Estabilidad asintótica global

El origen $\mathbf{0} \in \mathbb{R}^n$ del sistema dinámico (8.1) es un estado de equilibrio global asintóticamente estable, si existe una función candidata de Lyapunov $\mathcal{V}(\boldsymbol{x})$ y si su derivada es una función definida negativa $\dot{\mathcal{V}}(\boldsymbol{x}) < 0,\ \forall\ t \geq 0$; entonces se cumple: $\lim_{t\to\infty} \boldsymbol{x}(t) \to \mathbf{0} \in \mathbb{R}^n$.

Teorema 8.3: Estabilidad exponencial global

El origen $\mathbf{0} \in \mathbb{R}^n$ del sistema dinámico autónomo (8.1) es un estado de equilibrio exponencialmente estable en forma global, si existe una función candidata de Lyapunov $\mathcal{V}(\boldsymbol{x})$ y constantes positivas α, β, γ tales que:

- $\alpha\|\boldsymbol{x}\|^2 \leq \mathcal{V}(\boldsymbol{x}) \leq \beta\|\boldsymbol{x}\|^2$.
- $\dot{\mathcal{V}}(\boldsymbol{x}) \leq -\gamma\|\boldsymbol{x}\|^2$, $\forall\, t \geq 0$ y $\forall\, \boldsymbol{x} \in \mathbb{R}^n$.

La función candidata de Lyapunov $\mathcal{V}(\boldsymbol{x})$ que permite el análisis de estabilidad exponencial global del punto de equilibrio del sistema dinámico (8.1), también cumple con las siguientes propiedades:

- Existe una constante $\alpha > 0$, tal que: $\dot{\mathcal{V}}(\boldsymbol{x}) \leq -\alpha\mathcal{V}(\boldsymbol{x}) < 0$.
- Existen constantes $\alpha > 0$ y $\gamma > 0$, tal que: $\|\boldsymbol{x}(t)\| \leq \gamma\boldsymbol{x}(0)e^{-\alpha t}$.

Propiedad 8.1: Función decreciente $\mathcal{V}(\boldsymbol{x})$

Una función candidata de Lyapunov $\mathcal{V} : \mathbb{R}^n \to \mathbb{R}_+$ es decreciente, para cada $r \in \mathbb{R}_+$, $\|\boldsymbol{x}\| \leq r$, existe un número real $k < \infty$ tal que: $\mathcal{V}(\boldsymbol{x}) \leq k$.

Si $(\mathcal{V}(\boldsymbol{x}) > 0 \;\&\; \dot{\mathcal{V}}(\boldsymbol{x}) \leq 0) \;||\;$ si $(\mathcal{V}(\boldsymbol{x}) > 0 \;\&\; \dot{\mathcal{V}}(\boldsymbol{x}) < 0) \Longrightarrow \mathcal{V}(\boldsymbol{x})$ es una función decreciente; por lo que, todas las soluciones $\boldsymbol{x}(t) \in \mathbb{R}^n$ del modelo dinámico (8.1) son acotadas, para cualquier condición inicial $\boldsymbol{x}(0) \in \mathbb{R}^n$, $\forall t \geq 0$; entonces se cumple con la siguiente desigualdad: $\underbrace{\mathcal{V}(\boldsymbol{x}(0))}_{k} > \mathcal{V}(\boldsymbol{x}(t)) > 0, \; \forall t \geq 0$.

•• Ejemplo 8.4

Analizar las características de estabilidad asintótica y exponencial del punto de equilibrio del sistema dinámico lineal: $\dot{x} = -ax$, con $a > 0$.

Solución

A diferencia del ejemplo 8.3 donde se requiere conocer la solución analítica $x(t)$ del modelo dinámico $\dot{x} = -ax$, con la teoría de estabilidad de Lyapunov, no es necesario resolver la ecuación diferencial, lo cual representa una enorme ventaja; en su lugar, se diseña una función candidata de Lyapunov $\mathcal{V}(x)$, tal que su derivada temporal sea definida negativa: $\dot{\mathcal{V}}(x) < 0, \; \forall t \geq 0$.

Puesto que existe y es único el punto de equilibrio del sistema dinámico $\dot{x} = -ax$ (ver el ejemplo 8.3); sea la siguiente función candidata de Lyapunov: $\mathcal{V}(x) = \frac{1}{2}x^2$, su derivada temporal se obtiene de la siguiente manera:

$$\dot{\mathcal{V}}(x) = \frac{d}{dt}\mathcal{V}(x) \quad = \quad \frac{d}{dt}\frac{1}{2}x^2 = x\dot{x} = -ax^2 < 0$$

de acuerdo con el teorema (8.2), la estabilidad asintótica del punto de equilibrio del sistema dinámico queda demostrada: $\text{lím}_{t\to\infty} x(t) \to 0, \ \forall t \geq 0$.

■

Debido a que la función candidata de Lyapunov asociada al análisis del punto de equilibrio de un sistema dinámico no es única, considere la siguiente familia extensa de funciones: $\mathcal{V}(x) = \frac{1}{2m}x^{2m}$, donde $m \in N$; la derivada con respecto al tiempo es:

$$\dot{\mathcal{V}}(x) \quad = \quad \frac{d}{dt}\frac{1}{2m}x^{2m} = x^{2m-1}\dot{x} = -ax^{2m} < 0$$

usando el teorema (8.2), se demuestra: $\text{lím}_{t\to\infty} x(t) \to 0, \ \forall t \geq 0$.

■

El análisis de estabilidad exponencial del punto de equilibrio del sistema dinámico se realiza de la siguiente manera:

$$\dot{\mathcal{V}}(x) \quad = \quad -ax^2 \Longrightarrow \dot{\mathcal{V}}(x) \leq -a\,x^2 = -\gamma\,x^2 < 0; \quad a = \gamma$$

Como una consecuencia de este resultado, se obtiene el siguiente procedimiento, resaltando todos los detalles matemáticos, para una mejor comprensión:

$$\begin{aligned}
\dot{\mathcal{V}}(x) &\leq -a\frac{2}{2}x^2 = -2a\,\mathcal{V}(x) \Longrightarrow \frac{\dot{\mathcal{V}}(x(t))}{\mathcal{V}(x(t))} \leq -2\,a \\
\frac{d}{dt}\ln(\mathcal{V}(x(t))) &\leq -2a \Longrightarrow \int_0^t \tfrac{d}{d\sigma}\ln(\mathcal{V}(x(\sigma)))\,d\sigma \leq -\int_0^t 2a\,d\sigma \\
\underbrace{\ln(\mathcal{V}(x(t))) - \ln(\mathcal{V}(x(0)))}_{\ln\left(\frac{\mathcal{V}(x(t))}{\mathcal{V}(x(0))}\right)} &\leq -2a\,t \Longrightarrow \ln\left(\frac{\mathcal{V}(x(t))}{\mathcal{V}(x(0))}\right) \leq -2a\,t \\
\frac{\mathcal{V}(x(t))}{\mathcal{V}(x(0))} &\leq e^{-2a\,t} \Longrightarrow \mathcal{V}(x(t)) \leq \mathcal{V}(x(0))\,e^{-2a\,t}
\end{aligned}$$

Puesto que, $\mathcal{V}(x(t)) > 0$ y $\dot{\mathcal{V}}(x(0)) < 0 \Longrightarrow \mathcal{V}(x(t))$ es una función decreciente, significa que: $x^2(t) \leq x^2(0), \ \forall t \geq 0$; por lo tanto se obtiene:

$$\begin{aligned}
\mathcal{V}(x(t)) &\leq \mathcal{V}(x(0))\,e^{-2a\,t} \Longrightarrow x^2(t) \leq x^2(0)e^{-2a\,t} \\
\therefore\ |x(t)| &\leq |x(0)|e^{-a\,t}, \ \ \forall t \geq 0
\end{aligned}$$

Luego entonces, usando el teorema (8.3), con $\alpha = 1$ y $\beta = a$, la estabilidad exponencial global del punto de equilibrio del sistema dinámico: $\dot{x} = -ax$ queda demostrada; además dicha propiedad implica estabilidad asintótica global del punto de equilibrio del sistema dinámico, la cual se cumple para cualquier condición inicial $x(0) \in \mathbb{R}$.

■

• • •

• Ejemplo 8.5

Analizar la estabilidad asintótica local del punto de equilibrio del sistema dinámico no lineal: $\dot{x} = -\operatorname{sen}(x)$.

Solución

El sistema dinámico $\dot{x} = -\operatorname{sen}(x)$ es no lineal con respecto a la variable de estado $x = x(t) \in \mathbb{R}$ y tiene un número infinito de puntos de equilibrio, los cuales se encuentran separados en intervalos, múltiplos de $\pm n\pi$, donde $n \in N$; por lo que la estabilidad asintótica que se analiza es local. De los múltiples puntos de equilibrio, considere al origen del espacio de estados, el cual se ubica en el siguiente intervalo: $(-\pi,\ 0,\ \pi)$.

Sea la función candidata de Lyapunov: $\mathcal{V}(x) = 1 - \cos(x)$, la cual es definida positiva en forma local, dentro del intervalo preseleccionado $x \in (-\pi,\ 0,\ \pi) \implies \mathcal{V}(x) \in [0,\ 2)$.

La derivada de la función candidata de Lyapunov $\mathcal{V}(x)$ a lo largo de las trayectorias del sistema dinámico se obtiene de la siguiente forma:

$$\frac{d}{dt}\mathcal{V}(x) = \tfrac{d}{dt}[1 - \cos(x)] = \operatorname{sen}(x)\,\dot{x} = \operatorname{sen}(x)\,(-\operatorname{sen}(x)) = -\operatorname{sen}^2(x) < 0$$

invocando el teorema (8.2), se concluye la propiedad de estabilidad asintótica local $x \in (-\pi,\ 0,\ \pi)$ del punto de equilibrio del sistema dinámico no lineal: $\dot{x} = -\operatorname{sen}(x)$; es decir, se cumple: $\text{lím}_{t\to\infty} x(t) \to 0,\ \forall t \geq 0$.

■

• • •

Existen otras herramientas de la teoría de control que permiten el análisis de estabilidad asintótica del punto de equilibrio para sistemas dinámicos autónomos no lineales, cuando previamente ha quedado demostrada la propiedad de estabilidad. A continuación se describen el principio de invariancia y estabilidad dentro del contexto de la norma $\mathcal{L}$, [Sastry, 1999], [Khalil, 2002].

8.2.5 Principio de invariancia

El principio de invariancia permite demostrar la estabilidad asintótica del punto de equilibrio de sistemas dinámicos autónomos $\dot{\boldsymbol{x}} = \boldsymbol{f}(\boldsymbol{x})$, para aquellos casos, cuando la propiedad de estabilidad del punto de equilibrio ha sido demostrada, a través del teorema (8.1) de estabilidad en el sentido de Lyapunov: $\mathcal{V}(\boldsymbol{x}) > 0 \Longrightarrow \dot{\mathcal{V}}(\boldsymbol{x}) \leq 0$, [Khalil, 2002].

Definición 8.8: Conjunto invariante

Un conjunto invariante Ω de un sistema dinámico autónomo (8.1), tiene como característica principal que cualquier trayectoria que inicie en Ω permanece de manera indefinida en Ω, $\forall t \geq 0$.

Ejemplos de conjuntos invariantes:

- Cualquier punto de equilibrio estable es un conjunto invariante, debido a que ninguna trayectoria puede permanecer indefinidamente en un punto diferente al punto de equilibrio estable.
- El dominio de atracción de un punto de equilibrio es también un conjunto invariante. Cualquier trayectoria de un sistema dinámico autónomo en el espacio de estados es un conjunto invariante.
- Los ciclos límite estables son casos especiales de las trayectorias del sistema dinámico; representan curvas cerradas en el plano fase; las trayectorias dentro o fuera del ciclo límite convergen hacia esta curva y permanecen ahí de manera indefinida, por lo que también son conjuntos invariantes.

Teorema 8.4: Principio de invariancia

Sea el sistema dinámico autónomo (8.1), cuyo punto de equilibrio es único y considere que existe una función candidata de Lyapunov global, tal que a lo largo de las trayectorias del sistema dinámico se cumple: $\dot{\mathcal{V}}(\boldsymbol{x}) \leq 0, \ \forall \boldsymbol{x} \in \mathbb{R}^n$.

Considere el siguiente conjunto invariante Ω:

$$\Omega \quad \triangleq \quad \{\boldsymbol{x} \in \mathbb{R}^n : \dot{\mathcal{V}}(\boldsymbol{x}) = 0\}$$

Sea Ω_ϵ el máximo conjunto invariante contenido en Ω: $\Omega_\epsilon \subset \Omega$, entonces si $\boldsymbol{x}(0) \in \Omega \Longrightarrow \boldsymbol{x}(t) \longrightarrow \boldsymbol{0} \in \Omega_\epsilon$, conforme el tiempo evoluciona a ∞. Es decir, el origen $\boldsymbol{x} = \boldsymbol{0} \in \mathbb{R}^n$ es un estado de equilibrio asintóticamente estable de (8.1) en forma global y $\forall t \geq 0$.

El principio de invariancia fue enunciado por primera vez en 1952 por los matemáticos soviéticos-rusos Evgenii Alekseevich Barbashin (1918-1969) y Nikolay Krasovskii (1924-2012); mientras que el matemático norteamericano Joseph Pierre LaSalle (1916-1983), lo publicó en 1960.

El principio de invariancia de Barbashin-Krasovskii-LaSalle

El teorema (8.4), conocido como el principio de invariancia de Barbashin-Krasovskii-LaSalle establece que si una función continua, suave y diferenciable, definida sobre un conjunto invariante por ejemplo, el atractor del sistema dinámico autónomo (8.1), puede ser construida de tal forma que sus derivadas a lo largo de las trayectorias del sistema son semidefinidas negativas y ninguna trayectoria del sistema puede permanecer indefinidamente en puntos donde la derivada de la función se desvanece, esto implica que el punto de equilibrio es asintóticamente estable en forma global.

A continuación se describe un caso de estudio del principio de invariancia (8.4).

•• Ejemplo 8.6

Aplicar el principio de invariancia de Barbashin-Krasovskii-LaSalle, teorema (8.4) para analizar la estabilidad asintótica global del punto de equilibrio del siguiente sistema: $\frac{d}{dt}\begin{bmatrix} x_1 \\ x_2 \end{bmatrix} = \begin{bmatrix} 0 & 1 \\ -1 & -4 \end{bmatrix}\begin{bmatrix} x_1 \\ x_2 \end{bmatrix}$.

Solución

El sistema dinámico es lineal: $\dot{\boldsymbol{x}} = A\boldsymbol{x}$; entonces el punto de equilibrio no solo existe, también resulta único, si se cumple que el determinante de la matriz de parámetros: $\det[A] \neq 0$; lo cual así sucede para este caso de estudio.

Considere la siguiente función candidata de Lyapunov:

$$\mathcal{V}(x_1,x_2) \;=\; \frac{1}{2}x_2^2 + \frac{1}{2}x_1^2 = \frac{1}{2}\begin{bmatrix} x_1 \\ x_2 \end{bmatrix}^T \underbrace{\begin{bmatrix} 1 & 0 \\ 0 & 1 \end{bmatrix}}_{P>0} \begin{bmatrix} x_1 \\ x_2 \end{bmatrix}$$

La función $\mathcal{V}(x_1,x_2) > 0$ es definida positiva, puesto que la matriz $P \in \mathbb{R}^{2\times 2}$ es definida positiva. La derivada con respecto al tiempo de $\mathcal{V}(x_1,x_2)$ a lo largo de las trayectorias del sistema dinámico, se obtiene de la siguiente manera:

$$\dot{\mathcal{V}}(x_1,x_2) \;=\; x_2\dot{x}_2 + x_1\dot{x}_1 = x_2[-x_1 - 4x_2] + x_1x_2 = \cancel{-x_1x_2} - 4x_2^2 + \cancel{x_1x_2} = -4x_2^2 \le 0$$

La función $\dot{\mathcal{V}}(x_1, x_2)$ es semidefinida negativa: $\dot{\mathcal{V}}(x_1, x_2) \leq 0$; significa que ademas de $\dot{\mathcal{V}}(0,0) = 0$, existen argumentos $[x_1(t),\ x_2(t)]^T \neq \mathbf{0} \in \mathbb{R}^2$, tal que: $\dot{\mathcal{V}}(x_1, x_2) = 0 \iff x_2 = 0 \wedge x_1 \in \mathbb{R}$; de hecho, el estado x_1 puede tener cualquier valor y aun así, la derivada de $\mathcal{V}(x_1, x_2)$ es cero, puesto que solo depende de x_2; en otras palabras, el proceso algebraico no permite establecer que el resultado abarque el estado completo. Haciendo uso del teorema (8.1) se concluye la estabilidad del punto de equilibrio del sistema dinámico.

Debido a que el punto de equilibrio del sistema dinámico es estable, entonces posee su propio atractor, el cual es un conjunto invariante Ω, de acuerdo con la definición (8.8):

$$\Omega = \left\{ \begin{bmatrix} x_1 \\ x_2 \end{bmatrix} \in \mathbb{R}^2 : \dot{\mathcal{V}}(x_1,\ x_2) = x_2^2 = 0 \iff x_2 = 0 \ \wedge \ x_1 \in \mathbb{R} \right\}$$

El punto de equilibrio $[x_1,\ x_2]^T = [0,\ 0]^T \in \mathbb{R}^2$ es único (global) y forma el máximo conjunto invariante Ω_ϵ que pertenece a Ω; es decir: $\Omega_\epsilon \subset \Omega$:

$$\Omega_\epsilon = \left\{ \begin{bmatrix} x_1 \\ x_2 \end{bmatrix} \in \mathbb{R}^2 : \dot{\mathcal{V}}(x_1,\ x_2) = 0 \iff x_2 = 0 \ \wedge \ x_1 = 0 \right\}$$

puesto que el conjunto Ω_ϵ tienen la propiedad de que ninguna trayectoria $\boldsymbol{x}(t) \in \mathbb{R}^2$ del sistema puede permanecer indefinidamente en puntos donde la derivada de la función $\mathcal{V}(x_1,\ x_2)$ es cero (con excepción del punto de equilibrio); en otras palabras, solo puede permanecer $\forall t \geq 0$ en el origen del espacio de estados o punto de equilibrio, el cual es un conjunto atractor: $\dot{\mathcal{V}}(x_1,\ x_2) = 0 \iff x_1 = 0 \ \wedge \ x_2 = 0$; además, se considera que $\boldsymbol{x}(0) \in \Omega$. Por lo que, empleando el principio de invariancia de Barbashin-Krasovskii-LaSalle, teorema (8.4) se concluye la estabilidad asintótica global del punto de equilibrio del sistema dinámico: $\lim_{t\to\infty} \boldsymbol{x}(t) = \begin{bmatrix} x_1(t) \\ x_2(t) \end{bmatrix} \to \mathbf{0} \in \mathbb{R}^2$.

■

Es importante remarcar que la función candidata de Lyapunov propuesta en este ejemplo: $\mathcal{V}(x_1, x_2) = \frac{1}{2}\begin{bmatrix} x_1 \\ x_2 \end{bmatrix}^T \begin{bmatrix} 1 & 0 \\ 0 & 1 \end{bmatrix} \begin{bmatrix} x_1 \\ x_2 \end{bmatrix}$ no fue consecuencia de un procedimiento de diseño o un método analítico; más bien, su propuesta fue empírica o por experiencia. Sin embargo, en el ejemplo (8.8) se desarrolla un procedimiento algebraico general para sistemas dinámicos autónomos lineales, que permita encontrar la matriz $P > 0$ para estructuras cuadráticas de funciones de Lyapunov; solo cuando se puede resolver para P, tal que sea definida positiva, la estabilidad asintótica global del punto de equilibrio está garantizada.

• • •

8.2.6 Norma $\mathcal{L}_q^n[\boldsymbol{f}]$

La norma $\mathcal{L}$ se denota por $\mathcal{L}_q^n$ (léase ele–q–ene) es de suma importancia en aplicaciones de análisis de estabilidad en sistemas dinámicos, permite establecer cotas superiores para variables de estado y también es una herramienta clave en la evaluación del desempeño de algoritmos de control en robots manipuladores [Sontag, 1990], [Kelly et. al, 2005].

Definición 8.9: Norma $\mathcal{L}_q^n$

El espacio $\mathcal{L}_q^n$ para $1 \leq q < \infty$ representa el conjunto de funciones continuas representadas por $\boldsymbol{f} : [0, \infty) \to \mathbb{R}^n$, tal que:

$$\mathcal{L}_q^n[\boldsymbol{f}] = \left(\int_0^\infty \|\boldsymbol{f}(t)\|^q dt \right)^{\frac{1}{q}} < \infty$$

donde el subíndice q en $\mathcal{L}_q^n$ se refiere al tipo de norma-q usado para definir el espacio, mientras que n indica la dimensión de la función vectorial $\boldsymbol{f} \in \mathbb{R}^n$. Al tipo de espacio definido por $\mathcal{L}_q^n$, $\forall\ q \in [1, \infty]$, se le denomina espacio lineal normado.

La norma $\mathcal{L}_q^n[\boldsymbol{f}]$ satisface las siguientes propiedades:

- La norma $\mathcal{L}_q^n[\boldsymbol{f}] = 0 \iff \boldsymbol{f} = \boldsymbol{0} \in \mathbb{R}^n$.
- La norma $\mathcal{L}_q^n[\boldsymbol{f}] > 0$, si la función $\boldsymbol{f} \neq \boldsymbol{0}$.
- La desigualdad del triángulo, para la norma $\mathcal{L}_2^n[\boldsymbol{f}]$:

$$\mathcal{L}_q^n[\boldsymbol{f}_1 + \boldsymbol{f}_2] \leq \mathcal{L}_q^n[\boldsymbol{f}_1] + \mathcal{L}_q^n[\boldsymbol{f}_2]\ \forall\ \boldsymbol{f}_1, \boldsymbol{f}_2 \in \mathbb{R}^n$$

Definición 8.10: Norma $\mathcal{L}_\infty^n$

El espacio $\mathcal{L}_\infty^n$ consiste del conjunto de todas las funciones $\boldsymbol{f} : \mathbb{R}_+ \to \mathbb{R}^n$, tales que sus normas euclidianas están acotadas; es decir:

$$\mathcal{L}_\infty^n[\boldsymbol{f}] = \sup_{t \geq 0} \|\boldsymbol{f}(t)\| < \infty.$$

donde sup indica el supremo o la cota superior más pequeña.

Definición 8.11: Norma $\mathcal{L}_2$

El espacio $\mathcal{L}_2^n$ es el conjunto de todas las funciones continuas $\boldsymbol{f} : \mathbb{R}_+ \to \mathbb{R}^n$ tal que:

$$\mathcal{L}_2^n[\boldsymbol{f}] = \sqrt{\int_0^\infty \boldsymbol{f}^T(t)\boldsymbol{f}(t)dt} = \sqrt{\int_0^\infty \|\boldsymbol{f}(t)\|^2 dt} < \infty.$$

la integral del cuadrado de la norma euclidiana del vector $\boldsymbol{f}(t) \in \mathbb{R}^n$ es medible, puesto que está acotada superiormente.

Por notación:

- $\mathcal{L}_\infty$ representa el espacio $\mathcal{L}_\infty^1$ $(n = 1)$.
- $\mathcal{L}_2$ denota el espacio $\mathcal{L}_2^1$ $(n = 1)$.

Los siguientes casos de estudio ilustran las definiciones anteriores.

• Ejemplo 8.7

Considere las siguientes casos escalares específicos:

- $f(t) = e^{-\beta t} \in \mathbb{R}$.
- $f(t) = \kappa$, siendo κ una constante, $\kappa \in \mathbb{R}$.
- $f(t) = \tanh(t)$.

Determinar si cada función f pertenece a los espacios $\mathcal{L}_2$ y $\mathcal{L}_\infty$.

Solución

La norma establecida en la definición (8.9) para la función $e^{-\beta t}$ está dada por:

$$\int_0^\infty |f(t)|^2 dt = \int_0^\infty f^2(t) dt = \int_0^\infty e^{-2\beta t} dt = \frac{1}{2\beta} < \infty \implies e^{-\beta t} \in \mathcal{L}_2$$

Por otro lado, $\mathcal{L}_\infty[e^{-\beta t}] = \sup_{t \geq 0} |e^{-\beta t}| \leq 1 < \infty$, $\forall t \geq 0 \implies e^{-\beta t} \in \mathcal{L}_\infty$. Si la función f está en ambos espacios, se representa por: $e^{-\beta t} \in \mathcal{L}_\infty \cap \mathcal{L}_2$.

Ahora, para la función constante $f(t) = \kappa$, la norma $\mathcal{L}_2[\kappa]$ es:

$$\int_0^\infty |f(t)|^2 dt = \int_0^\infty \kappa^2 dt = \kappa^2 \int_0^\infty dt = \infty \implies \kappa \notin \mathcal{L}_2$$

puesto que la integral de la norma $\mathcal{L}_2[\kappa]$ no converge. Por otro lado, para la norma $\mathcal{L}_\infty[\kappa] = \sup_{t \geq 0} |\kappa| \leq \rho < \infty$, $\forall t \geq 0 \implies \kappa \in \mathcal{L}_\infty$, para algún $\rho > \kappa$.

Usando la definición (8.9), la norma $\mathcal{L}_2[\tanh(t)]$ está dada por:

$$\int_0^\infty |f(t)|^2 dt = \int_0^\infty \tanh^2(t) dt = \int_0^\infty \frac{\cosh^2(t) - 1}{\cosh^2(t)} dt = \int_0^\infty \left[1 - \frac{1}{\cosh^2(t)}\right] dt = \infty \implies \tanh(t) \notin \mathcal{L}_2$$

Sin embargo, para el caso $\mathcal{L}_\infty[\tanh(t)] = \sup_{t \geq 0} |\tanh(t)| \leq 1 < \infty$, entonces la función $\tanh(t) \in \mathcal{L}_\infty$, $\forall t \geq 0$.

• • •

La relación entre la norma $\mathcal{L}$ y la teoría de estabilidad de Lyapunov se encuentra establecida a través del siguiente teorema.

Teorema 8.5: Interconexión entre $\mathcal{L}$ y estabilidad de Lyapunov

Considere la siguiente función de Lyapunov: $\mathcal{V} : \mathbb{R}^n \times \mathbb{R}^m \to \mathbb{R}_+$ dada por:

$$\mathcal{V}(\boldsymbol{x}, \boldsymbol{z}) = \frac{1}{2}\boldsymbol{x}^T A\boldsymbol{x} + \frac{1}{2}\boldsymbol{z}^T B\boldsymbol{z} = \frac{1}{2}\begin{bmatrix}\boldsymbol{x}\\ \boldsymbol{z}\end{bmatrix}^T \begin{bmatrix}A & 0\\ 0 & B\end{bmatrix}\begin{bmatrix}\boldsymbol{x}\\ \boldsymbol{z}\end{bmatrix} \tag{8.3}$$

donde $A \in \mathbb{R}^{n\times n}$ y $B \in \mathbb{R}^{m\times m}$ son matrices simétricas y definidas positivas.

La derivada de la función de Lyapunov (8.3), con respecto al tiempo es:

$$\dot{\mathcal{V}}(\boldsymbol{x}, \boldsymbol{z}) = \left[\frac{\partial \mathcal{V}(\boldsymbol{x}, \boldsymbol{z})}{\partial \boldsymbol{x}}\right]^T \dot{\boldsymbol{x}} + \left[\frac{\partial \mathcal{V}(\boldsymbol{x}, \boldsymbol{z})}{\partial \boldsymbol{z}}\right]^T \dot{\boldsymbol{z}} \tag{8.4}$$

Suponga que $\dot{\mathcal{V}}(\boldsymbol{x}, \boldsymbol{z})$ definida en (8.4) no queda expresada en el estado completo: $[\boldsymbol{x},\ \boldsymbol{z}]^T \in \mathbb{R}^{n+m}$, de tal forma que satisface [Vidyasagar, 1993], [Kelly et. al, 2005]:

$$\dot{\mathcal{V}}(\boldsymbol{x}, \boldsymbol{z}) = -\boldsymbol{x}^T Q\boldsymbol{x} = -\begin{bmatrix}\boldsymbol{x}\\ \boldsymbol{z}\end{bmatrix}^T \begin{bmatrix}Q & 0\\ 0 & 0\end{bmatrix}\begin{bmatrix}\boldsymbol{x}\\ \boldsymbol{z}\end{bmatrix} \leq 0 \tag{8.5}$$

donde $Q \in \mathbb{R}^{n\times n}$ es una matriz definida positiva, entonces:

- $\boldsymbol{x} \in \mathcal{L}_\infty^n$, $\boldsymbol{z} \in \mathcal{L}_\infty^m$
- $\boldsymbol{x} \in \mathcal{L}_2^n$.

Prueba: para demostrar que las variables de estado $\boldsymbol{x} \in \mathbb{R}^n$ y $\boldsymbol{z} \in \mathbb{R}^m$ pertenecen a las normas: $\mathcal{L}_\infty^n$ y $\mathcal{L}_\infty^m$, respectivamente se procede de la siguiente manera: debido a que el punto de equilibrio $\mathbf{0} \in \mathbb{R}^{n+m}$ es estable, en consecuencia la función candidata de Lyapunov es definida positiva: $\mathcal{V}(\boldsymbol{x}, \boldsymbol{z}) > 0$ y la derivada es semidefinida negativa: $\dot{\mathcal{V}}(\boldsymbol{x}, \boldsymbol{z}) \leq 0$; luego entonces, $\mathcal{V}(\boldsymbol{x}, \boldsymbol{z})$ resulta una función decreciente que satisface: $\mathcal{V}(\boldsymbol{x}(0), \boldsymbol{z}(0)) \geq \mathcal{V}(\boldsymbol{x}(t), \boldsymbol{z}(t)) > 0$; usando el principio de invariancia de Barbashin-Krasovskii-LaSalle, definido por el teorema (8.4) se tiene lo siguiente:

$$0 < \begin{bmatrix}\boldsymbol{x}(t)\\ \boldsymbol{z}(t)\end{bmatrix}^T \begin{bmatrix}A & 0\\ 0 & B\end{bmatrix}\begin{bmatrix}\boldsymbol{x}(t)\\ \boldsymbol{z}(t)\end{bmatrix} \leq \begin{bmatrix}\boldsymbol{x}(0)\\ \boldsymbol{z}(0)\end{bmatrix}^T \begin{bmatrix}A & 0\\ 0 & B\end{bmatrix}\begin{bmatrix}\boldsymbol{x}(0)\\ \boldsymbol{z}(0)\end{bmatrix}$$

$$0 < \|\boldsymbol{x}(t)\|^2\lambda_A^{\text{mín}} \leq \|\boldsymbol{x}(0)\|^2\lambda_A^{\text{máx}} \implies \|\boldsymbol{x}(t)\| \leq \sqrt{\frac{\lambda_A^{\text{máx}}}{\lambda_A^{\text{mín}}}}\|\boldsymbol{x}(0)\| \implies \boldsymbol{x} \in \mathcal{L}_\infty^n$$

$$0 < \|\boldsymbol{z}(t)\|^2\lambda_B^{\text{mín}} \leq \|\boldsymbol{z}(0)\|^2\lambda_B^{\text{máx}} \implies \|\boldsymbol{z}(t)\| \leq \sqrt{\frac{\lambda_B^{\text{máx}}}{\lambda_B^{\text{mín}}}}\|\boldsymbol{z}(0)\| \implies \boldsymbol{z} \in \mathcal{L}_\infty^m$$

donde $\lambda_A^{\text{mín}}$, λ_B^{min} y $\lambda_A^{\text{máx}}$, $\lambda_B^{\text{máx}}$ representan los valores propios mínimos y máximos de las matrices A y B, respectivamente.

■

Ahora, para demostrar la membresía de la norma $\boldsymbol{x} \in \mathcal{L}_2^n$, de la hipótesis (8.4) se obtiene:

$$
\begin{aligned}
\dot{\mathcal{V}}(\boldsymbol{x},\boldsymbol{z}) = -\boldsymbol{x}^T Q \boldsymbol{x} \implies d\mathcal{V}(\boldsymbol{x}(t),\boldsymbol{z}(t)) &= -\boldsymbol{x}(t)^T Q \boldsymbol{x}(t) dt \\
\int_0^{t_\infty} d[\mathcal{V}(\boldsymbol{x}(t),\boldsymbol{z}(t))] &= -\int_0^{t_\infty} \boldsymbol{x}(\sigma)^T Q \boldsymbol{x}(\sigma) d\sigma \\
\mathcal{V}(\boldsymbol{x}(t_\infty),\boldsymbol{z}(t_\infty)) - \mathcal{V}(\boldsymbol{x}(0),\boldsymbol{z}(0)) &= -\int_0^{t_\infty} \boldsymbol{x}(\sigma)^T Q \boldsymbol{x}(\sigma) d\sigma \\
\mathcal{V}(\boldsymbol{x}(0),\boldsymbol{z}(0)) &= \mathcal{V}(\boldsymbol{x}(t_\infty),\boldsymbol{z}(t_\infty)) + \int_0^{t_\infty} \boldsymbol{x}(\sigma)^T Q \boldsymbol{x}(\sigma) d\sigma
\end{aligned}
$$

debido a que $\mathcal{V}(\boldsymbol{x},\boldsymbol{z})$ es una función decreciente, se satisface la siguiente desigualdad: $\mathcal{V}(\boldsymbol{x}(0),\boldsymbol{z}(0)) > \mathcal{V}(\boldsymbol{x}(t_\infty),\boldsymbol{z}(t_\infty)) > 0$.

$$
\begin{aligned}
\lambda_A^{\text{máx}} \|\boldsymbol{x}(0)\|^2 + \lambda_B^{\text{máx}} \|\boldsymbol{z}(0)\|^2 \geq \underbrace{\begin{bmatrix} \boldsymbol{x}(0) \\ \boldsymbol{z}(0) \end{bmatrix}^T \begin{bmatrix} A & 0 \\ 0 & B \end{bmatrix} \begin{bmatrix} \boldsymbol{x}(0) \\ \boldsymbol{z}(0) \end{bmatrix}}_{\mathcal{V}(\boldsymbol{x}(0),\boldsymbol{z}(0))} &> \int_0^{t_\infty} \boldsymbol{x}(\sigma)^T Q \boldsymbol{x}(\sigma) d\sigma \geq \int_0^{t_\infty} \lambda_Q^{\text{mín}} \|\boldsymbol{x}(\sigma)\|^2 d\sigma \\
\lambda_A^{\text{máx}} \|\boldsymbol{x}(0)\|^2 + \lambda_B^{\text{máx}} \|\boldsymbol{z}(0)\|^2 &> \int_0^{t_\infty} \lambda_Q^{\text{mín}} \|\boldsymbol{x}(\sigma)\|^2 d\sigma \\
\sqrt{\frac{\lambda_A^{\text{máx}} \|\boldsymbol{x}(0)\|^2 + \lambda_B^{\text{máx}} \|\boldsymbol{z}(0)\|^2}{\lambda_Q^{\text{mín}}}} &> \sqrt{\int_0^{t_\infty} \|\boldsymbol{x}(\sigma)\|^2 d\sigma} = \mathcal{L}_2^n[\boldsymbol{x}(t)] \\
\therefore\ \boldsymbol{x}(t) &\in \mathcal{L}_2^n
\end{aligned}
$$

■

El siguiente corolario es un caso particular del teorema (8.5), el cual es muy útil para resultados de convergencia asintótica hacia el origen de estados, para las variables de estado en el sistema dinámico autónomo (8.1).

Corolario 8.1: Convergencia asintótica $\mathcal{L}[x]$

Considere el sistema dinámico autónomo (8.1) y suponga que las variables de estado $\boldsymbol{x}(t)$, $\dot{\boldsymbol{x}} \in \mathbb{R}^n$ cumplen con las siguientes propiedades: $\boldsymbol{x}, \dot{\boldsymbol{x}} \in \mathcal{L}_\infty^n$; además, si $\boldsymbol{x} \in \mathcal{L}_2^n$, entonces: $\lim_{t\to\infty} \boldsymbol{x}(t) \to \boldsymbol{0} \in \mathbb{R}^n$.

• Ejemplo 8.8

Obtener un procedimiento general, para determinar la estabilidad asintótica global en sistemas dinámicos lineales: $\boldsymbol{x} = A\,\boldsymbol{x}$; donde $A \in \mathbb{R}^{n\times n}$ es la matriz de parámetros y $\boldsymbol{x} \in \mathbb{R}^n$ el vector de estados.

Solución

Un sistema dinámico lineal tiene la forma $\dot{\boldsymbol{x}} = A\boldsymbol{x}$ y sus puntos de equilibrio pueden ser clasificados en dos formas posibles: si el determinante de la matriz de parámetros es diferente de cero: $\det[A] \neq 0$, entonces el punto de equilibrio es único y corresponde al origen de espacio de estados: $\mathbf{0} \in \mathbb{R}^n$. De otra manera, existe un número infinito de puntos de equilibrio, formando un continuo, pegados un punto de equilibrio con otro. En contraste, el sistema dinámico no lineal del ejemplo 8.5, de igual forma, tiene un número infinito de puntos de equilibrio; sin embargo, se encuentran separados por intervalos de $\pm n\pi$, donde $n \in N$; característica importante en diversas aplicaciones.

Sea la siguiente función candidata de Lyapunov $\mathcal{V}(\boldsymbol{x})$, con una estructura cuadrática: $\mathcal{V}(\boldsymbol{x}) = \boldsymbol{x}^T P \boldsymbol{x}$; donde $P \in \mathbb{R}^{n\times n}$ es una matriz constante y definida positiva, $P > 0$. La derivada temporal de la función candidata de Lyapunov a lo largo de las trayectorias del sistema dinámico lineal adquiere la siguiente forma:

$$\dot{\mathcal{V}}(\boldsymbol{x}) = \frac{d\mathcal{V}(\boldsymbol{x})}{dt} = \boldsymbol{x}^T P \dot{\boldsymbol{x}} + \dot{\boldsymbol{x}}^T P \boldsymbol{x} = \boldsymbol{x}^T \left[A^T P + PA \right] \boldsymbol{x} = -\boldsymbol{x}^T Q \boldsymbol{x} < 0 \tag{8.6}$$

donde $Q \in \mathbb{R}^{n\times n}$ es una matriz de diseño, la cual es definida positiva: $Q > 0$.

El término $-\boldsymbol{x}^T Q \boldsymbol{x}$ en (8.6) representa la solución deseada, a condición de que la ecuación algebraica $A^T P + PA = -Q$ tenga solución para determinar todas las componentes escalares p_{ij} de la matriz P, para $i, j = 1, 2, \cdots, n$. Puesto que $Q > 0$ es una matriz de diseño (definida positiva y constante), entonces $\dot{\mathcal{V}}(\boldsymbol{x}) = -\boldsymbol{x}^T Q \boldsymbol{x} < 0$, es una función definida negativa, por lo que la estabilidad asintótica global queda demostrada.

De la ecuación (8.6), el procedimiento para determinar la propiedad de estabilidad asintótica global del punto de equilibrio del sistema dinámico lineal $\dot{\boldsymbol{x}} = A\boldsymbol{x}$ consiste en encontrar la solución algebraica para la matriz P:

$$\left[A^T P + PA \right] = -Q \tag{8.7}$$

■

La expresión (8.7) es conocida como la ecuación algebraica de Lyapunov y es la forma general de diseño de funciones de Lyapunov, para demostrar la estabilidad asintótica global del punto de equilibrio en sistemas dinámicos lineales e invariantes en el tiempo. Si el procedimiento (8.7) permite resolver todas las componentes escalares p_{ij}, para $i, j = 1, 2, \cdots, n$, tal que P sea definida positiva; la estabilidad asintótica del punto de equilibrio de un sistema dinámico autónomo lineal está garantizado y por lo tanto, no se requiere usar el principio de invariancia de Barbashin-Krasovskii-LaSalle, teorema (8.4). La estabilidad asintótica global del punto de equilibrio del sistema dinámico, también garantiza las propiedades incorporadas en el teorema (8.5), el cual representa la interconexión entre la norma $\mathcal{L}_2^n$ y la teoría de estabilidad de Lyapunov; es decir, la variable de estado satisface: $\boldsymbol{x} \in \mathcal{L}_2^n \cap \mathcal{L}_\infty^n$ y $\dot{\boldsymbol{x}} \in \mathcal{L}_\infty^n$, entonces $\lim_{t\to\infty} \boldsymbol{x}(t) \to \mathbf{0} \in \mathbb{R}^n$.

•••

Nuevamente se analiza el sistema dinámico lineal del ejemplo 8.6, donde se propuso a la matriz P en forma empírica o por experiencia. Ahora, se utiliza la ecuación algebraica de Lyapunov (8.7) para determinar a todas las componentes de la matriz P y demostrar la estabilidad asintótica global del punto de equilibrio.

•• Ejemplo 8.9

Analizar la propiedad de estabilidad asintótica del punto de equilibrio para el siguiente sistema dinámico lineal:

$$\underbrace{\begin{bmatrix} \dot{x}_1 \\ \dot{x}_2 \end{bmatrix}}_{\dot{\boldsymbol{x}}} = \underbrace{\begin{bmatrix} 0 & 1 \\ -1 & -4 \end{bmatrix}}_{A} \underbrace{\begin{bmatrix} x_1 \\ x_2 \end{bmatrix}}_{\boldsymbol{x}}$$

Solución

La estabilidad en el sentido de Lyapunov es una propiedad asociada al punto de equilibrio del sistema dinámico y no como sucede en control clásico: "el sistema es estable", lo cual es correcto en ese marco teórico, pero incompatible con el contexto de estabilidad de Lyapunov. Por lo tanto, antes de iniciar el análisis de estabilidad del punto de equilibrio es importante demostrar su existencia, preferentemente su unicidad, lo cual permite abordar el análisis en su forma global. También es clave que el equilibrio corresponda al origen $\mathbf{0} \in \mathbb{R}^n$ de espacio de estados; si esto no es el caso, siempre es posible trasladar el punto de equilibrio hacia el origen del espacio de estados, mediante un adecuado cambio de variables.

Debido a que el determinante de la matriz de parámetros $\det[A] = 1$, entonces el punto de equilibrio del sistema dinámico existe y es único. Por lo que procede el análisis de estabilidad de Lyapunov a través de la ecuación (8.7). La estructura de la función de energía es cuadrática: $\mathcal{V}(\boldsymbol{x}) = \boldsymbol{x}^T P \boldsymbol{x}$, la matriz $P = P^T > 0$ y se obtiene con el siguiente procedimiento:

$$\begin{aligned} A^T P + PA &= \begin{bmatrix} a_{11} & a_{21} \\ a_{12} & a_{22} \end{bmatrix} \begin{bmatrix} p_{11} & p_{12} \\ p_{21} & p_{22} \end{bmatrix} + \begin{bmatrix} p_{11} & p_{12} \\ p_{21} & p_{22} \end{bmatrix} \begin{bmatrix} a_{11} & a_{12} \\ a_{21} & a_{22} \end{bmatrix} \\ &= \begin{bmatrix} 2a_{11}p_{11} + 2p_{12}a_{21} & p_{11}a_{12} + p_{22}a_{21} + p_{12}\left[a_{11} + a_{22}\right] \\ p_{11}a_{12} + p_{22}a_{21} + p_{21}\left[a_{11} + a_{22}\right] & 2p_{12}a_{12} + 2p_{22}a_{22} \end{bmatrix} \\ &= -\underbrace{\begin{bmatrix} q_{11} & q_{11} \\ q_{21} & q_{22} \end{bmatrix}}_{Q>0} \end{aligned}$$

Se debe considerar a la matriz Q como definida positiva, ya que forma parte del diseño; en este ejemplo, los parámetros de la matriz A son: $a_{11} = 0$; $a_{12} = 1$; $a_{21} = -1$; $a_{22} = -4$, consecuentemente se obtiene la siguiente solución para la matriz P:

$$\begin{bmatrix} -2p_{12} & 3p_{11} - p_{22} - 4p_{12} \\ 3p_{11} - p_{22} - 4p_{21} & 6p_{12} - 8p_{22} \end{bmatrix} = -\begin{bmatrix} q_{11} & q_{12} \\ q_{21} & q_{22} \end{bmatrix}$$
$$p_{12} = \frac{q_{11}}{2};\ p_{22} = \frac{1}{8}\left[3q_{11} + q_{22}\right]$$
$$p_{11} = \frac{1}{3}\left[\frac{19}{8}q_{11} + \frac{1}{8}q_{22} - q_{12}\right]$$

Una posible selección para $Q > 0$ es usando a la matriz identidad: $Q = I \in \mathbb{R}^{2\times 2}$: $q_{11} = 1$; $q_{12} = q_{21} = 0$; $q_{22} = 11$; por lo que:

$$\mathcal{V}(x_1, x_2) = \begin{bmatrix} x_1 \\ x_2 \end{bmatrix}^T \underbrace{\begin{bmatrix} p_{11} & p_{12} \\ p_{12} & p_{22} \end{bmatrix}}_{P} \begin{bmatrix} x_1 \\ x_2 \end{bmatrix} = \begin{bmatrix} x_1 \\ x_2 \end{bmatrix}^T \underbrace{\begin{bmatrix} \frac{5}{6} & \frac{1}{2} \\ \frac{1}{2} & \frac{1}{2} \end{bmatrix}}_{P>0} \begin{bmatrix} x_1 \\ x_2 \end{bmatrix} = \tfrac{5}{6}x_1^2 + \tfrac{1}{2}x_2^2 + x_1x_2$$

La derivada de $\mathcal{V}(x_1, x_2)$, con respecto al tiempo a lo largo de las trayectorias del sistema se obtiene como a continuación se indica:

$$\begin{aligned}
\dot{\mathcal{V}}(x_1, x_2) &= \left[\tfrac{\partial}{\partial \boldsymbol{x}}\mathcal{V}(x_1, x_2)\right]^T \dot{\boldsymbol{x}} = \left[\,\tfrac{10}{6}x_1 + x_2 \quad x_2 + x_1\,\right] \begin{bmatrix} \dot{x}_1 \\ \dot{x}_2 \end{bmatrix} \\
&= \left[\,\tfrac{10}{6}x_1 + x_2 \quad x_2 + x_1\,\right] \begin{bmatrix} 3x_2 \\ -x_1 - 4x_2 \end{bmatrix} \\
&= \left[\,\tfrac{30}{6}x_1x_2 + 3x_2^2 - x_1x_2 - x_1^2 - 4x_2^2 - 4x_1x_2\,\right] \\
&= -x_1^2 - x_2^2 = -\begin{bmatrix} x_1 \\ x_2 \end{bmatrix}^T \underbrace{\begin{bmatrix} 1 & 0 \\ 0 & 1 \end{bmatrix}}_{Q=I>0} \begin{bmatrix} x_1 \\ x_2 \end{bmatrix} < 0
\end{aligned}$$

lo cual confirma el resultado de la ecuación algebraica de Lyapunov (8.7).

No se requiere usar el principio de invariancia de Barbashin-Krasovskii-LaSalle, teorema (8.4), debido a que la función de energía es definida positiva: $\mathcal{V}(x_1, x_2) > 0$; su potencia mecánica es definida negativa: $\dot{\mathcal{V}}(x_1, x_2) < 0$; del teorema (8.2), la estabilidad asintótica global del punto de equilibrio del sistema dinámico es concluida: $\lim_{t\to\infty} \begin{bmatrix} x_1(t) \\ x_2(t) \end{bmatrix} \to \mathbf{0} \in \mathbb{R}^2$, $\forall t \geq 0$; también se cumplen las propiedades: $\boldsymbol{x}, \dot{\boldsymbol{x}} \in \mathcal{L}_\infty^n$ y $\boldsymbol{x} \in \mathcal{L}_2^n$. ∎

El diagrama fase del sistema se encuentra en la figura 8.4a y muestra las características de estabilidad asintótica global del atractor, perteneciente al punto de equilibrio del sistema dinámico analizado; tiene un comportamiento subamortiguado en la etapa transitoria; los resultados corresponden a las condiciones iniciales: $x_1(0) = \{-3, -2, \cdots, 5\}$ rad y $x_2(0) = \{\ -4, -3, \cdots, 4\}$ rad/s. La figura 8.4b exhibe la evolución en el tiempo del comportamiento asintótico hacia el punto de equilibrio para ambos estados: $x_1(t) \longrightarrow 0$ y $x_2(t) \longrightarrow 0$, con condiciones iniciales: $x_1(0) = 5$ rad y $x_2(0) = 4$ rad/s, respectivamente.

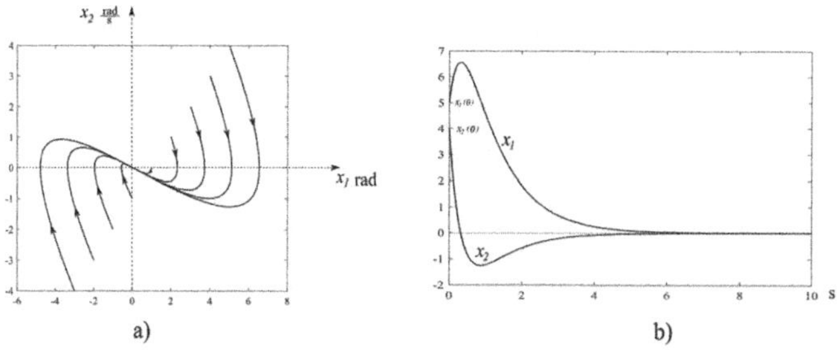

Figura 8.4: Estabilidad asintótica del sistema dinámico de segundo orden

•••

•• Ejemplo 8.10

Realizar el análisis de estabilidad para un sistema oscilador mecánico descrito por el siguiente modelo: $\underbrace{\begin{bmatrix} \dot{x}_1 \\ \dot{x}_2 \end{bmatrix}}_{\dot{\boldsymbol{x}}} = \underbrace{\begin{bmatrix} 0 & 1 \\ -1 & 0 \end{bmatrix}}_{A} \underbrace{\begin{bmatrix} x_1 \\ x_2 \end{bmatrix}}_{\boldsymbol{x}}$.

Solución

Para realizar el análisis de estabilidad del punto de equilibrio del sistema oscilador mecánico, primero hay que demostrar su existencia y unicidad; note que el determinante de la matriz de parámetros $A \in \mathbb{R}^{2\times 2}$ es diferente de cero: $\det[A] = 1$; entonces debido a que es un sistema dinámico lineal, el punto de equilibrio del sistema dinámico existe y es único. Por lo que procede el análisis de estabilidad usando el enfoque de Lyapunov.

Para encontrar a la matriz P, se utiliza la ecuación algebraica de Lyapunov (8.7) y sustituyendo los valores numéricos de las componentes de la matriz A: $a_{11} = 0$; $a_{12} = 1$; $a_{21} = -1$ y $a_{22} = 0$, se obtiene:

$$A^T P + PA = \begin{bmatrix} -2a_{21}p_{12} & a_{12}p_{11} - a_{21}p_{22} \\ a_{12}p_{11} - a_{21}p_{22} & 2a_{12}p_{12} \end{bmatrix} = -\underbrace{\begin{bmatrix} q_{11} & q_{12} \\ q_{12} & q_{22} \end{bmatrix}}_{Q>0}$$

cuyo resultado indica que no es posible encontrar las componentes de la matriz P: $p_{12} = \frac{q_{11}}{2}$ o $p_{12} = -\frac{q_{22}}{2}$ y $q_{12} = -p_{11} + p_{22}$. Consecuentemente, debido a la naturaleza dinámica del oscilador, la estabilidad asintótica del punto de equilibrio no puede ser determinada.

Ante tal escenario, se propone la siguiente función de energía $\mathcal{V}(x_1, x_2)$:

$$\mathcal{V}(x_1,\ x_2) = \frac{1}{2}x_1^2 + \frac{1}{2}x_2^2 = \frac{1}{2}\begin{bmatrix} x_1 \\ x_2 \end{bmatrix}^T \begin{bmatrix} 1 & 0 \\ 0 & 1 \end{bmatrix} \begin{bmatrix} x_1 \\ x_2 \end{bmatrix}.$$

La derivada temporal de la función candidata de Lyapunov es:

$$\begin{aligned}\dot{\mathcal{V}}(x_1, x_2) &= \left[\frac{\partial}{\partial \boldsymbol{x}}\mathcal{V}(x_1,\, x_2)\right]^T \begin{bmatrix}\dot{x}_1\\ \dot{x}_2\end{bmatrix}\\ &= \begin{bmatrix}x_1 & x_2\end{bmatrix}\begin{bmatrix}x_2\\ -x_1\end{bmatrix}\\ &= x_1x_2 - x_1x_2 = 0\end{aligned}$$

de acuerdo con el teorema (8.1), la estabilidad del punto de equilibrio queda demostrada.

Debido a que $\dot{\mathcal{V}}(x_1, x_2) = 0$, la energía $\mathcal{V}(x_1, x_2)$ es constante; la suma de energías cinética y potencial se conserva en un sistema mecánico oscilador. Este resultado confirma lo obtenido con la ecuación de Lyapunov (8.7) y por ende, no puede tener la propiedad estabilidad asintótica.

En control clásico, un oscilador mecánico tiene polos complejos conjugados ubicados sobre el eje imaginario (la parte real es cero); el sistema es considerado como marginalmente estable.

En contraste, con el enfoque de estabilidad de Lyapunov, el punto de equilibrio de un sistema oscilador es estable siempre y cuando la magnitud de las amplitudes, es decir, el radio de los ciclos límites y frecuencias de trabajo estén acotados.

En este ejemplo no se puede aplicar el principio de invariancia de Barbashin-Krasovskii-LaSalle, teorema (8.4); puesto que la potencia mecánica no satisface: $\dot{\mathcal{V}}(x_1, x_2) \leq 0$; el conjunto máximo invariante Ω_ϵ no se reduce al punto de equilibrio, también incluye a todo el espacio $\mathbb{R}^2$: $\Omega_\epsilon = \left\{\begin{bmatrix}x_1\\ x_2\end{bmatrix} \in \mathbb{R}^2 \;/\; \dot{\mathcal{V}}(x_1, x_2) = 0 \Longleftrightarrow x_1 \in \mathbb{R} \wedge x_2 \in \mathbb{R}\right\}$.

Si la condición inicial del sistema es el origen del espacio de estados: $\boldsymbol{x}(0) = \boldsymbol{0} \in \mathbb{R}^2$, entonces las soluciones del sistema permanecen dentro del punto de equilibrio, $\forall\ t \geq 0$; entonces, $\boldsymbol{x}(t) = [x_1(t), x_2(t)]^T = \boldsymbol{0} \in \mathbb{R}^2$, $\forall t \geq 0$. Cuando la condición inicial $\boldsymbol{x}(0)$ es diferente a cero, hay trayectorias circulares, con radio $\|\boldsymbol{x}(0)\|$ alrededor del origen de estados, como se muestra en el diagrama fase de la figura 8.4a: posición $x_1(t)$ vs velocidad $x_2(t)$, cuyas trayectorias circulares o ciclos límites del sistema corresponden a las siguientes condiciones iniciales: $x_1(0) = \{-3, -2, \cdots, 5\}$ y $x_2(0) = \{-4, -3, \cdots, 4\}$.

La solución analítica del oscilador está compuesta por funciones sinusoidales para formar el movimiento armónico simple; la figura 8.4b muestra la respuesta del sistema mecánico oscilador correspondiente a la condición inicial: $[\,x_1(0),\ x_2(0)\,]^T = [\,5 \text{ rad},\ 4 \text{ rad/seg}\,]^T \in \mathbb{R}^2$.

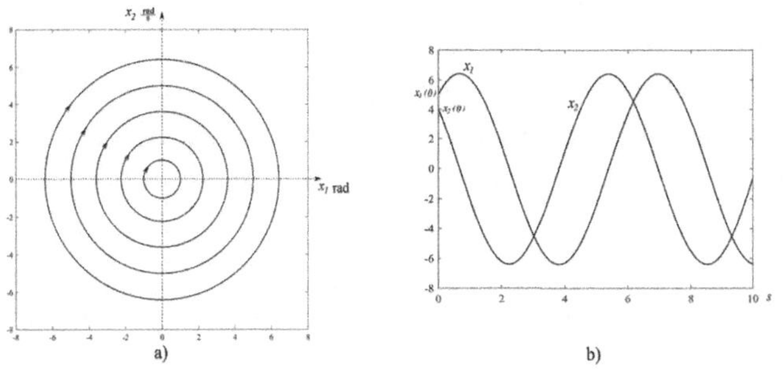

Figura 8.5: Ciclos límites de un oscilador mecánico

• • •

• • Ejemplo 8.11

Realizar el análisis de estabilidad asintótica global del punto de equilibrio del siguiente sistema dinámico no lineal: $\begin{bmatrix} \dot{x}_1 \\ \dot{x}_2 \end{bmatrix} = -\begin{bmatrix} x_1^3 \\ x_2^5 \end{bmatrix}$.

Solución

Es inmediato verificar que el punto de equilibrio del sistema dinámico no lineal es único y corresponde al origen de espacio de estados.

Considérese la siguiente propuesta de función candidata de Lyapunov:

$$\begin{aligned} \mathcal{V}(x_1,\ x_2) &= \frac{1}{4}x_1^4 + \frac{1}{6}x_2^6 \\ &= \begin{bmatrix} x_1^2 \\ x_2^3 \end{bmatrix}^T \underbrace{\begin{bmatrix} \frac{1}{4} & 0 \\ 0 & \frac{1}{6} \end{bmatrix}}_{P>0} \begin{bmatrix} x_1^2 \\ x_2^3 \end{bmatrix} \end{aligned}$$

La derivada temporal de la función candidata de Lyapunov es:

$$\begin{aligned} \dot{\mathcal{V}}(x_1,\ x_2) &= [\,\tfrac{\partial}{\partial \boldsymbol{x}}\mathcal{V}(x_1,\ x_2)\,]^T \dot{\boldsymbol{x}} \\ &= [\,x_1^3 \quad x_2^5\,]\begin{bmatrix} -x_1^3 \\ -x_2^5 \end{bmatrix} \\ &= -x_1^6 - x_2^{10} \\ &= -\begin{bmatrix} x_1^3 \\ x_2^5 \end{bmatrix}^T \underbrace{\begin{bmatrix} 1 & 0 \\ 0 & 1 \end{bmatrix}}_{Q>0} \begin{bmatrix} x_1^3 \\ x_2^5 \end{bmatrix} < 0 \end{aligned}$$

La función de energía es definida positiva $\mathcal{V}(x_1, x_2) = \boldsymbol{x}^T P \boldsymbol{x} > 0$, puesto que la matriz P es definida positiva: $P > 0$; además la potencia mecánica es una función definida negativa $\dot{\mathcal{V}}(x_1, x_2) = -\boldsymbol{x}^T Q \boldsymbol{x} < 0$, debido a que la matriz Q es definida positiva: $Q > 0$; entonces, la estabilidad asintótica global del punto de equilibrio $[0,\ 0]^T \in \mathbb{R}^2$ del sistema dinámico no lineal es demostrada por medio del teorema de estabilidad de Lyapunov (8.2). En consecuencia, se cumple el siguiente objetivo: $\lim_{t\to\infty} \begin{bmatrix} x_1(t) \\ x_2(t) \end{bmatrix} \longrightarrow \mathbf{0} \in \mathbb{R}^2$. El anterior resultado evita utilizar el principio de invariancia de Barbashin-Krasovskii-LaSalle establecido en el teorema (8.4).

■

El diagrama fase de la figura 8.6a muestra las propiedades de convergencia asintótica del punto de equilibrio, el cual genera el atractor del sistema dinámico no lineal; las trayectorias $x_1(t)$ y $x_2(t)$ convergen hacia el origen, para cualquier condición inicial $[x_1(0)\ x_2(0)]^T \in \mathbb{R}^2$, puesto que se ha demostrado estabilidad asintótica global del punto de equilibrio; particularmente la figura 8.6a presenta el escenario para las siguientes condiciones iniciales: $x_1(0) = \{-3, -2, \cdots, 5\}$ rad y para $x_2(0) = \{-4, -3, \cdots, 4\}$ rad/seg. La figura 8.6b presenta la evolución en el tiempo de las variables de estado $x_1(t)$ y $x_2(t)$ hacia el punto de equilibrio.

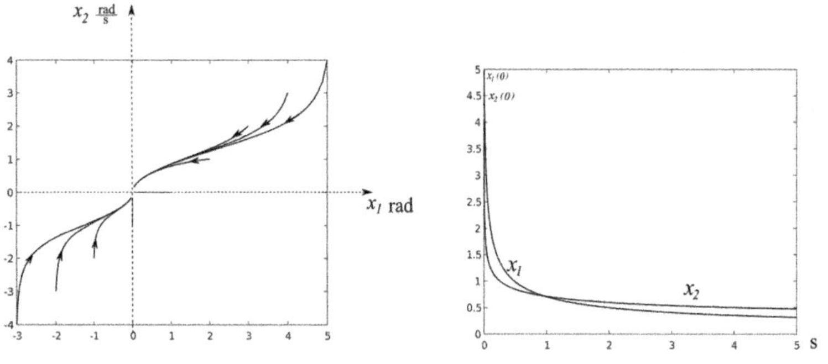

Figura 8.6: Dinámica no lineal

Es importante remarcar que para un sistema dinámico no lineal no se puede aplicar la ecuación algebraica de Lyapunov $[A^T P + PA] = -Q$ desarrollada en (8.6), puesto que este procedimiento es exclusivo de sistemas dinámicos lineales autónomos.

8.3 Control de posición

EL problema de control de posición para robots manipuladores, también conocido como posición pura o regulación, consiste en colocar al extremo final del robot en una referencia deseada constante en el tiempo (*set-point*), partiendo desde cualquier condición inicial. Cuando la referencia deseada varía en el tiempo, no solo es controlada la posición del robot, también su velocidad de movimiento; a esta problemática se conoce como control de trayectoria o movimiento y se discute en el capítulo 9. Por lo tanto, el control de posición es un caso particular del control de trayectoria.

Para definir el problema de control de posición, es necesario establecer las variables de estado que forman parte de dicho planteamiento, tales como: la velocidad de movimiento $\dot{\boldsymbol{q}} \in \mathbb{R}^n$ y el error de posición está denotado por $\tilde{\boldsymbol{q}} \in \mathbb{R}^n$, quien es la diferencia entre la referencia deseada $\boldsymbol{q}_d \in \mathbb{R}^n$ y la posición actual del robot, $\boldsymbol{q} \in \mathbb{R}^n$: $\tilde{\boldsymbol{q}} = \boldsymbol{q}_d - \boldsymbol{q}$.

Definición 8.12: Control de posición

El problema de control de posición o regulación consiste en diseñar una ley de control $\boldsymbol{\tau} \in \mathbb{R}^n$, tal que sea la energía aplicada a las articulaciones del robot para mover a su extremo final desde cualquier condición inicial $[\tilde{\boldsymbol{q}}(0),\ \dot{\boldsymbol{q}}(0)]^T \in \mathbb{R}^{2n}$ hacia una posición deseada constante $\boldsymbol{q}_d \in \mathbb{R}^n$, y se cumpla con el siguiente objetivo de control:

$$\text{lím}_{t\to\infty} \begin{bmatrix} \tilde{\boldsymbol{q}}(t) \\ \dot{\boldsymbol{q}}(t) \end{bmatrix} = \begin{bmatrix} 0 \\ 0 \end{bmatrix} \in \mathbb{R}^{2n},\ \forall t \geq 0 \tag{8.8}$$

En la figura 8.7 se ilustra la interpretación práctica del problema de control de posición; con la inyección de energía $\boldsymbol{\tau}$ a los servomotores o articulaciones, el robot parte de cualquier condición inicial $[\,\tilde{\boldsymbol{q}}(0) \quad \dot{\boldsymbol{q}}(0)\,]^T$ y se mueve hacia la referencia deseada $\boldsymbol{q}_d$, con desplazamiento articular $\boldsymbol{q}(t)$ y velocidad de movimiento $\dot{\boldsymbol{q}}(t)$; la región de invariancia del atractor que genera el punto de equilibrio atrae asintóticamente hacia el punto de equilibrio u origen del espacio de estados al error de posición y a la velocidad: $\text{lím}_{t\longrightarrow\infty}\,[\,\tilde{\boldsymbol{q}}(t) \quad \dot{\boldsymbol{q}}(t)\,]^T \longrightarrow \boldsymbol{0} \in \mathbb{R}^{2n}$. En la práctica, la convergencia hacia el punto de equilibrio se obtiene en pocos segundos, evidentemente no es necesario esperar que: $t \longrightarrow \infty$. Cuando el robot alcanza la posición deseada $\boldsymbol{q}_d$, entonces $\tilde{\boldsymbol{q}}(t) = \boldsymbol{0} \Longrightarrow \boldsymbol{q}(t) = \boldsymbol{q}_d$; por lo que: $\dot{\boldsymbol{q}}(t) = \frac{d}{dt}\boldsymbol{q}(t) = \boldsymbol{0} \in \mathbb{R}^n$. En otras palabras las variables de estado que definen el problema de control de posición $\tilde{\boldsymbol{q}}(t)$ y $\dot{\boldsymbol{q}}(t)$ habrán llegado al punto de equilibrio, permaneciendo ahí de manera indefinida, $\forall t \geq 0$.

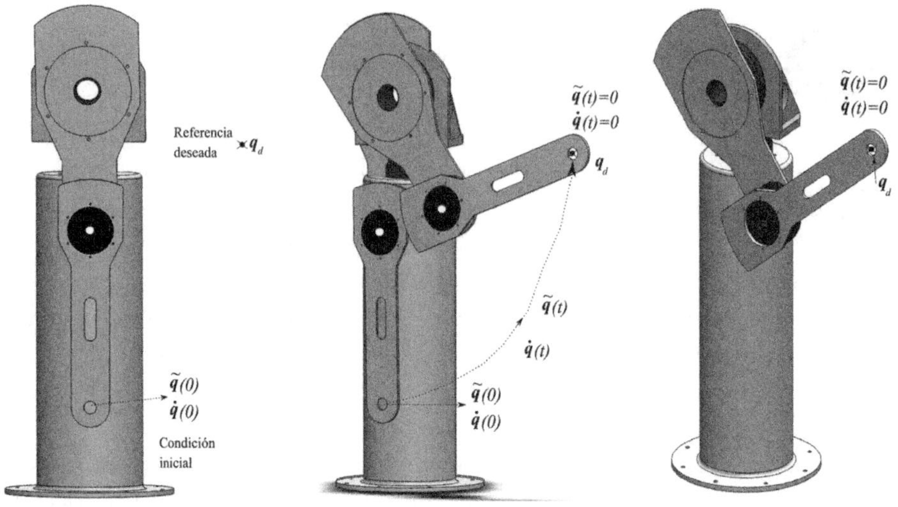

Figura 8.7: Control de posición de robots manipuladores

La figura 8.8 muestra el diagrama bloques del problema de control de posición. La señal de entrada al robot manipulador es la energía mecánica o el torque aplicado $\boldsymbol{\tau} \in \mathbb{R}^n$ a las articulaciones o servomotores, como consecuencia el robot entrega como señales de respuesta a la posición $\boldsymbol{q} \in \mathbb{R}^n$ y velocidad de movimiento $\dot{\boldsymbol{q}} \in \mathbb{R}^n$.

La posición $\boldsymbol{q}(t)$ es la única variable de estado que se retroalimenta, para obtener el error de posición $\tilde{\boldsymbol{q}}(t) = \boldsymbol{q}_d - \boldsymbol{q}(t)$; mientras que la velocidad articular $\dot{\boldsymbol{q}}(t)$ se utiliza como inyección de amortiguamiento dentro de la acción de control derivativo, generando diferentes tipos de respuesta transitoria: subamortiguada, amortiguamiento crítico y sobreamortiguada.

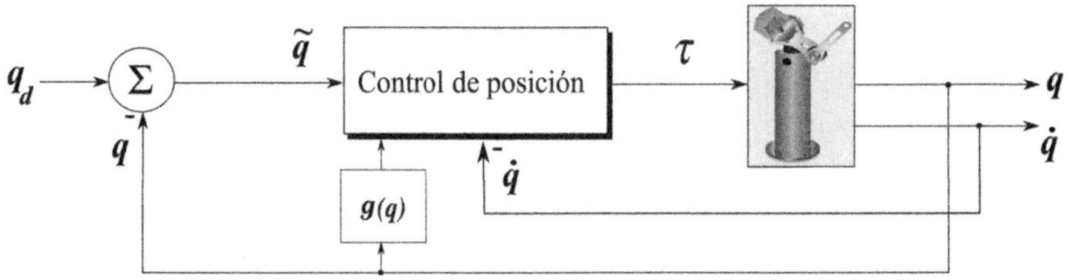

Figura 8.8: Diagrama a bloques del problema de control de posición

Debido a que solo la posición articular $\boldsymbol{q}(t)$ está bajo acción de control y la velocidad de movimiento $\dot{\boldsymbol{q}}$ es utilizada como fricción artificial para efectos de amortiguamiento, los algoritmos de control de posición son conocidos como reguladores.

En relación al diagrama a bloques de la figura 8.8, desde el punto de vista matemático, el problema de control de posición se expresa en variables de estado $[\,\tilde{\boldsymbol{q}} \quad \dot{\boldsymbol{q}}\,]^T \in \mathbb{R}^{2n}$ usando una ODE de primer orden, la cual se conoce como ecuación en lazo cerrado; combina el modelo dinámico del robot manipulador de n gdl (6.6) y la estructura de control $\boldsymbol{\tau} \in \mathbb{R}^n$:

$$\frac{d}{dt}\begin{bmatrix}\tilde{\boldsymbol{q}}\\ \dot{\boldsymbol{q}}\end{bmatrix} = \begin{bmatrix}-\dot{\boldsymbol{q}}\\ M^{-1}(\boldsymbol{q}_d-\tilde{\boldsymbol{q}})\left[\boldsymbol{\tau}-C(\boldsymbol{q}_d-\tilde{\boldsymbol{q}},\dot{\boldsymbol{q}})\dot{\boldsymbol{q}}-B\dot{\boldsymbol{q}}-\boldsymbol{g}(\boldsymbol{q}_d-\tilde{\boldsymbol{q}})\right]\end{bmatrix} \tag{8.9}$$

Observe que la ecuación en lazo cerrado (8.9) es un sistema dinámico autónomo, puesto que la posición deseada o referencia $\boldsymbol{q}_d \in \mathbb{R}^n$ es un vector constante en el tiempo.

Entre las características principales de la ecuación (8.9) se destaca que no debe tener componentes discontinuas para garantizar que la solución analítica $[\,\tilde{\boldsymbol{q}}(t) \quad \dot{\boldsymbol{q}}(t)\,]^T$ sea única, continua y diferenciable. Por este motivo, del modelo dinámico de un robot manipulador de n gdl (6.6) no se incluyen los fenómenos de fricción de Coulomb y estática, debido a que la función signo($\dot{\boldsymbol{q}}$) cambia bruscamente su respuesta al pasar de un valor negativo hacia un positivo y viceversa. Esto significa que hay un salto abrupto en el valor de la función signo($\dot{\boldsymbol{q}}$) cuando $\dot{\boldsymbol{q}}$ cambia su sentido de rotación, provocando efectos similares a las funciones discontinuas.

Cuando ley de control $\boldsymbol{\tau}$ incluye como parte de su estructura matemática la compensación de fricción de Coulomb y estática, entonces sí es posible tomar en cuenta a esos fenómenos disipativos en la dinámica del robot manipulador; la ecuación en lazo cerrado (8.9) no aparecerán esos términos por cancelación matemática; en un experimento se cancelan por compensación.

El análisis de estabilidad asintótica del problema de control de posición se realiza con el sistema dinámico (8.9); lo primero que hay que demostrar es la existencia y unicidad del punto de equilibrio en el espacio de estados: $[\,\tilde{\boldsymbol{q}}(t) \quad \dot{\boldsymbol{q}}(t)\,]^T = \boldsymbol{0} \in \mathbb{R}^{2n}$. Por lo que, la estructura de control $\boldsymbol{\tau} \in \mathbb{R}^n$ debe contribuir a satisfacer con este requerimiento. La condición de convergencia asintótica solicitada en la definición de control de posición (8.12), se obtiene con el diseño de una función estricta de Lyapunov: $\mathcal{V}(\tilde{\boldsymbol{q}}, \dot{\boldsymbol{q}}) > 0$, tal que su potencia sea definida negativa en el estado completo: $\dot{\mathcal{V}}(\tilde{\boldsymbol{q}}, \dot{\boldsymbol{q}}) < 0$.

Sin embargo, el procedimiento para diseñar funciones estrictas de Lyapunov resulta un proceso no trivial, representa un reto teórico, que generalmente es muy complicado y no siempre se puede sintetizar el diseño; en tal caso, se puede trabajar con alguna función candidata de Lyapunov más sencilla para obtener la propiedad de estabilidad en el punto de equilibrio del sistema dinámico (8.9): $\mathcal{V}(\tilde{\boldsymbol{q}}, \dot{\boldsymbol{q}}) > 0$ y $\dot{\mathcal{V}}(\tilde{\boldsymbol{q}}, \dot{\boldsymbol{q}}) \leq 0$.

Utilizando el resultado de estabilidad del punto de equilibrio junto con el principio de invariancia de Barbashin-Krasovskii-LaSalle, teorema (8.4) se demuestra la estabilidad asintótica global hacia el origen del espacio de estados, para las variables que definen el problema de control de posición, es decir: $\lim_{t\to\infty} [\, \tilde{\boldsymbol{q}}(t) \quad \dot{\boldsymbol{q}}(t)\,]^T = \mathbf{0} \in \mathbb{R}^{2n}$, $\forall\, t \geq 0$.

Para resolver el problema de control de posición establecido en la definición (8.12), es necesario proponer una metodología de diseño para el torque $\boldsymbol{\tau} \in \mathbb{R}^n$ o par aplicado a las articulaciones del robot, tal que cumpla con la convergencia asintótica de las variables de estado $[\, \tilde{\boldsymbol{q}}(t) \quad \dot{\boldsymbol{q}}(t)\,]$ hacia el punto de equilibrio en la ecuación en lazo cerrado (8.9). Un posible planteamiento es usando la técnica de diseño conocida como moldeo de energía, que a continuación se describe [Takegaki y Arimoto, 1981], [Santibañez, 1998], [Kelly et. al, 2005], [Reyes y Rosado, 2005], [Sánchez y Reyes, 2008], [Reyes y Basil, 2020].

8.4 Control por moldeo de energía

La técnica de diseño por moldeo de energía es una metodología que se utiliza en control automático y que permite diseñar una familia extensa de algoritmos de control aplicado a robots manipuladores de n gdl; además, contribuye a generar que el punto de equilibrio del sistema dinámico (8.9) sea único y asintóticamente estable en forma global.

Moldeo de energía tiene como estructura matemática el gradiente de la energía potencial artificial $\nabla \mathcal{U}_a(K_p, \tilde{\boldsymbol{q}})$ (propuesta como energía de diseño), que moldea la energía aplicada al robot, más la incorporación de una función disipativa (acción de control derivativa) como elemento de inyección de amortiguamiento o freno mecánico a través de la velocidad articular del robot y mediante un término de compensación de gravedad para los casos de robots cuyo movimiento sea diferente a un plano horizontal.

La solución del problema de control de posición consiste en diseñar el par aplicado $\boldsymbol{\tau} \in \mathbb{R}^n$ a las articulaciones del robot de la ecuación en lazo cerrado (8.9) con la siguiente estructura de control:

$$\boldsymbol{\tau} = \nabla \mathcal{U}_a(K_p, \tilde{\boldsymbol{q}}) - \boldsymbol{f}_v(K_v, \dot{\boldsymbol{q}}) + \boldsymbol{g}(\boldsymbol{q}) \tag{8.10}$$

donde: el error de posición es denotado por $\tilde{\boldsymbol{q}} \in \mathbb{R}^n$; $\dot{\boldsymbol{q}} \in \mathbb{R}^n$ es la velocidad de movimiento, $\mathcal{U}_a(K_p, \tilde{\boldsymbol{q}}) \in \mathbb{R}_+$ representa la energía potencial artificial de diseño; $\boldsymbol{f}_v(K_v, \dot{\boldsymbol{q}}) \in \mathbb{R}^n$ es una función disipativa que introduce el comportamiento dinámico fricción artificial para obtener diferentes tipos de respuesta transitoria; $K_p \in \mathbb{R}^{n\times n}$ es una matriz constante, diagonal definida positiva; $K_v \in \mathbb{R}^{n\times n}$ es una matriz constante, definida positiva.

La compensación del par gravitacional está dado por $\boldsymbol{g}(\boldsymbol{q})$, únicamente para el caso de robots manipuladores, cuyo movimiento esté restringido a un plano horizontal, el par gravitacional es un vector cero: $\boldsymbol{g}(\boldsymbol{q}) = \boldsymbol{0} \in \mathbb{R}^n$, puesto que su energía potencial $\mathcal{U}(\boldsymbol{q})$ es una constante.

La función $\mathcal{U}_a(K_p, \tilde{\boldsymbol{q}})$ es energía potencial artificial (es diseñada, como una función definida positiva) debido a que no corresponde a la energía potencial $\mathcal{U}(\boldsymbol{q})$ del robot obtenida de la mecánica de Euler-Lagrange.

Las componentes y términos en la técnica de moldeo de energía (8.10) tienen las siguientes propiedades.

Propiedad 8.2: Energía potencial artificial $\mathcal{U}_a(K_p, \tilde{\boldsymbol{q}})$

- $\mathcal{U}_a(K_p, \tilde{\boldsymbol{q}})$ es una función continua, suave, diferenciable y definida positiva: $\mathcal{U}_a(K_p, \tilde{\boldsymbol{q}}) > 0$, si $\tilde{\boldsymbol{q}} \neq \boldsymbol{0} \in \mathbb{R}^n \wedge \mathcal{U}_a(K_p, \tilde{\boldsymbol{q}}) = 0$ si y solo si $\tilde{\boldsymbol{q}} = \boldsymbol{0} \in \mathbb{R}^n$; el único y mínimo global de $\mathcal{U}_a(K_p, \tilde{\boldsymbol{q}})$ es $\tilde{\boldsymbol{q}} = \boldsymbol{0} \in \mathbb{R}^n$.
- La ganancia proporcional $K_p \in \mathbb{R}^{n\times n}$ es una matriz constante, diagonal y definida positiva: $K_p > 0$.
- El gradiente de la energía potencial artificial $\mathcal{U}_a(K_p, \tilde{\boldsymbol{q}})$ existe y está denotado por: $\nabla\mathcal{U}_a(K_p, \tilde{\boldsymbol{q}}) = \frac{\partial}{\partial \tilde{\boldsymbol{q}}}\mathcal{U}_a(K_p, \tilde{\boldsymbol{q}}) \in \mathbb{R}^n$ y da forma a la estructura del regulador, siendo una función vectorial impar: $\nabla\mathcal{U}_a(K_p, -\tilde{\boldsymbol{q}}) = -\nabla\mathcal{U}_a(K_p, \tilde{\boldsymbol{q}})$, continua y diferenciable con respecto al error de posición $\tilde{\boldsymbol{q}}$, que satisface: $\nabla^T\mathcal{U}_a(K_p, \tilde{\boldsymbol{q}})\,\tilde{\boldsymbol{q}} > 0$; ademas, $\nabla\mathcal{U}_a(K_p, \tilde{\boldsymbol{q}}) = \boldsymbol{0} \in \mathbb{R}^n \Longleftrightarrow \tilde{\boldsymbol{q}} = \boldsymbol{0} \in \mathbb{R}^n$.

Propiedad 8.3: Acción de control derivativa $-\boldsymbol{f}_v(K_v, \dot{\boldsymbol{q}})$

El término de la acción de control derivativo contiene las siguientes propiedades:

- El término $-\boldsymbol{f}_v(K_v, \dot{\boldsymbol{q}})$ en el esquema de control por moldeo de energía (8.10) representa a la acción de control derivativo o efecto disipativo (se debe tomar en cuenta con el signo menos -); es interpretado como fricción artificial y utiliza la velocidad de movimiento $\dot{\boldsymbol{q}} \in \mathbb{R}^n$, para inyectar amortiguamiento y generar un freno mecánico: $\dot{\boldsymbol{q}}^T \boldsymbol{f}_v(K_v, \dot{\boldsymbol{q}}) > 0$ si $\dot{\boldsymbol{q}} \neq \boldsymbol{0} \in \mathbb{R}^n \wedge \boldsymbol{f}_v(K_v, \dot{\boldsymbol{q}}) = \boldsymbol{0} \Longleftrightarrow \dot{\boldsymbol{q}} = \boldsymbol{0} \in \mathbb{R}^n$. La acción de control derivativo no es un esquema de control, sirve para mejorar la respuesta del regulador de posición $\nabla\mathcal{U}_a(K_p, \tilde{\boldsymbol{q}})$. La componente $\boldsymbol{f}_v(K_v, \dot{\boldsymbol{q}})$ es una función impar: $-\boldsymbol{f}_v(K_v, \dot{\boldsymbol{q}}) = \boldsymbol{f}_v(K_v, -\dot{\boldsymbol{q}})$.

- La ganancia derivativa está representada por: $K_v \in \mathbb{R}^{n\times n}$, la cual es una matriz constante y definida positiva: $K_v > 0$.

La figura 8.9 muestra el diagrama a bloques correspondiente a la técnica de moldeo de energía; se resalta que la única variable retroalimentada es la posición del robot $\boldsymbol{q} \in \mathbb{R}^n$, para obtener el error de posición $\tilde{\boldsymbol{q}} \in \mathbb{R}^n$, el cual es procesado por el moldeo o gradiente de la energía potencial artificial $\mathcal{U}_a(K_p, \tilde{\boldsymbol{q}}) \in \mathbb{R}^n$, quien da forma estructural al regulador o esquema de control de posición; la velocidad de movimiento $\dot{\boldsymbol{q}} \in \mathbb{R}^n$ es utilizada como elemento de inyección de amortiguamiento en la función disipativa de fricción artificial $\boldsymbol{f}_v(K_v, \dot{\boldsymbol{q}})$.

Es importante resaltar que el signo menos en $-\boldsymbol{f}_v(K_v, \dot{\boldsymbol{q}})$ es parte distintiva de la acción de control derivativa, permite obtener diferentes tipos de respuesta en el transitorio: subamortiguado, amortiguamiento crítico y sobreamortiguado. Para robots que se mueven en el espacio vertical o tridimensional, se requiere compensar el par gravitacional, como el gradiente de la energía potencial. Si el robot se mueve en forma horizontal, su energía potencia es constante y el par gravitacional es cero.

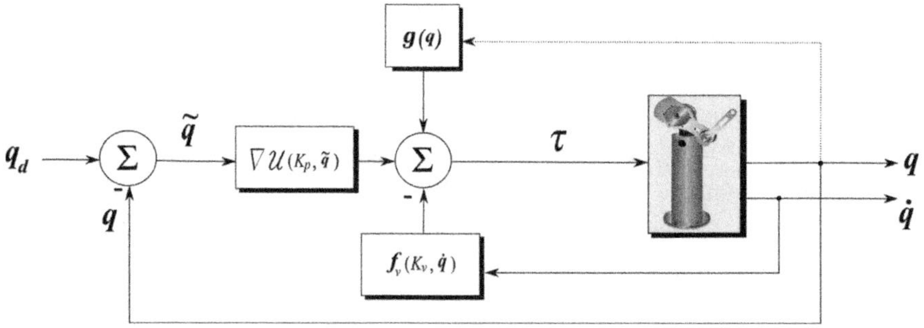

Figura 8.9: Diagrama a bloques para la técnica de moldeo de energía

Teorema 8.6: Técnica de diseño por moldeo de energía

Considere el estructura de control (8.10) y el modelo dinámico de un robot de n gdl dado por (6.6), sin considerar la fricción de Coulomb y estática; entonces la ecuación en lazo cerrado que define el problema de control de posición (8.9) posee un punto de equilibrio, el cual es único y asintóticamente estable en forma global, por lo que el objetivo de control se cumple, si se satisface lo siguiente:

$$\lim_{t\to\infty} \begin{bmatrix} \dot{\boldsymbol{q}}(t) \\ \tilde{\boldsymbol{q}}(t) \end{bmatrix} = \begin{bmatrix} \mathbf{0} \\ \mathbf{0} \end{bmatrix} \in \mathbb{R}^{2n}$$

Prueba: existencia y unicidad del punto de equilibrio. La ecuación en lazo cerrado que involucra al modelo dinámico del robot manipulador de n gdl (6.6) y la estructura de control (8.10) está dada por:

$$\frac{d}{dt}\begin{bmatrix}\tilde{\boldsymbol{q}}\\ \dot{\boldsymbol{q}}\end{bmatrix} = \begin{bmatrix}-\dot{\boldsymbol{q}}\\ M^{-1}(\boldsymbol{q}_d-\tilde{\boldsymbol{q}})\left[\nabla\mathcal{U}_a(K_p,\tilde{\boldsymbol{q}})-\boldsymbol{f}_v(K_v,\dot{\boldsymbol{q}})-C(\boldsymbol{q}_d-\tilde{\boldsymbol{q}},\dot{\boldsymbol{q}})\dot{\boldsymbol{q}}-B\dot{\boldsymbol{q}}\right]\end{bmatrix} \quad (8.11)$$

la cual resulta una ecuación diferencial con dinámica autónoma.

La existencia y unicidad del punto de equilibrio del sistema dinámico autónomo (8.11) se desarrolla a continuación:

- La primera componente de la ecuación en lazo cerrado (8.11) está dada por: $-\dot{\boldsymbol{q}} = -I\dot{\boldsymbol{q}} = \boldsymbol{0} \in \mathbb{R}^n \iff \dot{\boldsymbol{q}} = \boldsymbol{0} \in \mathbb{R}^n$, puesto que $I \in \mathbb{R}^{n\times n}$ es la matriz identidad, la cual es diagonal y definida positiva: $I > 0$. Note que, si la velocidad $\dot{\boldsymbol{q}}(t) = \boldsymbol{0} \in \mathbb{R}^n$, $\forall t \geq 0$, entonces la posición articular $\boldsymbol{q}(t) \in \mathbb{R}^n$ es un vector constante $\forall t \geq 0$; en esta etapa de la demostración, dicha constante, aun no puede ser determinada.

- La segunda componente de (8.11) está compuesta por la multiplicación de dos elementos: la inversa de la matriz de inercia $M^{-1}(\boldsymbol{q}_d - \tilde{\boldsymbol{q}})$ y el vector formado por los términos delimitados por corchetes. Usando la propiedad (6.2.3), la matriz de inercia $M(\boldsymbol{q}_d - \tilde{\boldsymbol{q}})$ es definida positiva, implica que $M^{-1}(\boldsymbol{q}_d - \tilde{\boldsymbol{q}}) > 0$, existe y también es definida positiva; de ahí que la contribución de todos los términos del vector encerrado por corchetes tienen que ser cero.

  Debido a que $\dot{\boldsymbol{q}} = \boldsymbol{0} \in \mathbb{R}^n$, usando la propiedad (6.7), la matriz de fuerzas centrípetas y de Coriolis es la matriz neutra; es decir, si: $\dot{\boldsymbol{q}} = \boldsymbol{0} \in \mathbb{R}^n \implies C(\boldsymbol{q}, \boldsymbol{0}) = O \in \mathbb{R}^{n\times n}$. Además, la matriz de coeficientes de fricción viscosa B es diagonal y definida positiva: $B\dot{\boldsymbol{q}} = \boldsymbol{0}$, si y solo si, $\dot{\boldsymbol{q}} = \boldsymbol{0}$. Con la propiedad (8.2): $\nabla\mathcal{U}_a(K_p, \tilde{\boldsymbol{q}}) = \boldsymbol{0} \iff \tilde{\boldsymbol{q}}(t) = \boldsymbol{0}$, $\forall t \geq 0$; puesto que la matriz $K_p > 0$, si $\tilde{\boldsymbol{q}} = \boldsymbol{0} \implies \boldsymbol{q} = \boldsymbol{q}_d$, entonces $\boldsymbol{q}$ es una constante, se verifica que: $\dot{\boldsymbol{q}} = \boldsymbol{0}$. Esto demuestra la existencia y unicidad del punto de equilibrio del sistema dinámico autónomo (8.11) que define el problema de control de posición.

■

Prueba: estabilidad del punto de equilibrio. Considere la función candidata de Lyapunov $\mathcal{V}(\tilde{\boldsymbol{q}}, \dot{\boldsymbol{q}})$ compuesta por la energía cinética $\mathcal{K}(\boldsymbol{q}_d - \tilde{\boldsymbol{q}}, \dot{\boldsymbol{q}})$ de un robot manipulador de n gdl más la energía potencial artificial $\mathcal{U}_a(K_p, \tilde{\boldsymbol{q}})$; entonces se tiene:

$$\mathcal{V}(\tilde{\boldsymbol{q}}, \dot{\boldsymbol{q}}) = \mathcal{K}(\boldsymbol{q}_d - \tilde{\boldsymbol{q}}, \dot{\boldsymbol{q}}) + \mathcal{U}_a(K_p, \tilde{\boldsymbol{q}}) = \tfrac{1}{2}\dot{\boldsymbol{q}}^T M(\boldsymbol{q}_d - \tilde{\boldsymbol{q}})\dot{\boldsymbol{q}} + \mathcal{U}_a(K_p, \tilde{\boldsymbol{q}}) \quad (8.12)$$

La función (8.12) es definida positiva, puesto que la energía cinética $\mathcal{K}(\boldsymbol{q}, \dot{\boldsymbol{q}})$ también lo es debido a que: $M(\boldsymbol{q}) > 0$ y por diseño se cumple que: $\mathcal{U}_a(K_p, \tilde{\boldsymbol{q}}) > 0$.

La derivada temporal de la función candidata de Lyapunov (8.12), a lo largo de las trayectorias de la ecuación en lazo cerrado, el cual es un sistema dinámico autónomo (8.11) es:

$$\begin{aligned}
\dot{\mathcal{V}}(\tilde{\boldsymbol{q}}, \dot{\boldsymbol{q}}) &= \dot{\boldsymbol{q}}^T M(\boldsymbol{q}_d - \tilde{\boldsymbol{q}})\ddot{\boldsymbol{q}} + \frac{1}{2}\dot{\boldsymbol{q}}^T \dot{M}(\boldsymbol{q}_d - \tilde{\boldsymbol{q}})\dot{\boldsymbol{q}} - \nabla\mathcal{U}_a(K_p, \tilde{\boldsymbol{q}})^T \dot{\boldsymbol{q}} \\
&= \dot{\boldsymbol{q}}^T \underbrace{M(\boldsymbol{q}_d - \tilde{\boldsymbol{q}})\, M^{-1}(\boldsymbol{q}_d - \tilde{\boldsymbol{q}})}_{\text{matriz identidad: } I \,\in\, \mathbb{R}^{n\times n}} \left[\nabla\mathcal{U}_a(K_p, \tilde{\boldsymbol{q}}) - \boldsymbol{f}_v(K_v, \dot{\boldsymbol{q}}) - C(\boldsymbol{q}_d - \tilde{\boldsymbol{q}}, \dot{\boldsymbol{q}})\dot{\boldsymbol{q}} - B\dot{\boldsymbol{q}}\right] \\
&\quad + \tfrac{1}{2}\dot{\boldsymbol{q}}^T \dot{M}(\boldsymbol{q}_d - \tilde{\boldsymbol{q}})\dot{\boldsymbol{q}} - \nabla\mathcal{U}_a(K_p, \tilde{\boldsymbol{q}})^T \dot{\boldsymbol{q}} \\
&= \cancel{\dot{\boldsymbol{q}}^T \nabla\mathcal{U}_a(K_p, \tilde{\boldsymbol{q}})} - \dot{\boldsymbol{q}}^T \boldsymbol{f}_v(K_v, \dot{\boldsymbol{q}}) - \dot{\boldsymbol{q}}^T B\dot{\boldsymbol{q}} - \cancel{\dot{\boldsymbol{q}}^T \nabla\mathcal{U}_a(K_p, \tilde{\boldsymbol{q}})} \\
&\quad + \underbrace{\frac{1}{2}\dot{\boldsymbol{q}}^T \left[\dot{M}(\boldsymbol{q}_d - \tilde{\boldsymbol{q}}) - 2C(\boldsymbol{q}_d - \tilde{\boldsymbol{q}},\, \dot{\boldsymbol{q}})\right]\dot{\boldsymbol{q}}}_{\text{propiedad de antisimetría (6.11): } \frac{1}{2}\dot{\boldsymbol{q}}^T\left[\dot{M}(\boldsymbol{q}_d - \tilde{\boldsymbol{q}}) - 2C(\boldsymbol{q}_d - \tilde{\boldsymbol{q}},\, \dot{\boldsymbol{q}})\right]\dot{\boldsymbol{q}} = 0} \\
&= -\dot{\boldsymbol{q}}^T \boldsymbol{f}_v(K_v, \dot{\boldsymbol{q}}) - \dot{\boldsymbol{q}}^T B\dot{\boldsymbol{q}} \leq 0 \qquad (8.13)
\end{aligned}$$

Usando la propiedad (8.3), la acción de control derivativo cumple con $\dot{\boldsymbol{q}}^T \boldsymbol{f}_v(K_v, \dot{\boldsymbol{q}}) > 0$ y la matriz $B > 0 \implies \dot{\boldsymbol{q}}^T B\dot{\boldsymbol{q}} > 0$; el resultado desarrollado en (8.13) es una función semidefinida negativa: $\dot{\mathcal{V}}(\tilde{\boldsymbol{q}}, \dot{\boldsymbol{q}}) \leq 0$; esto es: $\dot{\mathcal{V}}(\tilde{\boldsymbol{q}}, \dot{\boldsymbol{q}}) = 0 \iff \dot{\boldsymbol{q}} = \boldsymbol{0} \in \mathbb{R}^n \wedge \tilde{\boldsymbol{q}} \in \mathbb{R}^n$; de acuerdo con el teorema de estabilidad de Lyapunov (8.1) la estabilidad global del punto de equilibrio de la ecuación (8.11) queda demostrada.

La función de energía (8.12) es decreciente por la propiedad (8.1) y las variables de estado $\tilde{\boldsymbol{q}}, \dot{\boldsymbol{q}} \in \mathbb{R}^n$ satisfacen el teorema (8.5) de interconexión entre la norma $\mathcal{L}$ y teoría de estabilidad de Lyapunov: $\tilde{\boldsymbol{q}}(t), \dot{\boldsymbol{q}} \in \mathcal{L}_\infty^n$, $\forall t \geq 0$ y $\dot{\boldsymbol{q}}(t) \in \mathcal{L}_2^n$, $\forall t \geq 0$.

■

Prueba: Estabilidad asintótica del punto de equilibrio. Debido a que la ecuación en lazo cerrado (8.11) es un sistema dinámico autónomo, el principio de invariancia de Barbashin-Krasovskii-LaSalle, teorema (8.4) implica la estabilidad asintótica del punto de equilibrio. Sea el siguiente conjunto invariante:

$$\Omega = \left\{ \begin{bmatrix} \tilde{\boldsymbol{q}} \\ \dot{\boldsymbol{q}} \end{bmatrix} \in \mathbb{R}^{2n} : \dot{\mathcal{V}}(\tilde{\boldsymbol{q}}, \dot{\boldsymbol{q}}) = 0 \Longleftrightarrow \dot{\boldsymbol{q}} = \boldsymbol{0} \ \wedge \ \tilde{\boldsymbol{q}} \in \mathbb{R}^n \right\} \tag{8.14}$$

Note que $\dot{\mathcal{V}}(\tilde{\boldsymbol{q}}, \dot{\boldsymbol{q}}) = 0 \Longleftrightarrow \dot{\boldsymbol{q}} = \boldsymbol{0}$ y el error de posición $\tilde{\boldsymbol{q}} \in \mathbb{R}^n$ puede ser cualquier vector, no necesariamente el neutro, entonces para que la solución $[\tilde{\boldsymbol{q}}(t), \dot{\boldsymbol{q}}(t)]^T \in \mathbb{R}^{2n}$ de la ecuación en lazo cerrado (8.11) pertenezca al conjunto invariante (8.14) es necesario que: $\dot{\boldsymbol{q}}(t) = \boldsymbol{0}$, $\forall t \geq 0$.

Además, puesto que se cumple: $\nabla \mathcal{U}_a(K_p, \tilde{\boldsymbol{q}}) = \boldsymbol{0} \Longleftrightarrow \tilde{\boldsymbol{q}} = \boldsymbol{0}$, entonces el máximo conjunto invariante $\Omega_\epsilon \in \Omega$ es el origen del espacio de variables de estado, $[\tilde{\boldsymbol{q}}, \dot{\boldsymbol{q}}]^T = [\boldsymbol{0}, \boldsymbol{0}]^T \in \mathbb{R}^{2n}$, y debido a que el punto de equilibrio en la ecuación (8.11) es único y resulta ser el origen de espacio de estados, se tiene:

$$\Omega_\epsilon = \left\{ \begin{bmatrix} \tilde{\boldsymbol{q}} \\ \dot{\boldsymbol{q}} \end{bmatrix} \in \mathbb{R}^{2n} : \dot{\mathcal{V}}(\tilde{\boldsymbol{q}}, \dot{\boldsymbol{q}}) = 0 \Longleftrightarrow \dot{\boldsymbol{q}} = \boldsymbol{0} \ \wedge \ \tilde{\boldsymbol{q}} = \boldsymbol{0} \right\} \tag{8.15}$$

La función $\mathcal{V}(\tilde{\boldsymbol{q}}, \dot{\boldsymbol{q}})$ es definida positiva con un único y mínimo global en el punto de equilibrio $[\tilde{\boldsymbol{q}}, \ \dot{\boldsymbol{q}}]^T = \boldsymbol{0}$, entonces el origen resulta el máximo conjunto invariante Ω_ϵ que está en Ω. Por lo tanto, usando el teorema (8.4) se concluye que el origen del espacio de estados es asintóticamente estable en forma global, es decir: $\lim_{t\to\infty} \begin{bmatrix} \tilde{\boldsymbol{q}}(t) \\ \dot{\boldsymbol{q}}(t) \end{bmatrix} = \begin{bmatrix} \boldsymbol{0} \\ \boldsymbol{0} \end{bmatrix} \in \mathbb{R}^{2n}$.

■

8.5 Control PD

El algoritmo de control proporcional derivativo (PD) es el más simple y popular utilizado en el área de control automático. Desde la década de los años 1950 se empleaba en los inicios de la robótica y durante mucho tiempo. Este algoritmo permaneció empírico, puesto que carecía de un sustento científico en aspectos de estabilidad y su empleo se reducía a la experimentación o aplicaciones prácticas que se realizaban por intuición.

La demostración formal de estabilidad del punto de equilibrio de la ecuación en lazo cerrado formada por la dinámica del robot manipulador y el algoritmo de control PD se llevó por [Tagegaki y Arimoto, 1981] sentando las bases para el desarrollo de control de robots manipuladores.

Suguru Arimoto (1936...), científico japonés

El profesor Suguru Arimoto nació el 3 de agosto de 1936 en Hiroshima, Japón. Es licenciado en matemáticas por la Universidad Kyoto en 1959. Trabajó para la industria eléctrica de Oki de 1959 a 1961. Doctor en Ingeniería de Control por la Universidad de Tokyo en 1967. De 1962 a 1967 fue investigador asistente en el Departamento de Ingeniería de la Universidad de Tokyo. En 1968 estuvo en la Facultad de Ciencias de la Ingeniería de la misma Universidad. Desde 1997 ha sido profesor del Departamento de Robótica de la Universidad de Ritsumeikan.

El profesor Arimoto ha realizado importantes contribuciones en la teoría de control, cibernética, máquinas inteligentes; particularmente en robótica propuso las bases de moldeo de energía para control de posición, diversos esquemas de pasividad, control de impedancia, control cartesiano, etc. De 1995 a 1997 fue el presidente de la Sociedad de Robótica de Japón (RSJ). Ha recibido múltiples reconocimientos: Medalla Royal del gobierno japonés en el año 2000. La Medalla Conmemortiva del Tercer Milenium de la IEEE en el año 2000. Premio Pionner Award de la Sociedad de Robótica y Automatización de la IEEE en 2006 y la Medalla Rufus Oldenburger de la ASME en 2007.

El control PD más compensación de gravedad está dado por:

$$\boldsymbol{\tau} = K_p\tilde{\boldsymbol{q}} - K_v\dot{\boldsymbol{q}} + \boldsymbol{g}(\boldsymbol{q}) \tag{8.16}$$

donde $\tilde{\boldsymbol{q}} \in \mathbb{R}^n$ es el vector de error de posición, definido como la diferencia entre la referencia deseada $\boldsymbol{q}_d \in \mathbb{R}^n$ y la posición actual del robot $\boldsymbol{q} \in \mathbb{R}^n$; la ganancia proporcional $K_p \in \mathbb{R}^{n\times n}$ es una matriz diagonal definida positiva; $K_v \in \mathbb{R}^{n\times n}$ es la ganancia derivativa, matriz definida positiva.

La ecuación en lazo cerrado expresada en variables de estado que define el problema de control de posición (8.11) se forma con el modelo dinámico de un robot manipulador de n gdl (6.6) y la estructura del esquema PD (8.16):

$$\frac{d}{dt}\begin{bmatrix}\tilde{\boldsymbol{q}}\\ \dot{\boldsymbol{q}}\end{bmatrix} = \begin{bmatrix}-\dot{\boldsymbol{q}}\\ M^{-1}(\boldsymbol{q}_d-\tilde{\boldsymbol{q}})\left[K_p\tilde{\boldsymbol{q}} - K_v\dot{\boldsymbol{q}} - B\dot{\boldsymbol{q}} - C(\boldsymbol{q}_d-\tilde{\boldsymbol{q}},\dot{\boldsymbol{q}})\dot{\boldsymbol{q}}\right]\end{bmatrix} \tag{8.17}$$

La existencia y unicidad del punto de equilibrio de la ecuación en lazo cerrado (8.17) se detalla a continuación. La primera componente tiene la forma: $-\dot{\boldsymbol{q}} = -I\dot{\boldsymbol{q}} = \boldsymbol{0} \in \mathbb{R}^n \iff \dot{\boldsymbol{q}} = \boldsymbol{0} \in \mathbb{R}^n$, puesto que $I \in \mathbb{R}^{n\times n}$ es la matriz identidad: $I > 0$. En la segunda componente de (8.17), la matriz de inercia es $M(\boldsymbol{q}_d - \tilde{\boldsymbol{q}}) > 0 \iff M^{-1}(\boldsymbol{q}_d - \tilde{\boldsymbol{q}}) > 0$; entonces debe ser cero el vector: $[K_p\tilde{\boldsymbol{q}} - K_v\dot{\boldsymbol{q}} - B\dot{\boldsymbol{q}} - C(\boldsymbol{q}_d-\tilde{\boldsymbol{q}},\dot{\boldsymbol{q}})\dot{\boldsymbol{q}}] = \boldsymbol{0} \in \mathbb{R}^n$; la matriz de fuerzas centrípetas y de Coriolis $C(\boldsymbol{q},\ \dot{\boldsymbol{q}})$ es cero, cuando $\dot{\boldsymbol{q}} = \boldsymbol{0} \in \mathbb{R}^n$. La matriz de fricción viscosa B es diagonal y definida positiva: $B\dot{\boldsymbol{q}} = \boldsymbol{0} \iff \dot{\boldsymbol{q}} = \boldsymbol{0}$; puesto que $K_p > 0$: $K_p\,\tilde{\boldsymbol{q}} = \boldsymbol{0} \iff \tilde{\boldsymbol{q}}(t) = \boldsymbol{0},\ \forall t \geq 0$. Esto demuestra la existencia y unicidad del punto de equilibrio $[\tilde{\boldsymbol{q}},\ \dot{\boldsymbol{q}}]^T = [\boldsymbol{0},\ \boldsymbol{0}]^T$ de la ecuación (8.17).

Considérese la siguiente función candidata de Lyapunov [Takegaki y Arimoto, 1981]:

$$\mathcal{V}(\tilde{\boldsymbol{q}},\dot{\boldsymbol{q}}) = \tfrac{1}{2}\dot{\boldsymbol{q}}^T M(\boldsymbol{q}_d-\tilde{\boldsymbol{q}})\dot{\boldsymbol{q}} + \tfrac{1}{2}\tilde{\boldsymbol{q}}^T K_p\tilde{\boldsymbol{q}} = \tfrac{1}{2}\begin{bmatrix}\tilde{\boldsymbol{q}}\\ \dot{\boldsymbol{q}}\end{bmatrix}^T \begin{bmatrix}K_p & O\\ O & M(\boldsymbol{q}_d-\tilde{\boldsymbol{q}})\end{bmatrix}\begin{bmatrix}\tilde{\boldsymbol{q}}\\ \dot{\boldsymbol{q}}\end{bmatrix} \tag{8.18}$$

la energía cinética $\mathcal{K}(\boldsymbol{q}_d - \tilde{\boldsymbol{q}}, \dot{\boldsymbol{q}})$ es una función definida positiva debido a que la matriz de inercia es definida positiva: $M(\boldsymbol{q}_d - \tilde{\boldsymbol{q}}) > 0$. El segundo término representa la energía potencial artificial $\mathcal{U}_a(K_p,\ \tilde{\boldsymbol{q}})$, la cual es una función cuadrática del error de posición $\tilde{\boldsymbol{q}}$ y por diseño la ganancia proporcional $K_p > 0$ es una matriz definida positiva. Por lo tanto la función $\mathcal{V}(\tilde{\boldsymbol{q}},\dot{\boldsymbol{q}})$ es definida positiva.

La derivada temporal de la función candidata de Lyapunov (8.18), a lo largo de las trayectorias del sistema dinámico autónomo (8.11) es:

$$\begin{aligned}
\dot{\mathcal{V}}(\tilde{\boldsymbol{q}},\dot{\boldsymbol{q}}) &= \dot{\boldsymbol{q}}^T M(\boldsymbol{q}_d-\tilde{\boldsymbol{q}})\ddot{\boldsymbol{q}} + \frac{1}{2}\dot{\boldsymbol{q}}^T \dot{M}(\boldsymbol{q}_d-\tilde{\boldsymbol{q}})\dot{\boldsymbol{q}} - \tilde{\boldsymbol{q}}^T K_p \dot{\boldsymbol{q}} \\
&= \cancel{\tilde{\boldsymbol{q}}^T K_p \dot{\boldsymbol{q}}} - \dot{\boldsymbol{q}}^T K_v \dot{\boldsymbol{q}} - \dot{\boldsymbol{q}}^T B \dot{\boldsymbol{q}} + \underbrace{-\dot{\boldsymbol{q}}^T C(\boldsymbol{q}_d-\tilde{\boldsymbol{q}},\dot{\boldsymbol{q}})\dot{\boldsymbol{q}} + \frac{1}{2}\dot{\boldsymbol{q}}^T \dot{M}(\boldsymbol{q}_d-\tilde{\boldsymbol{q}})\dot{\boldsymbol{q}}}_{\text{propiedad (6.11)}:\frac{1}{2}\dot{\boldsymbol{q}}^T\left[\dot{M}(\boldsymbol{q}_d-\tilde{\boldsymbol{q}},\dot{\boldsymbol{q}}) - 2C(\boldsymbol{q}_d-\tilde{\boldsymbol{q}},\dot{\boldsymbol{q}})\right]\dot{\boldsymbol{q}}=0} - \cancel{\tilde{\boldsymbol{q}}^T K_p \dot{\boldsymbol{q}}} \\
&= -\dot{\boldsymbol{q}}^T K_v \dot{\boldsymbol{q}} - \dot{\boldsymbol{q}}^T B \dot{\boldsymbol{q}} = -\dot{\boldsymbol{q}}^T \left[K_v + B\right]\dot{\boldsymbol{q}} \le 0 \qquad (8.19)
\end{aligned}$$

De acuerdo con la propiedad (8.3), la acción de control derivativo satisface: $\dot{\boldsymbol{q}}^T K_v \dot{\boldsymbol{q}} > 0$ y la matriz $B > 0 \implies \dot{\boldsymbol{q}}^T B \dot{\boldsymbol{q}} > 0$; por lo que la potencia mecánica (8.19) es una función semidefinida negativa: $\dot{\mathcal{V}}(\tilde{\boldsymbol{q}},\dot{\boldsymbol{q}}) \le 0$; aplicando el teorema (8.1), la estabilidad global del punto de equilibrio de la ecuación (8.17) está demostrada.

La ecuación en lazo cerrado (8.17) es una sistema dinámico autónomo, entonces es posible demostrar la estabilidad asintótica del punto de equilibrio a través del principio de invariancia de Barbashin-Krasovskii-LaSalle, teorema (8.4); usando el máximo conjunto invariante definido en (8.15): $\Omega_\epsilon \subset \Omega$; queda demostrada: $\lim_{t\to\infty}\begin{bmatrix}\tilde{\boldsymbol{q}}(t)\\ \dot{\boldsymbol{q}}(t)\end{bmatrix} = \begin{bmatrix}\boldsymbol{0}\\ \boldsymbol{0}\end{bmatrix} \in \mathbb{R}^{2n}$. ■

La función de energía (8.18) es decreciente por la propiedad (8.1) y las variables de estado $\tilde{\boldsymbol{q}},\dot{\boldsymbol{q}} \in \mathbb{R}^n$ cumplen con el teorema (8.5): $\tilde{\boldsymbol{q}}(t),\dot{\boldsymbol{q}} \in \mathcal{L}_\infty^n$, $\forall t \ge 0$ y $\dot{\boldsymbol{q}}(t) \in \mathcal{L}_2^n$, $\forall t \ge 0$.

Consecuentemente se cumplen las siguientes expresiones:

$$\begin{aligned}
0 < \underbrace{\frac{1}{2}\dot{\boldsymbol{q}}^T(t)M(\boldsymbol{q}_d-\tilde{\boldsymbol{q}}(t))\dot{\boldsymbol{q}}(t) + \frac{1}{2}\tilde{\boldsymbol{q}}^T(t)K_p\tilde{\boldsymbol{q}}(t)}_{\mathcal{V}(\tilde{\boldsymbol{q}}(t),\,\dot{\boldsymbol{q}}(t))} &\le \underbrace{\frac{1}{2}\dot{\boldsymbol{q}}^T(0)M(\boldsymbol{q}_d-\tilde{\boldsymbol{q}}(t))\dot{\boldsymbol{q}}(0) + \frac{1}{2}\tilde{\boldsymbol{q}}^T(0)K_p\tilde{\boldsymbol{q}}(0)}_{\mathcal{V}(\tilde{\boldsymbol{q}}(0),\,\dot{\boldsymbol{q}}(0))} \\
\tfrac{1}{2}\tilde{\boldsymbol{q}}(t)^T K_p\,\tilde{\boldsymbol{q}}(t) \le \mathcal{V}(\tilde{\boldsymbol{q}}(0),\dot{\boldsymbol{q}}(0)) \implies \|\tilde{\boldsymbol{q}}(t)\| &\le \sqrt{\frac{\beta_M\,\|\dot{\boldsymbol{q}}(0)\|^2 + \lambda_{K_p}^{\text{máx}}\,\|\tilde{\boldsymbol{q}}(0)\|^2}{\lambda_{K_p}^{\text{mín}}}} \\
\tfrac{1}{2}\dot{\boldsymbol{q}}(t)^T M(\boldsymbol{q}_d-\tilde{\boldsymbol{q}}(t))\,\dot{\boldsymbol{q}}(t) \le \mathcal{V}(\tilde{\boldsymbol{q}}(0),\dot{\boldsymbol{q}}(0)) \implies \|\dot{\boldsymbol{q}}(t)\| &\le \sqrt{\frac{\beta_M\,\|\dot{\boldsymbol{q}}(0)\|^2 + \lambda_{K_p}^{\text{máx}}\,\|\tilde{\boldsymbol{q}}(0)\|^2}{\lambda_{M}^{\text{mín}}}}
\end{aligned}$$

8.5.1 Análisis cualitativo del control PD

El algoritmo de control PD (8.16) tiene en su estructura matemática, la componente de control proporcional, la acción de control derivativo más compensación de gravedad. Resulta evidente el nombre de control proporcional, puesto que está formado por el producto: $K_p\tilde{\boldsymbol{q}}$, el cual indica claramente su dependencia proporcional al error de posición; donde $K_p \in \mathbb{R}^{n\times n}$ es una matriz diagonal definida positiva denominada ganancia proporcional; $\tilde{\boldsymbol{q}} \in \mathbb{R}^n$ es el error de posición, definido como: $\tilde{\boldsymbol{q}} = \boldsymbol{q}_d - \boldsymbol{q}$.

A la componente $-K_v\dot{\boldsymbol{q}}$ se le conoce como acción de control derivativa; siendo $K_v \in \mathbb{R}^{n\times n}$ una matriz definida positiva ($K_v > 0$), denominada ganancia derivativa y la velocidad de movimiento rotacional $\dot{\boldsymbol{q}} \in \mathbb{R}^n$. Esta componente no representa un esquema de control, inyecta fricción artificial o efecto disipativo, para atenuar o eliminar los sobreimpulsos, oscilaciones y vibraciones de la fase transitoria; de esta forma mejora las características de respuesta y desempeño del control proporcional $K_p\tilde{\boldsymbol{q}}$. Las características disipativas están representadas por el signo menos (-); puesto que, un signo positivo: $+K_v\dot{\boldsymbol{q}}$, significa compensación de fricción y no un freno mecánico.

La estructura del control PD incluye el término de compensación de gravedad $\boldsymbol{g}(\boldsymbol{q}) \in \mathbb{R}^n$, es una componente parcial de la dinámica del robot y se utiliza en robots que se mueven en el plano vertical o en el espacio tridimensional. Para robots, con movimiento restringido al plano horizontal, la energía potencial $\mathcal{U}(\boldsymbol{q})$ es constante y el par gravitacional es cero.

Para entender el funcionamiento básico del esquema de control PD más compensación de gravedad, se utiliza como caso de estudio a un péndulo. La ecuación en lazo cerrado del problema de control de posición se deduce usando el modelo dinámico del sistema mecánico (6.19) (sin tomar en cuenta la fricción de Coulomb) y la estructura del algoritmo de control PD es:

$$\frac{d}{dt}\begin{bmatrix}\tilde{q}_1\\ \dot{q}_1\end{bmatrix} = \begin{bmatrix}-\dot{q}_1\\ \frac{1}{\mathcal{I}_{p1}}\left[k_{p1}\tilde{q}_1-(k_{v1}+b_1)\dot{q}_1\right]\end{bmatrix} = \underbrace{\begin{bmatrix}0 & -1\\ \frac{k_{p1}}{\mathcal{I}_{p1}} & -\frac{k_{v1}+b_1}{\mathcal{I}_{p1}}\end{bmatrix}}_{A}\begin{bmatrix}\tilde{q}_1\\ \dot{q}_1\end{bmatrix} \qquad (8.20)$$

A pesar de que la dinámica del péndulo y la estructura de control PD más compensación son sistemas no lineales, resulta que la ecuación en lazo cerrado (8.20) es lineal; entonces, la demostración para la existencia y unicidad del punto de equilibrio es inmediata; la matriz de parámetros $A \in \mathbb{R}^{2\times 2}$ es invertible, debido a que su determinante: $\det[A] = \frac{k_{p1}}{\mathcal{I}_{p_1}} > 0$.

Otro tipo de argumentos para demostrar la existencia y unicidad del punto de equilibrio de la ecuación en lazo cerrado (8.20) son los siguientes: su primera componente es: $-\dot{q}_1 = (-1)\dot{q}_1 = 0 \Longleftrightarrow \dot{q}_1 = 0$; en consecuencia, la posición $q_1 \in \mathbb{R}$ es una constante, puesto que: $\dot{q}_1 = \frac{d}{dt}q_1 = 0$; en este punto del desarrollo, esa constante no puede ser determinada, aún. La segunda componente de (8.20): $\ddot{q}_1 = \frac{1}{\mathcal{I}_{p_1}}\left[\, k_{p1}\tilde{q}_1 - (k_{v1}+b_1)\,\dot{q}_1\,\right] = 0$; además, $\mathcal{I}_{p_1} > 0$, entonces lo que está delimitado por los corchetes debe ser cero: $\left[\, k_{p1}\tilde{q}_1 - (k_{v1}+b_1)\,\dot{q}_1\,\right] = 0$; debido a que: $\dot{q}_1 = 0$ y $k_{v1},\ b_1 \in \mathbb{R}_+$, significa que: $(k_{v1}+b_1)\,\dot{q}_1 = 0$; puesto que, la ganancia proporcional k_{p1} es positiva, $k_{p1}\tilde{q}_1 = 0 \Longleftrightarrow \tilde{q}_1 = 0 \Longleftrightarrow q_1 = q_{d1}$. En efecto, esto confirma que $q_1(t)$ es una constante (cuando alcanza el estado estacionario) y su valor es la posición deseada q_{d1}. Por lo tanto, el punto de equilibrio de (8.20) existe y es único y corresponde al origen del espacio de estados: $[\,\tilde{q}_1 \quad \dot{q}_1\,]^T = [\,0 \quad 0\,]^T = \mathbf{0} \in \mathbb{R}^2$.

De la función de Lyapunov (8.18), se deduce directamente la función de energía $\mathcal{V}(\tilde{q}_1,\ \dot{q}_1)$, para realizar el análisis de estabilidad del péndulo:

$$\mathcal{V}(\tilde{q}_1,\ \dot{q}_1) = \frac{1}{2}\mathcal{I}_{p_1}\dot{q}_1^2 + \frac{1}{2}k_{p1}\tilde{q}_1^2 = \frac{1}{2}\begin{bmatrix}\tilde{q}_1\\ \dot{q}_1\end{bmatrix}^T \underbrace{\begin{bmatrix}k_{p1} & 0\\ 0 & \mathcal{I}_{p_1}\end{bmatrix}}_{P} \begin{bmatrix}\tilde{q}_1\\ \dot{q}_1\end{bmatrix} \tag{8.21}$$

puesto que la matriz $P \in \mathbb{R}^{2\times 2}$ es definida positiva: $P = P^T > 0$; la función candidata de Lyapunov $\mathcal{V}(\tilde{q}_1,\ \dot{q}_1)$ dada en (8.21) es definida positiva.

La potencia mecánica $\dot{\mathcal{V}}(\tilde{q}_1,\ \dot{q}_1)$ es la derivada con respecto al tiempo de la función de energía $\mathcal{V}(\tilde{q}_1,\ \dot{q}_1)$ establecida en (8.21):

$$\begin{aligned}\dot{\mathcal{V}}(\tilde{q}_1,\ \dot{q}_1) &= \mathcal{I}_{p_1}\dot{q}_1\ddot{q}_1 - k_{p1}\tilde{q}_1\dot{q}_1 = \cancel{k_{p1}\tilde{q}_1}\dot{q}_1 - (k_{v1}+b_1)\,\dot{q}_1^2 - \cancel{k_{p1}\tilde{q}_1\dot{q}_1}\\ &= -\,(k_{v1}+b_1)\,\dot{q}_1^2 \leq 0 \end{aligned} \tag{8.22}$$

lo que demuestra la estabilidad global del punto de equilibrio del sistema dinámico autónomo (8.20), puesto que, la potencia mecánica $\dot{\mathcal{V}}(\tilde{q}_1,\ \dot{q}_1)$ es una función semidefinida negativa (8.22); no está expresada en el estado completo $[\tilde{q}_1 \quad \dot{q}_1]^T \in \mathbb{R}^2$; solo es función de $\dot{q}_1$ y no depende de $\tilde{q}_1$; la potencia mecánica es cero, si la velocidad de movimiento es cero y el error de posición cualquier valor: $\dot{\mathcal{V}}(\tilde{q}_1,\, \dot{q}_1) = 0 \Longleftrightarrow \dot{q}_1 = 0 \wedge \tilde{q}_1 \in \mathbb{R}$. La estabilidad asintótica del punto de equilibrio de (8.20) se obtiene con el teorema (8.4) del principio de invariancia de Barbashin-Krasovskii-LaSalle, usando el máximo conjunto invariante Ω_ϵ:

$$\Omega_\epsilon \;=\; \left\{ \begin{bmatrix} \tilde{q}_1 \\ \dot{q}_1 \end{bmatrix} \in \mathbb{R}^2 :\; \dot{\mathcal{V}}(\tilde{q}_1,\, \dot{q}_1) = 0 \Longleftrightarrow \dot{q}_1 = 0 \;\wedge\; \tilde{q}_1 = 0 \right\}$$

luego entonces, $\lim_{t\to\infty} [\tilde{q}_1(t) \quad \dot{q}_1(t)]^T = [0 \quad 0]^T = \mathbf{0} \in \mathbb{R}^2,\ \forall t \geq 0$.

Considere las condiciones iniciales: $q_1(0) = 0 \Longrightarrow \tilde{q}_1(0) = q_{d1} - q_1(0) = q_{d1}$ rad y $\dot{q}_1(0) = 0$ rad/s; la posición de casa del péndulo está colocada sobre el eje $-y_0$; la referencia deseada es: $q_{d1} = \frac{\pi}{2}$ rad; por ejemplo, ver los programas de simulación para MATLAB, descritos en los cuadros de código 8.1-8.3.

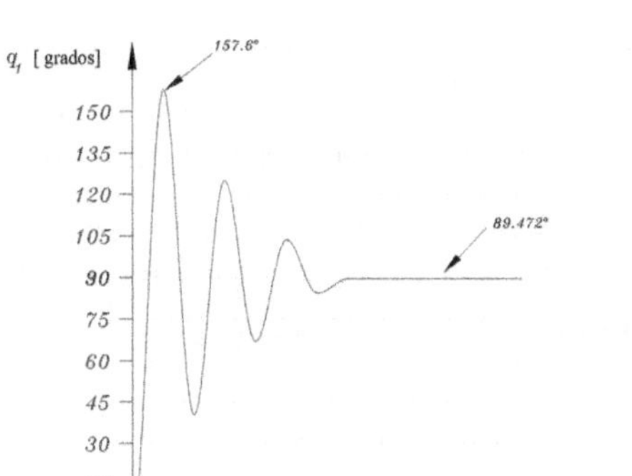

Figura 8.10: Respuesta $q_1(t)$, con $k_{v1} << 1$

La primera fase de estudio cualitativo del algoritmo de control PD es cuando el efecto del amortiguamiento de la acción de control derivativa es muy pequeña. En este caso, la posición del péndulo exhibe un transitorio abrupto, compuesto de varios picos o sobreimpulsos que rebasan a q_{d1}, seguida de diversas oscilaciones que van desapareciendo en forma gradual debido a la fricción viscosa $b_1\dot{q}_1$ del péndulo de transmisión directa, hasta alcanzar el estado estacionario, como se muestra en la figura 8.10. Para una fácil interpretación, se ha considerado a la posición $q_1(t)$ en grados. Si la ganancia derivativa aumenta, su efecto de amortiguamiento se incrementa; esto puede eliminar los picos, vibraciones y oscilaciones de la respuesta transitoria.

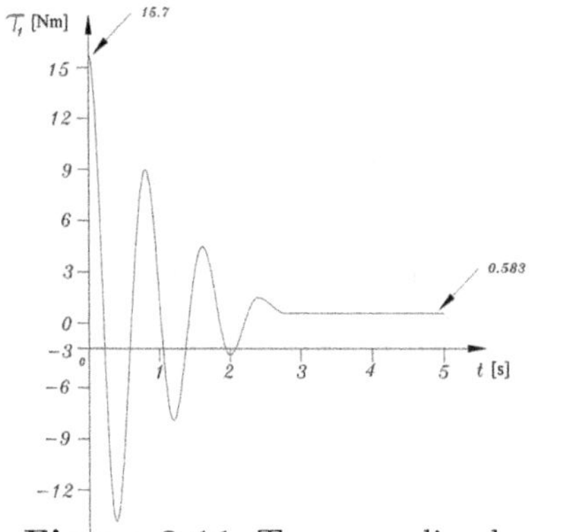

Figura 8.11: Torque aplicado τ_1

La gráfica 8.11 muestra la evolución en el tiempo de la energía aplicada $\tau_1(t)$ al péndulo, para posicionarlo en q_{d1}. Esta energía está determinada por la estructura del esquema de control PD más compensación de gravedad: $\tau_1 = k_{p1}\tilde{q}_1 - k_{v1}\dot{q}_1 + m_1 g l_{c1} \operatorname{sen}(q_1)$. Note que la respuesta transitoria de $\tau_1(t)$ es muy similar a la respuesta de $q_1(t)$ (ver figura 8.10). En estado estacionario, el error de posición $\tilde{q}_1(t)$ es cero o muy pequeño $\tilde{q}_1(t) \approx 0$, la posición $q_1(t)$ es una constante: $\dot{q}_1 = 0$; por lo que: $\tau_1 = m_1 g l_{c1} \operatorname{sen}(q_1)$, la cual es una condición necesaria para la existencia del punto de equilibrio; permite al péndulo permanecer en la posición deseada q_{d1}; de otra manera, por acción de la gravedad, el péndulo tiende a regresar a su posición de casa, aumentando el error $\tilde{q}_1(t)$, con la consecuente asignación de energía $\tau_1(t)$ para retornarlo al q_{d1} (*set-point*); este proceso puede originar un estado oscilatorio.

La gráfica izquierda de la figura 8.12 muestra la trayectoria de movimiento $[\, x_1(t) \quad y_1(t)\,]^T$ del péndulo en su espacio de trabajo sobre el plano $x_0 - y_0$. Exhibe sobreimpulsos y comportamiento oscilatorio del régimen transitorio que se presenta la respuesta $q_1(t)$ de la figura 8.10. La gráfica derecha de la figura 8.12 es un diagrama fase de las variables de estado, representa la evidencia del atractor del punto de equilibrio de la ecuación (8.20).

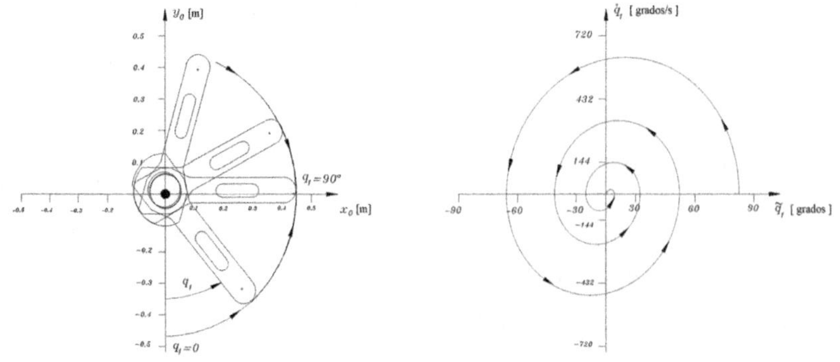

Figura 8.12: Trayectoria en el espacio de trabajo y diagrama fase

El atractor que tiene el punto de equilibrio, las variables de estado $\tilde{q}_1(t)$ y $\dot{q}_1(t)$ tienen convergencia asintótica hacia el origen del espacio de estados. Las condiciones iniciales de la ecuación en lazo cerrado (8.20) se encuentran dentro del atractor: $\tilde{q}_1(0) = q_{d1} = \frac{\pi}{2}$ rad y $\dot{q}_1(0) = 0$ rad/s; la inyección de energía $\mathcal{V}(\tilde{q}_1, \dot{q}_1)$ dada por (8.21) trae como consecuencia: $\lim_{t\to\infty} [\, \tilde{q}_1(t) \quad \dot{q}_1(t)\,]^T = [\,0 \quad 0\,]^T = \mathbf{0} \in \mathbb{R}^2$.

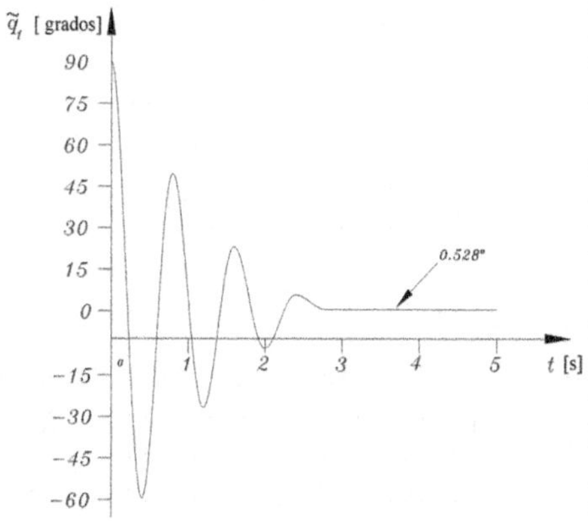

Figura 8.13: Error de posición

En robótica es común representar la respuesta de un brazo robot a través del error de posición, como se indica en la figura 8.13, en lugar de la posición (figura 8.10). Esta característica se debe a que el algoritmo de control está diseñado para lograr la convergencia asintótica $\lim_{t\to\infty} [\, \tilde{q}_1(t), \ \dot{q}_1(t)\,]^T = [\,0, \ 0\,]^T$. En la práctica resulta útil presentar el comportamiento asintótico del error de posición: $\tilde{q}_1(t) \longrightarrow 0 \Longrightarrow q_1(t) \longrightarrow q_{d1}$. La gráfica 8.13 del error de posición $\tilde{q}_1(t)$ contiene la misma información descrita por la gráfica 8.10 de la posición $q_1(t)$; se puede considerar que ambas gráficas describen exactamente el mismo comportamiento del péndulo. De hecho, la curva de la posición (figura 8.10) se encuentra rotada 180° hacia abajo como si fuera visto en un espejo colocado en forma perpendicular sobre el eje vertical (considerando que cada gráfica tiene escalas diferentes en el eje vertical). De manera equivalente, la gráfica 8.13 del error de posición se encuentra autocontenida en la gráfica de la posición de la figura 8.10. Si $\tilde{q}_1 < 0$, significa que hay un sobreimpulso, por lo que se aplica torque negativo τ_1 para retroceder su movimiento, evitando que se aleje de la referencia deseada q_{d1}. Para $\tilde{q}_1 > 0$, la posición del péndulo está por debajo de la referencia, aún falta por llegar al *set-point*, en este caso, la energía aplicada τ_1 es positiva para disminuir ese error. Cuando $\tilde{q}_1 = 0$, el péndulo entra en estado estacionario, alcanzando el punto de equilibrio.

Cuando se incrementa la ganancia derivativa k_{v1}, el efecto disipativo aumenta y se obtiene una respuesta transitoria suave, libre de picos y oscilaciones; esto significa que al control proporcional se le dota de un mejor amortiguador o freno mecánico. La acción de control derivativa $-k_{v1}\dot{q}_1$, actúa únicamente en estado transitorio o mientras $\dot{q}_1 \neq 0$, su efecto disipativo consiste en convertir la energía mecánica del péndulo a energía térmica, mejorando la respuesta transitoria, por reducir o eliminar los sobreimpulsos y oscilaciones prolongadas; alcanzando el estado estacionario en forma suave, libre de rizo y sin vibraciones o ruido mecánico, tal y como se muestra en la respuesta $\tilde{q}_1(t)$ en la gráfica izquierda de la figura 8.14.

En estado estacionario, la posición $q_1(t)$ tiende a ser una constante; de ahí que $\dot{q}_1(t) \longrightarrow 0$ y en consecuencia no hay efecto disipativo. La gráfica derecha de la figura 8.14 presenta la evolución en el tiempo del torque aplicado $\tau_1(t)$; observe que en el régimen transitorio presenta un impulso negativo, se debe a que la acción de control derivativo representa el efecto de amortiguamiento y sirve para frenar el movimiento del péndulo. La energía aplicada en este régimen es la compensación del efecto gravitacional que permite mantener al péndulo en la posición deseada.

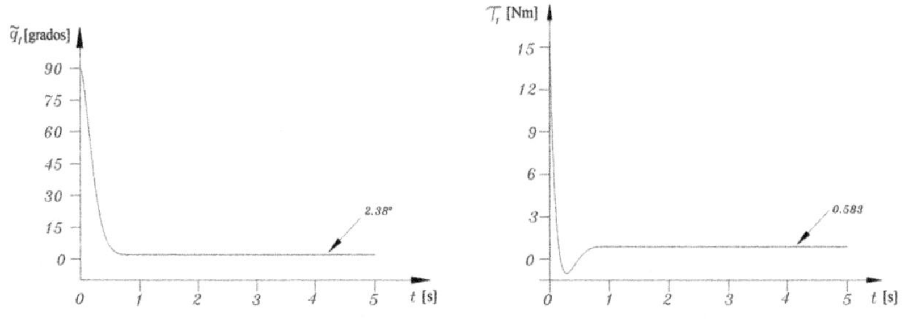

Figura 8.14: Errror de posición $\tilde{q}_1(t)$ y torque aplicado $\tau_1(t)$ del control PD

La gráfica izquierda de la figura 8.15 muestra la descripción de la trayectoria $[\, x_1(t) \quad y_1(t) \,]^T$ en el plano $x_0 - y_0$ del espacio de trabajo del péndulo, así como el comportamiento de la variables de estado $[\, \tilde{q}_1(t) \quad \dot{q}_1(t) \,]^T$ a través del diagrama fase (gráfica derecha). En ambas gráficas se presenta un movimiento suave y sin sobreimpulsos ni oscilaciones para el estado transitorio, alcanzado la etapa estacionaria en forma suave.

Debido a que el péndulo parte de la posición de casa en $t = 0$, por ejemplo: $q_1(0) = 0$, el error de posición inicial es: $\tilde{q}_1(0) = q_{d1} - q_1(0) = q_{d1}$.

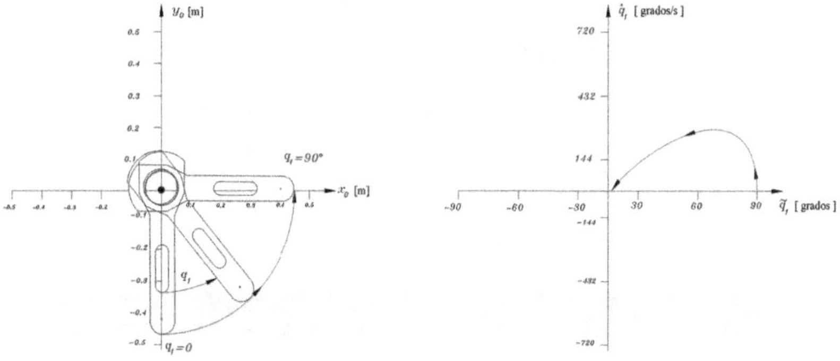

Figura 8.15: Control PD: trayectoria $[\,x_1(t) \quad y_1(t)\,]^T$ y diagrama fase

En la ecuación en lazo cerrado (8.20), la acción de control derivativa y el fenómeno de fricción viscosa del péndulo se suman: $-\,[k_{v1} + b_1]\,\dot{q}_1$; el signo menos (-) significa que el fenómeno de fricción se opone al movimiento del péndulo. El efecto disipativo de la acción de control derivativa puede ser considerado como fricción artificial o inyección de amortiguamiento mecánico y dependiendo del valor numérico o sintonía de la ganancia k_{v1}, diferentes tipos de respuesta en el transitorio se pueden obtener.

El fenómeno de fricción es disipativo; es decir, la energía mecánica se convierte en energía térmica, debido a esto se calientan servomotores y otros componentes mecánicos de los robots manipuladores. Una ventaja de la fricción artificial (acción de control derivativa) es que a pesar que se suma con la fricción viscosa ($[k_{v1} + b_1]\,\dot{q}_1$), no significa que aumente la magnitud térmica del efecto disipativo, su beneficio es frenar el movimiento del robot.

En robótica no hay una regla general para sintonizar a las ganancias proporcional y derivativa, debido a que el sistema dinámico es no lineal. Sin embargo, una forma empírica, sencilla y práctica para sintonizar a k_{v1} es establecer un porcentaje de la ganancia proporcional: $k_{v1} = \rho_{v1}\,k_{p1}$, donde $0 < \rho_{v1} \leq 1$; el tipo de respuesta transitoria depende del porcentaje asignado al parámetro de amortiguamiento ρ_{v1}: oscilatoria, subamortiguada, amortiguamiento crítico o con sobreamortguamiento. La ganancia k_{p1} se sintoniza para no saturar al servomotor, debe trabajar en la zona lineal.

A continuación se describe un procedimiento de sintonía para las ganancias proporcional y derivativo del control PD: $\tau_1 = k_{p1}\tilde{\boldsymbol{q}} - k_{v1}\dot{q}_1 + m_1 g l_{c1}\,\mathrm{sen}(q_1)$, tal que no saturen al servomotor del péndulo:

$$|k_{p1}\tilde{\boldsymbol{q}} - k_{v1}\dot{q}_1 + m_1 g l_{c1}\,\mathrm{sen}(q_1)| \leq |k_{p1}\tilde{\boldsymbol{q}}| + |k_{v1}\dot{q}_1| + |m_1 g l_{c1}| \quad \leq \quad |\tau_1^{\text{máx}}|$$

$$|k_{p1} \leq \frac{|\tau_1^{\text{máx}}| - |m_1 g l_{c1}|}{|\tilde{q}_1(0)| + \rho_{v1}|\dot{q}_1(0)|}$$

donde se ha seleccionado a $k_{v1} = \rho_{v1} k_{p1}$; siendo $0 < \rho_{v1} < 1$.

Sintonía de las ganancias proporcional y derivativa

La ganancia proporcional del control PD de un péndulo se sintoniza para no saturar los límites físicos del servomotor: $k_{p1} \leq \frac{|\tau_1^{\text{máx}}| - |m_1\, g\, l_{c1}|}{|\tilde{q}_1(0)| + \rho_{v1}|\dot{q}_1(0)|}$.

Sin que signifique un procedimiento universal, las siguientes ideas permiten sintonizar a la ganancia derivativa a través de la regla empírica: $k_{v1} = \rho_{v1}\, k_{p1}$, donde $\rho_{v1} \in (0,\ 1]$; esa decir, $0 < \rho_{v1} \leq 1$.

- Respuesta oscilatoria: $\rho_{v1} \in (0,\ 0.2]$. Entre más pequeño sea el valor de ρ_{v1}, mayor será el número de sobreimpulsos, oscilaciones y vibraciones en régimen transitorio y por ende, más tiempo tomará en alcanzar el estado estacionario.

- Subamortiguada: $\rho_{v1} \in (0.2,\ 0.5]$; el número de oscilaciones disminuye y continúan varios picos con oscilaciones.

- Con amortiguamiento crítico: si $\rho_{v1} \in (0.5,\ 0.8]$, prácticamente desaparecen los picos y oscilaciones, entrando al estado estacionario en forma suave, sin rizo ni oscilaciones.

- Sobreamortiguada: si $\rho_{v1} \in (0.8,\ 1]$, ausencia total de picos, oscilaciones y vibraciones, alcanzando el estado estacionario de manera suave y libre de aberraciones mecánicas

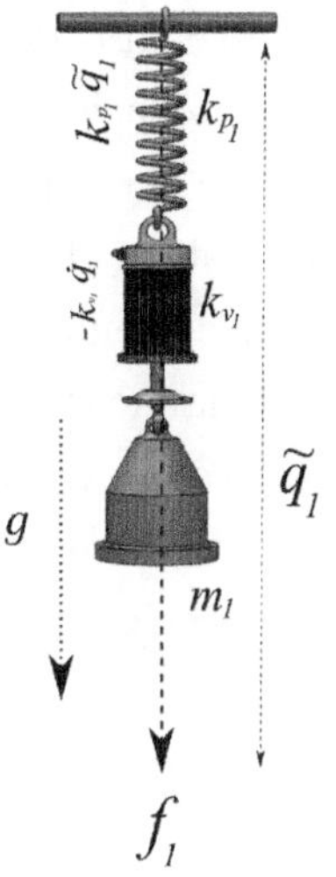

Figura 8.16: Sistema masa resorte amortiguador y su analogía con el control PD

El funcionamiento básico del algoritmo de control PD puede ser explicado a través de un análisis cualitativo con el sistema mecánico masa-resorte-amortiguador, sometido a la acción del campo gravitacional, como el que se describe en la figura 8.16. La constante de rigidez del resorte está dada por la ganancia proporcional k_{p1}, la cual permite un desplazamiento $\tilde{q}_1$, de acuerdo con la ley de Hooke: $f_r = -k_{p1}\tilde{q}_1$; donde f_r es la fuerza del resorte. El signo menos indica que el sentido de movimiento en el resorte es opuesto al desplazamiento del extremo que se encuentra conectado al elemento amortiguador, por lo que actúa como una fuerza restauradora. La rigidez k_{p1} determina la elasticidad y por lo tanto, los sobreimpulsos, oscilaciones y vibraciones en el movimiento $\tilde{q}_1(t)$; estos efectos pueden ser atenuados con la acción de control derivativo.

Un amortiguador mecánico k_{v1} se encuentra conectado en serie al resorte y usando la velocidad $\dot{q}_1$ inyecta amortiguamiento, para obtener el efecto disipativo, lo que emula a la acción de control derivativo: $-k_{v1}\dot{q}_1$. El valor numérico de k_{v1} está relacionado con el tipo de respuesta del sistema dinámico lineal: oscilatorio ($k_{v1} \approx 0$), subamortiguado ($0 < k_{v1} < 1$), amortiguamiento crítico ($k_{v1} = 1$) y sobreamortiguado ($k_{v1} > 1$).

Si se ejerce una fuerza f_1 al bloque de masa m_1, el resorte se expande o aumenta su elongación produciendo un desplazamiento $\tilde{q}_1(t) > 0$ y $f_r < 0$; en consecuencia el resorte obtiene energía potencial $\mathcal{U}(k_{p1},\ \tilde{q}_1) = \frac{1}{2}k_{p1}\tilde{q}_1^2$. Si la magnitud de la fuerza f_1 es cero, el resorte se comprime e invierte su movimiento retornando al origen: $f_r > 0$. Cuando $k_{p1} >> 0$ representa alta rigidez; mientras el resorte esté comprimido, la energía potencial $\mathcal{U}(k_{p1},\ \tilde{q}_1)$ está almacenada y se libera cuando el resorte se expande, para producir energía cinética $\mathcal{K}(\tilde{q}_1,\ \dot{q}_1)$.

El diagrama izquierdo de la figura 8.17 muestra un posible escenario del movimiento del péndulo, cuando exhibe varios sobreimpulsos y oscilaciones dentro de su espacio de trabajo cartesiano; este efecto se produce, si la rigidez k_{p1} y el amortiguador k_{v1} tienen valores pequeños. La fuerza restauradora f_r que ejerce el resorte $k_{p1}\tilde{q}_1$ es un efecto que permite retornar al péndulo a su punto de equilibrio; el freno mecánico k_{v1} inyecta amortiguamiento a través de la velocidad $\dot{q}_1(t)$, para disminuir la magnitud de los picos en cada sobreimpulso y atenuar gradualmente las oscilaciones. El diagrama derecho exhibe el comportamiento del péndulo alcanzando el estado estacionario; note que la posición $q_1(t)$ es una constante, es decir: $q_1(t) = q_{d1}$; de ahí que la velocidad de movimiento sea $\dot{q}_1(t) = 0$. Por lo que queda sin efecto el amortiguamiento mecánico o acción de control derivativo. La única energía aplicada al servomotor del péndulo es la compensación de gravedad: $g(q_1) = m_1 g l_{c1}\,\mathrm{sen}(q_{d1})$, lo que permite permanecer en el punto de equilibrio.

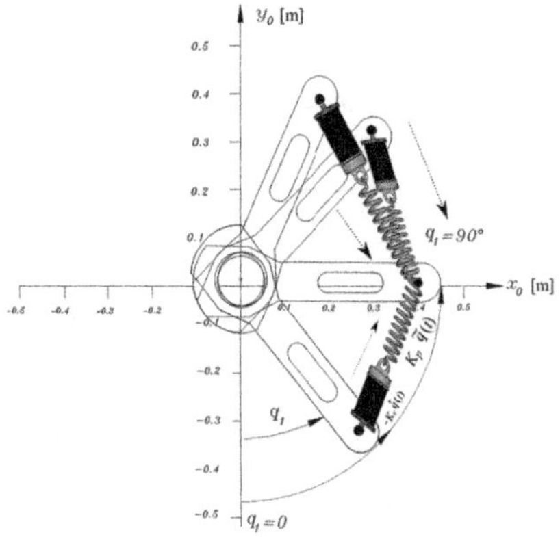

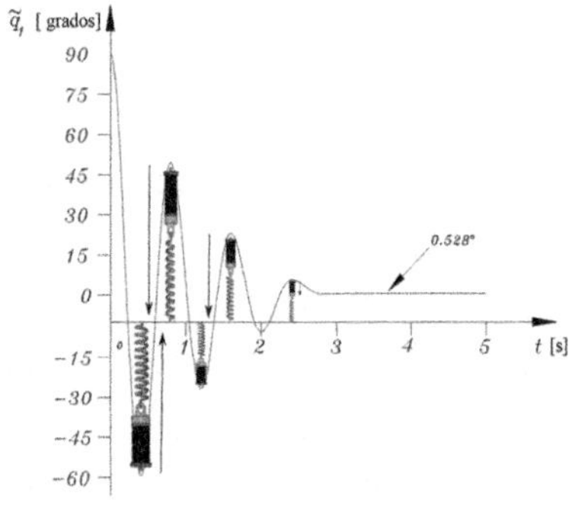

Figura 8.17: Fases transitoria y estacionaria en el movimiento del péndulo

La parte izquierda de la figura 8.18 ilustra la forma cuadrática de la inyección de energía, a través del hamiltoneano: $\mathcal{V}(\tilde{q}_1,\, \dot{q}_1) = \frac{1}{2}\mathcal{I}_{p1}\dot{q}_1^2 + \frac{1}{2}\tilde{q}_1^2$; el gradiente de energía es suministrada al sistema autónomo formado por el modelo dinámico del péndulo y esquema de control PD, mejor conocida como ecuación en lazo cerrado (8.20); dicho gradiente de la energía $\nabla\mathcal{V}(\tilde{q}_1,\, \dot{q}_1)$ activa las propiedades de estabilidad asintótica del punto de equilibrio y permite un comportamiento atractor en el resorte k_{p1} y amortiguador k_{v1}, para llevar a las variables de estado $[\tilde{q}_1(t),\, \dot{q}_1(t)]^T \in \mathbb{R}^2$ hacia el único punto de equilibrio del sistema dinámico autónomo (8.20) u origen en espacio de estados. Como el tiempo evoluciona, se obtiene una convergencia asintótica hacia el punto de equilibrio; satisfaciendo: $[\tilde{q}_1(t),\ \dot{q}_1(t)]^T = \mathbf{0} \in \mathbb{R}^2$; lo cual garantiza que la energía aplicada $\mathcal{V}(\tilde{q}_1,\ \dot{q}_1)$ es una función decreciente; en otras palabras, puesto que: $\mathcal{V}(\tilde{q}_1,\ \dot{q}_1) > 0$ es una función definida positiva y la potencia mecánica $\dot{\mathcal{V}}(\tilde{q}_1,\ \dot{q}_1) \leq 0$; entonces se cumple la siguiente propiedad: $\mathcal{V}(\tilde{q}_1(0),\ \dot{q}_1(0)) \geq \mathcal{V}(\tilde{q}_1(t),\ \dot{q}_1(t)) > 0,\ \forall t \geq 0$.

En los anteriores argumentos se interpretan que la energía $\mathcal{V}(\tilde{q}_1,\ \dot{q}_1)$ tiene un máximo cuando la condición inicial $[\tilde{q}_1(0),\ \dot{q}_1(0)]^T \in \mathbb{R}^2$ es evaluada en la función de energía: $\mathcal{V}(\tilde{q}_1(0),\ \dot{q}_1(0))$ a medida que el tiempo t evoluciona y debido a las propiedades del atractor del punto de equilibrio asintóticamente estable en (8.20), se necesita menor cantidad de energía para que las trayectorias sistema alcancen el punto de equilibrio: $[\tilde{q}_1(t),\ \dot{q}_1(t)]^T \longrightarrow \mathbf{0} \in \mathbb{R}^2$. Cuando estas trayectorias están en el punto de equilibrio del sistema dinámico (8.20), la función de energía tiene un mínimo global: $\mathcal{V}(0,\ 0) = 0$.

El diagrama fase de la ecuación en lazo cerrado (8.20) se encuentra en la parte derecha de la figura 8.18; se observan las curvas de nivel para la energía mecánica hamiltoniana $\mathcal{V}(\tilde{q}_1,\ \dot{q}_1)$, la cual habilita las propiedades de estabilidad asintótica en la región del atractor para el punto de equilibrio y como consecuencia las trayectorias $\tilde{q}_1(t)$ y $\dot{q}_1(t)$ tienen convergencia asintótica hacia el origen de espacio de estados.

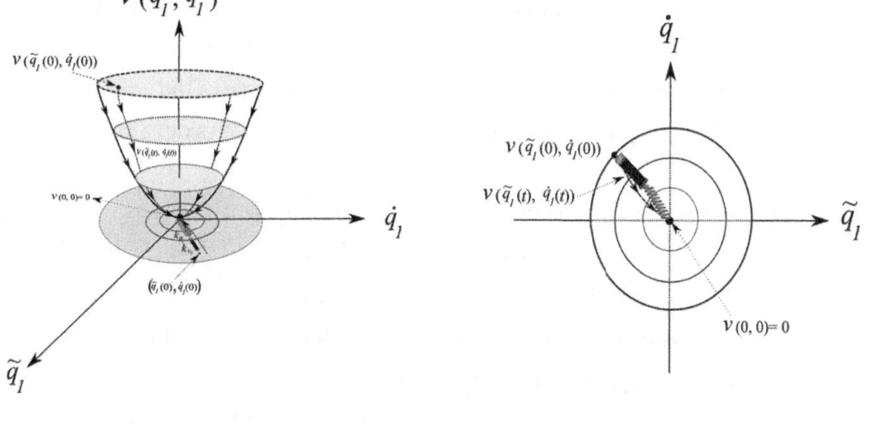

Figura 8.18: Energía aplicada y diagrama fase del sistema (8.20)

•• Ejemplo 8.12

Sea un péndulo compuesto por un servomotor de transmisión directa, con capacidad máxima de $\tau_1^{\text{máx}} = 15$ Nm y una barra metálica, cuya longitud $l_1 = 0.45$ m. Realizar la demostración de estabilidad del punto de equilibrio de la ecuación en lazo cerrado. Posicionar al sistema mecánico en $q_{d1} = \frac{\pi}{2}$ rad usando un algoritmo de control PD y desarrollar un programa en MATLAB, para simular el proceso de control.

Solución

El cuadro 8.1 contiene la subrutina denominada `controlPDpendulo.m`, con el código fuente en MATLAB para la implementación del algoritmo de control PD específico al péndulo, cuyo modelo dinámico se encuentra descrito en el cuadro 8.2, en la función `penduloPD.m`; mientras que el programa principal es: `simupenduloPD.m`, el cual permite obtener los resultados de simulación usando un vector tiempo $t = 0{:}001{:}5$ s; el programa principal se encuentran en el cuadro 8.3; las ganancias proporcional k_{p1} y derivativa k_{v1} son sintonizadas para no saturar al servoamplificador; por ejemplo, $k_{p1} \leq \frac{\tau_1^{\text{máx}}}{\tilde{q}(0)} = 9.54 \, \frac{\text{Nm}}{\text{rad}}$; el factor de amortiguamiento ρ_{v1} puede ser seleccionado para obtener un transitorio subamortiguado o con amortiguamiento crítico. Se han considerado las siguientes condiciones iniciales: $[\tilde{q}(0),\ \dot{q}(0)]^T = [q_d,\ 0]^T$.

La referencia deseada q_{d1} y las ganancias $k_{p1},\ k_{v1} \in \mathbb{R}_+$ del algoritmo de control PD son utilizadas como variables globales, cuyos valores se encuentran asignados en el programa principal `simupenduloPD.m`; esto representa ventajas en la sintonía de esos parámetros, debido a que los cambios de valor numérico se realizan directamente en le programa principal.

La ecuación en lazo cerrado (8.20) que define el problema de control de posición está expresada en variables de estado $\boldsymbol{x} = [\tilde{q}_1(t),\ \dot{q}_1(t)]^T$; se ubica en el cuadro de código 8.2. Las líneas 13 y 14 representan las componentes del vector de estados: $\dot{\boldsymbol{x}} = \left[\dot{\tilde{q}}_1(t),\ \ddot{q}_1(t)\right]^T = [-\dot{q}_1(t),\ \ddot{q}_1(t)]^T \in \mathbb{R}^2$; dicho vector es la salida de esta rutina, como se muestra en la línea 15. La variable global tau1 de la línea 12 registra el torque aplicado al péndulo, tal y como es suministrado por el algoritmo de control PD (línea de programación: 11).

Código MATLAB 8.1 controlPDpendulo.m

Robótica: Control de Robots Manipuladores

Capítulo 8. Control de posición

Fernando Reyes Cortés

Alfaomega Grupo Editor: "**Te acerca al conocimiento**".

Programa: controlPDpendulo.m	MATLAB versión 2024a

```
function tau1 = controlPDpendulo(t, qtilde1, qp1)
    global qd1 kp1 kv1;
    m1=3.88; % masa (barra metálica mas rotor).
    lc1=0.021; % centro de gravedad del péndulo.
    g=9.81; % constante de aceleración gravitacional.
    % $\tau = k_{p1}\tilde{q}_1 - k_{v1}\dot{q}_1 + m_1\, g\, l_{c1}\, \text{sen}(q_{d1} - \tilde{q}_1)$.
    tau1=kp1*qtilde1-kv1*qp1+m1*g*lc1*sin(qd1-qtilde1);
end
```

El modelo dinámico del péndulo (6.19), sin tomar en cuenta el fenómeno de fricción de Coulomb y la estructura de control PD: $\tau = k_{p1}\tilde{q}_1 - k_{v1}\dot{q}_1 + m_1\, g\, l_{c1}\, \text{sen}(q_{d1} - \tilde{q}_1)$ componen la ecuación en lazo cerrado (8.20), la cual se encuentra expresada en variables de estado que definen el problema de control de posición: $[\tilde{q}_1(t),\ \dot{q}_1(t)]^T \in \mathbb{R}^2$. La correspondiente programación se encuentra en la función `pendulo.m` (ver cuadro de código 8.2). Observe que en la línea 12 de la función `pendulo.m` se registra el torque aplicado al servomotor, para su posterior análisis gráfico en el programa principal `simupenduloPD.m`, como se muestra en la línea 25 del cuadro de código 8.3. Para registrar el torque o par aplicado $\tau_1(t)$ que se inyecta al péndulo, vale la pena remarcar que en la sintaxis del lenguaje MATLAB, los vectores al igual que las matrices aceptan números naturales o enteros positivos, como pivotes de indexación a sus elementos escalares; se utiliza la función `round(t/h)`, para redondear al entero más cercano el resultado de la división de números flotantes o reales: $\frac{t(k)}{h}$, el índice $k \in N$ es un pivote que utiliza internamente en su proceso iterativo, la función `ode45(···)`. Para garantizar que la función de redondeo retorna un número entero positivo o sin signo (*unsigned*) se utiliza la función `unint64(1+round(t/h))`; la sintaxis en la línea 12 del cuadro de código 8.2 es: `tau1(uint64(1+round(t/h)), 1)=tau`; la información almacenada en la variable global `tau1` desde la rutina `pendulo.m` se puede visualizar y procesar en el programa principal `simupenduloPD.m` (ver línea 25 del cuadro 8.3).

Código MATLAB 8.2 penduloPD.m

Robótica: Control de Robots Manipuladores

Capítulo 8. Control de posición

Fernando Reyes Cortés

Alfaomega Grupo Editor: "**Te acerca al conocimiento**".

Programa: penduloPD.m	MATLAB versión 2024a

```
1  function xp=penduloPD(t,x)
2     global qd1 h tau1;
3     qtilde1=x(1); % $x_1(t)=\tilde{q}_1(t)$ error de posición.
4     qp1=x(2); % $x_2(t)=\dot{q}_1(t)$ velocidad articular.
5     m1=3.88; % masa del péndulo (barra metálica mas rotor),
6     lc1=0.021; % centro de gravedad del péndulo.
7     b1=0.17; % coeficiente de fricción viscosa del rotor.
8     izz1=0.34; % momento de inercia del rotor.
9     ip1=m1*lc1^2+izz1; % momento de inercia del péndulo (ejes paralelos).
10    g=9.81; % constante de aceleración gravitacional.
11    tau=controlPDpendulo(t, qtilde1, qp1);
12    tau1(uint64(1+round(t/h)), 1)=tau; % registra el par aplicado.
13    qtildep1=-qp1; % $\dot{\tilde{q}}_1(t)=-\dot{q}_1(t)$.
14    qpp1=(tau-b1*qp1-m1*g*lc1*sin(qd1-qtilde1))/ip1;
15    xp=[qtildep1; % $\dot{x}_1(t)=\dot{\tilde{q}}_1(t)=-\dot{q}_1(t)$.
16        qpp1];   %$\dot{x}_2(t)=\ddot{q}_1(t)$.
17 end
```

Código MATLAB 8.3 simupenduloPD.m

Robótica: Control de Robots Manipuladores

Capítulo 8. Control de posición

Fernando Reyes Cortés

Alfaomega Grupo Editor: "**Te acerca al conocimiento**".

Programa: simupenduloPD.m	MATLAB versión 2024a

```
clc; clearvars;
close all;
format short
global qd1 kp1 kv1 h tau1;
qd1=pi*90/180; q_{d1} = \frac{\pi}{2}.
kp1=9.5; % ganancia proporcional: k_{p1}.
rhov1=0.1; % figura 8.10 con \rho_{v1} = 0.1; figura 8.14 con \rho_{v1} = 0.7.
kv1=rhov1*kp1; % sintonía de la ganancia derivativa: k_{v1} = \rho_{v1} k_{p1}.
ti=0; % para sistemas causales (sistemas físicos) \forall t \geq 0.
h=0.0025; % período de muestreo.
tf = 25; % tiempo de simulación (segundos)
ts=(ti:h:tf)'; % vector tiempo de simulación.
opciones=odeset( 'RelTol' ,1e-06, 'AbsTol' ,1e-06, 'InitialStep' , h, 'MaxStep' , h);
ci=[qd1; % condición inicial \tilde{q}_1(0) = q_{d1} - q_1(0); posición de casa: q_1(0) = 0.
    0.0]; % velocidad de movimiento: \dot{q}_1(0) = 0.
% simulación del péndulo y la ley de control PD: ecuación (8.20).
[t, x]=ode45( 'penduloPD' , ts, ci, opciones);
qtilde1=x(:,1); % x_1(t) = \tilde{q}_1(t).
qp1=x(:,2); % x_2(t) = \dot{q}_1(t) = 0.
figure(1), plot(t, (180/pi)*qtilde1) % gráfica del error de posición: \tilde{q}_1(t).
figure(2), plot(t, (180/pi)*qp2 ) % velocidad rotacional del péndulo: \dot{q}_1(t).
% la información que registra \tau_1 se realiza en la función pendulo.m
% y por ser una variable global se grafica en el programa principal.
% el vector de estados: x = [\tilde{q}(t) \dot{q}(t)]^T no es global, lo retorna ode45(···).
figure(3), plot(t, tau1) % par aplicado, variable global: \tau_1(t).
```

•••

• • • Ejemplo 8.13

Considere un brazo robot de 2 gdl de transmisión directa, cuyos límites físicos son $\tau_1^{\text{máx}} = 150$ Nm y $\tau_2^{\text{máx}} = 15$ Nm, correspondientes a las articulaciones del hombro y codo, respectivamente. Realizar la simulación en MATLAB para posicionar al extremo final del robot con el control PD, en la siguiente referencia deseada: $\boldsymbol{q}_d = \left[\frac{\pi}{4},\ \frac{\pi}{2}\right]^T$ rad; utilice el siguiente vector tiempo: $t = $ 0:0.0025:5 s. Sintonizar las ganancias proporcional y derivativa, tal que no saturen a los servomotores.

Solución

El algoritmo de control PD para el brazo robot de 2 gdl se encuentra implementado en la rutina `controlPDrobot2gdl.m`, cuya descripción se ubica en el cuadro de código MATLAB 8.4; los argumentos de entrada para este procedimiento son la evolución del tiempo t, el error de posición $\tilde{\boldsymbol{q}} \in \mathbb{R}^2$ y la velocidad de movimiento $\dot{\boldsymbol{q}} \in \mathbb{R}^2$; la variable que retorna es el vector de pares aplicados $\boldsymbol{\tau} \in \mathbb{R}^2$ que se enlaza con el modelo dinámico del robot manipulador, función `robot2gdl` (ver línea 18 del cuadro de código 8.5). El programa principal es `simuRobot2gdlPD.m` (ver cuadro de código 8.6).

Código MATLAB 8.4 controlPDrobot2gdl.m

Robótica: Control de Robots Manipuladores

Capítulo 8. Control de posición

Fernando Reyes Cortés

Alfaomega Grupo Editor: "**Te acerca al conocimiento**".

Programa: controlPDrobot2gdl.m	MATLAB versión 2024a

```
function tau = controlPDrobot2gdl(t, qtilde, qp)
    global qd Kp Kv
    gq =[38.46*sin(qd(1)-qtilde(1))+1.82*sin(qd(1)-qtilde(1)+qd(2)-qtilde(2));
         1.82*sin(qd(1)-qtilde(1)+qd(2)-qtilde(2))];
    tau=Kp*qtilde-Kv*qp+gq; % τ = K_p q̃ − K_v q̇ + g(q).
end
```

Código MATLAB 8.5 robot2gdl.m

Robótica: Control de Robots Manipuladores

Capítulo 8. Control de posición

Fernando Reyes Cortés

Alfaomega Grupo Editor: **"Te acerca al conocimiento"**.

Programa: robot2gdl.m	MATLAB versión 2024a

```
function xp =robot2gdl(t,x)
    global qd tau1 tau2 h;
    qtilde1=x(1);  qtilde2=x(2);
    qtilde = [qtilde1;
              qtilde2];
    q1=qd(1)-qtilde1;
    q2=qd(2)-qtilde2;
    qp1=x(3);  qp2=x(4);
    qp = [qp1;
          qp2];
    M=[2.351+0.1676*cos(q2), 0.102+0.0838*cos(q2);
          0.102+0.0838*cos(q2), 0.102]; % M(q) ∈ IR^{2×2}
    C=[-0.1676*sin(q2)*qp2, -0.0838*sin(q2)*qp2;
          0.084*sin(q2)*qp1, 0.0]; % C(q, q̇) ∈ IR^{2×2}
    gq=9.81*[3.9211*sin(q1)+0.1862*sin(q1+q2);
          0.1862*sin(q1+q2)]; % par gravitacional: g(q) ∈ IR^2
    B= diag([2.288,0.175]); % matriz de fricción viscosa: B ∈ IR^{2×2}.
    tau=controlPDrobot2gdl(t, qtilde, qp);
    tau1(uint64(1+round(t/h)),1)=tau(1,1);
    tau2(uint64(1+round(t/h)),1)=tau(2,1);
    qtildep=-qp;
    qpp = M^(-1)*(tau-C*qp-B*qp-gq);
    xp = [qtildep;
          qpp];
end
```

Código MATLAB 8.6 simuRobot2gdlPD.m

Robótica: Control de Robots Manipuladores

Capítulo 8. Control de posición

Fernando Reyes Cortés

Alfaomega Grupo Editor: "**Te acerca al conocimiento**".

Programa: simuRobot2gdlPD.m	MATLAB versión 2024a

```
1 clc;
2 clearvars;
3 close all;
4 format short
5 global qd Kp Kv h tau1 tau2;
6 qd1=pi*45/180; qd2=pi*90/180; %[q_{d1}, q_{d2}]^T = [\frac{\pi}{4}, \frac{\pi}{2}]^T rad.
7 qd=[qd1; qd2]; % vector de referencias: \boldsymbol{q}_d \in \mathbb{R}^2.
8 rhov1=0.25; rhov2=0.65; % factores de amortiguamiento: 0 < \rho_{v1} \leq 1; 0 < \rho_{v2} \leq 1.
9 kp1=80;  kp2=7; % k_{pi} \leq \frac{\tau_i^{máx} - g_i(q)}{\tilde{q}_i(0)+\rho_{vi}\dot{q}_i(0)}, para: i=1,2 \Longrightarrow k_{p1} \leq \frac{150}{\frac{\pi}{4}} = 190.98 \wedge k_{p2} \leq \frac{15}{\frac{\pi}{2}} = 9.54.
10 Kp=diag([kp1, kp2]); % ganancia proporcional: K_p = \begin{bmatrix} k_{p1} & 0 \\ 0 & k_{p2} \end{bmatrix}.
11 Kv=diag([rhov1*kp1, rhov2*kp2]); % ganancia derivativa: K_v = \begin{bmatrix} \rho_{v1}k_{p1} & 0 \\ 0 & \rho_{v2}k_{p2} \end{bmatrix}.
12 ti=0; h=0.0025; tf = 5; ts=(ti:h:tf)'; % vector tiempo de simulación.
13 tau1=zeros(size(ts)); tau2=zeros(size(ts));
14 opciones=odeset( 'RelTol' ,1e-06, 'AbsTol' ,1e-06, 'InitialStep' , h, 'MaxStep' , h);
15 ci=[qd1; % condición inicial: \tilde{q}_1(0) = q_{d1} - q_1(0); posición de casa: q_1(0) = 0.
16     qd2; %                     \tilde{q}_2(0) = q_{d2} - q_2(0);                    q_2(0) = 0.
17     0; % condición inicial de velocidad: \dot{q}_1(0) = 0.
18     0]; %                               \dot{q}_2(0) = 0.
19 [t, x ]=ode45( 'robot2gdl' ,ts,ci,opciones);
20 figure(1), plot(t, (180/pi)*x(:,1), t, (180/pi)*x(:,2)) % \tilde{q}_1(t), \tilde{q}_2(t).
21 figure(2), plot(t, (180/pi)*x(:,3), t, (180/pi)*x(:,4)) % \dot{q}_1(t), \dot{q}_2(t).
22 figure(3), plot(t, tau1, t, tau2) % gráfica de torques: \tau_1(t), \tau_2(t).
```

La sintonía de las ganancias $K_p \in \mathbb{R}^{2\times 2}$ y $K_v \in \mathbb{R}^{2\times 2}$ se calcula para no saturar a los límites físicos de los servomotores, como se describe en la línea 9 del cuadro de código 8.3 (ver programa principal simuRobot2gdlPD.m).

Dependiendo del valor de los factores de amortiguamiento se pueden obtener diversos tipos de respuestas en la fase transitoria del robot manipulador; por ejemplo, la gráfica derecha de la figura 8.19 muestra los errores de posición para factores de amortiguamiento $\rho_{v1} = 0.25$ y $\rho_{v2} = 0.65$. Con esta sintonía, la respuesta en la articulación del hombro exhibe un pequeño sobretiro, mientras que el servomotor del codo responde en forma suave y sin sobreimpulsos. Evidentemente si se aumenta el valor de porcentaje para el amortiguamiento en ρ_{v1}, el sobreimpulso en $\tilde{q}_1(t)$ desaparece; esto lo puede verificar el lector modificando la programación en el código fuente disponible en el sitio Web de esta obra.

El valor numérico asignado a las componentes de la ganancia proporcional $K_p \in \mathbb{R}^{2\times 2}$ asegura no saturar a los servomotores del robot, como se ilustra en la gráfica derecha de la figura 8.19. En efecto, ambos torques están por debajo de sus respectivos límites de saturación; es decir, los servomotores trabajan en su zona lineal: $|\tau_1(t)| < 150$ Nm y $|\tau_2(t)| < 15$ Nm.

La curva que presenta $\tau_1(t)$ en su etapa transitoria tiene cambios de signo y pendientes; corresponde a la inyección de subamortiguamiento moderado que realiza la acción de control derivativa a través de la velocidad $\dot{q}_1(t)$; consecuentemente se ve reflejado en el sobreimpulso que presenta $\tilde{q}_1(t)$ en la articulación del hombro; observe que para el servomotor del codo, el efecto disipativo que realiza la acción de control derivativa del algoritmo PD es del tipo sobreamortiguado; es decir, $\tau_2(t)$ elimina (absorbe) los sobretiros en $\tilde{q}_2(t)$, teniendo un transitorio suave, libre de picos y oscilaciones, alcanzando el estado estacionario en 2 segundos, sin vibraciones ni ruido mecánico.

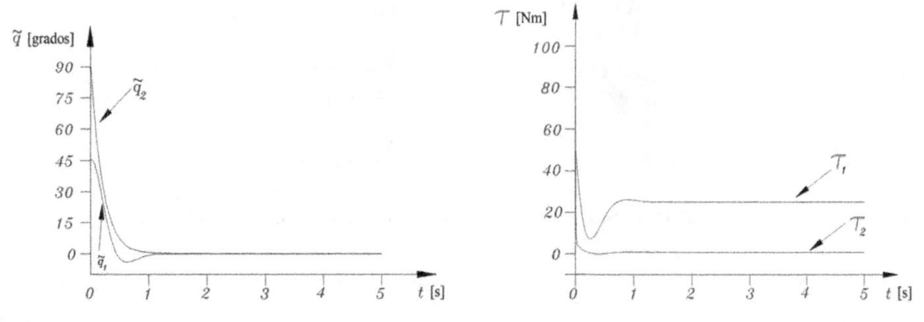

Figura 8.19: Control PD: error de posición y torque del robot de 2 gdl

La trayectoria cartesiana (cinemática directa) del robot $[x(t),\ y(t)]^T$ se muestra en la gráfica izquierda de la figura 8.20; observe que el extremo final del robot al cruzar el eje x_0 presenta un sobreimpulso debido al subamortiguamiento que tiene el hombro, el cual se ve reflejado en el error de posición $\tilde{q}_1(t)$ (ver gráfica izquierda de la figura 8.19). La parte derecha de la figura 8.20 presenta los diagramas fase de ambos servomotores: hombro y codo; note el sobreimpulso de la articulación del hombro.

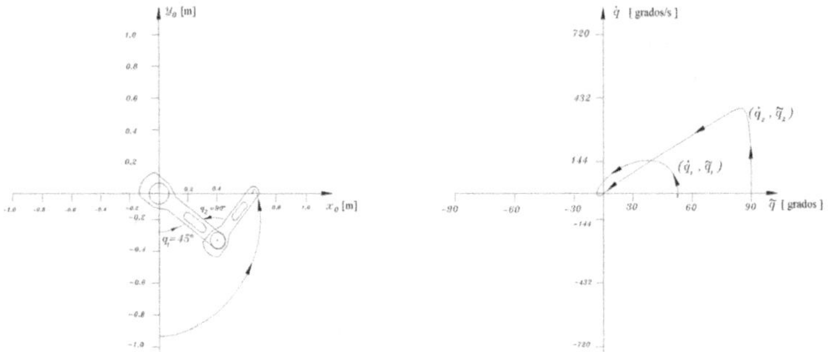

Figura 8.20: Trayectoria cartesiana y diagrama fase del robot de 2gdl

El atractor del punto de equilibrio de la ecuación en lazo cerrado (8.17) genera un resorte virtual $K_p\tilde{\boldsymbol{q}}(t)$ (gradiente de la energía potencial artificial) que realiza el trabajo mecánico para mover al extremo final del robot desde la posición inicial (parte izquierda de la figura 8.21) hacia el punto deseado (lado derecho de la figura 8.21). El amortiguamiento o freno mecánico se realiza con la acción de control derivativo $-K_v\dot{\boldsymbol{q}}(t)$.

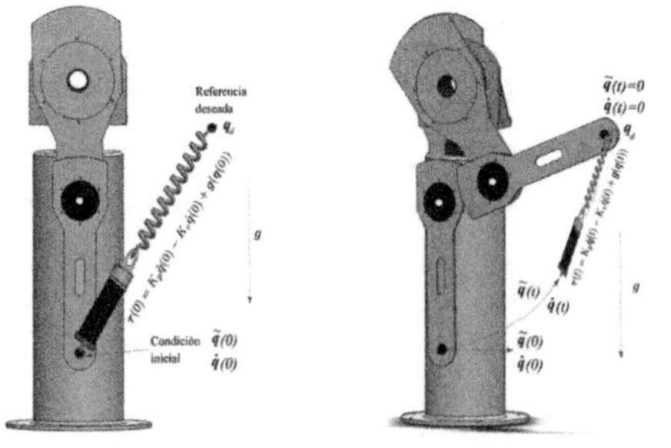

Figura 8.21: Efectos virtuales del atractor

• • •

8.5.2 Función estricta para el regulador PD

Una función candidata de Lyapunov es estricta, si $\mathcal{V}(\tilde{\boldsymbol{q}}, \dot{\boldsymbol{q}}) > 0$ y la potencia mecánica satisface en el estado completo: $\dot{\mathcal{V}}(\tilde{\boldsymbol{q}}, \dot{\boldsymbol{q}}) < 0$, entonces la estabilidad asintótica del punto de equilibrio está garantizada por el teorema (8.2).

Considere la ecuación en lazo cerrado (8.17) y sea $\epsilon_0 > 0$ un número constante, con la siguiente función estricta de Lyapunov [Whitcomb et. al, 1993]:

$$\begin{aligned} \mathcal{V}(\tilde{\boldsymbol{q}}, \dot{\boldsymbol{q}}) &= \tfrac{1}{2}\dot{\boldsymbol{q}}^T M(\boldsymbol{q}_d - \tilde{\boldsymbol{q}})\dot{\boldsymbol{q}} + \tfrac{1}{2}\tilde{\boldsymbol{q}}^T K_p \tilde{\boldsymbol{q}} - \epsilon_0 \frac{\tilde{\boldsymbol{q}}^T M(\boldsymbol{q})\dot{\boldsymbol{q}}}{1+\frac{1}{2}\tilde{\boldsymbol{q}}^T K_p \tilde{\boldsymbol{q}}} \qquad (8.23) \\ &= \frac{1}{2}\begin{bmatrix} \tilde{\boldsymbol{q}} \\ \dot{\boldsymbol{q}} \end{bmatrix}^T \underbrace{\begin{bmatrix} K_p & -\frac{\epsilon_0}{1+\frac{1}{2}\tilde{\boldsymbol{q}}^T K_p \tilde{\boldsymbol{q}}} M(\boldsymbol{q}_d - \tilde{\boldsymbol{q}}) \\ -\frac{\epsilon_0}{1+\frac{1}{2}\tilde{\boldsymbol{q}}^T K_p \tilde{\boldsymbol{q}}} M(\boldsymbol{q}_d - \tilde{\boldsymbol{q}}) & M(\boldsymbol{q}_d - \tilde{\boldsymbol{q}}) \end{bmatrix}}_{P} \begin{bmatrix} \tilde{\boldsymbol{q}} \\ \dot{\boldsymbol{q}} \end{bmatrix} \end{aligned}$$

el número $\epsilon_0 \in \mathbb{R}_+$ no es necesario conocer su valor numérico, puesto que el esquema de control PD (8.16) no lo requiere; sin embargo, es obligado demostrar su existencia en algún intervalo, para formalizar las condiciones de estabilidad asintótica. El primer elemento de la matriz compuesta P es la ganancia proporcional: $K_p > 0$; el determinante $\det[P]$ es:

$$\begin{aligned} \det[P] &= \det\left[K_p M(\boldsymbol{q}_d - \tilde{\boldsymbol{q}}) - \frac{\epsilon_0^2}{[1+\frac{1}{2}\tilde{\boldsymbol{q}}^T K_p \tilde{\boldsymbol{q}}]^2} M^2(\boldsymbol{q}_d - \tilde{\boldsymbol{q}})\right] \\ &= \det\left[K_p - \frac{\epsilon_0^2}{[1+\frac{1}{2}\tilde{\boldsymbol{q}}^T K_p \tilde{\boldsymbol{q}}]^2} M(\boldsymbol{q}_d - \tilde{\boldsymbol{q}})\right] \det\left[M(\boldsymbol{q}_d - \tilde{\boldsymbol{q}})\right] \end{aligned}$$

note que el determinante de la matriz de inercia es positivo, puesto que: $M(\boldsymbol{q}_d - \tilde{\boldsymbol{q}}) > 0 \Longrightarrow \det[M(\boldsymbol{q}_d - \tilde{\boldsymbol{q}}) > 0]$; sin embargo, se requiere deducir las condiciones necesarias y suficientes sobre el intervalo de ϵ_0, para que $\det\left[K_p - \frac{\epsilon_0^2}{[1+\frac{1}{2}\tilde{\boldsymbol{q}}^T K_p \tilde{\boldsymbol{q}}]^2} M(\boldsymbol{q}_d - \tilde{\boldsymbol{q}})\right]$ sea positivo.

Utilizando el teorema de Rayleigh–Ritz (3.2) se tiene lo siguiente:

$$\begin{aligned} \lambda_{K_p}^{\text{mín}} \|\tilde{\boldsymbol{q}}\|^2 &\leq \tilde{\boldsymbol{q}}^T K_p \tilde{\boldsymbol{q}} \leq \lambda_{K_p}^{\text{máx}} \|\tilde{\boldsymbol{q}}\|^2 \\ \frac{\epsilon_0^2 \lambda_M^{\text{mín}} \|\tilde{\boldsymbol{q}}\|^2}{[1+\frac{1}{2}\tilde{\boldsymbol{q}}^T K_p \tilde{\boldsymbol{q}}]^2} &\leq \frac{\epsilon_0^2 \tilde{\boldsymbol{q}}^T M(\boldsymbol{q}_d - \tilde{\boldsymbol{q}})\tilde{\boldsymbol{q}}}{[1+\frac{1}{2}\tilde{\boldsymbol{q}}^T K_p \tilde{\boldsymbol{q}}]^2} \leq \frac{\epsilon_0^2 \lambda_M^{\text{máx}} \|\tilde{\boldsymbol{q}}\|^2}{[1+\frac{1}{2}\tilde{\boldsymbol{q}}^T K_p \tilde{\boldsymbol{q}}]^2} \\ \left[\lambda_{K_p}^{\text{mín}} - \frac{\epsilon_0^2 \lambda_M^{\text{máx}}}{[1+\frac{1}{2}\tilde{\boldsymbol{q}}^T K_p \tilde{\boldsymbol{q}}]^2}\right] \|\tilde{\boldsymbol{q}}\|^2 &\leq \tilde{\boldsymbol{q}}^T \left[K_p - \frac{\epsilon_0^2}{[1+\frac{1}{2}\tilde{\boldsymbol{q}}^T K_p \tilde{\boldsymbol{q}}]^2} M(\boldsymbol{q}_d - \tilde{\boldsymbol{q}})\right] \tilde{\boldsymbol{q}} \end{aligned}$$

Para que la expresión escalar $\left[\lambda_{K_p}^{\text{mín}} - \frac{\epsilon_0^2 \lambda_M^{\text{máx}}}{[1+\frac{1}{2}\tilde{\boldsymbol{q}}^T K_p \tilde{\boldsymbol{q}}]^2}\right]$ sea positivo es necesario que se cumpla: $\sqrt{\frac{\lambda_{K_p}^{\text{mín}}}{\lambda_M^{\text{máx}}}} > \frac{\epsilon_0}{1+\frac{1}{2}\tilde{\boldsymbol{q}}^T K_p \tilde{\boldsymbol{q}}} > 0$. Se puede demostrar a través del procedimiento estándar de máximos que el punto crítico $\tilde{\boldsymbol{q}} = \boldsymbol{0}$ evaluado en: $\frac{\epsilon_0}{1+\frac{1}{2}\tilde{\boldsymbol{q}}^T K_p \tilde{\boldsymbol{q}}}$ corresponde a un máximo en ϵ_0; por lo que las condiciones para que la matriz $\left[K_p - \frac{\epsilon_0^2}{[1+\frac{1}{2}\tilde{\boldsymbol{q}}^T K_p \tilde{\boldsymbol{q}}]^2} M(\boldsymbol{q}_d - \tilde{\boldsymbol{q}})\right]$ sea definida positiva recaen en la existencia del intervalo para el número ϵ_0:

$$\sqrt{\frac{\lambda_{K_p}^{\text{mín}}}{\lambda_M^{\text{máx}}}} \;>\; \epsilon_0 > 0 \tag{8.24}$$

La derivada de la función de energía (8.23) está dada por:

$$\begin{aligned}
\dot{\mathcal{V}}(\tilde{\boldsymbol{q}}, \dot{\boldsymbol{q}}) &= \dot{\boldsymbol{q}}^T M(\boldsymbol{q}_d - \tilde{\boldsymbol{q}})\ddot{\boldsymbol{q}} + \frac{1}{2}\dot{\boldsymbol{q}}^T \dot{M}(\boldsymbol{q}_d - \tilde{\boldsymbol{q}})\dot{\boldsymbol{q}} - \tilde{\boldsymbol{q}}^T K_p \dot{\boldsymbol{q}} - \epsilon_0 \frac{\tilde{\boldsymbol{q}}^T M(\boldsymbol{q})\ddot{\boldsymbol{q}}}{1+\frac{1}{2}\tilde{\boldsymbol{q}}^T K_p \tilde{\boldsymbol{q}}} \\
&\quad - \epsilon_0 \frac{\tilde{\boldsymbol{q}}^T \dot{M}(\boldsymbol{q})\dot{\boldsymbol{q}}}{1+\frac{1}{2}\tilde{\boldsymbol{q}}^T K_p \tilde{\boldsymbol{q}}} + \epsilon_0 \frac{\dot{\boldsymbol{q}}^T M(\boldsymbol{q})\dot{\boldsymbol{q}}}{1+\frac{1}{2}\tilde{\boldsymbol{q}}^T K_p \tilde{\boldsymbol{q}}} - \epsilon_0 \frac{\tilde{\boldsymbol{q}}^T K_p \dot{\boldsymbol{q}}}{[1+\frac{1}{2}\tilde{\boldsymbol{q}}^T K_p \tilde{\boldsymbol{q}}]^2} \tilde{\boldsymbol{q}}^T M(\boldsymbol{q})\dot{\boldsymbol{q}} \\
&= \cancel{\dot{\boldsymbol{q}}^T K_p \tilde{\boldsymbol{q}}} - \dot{\boldsymbol{q}}^T K_v \dot{\boldsymbol{q}} - \dot{\boldsymbol{q}}^T B \dot{\boldsymbol{q}} + \underbrace{-\dot{\boldsymbol{q}}^T C(\boldsymbol{q}_d - \tilde{\boldsymbol{q}},\ \dot{\boldsymbol{q}})\dot{\boldsymbol{q}} + \frac{1}{2}\dot{\boldsymbol{q}}^T \dot{M}(\boldsymbol{q}_d - \tilde{\boldsymbol{q}})\dot{\boldsymbol{q}}}_{\substack{\text{propiedad (6.11)} \\ \frac{1}{2}\dot{\boldsymbol{q}}^T\left[\dot{M}(\boldsymbol{q}_d - \tilde{\boldsymbol{q}}) - 2C(\boldsymbol{q}_d - \tilde{\boldsymbol{q}},\ \dot{\boldsymbol{q}})\right]\dot{\boldsymbol{q}} = 0}} \\
&\quad - \cancel{\tilde{\boldsymbol{q}}^T K_p \dot{\boldsymbol{q}}} - \frac{\epsilon_0}{1+\frac{1}{2}\tilde{\boldsymbol{q}}^T K_p \tilde{\boldsymbol{q}}} \tilde{\boldsymbol{q}}^T K_p \tilde{\boldsymbol{q}} + \frac{\epsilon_0}{1+\frac{1}{2}\tilde{\boldsymbol{q}}^T K_p \tilde{\boldsymbol{q}}} \tilde{\boldsymbol{q}}^T K_v \dot{\boldsymbol{q}} + \frac{\epsilon_0}{1+\frac{1}{2}\tilde{\boldsymbol{q}}^T K_p \tilde{\boldsymbol{q}}} \tilde{\boldsymbol{q}}^T B \dot{\boldsymbol{q}} \\
&\quad + \frac{\epsilon_0}{1+\frac{1}{2}\tilde{\boldsymbol{q}}^T K_p \tilde{\boldsymbol{q}}} \tilde{\boldsymbol{q}}^T C(\boldsymbol{q}_d - \tilde{\boldsymbol{q}},\ \dot{\boldsymbol{q}})\dot{\boldsymbol{q}} - \epsilon_0 \frac{\tilde{\boldsymbol{q}}^T \overbrace{\dot{M}(\boldsymbol{q}_d - \tilde{\boldsymbol{q}})}^{\substack{\text{propiedad (6.9)} \\ C(\boldsymbol{q}_d - \tilde{\boldsymbol{q}},\ \dot{\boldsymbol{q}}) + C^T(\boldsymbol{q}_d - \tilde{\boldsymbol{q}},\ \dot{\boldsymbol{q}})}} \dot{\boldsymbol{q}}}{1+\frac{1}{2}\tilde{\boldsymbol{q}}^T K_p \tilde{\boldsymbol{q}}} \\
&\quad + \epsilon_0 \frac{\dot{\boldsymbol{q}}^T M(\boldsymbol{q}_d - \tilde{\boldsymbol{q}})\dot{\boldsymbol{q}}}{1+\frac{1}{2}\tilde{\boldsymbol{q}}^T K_p \tilde{\boldsymbol{q}}} - \epsilon_0 \frac{\tilde{\boldsymbol{q}}^T K_p \dot{\boldsymbol{q}}}{[1+\frac{1}{2}\tilde{\boldsymbol{q}}^T K_p \tilde{\boldsymbol{q}}]^2} \tilde{\boldsymbol{q}}^T M(\boldsymbol{q})\dot{\boldsymbol{q}}
\end{aligned}$$

Simplificando y reduciendo términos del desarrollo anterior se obtiene:

$$\begin{aligned}
\dot{\mathcal{V}}(\tilde{\boldsymbol{q}}, \dot{\boldsymbol{q}}) &= -\dot{\boldsymbol{q}}^T K_v \dot{\boldsymbol{q}} - \dot{\boldsymbol{q}}^T B \dot{\boldsymbol{q}} - \frac{\epsilon_0}{1+\frac{1}{2}\tilde{\boldsymbol{q}}^T K_p \tilde{\boldsymbol{q}}} \tilde{\boldsymbol{q}}^T K_p \tilde{\boldsymbol{q}} + \frac{\epsilon_0}{1+\frac{1}{2}\tilde{\boldsymbol{q}}^T K_p \tilde{\boldsymbol{q}}} \tilde{\boldsymbol{q}}^T K_v \dot{\boldsymbol{q}} + \frac{\epsilon_0}{1+\frac{1}{2}\tilde{\boldsymbol{q}}^T K_p \tilde{\boldsymbol{q}}} \tilde{\boldsymbol{q}}^T B \dot{\boldsymbol{q}} \\
&\quad - \frac{\epsilon_0}{1+\frac{1}{2}\tilde{\boldsymbol{q}}^T K_p \tilde{\boldsymbol{q}}} \tilde{\boldsymbol{q}}^T C^T(\boldsymbol{q}_d - \tilde{\boldsymbol{q}},\ \dot{\boldsymbol{q}})\dot{\boldsymbol{q}} + \epsilon_0 \frac{\dot{\boldsymbol{q}}^T M(\boldsymbol{q}_d - \tilde{\boldsymbol{q}})\dot{\boldsymbol{q}}}{1+\frac{1}{2}\tilde{\boldsymbol{q}}^T K_p \tilde{\boldsymbol{q}}} - \epsilon_0 \frac{\tilde{\boldsymbol{q}}^T K_p \dot{\boldsymbol{q}}}{[1+\frac{1}{2}\tilde{\boldsymbol{q}}^T K_p \tilde{\boldsymbol{q}}]^2} \tilde{\boldsymbol{q}}^T M(\boldsymbol{q})\dot{\boldsymbol{q}}
\end{aligned} \tag{8.25}$$

Obteniendo cotas superiores para cada término de (8.25):

$$
\begin{aligned}
\dot{\mathcal{V}}(\tilde{\boldsymbol{q}}, \dot{\boldsymbol{q}}) \leq\ & -\lambda_{K_v}^{\text{mín}} \|\dot{\boldsymbol{q}}\|^2 - \lambda_{B}^{\text{mín}} \|\dot{\boldsymbol{q}}\|^2 - \epsilon_0 \frac{\lambda_{K_p}^{\text{mín}} \|\tilde{\boldsymbol{q}}\|^2}{1+\frac{1}{2}\tilde{\boldsymbol{q}}^T K_p \tilde{\boldsymbol{q}}} + \underbrace{\boxed{\epsilon_0 \frac{\lambda_{K_v}^{\text{máx}} \|\tilde{\boldsymbol{q}}\|\,\|\dot{\boldsymbol{q}}\|}{1+\frac{1}{2}\tilde{\boldsymbol{q}}^T K_p \tilde{\boldsymbol{q}}}}}_{\leq \epsilon_0\, \lambda_{K_v}^{\text{máx}} \|\tilde{\boldsymbol{q}}\|\,\|\dot{\boldsymbol{q}}\|} + \\
& \underbrace{\boxed{\epsilon_0 \frac{\lambda_{B}^{\text{máx}} \|\tilde{\boldsymbol{q}}\|\,\|\dot{\boldsymbol{q}}\|}{1+\frac{1}{2}\tilde{\boldsymbol{q}}^T K_p \tilde{\boldsymbol{q}}}}}_{\leq \epsilon_0\, \lambda_{B}^{\text{máx}} \|\tilde{\boldsymbol{q}}\|\,\|\dot{\boldsymbol{q}}\|} + \underbrace{\boxed{\frac{\epsilon_0\, k_C \|\tilde{\boldsymbol{q}}\|}{1+\frac{1}{2}\tilde{\boldsymbol{q}}^T K_p \tilde{\boldsymbol{q}}} \|\dot{\boldsymbol{q}}\|^2}}_{\leq \epsilon_0\, k_C \|\dot{\boldsymbol{q}}\|^2} + \underbrace{\boxed{\frac{\epsilon_0\, \beta_M \|\dot{\boldsymbol{q}}\|^2}{1+\frac{1}{2}\tilde{\boldsymbol{q}}^T K_p \tilde{\boldsymbol{q}}}}}_{\leq \epsilon_0\, \beta_M \|\dot{\boldsymbol{q}}\|^2} + \underbrace{\boxed{\frac{\epsilon_0\, \lambda_{K_p}^{\text{máx}} \beta_M \|\tilde{\boldsymbol{q}}\|^2}{\left[1+\frac{1}{2}\tilde{\boldsymbol{q}}^T K_p \tilde{\boldsymbol{q}}\right]^2} \|\dot{\boldsymbol{q}}\|^2}}_{\leq \epsilon_0\, \lambda_{K_p}^{\text{máx}} \beta_M \|\dot{\boldsymbol{q}}\|^2} \\
\leq\ & -\left[\lambda_{K_v}^{\text{mín}} + \lambda_{B}^{\text{mín}} - \epsilon_0 \left(k_C + \beta_M \left(1 + \lambda_{K_p}^{\text{máx}}\right)\right)\right] \|\dot{\boldsymbol{q}}\|^2 - \frac{\epsilon_0\, \lambda_{K_p}^{\text{mín}}}{1+\frac{1}{2}\tilde{\boldsymbol{q}}^T K_p \tilde{\boldsymbol{q}}} \|\tilde{\boldsymbol{q}}\|^2 + \epsilon_0 \left[\lambda_{K_v}^{\text{máx}} + \lambda_{B}^{\text{máx}}\right] \|\tilde{\boldsymbol{q}}\|\|\dot{\boldsymbol{q}}\| \\
\leq\ & - \begin{bmatrix} \|\tilde{\boldsymbol{q}}\| \\ \|\dot{\boldsymbol{q}}\| \end{bmatrix}^T \underbrace{\begin{bmatrix} \underbrace{\boxed{\frac{\epsilon_0\, \lambda_{K_p}^{\text{mín}}}{1+\frac{1}{2}\tilde{\boldsymbol{q}}^T K_p \tilde{\boldsymbol{q}}}}}_{q_{11}>0,\ \forall \tilde{\boldsymbol{q}} \in \mathbb{R}^n} & -\frac{1}{2}\epsilon_0 \left[\lambda_{K_v}^{\text{máx}} + \lambda_{B}^{\text{máx}}\right] \\ -\frac{1}{2}\epsilon_0 \left[\lambda_{K_v}^{\text{máx}} + \lambda_{B}^{\text{máx}}\right] & \left[\lambda_{K_v}^{\text{mín}} + \lambda_{B}^{\text{mín}} - \epsilon_0 \left(k_C + \beta_M \left(1 + \lambda_{K_p}^{\text{máx}}\right)\right)\right] \end{bmatrix}}_{Q} \begin{bmatrix} \|\tilde{\boldsymbol{q}}\| \\ \|\dot{\boldsymbol{q}}\| \end{bmatrix}
\end{aligned} \tag{8.26}
$$

La función $\dot{\mathcal{V}}(\tilde{\boldsymbol{q}}, \dot{\boldsymbol{q}})$ en (8.26) es definida negativa, si y solo si, la matriz Q es definida positiva; observe que se cumple $q_{11} > 0$, $\forall \tilde{\boldsymbol{q}} \in \mathbb{R}^n$; y $\det[Q] > 0$, se verifica, si existe algún ϵ_0 que satisfaga lo siguiente:

$$
\begin{aligned}
\epsilon_0 \lambda_{K_p}^{\text{mín}} \left[\lambda_{K_v}^{\text{mín}} + \lambda_{B}^{\text{mín}}\right] &> \epsilon_0^2 \left[\lambda_{K_p}^{\text{mín}} \left(k_C + \beta_M \left(1 + \lambda_{K_p}^{\text{máx}}\right)\right) + \frac{1}{4}\left[1+\frac{1}{2}\tilde{\boldsymbol{q}}^T K_p \tilde{\boldsymbol{q}}\right] \left[\lambda_{K_v}^{\text{máx}} + \lambda_{B}^{\text{máx}}\right]^2\right] \\
&\geq \epsilon_0^2 \left[\lambda_{K_p}^{\text{mín}} \left(k_C + \beta_M \left(1 + \lambda_{K_p}^{\text{máx}}\right)\right) + \frac{1}{4} \left[\lambda_{K_v}^{\text{máx}} + \lambda_{B}^{\text{máx}}\right]^2\right]
\end{aligned}
$$

Por lo tanto, el intervalo de existencia de ϵ_0, para que la matriz Q sea definida positiva: $Q > 0$ es el siguiente:

$$
\frac{\lambda_{K_p}^{\text{mín}} \left[\lambda_{K_v}^{\text{mín}} + \lambda_{B}^{\text{mín}}\right]}{\lambda_{K_p}^{\text{mín}} \left(k_C + \beta_M \left(1 + \lambda_{K_p}^{\text{máx}}\right)\right) + \frac{1}{4}\left[\lambda_{K_v}^{\text{máx}} + \lambda_{B}^{\text{máx}}\right]^2} > \epsilon_0 > 0 \tag{8.27}
$$

Las condiciones necesarias y suficientes sobre la existencia de ϵ_0 se establecen en (8.24) para que: $\mathcal{V}(\tilde{\boldsymbol{q}}, \dot{\boldsymbol{q}}) > 0$ y (8.27) garantiza que: $\dot{\mathcal{V}}(\tilde{\boldsymbol{q}}, \dot{\boldsymbol{q}}) < 0$; ambos requerimientos se encuentran contenidos en el siguiente conjunto $\mathcal{E}$:

$$
\mathcal{E} = \min\left\{ \sqrt{\frac{\lambda_{K_p}^{\text{mín}}}{\lambda_{M}^{\text{máx}}}},\ \frac{\lambda_{K_p}^{\text{mín}} \left[\lambda_{K_v}^{\text{mín}} + \lambda_{B}^{\text{mín}}\right]}{\lambda_{K_p}^{\text{mín}} \left(k_C + \beta_M \left(1 + \lambda_{K_p}^{\text{máx}}\right)\right) + \frac{1}{4}\left[\lambda_{K_v}^{\text{máx}} + \lambda_{B}^{\text{máx}}\right]^2} \right\} > \epsilon_0 > 0 \tag{8.28}
$$

En consecuencia, $\mathcal{V}(\tilde{\boldsymbol{q}}, \dot{\boldsymbol{q}})$ es una función estricta, puesto que $\mathcal{V}(\tilde{\boldsymbol{q}}, \dot{\boldsymbol{q}}) > 0$ es definida positiva y $\dot{\mathcal{V}}(\tilde{\boldsymbol{q}}, \dot{\boldsymbol{q}}) < 0$ es definida negativa; entonces usando el teorema (8.2) el punto de equilibrio de la ecuación en lazo cerrado (8.17) es asintóticamente estable en forma global: $\lim_{t\longrightarrow\infty} \begin{bmatrix} \tilde{\boldsymbol{q}}(t) \\ \dot{\boldsymbol{q}}(t) \end{bmatrix} = \mathbf{0} \in \mathbb{R}^{2n}, \; \forall t \geq 0.$ ■

8.6 Clasificación de algoritmos de control

La metodología de moldeo de energía es una herramienta para diseñar una familia extensa de algoritmos de control y que permite resolver el problema de regulación en robots manipuladores. Cada esquema de control tiene características particulares muy específicas que determinan su desempeño; entre ellas, se encuentra que la energía $\boldsymbol{\tau}$ aplicada al robot no rebase los límites físicos de los servomotores. Por lo que, una forma general de clasificar a los algoritmos de control es por sus propiedades matemáticas que involucran directamente el suministro de energía. Por ejemplo, los esquemas de control pueden ser clasificados como: no acotados, acotados y saturados.

8.6.1 Algoritmos de control no acotados

Los esquemas de control no acotados se caracterizan porque su estructura matemática puede computar un torque mayor a los límites físicos de los servomotores, trabajando en las zonas de saturación; por lo que se degrada el desempeño y eficiencia de control; es decir, si no se tienen márgenes operativos sobre el valor de las ganancias proporcional y derivativa, así como la magnitud que retornan el tipo de funciones que componen la estructura matemática, la energía suministrada rebasa los límites físicos de saturación.

Por ejemplo, el control PD no está acotado: $\boldsymbol{\tau} = K_p\tilde{\boldsymbol{q}} - K_v\dot{\boldsymbol{q}} + \boldsymbol{g}(\boldsymbol{q})$, puesto que su estructura matemática puede crecer tanto como sean sus valores numéricos en las ganancias y variables de estado. Sin embargo, se cuenta con una ventaja, se aprovecha el conocimiento que se tiene sobre las propiedades de estabilidad del punto de equilibrio en la ecuación de lazo cerrado; dicho punto de equilibrio es asintóticamente estable, entonces se cumple: $\tilde{\boldsymbol{q}}, \dot{\boldsymbol{q}} \in \mathcal{L}_\infty^n \cap \mathcal{L}_2^n$. A pesar de esto, aún queda por delimitar los valores en las ganancias proporcional y derivativa K_p, $K_v \in \mathbb{R}^{n\times n}$, a través de una adecuada regla de sintonía, que garantice no saturar los límites físicos de los servoamplificadores: $\|\boldsymbol{\tau}\| < \|\boldsymbol{\tau}^{\text{máx}}\|$.

A continuación se describe un esquema de control no acatado con estructura hiperbólica.

•• Ejemplo 8.14

Realizar la demostración de estabilidad asintótica del punto de equilibrio de la ecuación en lazo cerrado formada por un robot de n gdl y el siguiente control hiperbólico:

$$\boldsymbol{\tau} = K_p \sinh(\Gamma_p\tilde{\boldsymbol{q}}) - K_v \sinh(\Gamma_v\dot{\boldsymbol{q}}) + \boldsymbol{g}(\boldsymbol{q}) \qquad (8.29)$$

donde K_p, Γ_p, $\Gamma_v \in \mathbb{R}^{n\times n}$ son matrices diagonales definidas positivas, $K_v \in \mathbb{R}^{n\times n}$ es una matriz definida positiva. Se usa la siguiente notación vectorial: $\sinh(\Gamma_p\tilde{\boldsymbol{q}}) = [\,\sinh(\gamma_{p1}\tilde{q}_1)\cdots\sinh(\gamma_{pn}\tilde{q}_n)]^T$; $\sinh(\Gamma_v\dot{\boldsymbol{q}}) = [\,\sinh(\gamma_{v1}\dot{q}_1)\cdots\sinh(\gamma_{vn}\dot{q}_n)]^T$.

Solución

La ecuación en lazo cerrado formada por el modelo dinámico de un robot manipulador de n gdl (6) está dada por:

$$\frac{d}{dt}\begin{bmatrix}\tilde{\boldsymbol{q}}\\ \dot{\boldsymbol{q}}\end{bmatrix} = \begin{bmatrix}-\dot{\boldsymbol{q}}\\ M^{-1}(\boldsymbol{q}_d-\tilde{\boldsymbol{q}})\,[K_p\sinh(\Gamma_p\tilde{\boldsymbol{q}}) - K_v\sinh(\Gamma_v\dot{\boldsymbol{q}}) - B\dot{\boldsymbol{q}} - C(\boldsymbol{q}_d-\tilde{\boldsymbol{q}},\dot{\boldsymbol{q}})\dot{\boldsymbol{q}}]\end{bmatrix} \qquad (8.30)$$

Para demostrar la existencia y unicidad del punto de equilibrio del sistema dinámico autónomo (8.30) se procede en forma similar a la presentada en la página 467. La primera componente del sistema dinámico cumple con: $-\dot{\boldsymbol{q}} = -I\dot{\boldsymbol{q}} = \boldsymbol{0} \iff \dot{\boldsymbol{q}} = \boldsymbol{0}$. En la segunda componente, la matriz de inercia $M(\boldsymbol{q}_d-\tilde{\boldsymbol{q}})$ es definida positiva $\Longrightarrow$ la matriz inversa $M^{-1}(\boldsymbol{q}_d-\tilde{\boldsymbol{q}})$ no solo existe, también es definida positiva; entonces, el término que está en corchetes debe ser cero: $[K_p\sinh(\Gamma_p\tilde{\boldsymbol{q}}) - K_v\sinh(\Gamma_v\dot{\boldsymbol{q}}) - B\dot{\boldsymbol{q}} - C(\boldsymbol{q}_d-\tilde{\boldsymbol{q}},\dot{\boldsymbol{q}})\dot{\boldsymbol{q}}] = \boldsymbol{0}$.

Usando las propiedades del modelo dinámico para un robot manipulador de n gdl (6.6); la matriz con coeficientes de fricción viscosa B es diagonal definida positiva, como se indica en la ecuación (6.8); entonces: $B\dot{\boldsymbol{q}} = \boldsymbol{0} \Longleftrightarrow \dot{\boldsymbol{q}} = \boldsymbol{0}$. Por otro lado, la matriz de fuerzas centrípetas y de Coriolis satisface: $C(\boldsymbol{q}_d - \tilde{\boldsymbol{q}}, \boldsymbol{0}) = O \in \mathbb{R}^{n\times n}$ y evidentemente, si $\dot{\boldsymbol{q}} = \boldsymbol{0} \Longrightarrow C(\boldsymbol{q}_d - \tilde{\boldsymbol{q}}, \dot{\boldsymbol{q}})\dot{\boldsymbol{q}} = \boldsymbol{0}$.

El término $K_v \sinh(\Gamma_v\dot{\boldsymbol{q}}) = \boldsymbol{0} \Longleftrightarrow \sinh(\Gamma_v\dot{\boldsymbol{q}}) = \boldsymbol{0} \Longleftrightarrow \dot{\boldsymbol{q}} = \boldsymbol{0}$, la ganancia derivativa K_v es una matriz definida positiva y Γ_v es diagonal definida positiva. La componente $K_p \sinh(\Gamma_p\tilde{\boldsymbol{q}}) = \boldsymbol{0} \Longleftrightarrow \sinh(\Gamma_p\tilde{\boldsymbol{q}}) = \boldsymbol{0} \Longleftrightarrow \tilde{\boldsymbol{q}} = \boldsymbol{0}$; ambas matrices K_p, Γ_p son diagonales y definidas positivas. Por lo que el punto de equilibrio existe y es único; además, dicho equilibrio corresponde al origen de espacio estados: $[\tilde{\boldsymbol{q}},\ \dot{\boldsymbol{q}}]^T = \boldsymbol{0} \in \mathbb{R}^{2n}$.

La estabilidad del punto de equilibrio de la ecuación en lazo cerrado (8.30) se realiza con la siguiente propuesta de función candidata de Lyapunov:

$$\mathcal{V}(\tilde{\boldsymbol{q}},\ \dot{\boldsymbol{q}}) = \underbrace{\frac{1}{2}\dot{\boldsymbol{q}}^T M(\boldsymbol{q}_d - \tilde{\boldsymbol{q}})\dot{\boldsymbol{q}}}_{\mathcal{K}(\boldsymbol{q}_d-\tilde{\boldsymbol{q}},\dot{\boldsymbol{q}})} + \underbrace{\left[\sqrt{\cosh(\Gamma_p\tilde{\boldsymbol{q}}) - 1}\right]^T \Gamma_p^{-1}K_p \left[\sqrt{\cosh(\Gamma_p\tilde{\boldsymbol{q}}) - 1}\right]}_{\mathcal{U}_a(K_p,\tilde{\boldsymbol{q}})} \tag{8.31a}$$

$$= \frac{1}{2}\begin{bmatrix} \dot{\boldsymbol{q}} \\ \sqrt{\cosh(\Gamma_p\tilde{\boldsymbol{q}}) - 1} \end{bmatrix}^T \underbrace{\begin{bmatrix} M(\boldsymbol{q}_d - \tilde{\boldsymbol{q}}) & O \\ O & 2\Gamma_p^{-1}K_p \end{bmatrix}}_{P} \begin{bmatrix} \dot{\boldsymbol{q}} \\ \sqrt{\cosh(\Gamma_p\tilde{\boldsymbol{q}}) - 1} \end{bmatrix} \tag{8.31b}$$

donde se usa la notación: $\left[\sqrt{\cosh(\Gamma_p\tilde{\boldsymbol{q}}) - 1}\,\right] = \left[\sqrt{\cosh(\gamma_{p1}\tilde{q}_1) - 1}\ \cdots\ \sqrt{\cosh(\gamma_{pn}\tilde{q}_n) - 1}\right]^T$.

La función (8.31a) es definida positiva, debido a que la energía cinética $\mathcal{K}(\boldsymbol{q}_d - \tilde{\boldsymbol{q}}, \dot{\boldsymbol{q}})$ es definida positiva, puesto que: $M(\boldsymbol{q}_d - \tilde{\boldsymbol{q}}) > 0$; la energía potencial artificial $\mathcal{U}_a(K_p, \tilde{\boldsymbol{q}})$ también es una función definida positiva, ya que por diseño, las matrices K_p y Γ_p son diagonales definidas positivas.

Otra forma para demostrar que la función (8.31a) es definida positiva, consiste en reescribirla como aparece en la función (8.31b); la matriz P es definida positiva, puesto que la primera componente cumple con: $M(\boldsymbol{q}_d - \tilde{\boldsymbol{q}}) > 0$ y el determinante de P es: $\det[P] = 2\det[M(\boldsymbol{q}_d - \tilde{\boldsymbol{q}})]\det[K_p]\det[\Gamma_p^{-1}] > 0$.

La derivada de la función candidata de Lyapunov (8.31a) está dada como:

$$
\begin{aligned}
\dot{\mathcal{V}}(\tilde{\boldsymbol{q}},\, \dot{\boldsymbol{q}}) &= \dot{\boldsymbol{q}}^T M(\boldsymbol{q}_d - \tilde{\boldsymbol{q}})\ddot{\boldsymbol{q}} + \frac{1}{2}\dot{\boldsymbol{q}}^T \dot{M}(\boldsymbol{q}_d - \tilde{\boldsymbol{q}})\dot{\boldsymbol{q}} - \sinh^T(\Gamma_p\tilde{\boldsymbol{q}})K_p\Gamma_p^{-1}\Gamma_p\dot{\boldsymbol{q}} \\
&= \cancel{\dot{\boldsymbol{q}}^T K_p \sinh(\Gamma_p\tilde{\boldsymbol{q}})} - \dot{\boldsymbol{q}}^T K_v \sinh(\Gamma_v\dot{\boldsymbol{q}}) - \dot{\boldsymbol{q}}^T B\dot{\boldsymbol{q}} + \\
&\quad \underbrace{-\dot{\boldsymbol{q}}^T C(\boldsymbol{q}_d - \tilde{\boldsymbol{q}},\, \dot{\boldsymbol{q}}) + \frac{1}{2}\dot{\boldsymbol{q}}^T \dot{M}(\boldsymbol{q}_d - \tilde{\boldsymbol{q}})\dot{\boldsymbol{q}}}_{\text{propiedad (6.11): } \frac{1}{2}\dot{\boldsymbol{q}}^T\left[\dot{M}(\boldsymbol{q}_d-\tilde{\boldsymbol{q}})-2C(\boldsymbol{q}_d-\tilde{\boldsymbol{q}},\, \dot{\boldsymbol{q}})\right]\dot{\boldsymbol{q}}=0} \; - \underbrace{\cancel{\sinh^T(\Gamma_p\tilde{\boldsymbol{q}})K_p\dot{\boldsymbol{q}}}}_{\cancel{\dot{\boldsymbol{q}}^T K_p \sinh(\Gamma_p\tilde{\boldsymbol{q}})}} \\
&= -\dot{\boldsymbol{q}}^T K_v \sinh(\Gamma_v\dot{\boldsymbol{q}}) - \dot{\boldsymbol{q}}^T B\dot{\boldsymbol{q}} \leq 0 \qquad (8.32)
\end{aligned}
$$

El resultado de la expresión (8.32) demuestra la estabilidad del punto de equilibrio de la ecuación en lazo cerrado (8.30). Por lo que se cumple: $\tilde{\boldsymbol{q}} \in \mathcal{L}_\infty^n$, $\dot{\boldsymbol{q}} \in \mathcal{L}_\infty^n$ y $\tilde{\boldsymbol{q}} \in \mathcal{L}_2^n$. La estabilidad asintótica se obtiene con el uso del principio de invariancia de Barbashin-Krasovskii-LaSalle, teorema (8.4); cuyo máximo conjunto invariante Ω_ϵ corresponde al punto de equilibrio $\boldsymbol{0} \in \mathbb{R}^{2n}$:

$$
\Omega_\epsilon = \left\{ \begin{bmatrix} \tilde{\boldsymbol{q}} \\ \dot{\boldsymbol{q}} \end{bmatrix} \in \mathbb{R}^{2n} \,:\, \dot{\mathcal{V}}(\tilde{\boldsymbol{q}},\, \dot{\boldsymbol{q}}) = 0 \Longleftrightarrow \dot{\boldsymbol{q}} = 0 \;\wedge\; \tilde{\boldsymbol{q}} = 0 \right\}
$$

$$
\Longrightarrow \lim_{t\to\infty} \begin{bmatrix} \tilde{\boldsymbol{q}}(t) \\ \dot{\boldsymbol{q}}(t) \end{bmatrix} = \boldsymbol{0} \in \mathbb{R}^{2n},\ \forall t \geq 0
$$

■

Con la finalidad de tener completo el proceso, para obtener la derivada temporal de la energía potencial artificial: $\frac{d}{dt}\mathcal{U}_a(K_p,\, \tilde{\boldsymbol{q}})$; a continuación se explican todos los detalles paso a paso. Sea la siguiente notación: $\boldsymbol{\chi} = \sqrt{\cosh(\Gamma_p\tilde{\boldsymbol{q}}) - 1} = \left[\sqrt{\cosh(\gamma_{p1}\tilde{q}_1) - 1}\ \cdots\ \sqrt{\cosh(\gamma_{pn}\tilde{q}_n) - 1}\,\right]^T$; entonces, la energía potencial artificial puede ser expresada como: $\mathcal{U}_a(K_p,\, \tilde{\boldsymbol{q}}) = \boldsymbol{\chi}^T\Gamma_p^{-1}K_p\boldsymbol{\chi}$ y su derivada temporal es: $\frac{d}{dt}\mathcal{U}_a(K_p,\, \tilde{\boldsymbol{q}}) = \frac{d}{dt}\boldsymbol{\chi}^T\Gamma_p^{-1}K_p\boldsymbol{\chi} = 2\boldsymbol{\chi}^T\Gamma_p^{-1}K_p\dot{\boldsymbol{\chi}}$.

$$
\begin{aligned}
\tfrac{d}{dt}\mathcal{U}_a(K_p,\, \tilde{\boldsymbol{q}}) &= 2\left[\sqrt{\cosh(\Gamma_p\tilde{\boldsymbol{q}}) - 1}\right]^T \Gamma_p^{-1}K_p \tfrac{d}{dt}\left[\sqrt{\cosh(\Gamma_p\tilde{\boldsymbol{q}}) - 1}\right] \\
&= 2\left[\sqrt{\cosh(\gamma_{p1}\tilde{q}_1) - 1}\ \cdots\ \sqrt{\cosh(\gamma_{pn}\tilde{q}_n) - 1}\,\right]\Gamma_p^{-1}K_p \tfrac{d}{dt}\begin{bmatrix} \sqrt{\cosh(\gamma_{p1}\tilde{q}_1) - 1} \\ \vdots \\ \sqrt{\cosh(\gamma_{pn}\tilde{q}_n) - 1} \end{bmatrix}
\end{aligned}
$$

$$= \quad 2\left[\sqrt{\cosh(\gamma_{p1}\tilde{q}_1)-1} \;\; \cdots \;\; \sqrt{\cosh(\gamma_{pn}\tilde{q}_n)-1}\,\right]\Gamma_p^{-1}K_p \begin{bmatrix} -\frac{1}{2}\frac{\gamma_{p1}\,\sinh(\gamma_{p1}\tilde{q}_1)\dot{q}_1}{\sqrt{\cosh(\gamma_{p1}\tilde{q}_1)-1}} \\ \vdots \\ -\frac{1}{2}\frac{\gamma_{pn}\,\sinh(\gamma_{pn}\tilde{q}_n)\dot{q}_n}{\sqrt{\cosh(\gamma_{pn}\tilde{q}_n)-1}} \end{bmatrix}$$

$$= \quad -\left[\sqrt{\cosh(\gamma_{p1}\tilde{q}_1)-1} \;\; \cdots \;\; \sqrt{\cosh(\gamma_{pn}\tilde{q}_n)-1}\,\right]\underbrace{\Gamma_p^{-1}K_p\Gamma_p}_{\cancelto{I}{\Gamma_p^{-1}\Gamma_p} K_p} \begin{bmatrix} \frac{\sinh(\gamma_{p1}\tilde{q}_1)}{\sqrt{\cosh(\gamma_{p1}\tilde{q}_1)-1}} & 0 & \cdots & 0 \\ 0 & 0 & \ddots & \vdots \\ 0 & 0 & \cdots & \frac{\sinh(\gamma_{pn}\tilde{q}_n)}{\sqrt{\cosh(\gamma_{pn}\tilde{q}_n)-1}} \end{bmatrix} \begin{bmatrix} \dot{q}_1 \\ \\ \dot{q}_n \end{bmatrix}$$

$$= \quad -\left[\sqrt{\cosh(\gamma_{p1}\tilde{q}_1)-1} \;\; \cdots \;\; \sqrt{\cosh(\gamma_{pn}\tilde{q}_n)-1}\,\right] \begin{bmatrix} \frac{\sinh(\gamma_{p1}\tilde{q}_1)}{\sqrt{\cosh(\gamma_{p1}\tilde{q}_1)-1}} & 0 & \cdots & 0 \\ 0 & 0 & \ddots & \vdots \\ 0 & 0 & \cdots & \frac{\sinh(\gamma_{pn}\tilde{q}_n)}{\sqrt{\cosh(\gamma_{pn}\tilde{q}_n)-1}} \end{bmatrix} K_p \begin{bmatrix} \dot{q}_1 \\ \\ \dot{q}_n \end{bmatrix}$$

$$= \quad -\left[\frac{\sinh(\gamma_{p1}\tilde{q}_1)\;\sqrt{\cosh(\gamma_{p1}\tilde{q}_1)-1}}{\sqrt{\cosh(\gamma_{p1}\tilde{q}_1)-1}} \;\; \cdots \;\; \frac{\sinh(\gamma_{pn}\tilde{q}_n)\;\sqrt{\cosh(\gamma_{pn}\tilde{q}_n)-1}}{\sqrt{\cosh(\gamma_{pn}\tilde{q}_n)-1}}\right] K_p \begin{bmatrix} \dot{q}_1 \\ \\ \dot{q}_n \end{bmatrix}$$

$$= \quad -\left[\,\sinh(\gamma_{p1}\tilde{q}_1) \;\; \cdots \;\; \sinh(\gamma_{pn}\tilde{q}_n)\right] K_p \begin{bmatrix} \dot{q}_1 \\ \\ \\ \dot{q}_n \end{bmatrix}$$

$$= \quad -\,\sinh^T(\tilde{\boldsymbol{q}})K_p\dot{\boldsymbol{q}}$$

$$= \quad -\dot{\boldsymbol{q}}^T K_p\,\sinh(\tilde{\boldsymbol{q}})$$

En general el producto entre matrices no es conmutativo; sin embargo, cuando las matrices son diagonales se satisface dicha propiedad; por ejemplo: $\Gamma_p^{-1}K_p\Gamma_p = \underbrace{\Gamma_p^{-1}\Gamma_p}_{I}\,K_p = K_p$; siendo $I \in \mathbb{R}^{n\times n}$ la matriz identidad. Usando el anterior argumento, se satisface con las siguientes matrices: $K_p\ \mathrm{diag}\left\{\frac{\sinh(\gamma_{pi}\tilde{q}_i)}{\sqrt{\cosh(\gamma_{pi}\tilde{q}_i)-1}}\right\} = \mathrm{diag}\left\{\frac{\sinh(\gamma_{pi}\tilde{q}_i)}{\sqrt{\cosh(\gamma_{pi}\tilde{q}_i)-1}}\right\}\ K_p$; para $i = 1, \cdots, n$.

•••

En la tabla 8.1 se muestran varios ejemplos con estructuras de control no acotadas.

Tabla 8.1: Algoritmos de control no acotados

Control: $\boldsymbol{\tau}$	Función de Lyapunov: $\mathcal{V}(\tilde{\boldsymbol{q}},\ \dot{\boldsymbol{q}})$
$\boldsymbol{\tau} = K_p \sinh(\Gamma_p \tilde{\boldsymbol{q}}) - K_v \sinh(\Gamma_v \dot{\boldsymbol{q}}) + \boldsymbol{g}(\boldsymbol{q})$	$\mathcal{V}(\tilde{\boldsymbol{q}},\ \dot{\boldsymbol{q}}) = \frac{1}{2}\dot{\boldsymbol{q}}^T M(\boldsymbol{q})\dot{\boldsymbol{q}} + \sqrt{\cosh(\Gamma_p \tilde{\boldsymbol{q}}) - 1}^T \Gamma_p^{-1} K_p \sqrt{\cosh(\Gamma_p \tilde{\boldsymbol{q}}) - 1}$
$\boldsymbol{\tau} = K_p\tilde{\boldsymbol{q}} - K_v\dot{\boldsymbol{q}} + \boldsymbol{g}(\boldsymbol{q})$	$\mathcal{V}(\tilde{\boldsymbol{q}},\ \dot{\boldsymbol{q}}) = \frac{1}{2}\dot{\boldsymbol{q}}^T M(\boldsymbol{q})\dot{\boldsymbol{q}} + \frac{1}{2}\tilde{\boldsymbol{q}}\, K_p\, \tilde{\boldsymbol{q}}$
$\boldsymbol{\tau} = K_p\tilde{\boldsymbol{q}}^{2m-1} - K_v\dot{\boldsymbol{q}}^{2m-1} + \boldsymbol{g}(\boldsymbol{q})$	$\mathcal{V}(\tilde{\boldsymbol{q}},\ \dot{\boldsymbol{q}}) = \frac{1}{2}\dot{\boldsymbol{q}}^T M(\boldsymbol{q})\dot{\boldsymbol{q}} + \frac{1}{2m}\tilde{\boldsymbol{q}}^{m^T} K_p\, \tilde{\boldsymbol{q}}^m$
$\boldsymbol{\tau} = \sum_{j=1}^{m} K_{p_{2j-1}}\ \tilde{\boldsymbol{q}}^{2j-1} - \sum_{i=1}^{u} K_{v_{2i-1}}\ \dot{\boldsymbol{q}}^{2i-1} + \boldsymbol{g}(\boldsymbol{q})$	$\mathcal{V}(\tilde{\boldsymbol{q}},\ \dot{\boldsymbol{q}}) = \frac{1}{2}\dot{\boldsymbol{q}}^T M(\boldsymbol{q})\dot{\boldsymbol{q}} + \frac{1}{2m}\sum_{j=1}^{m}\tilde{\boldsymbol{q}}^{j^T} K_{p_{2j-1}}\ \tilde{\boldsymbol{q}}^j$
$\boldsymbol{\tau} = K_p \cosh^2(\Gamma_p\tilde{\boldsymbol{q}}) \tanh(\Gamma_p\tilde{\boldsymbol{q}}) - K_v \cosh^2(\Gamma_v\dot{\boldsymbol{q}}) \tanh(\Gamma_v\dot{\boldsymbol{q}}) + \boldsymbol{g}(\boldsymbol{q})$	$\mathcal{V}(\tilde{\boldsymbol{q}},\ \dot{\boldsymbol{q}}) = \frac{1}{2}\dot{\boldsymbol{q}}^T M(\boldsymbol{q})\dot{\boldsymbol{q}} + \frac{1}{2}\sqrt{\cosh^2(\Gamma_p\tilde{\boldsymbol{q}}) - 1}^T \Gamma_p^{-1} K_p \sqrt{\cosh^2(\Gamma_p\tilde{\boldsymbol{q}}) - 1}$
$\boldsymbol{\tau} = K_p \cosh^m(\Gamma_p\tilde{\boldsymbol{q}}) \tanh(\Gamma_p\tilde{\boldsymbol{q}}) - K_v \cosh^m(\Gamma_v\dot{\boldsymbol{q}}) \tanh(\Gamma_v\dot{\boldsymbol{q}}) + \boldsymbol{g}(\boldsymbol{q})$	$\mathcal{V}(\tilde{\boldsymbol{q}},\ \dot{\boldsymbol{q}}) = \frac{1}{2}\dot{\boldsymbol{q}}^T M(\boldsymbol{q})\dot{\boldsymbol{q}} + \frac{1}{m}\sqrt{\cosh^m(\Gamma_p\tilde{\boldsymbol{q}}) - 1}^T \Gamma_p^{-1} K_p \sqrt{\cosh^m(\Gamma_p\tilde{\boldsymbol{q}}) - 1}$
$\boldsymbol{\tau} = K_p \left[I - \Gamma_p\ e^{-\Gamma_p\tilde{\boldsymbol{q}}^2}\right]\tilde{\boldsymbol{q}} - K_v \left[I - \Gamma_v\ e^{-\Gamma_v\dot{\boldsymbol{q}}^2}\right]\dot{\boldsymbol{q}} + \boldsymbol{g}(\boldsymbol{q})$	$\mathcal{V}(\tilde{\boldsymbol{q}},\ \dot{\boldsymbol{q}}) = \frac{1}{2}\dot{\boldsymbol{q}}^T M(\boldsymbol{q})\dot{\boldsymbol{q}} + \frac{1}{2}\sqrt{\tilde{\boldsymbol{q}}^2 + e^{-\Gamma_p\tilde{\boldsymbol{q}}^2} - 1}^T K_p \sqrt{\tilde{\boldsymbol{q}}^2 + e^{-\Gamma_p\tilde{\boldsymbol{q}}^2} - 1}$
$\boldsymbol{\tau} = K_p \left[I - \Gamma_p\ e^{-\cosh(\Gamma_p\tilde{\boldsymbol{q}})}\right] \sinh(\Gamma_p\tilde{\boldsymbol{q}}) - K_v \left[I - \Gamma_v\ e^{-\cosh(\Gamma_v\dot{\boldsymbol{q}})}\right] \sinh(\Gamma_v\dot{\boldsymbol{q}}) + \boldsymbol{g}(\boldsymbol{q})$	$\mathcal{V}(\tilde{\boldsymbol{q}},\ \dot{\boldsymbol{q}}) = \frac{1}{2}\dot{\boldsymbol{q}}^T M(\boldsymbol{q})\dot{\boldsymbol{q}} + \sqrt{\cosh(\tilde{\boldsymbol{q}}) + e^{-\cosh(\Gamma_p\tilde{\boldsymbol{q}})} - (1 + e^{-1})}^T K_p \sqrt{\cosh(\tilde{\boldsymbol{q}}) + e^{-\cosh(\Gamma_p\tilde{\boldsymbol{q}})} - (1 + e^{-1})}$
$\boldsymbol{\tau} = K_p \left[I - \Gamma_p\ e^{-f_p(\Gamma_p\tilde{\boldsymbol{q}})}\right] \nabla f_p(\Gamma_p\tilde{\boldsymbol{q}}) - K_v \left[I - \Gamma_v\ e^{-f_v(\Gamma_v\dot{\boldsymbol{q}})}\right] \nabla f_v(\Gamma_v\dot{\boldsymbol{q}}) + \boldsymbol{g}(\boldsymbol{q})$	$\mathcal{V}(\tilde{\boldsymbol{q}},\ \dot{\boldsymbol{q}}) = \frac{1}{2}\dot{\boldsymbol{q}}^T M(\boldsymbol{q})\dot{\boldsymbol{q}} + \sqrt{f_p(\tilde{\boldsymbol{q}}) + e^{-f_p(\Gamma_p\tilde{\boldsymbol{q}})} - (f_p(0) + e^{-f_p(0)})}^T K_p \sqrt{f_p(\tilde{\boldsymbol{q}}) + e^{-f_p(\Gamma_p\tilde{\boldsymbol{q}})} - (f_p(0) + e^{-f_p(0)})}$
$\boldsymbol{\tau} = K_p \operatorname{asinh}(\tilde{\boldsymbol{q}}) - K_v \operatorname{asinh}(\dot{\boldsymbol{q}}) + \boldsymbol{g}(\boldsymbol{q})$	$\mathcal{V}(\tilde{\boldsymbol{q}},\ \dot{\boldsymbol{q}}) = \frac{1}{2}\dot{\boldsymbol{q}}^T M(\boldsymbol{q}_d - \tilde{\boldsymbol{q}})\dot{\boldsymbol{q}} + \left[\sqrt{\tilde{\boldsymbol{q}} \operatorname{asinh}(\tilde{\boldsymbol{q}}) - \sqrt{\tilde{\boldsymbol{q}}^2 + 1} + 1}\right]^T K_p \left[\sqrt{\tilde{\boldsymbol{q}} \operatorname{asinh}(\tilde{\boldsymbol{q}}) - \sqrt{\tilde{\boldsymbol{q}}^2 + 1} + 1}\right]$

Para no saturar a los servomotores, la regla de sintonía en las ganancias del control (8.29) es la siguiente: $k_{pi} \leq \frac{\tau_i^{\text{máx}} - g_i(\boldsymbol{q})}{|\sinh(\tilde{q}_i(0))| + \rho_i |\sinh(\dot{q}_i(0))|}$; $k_{vi} = \rho_{vi} k_{pi}$.

En la tabla 8.1 se utiliza la siguiente notación vectorial: $\tilde{\boldsymbol{q}}^m = [\tilde{q}_1^m, \cdots, \tilde{q}_n^m]^T$; $\tilde{\boldsymbol{q}}^{2m-1} = [\tilde{q}_1^{2m-1}, \cdots, \tilde{q}_n^{2m-1}]^T$; $\dot{\boldsymbol{q}}^m = [\dot{q}_1^m, \cdots, \dot{q}_n^m]^T$; $\dot{\boldsymbol{q}}^{2m-1} = [\dot{q}_1^{2m-1}, \cdots, \dot{q}_n^{2m-1}]^T$; $m \in N$; $\sqrt{\cosh^m(\Gamma_p \tilde{\boldsymbol{q}}) - 1} = \left[\sqrt{\cosh^m(\gamma_{p1}\tilde{q}_1) - 1}, \cdots, \sqrt{\cosh^m(\gamma_{pn}\tilde{q}_n) - 1}\right]^T$; $\left[I - \Gamma_p \ e^{-\Gamma_p \tilde{\boldsymbol{q}}^2}\right] \tilde{\boldsymbol{q}} = \left[\left[1 - \gamma_{p1} \ e^{-\gamma_{p1}\tilde{q}_1^2}\right] \tilde{q}_1, \cdots, \left[1 - \gamma_{pn} \ e^{-\gamma_{pn}\tilde{q}_n^2}\right] \tilde{q}_n\right]^T$; $\left[I - \Gamma_v \ e^{-\Gamma_v \dot{\boldsymbol{q}}^2}\right] \dot{\boldsymbol{q}} = \left[\left[1 - \gamma_{v1} \ e^{-\gamma_{v1}\dot{q}_1^2}\right] \dot{q}_1, \cdots, \left[1 - \gamma_{vn} \ e^{-\gamma_{vn}\dot{q}_n^2}\right] \dot{q}_n\right]^T$; $\cosh^m(\Gamma_p \tilde{\boldsymbol{q}}) \tanh(\Gamma_p \tilde{\boldsymbol{q}}) = [\cosh^m(\gamma_{p1}\tilde{q}_1) \tanh(\gamma_{p1}\tilde{q}_1), \cdots, \cosh^m(\gamma_{pn}\tilde{q}_n) \tanh(\gamma_{pn}\tilde{q}_n)]^T$; $\cosh^m(\Gamma_v \dot{\boldsymbol{q}}) \tanh(\Gamma_v \dot{\boldsymbol{q}}) = [\cosh^m(\gamma_{v1}\dot{q}_1) \tanh(\gamma_{v1}\dot{q}_1), \cdots, \cosh^m(\gamma_{vn}\dot{q}_n) \tanh(\gamma_{vn}\dot{q}_n)]^T$; $\sqrt{\tilde{\boldsymbol{q}}^2 + e^{-\Gamma_p \tilde{\boldsymbol{q}}^2} - 1} = \left[\sqrt{\tilde{q}_1^2 + e^{-\gamma_{p1}\tilde{q}_1^2} - 1}, \cdots, \sqrt{\tilde{q}_n^2 + e^{-\gamma_{p1}\tilde{q}_n^2} - 1}\right]^T$; $\sqrt{\tilde{\boldsymbol{q}} \operatorname{asinh}(\tilde{\boldsymbol{q}}) - \sqrt{\tilde{\boldsymbol{q}}^2 + 1} + 1} = \left[\sqrt{\tilde{q}_1 \operatorname{asinh}(\tilde{q}_1) - \sqrt{\tilde{\boldsymbol{q}}_1^2 + 1} + 1}, \cdots, \sqrt{\tilde{q}_n \operatorname{asinh}(\tilde{q}_n) - \sqrt{\tilde{\boldsymbol{q}}_n^2 + 1} + 1}\right]^T$; $\left[I - \Gamma_p \ e^{-\Gamma_p f_p(\tilde{\boldsymbol{q}})}\right] \nabla f_p(\tilde{\boldsymbol{q}}) = \left[\left[1 - \gamma_{p1} \ e^{-\gamma_{p1} f_p(\tilde{q}_1)}\right] \nabla f_p(\tilde{q}_1), \cdots, \left[1 - \gamma_{pn} \ e^{-\gamma_{pn} f_p(\tilde{q}_n)}\right] \nabla f_p(\tilde{q}_n)\right]^T$; $\left[I - \Gamma_p \ e^{-\Gamma_p \cosh(\tilde{\boldsymbol{q}})}\right] \sinh(\tilde{\boldsymbol{q}}) = \left[\left[1 - \gamma_{p1} \ e^{-\gamma_{p1}\cosh(\tilde{q}_1)}\right] \sinh(\tilde{q}_1), \cdots, \left[1 - \gamma_{pn} \ e^{-\gamma_{pn}\cosh(\tilde{q}_n)}\right] \sinh(\tilde{q}_n)\right]^T$;

8.6.2 Algoritmos de control acotados

Los esquemas de control acotados son aquellos estructuras matemáticas que satisfacen que la energía aplicada a los servomotores no rebasa los límites físicos de operación; es decir: $\|\boldsymbol{\tau}\| < \|\boldsymbol{\tau}^{\text{máx}}$. Por ejemplo, considere el siguiente regulador:

$$\boldsymbol{\tau} \;=\; K_p \frac{\tilde{\boldsymbol{q}}}{1 + \tilde{\boldsymbol{q}}^2} - K_v \frac{\dot{\boldsymbol{q}}}{1 + \dot{\boldsymbol{q}}^2} + \boldsymbol{g}(\boldsymbol{q}) \qquad (8.33)$$

por notación se considera: $\frac{\tilde{\boldsymbol{q}}}{1+\tilde{\boldsymbol{q}}^2} = \left[\frac{\tilde{q}_1}{1+\tilde{q}_1^2}, \cdots, \frac{\tilde{q}_n}{1+\tilde{q}_n^2}\right]^T$ y $\frac{\dot{\boldsymbol{q}}}{1+\dot{\boldsymbol{q}}^2} = \left[\frac{\dot{q}_1}{1+\dot{q}_1^2}, \cdots, \frac{\dot{q}_n}{1+\dot{q}_n^2}\right]^T$.

El suministro de energía a los servomotores es proporcionado por el algoritmo de control (8.33), el cual se encuentra acotado, debido a que:

$$\begin{aligned}
\|\boldsymbol{\tau}\| &= \left\|K_p \frac{\tilde{\boldsymbol{q}}}{1+\tilde{\boldsymbol{q}}^2} - K_v \frac{\dot{\boldsymbol{q}}}{1+\dot{\boldsymbol{q}}^2} + \boldsymbol{g}(\boldsymbol{q})\right\| \leq \left\|K_p \frac{\tilde{\boldsymbol{q}}}{1+\tilde{\boldsymbol{q}}^2}\right\| + \left\|K_v \frac{\dot{\boldsymbol{q}}}{1+\dot{\boldsymbol{q}}^2}\right\| + \|\boldsymbol{g}(\boldsymbol{q})\| \\
&\leq \lambda_{K_p}^{\text{máx}} \left\|\frac{\tilde{\boldsymbol{q}}}{1+\tilde{\boldsymbol{q}}^2}\right\| + \lambda_{K_v}^{\text{máx}} \left\|\frac{\dot{\boldsymbol{q}}}{1+\dot{\boldsymbol{q}}2}\right\| + \|\boldsymbol{g}(\boldsymbol{q})\| \leq \lambda_{K_p}^{\text{máx}} \sqrt{n} + \lambda_{K_v}^{\text{máx}} \sqrt{n} + k_g < \|\boldsymbol{\tau}^{\text{máx}}\|
\end{aligned}$$

Note que se cumple $\forall x_i \in \mathbb{R}$ lo siguiente: $1 + x_i^2 > x_i \Longrightarrow \frac{x_i}{1+x_i^2} < 1$; siendo x_i cualquiera de la variables $\tilde{q}_i$ o $\dot{q}_i$; es decir: $x_i = \{\tilde{q}_i, \ \dot{q}_i\}$, para $i = 1, 2, \cdots, n$; entonces se satisface:

$$\begin{aligned}
\left\|\frac{\tilde{\boldsymbol{q}}}{1+\tilde{\boldsymbol{q}}^2}\right\| &= \sqrt{\left[\frac{\tilde{q}_1}{1+\tilde{q}_1^2}\right]^2 +, \cdots, + \left[\frac{\tilde{q}_n}{1+\tilde{q}_n^2}\right]^2} \leq \sqrt{1+, \cdots, +1} \leq \sqrt{n} \\
\left\|\frac{\dot{\boldsymbol{q}}}{1+\dot{\boldsymbol{q}}^2}\right\| &= \sqrt{\left[\frac{\dot{q}_1}{1+\dot{q}_1^2}\right]^2 +, \cdots, + \left[\frac{\dot{q}_n}{1+\dot{q}_n^2}\right]^2} \leq \sqrt{1+, \cdots, +1} \leq \sqrt{n}
\end{aligned}$$

La regla de sintonía para las componentes de las ganancias proporcional y derivativa del esquema de control (8.33) es como a continuación se indica: $k_{pi} \leq \frac{\tau_i^{\text{máx}} - g_i(\boldsymbol{q})}{\frac{|\tilde{q}_i(0)|}{1+\tilde{q}_i^2(0)} + \rho_i \frac{|\dot{q}_i(0)|}{1+\dot{q}_i^2(0)}}$; $k_{vi} = \rho_i k_{pi}$, para $i = 1, 2, \cdots, n$.

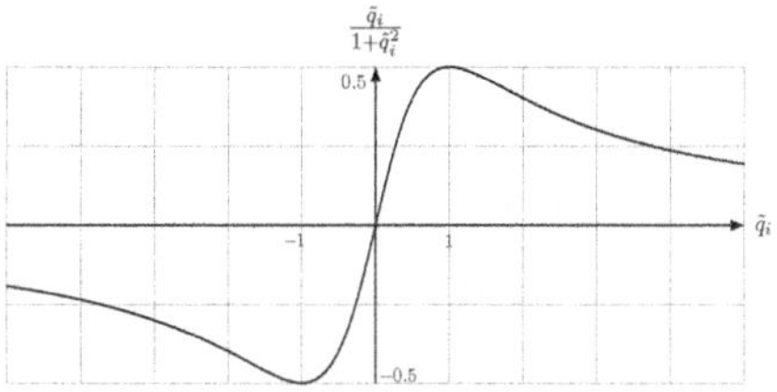

Figura 8.22: Función $\frac{\tilde{q}_i}{1+\tilde{q}_i^2}$

El comportamiento que presenta la función $\frac{\tilde{q}_i}{1+\tilde{q}_i^2}$ corresponde al esquema de regulación (8.33) se muestra en la figura 8.22. Observe que cuando $\tilde{q}_i$ es mucho mayor a uno: $\tilde{q}_i >> 1$, entonces $1 + \tilde{q}_i^2 \approx \tilde{q}_i^2$, por lo que: $\frac{\tilde{q}_i}{1+\tilde{q}_i^2} \approx \frac{\tilde{q}_i}{\tilde{q}_i^2} \approx \frac{1}{\tilde{q}_i}$. Esto significa que el esquema de control (8.33) es inversamente proporcional al error de posición, lo que contrasta con el algoritmo de control PD y como su nombre lo indica es proporcional al error de posición: $K_p\tilde{\boldsymbol{q}}$. El escenario para $k_{pi}\frac{\tilde{q}_i}{1+\tilde{q}_i^2}$ es diferente del caso tradicional PD; puesto que, cuando el error es muy grande el torque aplicado es pequeño; para $|\tilde{q}_i| \leq 1$, el torque aplicado es aproximadamente lineal; su valor máximo corresponde a: $\frac{k_{pi}}{2}$, si $\tilde{q}_i = 1$. A la ganancia K_p del esquema de control (8.33) se le seguirá llamando ganancia proporcional.

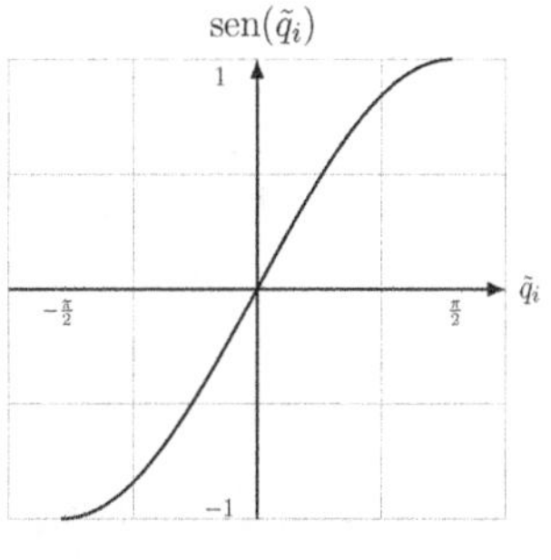

Figura 8.23: Función $\operatorname{sen}(\tilde{q}_i)$

Otra forma de diseño en un esquema de control acotado es a través de funciones del tipo sinusoidal; donde los términos proporcional y la acción de control derivativo se seleccionan como: $\boldsymbol{\tau} = K_p \operatorname{sen}(\tilde{\boldsymbol{q}}) - K_v \operatorname{sen}(\dot{\boldsymbol{q}}) + \boldsymbol{g}(\boldsymbol{q})$. En la figura 8.23 se exhibe el comportamiento del regulador utilizando la parte "lineal" para el intervalo: $\tilde{q}_i \in (-\frac{\pi}{2}, \frac{\pi}{2})$. El esquema sinusoidal genera un número infinito de puntos de equilibrio de la ecuación en lazo cerrado; consecuentemente, el resultado de estabilidad solo es local; sin embargo, los puntos de equilibrio están separados en intervalos $(-k\pi, k\pi)$, $k \in N$; cuando $k = 1$, el punto de equilibrio corresponde al origen del espacio de estados.

•• Ejemplo 8.15

Realizar la demostración de estabilidad asintótica del punto de equilibrio de la ecuación en lazo cerrado formada por un robot de n gdl (6.6) y el esquema de control (8.33).

Solución

La ecuación en lazo cerrado formada por el esquema de control (8.33) y el modelo dinámico de un robot manipulador de n gdl (6.6) está dada por:

$$\frac{d}{dt}\begin{bmatrix}\tilde{\boldsymbol{q}}\\ \dot{\boldsymbol{q}}\end{bmatrix} = \begin{bmatrix}-\dot{\boldsymbol{q}}\\ M^{-1}(\boldsymbol{q}_d-\tilde{\boldsymbol{q}})\left[K_p\frac{\tilde{\boldsymbol{q}}}{1+\tilde{\boldsymbol{q}}^2}-K_v\frac{\dot{\boldsymbol{q}}}{1+\dot{\boldsymbol{q}}^2}-B\dot{\boldsymbol{q}}-C(\boldsymbol{q}_d-\tilde{\boldsymbol{q}},\dot{\boldsymbol{q}})\dot{\boldsymbol{q}}\right]\end{bmatrix} \quad (8.34)$$

La demostración sobre la existencia y unicidad del punto de equilibrio en la ecuación en lazo cerrado (8.34) se realiza de manera similar a la desarrollada en el ejemplo 8.14.

La propuesta de la función de Lyapunov $\mathcal{V}(\tilde{\boldsymbol{q}},\ \dot{\boldsymbol{q}})$ es la siguiente:

$$\mathcal{V}(\tilde{\boldsymbol{q}},\ \dot{\boldsymbol{q}}) = \underbrace{\frac{1}{2}\dot{\boldsymbol{q}}^T M(\boldsymbol{q}_d-\tilde{\boldsymbol{q}})\dot{\boldsymbol{q}}}_{\mathcal{K}(\boldsymbol{q}_d-\tilde{\boldsymbol{q}},\dot{\boldsymbol{q}})} + \underbrace{\frac{1}{2}\left[\sqrt{\ln(1+\tilde{\boldsymbol{q}}^2)}\right]^T K_p\left[\sqrt{\ln(1+\tilde{\boldsymbol{q}}^2)}\right]}_{\mathcal{U}_a(K_p,\tilde{\boldsymbol{q}})} \quad (8.35a)$$

$$= \frac{1}{2}\begin{bmatrix}\dot{\boldsymbol{q}}\\ \sqrt{\ln(1+\tilde{\boldsymbol{q}}^2)}\end{bmatrix}^T \underbrace{\begin{bmatrix}M(\boldsymbol{q}_d-\tilde{\boldsymbol{q}}) & O\\ O & K_p\end{bmatrix}}_{P}\begin{bmatrix}\dot{\boldsymbol{q}}\\ \sqrt{\ln(1+\tilde{\boldsymbol{q}}^2)}\end{bmatrix} \quad (8.35b)$$

donde se usa la notación vectorial: $\sqrt{\ln(1+\tilde{\boldsymbol{q}}^2)} = \left[\sqrt{\ln(1+\tilde{q}_1^2)}\ \cdots\ \sqrt{\ln(1+\tilde{q}_n^2)}\right]^T$.

La función candidata de Lyapunov (8.35a) es definida positiva, puesto que la energía cinética $\mathcal{K}(\boldsymbol{q}_d-\tilde{\boldsymbol{q}},\dot{\boldsymbol{q}})$ de un robot manipulador cumple con esa propiedad; también la energía potencial artificial $\mathcal{U}_a(K_p,\tilde{\boldsymbol{q}})$ es una función definida positiva, debido a que la matriz K_p por diseño es diagonal definida positiva. Otro razonamiento es el siguiente: la función (8.35a) se puede reescribir como en (8.35b), usando el teorema de Sylvester (3.1), la primera componente de la matriz P cumple con: $M(\boldsymbol{q}_d-\tilde{\boldsymbol{q}}) > 0$ y el determinante de P es positivo: $\det[P] = \det[M(\boldsymbol{q}_d-\tilde{\boldsymbol{q}})]\det[K_p] > 0$.

La derivada de la función candidata de Lyapunov (8.35a) está dada como:

$$
\begin{aligned}
\dot{\mathcal{V}}(\tilde{\boldsymbol{q}},\ \dot{\boldsymbol{q}}) &= \dot{\boldsymbol{q}}^T M(\boldsymbol{q}_d-\tilde{\boldsymbol{q}})\ddot{\boldsymbol{q}}+\tfrac{1}{2}\dot{\boldsymbol{q}}^T \dot{M}(\boldsymbol{q}_d-\tilde{\boldsymbol{q}})\dot{\boldsymbol{q}}-\underbrace{\left[\frac{\tilde{\boldsymbol{q}}}{1+\tilde{\boldsymbol{q}}^2}\right]^T K_p\dot{\boldsymbol{q}}}_{\frac{d}{dt}\mathcal{U}_a(K_p,\ \tilde{\boldsymbol{q}})} \\
&= \cancel{\dot{\boldsymbol{q}}^T K_p \frac{\tilde{\boldsymbol{q}}}{1+\tilde{\boldsymbol{q}}^2}} - \dot{\boldsymbol{q}}^T K_v \frac{\dot{\boldsymbol{q}}}{1+\dot{\boldsymbol{q}}^2} - \dot{\boldsymbol{q}}^T B\dot{\boldsymbol{q}} + \underbrace{\frac{1}{2}\dot{\boldsymbol{q}}^T\left[\dot{M}(\boldsymbol{q}_d-\tilde{\boldsymbol{q}})-2C(\boldsymbol{q}_d-\tilde{\boldsymbol{q}},\ \dot{\boldsymbol{q}})\right]\dot{\boldsymbol{q}}}_{\text{propiedad (??)}} - \cancel{\underbrace{\frac{\tilde{\boldsymbol{q}}}{1+\tilde{\boldsymbol{q}}^2}K_p\dot{\boldsymbol{q}}}_{\dot{\boldsymbol{q}}^T K_p \frac{\tilde{\boldsymbol{q}}}{1+\tilde{\boldsymbol{q}}^2}}} \\
&= -\dot{\boldsymbol{q}}^T K_v \frac{\dot{\boldsymbol{q}}}{1+\dot{\boldsymbol{q}}^2} - \dot{\boldsymbol{q}}^T B\dot{\boldsymbol{q}} \leq 0 \qquad (8.36)
\end{aligned}
$$

La matriz B es diagonal definida positiva, $\dot{\boldsymbol{q}}^T B\dot{\boldsymbol{q}} > 0 \Longrightarrow -\dot{\boldsymbol{q}}^T B\dot{\boldsymbol{q}} < 0$; además, $K_v > 0 \Longrightarrow -\dot{\boldsymbol{q}}^T K_v \frac{\dot{\boldsymbol{q}}}{1+\dot{\boldsymbol{q}}^2} < 0$, dado que $\frac{\dot{\boldsymbol{q}}}{1+\dot{\boldsymbol{q}}^2}$ es una función impar. Por lo que, la derivada de la función de Lyapunov (8.36) es semidefinida negativa, entonces aplicando el teorema (8.1), la estabilidad global del punto de equilibrio de la ecuación en lazo cerrado (8.34) está demostrada; además: $\tilde{\boldsymbol{q}} \in \mathcal{L}_\infty^n$, $\dot{\boldsymbol{q}} \in \mathcal{L}_\infty^n$ y $\tilde{\boldsymbol{q}} \in \mathcal{L}_2^n$. La estabilidad asintótica se obtiene con el teorema (8.4), cuyo máximo conjunto invariante Ω_ϵ corresponde al descrito en (8.15): ■

A continuación se describen los pasos internos para obtener $\frac{d}{dt}\mathcal{U}_a(K_p,\ \tilde{\boldsymbol{q}})$ que forma parte de la función de Lyapunov (8.35a); se utiliza la notación: $\boldsymbol{\chi} = \sqrt{\ln(1+\tilde{\boldsymbol{q}}^2)} = \left[\sqrt{\ln(1+\tilde{q}_1^2)}\ \cdots\ \sqrt{\ln(1+\tilde{q}_n^2)}\,\right]^T$.

$$
\begin{aligned}
\frac{d}{dt}\mathcal{U}_a(K_p,\ \tilde{\boldsymbol{q}}) &= \frac{d}{dt}\frac{1}{2}\boldsymbol{\chi}^T K_p \boldsymbol{\chi} = \frac{1}{2}2\boldsymbol{\chi}^T K_p\dot{\boldsymbol{\chi}} = \sqrt{\ln(1+\tilde{\boldsymbol{q}}^2)}^T K_p \frac{d}{dt}\sqrt{\ln(1+\tilde{\boldsymbol{q}}^2)} = \left[\sqrt{\ln(1+\tilde{q}_1^2)},\ \cdots,\ \sqrt{\ln(1+\tilde{q}_n^2)}\right]^T K_p \frac{d}{dt}\begin{bmatrix}\sqrt{\ln(1+\tilde{q}_1^2)}\\ \vdots \\ \sqrt{\ln(1+\tilde{q}_n^2)}\end{bmatrix} \\
&= \left[\sqrt{\ln(1+\tilde{q}_1^2)},\ \cdots,\ \sqrt{\ln(1+\tilde{q}_n^2)}\right]^T K_p \begin{bmatrix}\frac{1}{2}\frac{2\tilde{q}_1\dot{\tilde{q}}_1}{[\sqrt{\ln(1+\tilde{q}_1^2)}][1+\tilde{q}_1^2]}\\ \vdots \\ \frac{1}{2}\frac{2\tilde{q}_n\dot{\tilde{q}}_n}{[\sqrt{\ln(1+\tilde{q}_n^2)}][1+\tilde{q}_n^2]}\end{bmatrix} = \left[\sqrt{\ln(1+\tilde{q}_1^2)},\ \cdots,\ \sqrt{\ln(1+\tilde{q}_n^2)}\right]^T K_p \begin{bmatrix}-\frac{\tilde{q}_1\dot{q}_1}{[\sqrt{\ln(1+\tilde{q}_1^2)}][1+\tilde{q}_1^2]}\\ \vdots \\ -\frac{\tilde{q}_n\dot{q}_n}{[\sqrt{\ln(1+\tilde{q}_n^2)}][1+\tilde{q}_n^2]}\end{bmatrix} \\
&= = -\left[\sqrt{\ln(1+\tilde{q}_1^2)},\ \cdots,\ \sqrt{\ln(1+\tilde{q}_n^2)}\right]^T K_p \begin{bmatrix}\frac{\tilde{q}_1}{[\sqrt{\ln(1+\tilde{q}_1^2)}][1+\tilde{q}_1^2]} & 0 & \cdots & 0 \\ 0 & 0 & \ddots & \vdots \\ 0 & 0 & \cdots & \frac{\tilde{q}_n}{[\sqrt{\ln(1+\tilde{q}_n^2)}][1+\tilde{q}_n^2]}\end{bmatrix}\begin{bmatrix}\dot{q}_1\\ \\ \dot{q}_n\end{bmatrix} \\
&= -\left[\sqrt{\ln(1+\tilde{q}_1^2)},\ \cdots,\ \sqrt{\ln(1+\tilde{q}_n^2)}\right]^T \begin{bmatrix}\frac{\tilde{q}_1}{[\sqrt{\ln(1+\tilde{q}_1^2)}][1+\tilde{q}_1^2]} & 0 & \cdots & 0 \\ 0 & 0 & \ddots & \vdots \\ 0 & 0 & \cdots & \frac{\tilde{q}_n}{[\sqrt{\ln(1+\tilde{q}_n^2)}][1+\tilde{q}_n^2]}\end{bmatrix} K_p \begin{bmatrix}\dot{q}_1\\ \\ \dot{q}_n\end{bmatrix} \\
&= -\begin{bmatrix}\frac{\cancel{\sqrt{\ln(1+\tilde{q}_1^2)}}\ \tilde{q}_1}{\cancel{\sqrt{\ln(1+\tilde{q}_1^2)}}\,[1+\tilde{q}_1^2]},\ \cdots,\ \frac{\cancel{\sqrt{\ln(1+\tilde{q}_n^2)}}\ \tilde{q}_n}{\cancel{\sqrt{\ln(1+\tilde{q}_n^2)}}\,[1+\tilde{q}_n^2]}\end{bmatrix}^T K_p \begin{bmatrix}\dot{q}_1\\ \\ \dot{q}_n\end{bmatrix} = -\left[\frac{\tilde{\boldsymbol{q}}}{1+\tilde{\boldsymbol{q}}^2}\right]^T K_p\dot{\boldsymbol{q}} = -\dot{\boldsymbol{q}}^T K_p \frac{\tilde{\boldsymbol{q}}}{1+\tilde{\boldsymbol{q}}^2}
\end{aligned}
$$

●●●

En la tabla 8.2 se ilustran algunos ejemplos de algoritmos acotados.

Tabla 8.2: Algoritmos de control acotados

Control: $\boldsymbol{\tau}$	Función de Lyapunov: $\mathcal{V}(\tilde{\boldsymbol{q}},\ \dot{\boldsymbol{q}})$
$\boldsymbol{\tau} = K_p \frac{\tilde{\boldsymbol{q}}}{1+\tilde{\boldsymbol{q}}^2} - K_v \frac{\dot{\boldsymbol{q}}}{1+\dot{\boldsymbol{q}}^2} + \boldsymbol{g}(\boldsymbol{q})$	$\mathcal{V}(\tilde{\boldsymbol{q}},\ \dot{\boldsymbol{q}}) = \frac{1}{2}\dot{\boldsymbol{q}}^T M(\boldsymbol{q})\dot{\boldsymbol{q}} + \frac{1}{2}\sqrt{\ln(1+\tilde{\boldsymbol{q}}^2)}^T K_p \sqrt{\ln(1+\tilde{\boldsymbol{q}}^2)}$
$\boldsymbol{\tau} = K_p \frac{\tilde{\boldsymbol{q}}^5}{1+\tilde{\boldsymbol{q}}^6} - K_v \frac{\dot{\boldsymbol{q}}^5}{1+\dot{\boldsymbol{q}}^6} + \boldsymbol{g}(\boldsymbol{q})$	$\mathcal{V}(\tilde{\boldsymbol{q}},\ \dot{\boldsymbol{q}}) = \frac{1}{2}\dot{\boldsymbol{q}}^T M(\boldsymbol{q})\dot{\boldsymbol{q}} + \frac{1}{2}\sqrt{\ln(1+\tilde{\boldsymbol{q}}^6)}^T K_p \sqrt{\ln(1+\tilde{\boldsymbol{q}}^6)}$
$\boldsymbol{\tau} = K_p \frac{\tilde{\boldsymbol{q}}^{2m-1}}{1+\tilde{\boldsymbol{q}}^{2m}} - K_v \frac{\dot{\boldsymbol{q}}^{2m-1}}{1+\dot{\boldsymbol{q}}^{2m}} + \boldsymbol{g}(\boldsymbol{q})$	$\mathcal{V}(\tilde{\boldsymbol{q}},\ \dot{\boldsymbol{q}}) = \frac{1}{2}\dot{\boldsymbol{q}}^T M(\boldsymbol{q})\dot{\boldsymbol{q}} + \frac{1}{2}\sqrt{\ln(1+\tilde{\boldsymbol{q}}^{2m})}^T K_p \sqrt{\ln(1+\tilde{\boldsymbol{q}}^{2m})}$
$\boldsymbol{\tau} = K_p \frac{e^{-\cos(\tilde{q})}\ \mathrm{sen}(\tilde{\boldsymbol{q}})}{1+e^{-\cos(\tilde{q})}} - K_v \frac{e^{-\cos(\dot{q})}\ \mathrm{sen}(\dot{\boldsymbol{q}})}{1+e^{-\cos(\dot{q})}} + \boldsymbol{g}(\boldsymbol{q})$	$\mathcal{V}(\tilde{\boldsymbol{q}},\ \dot{\boldsymbol{q}}) = \frac{1}{2}\dot{\boldsymbol{q}}^T M(\boldsymbol{q})\dot{\boldsymbol{q}} + \sqrt{\ln(1+e^{-\cos(\tilde{q})}) - e^{-1}}^T K_p \sqrt{\ln(1+e^{-\cos(\tilde{q})}) - e^{-1}}$ estabilidad asintótica local: $\tilde{q}_i \in (-\pi, \pi),\ i = 1, \cdots, n$
$\boldsymbol{\tau} = K_p \frac{I-\Gamma_p e^{-\Gamma_p \tilde{q}^2}}{\tilde{\boldsymbol{q}}^2+e^{-\Gamma_p \tilde{q}^2}}\,\tilde{\boldsymbol{q}} - K_v \frac{I-\Gamma_v e^{-\Gamma_v \dot{q}^2}}{\dot{\boldsymbol{q}}^2+e^{-\Gamma_v \dot{q}^2}}\,\dot{\boldsymbol{q}} + \boldsymbol{g}(\boldsymbol{q})$	$\mathcal{V}(\tilde{\boldsymbol{q}},\ \dot{\boldsymbol{q}}) = \frac{1}{2}\dot{\boldsymbol{q}}^T M(\boldsymbol{q})\dot{\boldsymbol{q}} + \frac{1}{2}\sqrt{\ln(\tilde{\boldsymbol{q}}^2 + e^{-\Gamma_p \tilde{q}^2})}^T K_p \sqrt{\ln(1 + e^{-\Gamma_p \tilde{q}^2})}$
$\boldsymbol{\tau} = K_p \frac{I-\Gamma_p e^{-\Gamma_p \tilde{q}^{2m}}}{\tilde{\boldsymbol{q}}^{2m}+e^{-\Gamma_p \tilde{q}^{2m}}}\,\tilde{\boldsymbol{q}}^{2m-1} - K_v \frac{I-\Gamma_v e^{-\Gamma_v \dot{q}^{2m}}}{\dot{\boldsymbol{q}}^{2m}+e^{-\Gamma_v \dot{q}^{2m}}}\,\dot{\boldsymbol{q}}^{2m-1} + \boldsymbol{g}(\boldsymbol{q})$	$\mathcal{V}(\tilde{\boldsymbol{q}},\ \dot{\boldsymbol{q}}) = \frac{1}{2}\dot{\boldsymbol{q}}^T M(\boldsymbol{q})\dot{\boldsymbol{q}} + \frac{1}{2}\sqrt{\ln(\tilde{\boldsymbol{q}}^{2m} + e^{-\Gamma_p \tilde{q}^{2m}})}^T K_p \sqrt{\ln(1 + e^{-\Gamma_p \tilde{q}^{2m}})}$
$\boldsymbol{\tau} = K_p\ \mathrm{sen}(\tilde{\boldsymbol{q}}) - K_v\ \mathrm{sen}(\dot{\boldsymbol{q}}) + \boldsymbol{g}(\boldsymbol{q})$	$\mathcal{V}(\tilde{\boldsymbol{q}},\ \dot{\boldsymbol{q}}) = \frac{1}{2}\dot{\boldsymbol{q}}^T M(\boldsymbol{q})\dot{\boldsymbol{q}} + \frac{1}{2}\sqrt{\cos(\tilde{\boldsymbol{q}}) - 1}^T K_p \sqrt{\cos(\tilde{\boldsymbol{q}}) - 1}$; estabilidad asintótica local $\tilde{q}_i \in (-\pi, \pi)$ $i = 1, \cdots, n$
$\boldsymbol{\tau} = K_p\left[I - \Gamma_p\ e^{-\cosh(\Gamma_p \tilde{q})}\right]\ \sinh(\Gamma_p\,\tilde{\boldsymbol{q}}) - K_v\left[I - \Gamma_v\ e^{-\cosh(\Gamma_v \dot{q})}\right]\ \sinh(\Gamma_v\,\dot{\boldsymbol{q}}) + \boldsymbol{g}(\boldsymbol{q})$	$\mathcal{V}(\tilde{\boldsymbol{q}},\ \dot{\boldsymbol{q}}) = \frac{1}{2}\dot{\boldsymbol{q}}^T M(\boldsymbol{q})\dot{\boldsymbol{q}} + \sqrt{\cosh(\Gamma_p\tilde{\boldsymbol{q}}) + e^{-\cosh(\Gamma_p \tilde{q})} - (1+e^{-1})}^T K_p \Gamma_p^{-1} \sqrt{\cosh(\Gamma_p\tilde{\boldsymbol{q}}) + e^{-\cosh(\Gamma_p \tilde{q})} - (1+e^{-1})}$
$\boldsymbol{\tau} = K_p\left[I - \Gamma_p\ e^{-f_p(\Gamma_p \tilde{q})}\right] \nabla f_p(\Gamma_p\,\tilde{\boldsymbol{q}}) - K_v\left[I - \Gamma_v\ e^{-f_v(\Gamma_v \dot{q})}\right] \nabla f_v(\Gamma_v\,\dot{\boldsymbol{q}}) + \boldsymbol{g}(\boldsymbol{q})$	$\mathcal{V}(\tilde{\boldsymbol{q}},\ \dot{\boldsymbol{q}}) = \frac{1}{2}\dot{\boldsymbol{q}}^T M(\boldsymbol{q})\dot{\boldsymbol{q}} + \sqrt{f_p(\Gamma_p\tilde{\boldsymbol{q}}) + e^{-f_p(\Gamma_p \tilde{q})} - (f_p(0) + e^{-f_p(0)})}^T K_p \Gamma_p^{-1} \sqrt{f_p(\Gamma_p\tilde{\boldsymbol{q}}) + e^{-f_p(\Gamma_p \tilde{q})} - (f_p(0) + e^{-f_p(0)})}$

8.6.3 Algoritmos de control saturados

Los esquemas de control saturados pertenecen a la categoría de funciones acotadas; sin embargo, este tipo de algoritmos mantienen permanentemente su valor en un límite constante $k_i \in \mathbb{R}_+$, a partir de cierto umbral $\tilde{q}_{\delta_i}$: $|\gamma_i\tilde{q}_i| \geq \tilde{q}_{\gamma_i}$, donde $\gamma_i \in \mathbb{R}_+$, representa la pendiente del esquema saturado.

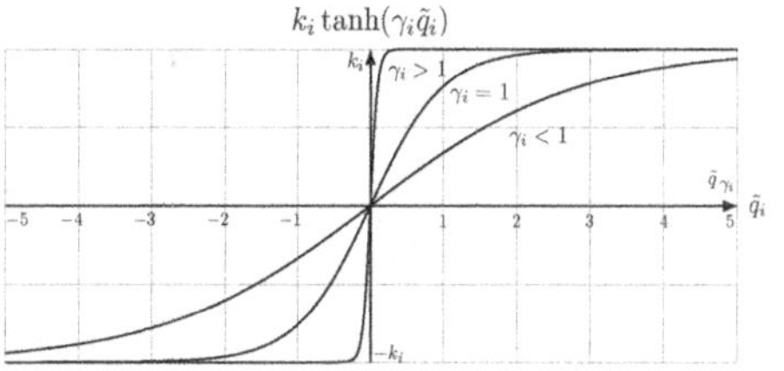

Figura 8.24: Función $k_i \tanh(\gamma_{pi}\tilde{q}_i)$

El comportamiento típico de una función de saturación se describe en la figura 8.24; por ejemplo: $k_i \tanh(\gamma_i\tilde{q}_i)$, cuyo comportamiento se ubica dentro del primer y tercer cuadrante; tiene zonas lineales y límites de saturación: $\pm k_i$, siendo $k_i \in \mathbb{R}_+$. Las características del tipo de aplicación a realizar por el robot determinan el grado de la inclinación en la pendiente, lo cual se especifica con el parámetro $\gamma_i \in \mathbb{R}_+$; si $\gamma_i = 1$, la pendiente está a 45°; para $\gamma_i > 1$, la respuesta del robot es inmediata y la inclinación se acerca a 90°; cuando $\gamma_i < 1$, el robot tiene una respuesta lenta. La función $\tanh(\gamma_i\tilde{q}_i)$ es una función impar: $-\tanh(\gamma_i\tilde{q}_i) = \tanh(-\gamma_i\tilde{q}_i)$, satisface: $\tilde{q}_i\, k_i \tanh(\gamma_i\tilde{q}_i) > 0$; $|k_i \tanh(\gamma_i\tilde{q}_i)| \leq k_i$; se satura en: $\pm k_i$, para $|\gamma_i\tilde{q}_i| \geq \tilde{q}_{\gamma_i}$.

Las propiedades de las funciones de saturación son adecuadas para obtener un buen desempeño en el problema de regulación, debido a que se ajustan muy bien al tipo de respuesta operativa que tiene un servomotor. Considere a $\Gamma_p \in \mathbb{R}^{n\times n}$ una matriz diagonal definida positiva y sea un vector $\boldsymbol{x} \in \mathbb{R}^n$, entonces algunas propiedades importantes de la función $\tanh(\Gamma_p\boldsymbol{x})$ son las siguientes [Kelly, et. al, 2005]:

- $\|\tanh(\Gamma\boldsymbol{x})\| = \sqrt{\sum_{i=1}^{n} \tanh^2(\gamma_i x_i)} \leq \sqrt{1^2+, \cdots, +1^2} \leq \sqrt{n}.$
- $\|\tanh(\Gamma\boldsymbol{x})\| \leq \|\Gamma\|\,\|\boldsymbol{x}\| \leq \lambda_{\Gamma}^{\text{máx}}\|\boldsymbol{x}\|.$
- $\|\tanh(\Gamma\boldsymbol{x})\|^2 \leq \lambda_{\Gamma}^{2\,\text{máx}}\,\|\boldsymbol{x}\|^2.$
- $\|\tanh(\Gamma\boldsymbol{x})\|^2 \leq n.$

- $\boldsymbol{y}^T K \tanh(\Gamma \boldsymbol{x}) \leq \lambda_K^{\text{máx}} \|\boldsymbol{y}\| \, \|\tanh(\Gamma \boldsymbol{x})\| \leq \lambda_K^{\text{máx}} \lambda_\Gamma^{\text{máx}} \|\boldsymbol{y}\| \, \|\boldsymbol{x}\|$.
- $\boldsymbol{y}^T K \tanh(\Gamma \boldsymbol{x}) \leq \lambda_K^{\text{máx}} \|\boldsymbol{y}\| \, \|\tanh(\Gamma \boldsymbol{x})\| \leq \lambda_K^{\text{máx}} \|\boldsymbol{y}\| \sqrt{n}$.
- $\lambda_K^{\text{mín}} \lambda_\Gamma^{\text{mín}} \|\boldsymbol{x}\|^2 \leq \boldsymbol{x}^T K \tanh(\Gamma \boldsymbol{x}) \leq \lambda_K^{\text{máx}} \|\boldsymbol{x}\| \, \|\tanh(\Gamma \boldsymbol{x})\| \leq \lambda_K^{\text{máx}} \lambda_\Gamma^{\text{máx}} \|\boldsymbol{x}\|^2$.
- $\lambda_K^{\text{mín}} \lambda_\Gamma^{\text{mín}} \|\boldsymbol{x}\|^2 \leq \boldsymbol{x}^T K \tanh(\Gamma \boldsymbol{x}) \leq \lambda_K^{\text{máx}} \|\boldsymbol{x}\| \, \|\tanh(\Gamma \boldsymbol{x})\| \leq \lambda_K^{\text{máx}} \sqrt{n} \, \|\boldsymbol{x}\|$.
- $\lambda_K^{\text{mín}} \lambda_\Gamma^{\text{mín}} \|\boldsymbol{y}(\boldsymbol{x})\| \|\boldsymbol{x}\| \leq \boldsymbol{y}^T(\boldsymbol{x}) K \tanh(\Gamma \boldsymbol{x}) \leq \lambda_K^{\text{máx}} \|\boldsymbol{y}(\boldsymbol{x})\| \, \|\tanh(\Gamma \boldsymbol{x})\| \leq \lambda_K^{\text{máx}} \lambda_\Gamma^{\text{máx}} \|\boldsymbol{y}(\boldsymbol{x})\| \, \|\boldsymbol{x}\|$.
- $\lambda_K^{\text{mín}} \lambda_\Gamma^{\text{mín}} \|\boldsymbol{y}(\boldsymbol{x})\| \|\boldsymbol{x}\| \leq \boldsymbol{y}^T(\boldsymbol{x}) K \tanh(\Gamma \boldsymbol{x}) \leq \lambda_K^{\text{máx}} \|\boldsymbol{y}(\boldsymbol{x})\| \, \|\tanh(\Gamma \boldsymbol{x})\| \leq \lambda_K^{\text{máx}} \|\boldsymbol{y}(\boldsymbol{x})\| \sqrt{n}$.

Sea el esquema de control tangente hiperbólica [Reyes y Kelly, 1996]:

$$\boldsymbol{\tau} = K_p \tanh(\Gamma_p \tilde{\boldsymbol{q}}) - K_v \tanh(\Gamma_v \dot{\boldsymbol{q}}) + \boldsymbol{g}(\boldsymbol{q}) \tag{8.37}$$

donde $K_p \in \mathbb{R}^{n \times n}$ es la ganancia proporcional, matriz diagonal definida positiva; $K_v \in \mathbb{R}^{n \times n}$ representa la ganancia derivativa, matriz definida positiva; Γ_p, $\Gamma_v \in \mathbb{R}^{n \times n}$ son matrices diagonales definidas positivas; ambas matrices representan las pendientes de las funciones tangente hiperbólica de regulación y amortiguamiento, respectivamente.

•• Ejemplo 8.16

Realizar la demostración de estabilidad asintótica del punto de equilibrio de la ecuación en lazo cerrado formada por un robot de n gdl y el esquema de control hiperbólico (8.37).

Solución

La ecuación en lazo cerrado para el problema de regulación expresada en variables de estado $[\tilde{\boldsymbol{q}}, \ \dot{\boldsymbol{q}}]$, usando el algoritmo de control tangente hiperbólico (8.37) y el modelo dinámico de un robot de n gdl (6.6) es:

$$\frac{d}{dt}\begin{bmatrix} \tilde{\boldsymbol{q}} \\ \dot{\boldsymbol{q}} \end{bmatrix} = \begin{bmatrix} -\dot{\boldsymbol{q}} \\ M^{-1}(\boldsymbol{q}_d - \tilde{\boldsymbol{q}}) \left[K_p \tanh(\Gamma_p \tilde{\boldsymbol{q}}) - K_v \tanh(\Gamma_v \dot{\boldsymbol{q}}) - B\dot{\boldsymbol{q}} - C(\boldsymbol{q}_d - \tilde{\boldsymbol{q}}, \dot{\boldsymbol{q}})\dot{\boldsymbol{q}}\right] \end{bmatrix} \tag{8.38}$$

la cual resulta una ecuación dinámica autónoma, cuyo punto de equilibrio existe y es único. La demostración sobre la existencia y unicidad del punto de equilibrio se realiza de manera similar al ejemplo 8.14.

La propuesta de la función de Lyapunov $\mathcal{V}(\tilde{\boldsymbol{q}},\, \dot{\boldsymbol{q}})$ es la siguiente:

$$\mathcal{V}(\tilde{\boldsymbol{q}},\, \dot{\boldsymbol{q}}) = \underbrace{\frac{1}{2}\dot{\boldsymbol{q}}^T M(\boldsymbol{q}_d-\tilde{\boldsymbol{q}})\dot{\boldsymbol{q}}}_{\mathcal{K}(\boldsymbol{q}_d-\tilde{\boldsymbol{q}},\dot{\boldsymbol{q}})} + \underbrace{\left[\sqrt{\ln(\cosh(\Gamma_p\tilde{\boldsymbol{q}}))}\right]^T K_p\Gamma_p^{-1}\left[\sqrt{\ln(\cosh(\Gamma_p\tilde{\boldsymbol{q}}))}\right]}_{\mathcal{U}_a(K_p,\tilde{\boldsymbol{q}})} \tag{8.39a}$$

$$= \frac{1}{2}\begin{bmatrix} \dot{\boldsymbol{q}} \\ \sqrt{\ln(\cosh(\Gamma_p\tilde{\boldsymbol{q}}))} \end{bmatrix}^T \underbrace{\begin{bmatrix} M(\boldsymbol{q}_d-\tilde{\boldsymbol{q}}) & O \\ O & 2\,K_p\Gamma_p^{-1} \end{bmatrix}}_{P} \begin{bmatrix} \dot{\boldsymbol{q}} \\ \sqrt{\ln(\cosh(\Gamma_p\tilde{\boldsymbol{q}}))} \end{bmatrix} \tag{8.39b}$$

donde se emplea la siguiente notación para representa al vector: $\sqrt{\ln(\Gamma_p\cosh(\tilde{\boldsymbol{q}}))} = \left[\sqrt{\ln(\cosh(\gamma_{p1}\tilde{q}_1))} \;\cdots\; \sqrt{\ln(\cosh(\gamma_{pn}\tilde{q}_n))}\,\right]^T \in \mathbb{R}^n$. La función candidata de Lyapunov (8.39a) es definida positiva, puesto que la energía cinética $\mathcal{K}(\boldsymbol{q}_d-\tilde{\boldsymbol{q}},\dot{\boldsymbol{q}})$ de un robot manipulador cumple con esa propiedad; también la energía potencial artificial $\mathcal{U}_a(K_p,\tilde{\boldsymbol{q}})$ es una función definida positiva, debido a que la matriz K_p por diseño es diagonal definida positiva. Otro razonamiento es el siguiente: la función (8.39a) se puede reescribir como en (8.39a), la primera componente de la matriz P cumple con: $M(\boldsymbol{q}_d-\tilde{\boldsymbol{q}}) > 0$ y el determinante de P es positivo: $\det[P] = \det[M(\boldsymbol{q}_d-\tilde{\boldsymbol{q}})]\det[K_p] > 0$.

La derivada de la función candidata de Lyapunov (8.39a) está dada como:

$$\dot{\mathcal{V}}(\tilde{\boldsymbol{q}},\, \dot{\boldsymbol{q}}) = \dot{\boldsymbol{q}}^T M(\boldsymbol{q}_d-\tilde{\boldsymbol{q}})\ddot{\boldsymbol{q}} + \tfrac{1}{2}\dot{\boldsymbol{q}}^T \dot{M}(\boldsymbol{q}_d-\tilde{\boldsymbol{q}})\dot{\boldsymbol{q}} - \underbrace{[\tanh(\Gamma_p\,\tilde{\boldsymbol{q}})]^T K_p\Gamma_p\Gamma_p^{-1}\dot{\boldsymbol{q}}}_{\frac{d}{dt}\mathcal{U}_a(K_p,\,\tilde{\boldsymbol{q}})}$$

$$= \cancel{\dot{\boldsymbol{q}}^T K_p\tanh(\Gamma_p\tilde{\boldsymbol{q}})} - \dot{\boldsymbol{q}}^T K_v\tanh(\Gamma_v\,\dot{\boldsymbol{q}}) - \dot{\boldsymbol{q}}^T B\dot{\boldsymbol{q}} + \underbrace{\frac{1}{2}\dot{\boldsymbol{q}}^T\left[\dot{M}(\boldsymbol{q}_d-\tilde{\boldsymbol{q}}) - 2C(\boldsymbol{q}_d-\tilde{\boldsymbol{q}},\,\dot{\boldsymbol{q}})\right]\dot{\boldsymbol{q}}}_{\text{propiedad (6.11)}} - \underbrace{\cancel{\tanh(\Gamma_p\,\tilde{\boldsymbol{q}})K_p\dot{\boldsymbol{q}}}}_{\cancel{\dot{\boldsymbol{q}}^T K_p\tanh(\Gamma_p\tilde{\boldsymbol{q}})}}$$

$$= -\dot{\boldsymbol{q}}^T K_v\tanh(\Gamma_v\,\dot{\boldsymbol{q}}) - \dot{\boldsymbol{q}}^T B\dot{\boldsymbol{q}} \leq 0 \tag{8.40}$$

La matriz B es diagonal definida positiva, $\dot{\boldsymbol{q}}^T B\dot{\boldsymbol{q}} > 0 \Longrightarrow -\dot{\boldsymbol{q}}^T B\dot{\boldsymbol{q}} < 0$; además, $K_v > 0 \Longrightarrow -\dot{\boldsymbol{q}}^T K_v\tanh(\Gamma_v\,\dot{\boldsymbol{q}}) < 0$, dado que $\tanh(\Gamma_v\,\dot{\boldsymbol{q}})$ es una función impar. Por lo que, la derivada de la función de Lyapunov (8.40) es semidefinida negativa, entonces la estabilidad global del punto de equilibrio de la ecuación (8.38) es demostrada por el teorema (8.1); asimismo: $\tilde{\boldsymbol{q}} \in \mathcal{L}_\infty^n$, $\dot{\boldsymbol{q}} \in \mathcal{L}_\infty^n$ y $\dot{\boldsymbol{q}} \in \mathcal{L}_2^n$. La estabilidad asintótica se obtiene con el uso del teorema con el teorema (8.4), cuyo máximo conjunto invariante Ω_ϵ es el mismo de (8.15). ■

A continuación se describen los pasos internos para obtener la derivada temporal de la energía potencial artificial $\frac{d}{dt}\mathcal{U}_a(K_p,\ \tilde{\boldsymbol{q}})$, que forma parte de la función candidata de Lyapunov (8.35a); se utiliza la notación: $\boldsymbol{\chi} = \sqrt{\ln(\cosh(\Gamma_p\tilde{\boldsymbol{q}}))} = \left[\sqrt{\ln(\cosh(\gamma_{p1}\tilde{q}_1))}\ \cdots\ \sqrt{\ln(\cosh(\gamma_{pn}\tilde{q}_n))}\ \right]^T$.

$$
\begin{aligned}
\tfrac{d}{dt}\mathcal{U}_a(K_p,\ \tilde{\boldsymbol{q}}) &= \tfrac{d}{dt}\boldsymbol{\chi}^T K_p\Gamma_p^{-1}\boldsymbol{\chi} = 2\boldsymbol{\chi}^T K_p\Gamma_p^{-1}\dot{\boldsymbol{\chi}} = 2\sqrt{\ln(\cosh(\Gamma_p\tilde{\boldsymbol{q}}))}^T K_p\,\Gamma_p^{-1}\tfrac{d}{dt}\sqrt{\ln(\cosh(\Gamma_p\tilde{\boldsymbol{q}}))} \\
&= 2\left[\sqrt{\ln(\cosh(\gamma_{p1}\tilde{q}_1))},\ \cdots,\ \sqrt{\ln(\cosh(\gamma_{pn}\tilde{q}_n))}\right]^T K_p\,\Gamma_p^{-1}\tfrac{d}{dt}\begin{bmatrix}\sqrt{\ln(\cosh(\gamma_{p1}\tilde{q}_1))}\\ \vdots \\ \sqrt{\ln(\cosh(\gamma_{pn}\tilde{q}_n))}\end{bmatrix} \\
&= 2\left[\sqrt{\ln(\gamma_{p1}\cosh(\gamma_{p1}\tilde{q}_1))},\ \cdots,\ \sqrt{\ln(\cosh(\gamma_{pn}\tilde{q}_n))}\right]^T K_p\,\Gamma_p^{-1}\begin{bmatrix}\frac{1}{2}\frac{\sinh(\gamma_{p1}\tilde{q}_1)\gamma_{p1}\dot{\tilde{q}}_1}{\left[\sqrt{\ln(\cosh(\gamma_{p1}\tilde{q}_1))}\right]\cosh(\gamma_{p1}\tilde{q}_1)}\\ \vdots \\ \frac{1}{2}\frac{\sinh(\gamma_{pn}\tilde{q}_n)\gamma_{pn}\dot{\tilde{q}}_n}{\sqrt{\ln(\gamma_{pn}\cosh(\gamma_{pn}\tilde{q}_n))}\cosh(\gamma_{pn}\tilde{q}_n)}\end{bmatrix} \\
&= \left[\sqrt{\ln(\cosh(\gamma_{pn}\tilde{q}_1))},\ \cdots,\ \sqrt{\ln(\cosh(\gamma_{pn}\tilde{q}_n))}\right]^T K_p\,\Gamma_p^{-1}\begin{bmatrix}-\frac{\sinh(\gamma_{p1}\tilde{q}_1)\gamma_{p1}\dot{q}_1}{\sqrt{\ln(\cosh(\gamma_{p1}\tilde{q}_1))}\cosh(\gamma_{p1}\tilde{q}_1)}\\ \vdots \\ -\frac{\sinh(\gamma_{pn}\tilde{q}_n)\gamma_{pm}\dot{q}_n}{\sqrt{\ln(\cosh(\gamma_{pn}\tilde{q}_n))}\cosh(\gamma_{pn}\tilde{q}_n)}\end{bmatrix} \\
&= = -\left[\sqrt{\ln(\cosh(\gamma_{p1}\tilde{q}_1))},\ \cdots,\ \sqrt{\ln(\cosh(\gamma_{p1}\tilde{q}_n))}\right]^T K_p\Gamma_p\Gamma_p^{-1}\begin{bmatrix}\frac{\sinh(\gamma_{p1}\tilde{q}_1)}{\left[\sqrt{\ln(\cosh(\gamma_{p1}\tilde{q}_1))}\right]\cosh(\gamma_{p1}\tilde{q}_1)} & 0 & \cdots & 0\\ 0 & 0 & \ddots & \vdots\\ 0 & 0 & \cdots & \frac{\sinh(\gamma_{pn}\tilde{q}_n)}{\left[\sqrt{\ln(\cosh(\gamma_{pn}\tilde{q}_n))}\right]\cosh(\gamma_{pn}\tilde{q}_n)}\end{bmatrix}\begin{bmatrix}\dot{q}_1\\ \\ \dot{q}_n\end{bmatrix} \\
&= = -\left[\sqrt{\ln(\cosh(\gamma_{p1}\tilde{q}_1))},\ \cdots,\ \sqrt{\ln(\cosh(\gamma_{pn}\tilde{q}_n))}\right]^T \begin{bmatrix}\frac{\sinh(\gamma_{p1}\tilde{q}_1)\dot{q}_1}{\left[\sqrt{\ln(\cosh(\tilde{q}_1))}\right]\cosh(\tilde{q}_1)} & 0 & \cdots & 0\\ 0 & 0 & \ddots & \vdots\\ 0 & 0 & \cdots & \frac{\sinh(\gamma_{pn}\tilde{q}_n)\dot{q}_n}{\sqrt{\ln(\cosh(\tilde{q}_n))}\cosh(\tilde{q}_n)}\end{bmatrix} K_p\begin{bmatrix}\dot{q}_1\\ \\ \dot{q}_n\end{bmatrix} \\
&= -\begin{bmatrix}\frac{\cancel{\sqrt{\ln(\cosh(\gamma_{p1}\tilde{q}_1))}}\sinh(\gamma_{p1}\tilde{q}_1)}{\left[\cancel{\sqrt{\ln(\cosh(\gamma_{p1}\tilde{q}_1))}}\right]\cosh(\gamma_{p1}\tilde{q}_1)}, & \cdots, & \frac{\cancel{\sqrt{\ln(\cosh(\gamma_{pn}\tilde{q}_1))}}\sinh(\gamma_{pn}\tilde{q}_n)}{\left[\cancel{\sqrt{\ln(\cosh(\gamma_{pn}\tilde{q}_n))}}\right]\cosh(\gamma_{p1}\tilde{q}_1)}\end{bmatrix}^T K_p\begin{bmatrix}\dot{q}_1\\ \\ \dot{q}_n\end{bmatrix} \\
&= -\left[\tanh(\Gamma_p\tilde{\boldsymbol{q}})\right]^T K_p\dot{\boldsymbol{q}} = -\dot{\boldsymbol{q}}^T K_p\tanh(\Gamma_p\tilde{\boldsymbol{q}})
\end{aligned}
$$

•••

En la tabla 8.3 se muestran varios ejemplos para algoritmos de control saturados, con sus correspondientes funciones candidatas de Lyapunov.

Tabla 8.3: Algoritmos de control saturados

Control: $\boldsymbol{\tau}$	Función de Lyapunov: $\mathcal{V}(\tilde{\boldsymbol{q}},\, \dot{\boldsymbol{q}})$
$\boldsymbol{\tau} = K_p \tanh(\Gamma_p \tilde{\boldsymbol{q}}) - K_v \tanh(\Gamma_v \dot{\boldsymbol{q}}) + \boldsymbol{g}(\boldsymbol{q})$	$\mathcal{V}(\tilde{\boldsymbol{q}},\, \dot{\boldsymbol{q}}) = \frac{1}{2}\dot{\boldsymbol{q}}^T M(\boldsymbol{q})\dot{\boldsymbol{q}} + \sqrt{\cosh(\Gamma_p \tilde{\boldsymbol{q}}))}^T K_p \Gamma_p^{-1} \sqrt{\cosh(\Gamma_p \tilde{\boldsymbol{q}})}^T$
$\boldsymbol{\tau} = K_p \frac{\sinh(\Gamma_p \tilde{\boldsymbol{q}})}{1+\cosh(\Gamma_p \tilde{\boldsymbol{q}})} - K_v \frac{\sinh(\Gamma_v \dot{\boldsymbol{q}})}{1+\cosh(\Gamma_v \dot{\boldsymbol{q}})} + \boldsymbol{g}(\boldsymbol{q})$	$\mathcal{V}(\tilde{\boldsymbol{q}},\, \dot{\boldsymbol{q}}) = \frac{1}{2}\dot{\boldsymbol{q}}^T M(\boldsymbol{q})\dot{\boldsymbol{q}} + \frac{1}{2}\sqrt{\ln(1+\cosh(\Gamma_p \tilde{\boldsymbol{q}}))}^T K_p \Gamma_p^{-1} \sqrt{\ln(1+\cosh(\Gamma_p \tilde{\boldsymbol{q}}))}^T$
$\boldsymbol{\tau} = K_p \frac{\cosh^m(\Gamma_p \tilde{\boldsymbol{q}}) \tanh(\Gamma_p \tilde{\boldsymbol{q}})}{1+\cosh^m(\Gamma_p \tilde{\boldsymbol{q}})} - K_v \frac{\cosh^m(\Gamma_v \dot{\boldsymbol{q}}) \tanh(\Gamma_v \dot{\boldsymbol{q}})}{1+\cosh^m(\Gamma_v \dot{\boldsymbol{q}})} + \boldsymbol{g}(\boldsymbol{q})$	$\mathcal{V}(\tilde{\boldsymbol{q}},\, \dot{\boldsymbol{q}}) = \frac{1}{2}\dot{\boldsymbol{q}}^T M(\boldsymbol{q})\dot{\boldsymbol{q}} + + \frac{1}{m}\sqrt{\ln(1+\cosh^m(\Gamma_p \tilde{\boldsymbol{q}}))}^T K_p \Gamma_p^{-1} \sqrt{\ln(1+\cosh^m(\Gamma_p \tilde{\boldsymbol{q}}))}^T$
$\boldsymbol{\tau} = K_p \frac{\operatorname{sen}(\Gamma_p \tilde{q})}{1+\cos(\Gamma_p \tilde{q})} - K_v \frac{\operatorname{sen}(\Gamma_v \dot{q})}{1+\cos(\Gamma_v \dot{q})} + \boldsymbol{g}(\boldsymbol{q})$	estabilidad asintótica local $\mathcal{V}(\tilde{\boldsymbol{q}},\, \dot{\boldsymbol{q}}) = \frac{1}{2}\dot{q}^T M(q)\dot{q} + \frac{1}{2}\sqrt{\cos(\tilde{q}) - 1}^T K_p \sqrt{\cos(\tilde{q}) - 1};$ $\tilde{q}_i \in (-\pi, \pi)$ $i = 1, \cdots, n$
$\boldsymbol{\tau} = K_p \operatorname{atan}(\Gamma_p \tilde{\boldsymbol{q}}) - K_v \operatorname{atan}(\Gamma_v \dot{\boldsymbol{q}}) + \boldsymbol{g}(\boldsymbol{q})$	$\mathcal{V}(\tilde{\boldsymbol{q}},\, \dot{\boldsymbol{q}}) = \frac{1}{2}\dot{q}^T M(q_d - \tilde{q})\dot{q} + \left[\sqrt{\tilde{q}\operatorname{atan}(\Gamma_p \tilde{q}) - \frac{1}{2}\ln \tilde{q}^2 + 1}\right]^T K_p \Gamma_p^{-1} \left[\sqrt{\tilde{q}\operatorname{atan}(\Gamma_p \tilde{q}) - \frac{1}{2}\ln \tilde{q}^2 + 1}\right]$

8.7 Control PID

El algoritmo de control proporcional-integral-derivativo (PID) surge con el propósito de mejorar el desempeño práctico del control PD, cuya deficiencia principal es el error que presenta en estado estacionario, conocido como *offset*, el cual se debe a la fricción estática; efecto que se manifiesta en todos los robots reales cuando están en reposo y estado estacionario. Dicho *offset* se encuentra acotado; sin embargo la acción de control integral intenta disminuir esa magnitud; el esquema PID es la versión modificada del PD.

La forma más simple para entender el problema del error en estado estacionario para el control PD debido a la fricción estática es considerando al péndulo. En régimen estacionario, la velocidad es cero: $\dot{q}_1 = 0$, se obtiene:

$$\frac{d}{dt}\begin{bmatrix} \tilde{q}_1 \\ \dot{q}_1 \end{bmatrix} = \begin{bmatrix} 0 \\ \frac{1}{\mathcal{I}_{p1}}\left[\, k_{p1}\tilde{q}_1 - f_{e1}\,\right] \end{bmatrix} \tag{8.41}$$

la fricción estática f_{e1} propicia un número infinito de puntos de equilibrios en la ecuación (8.41): $k_{p1}\tilde{q}_1 - f_{e1} = 0$; el error de posición queda confinado en la región $-\frac{f_{e1}}{k_{p1}} \leq \tilde{q}_1 \leq \frac{f_{e1}}{k_{p1}}$; o bien: $|\tilde{q}_1| \leq \frac{f_{e1}}{k_{p1}}$. Por lo tanto, es verdadera la frase común y popular que se maneja en ingeniería: "el error de posición disminuye, aumentando la ganancia proporcional".

Debido a la fricción estática, el error de posición $\tilde{q}_1$ en el PD converge a una constante diferente de cero. Para disminuir este error se incorpora al algoritmo PD un término adicional, denominado acción de control integral: $k_{i1}\int_0^t \tilde{q}_1(\sigma)d\sigma$, donde $k_{i1} \in \mathbb{R}_+$ es la ganancia para esta acción de control; la suma del área bajo la curva del error de posición corresponde al cálculo de la integral $\int_0^t \tilde{q}_1(\sigma)d\sigma$, este proceso acumula energía por medio de: $k_{i1}\int_0^t \tilde{q}_1(\sigma)d\sigma$; utilizada en forma adecuada puede disminuir la magnitud de $\tilde{q}_1$ en régimen estacionario, mejorando la respuesta del esquema PD.

La acción integral introduce una nueva variable de estado dada por: $\boldsymbol{v} \in \mathbb{R}^n$, la cual representa a: $\boldsymbol{v} = \int_0^t \tilde{\boldsymbol{q}}(\sigma)d\sigma + \boldsymbol{v}(0)$; donde $\boldsymbol{v}(0)$ es un vector constante que indica a la condición inicial del estado $\boldsymbol{v}$.

La estructura de control PID con compensación de gravedad está dada por la siguiente expresión:

$$\boldsymbol{\tau} = K_p\tilde{\boldsymbol{q}} + K_i\boldsymbol{v} - K_v\dot{\boldsymbol{q}} + \boldsymbol{g}(\boldsymbol{q}) \qquad (8.42)$$

donde $K_p, K_i \in \mathbb{R}^{n\times n}$ son las ganancias proporcional e integral, respectivamente; ambas matrices son diagonales y definidas positivas; la ganancia derivativa $K_v \in \mathbb{R}^{n\times n}$ es una matriz definida positiva.

En estado estacionario la variable de estado $\boldsymbol{v}$ no converge a cero, debido a que almacena en todo momento (actúa como memoria), el cálculo del área bajo la curva del error de posición $\tilde{\boldsymbol{q}}$; dicho error satisface: $\tilde{\boldsymbol{q}} \in \mathcal{L}_{\infty}^{n}$, tal y como está demostrado en el análisis de estabilidad para el caso del algoritmo PD. Por lo que, en estado estacionario $\boldsymbol{v}$ tiende a un vector constante, conforme el tiempo evoluciona: $\lim_{t\to\infty}\boldsymbol{v}(t) \longrightarrow \bar{\boldsymbol{k}} \in \mathbb{R}^n$; este vector incluye, por supuesto a la condición inicial $\boldsymbol{v}(0)$; evidentemente el valor numérico al que converge $\bar{\boldsymbol{k}}$ solo se obtiene hasta alcanzar el estado estacionario. Sin embargo, mediante un adecuado cambio de variable de estado, se puede trasladar al origen: $\bar{\boldsymbol{v}} = \boldsymbol{v} - \bar{\boldsymbol{k}}$.

Para propósitos prácticos, el esquema de control PID (8.43) se implementa usando la variable de estado $\boldsymbol{v}$ y no con $\bar{\boldsymbol{v}}$; lo anterior se debe a dos razones: la primera, se utiliza la característica para almacenar energía en la acción de control integral $K_i\boldsymbol{v}$ e inyectada adecuadamente ayuda a disminuir la magnitud del error de posición $\tilde{\boldsymbol{q}}$ en estado estacionario. El segundo motivo es que no se conoce inicialmente el valor numérico de convergencia: $\boldsymbol{v}(t) \longrightarrow \bar{\boldsymbol{k}}$, el cual se obtiene hasta alcanzar el estacionario (y no antes). En consecuencia, el control PID (8.42) se utiliza con la variable $\boldsymbol{v}$ en aplicaciones prácticas. Para análisis de estabilidad y otros problemas de naturaleza teórica, se emplea con la variable $\bar{\boldsymbol{v}}$.

La sintonía de las ganancias del control PID debe satisfacer no saturar a los servomotores. De manera similar para el caso del algoritmo PD (ver página 480); se tiene que: $K_v = \rho_v K_p$ y $K_i = \rho_i K_p$; donde ρ_i es el factor de integración: $0 < \rho_i < 1$ y ρ_v es el factor de amortiguamiento: $0 < \rho_v < 1$.

$$\|K_p\tilde{\boldsymbol{q}} + K_i\boldsymbol{v} - K_v\dot{\boldsymbol{q}} + \boldsymbol{g}(\boldsymbol{q})\| < \|\boldsymbol{\tau}^{\text{máx}}\| \implies \lambda_{K_p}^{\text{máx}} \le \frac{\|\boldsymbol{\tau}^{\text{máx}}\| - k_g}{\|\tilde{\boldsymbol{q}}(0)\| + \rho_i\|\boldsymbol{v}(0)\| + \rho_v\|\dot{\boldsymbol{q}}(0)\|} \qquad (8.43)$$

La forma equivalente de sintonía para cada j-ésima articulación, con $j = 1, \cdots, n$; es la siguiente:

$$k_{v_j} = \rho_{v_j} k_{p_j} \tag{8.44a}$$

$$k_{i_j} = \rho_{i_j} k_{p_j} \tag{8.44b}$$

$$k_{p_j} \leq \frac{\tau_j^{\text{máx}} - k_{g_j}}{|\tilde{q}_j(0)| + \rho_{i_j}|\upsilon(0)| + \rho_{v_j}|\dot{q}_j(0)|} \tag{8.44c}$$

La figura 8.25 describe el diagrama a bloques del control PID más compensación del par gravitacional, las tres componentes básicas que lo forman son: el control proporciona: $K_p\tilde{\boldsymbol{q}}$; la acción de control integral $K_i \int_0^t \tilde{\boldsymbol{q}}(\sigma)d\sigma$; y la acción de control derivativa: $K_v\dot{\boldsymbol{q}}$. Para robots que se mueven en el espacio vertical o tridimensional se requiere compensar $\boldsymbol{g}(\boldsymbol{q})$. La inyección de energía al robot está dada por $\boldsymbol{\tau} \in \mathbb{R}^n$ y las respuestas se encuentran en las variables de estado $\boldsymbol{q}, \dot{\boldsymbol{q}} \in \mathbb{R}^n$. La única variable que se retroalimenta es la posición $\boldsymbol{q} \in \mathbb{R}^n$; mientras que la velocidad rotacional de movimiento se utiliza como elemento de amortiguamiento en la acción de control derivativo. El cálculo del área bajo la curva del error de posición se realiza por la acción de control integral; el principal beneficio de aplicar la energía $K_i\boldsymbol{\varepsilon}$ es reducir el *offset* de $\tilde{\boldsymbol{q}}$ durante el estado estacionario.

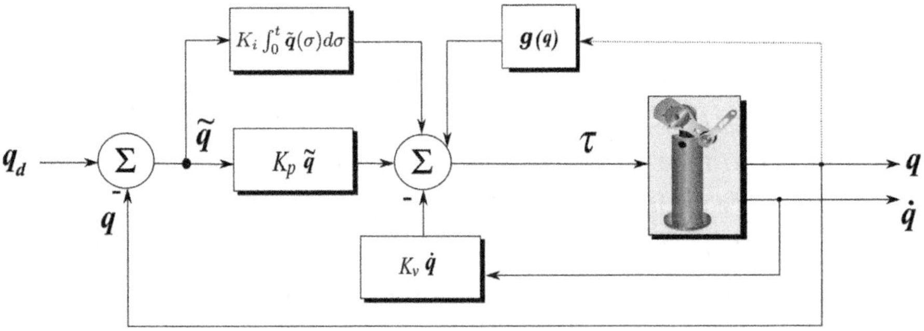

Figura 8.25: Diagrama a bloques del control PID

La acción de control integral $K_i\boldsymbol{\varepsilon}$ no representa un control de posición por sí mismo; es un término que se añade al esquema PD, para reducir la magnitud del error $\tilde{\boldsymbol{q}}$ en estado estacionario. Tiene una connotación parecida a la acción de control derivativa.

La ecuación en lazo cerrado expresada en variables de estados $[\tilde{\boldsymbol{q}},\ \bar{\boldsymbol{v}},\ \dot{\boldsymbol{q}},]^T$ para el problema de regulación con acción integral para robots manipuladores con n gdl (6.6) y la estructura de control PID, adquiere la forma siguiente:

$$\frac{d}{dt}\begin{bmatrix}\tilde{q}\\ \bar{v}\\ \dot{q}\end{bmatrix} = \begin{bmatrix}-\dot{q}\\ \tilde{q}\\ M^{-1}(q_d-\tilde{q})\left[K_p\tilde{q}+K_i\bar{v}-K_v\dot{q}-C(q_d-\tilde{q},\ \dot{q})\dot{q}-B\dot{q}\right]\end{bmatrix} \quad (8.45)$$

resulta que esta ecuación es un sistema dinámico autónomo.

El problema de control de posición establecido en la definición (8.12) debe ser reformulado, puesto que la acción de control integral introduce una variable de estado adicional; entonces se plantea de la siguiente manera:

Definición 8.13: Control de posición con acción integral

El problema de control de posición o regulación, con acción integral consiste en diseñar una ley de control $\boldsymbol{\tau} \in \mathbb{R}^n$, tal que sea la energía aplicada a las articulaciones del robot para mover a su extremo final, desde cualquier condición inicial $[\tilde{\boldsymbol{q}}(0),\ \bar{\boldsymbol{v}}(0),\ \dot{\boldsymbol{q}}(0)]^T \in \mathbb{R}^{3n}$ hacia una posición deseada constante $\boldsymbol{q}_d \in \mathbb{R}^n$, y se cumpla el siguiente objetivo de control:

$$\lim_{t\to\infty}\begin{bmatrix}\tilde{q}(t)\\ \bar{v}(t)\\ \dot{q}(t)\end{bmatrix} = \begin{bmatrix}\mathbf{0}\\ \mathbf{0}\\ \mathbf{0}\end{bmatrix} \in \mathbb{R}^{3n},\ \forall t \geq 0 \quad (8.46)$$

Observe que en la definición del problema de regulación con acción de control integral (8.13), aumenta no solo la dimensión del espacio de estados, también la complejidad de dicho problema [Ortega et. al, 2021].

En el sitio Web de esta obra se encuentra ejemplos y simulaciones del algoritmo de control PID. Dichos resultados son extensos y por eso se anexan en forma separada.

• • • Ejemplo 8.17

Considere el brazo robot de 2 gdl de transmisión directa. Realizar la simulación en MATLAB para posicionar al extremo final del robot con el control PID, en la siguiente referencia deseada: $\boldsymbol{q}_d = \left[\frac{\pi}{4},\ \frac{\pi}{2}\right]^T$ rad; utilice el siguiente vector tiempo: $t = 0 : 0.0025 : 5$ s.

Solución

El algoritmo de control PID (8.42) para el brazo robot de 2 gdl se encuentra implementado en la función $\boldsymbol{\tau} = \text{controlPIDrobot2gdl}(t,\ \tilde{\boldsymbol{q}},\ \boldsymbol{v},\ \dot{\boldsymbol{q}})$, cuya descripción está en el cuadro de código MATLAB 8.7; los argumentos de entrada para este procedimiento son: la evolución del tiempo t, el error de posición $\tilde{\boldsymbol{q}} \in \mathbb{R}^2$, el estado que describe el proceso de integración $\boldsymbol{v} \in \mathbb{R}^2$ y la velocidad de movimiento $\dot{\boldsymbol{q}} \in \mathbb{R}^2$; retorna el vector de pares aplicados o torque $\boldsymbol{\tau} = [\tau_1,\ \tau_2]^T \in \mathbb{R}^2$ que se enlaza con el modelo dinámico del robot manipulador de 2 gdl (ver línea 17 del cuadro de código 8.8).

El programa principal que realiza el proceso de simulación se llama simuRobot2gdlPD.m (ver el cuadro de código 8.9). La sintonía de las ganancias de control proporcional $K_p \in \mathbb{R}^{2\times 2}$, integral $K_i \in \mathbb{R}^{2\times 2}$ y derivativa $K_v \in \mathbb{R}^{2\times 2}$ se encuentra entre las líneas de código 8 y 12, la cual cumple con las restricciones del procedimiento descrito en las expresiones (8.44a)-(8.44c). El proceso de integración para obtener la solución numérica de la ecuación en lazo cerrado, formada por el modelo dinámico del robot y el esquema de control PID se realiza con Runge-Kutta a través de la función ode45$(\cdots)$, como se indica en la línea 22.

Las condiciones iniciales del sistema dinámico compuesto por el modelo del robot y esquema de control PID pueden ser asignados con cualquier valor; una forma práctica puede ser considerada la posición de casa, como se indica en la línea 16, del programa principal simuRobot2gdlPD.m, descrito en el cuadro de código MATLAB 8.9: $[\tilde{q}_1(0),\ \tilde{q}_2(0),\ v_1(0),\ v_2(0),\ \dot{q}_1(0), \dot{q}_2(0)]^T = [q_{d1},\ q_{d2},\ 0,\ 0, 0,\ 0]^T$; los resultados del proceso de simulación corresponden al comportamiento asintótico hacia el punto de equilibrio de los errores de posición, como se muestran en la figura 8.26; asimismo, se verifica la convergencia a una constante (en régimen estacionario) para cada componente de las variables de estado que representan a la integrales υ_1 y υ_2, como se ilustra en la figura 8.27. Note que efectivamente que se cumple en estado estacionario: $\upsilon_1 \longrightarrow \bar{k}_{i_1}$ y $\upsilon_2 \longrightarrow \bar{k}_{i_2}$. El valor numérico de estas constantes solo se pueden conocer en el estado estacionario, debido a que con la teoría de Lyapunov, no se resuelve analíticamente la ecuación en lazo cerrado (8.45); en su lugar el proceso de solución es numérico.

La energía aplicada $\boldsymbol{\tau}$ a las articulaciones se muestra en la figura 8.28, cuyos perfiles en el tiempo están dentro de los límites físicos, trabajan en la zona lineal, lejos de los límites de saturación; la técnica de sintonía de las ganancias (8.44a)-(8.44c) es adecuada, ya que evita sobreimpulsos y oscilaciones en la fase transitoria para $\tilde{\boldsymbol{q}}$. Las gráficas 8.26-8.28 se obtienen con el código de la líneas 23-25 del programa principal (cuadro 8.9).

Código Matlab 8.7 controlPIDrobot2gdl.m

Robótica: Control de Robots Manipuladores

Capítulo 8. Control de posición

Fernando Reyes Cortés

Alfaomega Grupo Editor: "**Te acerca al conocimiento**".

Programa: controlPIDrobot2gdl.m	Matlab versión 2024a

```
function tau = controlPIDrobot2gdl(t, qtilde, upsilon, qp)
    global qd Kp Ki Kv % ganancias K_p, K_i, K_v ∈ IR^{2×2}.
    q1=qd(1,1)-qtilde(1,1); % posición articular q_1(t).
    q2=qd(2,1)-qtilde(2,1); % posición articular q_2(t).
    gq= [38.46*sin(q1)+1.82*sin(q1+q2); % vector de par gravitacional.
         1.82*sin(q1+q2) ];
    % algoritmo de control PID: τ = K_p q̃ + K_i υ − K_v q̇ + g(q).
    tau=Kp*qtilde+Ki*upsilon-Kv*qp+gq;
end
```

Código Matlab 8.8 robot2gdlPID.m

Robótica: Control de Robots Manipuladores

Capítulo 8. Control de posición

Fernando Reyes Cortés

Alfaomega Grupo Editor: **"Te acerca al conocimiento"**.

Programa: robot2gdlPID.m	Matlab versión 2024a

```
xp =robot2gdlPID(t,x)
    global qd tau1 tau2 h ;
    qtilde1=x(1,1); qtilde2=x(2,1);
    qtilde = [qtilde1; qtilde2];
    upsilon1=x(3,1); upsilon2=x(4,1);
    upsilon = [upsilon1; upsilon2];
    q1=qd(1,1)-qtilde1; q2=qd(2,1)-qtilde2;
    qp1=x(5,1); qp2=x(6,1);
    qp = [qp1; qp2];
    M=[2.351+0.1676*cos(q2), 0.102+0.0838*cos(q2);
          0.102+0.0838*cos(q2), 0.102];
    C=[-0.1676*sin(q2)*qp2, -0.0838*sin(q2)*qp2;
          0.084*sin(q2)*qp1, 0.0];
    gq=9.81*[3.9211*sin(q1)+0.1862*sin(q1+q2);
          0.1862*sin(q1+q2)];
    B= diag([2.288,0.175]);
    tau=controlPIDrobot2gdl(t, qtilde, upsilon, qp);
    tau1(uint64(1+round(t/h)),1)=tau(1,1);
    tau2(uint64(1+round(t/h)),1)=tau(2,1);
    qtildep=-qp;
    upsilonp=qtilde;
    qpp = M^(-1)*(tau-C*qp-B*qp-gq);
    xp = [qtildep;
          upsilonp;
          qpp];
end
```

Código MATLAB 8.9 simuRobot2gdlPD.m

Robótica: Control de Robots Manipuladores

Capítulo 8. Control de posición

Fernando Reyes Cortés

Alfaomega Grupo Editor: **"Te acerca al conocimiento"**.

Programa: simuRobot2gdlPD.m	MATLAB versión 2024a

```
clc;
clearvars;
close all;
format short
global qd Kp Ki Kv h tau1 tau2 ;
qd1=pi*45/180; qd2=pi*90/180;
qd=[qd1; qd2];
rho1v=0.35; rho2v=0.35; rho1i=0.005; rho2i=0.005;
kp1=80; kp2=7; % k_{p_j} \le \frac{\tau_j^{máx}}{|\tilde{q}_j(0)|+\rho_{i_j}|v(0)|+\rho_{v_j}|\dot{q}_j(0)|}; para j = 1,2; \tau_1^{máx} = 150 Nm \tau_2^{máx} = 15 Nm.
Kp=diag([kp1, kp2]); % K_p = \begin{bmatrix} k_{p_1} & 0 \\ 0 & k_{p_2} \end{bmatrix}.
Ki=diag([rho1i*kp1, rho2i*kp2]); % K_i = \begin{bmatrix} \rho_{i_1}k_{p_1} & 0 \\ 0 & \rho_{i_2}k_{p_2} \end{bmatrix}.
Kv=diag([rho1v*kp1, rho2v*kp2]); % K_v = \begin{bmatrix} \rho_{v_1}k_{p_1} & 0 \\ 0 & \rho_{v_2}k_{p_2} \end{bmatrix}.
ti=0; h=0.0025;  tf = 5; ts=(ti:h:tf)';
tau1=zeros(size(ts)); tau2=zeros(size(ts));
opciones=odeset( 'RelTol' ,1e-06, 'AbsTol' ,1e-06, 'InitialStep' , h, 'MaxStep' , h);
ci=[qd1; % condición inicial: \tilde{q}_1(0) = q_{d1} - q_1(0); posición de casa: q_1(0) = 0.
    qd2; %                    \tilde{q}_2(0) = q_{d2} - q_2(0);                   q_2(0) = 0.
    0; % condición inicial de velocidad: v_1(0) = 0.
    0 %                                  v_2(0) = 0.
    0; % condición inicial de velocidad: \dot{q}_1(0) = 0.
    0]; %                                \dot{q}_2(0) = 0.
[t, x ]=ode45( 'robot2gdlPID' ,ts,ci,opciones); % integración numérica Runge-Kutta.
figure(1), plot(t,(180/pi)*x(:,1),t,(180/pi)*x(:,2)) % \tilde{q} figura 8.26.
figure(2), plot(t,(180/pi)*x(:,3),t,(180/pi)*x(:,4)) % \bar{v} figura 8.27.
figure(3), plot(t,tau1, t, tau2) % \tau figura 8.28.
```

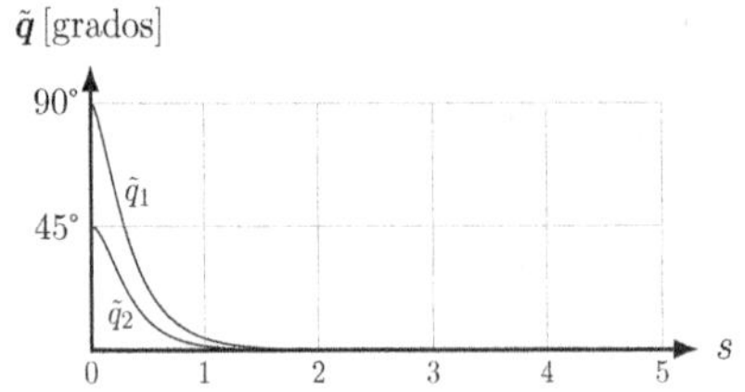

Figura 8.26: $\tilde{q}_1$, $\tilde{q}_2$ del control PID

En la figura 8.26 se muestra el comportamiento asintótico de las componentes que forman el vector de error de posición $\tilde{\boldsymbol{q}} = [\tilde{q}_1, \tilde{q}_2]^T$, correspondientes a las articulaciones del hombro y codo, respectivamente; ambos estados presentan de manera clara, una convergencia hacia el punto de equilibrio. La respuesta transitoria no tiene sobreimpulsos ni oscilaciones, alcanzando el estado estacionario en 1.75 s, libre de vibraciones o ruido mecánico. Los valores numéricos de los errores de posición en régimen estacionario son: $[\tilde{q}_1, \tilde{q}_2]^T = [0.01, 0.01]^T$ grados, mejorando los resultados que presenta el algoritmo PD en ausencia de la acción de control integral (ver figura 8.19).

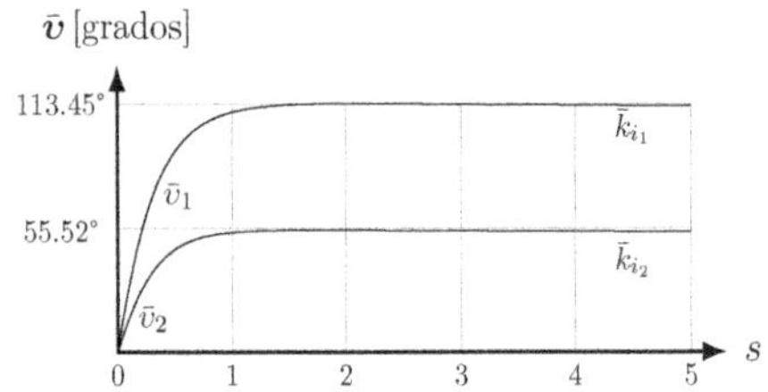

Figura 8.27: Integrales $\bar{v}_1$, $\bar{v}_2$

Los estados $[\bar{v}_1, \bar{v}_2]^T$ del vector $\bar{\boldsymbol{v}} \in \mathbb{R}^2$ pertenecientes a la acción de control integral $K\boldsymbol{v}$ se ilustran en la figura 8.27; en estado estacionario, ambas componentes convergen a sus respectivos valores constantes: $\bar{k}_{i_1}$ y $\bar{k}_{i_2}$, utilizándolos por la acción de control integral, para inyectar energía a los servomotores del hombro y codo, reduciendo el *offset* del error de posición $\tilde{\boldsymbol{q}}$.

Conforme el tiempo evoluciona, la acción de control integral va acumulando (como una memoria) el cálculo del área bajo la curva de las señales de $\tilde{\boldsymbol{q}}$; por analogía, mantiene similitud con un capacitor eléctrico. La influencia de la acción de control integral en estado transitorio es despreciable; sin embargo, en estado estacionario, la integral $\bar{\boldsymbol{v}}$ converge a una constante $\bar{\boldsymbol{k}} \in \mathbb{R}^2$: $\bar{\boldsymbol{v}} \longrightarrow \bar{\boldsymbol{k}}$, la cual es empleada, para suministrar la energía adecuada que permita disminuir el *offset* del error de posición, representando su principal beneficio.

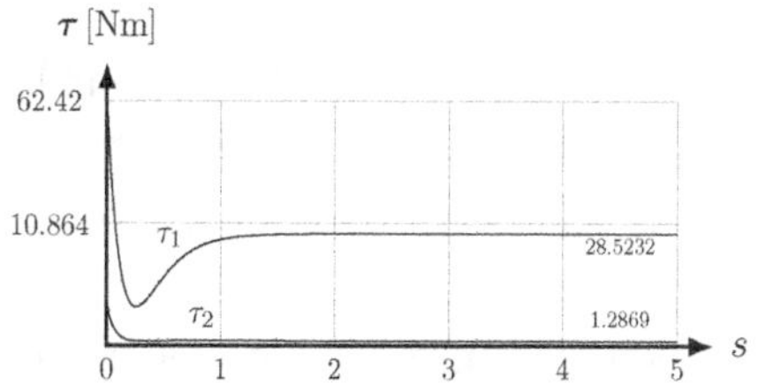

Figura 8.28: Torque aplicado PID

La ley de control PID representa la energía aplicada a las articulaciones del hombro y codo, respectivamente, cuyo perfil se muestra en la figura 8.28. La regla de sintonía para las ganancias proporcional, integral y derivativa permiten que el suministro de energía en cada componente del torque $[\tau_1, \tau_2]$ no rebasen los límites máximos de saturación de los servomotores; por ejemplo: $\tau_1 < 150$ Nm y $\tau_2 < 15$ Nm; así como, la respuesta del robot no tenga sobreimpulsos ni oscilaciones en la etapa transitoria (ver regla de sintonía en la línea 8 del cuadro de código MATLAB 8.9). Los valores estacionarios que tienen τ_1 y τ_2 se deben a las magnitudes de las componentes de compensación del par gravitacional $\|\boldsymbol{g}(\boldsymbol{q})\|$ más la constante $\left\|\begin{bmatrix}\bar{k}_{i_1}\\ \bar{k}_{i_2}\end{bmatrix}\right\|$.

8.8 Control punto a punto

En robótica, una de las aplicaciones más populares de control de posición se denomina control punto a punto y consiste en mover el extremo final del robot a través de un algoritmo de posición o regulador, para que siga una trayectoria variante en tiempo discreto: $\boldsymbol{q}_d(t_k) \in \mathbb{R}^n$, $t_k = kh \in \mathbb{R}_+$, donde $k \in N$ y $h \in \mathbb{R}_+$ es el periodo de muestreo. Dicha trayectoria $\boldsymbol{q}_d(t_k)$ puede estar compuesta por una base de coordenadas deseadas o submuestreando ecuaciones parametrizadas en el tiempo t_k, obteniendo un conjunto de referencias a seguir.

La técnica de moldeo de energía (8.10) es una herramienta adecuada para abordar el problema de control punto a punto; los algoritmos diseñados por esta técnica deben garantizar la existencia de un atractor con características de estabilidad asintótica global del problema de regulación; además de tener un alto desempeño de control. La estabilidad asintótica global garantiza la inmunidad a las condiciones iniciales, lo cual significa que una vez que el robot está posicionado en una referencia deseada $\boldsymbol{q}_{d_k}$, después de cierto tiempo, se moverá al siguiente punto $\boldsymbol{q}_{d(k+1)}$; entonces $\boldsymbol{q}_{d_k}$ hace el papel de condición inicial; así de forma consecutiva durante todo el seguimiento de la trayectoria, para los $m \in N$ puntos de referencias: $\boldsymbol{q}_d(t_k)$, $k = 1, 2, \cdots, m$.

La figura 8.29 muestra el problema de control punto a punto, el extremo final de un robot se encuentra trazando curvas de la familia de rosas polares.

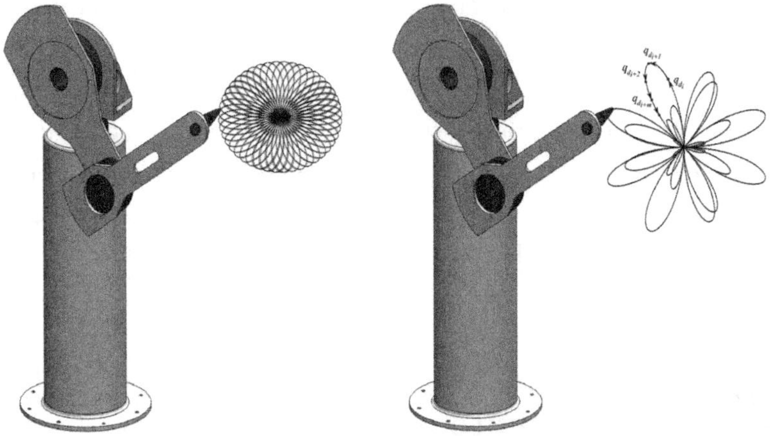

Figura 8.29: Control punto a punto para la referencia $\boldsymbol{q}_d(t_k)$

Definición 8.14: Control punto a punto

El problema de control punto a punto consiste en seleccionar un regulador en coordenadas articulares de alto desempeño $\boldsymbol{\tau} \in \mathbb{R}^n$, que tenga un atractor asintótico global del punto de equilibrio en la ecuación de lazo cerrado del problema de posición, tal que, conforme el tiempo t_k evoluciona, la energía aplicada $\boldsymbol{\tau}$ a las articulaciones del robot, haga que su extremo final siga una trayectoria deseada variante en el tiempo $\boldsymbol{q}_d(t_k)$ desde cualquier condición inicial $[\tilde{\boldsymbol{q}}(t_{k-1}),\ \dot{\boldsymbol{q}}(t_{k-1})]^T \in \mathbb{R}^{2n}$, satisfaciendo la siguiente condición:

$$\left\| \begin{bmatrix} \tilde{\boldsymbol{q}}(t_k) \\ \dot{\boldsymbol{q}}(t_k) \end{bmatrix} \right\| < \gamma \in \mathbb{R}_+, \ \forall t_k \geq 0 \tag{8.47}$$

En esta problemática no se requiere que ambas variables de estado, el error de posición $\tilde{\boldsymbol{q}}(t_k)$ y la velocidad de movimiento $\dot{\boldsymbol{q}}(t_k)$ tengan un comportamiento asintótico hacia el punto de equilibrio; es suficiente con que permanezcan acotadas. El valor numérico que puede tener la cota superior $\gamma \in \mathbb{R}_+$, depende de las características estructurales del esquema de control, robustez y la sintonía de sus ganancias de control; todas esas características determinan el grado de exactitud en el seguimiento de la trayectoria $\boldsymbol{q}_d(t_k)$. Evidentemente, entre más pequeño sea γ, mucho mejor será la exactitud de seguimiento.

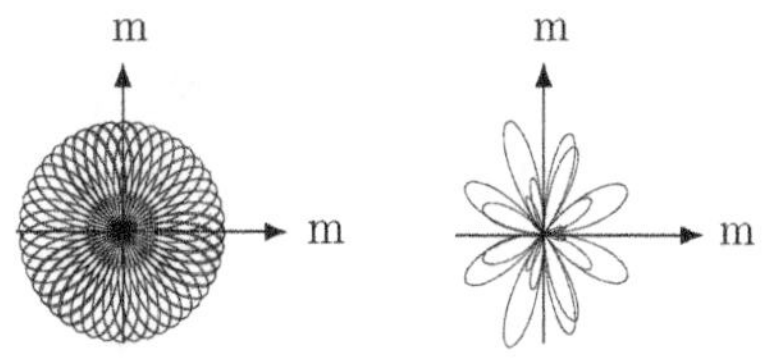

Figura 8.30: Trayectorias deseadas $[x_d(t_k),\ y_d(t_k)]$

La figura 8.30 presenta dos clases de trayectorias que se mueven en un plano pertenecientes a la familia de rosas polares. Un factor importante en el diseño de trayectorias es que deben ser continuas, suaves y diferenciables; además, son seleccionadas para que no saturen a los servomotores del robot. Estas características ayudan a que el extremo final del robot realice el seguimiento con el mayor grado de exactitud posible en el posicionamiento punto a punto; la trayectoria seleccionada está expresada en coordenadas cartesianas $[x_d(t_k),\ y_d(t_k),\ z_d(t_k)]^T \in \mathbb{R}^3$ y en función del tiempo discreto t_k, con parámetros y frecuencia de operación dentro del ancho de banda de los servomotores; a través de la cinemática inversa del robot se obtienen las coordenadas articulares $\boldsymbol{q}_d(t_k) = \boldsymbol{f}_r^{-1}(x_d, y_d, z_d, t_k)$, entonces el error de posición queda establecido por: $\tilde{\boldsymbol{q}}(t_k) = \boldsymbol{q}_d(t_k) - \boldsymbol{q}(t_k)$; el regulador $\boldsymbol{\tau}$ de alto desempeño garantiza que la magnitud de $\tilde{\boldsymbol{q}}$ permanezca acotada.

Planificación de trayectorias es el área específica de la robótica que se encarga del diseño de $\boldsymbol{q}_d(t_k) \in \mathbb{R}^n$ para seguimiento, se involucran la forma estructural del regulador y la sintonía de sus ganancias; también quedan sujetos a la métrica del índice de desempeño del algoritmo de control seleccionado; un buen desempeño del regulador establece el cumplimiento de la definición (8.14) de control punto a punto.

8.8.1 Índice de desempeño

En robótica no existe un criterio estándar para medir el desempeño (*performance*) de los algoritmos de control; puesto que depende de los objetivos y métricas específicas que se desean valorar. Por ejemplo, es bien conocido que en sistemas lineales hay criterios establecidos para analizar la respuesta del sistema en función de la frecuencia: curvas Nyquist y Bode, ubicación de polos o raíz de lugares, etc., los cuales no aplican a robots manipuladores, puesto que su naturaleza es no lineal.

Sin embargo, dentro de la comunidad científica de robótica es ampliamente aceptado utilizar como métrica de desempeño a la exactitud de posicionamiento, puesto que resalta las propiedades de estabilidad y consecuentemente la eficacia y rendimiento del sistema. Refleja cómo la respuesta del robot se ajusta al seguimiento de la referencia, considerando la fase transitoria hasta alcanzar el régimen estacionario. Asimismo, indica la eficiencia energética; es decir, cuánta energía consume el algoritmo de control para realizar la actividad de seguimiento [Whitcomb et. al, 1993].

La exactitud de seguimiento se encuentra directamente involucrada con el error de posicionamiento $\tilde{\boldsymbol{q}}(t_k)$; particularmente cuando se toma en cuenta todo el historial del error de posición en función del tiempo t_k, desde la condición inicial; entonces esta medición aporta mejores criterios de evaluación. La raíz media cuadrática de la norma *ele-dos* del error de posición $\mathcal{L}_2[\tilde{\boldsymbol{q}}]$ (en tiempo finito) es un indicador o métrica adecuada para medir el desempeño de un regulador, determinando el área bajo la curva de $\|\tilde{\boldsymbol{q}}(t_k)\|$ (el historial de la magnitud del error de posición) de la siguiente manera:

$$\mathcal{L}_2[\tilde{\boldsymbol{q}}] = \sqrt{\frac{1}{t_f}\int_0^{t_f} \|\tilde{\boldsymbol{q}}(\sigma)\|^2 d\sigma} \tag{8.48}$$

donde t_f es el tiempo que dura el experimento o simulación del esquema de control; $\mathcal{L}_2[\tilde{\boldsymbol{q}}]$ es una métrica que retorna un índice escalar positivo; si tiene un valor pequeño, el desempeño del algoritmo de control es alto, cuando el índice es grande, el desempeño es pobre; en consecuencia, la métrica $\mathcal{L}_2[\tilde{\boldsymbol{q}}]$ es inversamente proporcional al desempeño del esquema de control evaluado.

El índice $\mathcal{L}_2[\tilde{\boldsymbol{q}}]$ es una métrica relativa si no se utiliza dentro de un contexto de análisis comparativo; es decir, dicho índice solo tiene sentido cuando se realiza la comparación entre dos o más esquemas de control; generalmente uno de ellos es un referente, como el control PD. La métrica $\mathcal{L}_2[\tilde{\boldsymbol{q}}]$ de un esquema de control se refiere a la exactitud del seguimiento de la trayectoria deseada. Un buen desempeño involucra factores como propiedades matemáticas del regulador $\boldsymbol{\tau}$ y la sintonía de sus ganancias, que permitan exhibir corto transitorio, sin sobreimpulsos ni vibraciones mecánicas. Cuando el análisis comparativo del desempeño para un esquema de control específico no es el adecuado, se requiere mejorar las propiedades matemáticas del algoritmo $\boldsymbol{\tau}$ y las reglas de sintonía en las ganancias.

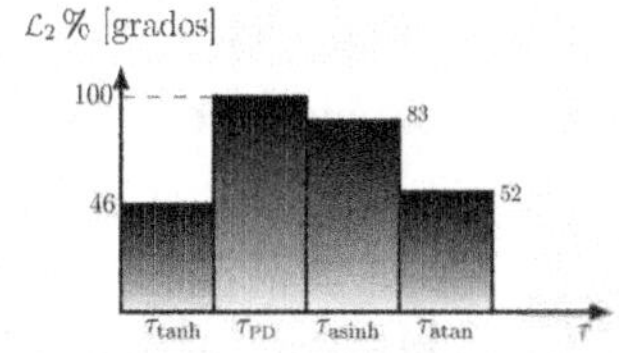

Figura 8.31: Métrica $\mathcal{L}_2[\tilde{\boldsymbol{q}}]$

La evaluación comparativa del desempeño de un algoritmo de control no se realiza para una referencia deseada específica $\boldsymbol{q}_d$, debido a que los resultados pueden cambiar para otras referencias $\boldsymbol{q}_{d_k}$. El análisis comparativo se lleva a cabo en donde los niveles de exigencia sean muy superiores al problema de regulación, por ejemplo, para referencias variantes en el tiempo, como es el caso de control punto a punto. La idea principal se centra en evaluar a los algoritmos de control con las mismas ganancias sintonizadas y $\boldsymbol{q}_{d_k}$, tal que no saturen los límites físicos de los servomotores. Los resultados comparativos del desempeño se presentan con una gráfica de barras, como en la figura 8.31; en el eje de las ordenadas se encuentran los algoritmos evaluados: τ_{PD}, τ_{tanh}, τ_{atan} y τ_{asinh}; el eje de las abscisas indica en la norma $\mathcal{L}_2$ expresada en porcentaje %, cuyo valor más pequeño, significa el mejor desempeño; el índice más alto representa el desempeño más pobre (se indica con un 100 %); los demás valores se escalan de manera proporcional. En este ejemplo, el control τ_{PD} tiene pobre desempeño, mientras que el mejor corresponde al control τ_{tanh}.

En el sitio Web de esta obra se encuentra disponible el código fuente en MATLAB para análisis del desempeño en aplicaciones de control punto a punto usando diversos algoritmos de control.

8.9 Resumen

El problema de control de posición o regulación para robots manipuladores es uno de los temas más importantes en el área de robótica. Hoy en día, es un tema vigente de investigación y de especial interés para la comunidad científica de control automático, puesto que ofrece retos teóricos, así como la propuesta de procedimientos tecnológicos para mejorar sustancialmente los aspectos prácticos y cuyas aplicaciones potenciales se ubican en: el sector industrial (traslado, estibado, pintado de objetos, soldadura, transporte de material, etc.), salud (quirófanos robotizados, traslado de instrumental médico, diagnóstico, fisioterapias, asistencia personalizada a personas con diferentes capacidades, etc.), limpieza de centros comerciales, actividades del hogar, entre otras más.

El moldeo de energía representa una técnica de control moderna que permite diseñar una familia extensa de reguladores. El diseño consiste en proponer una función de energía potencial artificial, cuyo gradiente (moldeo) forma la componente específica del regulador; se le añade una acción de control derivativa o amortiguador (fricción artificial), para mejor la etapa transitoria. Para robots con movimiento en un plano vertical o en el espacio tridimensional se incluye la compensación de gravedad, condición necesaria, pero no suficiente para la existencia del punto de equilibrio de la ecuación en lazo cerrado formada por la estructura de control y la dinámica no lineal y fuertemente acoplada del robot manipulador.

Usando un hamiltoneano para dar forma a la función candidata de Lyapunov, quien representa la energía del sistema, cuyos términos son: la energía cinética del robot más energía potencial artificial y utilizando la teoría de estabilidad de Lyapunov, el punto de equilibrio es estable en forma global; adicionalmente, a través del principio de invariancia de Barbashin-Krasovskii-LaSalle, la estabilidad asintótica es demostrada; esta misma propiedad del punto de equilibrio se puede obtener en forma mucho más elegante usando una función estricta de Lyapunov; sin embargo, el grado de dificultad aumenta considerablemente. La estabilidad asintótica es una propiedad clave de un esquema de control; de otra manera, si no hay convergencia asintótica hacia el punto de equilibrio; por lo que, no se puede hablar de exactitud en el posicionamiento y el objetivo de control no se habrá cumplido. La estabilidad asintótica es una propiedad importante del punto de equilibrio de la ecuación en lazo cerrado, que coadyuva a que un regulador o algoritmo de control tenga potenciales aplicaciones en tareas con mucho mayor exigencia y demanda, por ejemplo en control punto a punto.

8.10 Problemas propuestos

La presente sección propone un conjunto de problemas a resolver por el usuario, con la finalidad de mejorar los conocimientos y habilidades del lector en el tópico de control de posición de robots manipuladores. Los problemas enunciados tienen diferentes grados de complejidad, donde se requiere profundidad y esfuerzo para desarrollar correctamente la solución.

8.10.1 En simples palabras, explique claramente el problema de control de posición de robots manipuladores y describa al menos cinco potenciales aplicaciones.

8.10.2 Hablando en términos matemáticos, cómo puede definir formalmente el problema de regulación.

8.10.3 Explique claramente: ¿Por qué a un algoritmo de control, también se le denomina regulador?

8.10.4 Si el error de posición $\tilde{q}_i$, con $i = 1, 2$ en estado estacionario tiene un valor de 0.0001 grados, para cada articulación de un robot manipulador en la configuración antropomórfico de 2 gdl: ¿Cuál es su correspondiente valor en coordenadas cartesianas?

8.10.5 Explique el funcionamiento cualitativo del control PD.

8.10.6 ¿Por qué es necesario proponer reglas de sintonía, para calcular de manera adecuada el valor numérico que se asignan a las ganancias de control?

8.10.7 ¿Cómo funciona el esquema de control PID?

8.10.8 Explique adecuadamente: ¿Por qué las componentes denominadas acciones de control (derivativa e integral) no son consideradas algoritmos de control?

8.10.9 ¿Cómo funcionan y cuál es su utilidad de las acciones de control derivativa e integral?

8.10.10 Explique claramente en qué consiste la teoría de estabilidad de Lyapunov.

a) ¿Por qué es incorrecto decir que el sistema es estable, bajo el contexto de la teoría de estabilidad de Lyapunov?

b) ¿Qué es un punto de equilibrio y cuál sería su adecuada interpretación física?

8.10.11 Describa a detalle el procedimiento de diseño de algoritmos de control por moldeo de energía.

8.10.12 Seleccione al menos cinco esquemas de control listados, por cada una de las tablas 8.1, 8.2 y 8.3, para algoritmos no acotados, acotados y saturados, respectivamente; realizar la demostración de estabilidad del punto de equilibrio de la ecuación en lazo cerrado (8.11).

8.10.13 Explique cómo se utiliza el principio de invariancia de Barbashin-Krasovskii-LaSalle, definido por el teorema (8.4), para demostrar la estabilidad asintótica del punto de equilibrio.

8.10.14 ¿Cuál es el significado físico de las siguientes propiedades: $\tilde{\boldsymbol{q}} \in \mathcal{L}_\infty^n$, $\dot{\boldsymbol{q}} \in \mathcal{L}_\infty^n$ y $\dot{\boldsymbol{q}} \in \mathcal{L}_2^n$?

Capítulo

9 Control de trayectoria

$$\frac{d}{dt}\begin{bmatrix}\tilde{q}\\ \dot{\tilde{q}}\end{bmatrix} = \begin{bmatrix}\dot{\tilde{q}}\\ -M^{-1}(q_d-\tilde{q})\left[\nabla\mathcal{U}_a(K_p,\,\tilde{q})+f_v(K_v,\dot{\tilde{q}})+C(q_d-\tilde{q},\dot{q}_d-\dot{\tilde{q}})\dot{\tilde{q}}+B\dot{\tilde{q}}\right]\end{bmatrix}$$

9.1 Introducción 531

9.2 Control de trayectoria 532

9.3 Familia de algoritmos de control PD+ 534

9.4 Familia de control par-calculado 551

9.5 Resumen 555

9.6 Problemas propuestos 555

Descripción del capítulo

El problema de control de trayectoria en robots manipuladores es un tópico con mucho mayor grado de complejidad que el problema de control de posición, puesto que en regulación la referencia deseada es constante y el error de posición se encuentra bajo control; la velocidad de movimiento se usa como inyección de amortiguamiento. En control de trayectoria, la referencia deseada es variante en el tiempo y se tienen dos errores bajo control simultáneo: posición y velocidad. Además, la dinámica del robot forma parte importante de la estructura matemática del algoritmo de control. El análisis de estabilidad asintótica del punto de equilibrio de la ecuación en lazo abierto y el esquema de control se lleva a cabo usando funciones estrictas de Lyapunov. Este capítulo está destinado a presentar a dos familias de control de trayectorias: PD+ y par-calculado. Se presenta un ejemplo de control de trayectoria en **MATLAB**, describiendo todos los aspectos técnicos involucrados en el proceso de simulación. Adicionales ejemplos de simulación se encuentran en el sitio Web de esta obra.

Los siguientes temas son desarrollados:

- Familias de control tipo PD+
- Análisis de estabilidad asintótica con el PD+
- Simulación en **MATLAB** con el control PD+
- Familias de control tipo par-calculado
- Análisis de estabilidad asintótica con el par-calculado

9.1 Introducción

El problema del control de trayectoria (también conocido como control de movimiento) representa uno de los temas académicos más importantes en robótica. Hoy en día, el interés en los robots manipuladores radica en su facultad para realizar movimientos de alta velocidad y con alto grado de exactitud. El problema de control de movimiento consiste en mover al robot libremente en su espacio de trabajo, sin interactuar con su medio ambiente, siguiendo simultáneamente las trayectorias deseadas variantes en el tiempo de posición y velocidad.

Dentro del ámbito académico, los algoritmos de control de posición pura o regulación representan un problema más simple que los esquemas de control trayectoria, puesto que en el problema de seguimiento se incluye a la dinámica completa del robot manipulador como parte esencial en la estructura matemática del controlador; es decir, existe retroalimentación del comportamiento dinámico que tiene robot en el lazo de control. Por consiguiente, la exactitud en el seguimiento de las trayectorias de posición y velocidad, desempeño y robustez de los controladores de movimiento dependen no solo de qué tan completo esté el modelado dinámico, también del grado de precisión con que se conozcan a los parámetros dinámicos que lo describen.

El problema de control de movimiento ha sido ampliamente estudiado en el contexto teórico, puesto que la complejidad para desarrollar la estructura dinámica de un robot manipulador real es grande; adicionalmente, no es trivial obtener los valores numéricos de los parámetros físicos (ver capítulo 7 Identificación paramétrica). Por este motivo, la evaluación a nivel simulación y sobre todo experimental de esquemas de control de trayectoria representan retos de origen práctico, evidenciados en la literatura científica.

A grandes rasgos, los esquemas de control de trayectoria de robots manipuladores se pueden clasificar en dos grandes familias de pendiendo de su estructura matemática: PD+ y par-calculado. Se presenta el desarrollado de análisis de estabilidad asintótica global de la ecuación en lazo cerrado formada por el modelo dinámico del robot y la estructura del algoritmo seleccionado; se describen aspectos prácticos de simulación, detallando el diseño y selección de las trayectorias variantes en el tiempo para realizar correctamente el seguimiento usando las estructuras de control. Para el caso específico de la familia de controladores PD+, si la referencia deseada de posición es una constante, entonces las trayectorias de velocidad y aceleración son cero; por consiguiente, el regulador PD con compensación de gravedad resulta un caso particular de esta familia.

9.2 Control de trayectoria

El problema de control de trayectoria, también conocido como control de movimiento en robots manipuladores, consiste en mover cada una de las articulaciones del robot, tal que sigan con exactitud las referencias deseadas o trayectorias variantes en el tiempo de posición y velocidad, independientemente de la condición inicial [Reyes y Kelly, 2001], [Reyes y Al-Hadithi, 2020], [Nof, 2023].

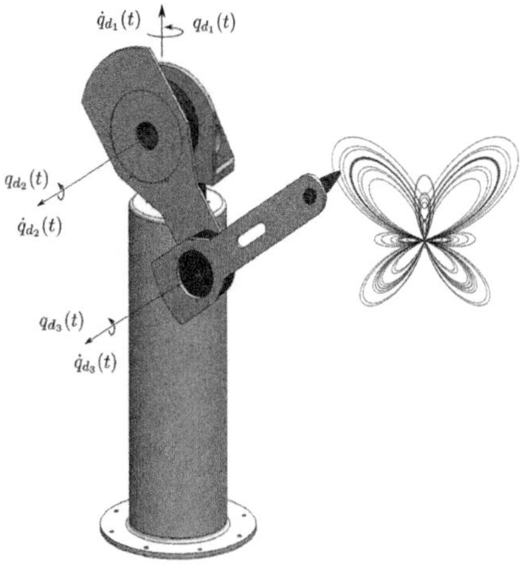

Figura 9.1: Control de trayectoria

La figura 9.1 ilustra como ejemplo de control de movimiento a un brazo robot de 3 gdl; en la configuración antropomórfica realizando seguimiento de referencias deseadas variantes en el tiempo para cada una de las articulaciones o servomotores del robot manipulador; de tal forma que sigan con exactitud a las trayectorias de posición $\boldsymbol{q}_d(t) = [q_{d_1}(t),\ q_{d_2}(t),\ q_{d_3}(t)]^T \in \mathbb{R}^3$ y la velocidad deseada de movimiento $\dot{\boldsymbol{q}}_d(t) = [\dot{q}_{d_1}(t),\ \dot{q}_{d_2}(t),\ \dot{q}_{d_3}(t)]^T \in \mathbb{R}^3$, para que el extremo final del robot pueda realizar el trazo correspondiente a las referencias en su espacio de trabajo cartesiano. En el problema de control de trayectorias, para un robot manipulador de n gdl, las variables de estado que se establecen son: el error de posición $\tilde{\boldsymbol{q}} \in \mathbb{R}^n$, definido como la diferencia entre la trayectoria deseada $\boldsymbol{q}_d(t) \in \mathbb{R}^n$ y la posición actual del robot $\boldsymbol{q} \in \mathbb{R}^n$: $\tilde{\boldsymbol{q}} = \boldsymbol{q}_d(t) - \boldsymbol{q}(t)$; el error de velocidad $\dot{\tilde{\boldsymbol{q}}} \in \mathbb{R}^n$ es la diferencia entre la velocidad deseada $\dot{\boldsymbol{q}}_d(t) \in \mathbb{R}^n$ y la velocidad de movimiento $\dot{\boldsymbol{q}} \in \mathbb{R}^n$, que se establece como: $\dot{\tilde{\boldsymbol{q}}} = \dot{\boldsymbol{q}}_d(t) - \dot{\boldsymbol{q}}(t)$. Es importante recordar que los errores de posición y velocidad por ser variables de estado son funciones continuas, suaves y diferenciables en el tiempo t (dependen de manera intrínseca): $\tilde{\boldsymbol{q}} = \tilde{\boldsymbol{q}}(t)$ y $\dot{\boldsymbol{q}} = \dot{\boldsymbol{q}}(t)$.

Los algoritmos de control de trayectoria se caracterizan por retroalimentar la dinámica completa del robot manipulador, por lo que son mucho más complejos que los esquemas de posición o regulación; en los controladores de movimiento no solo se requiere conocer perfectamente la estructura matemática de la dinámica del robot, también todos los valores numéricos de los parámetros que se encuentran inmersos en el modelado.

Propiedad 9.1: Trayectorias deseadas $\boldsymbol{q}_d(t),\ \dot{\boldsymbol{q}}_d(t),\ \ddot{\boldsymbol{q}}_d(t) \in \mathbb{R}^n$

Las trayectorias de seguimiento o referencias deseadas en coordenadas articulares denotadas por: $\boldsymbol{q}_d(t),\ \dot{\boldsymbol{q}}_d(t),\ \ddot{\boldsymbol{q}}_d(t) \in \mathbb{R}^n$, corresponden a la posición, velocidad y aceleración, respectivamente; deben ser funciones acotadas y continuas en el tiempo, suaves y al menos dos veces diferenciables con respecto al tiempo:

- La trayectoria deseada $\boldsymbol{q}_d(t) \in \mathbb{R}^n$ es una función continua en el tiempo, sin picos ni vértices, es decir suave y al menos doblemente diferenciable; debe tener magnitud acotada: $\|\boldsymbol{q}_d(t)\| < q_d^{\text{máx}}$; donde $q_d^{\text{máx}} \in \mathbb{R}_+$ es una cota superior.
- La velocidad deseada $\dot{\boldsymbol{q}}_d(t) = \frac{d}{dt}\boldsymbol{q}_d(t) \in \mathbb{R}^n$ es una función continua, suave y diferenciable; además deber estar acotada: $\|\dot{\boldsymbol{q}}_d(t)\| < \dot{q}_d^{\text{máx}}$; siendo $\dot{q}_d^{\text{máx}} \in \mathbb{R}_+$ una cota superior.
- El vector de aceleración deseada $\ddot{\boldsymbol{q}}_d(t) = \frac{d}{dt}\dot{\boldsymbol{q}}_d(t) \in \mathbb{R}^n$ es una función continua, con perfil suave y de magnitud acotada: $\|\ddot{\boldsymbol{q}}_d(t)\| < \ddot{q}_d^{\text{máx}}$; donde $\ddot{q}_d^{\text{máx}} \in \mathbb{R}_+$ representa su cota superior.

Las trayectorias deseadas deben ser funciones acotadas para no saturar a los servomotores; de tal forma que con una adecuada sintonía de las ganancias proporcional y derivativa, así como la estructura de control, el par entregado a las articulaciones se encuentre dentro de la zona lineal de los servoamplificadores, lejos de sus límites físicos.

Definición 9.1: Control de trayectoria

El problema de control de trayectoria o control de movimiento consiste en diseñar la energía aplicada $\boldsymbol{\tau} \in \mathbb{R}^n$ a las articulaciones del robot, tal que sigan con exactitud a las referencias variantes en el tiempo de posición $\boldsymbol{q}_d(t) \in \mathbb{R}^n$ y velocidad de movimiento $\dot{\boldsymbol{q}}_d(t) \in \mathbb{R}^n$, sin importar la condición inicial $\left[\tilde{\boldsymbol{q}}(0),\ \dot{\tilde{\boldsymbol{q}}}(0)\right]^T \in \mathbb{R}^{2n}$ (evidentemente dentro del atractor), cumpliendo con el siguiente objetivo de control:

$$\lim_{t\to\infty} \begin{bmatrix} \tilde{\boldsymbol{q}}(t) \\ \dot{\tilde{\boldsymbol{q}}}(t) \end{bmatrix} = \begin{bmatrix} \mathbf{0} \\ \mathbf{0} \end{bmatrix} \in \mathbb{R}^{2n},\ \forall t \geq 0 \tag{9.1}$$

A continuación, se describen a dos familias grandes de algoritmo de control que resuelven el problema de control de trayectoria para robots manipuladores denominadas familias PD+ y par-calculado.

9.3 Familia de algoritmos de control PD+

La familia de esquemas de control con estructura PD+ incluye un número grande de estrategias de seguimiento con la siguiente forma [Reyes y Kelly, 2001], [Kelly, et. al, 2005]:

$$\begin{aligned} \boldsymbol{\tau} &= \nabla\mathcal{U}_a(K_p, \tilde{\boldsymbol{q}}) + \boldsymbol{f}_v(K_v, \dot{\tilde{\boldsymbol{q}}}) + M(\boldsymbol{q})\ddot{\boldsymbol{q}}_d(t) + C(\boldsymbol{q}, \dot{\boldsymbol{q}})\dot{\boldsymbol{q}}_d(t) \\ &+ B\dot{\boldsymbol{q}}_d(t) + \boldsymbol{g}(\boldsymbol{q}) \end{aligned} \tag{9.2}$$

donde:

- El error de seguimiento $\tilde{\boldsymbol{q}} \in \mathbb{R}^n$ se define por: $\tilde{\boldsymbol{q}}(t) = \boldsymbol{q}_d(t) - \boldsymbol{q}(t)$.
- El error de velocidad $\dot{\tilde{\boldsymbol{q}}} \in \mathbb{R}^n$ está dado por: $\dot{\tilde{\boldsymbol{q}}}(t) = \dot{\boldsymbol{q}}_d(t) - \dot{\boldsymbol{q}}(t)$.
- La aceleración deseada de movimiento es $\ddot{\boldsymbol{q}}_d(t) \in \mathbb{R}^n$.
- $\mathcal{U}_a(K_p, \tilde{\boldsymbol{q}})$ es una función de energía potencial artificial definida positiva, continua, suave y diferenciable: $\mathcal{U}_a(K_p, \tilde{\boldsymbol{q}}) > 0$, si $\tilde{\boldsymbol{q}} \neq \boldsymbol{0} \in \mathbb{R}^n$; $\mathcal{U}_a(K_p, \tilde{\boldsymbol{q}}) = 0$ si y solo si $\tilde{\boldsymbol{q}} = \boldsymbol{0} \in \mathbb{R}^n$; el único y mínimo global de $\mathcal{U}_a(K_p, \tilde{\boldsymbol{q}})$ es $\tilde{\boldsymbol{q}} = \boldsymbol{0} \in \mathbb{R}^n$.
- La ganancia proporcional $K_p \in \mathbb{R}^{n\times n}$ es una matriz constante, diagonal y definida positiva: $K_p > 0$.
- El gradiente de la energía potencial artificial $\mathcal{U}_a(K_p, \tilde{\boldsymbol{q}})$ existe y está denotado por: $\nabla\mathcal{U}_a(K_p, \tilde{\boldsymbol{q}}) = \frac{\partial}{\partial\tilde{\boldsymbol{q}}}\mathcal{U}_a(K_p, \tilde{\boldsymbol{q}}) \in \mathbb{R}^n$; representa a la estructura del control de posición, siendo una función vectorial impar: $\nabla\mathcal{U}_a(K_p, -\tilde{\boldsymbol{q}}) = -\nabla\mathcal{U}_a(K_p, \tilde{\boldsymbol{q}})$, continua y diferenciable con respecto al error de posición $\tilde{\boldsymbol{q}}$, que satisface: $\nabla^T\mathcal{U}_a(K_p, \tilde{\boldsymbol{q}})\,\tilde{\boldsymbol{q}} > 0$; ademas, $\nabla\mathcal{U}_a(K_p, \tilde{\boldsymbol{q}}) = \boldsymbol{0} \in \mathbb{R}^n \Longleftrightarrow \tilde{\boldsymbol{q}} = \boldsymbol{0} \in \mathbb{R}^n$.
- El término $\boldsymbol{f}_v(K_v, \dot{\tilde{\boldsymbol{q}}}) \in \mathbb{R}^n$ representa el control de velocidad y es una función que satisface lo siguiente: $\boldsymbol{f}_v(K_v, -\dot{\tilde{\boldsymbol{q}}}) = -\boldsymbol{f}_v(K_v, \dot{\tilde{\boldsymbol{q}}})$; $\dot{\tilde{\boldsymbol{q}}}^T\,\boldsymbol{f}_v(K_v, \dot{\tilde{\boldsymbol{q}}}) > 0$ si $\dot{\tilde{\boldsymbol{q}}} \neq \boldsymbol{0} \in \mathbb{R}^n$; $\boldsymbol{f}_v(K_v, \dot{\tilde{\boldsymbol{q}}}) = \boldsymbol{0} \Longleftrightarrow \dot{\tilde{\boldsymbol{q}}} = \boldsymbol{0} \in \mathbb{R}^n$.
- La ganancia derivativa está representada por: $K_v \in \mathbb{R}^{n\times n}$, la cual es una matriz constante y definida positiva: $K_v > 0$.

Observe que la estructura de control propuesta en (9.2) retroalimenta a la dinámica del robot, excluyendo a las funciones signo del fenómeno de fricción.

La figura 9.2 muestra el diagrama a bloques de la familia de controladores de trayectoria con estructura PD+, para robots manipuladores; las variables de estado que definen a dicho problema son: error de posición $\tilde{\boldsymbol{q}} \in \mathbb{R}^n$ y el error de velocidad $\dot{\tilde{\boldsymbol{q}}} \in \mathbb{R}^n$; ambos errores se procesan por los correspondientes esquemas de control de posición y de velocidad; los vectores de estado del robot, posición articular $\boldsymbol{q} \in \mathbb{R}^n$ y velocidad de movimiento $\dot{\boldsymbol{q}} \in \mathbb{R}^n$ son retroalimentados en el modelo dinámico del robot, el cual forma parte de la estructura PD+ y, junto con las referencias deseadas, se inyecta la energía mecánica $\boldsymbol{\tau} \in \mathbb{R}^n$ a cada una de las articulaciones; la retroalimentación del modelo dinámico tiene la finalidad de compensar los efectos físicos no lineales del robot.

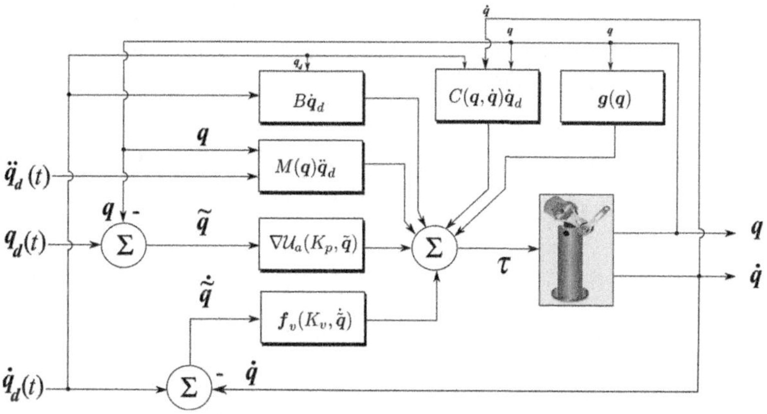

Figura 9.2: Diagrama a bloques de la familia de controladores PD+

La ecuación en lazo cerrado expresada en las variables de estado articulares $[\tilde{\boldsymbol{q}}^T,\ \dot{\tilde{\boldsymbol{q}}}^T]^T \in \mathbb{R}^{2n}$ que determinan el problema del control de movimiento se obtiene combinando el modelo dinámico del robot manipulador (6.6) y la estructura del controlador (9.2) de la siguiente manera:

$$\begin{aligned}
\boldsymbol{\tau} &= M(\boldsymbol{q}_d(t)-\tilde{\boldsymbol{q}})\ddot{\boldsymbol{q}} + C(\boldsymbol{q}_d(t)-\tilde{\boldsymbol{q}},\ \dot{\boldsymbol{q}}_d(t)-\dot{\tilde{\boldsymbol{q}}})\dot{\boldsymbol{q}} + B\dot{\boldsymbol{q}} + \cancel{\boldsymbol{g}(\boldsymbol{q}_d(t)-\tilde{\boldsymbol{q}})} \\
&= \nabla\mathcal{U}_a(K_p,\tilde{\boldsymbol{q}}) + \boldsymbol{f}_v(K_v,\dot{\tilde{\boldsymbol{q}}}) + M(\boldsymbol{q}_d(t)-\tilde{\boldsymbol{q}})\ddot{\boldsymbol{q}}_d(t) + B\dot{\boldsymbol{q}}_d(t) + C(\boldsymbol{q}_d(t)-\tilde{\boldsymbol{q}},\ \dot{\boldsymbol{q}}_d(t)-\dot{\tilde{\boldsymbol{q}}})\dot{\boldsymbol{q}}_d(t) + \cancel{\boldsymbol{g}(\boldsymbol{q}_d(t)-\tilde{\boldsymbol{q}})} \\
\ddot{\tilde{\boldsymbol{q}}} &= -M^{-1}(\boldsymbol{q}_d(t)-\tilde{\boldsymbol{q}})\left[\nabla\mathcal{U}_a(K_p,\tilde{\boldsymbol{q}}) + \boldsymbol{f}_v(K_v,\dot{\tilde{\boldsymbol{q}}}) + B\dot{\tilde{\boldsymbol{q}}} + C(\boldsymbol{q}_d(t)-\boldsymbol{q},\ \dot{\boldsymbol{q}}_d(t)-\dot{\tilde{\boldsymbol{q}}})\dot{\tilde{\boldsymbol{q}}}\right]
\end{aligned}$$

Por lo que, la ecuación en lazo cerrado tiene la forma:

$$\frac{d}{dt}\begin{bmatrix}\tilde{\boldsymbol{q}} \\ \dot{\tilde{\boldsymbol{q}}}\end{bmatrix} = \begin{bmatrix}\dot{\tilde{\boldsymbol{q}}} \\ -M^{-1}(\boldsymbol{q}_d(t)-\tilde{\boldsymbol{q}})\left[\nabla\mathcal{U}_a(K_p,\tilde{\boldsymbol{q}}) + \boldsymbol{f}_v(K_v,\dot{\tilde{\boldsymbol{q}}}) + B\dot{\tilde{\boldsymbol{q}}} + C(\boldsymbol{q}_d(t)-\boldsymbol{q},\ \dot{\boldsymbol{q}}_d(t)-\dot{\tilde{\boldsymbol{q}}})\dot{\tilde{\boldsymbol{q}}}\right]\end{bmatrix} \tag{9.3}$$

resulta un sistema dinámico no autónomo, debido a la incorporación de las trayectorias $\boldsymbol{q}_d(t),\ \dot{\boldsymbol{q}}_d(t) \in \mathbb{R}^n$.

9.3.1 Control proporcional derivativo plus (PD+)

El ejemplo más simple y ampliamente conocido de la familia de esquemas de control de trayectoria (9.2) es el control proporcional derivativo plus (PD+) con compensación de gravedad, el cual está representado por $\boldsymbol{\tau}_{pd+}$:

$$\boldsymbol{\tau}_{pd+} = K_p\tilde{\boldsymbol{q}} + K_v\dot{\tilde{\boldsymbol{q}}} + M(\boldsymbol{q}_d(t) - \tilde{\boldsymbol{q}})\ddot{\boldsymbol{q}}_d(t) + C(\boldsymbol{q}_d(t) - \tilde{\boldsymbol{q}},\ \dot{\boldsymbol{q}})\dot{\boldsymbol{q}}_d(t) + B\dot{\boldsymbol{q}}_d(t) + \boldsymbol{g}(\boldsymbol{q}_d(t) - \tilde{\boldsymbol{q}}) \quad (9.4)$$

es un algoritmo de control que incluye control proporcional del error de posición, control proporcional del error de velocidad más compensación de la dinámica del robot. La estructura de este esquema de control, también incluye a las trayectorias de seguimiento: $\boldsymbol{q}_d(t) \in \mathbb{R}^n$, velocidad $\dot{\boldsymbol{q}}_d(t) \in \mathbb{R}^n$ y aceleración deseada $\ddot{\boldsymbol{q}}_d(t) \in \mathbb{R}^n$.

La ecuación en lazo cerrado en variables de estado $[\,\tilde{\boldsymbol{q}}^T,\ \dot{\tilde{\boldsymbol{q}}}^T\,]^T \in \mathbb{R}^{2n}$, para el problema de control de trayectoria involucrando específicamente al controlador PD+ está dada como:

$$\frac{d}{dt}\begin{bmatrix}\tilde{\boldsymbol{q}}\\ \dot{\tilde{\boldsymbol{q}}}\end{bmatrix} = \begin{bmatrix}\dot{\tilde{\boldsymbol{q}}}\\ -M^{-1}(\boldsymbol{q}_d(t) - \tilde{\boldsymbol{q}})\left[K_p\tilde{\boldsymbol{q}} + K_v\dot{\tilde{\boldsymbol{q}}} + B\dot{\tilde{\boldsymbol{q}}} + C(\boldsymbol{q}_d(t) - \boldsymbol{q},\ \dot{\boldsymbol{q}}_d(t) - \dot{\tilde{\boldsymbol{q}}})\dot{\tilde{\boldsymbol{q}}}\right]\end{bmatrix} \quad (9.5)$$

resultando una ecuación diferencial de primer orden no lineal y no autónoma.

Prueba: existencia y unicidad del punto de equilibrio de la ecuación en lazo cerrado (9.5). El análisis de existencia y unicidad del punto de equilibrio de la ecuación en lazo cerrado (9.5) se lleva a cabo de la siguiente forma: la primera componente satisface: $\dot{\tilde{\boldsymbol{q}}} = I\dot{\tilde{\boldsymbol{q}}} = \boldsymbol{0} \in \mathbb{R}^n \iff \dot{\tilde{\boldsymbol{q}}} = \boldsymbol{0} \in \mathbb{R}^n$, puesto que: $I \in \mathbb{R}^{n\times n}$ es la matriz identidad, la cual es diagonal y definida positiva; observe que si: $\dot{\tilde{\boldsymbol{q}}} = \boldsymbol{0} \in \mathbb{R}^n$, significa que el error de seguimiento $\tilde{\boldsymbol{q}} \in \mathbb{R}^n$ es un vector constante (en estado estacionario); en esta etapa de la demostración aun no puede ser cuantificado dicho vector constante. Para la segunda componente, la matriz de inercia $M(\boldsymbol{q}_d(t) - \tilde{\boldsymbol{q}}) \in \mathbb{R}^{n\times n}$ es definida positiva, misma propiedad se conserva para la matriz inversa: $M^{-1}(\boldsymbol{q}_d(t) - \tilde{\boldsymbol{q}}) \in \mathbb{R}^{n\times n}$. Las ganancias K_p y K_v son matrices definidas positivas por diseño; la componente vectorial $C(\boldsymbol{q}_d(t) - \tilde{\boldsymbol{q}}, \dot{\boldsymbol{q}}_d(t) - \dot{\tilde{\boldsymbol{q}}})\dot{\tilde{\boldsymbol{q}}} = \boldsymbol{0} \in \mathbb{R}^n$, debido a que se ha demostrado previamente que: $\dot{\tilde{\boldsymbol{q}}} = \boldsymbol{0} \in \mathbb{R}^n$. Ahora, para: $B\dot{\tilde{\boldsymbol{q}}} = \boldsymbol{0} \in \mathbb{R}^n$, puesto que: $\dot{\tilde{\boldsymbol{q}}} = \boldsymbol{0} \in \mathbb{R}^n$ y la matriz B es diagonal y $B > 0$; en consecuencia, debido a que: $K_p > 0 \Longrightarrow K_p\tilde{\boldsymbol{q}} = \boldsymbol{0} \in \mathbb{R}^n \iff \tilde{\boldsymbol{q}} = \boldsymbol{0} \in \mathbb{R}^n$; en efecto, el error de seguimiento $\tilde{\boldsymbol{q}} \in \mathbb{R}^n$ es constante y resulta igual el vector neutro.

Por lo tanto, el punto de equilibrio de la ecuación en lazo cerrado (9.5) existe y es único; correspondiendo al origen de espacio de estados: $[\,\tilde{\boldsymbol{q}},\ \dot{\tilde{\boldsymbol{q}}}]^T = \boldsymbol{0} \in \mathbb{R}^{2n},\ \forall t \geq 0$. ■

Prueba: estabilidad del punto de equilibrio de (9.5). La demostración de estabilidad en el sentido de Lyapunov del punto de equilibrio de la ecuación en lazo cerrado (9.5) se desarrolla considerando la generalización para el caso de trayectoria de la función candidata de Lyapunov utilizada en [Takegaki y Arimoto, 1981]:

$$\mathcal{V}(t, \tilde{\boldsymbol{q}}, \dot{\tilde{\boldsymbol{q}}}) = \tfrac{1}{2}\dot{\tilde{\boldsymbol{q}}}^T M(\boldsymbol{q}_d(t) - \tilde{\boldsymbol{q}})\dot{\tilde{\boldsymbol{q}}} + \tfrac{1}{2}\tilde{\boldsymbol{q}}^T K_p \tilde{\boldsymbol{q}} = \begin{bmatrix} \tilde{\boldsymbol{q}} \\ \dot{\tilde{\boldsymbol{q}}} \end{bmatrix}^T \begin{bmatrix} K_p & O \\ O & M(\boldsymbol{q}_d(t) - \tilde{\boldsymbol{q}}) \end{bmatrix} \begin{bmatrix} \tilde{\boldsymbol{q}} \\ \dot{\tilde{\boldsymbol{q}}} \end{bmatrix} \tag{9.6}$$

donde $O \in \mathbb{R}^{n\times n}$ es la matriz neutra; resulta que $\mathcal{V}(t, \tilde{\boldsymbol{q}}, \dot{\tilde{\boldsymbol{q}}})$ es una función definida positiva, debido a que ambas matrices de inercia $M(\boldsymbol{q}_d(t) - \tilde{\boldsymbol{q}})$ y la ganancia proporcional K_p son definidas positivas.

La derivada temporal de la función candidata de Lyapunov (9.6) a lo largo de las trayectorias de la ecuación en lazo cerrado (9.5) está dada por:

$$\begin{aligned}
\dot{\mathcal{V}}(t, \tilde{\boldsymbol{q}}, \dot{\tilde{\boldsymbol{q}}}) &= \dot{\tilde{\boldsymbol{q}}}^T M(\boldsymbol{q}_d(t) - \tilde{\boldsymbol{q}})\ddot{\tilde{\boldsymbol{q}}} + \frac{1}{2}\dot{\tilde{\boldsymbol{q}}}^T \dot{M}(\boldsymbol{q}_d(t) - \tilde{\boldsymbol{q}})\dot{\tilde{\boldsymbol{q}}} + \tilde{\boldsymbol{q}}^T K_p \dot{\tilde{\boldsymbol{q}}} \\
&= \cancel{-\dot{\tilde{\boldsymbol{q}}}^T K_p \tilde{\boldsymbol{q}}} - \dot{\tilde{\boldsymbol{q}}}^T K_v \dot{\tilde{\boldsymbol{q}}} - \dot{\tilde{\boldsymbol{q}}}^T B \dot{\tilde{\boldsymbol{q}}} + \cancel{\tilde{\boldsymbol{q}}^T K_p \dot{\tilde{\boldsymbol{q}}}} \\
&+ \underbrace{\frac{1}{2}\dot{\tilde{\boldsymbol{q}}}^T \left[\dot{M}(\boldsymbol{q}_d(t) - \tilde{\boldsymbol{q}}) - 2C(\boldsymbol{q}_d(t) - \tilde{\boldsymbol{q}},\ \dot{\boldsymbol{q}}_d(t) - \dot{\tilde{\boldsymbol{q}}})\right]\dot{\tilde{\boldsymbol{q}}}}_{\text{propiedad (6.10): } \frac{1}{2}\dot{\tilde{\boldsymbol{q}}}^T\left[\dot{M}(\boldsymbol{q}_d(t)-\tilde{\boldsymbol{q}})-2C(\boldsymbol{q}_d(t)-\tilde{\boldsymbol{q}},\ \dot{\boldsymbol{q}}_d(t)-\dot{\tilde{\boldsymbol{q}}})\right]\dot{\tilde{\boldsymbol{q}}}=0} \\
&= -\dot{\tilde{\boldsymbol{q}}}^T \left[K_v + B\right]\dot{\tilde{\boldsymbol{q}}} \le 0
\end{aligned} \tag{9.7}$$

Puesto que la derivada de la función candidata de Lyapunov (9.7) es semidefinida negativa: $\dot{\mathcal{V}}(t, \tilde{\boldsymbol{q}}, \dot{\tilde{\boldsymbol{q}}}) \le 0$, utilizando el teorema (8.2) de la teoría de estabilidad de Lyapunov, se demuestra que el punto de equilibrio de la ecuación en lazo cerrado (9.5) es estable y también quedan garantizadas las propiedades: $\tilde{\boldsymbol{q}},\ \dot{\tilde{\boldsymbol{q}}} \in \mathcal{L}_\infty^n$ y $\dot{\tilde{\boldsymbol{q}}} \in \mathcal{L}_2^n$.

■

El teorema (8.4) que describe el principio de invariancia de Barbashin-Krasovskii-LaSalle se utiliza para sistemas dinámicos autónomos, como es el caso de regulación; es posible su empleo en algunos sistemas dinámicos no autónomos, siempre y cuando las trayectorias sean periódicas, lo que restringe su aplicación.

Prueba: estabilidad asintótica del punto de equilibrio de (9.5). En este aparto se desarrolla el análisis de estabilidad asintótica del punto de equilibrio de la ecuación en lazo cerrado (9.5), a través de la función estricta de Lyapunov propuesta en [Whitcomb y Koditschek, 1993]:

$$\mathcal{V}(t, \tilde{\boldsymbol{q}}, \dot{\tilde{\boldsymbol{q}}}) = \tfrac{1}{2}\dot{\tilde{\boldsymbol{q}}}^T M(\boldsymbol{q}_d(t) - \tilde{\boldsymbol{q}})\,\dot{\tilde{\boldsymbol{q}}} + \tfrac{1}{2}\tilde{\boldsymbol{q}}^T K_p \tilde{\boldsymbol{q}} + \tfrac{\epsilon_0}{1+\|\tilde{\boldsymbol{q}}\|}\tilde{\boldsymbol{q}}^T M(\boldsymbol{q}_d - \tilde{\boldsymbol{q}})\,\dot{\tilde{\boldsymbol{q}}} \tag{9.8}$$

donde $\epsilon_0 > 0$ es un número positivo, que se requiere demostrar su existencia en algún intervalo restringido por una cota superior constante. No se necesita conocer su valor numérico, puesto que el controlador PD+ (9.4) no lo utiliza.

Para demostrar que la función de energía (9.8) es definida positiva, es necesario reescribirla de la siguiente manera:

$$\begin{aligned} \mathcal{V}(t, \tilde{\boldsymbol{q}}, \dot{\tilde{\boldsymbol{q}}}) &= \frac{1}{2}\left[\dot{\tilde{\boldsymbol{q}}} + \frac{\epsilon_0}{1+\|\tilde{\boldsymbol{q}}\|}\tilde{\boldsymbol{q}}\right]^T M(\boldsymbol{q}_d(t)-\tilde{\boldsymbol{q}})\left[\dot{\tilde{\boldsymbol{q}}} + \frac{\epsilon_0}{1+\|\tilde{\boldsymbol{q}}\|}\tilde{\boldsymbol{q}}\right] \\ &+\frac{1}{2}\tilde{\boldsymbol{q}}^T\left[K_p - \frac{\epsilon_0^2}{[1+\|\tilde{\boldsymbol{q}}\|]^2}M(\boldsymbol{q}_d(t)-\tilde{\boldsymbol{q}})\right]\tilde{\boldsymbol{q}} \end{aligned} \tag{9.9}$$

la primera componente de la función candidata de Lyapunov $\mathcal{V}(t, \tilde{\boldsymbol{q}}, \dot{\tilde{\boldsymbol{q}}})$ (9.9) es definida positiva, puesto que: $M(\boldsymbol{q}_d(t) - \tilde{\boldsymbol{q}}) > 0$; por otro lado, si ocurre que: $\dot{\tilde{\boldsymbol{q}}} + \frac{\epsilon_0}{1+\|\tilde{\boldsymbol{q}}\|}\tilde{\boldsymbol{q}} = \boldsymbol{0} \in \mathbb{R}^n \implies \dot{\tilde{\boldsymbol{q}}} = -\frac{\epsilon_0}{1+\|\tilde{\boldsymbol{q}}\|}\tilde{\boldsymbol{q}}$, esta igualdad solo se mantiene, si y solo si: $\dot{\tilde{\boldsymbol{q}}} = \tilde{\boldsymbol{q}} = \boldsymbol{0} \in \mathbb{R}^n$; ya que: $\frac{\epsilon_0}{1+\|\tilde{\boldsymbol{q}}\|} > 0$.

Para demostrar que la segunda componente de (9.9) es una función definida positiva, hay que establecer las condiciones que debe cumplir ϵ_0; haciendo uso del teorema (3.2) de Rayleigh–Ritz, con lo cual se obtiene:

$$\begin{aligned} \frac{1}{2}\lambda_{K_p}^{\text{mín}}\|\tilde{\boldsymbol{q}}\|^2 \le \frac{1}{2}\tilde{\boldsymbol{q}}^T K_p \tilde{\boldsymbol{q}} &\le \frac{1}{2}\lambda_{K_p}^{\text{máx}}\|\tilde{\boldsymbol{q}}\|^2 \\ \tfrac{1}{2}\tfrac{\epsilon_0^2}{[1+\|\tilde{\boldsymbol{q}}\|]^2}\lambda_M^{\text{mín}}\|\tilde{\boldsymbol{q}}\|^2 \le \tfrac{1}{2}\tilde{\boldsymbol{q}}^T\tfrac{\epsilon_0^2}{[1+\|\tilde{\boldsymbol{q}}\|]^2}M(\boldsymbol{q}_d(t)-\tilde{\boldsymbol{q}})\tilde{\boldsymbol{q}} &\le \tfrac{1}{2}\tfrac{\epsilon_0^2}{[1+\|\tilde{\boldsymbol{q}}\|]^2}\lambda_M^{\text{máx}}\|\tilde{\boldsymbol{q}}\|^2 \\ \tfrac{1}{2}\left[\lambda_{K_p}^{\text{mín}} - \lambda_M^{\text{máx}}\tfrac{\epsilon_0^2}{[1+\|\tilde{\boldsymbol{q}}\|]^2}\right]\|\tilde{\boldsymbol{q}}\|^2 \le \tfrac{1}{2}\tilde{\boldsymbol{q}}^T\left[K_p - \tfrac{\epsilon_0^2}{[1+\|\tilde{\boldsymbol{q}}\|]^2}M(\boldsymbol{q}_d(t)-\tilde{\boldsymbol{q}})\right]\tilde{\boldsymbol{q}} &\le \tfrac{1}{2}\left[\lambda_{K_p}^{\text{máx}} - \lambda_M^{\text{mín}}\tfrac{\epsilon_0^2}{[1+\|\tilde{\boldsymbol{q}}\|]^2}\right]\|\tilde{\boldsymbol{q}}\|^2 \end{aligned}$$

por lo que ϵ_0 debe cumplir que: $\frac{1}{2}\left[\lambda_{K_p}^{\text{mín}} - \lambda_M^{\text{máx}}\frac{\epsilon_0^2}{[1+\|\tilde{\boldsymbol{q}}\|]^2}\right] > 0$; entonces, se encuentra que el intervalo de restricción y existencia, para ϵ_0 está dado por:

$$\sqrt{\frac{\lambda_{K_p}^{\text{mín}}}{\lambda_M^{\text{máx}}}} > \epsilon_0 > \frac{\epsilon_0}{1+\|\tilde{\boldsymbol{q}}\|} > 0, \ \forall \tilde{\boldsymbol{q}} \in \mathbb{R}^n \tag{9.10}$$

observe que la cota superior del intervalo de restricción para ϵ_0 es una constante. Por lo tanto, la función (9.8) es definida positiva.

La derivada temporal de la función candidata de Lyapunov (9.8) a lo largo de las trayectorias de la ecuación en lazo cerrado (9.5) es:

$$\begin{aligned} \dot{\mathcal{V}}(t, \tilde{\boldsymbol{q}}, \dot{\tilde{\boldsymbol{q}}}) &= \dot{\tilde{\boldsymbol{q}}}^T M(\boldsymbol{q}_d(t)-\tilde{\boldsymbol{q}})\ddot{\tilde{\boldsymbol{q}}} + \frac{1}{2}\dot{\tilde{\boldsymbol{q}}}^T \dot{M}(\boldsymbol{q}_d(t)-\tilde{\boldsymbol{q}})\dot{\tilde{\boldsymbol{q}}} + \tilde{\boldsymbol{q}}^T K_p \dot{\tilde{\boldsymbol{q}}} + \\ &\quad \frac{\epsilon_0}{1+\|\tilde{\boldsymbol{q}}\|}\tilde{\boldsymbol{q}}^T M(\boldsymbol{q}_d-\tilde{\boldsymbol{q}})\ddot{\tilde{\boldsymbol{q}}} + \frac{\epsilon_0}{1+\|\tilde{\boldsymbol{q}}\|}\dot{\tilde{\boldsymbol{q}}}^T M(\boldsymbol{q}_d-\tilde{\boldsymbol{q}})\dot{\tilde{\boldsymbol{q}}} + \\ &\quad \frac{\epsilon_0}{1+\|\tilde{\boldsymbol{q}}\|}\dot{\tilde{\boldsymbol{q}}}^T \dot{M}(\boldsymbol{q}_d-\tilde{\boldsymbol{q}})\dot{\tilde{\boldsymbol{q}}} - \frac{\epsilon_0^2\tilde{\boldsymbol{q}}^T\dot{\tilde{\boldsymbol{q}}}}{\|\tilde{\boldsymbol{q}}\|[1+\|\tilde{\boldsymbol{q}}\|]^2}\tilde{\boldsymbol{q}}^T M(\boldsymbol{q}_d-\tilde{\boldsymbol{q}})\dot{\tilde{\boldsymbol{q}}} \\ &= -\cancel{\dot{\tilde{\boldsymbol{q}}}^T K_p}\tilde{\boldsymbol{q}} - \dot{\tilde{\boldsymbol{q}}}^T K_v \dot{\tilde{\boldsymbol{q}}} - \dot{\tilde{\boldsymbol{q}}}^T B\dot{\tilde{\boldsymbol{q}}} + \cancel{\tilde{\boldsymbol{q}}^T K_p \dot{\tilde{\boldsymbol{q}}}} \end{aligned}$$

$$
\begin{aligned}
& + \underbrace{\frac{1}{2}\dot{\tilde{\boldsymbol{q}}}^T \left[\dot{M}(\boldsymbol{q}_d(t)-\tilde{\boldsymbol{q}}) - 2C(\boldsymbol{q}_d(t)-\tilde{\boldsymbol{q}},\ \dot{\boldsymbol{q}}_d(t)-\dot{\tilde{\boldsymbol{q}}})\right]\dot{\tilde{\boldsymbol{q}}}}_{\text{propiedad (6.10): } \frac{1}{2}\dot{\tilde{\boldsymbol{q}}}^T\left[\dot{M}(\boldsymbol{q}_d(t)-\tilde{\boldsymbol{q}})-2C(\boldsymbol{q}_d(t)-\tilde{\boldsymbol{q}},\ \dot{\boldsymbol{q}}_d(t)-\dot{\tilde{\boldsymbol{q}}})\right]\dot{\tilde{\boldsymbol{q}}}=0} \\
& -\frac{\epsilon_0}{1+\|\tilde{\boldsymbol{q}}\|}\tilde{\boldsymbol{q}}^T K_p \tilde{\boldsymbol{q}} - \frac{\epsilon_0}{1+\|\tilde{\boldsymbol{q}}\|}\tilde{\boldsymbol{q}}^T K_v \dot{\tilde{\boldsymbol{q}}} - \frac{\epsilon_0}{1+\|\tilde{\boldsymbol{q}}\|}\tilde{\boldsymbol{q}}^T B \dot{\tilde{\boldsymbol{q}}} \\
& -\frac{\epsilon_0}{1+\|\tilde{\boldsymbol{q}}\|}\tilde{\boldsymbol{q}}^T C(\boldsymbol{q}_d(t)-\tilde{\boldsymbol{q}},\ \dot{\boldsymbol{q}}_d(t)-\dot{\tilde{\boldsymbol{q}}})\dot{\tilde{\boldsymbol{q}}} + \frac{\epsilon_0}{1+\|\tilde{\boldsymbol{q}}\|}\tilde{\boldsymbol{q}}^T \underbrace{\dot{M}(\boldsymbol{q}_d(t)-\tilde{\boldsymbol{q}})}_{\substack{\text{propiedad (6.8):} \\ \dot{M}(\boldsymbol{q}_d(t)-\tilde{\boldsymbol{q}}) = C(\boldsymbol{q}_d(t)-\tilde{\boldsymbol{q}},\ \dot{\boldsymbol{q}}_d(t)-\dot{\tilde{\boldsymbol{q}}}) + C^T(\boldsymbol{q}_d(t)-\tilde{\boldsymbol{q}},\ \dot{\boldsymbol{q}}_d(t)-\dot{\tilde{\boldsymbol{q}}})}}\dot{\tilde{\boldsymbol{q}}} \\
& +\frac{\epsilon_0}{1+\|\tilde{\boldsymbol{q}}\|}\dot{\tilde{\boldsymbol{q}}}^T M(\boldsymbol{q}_d-\tilde{\boldsymbol{q}})\dot{\tilde{\boldsymbol{q}}} - \frac{\epsilon_0^2\,\tilde{\boldsymbol{q}}^T\dot{\tilde{\boldsymbol{q}}}}{\|\tilde{\boldsymbol{q}}\|\left[1+\|\tilde{\boldsymbol{q}}\|\right]^2}\tilde{\boldsymbol{q}}^T M(\boldsymbol{q}_d-\tilde{\boldsymbol{q}})\dot{\tilde{\boldsymbol{q}}}
\end{aligned}
$$

Eliminando y reduciendo términos:

$$
\begin{aligned}
\dot{\mathcal{V}}(t,\tilde{\boldsymbol{q}},\dot{\tilde{\boldsymbol{q}}}) &= -\dot{\tilde{\boldsymbol{q}}}^T\left[K_v+B\right]\dot{\tilde{\boldsymbol{q}}} - \frac{\epsilon_0}{1+\|\tilde{\boldsymbol{q}}\|}\tilde{\boldsymbol{q}}^T K_p\tilde{\boldsymbol{q}} - \frac{\epsilon_0}{1+\|\tilde{\boldsymbol{q}}\|}\tilde{\boldsymbol{q}}^T K_v\dot{\tilde{\boldsymbol{q}}} \\
& \quad -\frac{\epsilon_0}{1+\|\tilde{\boldsymbol{q}}\|}\tilde{\boldsymbol{q}}^T B\dot{\tilde{\boldsymbol{q}}} + \frac{\epsilon_0}{1+\|\tilde{\boldsymbol{q}}\|}\tilde{\boldsymbol{q}}^T C(\boldsymbol{q}_d(t)-\tilde{\boldsymbol{q}},\ \dot{\boldsymbol{q}}_d(t)-\dot{\tilde{\boldsymbol{q}}})\dot{\tilde{\boldsymbol{q}}} \\
& \quad +\frac{\epsilon_0}{1+\|\tilde{\boldsymbol{q}}\|}\dot{\tilde{\boldsymbol{q}}}^T M(\boldsymbol{q}_d-\tilde{\boldsymbol{q}})\dot{\tilde{\boldsymbol{q}}} - \frac{\epsilon_0^2\,\tilde{\boldsymbol{q}}^T\dot{\tilde{\boldsymbol{q}}}}{\|\tilde{\boldsymbol{q}}\|\left[1+\|\tilde{\boldsymbol{q}}\|\right]^2}\tilde{\boldsymbol{q}}^T M(\boldsymbol{q}_d-\tilde{\boldsymbol{q}})\dot{\tilde{\boldsymbol{q}}}
\end{aligned}
$$

Obteniendo cotas superiores de cada término:

$$
\begin{aligned}
\dot{\mathcal{V}}(t,\tilde{\boldsymbol{q}},\dot{\tilde{\boldsymbol{q}}}) &\le -\left[\lambda_{K_v}^{\text{mín}}+\lambda_B^{\text{mín}}\right]\|\dot{\tilde{\boldsymbol{q}}}\|^2 - \underbrace{\boxed{\frac{\epsilon_0}{1+\|\tilde{\boldsymbol{q}}\|}\tilde{\boldsymbol{q}}^T K_p\tilde{\boldsymbol{q}}}}_{\le -\frac{\epsilon_0}{1+\|\tilde{\boldsymbol{q}}\|}\lambda_{K_p}^{\text{mín}}\|\tilde{\boldsymbol{q}}\|^2} - \underbrace{\boxed{\frac{\epsilon_0}{1+\|\tilde{\boldsymbol{q}}\|}\tilde{\boldsymbol{q}}^T K_v\dot{\tilde{\boldsymbol{q}}}}}_{\le \epsilon_0\,\lambda_{K_v}^{\text{máx}}\|\tilde{\boldsymbol{q}}\|\,\|\dot{\tilde{\boldsymbol{q}}}\|} \\
& \quad - \underbrace{\boxed{\frac{\epsilon_0}{1+\|\tilde{\boldsymbol{q}}\|}\tilde{\boldsymbol{q}}^T B\dot{\tilde{\boldsymbol{q}}}}}_{\le \epsilon_0\,\lambda_B^{\text{máx}}\|\tilde{\boldsymbol{q}}\|\,\|\dot{\tilde{\boldsymbol{q}}}\|} + \underbrace{\boxed{\frac{\epsilon_0}{1+\|\tilde{\boldsymbol{q}}\|}\tilde{\boldsymbol{q}}^T C(\boldsymbol{q}_d(t)-\tilde{\boldsymbol{q}},\ \dot{\boldsymbol{q}}_d(t)-\dot{\tilde{\boldsymbol{q}}})\dot{\tilde{\boldsymbol{q}}}}}_{\le\left[\epsilon_0\,k_c\|\tilde{\boldsymbol{q}}\|\|\dot{\tilde{\boldsymbol{q}}}\|\,\|\dot{\boldsymbol{q}}_d(t)\|+\epsilon_0\,k_c\|\dot{\tilde{\boldsymbol{q}}}\|^2\right]} \\
& \quad + \underbrace{\boxed{\frac{\epsilon_0}{1+\|\tilde{\boldsymbol{q}}\|}\dot{\tilde{\boldsymbol{q}}}^T M(\boldsymbol{q}_d-\tilde{\boldsymbol{q}})\dot{\tilde{\boldsymbol{q}}}}}_{\le \epsilon_0\,\lambda_M^{\text{máx}}\|\dot{\tilde{\boldsymbol{q}}}\|^2} - \underbrace{\boxed{\frac{\epsilon_0^2\,\tilde{\boldsymbol{q}}^T\dot{\tilde{\boldsymbol{q}}}}{\|\tilde{\boldsymbol{q}}\|\left[1+\|\tilde{\boldsymbol{q}}\|\right]^2}\tilde{\boldsymbol{q}}^T M(\boldsymbol{q}_d-\tilde{\boldsymbol{q}})\dot{\tilde{\boldsymbol{q}}}}}_{\le \epsilon_0^2\,\lambda_M^{\text{máx}}\|\dot{\tilde{\boldsymbol{q}}}\|^2}
\end{aligned}
$$

Agrupando términos, se reduce a la siguiente expresión:

$$
\begin{aligned}
\dot{\mathcal{V}}(t,\tilde{\boldsymbol{q}},\dot{\tilde{\boldsymbol{q}}}) &\le -\left[\lambda_{K_v}^{\text{mín}}+\lambda_B^{\text{mín}} - \left[\epsilon_0^2\,\lambda_M^{\text{máx}}+\epsilon_0\lambda_M^{\text{máx}}+\epsilon_0\,k_c\right]\right]\|\dot{\tilde{\boldsymbol{q}}}\|^2 - \frac{\epsilon_0}{1+\|\tilde{\boldsymbol{q}}\|}\lambda_{K_p}^{\text{mín}}\|\tilde{\boldsymbol{q}}\|^2 \\
& \quad +\epsilon_0\left[\lambda_{K_v}^{\text{máx}}+\lambda_B^{\text{máx}}+k_c\|\dot{\boldsymbol{q}}_d(t)\|\right]\|\tilde{\boldsymbol{q}}\|\,\|\dot{\tilde{\boldsymbol{q}}}\| \\
&\le -\begin{bmatrix}\|\tilde{\boldsymbol{q}}\| \\ \|\dot{\tilde{\boldsymbol{q}}}\|\end{bmatrix}^T \underbrace{\begin{bmatrix} \underbrace{\frac{\epsilon_0}{1+\|\tilde{\boldsymbol{q}}\|}\lambda_{K_p}^{\text{mín}}}_{q_{11}} & -\frac{1}{2}\epsilon_0\left[\lambda_{K_v}^{\text{máx}}+\lambda_B^{\text{máx}}+k_c\|\dot{\boldsymbol{q}}_d(t)\|\right] \\ -\frac{1}{2}\epsilon_0\left[\lambda_{K_v}^{\text{máx}}+\lambda_B^{\text{máx}}+k_c\|\dot{\boldsymbol{q}}_d(t)\|\right] & \lambda_{K_v}^{\text{mín}}+\lambda_B^{\text{mín}}-\left[\epsilon_0^2\,\lambda_M^{\text{máx}}+\epsilon_0\lambda_M^{\text{máx}}+\epsilon_0\,k_c\right] \end{bmatrix}}_{Q(t)} \begin{bmatrix}\|\tilde{\boldsymbol{q}}\| \\ \|\dot{\tilde{\boldsymbol{q}}}\|\end{bmatrix}
\end{aligned}
\tag{9.11}
$$

La matriz $Q(t) = Q^T(t) \in \mathbb{R}^{2\times 2}$ en (9.11) es simétrica y variante en el tiempo; se requiere que sea una matriz definida positiva: $Q(t) > 0$, $\forall t \geq 0$, para que se cumpla: $\dot{\mathcal{V}}(t, \tilde{\boldsymbol{q}}, \dot{\tilde{\boldsymbol{q}}}) < 0$; con esta finalidad, se deducen las condiciones que debe cumplir ϵ_0.

Para que la matriz $Q(t) \in \mathbb{R}^{2\times 2}$ sea definida positiva, se debe cumplir que el primer elemento $q_{11} > 0$ y su correspondiente determinante: $\det[Q(t)] > 0$, $\forall t \geq 0$. Analizando a dicha matriz, se observa que el primer elemento de la matriz $Q(t)$, si es positivo, puesto que: $q_{11} = \frac{\epsilon_0}{1+\|\tilde{\boldsymbol{q}}\|}\lambda_{K_p}^{\text{mín}} > 0$, $\forall \tilde{\boldsymbol{q}} \in \mathbb{R}^n$; además, el determinante $\det[Q(t)] > 0$, si ϵ_0 se encuentra en el siguiente intervalo:

$$\lambda_{K_p}^{\text{mín}}\left[\lambda_{K_v}^{\text{mín}} + \lambda_B^{\text{mín}}\right] > \tfrac{1}{4}\lambda_{K_p}^{\text{mín}}\left[\lambda_{K_v}^{\text{mín}} + \lambda_B^{\text{mín}}\right] > \frac{\lambda_{K_p}^{\text{mín}}\left[\lambda_{K_v}^{\text{mín}}+\lambda_B^{\text{mín}}\right]}{\lambda_{K_p}^{\text{mín}}\left[\lambda_M^{\text{máx}}+k_c\right]+\frac{1}{4}\left[\lambda_{K_v}^{\text{máx}}+\lambda_B^{\text{máx}}+k_c\|\dot{\boldsymbol{q}}_d(t)\|\right]^2} > \epsilon_0 > 0 \qquad (9.12)$$

entonces, la matriz $Q(t)$ es definida positiva, $\forall t \geq 0$; consecuentemente, la potencia mecánica en (9.11) es una función definida negativa: $\dot{\mathcal{V}}(t, \tilde{\boldsymbol{q}}, \dot{\tilde{\boldsymbol{q}}})) < 0$ en el estado completo, $\forall \tilde{\boldsymbol{q}},\ \dot{\tilde{\boldsymbol{q}}} \in \mathbb{R}^n$ y $\forall t \geq 0$.

El intervalo definido en (9.10) es una condición necesaria sobre ϵ_0, para que la función candidata de Lyapunov (9.8) sea una función definida positiva: $\mathcal{V}(t, \tilde{\boldsymbol{q}}, \dot{\tilde{\boldsymbol{q}}})) > 0$, $\forall \tilde{\boldsymbol{q}},\ \dot{\tilde{\boldsymbol{q}}} \in \mathbb{R}^n$ y $t \geq 0$; por otro lado, el intervalo expresado en (9.12) es requerido para que la derivada de la función de Lyapunov sea definida negativa: $\dot{\mathcal{V}}(t, \tilde{\boldsymbol{q}}, \dot{\tilde{\boldsymbol{q}}})) < 0$.

Consecuentemente, las condiciones necesarias y suficientes sobre la existencia de $\epsilon_0 > 0$ se restringen a lo siguiente:

$$\varepsilon = \min\left\{\sqrt{\frac{\lambda_{K_p}^{\text{mín}}}{\lambda_M^{\text{máx}}}},\ \lambda_{K_p}^{\text{mín}}\left[\lambda_{K_v}^{\text{mín}} + \lambda_B^{\text{mín}}\right] > \epsilon_0 > 0,\ \ \forall t \geq 0 \ \wedge\ \forall \tilde{\boldsymbol{q}},\ \dot{\tilde{\boldsymbol{q}}} \in \mathbb{R}^n\right\} \qquad (9.13)$$

Tomando en consideración la condición (9.13) sobre ϵ_0, resulta que la función candidata de Lyapunov (9.8) es una función definida positiva $\mathcal{V}(t, \tilde{\boldsymbol{q}}, \dot{\tilde{\boldsymbol{q}}})) > 0$ y su derivada temporal es una función definida negativa $\dot{\mathcal{V}}(t, \tilde{\boldsymbol{q}}, \dot{\tilde{\boldsymbol{q}}})) < 0$, esto significa que la función definida en (9.8) es una función estricta de Lyapunov, luego entonces, invocando el teorema (8.2) de la teoría de estabilidad de Lyapunov, se demuestra que el punto de equilibrio del sistema dinámico no autónomo (9.5) es asintóticamente estable en forma global, tal que satisface: $\text{lím}_{t\to\infty}\begin{bmatrix}\tilde{q}(t)\\ \dot{\tilde{q}}(t)\end{bmatrix} \to \boldsymbol{0} \in \mathbb{R}^{2n}$, $\forall t \geq 0$.

■

Diferencia entre control de movimiento y regulación

Desde el punto de vista matemático, existe una enorme complejidad entre control de trayectoria y regulación.

El problema de control de posición se define en términos del error de posición $\tilde{\boldsymbol{q}} \in \mathbb{R}^n$: $\tilde{\boldsymbol{q}} = \boldsymbol{q}_d - q$, siendo la referencia $\boldsymbol{q}_d \in \mathbb{R}^n$ un vector constante en el tiempo; la velocidad de movimiento articular $\dot{\boldsymbol{q}} \in \mathbb{R}^n$ se utiliza para propósitos de inyección de amortiguamiento. Únicamente se requiere del conocimiento parcial de la dinámica del robot; por ejemplo, el par gravitacional $\boldsymbol{g}(\boldsymbol{q})$. La variable que se encuentra bajo control (retroalimentación) es la posición $\boldsymbol{q} \in \mathbb{R}^n$.

El objetivo de control es: $\lim_{t\to\infty} \begin{bmatrix} \tilde{q}(t) \\ \dot{q}(t) \end{bmatrix} \to \mathbf{0} \in \mathbb{R}^{2n}$, $\forall t \geq 0$.

El regulador PD (8.16) es un caso particular del esquema de control PD+ (9.4), si $\boldsymbol{q}_d \in \mathbb{R}^n$ es un vector constante:

$$\boldsymbol{\tau} = K_p\tilde{\boldsymbol{q}} - K_v\dot{\boldsymbol{q}} + \boldsymbol{g}(\boldsymbol{q})$$

Por otro lado, en control de trayectoria, las variables de error de posición $\tilde{\boldsymbol{q}} \in \mathbb{R}^n$ y error de velocidad $\dot{\tilde{\boldsymbol{q}}} \in \mathbb{R}^n$ son controladas simultáneamente. Además, la dinámica del robot forma parte de la estructura de control; es decir, se requiere del conocimiento completo de la dinámica del robot manipulador (efecto inercial, vector de fuerzas centrípetas y de Coriolis, par gravitacional y pares de fricción).

El objetivo de control está dado por: $\lim_{t\to\infty} \begin{bmatrix} \tilde{q}(t) \\ \dot{\tilde{q}}(t) \end{bmatrix} \to \mathbf{0} \in \mathbb{R}^{2n}$, $\forall t \geq 0$.

$$\boldsymbol{\tau}_{pd+} = K_p\tilde{\boldsymbol{q}} + K_v\dot{\tilde{\boldsymbol{q}}} + M(\boldsymbol{q})\ddot{\boldsymbol{q}}_d(t) + C(\boldsymbol{q},\, \dot{\boldsymbol{q}})\dot{\boldsymbol{q}}_d(t) + B\dot{\boldsymbol{q}}_d(t) + \boldsymbol{g}(\boldsymbol{q})$$

Por estos motivos a los algoritmos de control de trayectoria se les conoce como controladores.

• • • Ejemplo 9.1

Considere el modelo dinámico numérico del robot manipulador de transmisión directa de 2 gdl del ejemplo (6.3) y el esquema de control PD+ (9.4). Realizar la simulación de la ecuación en lazo cerrado (9.5); considere una trayectoria variante en el tiempo, tipo mariposa.

Solución

Uno de los aspectos más importantes en un algoritmo de control es la adecuada sintonía de las ganancias proporcional y derivativa, el valor numérico asignado debe ser tal que no saturen a los servomotores, que trabajen en su zonal lineal; puesto que de no hacerlo se degrada el desempeño de dicho algoritmo y lo errores de posición $\tilde{\boldsymbol{q}}$ y velocidad $\dot{\tilde{\boldsymbol{q}}}$ pueden aumentar considerablemente y no cumplir con el objetivo de control (9.1).

Los límites físico del robot de 2 gdl son: $\boldsymbol{\tau}^{\text{máx}} = \left[\tau_1^{\text{máx}},\ \tau_2^{\text{máx}}\right]^T = [150,\ 15]^T$ Nm. El procedimiento para sintonizar las ganancias del control PD+ (9.4) es:

$$\begin{aligned}
\left\|\boldsymbol{\tau}_{PD+}\right\| &= \|K_p\tilde{\boldsymbol{q}} + K_v\dot{\tilde{\boldsymbol{q}}} + M(\boldsymbol{q})\ddot{\boldsymbol{q}}_d + C(\boldsymbol{q},\dot{\boldsymbol{q}})\dot{\boldsymbol{q}}_d + B\dot{\boldsymbol{q}}_d + \boldsymbol{g}(\boldsymbol{q})\| \leq \left\|\boldsymbol{\tau}^{\text{máx}}\right\| \\
&\leq \|K_p\tilde{\boldsymbol{q}}\| + \|K_v\dot{\tilde{\boldsymbol{q}}}\| + \|M(\boldsymbol{q})\ddot{\boldsymbol{q}}_d\| + \|C(\boldsymbol{q},\dot{\boldsymbol{q}})\dot{\boldsymbol{q}}_d\| + \|B\dot{\boldsymbol{q}}_d\| + \|\boldsymbol{g}(\boldsymbol{q})\| \leq \left\|\boldsymbol{\tau}^{\text{máx}}\right\| \\
&\leq \lambda_{K_p}^{\text{máx}}\|\tilde{\boldsymbol{q}}(0)\| + \lambda_{K_v}^{\text{máx}}\|\dot{\tilde{\boldsymbol{q}}}(0)\| + \lambda_M^{\text{máx}}\|\ddot{\boldsymbol{q}}_d^{\text{máx}}\| + k_c\|\dot{\boldsymbol{q}}_d^{\text{máx}}\| + \lambda_B^{\text{máx}}\|\dot{\boldsymbol{q}}_d^{\text{máx}}\| + k_g \leq \left\|\boldsymbol{\tau}^{\text{máx}}\right\| \\
\lambda_{K_p}^{\text{máx}}\|\tilde{\boldsymbol{q}}(0)\| + \lambda_{K_v}^{\text{máx}}\|\dot{\tilde{\boldsymbol{q}}}(0)\| &\leq \left\|\boldsymbol{\tau}^{\text{máx}}\right\| - \lambda_M^{\text{máx}}\|\ddot{\boldsymbol{q}}_d^{\text{máx}}\| - k_c\|\dot{\boldsymbol{q}}_d^{\text{máx}}\ | - \lambda_B^{\text{máx}}\|\dot{\boldsymbol{q}}_d^{\text{máx}}\| - k_g; \quad \begin{matrix}\text{si } \lambda_{K_v}^{\text{máx}} = \rho\lambda_{K_p}^{\text{máx}} \\ 0 < \rho < 1\end{matrix} \\
\lambda_{K_p}^{\text{máx}} &\leq \frac{\left\|\boldsymbol{\tau}^{\text{máx}}\right\| - \lambda_M^{\text{máx}}\|\ddot{\boldsymbol{q}}_d^{\text{máx}}\| - k_c\|\dot{\boldsymbol{q}}_d^{\text{máx}}\| - \lambda_B^{\text{máx}}\|\dot{\boldsymbol{q}}_d^{\text{máx}}\| - k_g;\ \text{si } \lambda_{K_v}^{\text{máx}} = \rho\lambda_{K_p}^{\text{máx}}}{\|\tilde{\boldsymbol{q}}(0)\| + \rho\|\dot{\tilde{\boldsymbol{q}}}(0)\|}; \quad \begin{matrix}\lambda_{K_v}^{\text{máx}} = \rho\lambda_{K_p}^{\text{máx}} \\ 0 < \rho < 1\end{matrix}
\end{aligned} \tag{9.14}$$

El proceso de simulación consiste en que el extremo final del robot trace en su espacio cartesiano una trayectoria variante en el tiempo $[x_d(t),\ y_d(t)]$ tipo mariposa $r(t)$, con centro en $[x_c,\ y_c]^T = [0.3,\ 0.3]^T$ m. Las ecuaciones parametrizadas de la trayectorias $[x_d(t),\ y_d(t)]$, $[\dot{x}_d(t),\ \dot{y}_d(t)]$, $[\ddot{x}_d(t),\ \ddot{y}_d(t)]$ de acuerdo con los límites físicos del robot son:

$$\underbrace{r = 0.08\left[e^{\cos(t)} - 2\cos(4t) + \cos^5\left(\frac{t}{12}\right)\right]}_{\text{trayectoria en coordenadas polares}}; \qquad \underbrace{\begin{bmatrix} x_d = 0.3 + r\ \text{sen}(t) \\ y_d = 0.3 + r\cos(t)\end{bmatrix}}_{\text{trayectoria en coordenadas cartesianas}}$$

$$\dot{r} = 0.08\left[-\text{sen}(t)e^{\cos(t)} + 8\ \text{sen}(4t) - \tfrac{5}{12}\cos^4\left(\tfrac{t}{12}\right)\ \text{sen}\left(\tfrac{t}{12}\right)\right]; \quad \begin{bmatrix}\dot{x}_d = \dot{r}\ \text{sen}(t) + r\cos(t) \\ \dot{y}_d = \dot{r}\cos(t) - r\ \text{sen}(t)\end{bmatrix}$$

$$\ddot{r} = 0.08\left[-\cos(t)e^{\cos(t)} + \text{sen}^2(t)e^{\cos(t)} + 32\ \text{sen}(4t) + \tfrac{20}{12^2}\cos^3\left(\tfrac{t}{12}\right)\ \text{sen}^2\left(\tfrac{t}{12}\right) - \tfrac{5}{12^2}\cos^5\left(\tfrac{t}{12}\right)\right]; \quad \begin{bmatrix}\ddot{x}_d = \ddot{r}\ \text{sen}(t) + \dot{r}\cos(t) + \dot{r}\cos(t) - r\ \text{sen}(t) \\ \ddot{y}_d = \ddot{r}\cos(t) - \dot{r}\ \text{sen}(t) - \dot{r}\ \text{sen}(t) - r\cos(t)\end{bmatrix}$$

Las cotas máximas para cada una de las trayectorias son las que a continuación se indican: posición deseada $\|\boldsymbol{q}_d^{\text{máx}}(t)\| = \|\,[0.605,\ 2.762]^T\,\| = 2.8275$ rad; velocidad de segumiento: $\|\dot{\boldsymbol{q}}_d^{\text{máx}}(t)\| = \|\,[2.098,\ 2.536]^T\,\| = 3.2913\ \ \frac{\text{rad}}{\text{s}}$; $\|\ddot{\boldsymbol{q}}_d^{\text{máx}}(t)\| = \|\,[12.402,\ 15.798]^T\,\| = 20.0845\ \ \frac{\text{rad}}{\text{s}^2}$. La cota máxima del par aplicado es: $\|\boldsymbol{\tau}^{\text{máx}}\| = 150.7481$ Nm. Las condiciones iniciales pueden ser seleccionadas de forma indistinta (propiedad de estabilidad asintóticamente global); por ejemplo: $\boldsymbol{q}(0) = [0.2,\ 0.1]^T$; $\|\tilde{\boldsymbol{q}}(0)\| = \|\boldsymbol{q}_d(0) - \boldsymbol{q}(0)\| = \|\,[0.0291 - 0.2,\ 1.8808 - 0.1]^T\,\| = 1.789$; $\dot{\boldsymbol{q}}(0) = [0,\ 0]^T$;

$\|\dot{\tilde{q}}(0)\| = \|\dot{q}_d(0) - \dot{q}(0)\| = \|[-0.1031,\ -0.2177]^T\| = 0.2408$; y, $\rho = 0.9$; utilizando la regla de sintonía (9.14) se obtiene: $\lambda_{K_p}^{\text{máx}} = 12.9772 \quad \wedge \quad \lambda_{K_v}^{\text{máx}} = 11.6795$.

$$\lambda_{K_p}^{\text{máx}} \leq \frac{150.7481-2.5328(20.0845)-2.5433(12.5664)(3.2913)-2.288(3.2913)-40.334}{1.789+0.8(0.2408)} \leq 12.9772$$

El código fuente del algoritmo de control PD+ se muestra en el cuadro **MATLAB** 9.2; la dinámica del robot de transmisión directa de 2 gdl está descrito en el cuadro de código 9.1; mientras que la trayectoria tipo mariposa, así como sus componentes de velocidad y aceleración deseadas están documentadas en el cuadro 9.3. El programa principal se denomina simuRobot2gdlPDmas.m; se ubica en el cuadro 9.4. El tiempo de simulación fue seleccionado de 0 a 50 segundos, con un periodo de muestreo de 2.5 ms. Los resultados de simulación (errores articulares de posición y velocidad, torques aplicados y trayectoria cartesiana en el espacio del robot) se describen a continuación.

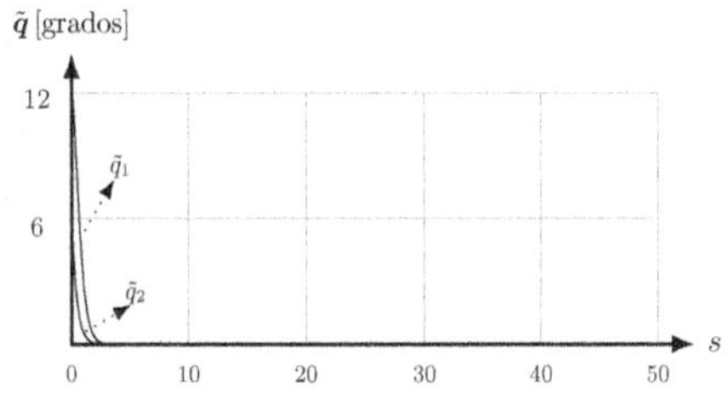

Figura 9.3: Errores de posición $\tilde{q}_1$, $\tilde{q}_2$ del algoritmo de control PD+

La figura 9.3 presenta el comportamiento asintótico de los perfiles en el tiempo en coordenadas articulares para los errores de posición de seguimiento en la trayectoria deseada $\tilde{\boldsymbol{q}}(t) \in \mathbb{R}^2$. Para una fácil interpretación los errores de posición se grafican en grados. Ambas componente articulares $[\tilde{q}_1(t),\ \tilde{q}_2(t)]$, correspondientes a las articulaciones del hombro y codo, respectivamente, muestran una clara tendencia hacia el punto de equilibrio.

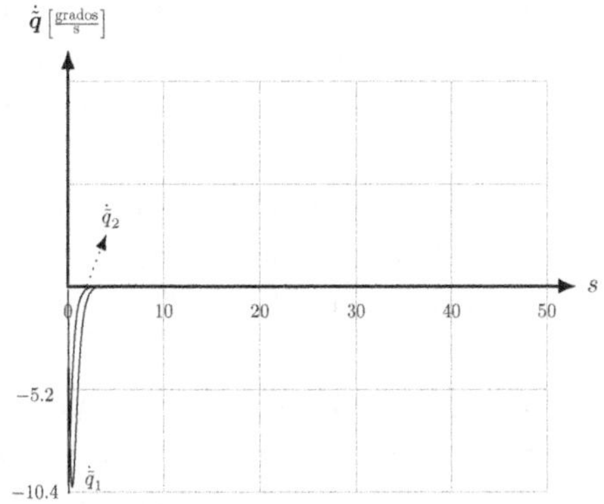

Figura 9.4: Errores de velocidad $\dot{\tilde{q}}_1$, $\dot{\tilde{q}}_2$ del control PD+

En la figura 9.4 se muestran los resultados correspondientes a los errores de velocidad $\dot{\tilde{\boldsymbol{q}}}(t)$ en coordenadas articulares para las articulaciones del hombro $\dot{\tilde{q}}_1(t)$ y codo $\dot{\tilde{q}}_2(t)$, respectivamente; se puede observar que ambas variables de estado convergen asintóticamente hacia el origen del espacio de estados; lo que verifica los resultados teóricos obtenidos sobre las propiedades de estabilidad asintótica del punto de equilibrio para la ecuación en lazo cerrado (9.5).

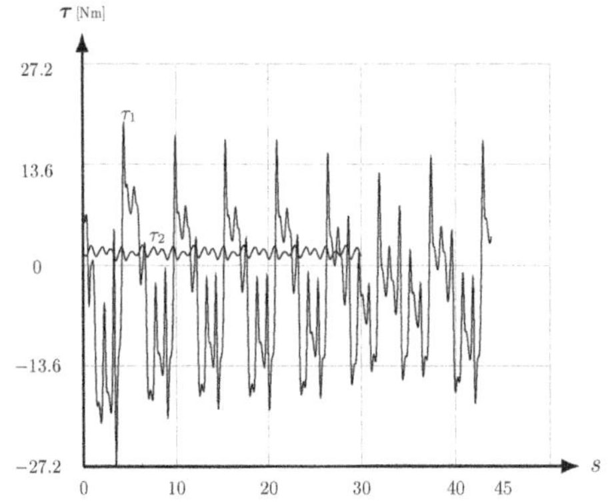

Figura 9.5: Torques τ_1, τ_2

El procedimiento (9.14) determina la regla de sintonía para las ganancias proporcional K_p y derivativa K_v del esquema de control PD+; permite obtener el cálculo numérico sobre las ganancias, de tal forma que no saturen a los servomotores. Para esto, se toma en cuenta los valores de las cotas máximas en las referencias deseadas en coordenadas articulares, así como el de los parámetros estructurales del modelo dinámico del robot de 2 gdl. La figura 9.5 exhibe las señales de torque aplicado $[\tau_1, \tau_2]$ a las articulaciones del hombro y codo, respectivamente. Como evidencia, se puede observar claramente que en ningún momento se rebasan los límites físicos de los servomotores: $\tau^{\text{máx}} = \left[\tau_1^{\text{máx}}, \tau_2^{\text{máx}}\right]^T = [150, 15]^T$ Nm; ambas señales de torque se encuentran en la zona lineal del servoamplificador, muy por debajo de dichos límites. Por lo que no introduce problemas de saturación, evitando consecuencias indeseables en el comportamiento del esquema de control.

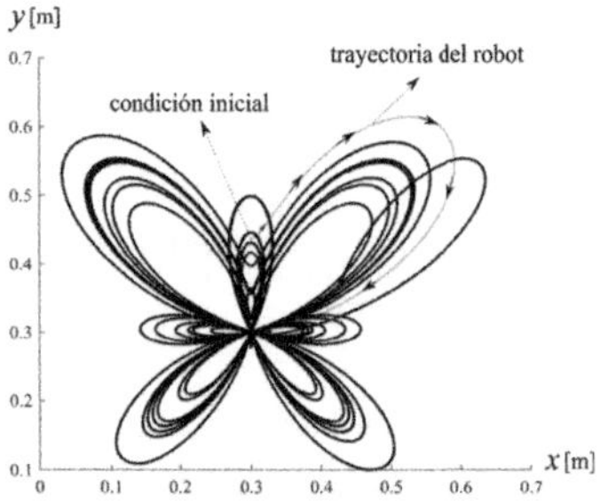

Figura 9.6: Trayectoria trazada por el extremo final del robot

Dentro de las trayectorias más utilizadas en control de movimiento se encuentran las referencias circulares, parametrizadas con funciones sinusoidales, por ser curvas simples, suaves, continuas, acotadas y múltiplemente diferenciables. Para este proceso de simulación ha sido seleccionada una trayectoria mucho más complicada que la curva circular. Una referencia variante en el tiempo, tipo mariposa, la cual está parametrizada en coordenadas polares: $r = 0.08\left[e^{\cos(t)} - 2\cos(4t) + \cos^5\left(\frac{t}{12}\right)\right]$; el factor de escalamiento 0.08 acondiciona las diversas amplitudes de la curva mariposa al espacio de trabajo del brazo robot de 2 gdl; lo cual es necesario para que el extremo final del robot pueda hacer el trazo en su espacio cartesiano; esto evita un problema técnico conocido como *overflow* o desbordamiento numérico en la función $\operatorname{acos}(\cdot)$ de la cinemática inversa, ecuación (5.31). La figura 9.6 muestra los resultados de simulación entre la referencia deseada y el trazo que realiza el extremo final del robot en su espacio de trabajo cartesiano. El procedimiento que involucra control de trayectoria es primero transformar a la referencia deseada de coordenadas polares a coordenadas cartesianas. Posteriormente a través de la cinemática inversa del robot, ecuación (5.31) se obtienen las posiciones deseadas $[q_{d1},\ q_{d2}]^T$; el vector de velocidad deseada se realiza con la cinemática diferencial inversa (5.34a) y la aceleración deseada se deduce derivando a la cinemática diferencial del robot, ecuación (5.33).

La trayectoria deseada $r(t)$ dada en coordenadas polares se convierte a coordenadas cartesianas: $[x_d(t),\ y_d(t)]^T$; velocidades cartesianas: $[\dot{x}_d(t),\ \dot{y}_d(t)]^T$ y la aceleración deseada cartesiana: $[\ddot{x}_d(t),\ \ddot{y}_d(t)]^T$; el proceso para obtener las referencias cartesianas es el siguiente:

$$\begin{aligned}
\begin{bmatrix} x_d(t) \\ y_d(t) \end{bmatrix} &= \begin{bmatrix} 0.3 + r\ \mathrm{sen}(t) \\ 0.3 + r\ \cos(t) \end{bmatrix} \Longrightarrow \begin{bmatrix} \dot{x}_d(t) \\ \dot{y}_d(t) \end{bmatrix} = \begin{bmatrix} \dot{r}\ \mathrm{sen}(t) + r\ \cos(t) \\ \dot{r}\ \cos(t) - r\ \mathrm{sen}(t) \end{bmatrix} \\
\begin{bmatrix} \ddot{x}_d(t) \\ \ddot{y}_d(t) \end{bmatrix} &= \begin{bmatrix} \ddot{r}\ \mathrm{sen}(t) + \dot{r}\ \cos(t) + \dot{r}\ \cos(t) - r\ \mathrm{sen}(t) \\ \ddot{r}\ \cos(t) - \dot{r}\ \mathrm{sen}(t) - \dot{r}\ \mathrm{sen}(t) - r\ \cos(t) \end{bmatrix}
\end{aligned}$$

Las correspondientes trayectorias deseadas en coordenadas articulares que representan a las posiciones, velocidades y aceleraciones deseadas, respectivamente son: $[q_{d1}(t),\ q_{d2}(t)]^T$, $[\dot{q}_{d1}(t),\ \dot{q}_{d2}(t)]^T$ y $[\ddot{q}_{d1}(t),\ \ddot{q}_{d2}(t)]^T$. Se debe cumplir con cada uno de los requisitos establecidos por la propiedad (9.1). Usando el análisis cinemático del robot de 2 gdl (ver capítulo 5: subsección 5.6.2, ecuaciones de cinemática inversa (5.31) y (5.34a), para la cinemática inversa diferencial), se obtiene el siguiente desarrollo:

$$\begin{aligned}
q_{d2}(t) &= \mathrm{acos}\left(\frac{x_d^2(t) + y_d^2(t) - l_1^2 - l_2^2}{2 l_1 l_2} \right) \\
q_{d1}(t) &= \mathrm{atan}\left(\frac{y_d(t)}{x_d(t)} \right) \\
\dot{\boldsymbol{q}}_d(t) &= \begin{bmatrix} \dot{q}_{d1} \\ \dot{q}_{d2} \end{bmatrix} = J_r^{-1}(\boldsymbol{q}) \begin{bmatrix} \dot{x}_d(t) \\ \dot{y}_d(t) \end{bmatrix} \\
\ddot{\boldsymbol{q}}_d(t) &= \begin{bmatrix} \ddot{q}_{d1} \\ \ddot{q}_{d2} \end{bmatrix} = J_r^{-1}(\boldsymbol{q}) \begin{bmatrix} \ddot{x}_d(t) \\ \ddot{y}_d(t) \end{bmatrix} - J^{-1}(\boldsymbol{q}) \dot{J}_r(\boldsymbol{q}) J^{-1}(\boldsymbol{q}) \begin{bmatrix} \dot{x}_d(t) \\ \dot{y}_d(t) \end{bmatrix}
\end{aligned}$$

donde $J_r(\boldsymbol{q}) \in \mathbb{R}^{2\times 2}$ es el jacobiano del robot, descrito en la ecuación (5.33).

- La derivada de la matriz inversa del jacobiano se obtiene como:

$$\begin{aligned}
J_r(\boldsymbol{q})\, J_r^{-1}(\boldsymbol{q}) = I \quad &\Longrightarrow \quad \tfrac{d}{dt}\left[J_r(\boldsymbol{q})\, J_r^{-1}(\boldsymbol{q})\right] = \tfrac{d}{dt} I \Longrightarrow \tfrac{d}{dt}\left[J_r(\boldsymbol{q})\right] J_r^{-1}(\boldsymbol{q}) + J_r(\boldsymbol{q}) \tfrac{d}{dt}\left[J_r^{-1}(\boldsymbol{q})\right] = O \\
\tfrac{d}{dt}\left[J_r^{-1}(\boldsymbol{q})\right] \quad &= \quad -J_r^{-1}(\boldsymbol{q})\, \tfrac{d}{dt} J(\boldsymbol{q})\, J_r^{-1}(\boldsymbol{q}) = -J_r^{-1}(\boldsymbol{q})\, \dot{J}(\boldsymbol{q})\, J_r^{-1}(\boldsymbol{q})
\end{aligned}$$

donde $I \in \mathbb{R}^{2\times 2}$ es la matriz identidad y $O \in \mathbb{R}^{2\times 2}$ es la matriz neutra.

El anterior procedimiento que describe las referencias deseadas de posición, velocidad y aceleración hasta la obtención de las correspondientes señales articulares se encuentran implementadas en el cuadro de código **MATLAB** 9.3.

Código MATLAB 9.1 robot2gdlPDmas.m

Robótica: Control de Robots Manipuladores

Capítulo 9. Control de trayectoria

Fernando Reyes Cortés

Alfaomega Grupo Editor: "**Te acerca al conocimiento**".

Programa: robot2gdlPDmas.m	MATLAB versión 2024a

```
function xp =robot2gdlPDmas(t,x)
    global tau1 tau2 h;
    qtilde1=x(1,1);  qtilde2=x(2,1); % errores articulares de seguimiento.
    qtilde = [qtilde1; qtilde2]; % vector articular del error de seguimiento.
    qtildep1=x(3,1);  qtildep2=x(4,1); % errores articulares de velocidad.
    qtildep = [qtildep1;  qtildep2]; % vector articular del error de velocidad.
    [tau, qd, qpd, qppd]=controlPDmas(t, qtilde, qtildep); PD+.
    tau1(uint64(1+round(t/h)),1)=tau(1,1); % registro de τ1(t).
    tau2(uint64(1+round(t/h)),1)=tau(2,1); % registro de τ2(t).
    q1=qd(1,1)-qtilde1; q2=qd(2,1)-qtilde2; % posiciones articulares.
    qp1=qpd(1,1)-qtilde1; qp2=qpd(2,1)-qtilde2; % velocidades q̇1, q̇2.
    qp = [qp1; % vector de velocidades articuales: q̇ ∈ IR^2.
         qp2];
    M=[2.351+0.1676*cos(q2), 0.102+0.0838*cos(q2); % matriz de
       0.102+0.0838*cos(q2), 0.102];              % inercia: M(q) ∈ IR^(2×2).
    C=[-0.1676*sin(q2)*qp2, -0.0838*sin(q2)*qp2; % matriz de fuerzas
       0.084*sin(q2)*qp1, 0.0]; % centrípetas y de Coriolis: C(q,q̇) ∈ IR^(2×2).
    gq=9.81*[3.9211*sin(q1)+0.1862*sin(q1+q2); % vector de pares
       0.1862*sin(q1+q2)]; % gravitacionales: g(q) ∈ IR^2.
    B= diag([2.288, 0.175]); % matriz de coeficientes de fricción viscosa.
    qpp = M^(-1)*(tau-C*qp-B*qp-gq); % q̈ ∈ IR^2.
    qtildepp=qppd-qpp; % q̃̈ = q̈d − q̈.
    xp = [qtildep; % ecuación en lazo cerrado (9.5).
         qtildepp];
end
```

Código MATLAB 9.2 controlPDmas.m

Robótica: Control de Robots Manipuladores
Capítulo 9. Control de trayectoria
Fernando Reyes Cortés
Alfaomega Grupo Editor: "**Te acerca al conocimiento**".

Programa: controlPDmas.m	MATLAB versión 2024a

```
function [tau, qd, qpd, qppd] = controlPDmas(t, qtilde, qtildep)
    global Kp Kv h xr yr ;
    % referencias deseadas en coordenadas articulares: $q_d(t)$, $\dot{q}_d(t)$, $\ddot{q}_d(t) \in \mathbb{R}^2$.
    [qd, qpd, qppd] =mariposa(t); % trayectorias deseadas: $q_d$, $\dot{q}_d$, $\ddot{q}_d \in \mathbb{R}^2$.
    q1=qd(1,1)-qtilde(1,1); q2=qd(2,1)-qtilde(2,1); % posiciones $q_1$, $q_2$.
    qp1=qpd(1,1)-qtildep(1,1); qp2=qpd(2,1)-qtildep(2,1);
    qp = [qp1; % vector de velocidad articular: $\dot{q} \in \mathbb{R}^2$.
          qp2];

    M=[2.351+0.1676*cos(q2), 0.102+0.0838*cos(q2); % matriz de
       0.102+0.0838*cos(q2), 0.102]; % inercia: $M(q) \in \mathbb{R}^{2\times 2}$.
    C=[-0.1676*sin(q2)*qp2, -0.0838*sin(q2)*qp2; % matriz de fuerzas
        0.084*sin(q2)*qp1, 0.0]; % centrípetas y de Coriolis: $C(\dot{q},\dot{q}) \in \mathbb{R}^{2\times 2}$.
    gq=9.81*[3.9211*sin(q1)+0.1862*sin(q1+q2); % par gravitacional.
             0.1862*sin(q1+q2)];
    B= diag([2.288, 0.175]); % matriz de coeficientes de fricción viscosa.
    %
    % cinemática directa: registra el trazo de la trayectoria cartesiana que realiza
    % el extremo final del robot.
    xr(uint64(1+round(t/h)),1)=0.45*cos(q1)+0.45*cos(q1+q2);
    yr(uint64(1+round(t/h)),1)=0.45*sin(q1)+0.45*sin(q1+q2);

    % algoritmo de control PD+ en coordenadas articulares.
    % $\tau = K_p\tilde{q} + K_v\dot{\tilde{q}} + M(q)\ddot{q}_d + C(q,\ \dot{q})\dot{q}_d + B\dot{q}_d + g(q)$
    tau=Kp*qtilde+Kv*qtildep+M*qppd+C*qpd+B*qpd+gq;
end
```

Código MATLAB 9.3 mariposa.m

Robótica: Control de Robots Manipuladores

Capítulo 9. Control de trayectoria

Fernando Reyes Cortés

Alfaomega Grupo Editor: "**Te acerca al conocimiento**".

Programa: mariposa.m MATLAB versión 2024a

```
[qd, qpd, qppd] =mariposa(t)
    global h xdt ydt;
    r=0.08*(exp(cos(t))-2*cos(4*t)+cos(t/12).^5); % coordenadas polares.
    xd=0.3+r.*sin(t); % conversión a coordenadas cartesianas: x_d(t), y_d(t).
    yd=0.3+r.*cos(t);
    xdt(uint64(1+round(t/h)),1)=xd; % registro de la referencia deseada
    ydt(uint64(1+round(t/h)),1)=yd; % en coordenadas cartesianas.
    rp=0.08*(-sin(t)*exp(cos(t))+8*sin(4*t)-(5/12)*cos(t/12)^4*sin(t/12)); %ṙ.
    rpp=0.08*(-cos(t)*exp(cos(t))+sin(t)^2*exp(cos(t))+32*cos(4*t)...
          +(20/12^2)*cos(t/12)^3*sin(t/12)^2-(5/12^2)*cos(t/12)^5); % r̈.
    xppd=rpp*sin(t)+rp*sin(t)+rp*cos(t)-r*sin(t); % aceleración cartesiana: ẍ_d.
    yppd=rpp*cos(t)-rp*sin(t)-rp*sin(t)-r*cos(t); % aceleración cartesiana: ÿ_d.
    l1=0.45; l2=0.45; longitudes de los eslabones del robot.
    qd2=acos((xd.*xd+yd.*yd-l1*l1-l2*l2)/(2*l1*l2)); % cinemática
    qd1=atan(yd./xd)-atan((l2*sin(qd2))./(l1+l2*cos(qd2))); % inversa
    qd=[qd1; qd2]; % vector de referencias deseadas articulares: q_d ∈ IR^2.
    % matriz jacobiana del robot: J=J_r(q) ∈ IR^(2×2).
    J=[-l1*sin(qd1)-l2*sin(qd1+qd2), -l2*sin(qd1+qd2);
         l1*cos(qd1)+l2*cos(qd1+qd2), l2*cos(qd1+qd2)];
    qpd=J^(-1)*[xpd; % velocidad deseada articular: q̇_d ∈ IR^2.
                ypd];    Jp= d/dt J_r(q) = J̇_r(q) ∈ IR^(2×2).
    Jp=[-l1*cos(qd1)*qpd1-l2*cos(qd1+qd2)*(qpd1+qpd2), -l2*cos(qd1+qd2)*(qpd1+qpd2);
        -l1*sin(qd1)*qpd1-l2*sin(qd1+qd2)*(qpd1+qpd2), -l2*sin(qd1+qd2)*(qpd1+qpd2)];
    % q̈_d = J_r^{-1}(q) [ẍ_d; ÿ_d] - J_r^{-1}(q) J̇_r(q) J_r^{-1}(q) [ẋ_d; ẏ_d]; aceleración deseada articular.
    qppd=J^(-1)*[xppd; yppd]-J^(-1)*Jp*J^(-1)*[xpd; ypd];
end
```

Código MATLAB 9.4 simuRobot2gdlPDmas.m

Robótica: Control de Robots Manipuladores

Capítulo 9. Control de trayectoria

Fernando Reyes Cortés

Alfaomega Grupo Editor: "**Te acerca al conocimiento**".

Programa: simuRobot2gdlPDmas.m MATLAB versión 2024a

```
clc;
clearvars;
close all;
format short
global Kp Kv h tau1 tau2 xr yr xdt ydt ;
% regla de sintonía de ganancias con el procedimiento (9.14).
kp1=12; kp2=11; kv1=12; kv2=11;
Kp=diag([kp1, kp2]);% ganancia proporcional: K_p ∈ IR^{2×2}.
Kv=diag([kv1, kv2]);% ganancia derivativa: K_v ∈ IR^{2×2}.
ti=0; h=0.0025;  tf = 50; ts=(ti:h:tf)';% vector tiempo de simulación.
tau1=zeros(size(ts)); tau2=zeros(size(ts));
xdt=zeros(size(ts)); ydt=zeros(size(ts));
xr=zeros(size(ts)); yr=zeros(size(ts));
opciones=odeset( 'RelTol' ,1e-06, 'AbsTol' ,1e-06, 'InitialStep' , h, 'MaxStep' , h);
ci=[0.2;% condición inicial: q̃1(0) = qd1(0) − q1(0); posición de casa: q1(0) = 0.
    0.1;%                    q̃2(0) = qd2(0) − q2(0);                   q2(0) = 0.
    0;%                      q̇1(0) = 0.
    0];%                     q̇2(0) = 0.
% simulación de la ecuación en lazo cerrado (9.5).
[t, x ]=ode45( 'robot2gdlPDmas' ,ts,ci,opciones);
figure(1), plot(t,(180/pi)*x(:,1), 'b' , t,(180/pi)*x(:,2), 'r' ) % q̃: figura (9.3).
figure(2), plot(t,(180/pi)*x(:,3),'b' , t,(180/pi)*x(:,4), 'r' ) % q̃̇ figura (9.4).
figure(3), plot(t,tau1, 'b' , t, tau2, 'r' )% torques aplicados τ: figura (9.5).
figure(4), plot(xdt, ydt,'b.' , xr, yr, 'r.-' )% trayectorias cartesianas: figura (9.6 ).
```

•••

La forma estructural de los esquemas de control de trayectoria, a través de la familia PD+ se puede generalizar por medio de la técnica de moldeo de energía de la siguiente manera:

$$\boldsymbol{\tau}_{pd+} = \nabla\mathcal{U}_a(K_p,\,\tilde{\boldsymbol{q}}) + \boldsymbol{f}_v(K_v,\dot{\tilde{\boldsymbol{q}}}) + \boldsymbol{\varrho}_{pd+}(\cdot)$$

$$\boldsymbol{\varrho}_{pd+}(\cdot) = M(\boldsymbol{q})\ddot{\boldsymbol{q}}_d(t) + C(\boldsymbol{q},\,\dot{\boldsymbol{q}})\dot{\boldsymbol{q}}_d(t) + B\dot{\boldsymbol{q}}_d(t) + \boldsymbol{g}(\boldsymbol{q})$$

El diseño de la función candidata de Lyapunov $\mathcal{V}(t,\tilde{\boldsymbol{q}},\dot{\tilde{\boldsymbol{q}}})$ se puede establecer como a continuación se describe:

$$\mathcal{V}(t,\tilde{\boldsymbol{q}},\dot{\tilde{\boldsymbol{q}}}) = \frac{1}{2}\dot{\tilde{\boldsymbol{q}}}^T M(\boldsymbol{q}_d(t)-\tilde{\boldsymbol{q}})\,\dot{\tilde{\boldsymbol{q}}} + \mathcal{U}_a(K_p,\,\tilde{\boldsymbol{q}}) + \frac{\epsilon_0}{1+\|\tilde{\boldsymbol{q}}\|}\tilde{\boldsymbol{q}}^T M(\boldsymbol{q})\,\dot{\tilde{\boldsymbol{q}}} + \frac{1}{2}\tilde{\boldsymbol{q}}^T K_p\tilde{\boldsymbol{q}}$$

La forma específica de la energía potencial artificial $\mathcal{U}_a(K_p,\,\tilde{\boldsymbol{q}})$ determina la apariencia del esquema de control de posición, puesto que el gradiente de la energía potencial define la componente del control para el seguimiento de la trayectoria de posición: $\nabla\mathcal{U}_a(K_p,\,\tilde{\boldsymbol{q}}) \in \mathbb{R}^n$. Para la componente del control de velocidad $\boldsymbol{f}_v(K_v,\,\dot{\tilde{\boldsymbol{q}}}) \in \mathbb{R}^n$, lo que normalmente se realiza es "clonar" la estructura resultante del gradiente de la energía potencial artificial $\nabla\mathcal{U}_a(K_p,\,\tilde{\boldsymbol{q}}) \in \mathbb{R}^n$; pero ahora evaluada, con el error de velocidad $\dot{\tilde{\boldsymbol{q}}} \in \mathbb{R}^n$.

En la tabla 9.1 se muestran algunos ejemplos pertenecientes a la familia de esquemas de control PD+.

Tabla 9.1: Controladores de la familia PD+

$\boldsymbol{\tau}_{pd+} = K_p\sinh(\Gamma_p\tilde{\boldsymbol{q}}) + K_v\sinh(\Gamma_v\dot{\tilde{\boldsymbol{q}}}) + \boldsymbol{\varrho}_{pd+}(\cdot)$
$\boldsymbol{\tau}_{pd+} = K_p\tilde{\boldsymbol{q}} + K_v\dot{\tilde{\boldsymbol{q}}} + \boldsymbol{\varrho}_{pd+}(\cdot)$
$\boldsymbol{\tau}_{pd+} = K_p\tilde{\boldsymbol{q}}^{2m-1} + K_v\dot{\tilde{\boldsymbol{q}}}^{2m-1} + \boldsymbol{\varrho}_{pd+}(\cdot)\;;\; m \in N$
$\boldsymbol{\tau}_{pd+} = K_p\tanh(\Gamma_p\tilde{\boldsymbol{q}}) + K_v\tanh(\Gamma_v\dot{\tilde{\boldsymbol{q}}}) + \boldsymbol{\varrho}_{pd+}(\cdot)$
$\boldsymbol{\tau}_{pd+} = K_p\,\mathrm{atan}\,(\Gamma_p\tilde{\boldsymbol{q}}) + K_v\,\mathrm{atan}\left(\Gamma_v\dot{\tilde{\boldsymbol{q}}}\right) + \boldsymbol{\varrho}_{pd+}(\cdot)$
$\boldsymbol{\tau}_{pd+} = K_p\frac{\cosh^m(\Gamma_p\tilde{\boldsymbol{q}})\tanh(\Gamma_p\tilde{\boldsymbol{q}})}{1+\cosh^m(\Gamma_p\tilde{\boldsymbol{q}})} + K_v\frac{\cosh^m(\Gamma_v\dot{\tilde{\boldsymbol{q}}})\tanh(\Gamma_v\dot{\tilde{\boldsymbol{q}}})}{1+\cosh^m(\Gamma_v\dot{\tilde{\boldsymbol{q}}})} + \boldsymbol{\varrho}_{pd+}(\cdot)$
$\boldsymbol{\tau}_{pd+} = K_p\,\mathrm{asinh}(\Gamma_p\tilde{\boldsymbol{q}}) + K_v\,\mathrm{asinh}(\Gamma_v\dot{\tilde{\boldsymbol{q}}}) + \boldsymbol{\varrho}_{pd+}(\cdot)$
$\boldsymbol{\tau}_{pd+} = K_p\frac{\tilde{\boldsymbol{q}}}{1+\tilde{\boldsymbol{q}}^2} + K_v\frac{\dot{\tilde{\boldsymbol{q}}}}{1+\dot{\tilde{\boldsymbol{q}}}^2} + \boldsymbol{\varrho}_{pd+}(\cdot)$
$\boldsymbol{\tau}_{pd+} = K_p\frac{\sinh(\Gamma_p\tilde{\boldsymbol{q}})}{1+\cosh(\Gamma_p\tilde{\boldsymbol{q}})} + K_v\frac{\sinh(\Gamma_p\dot{\tilde{\boldsymbol{q}}})}{1+\cosh(\Gamma_p\dot{\tilde{\boldsymbol{q}}})} + \boldsymbol{\varrho}_{pd+}(\cdot)$

9.4 Familia de control par-calculado

La familia de controladores par-calculado es un grupo grande de esquemas para control de trayectoria, que emplea la dinámica del robot en el lazo de control para compensar los efectos físicos del robot, linealizar y desacoplar el modelo dinámico; es decir, este controlador puede tener atributo de obtener una ecuación en malla cerrada lineal en términos de las variables de estado $[\tilde{q}, \dot{\tilde{q}}]^T$; en tal caso, depende de la energía potencial artificial $\mathcal{U}_a(K_p, \tilde{q})$ y de la función vectorial $f_v(K_v, \dot{\tilde{q}})$ que se utilicen como diseño [Reyes y Kelly, 2001], [Reyes, et. al, 2005].

El control par calculado se denota por τ_{pc} y tiene la siguiente expresión:

$$\tau_{pc} = M(q)\left[\ddot{q}_d(t) + \nabla\mathcal{U}_a(K_p, \tilde{q}) + f_v(K_v, \dot{\tilde{q}})\right] + C(q, \dot{q})\dot{q} + B\dot{q} + g(q) \tag{9.15}$$

la descripción de cada elemento de (9.15) es la misma que en el caso de la familia de controladores PD+ (9.2).

La figura 9.7 muestra el diagrama a bloques de la familia de esquemas de control de trayectoria par-calculado (9.15).

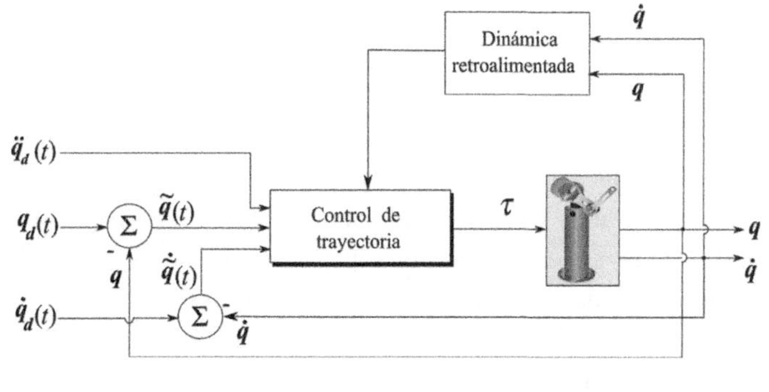

Figura 9.7: Diagrama a bloques de la familia de controladores par-calculado

El ejemplo más popular y conocido de la familia (9.15) es conocido como control par-calculado, el cual se analiza a continuación.

9.4.1 Control par-calculado

El esquema de control par calculado fue analizado en [Paden y Panja, 1988], [Wen y Bayard, 1988] y PD con compensación [Slotine y Li, 1988] y tiene la siguiente estructura:

$$\boldsymbol{\tau}_{pc} = M(\boldsymbol{q})\left[\ddot{\boldsymbol{q}}_d(t) + K_p\tilde{\boldsymbol{q}}) + K_v\dot{\tilde{\boldsymbol{q}}}\right] + C(\boldsymbol{q},\,\dot{\boldsymbol{q}})\dot{\boldsymbol{q}} + B\dot{\boldsymbol{q}} + \boldsymbol{g}(\boldsymbol{q}) \tag{9.16}$$

La ecuación en lazo cerrado se obtiene con el modelo dinámico del robot manipulador de n gdl (6.6) y la estructura de control (9.16); observe que se aprovecha la ventaja de retroalimentar a la dinámica del robot para efectos de compensar los efectos físicos y obtener un modelo lineal:

$$\begin{aligned} \boldsymbol{\tau} &= M(\boldsymbol{q})\ddot{\boldsymbol{q}} + \cancel{C(\boldsymbol{q},\dot{\boldsymbol{q}})\dot{\boldsymbol{q}}} + \cancel{B\dot{\boldsymbol{q}}} + \cancel{\boldsymbol{g}(\boldsymbol{q})} = M(\boldsymbol{q})\left[\ddot{\boldsymbol{q}}_d(t) + K_p\tilde{\boldsymbol{q}} + K_v\dot{\tilde{\boldsymbol{q}}}\right] + \cancel{B\dot{\boldsymbol{q}}} + \cancel{C(\boldsymbol{q},\dot{\boldsymbol{q}})\dot{\boldsymbol{q}}} + \cancel{\boldsymbol{g}(\boldsymbol{q})} \\ \ddot{\tilde{\boldsymbol{q}}} &= -\left[K_p\tilde{\boldsymbol{q}} + K_v\dot{\tilde{\boldsymbol{q}}}\right] \end{aligned} \tag{9.17}$$

La ecuación resultante (9.17) es una estructura dinámica lineal en las variables de estado $[\tilde{\boldsymbol{q}},\,\dot{\tilde{\boldsymbol{q}}}]^T$ y desacoplada a dicha dinámica para todas sus articulaciones, lo cual significa que los efectos físicos en la $i-$ésima componente, depende exclusivamente de esa componente y no de otros términos; por lo que, inclusive se puede utilizar las herramientas de control clásico para su análisis en el dominio de la frecuencia.

A través de la compensación de efectos físicos en el robot, por parte de la estructura de control (9.16) se tiene el siguiente sistema lineal:

$$I\ddot{\tilde{\boldsymbol{q}}} + K_p\tilde{\boldsymbol{q}} + K_v\dot{\tilde{\boldsymbol{q}}} = \boldsymbol{0} \in \mathbb{R}^n \tag{9.18a}$$

$$\left[Is^2 + K_v s + K_p\right]\tilde{\boldsymbol{q}} = \boldsymbol{0} \in \mathbb{R}^n \tag{9.18b}$$

donde $I \in \mathbb{R}^{n\times n}$ es la matriz identidad. Observe que en (9.18b) es suficiente con resolver las raíces de ese polinomio en la variable compleja $s \in C$, como función de las ganancias proporcional K_p y derivativa K_v, tal que se ubiquen en el semiplano izquierdo del plano complejo s, para obtener un comportamiento exponencial, lo cual garantiza la convergencia asintótica hacia el punto de equilibrio.

Otra forma para realizar el análisis del sistema (9.18a) es transformarlo a su correspondiente estructura ODE en el dominio del tiempo:

$$\frac{d}{dt}\begin{bmatrix}\tilde{\boldsymbol{q}} \\ \dot{\tilde{\boldsymbol{q}}}\end{bmatrix} = \underbrace{\begin{bmatrix} O & I \\ -K_p & -K_v \end{bmatrix}}_{A}\begin{bmatrix}\tilde{\boldsymbol{q}} \\ \dot{\tilde{\boldsymbol{q}}}\end{bmatrix} \tag{9.19}$$

donde $O \in \mathbb{R}^{n\times n}$ es la matriz neutra.

La ecuación en lazo cerrado (9.19) es un sistema dinámico lineal autónomo, cuyo determinante de la matriz de parámetros $A \in \mathbb{R}^{n\times n}$ es diferente a cero, puesto que: $\det[A] = \det[K_p] > 0$; debido a que $K_p \in \mathbb{R}^{n\times n}$ es una matriz diagonal y definida positiva: $K_p > 0$. Luego entonces, el punto de equilibrio $\left[\tilde{\boldsymbol{q}},\ \dot{\tilde{\boldsymbol{q}}}\right]^T = [\boldsymbol{0},\ \boldsymbol{0}]^T \in \mathbb{R}^{2n}$ existe y es único; consecuentemente corresponde al origen del espacio de estados.

Sea la siguiente función candidata de Lyapunov:

$$\mathcal{V}(\tilde{\boldsymbol{q}}, \dot{\tilde{\boldsymbol{q}}}) = \frac{1}{2}\dot{\tilde{\boldsymbol{q}}}^T I \dot{\tilde{\boldsymbol{q}}} + \frac{1}{2}\tilde{\boldsymbol{q}}^T K_p \tilde{\boldsymbol{q}} + \frac{\epsilon_0}{1+\|\tilde{\boldsymbol{q}}\|}\tilde{\boldsymbol{q}}^T I \dot{\tilde{\boldsymbol{q}}} \tag{9.20}$$

donde $I \in \mathbb{R}^{n\times n}$ es la matriz identidad; $\epsilon_0 \in \mathbb{R}_+$ es un escalar positivo, que no se requiere conocer su valor numérico, puesto que el esquema de control (9.16) no lo requiere; solo es necesario demostrar su existencia.

Para demostrar que la función (9.20) es definida positiva, se puede arreglar de la forma siguiente:

$$\mathcal{V}(\tilde{\boldsymbol{q}}, \dot{\tilde{\boldsymbol{q}}}) = \tfrac{1}{2}\left[\dot{\tilde{\boldsymbol{q}}} + \tfrac{\epsilon_0}{1+\|\tilde{\boldsymbol{q}}\|}\tilde{\boldsymbol{q}}\right]^T I \left[\dot{\tilde{\boldsymbol{q}}} + \tfrac{\epsilon_0}{1+\|\tilde{\boldsymbol{q}}\|}\tilde{\boldsymbol{q}}\right] + \tfrac{1}{2}\tilde{\boldsymbol{q}}^T\left[K_p - \tfrac{\epsilon_0^2}{[1+\|\tilde{\boldsymbol{q}}\|]^2} I\right]\tilde{\boldsymbol{q}}^T \tag{9.21}$$

El primer término de (9.21) es una función definida positiva, puesto que: $I \in \mathbb{R}^{n\times n}$ es la matriz identidad; el segundo término resulta una función definida positiva, si ϵ_0 se encuentra en el intervalo:

$$\sqrt{\lambda_{K_p}^{\text{máx}}} > \epsilon_0 > \frac{\epsilon_0}{1+\|\tilde{\boldsymbol{q}}\|} > 0, \ \forall \tilde{\boldsymbol{q}} \in \mathbb{R}^n \tag{9.22}$$

La derivada de la función $\mathcal{V}(\tilde{\boldsymbol{q}}, \dot{\tilde{\boldsymbol{q}}})$ a lo largo de las trayectorias de la ecuación en lazo cerrado (9.20) está dada por:

$$\begin{aligned}
\dot{\mathcal{V}}(\tilde{\boldsymbol{q}}, \dot{\tilde{\boldsymbol{q}}}) &= \dot{\tilde{\boldsymbol{q}}}^T I \ddot{\tilde{\boldsymbol{q}}} + \tilde{\boldsymbol{q}}^T K_p \dot{\tilde{\boldsymbol{q}}} + \frac{\epsilon_0}{1+\|\tilde{\boldsymbol{q}}\|}\dot{\tilde{\boldsymbol{q}}}^T I \dot{\tilde{\boldsymbol{q}}} + \frac{\epsilon_0}{1+\|\tilde{\boldsymbol{q}}\|}\tilde{\boldsymbol{q}}^T I \ddot{\tilde{\boldsymbol{q}}} \\
&\quad - \frac{\epsilon_0 \tilde{\boldsymbol{q}}^T \dot{\tilde{\boldsymbol{q}}}}{\|\tilde{\boldsymbol{q}}\|\,[1+\|\tilde{\boldsymbol{q}}\|]^2}\tilde{\boldsymbol{q}}^T I \dot{\tilde{\boldsymbol{q}}} \\
&= -\cancel{\dot{\tilde{\boldsymbol{q}}}^T K_p \tilde{\boldsymbol{q}}} - \dot{\tilde{\boldsymbol{q}}}^T K_v \dot{\tilde{\boldsymbol{q}}} + \cancel{\tilde{\boldsymbol{q}}^T K_p \dot{\tilde{\boldsymbol{q}}}} - \frac{\epsilon_0}{1+\|\tilde{\boldsymbol{q}}\|}\tilde{\boldsymbol{q}}^T K_p \tilde{\boldsymbol{q}} \\
&\quad - \frac{\epsilon_0}{1+\|\tilde{\boldsymbol{q}}\|}\tilde{\boldsymbol{q}}^T K_v \dot{\tilde{\boldsymbol{q}}} - \frac{\epsilon_0 \tilde{\boldsymbol{q}}^T \dot{\tilde{\boldsymbol{q}}}}{\|\tilde{\boldsymbol{q}}\|\,[1+\|\tilde{\boldsymbol{q}}\|]^2}\tilde{\boldsymbol{q}}^T I \dot{\tilde{\boldsymbol{q}}} \\
&= -\dot{\tilde{\boldsymbol{q}}}^T K_v \dot{\tilde{\boldsymbol{q}}} - \tfrac{\epsilon_0}{1+\|\tilde{\boldsymbol{q}}\|}\tilde{\boldsymbol{q}}^T K_p \tilde{\boldsymbol{q}} - \tfrac{\epsilon_0}{1+\|\tilde{\boldsymbol{q}}\|}\tilde{\boldsymbol{q}}^T K_v \dot{\tilde{\boldsymbol{q}}} - \tfrac{\epsilon_0 \tilde{\boldsymbol{q}}^T \dot{\tilde{\boldsymbol{q}}}}{\|\tilde{\boldsymbol{q}}\|[1+\|\tilde{\boldsymbol{q}}\|]^2}\tilde{\boldsymbol{q}}^T I \dot{\tilde{\boldsymbol{q}}}
\end{aligned}$$

Obteniendo cotas superiores de cada término:

$$\dot{\mathcal{V}}(\tilde{\boldsymbol{q}}, \dot{\tilde{\boldsymbol{q}}}) \le -\lambda_{K_v}^{\text{mín}}\|\dot{\tilde{\boldsymbol{q}}}\|^2 - \frac{\epsilon_0}{1+\|\tilde{\boldsymbol{q}}\|}\lambda_{K_p}^{\text{mín}}\|\tilde{\boldsymbol{q}}\|^2 + \epsilon_0\,\lambda_{K_v}^{\text{máx}}\|\tilde{\boldsymbol{q}}\|\|\dot{\tilde{\boldsymbol{q}}}\| + \epsilon_0\|\dot{\tilde{\boldsymbol{q}}}\|^2$$

$$\leq -\left[\lambda_{K_v}^{\text{mín}} - \epsilon_0\right] \|\dot{\tilde{q}}\|^2 - \frac{\epsilon_0}{1+\|\tilde{q}\|}\lambda_{K_p}^{\text{mín}}\|\tilde{q}\|^2 + \epsilon_0\,\lambda_{K_v}^{\text{máx}}\|\tilde{q}\|\|\dot{\tilde{q}}\|$$

$$\leq -\begin{bmatrix}\|\tilde{q}\|\\ \\ \|\dot{\tilde{q}}\|\end{bmatrix}^T \underbrace{\begin{bmatrix}\underbrace{\frac{\epsilon_0}{1+\|\tilde{q}\|}\lambda_{K_p}^{\text{mín}}}_{q_{11}>0} & -\frac{1}{2}\epsilon_0\lambda_{K_v}^{\text{máx}}\\ \\ -\frac{1}{2}\epsilon_0\lambda_{K_v}^{\text{máx}} & \lambda_{K_v}^{\text{mín}} - \epsilon_0\end{bmatrix}}_{Q}\begin{bmatrix}\|\tilde{q}\|\\ \\ \|\dot{\tilde{q}}\|\end{bmatrix} \tag{9.23}$$

Para que la derivada de la función de energía: $\dot{\mathcal{V}}(\tilde{q}, \dot{\tilde{q}})$ (9.23) sea una función definida negativa, es necesario que: $Q \in \mathbb{R}^{2\times 2}$ sea una matriz definida positiva. Observe que: $q_{11} > 0$ y para que el determinante de la matriz Q sea positivo, es necesario que ϵ_0 cumpla con:

$$\frac{\lambda_{K_p}^{\text{mín}}\lambda_{K_v}^{\text{mín}}}{\lambda_{K_p}^{\text{mín}} + \frac{1}{4}\lambda_{K_v}^{\text{máx}}} > \epsilon_0 > 0 \tag{9.24}$$

El intervalo (9.22) para ϵ_0 es una condición necesaria para que la función candidata de Lyapunov (9.8) sea definida positiva: $\mathcal{V}(\tilde{q}, \dot{\tilde{q}}) > 0$ y el intervalo (9.24) es requerida para que la derivada de la función de Lyapunov (9.23) sea definida negativa: $\dot{\mathcal{V}}(\tilde{q}, \dot{\tilde{q}})) < 0$; entonces, las condiciones necesarias y suficientes sobre la existencia de $\epsilon_0 > 0$ se restringen a:

$$\varepsilon = \min\left\{\sqrt{\lambda_{K_p}^{\text{máx}}},\ \frac{\lambda_{K_p}^{\text{mín}}\lambda_{K_v}^{\text{mín}}}{\lambda_{K_p}^{\text{mín}}+\frac{1}{4}\lambda_{K_v}^{\text{máx}}}\right\} \tag{9.25}$$

Puesto que la matriz $Q \in \mathbb{R}^{2\times 2}$ es definida positiva; consecuentemente, la derivada de la función candidata de Lyapunov (9.23) es definida negativa: $\dot{\mathcal{V}}(\tilde{q}, \dot{\tilde{q}})) < 0$ y la función de energía (9.20) es definida positiva: $\mathcal{V}(\tilde{q}, \dot{\tilde{q}}) > 0$; luego entonces, la función (9.20) es una función estricta de Lyapunov, lo que implica que, a través del teorema (8.2), el punto de equilibrio de la ecuación en lazo cerrado (9.19) es asintóticamente estable en forma global: $\lim_{t\to\infty}\begin{bmatrix}\tilde{q}(t)\\ \dot{\tilde{q}}(t)\end{bmatrix} \to \mathbf{0} \in \mathbb{R}^{2n}$, $\forall t \geq 0$; además, por el teorema (8.5) se cumple que: $\tilde{q}, \dot{\tilde{q}} \in \mathcal{L}_\infty^n$ y $\tilde{q}, \dot{\tilde{q}} \in \mathcal{L}_2^n$, $\forall t \geq 0$.

■

En forma similar a la familia PD+, en el caso de los esquemas de control tipo par-calculado, se puede generalizar la metodología de diseño de la siguiente manera:

$$\boldsymbol{\tau}_{pc} = M(q)\left[\ddot{q}_d(t) + \nabla\mathcal{U}_a(K_p, \tilde{q}) + \boldsymbol{f}_v(K_v, \dot{\tilde{q}})\right] + \boldsymbol{\varrho}(\cdot)$$

$$\boldsymbol{\varrho}_{pc}(\cdot) = M(q)\ddot{q}_d(t) + C(q,\ \dot{q})\dot{q} + B\dot{q} + g(q)$$

El diseño de la función candidata de Lyapunov $\mathcal{V}(\tilde{q}, \dot{\tilde{q}})$ se establece como:

$$\mathcal{V}(\tilde{q}, \dot{\tilde{q}}) = \frac{1}{2}\dot{\tilde{q}}^T I\dot{\tilde{q}} + \mathcal{U}_a(K_p, \tilde{q}) + \frac{\epsilon_0}{1+\|\tilde{q}\|}\tilde{q}^T I\dot{\tilde{q}} + \frac{1}{2}\tilde{q}^T K_p\tilde{q}$$

La tabla 9.2 contiene ejemplos de la familia par-calculado.

Tabla 9.2: Controladores de la familia par-calculado

$\boldsymbol{\tau}_{pc} = M(\boldsymbol{q}) \left[\ddot{\boldsymbol{q}}_d(t) + K_p \sinh(\Gamma_p \tilde{\boldsymbol{q}}) + K_v \sinh(\Gamma_v \dot{\tilde{\boldsymbol{q}}})\right] + \boldsymbol{\varrho}_{pc}(\cdot)$
$\boldsymbol{\tau}_{pc} = M(\boldsymbol{q}) \left[\ddot{\boldsymbol{q}}_d(t) + K_p\tilde{\boldsymbol{q}} + K_v\dot{\tilde{\boldsymbol{q}}}\right] + \boldsymbol{\varrho}_{pc}(\cdot)$
$\boldsymbol{\tau}_{pc} = M(\boldsymbol{q}) \left[\ddot{\boldsymbol{q}}_d(t) + K_p \tanh(\Gamma_p\tilde{\boldsymbol{q}}) + K_v \tanh(\Gamma_v\dot{\tilde{\boldsymbol{q}}})\right] + \boldsymbol{\varrho}_{pc}(\cdot)$
$\boldsymbol{\tau}_{pc} = M(\boldsymbol{q}) \left[\ddot{\boldsymbol{q}}_d(t) + K_p \operatorname{atan}(\Gamma_p\tilde{\boldsymbol{q}}) + K_v \operatorname{atan}\left(\Gamma_v\dot{\tilde{\boldsymbol{q}}}\right)\right] + \boldsymbol{\varrho}_{pc}(\cdot)$
$\boldsymbol{\tau}_{pc} = M(\boldsymbol{q}) \left[\ddot{\boldsymbol{q}}_d(t) + K_p \frac{\cosh^m(\Gamma_p\tilde{\boldsymbol{q}}) \tanh(\Gamma_p\tilde{\boldsymbol{q}})}{1+\cosh^m(\Gamma_p\tilde{\boldsymbol{q}})} + K_v \frac{\cosh^m(\Gamma_v\dot{\tilde{\boldsymbol{q}}}) \tanh(\Gamma_v\dot{\tilde{\boldsymbol{q}}})}{1+\cosh^m(\Gamma_v\dot{\tilde{\boldsymbol{q}}})}\right] + \boldsymbol{\varrho}_{pc}(\cdot)$
$\boldsymbol{\tau}_{pc} = M(\boldsymbol{q}) \left[\ddot{\boldsymbol{q}}_d(t) + K_p \operatorname{asinh}(\Gamma_p\tilde{\boldsymbol{q}}) + K_v \operatorname{asinh}(\Gamma_v\dot{\tilde{\boldsymbol{q}}})\right] + \boldsymbol{\varrho}_{pc}(\cdot)$
$\boldsymbol{\tau}_{pc} = M(\boldsymbol{q}) \left[\ddot{\boldsymbol{q}}_d(t) + K_p \frac{\tilde{q}}{1+\tilde{\boldsymbol{q}}^2} + K_v \frac{\dot{q}}{1+\dot{\boldsymbol{q}}^2}\right] + \boldsymbol{\varrho}_{pc}(\cdot)$

9.5 Resumen

El problema de control de trayectoria (control de movimiento) repercute en sistemas dinámicos no lineales, cuya naturaleza es no autónoma, para el caso de la familia PD+; debido a que las trayectorias de seguimiento (posición y velocidad deseada) son variantes en el tiempo e intervienen explícitamente en la ecuación en lazo cerrado.

En el caso de la familia de controladores par-calculado la ecuación en lazo cerrado puede resultar lineal y autónoma; la propiedad de linealidad depende del diseño seleccionado en la energía potencial artificial y también del control derivativo. Sin embargo, debido a los aspectos de compensación en los efectos físicos del robot, el análisis de estabilidad asintótica del punto de equilibrio es mucho más simple que la familia PD+. En contraste, en el caso del grupo de controladores par calculado, las referencias variantes quedan absorbidas en los errores de posición y velocidad, lo que la naturaleza autónoma de la ecuación en lazo cerrado prevalece. La aceleración deseada se encuentra en la estructura matemática de ambas familias de controladores sin formar parte del objetivo de control.

Los algoritmos de control de trayectoria tienen mayor complejidad que los reguladores, debido a que retroalimentan la dinámica completa del robot manipulador en del lazo de control, con la finalidad de compensar los efectos dinámicos no lineales del robot manipulador; por lo que el análisis de estabilidad asintótica global del punto de equilibrio de la ecuación en lazo cerrado resulta mucho más extensivo, por el uso de funciones estrictas de Lyapunov.

9.6 Problemas propuestos

Esta sección presenta diversos problemas a resolver por el lector para mejorar los conocimientos sobre conceptos de análisis de estabilidad asintótica global del punto de equilibrio y las habilidades adquiridas en programación **MATLAB**.

9.6.1 Describir cualitativamente en qué consiste el problema de control de trayectoria y formalice su descripción, desde el punto de vista formal matemático.

9.6.2 ¿Qué características debe satisfacer la trayectoria deseada?

9.6.3 Describa el proceso para seleccionar y diseñar la trayectoria deseada.

9.6.4 Seleccione al menos tres esquemas de control de cada una de las tablas 9.1 y 9.2; llevar a cabo el análisis de estabilidad asintótica del punto de equilibrio de la ecuación en lazo cerrado, considerando por el modelo dinámico de un robot manipulador de n gdl (6.6) y el esquema de control elegido.

9.6.5 Utilice el ejemplo (9.1) para realizar la simulación del control PD+ y la siguiente trayectoria variante en el tiempo, parametrizada en coordenadas polares: $r = 0.1\ \cos(\pi t)$; obtener la representación en coordenadas cartesianas de la referencia desea $[x_d(t),\ y_d(t)]^T$ (ver figura 9.8); asimismo, deduzca las referencias cartesianas: $[\dot{x}_d(t),\ \dot{y}_d(t)]^T$ y $[\ddot{x}_d(t),\ \ddot{y}_d(t)]^T$. Con esta información, realice la conversión a coordenadas articulares: $\boldsymbol{q}_d(t),\ \dot{\boldsymbol{q}}_d(t),\ \ddot{\boldsymbol{q}}_d(t) \in \mathbb{R}^n 2$.

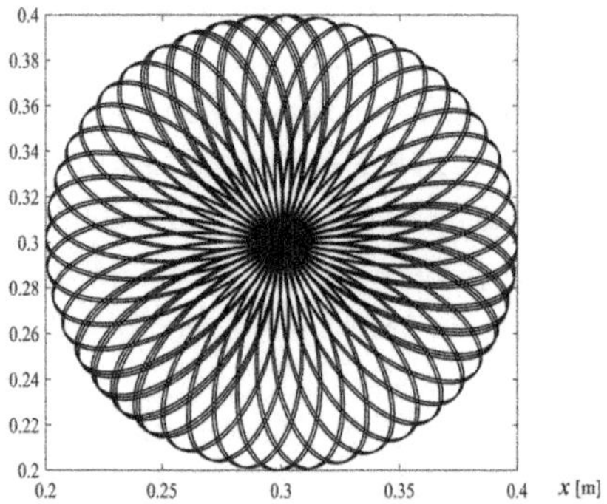

Figura 9.8: Trayectoria cartesiana deseada variante en el tiempo

Referencias selectas

[1] J. Denavit and R.S. Hartenberg. A kinematic notation for lower-pair mechanisms based on matrices. *Transactions ASME J. Appl. Mech.*, 1955; 22(2):215-221.

[2] Takegaki M. and Arimoto S. A new feedback method for dynamic control of manipulators. *ASME J. Dyn. Syst. Meas. Control.* 1981; 103: pp. 119–125.

[3] Ortega R. and Spong M. 1989. Adaptive motion control of rigid robots: a tutorial. *Automatica.* 1989; 25(6): pp. 877–888.

[4] Sontag Eduardo D. *Mathematical control theory.* Springer-Verlag. 1990.

[5] Nijmeijer H. and van der Schaft Arjan. *Nonlinear Dynamical Control Systems.* Springer-Verlag. New York. 1990.

[6] Lyapunov A. M. The general problem of the stability of motion (Lyapunov Centenary Issue). *International Journal of Control.* Taylor & Francis. 1992; Vol. 55. No. 3. pag. 531-773.

[7] Vidyasagar M. *Nonlinear Systems Analysis.* Prentice-Hall, Englewood Cliffs, NJ. 1993.

[8] Whitcomb L. L, Rizzi A, and Koditschek D. E. 1993. Comparative experiments with a new adaptive controller for robot arms. *IEEE Transactions on Robotics and Automation.* Feb, 1993; Vol. 9. No. 1. pp. 59-70.

[9] Murray R M, Li Z and Sastry S S. *A Mathematical Introduction to Robotic Manipulation*- CRC Press. 1994.

[10] Horn Roger A and Charles R. Johnson. *Matrix analysis*. Cambridge University Press. 1996.

[11] Reyes F. and Kelly R. A direct drive robot for control research. *Proc. IASTED International Conference, Applications of Control and Robotics*. Orlando. FL. 1996; pp. 181–184.

[12] Kelly R., V. Santibáñez y F. Reyes. On saturated–proportional derivative feedback with adaptive gravity compensation of robot manipulators. *Int. J. of Adaptive Control and Signal Processing*. John Wiley & Sons, Ltd. 10(4): 1996; pp. 465-479.

[13] K. J. Åström y Björn Wittenmark. *Computer-Controlled systems: Theory and design*. Third Edition Prentice Hall. 1997.

[14] Angeles Jorge. *Fundamentals of robotic mechanical systems: theory, methods and algorithms*. Springer. 1997.

[15] Reyes F. and Kelly R. Experimental Evaluation of Identification Schemes on a Direct Drive Robot. *Robotica*. Cambridge University Press. 1997; 15, pp. 563-571.

[16] Reyes F and Kelly R. On parameter identification of robot manipulators. *Proceedings of the 1997 IEEE International Conference on Robotics and Automation*. Albuquerque, New Mexico. April 1997; pp. 1910-1915.

[17] Santibánez V, Kelly R, Reyes F. A new set-point controller with bounded torque for robot manipulators. *IEEE Transactions on Industrial Electronics*. 1998. Vol. 45, No. 1. February 1998; pp. 126–133.

[18] Sastry S. *Nonlinear Systems: Analysis Stability and Control*. Springer. 1999.

[19] Goldstein H. *Mecánica clásica.* Editorial Reverté. S. A. 2000.

[20] Marion Jerry B. *Dinámica clásica de las partículas y sistemas.* Editorial Reverté. S. A. 2000.

[21] Reyes F., and Kelly R. Experimental evaluation of model-based controllers on a direct-drive robot arm. *International Journal on Mechatronics.* 2001; Vol. 11, pp. 267-282. Edit. Pergamon.

[22] Hassan K. Khalil. *Nonlinear Systems.* Third Edition. Prentice Hall Inc. 2002.

[23] Crespo da Silva M R M. *Intermediate dynamics.* McGrawHill. 2004.

[24] Lewis F. L., Abdallah C. T., and Dawson D. M. *Control of robots manipulators.* Macmillan Publishing Company. N. Y. 2004.

[25] Sciavicco L and Siciliano B. *Modelling and control of robot manipulators.* Springer. 2005.

[26] Kelly R, Santibánez V and Loría A. *Control of Robot Manipulators in Joint Space.* Springer-Verlag London 2005.

[27] Reyes F and Rosado A. Polynomial family of PD-Type controllers for robot manipulators. *IFAC Journal on Control Engineering Practice.* Edit. Elsevier. 2005; Vol 13. pp. 441-450.

[28] Mark W. Spong and Seth Hutchinson, M. Vidyasagar. *Robot Modeling and Control.* John Wiley and Sons, Inc. 2006.

[29] Haddad W M and Chellaboina V. *Nonlinear Dynamical Systems and Control: A Lyapunov-Based Approach.* Princeton University Press. 2008.

[30] Sanchez P and Reyes F.A polynomial family of PD type cartesian controller. *IASTED International Journal of Robotics and Automation.* 2008; Vol. 23, No. 2, pp. 79-87.

[31] Siciliano B and Khatib O. *Handbook of Robotics.* Springer-Verlag. 2016

[32] Reyes-Cortes Fernando and M. Al-Hadithi B, An asinh-type regulator for robot manipulators with global asymptotic stability. *Automatika.* 61:4, pp. 574–586. 2020.

[33] Reyes-Cortes Fernando y Jaime Cid. *Drones: Cinemática, Dinámica y Control de Cuadricópteros.* Alfaomega Grupo Editor. 2020.

[34] Ortega Romeo and Romero J G, Borja P and Donaire A. *PID Passivity-Based Control of Nonlinear Systems with Applications.* IEEE Press Wiley, 2021.

[35] Corke P. *Robotic vision: Fundamental Algorithms in **MATLAB***, Springer Nature Switzerland AG, 2022.

[36] Nof Y S. *Springer Handbook of Automation.* Springer-Verlag Berlin Heidelberg. 2nd Edition, 2023.

Índice analítico

A

ABB, 15, 21, 38
acción de control derivativa, 464, 465, 473, 478, 491
acotadas, 444, 450, 500
523, 533, 544
actuadores 16, 45, 63, 71
211, 373
eléctricos, 45
algoritmo, 13, 17, 22, 26
37, 41, 56, 61
de control, 26, 41, 56, 61, 70, 300,
470, 473, 477, 484,
502, 524, 533
de mínimos cuad., 384
PD, 470, 473, 484
PD+, 531, 534, 536
recursivo, 176, 386
trayectoria, 23, 461, 531, 533, 536, 541, 551
AMCA, 37, 38
AMM, 37
amortiguamiento, 24, 305, 399, 462, 478, 480, 508, 541
AMROB, 37, 38
análisis cualitativo PD, 473, 481
análisis de estabilidad, 114, 117, 438, 443, 450, 474, 513
androides, 8, 10, 12, 13, 22
ángulos
de Euler 143, 148, 166, 190, 204
de orientación, 218
roll, pitch, yaw, 148
θ, ϕ, ψ, 166, 193, 209
antropomórfico, 12, 209, 215, 225, 231, 238, 259, 263
Arimoto, 464, 470, 547
armadura, 62, 63
arquitectura abierta, 27, 58, 65, 68, 69
articulación, 24, 66, 210, 212, 225, 263
ASIMO, 12, 22
atractor, 26, 138, 439, 448, 492, 521, 533

B

BARA, 40
Barbashin, 448, 452, 456, 469, 499, 526, 537
brushless, 12, 26

C

cadena cinemática, 204, 218
centrífuga, 196, 317
centro de masa, 261, 301, 317, 331
ciclos límite, 447, 458
cilíndrico, 273
cinemática 75, 93, 138, 141, 143, 166, 177, 190, 197, 207, 209, 215, 216, 225, 248, 284
    diferencial 177, 189, 190, 219, 235,
coeficientes de fricción, 24, 64, 298, 304
configuración
    antropomórfico, 209
    cartesiana, 283
    cilíndrica, 270
    esférica, 276
    SCARA, 263
condición Lipschitz, 301
conjunto invariante, 447, 469, 509
control
    acotados, 502
    no acotadas, 496
    par-calculado, 531, 551
    de movimiento, 23, 58, 383, 531, 541
    de posición, 24, 69, 433, 435, 461, 470, 514
    de robots, 23, 41, 433
    de trayectoria, 23, 41, 309, 378, 433, 461, 531, 532, 533, 541
    PD, 470, 473, 480, 484, 493, 503, 512
    PD+, 534, 541, 544, 550
    PID, 512
    punto a punto, 521
    saturados, 507
    tangente hiperbólico, 508
convención Denavit Hartenberg, 209, 229
convergencia asintótica $\mathcal{L}[\boldsymbol{x}]$, 453
Coriolis, 295, 298, 324, 360
criterio de Sylvester, 127

D

Denavit, 209, 229
determinantes menores, 127, 130
diagrama fase, 439, 456, 483
direct-drive, 25, 27, 64

E

ecuación
    de Lyapunov, 454
    en lazo cerrado, 138, 220, 463, 467, 482, 496, 504
ecuaciones
    de Euler Lagrange, 41, 138, 154, 296, 308, 316, 352
efecto inercial, 64, 299, 541
encoder
    absoluto, 52, 55
    incremental 46, 48, 51

end-effector, 213
energía
- cinética, 121, 296, 307, 310, 348, 468, 481, 498, 504
- mecánica, 25, 56, 117, 307, 419, 478
- potencial, 121, 296, 307, 310, 321, 331, 376, 464, 481, 498, 504, 534, 550, 555

equilibrio asintóticamente estable, 440, 483
equilibrio estable, 438, 443
error de estimación, 391, 395, 400, 403, 410, 420, 424
error de posición, 23, 48, 461, 465, 473, 477, 503, 520, 536
error de seguimiento, 534
error de velocidad, 23, 532, 541
error de predicción, 388, 411
error de regresión, 389
esférico, 276
eslabón, 16, 144, 209
espacio de trabajo, 16, 45, 147, 214
espacio euclidiano, 27, 84, 92
espacio vectorial, 23, 78, 86
estabilidad, 68, 114, 433
- asintótica, 68, 434
- asintótica global, 434, 440
- exponencial global, 441
- Lyapunov, 117, 434, 438
- uniforme, 439, 440

extremo final, 14, 26, 196, 210, 213
Euler, 7, 41, 93, 138, 141, 144, 148, 154, 166, 190, 204

F

FANUC, 15, 21, 38
fenómeno
- de elasticidad, 25, 64, 143, 299,
- de fricción, 25, 64, 69, 297, 304, 306, 322, 479
- disipativo, 25, 304, 465, 491
- inercial, 64, 299, 378, 541

fricción
- de Coulomb, 297, 304, 310, 410, 485
- estática, 297, 304, 554
- LuGre, 305
- viscosa, 297, 304, 479

fuente de par, 27, 64, 69
- fuerzas centrípetas, 295, 298, 303, 378, 471, 541

función
- candidata
- de Lyapunov, 434, 443, 454, 468, 537
- cuadrática, 117
- de energía, 75, 118, 121, 132, 434, 456
- decreciente, 444
- definida
  - negativa, 125
  - negativa local, 125

positiva, 121
global, 121
local, 122
semidefinida
negativa, 126
positiva, 125

G

ganancia
derivativa, 466, 471, 480, 498, 513, 534
proporcional, 465, 471, 480, 491, 534, 537
gradiente, 121, 132

H

hamiltoniano, 296, 307, 311
Hamilton, 295

I

IASTED, 39
identificación paramé., 381
IEEE, 39, 470
IFAC, 39
IFR, 28, 30, 40
índice de desempeño, 524
interconexión $\mathcal{L}$, 452

J

jacobiano, 75, 220
jacobiano analítico, 219
joint, 212

K

Karel Čapek, 8, 20

L

lagrangiano, 297, 310
Lagrange, 7, 138, 154
LaSalle, 448, 458, 526
Leonardo da Vinci, 17, 18
Lipschitz, 301, 312
Lyapunov 117, 434, 436, 438, 443, 443, 455, 493, 505, 537

M

matrices
antisimétrica, 100, 114, 117, 177, 180, 255
de inercia, 114, 297
de rotación, 105, 147
definida negativa, 129
definida positiva, 127
diagonal, 101
inversa, 111
jacobiana, 133, 134
ortogonal, 149, 159
semidefinida positiva, 128
semidefinida negativa, 129
simétrica, 114, 117
método directo de Lyapunov, 443
mínimos cuadrados, 384
modelo
de energía, 307
de potencia, 133, 308
de potencia filtrada, 423
de regresión, 384
Stribeck, 305

moldeo de energía, 68, 433, 464, 466, 496, 526, 550
momento de inercia, 322, 402
morfología del robot, 210

N

Newton 194, 201, 295, 314
norma
euclidiana, 80
espectral, 116
$\mathcal{L}_q^n$, $\mathcal{L}_2$, $\mathcal{L}_\infty$, 450

O

objetivo de control, 23, 461, 466, 515, 533, 541
acción integral, 515
posición, 23, 461, 466, 541
movimiento, 533, 541
trayectoria, 533, 541
oscilador mecánico, 457

P

péndulo, 199, 231
par aplicado, 23, 59, 68
par calculado, 533, 551
parámetros E-DH, 227, 259
pasividad, 308
PD+, 534
plano fase, 447
polinomio característico, 115, 119
pose, 143, 209
posición
articular, 23, 216, 310
de casa, 47, 197, 226
deseada, 515, 542
principio de invariancia, 446
prismáticas, 16, 212, 214
propiedad
asociativa, 82, 102
conmutativa, 82, 102
de antisimetría, 117, 364, 379, 468,
distributiva, 83, 187
propiedades del modelo dinámico, 114, 299
punto
de equilibrio, 24, 68, 300, 438-452, 467, 474, 496, 504, 536, 543, 553
de equilibrio estable, 438-447

Q

quirófanos robotizados, 3, 28

R

régimen transitorio, 476
Rayleigh-Ritz, 131, 493
región de atracción, 440
regulación, 24, 41, 75, 378, 433, 461, 496, 507, 515, 525
regulador, 58, 465, 493, 502, 521,
regulador PD, 493, 541
robótica, 3–6, 8
robot
antropomórfico, 231, 238, 248
péndulo, 231
de 2 gdl, 238

de 3 gdl, 248
cartesiano, 283, 409
cilíndrico, 270
da Vinci, 3
esférico, 276
Institute of America, 7
manipulador, 6-10,
SCARA, 263
Standford, 276
rotación, 47, 62, 147, 148
rotacional, 16, 25, 212, 227
rotor, 25, 63

S

servomotor, 3, 15, 23, 26, 58, 60, 67, 196, 211, 231, 479
servoamplificador, 26, 56, 60
set point, 24, 59, 461
simulación, 6, 295, 312, 314
singularidades, 220, 244, 286
sintonía de ganancias, 480, 490, 502, 521, 533, 543
sistema
de referencia cartesiano, 80, 99, 147, 164, 230,
dinámico, 306, 313, 322, 377, 434, 439, 447
masa resorte amortiguador, 314, 316, 481
mecánico oscilador, 457

T

teoría de estabilidad, 434
teorema de
estabilidad, 443
estabilidad asintótica global, 443
estabilidad exponencial global, 444
moldeo de energía, 466
principio de inavriancia, 447
Rayleigh-Ritz, 131
Rotaciones de Euler, 154
Sylvester, 127
transformación homogénea, 209, 221, 223, 230, 255, 271
transmisión directa, 21, 26, 27, 64, 239, 475, 488, 516
tribología, 304

U

Unimate, 21, 38, 64
UNIMATION, 21
uniones, 15, 45, 64

V

valores propios, 75, 115, 119, 127, 131, 388, 452
vectores, 23, 76
velocidad
angular, 143, 183, 191
articular, 16, 23, 220, 296, 301, 462, 547
de movimiento, 14, 24, 56, 177, 195, 219, 305, 334, 433, 461, 464, 473, 482, 523, 533, 541

W

workspace, 214
World Robotics-IFR, 28, 34

Y

Yamaha Robotics, 38
YASKAWA, 7, 38